HANDBUCH DER KATALYSE

HERAUSGEGEBEN

VON

G.-M. SCHWAB

ATHEN

SECHSTER BAND:

HETEROGENE KATALYSE III

WIEN

SPRINGER-VERLAG

1943

HETEROGENE KATALYSE III

BEARBEITET VON

M. BACCAREDDA · J. A. CHRISTIANSEN
E. CREMER · K. H. GEIB · J. A. HEDVALL
G. F. HÜTTIG · L. v. MÜFFLING · G. ROBERTI
G. SARTORI · M. STRAUMANIS

MIT 172 ABBILDUNGEN IM TEXT

WIEN
SPRINGER-VERLAG
1943

Inhaltsverzeichnis.

ISBN 978-3-642-52028-0 ISBN 978-3-642-52046-4 (eBook)
DOI 10. 1007/978-3-642-52046-4

SOFTCOVER REPRINT OF THE HARDCOVER 1ST EDITION 1943

Vorwort.

Während die Bände IV und V den Vorbedingungen und Grunderscheinungen der heterogenen Katalyse gewidmet sind, bringt der vorliegende Band alle die *Sondergebiete* zur Darstellung, die entweder besondere Forschungsmethoden oder besondere Erscheinungsformen der heterogenen Katalyse bedeuten. Die Schwierigkeit einer streng systematischen Stoffauswahl und Stoffeinteilung nimmt von der Katalyse überhaupt über die noch eigenwilligere heterogene Katalyse hinweg zu diesen Sondergebieten hin stetig zu, und so darf man hier keinesfalls mehr einen logischen Gang oder tiefere Zusammenhänge zwischen allen Einzelkapiteln erwarten. Es sollten vielmehr einfach die Dinge zusammengebracht werden, die besonders entwicklungsfähig erscheinen.

Da sind es zunächst die beiden modernen Methoden der Katalyseforschung mit „markierten Molekeln“, die Parawasserstoff- und die Isotopenkatalyse, die hier ebenso wie in der homogenen Katalyse (siehe die Bände I und II) zu einem tieferen Eindringen in die Elementarvorgänge berufen sind.

An besonderen Erscheinungsformen der Katalyse ist ein durch seinen Chemismus abweichender Typ in der Atomrekombination an der Gefäßwand und ihrer Umkehrung gegeben, der noch besondere Bedeutung für das Verständnis gewisser Kettenreaktionen besitzt. Grundsätzlich katalytische Erscheinungen, die auf elektrochemischer Grundlage verstanden werden müssen, haben wir in den zusammenhängenden Gebieten der Überspannung und der Korrosion vor uns. Als für die Erforschung der Kontaktstruktur von jeher besonders wichtige Sondermerkmale der heterogenen Katalyse folgen dann die Selektivität und Spezifität sowie die Vergiftung der Kontakte.

Endlich wurden noch drei Fälle herausgegriffen, in denen die Katalyse in Beziehung zu andern Vorgängen auftritt: Zunächst noch einmal zu den Kettenreaktionen, diesmal mehr von der Frage ausgehend, inwieweit kinetisch Kontaktkatalysen als Kettenreaktionen gedeutet werden können oder müssen. Ein sehr breiter Raum wurde der katalytischen Rolle von Zwischenzuständen bei Festreaktionen eingeräumt, nicht nur der Bedeutung dieser erstmaligen Zusammenfassung halber, sondern auch, um in dem Bilde der heterogenen Katalyse die chemische Mannigfaltigkeit im weitesten Sinne gebührend zu betonen, als Gegenpol zu der in den voraufgehenden Bänden versuchten physikalisch-chemischen Systematisierung. Den Schluß macht dann die Katalyse bei der Phasenumwandlung, ein durch des Verfassers Arbeiten in rascher Entwicklung begriffener Fragenkreis, dessen Bedeutung in Aufschlüssen über den Einfluß physikalischer Faktoren bei festgehaltener chemischer Natur des Kontakts beruht.

Es wäre vielleicht zweckmäßig gewesen, auch die katalytische Hydrierung als ein Sondergebiet mit großer Erkenntnisausbeute hier aufzunehmen; ein Beitrag, der sie auch von den hier in Betracht kommenden Gesichtspunkten aus behandelt, wird in Band VII aus der Feder von E. B. Maxted erscheinen, worauf hier ausdrücklich verwiesen sei.

Die Übersetzung der italienischen Beiträge hat in dankenswerter Weise Frl. Dr. Annamaria D'Ans (Padua) übernommen.

Der Herausgeber möchte an dieser Stelle außer dem Verlag besonders allen den Autoren herzlich danken, die durch bereitwillige Übernahme oder durch aufopfernde Fertigstellung von Beiträgen das Erscheinen des Bandes trotz der äußeren Erschwerungen gesichert haben. Möge ihre Mühe in den Auswirkungen des Buches ihre Früchte tragen!

Athen, im März 1943.

G.-M. Schwab.

Berichtigungen.

Auf S. 352 soll es in Zeile 20 von oben nach den Worten „... um diesen Betrag ΔU“ richtig heißen: Nach MAXWELL ist der Prozentanteil aller vorhandener Moleküle, deren Energie den Durchschnitt um q' überschreitet, um

$$e^{\Delta U/RT}$$

größer als der Prozentanteil der Moleküle, die den Energieinhalt um q überschreiten, wie es im Falle der stabilen Gleichgewichte zur Reaktivität notwendig ist. Die prozentuale Zunahme der jeweils reaktionsfähigen Moleküle ist aber ein Maß für die Zunahme der Reaktionsgeschwindigkeit.

Auf Seite 358, Zeile 22/23 von oben sind die Worte „von H. W. KOHLSCHÜTTER an Fe_2O_3, das aus $Fe_2(SO_4)_3$...“ zu streichen.

Auf Seite 513, Zeile 28 von oben sind die Worte „von H. W. KOHLSCHÜTTER für $Fe_2(SO_4)_3 \rightarrow Fe_2O_3$...“ zu streichen.

Heterogene Ortho- und Parawasserstoffkatalyse.

Von

E. CREMER, Innsbruck.

Inhaltsverzeichnis.

I. Kapitel.

Allgemeine Übersicht[1].

Das Gleichgewicht zwischen den beiden Spinmodifikationen des molekularen Wasserstoffs, das bei hohen Temperaturen ($T > 200°$ abs.) bei 75% Orthowasserstoff (oH_2) und bei tiefen Temperaturen ($T < 20°$ abs.) bei 100% Parawasserstoff (pH_2) liegt, stellt sich in reinem Wasserstoff nur sehr langsam ein. So kann man z. B. normalen Wasserstoff (nH_2) in den flüssigen und festen Zustand überführen, wobei Temperaturen von 20 bzw. 14° abs. erreicht werden, ohne daß der Orthowasserstoffgehalt dadurch merklich abnimmt[2,3].

BONHOEFFER und HARTECK[2] machten im Jahre 1929 die Entdeckung, daß die Gleichgewichtseinstellung durch *Adsorptionskohle katalytisch beschleunigt* wird: Durch Adsorption von gewöhnlichem Wasserstoff an *Kohle* erhielten sie bei 20° abs. in wenigen Minuten den der Temperatur entsprechenden Gleichgewichtswasserstoff von 99,7% Gehalt an Paraform. Dieses Verfahren ist auch heute noch

[1] Über allgemeine Grundlagen der Theorie der Ortho-Parawasserstoff-Umwandlung, Herstellung von parawasserstoffreichen Gemischen und Bestimmungsmethoden für Ortho- und Parawasserstoff siehe E. CREMER: dieses Handbuch, Bd. I, S. 325 (im folgenden zitiert als Artikel 1, Bd. I).

[2] K. F. BONHOEFFER, P. HARTECK: Naturwiss. **17** (1929), 182, 321; S.-B. preuß. Akad. Wiss., physik.-math. Kl. **1929**, 103; Z. physik. Chem., Abt. B **4** (1929), 113; Z. Elektrochem. angew. physik. Chem. **35** (1929), 621.

[3] Vgl. Artikel 1, Bd. I, S. 332.

der einfachste und gebräuchlichste Weg zur Herstellung von Parawasserstoff[1]. Bei weiterer Verfolgung des Effektes zeigte sich, daß nicht nur Kohle auf die Reaktion

$$oH_2 \rightleftarrows pH_2$$

eine katalytische Wirkung ausübt, sondern daß fast alle auch sonst als katalytisch wirksam geltenden Stoffe, wie Eisen, Nickel, Platin, Palladium, zahlreiche Oxyde und Salze[2], die *o-p*-Wasserstoff-Umwandlung — mindestens in gewissen Temperaturintervallen — zu beschleunigen imstande sind.

Für die Katalyseforschung war der Befund von Bonhoeffer und Harteck von großer Bedeutung. Man hatte in der *o-p*-Wasserstoff-Umwandlung eine katalysierbare Reaktion gefunden, die an Einfachheit des Bruttovorganges alle bisher bekannten und kinetisch untersuchten Umsetzungen übertraf. Mit Recht konnte man daher erwarten, aus dem Studium dieser Reaktion grundsätzliche Erkenntnisse über das Wesen der Katalyse zu gewinnen.

Die Messung der *Temperaturabhängigkeit* der in der Zeiteinheit am Katalysator umgewandelten Menge ergab den in Abb. 1 dargestellten merkwürdigen Kurvenverlauf[3]. Bei *tiefen* Temperaturen ist der Temperaturkoeffizient *negativ*. Bei etwa 0° C ist ein flaches Minimum der Reaktionsgeschwindigkeit erreicht, während sich für *hohe* Temperaturen der für eine chemische Reaktion normalerweise zu erwartende *positive* Temperaturkoeffizient ergibt. Zur Erklärung dieses Sachverhalts machte Bonhoeffer[3] die Annahme, daß die Reaktion im Bereich der tiefen Temperaturen aus anderen Ursachen entspringt als im Bereich der hohen. Während der Befund bei hohen Temperaturen mit der üblichen Vorstellung in Einklang steht, daß für das Eintreten einer Reaktion das Überschreiten einer Energieschwelle notwendig ist (deren Höhe durch die Aktivierungswärme gemessen wird), kann eine Reaktion, die bei 20° abs. noch mit großer Geschwindigkeit verläuft, nicht mit einer nennenswerten Aktivierungswärme verknüpft sein. *Es muß also bei der Tieftemperaturumwandlung des Orthowasserstoffs eine neue Art von Reaktionsmechanismus vorliegen.* Die Annahme, daß es sich hier um den von Born und Franck[4] postulierten quantenmechanischen „Tunneleffekt", d. h. um eine Überwindung der Aktivierungsschwelle durch Resonanz, handeln könnte, führte bei quantitativer Durchrechnung[5] zu unwahrscheinlich kleinen zwischenmolekularen Atomabständen und somit zur Ablehnung dieser Erklärung.

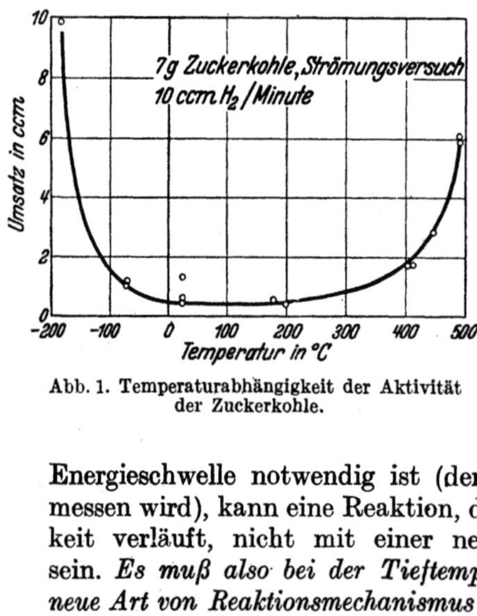

Abb. 1. Temperaturabhängigkeit der Aktivität der Zuckerkohle.

Die Vermutung, daß ein besonderer *Tieftemperaturmechanismus* vorhanden sein müsse, wurde dadurch bestärkt, daß auch eine homogene Umwandlung der

[1] Vgl. Artikel 1, Bd. I, S. 336.

[2] Vgl. Kap. III 1÷4, S. 10÷26.

[3] K. F. Bonhoeffer, A. Farkas: Z. physik. Chem., Abt. B 12 (1931), 231; Trans. Faraday Soc. 28 (1932), 242, 561. — K. F. Bonhoeffer, A. Farkas, K. W. Rummel: Z. physik. Chem., Abt. B 21 (1935), 225.

[4] M. Born, J. Franck: Z. Physik 31 (1925), 411.

[5] E. Cremer, M. Polanyi: Trans. Faraday Soc. 28 (1932), 435: Z. physik. Chem., Abt. B 21 (1933), 459.

Wasserstoffmodifikationen in flüssiger[1] und fester Phase[2, 3, 4, 5] gefunden wurde, die sich als fast unabhängig von der Temperatur erwies und auch nicht durch die Annahme eines „Tunneleffektes" erklärt werden konnte[2]. Auch hier war also die Umwandlung nicht als chemische Reaktion zu deuten. Man wurde vielmehr darauf gelenkt, eine *physikalische Wechselwirkung* zwischen den in der kondensierten Phase sehr nahe benachbarten Orthomolekülen für die Umwandlung verantwortlich zu machen[3] und eine ähnliche Beeinflussung auch für die heterogene Tieftemperaturumwandlung anzunehmen[2].

Entscheidend für die Aufklärung der Frage nach der Art der Kräfte, die die Umwandlung bewirken, war die Entdeckung, daß die Umwandlung durch Sauerstoff katalysiert werden konnte. BONHOEFFER, A. FARKAS und K. W. RUMMEL[6] beobachteten die Wirkung von adsorbiertem Sauerstoff an Kohle bei Temperaturen der flüssigen Luft[7], während L. FARKAS und SACHSSE[8] die erstaunliche Entdeckung machten, daß sogar bei Zimmertemperatur, also in einem Bereich, in dem man das Vorliegen eines „Tieftemperaturmechanismus" nicht mehr erwarten würde, gasförmiger Sauerstoff die Umwandlung von gasförmigem Parawasserstoff homogen katalysiert. Beide Befunde wurden gleichzeitig von den jeweiligen Beobachtern als eine *magnetische Wirkung* gedeutet. Ein magnetischer Umwandlungsmechanismus war bereits von BONHOEFFER und HARTECK[1] bei der Entdeckung der Parawasserstoffkatalyse als möglich erwogen worden. L. FARKAS und SACHSSE konnten nun zeigen, daß nur paramagnetische Substanzen eine katalytische Wirkung hervorbringen, während diamagnetische die Umwandlung nicht beeinflussen. Da auch der Orthowasserstoff ein magnetisches Moment besitzt, konnte auch die homogene Tieftemperaturumwandlung in der kondensierten Phase mit der magnetischen Umwandlung im Gasraum bei höheren Temperaturen in Zusammenhang gebracht werden[2, 5, 8]. Die von WIGNER[9] durchgeführte quantenmechanische Behandlung des Problems lieferte eine Abhängigkeit der Umwandlungsgeschwindigkeit vom *Quadrat des magnetischen Momentes* des Stoßpartners und von der *minus 8. Potenz des Stoßabstandes*. Beide Aussagen ließen sich experimentell bestätigen. In gewissen einfachen Fällen[10] gelang es sogar, die Absolutgeschwindigkeit der Umwandlung ohne Benützung von kinetischen Meßwerten nur aus anderweitig bekannten Molekül- und Atomdaten zu berechnen und eine sehr befriedigende Übereinstimmung zwischen Rechnung und Experiment zu erhalten. Von den heterogen verlaufenden Umwandlungen konnte

---

[1] K. F. BONHOEFFER, P. HARTECK: Z. physik. Chem., Abt. B **4** (1929), 113. — W. H. KEESOM, A. BIJL, VAN DER HORST: Proc. Kon. Akad. Wetensch. Amsterdam **1931, 34,** 1223; Commun. Kamerlingh Onnes Lab. Univ. Leiden **20,** Nr. 217a (1931), 1. — E. CREMER, M. POLANYI: Trans. Faraday Soc. **28** (1932), 435 und loc. cit. unter [2]. — R. B. SCOTT, F. G. BRICKWEDDE, H. C. UREY, H. H. WAHL: Bull. Amer. physic. Soc. **9,** Nr. 2 (1934), 29. Vgl. Artikel 1, Bd. I, S. 357.

[2] E. CREMER, M. POLANYI: Z. physik. Chem., Abt. B **21** (1933), 459.

[3] E. CREMER: Chemiker-Ztg. **56** (1932), 824.

[4] E. CREMER: Z. physik. Chem., Abt. B **28** (1935), 199; Ber. d. VII. intern. Kältekongresses **1936,** 933; Z. physik. Chem., Abt. B **39** (1938), 445.

[5] Vgl. Artikel 1, Bd. I, S. 358.

[6] K. F. BONHOEFFER, A. FARKAS, K. W. RUMMEL: Z. physik. Chem., Abt. B **21** (1933), 225.

[7] Gleichzeitig und unabhängig fanden E. CREMER und M. POLANYI: Z. physik. Chem., Abt. B **21** (1933), 459, daß bei 20° abs. feste Luft (d. h. also fester Sauerstoff) die o-H_2-Umwandlung katalysiert. Vgl. auch [10].

[8] L. FARKAS, H. SACHSSE: Ber. Berl. Akad. **1933,** 268; Z. physik. Chem., Abt. B **23** (1933), 1.

[9] E. WIGNER: Z. physik. Chem., Abt. B **23** (193), 28. Vgl. Artikel 1, Bd. I, S. 333 sowie in diesem Artikel, Kap. II, S. 7.

[10] Vgl. Artikel 1, Bd. I, S. 360 und 365.

insbesondere die an festem Sauerstoff[1] unter Anwendung der Theorie der magnetischen Umwandlung und der Gesetze der Adsorption quantitativ erklärt werden.

Etwas schwieriger liegen die Verhältnisse bei der Adsorptionskohle[2]. Hier hat man es nicht mit einer paramagnetischen Substanz zu tun. Man muß, um die Wirkung als einen magnetischen Effekt erklären zu können, annehmen, daß die Kohle *paramagnetische Verunreinigungen* enthält, insbesondere solche, die auf der Oberfläche adsorbiert sind, oder aber daß sich auf der Oberfläche *freie Valenzen* befinden, denen — wegen ihres unpaaren Elektrons — ein magnetisches Moment zuzuordnen ist. Beide Fälle können realisiert sein. Man erkennt dies am besten beim Behandeln der Kohle mit Sauerstoff: Adsorbiert man Sauerstoff bei tiefen Temperaturen molekular, so ergibt sich die oben erwähnte Erhöhung der Aktivität[2,3], was sich zwanglos durch das Vorhandensein der Adsorptionsschicht von molekularem (paramagnetischem) Sauerstoff erklären läßt. Wird die Kohle hingegen bei hoher Temperatur der Einwirkung von Sauerstoff ausgesetzt, so verringert sich die Aktivität[2,3]. Dieser Effekt läßt sich auf eine Absättigung freier Valenzen durch Reaktion mit Sauerstoff zurückführen.

Die Erklärung der Tieftemperaturumwandlung als magnetische Wechselwirkung zwischen dem Wasserstoff und der Oberfläche wurde von Taylor[4] durch Versuche an Oxyden und Salzen erhärtet: An paramagnetischen Stoffen erhält man eine höhere Umwandlungsgeschwindigkeit als an diamagnetischen[5]. Daß sie aber bei letzteren auch meist nicht ganz null wird (wegen des durch freie Valenzen bedingten Oberflächenmagnetismus), zeigt am deutlichsten das schon besprochene Beispiel der Kohle.

Betrachten wir nun von den soeben angeführten Gesichtspunkten aus den in Abb. 1 gegebenen Temperaturverlauf der Umwandlungsgeschwindigkeit: Im Gebiet zwischen — 200 und 0° C vollzieht sich die Tieftemperaturumwandlung. Wenn sie durch magnetische Wechselwirkung hervorgerufen ist, wäre zu erwarten, daß die Reaktion nur sehr wenig von der Temperatur abhängt, wie dies die Theorie der paramagnetischen Umwandlung fordert und wie dies z. B. auch bei der Umwandlung an flüssigem und festem Wasserstoff[5] beobachtet ist. Da nun aber die adsorbierte Menge mit der Temperatur abnimmt, resultiert sogar ein negativer Temperaturkoeffizient für die (auf die Flächeneinheit bezogene) Umwandlungsgeschwindigkeit.

Von + 200° C ab wird der Temperaturkoeffizient deutlich positiv: die Hochtemperaturumwandlung setzt ein. Diese trägt alle Züge einer echten chemischen Reaktion.

Der in Abb. 1 wiedergegebene Kurvenverlauf erinnert an die Temperaturabhängigkeit der Adsorption, wobei der Vorgang mit negativem Temperaturkoeffizienten als „Van der Waalssche Adsorption", der mit positivem als „aktivierte Adsorption"[6] gedeutet wird. Zwischen Umwandlung und Adsorption besteht auch meist ein ursächlicher Zusammenhang, so daß der für die Umwandlung gemessene Temperaturverlauf mit dem der Adsorption identisch sein kann.

Trotz der äußerst einfachen Bruttogleichung, durch die sich die *o-p*-Umwandlung darstellen läßt, bleibt also eine Mehrdeutigkeit bezüglich des Reaktionsmechanismus bestehen. Man unterscheidet je nach der Ursache der Umwandlung

---

[1] E. Cremer: Z. physik. Chem., Abt. B 28 (1935), 383.

[2] K. F. Bonhoeffer, A. Farkas, K. W. Rummel: Z. physik. Chem., Abt. B **21** (1933), 225.

[3] Vgl. Kap. III 2, S. 14.

[4] H. S. Taylor, H. Diamond: J. Amer. chem. Soc. **55** (1933), 2614.

[5] Vgl. Kap. III 3, S. 17.

[6] H. S. Taylor: J. Amer. chem. Soc. **53** (1931), 578.

den „*magnetischen*" und den „*chemischen*" Mechanismus. Für den letzteren gibt es noch eine Reihe von verschiedenen Möglichkeiten, die sich auf den *Reaktionsweg* beziehen, über den der Austausch der Atome verläuft. Hierfür sind völlige Dissoziation und Wiedervereinigung der Atome, doppelte Umsetzung von Molekülen in der Adsorptionsschicht und ein kettenmäßiges Abreagieren der durch Dissoziation am Katalysator gebildeten H-Atome mit molekularem Wasserstoff in Vorschlag gebracht worden[1]. Daneben wurde noch die Möglichkeit erwogen, daß das aktiviert adsorbierte Molekül, ohne eine völlige Aufspaltung in Atome zu erleiden, als Gleichgewichtwasserstoff desorbiert wird[2].

Der Unterschied zwischen der chemischen und der magnetisch induzierten Umwandlung läßt sich in vielen Fällen aus dem Temperaturkoeffizienten erkennen. Man nimmt im allgemeinen an, daß die Reaktion magnetisch hervorgebracht wird, wenn ihre Geschwindigkeit keine bzw. nur die durch die Änderung der Adsorption bedingte Abhängigkeit von der Temperatur zeigt und daß sie durch chemische Umsetzung bewirkt wird, wenn man ihr eine Aktivierungswärme zuordnen kann. Dieses Kriterium ist jedoch nicht mit Sicherheit anzuwenden, da es 1. chemische Reaktionen mit geringer Temperaturabhängigkeit gibt und da 2. sich die magnetischen Eigenschaften einer Substanz (z. B. durch Dissoziation!) mit der Temperatur stark ändern können.

Ein Kriterium für die magnetische Natur des Effektes liefert der Vergleich mit der Ortho-Para-Deuterium-Umwandlung. Wegen des etwa 4mal geringeren magnetischen Moments des Deuteriums[3] muß die magnetische Umwandlung hier etwa 16mal langsamer gehen.

Wenn ferner bei der heterogenen Katalyse unter denselben Bedingungen an derselben Oberfläche auch solche Wasserstoffreaktionen, die nur durch einen Atomaustausch hervorgebracht werden können, mit annähernd gleicher Geschwindigkeit verlaufen, so darf man annehmen, daß man sich auch für die *o-p*-Umwandlung im Gebiet der chemischen Umsetzung befindet. Man hat zum Vergleich vor allem Austauschreaktionen mit schwerem Wasserstoff[4] und Hydrierungen an den verschiedensten Katalysatoren herangezogen. So wurde die *HD-Bildung* aus H_2 und D_2 an Nickel[5], Eisen[6], Platin[7, 8] und Kohle[9] mit der *o-p*-Umwandlung verglichen, ferner der *Atomaustausch* von HD und H_2O (sowie C_2H_5OH) an Platin[10, 11], von D_2 und NH_3 an Eisen[6], die *Hydrierung* und *Deuterierung* von Äthylen[7] und Benzol[12, 13] an Platin, sowie der Austausch des in Benzol und Cyclohexan gebundenen Wasserstoffs mit Deuterium an Platin[13], Kupfer[13] und Nickel[13, 14]

---

[1] C. WAGNER, K. HAUFFE: Z. Elektrochem. angew. physik. Chem. **45** (1939), 409.

[2] Vgl. L. FARKAS: Ergebn. exakt. Naturwiss. **12** (1933), 212, und Kap. III 4, S. 26.

[3] Vgl. Artikel 1, Bd. I, Kap. V 4, S. 378.

[4] Bezüglich der eingehenden Diskussion der diesen Vergleich behandelnden Arbeiten sei auf den Artikel von K. H. GEIB in diesem Bande des Handbuches verwiesen.

[5] K. F. BONHOEFFER, F. BACH, E. FAJANS: Z. physik. Chem., Abt. A **168** (1934), 313, 472. — E. FAJANS: Z. physik. Chem., Abt. B **28** (1935), 239.

[6] A. FARKAS: Trans. Faraday Soc. **32** (1936), 416.

[7] A. FARKAS, L. FARKAS: J. Amer. chem. Soc. **60** (1938), 22.

[8] M. CALVIN: Trans. Faraday Soc. **32** (1936), 1428. — M. CALVIN, H. E. DYAS: Ebenda **33** (1937), 1492.

[9] R. BURSTEIN: Acta physicochim. URSS **8** (1938), 857.

[10] A. FARKAS: Trans. Faraday Soc. **32** (1936), 922. — A. FARKAS, L. FARKAS: Ebenda **33** (1937), 678.

[11] D. D. ELEY, M. POLANYI: Trans. Faraday Soc. **32** (1936), 1388.

[12] A. FARKAS, L. FARKAS: Trans. Faraday Soc. **33** (1937), 827.

[13] R. K. GREENHALGH, M. POLANYI: Trans. Faraday Soc. **35** (1939), 520.

[14] Vgl. K. H. GEIB in diesem Bande des Handbuchs, S. 75, Tab. 15.

Bezüglich der für den Reaktionsmechanismus aus den Versuchen zu ziehenden Folgerungen sind die Meinungen noch nicht einheitlich. In den meisten Fällen wird als wesentlich für die Reaktion notwendiger Schritt die Aufspaltung der H_2-Moleküle an der Katalysatoroberfläche betrachtet, also ein Vorgang, der sicher auch bei zahlreichen Hydrierungen eine maßgebende Rolle spielt[1].

In dem hier interessierenden Zusammenhang verdient es besonders hervorgehoben zu werden, daß man an sehr aktiven Materialien (Chromoxyd[2], Nickel auf Kieselgur[3], bei hoher Temperatur entgaster Kohle[4]) die HD-Bildung noch bis zur Temperatur der flüssigen Luft hinab verfolgen kann, daß also auch bei so tiefen Temperaturen noch ein „Hochtemperaturmechanismus" vorliegen kann.

Eine so außerordentlich hohe katalytische Wirkung läßt sich am ehesten verstehen, wenn man die hohe Ausbeute durch das Auftreten von Reaktionsketten in der Oberfläche erklärt[5]. Besondere Argumente für das Vorliegen einer solchen Kettenreaktion bei der *o*-*p*-Wasserstoff-Umwandlung konnten für die Reaktion an Palladium von Wagner und Hauffe[6] erbracht werden, indem sie zwei weitere Vorgänge, nämlich den Durchtritt von Wasserstoff durch eine Palladiumfolie[7] sowie die Wasserstoffbeladung eines anfänglich leeren Palladiumdrahtes[8] zum Vergleich heranzogen. Beide Reaktionen (bei denen der Diffusionsvorgang sicher nicht zeitbestimmend ist) verlaufen merklich langsamer als die *o*-*p*-Umwandlung. Die Versuchsergebnisse lassen sich am besten durch die Annahme deuten, daß die Umwandlung durch eine *Kettenreaktion zwischen H-Atomen und H_2-Molekülen* hervorgebracht wird[9].

II. Kapitel.

Meßmethoden und rechnerische Behandlung.

Zur Messung der *o*-*p*-Wasserstoff-Umwandlung an festen Oberflächen haben verschiedenartige Anordnungen Verwendung gefunden. Man kann hauptsächlich folgende Anordnungstypen unterscheiden:

1. Messung im statischen System. a) Kleine Oberfläche, Hauptmenge des Wasserstoffs im Gasraum.

Hierbei darf die Geschwindigkeit der Umwandlung nicht zu groß sein, damit der Diffusionsausgleich im Gasraum genügend schnell vonstatten gehen kann

[1] Vgl. z. B. O. Schmidt: Z. physik. Chem., Abt. A **118** (1925), 193; **165** (1933), 133, 209; Z. Elektrochem. angew. physik. Chem. **39** (1932), 824; Ber. dtsch. chem. Ges. **68** (1935), 1098. — H. S. Taylor: Proc. Roy. Soc. (London), Ser. A **113** (1926), 77. — H. S. Taylor, G. B. Kistiakowsky: Z. physik. Chem., Abt. A **125** (1927), 341. — A. Farkas, L. Farkas: J. Amer. chem. Soc. **60** (1938), 22. — E. Cremer, C. A. Knorr, H. Plieninger: Z. Elektrochem. angew. physik. Chem. **47** (1941), 737.

[2] A. J. Gould, W. Bleakney, H. S. Taylor: J. chem. Physics **2** (1934), 362; Physic. Rev. **43** (1933), 496.

[3] Vgl. auch K. H. Geib in diesem Bande des Handbuchs, S. 54.

[4] R. Burstein: Acta physicochim. URSS **8** (1938), 857.

[5] Vgl. hierzu K. H. Geib in diesem Bande des Handbuchs, S. 53.

[6] C. Wagner, K. Hauffe: Z. Elektrochem. angew. physik. Chem. **45** (1939), 409.

[7] A. Farkas: Trans. Faraday Soc. **32** (1936), 1667.

[8] E. Jurisch: Diss. Leipzig, 1912. — C. A. Knorr: Z. physik. Chem., Abt. A **157** (1931), 143. — C. Wagner: Z. physik. Chem., Abt. A **159** (1932), 459. — A. R. Ubbelohde: Trans. Faraday Soc. **28** (1932), 275. — A. R. Ubbelohde, A. Egerton: Trans. Faraday Soc. **28** (1932), 284. — H. W. Melville, E. K. Rideal: Proc. Roy. Soc. (London), Ser. A **153** (1935), 89. — M. Fischer: Diplomarbeit T. H. München, 1935. — A. Farkas: Trans. Faraday Soc. **32** (1936), 1667. — D. Dobytschin, A. Frost: Acta physicochim. URSS **5** (1936), 111. — D. Dobytschin, A. Gelhart: Ebenda **6** (1937), 95. — M. Fischer, C. A. Knorr: Z. Elektrochem. angew. physik. Chem. **43** (1937), 608. — C. Wagner: Z. physik. Chem., Abt. A **181** (1938), 244.

[9] Vgl. auch Kap. III 4, S. 26.

(Diffusionskoeffizient des Wasserstoffs $D_{H_2} = 0{,}1\ cm^2/sec$)[1]. Die Änderung des p-(o)-Gehaltes in Bruchteilen ergibt multipliziert mit der Gesamtmenge Wasserstoff im Gasraum die absolute Umsatzmenge.

b) Große Oberfläche, Hauptmenge des Wasserstoffs in der Adsorptionsschicht, verschwindender Anteil im Gasraum.

Eine zum Zweck der Analyse dem Reaktionsgefäß entnommene Gasprobe entstammt dann unmittelbar der Adsorptionsschicht. Zur Feststellung der absolut umgesetzten Menge muß die gemessene anteilmäßige Änderung des p-(o)-Gehaltes mit der Menge des insgesamt adsorbierten Wasserstoffs multipliziert werden.

2. Messung im strömenden System. Sobald der stationäre Zustand eingestellt ist, bleiben sowohl in der Adsorptionsschicht wie im Gasraum die Konzentrationen unverändert. Für Geschwindigkeitsmessungen hält man am besten die Konzentrationsänderung beim Durchgang durch die Katalysatorschicht klein, dann ergibt das Produkt aus dem umgesetzten Bruchteil und dem Gasdurchsatz sofort die Umsatzgeschwindigkeit, diese multipliziert mit der Versuchsdauer den absoluten Umsatz.

3. Aufstellung der Geschwindigkeitsgleichung. Die Reaktionsgeschwindigkeit ist definiert als Umsatz pro Zeit. Bei heterogenen Reaktionen muß der Umsatz noch auf die Einheit der Oberfläche oder, wenn die Größe der Oberfläche unbekannt ist, auf das Gramm Katalysatorsubstanz bezogen werden.

Für die Aufstellung der Geschwindigkeitsgleichung ist zu berücksichtigen, daß

(1.) die Geschwindigkeit (sofern nicht die Desorption zeitbestimmend) der Häufigkeit der in der Phasengrenze verlaufenden Einzelreaktionen proportional ist, daß

(2.) für die heterogene Reaktion an Stelle des Gasdrucks die Konzentration der reaktionsfähigen Moleküle in der Adsorptionsschicht einzusetzen ist, und daß

(3.) die Geschwindigkeit einer evtl. Rückreaktion in Abzug gebracht werden muß.

Zu (1.): Betrachten wir zunächst die Geschwindigkeit des Einzelvorganges. Hierbei ist maßgebend, ob die Umwandlung nach dem Hochtemperatur- oder nach dem Tieftemperaturmechanismus verläuft. Im ersteren Falle handelt es sich um eine normale *chemische Reaktion*, d. h. die Geschwindigkeitskonstante läßt sich nach der ARRHENIUSschen Gleichung darstellen:

$$k = A \cdot e^{-q/RT}, \tag{1}$$

wobei q die an den Reaktionszentren zur Einleitung der Reaktion notwendige Aktivierungsenergie und A eine Übergangswahrscheinlichkeit ist. Es können sowohl A wie q von Material zu Material variieren und auch bei gleicher stofflicher Beschaffenheit des Katalysators stark von den Herstellungsbedingungen und der Vorbehandlung abhängen.

Für den Fall, daß die Umwandlung durch *magnetische Wechselwirkung* erfolgt (Tieftemperaturmechanismus), ist von WIGNER[2] aus quantenmechanischen Überlegungen die Formel für die Übergangswahrscheinlichkeit (W) eines Moleküls aus einem p-Zustand mit der Quantenzahl j in den o-Zustand mit der Quantenzahl $j+1$ abgeleitet worden:

$$W_{j,j+1} = \frac{12\, a_{H_2}^2 \mu_P^2 \mu_A^2 J^2}{\hbar^4 a_s^8 (j+1)(2j+1)} \sin^2 \frac{\hbar (j+1) t}{2J}, \tag{2}$$

wobei a_{H_2} den Abstand der Wasserstoffatome im H_2-Molekül, J das Trägheitsmoment des H_2-Moleküls, μ_P das magnetische Moment des Protons, μ_A das magne-

[1] P. HARTECK, H. W. SCHMIDT: Z. physik. Chem., Abt. B **21** (1933), 447.
[2] E. WIGNER: Z. physik. Chem., Abt. B **23** (1933), 28.

tische Moment des paramagnetischen Stoßpartners, a_s den Abstand der Moleküle beim Stoß, $\hbar$ die PLANCKsche Konstante dividiert durch 2π, t die Stoßzeit bedeutet. Eine analoge Gleichung gilt für den Übergang $j \to j-1$. Geht die Umwandlung in Richtung eines Energieverbrauches (E) vor sich, so muß die Übergangswahrscheinlichkeit noch mit dem BOLTZMANN-Faktor $e^{-E/RT}$ multipliziert werden, da nur der durch diesen Faktor gegebene Bruchteil von Molekülen die für die Umwandlung nötige Energie besitzt[1]. Dadurch wird namentlich für den bei tiefen Temperaturen überwiegend endothermen Übergang $p \to o$ im Temperaturintervall unterhalb 300° abs. eine Temperaturabhängigkeit der Umwandlungsgeschwindigkeit hervorgebracht, während der Übergang $o \to p$ bei 20° abs. allein durch den Ausdruck (2) beschrieben wird. Hier sind nur noch a_s und t in geringem Maße mit der Temperatur veränderlich. Gegenüber der Temperaturabhängigkeit einer echten chemischen Reaktion ist der Einfluß der Temperatur auf die magnetische Umwandlung so klein, daß man ihn meist praktisch vernachlässigen kann[2].

Die Gleichung (2) ist ursprünglich für die Umwandlung beim Zusammenstoß zwischen einem H_2-Molekül und einem paramagnetischen Molekül im Gasraum abgeleitet worden. Man kann sie aber auch auf die Vorgänge im kondensierten bzw. adsorbierten Zustand anwenden. Für die Erzielung einer endlichen Übergangswahrscheinlichkeit ist es notwendig, daß ein in molekularen Dimensionen inhomogenes magnetisches Feld durchlaufen wird. Dies ist beim Stoß im Gasraum sicher der Fall. Um die der Ableitung zugrunde liegenden Vorstellungen auf den adsorbierten Zustand zu übertragen, sind die Schwingungen des adsorbierten Moleküls gegen die feste Unterlage als „Stöße" aufzufassen, bei denen die Zeit zwischen zwei Stößen nur von der Größenordnung der Stoßzeit selbst ist und nicht — wie im Gasraum — um viele Zehnerpotenzen größer[3].

Zu (2.): Die Beziehung zwischen dem Druck im Gasraum und der Konzentration umwandlungsfähiger Moleküle in der Adsorptionsschicht wird durch die *Adsorptionsisotherme* gegeben. Ist eine Oberfläche vorhanden, bei der an jeder Stelle die Adsorption mit der gleichen Adsorptionswärme verläuft, oder ist nur eine durch eine bestimmte Adsorptionswärme ausgezeichnete Art von aktiven Zentren für die Reaktion wirksam, so ist der Zusammenhang zwischen der Zahl der adsorbierten Moleküle ($\mathfrak{a}$) und dem Druck p im Gasraum nach LANGMUIR gegeben durch die Beziehung:

$$\mathfrak{a} = \frac{\mathfrak{z} \cdot b p}{1 + b p}, \tag{3}$$

wobei $\mathfrak{z}$ die Zahl der Adsorptionszentren und b den Adsorptionskoeffizienten bedeutet, der mit der Adsorptionswärme in dem durch die Gleichung

$$b = B e^{\lambda/RT} \tag{4}$$

gegebenen Zusammenhang steht (der Faktor B läßt sich aus statistischen Überlegungen berechnen).

Es ist, wenn man mit x den Orthowasserstoffgehalt des Gases bezeichnet, die Konzentration des oH_2 im Adsorptionsraum gegeben durch die Adsorptionsisotherme des Orthowasserstoffs, wobei der im Anteil $(1-x)$ im Gemisch vorhandene Parawasserstoff entsprechend der LANGMUIRschen Theorie als verdrängender und dadurch die Reaktion hemmender Bestandteil aufgefaßt werden

[1] Vgl. Artikel 1, Bd. I, S. 333, 362f. und 365.

[2] Über die Temperaturabhängigkeit bei Berücksichtigung höherer Rotationsquanten siehe Artikel 1, Bd. I, S. 365.

[3] Vgl. Kap. III 1, S. 14

muß. Der Adsorptionskoeffizient von Orthowasserstoff sei mit b, der von Parawasserstoff mit b' bezeichnet. Es ist dann, wenn man für den Bruchteil der Oberfläche, der mit Adsorbat bedeckt ist, also für $\mathfrak{a}/\mathfrak{z}$ [Gleichung (3)], das Symbol σ einführt

$$\sigma_{ortho} = \frac{b\,x\,p}{1 + b\,x\,p + b'(1-x)\,p} \tag{5}$$

und

$$\sigma_{para} = \frac{b'(1-x)\,p}{1 + b\,x\,p + b'(1-x)\,p} \tag{5a}$$

(Zu 3.): Bei sehr tiefen Temperaturen (20° abs. und darunter) kommt, da das Gleichgewicht bei nahezu 100% Parawasserstoff liegt, als einzige Reaktion die Umwandlung in der Richtung

$$o\mathrm{H}_2 \to p\mathrm{H}_2$$

in Frage. Mißt man die Umwandlung bei höheren Temperaturen (T abs. etwa 30° und höher), so findet sowohl eine Reaktion in der Richtung

$$p\mathrm{H}_2 \to o\mathrm{H}_2$$

wie auch

$$o\mathrm{H}_2 \to p\mathrm{H}_2$$

statt. Bei Temperaturen von mehr als 200° abs. ist die Reaktion in der Richtung $p \to o$ dreimal häufiger als in der Richtung $o \to p$. Geht man also von reinem oder angereichertem Parawasserstoff aus, so verläuft die Reaktion so lange in der Richtung der Vermehrung der Orthokomponente, bis das Verhältnis Ortho- zu Parawasserstoff gleich 3:1 ist, d. h. sich der Wasserstoff normaler Zusammensetzung gebildet hat.

Die Geschwindigkeit der Umwandlung durch chemische Reaktion wäre demnach gegeben

a) bei *tiefen* Temperaturen durch:

$$-\frac{d\,o\mathrm{H}_2}{dt} = k_{o\to p}\,\sigma_{ortho}\,, \tag{6}$$

b) bei *hohen* Temperaturen:

$$-\frac{d\,p\mathrm{H}_2}{dt} = k_{p\to o}\cdot\sigma_{para} - k_{o\to p}\cdot\sigma_{ortho}\,. \tag{7}$$

Für die magnetisch induzierte Reaktion lauten die entsprechenden Ausdrücke

a) bei *tiefen* Temperaturen

$$-\frac{d\,o\mathrm{H}_2}{dt} = W_{o\to p}\,\sigma_{ortho}\,, \tag{8}$$

b) bei *hohen* Temperaturen:

$$-\frac{d\,p\mathrm{H}_2}{dt} = W_{p\to o}\,\sigma_{para} - W_{o\to p}\,\sigma_{ortho}\,. \tag{9}$$

Ist die Oberfläche nicht einheitlich, also auf ihr nicht nur *eine*, sondern *verschiedene Arten* von Zentren vorhanden, die sich durch ihre Adsorptionsfähigkeit unterscheiden, so kann die Konzentration in der Adsorptionsschicht nicht mehr durch die LANGMUIRsche Beziehung wiedergegeben werden. Die Abhängigkeit der Zahl der adsorbierten Moleküle vom Druck läßt sich dann meist — mindestens näherungsweise — durch die empirische Adsorptionsisotherme[1] der Form

$$\mathfrak{a} = K\,p^n \tag{10}$$

(wobei K und n Konstanten sind, $n < 1$) darstellen. Für den Fall, daß die aktiven

[1] Meist als „FREUNDLICHsche Isotherme“ bezeichnet. Vgl. hierzu jedoch W. BILTZ: Z. angew. Chem. 44 (1931), 925.

Zentren auf der Katalysatoroberfläche eine ihrer Vorbehandlungstemperatur $\mathfrak{T}$ entsprechende Häufigkeitsverteilung $e^{-E/R\mathfrak{T}}$ (E = Fehlordnungsenergie) besitzen und an jeder Zentrenart die Adsorption entsprechend der LANGMUIRschen Theorie erfolgt, ergibt sich unter der Annahme, daß die Adsorptionswärme von E linear abhängt, sogar exakt eine der Gleichung (10) entsprechende Adsorptionsisotherme[1].

Trotzdem dürfte auch bei uneinheitlicher Oberfläche die für die Reaktion maßgebende Konzentration im Adsorptionsraum meist durch die LANGMUIRsche Isotherme darstellbar sein, sofern es sich um eine Hochtemperaturumwandlung handelt, da man annehmen kann daß die Verschiedenheit in den Adsorptionswärmen von einer Abstufung in den Aktivierungswärmen der an den betreffenden Zentren verlaufenden Reaktionen begleitet ist und daß folglich nur ein schmaler Bereich aktiver Zentren überragend wirksam ist, der praktisch als eine einzige wirksame Zentrenart aufgefaßt werden kann[2].

Anders ist es bei der magnetischen Umwandlung. Diese Reaktion besitzt keine Aktivierungswärme. Es kommt hier nur auf die Nachbarschaft mit einem Bestandteil der Oberfläche an, der Träger eines magnetischen Momentes ist. Die Bindungsfestigkeit an einer solchen Stelle spielt nur insofern eine Rolle, als sie eine Änderung der zwischenmolekularen Atomabstände bewirken kann. Ist diese Änderung aber geringfügig, so ist zu vermuten, daß die Kinetik der *o*-*p*-Umwandlung, sobald man die Reaktion an einem Katalysatormaterial vor sich gehen läßt, dessen Oberfläche nicht einheitlich ist, nach einem Adsorptionsgesetz darzustellen ist, das der Formel (10) entspricht — jedenfalls aber von der LANGMUIRschen Gleichung abweicht.

III. Kapitel.

Heterogene Umwandlung von Ortho- und Parawasserstoff.

1. Umwandlung an festem Sauerstoff.

Als erstes Beispiel einer heterogenen *o*-*p*-Wasserstoff-Umwandlung sei hier die Katalyse durch *festen Sauerstoff* behandelt[3], obgleich der historisch erste Katalysator die Adsorptionskohle[4] ist, bei der jedoch recht verwickelte und rechnerisch noch nicht genügend erfaßte Mechanismen vorliegen, während man beim festen Sauerstoff gut überblickbare Verhältnisse hat: Sauerstoff ist eine paramagnetische Substanz. Wir haben es hier mit einer rein magnetisch bedingten Umwandlung zu tun, und da der Katalysator in fester Form nur bei sehr tiefen Temperaturen existiert, fehlt jede Überschneidung mit einer möglichen Hochtemperaturumwandlung. Durch Verfestigen von flüssigem Sauerstoff läßt sich ein Katalysator mit gut reproduzierbarer, geometrisch genügend definierter Oberfläche herstellen. Die Vermutung, daß diese als „glatte Oberfläche" aufzufassen ist und somit eine Adsorption nach der LANGMUIRschen Gleichung aufweist, hat sich bestätigt. Man kennt schließlich das magnetische Moment des Sauerstoffs und alle weiteren Daten, die für die Anwendung der WIGNERschen Formel (2) in Frage kommen. Das Zusammenwirken all dieser Umstände ermöglicht es, in diesem Falle ein geschlossenes Bild des katalytischen Geschehens zu geben.

---

[1] E. CREMER: Angew. Chem. **51** (1938), 834. — E. CREMER, S. FLÜGGE: Z. physik. Chem., Abt. B **41** (1938), 453.

[2] F. H. CONSTABLE: Proc. Roy. Soc. (London), Ser. A **108** (1925), 355. — Vgl. SCHWAB-TAYLOR-SPENCE: Catalysis from the standpoint of chemical kinetics. New York, 1938.

[3] E. CREMER: Z. physik. Chem., Abt. B **28** (1935), 383.

[4] K. F. BONHOEFFER, P. HARTECK: Naturwiss. **17** (1929), 182; S.-B. preuß. Akad. Wiss., physik.-math. Kl. **1929**, 103; Z. physik. Chem., Abt. B **4** (1929), 113; Z. Elektrochem. angew. physik. Chem. **35** (1929), 621.

Ausführung der Versuche.

In ein senkrecht stehendes Rohr von etwa 60 cm Länge und 7 mm lichter Weite, dessen unteres Ende sich über flüssigem Wasserstoff befand, aber nicht in denselben eintauchte, wurde Sauerstoff (etwa 0,5 g) eindestilliert, der sich zunächst flüssig kondensierte (Temperatur im unteren Teil des Rohres etwa 80° abs.). Dann wurde das Rohr langsam in flüssigen Wasserstoff eingetaucht, wobei sich der Sauerstoff verfestigte. Für die in Tabelle 1 mitgeteilten Versuche wurde der Katalysator dreimal neu hergestellt. Die verschiedenen Füllungen sind mit I, II und III bezeichnet. In das Rohr wurde dann gasförmiger Wasserstoff (von der Anfangszusammensetzung $o:p = 3:1$) eingelassen, der Druck an einem Quecksilbermanometer abgelesen und nach bestimmten Zeitintervallen, die zwischen 1 und 12 Stunden lagen, die Zunahme des Parawasserstoffgehaltes durch Messung der Wärmeleitfähigkeit (nach BONHOEFFER und HARTECK[1]) festgestellt.

Die Versuchsergebnisse sind in Tabelle 1 aufgeführt.

Tabelle 1.

Umsatz von gasförmigem Orthowasserstoff über festem Sauerstoff bei 20° abs.

t = Zeit in Stunden. p = Gesamtdruck im Reaktionsraum in mm Hg. x_A = Anfangs-, x_E = Endkonzentration von o-Wasserstoff in % des Gesamtwasserstoffs. k_0 = Orthowasserstoffumsatz pro Stunde in mm Hg. $k(b) = \frac{\ln x_A/x_E}{bt} + k_0$ (b = Adsorptionskoeffizient von Orthowasserstoff).

O_2-Füllung Nr.	t	p	x_A	x_E	$\frac{x_A - x_E}{t}$	k_0	$k(0{,}1)$	$k(0{,}08)$
I	10	~760*	75	$66{,}_4$	$0{,}8_6$	6,5	6,7	—
III	1,7	690	75	$73{,}_4$	$0{,}9_4$	6,5	6,6	6,6
III	3,3	174	$73{,}_4$	$61{,}_7$	$3{,}5_5$	6,2	6,7	6,8
II	11,5	130	75	$21{,}_0$	4,7	6,1	7,2	—
III	1	$76{,}_5$	75	$68{,}_0$	7,0	5,4	6,3	6,6
II	9	$64{,}_8$	75	$10{,}_3$	7,1	4,6	6,9	—
III	3	$47{,}_8$	$61{,}_7$	$34{,}_5$	9,1	4,3	6,3	6,8
						Mittel:	$6{,}6_7 \pm 0{,}1_2$	$6{,}7_0 \pm 0{,}05$

Die Annahme, daß die Reaktion mit festem Sauerstoff nach demselben Mechanismus verläuft wie die Reaktion im Gasraum, daß also das Auftreffen von Orthomolekülen auf die Oberfläche des festen Sauerstoffs für die Umwandlungsgeschwindigkeit maßgebend sei, gemäß der Gleichung

$$oH_2 + O_2 \rightarrow pH_2 + O_2,$$

würde verlangen, daß die Umwandlungsgeschwindigkeit dem Orthowasserstoffdruck proportional ist. Aus der Tabelle 1 ersieht man jedoch, daß diese Forderung nicht erfüllt ist. Der Orthowasserstoffdruck wird im Verhältnis 20:1 variiert, während die pro Zeiteinheit umgesetzte Menge fast konstant bleibt. Wir haben also eine Reaktion vor uns, die — jedenfalls bei hohen Drucken — nach nullter Ordnung verläuft.

Der Umsatz ist im Mittel rund 6 mm pro Stunde. Unter Berücksichtigung der Gefäßdimensionen und der in den verschiedenen Teilen des Reaktionsraumes verschiedenen Temperatur (Gradient von 20° bis 290° abs.) ergibt die Umrechnung, daß sich pro Sekunde

$$0{,}5 \cdot 10^{16} \text{ Moleküle}$$

---

[1] Vgl. Artikel 1, Bd. I, Kap. III 1, S. 338.

* Bei diesem Versuch wurde unter Überdruck eingefüllt, so daß möglicherweise anfänglich ein Teil des Wasserstoffs flüssig war.

umsetzen. Berechnet man nun mittels der HERTZ-KNUDSENschen Formel die Anzahl der Stöße, die die Orthomoleküle auf die Katalysatoroberfläche ausüben, für einen mittleren Druck, etwa für $p = 130$ mm (entsprechend 98 mm Orthowasserstoff), so ergibt sich, daß pro Sekunde

$$2{,}2 \cdot 10^{23} \text{ Moleküle}$$

auftreffen. L. FARKAS und SACHSSE fanden in guter Übereinstimmung mit der WIGNERschen Berechnung[1] bei der Temperatur von 77° abs. eine Stoßausbeute von $2{,}4 \cdot 10^{-13}$. Sie finden ferner nur eine geringe Temperaturabhängigkeit der Reaktion, so daß man auch für 20° abs. noch etwa dieselbe Stoßausbeute annehmen darf. Rechnet man für diese Temperatur mit dem Wert $1 \cdot 10^{-13}$, so müßten sich an der betrachteten Oberfläche pro Sekunde

$$2{,}2 \cdot 10^{23} \cdot 1 \cdot 10^{-13} = 2{,}2 \cdot 10^{10} \text{ Moleküle}$$

umsetzen. Der gefundene Umsatz ist aber etwa 10^5mal größer.

Die einfache Übertragung der für die Gasreaktion gültigen Vorstellung auf die heterogene Reaktion führt also hier zu einem doppelten Widerspruch:

1. in bezug auf die Ordnung der Reaktion,
2. in bezug auf die absolute Größe der Reaktionsgeschwindigkeit.

Beide Abweichungen lassen sich zwanglos erklären, wenn man annimmt, daß die heterogene Orthowasserstoff-Umwandlung in einer in bezug auf Orthowasserstoff nahezu gesättigten Adsorptionsschicht verläuft.

Man kann dann entsprechend den Ausführungen in Kapitel II (S. 9) für die Umwandlungsgeschwindigkeit setzen:

$$-\frac{d\,p_{ortho}}{dt} = \frac{k\,b\,x\,p}{1 + b\,x\,p + b'(1-x)\,p}. \tag{11}$$

Es zeigt sich nun, daß das b' enthaltende Glied vernachlässigbar klein ist. Folgerungen aus dieser Tatsache werden in Kap. IV 5 (S. 32) näher behandelt. Man erhält dann, indem man für den Orthowasserstoff-Partialdruck p_{ortho} auch auf der linken Seite das Produkt xp einsetzt:

$$-p\frac{dx}{dt} = k\frac{b\,x\,p}{1 + b\,x\,p}. \tag{12}$$

Dies ergibt integriert:

$$\frac{1}{b} \cdot \frac{\ln x_A/x_E}{t} + \frac{p\,(x_A - x_E)}{t} = k, \tag{13}$$

wobei sich der Index A bzw. E auf den Anfang bzw. das Ende des Zeitintervalls bezieht, über das integriert wurde. Da $(\ln x_A/x_E)/t$ den mathematischen Ausdruck der Geschwindigkeitskonstante einer Reaktion erster Ordnung (k_1) und $p \cdot (x_A - x_E)/t$ den Ausdruck für die Geschwindigkeitskonstante der Reaktion nullter Ordnung (k_0) darstellt, läßt sich die Gleichung (3) auch schreiben:

$$1/b \cdot k_1 + k_0 = k. \tag{14}$$

k_1 und k_0 enthalten nur experimentell bestimmbare Größen. Man kann somit die Konstanten b und k aus den Versuchsdaten berechnen und erhält unter Berücksichtigung aller Meßpunkte für b den Wert:

$$b = 0{,}1 \pm 0{,}015$$

(0,015 = mittlerer Fehler des Mittelwerts). Die mit $b = 0{,}1$ berechneten Werte für k sind in der vorletzten Spalte der Tabelle 1 gegeben. Obgleich bei den Ver-

[1] L. FARKAS, H. SACHSSE: Z. physik. Chem., Abt. B **23** (1933), 1; Artikel 1, Bd. I, Kap. IV 3, S. 362.

suchen verschiedene Katalysatoroberflächen benützt wurden, fügen sich alle Meßpunkte gut in die Gleichung ein. Der Mittelwert für k ist:

$$k = 6{,}67 \pm 0{,}12 .$$

Etwas zu hoch liegen die Werte der Versuche über Katalysator II. Doch liegt diese Abweichung von etwa 10% innerhalb der nach der Versuchsmethodik zu erwartenden Streuung. Der Fehler könnte z. B. allein durch ein etwas weniger tiefes Eintauchen des Versuchsrohres in den flüssigen Wasserstoff bewirkt worden sein, was eine Verringerung des im Reaktionsraum bei gleichem Druck befindlichen Wasserstoffs und somit beim gleichen absoluten Umsatz einen höheren prozentualen Umsatz ergibt. In Abb. 2 sind für die über derselben Füllung (III) gemessenen Punkte die Werte von k_1 gegen k_0 aufgetragen. Aus dem Diagramm ergibt sich $b = 0{,}08 \pm 0{,}01$. Die letzte Spalte der Tabelle 1 enthält die mit diesem b-Wert berechneten k-Werte. Für die weiteren Rechnungen wurde

$$b = 0{,}09 \pm 0{,}02$$

als wahrscheinlichster Wert angenommen.

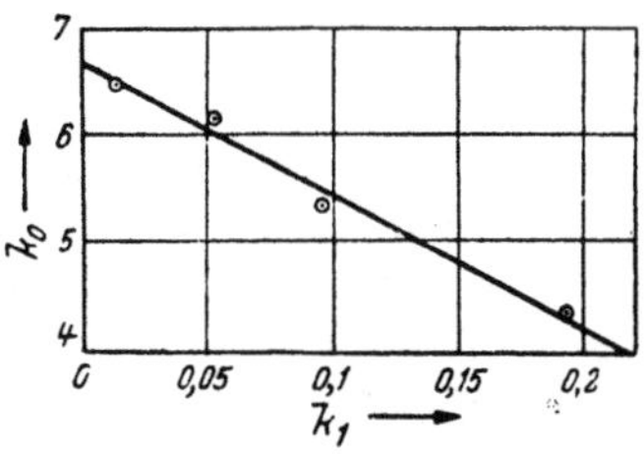

Abb. 2. k_0—k_1-Diagramm für die Umwandlung von Orthowasserstoff an festem Sauerstoff bei 20° abs. (Katalysatorfüllung III).

$$k_0 = \frac{p \cdot (x_A - x_E)}{t}\,; \qquad k_1 = \frac{\ln (x_A / x_E)}{t}$$

Bezeichnungen s. Tabelle 1.

Die Konstanz der k-Werte zeigt, daß die Druckabhängigkeit zwanglos aus der Vorstellung einer Reaktion in der Adsorptionsschicht zu erklären ist. Es ist unter dieser Annahme auch zu verstehen, weshalb die Reaktion 10^4- bis 10^5mal schneller geht, als man erwarten würde, wenn ihre Geschwindigkeit allein durch die Zahl der Stöße auf die Oberfläche bestimmt wäre: Die Geschwindigkeitskonstante ist nach Tabelle 1: $k = 6{,}7$ mm/Stunde, was bei den gegebenen Gefäßdimensionen und Temperaturen $0{,}55 \cdot 10^{16}$ Moleküle/sec bedeutet. Dies gilt für eine Katalysatorfläche von etwa 0,4 cm². Bezogen auf die Flächeneinheit ist die Konstante dann:

$$k = 1{,}4 \cdot 10^{16}\ \text{Moleküle/cm}^2\,\text{sec}.$$

Unter der Annahme, daß die Wasserstoffmoleküle auf der Oberfläche ähnlich wie im Wasserstoffgitter angeordnet sind, also mit einem Abstand von etwa 4 Å, haben bei vollständiger Bedeckung $7 \cdot 10^{14}$ Orthomoleküle/cm² auf der Katalysatoroberfläche Platz. Es müssen sich also im Durchschnitt auf jeder Stelle der Katalysatorfläche, die ein Orthomolekül adsorbieren kann, pro Sekunde $1{,}4 \cdot 10^{16}/7 \cdot 10^{14} = 20$ Moleküle umsetzen. Im Mittel ist daher jede Stelle am Katalysator

$$\tau = {}^1/_{20}\ \text{sec}$$

mit Adsorbat belegt, bis ein Umsatz stattfindet.

Die Zeit τ', die sich andrerseits bei der homogenen Gasreaktion ein Sauerstoffmolekül in Berührung mit einem Wasserstoffmolekül (Entfernung = doppelter Stoßabstand) befindet, läßt sich aus der von L. Farkas und Sachsse[1] gemessenen Stoßausbeute ($6{,}7 \cdot 10^{13}$) als Quotient aus Stoßzeit (t) und Stoßausbeute berechnen. Die Stoßzeit kann man nach Sachsse als a_s/v (a_s = Stoßabstand, v = mittlere Geschwindigkeit der Moleküle) ansetzen und erhält so

$$\tau' = {}^1/_5\ \text{sec}.$$

Im Rahmen der Genauigkeit dieser Abschätzung ist also

$$\tau = \tau',$$

[1] L. Farkas, H. Sachsse: Z. physik. Chem., Abt. B 23 (1933), 1.

d. h. *die Wirksamkeit des festen Sauerstoffs ist nicht größer als die des gasförmigen.* In beiden Fällen wandelt die gleiche Zahl von Molekülen bei gleicher Zeit der Einwirkung gleiche Mengen um. Daß man aber bei Vorhandensein einer Adsorptionsschicht eine größere Umwandlungsgeschwindigkeit findet, rührt daher, daß hier der Sauerstoff in ständiger Berührung mit dem Wasserstoff steht, während im Gasraum seine Wirksamkeit nur im Verhältnis „*Stoßdauer*" zur „*Zeit zwischen zwei Stößen*" ausgenützt werden kann, der Sauerstoff also dort den größten Teil der Zeit „leer" läuft.

Die Größenordnung der Geschwindigkeit läßt sich auch allein aus anderweitig bekannten Molekül- und Atomdaten unter Einsetzen plausibler Werte für die zwischenmolekularen Abstände in der Adsorptionsschicht mit Hilfe der WIGNERschen Gleichung berechnen[1].

2. Umwandlung an Kohle.

In der *Kohle* entdeckten BONHOEFFER und HARTECK[2] einen außerordentlich wirksamen Tieftemperaturkatalysator. Über ihre Arbeitsweise wurde in Artikel 1, Kap. II näher berichtet[3]. Die katalytische Wirksamkeit der Kohle hängt stark von Herkunft und Vorbehandlung ab, wie systematische Untersuchungen von BONHOEFFER und Mitarbeitern[4] ergaben. Dieser Befund ist nicht erstaunlich, da ja die Wirksamkeit der Kohle — wie bereits in den Kapiteln I und II dargetan wurde — nicht nur beim Hoch-, sondern auch beim Tieftemperaturmechanismus — von sehr subtilen Oberflächeneigenschaften — wie *freien Valenzen* und *adsorbierten paramagnetischen Substanzen* — abhängt.

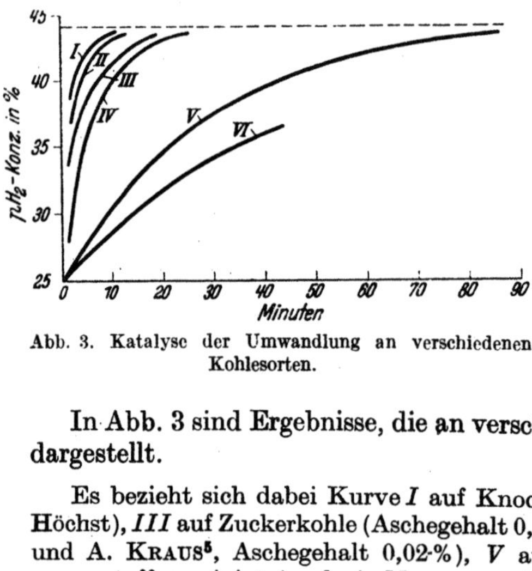

Abb. 3. Katalyse der Umwandlung an verschiedenen Kohlesorten.

In Abb. 3 sind Ergebnisse, die an verschiedenen Kohlesorten erhalten wurden, dargestellt.

Es bezieht sich dabei Kurve *I* auf Knochenkohle, *II* auf Aktivkohle (Farbwerke Höchst), *III* auf Zuckerkohle (Aschegehalt 0,02 %), *IV* auf Holzkohle (nach A. MAGNUS und A. KRAUS[5], Aschegehalt 0,02 %), *V* auf Holzkohle mit Flußsäure und Chlorwasserstoff gereinigt (nach A. MAGNUS und H. GIEBENHAIN[6]), *VI* auf Zuckerkohle, Aschegehalt 0,02 % (Präparat von B. BRUNS und A. FRUMKIN[7]).

Abb. 4 zeigt eine Versuchsanordnung, mit der von RUMMEL[8] statische Messungen der Umwandlungsgeschwindigkeit ausgeführt wurden.

Die Anordnung entspricht im Prinzip der in Kap. II unter 1b besprochenen. Der umgewandelte Wasserstoff wird hier stets direkt aus der Adsorptionsschicht

[1] Vgl. Artikel 1, Bd. I, S. 360.

[2] K. F. BONHOEFFER, P. HARTECK: Naturwiss. **17** (1929), 182; S.-B. preuß. Akad. Wiss., physik.-math. Kl. **1929**, 103; Z. physik. Chem., Abt. B **4** (1929), 113; Z. Elektrochem. angew. physik. Chem. **35** (1929), 621.

[3] Vgl. Artikel 1, Bd. I, Kap. II, S. 336.

[4] K. F. BONHOEFFER, A. FARKAS, K. W. RUMMEL: Z. physik. Chem., Abt. B **21** (1933), 225. — K. W. RUMMEL: Z. physik. Chem., Abt. A. **167** (1933), 221.

[5] A. MAGNUS, A. KRAUS: Z. physik. Chem., Abt. A **158** (1932), 161.

[6] A. MAGNUS, H. GIEBENHAIN: Ebenda **164** (1932), 209.

[7] B. BRUNS, A. FRUMKIN: Ebenda **141** (1929), 141.

[8] K. W. RUMMEL: Z. physik. Chem., Abt. A **167** (1933), 221.

entnommen. Geschwindigkeitsmessungen bei verschiedenen Drucken ergeben also hier die Ordnung der Reaktion in der Adsorptionsschicht („wahre" Ordnung). Die Auswertung nach der Gleichung

$$u_t = u_0 \cdot e^{-kt}, \tag{15}$$

wobei u_t den Umsatz zur Zeit t und k, wie bei der thermischen Umwandlung[1]

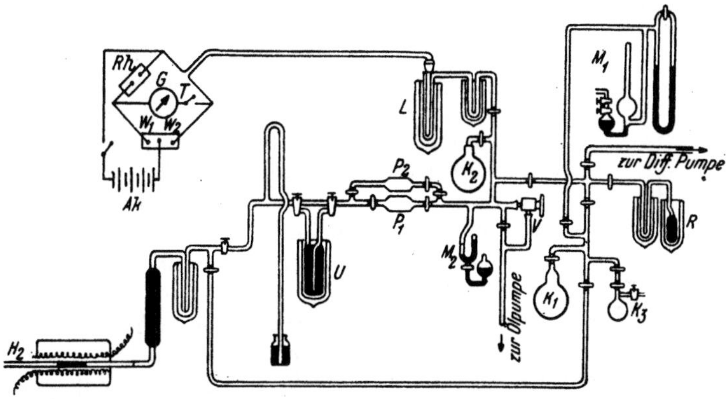

Abb. 4. Anordnung zur statischen Messung der Umwandlung an Kohle.

U Umwandlungsgefäß, in fl. Luft zur Herstellung von 44% igem Wasserstoff. P_1, P_2 Pipetten zur Aufnahme der zu untersuchenden Wasserstoffproben. L Meßgefäß zur Wärmeleitfähigkeitsmessung. V, M_2 Ventil und Manometer zur Einstellung des Meßdruckes (15 mm) in L. R Reaktionsraum aus Quarz mit der zu untersuchenden Kohlenprobe. M_1 McLeod-Manometer. K_1, K_2 Vorratskolben für Wasserstoff. K_3 Vorratskolben für Gase, die zur Behandlung der Kohlenoberfläche dienen.

die Summe der Geschwindigkeitskonstanten der Hin- und Rückreaktion bedeutet, ergibt eine vom Druck unabhängige Konstante. Die Reaktion in der Adsorptionsschicht verläuft demnach als Reaktion *1. Ordnung* (vgl. Tabelle 2).

k ist außerdem von der *Temperatur unabhängig* (Tabelle 3)[2]. Dies ist ein experimenteller Beweis dafür, daß die Katalyse an der Kohle hier auf magnetische Umwandlung zurückzuführen ist.

Es besteht kein Zusammenhang zwischen *Adsorptionsvermögen und katalytischer Wirksamkeit*, wie der Vergleich der Tabelle 4 mit Abb. 5 zeigt. Abb 5 gibt die bei der

Tabelle 2.
p-H₂-Umwandlung an Zuckerkohle.
$T = -183°$ C.

Druck in mm	$\tau_{1/2}$ = Halbwertszeit	$k = \frac{0{,}69}{\tau_{1/2}}$
7	1140 sec	$6{,}05 \cdot 10^{-4}$
60	1200 „	$5{,}75 \cdot 10^{-4}$
102	1170 „	$5{,}90 \cdot 10^{-4}$
170	1260 „	$5{,}48 \cdot 10^{-4}$
760	1200 „	$5{,}75 \cdot 10^{-4}$

Tabelle 3. *p-H_2-Umwandlung an Kokosnußkohle* (*aschefrei*).
Druck = 760 mm.

T abs.	$\tau_{1/2}$	$k = \frac{0{,}69}{\tau_{1/2}}$ [2]	k_1 $o \to p$	k_2 $p \to o$
106°	1260 sec	$5{,}48 \cdot 10^{-4}$	$2{,}00 \cdot 10^{-4}$	$3{,}48 \cdot 10^{-4}$
90°	1200 „	$5{,}75 \cdot 10^{-4}$	$2{,}48 \cdot 10^{-4}$	$3{,}27 \cdot 10^{-4}$
63°	1140 „	$6{,}05 \cdot 10^{-4}$	$3{,}71 \cdot 10^{-4}$	$2{,}34 \cdot 10^{-4}$

[1] Vgl. Artikel 1, Bd. I, S. 349.

[2] Da das Gleichgewicht zwischen pH_2 und oH_2 sich ändert, ändern sich natürlich die Geschwindigkeitskonstanten der Einzelreaktionen $p \to o$ und $o \to p$ mit der Temperatur. Ihre Summe bleibt aber konstant.

Temperatur der flüssigen Luft aufgenommenen Adsorptionsisothermen von Wasserstoff für die in Tabelle 4 aufgeführten Kohlesorten.

Verringerung des Aschegehaltes um etwa 2 Zehnerpotenzen verringert die katalytische Aktivität nur unerheblich (Abb. 6). Dies macht es sehr wahrscheinlich, daß nicht paramagnetische Verunreinigungen, sondern freie Valenzen auf der Kohleoberfläche die Träger der Aktivität sind. Einen weiteren Beweis für diese Vorstellung liefert die *Vergiftbarkeit mit Sauerstoff* (Tabelle 5) und mit Wasserstoff (Abb. 7) bei hohen Temperaturen[1].

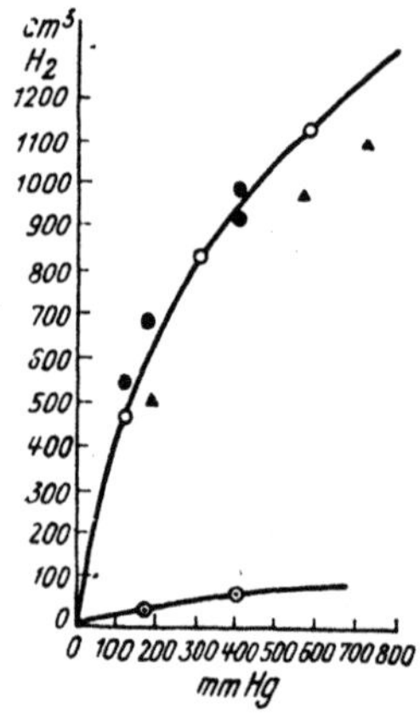

Abb. 5. Adsorption von Wasserstoff bei 90° abs. an Kohlen. ▲▲▲▲ Holzkohle (Bonhoeffer und Harteck), ⊙⊙⊙⊙ Knochenkohle, ○○○○ Kokosnußkohle (Präparat Magnus), ●●●● Zuckerkohle (Präparat Frumkin).

Tabelle 4. *p-H_2-Umwandlung an verschiedenen Kohlen.*

	Halbwertszeit in Minuten
1. Holzkohle . . .	2½
2. Knochenkohle .	2½
3. Kokosnußkohle	12
4. Zuckerkohle . .	23

Bei tiefen Temperaturen molekular adsorbierter Sauerstoff erhöht die Aktivität[1]. Das im Gaszustand ebenfalls paramagnetische NO zeigt diesen Effekt nicht, da es bei tiefen Temperaturen seinen Paramagnetismus verliert. Es besteht aus zwei im Gleichgewicht befindlichen Modifikationen[2], von denen die eine unmagnetisch ist und bei tiefen Temperaturen vorherrscht. Auch andere Gase, wie Argon, Stickstoff, Kohlenoxyd, die in keinem Temperaturgebiet paramagnetische Eigenschaften be-

Tabelle 5. *p-H_2-Umwandlung an sauerstoffvergifteter Kohle.*

Vorbehandlung der Kohle	Halbwertszeit in Minuten	Vorbehandlung der Kohle	Halbwertszeit in Minuten
a) Kokosnußkohle (Präparat Magnus)		b) Zuckerkohle (Präparat Frumkin)	
Bei 1000° ausgeheizt . .	13 14 13	Bei 1000° ausgeheizt .	23 24 23
Mit O_2 vergiftet. . . .	35 43	Mit O_2 vergiftet . .	38 33 35

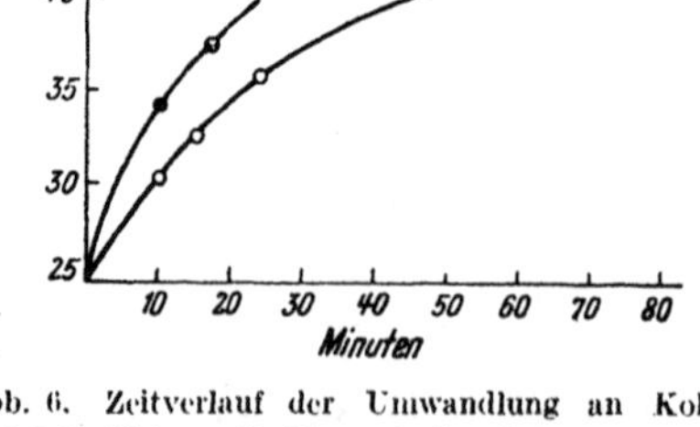

Abb. 6. Zeitverlauf der Umwandlung an Kohle. ●●●● Kokosnußkohle, Aschegehalt 1,5%, ○○○○ Kokosnußkohle (Präparat Magnus), Aschegehalt 0,02%.

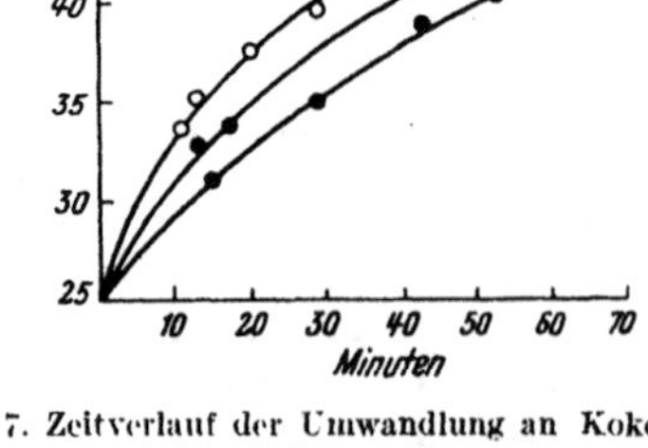

Abb. 7. Zeitverlauf der Umwandlung an Kokosnußkohle (Präparat Magnus). *1*: bei 1000° ausgeheizt; *2*: bei 20° mit H_2 vergiftet; *3*: bei 500° mit H_2 vergiftet.

sitzen, üben, wenn sie in kleinen Mengen bei der Temperatur der flüssigen Luft adsorbiert werden, keinen Einfluß auf die katalytische Wirksamkeit der Kohle aus.

[1] Vgl. Kap. I, S. 4. [2] Vgl. auch Artikel 1, Bd. I, Kap. IV 3, S. 366.

Bei sehr kleinen Drucken ($p < 2$ mm Hg) ist die Halbwertzeit der Umwandlung nicht mehr konstant, sondern sinkt erheblich ab (auf etwa $^1/_6$ bei 0,03 mm)[1], d. h. die Umsetzung erfolgt bei geringeren Belegungsdichten rascher. Der dann noch belegte, aus besonders aktiven Stellen bestehende Teil der Oberfläche ist vergiftbar. Nur ein Bruchteil dieser Stellen zeichnet sich durch höheres Adsorptionsvermögen für Wasserstoff aus.

Mit diesem Befund übereinstimmende Resultate lieferten neuere Messungen an Zuckerkohle von BURSTEIN und KASCHTANOFF[2, 3]. Abb. 8 zeigt die Ergebnisse der Messungen an *reiner* Kohle (*I* und *II*, beide bei 950° C ausgeheizt, *II* länger behandelt als *I*) und an solcher, die *durch Adsorption von Wasserstoff* bei hohen Temperaturen (500°) *vergiftet* ist (*III*). Die Reaktionsordnung ist an reiner Kohle null, an vergifteter eins. Dies wird von den Autoren so erklärt, daß an reiner Kohle höchst aktive Zentren frei liegen und daher überwiegend wirksam sein können. Sie sind an Zahl gering und mit hoher Adsorptionsfähigkeit begabt, so daß sie im untersuchten Druckbereich (1 ÷ 200 mm Hg) stets abgesättigt sind. Daher 0-te Ordnung! Beim vergifteten Katalysator sind nur mehr Zentren schwacher katalytischer Wirksamkeit und geringer Adsorptionsfähigkeit verfügbar, so daß hier die bei kleinen Adsorptionskoeffizienten zu erwartende [vgl. Kap. II, Gleichung (3), S. 8] erste Ordnung gefunden wird. Die Autoren unterscheiden die verschiedenen Adsorptionszentren als solche „erster" und „zweiter" Art. Bei diesen Versuchen wurde sowohl die statische wie die dynamische Meßmethode angewendet (vgl. Kap. II, S. 6f.). Die erstere liefert die „wahre" Aktivierungswärme $q_w = 350$ cal, die letztere die „scheinbare" $q_s = -1300$ cal. Wenn λ die Adsorptionswärme bedeutet, so gilt die Beziehung:

$$-q_s = \lambda - q_w. \qquad (16)$$

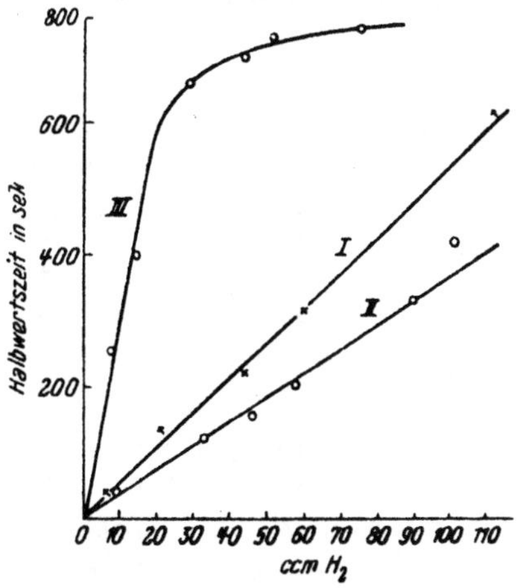

Abb. 8. Umwandlung an reiner Kohle und an mit Wasserstoff „vergifteter" Kohle.

λ wurde unabhängig zu 1600 cal bestimmt. Die Einsetzung dieses Wertes in die obige Gleichung ergibt für die dynamische Messung $q_w = 300$ cal, in befriedigender Übereinstimmung mit dem statisch gemessenen Wert.

3. Umwandlung an Salzen, Oxyden und organischen Substanzen.

Zur Prüfung der katalytischen Wirkung von Salzen auf die *o-p*-Wasserstoff-Umwandlung untersuchten BONHOEFFER, A. FARKAS und RUMMEL[4] die Reaktion an mehrfach im Hochvakuum sublimiertem *Kochsalz* im Temperaturbereich zwischen −183 und 340° C (Tabelle 6).

Auch hier erhält man das schon bei der Kohle gefundene Minimum der Wirksamkeit bei mittleren Temperaturen. Ein ähnliches Verhalten zeigt Kaliumjodid.

[1] K. W. RUMMEL: Z. physik. Chem., Abt. A **167** (1933), 221.

[2] R. BURSTEIN, P. KASCHTANOFF: Acta physicochim. URSS **1** (1934), 465; Trans. Faraday Soc. **32** (1936), 823. — R. BURSTEIN: Acta physicochim. URSS **12** (1940), 201.

[3] Vgl. Kap. V 4, S. 33.

[4] K. F. BONHOEFFER, A. FARKAS, K. W. RUMMEL: Z. physik. Chem., Abt. B **21** (1933), 225.

Tabelle 6. *p-H_2-Umwandlung an NaCl.* (Nach BONHOEFFER, A. FARKAS und RUMMEL.) Gefäßvolumen 50 cm³, Druck 0,02 mm. 2 g Substanz.

T in °C	$\tau_{1/2}$	$k = \frac{0,69}{\tau_{1/2}}$	T in °C	$\tau_{1/2}$	$k = \frac{0,69}{\tau_{1/2}}$
−183	10800 sec	$6{,}39 \cdot 10^{-5}$	205	348 sec	$1{,}98 \cdot 10^{-3}$
− 80	36000 „	$1{,}92 \cdot 10^{-5}$	246	192 „	$3{,}59 \cdot 10^{-3}$
20	> 50000 „		300	66 „	$1{,}04 \cdot 10^{-2}$
146	1050 „	$6{,}57 \cdot 10^{-4}$	340	42 „	$1{,}64 \cdot 10^{-2}$

L. FARKAS und SANDLER[1] verfolgten sowohl die Reaktion

$$oH_2 \rightleftarrows pH_2$$

als auch

$$oD_2 \rightleftarrows pD_2$$

an paramagnetischen Kristallen, und zwar an *Kupfersulfat, Nickelchlorid* und *Neodymoxalat.* Für beide Reaktionen findet man wieder das Maximum der Halbwertszeit bei etwa 0° C. Unterhalb dieser Temperatur ist die Desorption geschwindigkeitsbestimmend. Für die Adsorption von Wasserstoff an Neodymoxalat ergibt sich aus den Versuchen eine Adsorptionswärme von 2,4 kcal/Mol. Das Verhältnis der Geschwindigkeiten für die Umwandlung von leichtem und schwerem Wasserstoff ist $v_{H_2} : v_{D_2} = 11$, wie es etwa dem Unterschied

Tabelle 7. *Katalyse durch Oxyde bei 200 mm Druck.* Nach TAYLOR und SHERMAN[2].

Katalysator		T ° abs.	Kontaktdauer min	% Umsatz
ZnO	15 g	298	15	1,4
		373	15	79,5
$ZnO \cdot Cr_2O_3$.	10 g	298	15	100
CdO	45 g	373	15	0
$MnO \cdot Cr_2O_3$	15 g	273	5	17
		285	5	68
$CuO \cdot Cr_2O_3$.	45 g	373	5	55
Al_2O_3 . . .	10 g	674	15	14

Tabelle 8. *Katalyse durch Oxyde verschiedener magnetischer Suszeptibilität.* Nach TAYLOR und DIAMOND[3]. Bei $T = 86°$ abs.

Katalysator		Druck	Kontaktdauer in min bzw. Strömungsgeschwindigkeit in cm³/min	Umsatz in %	Spezifische Suszeptibilität × 10⁶
Cr_2O_3	12,5 g	760	175 cm³/min	100	20,1
Gd_2O_3	20,0 g	760	76 cm³/min	57	130,1
		450	5 min	100	
		200	5 min	100	
Nd_2O_3	20,0 g	760	75 cm³/min	40	30,3
		760	126 cm³/min	26	
		555	3 min	100	
		490	3 min	100	
V_2O_3	80,0 g	760	76 cm³/min	60	13,9
		630	5 min	100	
		560	5 min	100	
V_2O_5	9,5 g	760	34 min	62	0,85
CeO_2	7,5 g	570	150 min	9	0,39
			430 min	19	
ZnO	10,0 g	625	130 min	32	− 0,382
La_2O_3	5,0 g	700	360 min	17	− 0,40

[1] L. FARKAS, L. SANDLER: J. chem. Physics 8 (1940), 248.
[2] H. S. TAYLOR: J. Amer. chem. Soc. 53 (1931), 578. — H. S. TAYLOR, A. SHERMAN: Ebenda 53 (1931), 1614; Trans. Faraday Soc. 28 (1932), 247.
[3] H. S. TAYLOR, H. DIAMOND: J. Amer. chem. Soc. 55 (1933), 2614; 57 (1935), 1251.

in den magnetischen Momenten von Wasserstoff und Deuterium entspricht (vgl. Kap. I, S. 5).

Taylor und Mitarbeiter[1] haben die Umwandlungsgeschwindigkeit an Oxyden gemessen (Tabelle 7 und 8).

Die Versuche der Tabelle 8 waren als erste Versuche mit systematischer Variierung der magnetischen Eigenschaften des Katalysators von Bedeutung. Sie zeigen eine höhere Wirksamkeit der paramagnetischen Substanzen gegenüber den diamagnetischen und stützten so die von Bonhoeffer schon früher ausgesprochene These, daß die heterogene Parawasserstoffkatalyse bei tiefen Temperaturen als magnetischer Effekt aufzufassen ist[2].

Bei höheren Temperaturen (vgl. Tabelle 7) findet auch an diamagnetischen Substanzen (z. B. Al_2O_3) eine Umwandlung statt. Hier handelt es sich wahrscheinlich um eine durch chemische Reaktion hervorgebrachte Wirkung, da in demselben Temperaturintervall diese Substanzen auch als Hydrierungskatalysatoren wirksam werden.

An Quarz (SiO_2) und Glas ist die Umwandlungsgeschwindigkeit sehr klein. Dieser für die Meßmethodik sehr wesentliche Umstand hat es ermöglicht, einwandfreie Messungen der Geschwindigkeit — auch bei der Untersuchung der homogenen Reaktion[3] — in Glas- und Quarzgefäßen auszuführen. Roginski[4] und Mitarbeiter konnten allerdings in solchen Gefäßen bei Temperaturen zwischen 100 und 250° C Umwandlungen feststellen und bestimmten für Glas eine Aktivierungswärme von 17 kcal, für Quarz 19 kcal.

Die Tieftemperaturumwandlung bei denjenigen Substanzen, die keinen Paramagnetismus besitzen, wird meist auf einen „Oberflächenmagnetismus" zurückgeführt, wie er bei der Kohle (vgl. Kap. I, S. 4 und Kap. III 2, S. 14) diskutiert wurde. Zur Prüfung der Frage, ob ein Hochtemperatur- oder Tieftemperaturmechanismus vorliegt, wird vor allem die Temperaturabhängigkeit herangezogen. Einen positiven Temperaturkoeffizienten konnten Polanyi[5] und Mitarbeiter an *Phthalocyanin* und *Kupferphthalocyanin* nachweisen. Die Reaktion verläuft nach erster Ordnung und hat am metallfreien Phthalocyanin eine Aktivierungswärme von 5,7 kcal, an der Kupferverbindung eine solche von 5,0 kcal. Der temperaturunabhängige Faktor ist klein. Die Autoren nehmen an, daß es sich hier möglicherweise um eine chemische Aktivierung des Wasserstoffs handelt. Die Versuche ließen sich jedoch nicht eindeutig reproduzieren[6]. Bei der von Eley[7] untersuchten Umwandlung an Hämoglobin und Häminen dürfte ein paramagnetischer Mechanismus ausschlaggebend sein.

4. Umwandlung an Metallen.

Die *o-p*-Wasserstoff-Umwandlung wurde an einer Reihe von Metallen untersucht, so z. B. an *Wolfram, Nickel, Eisen, Kupfer, Platin* und *Palladium*. Nur wenige Messungen wurden bei Temperaturen unter 0° C ausgeführt. Nachdem bereits Bonhoeffer und Harteck[8] sowie Eucken und Hiller[9] die Feststellung

[1] H. S. Taylor: J. Amer. chem. Soc. **53** (1931), 578. — H. S. Taylor, A. Sherman: Ebenda **53** (1931), 1614; Trans. Faraday Soc. **28** (1932), 247. — H. S. Taylor, H. Diamond: J. Amer. chem. Soc. **55** (1933), 2614; **57** (1935), 1251.

[2] Vgl. Kap. I, S. 4.

[3] A. Farkas: Z. physik. Chem., Abt. B **10** (1930), 419.

[4] S. Roginski: Acta physicochim. URSS **1** (1934), 473.

[5] M. Calvin, D. D. Eley, M. Polanyi: Trans. Faraday Soc. **32** (1936), 1443.

[6] M. Polanyi: Trans. Faraday Soc. **34** (1938), 1191.

[7] D. D. Eley: Trans. Faraday Soc. **36** (1940), 500.

[8] K. F. Bonhoeffer, P. Harteck: Naturwiss. **17** (1929), 182; S.-B. preuß. Akad. Wiss., physik.-math. Kl. **1929**, 103; Z. physik. Chem., Abt. B **4** (1929), 113; Z. Elektrochem. angew. physik. Chem. **35** (1929), 621.

[9] A. Eucken, K. Hiller: Z. physik. Chem., Abt. B **4** (1929), 142.

machten, daß Platinmohr bei tiefen Temperaturen die Umwandlung nicht katalysiert, war zu erwarten, daß Metalle überhaupt als *Tieftemperaturkatalysatoren nur wenig wirksam* sind. Ein Tieftemperaturmechanismus konnte jedoch bei Nickel[1] und Kupfer[1] festgestellt werden, wie sich aus dem in den Tabellen 9 und 10 dargestellten Temperaturverlauf ergibt.

Tabelle 9. *p-H_2-Umwandlung an einem Nickelkondensat.* Gefäßinhalt 400 cm³. Druck 0,004 mm.

Temperatur Grad	Halbwertszeit sec
20	30
− 80	54
− 183	12

Tabelle 10. *p-H_2-Umwandlung an Kupferpulver.* Gefäßinhalt etwa 50 cm³. Druck 0,03 mm.

Temperatur Grad	Halbwertszeit sec
− 183	9
20	4200
260	300

Der an Wolfram[2] gefundene Temperaturkoeffizient (vgl. Tabelle 11) spricht dafür, daß es sich hier auch bei − 110° C um einen „Hochtemperaturmechanismus" handelt.

Die in Tabelle 9÷11 aufgeführten Messungen wurden bei niederen Drucken ausgeführt. Bei hohen Drucken fanden Bonhoeffer und A. Farkas[3] in Messinggefäßen Effekte, die als Katalyse durch das Wandmaterial zu deuten waren. L. Farkas[4] erwägt jedoch für diesen Fall auch die Möglichkeit, daß eine Beschleunigung durch Spuren von Sauerstoff verursacht sein könnte. Bei den in Stahlflaschen (mit und ohne Platinmohr) ausgeführten Versuchen von Eucken und Hiller[5] kann die gemessene Geschwindigkeit sowohl in bezug auf ihre absolute Größe, wie in bezug auf ihre Abhängigkeit vom Druck als gegenseitige magnetische Einwirkung, also als homogene Reaktion der Orthomoleküle erklärt werden[6].

Tabelle 11. *p-H_2-Umwandlung an Wolfram.* Druck 50 mm.

T in C	$\tau_{1/2}$	$k = \frac{0{,}69}{\tau_{1/2}}$
− 110	920 sec	$7{,}50 \cdot 10^{-4}$
− 100	340 „	$2{,}03 \cdot 10^{-3}$
− 75	59 „	$1{,}17 \cdot 10^{-2}$
− 50	24 „	$2{,}87 \cdot 10^{-2}$
− 25	15 „	$4{,}60 \cdot 10^{-2}$
0	8 „	$7{,}63 \cdot 10^{-2}$

Der *Hochtemperaturmechanismus* an Metallen wurde zuerst von Bonhoeffer[3] und Mitarbeitern untersucht. Es wurde dabei eine ähnliche Apparatur verwendet wie für die Messungen an Kohle (vgl. Kap. III 2, S. 15). Da aber die Oberfläche der Metalle wesentlich kleiner ist als die der Kohle (verwendet wurden meist Metalldrähte von einigen Zehntel Millimeter Durchmesser), entstammen die abgenommenen Wasserstoffproben nicht der Adsorptionsschicht, sondern dem Gasraum, entsprechend der in Kap. II unter 1a) erwähnten Anordnung. Die gemessene Reaktionsordnung ist hier nur eine „scheinbare" — d. h. sie bezieht sich auf die Änderung der Konzentration im Gasraum —, während man als „wahre Ordnung" die Abhängigkeit von der Konzentration in der Adsorptionsschicht bezeichnet.

[1] K. F. Bonhoeffer, A. Farkas, K. W. Rummel: Z. physik. Chem., Abt. B **21** (1933), 225.
[2] A. Farkas: Z. physik. Chem., Abt. B **14** (1931), 371.
[3] K. F. Bonhoeffer, A. Farkas: Z. physik. Chem., Abt. B **12** (1931), 231. — K. F. Bonhoeffer, A. Farkas, K. W. Rummel: Ebenda **21** (1933), 225. — A. Farkas: Ebenda **14** (1931), 371. — K. F. Bonhoeffer, A. Farkas: Z. physik. Chem., Bodenstein-Festband (1931), 638.
[4] L. Farkas: Ergebn. exakt. Naturwiss. **12** (1933), 207, Fußnote 1.
[5] A. Eucken, K. Hiller: Z. physik. Chem., Abt. B **4** (1929), 142.
[6] E. Cremer: Artikel 1, Bd. I, S. 367.

Alle Metallkatalysatoren zeigen eine große Empfindlichkeit gegen *Katalysatorgifte*. So setzt z. B. Schwefelwasserstoff die Aktivität stark herab. Es empfiehlt sich, alle Substanzen vor der Messung durch eine besondere Behandlung zu aktivieren. Auch Hahnfett übt eine stark hemmende Wirkung aus. So ließen sich mit einem Platindraht in Gegenwart von gefetteten Hähnen keine reproduzierbaren Ergebnisse erhalten[1]. Ein längere Zeit mit Hahnfett in Berührung befindlicher Draht änderte seine Aktivität erheblich. Beim vergifteten Draht konnte erst bei 500° wieder diejenige Aktivität erreicht werden, die anfänglich bei 135° vorhanden war. Nur durch Einschalten einer mit flüssiger Luft gekühlten Falle zwischen dem mit Fetthähnen verschlossenen Teil der Apparatur und dem Versuchsgefäß kann man reproduzierbare Aktivitäten erhalten.

Verschiedenartige Vergiftungserscheinungen zeigen sich beim Behandeln mit *Sauerstoff*. Bei Wolfram[2] erniedrigt eine adsorbierte Sauerstoffschicht die Aktivität im Verhältnis 1:200. Erhitzen auf 2200° stellt die ursprüngliche Aktivität wieder her. Auch Nickel und Eisen werden durch Sauerstoff vergiftet und durch Reduktion mit Wasserstoff wieder reaktiviert, während bei Platin der auch bei Hydrierungskatalysen beobachtete Verstärkereffekt auftritt: Die Berührung mit Sauerstoff erhöht die Aktivität. Dieser Effekt dürfte in engem Zusammenhang stehen mit der anodischen Aktivierung von Platin- und Palladiumdrähten[3].

Vergleichende Untersuchungen über die *o-p*-Umwandlung und die Reaktion $H_2 + D_2 = HD$ wurden ebenfalls zuerst von BONHOEFFER und Mitarbeitern[4] unternommen, und zwar an Nickel als Katalysator.

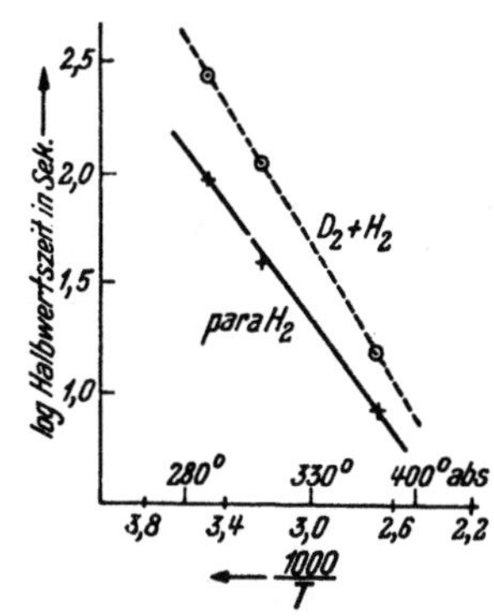

Abb. 9. Vergleich der Temperaturabhängigkeiten der Einstellungsgeschwindigkeiten des Gleichgewichts an Nickel. Druck 0,004 mm.

Da eine ausführliche Diskussion der den Vergleich der Reaktionen mit schwerem Wasserstoff betreffenden Arbeiten[5] in diesem Bande des Handbuches von K. H. GEIB vorgenommen worden ist, beschränken wir uns hier auf die Herausstellung einiger, in unserem Zusammenhang besonders interessierender Punkte und die Besprechung der bei GEIB noch nicht berücksichtigten Ergebnisse.

In Abb. 9 ist der Vergleich der Einstellgeschwindigkeiten des Gleichgewichts der beiden Reaktionen für verschiedene Temperaturen aufgetragen (log der Halbwertszeit gegen 1/T). Es ergibt sich eine um etwa 1410 cal größere Aktivierungswärme für die Deuteriumreaktion. Dieser Unterschied ist aus dem Unterschied der Nullpunktsenergien erklärlich.

Die Untersuchung der *Druckabhängigkeit* (vgl. Tab. 15) ergab für beide Reaktionen eine „scheinbare" Reaktionsordnung von 0,6÷0,75. Es wurden ferner Versuche an Katalysatoren verschiedener Aktivität gemacht. Die Halbwertszeiten schwanken hierbei zwischen 16 und 1600 sec für die *o-p*-Umwandlung. Der Quotient zwischen der Parawasserstoff- und der Deuteriumreaktion blieb dabei jedoch fast konstant: $3,1 \pm 0,5$ bei 15° C. Sämtliche Befunde deuten darauf hin, daß für beide Reaktionen derselbe Mechanismus gilt. Es wird angenommen, daß

---

[1] K. F. BONHOEFFER, A. FARKAS: Z. physik. Chem., Abt. B **12** (1931), 231.

[2] A. FARKAS: Z. physik. Chem., Abt. B **14** (1931), 371.

[3] Vgl. z. B. L. KANDLER, C. A. KNORR, C. SCHWITZER: Z. physik. Chem., Abt. A **180** (1937), 281.

[4] K. F. BONHOEFFER, F. BACH, E. FAJANS; Z. physik. Chem., Abt. A **168** (1934), 313. — E. FAJANS: Z. physik. Chem., Abt. B **28** (1935), 239.

[5] Vgl. K. H. GEIB in diesem Band des Handbuches, S. 46ff., 58ff., 65, 68f., 74f., 82 sowie Kap. I, S. 5, insbesondere die Fußnoten 5÷7.

hierfür der Übergang in einen adsorbierten atomaren Zustand maßgebend ist (vgl. S. 26).

Zum gleichen Ergebnis führen Versuche an Platin von A. und L. FARKAS[1], die als weitere Vergleichsreaktion die *o-p-Deuterium-Umwandlung* und die *Hydrierung von Äthylen* heranziehen. Abb. 10 zeigt die Abhängigkeit des Logarithmus des Umsatzes (u) von der Zeit (t) für die drei Reaktionen:

$$o\mathrm{H_2} \rightarrow p\mathrm{H_2}, \qquad \text{(a)}$$

$$p\mathrm{D_2} \rightarrow o\mathrm{D_2}, \qquad \text{(b)}$$

$$\mathrm{H_2} + \mathrm{D_2} \rightarrow 2\,\mathrm{HD}. \qquad \text{(c)}$$

Eine eingehende Untersuchung widmeten WAGNER und HAUFFE der Reaktion an Palladium. Die Eigenschaft des Palladiums, Wasserstoff in atomarer Form zu lösen, gibt gerade für dieses Katalysatormaterial besondere Hilfsmittel für die reaktionskinetische Untersuchung an die Hand. Man kann erstens durch die von KNORR[2] eingeführte Methode den elektrischen Widerstand des Katalysators und somit die H-Atomkonzentration im Katalysator während der Reaktion bestimmen, zweitens den Wasserstoffdurchtritt durch eine Palladiumfolie[3] und drittens die Geschwindigkeit der Wasserstoffbeladung eines anfänglich leeren Palladiumdrahtes[4] messen. Der Durchtritt erfolgt langsamer, als es nach der unabhängig davon gemessenen Diffusionsgeschwindigkeit[5] zu erwarten wäre. Es muß daher die an der Grenzfläche verlaufende Reaktion

$$\mathrm{H_{2\,(Gas)}} \rightleftarrows 2\,\mathrm{H_{(in\ Pd)}}$$

als zeitbestimmend angesehen werden. Dieselbe Reaktion bestimmt auch die Geschwindigkeit der Wasserstoffbeladung eines Palladiumdrahtes, die von verschiedenen Autoren[2] gemessen und von WAGNER und HAUFFE[6] zum Vergleich mit der o-p-Umwandlung herangezogen wurde. Es ergibt sich, daß sowohl der Durchtritt durch eine Palladiumfolie[3] wie auch die am selben Katalysator gemessene Wasserstoffbeladung merklich *langsamer* erfolgen als die Parawasserstoff-Umwandlung. Diese kann also an Palladium nicht allein durch die Aufspaltung in Atome bedingt sein. Die Versuchsanordnung ist schematisch in Abb. 11 gezeichnet. Abb. 12 zeigt den Bau des Reaktionsgefäßes.

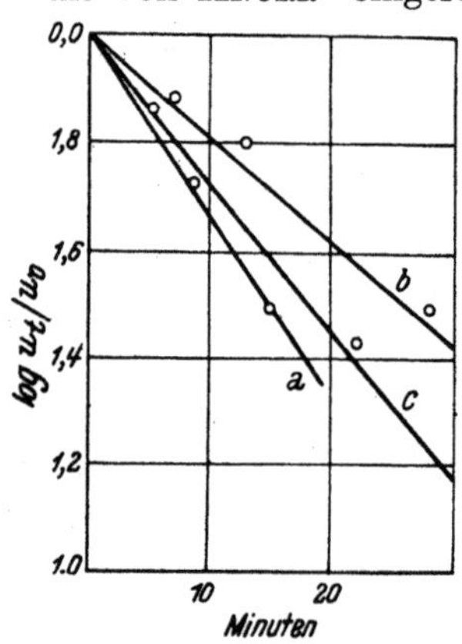

Abb. 10. Vergleich der Wasserstoff- und Deuterium-Umwandlungen und der Wasserstoff-Deuterium-Austauschreaktion an Platin.
a $p\mathrm{H_2} \rightleftarrows o\mathrm{H_2}$; b $o\mathrm{D_2} \rightleftarrows p\mathrm{D_2}$; c $\mathrm{H_2} + \mathrm{D_2} \leftrightarrows 2\,\mathrm{HD}$.

[1] A. FARKAS, L. FARKAS: J. Amer. chem. Soc. **60** (1938), 22.

[2] C. A. KNORR: Z. physik. Chem., Abt. A **157** (1931), 143. — M. FISCHER: Diplomarbeit T. H. München, 1935. — M. FISCHER, C. A. KNORR: Z. Elektrochem. angew. physik. Chem. **43** (1937), 608. — E. CREMER, C. A. KNORR, H. PLIENINGER: Z. Elektrochem. angew. physik. Chem. **47** (1941), 737.

[3] A. FARKAS: Trans. Faraday Soc. **32** (1936), 1667.

[4] E. JURISCH: Diss. Leipzig, 1912. — C. A. KNORR: Z. physik. Chem., Abt. A **157** (1931), 143. — C. WAGNER: Ebenda **159** (1932), 459. — A. R. UBBELOHDE: Trans. Faraday Soc. **28** (1932), 275. — A. R. UBBELOHDE, A. EGERTON: Ebenda **28** (1932), 284. — H. W. MELVILLE, E. K. RIDEAL: Proc. Roy. Soc. (London), Ser. A **153** (1935), 89. — M. FISCHER: Diplomarbeit T. H. München, 1935. — A. FARKAS: Trans. Faraday Soc. **32** (1936), 1667. — D. DOBYTSCHIN, A. FROST: Acta physicochim. URSS **5** (1936), 111. — D. DOBYTSCHIN, A. GELBART: Ebenda **6** (1937), 95. — M. FISCHER, C. A. KNORR: Z. Elektrochem. angew. physik. Chem. **43** (1937), 608. — C. WAGNER: Z. physik. Chem., Abt. A **181** (1938), 244.

[5] W. JOST, A. WIDMANN: Z. physik. Chem, Abt. B **29** (1935), 247; **45** (1940), 285. — B. DUHM: Z. Physik **94** (1935), 434; **95** (1935), 801.

[6] C. WAGNER, K. HAUFFE: Z. Elektrochem. angew. physik. Chem. **45** (1939), 409.

Als Katalysator wurde eine Platinfolie von 0,0075 cm Dicke verwendet, deren jeweiliger H-Gehalt — wie bei den kinetischen Versuchen von C. A. KNORR[1] — durch Messung des elektrischen Widerstandes bestimmt werden konnte. Für die Messung der *o-p*-Umwandlung traten die in der Zeichnung angegebenen Zuleitungen von Stickstoff nicht in Aktion, sondern nur bei den vergleichsweise durchgeführten Versuchen zur Bestimmung der Wasserstoffbeladungsgeschwindigkeit der Pd-Folie. Durch Umschalten des Seitenstromes von H_2 auf N_2 konnte hierbei der Wasserstoffdruck über dem Katalysator innerhalb weniger Sekunden um 10÷20% geändert werden. Die Pd-Folie wurde zur Reinigung vor den Versuchen mit 20%iger Salzsäure abgeätzt.

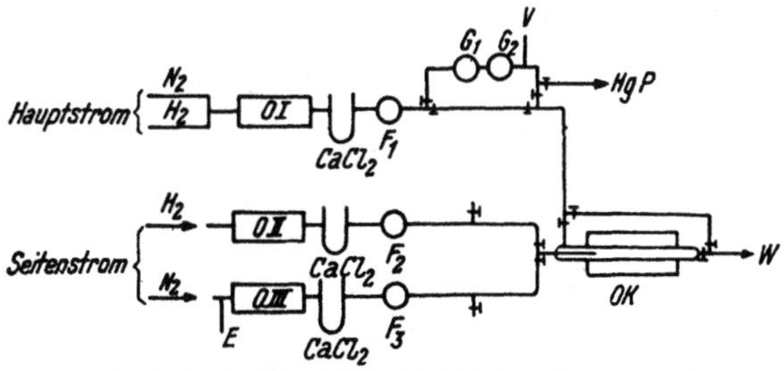

Abb. 11. Versuchsanordnung für vergleichende Messungen der Wasserstoffbeladungsgeschwindigkeit von Palladium und der *p*-Wasserstoff-Umwandlung. *O I*, *O II*, *O III* Hilfsöfen zur Gasreinigung, *E* Elektrolyseur, F_1 bis F_3 Ausfrierfallen, G_1 und G_2 *p*-H_2-Erzeuger (Kühltaschen mit Aktivkohle), *V* Quecksilberverschluß als Sicherheitsventil, *OK* Ofen mit Pd-Versuchs- und Vergleichsfolie, *HgP* Quecksilberpumpe zum Entgasen der Aktivkohle, *W* Wärmeleitfähigkeitsgefäß zur Bestimmung des *p*-H_2-Gehaltes.

Als Reaktionstemperatur wurde 160° gewählt, wo Palladium 4 Atom-% H im Gleichgewicht bei 1 atm Wasserstoff (nur in α-Phase) aufnimmt.

Für den Mechanismus der Reaktion

$$p\mathrm{H}_2 \rightarrow o\mathrm{H}_2$$

werden folgende Möglichkeiten in Betracht gezogen[2]:

1. Umwandlung über intermediäre Atombildung

$$p\mathrm{H}_2 \rightarrow 2\,\mathrm{H}_{(\mathrm{ads})} \rightarrow o\mathrm{H}_2\,. \quad \text{(I)}$$

2. Umorientierung der Kernspinrichtung durch magnetische Einwirkung

$$p\mathrm{H}_2 \rightarrow o\mathrm{H}_2\,. \quad \text{(II)}$$

3. Umwandlung durch eine Austauschreaktion zwischen adsorbierten Wasserstoffatomen und Wasserstoffmolekülen

$$p\mathrm{H}_2 + \mathrm{H} \rightarrow \mathrm{H} + o\mathrm{H}_2\,. \quad \text{(III)}$$

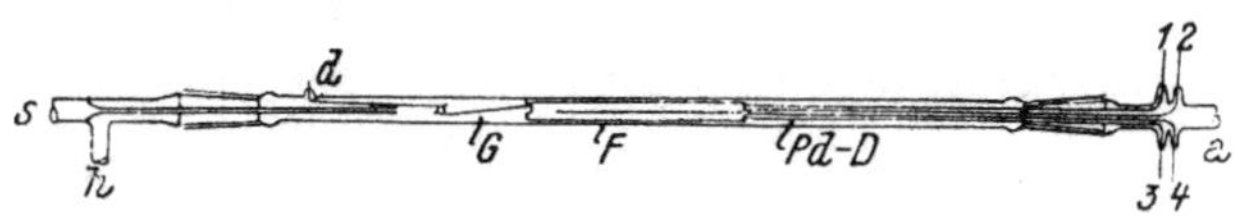

Abb. 12. Pd-Folie und Einbau in das Versuchsgefäß (Maßstab 1 : 6). *F* Pd-Folie, *Pd-D* Pd-Zuleitungsdrähte, die in Glascapillaren eingeschmolzen sind, *h* Eintritt des Hauptstromes, *s* Eintritt des Seitenstromes, *a* Gasaustritt, *1*, *2*, *3* und *4* Öffnungen für die Zuleitungsdrähte der Pd-Folie, *d* Öffnung zur Durchführung eines Drahtes, der mittels eines Glashakens die Pd-Folie spannt, *G* Glashäkchen.

Die Reaktionen (I), (II) und (III) können nebeneinander am Katalysator verlaufen.

Bezeichnet man den Bruchteil $p\mathrm{H}_2$-Moleküle des Gesamtwasserstoffs mit x und mit v_1 die Aufspaltgeschwindigkeit von Wasserstoff an der Palladiumoberfläche (in g-Atomen pro sec), so ist $\frac{1}{2}xv_1$ die Aufspaltgeschwindigkeit von Parawasserstoff in Mol/sec. Für die gemessene Änderung des Parawasserstoffgehaltes, die sich gemäß der Reaktion (I) vollzieht, ist zu berücksichtigen, daß (entsprechend dem statistischen Gewicht $p\mathrm{H}_2 : o\mathrm{H}_2 = 1:3$) ein Viertel aller durch Rekombination der H-Atome entstandenen Moleküle, deren Bildungsgeschwindigkeit mit $\frac{1}{2}v_{(-1)}$ in Mol/sec bezeichnet sei, wieder zu Parawasserstoff wird. Es ist demnach, wenn n_{H_2} die Zahl der Mole Wasserstoff im Reaktionsraum bedeutet und das Gleichgewicht mit dem Wasserstoff im Metall eingestellt, also $v_1 = v_{(-1)}$ ist:

$$-n_{\mathrm{H}_2}\frac{dx}{dt} = \tfrac{1}{2}\,x\,v_1 - \tfrac{1}{8}\,v_1\,, \quad (17)$$

[1] C. A. KNORR: Z. physik. Chem., Abt. A 157 (1931), 143.

[2] Diese 3 Möglichkeiten werden auch bei GEIB, siehe Handbuch VI, S. 52, diskutiert.

sofern nur die Reaktion nach (I) maßgebend ist. Finden nebenher die Reaktionen (II) und (III) statt, so ist die Umwandlungsgeschwindigkeit um $x(v_2+v_3)$ zu vermehren und entsprechend den Rückreaktionen um $\frac{1}{3}(1-x)(v_2+v_3)$ zu vermindern. Führt man für v_2+v_3 die Abkürzung w ein, so erhält man:

$$-n_{H_2}\cdot\frac{dx}{dt}=\left(\tfrac{1}{2}v_1+\tfrac{4}{3}w\right)\cdot\left(x-\tfrac{1}{4}\right). \quad (18)$$

Zwischen den Grenzen x_A (Anfangswert) und x_E (Endwert) bzw. $t=0$ und $t=\tau$ integriert ergibt sich dann:

$$\ln\frac{x_A-\frac{1}{4}}{x_E-\frac{1}{4}}=\frac{\tau}{n_{H_2}}\cdot\left(\tfrac{1}{2}v_1+\tfrac{4}{3}w\right) \quad (19)$$

und durch Einsetzen des Gasdurchsatzes $\dot{n}_{H_2}$ in Mol/sec für n_{H_2}/τ:

$$v_1+\tfrac{8}{3}w=2\cdot\dot{n}_{H_2}\cdot\ln\frac{x_A-\frac{1}{4}}{x_E-\frac{1}{4}}. \quad (20)$$

Die rechte Seite der Gleichung ist vollständig aus Meßdaten zu berechnen. Die linke Seite enthält außer der H_2-Spaltungsgeschwindigkeit v_1 noch das Zusatzglied $\frac{8}{3}w$, entsprechend den Reaktionsmöglichkeiten ohne Dissoziation in Atome.

Nun läßt sich v_1 *unabhängig aus Messungen der Wasserstoffbeladungsgeschwindigkeit* der Pd-Folie bestimmen. Es wird angenommen, daß H_2 vom Metall relativ schwach adsorbiert wird und daß ferner die Geschwindigkeit der H_2-Spaltung proportional dem H_2-Druck und unabhängig von der Zahl (n_H) der g-Atome Wasserstoff im Metall ist. Die Bildungsgeschwindigkeit eines H_2-Moleküls aus je 2 H wird proportional n_H^2 gesetzt. Es ergibt sich dann für die Beladungsgeschwindigkeit:

$$\frac{dn_H}{dt}=k_1 p_{H_2}-k_2 n_H^2. \quad (21)$$

Im Falle des Gleichgewichts mit der Gasatmosphäre, d. h.

$$n_H=n_{H(gl)},$$

ist $dn_H/dt=0$, so daß man die Gleichgewichtsbedingung erhält:

$$k_1\cdot p_{H_2}=k_2\cdot n_{H(gl)}^2. \quad (22)$$

Durch Einsetzen von (22) in (21) ergibt sich:

$$\frac{dn_H}{dt}=k_2\cdot\left(n_{H(gl)}^2-n_H^2\right). \quad (23)$$

Für kleine Abweichungen vom Gleichgewichtsgehalt kann man näherungsweise setzen:

$$n_{H(gl)}^2-n_H^2=(n_{H(gl)}+n_H)\cdot(n_{H(gl)}-n_H)\cong 2\,n_{H(gl)}\cdot(n_{H(gl)}-n_H) \quad (24)$$

und erhält durch Einsetzen von (24) in (23):

$$\frac{dn_H}{dt}=2\,k_2\,n_{H(gl)}\cdot(n_{H(gl)}-n_H). \quad (25)$$

Diese Gleichung beschreibt einen einfachen Abklingvorgang mit der Abklingkonstante $\varkappa$.

$$\frac{dn_H}{dt}=\varkappa\cdot(n_{H(gl)}-n_H), \quad (26)$$

$$\varkappa=2\,k_2\,n_{H(gl)}. \quad (27)$$

Die durch Gl. (27) gegebene Abhängigkeit wurde besonders geprüft und $\varkappa$ proportional $\sqrt{p_{H_2}}$ gefunden[1], wie dies den Forderungen von Gl. (27) und (22) ent-

[1] Diese Beziehung wird nicht immer gefunden Vgl. E. Jurisch: Diss. Leipzig, 1912. — C. Wagner: Z. physik. Chem., Abt. A **159** (1932), 459.

spricht. Damit ist bewiesen, daß unter den gewählten Versuchsbedingungen die Geschwindigkeit der Wasserstoffaufnahme proportional der ersten Potenz des Wasserstoffdruckes ist [Voraussetzung für die Gültigkeit der Gleichung (21)] und daß somit Zustandsänderungen am Wasserstoffmolekül zeitbestimmend sein müssen. Als einzige Reaktion kommt die Aufspaltung $H_2 \rightarrow 2\,H_{(ads)}$ in Betracht. Aus der Bedingung, daß im Gleichgewicht Hin- und Rückreaktion einander gleich sind, erhält man [nach Gl. (22) und (27)]:

$$v_1(p_{H_2}, n_{H(gl)}) = v_2(p_{H_2}, n_{H(gl)}) = k_1 \cdot p_{H_2} = k_2 \cdot n^2_{H(gl)}, \tag{28}$$

$$v_1 = v_2 = \frac{n_{H(gl)}}{2} \cdot \varkappa. \tag{29}$$

Es wurde nun am gleichen Katalysator abwechselnd die Parawasserstoffumwandlung und die Beladung gemessen. Der in Tabelle 12 aufgeführte Vergleich der Geschwindigkeit der Wasserstoffumwandlung mit der der Beladung zeigt, daß die p-o-Reaktion 10mal rascher verläuft, als zu erwarten wäre, wenn — wie bei der Beladung — nur die Aufspaltung in H-Atome maßgebend wäre. Demnach müssen hier andere Reaktionen überwiegen.

Tabelle 12.
Wasserstoff-Beladungsgeschwindigkeit und p-Wasserstoffkatalyse an einer Palladiumfolie bei 160° C und 1 at.

Beladungsgeschwindigkeit		p-H_2-Katalyse		
$\varkappa$ sec^{-1}	$v_1 = v_2$ nach Gl. (29)	$cm^3\,H_2/h$	$\frac{x_A - \frac{1}{4}}{x_E - \frac{1}{4}}$	$v_1 + \frac{8}{3} w$ nach Gl. (20)
1	2	3	4	5
$8{,}3 \cdot 10^{-2}$	$6{,}5 \cdot 10^{-6}$	3000	3,02	$77 \cdot 10^{-6}$
$5{,}8 \cdot 10^{-2}$	$4{,}6 \cdot 10^{-6}$	4000	2,40	$80 \cdot 10^{-6}$
		2000	5,55	$79 \cdot 10^{-6}$

Daß die Reaktion (II) in diesem Temperaturintervall keine Rolle spielt, läßt sich durch folgende quantitative Abschätzung erhärten[1]:

Die benützte Katalysatoroberfläche hat eine Größe von 10 cm², d. h. man kann etwa 10^{16} Oberflächenatome annehmen. Wenn jedes dieser Atome eine freie Valenz hätte, der je ein magnetisches Moment von 1,73 Bohrschen Magnetonen zuzuordnen ist, müßte die Umwandlung demnach etwa so schnell gehen wie an einer Sauerstoffoberfläche. Hier ist (vgl. dieses Kapitel, Absatz 1, S. 13) die Zeit, die notwendig ist, damit sich ein H_2-Molekül im Felde eines O_2-Moleküls umwandelt, $\tau = 0{,}2$ sec. Auf der betrachteten Oberfläche können also maximal etwa $5 \cdot 10^{16}$ Moleküle pro sec umgewandelt werden. Nach Tabelle 12 wandeln sich jedoch unter den Versuchsbedingungen von Wagner und Hauffe $8 \cdot 10^{-5}$ Mol/sec $= 5 \cdot 10^{19}$ Moleküle/sec um, also 1000 mal mehr. Auch wenn man noch eine mikroskopische Aufrauhung der Oberfläche in Betracht zieht, dürfte die wahre Oberfläche die geometrische kaum um mehr als einen Faktor 10 übertreffen. Es bleibt demnach die mögliche paramagnetische Umwandlung immer noch vernachlässigbar klein.

Damit wäre nach Wagner und Hauffe[2] anzunehmen, daß die p-o-Umwandlung — wenigstens an Palladium — in der Hauptsache gemäß der Gleichung

$$H + pH_2 = oH_2 + H \tag{III}$$

verläuft. Es bleibt dann noch offen, ob der molekulare Wasserstoff aus dem Gasraum auf die mit H-Atomen beladene Oberfläche des Katalysators auftrifft oder selbst adsorbiert ist. Im ersteren Falle würde man für (III) eine Reaktions-

---

[1] Bemerkung d. Verf.
[2] C. Wagner, K. Hauffe: Z. Elektrochem. angew. physik. Chem. **45** (1939), 409.

ordnung > 1 zu erwarten haben[1,2]. Wie die Tabellen 13÷15 zeigen, ergeben die Messungen von WAGNER und HAUFFE[1] ebenso wie die bereits früher ausgeführten Versuche von A. FARKAS[3] und E. FAJANS[4] an Wolfram und Nickel Reaktionsordnungen, die kleiner als 1 (0,3÷0,6) sind[5]. Es müssen daher auch die reagierenden H_2-Moleküle auf der Oberfläche adsorbiert sein (und zwar an den maßgebenden Zentren bis nahe zur Sättigung) und die Ketten in der Oberfläche ablaufen[6].

Tabelle 13. *Druckabhängigkeit der p-H_2-Umwandlung an Palladium* bei 160° C[1].

p_{H_2} at	$v_\lambda + \frac{8}{3} w = 2 n_{H_2} \cdot \ln \frac{x_A - \frac{1}{4}}{x_E - \frac{1}{4}}$ Versuch I	Versuch II
0,11	$22 \cdot 10^{-6}$	$23 \cdot 10^{-6}$
0,30	$26 \cdot 10^{-6}$	$34 \cdot 10^{-6}$
1,00	$68 \cdot 10^{-6}$	$83 \cdot 10^{-6}$

Ordnung ~ 0,5

Tabelle 14. *Druckabhängigkeit der p-H_2-Umwandlung an Wolframdraht* bei −100° C[3].

p_{H_2} in mm	Halbwertszeit
25	150 sec
50	240 „
100	510 „
200	720 „
400	1110 „

Ordnung 0,3

Tabelle 15. *Druckabhängigkeit der p-H_2-Umwandlung an Nickelrohr* bei 12° C[4].

p_{H_2} in mm	Halbwertszeit
0,004	138 sec
0,04	294 „
0,44	780 „
4,5	1980 „

Ordnung 0,6

Die ursprünglich von A. FARKAS[3] diskutierte Möglichkeit, daß der Wasserstoff in einem aktivierten Zustand adsorbiert ist und als Gleichgewichtswasserstoff desorbiert wird, wäre rein kinetisch mit dem Befunde von WAGNER und HAUFFE ebenfalls verträglich, doch muß man auch hier Umwandlungs- und Aufspaltungsreaktion an verschiedene Zentren des Katalysators verlegen. Ferner bestehen theoretische Bedenken gegen die Annahme einer Adsorption, bei der der Rotationszustand zwar nicht mehr definiert, aber trotzdem die chemische Bindung noch nicht gelöst ist.

IV. Kapitel.

Anwendungen der heterogenen Ortho- und Parawasserstoff-Katalyse.

1. Reaktionskinetische Probleme.

In der Reaktionskinetik bieten sich eine Reihe von Möglichkeiten, die *o-p*-Wasserstoff-Umwandlung als Hilfsmittel der Forschung zu verwenden. In den Fällen, in denen es sich um die magnetisch induzierte Umwandlung handelt, werden allerdings die spezifisch chemischen Eigenschaften des Wasserstoffmoleküls nicht in Mitleidenschaft gezogen. Man kann daher nicht erwarten, über gewisse für das chemische Reaktionsvermögen maßgebliche Größen, wie z. B. die Aktivierungswärme, durch Versuche mit Parawasserstoff Aufschluß zu erhalten. Immerhin bietet die Tatsache, daß in diesem Falle die Reaktionsgeschwindigkeit in bekannter Weise von physikalischen Größen abhängt und gut meßbar ist, die Möglichkeit, diese Reaktion in vergleichende Beziehung zu andern Reaktionen zu setzen und dadurch auch Aussagen über rein chemisch verursachte Reaktionsgeschwindigkeiten zu erhalten. Die magnetische Umwandlung verläuft ohne Aktivierungswärme, doch sind eine Reihe von Faktoren, aus denen sich der tem-

[1] C. WAGNER, K. HAUFFE: Z. Elektrochem. angew. physik. Chem. **45** (1939), 409.
[2] Vgl. auch L. FARKAS: Ergebn. exakt. Naturwiss. **12** (1933), 212.
[3] A. FARKAS: Z. physik. Chem., Abt. B **14** (1931), 371.
[4] E. FAJANS: Z. physik. Chem., Abt. B **28** (1935), 239.
[5] Es erscheint zunächst erstaunlich, daß man eine 1. Ordnung nach x [Gl. (20)], aber eine gebrochene Ordnung nach p findet. Beide Befunde sind jedoch verträglich, wenn beide Wasserstoffarten gleichstark adsorbiert werden, da dann x nur im Zähler, nicht aber im Nenner der LANGMUIR-Isotherme vorkommt (s. S. 9).
[6] Über ähnliche Vorstellungen bei den Reaktionen mit schwerem Wasserstoff vgl. K. H. GEIB in diesem Bande des Handbuchs, S. 53.

peratur-unabhängige Faktor der ARRHENIUSschen Gleichung zusammensetzt, dieser und der chemischen Reaktion gemeinsam, wie z. B. die Stoßzahl und speziell bei den heterogenen Reaktionen die Belegungsdichte. Über diese kann also auch die magnetische Umwandlung Aufschluß geben.

Noch größer ist natürlich die Bedeutung der Hochtemperaturumwandlung — bei der auf chemischem Wege Atome ausgetauscht werden — für reaktionskinetische Vergleichsmessungen. Hier kann auch die heterogene Umwandlung diejenige Bedeutung als Standardreaktion erreichen, die ihr in homogenen Systemen bereits zukommt[1]. Die Schlußfolgerungen, die sich aus Vergleichen mit anderen Wasserstoffreaktionen (Hydrierung, Austausch mit Deuterium) ergeben, sind im Kap. III 4[2] und besonders in dem Artikel von K. H. GEIB[3] ausführlich besprochen.

Ein klassisches Beispiel, das zeigt, wie die Behandlung eines der wichtigsten Probleme der heterogenen Katalyse unter Benutzung der Parawasserstoff-Umwandlung als Testreaktion in Angriff genommen werden kann, ist die von BONHOEFFER angeregte und von E. FAJANS[4] ausgeführte Untersuchung der *Sinterungserscheinungen* an Nickelkatalysatoren. Es wurde gefunden, daß die Sinterung bei um so niedrigeren Temperaturen beginnt, je höher die Aktivität des Katalysators ist. Tritt überhaupt Sinterung ein, so führt sie nach 10 Min. der Behandlung zu einem Endwert, der unabhängig davon ist, wie hoch die Ausgangsaktivität des Katalysators war. Es entspricht also jeder Sinterungstemperatur ein Zustand bestimmter Oberflächenaktivität. Bei Erhitzen in Wasserstoffatmosphäre tritt eine Vergiftung des Katalysators auf, die aber durch Erhitzen im Vakuum bei gleicher Temperatur wieder rückgängig gemacht werden kann. Die zu einer bestimmten Oberflächenkonfiguration führende Temperaturbehandlung wirkt hier in der Richtung, daß um so weniger aktive Zentren vorhanden sind, je höher die Vorbehandlungstemperatur ist, während an anderen Katalysatoren, z. B. an den Oxyden der seltenen Erden[5], ein umgekehrtes Verhalten festgestellt werden konnte. Es lassen sich für den Effekt in beiden Richtungen Erklärungsmöglichkeiten angeben[6]. Zur Entwicklung einer bestimmten Modellvorstellung wäre jedoch die Kenntnis der zu den verschiedenen Aktivitäten gehörigen Aktivierungswärmen notwendig.

Als weiteres Beispiel sei der in flüssiger Phase sich vollziehende katalytische Austausch des Wasserstoffs mit Wasser und Alkohol in Gegenwart eines Platinkatalysators angeführt, wobei von ELEY und POLANYI[2] pH_2 und oD_2 als Indicator benutzt wurden. Es ergab sich eine gebrochene Reaktionsordnung ($\sim$ 0,5). Die

---

[1] Vgl. hierzu u. a. K. H. GEIB, P. HARTECK: Z. physik. Chem., BODENSTEIN-Festband (1931), 849. — E. CREMER, J. CURRY, M. POLANYI: Z. physik. Chem., Abt. B **23** (1933), 445. — F. PATAT, H. SACHSSE: Naturwiss. **23** (1935), 247; Z. Elektrochem. angew. physik. Chem. **41** (1935), 493; Z. physik. Chem., Abt. B **31** (1935), 105. — F. PATAT: Naturwiss. **24** (1936), 62; Z. physik. Chem., Abt. B **32** (1936), 274, 294. — H. SACHSSE: Z. physik. Chem., Abt. B **31** (1935), 79, 87. — M. BODENSTEIN: „Abschlußarbeiten am Chlorknallgas". I. M. BODENSTEIN, E. WINTER: S.-B. Preuß. Akad. Wiss., physik.-math. Kl. **1936** I. II. M. BODENSTEIN: Z. physik. Chem., Abt. B **48** (1941), 239. III. M. BODENSTEIN, H. F. LAUNER: Ebenda, S. 268 sowie Artikel 1, Bd. I, Kap. V 1÷3, S. 371.

[2] Vgl. A. FARKAS, L. FARKAS: J. Amer. chem. Soc. **60** (1938), 22. — C. WAGNER, K. HAUFFE: Z. Elektrochem. angew. physik. Chem. **45** (1939), 409. — D. D. ELEY, M. POLANYI: Trans. Faraday Soc. **32** (1936), 1388. — Ferner Kap. III 4, S. 19.

[3] K. H. GEIB in diesem Band des Handbuchs, S. 46ff., 58ff., 65, 68f., 74f., 82.

[4] E. FAJANS: Z. physik. Chem., Abt. B **28** (1935), 252.

[5] Z. T. noch unveröffentlichte Versuche: Vgl. E. CREMER: Angew. Chem. **51** (1938), 834. — E. CREMER, S. FLÜGGE: Z. physik. Chem., Abt. B **41** (1938), 453.

[6] Vgl. F. H. CONSTABLE: Proc. Roy. Soc. (London), Ser. A **108** (1925), 355. — E. CREMER: Z. physik. Chem., Abt. A **144** (1929), 231. — E. CREMER, G.-M. SCHWAB: Ebenda **144** (1929), 243. — G.-M. SCHWAB: Z. physik. Chem., Abt. B **5** (1929), 406. — E. CREMER, S. FLÜGGE: loc. cit. unter [5].

Reaktionsgeschwindigkeit war abhängig vom p_H der Lösung. Die Aktivierungswärme betrug in $n/10$ KOH 4,8 kcal, in 1 n HCl 6,4 kcal. Die Wasserstoffreaktion verlief 2÷3mal rascher als die Deuteriumreaktion. Dieser Faktor wurde auch bei Reaktionen im Gasraum gefunden und erklärt sich aus der Verschiedenheit der Nullpunktsenergien, wenn beide Reaktionen nach demselben Mechanismus verlaufen. Für diesen kommt auch hier als zeitbestimmender Schritt die Spaltung der H_2-Moleküle in Betracht. Die Abhängigkeit von der Acidität der Flüssigkeit führt zu der Vermutung, daß das Produkt der Dissoziation nicht gewöhnliche H-Atome, sondern stark polarisierte H-Atome sind (bzw. eine stark polare PtH-Verbindung). Die scheinbare Ordnung der Reaktion wird von den Autoren aus einer mittelstarken Adsorption des Wasserstoffs erklärt.

Neuartige Gesichtspunkte für die kinetische Forschung ergaben sich aus Versuchen von L. Farkas[1] und Mitarbeitern, die die Feststellung machten, daß der bei Temperaturen von 65÷85° abs. durch Photolyse von Jodwasserstoff gebildete Wasserstoff einen dem Gleichgewicht bei der Versuchstemperatur entsprechenden Parawasserstoffgehalt aufweist. Wenn dieser Wasserstoff in der gefundenen Parakonzentration bei der Reaktion entsteht, so muß man annehmen, daß die beim Umsatz $H + HJ = H_2 + J$ entstehende Wärme nicht im Reaktionsprodukt gespeichert ist, sondern sich über die gesamte feste Substanz verteilt. Es könnte hier aber auch eine nachträgliche Umwandlung von nH_2 in pH_2 durch paramagnetischen Einfluß der Jodatome vorliegen. Bei der Photolyse von Formaldehyd und Methanol wird unter gleichen Bedingungen nH_2 gebildet, was als Beweis dafür angesehen werden kann, daß beide H-Atome des H_2-Moleküls aus demselben CH_2O- bzw. CH_3OH-Molekül stammen.

2. Energieaustausch zwischen Wasserstoff und festen Grenzflächen.

Bonhoeffer und A. Farkas[2] fanden bei der Untersuchung der katalytischen pH_2-Umwandlung an elektrisch geheizten Metalldrähten, daß oberhalb von 250° die Wärmeabgabe eines reinen Drahtes wesentlich größer ist als die eines vergifteten[3]. Abb. 13 zeigt die Temperaturabhängigkeit der Wärmeabgabe an Platindrähten, deren Oberfläche 1. „rein", d. h. nur mit adsorbiertem Wasserstoff bedeckt, 2. durch Adsorption von Sauerstoff „aktiviert" und 3. durch Toluol[4] bzw. H_2S „vergiftet" war. Die Temperatur, bei der die Verschiedenheit der Wärmeabgabe merklich wird, ist diejenige, bei der am reinen Draht die Zahl der umgewandelten Moleküle mit der der auftreffenden vergleichbar wird. Der Effekt läßt sich somit dadurch erklären, daß bei der die Umwandlung bewirkenden aktivierten Adsorption (oder Aufspaltung), wie zu erwarten, ein völliger Energieaustausch stattfindet, während bei den Reflexionsprozessen die Wärmeübertragung unvollkommen ist.

Daß der durch Sauerstoff „aktivierte" Draht sich genau so verhält wie der reine, dürfte daher rühren, daß die Belegung durch Sauerstoff nur eine Erhöhung der Tieftemperaturumwandlung bedingt (vgl. Kap. I, S. 4), aber die für den Hochtemperaturmechanismus wirksame Oberfläche nicht verändert.

---

[1] L. Farkas, Y. Hirshberg, L. Sandler: J. Amer. chem. Soc. **61** (1939), 3393.

[2] K. F. Bonhoeffer, A. Farkas: Z. physik. Chem., Abt. B **12** (1930), 231.

[3] Vgl. auch ähnliche Versuche an Wolfram von A. Farkas: Z. physik. Chem., Abt. B **14** (1931), 371. — K. F. Bonhoeffer, A. Farkas: Trans. Faraday Soc. **28** (1932), 242 u. 561. — K. B. Blodgett, J. Langmuir: Physic. Rev. **40** (1932), 78.

[4] Die Giftwirkung des Toluols könnte durch schwefelhaltige Verunreinigungen hervorgebracht sein, die in Spuren in Benzol und Toluol normalerweise immer vorhanden sind. Ein solcher Effekt konnte bei der Vergiftung von Palladiumkatalysatoren von C. A. Knorr [Z. physik. Chem., Abt. A **157** (1931), 155] aufgezeigt werden.

Der Grad der Vollkommenheit des Energieaustausches wird durch den *Akkommodationskoeffizienten* a bestimmt, der nach KNUDSEN[1] durch die Gleichung

$$a = \frac{T_g - T_g'}{T_g - T_f} \tag{30}$$

(T_g = Temperatur der auftreffenden Moleküle, T_g' = Temperatur der die Oberfläche verlassenden Moleküle, T_f = Temperatur der Oberfläche) definiert ist. a läßt sich bei elektrisch geheizten Drähten aus der Wärmeabgabe W berechnen. Für niedrige Drucke gilt:

$$a = \frac{W}{n c \Delta T}, \tag{30a}$$

wobei n die sekundlich auf die Drahtoberfläche auftreffende Gasmenge in Molen, c die Molwärme und ΔT die Temperaturdifferenz zwischen Draht und Gefäßwand bedeutet.

Nach Versuchen von ROWLEY und BONHOEFFER[2] hat pH_2 einen bis zu 10% geringeren Akkommodationskoeffizienten als nH_2.

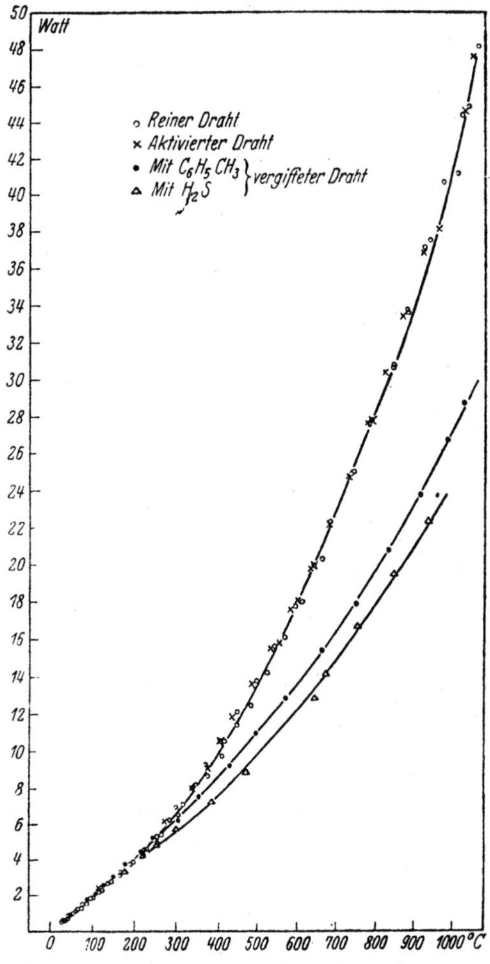

Abb. 13. Temperaturabhängigkeit der Wärmeabgabe von verschiedenen Pt-Drähten.

3. Messung der Selbstdiffusion in flüssigem Wasserstoff[3].

Aus der o-p-Umwandlung in flüssigem Wasserstoff über einer Schicht von festem Sauerstoff[4], bei der das Konzentrationsgefälle in der Wasserstoffschicht gemessen wurde, läßt sich die *Diffusionsgeschwindigkeit* bestimmen.

Es handelt sich dabei um folgenden Vorgang:

An der Berührungsstelle Wasserstoff—Sauerstoff findet eine katalytische Umwandlung von Ortho- und Parawasserstoff statt[5]. Die Abführung der Paramoleküle in höhere Schichten geschieht durch Diffusion.

In der Tabelle 16 sind die beim Versuch erhaltenen Werte zusammengestellt.

Abb. 14 zeigt schematisch die Anordnung der Schichten im Reaktionsgefäß. Die Abtragung geschah in dem in Tabelle 16 gegebenen Versuch durch Abpumpen von Wasserstoff. Dabei können kleine Konzentrationsverschiebungen infolge der verschiedenen Verdampfungswärme von o- und p-Wasserstoff auftreten. Diesen Fehler kann

[1] M. KNUDSEN: Ann. Physik 34 (1911), 593.
[2] H. H. ROWLEY, K. F. BONHOEFFER: Z. physik. Chem., Abt. B 21 (1933), 84.
[3] E. CREMER: Z. physik. Chem., Abt. B 42 (1939), 281.
[4] E. CREMER: Z. physik. Chem., Abt. B 28 (1935), 383.
[5] E. CREMER: Z. physik. Chem., Abt. B 28 (1935), 199.

man vermeiden, wenn man den Wasserstoff für die Probenentnahme durch Kühlung von außen in den festen Zustand überführt.

Tabelle 16. *pH_2-Umwandlung in flüssigem Wasserstoff an festem Sauerstoff.* t = Versuchsdauer in Stunden. x = gemessene Konzentration des *o*-Wasserstoffs in Prozenten. a = Anfangskonzentration = 75 %, Δx = Abnahme der Orthowasserstoffkonzentration durch spontane Reaktion in der Flüssigkeit, berechnet nach der Gleichung: $1/x - 1/a = kt$, $k = 11{,}2 \cdot 10^{-5}$ (1/Prozentgehalt × Stunden)[1]. h = geschätzter mittlerer Abstand der gemessenen Schicht vom Katalysator in Millimeter.

t	x	$a-x$	Δx	$(a-x)-\Delta x$	h
4	73,4	2	2	0	7,8
16,5	65,3	10	9	1	5,2
	63,7	11		2	2,6
	48,1	27		18	0,6

Für die Auswertung wurde die spontane Umwandlung[1], so wie sie in der flüssigen Phase ganz ohne Katalysator verlaufen würde, in Abzug gebracht und die Umwandlungsgeschwindigkeit am Katalysator als beliebig groß gegenüber der Diffusion angenommen. Man hat dann einen Fall vor sich, dessen Berechnung sich leicht durchführen läßt[2]. Man erhält als Mittelwert für die Diffusionskonstante:

$$D_{20} = 0{,}01\ \text{cm}^2/\text{Tag}\,.^3$$

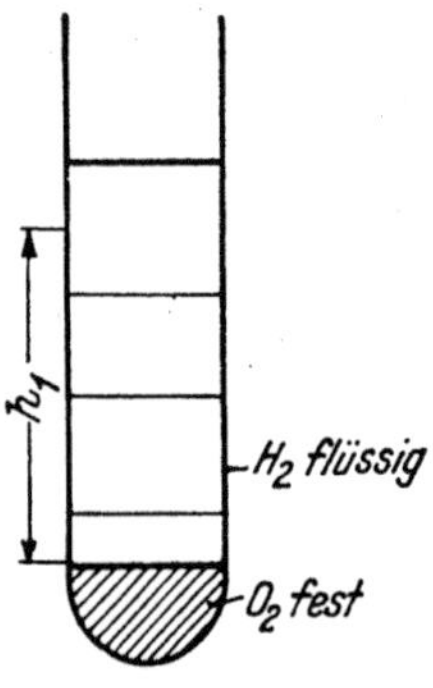

Abb. 14. Schema der Anordnung zur Messung der Selbstdiffusion in flüssigem Wasserstoff.

Den wesentlich komplizierteren Fall, der die infolge der Konzentrationsverschiebung veränderte spontane Umwandlung und die Umwandlungsgeschwindigkeit am Katalysator[4] berücksichtigt, hat S. FLÜGGE[5] berechnet und einen nahezu gleichen Wert erhalten. Da leider nur der eine nicht mit besonderer Genauigkeit ausgeführte Versuch vorliegt, kann der Wert nur als eine in der Zehnerpotenz richtige Angabe angesehen werden. Genauere Messungen wären hier notwendig.

Größenordnungsmäßig läßt sich die Diffusionskonstante auch nach Versuchen von MEISSNER und STEINER[6] abschätzen, aus denen sich die Diffusionskonstante von leichtem in schwerem Wasserstoff zu $D_{20} = 0{,}02\ \text{cm}^2/\text{Tag}$ ergibt. Beide Bestimmungsmethoden liefern also übereinstimmend die Größenordnung:

$$D_{20} = 1 \cdot 10^{-2}\ \text{cm}^2/\text{Tag}.$$

Diffusionsgeschwindigkeiten in flüssiger Phase sind im allgemeinen zwei Zehnerpotenzen höher[7].

---

[1] E. CREMER: Z. physik. Chem., Abt. B **39** (1938), 445, 463; vgl. auch Artikel 1, Bd. I, Kap. IV, Abschn. 2, S. 357.

[2] Vgl. z. B. W. JOST: Diffusion und chemische Reaktion, S. 19. Steinkopff 1937. — E. WARBURG: Wärmeleitung und andere ausgleichende Vorgänge, S. 64. Springer 1924.

[3] E. CREMER: Z. physik. Chem., Abt. B **42** (1939), 281.

[4] E. CREMER: Z. physik. Chem., Abt. B **28** (1935), 383.

[5] S. FLÜGGE, loc. cit. unter [3].

[6] W. MEISSNER, K. STEINER: Z. Physik **79** (1932), 601. — K. STEINER: Physik. Z. **36** (1935), 659.

[7] Vgl. LANDOLT-BÖRNSTEIN: Tabellen. 5. Aufl. Hw. I, S. 246, Eg IIa, S. 189 ÷ 198, Eg IIIa, S. 228 ÷ 244.

Die Abschätzung der Diffusionsgeschwindigkeit des flüssigen Wasserstoffs nach der für den Gasraum gültigen Formel[1]

$$D_T = {}^1/_3 \cdot v \cdot \lambda \tag{31}$$

würde, wenn man für λ den Abstand zweier Moleküle einsetzt, einen Wert ergeben, der 1000mal größer ist als der gefundene. Hierbei ist aber noch nicht berücksichtigt, daß sicher für den Platzwechsel in der Flüssigkeit die Überwindung einer Energieschwelle notwendig ist, daß also für den flüssigen Zustand ebenso wie für den festen ein Ausdruck der Form gilt[2]:

$$D_T = A \cdot e^{-E/RT}. \tag{32}$$

Setzt man für E den bei der Diffusion in festem Wasserstoff[3] gefundenen Energiewert ($E = 300$ cal[4]) und für A die nach Gleichung (31) berechnete Größe ein, so erhält man

$$D_{20} = 0{,}04\ \text{cm}^2/\text{Tag}.$$

Man kommt also zu einem größenordnungsmäßig richtigen Zahlenwert der Diffusionsgeschwindigkeit, wenn man die Flüssigkeit hinsichtlich des A-Faktors wie ein Gas, hinsichtlich der Schwellenenergie E wie einen festen Körper behandelt. Diese Betrachtungsweise hat nur den Charakter einer rohen Abschätzung. Benutzt man die neuerdings häufig, z. B. von POLISSAR[5] und WIRTZ[6] zur Berechnung von Diffusionsvorgängen zugrunde gelegten Modellvorstellungen, bei denen die Flüssigkeit als quasikristalliner Körper behandelt wird, so erhält man einen ähnlichen Wert von A. Die Abschätzung von E ist a fortiori gerechtfertigt. Es ergibt sich also dieselbe Größenordnung der Diffusionsgeschwindigkeit.

4. Bestimmung von magnetischen Oberflächeneigenschaften.

Da der Tieftemperaturmechanismus an das Vorhandensein eines magnetischen Moments geknüpft ist, eignet sich die *o*-*p*-Wasserstoff-Umwandlung zur Untersuchung der *magnetischen Eigenschaften* einer festen Substanz, insbesondere zur Feststellung, ob ein sogenannter „*Oberflächenmagnetismus*" vorhanden ist. Ein solcher könnte bedingt sein durch unabgesättigte Valenzen auf der Oberfläche (wie dies z. B. zur Erklärung der Aktivität der Adsorptionskohle bei tiefen Temperaturen angenommen wird[7]) oder durch oberflächliche Bildung einer durch andere magnetische Eigenschaften ausgezeichneten Verbindung bei der Berührung mit einer fremden Substanz.

Versuche von STARKE[8] könnten so zu deuten sein, daß sich beim Zusammenmischen von ZnO und Fe_2O_3 (sowohl im trockenen Zustand wie in Methylalkohol) schon bei Zimmertemperatur eine oberflächliche Verbindung bildet, die für nicht additive Eigenschaftsveränderungen solcher Mischungen verantwortlich zu machen wäre. Bei hohen Temperaturen konnten solche Verbindungsbildungen von HÜT-

---

[1] Vgl. W. JOST: loc. cit., S. 72.
[2] Vgl. z. B. W. JOST: loc. cit., S. 131.
[3] E. CREMER: Z. physik. Chem., Abt. B **39** (1938), 445.
[4] Vgl. Artikel 1, Bd. I, S. 384.
[5] M. J. POLISSAR: J. chem. Physics **6** (1938), 833.
[6] K. WIRTZ: Ann. Physik **36** (1939), 296. — Physik. Z. (erscheint demnächst).
[7] Vgl. Kap. III 2, S. 14.
[8] K. STARKE: Z. physik. Chem., Abt. B **37** (1937), 81.

TIG[1] nachgewiesen werden. Es wurde versucht[2], eine Oberflächenveränderung mit Hilfe der *o*-*p*-Wasserstoff-Umwandlung nachzuweisen[3].

Da die magnetischen Momente der Oxyde von denen der Oberflächenverbindungen erfahrungsgemäß[4] stark abweichen, müßte, wenn eine Verbindung gebildet wird, die Reaktion an einem Gemisch von ZnO und Fe_2O_3 mit wesentlich anderer Geschwindigkeit verlaufen als an den getrennten Oxyden. Die Umwandlungsversuche wurden bei der Temperatur der flüssigen Luft ausgeführt. Fe_2O_3 zeigte einen starken katalytischen Effekt, während ZnO praktisch wirkungslos war. Durch ein Vermischen des Fe_2O_3 mit ZnO änderte sich die Umwandlungsgeschwindigkeit überhaupt nicht. Anfeuchten mit C_2H_5OH und Wiederverdampfen der Flüssigkeit setzte die Aktivität etwas herab, da eine Krustenbildung eintrat. Wurde die Kruste durch Verreiben der Substanz zerstört, so stellte sich wieder die alte Aktivität ein. Es findet also bei Berührung der beiden Oxyde keine Bildung einer Verbindung mit veränderten magnetischen Eigenschaften statt.

Tabelle 17. *p-H_2-Bildung an Fe_2O_3 und ZnO bei 80° abs.*[3].

Versuch Nr.	Katalysator[5]	Behandlung	pH_2-Bildung in m-Mol pH_2/min
1	0,016 g ZnO	gepulvert	0
2	0,030 Fe_2O_3	gepulvert	22,5
3	0,030 Fe_2O_3	mit C_2H_5OH befeuchtet, dieses im Vakuum wieder verdampft (Krustenbildung)	14,0
4	0,030 Fe_2O_3 + 0,016 g ZnO	verrieben	21,7
5	0,030 Fe_2O_3 + 0,016 g ZnO	behandelt wie 3	13,9
6	0,030 Fe_2O_3 + 0,016 g ZnO	leicht mit Glasstab verrieben	20,1
7	0,030 Fe_2O_3 + 0,016 g ZnO	stärker verrieben	23,5

Zur Bestimmung des *Radikalcharakters* einer festen organischen Substanz[6] wurde die Parawasserstoff-Umwandlung am α-α'-Diphenyl-β-pikrinylhydrazyl von TURKEVICH und SELWOOD[7] untersucht. Die Suszeptibilität dieser Verbindung wurde bei der Temperatur der flüssigen Luft gemessen und ergab einen Paramagnetismus, der der völligen Dissoziation des Tetrazins in zwei freie Radikale entsprach. Die Untersuchung der *p*-H_2-Umwandlung ergab bei Zimmertemperatur jedoch nur einen geringen Effekt. Dies liegt daran, daß die H_2-Adsorption an den Kristallen der Verbindung sehr gering ist. Mischt man jedoch ZnO (das selbst nur sehr wenig umwandelt, vgl. Tabelle 17) mit der Radikalverbindung zusammen, so erhält man in 30 Min. 100%ige Umwandlung. Es wirkt das ZnO hierbei als Adsorbens, während das Magnetfeld des Radikals das Umklappen des Kernspins hervorruft.

5. Untersuchung von Adsorptionsvorgängen.

Die heterogene *o*-*p*-Wasserstoffumwandlung ist als eine an festen Oberflächen sich abspielende Reaktion geeignet, Aufschlüsse über die an Oberflächen vorliegenden *Adsorptionsverhältnisse* zu geben.

[1] G. F. HÜTTIG: Z. Elektrochem. angew. physik. Chem. 44 (1938), 571.
[2] Auf Veranlassung von Herrn Prof. O. HAHN.
[3] E. CREMER: Z. Elektrochem. angew. physik. Chem. 44 (1938), 577 (Diskussionsbemerkung). Die Meßdaten sind hier erstmalig wiedergegeben.
[4] Vgl. den Beitrag von G. F. HÜTTIG in vorliegendem Bande des Handbuchs.
[5] Die Präparate waren dieselben, die von STARKE (loc. cit.) für seine Versuche hergestellt worden waren.
[6] Vgl. Artikel 1, Bd. I, Kap. V 5, S. 378.
[7] J. TURKEVICH, P. W. SELWOOD: J. Amer. chem. Soc. 63 (1941), 1077.

Ist z. B. die Oberfläche durch einen adsorbierten Fremdstoff blockiert, so wird dadurch die Geschwindigkeit der Umwandlung stark herabgedrückt, beim magnetischen Mechanismus nur dadurch, daß die Fläche quantitativ verkleinert wird, bei chemischer Umwandlung darüber hinaus u. U. noch dadurch, daß sich die frei gelassenen Zentren qualitativ von den blockierten unterscheiden. Im letzteren Falle dürfte meist die Herabdrückung der Geschwindigkeit größer sein als der Verkleinerung der Oberfläche entspricht.

A. und L. FARKAS[1] haben die *p-o*-Umwandlung von reinem pH_2-Gas über einer *Platinoberfläche* mit der Umwandlung in Ggenwart von *Acetylen* und *Äthylen* verglichen. Die Ergebnisse sind in Abb. 15 dargestellt. Die Geschwindigkeiten verhalten sich dabei wie 1 : 1/3 : 1/15. Die Versuche zeigen die außerordentlich starke Adsorbierbarkeit des Acetylens gegenüber dem Äthylen, wie dies auch neuerdings aus dem Verhalten dieser Stoffe bei der Hydrierung an Palladium geschlossen werden konnte[2].

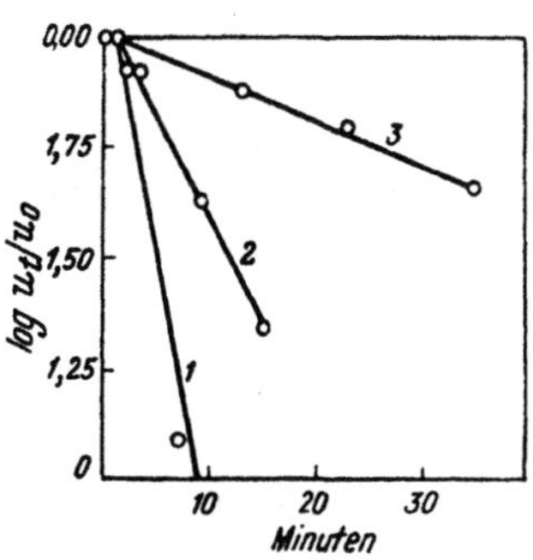

Abb. 15. Umwandlung an Platin mit und ohne Gegenwart von Äthylen und Acetylen.
1 74 mm pH_2; *2* 76 mm pH_2, 19 mm C_2H_4; *3* 73 mm pH_2, 19 mm C_2H_2.

Wegen des engen Zusammenhangs zwischen Katalyse und Adsorption liefern alle kinetischen Untersuchungen der *o-p*-Wasserstoff-Umwandlung automatisch Aufschlüsse über die Adsorbierbarkeit des Wasserstoffs. Wir haben davon in den vorangehenden Kapiteln mehrfach Gebrauch gemacht. Als besonderes Beispiel sei hier eine Messung von BURSTEIN und KASHTANOFF[3] angeführt, die den *hemmenden Einfluß*[4] *des bei hoher Temperatur adsorbierten Wasserstoffs* auf die *o-p*-Umwandlung an Kohle bei Zimmertemperatur näher untersuchten.

Abb. 16 gibt Versuche wieder, in denen an Kohle, die bei 950° entgast worden war, bei 500° eine definierte Menge Wasserstoff adsorbiert und dann — bei Zimmertemperatur — die Umwandlungsgeschwindigkeit gemessen wurde.

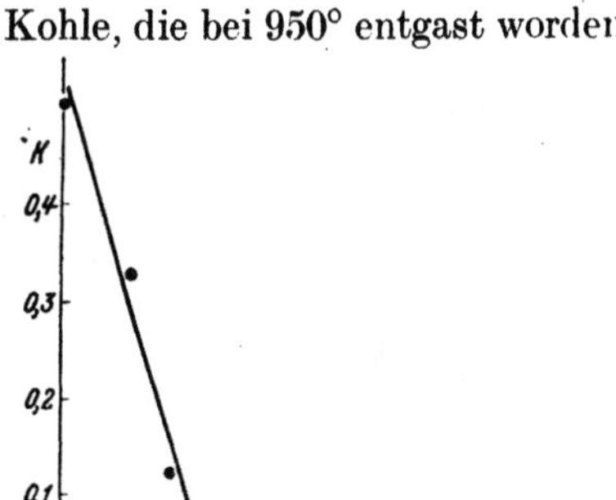

Abb. 16. Abhängigkeit der Umwandlungsgeschwindigkeit von der Menge des bei 500° C voradsorbierten Wasserstoffs.

Es ergibt sich zunächst ein fast linearer starker Abfall der Geschwindigkeitskonstante (k) mit steigender Vorbelegung (1. Ordnung). Bei 0,17 cm³ voradsorbiertem H_2 pro Gramm Kohle ist die Umwandlungsgeschwindigkeit schon auf wenige Prozente der anfänglichen abgesunken. Von diesem Punkt ab, an dem erst weniger als $^1/_{1000}$ der Oberfläche bedeckt ist, hat eine weitere Vermehrung der bei hoher Temperatur voradsorbierten Wasserstoffmenge nur mehr geringe hemmende Wirkung. Der die Umwandlung stark hemmende anfänglich adsorbierte Wasserstoff beeinflußt die VAN-DER-WAALSsche Adsorption von Wasserstoff praktisch

[1] A. FARKAS, L. FARKAS: J. Amer. chem. Soc. **61** (1939), 3396.
[2] E. CREMER, C. A. KNORR, H. PLIENINGER: Z. Elektrochem. angew. physik. Chem. **47** (1941), 737.
[3] R. BURSTEIN, P. KASHTANOFF: Nature **133** (1934), 571.
[4] Vgl. EMMET, HARKNESS: J. Amer. chem. Soc. **55** (1933), 3496. — K. F. BONHOEFFER, A. FARKAS, K. W. RUMMEL: Z. physik. Chem., Abt. B **21** (1933), 225. — K. W. RUMMEL: Z. physik. Chem., Abt. A **167** (1933), 221 sowie Kap. III, Abschn. 2, S. 16 u. 17.

nicht. Es wird daraus geschlossen, daß die Umwandlung über eine Aufspaltung (oder aktivierte Adsorption) an hochaktiven Zentren verlaufen muß[1].

Kinetische Messungen, die Aufschluß über die *Adsorptionswärme* der VAN-DER-WAALSschen Adsorption von Wasserstoff geben, wurden an festem Sauerstoff bei 20° abs. ausgeführt[2]. Es ergab sich hierbei der erstaunliche Befund, daß in den Adsorptionswärmen von Orthowasserstoff (λ_{ortho}) und Parawasserstoff (λ_{para}) an festem Sauerstoff ein beträchtlicher Unterschied besteht. Wie in Kap. III, 1 näher belegt ist, läßt sich die Kinetik der *o*-*p*-Wasserstoff-Umwandlung an festem Sauerstoff nach der Gleichung darstellen:

$$-p\frac{dx}{dt} = k\frac{b\,x\,p}{1 + b\,x\,p}, \tag{12}$$

wobei p den Druck und x den Bruchteil Orthomodifikation des Gesamtwasserstoffs darstellt und b den Wert $0{,}09 \pm 0{,}01$ hat.

Diese Gesetzmäßigkeit kann nur dann Gültigkeit haben, wenn auf der Katalysatoroberfläche im wesentlichen Orthowasserstoff adsorbiert ist und nur eine geringe Adsorptionsverdrängung durch Parawasserstoff stattfindet. Bezeichnet man den Adsorptionskoeffizienten für Orthowasserstoff mit b, den für Parawasserstoff mit b', so ist bei gleichzeitiger Adsorption beider Partner (nach Kap. II, S. 9) die Orthowasserstoff-Umwandlungsgeschwindigkeit:

$$\frac{d\,(xp)}{dt} = k\frac{b\,xp}{1 + b\,xp + b'(1+x)\,p}. \tag{33}$$

Wenn Gültigkeit dieses Gesetzes vorläge, müßten die durch Auswertung nach Gl. (13) aus den Versuchen erhaltenen empirischen Konstanten $b_{emp.}$ und $k_{emp.}$ folgende Werte haben:

$$b_{emp.} = \frac{b - b'}{1 + b'p}, \tag{34}$$

$$k_{emp.} = k\frac{b}{b - b'}. \tag{35}$$

Bei großem b' müßte sich also für die Konstante $b_{emp.}$ eine Abhängigkeit vom Druck ergeben. Da diese experimentell nicht gefunden wurde, läßt sich eine obere Grenze für die Größe von b' angeben.

Setzt man als zulässige Fehlerbreite die maximalen Fehler von $b_{emp.}$ und $k_{emp.}$ ein, so muß, damit innerhalb des Variationsbereichs von p kein Einfluß des Produktes $b'p$ erkennbar ist,

$$b' < 0{,}007$$

sein. (Für Versuche am gleichen Katalysator, bei denen die maximalen Fehler von $b_{emp.}$ und $k_{emp.}$ geringer sind, ergibt sich sogar $b' < 0{,}0025$.)

Da der Adsorptionskoeffizient (b) und die Adsorptionswärme (λ) durch die Beziehung verknüpft sind

$$b = B\,e^{\lambda/RT}, \tag{36}$$

läßt sich aus den bei 20° abs. ermittelten b- und b'-Werten unter der Annahme, daß der B-Faktor für beide Wasserstoffarten gleich ist, die Differenz der Adsorptionswärmen von Ortho- und Parawasserstoff an festem Sauerstoff bestimmen:

$$\lambda_{ortho} - \lambda_{para} > 90\ \text{cal/Mol}.$$

Die Anwendung des BOLTZMANNschen Verteilungssatzes auf die Verteilung der Moleküle zwischen Gasraum und Adsorptionsraum liefert für den Absolutwert von B:

$$B = \frac{w \cdot \text{MV} \cdot 273}{22400 \cdot 760\,T}, \tag{37}$$

[1] Vgl. auch die Verhältnisse bei der Reaktion $H_2 + D_2 = 2\,HD$, K. H. GEIB: S. 54.

[2] E. CREMER: Z. physik. Chem., Abt. B 28 (1935), 383.

wobei w das Verhältnis der *a-priori*-Wahrscheinlichkeiten für den Gas- und den Adsorptionsraum und MV das Molvolumen des Adsorbats bedeutet.
Setzt man $w = 1$ und MV gleich dem Molvolumen des festen Wasserstoffs (25 cm³), so ergibt sich aus (37) und (36)

$$b = 2{,}0 \cdot 10^{-5} e^{\lambda/RT} \, *$$

und durch Einsetzen der aus dem gemessenen $b_{emp.}$ erhaltenen b- bzw. b'-Werte für die Adsorptionswärmen:

$$\lambda_{ortho} = 360 \pm 10 \text{ cal/Mol},$$

$$\lambda_{para} < 270 \text{ cal/Mol}.$$

Die Fehlergrenze gibt an, zu welchem Betrage die Ungenauigkeit der Messung in das Resultat eingeht. Die Unsicherheit der Rechnung, die insbesondere in der Abschätzung von B liegt, ist größer. Die Änderung von w um eine Einheit würde den Wert des λ_{ortho} um 30 cal/Mol herabdrücken.

Der errechnete Unterschied in den Adsorptionswärmen ist aber jedenfalls erstaunlich groß. Durch eine magnetische Kraftwirkung zwischen der paramagnetischen Orthomolekel und dem ebenfalls paramagnetischen Sauerstoff kann ein so großer Effekt kaum hervorgebracht werden. Die kürzlich von SCHÄFER[1] zur Erklärung der Unterschiede in den Sublimationswärmen von o- und p-Wasserstoff[2] aufgestellte Theorie legt es nahe, den Unterschied in den Adsorptionswärmen auf ähnliche Weise, nämlich als eine *Hemmung der Rotation des Orthomoleküls* unter dem Einfluß der nahe benachbarten Moleküle des Adsorptionsmittels zu deuten[3].

---

* In der Originalmitteilung steht irrtümlicherweise $B = 2{,}0 \cdot 10^{-6}$ statt $2{,}0 \cdot 10^{-5}$. Dieser Fehler, der auch in die Absolutwerte der Adsorptionswärmen eingeht, ist hier berichtigt. — Vgl. auch E. CREMER: Z. physik. Chem., Abt. B **49** (1941), 245.

[1] K. SCHÄFER: Z. physik. Chem., Abt. B **42** (1939), 380; **45** (1940), 451.

[2] Vgl. z. B. Artikel 1, Bd. I, S. 330.

[3] E. CREMER: Z. physik. Chem., Abt. B **49** (1941), 245.

Anwendung von Isotopen bei der Untersuchung heterogener Vorgänge.

Von

K. H. GEIB, Leipzig.

Inhaltsverzeichnis.

Einleitung[1].

Die Anwendung von Isotopen ist ebenso wie für zahlreiche andere Gebiete für die Erforschung heterogener Vorgänge ein erst seit kurzem zur Verfügung stehendes wertvolles Hilfsmittel, das, wie der folgende Überblick zeigen soll, bereits tiefere Einblicke in das Reaktionsgeschehen am Katalysator gegeben hat, wenn auch im allgemeinen einigermaßen vollständige Lösungen der angeschnittenen Probleme auch auf diesem Wege bisher kaum erzielt wurden. Der ganz überwiegende Teil der Versuche, über die hier zu berichten sein wird, ist mit dem schweren Wasserstoffisotop ausgeführt worden, und nur verhältnismäßig wenige liegen vor, bei denen andere Isotope Verwendung fanden.

Hauptsächlich in zweierlei Richtung sind Isotope zur Untersuchung heterogen katalysierter Vorgänge herangezogen worden:

1. Bereits gut untersuchte Reaktionen wurden mit Isotopenverbindungen ausgeführt. Es interessierten dann die Unterschiede in den Geschwindigkeiten. Ein Beispiel dafür ist etwa die Hydrierung von gewöhnlichem und „schwerem" Äthylen mit leichtem und schwerem Wasserstoff.

2. Wohl das wichtigere Gebiet ist die Anwendung von Isotopen als Indicatoren, um den Verbleib einzelner Atome bei einer Reaktion zu markieren. In dies Gebiet fällt nun die mögliche Untersuchung einer großen Gruppe von Reaktionen, bei denen nichts weiter vor sich geht als der Austausch eines Atoms gegen ein isotopes. Derartige, auf keine andere Weise (ausgenommen der Fall *p*-*o*-Wasserstoff) beobachtbare Reaktionen verlaufen an heterogenen Katalysatoren häufig sehr leicht und glatt. Der größte Vorteil, den die Anwendung von Isotopen für die Untersuchung von Grenzflächenvorgängen bietet, dürfte darin bestehen, daß an Stelle einer einzigen mit den üblichen chemischen Methoden feststellbaren Reaktion sehr häufig an einem Katalysator unter denselben Versuchsbedingungen außerdem noch eine ganze Reihe von Isotopenaustauschreaktionen festgestellt werden können.

Als Beispiel sei wieder die Hydrierung von Äthylen zu Äthan betrachtet. Unter Verwendung von schwerem Wasserstoff als Indicator können dann — jedenfalls grundsätzlich — noch mindestens 6 Austauschreaktionen untersucht werden, nämlich die Reaktionen $H_2 + D_2 \rightarrow 2\,HD$; $D_2 + C_2H_4 \rightarrow HD + C_2H_3D$ usw.; $D_2 + C_2H_6 \rightarrow HD + C_2H_5D$ usw.; $C_2D_4 + C_2H_4 \rightarrow C_2D_3H + C_2H_3D$ usw.; $C_2D_4 + C_2H_6 \rightarrow C_2D_3H + C_2H_5D$ usw. und $C_2D_6 + C_2H_6 \rightarrow C_2H_5D$ usw. Natürlich erfordert eine so weitgehende Untersuchung eine beträchtliche experimentelle Arbeit. So sind im Fall der Äthylenhydrierung bisher auch von diesen sechs Austauschreaktionen nur drei, der Austausch zwischen Wasserstoff und Wasserstoff, zwischen Wasserstoff und Äthylen sowie Äthan, festgestellt worden.

Gerade die Beobachtung[2] derartiger Isotopenaustauschreaktionen neben der eigentlich chemischen Umsetzung und die Ermittlung der Beziehungen der Reaktionen untereinander wird sicher bei vielen Reaktionen Aufschlüsse über ihren Mechanismus oder eine Ausschaltung falscher Vorstellungen darüber bringen können.

I. Durch die Isotopie bedingte Unterschiede.

Allgemeines.

Gleichgültig ob es sich um homogene oder heterogene Prozesse handelt, sind merkliche Unterschiede in der Reaktionsgeschwindigkeit von Isotopenmolekülen

[1] Das Manuskript zu diesem Beitrag ging bereits im April 1939 ein. Es wurde bei der Korrektur entsprechend ergänzt.

[2] Über experimentelle Einzelheiten vgl. die Originalliteratur. Messung des Deuteriumgehaltes z. B. bei P. Harteck: Z. Elektrochem. angew. physik. Chem. **44** (1938), 3.

ganz allgemein nur dann zu erwarten, wenn ein relativ großer Massenunterschied zwischen den Isotopen besteht. Praktisch ist dies allein bei den Wasserstoffisotopen und ihren Verbindungen der Fall. Alle andern Isotopen können hier ganz außer Betracht bleiben, da die bei der Untersuchung von heterogen katalysierten Vorgängen wohl zwangsläufig auftretenden Unreproduzierbarkeiten größer sind als die durch eine Massenänderung in der Größenordnung von 10% bedingten reaktionskinetischen Unterschiede, deren Ausmaß man aus einem Vergleich mit den Verhältnissen beim schweren Wasserstoff leicht abschätzen kann.

Gerade so wie bei homogenen Reaktionen bestehen auch bei Oberflächenreaktionen zwei Ursachen, die merkliche Unterschiede in den Reaktionsgeschwindigkeiten von Verbindungen des leichten und schweren Wasserstoffs bewirken:

1. Die im Verhältnis der Wurzel aus den Massen geänderte Geschwindigkeit der Molekularbewegung: es ändern sich sowohl Anzahl als auch Dauer der Zusammenstöße der Moleküle untereinander oder mit einer Oberfläche, die Größe der Diffusions- und Akkommodationskoeffizienten.

2. Die Änderung der Schwingungsfrequenzen in einem Molekül, namentlich die dadurch bewirkte Änderung der Nullpunktsenergie. Auch die Schwingungsfrequenzen und die Nullpunktsenergien werden durch den Ersatz eines H- durch ein D-Atom im Verhältnis $1:\sqrt{2}$ verringert, soweit es sich um Schwingungen von Wasserstoffatomen gegen ein schwereres Atom oder eine schwerere Atomgruppe handelt.

Die Unterschiede in den Nullpunktsenergien von D-Verbindungen bzw. -Bindungen gegenüber denen des leichten Wasserstoffs (aus spektroskopischen Daten) gehen aus der folgenden Übersicht in Tabelle 1 hervor[1].

Tabelle 1. *Nullpunktsenergien von Deuteriumverbindungen.*

Bei entsprechenden Verbindungen des leichten Wasserstoffs ist die Nullpunktsenergie um den folgenden in kcal angegebenen Betrag größer:

HD	0,8	ClD	1,2	PtD	0,5
D_2	1,8	FeD	0,6	HgD	0,6
CD	1,1	NiD	0,7	AuD	0,9
ND	1,3	CuD	0,8		
OD	1,4	AgD	0,7		

Tabelle 2. *Isotopenverschiebung der Geschwindigkeiten einiger homogener Gasreaktionen.*

Verglichene Reaktionen	Temperatur °C	Verhältnis der R.G.-Konst. $\frac{k_1}{k_2}$	Verhältnis der Stoßzahlen $\frac{Z_1}{Z_2}$	Unterschied in kcal der Aktiv.-Energ. q_1-q_2	Unterschied in kcal der Nullp.-Energ. $E_1^0-E_2^0$	Autoren
$\frac{H + H_2}{D + D_2}$	630 ÷ 710	1,85 (Mittel)	1,41	0,52	1,8	A. u. L. Farkas[2]
$\frac{J_2 + H_2}{J_2 + D_2}$	425 ÷ 500	2,45 ÷ 2,1	1,41	0,75	1,8	Geib, Lendle[3]
$\frac{2\,HJ}{2\,DJ}$	430	1,53	1	0,6	2·0,93	Blagg u. Murphy[4]
$\frac{C_2H_4 + H_2}{C_2H_4 + D_2}$	530 ÷ 570	2,5	1,4	0,95	1,8	Wheeler u. Pease[5]

[1] H. Eyring, A. Sherman: J. chem. Physics 1 (1933), 345.
[2] A. u. L. Farkas: Proc. Roy. Soc. (London), Ser. A 152 (1935), 124.
[3] K. H. Geib, A. Lendle: Z. physik. Chem., Abt. B 32 (1936), 463.
[4] J. Blagg, G. M. Murphy: J. chem. Physics 4 (1936), 631.
[5] A. Wheeler, R. N. Pease: J. Amer. chem. Soc. 58 (1936), 1665.

Der Einfluß der Nullpunktsenergie der reagierenden Moleküle auf die Aktivierungsenergie soll zunächst kurz bei homogenen Reaktionen betrachtet werden. In Tab. 2 sind einige Versuchsergebnisse über die Isotopenverschiebung der Reaktionsgeschwindigkeiten bei solchen Reaktionen angeführt. Die angegebenen Unterschiede in den Aktivierungsenergien sind nach der ARRHENIUS-Gleichung und unter der Annahme errechnet worden, daß die experimentell ermittelten Unterschiede in den Reaktionsgeschwindigkeiten außer den (theoretischen) Veränderungen der Stoßzahlen *nur* durch Unterschiede in der Aktivierungsenergie bedingt werden[1].

Aus diesen Zahlen und ebenso weiteren hier nicht angeführten Ergebnissen geht ohne jeden Zweifel hervor, daß der Unterschied in den Aktivierungsenergien nicht gleich groß, sondern im allgemeinen kleiner ist als der der Nullpunktsenergien. Dieser Befund entspricht durchaus der theoretischen Vorstellung[2] — und mag als Beweis für deren Richtigkeit bewertet werden —, daß nicht nur das Reaktionssystem im Ausgangs- und im Endzustand, sondern ebenso der „aktivierte Stoßkomplex", der gerade in der Reaktion begriffene Übergangszustand der miteinander reagierenden Moleküle, eine wohldefinierte Nullpunktsenergie besitzt. Diese Verhältnisse mögen durch das Energiediagramm der Jod-Wasserstoff- bzw. Jod-Deuterium-Reaktion veranschaulicht werden (Abb. 1).

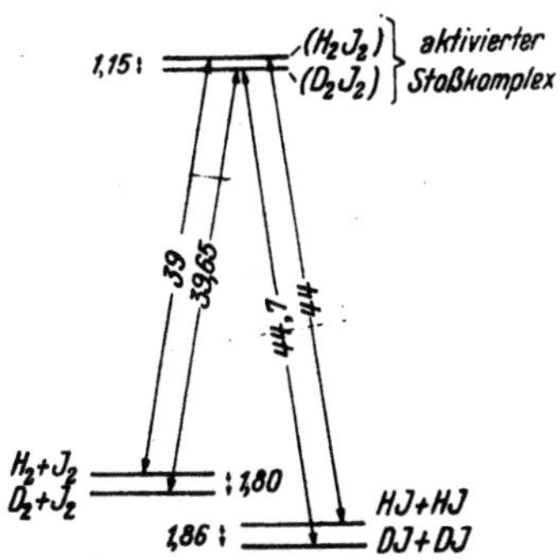

Abb. 1. Energiediagramm für die Reaktionen $H_2 + J_2 \rightleftarrows 2\,HJ$; $D_2 + J_2 \leftrightarrows 2\,DJ$ (Energien in kcal).

Die Verhältnisse bei heterogenen Reaktionen sind in dieser grundsätzlichen Hinsicht durchaus die gleichen. Experimentell wurde hier genau so wie bei den homogenen Reaktionen gefunden, daß die Unterschiede der (scheinbaren) Aktivierungswärmen bei heterogenen Vorgängen mit Isotopenmolekülen stets kleiner sind als die Unterschiede in den Nullpunktsenergien der Ausgangsmoleküle. In einer Reihe von Fällen[3] kann man bei Reaktionen an Metalloberflächen die Geschwindigkeitsverhältnisse bereits unter Mitberücksichtigung der Nullpunktsenergie der Metall-Wasserstoff-Bindungen (vgl. Tabelle 1), also ohne die Annahme eines noch anders gearteten Übergangszustandes erklären.

Experimentell gefundene Unterschiede

in dem Verhalten von schweren und leichten Wasserstoffverbindungen bei verschiedenen heterogenen Prozessen[4].

1. Isotopieeffekte bei heterogenen Gleichgewichten.

Unterschiede in der Lage von heterogenen Gleichgewichten mit H_2 und D_2, die auf das ***homogene*** Gleichgewicht $D_2 + 2\,HCl = H_2 + 2\,DCl$ zurückgeführt werden können, wurden von KAPUSTINSKY[5] sowie PARTINGTON und TOWNDROW[6]

[1] Nicht berücksichtigt ist dabei also, daß die Moleküle mit der kleineren Nullpunktsenergie leichter Schwingungsenergie aufnehmen; es ist schon aus diesem Grunde zu erwarten, daß die durch die Isotopie bedingten Unterschiede in den ARRHENIUS-Aktivierungswärmen kleiner sind als die Unterschiede in den Nullpunktsenergien.

[2] Vgl. dazu die für Tabellen 1 u. 2 angegebenen Literaturstellen sowie die dort angegebene umfangreiche weitere Literatur.

[3] H. W. MELVILLE: J. chem. Soc. (London) **1934**, 804 und 1243.

[4] Bei den zu diesem Abschnitt gehörenden Abb. 2÷9 wurden Versuche mit schwerem Wasserstoff durch fette Kurvenpunkte (●), solche mit gewöhnlichem Wasserstoff durch magere Punkte (○) gekennzeichnet.

[5] A. F. KAPUSTINSKY: J. Amer. chem. Soc. **58** (1936), 460.

[6] J. R. PARTINGTON, R. P. TOWNDROW: Nature **140** (1937), 156.

bei den Gleichgewichten der Reduktion von CuCl bzw. $CoCl_2$ mit leichtem und schwerem Wasserstoff festgestellt. Von Grafe, Clusius und Kruis[1] wurde das nicht unmittelbar meßbare homogene Gleichgewicht $H_2 + D_2S \rightleftarrows D_2 + H_2S$ aus dem Unterschied der Gleichgewichtslagen der heterogenen Reaktionen

$$3\,H_2 + Bi_2S_3 \rightleftarrows 2\,Bi + 3\,H_2S$$

und

$$3\,D_2 + Bi_2S_3 \rightleftarrows 2\,Bi + 3\,D_2S$$

bei 350÷600° bestimmt.

Löslichkeit in Metallen.

Die Löslichkeit von leichtem und schwerem Wasserstoff in Palladium[2], Nickel[3], Eisen[4] und Niob[5] wurde von Sieverts und Mitarbeitern eingehend untersucht. Die Löslichkeit von H_2 wurde in diesen Metallen stets größer als die von D_2 gefunden, nur bei Niob waren die Löslichkeiten von H_2 und D_2 innerhalb von 5% gleich (vgl. Tab. 3c). Besonders große Unterschiede wurden im Falle des Palladiums festgestellt. Es wurde stets angestrebt, das Gleichgewicht der Wasserstoffaufnahme von beiden Seiten her zu erreichen. Jedoch konnten bei Palladium in dem Bereich, in dem der Übergang von der wasserstoffreichen zur wasserstoffarmen Phase stattfand, trotz

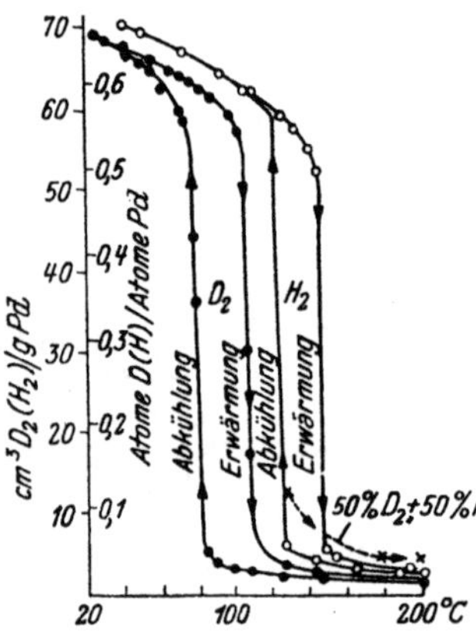

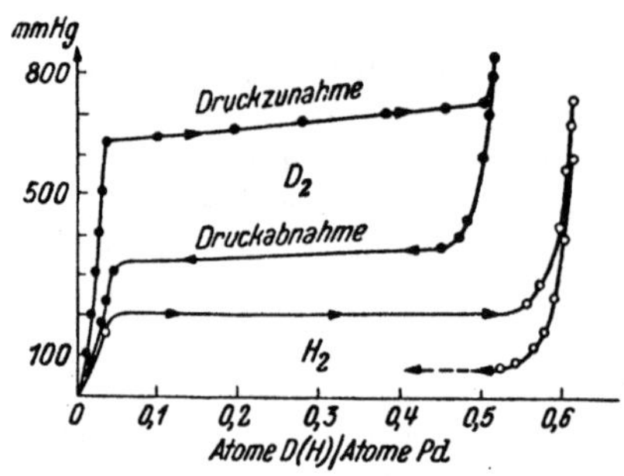

Abb. 2. Löslichkeit von D_2 und H_2 in Palladium(-Mohr) (Sieverts und Danz[2]).
a Isobaren bei 740 mm Hg; b Isothermen bei 80° C.

großer Versuchszeiten bei der Abkühlung und Erwärmung bzw. Druckzunahme und Druckabnahme nicht die gleichen Werte erhalten werden. Sowohl die Lage dieses Überganges wie die Größe der Hystereseschleife wie auch die geringst mögliche Wasserstoffkonzentration in der wasserstoffreichen Phase waren für H_2 und D_2 verschieden (vgl. Abb. 2a, b). Für schweren Wasserstoff ging der Übergang in die wasserstoffarme Phase schon bei tieferen Temperaturen bzw. höheren Drucken vor sich als bei leichtem Wasserstoff, außerdem war die Hysterese deutlich größer. Wie auch aus den Abb. 2 hervorgeht, waren diese Unterschiede recht beträchtlich, so war etwa die Übergangstemperatur bei 1 at für H_2 um 40° höher als für D_2, und bei 100° C war die geringst mögliche Kon-

[1] D. Grafe, K. Clusius, A. Kruis: Z. physik. Chem., Abt. B **43** (1939), 1.
[2] A. Sieverts, G. Zapf: Z. physik. Chem., Abt. A **174** (1935), 359. — A. Sieverts, W. Danz: Z. physik. Chem., Abt. B **34** (1936), 158; **38** (1937), 46.
[3] W. Danz: Diss. Jena, 1937. — A. Sieverts, W. Danz: Z. anorg. allg. Chem. **247** (1941), 131.
[4] A. Sieverts, G. Zapf, H. Moritz: Z. physik. Chem., Abt. A **183** (1938), 19.
[5] A. Sieverts, H. Moritz: Z. anorg. allg. Chem. **247** (1941), 124.

zentration für die wasserstoffreiche Phase 0,3 Atome D oder 0,5 Atome H auf 1 Atom Pd.

Da nun der Wasserstoffgehalt der beiden Phasen sich um einen Faktor 20 bis 30 unterscheidet, so bestehen bei geeigneten Versuchsbedingungen zwischen schwerem und leichtem Wasserstoff sehr große Unterschiede im Verhalten gegenüber Palladium. So wurden in den Versuchen von SIEVERTS und DANZ von Palladium-Mohr bei 120° C und 40 mm Hg pro Pd-Atom fast 0,6 Atome H (wasserstoffreiche Phase), aber nur weniger als 0,05 Atome D (wasserstoffarme Phase) aufgenommen. Die Unterschiede der Wasserstoffaufnahme in gleichen Phasen gehen aber nicht über den Faktor 2 hinaus.

Bei 200° C und 1 at Druck nahm 1 g-Atom Pd (wasserstoffarme Phase) 12,4 Millimol H_2 bzw. 7,4 Millimol D_2 auf. Das Verhältnis der von Pd (wasserstoffarme Phase) aufgenommenen Mengen H_2 und D_2 ist bei 200° C 1,67; 400° C 1,33; 600° C 1,2; 1000° C 1,1; es nähert sich also bei steigender Temperatur dem Wert 1. Aus dem Temperaturkoeffizienten dieses Verhältnisses errechnet man, daß die Aufnahme eines Mols H_2 durch Pd um 1,4 bis 1 kcal mehr exotherm ist als die eines Moles D_2. Von MELVILLE und RIDEAL[1] wird ein gleicher Unterschied in der Wärmetönung berichtet. Dieser Unterschied wird im wesentlichen auf den Unterschied in den Nullpunktsenergien von H_2 und D_2 zurückzuführen sein. Kleiner sind die Unterschiede für die wasserstoffreiche Phase. Bei 30 bis 40° C lösten sich etwa 5% mehr H_2 als D_2 auf.

Derselbe Temperatureinfluß auf das Verhältnis der Löslichkeiten von H_2 und D_2, nämlich die Annäherung an den Wert 1 für hohe Temperaturen, wurde auch für Eisen gefunden, bei dem die Löslichkeit des Wasserstoffs viel kleiner ist und im Gegensatz zu Palladium mit steigender Temperatur zunimmt. Tabelle 3 zeigt die Abhängigkeit des Verhältnisses der aufgenommenen Mengen H_2

Tabelle 3a. *Löslichkeit von H_2 und D_2 in* ***Eisen*** (nach SIEVERTS, ZAPF und MORITZ).

° C		500	600	650	700	800	900	950	1000	1200	1350	1450	Es lösten sich in 56 g Fe cm³ H_2 (N.T.P.)	bei 1200° C
Verhältnis der Löslichkeiten $H_2:D_2$	I	—	—	—	—	1,21	—	1,11	—	1,08	—	1,07	1,4 ÷ 7,5	5,0
	II	—	1,20	—	1,09	1,10	—	1,07	1,08	1,06	1,08	1,08	1,7 ÷ 11,7	8,4
	III	1,14	—	1,11	—	—	1,10	—	1,09	1,08	—	—	0,78 ÷ 7,6	7,6

I und II Armco-Eisen (> 99,9% Fe), III Carbonyleisen.

Tabelle 3b. *Löslichkeit von H_2 und D_2 in* ***Nickel*** (nach SIEVERTS und DANZ).

100 g Ni lösten bei 1 at und ° C	200	300	400	600	800	1000	1120
cm³ (N.T.P.) H_2	1,34	2,51	3,55	5,70	7,78	10,42	12,65
cm³ (N.T.P.) D_2	0,73	1,88	2,81	4,93	6,99	9,86	11,80

Die gelöste Menge war in dem untersuchten Bereich von 600÷1120° C der Quadratwurzel des Gasdruckes proportional.

Tabelle 3c. *Löslichkeit von H_2 und D_2 in* ***Niob*** (nach SIEVERTS und MORITZ).

100 g Nb lösten bei 1 at und ° C	300	400	500	600	700	800	900
cm³ (N.T.P.) H_2	88,0	76,8	47,4	18,5	9,7	6,1	4,0
cm³ (N.T.P.) D_2	87,9	76,3	45,4	17,0	9,2	5,9	4,2

Nur oberhalb 600° C war die gelöste Gasmenge etwa der Quadratwurzel des Gasdruckes proportional.

[1] H. W. MELVILLE, E. K. RIDEAL: Proc. Roy. Soc. (London), Ser. A **153** (1935), 77, 89.

zu D_2 in drei verschiedenen Versuchsreihen. Von den Autoren wird als genaueste die mit Carbonyleisen angegeben.

(Ad-)Sorptionsgleichgewichte.

Über andere (Ad-)Sorptionsgleichgewichte liegen nur wenige meist qualitative Angaben vor. Allem Anschein nach wird bei „van der Waals"- (molekularer) Adsorption mehr D_2 als H_2 im Gleichgewicht aufgenommen, bei „aktivierter" (atomarer) Sorption (vgl. Löslichkeit in Pd, Fe, Ni) mehr H_2 (jedenfalls bei tiefen Temperaturen). Mit steigender Temperatur können diese Unterschiede in der aktivierten Adsorption zum mindesten ausgeglichen oder gar umgekehrt werden. Angaben über die Gleichgewichtsverhältnisse bei der „van der Waals"-Adsorption bei tiefen Temperaturen (—190° C) finden sich in dem obigen Sinn bei Taylor und Smith[1] (ZnO) sowie Hudson und Ogden[2] (Zn-, Ni- und Co-Molybdänoxyd).

Für 0÷100° C und Nickelpulver gibt Klar[3] an, daß nach der Gaszugabe bis zur ersten möglichen Druckmessung mehr D_2 als H_2 adsorbiert wurde (während die meßbare Geschwindigkeit der anschließenden Sorption für H_2 größer als für D_2 war). Diese Befunde, daß D_2 leichter molekular adsorbiert wird als H_2, stehen in guter Übereinstimmung damit, daß der Dampfdruck von flüssigem H_2 ein Mehrfaches von dem des D_2 ist und die Verdampfungswärme von D_2 wegen der geringeren Nullpunktsenergie der zwischenmolekularen Schwingungen in der Flüssigkeit (van der Waals-„Bindung") um fast 100 cal (30%) größer ist als die von H_2 *.

Gleichgewichte bei der Adsorption von H_2 und D_2 an Kupferpulver wurden von Beebe, Soller und Goldwasser[4] gemessen. Danach wurde bei einem während der Versuche stets konstant gehaltenen Wasserstoffdruck von 2,63 ± 0,005 mm Hg bei 0° C etwa 40% mehr H_2 als D_2 adsorbiert, bei 125° C wurden von beiden Wasserstoffen weniger (etwa halb so viel), aber D_2 mehr als H_2 adsorbiert. Entsprechend wurde von Hudson und Ogden[2] eine Inversionstemperatur für die Adsorption von H_2 und D_2 an Co- und Zn-Molybdänoxydkatalysatoren gefunden; unterhalb 300° C wird mehr H_2, oberhalb mehr D_2 adsorbiert. Bei einem Ni-Molybdänoxydkatalysator konnte eine solche Umkehrung des Verhältnisses der adsorbierten Mengen nicht gefunden werden, hier wurde bei Temperaturen bis 450° C stets mehr oder gleich viel H_2 adsorbiert. Für diese drei Molybdänoxydkatalysatoren wurden aus den Isothermen zwischen 400 und 440° C folgende recht verschiedenen Adsorptionswärmen für H_2 und D_2 angegeben:

Zn-	Co-	Ni-	Molybdänoxyd
21,4	31,4	21,6	kcal pro Mol H_2
30,1	34,2	31,1	„ „ „ D_2

Das Verhältnis der im Gleichgewicht adsorbierten Mengen von H_2 und D_2 kann also ganz offensichtlich je nach den Versuchsbedingungen, der Art der Adsorption und der Aktivität der adsorbierenden Zentren größer oder kleiner als 1 sein.

Über die Unterschiede bei der Adsorption von H_2O und D_2 an Glas (?) bei Temperaturen zwischen 0 und 360° berichteten van Itterbeek und Vereycken[5].

[1] H. S. Taylor, E. Smith: J. Amer. chem. Soc. **60** (1938), 367.
[2] J. H. Hudson, G. Ogden: Nature **142** (1938), 476.
[3] R. Klar: Naturwiss. **22** (1934), 822; Z. physik. Chem., Abt. A **174** (1935), 1; Z. Elektrochem. angew. physik. Chem. **43** (1937), 379.
* K. Clusius: Z. Elektrochem. angew. physik. Chem. **44** (1938), 21.
[4] T. Soller, S. Goldwasser, R. Beebe: J. Amer. chem. Soc. **58** (1936), 1703.
[5] A. van Itterbeek, W. Vereycken: Med. Kon. Vlaamsche Acad. Wetensch., Letteren, Schoone Kunsten België, Kl. Wetensch. **1940** Nr. 9, 3÷15 (C **1942** II 143).

H_2O(-Dampf) wird stärker adsorbiert als D_2O, mit steigender Temperatur geht die Adsorption zurück und wird Null(?) für H_2O bei 180°, für D_2O bei 160° C. Aus der Temperaturabhängigkeit wird berechnet, daß die Adsorptionswärme für H_2O um etwa 4 kcal/Mol. größer ist als für D_2O.

2. Unterschiede des Akkommodationskoeffizienten.

Es ist zu erwarten, daß der Energieaustausch (auf gleiche Stoßzahl bezogen) zwischen einer Oberfläche und gasförmigem D_2 besser ist als der mit H_2, da ja die D_2-Moleküle wegen der geringeren Fluggeschwindigkeit sich eine längere Zeit in dem Wirkungsbereich der Wand aufhalten. Von MANN und NEWELL[1] wurden für den Energieaustausch mit einem auf 100° C geheizten und vor jedem Einzelversuch auf 1000° C erhitzten (reinen) Platindraht folgende Akkommodationskoeffizienten erhalten:

für H_2 0,11, für D_2 0,16 (für He 0,05).

Durch die Aufnahme von Wasserstoff änderte sich der Wert des Akkommodationskoeffizienten (der Endwert wurde erst nach etwa 1 Stunde erreicht). Die Akkommodationskoeffizienten des in der Wasserstoffatmosphäre stabilen Drahtes waren

für H_2 0,21, D_2 0,26 (He 0,24).

3. Geschwindigkeitsunterschiede.

Die Unterschiede in den Geschwindigkeiten heterogener Vorgänge mit H_2 bzw. D_2 sind Gegenstand sehr zahlreicher Untersuchungen gewesen. Ganz allgemein kann man wohl sagen, daß sie im allgemeinen nicht so groß sind, wie man erwartet hatte, sie sind häufig nur ebenso groß (oder gar kleiner) wie die der Molekulargeschwindigkeiten.

Diffusion.

Für die Diffusion von Wasserstoff und Deuterium durch Palladium können verschiedene Prozesse geschwindigkeitsbestimmend sein. Unter verschiedenen Versuchsbedingungen und mit verschieden vorbehandeltem Material wurden daher verschiedene Verhältnisse der Bruttodiffusionsgeschwindigkeiten beobachtet. Der *homogene* Vorgang der Diffusion eines Wasserstoff*ions* im Innern der festen Phase von einem Platz zu einem energetisch gleichwertigen war offenbar geschwindigkeitsbestimmend bei den Versuchen von JOST und WIDMANN[2]. Das Verhältnis der Diffusionsgeschwindigkeiten für leichten und schweren Wasserstoff war bei 190 und 300° C innerhalb der Versuchsfehler 1,4, also das der Wurzeln aus den Ionengewichten. Die für den Platzwechsel erforderliche Aktivierungsenergie betrug 5,7 kcal. Hier wurde die Geschwindigkeit gemessen, mit der Wasserstoff von einer außen mit Palladiumschwarz überzogenen Palladiumkugel aufgenommen wurde.

Die Unterschiede zwischen H_2 und D_2 bei der Diffusion durch eine Palladiumscheibe oder ein Pd-Rohr in das Vakuum hinein beobachteten A. und L. FARKAS[3] sowie MELVILLE und RIDEAL[4]. Nur bei einem Versuch von A. FARKAS[5] bei 20° C

---

[1] W. B. MANN, W. C. NEWELL: Nature **137** (1936), 662; Proc. Roy. Soc. (London), Ser. A **158** (1937), 397.

[2] W. JOST, A. WIDMANN: Z. physik. Chem., Abt. B **29** (1935), 247.

[3] A. u. L. FARKAS: Proc. Roy. Soc. (London), Ser. A **144** (1934), 467.

[4] H. W. MELVILLE, E. K. RIDEAL: Proc. Roy. Soc. (London), Ser. A **153** (1935), 77, 89.

[5] A. FARKAS: Trans. Faraday Soc. **32** (1936), 1667.

bestimmte — wie durch die an beiden Grenzflächen im Vergleich zur Diffusion ~ 100mal schneller verlaufende p-o-H_2-Umwandlung gezeigt werden konnte — der Übergang aus dem Gas in die diese Umwandlung bewirkende Sorptionsschicht sicher *nicht* die Geschwindigkeit der Gesamtdiffusion. Hier wurde das Verhältnis der Diffusionsgeschwindigkeiten zu 1,84 (20° C) gefunden. Die scheinbare Aktivierungsenergie für die Diffusion von H_2 betrug dabei 3,1 kcal.

In Versuchen, bei denen die *Geschwindigkeit des Grenzüberganges* sicher allein geschwindigkeitsbestimmend war, fanden MELVILLE und RIDEAL[1] ein Verhältnis der Diffusionsgeschwindigkeiten von H_2 und D_2 durch Palladium von 2,4 bei 150° C. Aus der Temperaturabhängigkeit dieses Unterschiedes für Palladium (*a*) und Palladium, welches mit Kupfer (*b*) oder Nickel (*c*) bedeckt war, errechneten sie Unterschiede in den Aktivierungsenergien des Brutto-Diffusionsprozesses von 0,8 und 0,6 kcal bei Aktivierungswärmen von (*a*) 18, (*b*) 12 und (*c*) 15 kcal. Was in diesen Versuchen gemessen wurde, ist genauer wohl als Sorptions- oder Desorptionsgeschwindigkeit, nicht als Diffusionsgeschwindigkeit zu bezeichnen.

Adsorption.

Ähnlich wie die im Gleichgewicht adsorbierten Mengen unterscheiden sich auch die *Adsorptionsgeschwindigkeiten* für H_2 und D_2 meist weniger als um den Faktor 2. Ein größerer Unterschied (3,5 bis 5,5) wurde nur für Cu bei 0° C ermittelt (vgl. Tabelle 4 u. Abb. 3). Die Verhältnisse sind nicht durch irgendwelche einfachen Gesetzmäßigkeiten allgemein darzustellen. Nur qualitativ kann man sagen, daß meist die Adsorptionsgeschwindigkeit für H_2 größer als für D_2 ist. Ausschlaggebend für die beobachteten Unterschiede ist in vielen Fällen anscheinend die verschiedene Geschwindigkeit der Molekularbewegung von gasförmigem oder adsorbiertem H_2 und D_2 bzw. H und D. Für eine Deutung der einzelnen Befunde (Tabelle 4) müßte man berücksichtigen, daß sich für H_2 und D_2 nicht nur Unterschiede der Molekulargeschwindigkeiten und der Aktivierungsenergien für die zahlreichen an einem Adsorbens möglichen Übergänge ergeben, sondern daß auch die Besetzungszahlen für die verschiedenen Arten der adsorbierenden Zentren u. a. wegen der zu erwartenden kleinen Unterschiede in den Adsorptionswärmen etwas verschieden sein werden. So können dann recht verwickelte Erscheinungen beobachtet werden, etwa von KLAR[2], daß an einem Nickelkatalysator sofort nach der Gaszugabe (VAN DER WAALS-Adsorption) mehr D_2 als H_2 adsorbiert wurde, dann aber bei 0÷100° C die Geschwindigkeit für die Adsorption von H_2 größer war als für die von D_2; dabei stieg die Adsorptionsgeschwindigkeit für D_2 mit einem größeren Temperaturkoeffizienten als für H_2 an, und zwar von 0÷70° C, für H_2 nur bis 55° C; von diesen Temperaturen ab wurde die Adsorption bis 100° C langsamer und war bei 100° C für H_2 und D_2 etwa gleich schnell; oberhalb von 100° C nahm die Adsorptionsgeschwindigkeit wieder zu und war bei 200° C für D_2 größer als für H_2.

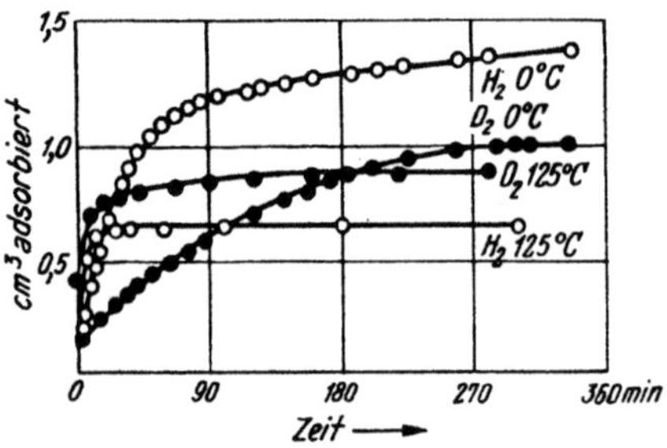

Abb. 3. Adsorption von H_2 und D_2 an 109 g Cu-Pulver, 2,63 mm Hg (SOLLER, GOLDWASSER, BEEBE).

Unterschiede in der *Desorptionsgeschwindigkeit* von H_2 und D_2 wurden direkt nicht gemessen. Daß solche Unterschiede zum mindesten im Ausmaß der Mole-

[1] H. W. MELVILLE, E. K. RIDEAL: Proc. Roy. Soc. (London), Ser. A **153** (1935), 77, 89.

[2] R. KLAR: Naturwiss. **22** (1934), 822; Z. physik. Chem. Abt. A, **174** (1935), 1; Z. Elektrochem. angew. physik. Chem. **43** (1937), 379.

Tabelle 4. *Unterschiede der Adsorptionsgeschwindigkeiten für H_2 und D_2.*

(Ad-)Sorbens	Temperatur °C	Druck mm Hg	Geschwindigkeits-verhältnis $k_{H_2}:k_{D_2}$	(scheinb.) Aktiv.-Wärme aus dem Temp.-Koeff. H_2 D_2	Unterschied der Aktiv.-Wärme aus $k_{H_2}:\sqrt{2}\,k_{D_2}$	Bemerkungen	Autoren
Pt	$-80\div+50$	760	$1{,}4\div1{,}5$	2,5	0	—	MAXTED, MOON[1]
Cu	0	2,63	5,5	—	0,74	vgl. Abb. 3	SOLLER, GOLDWASSER, BEEBE[2]
	125	2,63	1	—	—		
	$71\div153\div171$	5	$1{,}00\div1{,}32\div1{,}25$	10	—	70% D	MELVILLE, RIDEAL[3]
Ni	-112 bis -45	155	$1{,}4\div1{,}17$	—	0 bis $-0{,}1$	—	JIJIMA[4]
	0; 25	0,2; 1,2	1,36; 1,25	1,0; 1,7	—	calorimetrisch wirksamer Anteil d. Ges.-Adsorption Ads.-Wärme $18\div25$ kcal	MAGNUS, SARTORI[5]
	$0\div30$	~1	> 1	1,5; 2,4	—	—	KLAR[6, 7]
	$30\div100$	~1	$>1\div1$	—	—	—	
Ni-SiO_2	$101\div184$	760	1	—	—	—	PACE, TAYLOR[8]
Cr_2O_3 u. Cr_2O_3-ZnO	$101\div184$	760	1	—	—	—	
Cr_2O_3	$150\div210$	760	1	20	—	—	KOHLSCHÜTTER[9]
Fe	$80\div120$	~1	> 1	10,5; 12,3	—	—	KLAR[7]

[1] E. MAXTED, C. MOON: J. chem. Soc. (London) **1936**, 1542. — [2] T. SOLLER, S. GOLDWASSER, R. BEEBE: J. Amer. chem. Soc. **58** (1936), 1703. — [3] H. W. MELVILLE, E. K. RIDEAL: Proc. Roy. Soc. (London), Ser. A **153** (1935), 77, 89. — [4] S. JIJIMA: Rep. physic. Chem. Japan **12** (1938), 83. — [5] A. MAGNUS, SARTORI: Z. physik. Chem., Abt. A **175** (1936), 329. — [6] R. KLAR: Naturwiss. **22** (1934), 822. — [7] R. KLAR: Z. physik. Chem., Abt. A **174** (1935), 1; Z. Elektrochem. angew. physik. Chem. **43** (1937), 379. — [8] PACE, TAYLOR: J. chem. Physics **2** (1934), 578. — [9] H. W. KOHLSCHÜTTER: Z. physik. Chem., Abt. A **170** (1934), 300.

Tabelle 5. *Isotopenverschiebung der Reaktions-*

Vergleichene Reaktionen (1)	(2)	(3)	Katalysator	Temperatur °C	Druck mm Hg
$p \rightarrow o\,H_2$	$H_2 + D_2 \rightarrow 2\,HD$	—	Ni	14	0,004
$p \rightarrow o\,H_2$	$H_2 + D_2 \rightarrow 2\,HD$	—	Ni	100	0,004
$p \rightarrow o\,H_2$	$H_2 + D_2 \rightarrow 2\,HD$	—	C	27	2
$p \rightarrow o\,H_2$	$H_2 + D_2 \rightarrow 2\,HD$	$o \rightarrow p\,D_2$	Fe	20 (÷40)	20
$p \rightarrow o\,H_2$	$H_2 + D_2 \rightarrow 2\,HD$	$o \rightarrow p\,D_2$	Pt	26	20
$C_2H_4 + H_2 \rightarrow C_2H_6$	$C_2H_4 + D_2 \rightarrow C_2H_4D_2$	—	Cu	0	760
$C_2H_4 + H_2 \rightarrow C_2H_6$	$C_2H_4 + D_2 \rightarrow C_2H_4D_2$	—	Cu(+MgO)	20	100
$C_2H_4 + H_2 \rightarrow C_2H_6$	$C_2H_4 + D_2 \rightarrow C_2H_4D_2$	—	Cu(+MgO)	40	100
$C_2H_4 + H_2 \rightarrow C_2H_6$	$C_2H_4 + D_2 \rightarrow C_2H_4D_2$	—	Fe	30÷50	~1
$C_2H_4 + H_2 \rightarrow C_2H_6$	*$C_2H_4 + D_2 \rightarrow C_2H_4D_2$	—	Fe	50÷80*	~1
$C_2H_4 + H_2 \rightarrow C_2H_6$	$C_2H_4 + D_2 \rightarrow C_2H_4D_2$	—	Ni	0 (÷40)	10
$C_2H_4 + H_2 \rightarrow C_2H_6$	*$C_2H_4 + D_2 \rightarrow C_2H_4D_2$	—	Ni	140*	10
$C_2H_4 + H_2 \rightarrow C_2H_6$	*$C_2H_4 + D_2 \rightarrow C_2H_4D_2$	—	Ni	180*	10
$C_2H_4 + H_2 \rightarrow C_2H_6$	$C_2D_4 + H_2 \rightarrow C_2H_2D_4$	—	Cu (+MgO)	−20, +20, +40	100
$C_2H_4 + H_2 \rightarrow C_2H_6$	$C_2D_4 + H_2 \rightarrow C_2H_2D_4$	—	Cu (+MgO)	−20, +20, +40	100
$C_2H_2 + H_2 \rightarrow C_2H_4$	$C_2H_2 + D_2 \rightarrow C_2H_2D_2$	—	Pt	26	50
$CH_3COCH_3 + H_2 \rightarrow (CH_3)_2CHOH$	$CH_3COCH_3 + D_2 \rightarrow (CH_3)_2CDOD$	—	Pt	0°	—
$O_2 + 2\,H_2 \rightarrow 2\,H_2O$	$O_2 + 2\,D_2 \rightarrow 2\,D_2O$	—	Pd	20÷200	8
$O_2 + 2\,H_2 \rightarrow 2\,H_2O$	$O_2 + 2\,D_2 \rightarrow 2\,D_2O$	—	Pd, H(D)	200÷380	8
$O_2 + 2\,H_2 \rightarrow 2\,H_2O$	$O_2 + 2\,D_2 \rightarrow 2\,D_2O$	—	Pd, O	200÷380	8
$O_2 + 2\,H_2 \rightarrow 2\,H_2O$	$O_2 + 2\,D_2 \rightarrow 2\,D_2O$	—	Ni	160÷250	1÷760
$N_2O + H_2 \rightarrow H_2O + N_2$	$N_2O + D_2 \rightarrow D_2O + N_2$	—	Ni	160÷250	1÷760
$2\,NH_3 \rightarrow N_2 + 3\,H_2$	$2\,ND_3 \rightarrow N_2 + 3\,D_2$	—	W	~680	35÷150
$CuO + H \rightarrow Cu$	$CuO + D \rightarrow Cu$	—	—	20	—
$CuO + H_2 \rightarrow Cu + H_2O$	$CuO + HD \rightarrow Cu + HDO$	—	—	156÷269	—
$2AgCl + H_2 \rightarrow Ag + 2HCl$	$2AgCl + D_2 \rightarrow 2Ag + 2DCl$	—	—	370÷440	—
$H_2O_2 \rightarrow O_2$	$D_2O_2 \rightarrow O_2$	—	Pt (Sol)	—	—
Spaltung verschiedener Glukoside mit H_2O	mit D_2O	—	Emulsin $p_H = 4,7$	30	—
Oxydation von Pyrogallol in H_2O u. D_2O		—	Co-Salz	—	—

[1] E. Fajans: Z. physik. Chem., Abt. B **28** (1935), 239. — Bonhoeffer, Bach, Fajans: Z. physik. Chem., Abt. A **168** (1934), 313, 472.
[2] R. Burstein: Acta physicochim. USSR **8** (1938), 857.
[3] A. Farkas: Trans. Faraday Soc. **32** (1936), 416.
[4] A. u. L. Farkas: J. Amer. chem. Soc. **60** (1938), 19.
[5] A. Wheeler, R. N. Pease: J. Amer. chem. Soc. **58** (1936), 1665.
[6] G. Joris, J. C. Jungers, H. S. Taylor: J. Amer. chem. Soc. **60** (1938), 1982.
[7] R. Klar: Z. physik. Chem., Abt. A **174** (1935), 1.
[8] T. Tucholski, E. K. Rideal: J. chem. Soc. (London) **1935**, 1701.
[9] T. Tucholski: Z. physik. Chem., Abt. B **40** (1938), 333.

geschwindigkeiten heterogen katalysierter Reaktionen.

Verhältnis der Reaktionsgeschwindigkeitskonstanten $k_1:k_2$ $(:k_3)$	Unterschied der Aktiv.-Wärmen aus dem Temp.-Koeffizienten q_2-q_1	Aktiv.-Wärme der Reaktion (1) aus dem Temp.-Koeffizienten	Reaktionsordnung	Bemerkungen	Autoren
3:1	1,4 kcal	5,9 u. 7,6†	(1) 0,62	†Aktiv-W. für zwei verschied. Katalysatoren	E. FAJANS[1]
2:1	—	—	(2) 0,75		
3:1	0	0,3	—	—	BURSTEIN[2]
5:1:2	A.-W.: (1) 8,1; (2) 9,0; (3) 8,4		—	—	A. FARKAS[3]
1,84:1,25:1	—	10	—	—	A. u. L. FARKAS[4]
2	—	—	—	—	WHEELER u. PEASE[5]
2	—	11,5	—	—	JORIS, TAYLOR, JUNGERS[6]
2,5	—	—	—	—	
1,9÷2,4	—	10	$[H_2]^1 (C_2H_4]^0$	—	KLAR[7]
2,4÷1,5	—	—	$[H_2]^1 [C_2H_4]^1$	*Ausgangsstoffe $C_2H_4 + D_2$ veränderten sich durch Austausch	
1,6	0,8	—	$[H_2]^0 [C_2H_4]^0$		TUCHOLSKI, RIDEAL[8]
1,4	—	—	—		
1	—	—	—		
0,75	0,5	11,5	—	alter Katalysator	JORIS, TAYLOR, JUNGERS[6]
1	—	11,5	—	frischer „	
1,5	—	—	—	—	A. u. L. FARKAS[16]
1	—	—	$[H_2]^1$	—	HORIUTI u. KWAN[18]
1,85÷1,1	0,8	—	$[p]^0$	—	TUCHOLSKI[9]
1,10	—	~0	$[p]^0$	—	
1,00	—	—	$[p]^1$	—	
2	0,8	—	—	—	MELVILLE[10]
2	0,8	—	—	—	
1,6	—	—	—	—	JUNGERS, TAYLOR[11]
1	—	—	—	—	MELVILLE, RIDEAL[12]
1,26÷1,1	—	—	—	—	
>1	4,1 (?)	—	—	—	ISHIKAWA u. YOSHIMURA[15]
>1	—	—	—	—	OLIVERI, INDOVINA[13]
1,5÷0,8	—	—	—	—	SALZER, BONHOEFFER[17]
>1	—	—	—	—	YAMASAKI[14]

10 H. W. MELVILLE: J. chem. Soc. (London) **1934**, 804 und 1243.
11 J. C. JUNGERS, H. S. TAYLOR: J. Amer. chem. Soc. **57** (1935), 679.
12 H. W. MELVILLE, E. K. RIDEAL: Proc. Roy. Soc. (London), Ser. A **153** (1935), 77, 89.
13 E. OLIVERI-MANDALÀ, R. INDOVINA: Gazz. chim. ital. **67** (1937), 53.
14 K. YAMASAKI: Bull. chem. Soc. Japan **11** (1936), 431.
15 F. ISHIKAWA, K. YOSHIMURA: Sci. Pap. Inst. physic. chem. Res. **38**, Nr. 1012/14; Bull. Inst. physic. chem. Res. [Abstr.] **20** (1941), 11÷12.
16 A. u. L. FARKAS: J. Amer. Chem. Soc. **61** (1939), 3396.
17 F. SALZER, K. F. BONHOEFFER: Z. physik. Chem., Abt. A, **175** (1936), 304.
18 HORIUTI und KWAN: Proc. Imp. Acad. (Tokyo) **15** (1939), 105÷109.

kulargeschwindigkeiten vorhanden sind, geht außer aus Gleichgewichtsbetrachtungen auch aus zahlreichen Angaben in der Literatur[1, 2, 3] hervor. So wurde von PETERS[4] eine Anreicherung von D_2 bei der Desorption eines H_2/D_2-Gemisches von Kohle berichtet. A. FARKAS[5] fand, daß der nach oder bei der Elektrolyse an einer Palladiumkathode abgeschiedene (abgepumpte oder unter Wasser entwickelte) Wasserstoff schwerer (z. B. 7,6 % D) war als der in Pd okkludierte und erst bei Temperaturen über 300° C abgepumpte Wasserstoff (z. B. 5,2 % D). Dies zunächst wohl unerwartete Ergebnis wurde damit in Zusammenhang gebracht, daß die Sorptionswärme für D_2 an Pd kleiner als für H_2 ist (vgl. S. 41).

Heterogen katalysierte Reaktionen.

Nur selten gingen die bei heterogen katalysierten chemischen Umsetzungen beobachteten Unterschiede im Verhalten von Isotopenmolekülen über das Verhältnis 2:1 hinaus. Mit zunehmender Temperatur werden die Unterschiede in den Geschwindigkeiten der Reaktionen mit H_2 und D_2 kleiner. Das bis jetzt über derartige Unterschiede vorliegende Versuchsmaterial ist zum größten Teil zu weiteren Rückschlüssen, etwa auf die Art der Aktivierung am Katalysator, noch wenig geeignet. Man kann dies auch kaum erwarten, wenn man berücksichtigt, daß nur recht wenig über den Einfluß der Isotopie auf die Lage der Adsorptionsgleichgewichte bekannt ist.

Es ist zu erwarten, daß in dem Ausdruck für die Reaktionsgeschwindigkeitskonstante

$$k = A \cdot e^{-\frac{q}{RT}}$$

sowohl A (und zwar anders als nur im Verhältnis der Molekulargeschwindigkeiten) als auch q für Isotopenmoleküle verschieden sind. Damit man derartige Unterschiede feststellen kann, müssen natürlich die Temperaturkoeffizienten für die verglichenen Reaktionen recht genau gemessen sein; außerdem wäre von der untersuchten Reaktion zu fordern, daß ihre (scheinbare) Aktivierungswärme über ein hinreichend großes Temperaturintervall einigermaßen konstant ist.

Das vorliegende Material stellen wir in Tabelle 5, S. 46 zusammen.

Zu den einzelnen Versuchen der Tabelle 5 ist zu bemerken:

Die Geschwindigkeit der Reaktion $H_2 + D_2 \rightarrow 2\,HD$ wurde in eingehenden Untersuchungen von E. FAJANS mit der der $p \rightarrow o$-H_2-Umwandlung verglichen; als Katalysator wurde ein Nickelrohr verwandt, dessen Aktivität verändert wurde. Der Unterschied der aus dem Temperaturkoeffizienten der beiden Reaktionen errechneten Aktivierungswärmen war praktisch der gleiche (1,4 kcal) bei zwei Katalysatoren, die sich in ihren Aktivitäten wie 1:20 verhielten und deren Aktivierungsenergie für die $p \rightarrow o$-H_2-Umwandlung 7,6 und 5,9 kcal betrug; ebenso war das Geschwindigkeitsverhältnis von der Aktivität des Katalysators nicht abhängig, bei 14° C schwankte es ohne ersichtlichen Gang zwischen 2,1 und 4, wenn die Aktivität des Nickels im Verhältnis 1:100 verändert wurde. Bei 100° C war das Geschwindigkeitsverhältnis im Mittel 2. Berechnet man nun aus dem gefundenen Unterschied in den Aktivierungswärmen das Verhältnis der Geschwindigkeitskonstanten unter der Annahme, daß sonst alle die Geschwindigkeit bedingenden Größen (selbst die Stoßzahlen) die gleichen wären, so erhielte man für 14° C ein Geschwindigkeitsverhältnis von 10, für 100° C von 6 (an Stelle

---

[1] H. S. TAYLOR, E. SMITH: J. Amer. chem. Soc. **60** (1938), 367.
[2] J. H. HUDSON, G. OGDEN: Nature **142** (1938), 476.
[3] A. GOULD, W. BLEAKNEY, H. S. TAYLOR: J. chem. Physics **2** (1934), 362; Physic. Rev. **43** (1933), 496.
[4] K. PETERS, W. LOHMAR: Z. physik. Chem., Abt. A **180** (1937), 51.
[5] A. FARKAS: Trans. Faraday Soc. **33** (1937), 552.

der direkt gemessenen von 3 und 2). Diese Zahlen wären unter Berücksichtigung der verschiedenen Stoßzahlen noch etwas zu erhöhen. Wollte man diesen Befund durch Unterschiede in den Konstanten A und q der ARRHENIUS-Gleichung ausdrücken, so würde man finden, daß für die Reaktion $H_2 + D_2$ gegenüber $H_2 + H_2$ A $3 \div 4$mal so groß und q um 1,4 kcal größer ist (vgl. Abb. 4). Der Unterschied in den Akkommodationskoeffizienten von H_2 und D_2 könnte wohl nur ein Verhältnis 1,5:1 des A-Wertes erklären (vgl. S. 43).

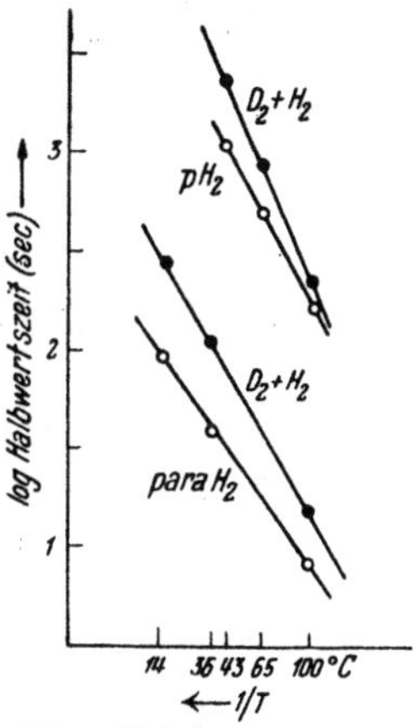

Abb. 4. Bildung von Gleichgewichtswasserstoff an Ni (zwei Katalysatoren verschiedener Aktivität; Wasserstoffdruck: $(4 \cdot 10^{-3}$ mm Hg) (E. FAJANS[4]).

Dasselbe Verhältnis 3 in den Geschwindigkeiten dieser beiden Reaktionen wurde an Kohle bei 27° C von BURSTEIN[1] gefunden. Hier wird angegeben, daß der Temperaturkoeffizient für die beiden Reaktionen derselbe sei.

A. und L. FARKAS verglichen die Geschwindigkeiten der drei Reaktionen $p \rightarrow o$-H_2, $o \rightarrow p$-D_2 und $H_2 + D_2 \rightarrow 2\,HD$ an Eisen[2] und Platin[3] miteinander. An Eisen verhielten sich bei 20° C die Geschwindigkeiten der drei Reaktionen wie 5:2:1, die langsamste war also die HD-Bildung; an Platin wurde bei 26° C das Verhältnis 1,84:1:1,25 erhalten, hier lag also die Geschwindigkeit der HD-Bildung zwischen denen der $o \rightarrow p$-Umwandlung von leichtem und schwerem Wasserstoff. A. FARKAS vermutete, daß an Eisen für die HD-Bildung, bei der ja Atome aus zwei verschiedenen Molekülen zusammentreten müssen, die Wanderung der Atome in der Oberfläche geschwindigkeitsbestimmend sei.

Für die Äthylenhydrierung mit gewöhnlichem und schwerem Wasserstoff wurden in zahlreichen Versuchen und mit verschiedenen Katalysatoren Geschwindigkeitsverhältnisse um 2 in der Nähe von Zimmertemperatur gefunden. KLAR fand (vgl. Abb. 5) mit Eisenpulver ein Maximum dieses Verhältnisses bei 55° C und in der log k, $1/T$-Kurve bei dieser Temperatur einen Knick in der Geraden für die Reaktion mit schwerem, nicht aber für die mit leichtem Wasserstoff. Dieser Knick ist unschwer mit dem Bemerkbarwerden der Isotopenaustauschreaktion zwischen C_2H_4 und D_2 (vgl. S. 67) zu erklären. Wie von JORIS, TAYLOR und JUNGERS[5] gefunden wurde, wird an Kupfer schweres Äthylen eher etwas schneller hydriert oder deuteriert als gewöhnliches (s. Abb. 6). TUCHOLSKI und RIDEAL[7] fanden (mit Ni) eine Verschiebung des Temperaturoptimums der Äthylenhydrierung um etwa 20° nach höheren Temperaturen, wenn das Ausgangsgemisch

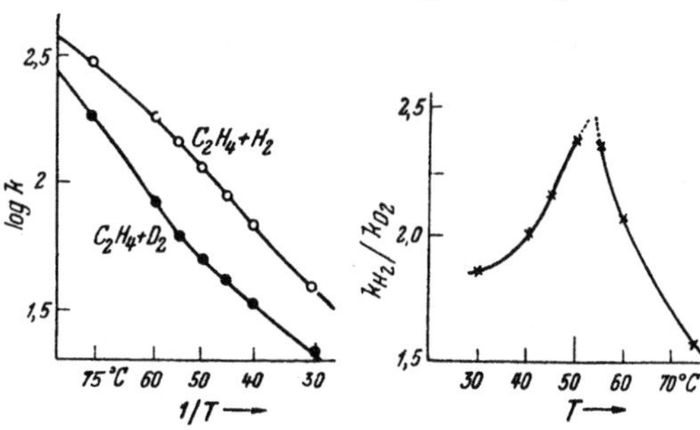

Abb. 5. Geschwindigkeiten (links) und Geschwindigkeitsverhältnis (rechts) bei der Äthylenhydrierung mit H_2 und D_2 an Fe-Pulver (KLAR[6]).

---

[1] R. BURSTEIN: Acta physicochim. USSR 8 (1938), 857.
[2] A. FARKAS: Trans. Faraday Soc. **32** (1936), 416.
[3] A. u. L. FARKAS: J. Amer. chem. Soc. **60** (1938), 19.
[4] E. FAJANS: Z. physik. Chem., Abt. B **28** (1935), 239. — BONHOEFFER, BACH, FAJANS: Z. physik. Chem., Abt. A **168** (1934), 313, 472.
[5] G. JORIS, H. S. TAYLOR, J. C. JUNGERS: J. Amer. chem. Soc. **60** (1938), 1982.
[6] R. KLAR: Z. physik. Chem., Abt. A **174** (1935), 1; Z. Elektrochem. angew. physik. Chem. **43** (1937), 379.
[7] T. TUCHOLSKI, E. K. RIDEAL: J. chem. Soc. (London) **1935**, 1701.

$C_2H_4 + D_2$ (1:1 oder 3:5) war (Abb. 7). In diesen Versuchen stellte sich neben der Hydrierung sicher auch das Isotopengleichgewicht in der Äthylen-Wasserstoff-Mischung ein. Rückschlüsse auf den Mechanismus der Äthylenhydrierung sind daher aus dieser Verschiebung des Temperaturoptimums noch nicht möglich, zumal die Lage des Optimums nach Schwab und Zorn[1] in verwickelter Weise von Geschwindigkeitskonstanten *und* Adsorptionskoeffizienten beherrscht wird.

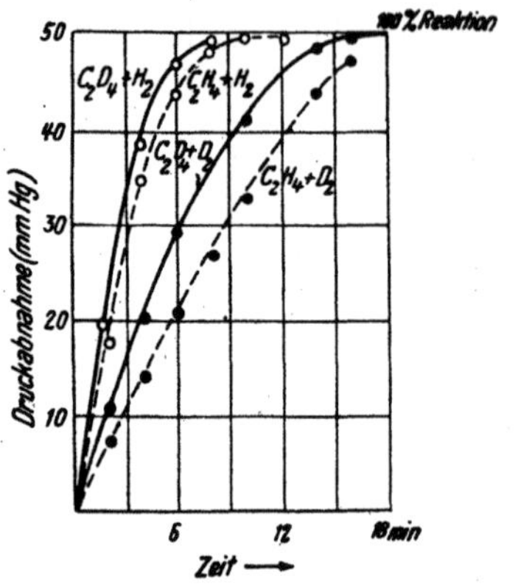

Abb. 6a. Geschwindigkeit von vier verschiedenen Äthylenhydrierungen bei 40° C (an Cu); 50 mm Hg Äthylen, 50 mm Hg Wasserstoff (Joris, Taylor, Jungers[2]).

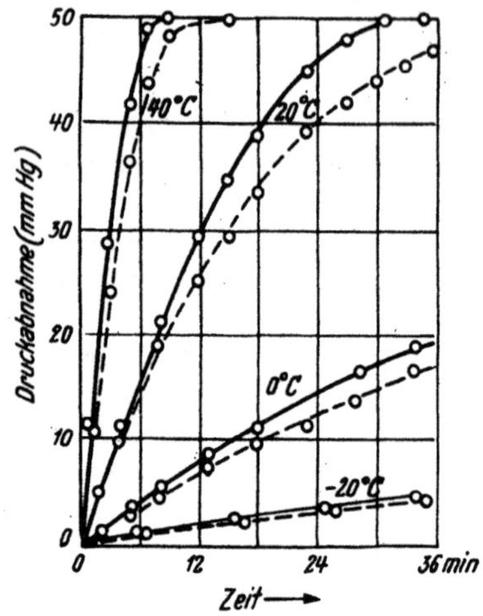

Abb. 6b. $H_2 + C_2H_4$ – – – und $H_2 + C_2D_4$ ——— bei verschiedenen Temperaturen an Cu (Joris, Taylor, Jungers[2]).

Mit leichtem und schwerem Wasserstoff wurde von Tucholski[3] die Knallgasreaktion an Palladium untersucht (Abb. 8). Bei Temperaturen über 200° C hing die Reaktionsordnung, die Geschwindigkeit sowie das Verhältnis der Geschwindigkeiten mit H_2 und D_2 von der Reihenfolge, in der Sauerstoff und Wasserstoff

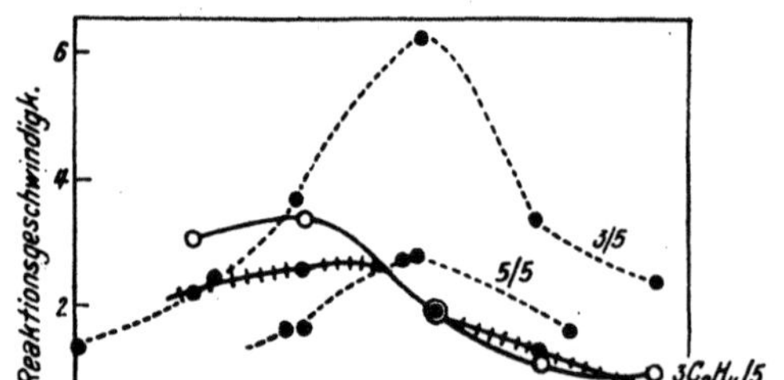

Abb. 7. Geschwindigkeit der Äthylenhydrierung an Ni (Tucholski, Rideal[4]).
$C_2H_4 + D_2$ ++++●++++ (- - - -●- - - - andere Versuchsserien)
$C_2H_4 + H_2$ ———○———

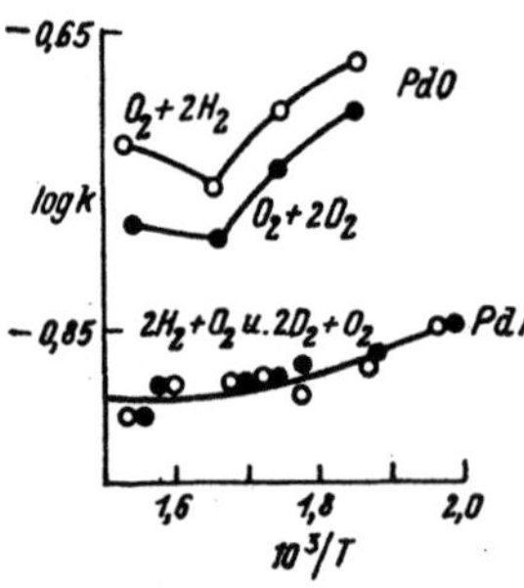

Abb. 8. Reaktion eines stöchiometrischen Wasserstoff-Sauerstoff-Gemisches an Palladium bei 233 ÷ 380° C (Tucholski[3]).

an das Palladiumblech gebracht wurden, ab. Wenn Wasserstoff zuerst an den Katalysator kam, war kein merklicher Unterschied in den Reaktionsgeschwindigkeiten mit H_2 und D_2 vorhanden, wurde O_2 zuerst in den Reaktionsraum hineingelassen, so verlief die Reaktion mit H_2 um etwa 10% schneller als die mit D_2. Bei Temperaturen unter 200° C war dieser Einfluß der Reihenfolge der Gaszugabe

[1] G.-M. Schwab, H. Zorn: Z. physik. Chem., Abt. B **32** (1936), 169.
[2] G. Joris, H. S. Taylor, J. C. Jungers: J. Amer. chem. Soc. **60** (1938), 1982.
[3] T. Tucholski: Z. physik. Chem., Abt. B **40** (1938), 333.
[4] T. Tucholski, E. K. Rideal: J. chem. Soc. (London) **1935**, 1701.

nicht vorhanden, bei 20° C reagierte H_2 1,85mal so schnell wie D_2, in der Nähe von 200° C betrug dieses Verhältnis nur 1,1.

JUNGERS und TAYLOR[1] untersuchten den Zerfall von schwerem und leichtem Ammoniak an einem auf 680° C geheizten Wolframdraht und fanden, daß NH_3 1,60mal so schnell zerfällt wie ND_3; die Zerfallsgeschwindigkeit nahm dabei — wie aus einem Versuch mit einem 48% D enthaltenden Ammoniak hervorging — etwa linear mit dem D-Gehalt des Ammoniaks ab (Abb. 9).

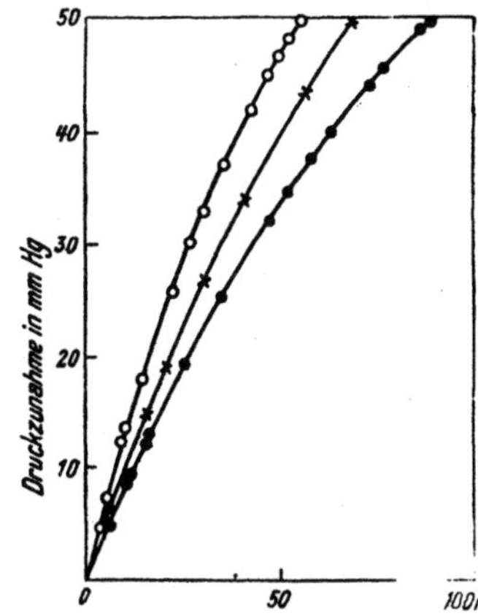

Abb. 9. Ammoniakzerfall an W bei 9
○ NH_3 ● ND_3 × $N(HD)_3$ 48% D } Ausgangsdruck 70 mm Hg (JUNGERS, TAYLOR[1]).

Die Geschwindigkeit der fermentativen Spaltung von verschiedenen Glucosiden in leichtem und schwerem Wasser ist von SALZER und BONHOEFFER[2] untersucht und im Zusammenhang mit der Wasserstoffionenkatalyse diskutiert worden.

Die Bruttogeschwindigkeit hängt bei gleicher Enzymkonzentration ab vom Grad der Sättigung des Enzyms mit dem Glucosid (welche von der Art des Glucosids und dessen Konzentration bestimmt wird) und der Zerfallsgeschwindigkeit des adsorbierten Glucosids. Die reine Zerfallsgeschwindigkeit ist in D_2O- stets kleiner als in H_2O-Lösung, wie das aus Messungen bei hohen Glucosidkonzentrationen, d. h. bei annähernd vollständiger Sättigung, direkt hervorging. Bei geringem Sättigungsgrad können jedoch in D_2O größere Geschwindigkeiten als in H_2O vorkommen, da in D_2O offenbar das Adsorptionsgleichgewicht etwas in Richtung auf höhere Sättigungsgrade (einer geringeren Nullpunktsenergie des Assoziationsgebildes entsprechend) verschoben ist, so daß dieser Einfluß den der Verlangsamung der (elementaren) Spaltungsreaktion überkompensieren kann.

II. Isotopenaustauschreaktionen.

A. Wasserstoffaustausch.

Übersicht.

Aus den bisher ausgeführten Untersuchungen kann man schließen, daß an einem geeigneten Katalysator und bei hinreichend hohen Temperaturen der Wasserstoff in jeder Art von Bindung mit anderem, beliebig gebundenem Wasserstoff austauschbar ist (das gleiche gilt auch für den homogen katalysierten Wasserstoffaustausch). Voraussetzung für die Untersuchung eines solchen Austausches ist natürlich, daß die untersuchten Verbindungen hinreichend stabil sind. So war es bisher noch nicht möglich, geeignete Versuchsbedingungen für den Austausch der an C gebundenen H-Atome in einer empfindlichen Substanz wie Glucose[3] zu finden, und ähnliches mag für Alkohole allgemein gelten. Unter Versuchsbedingungen, bei denen die Wasserstoffatome des Benzols glatt zum Austausch gebracht wurden, trat bei Anthracen eine störende Polymerisation ein[4].

Die Frage nach dem Mechanismus der Wasserstoffaustauschreaktionen ist wohl noch in keinem Fall eindeutig zu beantworten, wenn auch einige Autoren, so H. S. TAYLOR und A. u. L. FARKAS, bereits recht bestimmte Vorstellungen entwickelt haben, die auf die Annahme hinauslaufen, daß zum Austausch des

[1] J. C. JUNGERS: H. S. TAYLOR: J. Amer. chem. Soc. 57 (1935), 679.
[2] F. SALZER, K. F. BONHOEFFER: Z. physik. Chem., Abt. A 175 (1936), 304.
[3] GEIB: Unveröffentlicht.
[4] TH. FÖRSTER: Unveröffentlicht.

Wasserstoffs in irgendeiner Bindung erforderlich ist, daß diese Bindung gelöst wird, so daß die dabei abgespaltenen (an den Katalysator gebundenen) Wasserstoffatome gegeneinander ausgetauscht werden können. In den meisten Fällen kann man wohl auch den Wasserstoffaustausch verstehen, wenn man annimmt, daß nur relativ wenig Atome den Austausch in Kettenreaktionen vermitteln. Der Schwerpunkt des Problems, vielleicht die wichtigste Fragestellung, die namentlich im Zusammenhang mit der Austauschreaktion zwischen Wasserstoff und Wasser eine Rolle gespielt hat, ist die: Sind die Wasserstoffaustauschreaktionen als Atomreaktionen oder Ionenreaktionen aufzufassen? Bei einigen Austausch- und auch anderen Reaktionen, etwa bei dem Austausch zwischen Wasserstoff und Kohlenwasserstoffen oder Wasserstoff selbst und bei der Äthylenhydrierung besteht eine große Ähnlichkeit mit den Gasreaktionen freier Atome. In anderen Fällen wieder spricht manches für die Auffassung als Ionenreaktion, so etwa ein gewisser Parallelismus in der Überspannung und der Eignung als Katalysator für die Reaktion $HD + H_2O \rightarrow H_2 + HDO$ und die Feststellung, daß der Wasserstoffaustausch zwischen Wasserstoff und Aceton fast ebenso leicht vor sich geht wie der mit Wasser oder Alkohol, während er mit Propan größenordnungsmäßig schwerer verläuft.

Etwa in der Reihenfolge, in der die Wasserstoffaustauschreaktionen hier behandelt werden, nimmt die Leichtigkeit, mit der sie eintreten, ab. Bei der Temperatur der flüssigen Luft verläuft an geeigneten Katalysatoren die Reaktion $H_2 + D_2 \rightarrow 2\,HD$ schon meßbar schnell, bei Zimmertemperatur die Austauschreaktionen zwischen *Wasserstoff* und Wasser, Alkohol, Aceton, Ammoniak, Benzol, Äthylen oder Propan, bei 100° C die zwischen Wasserstoff und Äthan, Wasser und Benzol, Äthylen oder Cyclohexan, erst gegen 200° C der Austausch zwischen Wasserstoff oder Wasser und Methan.

1. $H_2 + D_2 \rightleftarrows 2\,HD$.

(Vgl. auch S. 49 und Tab. 5, S. 46÷47.)

Die Bildung des Gleichgewichtswasserstoffes aus einem Wasserstoffgemisch, das nur die Moleküle H_2 und D_2 enthält, steht in einem engen Zusammenhang mit der Einstellung des Gleichgewichts zwischen *ortho*- und *para*-Wasserstoff[1]; von vornherein kann man dabei sagen, daß alle Vorgänge, die die HD-Bildung bewirken, auch eine *ortho-para*-Umwandlung zur Folge haben, jedoch nicht umgekehrt. Für die Einstellung des *para-ortho*-Gleichgewichtes kann man mit Sicherheit vier verschiedene Mechanismen angeben (sowohl für die Reaktion in der Gasphase wie auch an Oberflächen):

1. die Reaktion über einen vollständigen Zerfall des gesamten Wasserstoffs in die Atome;
2. Neuanordnung bei einem Zusammenstoß zweier Wasserstoffmoleküle;
3. nur wenige Atome (prinzipiell ist eines bereits ausreichend) katalysieren in einer Kettenreaktion;
4. Umordnung innerhalb eines einzelnen Moleküls bei einem Zusammenstoß mit einem paramagnetischen Molekül[2].

In der angegebenen Reihenfolge nimmt dabei der Energiebedarf für die Reaktion in der Gasphase ab, namentlich von dem letzten Mechanismus weiß man[2] — sowohl experimentell wie theoretisch —, daß er kaum von der Temperatur abhängig ist. Man hat ihn daher zeitweilig als den einzig möglichen Mechanismus für die heterogene *para-ortho*-Gleichgewichtseinstellung bei der

---

[1] Vgl. den Beitrag von E. Cremer im vorliegenden Bande des Handbuchs.
[2] L. Farkas, H. Sachsse: Z. physik. Chem., Abt. B **23** (1933), 1.

Temperatur der flüssigen Luft an Kohle betrachtet, da man hierbei eine Zerreißung von Wasserstoffbindungen — etwa den Mechanismen 1 ÷ 3 entsprechend — nicht für möglich hielt[1].

Der Bildung von HD aus H_2 und D_2 kann nun sicher nicht der „paramagnetische" Mechanismus (4), wohl aber einer der drei andern zugrunde liegen, da mindestens zwei Wasserstoffmoleküle an einem vollständigen Prozeß beteiligt sein müssen. Daß bei dem Atomketten-Reaktionsmechanismus (3) *ein* Atom die Bildung beliebig vieler HD-Moleküle aus H_2 und D_2 bewirken kann, ist unschwer aus dem folgenden Schema zu entnehmen:

H HH DD HH HH DD DD →
HH HD DH HH HD DD D

Es soll eine solche Kettenreaktion zwischen atomar und molekular adsorbiertem Wasserstoff als Modellreaktion für Vorgänge am Katalysator noch etwas eingehender betrachtet werden. Faßt man die Adsorptionsschicht als zweidimensionale Flüssigkeit mit gleichmäßiger Verteilung auf, rechnet mit Stoßzahlen von 10^{12} und Stoßausbeuten von 10^{-6} (dies ist z. B. die Stoßausbeute der homogenen Gasreaktion $H + H_2 \rightarrow H_2 + H$ bei Zimmertemperatur[2]), so erhält man als Wirksamkeit eines einzelnen Atoms einen Umsatz von 10^6 Molekülen pro Sekunde. Vergleicht man dies mit beobachteten sekundlichen Umsätzen von etwa 10^{16} Molekülen pro cm^2* eines platinierten Platinbleches oder $10^{19 \div 20}$ Molekülen pro 1 g eines Platinschwarzpräparates (bzw. von einem Molekül pro 100 Atome Pt), so würde man mit den obigen Annahmen nur etwa 1 H-Atom pro $(1000\ Å)^2$* in dem einen oder 1 H-Atom pro 10^8 Pt-Atome im andern Fall benötigen, um den festgestellten Umsatz zu erzeugen. Der Wasserstoff brauchte also praktisch nur in molekularer Form adsorbiert zu werden und könnte nach der Reaktion leicht wieder gegen solchen aus der Gasphase ausgetauscht werden. Nimmt man dagegen an, daß die HD-Bildung über einen vollständigen Zerfall des Wasserstoffs in die Atome vor sich geht, so muß, wie man aus der absoluten Reaktionsgeschwindigkeit entnimmt, etwa die ganze molekulare Adsorptionsschicht in einer Sekunde aufgenommen, atomisiert und wieder desorbiert werden. Für die HD-Bildung bei tiefen Temperaturen könnte man sich diesen Mechanismus nur schwer vorstellen, den Kettenmechanismus dagegen leicht[3].

Von verschiedenen Seiten wurden Katalysatoren in ihrer Wirksamkeit für die *para-ortho*-Umwandlung und für die HD-Bildung miteinander verglichen. In einigen Fällen wurde dabei praktisch Übereinstimmung in der Wirksamkeit auf diese beiden Reaktionen gefunden, so etwa mit Nickel[4] bei Zimmertemperatur, Palladium[5] bei 270° C und Chromoxyd[5] bei 110° C. Im allgemeinen aber

[1] A. Gould, W. Bleakney, H. S. Taylor: J. chem. Physics **2** (1934), 362; Physic. Rev. **43** (1933), 496.

[2] K. H. Geib, P. Harteck: Z. physik. Chem., Bodenstein-Bd. (1931), 649.

* „Makro"-Oberfläche.

[3] Anm. bei der Korrektur: Als (allerdings noch nicht eindeutigen) experimentellen Beweis für das Zutreffen des hier vorgeschlagenen Kettenmechanismus kann man eine inzwischen veröffentlichte Arbeit von C. Wagner und K. Hauffe [Z. Elektrochem. angew. physik. Chem. **45** (1939), 409] bewerten, in welcher gezeigt wird, daß die $p \rightarrow o$ H_2-Umwandlung an Pd 10 mal so schnell ist wie die Aufspaltung des Wasserstoffes in Atome (oder Ionen), welche unter den angewandten Versuchsbedingungen identisch war mit der Geschwindigkeit des Durchgangs des Wasserstoffs durch die Phasengrenzen. Außer dem Kettenmechanismus halten die Verfasser auch den paramagnetischen Mechanismus für möglich. Eine Entscheidung darüber würde die Untersuchung der HD-Bildung aus $H_2 + D_2$ bringen.

[4] E. Fajans: Z. physik. Chem., Abt. B **28** (1935), 239. — Bonhoeffer, Bach, Fajans: Z. physik. Chem., Abt. A **168** (1934), 313, 472.

[5] A. Gould, W. Bleakney, H. S. Taylor: J. chem. Physics **2** (1934), 362; Physic. Rev. **43** (1933), 496.

zeigte sich, daß nicht jeder Katalysator für die *para-ortho*-Umwandlung auch für die HD-Bildung ohne weiteres geeignet ist, jedoch wurde bisher kein Katalysator für die *para-ortho*-Umwandlung gefunden, der nicht bei geeigneter Behandlung auch die HD-Bildung katalysierte.

Katalysatoren, die die HD-Bildung auch noch bei der Temperatur der flüssigen Luft bewirkten, waren ein Chromoxydpräparat (Halbwertzeit für das bei −190° C adsorbierte Gas 2 Std.) und ein Nickel-Kieselgur-Gemisch (Halbwertzeit ebenso 10 Std.). Dagegen konnte bei dieser Temperatur an wie üblich behandelter Adsorptionskohle, die für die *para-ortho*-Umwandlung sehr geeignet war, weder von A. und L. FARKAS[1] noch von GOULD, BLEAKNEY und H. S. TAYLOR[2] HD-Bildung festgestellt werden. In der Arbeit von TAYLOR und Mitarbeitern wird daher geschlossen, daß die an dem Chromoxydpräparat (oder Ni-Kieselgur) mit einer Adsorptionswärme von 3÷5 kcal auch bei −183° C noch reversible Adsorption von Wasserstoff eine aktivierte Adsorption, die an Kohle eine reine VAN DER WAALS-Adsorption ist.

Von BURSTEIN[3] wurde nun aber ermittelt, daß offenbar sehr reine (bei 1000° C entgaste) Kohle die $H_2 + D_2$-Reaktion bei allen untersuchten Temperaturen (−190÷230° C) praktisch gleich gut katalysiert wie die *para-ortho*-Umwandlung, wofern die Kohle nur bei Temperaturen über 300° C nicht mit Wasserstoff in Berührung kam. Diese Fähigkeit ist dabei nicht an die Gegenwart von Verunreinigungen gebunden, denn aus Phenol-Formaldehyd künstlich erhaltene Kohle (II) mit 0,03‰ Asche wurde dreimal so wirksam gefunden wie eine Kohle (I) aus Zucker mit 0,2‰ Asche. Ein wesentlicher Unterschied zwischen der HD-Bildung und der *para-ortho*-Umwandlung an Kohle ist nach BURSTEIN aber der, daß die HD-Bildung durch kleine Mengen von Wasserstoff (0,2 cm^3/g Kohle I), die bei höherer Temperatur (500° C) adsorbiert wurden, vollständig vergiftet wird, während die *para-ortho*-Umwandlung nur mit beträchtlich geringerer (3% der vorherigen) Geschwindigkeit verläuft (vgl. Abb. 16, S. 33). Zur Vergiftung der Kohle ist dabei eine um so größere Wasserstoffmenge erforderlich, je besser die Kohle vorher katalysierte: zur Vergiftung der oben angeführten dreimal so wirksamen Kohle (II) die dreifache Wasserstoffmenge wie für die Kohle (I), d. h. diese beiden Kohlen unterschieden sich durch die Zahl und nicht die Qualität der für die HD-Bildung aktiven Zentren.

Die Temperaturabhängigkeit der HD-Bildung ist (zwischen −100° C und Zimmertemperatur) ebenso wie die der *para-ortho*-Umwandlung an reiner Kohle nur gering, etwa einer (scheinbaren) Aktivierungsenergie von 0,3 kcal entsprechend.

Nach diesen Untersuchungen erscheint dann der paramagnetische Mechanismus für die *para-ortho*-Umwandlung an der durch Wasserstoff vergifteten Kohle als hinreichend gesichert, als wahre Aktivierungsenergie für diese Reaktion wurde von BURSTEIN und KASHTANOW[4] 0,3 kcal angegeben (aus einer Adsorptionswärme von 1,6 kcal und einer scheinbaren Aktivierungswärme von −1,3 kcal im Temperaturbereich von −100° C bis Zimmertemperatur).

Eine eingehende Untersuchung der Reaktion $H_2 + D_2 = 2\,HD$ über einen großen Temperaturbereich wurde von E. SMITH und H. S. TAYLOR[5] mit Zinkoxyd als Katalysator durchgeführt; der Austauschgrad war dabei vom Wasser-

---

[1] A. u. L. FARKAS: Nature 132 (1933), 894.
[2] A. GOULD, W. BLEAKNEY, H. S. TAYLOR: J. chem. Physics 2 (1934), 362; Physic. Rev. 43 (1933), 496.
[3] R. BURSTEIN: Acta physicochim. USSR 8 (1938), 857.
[4] R. BURSTEIN, P. KASHTANOW: Trans. Faraday Soc. 32 (1936), 823.
[5] H. S. TAYLOR, E. SMITH: J. Amer. chem. Soc. 60 (1938), 367.

stoffdruck unabhängig, d. h. die Reaktion war erster Ordnung. Die tiefste Temperatur, bei der mit Versuchszeiten um eine Stunde eine HD-Bildung beobachtet wurde, war −130° C. Die aus den Geschwindigkeiten bei je zwei benachbarten Temperaturen errechneten scheinbaren Aktivierungswärmen variieren sehr stark mit dem Temperaturintervall. Wie man aus Tabelle 6 entnimmt, stieg die scheinbare Aktivierungsenergie von einem sehr niedrigen Wert (unter −100° C) schnell auf 7÷8 kcal (zwischen −80 und +100° C), dann weiter auf 12 kcal (kurz über 100° C), um bei 125° C auf 0 zurückzugehen und dann wieder auf über 10 kcal emporzuschnellen.

Tabelle 6. *Abhängigkeit der scheinbaren Aktivierungswärme der Reaktion $H_2 + D_2 = 2\,HD$ an Zinkoxyd von der Temperatur.*

Temp. °K	82	143	178	195	227	255	273	298	329	353	373	383	405	430	457	491
A.-E. kcal	(>0,6)	0,6	4,4	7,8	7	8,8	7	—	9	6	12	11	0	7	13	

Aus der Variation der scheinbaren Aktivierungswärme mit der Temperatur wird geschlossen, daß die bei tiefen Temperaturen aktiven Zentren bei höheren Temperaturen gar nicht mehr adsorbieren; bei höheren Temperaturen findet die Adsorption an ganz anderen Zentren statt; die Aktivierungswärme Null kommt offenbar durch Überlagerung dieser verschiedenen Einflüsse zustande.

2. Austausch zwischen Wasser oder Alkohol und Wasserstoff.

Der heterogene Wasserstoffaustausch zwischen Wasserstoff und Wasser ist sicher die am meisten und eingehendsten untersuchte heterogene Isotopenaustausch-Reaktion. Man hat sich für diese Reaktion namentlich im Hinblick auf die Vorgänge an Wasserstoffelektroden interessiert. Trotz aller Bemühungen ist aber eine endgültige Entscheidung über die dabei geschwindigkeitsbestimmenden (langsamsten) Reaktionen noch nicht möglich.

Überblick über homogene Austauschreaktionen[1].

Wasserstoff, der bei homogenen Reaktionen in wäßriger Lösung entwickelt wird, kann im Isotopenaustausch-Gleichgewicht mit dem Wasser stehen oder nicht. *Gleichgewichts*wasserstoff wird z. B. entwickelt bei dem Übergang von Cobalto- zu Cobalti-Cyanid-Komplexen[2], ebenso bei der (heterogenen) Zersetzung von Natriumformiat durch *Bacterium coli* oder Platin[2]. *Nicht* im Gleichgewicht ist der Wasserstoff, der entwickelt wird bei der Oxydation von Formaldehyd mit Wasserstoffsuperoxyd[3] ($2\,H_2CO + D_2O_2 + OD^- \rightarrow H_2$), beim Zerfall von Methylwasserstoffperoxyd in schwerem Wasser[3] ($CH_3OOD \rightarrow H_2$) und bei der Hydrolyse von Lithiumhydrid[4] ($H^- + D^+ \rightarrow HD$).

In der Gasphase katalysieren Wasserstoffatome[5] in wahrscheinlich homogener Reaktion den Isotopenaustausch zwischen Wasserstoff und Wasser. Die Geschwindigkeit und Aktivierungswärme der Atomreaktion $D + H_2O = HDO + H$ konnte nur mit einiger Unsicherheit aus der Temperaturabhängigkeit der wohl zu einem beträchtlichen Teil an der (mit KCl vergifteten[6]) Glaswand verlaufenden Reaktion zu etwa 12 kcal extrapoliert werden, auch Versuche mit photochemischen oder thermischen Atomen haben die Geschwindigkeit der homogenen

[1] Vgl. hierzu den Artikel von O. Reitz im „Handbuch der Katalyse", Bd. II, S. 272.

[2] A. u. L. Farkas: J. chem. Physics 2 (1934), 468. — A. u. L. Farkas, J. Yudkin: Nature **133** (1934), 882; Proc. Roy. Soc. (London), Ser. B **113** (1934), 373.

[3] K. F. Bonhoeffer, K. Wirtz: Z. physik. Chem., Abt. B **32** (1936), 108.

[4] H. Beutler, G. Brauer, H. O. Jünger: Naturwiss. **24** (1936), 347.

[5] K. H. Geib, E. W. R. Steacie: Z. physik. Chem., Abt. B **29** (1935), 215.

[6] „Vergiftet" für die Wandrekombination der Wasserstoffatome.

Atomreaktion nicht ganz sichergestellt[1]. Wenn das H_2O-Molekül aber durch Adsorption an KCl (oder Glas) deformiert ist, verläuft diese Reaktion mit einer geringeren Aktivierungsenergie (höchstens 7 kcal), und es besteht kaum ein Zweifel, daß sich dann in der Nähe einer solchen Wand bei Gegenwart von Atomen das Isotopengleichgewicht zwischen Wasser und Wasserstoff über eine Atomkettenreaktion:

$$D + H_2O = HDO + H$$
$$H + D_2 = HD + D$$

schnell einstellen kann.

In der Flüssigkeit ist mit Sicherheit keine streng homogene Austauschreaktion zwischen Wasserstoff und Wasser bekannt. Von BONHOEFFER und WIRTZ[2] war bei 100° C in alkalischen Lösungen ein langsamer Austausch festgestellt und daraufhin mit einigen Vorbehalten auf die Reaktion

$$H_2 + OD^- = H^- + HOD$$

geschlossen worden, bei welcher also die OH^--Ionen ähnlich wie bei der Keton-Enol-Umlagerung und sehr vielen anderen durch Basen und Säuren katalysierten Reaktionen[3] protonenentziehend wirken würden. Der Schluß auf eine ähnlich protonenentziehende Wirkung bei der Katalyse des Austausches durch Pt oder Pd (vgl. S. 57ff.) läge dann nahe.

Nach Untersuchungen von ABE[4] kann der von BONHOEFFER und WIRTZ beobachtete Austausch jedoch nicht mehr als Beweis für eine basenkatalysierte Reaktion gelten, da er allem Anschein nach durch die Gegenwart von Spuren kolloider Eisenverbindungen bedingt ist. Trotz der Feststellungen von ABE besteht natürlich noch die Möglichkeit eines basen- oder säurekatalysierten Austausches (etwa bei höheren Temperaturen als 100° mit OH^--Ionen oder auch mit konzentrierter H_2SO_4).

Überblick über die heterogenen Austauschreaktionen.

Der Isotopenaustausch zwischen Wasserstoff und Wasser ist an einer ganzen Reihe von heterogenen Katalysatoren festgestellt worden. Außer an Metallen wurde er beobachtet an einem Chromoxyd- und einem Zinkoxydkatalysator[5, 6], in Kulturen von *Bacterium coli* und Milchsäurebakterien[7, 8], mit einem aus Pferdemuskel hergestellten Bernsteinsäure-Dehydrasepräparat[9] und mit kolloidalen Fe-Verbindungen, die in handelsüblichem Alkali enthalten sind[4].

Daß Platin die Einstellung des Isotopengleichgewichts zwischen Wasser und Wasserstoff katalysiert, haben unabhängig voneinander zuerst HORIUTI und POLANYI[10] sowie BONHOEFFER und RUMMEL[11] festgestellt. HORIUTI und POLANYI nahmen dabei an, daß der Mechanismus dieses Austausches den Vorgängen an einer reversiblen Wasserstoffelektrode, die ja gerade durch aktives Platin realisiert wird, entspricht.

[1] Vgl. K. H. GEIB: Z. Elektrochem. angew. physik. Chem. **44** (1938), 81.
[2] K. WIRTZ, K. F. BONHOEFFER: Z. physik. Chem., Abt. A **177** (1936), 1.
[3] Vgl. den Beitrag von O. REITZ: Bd. II dieses Handbuches, S. 272.
[4] S. ABE: Sci. Pap. Inst. physic. chem. Res. **38** (1941), 287÷297.
[5] H. W. KOHLSCHÜTTER: Z. physik. Chem., Abt. A **170** (1934). 300.
[6] TAYLOR, DIAMOND: J. Amer. chem. Soc. **56** (1934), 1822.
[7] B. CAVANAGH, J. HORIUTI, M. POLANYI: Nature **133** (1934), 797. — G. H. BOTTOMLEY, CAVANAGH, POLANYI: Nature **136** (1935), 103.
[8] A. FARKAS: Trans. Faraday Soc. **32** (1936), 922.
[9] GEIB, BONHOEFFER: Z. physik. Chem., Abt. A **175** (1936), 459.
[10] HORIUTI, POLANYI: Nature **132** (1933), 819, 931.
[11] K. F. BONHOEFFER, K. W. RUMMEL: Naturwiss. **22** (1934), 45.

An einer reversiblen Wasserstoffelektrode herrscht ja Gleichgewicht zwischen molekularem gasförmigen Wasserstoff und Wasserstoffionen in der Lösung, und man weiß auch, daß die Geschwindigkeit des Übergangs in beiden Richtungen an aktiven Elektroden nicht klein ist und daß ebenso zwischen Wasserstoffionen und Wasser sich das Isotopengleichgewicht sehr schnell einstellt[1]. Den Übergang von H_2 zu $(H_3O)^+$ hat man sich in mehreren Schritten vorzustellen, etwa[2]

$$\nearrow (PtH^+) + (PtH^-) \searrow$$

$$Pt + H_2 \rightleftarrows (PtH_2) \rightleftarrows (PtH) \rightleftarrows (Pt^-H^+) \rightleftarrows (Pt^-H_3O^+) \rightleftarrows Pt^- + H_3O^+$$

oder $$\searrow (Pt^-H_2^+) \nearrow$$

Im allgemeinen wird nur die mittlere Reaktionsfolge als wesentlich angesehen, offenbar weil ein *freies* Wasserstoffmolekül am leichtesten in die Atome zerfallen kann (vgl. das Energiediagramm Abb. 10). Bei allen Überlegungen muß man aber die Frage ganz offen lassen, wieweit überhaupt ein einzelnes H-Atom an einer Platinoberfläche als Atom und nicht vielmehr als Ion aufzufassen ist. Im Inneren etwa von Pd ist ja zweifellos das letztere der Fall. Den Gepflogenheiten in der Literatur entsprechend wollen wir bei der Frage, welcher Schritt der geschwindigkeitsbestimmende ist, uns auf die Übergänge

$$H_2 + Pt \underset{\text{Atomisierung}}{\overset{\text{Rekombination}}{\rightleftarrows}} PtH \underset{\text{Ionisation}}{\overset{\text{Entladung}}{\rightleftarrows}} Pt + H_3O^+$$

beschränken, da die Frage nach der Beschaffenheit der PtH-Bindung an der Oberfläche kaum diskussionsreif ist.

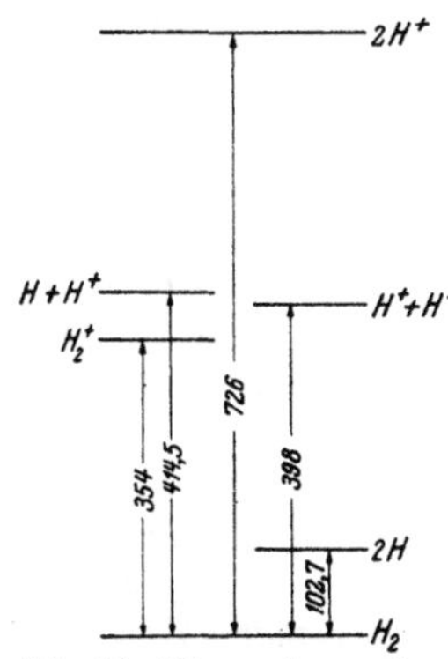

Abb. 10. Niveauschema für verschiedene Dissoziationsmöglichkeiten der H_2-Molekel im Gaszustand (Energien in $\frac{\text{kcal}}{\text{Mol}}$).

Um einen Isotopenaustausch zwischen Wasserstoff und Wasser zu bewerkstelligen, müßte die obige Reaktionsfolge in beiden Richtungen durchlaufen werden. Nach unseren Kenntnissen über die Reaktionen an reversiblen Wasserstoffelektroden besteht nun eigentlich kaum ein Zweifel, daß über die Einstellung des Gleichgewichts $H_2 \rightleftarrows H_3O^+$ an ihnen tatsächlich ein Isotopenaustausch bewirkt werden muß. Es ist nur fraglich und nach den Versuchsergebnissen nicht von der Hand zu weisen, ob es hier nicht Reaktionswege gibt, die den Isotopenaustausch wesentlich schneller bewirken. Entsprechend den bei der Reaktion $H_2 + D_2$ angeführten Reaktionsmöglichkeiten wird man dabei besonders an folgende Reaktionen an der Platinoberfläche zu denken haben:

1. den Austausch über eine vollständige Dissoziation von Wasserstoff und Wasser (in H und OH);
2. direkte Umsetzung zwischen Wasser und Wasserstoff

$$\begin{matrix} D & & H \\ | & O & \\ D & & H \end{matrix} \rightarrow \begin{matrix} D{-}H \\ H \diagup O \diagdown D \end{matrix};$$

3. einen Atomkettenmechanismus

$$\text{(a. } D + H_2O \rightarrow DH + OH;\ OH + D_2 \rightarrow HDO + D$$

oder $$\text{b. } D + H_2O \rightarrow HDO + H;\ H + D_2 \rightarrow HD + D\text{).}$$

---

[1] Vgl. Geib: Z. Elektrochem. angew. physik. Chem. **45** (1939), 648 sowie: [2], S. 56.

[2] Die Anzahl der Schritte vermehrt sich noch, wenn man Übergänge von H_2 usw. von einem Platz der Oberfläche zu anderen, nicht gleichwertigen berücksichtigt.

Von dem Mechanismus 3b kann man dabei sagen, daß er durch direkte Versuche sichergestellt ist. Der erste Schritt verläuft schnell als Wandreaktion an Glas (oder KCl)*, der zweite, der als Gasreaktion[1, 2] sicher schnell ist, wurde bereits besprochen.

Experimentelle Ergebnisse.

Die *Versuche* über diese Austauschreaktion haben folgende qualitativen Ergebnisse gehabt:

Alkohole[3, 4, 5] verhalten sich hinsichtlich der Austauschbarkeit des an O gebundenen Wasserstoffs (auch quantitativ, vgl. Tabelle 7) genau so wie Wasser; die an C gebundenen H-Atome werden gar nicht (oder größenordnungsmäßig langsamer) ausgetauscht.

Die Austauschgeschwindigkeit ist außer von der Temperatur und dem Katalysator abhängig sowohl von der Konzentration des Wassers wie des Wasserstoffs sowie damit zusammenhängend davon[5, 6], ob die Reaktion am Katalysator im Gasraum oder in der Flüssigkeit vor sich geht.

Sowohl bei der Reaktion in der Flüssigkeit wie im Gas ist die *para-ortho*-Wasserstoffumwandlung im allgemeinen ähnlich schnell wie der Austausch[4, 5, 6, 7, 8].

In gewissem Umfang ist die Austauschgeschwindigkeit in der Flüssigkeit von dem Zusatz von Säure oder Lauge abhängig[3, 4].

Auch von dem Potential, auf das das Metall gegenüber der Flüssigkeit gebracht wird, hängt die Austauschgeschwindigkeit in gewissem Umfang ab[7, 8].

Tabelle 7. *Geschwindigkeit der Gasreaktion* $HD + H_2O$ *(bzw.* C_2H_5OH*) und der* $p \rightarrow o\text{-}H_2$*-Umwandlung an platiniertem Pt-Blech* ($2\,cm^2$) *in Abhängigkeit vom* H_2O*- (bzw.* C_2H_5OH*-) Partialdruck* (A. u. L. FARKAS[5]).

[Wasserstoffdruck 20 ÷ 25 mm Hg; Zimmertemperatur. Die Veränderung des Wasser- (Alkohol-) Druckes erfolgte durch Veränderung der Temperatur einer mit dem Reaktionsraum ($15\,cm^3$) unmittelbar verbundenen größeren Menge der kondensierten Substanz.]

Versuch Nr.	Austauschpartner mm Hg		Halbwertzeiten in Min.	
			$HD \rightarrow H_2$	$p \rightarrow o\text{-}H_2$
75	0,002	Alkohol	700	—
97/98	0,01	Alkohol	200	3,5
106	0,02	H_2O	200	—
79	0,04	Alkohol	50	—
107	0,38	H_2O	16	—
95/6	0,5	Alkohol	11,5	3,3
108	1,1	H_2O	6,5	—
91/2	3,5	Alkohol	9,5	5,0
109/10	4,5	H_2O	3,7	2
112/3	7,5	H_2O	10	5
114/5	12	H_2O	13,5	7,4
93/4	24	Alkohol	12,5	9,4

Tabelle 8. *Geschwindigkeit der Gasreaktion* $HD + C_2H_5OH$ *in Abhängigkeit vom Wasserstoffdruck* (*4 mm Hg* C_2H_5OH). *Pt platiniert.*

HD mm Hg	Halbwertzeit Min.	Austauschgeschwindigkeit
2	4,1	1
7	5,5	2,6
20	6,5	6,3

* K. H. GEIB, E. W. R. STEACIE: Z. physik. Chem., Abt. B **29** (1935), 215. Vgl. auch S. 55, 56.

[1] A. u. L. FARKAS: Proc. Roy. Soc. (London), Ser. A **152** (1935), 124.

[2] K. H. GEIB, P. HARTECK: Z. physik. Chem., Bodenstein-Bd. (1931), 649.

[3] HORIUTI, POLANYI: Nature **132** (1933), 819, 931.

[4] D. D. ELEY, M. POLANYI: Trans. Faraday Soc. **32** (1936), 1388.

[5] A. u. L. FARKAS: Trans. Faraday Soc. **33** (1937), 678.

[6] A. FARKAS: Trans. Faraday Soc. **32** (1936), 922.

[7] M. CALVIN: Trans. Faraday Soc. **32** (1936), 1428.

[8] CALVIN, H. E. DYAS: Trans. Faraday Soc. **33** (1937), 1492.

Im einzelnen ist folgendes festgestellt worden:

Druckabhängigkeit. Die Austauschgeschwindigkeit (gleich Anzahl der am Katalysator pro Zeiteinheit ausgetauschten Wasserstoffatome) ist bei ganz kleinen Wasser- (oder Alkohol-) Drucken diesen proportional, bei größeren dagegen wird sie nach Durchlaufen eines Maximums wieder herabgesetzt[1] (vgl. Tab. 7). Da auch die Parawasserstoffumwandlung, die gegen kleine Alkoholdrucke unempfindlich ist, durch größere verlangsamt wird, ist allem Anschein nach die bei größeren Alkoholkonzentrationen einsetzende Verdrängung von Wasserstoff aus dem Katalysator die Ursache dafür. Die Verdrängung von Wasserstoff durch Wasser mag auch den Befund erklären, daß die Austauschgeschwindigkeit im Vergleich zur *Gas*reaktion $D_2 + H_2O$ sehr herabgesetzt wird, wenn der Katalysator naß ist, doch wird auch die verzögerte Diffusion dabei eine Rolle spielen (vgl. Abb. 11: Zu den mit Pfeilen bezeichneten Zeiten wurde das Pt-Blech durch Drehen des Reaktionsgefäßes in das Wasser hinein- bzw. herausgebracht; daß die Reaktion ganz aufhörte, ist ein Diffusionseinfluß, denn es wurde nicht geschüttelt).

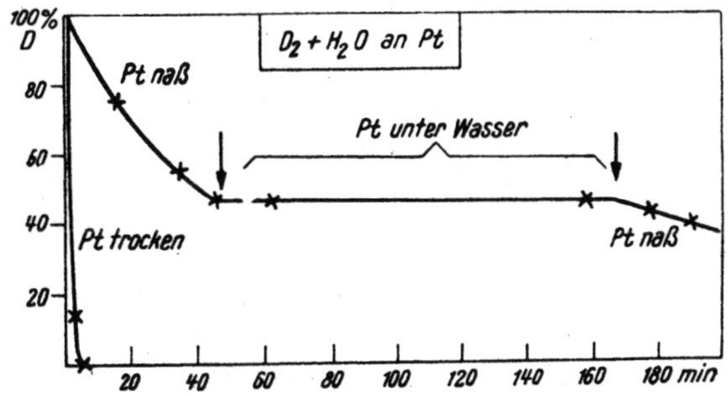

Abb. 11. Austauschgeschwindigkeit $D_2 + H_2O$ an Pt im Gas und in der Flüssigkeit (A. u. L. FARKAS[1]).

Tabelle 9.
Austausch von HD mit verschiedenen wäßrigen und alkalischen Lösungen und gleichzeitige $p \to o\,H_2$-Umwandlung am gleichen Katalysator (Pt-Schwarz, 0° C (ELEY, POLANYI[2]).

Versuch Nr.	Tag	Wasserstoffdruck mm Hg	Lösung	Reakt.-Geschw.-Konst. (min⁻¹) $HD \to H_2$	$p \to o\text{-}H_2$
60	1.	80	*n* HCl	0,022	0,054
61	7.	81	0,1 *n* KOH	0,0064	0,017
62	7.	81	0,1 *n* KOH	0,0055	0,013
63	8.	84	*n* HCl	0,035	0,087
64	8.	86	*n* HCl	0,017	0,055
65	10.	82	{0,1 *n* KOH,	0,004	0,012
66	10.	82	C_2H_5OH; 2% H_2O}	0,0044	0,010
67	10.	89	{C_2H_5OH	0,029	0,093
68	10.	89	< 0,3% H_2O}	0,029	0,038

0° C, 100 cm³ Gas, 10 cm³ Flüssigkeit, 30 mg Pt-Schwarz IIb; stark geschüttelt.

In der (heftig geschüttelten) Flüssigkeit ist mit Pt-Schwarz die Austauschreaktion $HD + H_2O$ in bezug auf Wasserstoff (20÷600 mm Hg) von 0,15ter Ordnung, der entsprechende Austausch mit Äthylalkohol 0,4ter[2]. (Diese Reaktionsordnungen beweisen auch, daß hierbei die Diffusion des Wasserstoffs nicht — jedenfalls nicht allein — die Geschwindigkeit bestimmt, sonst würde man die 1. Ordnung finden müssen.)

Ob ein großer Wasserstoffüberschuß auch den Alkohol (bzw. H_2O) aus der Adsorptionsschicht verdrängen kann, wurde nicht untersucht (vgl. Tabelle 7).

Vergleich mit $p \to o\text{-}H_2$. Die Geschwindigkeit der Umwandlung *para-ortho*-H_2 wurde bei einer großen Reihe von Versuchen entweder gleichzeitig oder in

[1] A. u. L. FARKAS: Trans. Faraday Soc. **33** (1937), 678.
[2] D. D. ELEY, M. POLANYI: Trans. Faraday Soc. **32** (1936), 1388.

Parallelversuchen am gleichen Pt-Katalysator und auch sonst bei gleichen Bedingungen mit der Reaktion $HD + H_2O \rightarrow H_2 + HDO$ verglichen. Dabei wurden unter verschiedenen Versuchsbedingungen verschiedene Verhältniswerte gefunden (vgl. Tabelle 7).

In der *Flüssigkeit* fanden Eley und Polanyi[1] an Pt-Schwarz die Geschwindigkeit der $p \rightarrow o$-H_2-Umwandlung von den Versuchsbedingungen weitgehend unabhängig $2 \div 3$mal so groß wie die Reaktion $HD + H_2O$. A. und L. Farkas[2] geben für einen Versuch mit platiniertem Platin genau gleiche Geschwindigkeit an; für die entsprechenden Versuche mit Alkohol streuen bei Eley und Polanyi die Werte unter sonst gleichen Bedingungen beträchtlich stärker als bei den Versuchen mit Wasser, einem Verhältnis $0{,}5 \div 3$, im Mittel etwa 1 entsprechend. In einem Versuch von A. Farkas* wurde (bei gleichzeitiger Beobachtung) die $p \rightarrow o$-H_2-Reaktion an Pt-Schwarz nur halb so schnell gefunden wie die Reaktion $H_2 + D_2O$ (oben war es die Reaktion $HD + H_2O$) und schließlich verlief mit einer Kultur von *Bacterium coli* als Katalysator die Reaktion $o \rightarrow p$-D_2 mindestens etwa 10mal so langsam wie der Austausch $D_2 + H_2O$*.

Bei der *Gas*reaktion an einem Pt-Draht bei $250 \div 320°$ C wurde von A. Farkas* die $8 \div 10$fache Geschwindigkeit (für einen sehr aktiven Katalysator sogar die 100fache) für die $p \rightarrow o$-H_2- und die $o \rightarrow p$-D_2-Umwandlung im Vergleich zur Austauschreaktion $D_2 + H_2O$ gefunden (vgl. Abb. 12). Dabei war nach diesen Versuchen die Austauschgeschwindigkeit oberhalb von Wasserdampfdrucken von 1 mm (bei 320° C) vom H_2O-Druck unabhängig, während (bei 218° C) die $p \rightarrow o$-Umwandlung bei erhöhtem H_2O-Druck zurückging. Bei Zimmertemperatur fanden dagegen A. und L. Farkas[2] an einem platinierten Platinblech bei etwa den gleichen Drucken nur die 1,5fache Geschwindigkeit. Zwischen den Versuchen von A. Farkas* und A. und L. Farkas[2] bestehen auch sonst in quantitativer Hinsicht beträchtliche Unterschiede, so daß sie nur schwer auf die gleiche Weise verstanden werden können. So lehnte A. Farkas die Dissoziation von Wasserstoff in die Atome als geschwindigkeitsbestimmend ab, während A. und L. Farkas sie zum Ausgangspunkt aller Überlegungen machen. Angesichts der guten qualitativen Übereinstimmung ist aber wohl eher mit Unreproduzierbarkeiten als mit einem andern Mechanismus zu rechnen. Von A. und L. Farkas wurde zudem gezeigt, daß sowohl jede größere wie eine gleich große Geschwindigkeit der *para-ortho*-Wasserstoffumwandlung (k_P) gegenüber Austauschreaktionen (k_D) von Wasserstoff mit irgendwelchen anderen Verbindungen verträglich ist mit der Annahme, daß die Geschwindigkeit beider Reaktionen durch die Aufspaltung des Wasserstoffs in die Atome bestimmt wird. Aus einem Verhältnis $k_P : k_D > 1$ kann dann geschlossen werden, daß die Adsorptionsschicht nur dünn mit dem Austauschpartner besetzt ist; dies sollte bei kleinen Drucken oder schwacher Adsorption desselben der Fall sein. Ein Verhältnis $k_P : k_D = 1$ weist darauf hin, daß eine ausreichende Belegung mit dem Austauschpartner bereits

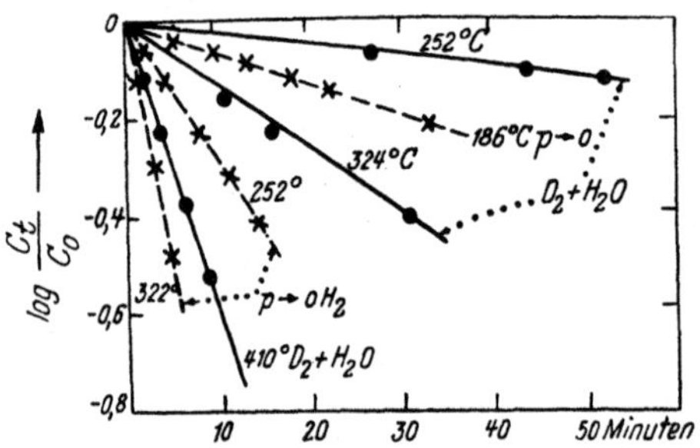

Abb. 12. Wasserstoffaustausch zwischen D_2 und H_2O (●) und $p \rightarrow o$-H_2 (×) an Pt-Draht (A. Farkas*). Drucke: 20 mm Hg D_2 + 13 mm H_2O (+H_2O flüssig); 20 mm pH_2 + 10 mm H_2O (+H_2O flüssig).

[1] D. D. Eley, M. Polanyi: Trans. Faraday Soc. **32** (1936), 1388.
[2] A. u. L. Farkas: Trans. Faraday Soc. **33** (1937), 678.
* A. Farkas: Trans. Faraday Soc. **32** (1936), 922.

vorhanden ist; es sollte dies dann der Fall sein, wenn der Austauschpartner etwa in gleicher Konzentration wie Wasserstoff vorhanden ist oder auch den Wasserstoff bereits stark verdrängt hat. Schwerer können auf diese Weise Verhältnisse von $k_P : k_D < 1$ erklärt werden, die — wenn auch vereinzelt — beobachtet wurden (vgl. S. 60). Die beobachtbaren[1] Verhältnisse $k_P : k_D$ können überhaupt nicht sehr viel kleiner als 1, höchstens 0,1 sein, da bereits bei 10mal größerer Austauschgeschwindigkeit ein merklicher Grad der $p \to o$-Umwandlung erst dann erreicht wird, wenn nur geringe Reste des Wasserstoffs von dem Austausch noch nicht erfaßt wurden. Umgekehrt sind aber beliebig größere Verhältnisse zu beobachten, da ja der Austausch gleich gut beobachtet werden kann, nachdem die $p \to o$-Umwandlung schon vollständig abgelaufen ist (vgl. etwa Abb. 14, S. 65). Abschließend verdient betont zu werden, daß aus dem Verhältnis $k_P : k_D$ sicher keine Entscheidungen getroffen werden können über einen der drei (S. 57) angegebenen Mechanismen: vollständige Atomisierung, Austausch zwischen Molekülen, Kettenreaktion.

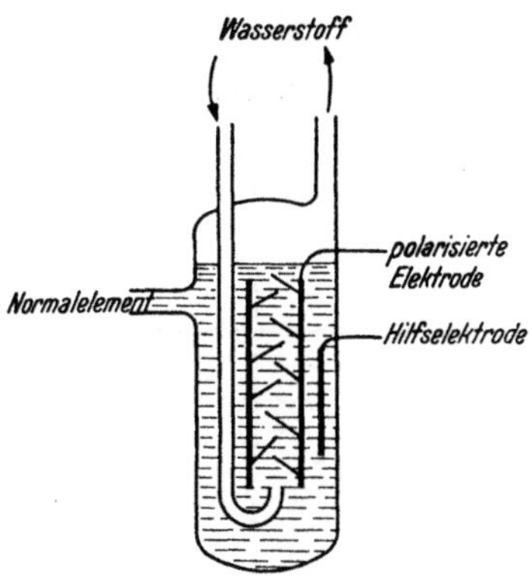

Abb. 13. Anordnung zur Untersuchung der Austauschreaktion $D_2 + H_2O$ an einer polarisierten Platinelektrode (CALVIN[4]).

Abhängigkeit vom p_H. Die Austauschgeschwindigkeit von HD mit Wasser oder Alkohol ist nach den darüber vorliegenden Versuchen deutlich, wenn auch nicht stark abhängig vom Zusatz von *Säure* oder *Lauge*. In $n/10$-Lauge fanden POLANYI, ELEY und BENNETT[2] den Austausch 4- bis 12mal langsamer als in $n/10$ HCl (vgl. Tab. 9, S. 59); ebenso groß war der Unterschied zwischen alkalischem und neutralem Alkohol. Aus der früheren Arbeit von HORIUTI und POLANYI[3] entnimmt man folgende relativen Geschwindigkeiten für den Austausch mit HD:

H_2O	0,1 n HCl	n H_2SO_4	$n/4$ KOH	$C_2H_5OH + 2\%$ H_2O	$C_2H_5OH + 2\%$ H_2O, $n/4$ KOH
1	0,7	0,2	0,4	0,4	0,02

Daraus wurde von HORIUTI und POLANYI zunächst geschlossen, daß die Ionisierung (oder die Entladung des Wasserstoffions) (vgl. S. 57) für den Austausch geschwindigkeitsbestimmend sei, von ELEY und POLANYI, daß die Verhältnisse in der Adsorptionsschicht durch H^+ oder OH^--Ionen beeinflußt würden; HORIUTI und OKAMATO[5] rechnen mit der Möglichkeit von Ver- und Entgiftungserscheinungen.

Im Gegensatz zu diesen Versuchen an Platin wurde an Nickel bei 80° C von LEWINA[6] eine Zunahme der Austauschgeschwindigkeit mit steigender Alkalikonzentration berichtet.

Abhängigkeit vom Potential. Ein Einfluß der an eine platinierte Platinleektrode angelegten *Spannung* auf die Geschwindigkeit des an ihr sich vollziehenden Austausches (Versuchsanordnung siehe Abb. 13) zwischen dem schnell vorbeigeleiteten Wasserstoff und dem Wasser wurde von CALVIN und DYAS[7]

[1] Mit einer Wärmeleitfähigkeitsanordnung.
[2] D. D. ELEY, M. POLANYI: Trans. Faraday Soc. **32** (1936), 1388. — A. R. BENNETT, M. POLANYI: Trans. Faraday Soc. **36** (1940), 377.
[3] HORIUTI, POLANYI: Nature **132** (1932), 891, 931.
[4] M. CALVIN: Trans. Faraday Soc. **32** (1936), 1428.
[5] J. HORIUTI, G. OKAMOTO: Trans. Faraday Soc. **32** (1936), 1492.
[6] S. LEWINA: Acta physicochim. USSR **14** (1941), 294/295.
[7] M. CALVIN, H. E. DYAS: Trans. Faraday Soc. **33** (1937), 1492.

festgestellt; gleichzeitig wurde bei einer Reihe von Versuchen die Geschwindigkeit der HD-Bildung aus H_2 und D_2 oder der *para-ortho*-Wasserstoffumwandlung verfolgt. Es ergab sich (vgl. Tabelle 10), daß an der kathodisch polarisierten Elektrode der Isotopenaustausch zwischen Wasserstoff und Wasser bereits durch sehr kleine Überspannungen gegenüber dem Austausch an der unpolarisierten Elektrode wesentlich verlangsamt wurde, während die HD-Bildung oder die *para-ortho*-H_2-Umwandlung im Gegenteil schneller verlief. Eine anodische Polarisation dagegen machte sich zunächst gar nicht bemerkbar (dasselbe wurde von HORIUTI und OKAMOTO[1] an Nickel bei Polarisationen bis +0,6 V beobachtet); erst bei einer Abweichung des Potentials gegenüber dem der reversiblen Kathode um +0,8 V wurde die Austauschgeschwindigkeit herabgesetzt, und zwar auch dann noch, wenn die Polarisation wieder aufgehoben wurde. Wahrscheinlich war dann die Oberfläche oxydiert worden.

Tabelle 10. *Abhängigkeit der Geschwindigkeiten der Reaktionen* $D_2 + H_2O \rightarrow H_2 + D_2O$ *und* $H_2 + D_2 \rightarrow 2\,HD$ *vom Potential des Katalysators*[2, 3]

Elektrolyt	Polarisation Volt	Milli-ampere	Reaktionsgeschwindigkeitskonstante (Std. $^{-1}$) für die D-Abnahme des Wasserstoffs	Reaktionsgeschwindigkeitskonstante (Std. $^{-1}$) für die Reaktion $H_2+D_2 \rightarrow 2\,HD$	Wasserstoffdruck mm Hg
$n\ H_2SO_4$ 18° C	−0,007	0,42	0,00085+	0,0126	90
	0	0	0,0042	0	100
	0	0	0,0055	0	135
	−0,003	0,2	0,0009	0,0034	160
	0	0	0,023	0	95
	−0,0008	0,1	0,016	0	85
				$p \rightarrow o-H_2$	
0,01 $n\ H_2SO_4$ 0° C	0	0	0,007	0,026	374 ÷ 312
	−0,005	—	0,002	0,085	
	0	0	0,0027	—	
	−0,01	0,5	0,0019	—	
	−0,025	0,7	0,0013	—	
	0	0	0,0025	—	
	+0,115	2,0	0,0023	—	
	+0,41	3,25	0,0029+	—	
	0	—	0,0030	—	
	0,81	5,0	0,00076++	—	
	—	0	0,00085	—	

Diese Zahlen wären noch zu verringern oder (+) auf Null herabzusetzen, falls man annähme, daß schon allein durch den Strom an der Kathode Wasserstoffabscheidung und an der Anode Wasserstoffaufnahme, also im ganzen ein Austausch erfolgt ist. Daß dies nicht zutrifft, ist daraus zu entnehmen, daß in dem Versuch (++) ein dem gemessenen Strom entsprechender Austausch durch Elektrolyse eine 10mal so große Geschwindigkeit wie die gemessene bewirkt hätte.

Am einfachsten sind diese Versuche dahin auszulegen[4], daß sich bei den angewandten Überspannungen auf der Elektrode eine Wasserstoffadsorptionsschicht bildet, die das Wasser von der Oberfläche verdrängt. Es läßt sich dann jedenfalls leicht verstehen, daß der Austausch zwischen Wasserstoff und Wasser verlangsamt, die HD-Bildung oder die *p*-*o*-H_2-Umwandlung erleichtert wird.

[1] J. HORIUTI, G. OKAMOTO: Sci. Pap. Inst. physic. chem. Res. **28** (1936), 231. — G. OKAMOTO, HORIUTI, K. HIROTA: Sci. Pap. Inst. physic. chem. Res. **29** (1936), 223.
[2] M. CALVIN, H. E. DYAS: Trans. Faraday Soc. **33** (1937), 1492.
[3] M. CALVIN: Trans. Faraday Soc. **32** (1936), 1428.
[4] A. u. L. FARKAS: Trans. Faraday Soc. **33** (1937), 678.

Von CALVIN[1] selbst wurde indessen die Beeinflussung des durch die Pt—H-Bindung dargestellten Dipols durch das elektrische Feld als ausschlaggebend angesehen. Jedenfalls aber beweisen diese Versuche, daß unter den vorliegenden Versuchsbedingungen die Ionisierung, d. h. der Schritt PtH → H_3O^+ (vgl. S. 57) nicht allein geschwindigkeitsbestimmend war, da in diesem Fall sich eine Geschwindigkeitserhöhung bei anodischer Polarisation hätte ergeben müssen.

Austausch und Überspannung. Es seien in diesem Zusammenhang die wichtigsten Versuche besprochen über die Verschiebung des Wasserstoff-Isotopenverhältnisses bei der Elektrolyse von Wasser (auf diesem Wege gelingt bekanntlich die Reindarstellung von D_2O). Der bei der Elektrolyse entwickelte Wasserstoff hat eine andere Isotopenzusammensetzung, ist H-reicher als das Wasser; der Trennfaktor s, definiert durch

$$s = \left(\frac{\mathrm{H}}{\mathrm{D}}\right)_{\mathrm{Wasserstoff}} : \left(\frac{\mathrm{H}}{\mathrm{D}}\right)_{\mathrm{Wasser}},$$

kann dabei je nach den Versuchsbedingungen verschiedene Werte annehmen; durch einwandfreie Experimente verbürgt sind Werte zwischen etwa 3 und 20[2] [vgl. auch[3] und die dort angegebene Literatur, den Artikel M. STRAUMANIS (Überspannung) im vorliegenden Bande des Handbuchs sowie[4, 5]]. Falls an der Elektrode sich das Isotopenaustausch-Gleichgewicht zwischen dem entwickelten Wasserstoff und Wasser einstellt, muß s denselben Wert haben wie die Gleichgewichtskonstante für den Isotopenaustausch, nämlich zwischen 3 und 4. Auch kleinere Werte von s als 3 könnte man noch leicht als Einstellung des Gleichgewichtes, und zwar bei höheren Temperaturen (lokale Überhitzung) verstehen. Da größere Trennungsfaktoren die Regel sind, kommt man zu der Auffassung, daß dem ursprünglich abgeschiedenen Wasserstoff in seiner Isotopenzusammensetzung stets ein größerer Wert von s, möglicherweise sogar der maximal beobachtbare, zukommt (von TOPLEY und EYRING[6] wurde ein oft als maximaler Trennfaktor angesehener Wert von 18 für 25° C errechnet). Die Einstellung des Gleichgewichts wäre dann nach dieser Auffassung eine Folgereaktion. Man weiß nun oder kann annehmen, daß die Einstellung des Gleichgewichts katalysiert wird 1. durch Metalloberflächen, besonders aktives Platin. Man muß demzufolge erwarten, daß das Gleichgewicht sich einstellen wird, wenn nur die Abscheidung von Wasserstoff bei so kleinen Stromdichten (und damit Überspannungen) vorgenommen wird, daß die Austauschreaktion schneller ist (vgl. die Beeinflussung der Austauschreaktion durch die Überspannung, Tab. 10). 2. Durch Wasserstoffatome. Das Gleichgewicht wird sich bei Gegenwart von Atomen (freien oder an der Oberfläche gebundenen) über einen Kettenmechanismus (vgl. S. 55, 56) einstellen. Man muß demzufolge erwarten, daß unter Bedingungen, unter denen mit einem merklichen Anteil von Atomen im abgeschiedenen Wasserstoff zu rechnen ist, sich das Gleichgewicht einstellt. Bei Blei und Quecksilber, die zur Abscheidung von Wasserstoff eine beträchtliche Überspannung, thermodynamisch einem merklichen H-Atompartialdruck entsprechend, erfordern und bei denen man auch aus den chemischen Reaktionen des an ihnen abgeschiedenen Wasserstoffs auf Atome schließen kann, wurden auch meist niedrige Trennfaktoren um 3 beobachtet.

Aus theoretischen Gründen ist leicht einzusehen, daß so ganz verschiedene Trennfaktoren erhalten werden können. Der größte Wert (etwa 18) wurde von TOPLEY

---

[1] M. CALVIN: Trans. Faraday Soc. **32** (1936), 1428.
[2] A. EUCKEN, K. BRATZLER: Z. physik. Chem., Abt. A **174** (1936), 273.
[3] K. WIRTZ: Z. Elektrochem. angew. physik. Chem. **44** (1938), 303.
[4] J. HORIUTI: Sci. Pap. Inst. physic. chem. Res. **37** (1940), 274.
[5] A. FRUMKIN: Sci. Pap. Inst. physic. chem. Res. **37** (1940), 473.
[6] B. TOPLEY, H. EYRING: J. chem. Physics **2** (1934), 217.

und Eyring[1] errechnet unter der Annahme, daß der Übergangszustand (activated complex) durch freie (nullpunktsenergielose) Wasserstoffionen (oder Atome) dargestellt wird, wobei die Isotopen durch diesen Zustand mit um den Faktor $\sqrt{2}$ verschiedener Geschwindigkeit hindurchgehen. Für die Gleichgewichtskonstante $\frac{H \cdot HDO}{D \cdot H_2O}$ errechnet man einen Wert von 16 (25° C), was einer Verteilung des schweren Wasserstoffs zwischen Wasser und *atomarem* Wasserstoff von 8:1 (5:1 bei 100° C) entspricht. Zwischen diesem Wert (der Trennfaktor wäre $\sqrt{2}$ mal so groß) und dem Wert 3 ÷ 4 der Verteilung (im Gleichgewicht) zwischen Wasser und *molekularem* Wasserstoff liegt der für das Gleichgewicht Wasser — Metallhydride. (Vgl. Tab. 1, S. 38.) Schließlich sollte man (bei sehr hohen Stromdichten vom Elektrodenmaterial unabhängig) den Wert 1 finden, wenn alles Wasser in der Umgebung der Elektroden so schnell zersetzt wird, daß keine Vermischung mit der weiteren Umgebung stattfinden kann. Experimentelle Belege für den letzten Fall fehlen. Vom Gesichtspunkt der heterogenen Katalyse aus verdient hervorgehoben zu werden, daß es allem Anschein nach Elektroden auch von nicht aktivem Material gibt, an denen sich bei der Elektrolyse das Isotopengleichgewicht zwischen molekularem Wasserstoff und Wasser einstellt, woraus man vielleicht einen Hinweis auf das Vorkommen von Kettenreaktionen an Oberflächen entnehmen kann. (Vgl. hierzu auch den Artikel von J. Christiansen vorliegenden Band des Handbuchs.)

Aktivierungsenergie. Als Aktivierungsenergie der Austauschreaktion $HD + H_2O \rightarrow H_2 + HDO$ sind für Platin als Katalysator recht verschiedene Werte angegeben worden; aus dem Temperaturkoeffizienten der Reaktion wurden Aktivierungswärmen von 5 ÷ 13,5 kcal errechnet. Bei der Reaktion mit *flüssigem Wasser* zwischen 0 und 20° C und mit Platinmohr fanden Eley und Polanyi (l. c.) mit 0,1 *n* KOH 5 kcal, mit *n* HCl 6,5 kcal; mit platiniertem Platinblech in 0,01 *n* H_2SO_4 erhielt Calvin (l. c.) 8,1 kcal; ein Wert von 10 kcal wurde von Horiuti und Polanyi (l. c.) angegeben. Dagegen fand A. Farkas[2] für die *Gasreaktion* am Pt-Draht bei 250 ÷ 410° C eine Aktivierungswärme von 13,5 kcal. An Nickel als Katalysator erhielten Hirota und Horiuti[3] für den Austausch mit flüssigem Wasser eine scheinbare Aktivierungswärme von 13 kcal bei 70 ÷ 100° C. Diese Autoren verglichen auch die katalytische Wirksamkeit einiger Metalle für den Austausch $HD + H_2O$ (flüssig) $\rightarrow H_2 + HDO$. Aus ihren Daten ergeben sich bei Wasserstoffpartialdrucken von ½ at folgende absoluten Geschwindigkeiten (Tabelle 11).

Tabelle 11. *Absolute Geschwindigkeiten (Moleküle pro cm² und sec) der Reaktion $HD + H_2O$ an verschiedenen Metallen* (nach Hirota und Horiuti[3]).

Temperatur °C	Pyrexglas	Pt	Ni	Fe	Cu	Au	Ag	Hg
0	—	10^{15}	$(3 \cdot 10^{11})$*	—	—	—	—	—
100	—	—	3.10^{14}	$1 \cdot 10^{12}$	—	—	—	—
180	$5 \cdot 10^{12}$	—	*Extrapoliert	—	$5 \cdot 10^{12}$	$1 \cdot 10^{12}$	$3 \cdot 10^{11}$	unmeßbar klein

Gold und Silber wurden in Form von Pulver angewandt, deren Oberfläche durch Adsorption von Methylenblau bestimmt wurde. Die übrigen Metalle wurden in Form von Blechen oder Drähten angewandt.

Die hier erhaltene Reihe stimmt nicht ganz mit der Überspannungsreihe überein, in der ja Gold nicht sehr viel schlechter als Platin katalysiert.

[1] B. Topley, H. Eyring: J. chem. Physics **2** (1934), 217.
[2] A. Farkas: Trans. Faraday Soc. **32** (1936), 922.
[3] K. Hirota, Horiuti: Sci. Pap. Inst. physic. chem. Res. **30** (1936), 151.

3. Die Austauschreaktion zwischen Ammoniak und Wasserstoff.

Ein Wasserstoffaustausch zwischen *gasförmigem* Ammoniak und Deuterium wurde von TAYLOR und JUNGERS[1] sowie A. FARKAS[2] an Eisenkatalysatoren beobachtet. TAYLOR und JUNGERS stellten mit Hilfe der Ultraviolettabsorption des Ammoniaks fest, daß an einem Eisenkatalysator (Fe-K_2O-Al_2O_3) der Austausch schon bei Zimmertemperatur eintritt, nicht aber etwa in dem auf 300° C geheizten leeren Reaktionsgefäß aus Quarz. Eingehender wurde diese Reaktion von A. FARKAS ebenfalls mit Eisen, aber in Form eines aufgedampften Spiegels und bei etwas höheren Temperaturen (150÷230° C) untersucht. Ähnlich wie bei der Austauschreaktion $H_2O + D_2$ wurde auch in diesem Fall am gleichen Katalysator noch die Geschwindigkeit der Wasserstoffreaktionen $p \rightarrow o\text{-}H_2$, $o \rightarrow p\text{-}D_2$, $H_2 + D_2 \rightarrow 2\,HD$ gemessen.

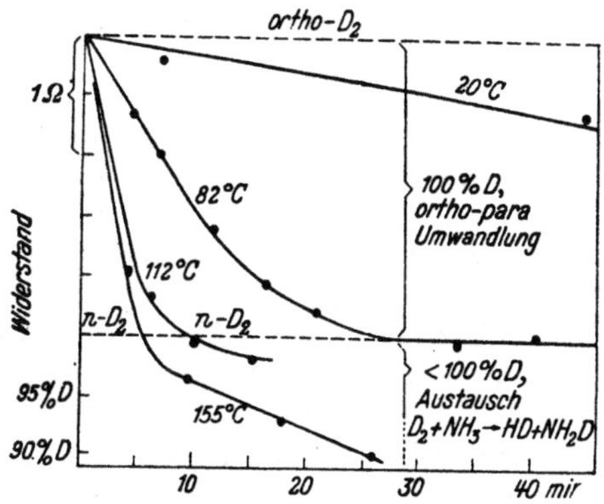

Abb. 14. Wasserstoffaustausch zwischen D_2 und NH_3 und Reaktion *ortho*-D_2 → *normal*-D_2 (A. FARKAS[2]). (Ordinate: Widerstand des Meßdrahtes in dem mit dem Wasserstoff nach der Reaktion gefüllten Wärmeleitfähigkeitsgefäß.)

Die Wasserstoffreaktionen sind namentlich bei Abwesenheit von Ammoniak, dessen Gegenwart ihre Geschwindigkeit bis auf 1/10 (20° C) herabsetzt, sehr viel

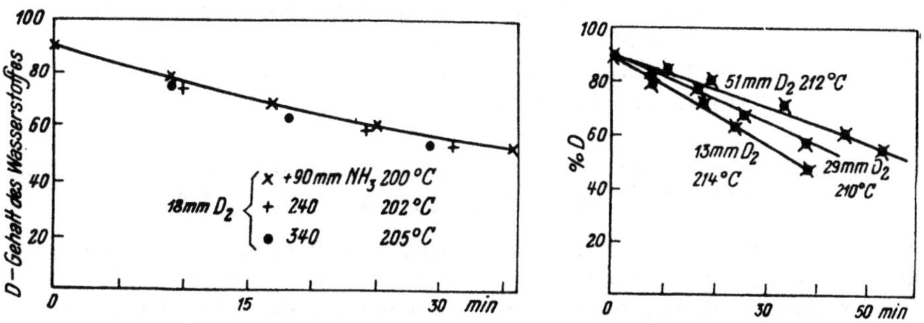

Abb. 15. Konzentrationsabhängigkeit der Reaktion $NH_3 + D_2 \rightarrow NH_2D + HD$ (A. FARKAS[2]).
a) Unabhängigkeit vom NH_3-Druck. b) Abhängigkeit vom D_2-Druck.

schneller als der Ammoniakaustausch (bei 160° C ∼ 100:1), so daß ihre Geschwindigkeit an diesem Katalysator bereits bei Zimmertemperatur beträchtlich war, die des Ammoniakaustausches aber erst oberhalb 150° C bequem gemessen werden konnte (vgl. Abb. 14). Offenbar wird also Wasserstoff zum Teil durch Ammoniak vom Katalysator verdrängt. Daß Ammoniak sehr fest an diesem Katalysator adsorbiert wird, geht auch aus der Reaktionsordnung des Ammoniakaustausches hervor: $[NH_3]^0\,[D_2]^{\frac{1}{2}}$ (Abb. 15a und b), d. h. der Katalysator ist an Ammoniak gesättigt. Die Proportionalität mit der Wurzel aus der D_2-Konzentration mag ebenso wie die Tatsache, daß die Austauschreaktion viel langsamer als die Wasserstoffreaktionen ist, darauf hindeuten, daß die Reaktion von in Gleichgewichtskonzentration am Katalysator adsorbierten Atomen mit Ammoniak der geschwindigkeitsbestimmende Schritt ist und nicht — wie für die entsprechende Aus-

[1] H. S. TAYLOR, JUNGERS: J. Amer. chem. Soc. **57** (1935), 660.
[2] A. FARKAS: Trans. Faraday Soc. **32** (1936), 416.

tauschreaktion mit Wasser von A. L. Farkas angenommen wurde — die Dissoziation des Wasserstoffs in die Atome. Als geschwindigkeitsbestimmende Reaktionen kommen so

$$D + NH_3 \rightarrow NH_2D + H \quad \text{und} \quad D + NH_2 \rightarrow NH_2D$$

in Betracht.

Von Farkas wird angegeben, daß bei der Adsorption des Ammoniaks an frisch aufgedampftem Eisen Spuren eines mit flüssiger Luft nicht kondensierbaren Gases, wahrscheinlich Wasserstoff, entstehen. Er sieht darin einen Hinweis für ein Vorhandensein von NH_2 (Amid) auf der Oberfläche und betrachtet ebenso wie Taylor und Jungers als geschwindigkeitsbestimmend den Schritt: $D + NH_2 \rightarrow NH_2D$.

Die Tatsache, daß die Aktivierungsenergie der Gasreaktion $D + NH_3$[*, 1] ähnlich hoch (11 kcal) ist wie die scheinbare Aktivierungsenergie des durch Eisen katalysierten Austausches ($\sim$ 15 kcal), mag nur zufällig sein; falls die Reaktion $D + NH_3$ die Geschwindigkeit des Austausches bestimmt, sollte man natürlich erwarten, daß jeder Katalysator, der Wasserstoff „aktiviert", auch für diesen Austausch geeignet ist. Dies scheint in der Tat der Fall zu sein, wenn auch nur wenige Angaben über Pt als Katalysator vorliegen. Wirtz[2] erhielt mit einem Platindraht als Katalysator bei 300° C einen Austausch zwischen NH_3 und D_2 mit $\sim 10^{16}$ Molekülen in der Sekunde pro cm^2 Pt-Oberfläche[3], während bei Farkas unter ähnlichen Versuchsbedingungen bei 234° C an Fe $\sim 10^{15}$ Moleküle/sec·cm^2 oder, mit der Aktivierungswärme von 15 kcal auf 300° C umgerechnet, ebenfalls $\sim 10^{16}$ Moleküle/sec·cm^2 umgesetzt wurden. Von Mitani[4] wurde mit Platinschwarz sogar mit flüssigem Ammoniak bei Temperaturen von − 20 bis + 50° C ein Austausch zwischen NH_3 und D_2 festgestellt. Bei diesen Versuchen dürften die Verhältnisse anscheinend ganz denen bei dem Austausch zwischen D_2 und flüssigem Wasser entsprochen haben.

4. Die Austauschreaktionen zwischen Halogenwasserstoffen und Wasserstoff.

$$HCl + D_2 \rightarrow DCl + HD; \quad HBr + D_2 \rightarrow DBr + HD.$$

Wirtz[5] verwandte einen elektrisch geheizten Platindraht als Katalysator, um die Einstellung der Isotopenaustausch-Gleichgewichte dieser Reaktionen zu erzielen. Aus seinen Angaben ergibt sich, daß ein Umsatz in der Größenordnung von 10^{15} Molekülen/sec·cm^2 bei 300° C bei der Reaktion mit HBr, bei 400° C bei der Reaktion mit HCl erreicht wurde. Horrex, Greenhalgh und Polanyi[6] erhielten für den Austausch zwischen H_2 und DCl bei 70° C einen Umsatz von mindestens $3 \cdot 10^{18}$ ausgetauschten Atomen pro sec und pro Gramm Pt (auf Glaswolle als Träger). Als homogene Gasreaktion verläuft der Wasserstoffaustausch zwischen Wasserstoff und Chlorwasserstoff erst bei Temperaturen oberhalb 600° C mit merklicher Geschwindigkeit (Reaktionen: $D_2 + HCl \rightarrow HD + DCl$[**] und besonders bei höheren Temperaturen $D + HCl \rightarrow HD + Cl$; $Cl + D_2 \rightarrow ClD + D$, Kettenreaktion mit thermischen Atomen[1]).

* K. H. Geib E. W. R. Steacie: Z. physik. Chem., Abt. B **29** (1935), 215.

1 Vgl. K. H. Geib: Z. Elektrochem. angew. physik. Chem. **44** (1938), 81.

2 K. Wirtz: Z. physik. Chem., Abt. B **30** (1935), 289.

3 Makro-Oberfläche.

4 M. Mitani: Sci. Pap. Inst. physic. chem. Res. **36**, 931÷938; Bull. Inst. physic. chem. Res. [Abstr.] **18** (1939), 49. Zahlenmäßige Versuchsergebnisse sind in dieser Zusammenfassung nicht enthalten.

5 K. Wirtz: Z. physik. Chem., Abt. B **31** (1936), 309.

6 C. Horrex, R. K. Greenhalgh, M. Polanyi: Trans. Faraday Soc. **35** (1939), 511.

** Gross, Steiner: J. chem. Physics **4** (1936), 165.

5. Austauschreaktionen zwischen Kohlenwasserstoffen und Wasserstoff oder Wasser.

An geeigneten Katalysatoren wurden sowohl zwischen ungesättigten oder aromatischen als auch zwischen gesättigten Kohlenwasserstoffen einerseits, Wasserstoff oder Wasser andererseits Austauschreaktionen beobachtet. Bei Methan wurde außerdem noch ein Wasserstoffaustausch zwischen den verschiedenen Methanmolekülen festgestellt (also etwa die Reaktion $CH_4 + CD_4 = 2\,CH_2D_2$). Nach den bisher vorliegenden Versuchen kann man zusammenfassend aussagen, daß ebenso wie bei homogenen Reaktionen der Wasserstoffaustausch von Äthylen oder Benzol schneller ist als der von Grenzkohlenwasserstoffen und daß er bei Äthylen und Benzol mit Wasserstoff bei weitem schneller vor sich geht als mit Wasser, während bei Grenzkohlenwasserstoffen das Umgekehrte der Fall zu sein scheint. Bei fast allen untersuchten Austauschreaktionen der Kohlenwasserstoffe ist aus den Versuchsergebnissen ohne weiteres ersichtlich, daß der Austausch nicht auf dem (trivialen) Wege einer aufeinanderfolgenden Hydrierung und Dehydrierung (oder umgekehrt) erfolgt.

a) Ungesättigte Kohlenwasserstoffe.

Austausch zwischen Äthylen und Wasserstoff; Zusammenhang mit der Äthylenhydrierung.

Der Wasserstoffaustausch zwischen Äthylen und Wasserstoff wurde von A. und L. FARKAS, TWIGG, CONN und RIDEAL[1, 2, 3] beobachtet sowie auch von MORIKAWA, TRENNER und TAYLOR[4] (auch mit Propylen) (vgl. Tabelle 12 und 13). Bei Zimmertemperatur ist er an Nickel, Platin und Kupfer beträchtlich langsamer als die gleichzeitig verlaufende Hydrierung, während etwa von dem Temperaturbereich des Maximums der Hydrierungsgeschwindigkeit an, also etwa bei Temperaturen über 100° C, an Nickel und Platin die Geschwindigkeit des Austausches größer ist als die der Hydrierung. Das Verhältnis von Austausch- zu Hydrierungsgeschwindigkeit war dabei unter sonst gleichen Bedingungen von dem Zustand des Katalysators[1] kaum abhängig und ist allem Anschein nach auch für Nickel, Platin und Kupfer annähernd dasselbe. Außer von der Temperatur kann das Geschwindigkeitsverhältnis auch noch vom Druck

Tabelle 12.
Wasserstoffaustausch von Äthylen (oder Propylen) bei der Hydrierung mit D_2 (MORIKAWA, TRENNER, TAYLOR[4]).
Gemessen aus dem über 33,3% (Hydrierung) hinausgehenden Anteil von D in dem gebildeten Äthan.
($1\,C_2H_4 + 2\,D_2$. Gesamtdruck ½ at.)

Katalysator		Temp. °C	Äthylenaustausch. Vor oder bei der Hydrierung ausgetauschter Anteil des Äthylenwasserstoffs %
Ni I (Kieselgur)	C_2H_4	−80	0,8
Ni I (Kieselgur)	C_2H_4	−24	5,8
Ni II	C_2H_4	+20	4,3
Ni I (Kieselgur)	C_2H_4	+65	10,3
Cu (gekörnt)	C_2H_4	0	3,4
Cu (gekörnt) mit C_3H_6		0	5,7

[1] A. u. L. FARKAS: J. Amer. chem. Soc. **60** (1938), 19.
[2] A. u. L. FARKAS, E. RIDEAL: Proc. Roy. Soc. (London), Ser. A **146** (1934), 630.
[3] G. H. TWIGG, E. RIDEAL: Proc. Roy. Soc. (London), Ser. A **171** (1939), 55. — G. H. TWIGG, G. K. T. CONN: Proc. Roy. Soc. (London), Ser. A **171** (1939), 71.
[4] K. MORIKAWA, N. R. TRENNER, H. S. TAYLOR: J. Amer. chem. Soc. **59** (1937), 1103.

abhängig sein; durch niedrige Drucke wird in einer Versuchsreihe (an Pt) bei A. und L. Farkas der Austausch gegenüber der Äthylenhydrierung begünstigt (vgl. Tabelle 11, Versuch bei 100° C); an Ni wurden (bei 156°) aber in dieser Hinsicht abweichende Verhältnisse gefunden (vgl. unten).

Der Temperaturkoeffizient der Austauschreaktion ist beträchtlich größer als der der Äthylenhydrierung. In den Versuchen von Farkas und Rideal machte sich diese Verschiedenheit der Temperaturabhängigkeit u. a. dadurch bemerkbar, daß bei Zimmertemperatur der D-Gehalt des Wasserstoffs in einem an Nickel(-draht) reagierenden $C_2H_4 - H_2 - HD(-D_2)$-Gemisch ein wenig zunahm, da die Hydrierung mit H_2 schneller verläuft als mit HD, während bei 120° C wegen des Überwiegens der Austauschreaktion der D-Gehalt des Wasserstoffs abnahm. Ohne Katalysator fand auch bei einer Temperatur von 250° C kein Austausch statt. Zwischen Äthan und Wasserstoff konnte unter den gleichen Versuchsbedingungen auch bei Gegenwart des Katalysators kein Isotopenaustausch festgestellt werden. Aus der Temperaturabhängigkeit der Austauschreaktion an Platin (zwischen 25 und 235° C) wurde von A. und L. Farkas eine scheinbare Aktivierungsenergie von 22 kcal errechnet, während sich für die am gleichen Katalysator beobachtete Hydrierung im Temperaturbereich bis 150° C eine solche von nur 10 kcal ergab (vgl. Abb. 16).

Tabelle 13. *Abnahme des D-Gehaltes im Wasserstoff nach vollständigem Ablauf der Hydrierung des Äthylens.*
Ausgangsgemisch $2\,D_2 + 1\,C_2H_4$.
Katalysator: Platiniertes Platinblech (2 cm²?), Reaktionsraum 60 cm³ (A. und L. Farkas[1]).

Temperatur ° C	Gesamtdruck bei Versuchsbeginn mm Hg	D-Gehalt des Wasserstoffs nach vollständiger Hydrierung	Geschwindigkeitsverhältnis $\frac{k_{Austausch}}{k_{Hydrierung}}$ *
25	61	99	0,02
54	60	95	0,08
79	60,5	80	0,5
	30	65	1,5
100	60,5	75	0,7
	115	80	0,54
120	61	63	1,7
146	61	59	2,3
187	61	51	6,1
235	61,5	48	13,3
235	berechnet für vollständ. (unendl. schnellen) Austausch	44 (D_∞, 235°)	—

* Von A. und L. Farkas berechnet nach $\frac{100 - D}{D - D_\infty}$. Diese Beziehung kann besonders für die Werte über 1 nur eine grobe Näherung sein. Außerdem wirkt sich die Unsicherheit in der Lage des Isotopengleichgewichts zwischen Wasserstoff und Äthylen auf die Genauigkeit der Werte über 1 sehr aus, so daß die Angaben in dieser Spalte nur als eine Schätzung zu bezeichnen sind.

Um weitere Anhaltspunkte über den Mechanismus der Reaktionen zu erhalten, wurden auch noch die Geschwindigkeit der $p \rightarrow o$-H_2- oder $o \rightarrow p$-D_2-Umwandlung oder der Reaktion $H_2 + D_2 \rightarrow 2\,HD$ beobachtet. Alle drei Reaktionen verliefen etwa gleich schnell und hatten den *gleichen Temperaturkoeffizienten wie die Äthylenhydrierung.* Die Geschwindigkeit dieser Wasserstoffreaktionen, die bei Abwesenheit von Äthylen etwa 5mal so groß war wie die Hydrierungsgeschwindigkeit, wurde dabei durch Zusatz von überschüssigem Äthylen so gehemmt, daß sie etwa gleich schnell wie die Äthylenhydrierung ver-

[1] A. u. L. Farkas: J. Amer. chem. Soc. **60** (1938), 19.

liefen, bei überschüssigem Wasserstoff war in einem Versuch die Äthylenhydrierung 4mal so schnell wie die $p \rightarrow o\text{-}H_2$-Umwandlung.

Aus diesem hier wiedergegebenen Versuchsmaterial und dem Befund, daß in diesem Druckbereich ($20 \div 150$ mm Hg) die Hydrierung von Äthylen an Platin mit steigendem Äthylendruck ab-, mit steigendem Wasserstoffdruck zunahm, waren von A. und L. FARKAS folgende Schlüsse auf den Mechanismus von Austausch und Hydrierung gezogen worden: Der geschwindigkeitsbestimmende Schritt soll für die Äthylenhydrierung und die $p \rightarrow o\text{-}H_2$-Umwandlung der gleiche sein, die Atomisierung des Wasserstoffs (wegen der Gleichheit der scheinbaren Aktivierungsenergien der Äthylenhydrierung bis 150° C und der $p \rightarrow o\text{-}H_2$-Umwandlung sowie der annähernden Unabhängigkeit des Geschwindigkeitsverhältnisses von der Aktivität des Platins). Bei Erhöhung des Äthylendrucks wird Wasserstoff aus der Adsorptionsschicht verdrängt, aber nicht vollständig. Da die Äthylenhydrierung schneller verlaufen kann als die $p \rightarrow o\text{-}H_2$-Umwandlung, wurde angenommen, daß — jedenfalls bei Temperaturen bis etwa 100° C — die Wasserstoffatome aus demselben in die Atome zerfallenden Molekül aufgenommen werden, noch ehe sie zur Rekombination und Umgruppierung ($p \rightarrow o$) Zeit fanden.

Für die Austauschreaktion, deren Geschwindigkeit von A. und L. FARKAS nicht absolut, sondern relativ zur Äthylenhydrierung und auch nicht in Abhängigkeit von den Konzentrationen gemessen wurde, soll die Spaltung von C_2H_4 in C_2H_3 und H geschwindigkeitsbestimmend sein. Diese mit der Temperatur stärker werdende Aufspaltung des Äthylens soll nach A. und L. FARKAS auch die Abnahme der Geschwindigkeit der Äthylenhydrierung bei Temperaturen über 150° C erklären. Die einzige Stütze für diese Behauptung ist die Tatsache, daß die Austauschreaktion kurz unterhalb des Maximums der Hydrierung ebenso schnell wird wie diese. Für einen eindeutigen Beweis hätte gezeigt werden müssen, daß die Austauschreaktion abweichend von der Äthylenhydrierung auch oberhalb 150° C mit etwa dem gleichen Temperaturkoeffizienten weiter verläuft. Bei den Versuchen von A. und L. FARKAS ist hier aber ein einigermaßen sicheres Verhältnis der Geschwindigkeit von Austausch und Hydrierung nicht mehr zu errechnen. So mag bei der höchsten Temperatur von 235° C bei diesen Versuchen der Austausch $3 \div 100$mal so schnell gewesen sein wie die Äthylenhydrierung. Es ist daher mit diesen Angaben durchaus vereinbar, daß das Maximum in der Geschwindigkeit der Äthylenhydrierung durch einen Rückgang der Adsorption von Äthylen zu erklären ist, wie dies von SCHWAB und ZORN[2] gezeigt wurde. Auf die Austauschreaktion wirkt sich dies nur nicht so kraß aus, da ihr Temperaturkoeffizient größer ist.

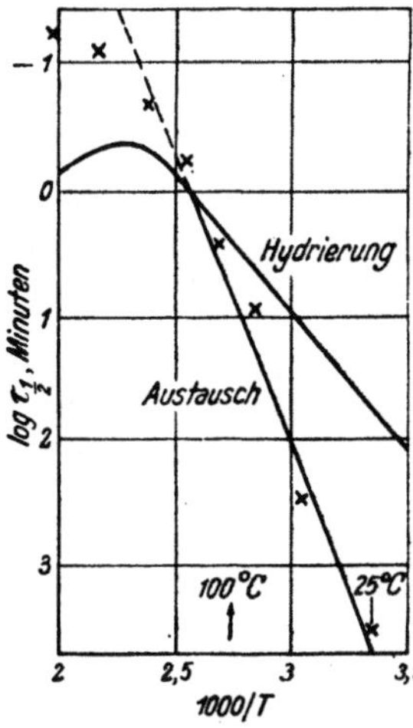

Abb. 16. Austausch und Hydrierung von Äthylen (nach A. und L. FARKAS[1]) ($C_2H_4 + 2\,D_2$ an platiniertem Pt).

Außer den oben angeführten Befunden werden von A. und L. FARKAS[3] noch weitere Gründe zur Stütze der Annahme angegeben, daß bei der Hydrierung von Äthylen oder Benzol[4] beide Wasserstoffatome aus dem gleichen Wasserstoffmolekül aufgenommen werden. Sie halten es ebenso wie andere Autoren für hinreichend gesichert, daß bei der Hydrierung an Metalloberflächen die beiden Wasserstoffatome in *cis*-Stellung an eine dreifache oder Doppelbindung angelagert werden, dagegen bei der Hydrierung durch nascierenden Wasserstoff (freie Atome) im allgemeinen in *trans*-Stellung, wodurch dann entsprechende stereoisomere Verbindungen entstehen. (Ähnliches gilt allem Anschein nach auch für die Halogenierung.)

Von der Wasserstoffaufnahme in *cis*-Stellung auf die Herkunft der beiden Wasser-

[1] A. u. L. FARKAS: J. Amer. chem. Soc. **60** (1938), 19.
[2] G.-M. SCHWAB, H. ZORN: Z. physik. Chem., Abt. B **32** (1936), 169.
[3] A. u. L. FARKAS: Trans. Faraday Soc. **33** (1937), 827.
[4] A. u. L. FARKAS: Trans. Faraday Soc. **33** (1937), 837.

stoffatome aus dem gleichen Molekül zu schließen, ist aber nur bedingt berechtigt, falls man nämlich eine freie Drehbarkeit[1] in einem adsorbierten Äthylradikal annehmen darf oder für wahrscheinlich hält, daß ein adsorbiertes Äthylenmolekül von „beiden Seiten" für Wasserstoff gleich zugänglich ist, und wenn man schließlich Ionenreaktionen (Anlagerung von H^+ oder H^- an die Doppelbindung) ausschließen kann. In diesem Zusammenhang sei erwähnt, daß von Roberts und Kimball[2] ein Ionenmechanismus für *trans*-Chlorierungen vorgeschlagen wurde. (Zum Mechanismus der Äthylenreaktionen vgl. auch bei Benzol S. 76.)

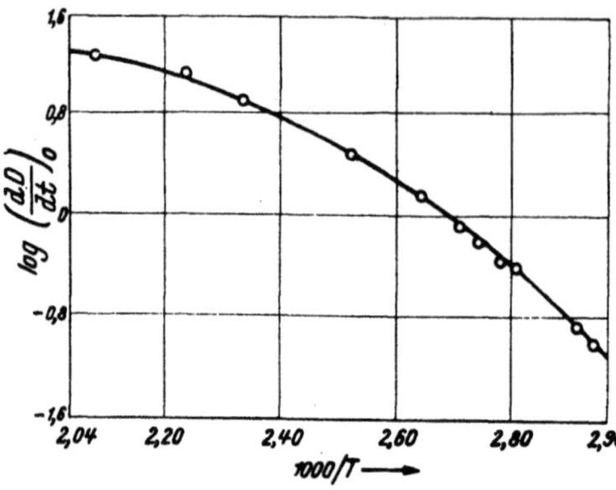

Abb. 17. Temperaturabhängigkeit des Wasserstoffaustausches zwischen C_2H_4 und D_2 (Twigg und Rideal[3]).

In den folgenden Arbeiten von Twigg, Conn und Rideal[3] sind dann einige dieser Fragen für *Nickel* als Katalysator einigermaßen geklärt worden. Um die Geschwindigkeit der Austauschreaktion zwischen Äthylen und schwerem Wasserstoff festzustellen, wurde dabei nicht erst der vollständige Ablauf der Hydrierung abgewartet, sondern die Reaktion nach einer bestimmten Zeit unterbrochen.

Hierzu wurde folgendes Verfahren angewandt: das Reaktionsgefäß mit dem elektrisch heizbaren Nickeldraht wurde auf die Temperatur der flüssigen Luft abgekühlt und das Äthylen hineinkondensiert; danach wurde D_2 hineingelassen. Durch Erwärmen der Gefäßwand auf $-80°$ C (Verdampfung des Äthylens) wurde dann an dem geheizten Nickeldraht die Reaktion in Gang gebracht, unterbrochen wurde sie durch Ausschalten der Drahtheizung (der Draht nahm dann also sehr schnell wieder die Temperatur von $-80°$ C an) oder die Entnahme einer Probe.

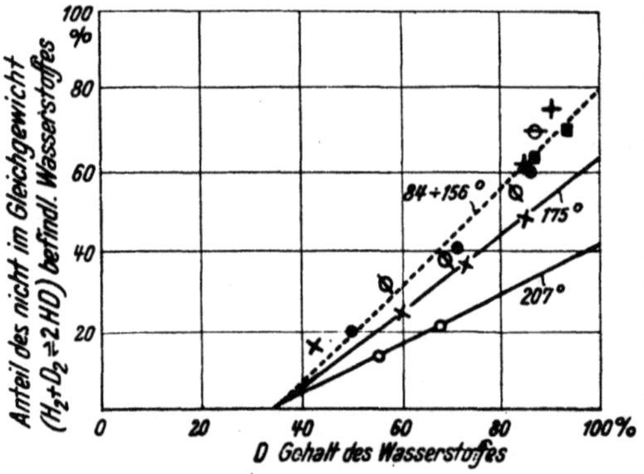

Abb. 18. Abhängigkeit der Einstellung des Wasserstoffgleichgewichtes von der Temperatur (Twigg und Rideal[3]).

Auf diese Art und Weise konnte dann die Austauschgeschwindigkeit wesentlich genauer festgestellt werden als bei den Versuchen von A. und L. Farkas (mit Pt), so daß (mit Ni) folgende Ergebnisse als gut gesichert anzusehen sind:

Die Geschwindigkeiten des Austauschs und der Hydrierung von Äthylen hängen in gleicher Weise vom Äthylen- und Wasserstoffdruck ab (sie sind annähernd proportional $[C_2H_4]^0[D_2]^1$).

Die bei höheren Temperaturen ungünstigeren Adsorptionsverhältnisse beeinflussen in gleicher Weise den Austausch und die Hydrierung: die aus dem Temperaturkoeffizienten abgeleitete Aktivierungswärme war bei allen untersuchten

[1] Selbst bei der Annahme freier Drehbarkeit erscheint Greenhalgh und Polanyi [Trans. Faraday Soc. **35** (1939), 520] die Anlagerung auch unabhängig voneinander einzeln aufgenommener Wasserstoffatome in *cis*-Stellung als das Wahrscheinlichste, da sie glauben, daß die Richtung der „freien" Valenz im adsorbierten Äthyl durch die Bindung an den Katalysator fixiert wird.

[2] J. Roberts, G. E. Kimball: J. Amer. chem. Soc. **59** (1937), 947.

[3] G. H. Twigg, E. Rideal: Proc. Roy. Soc. (London), Ser. A **171** (1939), 55. — G. H. Twigg, G. K. T. Conn: Proc. Roy. Soc. (London), Ser. A **171** (1939), 71.

Temperaturen für den Austausch stets um 4÷5 kcal größer als für die Hydrierung (vgl. Abb. 17; für den Austausch zwischen C_2H_4 und D_2 war diese Aktivierungswärme bei Zimmertemperatur 18,6 kcal, bei 200° C 4 kcal).

Bei Abwesenheit von Wasserstoff konnte kein direkter Austausch zwischen C_2H_4 und C_2D_4 festgestellt werden (vgl. Tabelle 14). Aus den bisher über diesen Austausch bekannt gewordenen Versuchen der Tabelle 14 kann man allerdings nur schließen, daß die Reaktion $C_2H_4 + C_2D_4 = 2\,C_2(H,D)_4$ mindestens etwas langsamer als die Äthylenhydrierung ist.

Tabelle 14. *Versuche über den Austausch* $C_2H_4 + C_2D_4$ (TWIGG und CONN).

°C	Halbwertzeit (min) der Äthylenhydrierung vor dem Austauschversuch	nach dem Austauschversuch	Versuchszeit (min), nach der kein Austausch zwischen C_2H_4 und C_2D_4 durch Ultrarotspektralanalyse feststellbar war
76	30	500	1000
330	18	300 (304° C)	225

Der bei der Austauschreaktion zwischen C_2H_4 und D_2 vom Nickeldraht desorbierte Wasserstoff war nicht im Gleichgewicht mit dem übrigen Wasserstoff der Gasphase (der gesamte Wasserstoff enthielt nach einer gewissen Reaktionszeit mehr H_2 und weniger HD-Moleküle, als dem Gleichgewicht $H_2 + D_2 = 2\,HD$ entsprochen hätte). Bei Temperaturen unter 160° C war das Ausmaß, in dem der Wasserstoff vom Gleichgewicht $H_2 + D_2 = 2\,HD$ entfernt war, von der Temperatur unabhängig, woraus geschlossen wurde, daß unter diesen Bedingungen nur auf dem Wege über den Austausch sich dies Gleichgewicht einstellen kann, dagegen war bei höheren Temperaturen die Annäherung an das Gleichgewicht weitergehend und temperaturabhängig (vgl. Abb. 18).

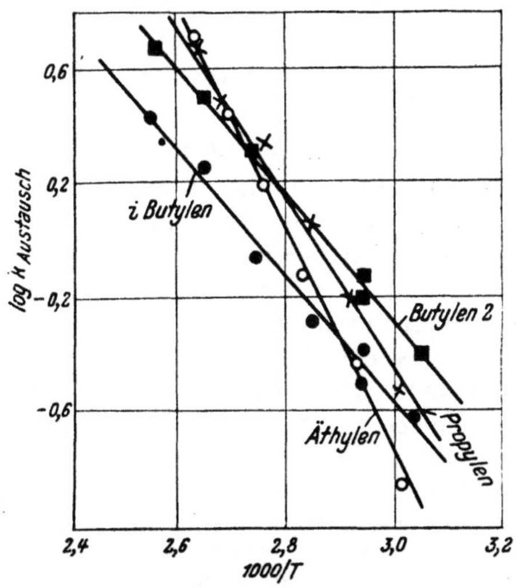

Abb. 19. Geschwindigkeit des Austausches von vier Olefinen mit Wasserstoff an Nickel (TWIGG).

Die Extrapolation auf den bei einem D-Gehalt von 100% (also zur Reaktionszeit $t = 0$) erstmalig mit Äthylen an Ni zum Austausch gebrachten Wasserstoff ergab, daß dieser unterhalb 160° nur annähernd 20% D enthielt, also nur zu 20% Gleichgewichtswasserstoff war. Der Austausch dieser ersten kleinen Menge von Wasserstoff, die also vor dem Dazukommen des Äthylens bereits an Ni adsorbiert war und durch das erste vom Draht sorbierte Äthylen verdrängt wurde, ist also als vollständig anzusehen. Die bei den niederen Temperaturen geringe Geschwindigkeit der Brutto-Austauschreaktion wird daher offenbar nicht durch den an sich sehr schnellen Austauschprozeß selbst bestimmt, sondern durch Vorgänge, die mit der Adsorption (oder Desorption) des Wasserstoffs zusammenhängen.

Bei Temperaturen unter 160° C wurde durch die Anwesenheit von Äthylen (Partialdrucke in der Größenordnung von 20 mm Hg) die Einstellung des Wasserstoffgleichgewichts $H_2 + D_2 = 2\,HD$ wesentlich stärker gehemmt als bei Temperaturen über 160° C. Bei Abwesenheit von Äthylen ist genau wie bei den Versuchen von A. und L. FARKAS (an Pt) die HD-Bildung aus $H_2 + D_2$ viel rascher als der Austausch zwischen C_2H_4 und D_2.

Aus all diesen recht gut belegten Einzelergebnissen wird von TWIGG und RIDEAL schließlich folgendes Modell für die Austauschreaktion abgeleitet: Bei

Gegenwart von Äthylen ist die Oberfläche unterhalb von 160° C vollständig mit Äthylen bedeckt (nullte Ordnung in Bezug auf Äthylen), Wasserstoff wird nicht direkt an die Oberfläche gebunden (er ist nicht „*chemisorbed*"), sondern in der Schicht über dem Äthylen durch van der Waals-Kräfte adsorbiert gehalten. Erst bei Temperaturen über 160° C wird durch Desorption von Äthylen die Metalloberfläche selbst auch für Wasserstoff zugänglich. Die dissoziative Adsorption von Äthylen nach

$$2\,Ni + C_2H_4 = NiH + NiC_2H_3$$

kann wegen des Ausbleibens eines Austausches zwischen C_2H_4 und C_2D_4 bei Abwesenheit von Wasserstoff nicht in Betracht kommen. Der Austausch zwischen Äthylen und Wasserstoff soll dann nach Twigg und Rideal nach folgendem Reaktionsschema vor sich gehen:

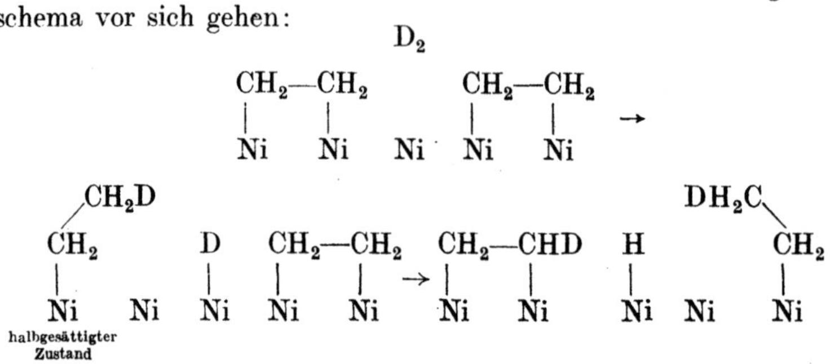

Als besondere Stütze dafür, daß der Wasserstoff nicht chemisorbiert ist, dient die Feststellung von Morikawa, Trenner und Taylor (vgl. Tab. 12, S. 67), nach der der Austausch auch bei —80° C noch, wenn auch mit geringer Geschwindigkeit verläuft.

Von dem bereits von Polanyi und Horiuti vorgeschlagenen assoziativen Austauschmechanismus (vgl. S. 76) unterscheidet sich dies Schema nur durch die Annahme, daß Wasserstoff in van der Waals-Adsorption an der Reaktion teilnimmt. Diese Annahme wieder ist namentlich deswegen erforderlich, um die gegenüber der Äthylenhydrierung häufig langsame HD-Bildung zu erklären.

Schließlich können alle Versuche über Äthylenaustausch und -hydrierung wohl auch durch die Annahme eines kettenmäßigen Ablaufs der Reaktion gedeutet werden[1]. Die Annahme eines Kettenmechanismus läuft ja, wie oben gezeigt wurde, darauf hinaus, daß vorwiegend molekular adsorbierter Wasserstoff durch einen geringen Anteil atomar (oder radikalähnlich) adsorbierter Substanz zur Umsetzung gebracht wird; diese Vorstellung bewegt sich demzufolge auf einer mittleren Linie zwischen den Mechanismen, die vollständige Aufspaltung des Wasserstoffs in Atome oder ausschließlich van der Waals-Adsorption annehmen.

Für die Hydrierung käme in Analogie zu den Vorgängen bei der homogenen Bromierung vieler ungesättigter Verbindungen folgende Reaktionsfolge in Betracht:

1a) $H + C_2H_4 \rightarrow C_2H_5$, b) $C_2H_5 + H_2 \rightarrow C_2H_6 + H$;

für die Austauschreaktion neben 1a) (in beiden Richtungen)

2a) $H + C_2H_4 \rightarrow C_2H_3 + H_2$,

b) $C_2H_3 + D_2 \rightarrow C_2H_3D + D$ oder $D + C_2H_4 \rightarrow C_2H_3D + H$.

Austausch zwischen Wasserstoff und Mono- oder Dimethyläthylenen (an Nickel).

An dem Austausch zwischen D_2 und höheren Homologen des Äthylens (von Twigg[2] wurden Propylen und die Dimethyläthylene untersucht) ist besonders bemerkenswert, daß er sich auf sämtliche Wasserstoffatome erstreckt und daß

[1] Vgl. dazu auch die in Fußnote[3] S. 53 angeführte Arbeit von Wagner u. Hauffe.

[2] G. H. Twigg: Trans. Faraday Soc. **35** (1939), 934. — G. H. Twigg, Rideal: Trans. Faraday Soc. **36** (1940), 533.

keine merklichen Unterschiede in der Geschwindigkeit auftreten, mit welcher die verschiedenen Wasserstoffatome aus dem Kohlenwasserstoffmolekül gegen solche aus dem Wasserstoff vertauscht werden. Unter diesen Versuchsbedingungen wurde (nur bei Gegenwart von Wasserstoff) eine Wanderung der Doppelbindung im Falle des Butylens (1) unter Bildung von dem im Gleichgewicht bevorzugten Butylen (2) festgestellt, so daß zusammen mit dem Befund des Austausches sämtlicher Wasserstoffatome auch bei Propylen und den Dimethyläthylenen eine sonst experimentell nicht oder kaum nachweisbare Wanderung der Doppelbindung als bewiesen angesehen werden kann. Jeder Mechanismus, der mit dem halbgesättigten Zustand (vgl. S. 72 und 76) als Zwischenstufe rechnet, kann die Wanderung der Doppelbindung leicht erklären, z. B.:

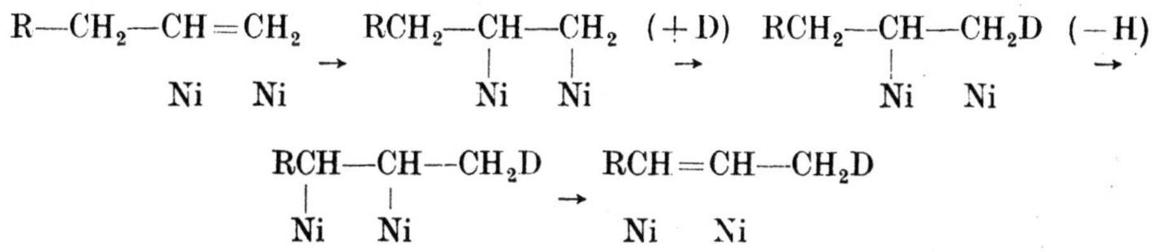

Obwohl diese Ergebnisse sehr zugunsten des Anlagerungsmechanismus sprechen, kann man doch auch den Spaltungsmechanismus (vgl. auch S. 69 u. 79) wohl nicht ganz eindeutig ausschließen, da ja gesättigte Kohlenwasserstoffe, wenn auch viel schwerer, ebenfalls zum Austausch mit D_2 gebracht werden können (vgl. S. 78) und man keineswegs ausschließen kann, daß dieser Austausch durch die Nachbarschaft einer Doppelbindung erleichtert wird.

Aus der Temperaturabhängigkeit wurden für den Austausch und die Hydrierung der Olefine im Bereich von 50 ÷ 120° C folgende Aktivierungswärmen (kcal/Mol) errechnet (vgl. auch Abb. 19, S. 71):

	Äthylen	Propylen	Butylen 2	Isobutylen
Austausch	17,2	13,7	10,0	10,0
Hydrierung	8,2	6,0	3,3	3,3

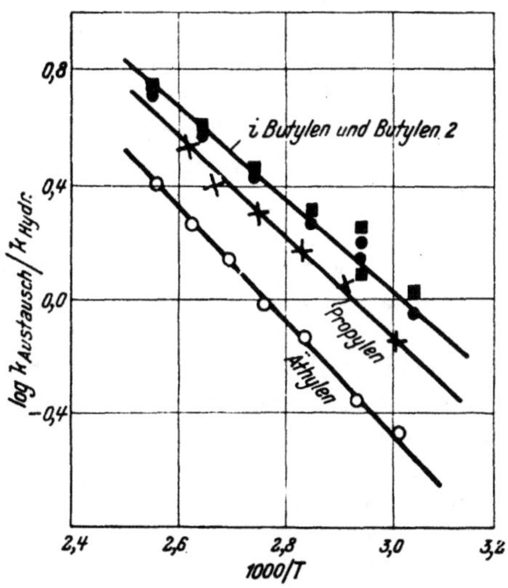

Abb. 20. Temperaturabhängigkeit des Verhältnisses der Geschwindigkeiten von Austausch und Hydrierung bei vier Olefinen (TWIGG[1]).

Wie aus Abb. 19 hervorgeht, ist der Unterschied der Reaktionsgeschwindigkeiten bei den Austauschreaktionen von Äthylen, Propylen, Isobutylen und Butylen 2 nur gering, obgleich die Temperaturabhängigkeit recht verschieden ist. In der einfachen ARRHENIUS-Gleichung $k = A \cdot e^{-\frac{q}{RT}}$ sind also nicht nur die Aktivierungswärmen q, sondern auch die temperaturunabhängigen Anteile A für die Austauschreaktionen der einzelnen Olefine recht verschieden, und zwar so, daß die Einflüsse von A und q sich größtenteils kompensieren. Es hat dagegen bei den einzelnen Olefinen die „Aktionskonstante" A für die Austauschreaktion denselben Wert wie für die Hydrierung. Wie man aus Abb. 20 entnehmen kann, beruhen die Unterschiede im Verhältnis der Austausch- zur Hydriergeschwindigkeit im wesent-

[1] G. H. TWIGG: Trans. Faraday Soc. **35** (1939), 934.

lichen auf Verschiedenheiten der Aktivierungswärmedifferenzen bei den verschiedenen Olefinen. TWIGG entnimmt daraus, daß die aktiven Zentren für die Katalyse von Austausch und Hydrierung die gleichen sind.

Austausch zwischen Acetylen und Wasserstoff.

Bei der Untersuchung des Unterschiedes in der Geschwindigkeit der Hydrierung von Acetylen mit H_2 und D_2 (vgl. Tabelle 5, S. 46) wurden nur sehr geringe Austauscheffekte festgestellt[1]. An platiniertem Platin wurde bei 90° C unter Bedingungen, bei denen 35% der Wasserstoffatome des Äthylens ausgetauscht waren, nur 1% der Wasserstoffatome von Acetylen ausgetauscht. Dies wurde mit der auch aus andern Untersuchungen[2] bekannten, sehr starken Adsorption (Vergiftung der Oberfläche) des Acetylens in Zusammenhang gebracht (vgl. auch S. 33).

Austausch zwischen Wasserstoff und Benzol und Versuche zum Mechanismus der Benzolhydrierung.

Ein Wasserstoffaustausch zwischen Benzol und Wasserstoff wurde zuerst von HORIUTI, OGDEN und POLANYI[3] mit Platinschwarz oder Nickelpulver als Katalysatoren festgestellt. Unter ihren Versuchsbedingungen (20° C, Katalysator in flüssigem Benzol, einige 100 mm Hg Wasserstoffdruck) war die Hydrierung von Benzol mindestens hundertmal langsamer als der Austausch. 1 g Platin war bei ihren Versuchen etwa 50mal so wirksam wie 1 g Nickel. Bei Zimmertemperatur nahm in 30 min der D-Gehalt von 1 Millimol Wasserstoff (HD) beim starken Schütteln mit 10 mg Platinschwarz in Benzol auf die Hälfte ab, was einem Umsatz von 10^{-2} Wasserstoffmolekülen pro Platinatom in 1 sec entspricht. Ein im Gasraum befindliches platiniertes Platinblech setzte bei A. und L. FARKAS[4] 10^{15} Moleküle pro cm^2 und sec bei 20° C um. Der Wasserstoffaustausch von Wasserstoff war dabei mit Benzol etwa 10mal so langsam wie mit Wasser.

Austausch und Hydrierung von Benzol und die *para-ortho*-Wasserstoffumwandlung wurden in einer Reihe von Versuchen auch gleichzeitig beobachtet[4, 5]. Mit dem Platinblech in der Flüssigkeit wurde von A. und L. FARKAS[4] die $p \rightarrow o$-H_2-Umwandlung gleich schnell wie der Austausch gefunden; die Austauschreaktion war dabei in bezug auf den Wasserstoffdruck von erster Ordnung (d. h. der Austauscheffekt war druckunabhängig).

GREENHALGH und POLANYI[5] fanden dagegen, daß in der mit Platinschwarz heftig geschüttelten Flüssigkeit die $p \rightarrow o$-H_2-Umwandlung oder die ebenso schnelle HD-Bildung (aus $H_2 + D_2$) etwa 30mal schneller verliefen als der Austausch und die Hydrierung (vgl. Tab. 15). Die Reaktionen waren dabei von dem *Wasserstoff*druck in verschiedener Weise abhängig. Die $p \rightarrow o$-Umwandlung war von erster Ordnung, die Hydrierung an verschiedenen Pt-Präparaten von 0,9ter bis erster, der Austausch von 0,3ter bis 0,66ter Ordnung. Altern eines Präparates (3÷300 Tage) ließ bei etwas verminderter Aktivität die Ordnung der Austauschreaktion von 0,66 auf 0,4 abfallen. Bei gleichem Druck schwankte an verschiedenen Platinkatalysatoren das Verhältnis der Geschwindigkeiten von Austausch und Hydrierung zwischen 0,5 und 3, ein Zusammenhang zwischen diesem Verhältnis und der jeweiligen Abhängigkeit der Austauschreaktion vom Wasserstoffdruck ließ sich nicht feststellen. GREENHALGH und

---

[1] A. u. L. FARKAS: J. Amer. chem. Soc. **61** (1939), 3396.
[2] E. CREMER, C. A. KNORR, H. PLIENINGER: Z. Elektrochem. angew. physik. Chem. **47** (1941), 737. — E. F. G. HERRINGTON: Trans. Faraday Soc. **37** (1941), 361.
[3] HORIUTI, OGDEN, POLANYI: Trans. Faraday Soc. **30** (1934), 663.
[4] A. u. L. FARKAS: Trans. Faraday Soc. **33** (1937), 827.
[5] R. K. GREENHALGH, M. POLANYI: Trans. Faraday Soc. **35** (1939), 520.

POLANYI machen wahrscheinlich, daß die abweichenden Ergebnisse von A. und L. FARKAS dadurch zu erklären sind, daß dort die Diffusionsgeschwindigkeit des Wasserstoffs die Geschwindigkeit der drei Reaktionen (Hydrierung, Austausch, $p \rightarrow o$-Umwandlung) bestimmte, während bei ihren eigenen Versuchen dies nur bei der $p \rightarrow o$-H_2-Reaktion bzw. der HD-Bildung der Fall gewesen sein kann, die bei Abwesenheit von Benzol noch etwa 10mal schneller als in der Flüssigkeit verliefen.

In der Gasphase wurden diese drei Reaktionen ebenso von diesen beiden Autorengruppen untersucht. Übereinstimmend wurde die $p \rightarrow o$-Umwandlung sehr viel schneller (30÷60[1], 100mal[2] so schnell) als die Austauschreaktion und die Hydrierung gefunden. Von A. und L. FARKAS wurde dabei gezeigt, daß die $p \rightarrow o$-H_2-Reaktion durch die Gegenwart von Benzol nicht verlangsamt wird, während dies bei ihren Austauschversuchen mit Wasser, Alkohol und Äthylen der Fall war. Die Übereinstimmung hinsichtlich der Abhängigkeit der Austausch- und Hydrierungsgeschwindigkeiten von den Partialdrucken namentlich des Benzols ist aber weniger gut. Von A. und L. FARKAS wird bei 20° C die Austauschgeschwindigkeit proportional zu $[H_2]^0[C_6H_6]^{0,4}$, die Hydrierungsgeschwindigkeit dagegen zu $[H_2]^1[C_6H_6]^0$ angegeben, GREENHALGH und POLANYI aber fanden bei 50° C Austausch- und Hydrierungsgeschwindigkeit von der Benzolkonzentration wenig abhängig, etwa proportional mit $C_6H_6^{0,2}$, die Abhängigkeit vom Wasserstoffdruck entsprach bei der Hydrierung mit verschiedenen Pt-Katalysatoren (vgl. Tabelle 16) bei 20° C einer Ordnung um 0,5 (0,3÷0,6), bei 100° C der ersten Ordnung; beim Austausch war die Ordnung bei 20° C im Mittel etwa −0,1, bei 80° C + 0,25. Da alle diese Reaktionsordnungen und ihre Geltungsbereiche an verschiedenen Platinkatalysatoren etwas verschieden waren, halten diese Autoren die von A. und L. FARKAS angegebene verschiedene Abhängigkeit der Austausch- und Hydrierungsgeschwindigkeit von der Benzolkonzentration für nur zufällige Versuchsschwankungen.

Tabelle 15. *Geschwindigkeit des Wasserstoffaustausches zwischen flüssigem Benzol und D_2 sowie der $p \rightarrow o$-H_2-Umwandlung oder der HD-Bildung an dem gleichen Pt-Katalysator* (GREENHALGH und POLANYI[1]).

Reaktionsgeschwindigkeitskonstanten für Reaktion erster Ordnung berechnet.

20° C, 10 cm³ Benzol, 113 cm³ Gasvolumen, 16 mg Platin ($PtCl_4$ mit Formaldehyd reduziert). Schüttelfrequenz 20 sec⁻¹.

Versuch Nr.	mm H_2	$k_{p \rightarrow o}$	$k_{Austausch}$
1÷5	80÷270	0,010÷0,011	—
*6÷8	58÷ 67	*0,114÷0,140	* bei Abwesenheit von Benzol
9	64	0,010	
16	56	0,010	
	mm H_2+D_2	k_{HD}	
17	85	0,014	—
19	83	0,014	0,00070
21	235	0,014	0,00046
24	150	0,013	0,00046
	mm H_2	$k_{p \rightarrow o}$	
25÷27	50÷74	0,013÷0,014	—

An anderen Katalysatoren, Nickel und Kupfer, verliefen die Reaktionen des Benzols langsamer und prinzipiell ähnlich wie an Platin; doch wurden hier viel größere Unterschiede der Geschwindigkeiten, mit denen die verschiedenen Reaktionen verlaufen, gefunden. An Nickel waren die Unterschiede zwischen allen miteinander verglichenen Reaktionen sehr viel größer als an Platin (vgl. Tabelle 17). An mehreren Kupferkatalysatoren war die Hydrierungsgeschwindigkeit

[1] R. K. GREENHALGH, M. POLANYI: Trans. Faraday Soc. **35** (1939), 520.
[2] A. u. L. FARKAS: Trans. Faraday Soc. **33** (1937), 827.

unmeßbar klein unter Bedingungen, bei denen der Austausch gut beobachtbar war.

Als Reaktionsmechanismus für den Benzolaustausch nahmen A. und L. FARKAS denselben an wie im Fall des Äthylens, d. h. die Dissoziation von Benzol und Wasserstoff und den Austausch der Wasserstoffatome. Um die von ihnen gefundenen Reaktionsordnungen und den Befund, daß die $p \rightarrow o$-H_2-Umwandlung durch Benzol nicht gestört wird, zu verstehen, nahmen sie dabei unter Zugrundelegung der BALANDINschen Multiplett-Theorie an, daß Benzol nur an wenigen, geometrisch ausgezeichneten Stellen der Oberfläche fest adsorbiert wird, während dem Wasserstoff (auch dem Äthylen) die ganze Oberfläche zur Verfügung steht. Aus dem Unterschied, der hinsichtlich der Abhängigkeit vom Wasserstoffdruck zwischen der Austausch- und Hydrierungsreaktion in der Gasphase besteht, schließen sie, daß die für die Hydrierung wichtigen Wasserstoffadsorptionszentren, die sich in der unmittelbaren Nachbarschaft des adsorbierten Benzols befinden sollen, nicht gesättigt sind, da an diesen Plätzen die Wasserstoffadsorption durch das fest adsorbierte Benzol gestört wird.

Tabelle 16. *Reaktionsordnungen für Hydrierung und Austausch von Benzol in der Gasphase an verschiedenen Platinkatalysatoren* (GREENHALGH und POLANYI[1]).

(Benzolpartialdruck: 75 mm Hg)

Katalysator	Temperatur °C	Reaktionsordnung in bezug auf Wasserstoff: Hydrierung	Austausch
V	30	0,5	—
	100	1,0	—
VIa	38	0,5	0,2
VIb	32	0,5	−0,3
	50	0,7	−0,2
VIIa	37	0,4	−0,3
	34	0,5	—
	54	0,8	—
	72	1,0	—
VIIb	34	0,4	−0,2
VIIc	97	0,9	0,1
	25	0,1	—
	54	0,6	—
	98	0,9	—
VIIIa	42,5	0,4	—
	53	0,5	—
	66	0,7	—
	87	1,0	—
VIIIb	51	0,7	−0,05
	80	1,0	0,25
VIIa *(Austausch mit Cyclohexan)*	90	—	−0,2

V, VI und VIII Platinoxyd bei 80° C mit H_2 reduziert. VII ebenso bei 290° C reduziert.

GREENHALGH und POLANYI stellen für den Austausch ungesättigter oder aromatischer Kohlenwasserstoffe diesem dissoziativen Mechanismus den assoziativen entgegen, der über den „halb gesättigten" Kohlenwasserstoff als Zwischenprodukt verläuft:

(K = Katalysator)

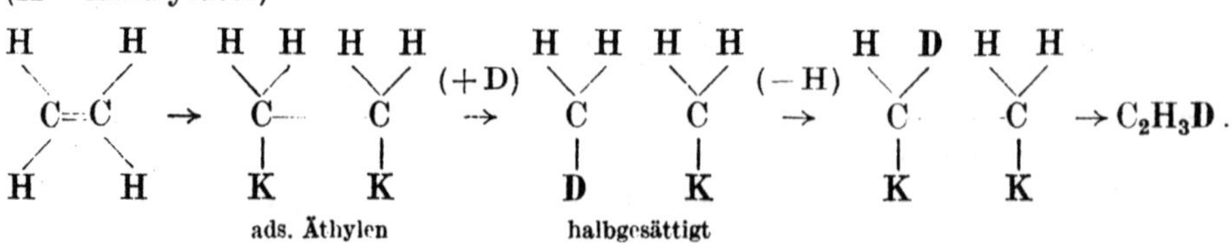

[1] R. K. GREENHALGH, M. POLANYI: Trans. Faraday Soc. **35** (1939), 520.

Als Stütze für diesen Mechanismus führen sie an, daß in allen Fällen, in denen eine Hydrierung möglich ist, der Wasserstoffaustausch zwischen Kohlenwasserstoffen und Wasserstoff viel leichter vor sich geht als in Fällen, in denen eine Hydrierung nicht eintreten kann. So erklären sie, daß die Austauschgeschwindigkeit von Benzol oder Äthylen mit Wasserstoff als Austauschpartner sehr viel größer ist als mit Wasser, während bei Cyclohexan der Austausch mit Wasser

Tabelle 17. *Reaktionsordnungen und (relative) Geschwindigkeiten von Reaktionen im System Benzol—Wasserstoff* (mit Pt, Ni, Cu) nach GREENHALGH und POLANYI[1], in Klammern nach A. und L. FARKAS[2].

	Benzol- Hydrierung	Benzol- Austausch	$p \rightarrow o$-H_2	$H_2+D_2 \rightarrow 2\,HD$
C_6H_6 flüss. + D_2 20 °C 10÷400 mm Hg D_2 D_2-Ordnung	Pt: 1; 0,9 Ni: 1	Pt: 0,33÷0,66 (1) Ni: 0,1÷0,4	Pt: 1 (1) Cu: 0,7	Pt: 1 —
Geschwindigkeit ..... (auf gleiches Katalysatorgewicht bezogen)	Pt: 0,3÷2 Ni: 0,001	Pt: ≡1* (1) Ni: 0,05 Cu: 0,0002	Pt: 30 (1) Pt: 300 ohne C_6H_6 Ni: 5	Pt: 30 — —
Cyclohexan-Austausch	Pt: 50mal langsamer als Benzol Ni: 700mal langsamer als Benzol			
C_6H_6 Gas + D_2 D_2-Ordnung .... 20° C	Pt: $\sim$0,5 (1)	Pt u. Ni: $\sim -$0,1(0)	—	—
50° C	Ni: $\sim$0,3	—	—	—
100° C	Pt u. Ni: 1	Pt u. Ni: 0,3	—	—
		Cu: 0	—	—
C_6H_6-Ordnung	Pt: $\sim$0,2 (0)	Pt: $\sim$0,2 (0,4)	—	—
Aktivierungswärme (kcal)	Pt: 6,8 Ni: 11	Pt: 7,3 Ni: 15 Cu: 14	— — —	— — —
Geschwindigkeit 50° C (gleiches Gewicht Pt und Ni)	Pt: ≡1* Ni: 0,002	Pt: 0,5 Ni: $\sim$0,02	— —	Pt: 30 Ni: 0,6
100° C	Cu: 0	Cu: ≡1*	Cu: 100	—
Cyclohexan-Austausch	Pt: 40mal langsamer als Benzol (90° C) Ni: 180mal langsamer als Benzol (50° C) Cu: 30mal langsamer als Benzol (140° C)			

* In diesen Fällen wurde die Geschwindigkeit zum Zwecke des Vergleichs willkürlich gleich 1 gesetzt.

mindestens ebenso schnell ist wie der mit Wasserstoff. In ihrer Arbeit versuchen GREENHALGH und POLANYI ferner, aus Betrachtungen über die nach dem assoziativen und dissoziativen Mechanismus zu erwartenden Reaktionsordnungen von Austausch und Hydrierung von Benzol und Äthylen eine Entscheidung zwischen den beiden Mechanismen zu treffen; sämtliche experimentellen Befunde werden aber von beiden nicht vollständig wiedergegeben.

[1] R. K. GREENHALGH, M. POLANYI: Trans. Faraday Soc. **35** (1939), 520.
[2] A. u. L. FARKAS: Trans. Faraday Soc. **33** (1937), 827.

Falls man den vielleicht nicht weit genug ausgedehnten Versuchen von TWIGG und CONN über das Ausbleiben eines Austausches zwischen C_2H_4 und C_2D_4 hinreichende Beweiskraft zuerkennt, kommt natürlich nur der auch nach allen übrigen Ergebnissen als wahrscheinlicher anzusehende „Anlagerungsmechanismus" für den Austausch von Olefinen und Aromaten mit Wasserstoff in Betracht.

Austausch zwischen Wasser und Äthylen oder Benzol[1].

Der Wasserstoffaustausch zwischen Äthylen oder Benzol und Wasser ist beträchtlich langsamer als der mit Wasserstoff, so daß er erst bei Temperaturen um 100° C gut beobachtbar wird. Aus den Versuchen von HORIUTI und POLANYI[1] extrapoliert man, daß bei Zimmertemperatur an Nickel der Austausch *in der Gasphase* mit Wasser etwa $2 \cdot 10^4$ mal langsamer ist als der mit Wasserstoff. Platin katalysierte (auf gleiches Gewicht bezogen) etwa 5mal so gut wie Nickel. Die Geschwindigkeiten dieser nicht sehr eingehend untersuchten Reaktion mögen aus der Tabelle 18 entnommen werden.

Tabelle 18. *Wasserstoffaustausch zwischen D_2O und C_6H_6 oder C_2H_4 mit Nickelpulver* (HORIUTI, POLANYI[1]).

Temp. °C	Dauer Std.	Austausch %	Das Reaktionsgemisch bestand aus: Ni g	D_2O g	Kohlenwasserstoff g
80	24	10	1,5	0,15	0,15 C_6H_6
200	1	50	1,5	0,15	0,15 C_6H_6
200	2	100	1,5	0,15	0,15 C_6H_6
80	24	50	1,5	0,1	0,06 C_2H_4

HORIUTI und KOYANO[2] fanden, daß der Wasserstoffaustausch zwischen Benzol und Wasser an Platinmohr bereits bei Zimmertemperatur erzwungen werden kann, wenn das Reaktionsgemisch einem in einer TESLA-Anordnung erzeugten Hochfrequenzstrom von 4 m Wellenlänge ausgesetzt wird.

Wasserstoffaustausch zwischen Benzol und Äthylen.

Der Wasserstoffaustausch zwischen Benzol und Äthylen[1] ist bei 200° C etwa 50mal langsamer als der von diesen beiden Stoffen einzeln mit Wasser.

b) Gesättigte Kohlenwasserstoffe.

Austauschreaktionen von gesättigten Kohlenwasserstoffen sind beträchtlich langsamer als die von Wasserstoff mit Äthylen, Benzol oder gar Wasser. Bei einer großen Zahl von Versuchen wurden daher zunächst überhaupt keine Austauschreaktionen beobachtet; so fanden FARKAS und RIDEAL[3], daß Äthan im Gegensatz zu Äthylen mit Wasserstoff keine Austauschreaktion eingeht. Erfolglos waren bisher auch alle Versuche, den an Kohlenstoff gebundenen Wasserstoff von Äthylalkohol oder auch Glucose (mit Platin als Katalysator) zum Austausch zu bringen (vgl. S. 51, 83, 84). Vielleicht war bei einigen dieser negativ ausgefallenen Versuche, insbesondere bei Verwendung von Wasser als Austauschpartner die Aktivität des Katalysators nicht ausreichend, denn in einer kurzen Mitteilung berichteten POLANYI und HORREX[4], daß mit Wasser, nicht aber mit Wasserstoff bei 100° C und Pt-Mohr als Katalysator der Austausch von gesättigten Kohlenwasserstoffen ebenso schnell vor sich geht wie der von ungesättigten.

Austauschreaktionen von Methan, Äthan und Propan wurden von TAYLOR und

[1] HORIUTI, POLANYI: Trans. Faraday Soc. **30** (1934), 1164.
[2] J. HORIUTI, T. KOYANO: Bull. chem. Soc. Japan **10** (1934), 601.
[3] A. u. L. FARKAS, E. RIDEAL: Proc. Roy. Soc. (London), Ser. A **146** (1934), 630.
[4] C. HORREX, M. POLANYI: Mem. Proc. Manchester; Lit. Phil. Soc. **80** (1936), 33.

Mitarbeitern[1, 2, 3] untersucht; der Austausch von Äthan, Propan, Butan, n-Hexan und Cyclohexan mit D_2 von A. u. L. FARKAS. Alle gesättigten Kohlenwasserstoffe können danach offenbar an einem geeigneten Katalysator ihren Wasserstoff mit anderen Kohlenwasserstoffmolekülen, Wasserstoff oder Wasser austauschen, z. B.:

$$CH_4 + CD_4 \rightarrow C(H,D)_4;\quad CH_4 + D_2 \rightarrow C(H,D)_4;\quad CH_4 + D_2O \rightarrow C(H,D)_4.$$

An dem von TAYLOR untersuchten Katalysator (Ni-Kieselgur) fanden außer den Austauschreaktionen bei etwas höheren Temperaturen noch andere Prozesse statt, z. B.:

$$C_2H_6 + D_2 \rightarrow 2\,CH_3D \quad \text{oder} \quad 2\,C_2H_6 \rightarrow C + 3\,CH_4;$$

diese Reaktionen sollen hier nur kurz betrachtet werden und nur soweit ein Vergleich ihrer Geschwindigkeiten mit denen der Isotopenaustauschreaktionen erforderlich erscheint.

Die einzelnen von TAYLOR und Mitarbeitern untersuchten Reaktionen sind in Tabelle 19 zusammengestellt, in der ihre Halbwertzeiten bei verschiedenen Temperaturen unter sonst möglichst gleichen Verhältnissen eingetragen wurden. Die in der letzten Spalte angegebenen Bruttoaktivierungswärmen wurden aus den Temperaturkoeffizienten der einzelnen Reaktionen von den Autoren angegeben, es liegen ihnen z. T. nicht nur die hier angeführten Zahlen, sondern auch noch bei anderen Konzentrationen ausgeführte Versuche zugrunde. Abb. 21 zeigt einige derartige Versuchsreihen (soweit bei der Abb. 21 nichts anderes angegeben ist, handelt es sich um den Umsatz nach einer Reaktionszeit von 1 Std.). Die Aktivität des Katalysators ist in den einzelnen Versuchsreihen nicht immer die gleiche gewesen; doch ist dies wegen der meist großen Unterschiede in den Geschwindigkeiten der verschiedenen Reaktionen für einen Vergleich dieser untereinander unwesentlich [z. B. waren bei verschiedenen Versuchsreihen über die Reaktion $CH_4 + D_2 \rightarrow CH_3D$ usw. die Aktivitäten zweier nach dem gleichen Verfahren hergestellten Katalysatoren im Verhältnis 1 : 4 verschieden, während die Geschwindigkeiten des Wasserstoffaustausches zwischen D_2 und Methan, Äthan, Propan sich (bei 110° C) etwa wie 1 : 300 : 3000 zueinander verhielten].

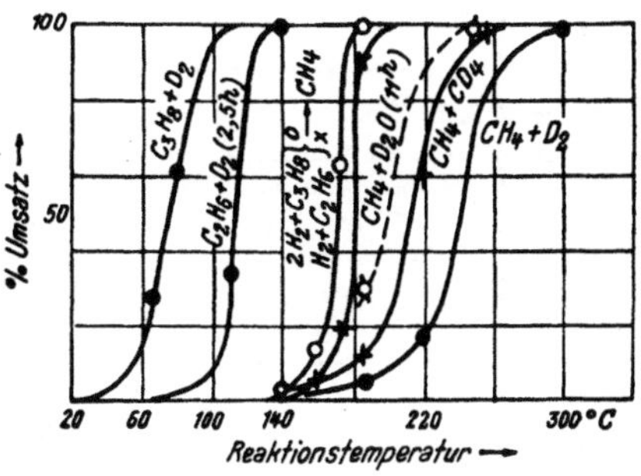

Abb. 21. Austauschreaktionen gesättigter Kohlenwasserstoffe (MORIKAWA, TRENNER, TAYLOR[1]).

Von Äthan und Propan wurde bisher nur diese eine Isotopenaustauschreaktion festgestellt; doch wird man mit beträchtlicher Wahrscheinlichkeit annehmen dürfen, daß entsprechend den Verhältnissen beim Methan auch bei diesen Kohlenwasserstoffen der Wasserstoffaustausch der Kohlenwasserstoffmoleküle untereinander oder mit Wasser ähnlich schnell ist wie der mit Wasserstoff.

TAYLOR und Mitarbeiter (ebenso A. und L. FARKAS) halten es für recht gesichert, daß für alle von ihnen beobachteten Austauschreaktionen die Aufspaltung einer C-H-Bindung der geschwindigkeitsbestimmende Schritt ist. Sie stützen diese Annahme mit folgenden Befunden:

1. Die Geschwindigkeit der drei Austauschreaktionen des Methans ist bei 184° C von der gleichen Größenordnung (vgl. Tabelle 19).

[1] K. MORIKAWA, N. R. TRENNER, H. S. Taylor: J. Amer. chem. Soc. 59 (1937), 1103.
[2] K. MORIKAWA, W. BENEDICT, H. S. TAYLOR: J. Amer. chem. Soc. 58 (1936), 1445.
[3] K. MORIKAWA, W. BENEDICT, H. S. TAYLOR: J. Amer. chem. Soc. 58 (1936), 1795.

Tabelle 19. Halbwertzeiten für den *Wasserstoffaustausch von gesättigten Kohlenwasserstoffen* (nach Taylor und Mitarbeitern).

	Temperatur °C	21	65	80	100	110	138	157	172	184	218	255	Aktiv.-Wärme kcal	Bemerkungen und Angaben über Reaktionsordnung
1*	$CH_4 + CD_4$ 20† 20	—	—	—	—	—	50h	—	—	5h	1h	0,25h	~19	* Derselbe Katalysator
2*	$CH_4 + D_2$ 40 40	—	—	—	—	—	250h	—	—	6h	1h	< 1h	~28	Reaktion auch von $CD_4 + H_2$ ausgehend beobachtet
3	$CH_4 + D_2O$ 40 40	—	—	—	—	—	—	—	—	25h	—	< 1h	—	—
4	$C_2H_6 + D_2$ 20 40	—	—	—	—	5h	< 1h	—	—	—	—	—	—	—
5a**	$C_2H_6 + H_2 \rightarrow 2\,CH_4$ 20 20	—	—	—	—	—		30h	5h	1h	—	—	~42, $\Delta E = 0{,}45$	** Derselbe Katalysator
5b**	$C_2H_6 + D_2 \rightarrow 2\,C(H,D)_4$	—	—	—	—	—	—	50h	7,5h	1,5h	—	—		$\sim [H_2]^{-2,5}$
6	$C_3H_8 + D_2$ 20 40	40h	6h	2h	1h	—	—	—	—	—	—	—	~19	$\sim [C_3H_8]^{0,62} \cdot [D_2]^{-0,76}$
7	$C_3H_8 + H_2 \rightarrow C_2H_6 + CH_4$ 20 40	—	—	—	—	—	120h	20h	—	—	—	—	~34	$\sim [C_3H_8]^{1} \cdot [H_2]^{-2,5}$
8	$C_2H_4 + H_2 \rightarrow C_2H_6$	< 0,1h bei −80° bis +65° C							—	—	—	—	—	—

Katalysator: 2 g Ni-Kieselgur (15% Ni), hergestellt durch Reduktion von Ni_2O_3 mit H_2 bei ~450° C.

† Die bei den einzelnen Versuchen angewandten Mengen der Gase sind jeweils in cm³ bei 0° C, 1 at angegeben. Der Reaktionsraum betrug ~130 cm³.

2. Eine Erhöhung des Partialdruckes des schweren Wasserstoffs verlangsamt die Deuteriumaufnahme der drei Kohlenwasserstoffe; genauer wurde dies bei Propan ermittelt, die Geschwindigkeit der D-Aufnahme war hier proportional zu $[C_3H_8]^{0,62} \cdot [D_2]^{-0,76}$.

3. Es wurde bei Abwesenheit von Wasserstoff eine Abspaltung geringer Mengen von Wasserstoff aus den am Katalysator adsorbierten Kohlenwasserstoffen ermittelt.

4. Bei Äthan wurde in Abwesenheit von Wasserstoff sogar die vollständige Dehydrierung bis zu Kohlenstoff aus der entstandenen Methanmenge errechnet.

Obwohl Taylor und Mitarbeiter für die Reaktion

$$CH_4 + CD_4 \rightarrow CH_3D$$

usw. denselben Mechanismus annehmen, kann doch in diesem Falle (vielleicht auch in den anderen) nicht sicher ausgeschlossen werden, daß der Austausch durch Wasserstoff(atome) vermittelt wurde, denn der verwendete Katalysator, der durch Reduktion von Nickelcarbonat bei 450° C hergestellt wurde, enthielt nicht unbeträchtliche Mengen von zum Austausch geeignetem Wasserstoff (Wasserstoff oder Wasser).

Daß der Isotopenaustausch des Methans mit Wasserstoff und Wasser langsamer ist als der der Methanmoleküle untereinander, ist ebenso wie der Unterschied in den Temperaturkoeffizienten der Reaktionen $CH_4 + CD_4$ und $CH_4 + D_2$ leicht dadurch zu erklären, daß Methan durch Wasserstoff oder Wasser aus der Adsorptionsschicht zum Teil verdrängt wurde. Der Austausch mit D_2 verläuft bei Äthan oder Propan (scheinbare Aktivierungswärme ~ 19 kcal) ganz wesentlich leichter als mit Methan (scheinbare Aktivierungswärme ~ 28 kcal). Dies kann in Zusammenhang damit gebracht werden, daß für die Ablösung des ersten Wasserstoffatoms aus Methan eine größere Energie erforderlich ist als für eine solche aus den anderen Grenzkohlenwasserstoffen. Ganz entsprechende Verhältnisse wurden auch für die homogenen Wasserstoffaustauschreaktionen der Kohlenwasserstoffe mit D-Atomen festgestellt[2, 3, 4].

Tabelle 20. *Vergleich der Geschwindigkeiten des Austausches von Äthan, Propan und Butan mit D_2 an Platin (platiniert).* (A. FARKAS[1].)

°C	Versuch Nr.	D_2 mm Hg	Kohlenwasserstoff mm Hg	Halbwertzeit min
26	20	19	25 Butan	25
	21	23	21,5 Propan	90
72	25	27	28 Propan	20
	24*	28	24 Äthan	720
97	39	21	20 Butan	15
	38	22	24 Propan	67

* Frisch hergestellter Katalysator.

Die beträchtliche Steigerung der Reaktionsfähigkeit beim Übergang zu Kohlenwasserstoffen mit größerer Kettenlänge wurde auch von A. FARKAS mit (besonders aktiv hergestelltem) platiniertem Platin als Katalysator festgestellt, der den Austausch zwischen D_2 und Äthan, Propan, Butan untersuchte. Die Geschwindigkeitssteigerung beim Übergang von Äthan zu Propan zu Butan betrug etwa 1 : 25 : 100 (vgl. Tabelle 20).

Die Temperaturabhängigkeit der Austauschreaktion war bei höheren Temperaturen wesentlich geringer als bei Zimmertemperatur (vgl. Tabelle 21); es liegt nahe, auch dies auf die Änderung der Adsorptionsverhältnisse mit der Temperatur zurückzuführen, also in dieser Hinsicht prinzipiell ähnliche Verhältnisse anzunehmen, wie für die Austauschreaktion zwischen D_2 und Äthylen (vgl. Abb. 17, S. 70).

Tabelle 21. *Temperaturabhängigkeit des Austausches zwischen D_2 und n-Butan an platiniertem Platin (Blech 10 × 18 mm, Reaktionsraum 60 cm³).* (A. FARKAS[1].)

Versuch Nr.	D_2 mm Hg	Butan mm Hg	°C	Halbwertzeit min	Aktivierungswärme kcal
13	29	28	41	25	26,3 (13–14)
14	25	22	26	210	
15	25	22	59	10,5	17,9 (14–15)
28	26	26,5	27	120	15,7 (28–27)
27	26	26	52	16	
40	22	21	77	32	11,0 (40–39)
39	20	21	95	16	

Von höheren gesättigten Kohlenwasserstoffen wurde das Cyclohexan hinsichtlich seiner Austauschreaktionen mit Wasserstoff oder Wasser untersucht; die Austauschreaktionen verliefen dabei schneller, als man zunächst erwartet hatte. Die Geschwindigkeit des Wasserstoffaustausches zwischen Cyclohexan und Wasser oder Wasserstoff war etwa ebenso groß wie die des Austausches zwischen Benzol und Wasser. In der ersten kurzen Mitteilung von HORREX und

[1] A. FARKAS: Trans. Faraday Soc. 36 (1940), 522.
[2] N. R. TRENNER, MORIKAWA, TAYLOR: J. chem. Physics 5 (1937), 203.
[3] E. W. R. STEACIE, PHILLIPS: J. chem. Physics 4 (1936), 461; 6 (1938), 37.
[4] K. H. GEIB: Z. Elektrochem. angew. physik. Chem. 44 (1938), 81.

Polanyi[1] wurde dabei angegeben, daß an Platin der Wasserstoffaustausch des (flüssigen) Cyclohexans mit Wasserstoff sehr viel langsamer vor sich gehe als der mit (flüssigem) Wasser (es wurde darum als Mechanismus für den Austausch mit Wasser eine Ionenreaktion angesehen), doch zeigten die späteren ausführlichen Untersuchungen, daß der Austausch mit Wasserstoff unter gleichen Versuchsbedingungen (Gasreaktion) höchstens unbeträchtlich langsamer ist als der mit Wasser. In dieser Hinsicht besteht also kaum ein Unterschied gegenüber den Austauschreaktionen des Methans, bei dem Taylor und Mitarbeiter die Austauschreaktion mit Wasser etwas langsamer als die mit Wasserstoff fanden (vgl. Tabelle 19, S. 80). Ebenso schnell wie Cyclohexan tauschen auch höhere nichtcyclische Kohlenwasserstoffe, Isopentan oder Hexan, ihren Wasserstoff aus.

Horrex, Greenhalgh und Polanyi[2] verglichen die Geschwindigkeiten der Cyclohexan-Austauschreaktionen (Gasreaktionen) mit denen anderer Austauschreaktionen am gleichen Katalysator (Pt auf Glaswolle). Außer den schon angegebenen Ergebnissen fanden sie:

Die $p \rightarrow o$-H_2-Umwandlung (bei 60° C) und die Austauschreaktion von D_2O mit H_2 (bei 32° C) sind in Gegenwart von Cyclohexan etwa 300mal so schnell wie der Austausch dieses Kohlenwasserstoffes mit D_2, der Austausch zwischen D_2O und H_2 ging dabei (32° C) bei Anwesenheit von Cyclohexan (80 mm Hg) nur wenig langsamer (etwa halb so schnell) vor sich als ohne Cyclohexan.

Der Wasserstoffaustausch zwischen Cyclohexan und D_2O (Dampf 20 mm Hg) ging ebenso schnell vor sich, wenn außerdem noch Wasserstoff (60 mm Hg) anwesend war.

Mit Chlorwasserstoff als Austauschpartner verlief der Austausch des Cyclohexans bei 70° C etwa 20mal so langsam wie mit Wasserstoff oder Wasser. Der Austausch des Cyclohexans mit Wasserstoff wurde durch Chlorwasserstoff merklich gehemmt, 2÷20 mm HCl setzten bei 70° C und einem Gesamtdruck von etwa 200 mm Hg die Geschwindigkeit dieses Austausches auf etwa $^1/_5$ herab. Der Austausch zwischen Wasserstoff und Chlorwasserstoff war wesentlich schneller, mindestens 30mal so schnell wie der zwischen Cyclohexan und Wasserstoff.

Der Wasserstoffaustausch zwischen zwei gesättigten höheren Kohlenwasserstoffen, nämlich Cyclohexan und Isopentan, war (80° C) etwa 20mal so langsam wie der Austausch der Kohlenwasserstoffe mit Wasserstoff oder Wasser; man sollte daher erwarten, daß Wasserstoff oder Wasser den Austausch der Kohlenwasserstoffe untereinander katalysieren. Entsprechende Verhältnisse sind auch bei den ungesättigten Kohlenwasserstoffen (Äthylen, Benzol, vgl. S. 78) gefunden worden. Bei den niederen Kohlenwasserstoffen fanden Taylor und Mitarbeiter an einem Nickelkatalysator etwas abweichende Verhältnisse, der Wasserstoffaustausch zwischen CH_4 und CD_4 war etwas schneller als der Austausch zwischen Methan und Wasserstoff oder Wasser (vgl. Tab. 19, S. 80). Ebenso wie bei den niederen Kohlenwasserstoffen Methan bis Propan wurde auch für Cyclohexan gefunden, daß die Austauschgeschwindigkeit mit D_2 als Austauschpartner mit steigendem Wasserstoffdruck etwas abnimmt: Taylor und Mitarbeiter fanden für den Propanaustausch (Ni) als Reaktionsordnung in Bezug auf Wasserstoff $-0{,}72$; Polanyi und Mitarbeiter erhielten an Pt und Ni sowohl mit flüssigem wie mit gasförmigem Cyclohexan bei 20÷100° C Werte zwischen $-0{,}2$ und $-0{,}35$.

Als scheinbare Aktivierungsenergie für den Wasserstoffaustausch von Cyclohexan mit Wasserstoff wurde 13,7 kcal errechnet.

[1] C. Horrex, M. Polanyi: Mem. Proc. Manchester; Lit. Phil. Soc. **80** (1936), 33.
[2] C. Horrex, R. K. Greenhalgh, M. Polanyi: Trans. Faraday Soc. **35** (1939), 511.

Aus den Versuchen von HORREX, GREENHALGH und POLANYI[1] ergeben sich für 70° C folgende Umsätze (in ausgetauschten Wasserstoffatomen pro Gramm Pt und sec):

$H_2 + DCl$	$\geq 3 \cdot 10^{18}$	$C_6H_{12} + D_2O$	$1 \cdot 10^{17}$
$C_6H_6 + D_2$	$3 \cdot 10^{18}$	$C_6H_{12} + DCl$	$1 \cdot 10^{16}$
$C_6H_{12} + D_2$	$1 \cdot 10^{17}$		

Zu etwas abweichenden Ergebnissen hinsichtlich der Temperatur- und Druckabhängigkeit gelangten A. und L. FARKAS, welche die Austauschreaktionen von gasförmigem *c*-Hexan und *n*-Hexan mit D_2 an Platin untersuchten. Die Austauschgeschwindigkeiten beider Hexane waren praktisch gleich. Für die Temperaturabhängigkeit ergaben sich ähnliche Verhältnisse wie bei der Austauschreaktion von *n*-Butan mit D_2, mit steigender Temperatur wurde der Temperaturkoeffizient deutlich geringer (vgl. Tabelle 22 und 23). Vom Druck war der Austauscheffekt (gemessen an der Änderung des Wasserstoff-D-Gehaltes) kaum abhängig, offenbar war also die Austauschgeschwindigkeit proportional $[c\text{-Hexan}]^0 \cdot [D_2]^1$. Bei 98° C war die Austauschgeschwindigkeit 50 mal so groß wie die der Dehydrierung zu Benzol, der Austausch geht also nicht auf dem Wege der aufeinanderfolgenden Dehydrierung und Hydrierung vor sich.

Tabelle 22. *Austausch von D_2 ($20 \div 25$ mm Hg) mit n-Hexan ($20 \div 25$ mm Hg) an platiniertem Platin.* (A. und L. FARKAS[2].)

Temperatur ° C . .	31	55	82	124
Halbwertzeit (min)	260	33	11	3

Tabelle 23. *Austausch von c-Hexan mit D_2 an platiniertem Platin.* (A. und L. FARKAS[2].)

Versuch Nr.	*c*-Hexan mm Hg	D_2 mm Hg	° C	Halbwertzeit (min)
17	34	41	15	3060
18	31	31	37	120
16	45,5	41	65	23
19	36	36	98	9
20	11	11	98	8,5
21	5	5	98	9,3

Austausch zwischen Alkoholen und D_2.

Äthylalkohol. Neben dem schnellen Austausch des Hydroxylwasserstoffatoms (vgl. S. 58) wurde ein Austausch von an Kohlenstoff gebundenen Wasserstoffatomen weder mit D_2 noch mit D_2O als Austauschpartner beobachtet[3], so erzielten HORIUTI und KWAN[4] in 18 Tagen (20° C) mit Platinschwarz keinen Übergang von D in die Bindung an Kohlenstoff.

Isopropylalkohol. An platiniertem Platin wurde (in der Gasphase) bei gleichzeitig verlaufender Hydrierung zu Propan ein Austausch auch der an Kohlenstoff gebundenen Wasserstoffatome festgestellt (vgl. Tabelle 24). Das an das mittlere Kohlenstoffatom gebundene Wasserstoffatom wurde besonders leicht ausgetauscht (ein D-Gehalt von 50% im Restwasserstoff, welcher unter diesen Versuchsbedingungen einem vollständigen Austausch von 2 H-Atomen entspricht, wurde bei allen Versuchen sehr schnell erreicht). Austausch und Hydrierung waren in der Geschwindigkeit nicht sehr verschieden. An dem angewandten Katalysator traten

[1] C. HORREX, R. K. GREENHALGH, M. POLANYI: Trans. Faraday Soc. **35** (1939), 511.
[2] A. u. L. FARKAS: Trans. Faraday Soc. **35** (1939), 917.
[3] HORIUTI, POLANYI: Nature (London) **132** (1933), 819, 931. — O. D. ELEY, M. POLANYI: Trans. Faraday Soc. **32** (1936), 1388. — A. u. L. FARKAS: Trans. Faraday Soc. **33** (1937), 678.
[4] HORIUTI, KWAN: Proc. Imp. Acad. (Tokyo) **15** (1939), 105.

bei Abwesenheit von Wasserstoff die Bildung von Wasserstoff, Aceton, Wasser und Propan auf; der Katalysator stellte außer dem Gleichgewicht

$$i\,C_3H_7OH \rightleftharpoons CH_3COCH_3 + H_2$$

auch das Gleichgewicht

$$i\,C_3H_7OH \rightleftharpoons CH_3COCH_3 + C_3H_8 + H_2O$$

ein.

So wurden bei einem Versuch bei 80° C nach einer Stunde aus 26 mm Hg *i*-Propanol 0,05 mm Hg H_2 und 0,44 mm Hg Propan erhalten. In diesem Befund erblicken A. und L. FARKAS eine besondere Stütze ihrer Auffassung vom dissoziativen Mechanismus der Austauschreaktion (vgl. S. 69 u. 79).

Tabelle 24. *Hydrierung und Austausch von Isopropylalkohol an platiniertem Platin.* (Nach A. und L. FARKAS[2].)
Etwa: 25 mm Hg *i*-Propanol + 25 mm Hg D_2

Versuch Nr.	°C	Versuchszeit min	Gefundenes Propan %	D-Gehalt im Restwasserstoff %
3	80	30	75	8
15	20	23	—	42
		50	—	38
		1180	50	17
11	17	19	—	48
		1020	28	25
16	0	21	—	45
		70	—	42
		85	22	41

Tabelle 25. *Hydrierung und Austausch von Aceton am platinierten Platin.* (Nach A. und L. FARKAS[2].)
Etwa: 50 mm Hg Aceton; 100 mm Hg D_2.

Versuch Nr.	°C	Versuchszeit min	Gefundenes Propan %	D-Gehalt im Restwasserstoff %
5	89	50	100	35
2	25	60	100	50
13	22	16	94	65
3	0	50	(95)	83
4	−12,5	43	(90)	94
11	−42	225	68	—

Austausch von Aldehyden und Ketonen mit Wasserstoff.

Acetaldehyd. CH_3CDO[1] wurde von H_2 bei 20° C an Platin nur reduziert, mit Nickel wurde auch ein langsamer Austausch beobachtet.

Aceton. Über den Austausch von Aceton mit D_2 an Platin wurde zunächst von A. u. L. FARKAS[2] angegeben, daß er etwa ebenso schnell sei wie der Austausch von D_2 mit H_2O oder Alkohol; es war hieraus zunächst auf eine Reaktion des Acetons als Enol geschlossen worden. In einer späteren Arbeit ist aber in Untersuchungen mit dem gleichen Katalysator festgestellt worden, daß neben der Hydrierung des Acetons, die ganz überwiegend zu Propan erfolgte, ein Wasserstoffaustausch zwischen Aceton und D_2 besonders bei tiefen Temperaturen nur in geringem Umfang vor sich geht. Besonders bei tieferen Temperaturen ist die Hydrierung viel schneller als der Austausch. Da der als Zwischenprodukt in Betracht kommende *i*-Propylalkohol den Wasserstoff, besonders die beiden Wasserstoffatome der CHOH-Gruppe leicht austauscht und hinsichtlich der Geschwindigkeit der Propanbildung dem Aceton weit unterlegen ist (vgl. Tabelle 24, Versuch Nr. 15 und Tabelle 25, Versuch Nr. 13 und 11), kann Isopropylalkohol nicht Zwischenprodukt bei der Propanbildung aus Aceton sein. Im Zusammen-

[1] HORIUTI, KWAN: Proc. Imp. Acad. (Tokyo) **15** (1939), 105÷109.
[2] A. u. L. FARKAS: J. Amer. chem. Soc. **61** (1939), 1336.

hang mit Versuchen anderer Autoren über die Hydrierung des Acetons nehmen A. und L. FARKAS an, daß ein Katalysator für die Isopropylalkoholbildung aus Aceton dann geeignet ist, wenn an ihm das Aceton als Enol zur Reaktion kommt, wobei dann die C=C-Doppelbindung hydriert wird, während bei Angriff eines Katalysators an der C=O-Doppelbindung die Reaktion ohne Bildung eines (stabilen) Isopropanols sofort zu Propan und Wasser führt.

HORIUTI und KWAN[1] erhielten bei der Hydrierung von flüssigem Aceton mit D_2 bei 0° C weder mit Nickel noch mit Platinschwarz einen Austausch. Da mit Platin, nicht aber mit Nickel die *Hydrierungs*geschwindigkeit durch HCl erhöht, durch Triäthylamin erniedrigt wurde, nehmen HORIUTI und KWAN bei Platin als Katalysator den Übergang von Wasserstoff in Ionen (etwa $H_2 \rightarrow H_2^+$ oder $H + H^+$) als wesentlich an, während an Nickel die Aufspaltung in zwei Atome ($H_2 \rightarrow 2H$) maßgebend sein soll.

Glucose[2]. Mit Platinmohr als Katalysator wurde bei einwöchigem Erhitzen auf 100° C kein Austausch der an Kohlenstoff gebundenen Wasserstoffatome gegen solche aus dem als Lösungsmittel verwandten schweren Wasser erzielt.

c) Verschiedene Wasserstoffaustauschreaktionen.

Aluminiumchlorid[3] wurde als Katalysator (homogen?) zur Herstellung von C_6D_6 aus C_6H_6 und DCl verwandt. Ebenso katalysierte es (HCl-haltig?) den Wasserstoffaustausch zwischen C_6H_6 und C_6D_6.

Kristalle von Phthalocyanin katalysierten[4] zuweilen[5] bei 250÷300° C den Austausch von $D_2 + H_2O$. Gleichzeitig fand ein Austausch der Wasserstoffatome dieser Substanz mit dem Wasserstoff (auch ohne Gegenwart von Wasser) statt.

Bernsteinsäuredehydrase katalysierte nicht merklich[6] den Austausch zwischen Wasser und den an Kohlenstoff gebundenen Wasserstoffatomen der Bernsteinsäure bei Abwesenheit von Methylenblau und Sauerstoff, dagegen war bei Gegenwart von Methylenblau die Isotopenzusammensetzung sowohl der gebildeten Fumarsäure wie der damit im Gleichgewicht stehenden Bernsteinsäure der des Wassers etwas ähnlicher geworden[7].

Auf Lösungen von gewöhnlicher Glucose in schwerem Wasser gewachsene Schimmel- oder Hefepilze enthielten an Kohlenstoff gebundenen Wasserstoff, der z. T. aus dem Lösungsmittel stammte[5, 8].

Der von Hefe aus Glucose in schwerem Wasser gebildete Alkohol hatte die Zusammensetzung CH_2DCD_2OD[9].

Weitere Ergebnisse zahlreicher Arbeiten über die Anwendung verschiedener Isotope auf dem Gebiete der physiologischen Chemie stehen mit Problemen der heterogenen Katalyse in mehr oder weniger direktem, meist aber nicht leicht

---

[1] HORIUTI, KWAN: Proc. Imp. Acad. (Tokyo) **51** (1939), 105÷109.
[2] K. H. GEIB: Unveröffentlichte Versuche (1935).
[3] A. KLIT, A. LANGSETH: Z. physik. Chem., Abt. A **176** (1936), 65.
[4] M. CALVIN, E. G. COCKBAIN, D. ELEY, M. POLANYI: Trans. Faraday Soc. **32** (1936), 1436, 1443.
[5] POLANYI: Trans. Faraday Soc. **34** (1938), 1191.
[6] GEIB, BONHOEFFER: Z. physik. Chem., Abt. A **175** (1936), 459.
[7] H. ERLENMEYER, W. SCHÖNAUER, H. SÜLLMANN: Helv. chim. Acta **19** (1936), 1376.
[8] G. GÜNTHER, BONHOEFFER: Z. physik. Chem., Abt. A **180** (1937), 185; **183** (1938), 1; vgl. auch BONHOEFFER: Z. Elektrochem. angew. physik. Chem. **44** (1938), 87.
[9] O. REITZ: Z. physik. Chem., Abt. A. **175** (1935), 275.

eindeutig zu durchblickendem Zusammenhang, weshalb an dieser Stelle auf zusammenfassende Literatur[1] darüber verwiesen werden muß.

B. Sauerstoffaustausch.

Übersicht.

Sauerstoffisotope sind im Vergleich zum schweren Wasserstoff wegen der wesentlich geringeren Wirksamkeit aller Anreicherungsverfahren zur Aufklärung oder Indizierung heterogener Vorgänge nur in geringerem Umfang angewandt worden. Bisher ist das Gebiet des heterogen katalysierten Sauerstoffaustausches ausschließlich von Titani und Mitarbeitern behandelt worden. Die am meisten und besten untersuchte Reaktion ist der Sauerstoffaustausch zwischen O_2 und H_2O, der außer durch Platin durch fast alle Oxyde mehr oder weniger ausgeprägt katalysiert wird.

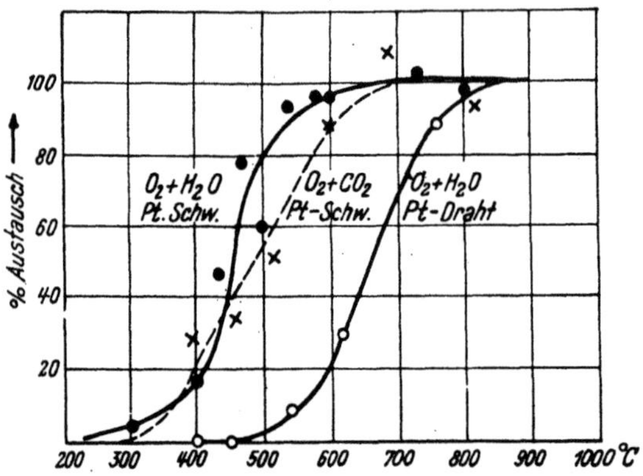

Abb. 22. Temperaturabhängigkeit des Sauerstoffaustauschs zwischen O_2 und H_2O, O_2 und CO_2 an Platin (Morita, Titani[2]).

1. Platin als Katalysator für Sauerstoffaustauschreaktionen.

Titani, Morita und Nakata[2] untersuchten den durch Platin katalysierten Austausch zwischen molekularem Sauerstoff und Wasser sowie CO_2 (und SO_2). In der Abb. 22, die ihre Versuchsergebnisse mit Platin als Katalysator enthält, sind die bei verschiedenen Temperaturen unter sonst gleichen Versuchsbedingungen mit einer Strömungsanordnung an zwei verschieden aktiven Katalysatoren erzielten Austauscheffekte eingetragen.

Zur Beurteilung der absoluten Reaktionsgeschwindigkeiten liegen noch folgende Daten vor: Bei den Versuchen der Abb. 22 betrug die Strömungsgeschwindigkeit rund 1 Millimol O_2 und 1 Millimol CO_2 bzw. 2 Millimol O_2 und 1 Millimol H_2O in der Minute. Als Katalysatoren wurden verwandt 1,7 cm³ (scheinbares Volumen) Platinschwamm (Platinchlorid bei 200° C reduziert) und 3,3 g Platindraht (Oberfläche etwa 100 cm²).

Wie aus den Versuchsbedingungen (Aufenthaltsdauer in der Reaktionszone bei CuO etwa 30 sec, bei Pt etwa 0,5 sec) hervorgeht, handelte es sich in den Fällen, in denen ein merklicher Austausch beobachtet wurde, um schnelle Reaktionen. Ein Austausch wurde nun sicher beobachtet:

bei	$O_2 + CO_2$	an Pt-Schwamm	oberhalb	400° C
	$O_2 + H_2O$	,, Pt-Schwamm	,,	400
	$O_2 + H_2O$	,, glattem Pt	,,	550
	$O_2 + SO_2$	,, Pt-Schwamm	,,	500
	$O_2 + H_2O$	,, Quarzrohr	,,	>800

Da der Austausch von O_2 mit H_2O und CO_2 an Platin etwa gleich schnell und nahezu konzentrationsunabhängig gefunden wurde, schlugen Morita und Titani die „zweite", oberhalb 400° C von Reischauer[3] beobachtete aktivierte Adsorption von Sauerstoff an Platin als geschwindigkeitsbestimmenden Schritt vor.

[1] K. F. Bonhoeffer: Ergebn. Enzymforsch. **6** (1937), 47; Z. Elektrochem. angew. physik. Chem. **44** (1938), 87. — W. Dirscherl: Z. Elektrochem. angew. physik. Chem. **47** (1941), 705.

[2] N. Morita, T. Titani: Bull. chem. Soc. Japan **13** (1938), 357, 601, 656.

[3] Reischauer: Z. physik. Chem., Abt. B **26** (1934), 399.

In einer weiteren Arbeit hat MORITA[1] über den Sauerstoffaustausch zwischen O_2 und H_2O an Platin weiteres Material und Berechnungen mitgeteilt, aus denen hervorgeht, daß bei 750° C $7{,}5 \cdot 10^6$ Stöße von O_2 auf die „*glatte*“ Platin-(Draht-) Oberfläche erforderlich sind, damit ein O_2-Molekül zur aktivierten Adsorption und zum Austausch gelangt.

Tabelle 26. *Vergleich der katalytischen Wirksamkeit von Oxyden der 2., 4. und 6. Gruppe des periodischen Systems für den Sauerstoffaustausch zwischen Sauerstoffgas und Wasserdampf.*

(Angegeben ist die Temperatur in ° C, bei der ein Austausch von 10% beobachtet wurde; vgl. auch Tabelle 27). (MORITA.)

Reihe	Gruppe 2		Gruppe 4		Gruppe 6
	a	b	a	b	a
3	MgO 500	— —	— —	SiO_2 700	— —
4	CaO 390	— —	TiO_2 590	— —	Cr_2O_3 I, 380 II, 420
5	— —	ZnO 680	— —	GeO_2 —	— —
6	SrO 380	— —	ZrO_2 700	— —	MoO_3 570
7	— —	CdO 630	— —	SnO_2 I, 400 II, 670	— —
8	BaO 350	— —	CeO_2 —	— —	— —
10	— —	— —	— —	— —	WO_3 710
11	— —	— —	ThO_2 640	— —	— —

Aus dieser Stoßausbeute wird unter der Annahme eines „sterischen Faktors“ von 1 für diesen heterogenen Stoß eine erforderliche Aktivierungsenergie von 32 kcal pro Mol abgeleitet und mit der von 22 kcal verglichen, die aus der Temperaturabhängigkeit derselben Reaktion an Platin*schwamm* ermittelt wurde. Es braucht wohl kaum betont zu werden, daß aus diesen verschieden abgeleiteten Aktivierungsenergien keine weitreichenden Schlüsse gezogen werden können; ein sterischer Faktor von 0,01 würde zu gleichen Aktivierungsenergien für Platinschwamm und glattes Platin führen.

Bei der Reaktion von SO_2 mit O_2 wurde keine Austauschreaktion beobachtet[2], die schneller als der Zerfall von SO_3 gewesen wäre; der Austausch erfolgte über die Einstellung des Gleichgewichts $SO_2 + \frac{1}{2} O_2 \rightleftarrows SO_3$.

2. Der Sauerstoffaustausch zwischen O_2 und H_2O an Oxyden.

Von MORITA, TITANI und TANAKA wurden systematisch zahlreiche Oxyde auf ihre katalytische Wirksamkeit für die Reaktion $^{16}O_2 + H_2{}^{18}O \rightarrow {}^{18}O^{16}O + H_2{}^{16}O$ untersucht[3, 4]. Am wirksamsten waren von allen bisher angewandten Oxyden Manganoxyd (Mn_2O_3 bis Mn_3O_4) und Bariumoxyd.

Einen Zusammenhang zwischen der Stellung im *periodischen System* und katalytischer Wirksamkeit soll die von MORITA angegebene Tabelle 26 für die Oxyde der 2., 4. und 6. Gruppe des periodischen Systems ergeben sowie die Abbildungen 23 und 24, welche die Ergebnisse mit den Oxyden der im periodischen System zwischen Ca und Ni stehenden Metalle enthalten. Außer den in Tabelle 26 und Abb. 23, 24 enthaltenen Oxyden wurden auch noch Al_2O_3

[1] N. MORITA: Bull. chem. Soc. Japan **15** (1940), 166.
[2] T. TITANI, S. NAKATA: Proc. Imp. Acad. (Tokyo) **16** (1940), 184.
[3] N. MORITA, H. TANAKA, TITANI: Bull. chem. Soc. Japan **14** (1939), 9.
[4] N. MORITA: Bull. chem. Soc. Japan **14** (1939), 520; **15** (1940), 1, 47, 71, 119, 166, 226, 298.

und CuO untersucht. Etwas eingehendere Angaben über alle diese Austauschversuche, auch die Herstellungsweise und die angewandte Menge der Oxyde enthält Tabelle 27.

Die Strömungsgeschwindigkeit des Gasgemisches ($2\,O_2 + 1\,H_2O$) dürfte in allen Fällen wohl dieselbe gewesen sein, nämlich 1 cm³ (20°, 1 at) pro sec.

Da die Oxyde nicht nach einem einheitlichen Verfahren hergestellt wurden (so waren bei den Versuchen zu Abb. 23, 24 die am besten katalysierenden Oxyde von Cr, Fe, Mn und Ni aus Hydroxyd oder Carbonatniederschlägen hergestellt worden, V_2O_5 war zunächst geschmolzen, dann pulverisiert worden, CaO und TiO_2 waren bei 800 ÷ 900° C ausgeglühte Handelsware), so könnte man denken, daß der mit der Gruppennummer (Abb. 24) beobachtete Gang zum Teil zufällig sein könnte und

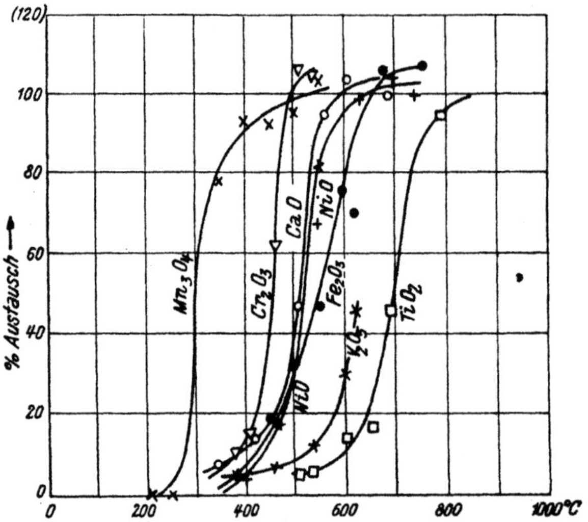

Abb. 23. Temperaturabhängigkeit des Austausches zwischen H_2O und O_2 an einigen Oxyden.

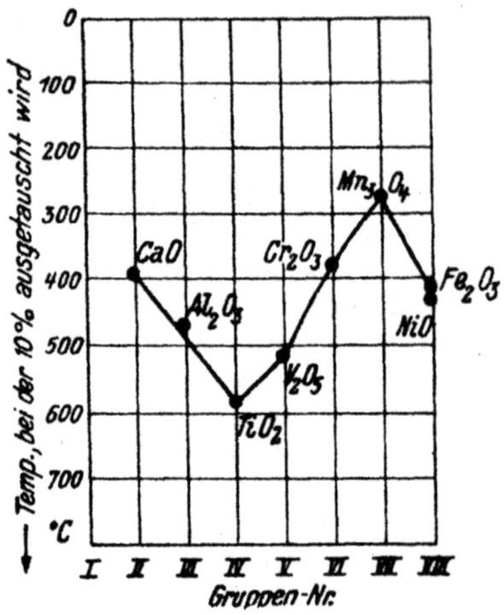

Abb. 24. Abhängigkeit der für den Austausch zwischen H_2O und O_2 erforderlichen Temperatur von der Stellung des Katalysators im periodischen System (TANAKA[1]).

vielleicht mehr aussagen dürfte über Oberflächengrößen oder die Diffusion im Kristallgitter als über „chemische" Eigenschaften.

Daß mit derartigen Einflüssen infolge der verschiedenen *Herstellungsweise* naturgemäß zu rechnen ist, geht aus den späteren Arbeiten von MORITA deutlich hervor, doch sind die durch verschiedene Herstellungsweise bedingten Unterschiede im katalytischen Verhalten häufig unerwartet klein, so wurden mit verschiedenen CuO-Katalysatoren für den Austausch zwischen H_2O und O_2 von MORITA die in Tabelle 28 zusammengestellten Versuchsergebnisse erzielt.

Nur die durch NaOH verunreinigten CuO-Präparate zeigten eine wesentlich abweichende (vergrößerte) katalytische Wirksamkeit, während „reines" CuO anscheinend viel weniger in seiner Aktivität von der Herstellungsart abhing.

Ähnlich zeigte ein aus dem Hydroxyd hergestelltes Chromoxyd kaum die Fehlergrenze überschreitende Unterschiede gegenüber einem aus Ammoniumchromat durch Zersetzung hergestellten Präparat. Es ist dabei natürlich durchaus möglich, daß diese Ähnlichkeit nur zufällig ist. Große Unterschiede wurden demgegenüber in der Aktivität von zwei verschiedenen SnO_2-Präparaten gefunden (vgl. Tabelle 27).

Die Art der Herstellung (Schmelzen und Pulverisieren) mag daher auch die Ursache dafür sein, daß Vanadin-Pentoxyd, welches ja ein beliebter Oxydationskatalysator ist, verhältnismäßig unwirksam gefunden wurde.

Reaktionsmechanismus. Bei einer Reihe von Untersuchungen wurde die Frage nach dem geschwindigkeitsbestimmenden Schritt und schließlich nach dem Mechanismus der oxydkatalysierten Austauschreaktion zwischen Sauerstoff und

[1] N. MORITA, H. TANAKA, TITANI: Bull. chem. Soc. Japan 14 (1939), 9.

Tabelle 27. *Übersicht über die katalytische Wirksamkeit und die Herstellungsweise der von* MORITA, TITANI *und* TANAKA *als Katalysatoren für den Sauerstoffaustausch zwischen* O_2 *und* $H_2{}^{18}O$ *verwandten Oxyde.*
(Strömungsgeschwindigkeit: 0,6 cm³ O_2 (N.T.P.) + 0,3 cm³ H_2O (N.T.P.) je sec.

Katalysator	Menge	Reaktionstemp. °C für einen Austausch von 10%	50%	Herstellungsweise
MgO	6 g	510	530	$Mg(OH)_2$, 600° C
CaO	8 g	400	510	Handelsware, 900°
SrO	15 g	380	470	$Sr(NO_3)_2$, 900°
BaO	6 g	330	400	$Ba(NO_3)_2$, 910°
CuO I	150 g	650	730	käufliches CuO
CuO II	150 g	500	650	wie I, aber bei 550° reduziert u. oxydiert (zu Abb. 25)
ZnO	6 g	660	770	$Zn(OH)_2$, 700°
CdO	15 g	630	700	$CdCO_3$, 600 ÷ 800°
Al_2O_3*	10 g = 12 cm³	520*	650*	MERCKsches Präparat;* γ? α?
TiO_2	9 g	580	690	TiO_2 HCl gewaschen, 800°
ZrO_2	0,8 g + 1 g Asb.	700	840	3 g $Zr(NO_3)_4$ + 1 g Asbest, 400°
ThO_2	1,8 g + 1 g Asb.	620	760	4 g $Th(NO_3)_4$ + 1 g Asbest, 400°
SiO_2	7 g	670	880	Na_2SiO_3 + HCl
SnO_2 I	15 g	410	460	SnO_2, stark erhitzt
SnO_2 II	6 g	670	760	Carbonat aus Na_2SnO_3 + CO_2, 600°
V_2O_5	10 g	520	630	NH_4-Vanadat zersetzt, bei 700° geschmolzen, dann pulverisiert
Cr_2O_3 I	7 g	390	450	$Cr(OH)_3$, 700°
Cr_2O_3 II	2,5 g	400	450	$(NH_4)_2CrO_4$, 500°
MoO_3	15 g	570	630	$(NH_4)_2MoO_4$, 500°
WO_3	15 g	720	850	$(NH_4)_2WO_4$, 500°
Mn_2O_3	11 g	—	310	$Mn(OH)_2$, 400° mit O_2
Fe_2O_3	15 g	420	550	mit NH_3 gefällt, 800°
NiO	8 g	440	520	mit NaOH gefälltes Hydroxyd, 800°
Asbestfasern	10 g	800	—	

Tabelle 28. *Einfluß der Herstellungsweise auf die Aktivität von CuO* (nach MORITA).

	Herstellungsweise		für den Austauschversuch angewandte Menge g	Reaktionstemp. für einen Austausch von 10%	50%
I	CuO	drahtförmig, MERCK	15	570	670
II	CuO	Pulver (Handel)	9	560	650
III	CuO	aus $Cu(NO_3)_2$, 500° im Vakuum	15	600	650
IV	CuO	aus basischem Carbonat (Handel), 500° Vakuum	6,5	550	620
V	CuO	$CuSO_4$ + NaOH, sulfatfrei gewaschen, 500°	10	420	500
VI	CuO-NaOH	CuO I mit 0,1 *n* NaOH getränkt, 400°	15	400	550
VII	NaOH-Bimsstein	Bimsstein zuerst mit HCl gewaschen, dann mit 0,1 *n* NaOH getränkt	6	520	700

Wasser angeschnitten. Die Frage nach dem geschwindigkeitsbestimmenden Schritt kann dadurch beantwortet werden, daß untersucht wird, bei welchen Temperaturen an ein und demselben Katalysator ein Sauerstoffaustausch erstens zwischen

Wasser und Sauerstoff, zweitens zwischen Metalloxyd und Wasser sowie drittens zwischen Metalloxyd und Sauerstoff auftritt.

Derartige Untersuchungen wurden von MORITA und TITANI mit CaO, Mn_2O_3 und CuO als Katalysator ausgeführt. Bei den in Tabelle 29 angegebenen Temperaturen (° C) wurde eine deutliche Reaktion (Austauschgrad größer als 10%) beobachtet:

Tabelle 29. *Verschiedene Vorgänge am gleichen Oyxd.*

Vorgang	CaO	Mn_2O_3 (bzw. Mn_3O_4)	CuO (bei 550° C reduziert u. oxydiert)
Austausch $O_2 + H_2O$	390°	320°	650°
Austausch O_2 + MeO	650	400	900
O_2-Sorption u. -Desorption	>600 (BaO: 500 ÷ 800)	300	wohl $<$ 900
Austausch H_2O + MeO	400		650
H_2O-Sorption u. -Desorption	400 (Desorption)		

Der Austausch zwischen Sauerstoff und Wasser wurde mit CaO und CuO von denselben Temperaturen an deutlich bemerkbar, bei denen auch der Austausch zwischen Wasser und Oxyd merkliche Ausmaße annahm (vgl. auch Abb. 25), während bei Manganoxyd in einem engen Temperaturbereich sowohl der Austausch zwischen H_2O und O_2 als auch der Austausch zwischen Oxyd und Sauerstoff sowie Sorption und Desorption von Sauerstoff leicht feststellbare Vorgänge werden. Dagegen war der Austausch zwischen O_2 und dem Oxyd selbst bei CuO und CaO auch bei beträchtlich höheren Temperaturen, als sie für den Austausch zwischen H_2O und O_2 erforderlich waren, noch nicht sicher feststellbar. Bei CaO konnte bis zu Temperaturen von 600° C auch keine nennenswerte Sorption oder Desorption von O_2 festgestellt werden.

Die Geschwindigkeit des Austausches zwischen Wasser und Sauerstoff wird also allem Anschein nach bei der Katalyse an CaO und CuO von der Geschwindigkeit des Austausches zwischen dem gasförmigen Wasser und dem Oxyd bestimmt.

Dabei ist im Falle des CaO bei 400° C ganz offensichtlich die Desorption des Wassers der geschwindigkeitsbestimmende Schritt: MORITA stellte fest, daß unter seinen Versuchsbedingungen Wasser (aus einem Gasstrom mit einem Mischungsverhältnis $2 N_2 : 1 H_2O$ an Stelle des in allen übrigen Versuchen angewandten Verhältnisses $2 O_2 : 1 H_2O$) beim Überströmen über in geringem Überschuß vorhandenes CaO bei Temperaturen unter 400° C vollständig vom Oxyd zurückgehalten wurde, so daß die Messungen erst bei 400° und höheren Temperaturen möglich waren. Für den Austausch zwischen Wasser und CaO waren bei 400° C die besten Bedingungen vorhanden, bei höheren Temperaturen wurden sie ungünstiger (vgl. Tabelle 30).

Tabelle 30. *Austausch zwischen H_2O (10 g) und CaO (65 g).*

[Strömungsgeschwindigkeit: 0,6 cm³ N_2 (N.T.P.) + 0,3 cm³ H_2O (N.T.P.) je sec.]

°C	Austauschgrad %	wiedergefundenes Wasser %
400	—	0
400	58	70
450	15	100
500	27	100
550	9	100

Der Abfall mit der Temperatursteigerung kann durch schwächere Sorption des Wassers an CaO leicht erklärt werden, es wird dann also wohl bei höheren Temperaturen die *Auf*nahme des Wassers durch CaO geschwindigkeitsbestimmend für den Austausch des CaO mit H_2O.

Bei statischen Versuchen über den Austausch zwischen CaO und H_2O, die so ausgeführt wurden, daß Wasser (1 Mol H_2O : 2,2 Mol CaO) 24 Stunden bei Temperaturen von 20 ÷ 300° C mit CaO zusammengebracht und danach unter Erwärmung auf 500° C durch Abpumpen wieder abgetrennt wurde, ergab sich: erstens Unabhängigkeit des Austauschgrades von der tieferen Temperatur (bei der die Austauschreaktion also nur durch Diffusion des sorbierten Wassers im CaO hätte fortschreiten können) und zweitens, daß nicht alle vorhandenen O-Atome des CaO mit dem Wasser ins Austauschgleichgewicht traten. (Von MORITA wurde auf die Bildung eines Hydrates des CaO mit annähernd 2 H_2O-Molekülen geschlossen, also etwa einer Verbindung

$$Ca(OH)_2 \cdot H_2O$$

entsprechend.)

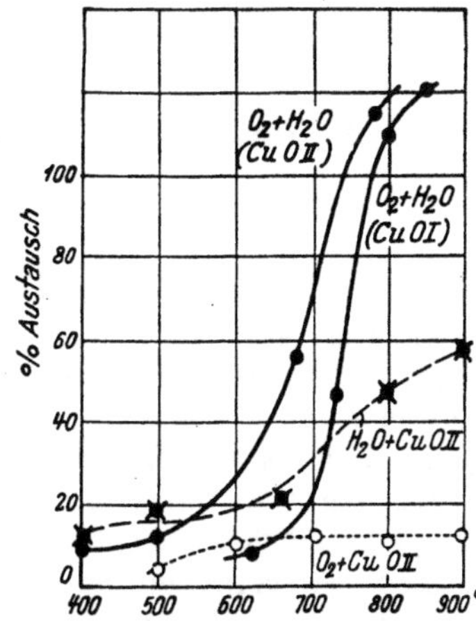

Abb. 25. Sauerstoffaustausch zwischen O_2 und H_2O an CuO; vgl. dazu die Angaben in Tabelle 27 (nach MORITA und TITANI[1]).

In dieser Hinsicht ganz ähnliche Befunde ergaben sich nun auch bei CuO (vgl. Abb. 25: CuO II): der Austausch zwischen CuO und H_2O ging auch bei 900° C (hier im strömenden System) nur bis zu 60% des theoretischen Gleichgewichtswertes vor sich, bzw. entsprach etwa dem, daß 20% der gesamten CuO-Menge mit dem Wasser im vollständigen Gleichgewicht standen, 80% des Oxyds aber ihren Sauerstoff überhaupt nicht mit dem Wasser austauschten. Es liegt nun nahe, sowohl für CaO wie für CuO (II) anzunehmen, daß unter den angewandten Bedingungen ein beträchtlicher Anteil der Katalysatormenge überhaupt nicht mit H_2O in Berührung kam, also „inaktiv" war. Auf dieser Grundlage läßt sich dann auch der sonst ziemlich schwer verständliche Befund erklären, daß der Sauerstoffaustausch zwischen O_2 und CuO auch bei der höchsten angewandten Temperatur von 900° C (vgl. Abb. 25), bei welcher CuO bereits einen Zersetzungsdruck von 10 mm Hg O_2 hat, kaum über 10% hinausging. MORITA und TITANI vermuteten zwar, daß es sich bei dem konstanten geringfügigen Austausch um eine Reaktion mit noch adsorbiertem Wasser handelt, doch kann wohl als mindestens ebenso wahrscheinlich angesehen werden, daß das Innere des Kupferoxyds bei der Austauschreaktion mit O_2 noch weit weniger erfaßt wird als bei der mit H_2O, daß also tatsächlich von 600° C ab ein schneller Austausch zwischen CuO und O_2 vor sich geht, aber nur mit einem kleinen, mit der Temperatur nur wenig veränderlichen Anteil des Kupferoxyds. Falls man dies annehmen darf, ist der Mechanismus des durch CuO katalysierten Sauerstoffaustausches zwischen H_2O und O_2 sehr einfach: es würde sich um eine Hydratisierung und Dehydratisierung des Kupferoxyds handeln, wobei die isotopische Zusammensetzung der reagierenden CuO-Anteile dadurch konstant erhalten würde, daß hier dauernd eine schnelle Abgabe (unter Bildung von Cu_2O) und Wiederaufnahme von Sauerstoff vor sich ginge. Der von MORITA und TITANI (auch für CaO und Mn_2O_3 in ähnlicher Weise) angegebene Mechanimsus: Aktivadsorption von Wasser und Oxydation des adsorbierten Wassers durch CuO etwa zu adsorbiertem H_2O_2, Zerfall des H_2O_2 und Regeneration des CuO, erscheint wegen der schwer vorstellbaren Wasseroxydation recht gezwungen.

Noch mehr erscheint für Manganoxyd als Katalysator der von MORITA angegebene Mechanismus (Sorption von Wasser, Umlagerung zu einem an Man-

[1] N. MORITA, T. TITANI: Bull. chem. Soc. Japan 13 (1938), 357, 601, 656.

ganoxyd von niedrigerer Wertigkeitsstufe gebundenem H_2O_2, Zerfall des H_2O_2 und Regeneration der höheren Wertigkeitsstufe durch Oxydation mit O_2) recht gezwungen. Sorption und Desorption von Sauerstoff und Wasser sind bereits ausreichend, um die Katalyse des Austausches zu verstehen. Bei Calciumoxyd wird man dann vielleicht annehmen dürfen, daß die in Gegenwart von Wasser ständig hydratisierte und dehydratisierte Oberfläche (die dadurch aufgelockert wird) doch bereits an besonders aktiven Stellen zur Aufnahme und Abgabe von O_2 (unter intermediärer CaO_2-Bildung) befähigt wird. Morita nimmt für diesen Fall als Mechanismus in anderer Reihenfolge eine Oxydation des an CaO gebundenen Wassers zu Wasserstoffsuperoxyd an.

C. Austauschreaktionen mit verschiedenen anderen Isotopen.

Austausch von Stickstoff.

Joris und H. S. Taylor[1] untersuchten den Austausch von Stickstoffatomen zwischen zwei Stickstoffmolekülen an einem für die NH_3-Synthese geeigneten Eisenkatalysator (Fe mit K_2O und Al_2O_3, untersucht bis 725° C) sowie auch an Wolfram (bis 900° C). Für die Herstellung des Ausgangsgemisches wurden dabei 10% eines an ^{15}N stark angereicherten Stickstoffes verwendet, so daß die Ausgangsmischung auf 1000 Moleküle N_2 (28) 103 Moleküle N_2 (29) und 59 Moleküle N_2 (30) enthielt, während der Gleichgewichtsstickstoff mit gleichem ^{15}N-Gehalt entsprechend 200 Moleküle N_2 (29) und 10,5 Moleküle N_2 (30) enthält. Das im Massenspektrographen beobachtete Verhältnis der Häufigkeiten von N_2 (29) zu N_2 (30) ging also von einem anfänglich vorhandenen Verhältnis von 1,75 bei der Einstellung des Gleichgewichts auf einen Wert von 19 hinauf, so daß der Stickstoffaustausch aus der Zunahme dieses Häufigkeitsverhältnisses mit hinreichender Sicherheit festgestellt werden konnte. Oberhalb 450° C war die Austauschreaktion meßbar schnell. Der Zusatz von Wasserstoff beschleunigte den Austausch ganz außerordentlich. Bei 500° C betrug in einem Versuch mit reinem N_2 die Halbwertzeit etwa 1000 Stunden, während in einem Gemisch von $N_2 + 3H_2$ die Bildung des Gleichgewichtsstickstoffes bereits in 5 Stunden zur Hälfte verlaufen war. Da außerdem unter allen Versuchsbedingungen der NH_3-Zerfall und somit die Desorption sowie auch die Adsorption von N_2 wesentlich schneller („unmeßbar schnell" bereits bei 410° C) als dieser Austausch verlief, so muß angenommen werden, daß irgendein von der Gegenwart von Wasserstoff abhängiger Reaktionsschritt, etwa unter Bildung eines Zwischenproduktes, den Austausch erleichtert. Die Temperaturabhängigkeit in einem Gemisch von $N_2 + 3H_2$ entsprach einer Aktivierungsenergie um 50 kcal.

An Osmium[3] verlief dieser Atomaustausch zwischen Stickstoffmolekülen bereits bei 200° C meßbar schnell; die Temperaturabhängigkeit entsprach einer Aktivierungsenergie von 22 kcal. Im Gegensatz zu den Verhältnissen am Fe-Katalysator wurde die Austauschreaktion durch H_2 sehr stark behindert, ebenso durch O_2. Der NH_3-Zerfall war beträchtlich schneller als der Austausch.

Im Zusammenhang mit Versuchen über den Stickstoff-Stoffwechsel von Bodenbakterien *(Azotobacter)* wurde unter Anwendung des radioaktiven ^{13}N-Isotops festgestellt, daß kein Stickstoffaustausch zwischen N_2 und Nitrat oder Nitrit eintritt[2].

---

[1] G. G. Joris, H. S. Taylor: J. chem. Physics 7 (1939), 893.
[2] T. H. Norris, S. Ruben, M. Kamen: J. chem. Physics 9 (1941), 726.
[3] W. R. F. Guyer, G. G. Joris, H. S. Taylor: J. chem. Physics 9 (1941), 287.

Austausch von Chlor.

Zwischen $H^{35}Cl$ und kristallisiertem KCl findet in begrenztem Umfang ein Austausch von Chloratomen statt. Offenbar ist der Austausch bei Zimmertemperatur auf die Oberflächenschichten der KCl-Kristalle beschränkt[1].

Anwendung radioaktiver Isotope.

Natürliche oder künstliche radioaktive Isotope sind bei der Behandlung von Grenzflächenproblemen bisher noch verhältnismäßig selten angewandt worden. Alle bisher dazu erschienenen Arbeiten berühren das Gebiet der heterogenen Katalyse nur mittelbar; in erster Linie wurden radioaktive Substanzen wegen der großen Empfindlichkeit ihres Nachweises zur Erforschung der Struktur des Festkörpers und seiner Oberfläche[2] angewandt, eine Anwendungsweise, zu der schließlich auch die HAHNsche Emaniermethode[3] gehört. Insbesondere wurden radioaktive Indicatoren dazu verwendet, um die Größe der Oberflächen fester Körper[4, 5, 6, 7], darunter auch kolloider Niederschläge[2, 5] zu bestimmen und die Adsorptionsverhältnisse an ihnen kennenzulernen, so etwa bei der für die Kenntnis der Vorgänge an Elektroden[8] wichtigen Adsorption von Metallionen an Metallen[6, 7].

Durch Zinkbromid[9] und Aluminiumhalogenide[10] katalysierte Halogenaustauschreaktionen dürften als homogen zu bezeichnen sein. Sie werden daher an anderer Stelle in diesem Handbuch behandelt[10].

---

[1] K. CLUSIUS, H. HAIMERL: Z. physik. Chem., Abt. B **51** (1942), 347.

[2] M. KOLTHOFF, O. BRIEN: J. Amer. chem. Soc. **61** (1939), 3409, 3414; J. chem. Physics **7** (1939), 401 sowie POLESITSKII: C. R. Acad. Sci. USSR **24** (1939), 668 stellten Austauschreaktionen zwischen Brom oder Bromidionen und AgBr-Niederschlägen fest, deren Geschwindigkeit von der Vorbehandlung der Niederschläge abhing; der Austausch blieb nur dann auf die Oberfläche beschränkt, wenn diese durch Behandlung mit Farbstoffen für den weiteren Austausch mit dem Inneren vergiftet wurde.

[3] Vgl. dieses Handbuch Bd. IV.

[4] F. PANETH: Physik. Z. **15** (1915), 924; Z. Elektrochem. angew. physik. Chem. **28** (1922), 113. — F. PANETH, W. THIMANN: Ber. dtsch. chem. Ges. **2** (1924), 1215.

[5] L. IMRE: Kolloid-Z. **91** (1940), 32; **99** (1942), 147.

[6] O. ERBACHER, PHILIPP: Z. physik. Chem., Abt. A **176** (1936), 169.

[7] O. ERBACHER: Z. Elektrochem. angew. physik. Chem. **44** (1938), 594.

[8] Vgl. auch G. CLARK u. R. ROWAN: J. Amer. chem. Soc. **63** (1941), 1299 über die Anwendung von radioaktivem Blei zur Untersuchung der Reaktionen im Bleisammler.

[9] N. J. BRESHNEWA: J. physik. Chem. **14** (1940), 1371; C 1941 II 2903.

[10] Vgl. dieses Handbuch Bd. II, S. 293 sowie F. FAIRBROTHER: Trans. Faraday Soc. **37** (1941), 763.

Wandrekombination freier Atome und Radikale im Zusammenhang mit Kettenabbruch und -einleitung an der Wand.

Von

L. v. MÜFFLING, Ludwigshafen/Rh.

Inhaltsverzeichnis.

Einleitung.

Bekanntlich kann der Verlauf zahlreicher chemischer Gasreaktionen durch Größe, Gestalt, Material und Vorbehandlung des Reaktionsgefäßes sehr stark beeinflußt werden. Bei diesem Einfluß der Gefäßwand hat man grundsätzlich zwischen zwei Arten zu unterscheiden.

Es ist z. B. möglich und wird auch sehr häufig beobachtet, daß gleichzeitig mit der in homogener Gasphase verlaufenden Reaktion eine katalytische Oberflächenreaktion an der Gefäßwand stattfindet; dabei sind beide Vorgänge voneinander unabhängig. Falls durch beide Prozesse die Ausgangsstoffe in die gleichen Endstoffe umgewandelt werden, nimmt die Geschwindigkeit des auf die Volumeneinheit bezogenen Umsatzes mit Zunahme des Verhältnisses von Oberfläche zu Volumen des Reaktionsgefäßes (das im allgemeinen dem Gefäßdurchmesser umgekehrt proportional ist) zu, da die Volumenreaktion hierdurch nicht beeinflußt, die Oberflächenreaktion dagegen beschleunigt wird.

Im Jahre 1927 wurde zuerst experimentell nachgewiesen, daß man durch Vergrößerung des Verhältnisses von Gefäßwand zu Volumen nicht nur eine beschleunigende, sondern auch eine verzögernde Wirkung auf Gasreaktionen ausüben kann[1]. Die homogene Reaktion kann durch die Wand gehemmt werden, genau wie dies im Volumen durch Zugabe kleiner Mengen negativer homogener Katalysatoren möglich ist[2]. Es stellte sich heraus, daß es sich bei allen Reaktionen, bei denen diese Wandhemmung auftritt, genau wie bei der Hemmung durch geringe Spuren bestimmter Fremdstoffe in der Gasphase, um Kettenreaktionen handelt. Es ist sogar direkt ein Beweis für das Vorliegen einer Kettenreaktion, wenn die Verlangsamung der Reaktion durch Vergrößerung der Oberfläche nachgewiesen werden kann. Die Ursache der Wandhemmung ist ebenfalls genau die gleiche wie die der homogenen Hemmung, nämlich Vernichtung der als Kettenträger im Verlauf der Reaktionsketten intermediär auftretenden freien Atome oder Radikale und damit Verkürzung der Reaktionsketten. Diese Erscheinung, die in unserem Falle auf der Rekombination der Atome oder Radikale an der Wand beruht, bezeichnet man als Kettenabbruch an der Wand. Hier sind also die Vorgänge in der Gasphase von denen an der Wand nicht unabhängig, sondern werden sehr stark durch sie beeinflußt. Wir wollen uns im vorliegenden Kapitel nur mit diesen letzteren Erscheinungen beschäftigen.

Die Wirksamkeit von festen Wänden für die Rekombination von freien Atomen und Radikalen ist aus Versuchen mit direkt dargestellten freien Atomen und Radikalen (z. B. durch Dissoziation in elektrischen Entladungen, durch photochemische oder thermische Einwirkung) wohl bekannt. Der Vorgang der heterogenen Rekombination ist sogar im allgemeinen eine Hauptschwierigkeit beim Experimentieren mit freien Atomen oder Radikalen, da deren Lebensdauer in den üblichen Versuchsanordnungen in erster Linie durch diesen Prozeß begrenzt wird. Wir wollen daher zunächst einen Überblick über die heterogenen Rekombinationsvorgänge der direkt dargestellten freien Atome und Radikale gewinnen und im Anschluß daran die Bedeutung dieser Erscheinung für Kettenreaktionen und die sich daraus ergebenden Gesetzmäßigkeiten behandeln, wobei auch der Vorgang der Ketten*einleitung* an der Wand besprochen wird.

I. Teil.

Wandrekombination freier Atome und Radikale.

A. Experimentelle Ergebnisse über die katalytische Aktivität verschiedener Stoffe für die heterogene Rekombination.

1. Rekombination von H-Atomen.

Die meisten Beobachtungen über heterogene Rekombination sind im Zusammenhang mit den zahlreichen Versuchen mit freien H-Atomen beschrieben, häufig allerdings nur als unerwünschte Begleiterscheinung, da durch diesen Vorgang die Erzielung hoher Atomkonzentrationen und deren Weiterleitung bei niederen Drucken sehr erschwert wird. Dabei wurde beobachtet, daß die Geschwindigkeit, mit der die Atome an der Wand verschwinden, sehr stark vom Wandmaterial und der Vorbehandlung der Oberfläche abhängt. Bei der Besprechung der Wirksamkeit der verschiedenen Materialien teilen wir diese zweckmäßig in Metalle und Nichtmetalle ein.

---

[1] N. Semenoff: Z. Physik **46** (1927), 109; Z. physik. Chem., Abt. B **2** (1928), 161.
[2] Siehe hierzu etwa die Artikel von Jost, Bodenstein und Jost, Christiansen in Band I dieses Handbuches.

a) Rekombination an Metallen.

Die Geschwindigkeit der Rekombination läßt sich an Hand der dabei auftretenden Reaktionswärme, die gleich der Dissoziationswärme des H_2 ist, leicht verfolgen. BONHOEFFER[1], der die Wirksamkeit einer größeren Zahl von Metallen verglich (entsprechend älteren Versuchen von WENDT und LANDAUER[2]), benutzte als relatives Maß für die katalytische Aktivität die Temperatursteigerung eines Thermometers, dessen Kugel mit einer dünnen Schicht der verschiedenen Metalle überzogen war. Das Aufbringen der Metallschicht geschah in der Weise, daß die Thermometerkugel mit der Lösung eines leicht reduzierbaren Salzes (Nitrat) der zu untersuchenden Metalle befeuchtet wurde. Nach dem Auftrocknen bildete sich durch Reduktion im atomhaltigen Wasserstoffstrom eine gleichmäßige Metallschicht auf der Thermometerkugel. Die Tabelle 1 zeigt für verschiedene Metalle die unter sonst gleichen Versuchsbedingungen erreichten Thermometertemperaturen.

Tabelle 1. *Rekombination auf der metallisierten Thermometerkugel.*

Metall	Erreichte Temperatur
Pd	340°
Ag	278°
Cu	258°
Pb	142°

Bei unbedeckter Kugel stieg die Temperatur nur auf etwa 40°. Weitere Versuche wurden z. T. auch mit Metalldrähten ausgeführt. Als Ergebnis erhielt BONHOEFFER, daß die katalytische Wirksamkeit der Metalle etwa in folgender Reihenfolge abnimmt: Pt = Pd, W, Fe, Cr, Ag, Cu, Pb, Hg, und machte darauf aufmerksam, daß dies etwa auch die Reihenfolge zunehmender Überspannung bei der elektrolytischen H_2-Abscheidung ist, was es nahelegte, einen Zusammenhang zwischen beiden Erscheinungen anzunehmen[3].

ROGINSKY und SCHECHTER[4], die mit Drähten aus Pt, Pd, W, Ag, Fe in einer anderen Versuchsanordnung arbeiteten, fanden für die katalytische Aktivität der verschiedenen Metalle nach Entfernung der oberflächlichen Oxydschichten wesentlich geringere Unterschiede als BONHOEFFER und nehmen an, daß vielleicht verschiedene Oberflächenstruktur der Metallschichten bei den BONHOEFFERschen Versuchen die großen Unterschiede verursacht haben könnte. Daß der Zustand der Oberfläche auf die Aktivität starken Einfluß hat, zeigten z B. PIETSCH und SEUFERLING[5]. Sie fanden, daß die Aktivität einer Bleifläche für die H-Atomrekombination mit zunehmender Annäherung an den Schmelzpunkt abnahm infolge zunehmender Homogenisierung.

Auch durch chemische Vorbehandlung kann die katalytische Aktivität der Oberfläche stark verändert werden. BONHOEFFER[1] konnte die Wirksamkeit von Metalloberflächen durch Vorbehandlung mit atomarem Wasserstoff steigern; brachte er die Oberfläche mit Luft oder Sauerstoff in Berührung, so wurde die Steigerung rückgängig gemacht, eine Beobachtung, die später vielfach bestätigt wurde[6]. Die Aktivität einer Silberfläche, die längere Zeit mit Luft in Berührung gewesen war, konnte durch Behandlung mit H-Atomen auf das 50fache gesteigert werden. Diese Erscheinung beruht darauf, daß die Adsorptionsschicht von O_2

---

[1] K. F. BONHOEFFER: Z. physik. Chem. **113** (1924), 199; Ergebn. exakt. Naturwiss. **6** (1927), 201.

[2] G. L. WENDT, R. S. LANDAUER: J. Amer. chem. Soc. **42** (1920), 930; **44** (1922), 510.

[3] Vgl. den Artikel M. STRAUMANIS: „Wasserstoffüberspannung und Katalyse“ in diesem Bande des Handbuches.

[4] S. ROGINSKY, A. SCHECHTER: Acta physicochim. URSS **1** (1934/35), 318, 473.

[5] E. PIETSCH, F. SEUFERLING: Z. Elektrochem. angew. physik. Chem. **37** (1931), 655.

[6] H. SENFTLEBEN: Z. Physik **33** (1925), 871. — H. SENFTLEBEN, O. RIECHEMEIER: Physik. Z. **30** (1929), 745.

durch Reaktion mit den H-Atomen entfernt wird[1]. Daß durch Beladen der Wand mit O_2 oder H_2O die Wandrekombination von H-Atomen sehr verlangsamt werden kann, ist bereits aus den Versuchen von WOOD[2] bekannt.

Ebenso wie durch Behandeln mit H-Atomen kann auch durch Ausglühen oder Ausheizen die Aktivität erheblich gesteigert werden. SENFTLEBEN und RIECHEMEIER[1] untersuchten die Bildung von H-Atomen aus H_2 durch Stöße mit angeregtem Hg an Hand der Steigerung der Wärmeleitfähigkeit des Gases, die nach der Methode von SCHLEIERMACHER durch die Widerstandsänderung eines in dem Gas ausgespannten geheizten Metalldrahtes gemessen wurde. Sie konnten durch längeres Ausglühen von Draht und Quarzgefäß jeglichen Effekt zum Verschwinden bringen, da an den reinen Wänden die Rekombination der Atome so schnell verläuft, daß eine meßbare Anreicherung an Atomen im Gas dann nicht mehr erfolgt. Es trat unter diesen Umständen keine Abkühlung des Drahtes infolge der erhöhten Wärmeableitung auf, sondern eine zusätzliche Erwärmung durch rekombinierende Atome. Der Versuch, durch Beladen mit O_2 den Draht für die Rekombination zu vergiften, führte bei Platin nicht zum Ziel, statt dessen wurde hierfür Tantal angewandt.

Eingehende Untersuchungen über die Rekombination aus der elektrischen Entladung abgepumpter H-Atome an Metalldrähten führten ROGINSKY und SCHECHTER[3] durch. Auch sie benutzten als Maß für die katalytische Wirksamkeit der verschiedenen Metalle die Rekombinationswärme, doch ist ihre Versuchsanordnung anders als die oben beschriebene. Statt der Temperaturerhöhung, die als Folge der Rekombination auftritt, messen sie den Strombedarf, der erforderlich ist, um den Draht auf einer konstanten Temperatur zu halten. Je mehr Rekombinationsakte an dem Draht stattfinden, um so geringer ist der erforderliche Heizstrom. Die Differenz im Wattverbrauch in einem atomfreien und einem atomhaltigen Gas ist gleich der durch die Rekombination gelieferten Energie, und daraus kann man, da die je Rekombinationsakt frei werdende Wärmemenge bekannt ist, die Zahl der rekombinierenden Atome berechnen. Es ergab sich, daß der Rekombinationsfaktor, d. i. das Verhältnis der Zahl der rekombinierenden zu der der auf die Oberfläche auftreffenden Atome, der bei Zimmertemperatur von der Größenordnung 0,1 ist (der Unterschied zwischen den verschiedenen Metallen wie Pt, Pd, W, Ag, Fe ist nach dieser Methode sehr gering), mit steigender Temperatur zunimmt und sich bei etwa 700° dem Wert 1 nähert. Im Gegensatz zur homogenen Dreierstoßrekombination zeigt die heterogene Rekombination also einen positiven Temperaturkoeffizienten, der an Metallen einer Aktivierungsenergie von 2500 bis 3000 cal/mol entspricht; wir werden weiter unten (S. 107f.) auf diese Erscheinung zurückkommen.

b) Rekombination von H-Atomen an nichtmetallischen Oberflächen.

Außer durch Metalle wird die Rekombination der H-Atome, wenn auch im allgemeinen weniger stark[4], durch viele Metallverbindungen, besonders Oxyde, wie z. B. die der Erdalkalien und der dreiwertigen Metalle Al, Cr, Fe, katalysiert

[1] H. SENFTLEBEN: Z. Physik **33** (1925), 871. — H. SENFTLEBEN, O. RIECHEMEIER: Physik. Z. **30** (1929), 745.

[2] R. W. WOOD: Phil. Mag. **42** (1921), 729; **44** (1922), 538; Proc. Roy. Soc. (London), Ser. A **97** (1920), 455; **102** (1923), 1.

[3] S. ROGINSKY, A. SCHECHTER: Acta physicochim. URSS **1** (1934/35), 318, 473; **6** (1937), 401; C. R. Acad. Sci. URSS **1** (1934), 310. — A. SCHECHTER: Acta physicochim. URSS **10** (1939), 379.

[4] L. S. ORNSTEIN, A. H. KRUITHOF: Z. Physik **77** (1932), 287.

(BONHOEFFER[1]). TAYLOR, LAVIN und JACKSON[2] fanden nach der BONHOEFFERschen Thermometermethode, daß typische Hydrierungskatalysatoren (z. B. der Methanolkontakt $ZnO-Cr_2O_3$) auch die Rekombination von H-Atomen stark beschleunigen (s. hierzu Tabelle 4, S. 103).

Werden als Katalysatoren Leuchtphosphore benutzt, so regt die Rekombination die Luminescenz an (BONHOEFFER[3]). SOMMERMEYER[4], der die Luminescenzausbeute bei Anregung durch rekombinierende H- und N-Atome quantitativ untersuchte, fand die sehr geringe Ausbeute von etwa $0{,}5 \cdot 10^{-5}$ ausgestrahlten Lichtquanten je Rekombinationsakt; der überwiegende Teil der Rekombinationsenergie wird also als Wärme abgeführt.

Von besonderem Interesse ist die Wirksamkeit von Glas- und Quarzwänden für die Rekombination, die für die Durchführung von Versuchen in normalen Laboratoriumsapparaturen von Wichtigkeit ist. Auch hier zeigt sich, daß die Lebensdauer der H-Atome von dem Zustand der Oberfläche außerordentlich stark abhängig ist. Z. B. sind rauhe Stellen, Schliffe und dergleichen sehr viel aktiver als glatte Flächen. Während ganz reine, z. B. sehr lange ausgeheizte Glas- oder Quarzwände die H-Atome rasch zum Verschwinden bringen[5], läßt sich deren Lebensdauer durch Vergiften der Oberfläche beträchtlich erhöhen. Besonders wirksam ist auch hier genau wie bei den Metallen Beladen der Wand mit Sauerstoff bzw. Wasserdampf, in den natürlich der Sauerstoff durch Reaktion mit den H-Atomen übergeführt wird. Bei Versuchen mit H-Atomen, die im WOODschen Entladungsrohr erzeugt werden, setzt man daher zur Erhöhung der Lebensdauer der Atome dem in die Entladung gehenden Wasserstoffstrom einige Prozente H_2O-Dampf oder O_2 zu. STEINER[6] bestimmte den Verbrauch von H-Atomen an H_2O-vergifteten Glaswänden und fand, daß nur eines von 10^5 bis 10^6 auf die Wand treffenden Atomen vernichtet wird. Läßt man den H_2O-Zusatz fort, so geht die Lebensdauer der Atome sofort beträchtlich zurück, da der Rekombinationsfaktor an reinen Wänden mehrere Größenordnungen höher ist[7]. Bei dem Versuch, die Rohrwände für die Rekombination dauernd zu inaktivieren, verwendeten v. WARTENBERG und SCHULTZE[8] z. B. viscose wäßrige Lösungen von KOH und Wasserglas, die eine gute Wirkung hatten. Den besten Effekt erzielten sie aber durch Überziehen der Wände mit syrupöser Phosphorsäure, wodurch die Wandrekombination so stark vermindert wurde, daß sich die Atome meterweit fortleiten ließen.

Auch an Glaswänden wird die Rekombination durch Temperaturerhöhung beschleunigt. ROBINSON und AMDUR[9] fanden zwischen $-79°$ und $+99°$ C einen positiven Temperaturkoeffizienten der Rekombination entsprechend einer Aktivierungswärme von etwa 900 cal. Es ist auch bekannt, daß man beim Arbeiten in Glasapparaturen die Lebensdauer dadurch erhöhen kann[10], daß man

---

[1] K. F. BONHOEFFER: Z. physik. Chem. **113** (1924), 199; Ergebn. exakt. Naturwiss. **6** (1927), 201.

[2] H. S. TAYLOR, G. I. LAVIN: J. Amer. chem. Soc. **52** (1930), 1910. — G. I. LAVIN, W. F. JACKSON: Ebenda **53** (1931), 3189.

[3] K. F. BONHOEFFER: Z. physik. Chem. **113** (1924), 199; **116** (1925), 391; Ergebn. exakt. Naturwiss. **6** (1927), 201.

[4] K. SOMMERMEYER: Z. physik. Chem., Abt. B **41** (1938), 433.

[5] H. SENFTLEBEN: Z. Physik **33** (1925), 871. — H. SENFTLEBEN, O. RIECHEMEIER: Physik. Z. **30** (1929), 745.

[6] W. STEINER: Trans. Faraday Soc. **31** (1935), 962.

[7] W. STEINER, F. W. WICKE: Z. physik. Chem. Bodensteinband (1931), 817.

[8] H. v. WARTENBERG, G. R. SCHULTZE: Z. physik. Chem., Abt. B **6** (1929), 261.

[9] A. L. ROBINSON, I. AMDUR: J. Amer. chem. Soc. **55** (1933), 2615.

[10] P. HARTECK, E. ROEDER: Z. physik. Chem., Abt. A **178** (1937), 396.

durch Kühlen, z. B. mit einem Luftstrom, eine stärkere Erwärmung der Wände verhindert. Beim Kühlen mit flüssiger Luft werden dagegen die H-Atome sofort vernichtet[1].

2. Rekombination von O-Atomen.

Die Aktivität verschiedener Metalle für die Rekombination von im Entladungsrohr dargestellten freien O-Atomen untersuchten ROGINSKY und SCHECHTER[2] in der gleichen Versuchsanordnung wie bei H-Atomen. Bei den Versuchen mit O-Atomen besteht natürlich die Schwierigkeit, daß es sich in den meisten Fällen nicht um eine Rekombinationskatalyse, sondern um eine chemische Reaktion der Sauerstoffatome mit dem Metall handelt. Bei Metallen, die nicht unter Oxydbildung angegriffen wurden (Pt, Pd, Au, Ag), wurde etwa derselbe Rekombinationsfaktor gefunden wie bei der Rekombination der H-Atome. Auch der positive Temperaturkoeffizient tritt in etwa derselben Größe wie bei H-Atomen auf. Die oxydierbaren Metalle Eisen und Kupfer erwiesen sich im atomhaltigen Sauerstoffstrom gegen Oxydation als stabiler, als man auf Grund der chemischen Aktivität der O-Atome erwarten konnte; vermutlich werden sie durch eine auf der Oberfläche gebildete Oxydschicht gegen weiteren Angriff geschützt; diese Oxydschichten hatten merkliche katalytische Aktivität für die Rekombination. Bei Wolfram zeigte sich bei Zimmertemperatur nur geringe katalytische Aktivität. Offenbar ist die Oxydschicht wenig aktiv im Gegensatz zu Kupfer und Nickel.

3. Rekombination von N-Atomen.

Die heterogene Rekombination der N-Atome ist im Zusammenhang mit Untersuchungen über das Nachleuchten von aktivem Stickstoff häufig beobachtet worden[3]. Da das Stickstoffleuchten nur als Folge der homogenen Rekombination der N-Atome auftritt (ein Prozeß, der allerdings noch nicht in allen Einzelheiten geklärt ist), macht sich die Wandrekombination durch Verminderung der Leuchtintensität und Verkürzung der Leuchtdauer bemerkbar. Stoffe, die besonders aktiv sind, können das Leuchten vollständig zum Verschwinden bringen. Typisch sind in dieser Hinsicht Metalloxyde, besonders CuO[*,3]. Ähnlich wirken Metalle, z. B. Cu, Fe, Zn, Ag, Pt, W, Mo (nach abnehmender Wirkung geordnet[3]). ROGINSKY, SCHECHTER und BUBEN[2,4] untersuchten in der weiter oben beschriebenen Versuchsanordnung die Rekombination von N-Atomen an verschiedenen Metallen (Pt, Cu, Fe, Ag, Ni, W) und stellten fest, daß an einem im Vakuum sorgfältig ausgeglühten Pt-Draht schon bei Zimmertemperatur die Atome praktisch bei jedem Stoß auf die Oberfläche vernichtet werden. An Wolfram war der Effekt sehr klein, vermutlich infolge oberflächlicher Bedeckung des Metalls mit einer Oxyd- oder Nitridschicht. Bei der Rekombination an Nickel wurde wieder die Steigerung des Rekombinationsfaktors mit steigender Temperatur gefunden entsprechend einer Aktivierungsenergie von 2500 cal/mol.

Auch bei Beobachtung des Stickstoffleuchtens in Glas- oder Quarzgefäßen in Abwesenheit von Metallen oder Metalloxyden zeigte sich starke Abhängigkeit

[1] K. F. BONHOEFFER: Z. physik. Chem. **113** (1924), 199; Ergebn. exakt. Naturwiss. **6** (1927), 201.

[2] S. ROGINSKY, A. SCHECHTER: Acta physicochim. URSS **1** (1934/35), 318, 473; **6** (1937), 401; C. R. Acad. Sci. URSS **1** (1934), 310. — A. SCHECHTER: Acta physicochim. URSS **10** (1939), 379.

[3] Ältere Literatur über aktiven Stickstoff s. bei H. KNESER: Ergebn. exakt. Naturwiss. **8** (1929), 229.

[*] LORD RAYLEIGH: Proc. Roy. Soc. (London), Ser. A **151** (1935), 567.

[4] N. BUBEN, A. SCHECHTER: Acta physicochim. URSS **10** (1939), 371.

der Leuchtdauer und -intensität von der Vorbehandlung der Wände. Langes Ausheizen (12 Stunden bei 350° *) beseitigt das Nachleuchten fast vollständig[1,**,*]. An Stelle des Stickstoffleuchtens tritt in diesem Falle eine schwache Phosphorescenz der Gefäßwände auf*. Auch die Beobachtung, daß das Auftreten des Nachleuchtens an die Anwesenheit bestimmter Verunreinigungen gebunden sei (z. B. O_2, CH_4; H_2S u. a.)[2], ist dadurch zu erklären, daß diese die Wände für die Rekombination inaktiv machen. Lord Rayleigh** untersuchte die Wirkung verschiedener Vorbehandlung der Glaswände auf die Dauer des Nachleuchtens von aktivem Stickstoff, und zwar maß er die Zeit, in der die Leuchtintensität von einem bestimmten Anfangswert A auf einen Wert B abgefallen war ($A = 4{,}3\,B$). Das Ergebnis zeigt Tabelle 2.

Tabelle 2. *Löschung des Stickstoff-Nachleuchtens durch die Wand.*

Vorbehandlung der Gefäßwand	t min (Zeit für die Abnahme der Intensität vom Wert A auf den Wert B)
Reines Glas mehrere Stunden erhitzt auf 250°:	3
danach 2 Tage im Vakuum stehengelassen in Verbindung mit P_2O_5	24
Überziehen mit H_2SO_4	68
Überziehen mit HPO_3	80
Überziehen mit Apiezonöl	6
Überziehen mit Kollodium	23

Auch hier läßt sich also die Glaswand durch Überziehen mit Phosphorsäure weitgehend für die Rekombination vergiften; in einem so vorbehandelten Gefäß war das Stickstoffleuchten noch nach mehr als 5 Stunden sichtbar. Bemerkenswert erscheint es, daß die durch Ausheizen aktiv gemachte Glaswand durch Stehenlassen in Verbindung mit P_2O_5 wieder inaktiv wurde. Die hohe Aktivität des Apiezonöls ist vermutlich auf eine chemische Reaktion mit den N-Atomen zurückzuführen. Es ist bekannt, daß viele Kohlenwasserstoffe mit N-Atomen in der Gasphase unter Bildung von HCN reagieren.

4. Rekombination der Halogenatome Cl, Br, J.

Beim Vergleich der katalytischen Aktivität verschiedener Stoffe für die Rekombination der Halogenatome ist zu beachten, daß das Verschwinden der Atome häufig nicht durch heterogene Rekombination, sondern durch eine chemische Reaktion der sehr aktiven Halogenatome verursacht wird. So fanden z. B. Schwab und Friess[3] bei Versuchen mit Cl-Atomen aus der Entladung, daß an Zinn jeder Stoß auf die Oberfläche zur Vernichtung der Atome führte; dabei verflüchtigte sich das Zinn als Chlorid. Auch an anderen Oberflächen, die chemisch nicht angegriffen wurden, rekombinierten die Atome bei den durch die Versuchsmethode bedingten niedrigen Drucken mit relativ hoher Stoßausbeute, und so große Unterschiede wie bei den H- oder N-Atomen traten hier nicht auf. An der Glaswand führte etwa jeder 30. Stoß[4] zum Verschwinden der Atome.

* G. Herzberg: Z. Physik **46** (1928), 878.

[1] Ältere Literatur über aktiven Stickstoff s. bei H. Kneser: Ergebn. exakt. Naturwiss. 8 (1929), 229.

** Lord Rayleigh: Proc. Roy. Soc. (London), Ser. A **151** (1935), 567.

[2] K. F. Bonhoeffer, G. Kaminsky: Z. physik. Chem. **127** (1927), 385.

[3] G.-M. Schwab, H. Friess: Z. Elektrochem. angew. physik. Chem. **39** (1933), 586; Naturwiss. **21** (1933), 222.

[4] Wie Herr Schwab dem Verf. freundlicherweise mitteilte, sind die Werte aus der zitierten Arbeit [Z. Elektrochem. angew. physik. Chem. **39** (1933), 586] in die obigen Werte zu ändern.

Etwas aktiver als Glas ist vermutlich Schwefel, roter Phosphor, sicher Cu, Cr_2O_3; beim Einbringen dieser Substanzen in das Rekombinationsrohr fällt die Aktivität der Gase, gemessen an der Rekombinationswärme, schneller ab als in reinem Glas (s. Abb. 1). SCHWAB und FRIESS fanden, daß es auch bei der Rekombination der Cl-Atome noch möglich ist, die Glaswand in geringem Maße zu inaktivieren. Nach öfterer Zugabe von CH_4 sank z. B. der Rekombinationsfaktor auf 1/170[1]; diese Vergiftung ließ sich durch längeres Auspumpen wieder rückgängig machen. Eine ähnliche Wirkung wie CH_4 hat auch $CHCl_3$*. CO_2-Zusatz beschleunigt dagegen die Wandrekombination*. Ein Vergleich der Metalle Magnesium und Silber zeigte zunächst keinen Unterschied in der Wirksamkeit, die des Silbers nahm jedoch allmählich infolge Oberflächenvergrößerung durch AgCl-Bildung auf das Doppelte zu*. SENFTLEBEN und GERMER[2] konnten die katalytische Wirksamkeit eines Pt-Drahtes durch Glühen in Cl_2-Atmosphäre herabsetzen; als Ursache vermuten sie Bildung von Platinchloriden an der Oberfläche.

Tabelle 3. *Cl-Rekombination auf der Thermometerkugel.*

Material	Thermometertemperatur °C
Pyrexglas	30
Ag-Blech	>115
Cu-Blech	>115
Al-Blech	82
Ni-Draht	120
platiniertes Glas	35
NaCl (geschmolzen)	34
KCl (geschmolzen)	70
AgCl (geschmolzen)	91
$CaCl_2$ (geschmolzen)	66
$CoCl_2$ (entwässert)	72
Gasruß	>115

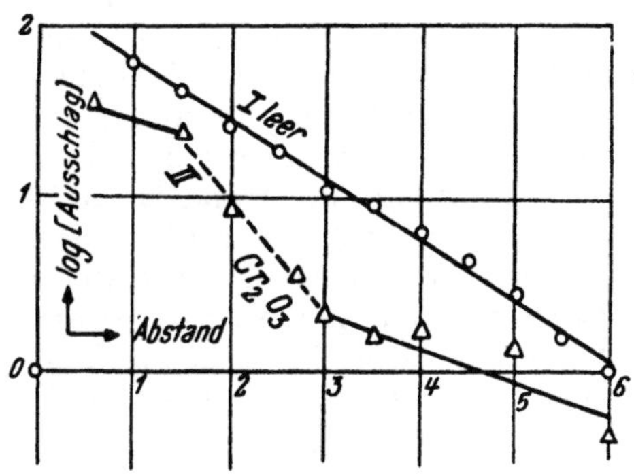

Abb. 1. Änderung der Rekombinationsgeschwindigkeit von Cl-Atomen bei Einbringen von Chromoxyd ins Rohr (SCHWAB und FRIESS).

Auch bei der heterogenen Cl-Atomrekombination konnte ein positiver Temperaturkoeffizient beobachtet werden, der an Quarz einer Aktivierungsenergie von etwa 1 kcal/mol entspricht*.

RODEBUSH und KLINGELHOEFER[3] maßen die Wirksamkeit verschiedener Substanzen für die Cl-Atomrekombination nach der BONHOEFFERschen Thermometermethode (bei der Rekombination der H-Atome beschrieben). Das Ergebnis zeigt die Tabelle 3.

Auch hier wird bei einem Teil der Substanzen die Erwärmung nicht nur durch Rekombination, sondern durch chemische Reaktion verursacht. Ag und Cu werden schnell angegriffen, dagegen sind Al und Ni gegen Cl-Atome beständig. Auch Pyrexglas wird angegriffen und überzieht sich mit einem festen weißen Belag. Pt, NaCl und KCl zeigten wechselnde Wirkung. In den Versuchen von BOGDANDY und POLANYI[4], bei denen die HCl-Bildung in Chlorknallgas durch Na-Atome eingeleitet wurde, war NaCl für die Cl-Atomrekombination weniger wirksam als die reine Glaswand. Die Cl-Atome können im Gegensatz zu H-

[1] Wie Herr SCHWAB dem Verf. freundlicherweise mitteilte, sind die Werte aus der zitierten Arbeit [Z. Elektrochem. angew. physik. Chem. **39** (1933), 586] in die obigen Werte zu ändern.
* G.-M. SCHWAB: Z. physik. Chem., Abt. A **178** (1936), 123.
[2] H. SENFTLEBEN, E. GERMER: Ann. Physik **2** (1929), 847.
[3] W. H. RODEBUSH, W. C. KLINGELHOEFER: J. Amer. chem. Soc. **55** (1933), 130.
[4] ST. v. BOGDANDY, M. POLANYI: Z. Elektrochem. angew. physik. Chem. **33** (1927), 554.

Atomen durch eine mit flüssiger Luft gekühlte Falle geleitet werden, ohne dabei merklich schneller zu rekombinieren[1].

In Anwesenheit höherer Partialdrucke anderer Gase kann die Aktivität einer Glas- oder Quarzwand für die Rekombination von Cl-Atomen wesentlich geringer sein als in den bisher beschriebenen Versuchen bei niedrigen Drucken und in Cl_2-Atmosphäre. So fanden z. B. BODENSTEIN und WINTER[2] bei der photochemischen Vereinigung von Chlorknallgas, also in Gegenwart von einigen 100 mm H_2-, Cl_2- und HCl-Partialdrucken, daß nur eines von etwa 10^4 auf die Wand auftreffenden Atomen vernichtet wurde.

Aus der Entladung abgepumpte Br-Atome rekombinieren unter den dabei herrschenden niedrigen Drucken an der Glaswand etwa bei jedem Stoß (SCHWAB[3]). Spezifische Unterschiede in der Aktivität verschiedener Wandmaterialien treten daher hier nicht auf. Einbringen von Kupfer in das Rekombinationsrohr verursachte keine Beschleunigung der Rekombination. Versuche, die Glaswand zu vergiften, hatten keinen Erfolg[3]. Auch SENFTLEBEN und GERMER[4] gelang es nicht, einen Pt-Draht durch Glühen in Br_2-Atmosphäre für die Rekombination inaktiv zu machen, wie dies beim Chlor möglich war. Doch scheint auch bei der Br-Atomrekombination die Wirksamkeit der Glaswand in Gegenwart von Fremdgasen Schwankungen unterworfen zu sein. HILFERDING und STEINER[5] fanden unter den Bedingungen der photochemischen HBr-Bildung aus den Elementen, daß die Aktivität der Wand für den Verbrauch von Br-Atomen davon abhing, wie lange das Reaktionsgefäß vor dem Versuch ausgepumpt wurde.

Über den Rekombinationsfaktor bei der heterogenen Rekombination von J-Atomen ist nichts Näheres bekannt. Man hat wohl anzunehmen, daß die J-Atome an allen Oberflächen praktisch bei jedem Stoß verschwinden und keine spezifischen Unterschiede bestehen. Versuche, eine Pt-Oberfläche zu vergiften, hatten keinen Erfolg[4].

5. Rekombination von OH-Radikalen.

Die Rekombination von OH-Radikalen, die durch elektrische Entladung in H_2O-Dampf oder mit H_2O beladenem Wasserstoff erzeugt wurden, untersuchten TAYLOR und LAVIN[6] an verschiedenen Katalysatoren in einer auf der BONHOEFFERschen Thermometermethode beruhenden Versuchsanordnung. Um die Rekombination der OH-Radikale von der der gleichzeitig gebildeten H-Atome unterscheiden zu können, ordneten sie vier Thermometer in der in Abb. 2 wiedergegebenen Weise an. In *A*, *B*, *C* und *D* befindet sich je ein Thermometer, deren Kugeln genau wie bei BONHOEFFER mit verschiedenen Stoffen überzogen oder unbedeckt gelassen

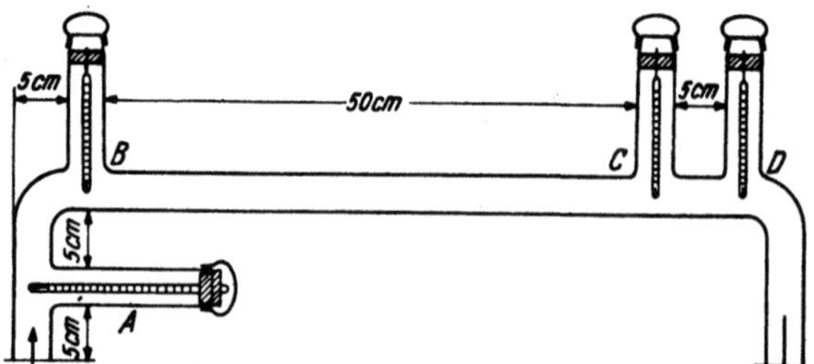

Abb. 2. Vier-Thermometer-Anordnung zur gleichzeitigen Messung der Rekombination von H-Atomen und OH-Radikalen (TAYLOR und LAVIN).

[1] W. H. RODEBUSH, W. C. KLINGELHOEFER: J. Amer. chem. Soc. **55** (1933), 130.
[2] M. BODENSTEIN, E. WINTER: S.-B. preuß. Akad. Wiss. **1936**, I.
[3] G.-M. SCHWAB: Z. physik. Chem., Abt. B **27** (1934), 452.
[4] H. SENFTLEBEN, E. GERMER: Ann. Physik **2** (1929), 847.
[5] K. HILFERDING, W. STEINER: Z. physik. Chem., Abt. B **30** (1935), 399.
[6] H. S. TAYLOR, G. I. LAVIN: J. Amer. chem. Soc. **52** (1930), 1910. — G. I. LAVIN, W. F. JACKSON: Ebenda **53** (1931), 3189.

Tabelle 4.

Rekombination von H-Atomen und OH-Radikalen nach der Vier-Thermometer-Methode.

Versuch Nr.	Material und Stellung der Oberfläche	Gas im Entladungsrohr (etwa 0,5 mm)	Thermometerablesungen in Abständen von 1 min.				
1	Reines Glas C	H_2O-Dampf	22,5	29	29	29	
	Ag .... D		32,0	52	55	57	
2	KCl............ C	H_2O-Dampf	27	29	30	30	31
	Ag............ D		32	75	100	111	128
3	KCl............ B	H_2O-Dampf	32	110	122	123	124
	Ag............ D		31	68	81	87	92
4	Reines Glas .... A	H_2O-Dampf	26	27	27	27	28
	KCl............ B		34	118	127	127	127
5	KCl............ C	$H_2 + H_2O$	27	28	29	31	32
	Ag............ D	bei 25°	31	79	106	149	169
6	KCl............ B	$H_2 + H_2O$	30	32	34	35	37
	Ag............ D	bei 25°	27	40	45	48	50
7	KOH C	H_2O-Dampf	29	37	44	54	57
	Ag............ D		31	64	75	82	85
8	KOH* C	H_2O-Dampf	29	62	75	83	93
	Ag............ D		27	42	47	50	53
9	K_2CO_3 C	H_2O-Dampf	25	31	41	54	102**
	Ag............ D		25	41	52	59	69
10	$ZnO \cdot Cr_2O_3$ C	$H_2 + H_2O$	25	76	94	106	112
	Ag............ D	bei 25°	25	29	29	29	28
11	Al_2O_3 C	H_2O-Dampf	31	41	46	47	50
	Ag............ D		37	74	103	135	152
12	Al_2O_3 .... B	H_2O-Dampf	47	95	120	132	—
	Ag............ D		27	48	64	78	—
13	Al_2O_3 C	H_2O-Dampf	28	38	42	44	45
	Ag............ D		34	91	110	138	165
14	Al_2O_3 .... B	$H_2 + H_2O$	33	57	68	73	79
	Ag............ D	bei 5°	30	72	93	100	104
15	Al_2O_3 .... B	$H_2 + H_2O$	29	82	109	124	132
	Ag............ D	bei 34°	30	96	116	125	130
16	Al_2O_3 .... B	$H_2 + H_2O$	32	93	129	147	159
	Ag............ D	bei 54°	32	106	137	147	152
17	Al_2O_3 .... B	$H_2 + H_2O$	31	102	138	158	169
	Ag............ D	bei 74°	31	118	144	153	158
18	Al_2O_3 C	$H_2 + H_2O$	25	32	35	37	38
	$ZnO \cdot Cr_2O_3$ ..... D	bei 25°	25	100	134	152	163

* KOH nach eintägigem Stehen in Luft (vermutlich K_2CO_3-Bildung).

** Intervall 2 min.

werden können. Die Thermometer wurden in der geschilderten Weise angeordnet, weil die H-Atome längere Lebensdauer besitzen als die OH-Radikale, so daß eine am Thermometer *C* auftretende Erwärmung nur durch Rekombination von H-Atomen verursacht wird, da die OH-Radikale bereits vorher verschwinden. Zur Kontrolle, wieviel aktive Teilchen noch bis an das Ende des Rekombinationsrohres gelangen, dient ein versilbertes Thermometer *D*, da Silber nach den Bonhoefferschen Ergebnissen für die Rekombination von H-Atomen aktiv ist. Durch das Thermometer *A* können etwa durch die Entladung verursachte Wärmewirkungen festgestellt und in Rechnung gesetzt werden. Die Versuchsergebnisse von Taylor und Lavin zeigt die Tabelle 4.

Es zeigt sich, daß verschiedene Stoffe wie KCl, Al_2O_3 nur am Thermometer *B* aktiv, an *C* aber inaktiv sind. Sie katalysieren also nicht die H-Atomrekombination, sondern nur Rekombinationen, an denen OH-Radikale beteiligt sind, vermutlich die H-OH-Rekombination. Da Al_2O_3 der Typ eines wasserabspaltenden Katalysators ist, kommen Taylor und Lavin zu der Folgerung, daß reine Dehydratisierungskatalysatoren nur die Rekombination H-OH befördern, für die H-H-Rekombination dagegen unwirksam sind. Diese Eigenschaft des Al_2O_3 wird auch weiter dadurch bewiesen, daß seine Wirksamkeit in *B* mit steigendem H_2O-Gehalt des in die Entladung gehenden H_2-Stromes zunimmt (Versuche 14 bis 17). Auch hier ist die Vorbehandlung der Oberfläche von Bedeutung; Taylor und Lavin erwähnen, daß beim Al_2O_3 eine Aktivität erst nach vollständiger Entwässerung bei 300° auftrat; durch adsorbiertes Wasser wird die Aktivität vernichtet. Daß in den Bonhoefferschen Versuchen Al_2O_3 für die H-Atomrekombination aktiv war, erklärt sich daraus, daß der Wasserstoff in den Versuchen von Bonhoeffer O_2 (zur Vergiftung der Wände) und daher nach der Entladung auch OH-Radikale enthielt. Typische Hydrierungskatalysatoren, wie z. B. der Methanolkontakt ZnO-Cr_2O_3, bewirken eine so vollständige H-Atomrekombination, daß dahinter keine H-Atome mehr nachweisbar sind (Tabelle 4, Versuch 10). Daß durch Überziehen von Glaswänden mit KCl die Lebensdauer von OH-Radikalen vermindert wird, fanden auch Frost und Oldenberg[1].

6. Rekombination der Radikale CH_3, C_2H_5, CH_2.

Über die Wandrekombination der organischen Radikale CH_3 und C_2H_5 orientieren die Arbeiten von Paneth und Mitarbeitern[2]. Danach führt an Glaswänden bei Zimmertemperatur etwa jeder 1000. Stoß auf die Wand zur Rekombination. Dieser Wert ist vom Wandmaterial ziemlich unabhängig; Quarz bringt gegenüber Glas keinen Unterschied, und auch bei Metallen, vorausgesetzt daß sie nicht mit den Radikalen unter Bildung metallorganischer Verbindungen reagieren, ist keine höhere katalytische Aktivität zu beobachten, wie z. B. aus Versuchen mit Eisen hervorgeht. Bei Temperatursteigerung sinkt die Geschwindigkeit der Wandrekombination, und die Lebensdauer der Radikale läßt sich unter sonst gleichen Bedingungen durch Erwärmen der Rohre auf das Vielfache steigern (bei 500° war das Maximum noch nicht erreicht); unter diesen Bedingungen ist der Rekombinationsfaktor etwa 10^{-4}. Hierin unterscheidet sich das Verhalten dieser Radikale wesentlich von dem der Atome; wir werden weiter unten noch darauf zu sprechen kommen. Durch Kühlen einer Stelle des Rekombinationsrohres mit flüssiger Luft werden die Radikale vollständig zum Verschwinden gebracht. Wird die Wand mit reaktionsfähigen Metallen wie Pb, Sb, Bi, Zn, As, Te, Se, Hg überzogen, so verschwinden die Radikale praktisch bei jedem Stoß auf die Oberfläche, und es genügt bereits ein Metallspiegel von geringer Breite zur restlosen Beseitigung der Radikale; auch hier hat diese Reaktion mit dem Wandmaterial, wie schon bei den Halogen- und Sauerstoffatomen erwähnt wurde, natürlich nichts mit der eigentlichen Rekombinationskatalyse zu tun.

Die Beständigkeit der Verbindung CH_2 wurde von Pearson, Purcell und Saigh[3] untersucht. Sie fanden bei Versuchen in Quarzgefäßen keine merkliche

[1] A. A. Frost, O. Oldenberg: J. chem. Physics **4** (1936), 642.

[2] F. Paneth, W. Hofeditz: Ber. **62** (1929), 1335. — F. Paneth, W. Lautsch: Ebenda **64** (1931), 2708. — F. Paneth, K. F. Herzfeld: Z. Elektrochem. angew. physik. Chem. **37** (1931), 577. — F. Paneth, W. Hofeditz, A. Wunsch: J. chem. Soc. (London) **1935**, 372.

[3] Th. G. Pearson, R. H. Purcell, G. S. Saigh: J. chem. Soc. (London) **1938**, 409; s. a. R. F. Barrow, Th. G. Pearson, R. H. Purcell: Trans. Faraday Soc. **35** (1939), 880.

Abnahme der CH_2-Konzentration nach Durchlaufen einer Rohrstrecke, in der jedes Radikal im Mittel $3 \cdot 10^3$ Stöße auf die Wand ausgeführt hatte. Danach ist also bei diesem Radikal der Rekombinationsfaktor für die Wandrekombination wahrscheinlich noch um mehrere Größenordnungen kleiner als bei den Radikalen CH_3 und C_2H_5.

B. Mechanismus und Kinetik der Wandrekombination.

Bekanntlich findet die homogene Rekombination zweier Atome oder Radikale im allgemeinen nur dann statt, wenn bei ihrem Zusammentreffen noch ein drittes Teilchen sich auf Stoßabstand nähert und einen Teil der frei werdenden Rekombinationsenergie aufnimmt. Wollte man annehmen, daß analog hierzu bei der heterogenen Rekombination die Wand die Rolle des Dreierstoßpartners in der Weise übernähme, daß Rekombination an der Wand immer dann stattfände, wenn gleichzeitig zwei Atome in Stoßabstand auf die Wand träfen, so käme man in Widerspruch mit den Versuchsergebnissen. Schon eine grobe Abschätzung der Geschwindigkeit dieses Vorganges zeigt (siehe z. B. BONHOEFFER[1]), daß die Wiedervereinigung der freien Atome in einem solchen Prozeß um viele Größenordnungen langsamer erfolgen müßte, als es tatsächlich beobachtet wird; es ist ja leicht einzusehen, daß ein solcher Vorgang sich neben der homogenen Rekombination praktisch niemals bemerkbar machen könnte. Außerdem müßte die Abnahme der Konzentration der Atome genau wie bei der homogenen Rekombination nach zweiter Ordnung erfolgen. Tatsächlich erfolgt bei der Wandrekombination der Konzentrationsabfall aber in fast allen Fällen nach erster Ordnung, d. h. das Verschwinden der aktiven Teilchen erfolgt proportional ihrer Konzentration und damit der Zahl ihrer Stöße auf die Wand. Besonders anschaulich ist hierfür ein Diagramm von LORD RAYLEIGH[2] (Abb. 3) über die Abnahme der Leuchtintensität von aktivem Stickstoff bei verschiedener Aktivität der Gefäßwand. Die Kurve A zeigt die Abnahme der Intensität in einem Gefäß, dessen Wand für die Rekombination aktiviert wurde (durch Überziehen mit Apiezonöl), Kurve B bei inaktivierter Wand (durch Überziehen mit HPO_3). Während im Fall A der Abfall nach erster Ordnung erfolgt, da hier der Verbrauch an der Wand überwiegt, beobachtet man im Fall B, bei Zurückdrängen der Wandrekombination, eine höhere Reaktionsordnung. Entsprechend ist auch die Gesamtstrahlungsmenge, die der von der Kurve eingeschlossenen Fläche proportional ist, im Fall A geringer, da die Vernichtung der Atome an der Wand ja ohne Aussendung von Strahlung erfolgt.

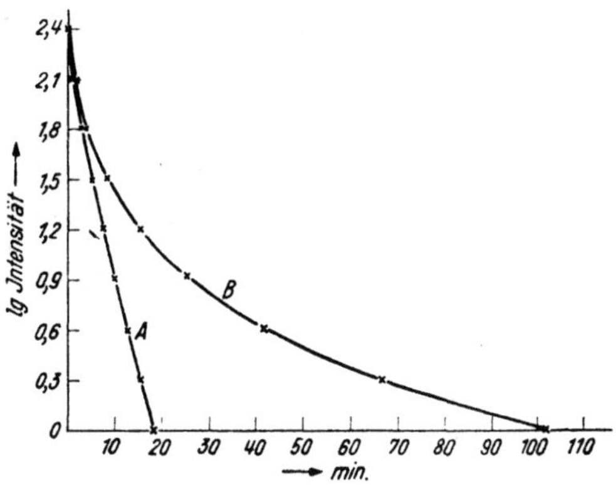

Abb. 3.
Zeitlicher Abfall der Intensität des Stickstoffleuchtens. A bei aktiver Wand; B bei inaktiver Wand (LORD RAYLEIGH).

Zur Deutung der Beobachtungen über die heterogene Rekombination ist die Heranziehung von Adsorptionsvorgängen erforderlich. Auch dann sind noch mehrere Mechanismen denkbar. Z. B. kann man sich vorstellen, daß der Rekom-

[1] K. F. BONHOEFFER: Z. physik. Chem. **113** (1924), 199; Ergebn. exakt. Naturwiss. **6** (1927), 201.

[2] LORD RAYLEIGH: Proc. Roy. Soc. (London), Ser. A **151** (1935), 567.

bination eine Adsorption der Atome an der Wand vorausgeht und daß die Rekombination in der Adsorptionsschicht stattfindet. Die Annahme, daß in diesem Falle dem Rekombinationsvorgang ein Adsorptionsgleichgewicht vorgelagert sei, kann aber wohl nicht zutreffen. Falls nämlich die Einstellung des Adsorptionsgleichgewichtes rasch erfolgen würde gegenüber der Rekombination, das Gleichgewicht also durch die Rekombination nicht wesentlich gestört wäre, so müßten etwa immer ebenso viele Atome die Wand verlassen wie auftreffen, und es ließe sich nicht erklären, daß unter Umständen jeder Stoß auf die Wand zum Verbrauch der Atome führen kann; die Geschwindigkeit, mit der die Atome an die Wand gelangen, dürfte für die Geschwindigkeit des Rekombinationsvorganges nicht bestimmend sein, wie es in Wirklichkeit immer beobachtet wird. Außerdem sollte man eine Abnahme der Rekombinationsgeschwindigkeit mit steigender Temperatur erwarten, während in den meisten Fällen das Gegenteil gefunden wird. Um mit diesen Versuchsergebnissen nicht in Widerspruch zu geraten, müßte man also annehmen, daß die Rekombination in der adsorbierten Schicht so rasch erfolgt, daß das Adsorptionsgleichgewicht gestört wird und die Bedeckung der Oberfläche mit Atomen ständig weit unter dem Gleichgewichtswert läge. Direkte Versuche über die Rekombination von Atomen in adsorbierter Schicht zeigen aber, daß dieser Vorgang viel langsamer verläuft, als man bei Annahme dieses Mechanismus erwarten sollte. Leipunsky[1] untersuchte die Rekombination von H-Atomen in der Adsorptionsschicht an verschiedenen Metallen und fand, daß man selbst unter Berücksichtigung einer energetischen Hemmung von 2 ÷ 4 kcal/mol, die sich aus dem Temperaturkoeffizienten der Rekombination ergibt, für die Geschwindigkeit der Rekombination Werte errechnet, die um 7 ÷ 10 Größenordnungen über den beobachteten liegen. Eine Erklärungsmöglichkeit hierfür ist, daß die Rekombination nur an bestimmten Stellen der Oberfläche erfolgen kann, zu denen die Atome diffundieren müssen, während an anderen Stellen beim Zusammenstoß der Atome keine Rekombination stattfindet, da vielleicht die Energieabführung behindert ist. Als weitere Deutungsmöglichkeit wäre nach Leipunsky in Betracht zu ziehen, daß die Aktivierungsenergie in Wirklichkeit etwa 10 ÷ 17 kcal/mol betrüge und der beobachtete Temperaturkoeffizient durch einen Tunnelübergang zu erklären sei. Auch Johnson[2] fand, daß an einer Glaswand adsorbierte H-Atome bei Zimmertemperatur praktisch unbeweglich nebeneinander sitzen, selbst bei einer Packungsdichte, bei der sie sich dauernd in Stoßabstand voneinander befinden. Man kommt also zu dem Schluß, daß die Rekombination in der adsorbierten Schicht nur eine untergeordnete Rolle spielen kann.

Alle Beobachtungen über die Wandrekombination lassen sich erklären, wenn man annimmt, daß die Rekombination nur durch Vereinigung eines aus dem Gasraum an die Wand stoßenden mit einem dort befindlichen adsorbierten Atom erfolgt. Die Tatsache, daß der Verbrauch der Atome nach erster Ordnung erfolgt, erfordert es hierbei, daß die Reaktionswahrscheinlichkeit für die auf die Wand treffenden Atome stets die gleiche ist, daß also die Belegungsdichte der Wand mit Atomen von deren Konzentration in der Gasphase unabhängig ist und man sich im horizontalen Teil der Adsorptionsisotherme befindet. Wie die Untersuchungen über die Adsorption freier Atome zeigen, ist diese Voraussetzung tatsächlich gut erfüllt[3]. Schon bei unmeßbar kleinen Atomkonzentrationen im Gasraum überziehen sich reine Oberflächen bei nicht zu hohen Temperaturen mit einer vollständigen Schicht adsorbierter Atome. Die Eigenschaften dieser Schicht entsprechen dabei weniger denen eines zweidimen-

[1] O. I. Leipunsky: Acta physicochim. URSS 5 (1936), 271.
[2] M. C. Johnson: Trans. Faraday Soc. 28 (1932), 162.
[3] Siehe Fußnote [1] Seite 107.

sionalen Gases, als denen des Gitters eines festen Körpers, wie überhaupt die Adsorption freier Atome mehr den Charakter einer chemischen Bindung hat, was auch in den hohen Adsorptionswärmen zum Ausdruck kommt, die z. B. für H-Atome an Metallen zwischen 50 und 60 kcal/mol, an Glas 10 ÷ 11 kcal/mol (JOHNSON[1]) betragen[2]. Die Atome sind fest an die Oberflächenatome des festen Körpers gebunden, wodurch auch ihre Valenz weitgehend abgesättigt ist, so daß sie miteinander nicht rekombinieren können. Auch bei Rekombination mit aus dem Gasraum herankommenden Atomen ist zur Aufhebung der Bindung an die Oberfläche eine Aktivierungsenergie erforderlich, die je nach der Höhe der Adsorptionswärme größer oder kleiner ist (an Metallen 2,5 ÷ 3, an Glas etwa 1 kal/mol).

Durch Temperatursteigerung kann man die Belegungsdichte der Oberfläche mit Atomen verringern. Dabei hängt die Höhe der Temperatur, die erforderlich ist, um aus dem Sättigungsgebiet herauszukommen bzw. um die Belegungsdichte von der Atomkonzentration in der Gasphase meßbar abhängig zu machen, natürlich von der Adsorptionswärme ab. Bei Glas findet man bei 200 ÷ 300° zum Teil Desorption von adsorbierten H-Atomen (JOHNSON[3]), bei Metallen erst oberhalb 1000°. ROGINSKY und SCHECHTER[4] untersuchten die Rekombination von H- und O-Atomen an Metalldrähten bei hohen Temperaturen in der Erwartung, daß man hier bei abnehmender Belegungsdichte auch eine Abnahme des Rekombinationsfaktors finden müßte. Es zeigte sich aber, daß bereits Störungen durch die thermische Dissoziation der freien Molekeln auftraten, bevor der gesuchte Effekt in Erscheinung trat; natürlich kann die katalytische Rekombination nur bis zum Gleichgewicht führen. BUBEN und SCHECHTER[5] wiederholten die Messungen mit N-Atomen, bei denen diese Störung infolge der viel höheren Dissoziationsenergie des N_2-Moleküls nicht auftritt, und konnten wirklich oberhalb etwa 1200° K eine Abnahme des Rekombinationsfaktors finden. Wie schon erwähnt wurde, hat die Rekombination bei tieferen Temperaturen einen positiven Temperaturkoeffizienten, der Rekombinationsfaktor steigt also zunächst mit steigender Temperatur[6] an. Sobald die Temperatur so hoch wird, daß sich die Desorption der Atome bemerkbar macht, muß der Rekombinationsfaktor durch ein Maximum gehen und dann mit weiter steigender Temperatur schnell abfallen. Dies ist das experimentelle Ergebnis von BUBEN und SCHECHTER (s. Abb. 4). (Genau

---

[1] Z. B. I. LANGMUIR: Monolayers on Solids (17. Faraday-Lecture). J. chem. Soc. (London) **1940**, 511. — J. K. ROBERTS: Proc. Roy. Soc. (London) **152** (1935), 445; **161** (1937), 141. — J. L. MORRISON, J. K. ROBERTS: Ebenda **173** (1939), 1. — M. C. JOHNSON: Trans. Faraday Soc. **28** (1932), 162; Proc. Roy. Soc. (London) **123** (1929), 603. — O. I. LEIPUNSKY: Acta physicochim. URSS **2** (1935), 737.

[2] Siehe den Artikel BEEBE in Band IV dieses Handbuches.

[3] M. C. JOHNSON: Trans. Faraday Soc. **28** (1932), 162.

[4] S. ROGINSKY, A. SCHECHTER: Acta physicochim. URSS **1** (1934/35), 318, 473; **6** (1937), 401; C. R. Acad. Sci. URSS **1** (1934), 310. — A. SCHECHTER: Acta physicochim. URSS **10** (1939), 379.

[5] N. BUBEN, A. SCHECHTER: Acta physicochim. URSS **10** (1939), 371.

[6] Es ist hiernach zunächst überraschend, daß bei Kühlung mit flüssiger Luft H-Atome außerordentlich schnell rekombinieren. Zur Erklärung kann man vielleicht annehmen, daß sich bei diesen Temperaturen über der ersten Adsorptionsschicht noch eine weitere, wesentlich weniger fest gebundene bildet, in der die Atome leichter rekombinieren. Derartige Verhältnisse sind z. B. aus den Messungen von ROBERTS [Proc. Roy. Soc. (London) **152** (1935), 445; **161** (1937), 141] bekannt, und auch die Adsorptionsmessungen mit H-Atomen bei tiefen Temperaturen von LEIPUNSKY [Acta physicochim. URSS **2** (1935), 737] deuten auf die Ausbildung mehrerer Schichten unter diesen Bedingungen hin. Daß die schnelle Rekombination bei Kühlung mit flüssiger Luft keine allgemeine Erscheinung ist, geht z. B. daraus hervor, daß Cl-Atome nach RODEBUSH und KLINGELHOEFER [J. Amer. chem. Soc. **55** (1933), 130] bei Tiefkühlung nicht schneller verschwinden.

dieses Verhalten von Adsorptionsrückgang und Reaktionssteigerung unter Ausbildung eines Optimums der Temperatur zeigt nach Schwab und Zorn[1] auch die Moleküladdition der Äthylenhydrierung.) Die Temperatur, bei der das Maximum der Rekombinationsgeschwindigkeit erreicht wird, läßt sich in folgender Weise ableiten[2]: Die Zahl N_r der an 1 cm² der Oberfläche rekombinierenden Atome ist gegeben durch[3]

$$N_r = \gamma \cdot n \cdot \sigma \cdot e^{-E/RT}, \tag{1}$$

worin n die Zahl der auf 1 cm² der Oberfläche stoßenden Atome, σ der Bruchteil der Oberfläche, der mit adsorbierten Atomen belegt ist, E die Aktivierungsenergie des Rekombinationsprozesses (2500 ÷ 3000 cal/mol) und γ ein temperaturunabhängiger Faktor ist, der besagt, daß nicht alle energetisch begünstigten Zusammenstöße erfolgreich zu sein brauchen, und den wir im folgenden gleich 1 setzen. Nimmt man an, daß die Adsorption der Atome durch eine Langmuir-Isotherme wiedergegeben und das Adsorptionsgleichgewicht durch die Rekombination nicht merklich gestört wird, so erhält man

$$\sigma = \frac{n}{n + \nu \cdot e^{-\lambda/RT}}, \tag{2}$$

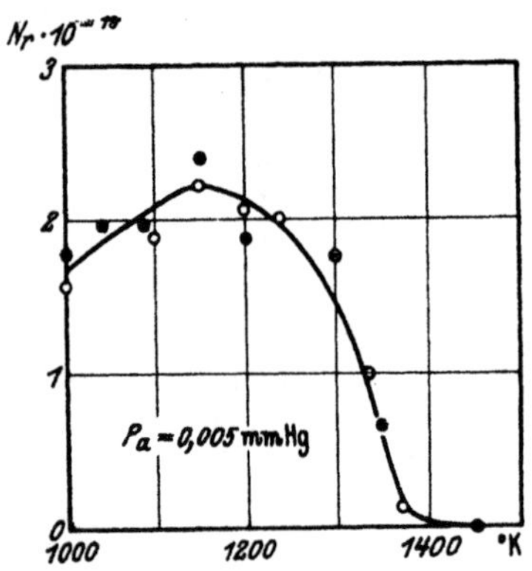

Abb. 4. Temperaturabhängigkeit des Rekombinationsfaktors von N-Atomen an Ni-Draht (Buben und Schechter).

worin λ die Adsorptionswärme der Atome und $\nu = 10^{13}$ mal der Zahl der Adsorptionsstellen auf 1 cm² der Oberfläche ist. Durch Einsetzen in (1) erhält man:

$$N_r = \frac{n^2 \cdot e^{-E/RT}}{n + \nu \cdot e^{-\lambda/RT}}. \tag{3}$$

Durch Differenzieren nach T und Nullsetzen des 1. Differentialquotienten erhält man dann die Bedingungen für das Maximum:

$$\frac{n \cdot E}{\nu} = e^{-\lambda/RT_{\max}} \cdot (\lambda - E). \tag{4}$$

Aus den gemessenen Werten für $T_{\max}$ erhielten Buben und Schechter durch Einsetzen in die Gleichung (4) z. B. für die Adsorptionswärme von N-Atomen an Nickel den Wert 55 kcal/mol. Da in dem Bereich des Maximums die Belegungsdichte σ von der Konzentration der Atome im Gasvolumen abhängig ist, muß natürlich auch $T_{\max}$ mit zunehmendem Atompartialdruck nach höheren Werten verschoben werden. Das entsprechende Ergebnis von Buben und Schechter zeigt die Tabelle 5.

Die experimentell erhaltene Verschiebung von $T_{\max}$ stimmt dabei innerhalb der Fehlergrenze mit der nach Gl. (4) zu erwartenden überein.

Wie bereits oben ausgeführt wurde, ist bei dem hier zugrunde gelegten Mechanismus der heterogenen Rekombination die Abnahme der Konzentration der freien Atome nach erster Ordnung nur dann zu erwarten, wenn die Belegungsdichte der Wand von deren Partialdruck unabhängig ist. Die eben besprochenen Erscheinungen beruhen nun aber gerade darauf, daß in bestimmten Temperaturgebieten diese Voraussetzung nicht mehr erfüllt ist. Man sollte also erwarten, daß hier das Verschwinden der Atome oder Radikale nach höherer Ordnung erfolgt, und zwar müßte die Reaktionsordnung, je nachdem, in welchem Gebiet der

[1] Z. physik. Chem., Abt. B **32** (1936), 169.
[2] A. Schechter: Acta physicochim. URSS. **10** (1939), 379.
[3] Der Rekombinationsfaktor ist hierbei gegeben durch $\varepsilon = \frac{N_r}{n}$.

Adsorptionsisotherme man sich befindet, zwischen der 1. und 2. variieren. Bei den eben besprochenen Beispielen liegen hierüber keine Messungen vor. Ganz analog scheinen aber die Verhältnisse bei der Rekombination der CH_3-Radikale zu sein (PANETH, HOFEDITZ und WUNSCH[1]). Da die Rekombinationsgeschwindigkeit der Radikale bei Erwärmen über Zimmertemperatur bereits ab-, beim Abkühlen entsprechend zunimmt, muß man annehmen, daß hier bereits bei Zimmertemperatur unter den üblichen Versuchsbedingungen die Belegungsdichte der Wand nicht mehr der Sättigung entspricht und daher auch vom Partialdruck der Radikale merklich beeinflußt wird. Die genaueren Messungen zeigten tatsächlich, daß schon bei Zimmertemperatur die Abnahme der Radikalkonzentration nach höherer als erster Ordnung erfolgt (Abb. 5). Auch dies spricht weiter dafür, daß die heterogene Rekombination überwiegend nach dem oben zugrunde gelegten Mechanismus verläuft und die Rekombination in der adsorbierten Schicht keine Rolle spielen kann.

Tabelle 5. *Rekombinationsoptimum bei verschiedenen Atomkonzentrationen.*

Partialdruck der Stickstoffatome mm Hg	T_{max} °K (Mittelwert)
0,005 ± 0,003	1170 ± 25
0,012 ± 0,003	1240 ± 25
0,020 ± 0,003	1320 ± 25

Die Geschwindigkeit der heterogenen Rekombination wird im allgemeinen bestimmt durch die Geschwindigkeit, mit der die Atome oder Radikale an die Wand gelangen. Je nach der Aktivität der Wand führt ein größerer oder kleinerer Bruchteil der Stöße auf die Wand zum Verbrauch der aktiven Teilchen. Wodurch dabei die verschiedene katalytische Aktivität der verschiedenen Stoffe verursacht wird, ist nicht näher bekannt. Auf Grund des geschilderten Mechanismus sind zwei Möglichkeiten denkbar, daß nämlich einmal bei der weniger aktiven Oberfläche die bei Sättigung erreichte Belegungsdichte geringer ist als bei der aktiveren oder daß bei gleicher Belegungsdichte die Reaktionswahrscheinlichkeit aus anderen Gründen geringer wird, z. B. dadurch, daß der Übergang der Rekombinationsenergie auf die Wand behindert ist. Diese Erklärung würde etwa dem entsprechen, daß ja auch bei der homogenen Dreierstoßrekombination verschiedene Fremdmoleküle verschiedene Wirkung haben. Vermutlich werden beide Vorgänge in Betracht zu ziehen sein.

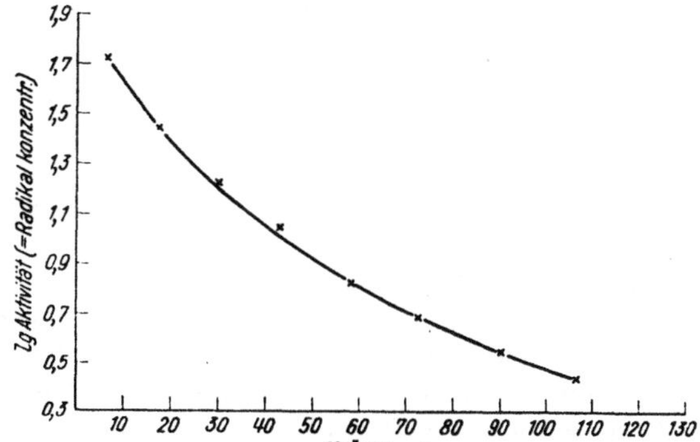

Abb. 5. Abnahme der CH_3-Konzentration durch Wandrekombination in Abhängigkeit von der Zeit (Temperatur 20° C) (PANETH, HOFEDITZ und WUNSCH).

Welcher Bruchteil der Stöße auf die Wand zur Rekombination führt, läßt sich z. B. in folgender Weise abschätzen[2]. Die Zeit, die ein Teilchen braucht, um aus dem Gasvolumen durch Diffusion an die Wand zu gelangen, ist nach der Formel von SMOLUCHOWSKI:

$$t = \frac{3\pi \overline{x^2}}{4\lambda \bar{v}}, \qquad (5)$$

[1] F. PANETH, W. HOFEDITZ, A. WUNSCH: J. chem. Soc. (London) **1935**, 372.

[2] G.-M. SCHWAB, H. FRIESS: Z. Elektrochem. angew. physik. Chem. **39** (1933), 586; Naturwiss. **21** (1933), 222.

worin λ die mittlere freie Weglänge, $\bar{v}$ die mittlere Molekulargeschwindigkeit und $\overline{x^2}$ das mittlere Quadrat des Abstands der Teilchen von der Wand ist. Betrachtet man etwa ein zylindrisches Rohr mit kreisförmigem Querschnitt von Radius R und ist die Konzentration der Teilchen über den ganzen Querschnitt konstant, so ist

$$\overline{x^2} = \frac{\int\limits_0^R 2\pi r\,(R-r)^2\,dr}{\pi R^2} = \frac{R^2}{6}\,*. \tag{6}$$

Würden die Teilchen bei jedem Stoß auf die Wand verschwinden, so wäre ihre mittlere Lebensdauer durch Gl. (5) gegeben. Ist die gemessene mittlere Lebensdauer höher, so ergibt sich aus dem Quotienten von berechneter zu gemessener Lebensdauer direkt, welcher Bruchteil der Stöße zur Rekombination führt.

Die bei dieser Abschätzung verwendete Voraussetzung, daß im ganzen Querschnitt gleiche Konzentration herrsche, ist natürlich im allgemeinen unzutreffend. Durch die Rekombination verarmen die in der Wandnähe befindlichen Gasschichten schnell an aktiven Teilchen, und es stellt sich ein dem Konzentrationsgefälle entsprechender Diffusionsstrom zur Wand ein. Für genauere Berechnungen hat man daher die Differentialgleichung der Diffusion zu integrieren. Die Messung der Lebensdauer von freien Atomen oder Radikalen erfolgt im allgemeinen in strömenden Gasen in der Weise, daß die Aktivität der Gase in verschiedenen Abständen vom Entstehungsort der aktiven Teilchen gemessen wird. Man hat daher zu berücksichtigen, daß ein Konzentrationsgefälle sich nicht nur zur Rohrwand hin, sondern auch in der Strömungsrichtung einstellt und dementsprechend auch Teilchen in der Strömungsrichtung diffundieren, was bei großen Diffusionskoeffizienten (z. B. bei H-Atomen) von Einfluß sein kann. Die entsprechende Differentialgleichung lautet dann:

$$\frac{D}{r}\cdot\frac{\partial}{\partial r}\left(r\cdot\frac{\partial c}{\partial r}\right) + D\cdot\frac{\partial^2 c}{\partial x^2} - v_0\cdot\frac{\partial c}{\partial x} = \frac{\partial c}{\partial t} = 0 \tag{7}$$

unter der Annahme, daß sich ein stationärer Zustand eingestellt hat (Paneth und Herzfeld[1]). Darin ist die x-Achse die Rohrachse in Strömungsrichtung mit dem Anfangspunkt am Entstehungsort der aktiven Partikeln, r der Abstand von der Rohrachse in radialer Richtung, c die Konzentration der aktiven Teilchen, D ihr Diffusionskoeffizient, v_0 die Strömungsgeschwindigkeit in Richtung der x-Achse. Bei der Integration der Gleichung trägt man der Tatsache, daß häufig nur ein Bruchteil der Stöße auf die Wand zum Verschwinden der aktiven Teilchen führt, in folgender Weise Rechnung: Es sei c_λ die Konzentration an aktiven Teilchen im Abstand einer mittleren freien Weglänge von der Rohrwand; dann ist die Zahl ihrer Stöße auf die Wand $c_\lambda\cdot\frac{\bar{v}}{4}$. Hiervon führt der Bruchteil ε zum Verschwinden der Teilchen. Im stationären Zustand müssen nun ebenso viele aus dem Gasvolumen durch Diffusion nachgeliefert werden. Das ergibt die Gleichung:

$$\varepsilon\cdot c_\lambda\cdot\frac{\bar{v}}{4} = -D\frac{\partial c}{\partial r} \quad \text{oder} \quad c_\lambda = -\frac{4D}{\varepsilon\bar{v}}\cdot\frac{\partial c}{\partial r}. \tag{8}$$

---

* *Anmerkung des Herausgebers:* Diese Formel ist hier auf Grund eines Briefwechsels des Verfassers mit dem Herausgeber durch ersteren gegenüber dem Original berichtigt worden. G.-M. Schwab.

[1] F. Paneth, K. F. Herzfeld: Z. Elektrochem. angew. physik. Chem. **37** (1931), 577.

Dieser Ausdruck dient dann als Grenzbedingung bei der Integration (für $\varepsilon = 1$ wird $D/\bar{v} = 0$ gesetzt; die Ausführung der Integration s. bei PANETH und HERZFELD, l. c.; STEINER[1]).

Mit Hilfe der erhaltenen Ausdrücke berechneten PANETH und HERZFELD[2] für das ε bei der Rekombination der CH_3- und C_2H_5-Radikale Werte von der Größenordnung 10^{-3}.

Aus den Betrachtungen geht hervor, daß (abgesehen von einer Vergiftung der Wände) alle Maßnahmen, die die Diffusion der Teilchen zur Wand verzögern, ihre Lebensdauer erhöhen müssen. Solche Maßnahmen sind z. B. Vergrößerung des Rohrdurchmessers und Verkleinerung des Diffusionskoeffizienten entweder durch Erhöhung des Druckes oder Verwendung von Trägergasen mit größerem Stoßquerschnitt. Für den Diffusionskoeffizienten eines Gases in einem anderen gilt nach ENSKOG[3] (für elastische Kugeln) die Gleichung:

$$D_g = \frac{3\sqrt{RT}\cdot\sqrt{\dfrac{M+M'}{M\cdot M'}}}{32\sqrt{2\pi}\,N_L\left(\dfrac{d+d'}{4}\right)^2(c+c')} \tag{9}$$

(M und M' Molekulargewichte, d und d' Moleküldurchmesser, c und c' Konzentrationen.) Die Erhöhung der Lebensdauer freier Atome und Radikale durch Zusatz von Inertgasen ist wohlbekannt. Die Lebensdauer nimmt dabei mit zunehmendem Druck so lange zu, bis sich die homogene Dreierstoßrekombination bemerkbar macht. Besonders aufschlußreich in dieser Hinsicht sind die Messungen von RABINOWITSCH und Mitarbeitern[4]. In Abb. 6 sind z. B. die Ergebnisse über die Rekombination von Jodatomen bei Zusatz verschiedener Fremdgase mit wachsendem Druck wiedergegeben. RABINOWITSCH und WOOD[4] konnten aus der Geschwindigkeit der heterogenen Rekombination von durch Belichten von Br_2 und J_2 erzeugten Br- und J-Atomen die Diffusionskoeffizienten der Atome in diesen Fremdgasen (H_2, He, A, N_2, O_2, CH_4, CO_2, C_6H_6) berechnen, allerdings unter der Voraussetzung, daß die Atome bei jedem Stoß auf die Wand verschwinden; aus der Tatsache, daß sie für J-Atome höhere Diffusionskoeffizienten fanden als für Br-Atome, geht hervor, daß diese Voraussetzung zum mindesten für die Br-Atome wohl nicht erfüllt ist.

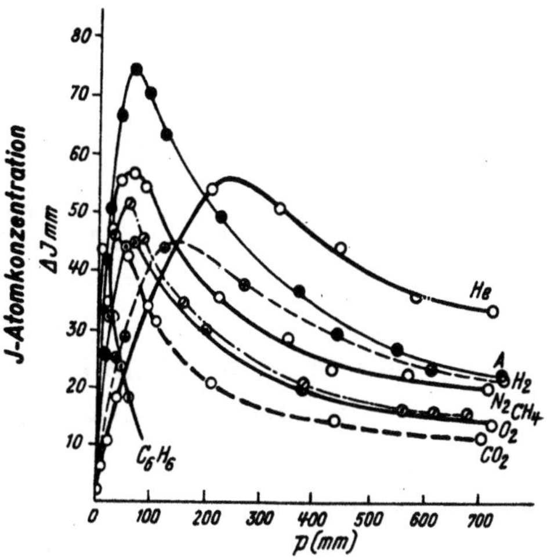

Abb. 6. Rekombination von J-Atomen bei Zusatz wachsender Drucke verschiedener Fremdgase (RABINOWITSCH).

Die Änderung der Diffusionsverhältnisse bei Gegenwart verschiedener Inertgase kommt auch in den Messungen von RITCHIE, SMITH und RITCHIE, SMITH und LUDLAM[5] über den BUDDE-Effekt beim Belichten von Brom und Chlor zum Ausdruck.

---

[1] W. STEINER: Trans. Faraday Soc. **31** (1935), 962.

[2] F. PANETH, K. F. HERZFELD: Z. Elektrochem. angew. physik. Chem. **37** (1931), 577.

[3] D. ENSKOG: Physik. Z. **12** (1911), 533.

[4] E. RABINOWITSCH, H. L. LEHMANN: Trans. Faraday Soc. **31** (1935), 689. — E. RABINOWITSCH, W. C. WOOD: Ebenda **32** (1936), 917; J. chem. Physics **4** (1936), 497. — E. RABINOWITSCH: Trans. Faraday Soc. **33** (1937) 283.

[5] M. RITCHIE, R. L. SMITH: J. chem. Soc. (London) **1940**, 394. — W. SMITH, M. RITCHIE, E. B. LUDLAM: Ebenda **1937**, 1680.

Bei Methyl- und Äthylradikalen fanden Paneth und Mitarbeiter[1] keine deutliche Änderung der Lebensdauer bei Änderung des Trägergases, doch waren die Verhältnisse durch gleichzeitige Änderungen in der katalytischen Aktivität der Wand unübersichtlich. Tatsächlich hat man bei der geringen Aktivität der Wand keinen Einfluß des Diffusionskoeffizienten mehr zu erwarten, wie weiter hinten (S. **117ff.**) bei der Besprechung des Kettenabbruchs gezeigt wird.

Die Zunahme der Lebensdauer von Äthylradikalen mit zunehmendem Durchmesser des Rekombinationsrohres zeigen folgende Zahlen aus der Arbeit von Paneth und Herzfeld[1] (Tabelle 6).

Tabelle 6. *Einfluß des Rohrdurchmessers auf die Rekombination von Äthylradikalen.*

Rohrdurchmesser cm	ε	Halbwertszeit (sec)
0,45	$1{,}3 \cdot 10^{-3}$	$5{,}3 \cdot 10^{-3}$
1,45	$1{,}6 \cdot 10^{-3}$	$15 \cdot 10^{-3}$

Also ist bei gleichem ε die Lebensdauer hier etwa proportional dem Rohrdurchmesser [bei $\varepsilon = 1$ hätte man, wie auch z. B. Gl. (5) zeigt, Proportionalität mit R^2 zu erwarten; s. a. weiter hinten bei der Besprechung von Kettenabbruch S. 120]. Alle diese Betrachtungen haben natürlich zur Voraussetzung, daß der Transport der rekombinierenden Teilchen zur Wand wirklich ausschließlich durch Diffusion erfolgt. Falls Konvektion, wie z. B. in turbulent strömenden Gasen, eine Rolle spielt, sinkt die Lebensdauer der aktiven Teilchen entsprechend ab (siehe z. B. Jost und Schweitzer[2]).

II. Teil.

Kettenabbruch und -einleitung an der Wand und ihr Einfluß auf die Kinetik von Kettenreaktionen.

A. Der Kettenabbruch an der Wand und die damit zusammenhängenden Gesetzmäßigkeiten, besonders bei wechselnder katalytischer Aktivität der Wand.

Über den Kettenabbruch an der Wand sind in den letzten Jahren im Zusammenhang mit Untersuchungen über die Kinetik von Kettenreaktionen so viel Beobachtungen bekannt geworden, daß es in dem hier gegebenen Rahmen nicht möglich ist, auf diese alle im einzelnen einzugehen. Wir werden uns daher darauf beschränken, im wesentlichen die gemeinsamen Gesetzmäßigkeiten wiederzugeben und diese an Hand einzelner, besonders eingehend untersuchter Reaktionen zu erläutern.

1. Reaktionen ohne Kettenverzweigung.

Wir nehmen zunächst an, daß Ketteneinleitung im Gasvolumen erfolgt, z. B. durch thermische oder photochemische Zersetzung eines der Reaktionsteilnehmer unter Bildung freier Atome oder Radikale, und die Reaktionsketten sich nicht verzweigen, d. h. im Verlauf der Kette für jedes verschwindende nur ein neues aktives Teilchen gebildet wird. Dieser Fall ist vielfach in den bei Zimmertemperatur verlaufenden photochemischen Reaktionen experimentell verwirklicht. Betrachten wir z. B. die häufig untersuchte photochemische Bildung von HCl und HBr aus den Elementen. Die HBr-Bildung ist ein Musterbeispiel dafür, wie durch den Kettenabbruch an der Wand nicht nur die Geschwindigkeit der Reaktion, son-

[1] F. Paneth, W. Hofeditz: Ber. **62** (1929), 1335. — F. Paneth, W. Lautsch: Ebenda **64** (1931), 2708. — F. Paneth, K. F. Herzfeld: Z. Elektrochem. angew. physik. Chem. **37** (1931), 577. — F. Paneth, W. Hofeditz, A. Wunsch: J. chem. Soc. (London) **1935**, 372.

[2] W. Jost, H. Schweitzer: Z. physik. Chem., Abt. B **13** (1931), 373.

dern auch das kinetische Gesetz, d. h. die Art der Abhängigkeit der Reaktionsgeschwindigkeit von den Konzentrationen der Reaktionsteilnehmer, dem Druck, Inertgaszusatz usw. geändert werden kann. Wie in den Artikeln von JOST und BODENSTEIN und JOST in Band I dieses Handbuchs näher ausgeführt ist, hängt bei Gesamtdrucken von einigen 100 mm Hg und nicht zu engen Gefäßen die Geschwindigkeit der photochemischen HBr-Bildung in folgender Weise von den Konzentrationen der reagierenden Stoffe und der Lichtintensität ab:

$$\frac{d[\mathrm{HBr}]}{dt} = \frac{k\,[\mathrm{H_2}]\sqrt{I_{\mathrm{abs}}}}{1 + C\cdot\frac{[\mathrm{HBr}]}{[\mathrm{Br_2}]}}. \tag{10}$$

Die Ableitung dieser Gleichung folgt aus dem bekannten Reaktionsschema unter der Annahme, daß der Kettenabbruch durch Dreierstoßrekombination der Br-Atome erfolgt, also in einem Prozeß, der in bezug auf die Br-Atome bimolekular ist. Tatsächlich ist ja auch unter den angenommenen Versuchsbedingungen die Konzentration der Br-Atome bei dieser Reaktion so hoch (siehe den Artikel von JOST in Bd. I S. 122), daß die homogene Rekombination für den Kettenabbruch bestimmend ist. Es gelang aber JOST und JUNG[1] zu zeigen, daß bei starker Erniedrigung des Druckes sich ein anderer Br-Atome verbrauchender Vorgang bemerkbar macht, und zwar ihre Rekombination an der Wand. Falls die Bedingungen so gewählt sind, daß dieser Vorgang für den Kettenabbruch bestimmend wird, verschwinden die Atome nicht mehr in einem Prozeß der zweiten, sondern der ersten Ordnung. Für die quasistationäre Konzentration der Br-Atome erhält man mit:

$$\frac{d[\mathrm{Br}]}{dt} = 2I_{\mathrm{abs}} - k[\mathrm{Br}] = 0: \tag{11}$$

$$[\mathrm{Br}] = \frac{2I_{\mathrm{abs}}}{k}, \tag{12}$$

wobei k die Geschwindigkeit der Wandrekombination bedeutet. Die Konzentration der Br-Atome und damit die Reaktionsgeschwindigkeit ist also nicht mehr der Wurzel aus der Lichtintensität, sondern deren erster Potenz proportional. Je nach dem Anteil, den homogene und heterogene Rekombination am Kettenabbruch haben, schwankt der Exponent von I_{abs} zwischen 0,5 und 1. Dies konnte experimentell beobachtet werden. Weiter wurde festgestellt, daß bei niedrigen Drucken Fremdgaszusatz die Reaktion beschleunigt, indem die Diffusion der Atome zur Wand behindert wird, bei höheren Drucken dagegen verlangsamt durch Beschleunigung der Dreierstoßrekombination[1]. Man hat also ganz analoge Verhältnisse wie bei den Messungen von RABINOWITSCH und Mitarbeitern[2]. Mit Hilfe der Diffusionsgesetze konnte JOST[1] den Kettenabbruch an der Wand quantitativ behandeln unter der Voraussetzung, daß an der Wand die Konzentration der Br-Atome stets gleich Null ist, die Atome also bei jedem Stoß auf die Wand verschwinden. Diese Voraussetzung ist, wie die Versuche mit frei dargestellten Br-Atomen zeigen (s. S. 102), verhältnismäßig gut erfüllt. Allerdings berichten HILFERDING und STEINER[3], daß sie durch verschiedene Vorbehandlung der Wand Unterschiede in der Reaktionsgeschwindigkeit hervorrufen konnten in dem Sinne, daß durch langes Auspumpen des Reaktionsgefäßes die Wirksamkeit der

---

[1] W. JOST, G. JUNG: Z. physik. Chem., Abt. B **3** (1929), 83, 95.
[2] E. RABINOWITSCH, H. L. LEHMANN: Trans. Faraday Soc. **31** (1935), 689. — E. RABINOWITSCH, W. C. WOOD: Ebenda **32** (1936), 917; J. chem. Physics **4** (1936), 497. — E. RABINOWITSCH: Trans. Faraday Soc. **33** (1937), 283.
[3] K. HILFERDING, W. STEINER: Z. physik. Chem., Abt. B **30** (1935), 399.

Wand erhöht wurde, um dann im Verlauf der Reaktion wieder abzunehmen. Immerhin scheinen bei der HBr-Bildung beträchtliche Unterschiede in der Wirksamkeit der Wand nicht aufzutreten, wie ja überhaupt ein Wandeinfluß nur unter besonders gewählten Versuchsbedingungen zu beobachten ist.

Die photochemische HBr-Bildung ist also eine Reaktion, bei der diese Verhältnisse besonders günstig liegen. Bei vielen anderen Reaktionen spielt erstens der Kettenabbruch an der Wand unter allen Versuchsbedingungen eine viel größere Rolle und ist zweitens die Wirksamkeit der Wand für den Kettenabbruch viel größeren Schwankungen unterworfen. Dieser letztere Umstand bildet überhaupt eine der größten Schwierigkeiten bei der Untersuchung der Kinetik vieler Kettenreaktionen und hat oft zu anscheinend einander völlig widersprechenden Versuchsergebnissen in den Untersuchungen verschiedener Autoren geführt. Durch geringfügige, vom Experimentator meist gar nicht beachtete Einflüsse kann der für den Kettenabbruch maßgebende Faktor ε um viele Größenordnungen geändert werden, und zwar nicht nur von einem Versuch oder einer Versuchsreihe zur anderen, sondern sogar innerhalb eines einzelnen Versuches, z. B. durch Einwirkung eines Reaktionsproduktes auf den Oberflächenzustand der Wand; hierdurch können dann natürlich meist völlig unreproduzierbare Effekte wie Hemmung oder Beschleunigung der Reaktion durch die Reaktionsprodukte u. ä. vorgetäuscht werden. Eins der bekanntesten Beispiele für alle diese Erscheinungen ist die photochemische HCl-Bildung aus den Elementen. Die quasistationäre Cl-Atomkonzentration bei dieser Reaktion ist stets so klein, daß eine homogene Dreierstoßrekombination als Kettenabbruch überhaupt nicht berücksichtigt zu werden braucht (BODENSTEIN und WINTER[1]), selbst wenn die Aktivität der Wand sehr gering ist. Bei genügend reinen, insbesondere sauerstofffreien Gasen erfolgt der Kettenabbruch unter allen Umständen durch Rekombination der Cl-Atome an der Wand; da die quasistationäre Konzentration an H-Atomen noch einige Größenordnungen geringer ist, als die der Cl-Atome, kann der Kettenabbruch durch Verschwinden von H-Atomen demgegenüber vernachlässigt werden. Aus dem Kettenschema:

$$\left.\begin{aligned} &1.\ Cl_2 + h\cdot\nu = 2\,Cl \\ &2.\ Cl + H_2 = HCl + H \\ &3\ \ H + Cl_2 = HCl + Cl \\ &4.\ Cl \xrightarrow{\text{Wand}} \tfrac{1}{2}\,Cl_2 \end{aligned}\right\} \tag{13}$$

ergibt sich das Geschwindigkeitsgesetz:

$$\frac{d\,[HCl]}{dt} = k\cdot[H_2]\cdot I_{abs}, \tag{14}$$

wie es für reine Gase zuerst von BODENSTEIN und UNGER[2] gefunden wurde. Wie sehr die Geschwindigkeit der Reaktion vom zufälligen Zustand der Wand abhängt, geht z. B. aus der Beobachtung von BERNREUTHER und BODENSTEIN[3] hervor, daß in einem stark ausgeheizten Quarzgefäß beim ersten Versuch praktisch kein Umsatz beobachtet werden konnte, im zweiten Versuch eine langsame Reaktion, im dritten eine wesentlich lebhaftere und im vierten Explosion auftrat, alles unter sonst völlig unveränderten Versuchsbedingungen. Weitere systematische Beobachtungen über den Einfluß verschiedener Vorbehandlung der Wand sind in

[1] M. BODENSTEIN, E. WINTER: S.-B. preuß. Akad. Wiss. **1936**, I.
[2] M. BODENSTEIN, W. UNGER: Z. physik. Chem., Abt. B **11** (1931), 253.
[3] F. BERNREUTHER, M. BODENSTEIN: S.-B. preuß. Akad. Wiss. **1933**, VI.

einer neueren Arbeit von BODENSTEIN enthalten[1]. v. BOGDANDY und POLANYI[2], die die Reaktion im Chlorknallgas nicht durch Belichten, sondern durch Einführung von Na-Dampf induzierten, beobachteten eine Beschleunigung der Reaktion in dem Maße, wie sich die Wand mit NaCl bedeckte, und zwar stieg die Reaktionsgeschwindigkeit maximal auf das 30fache des Anfangswertes bei reiner Glaswand.

BODENSTEIN und WINTER[3] konnten aus ihren Versuchsergebnissen unter Kenntnis der absoluten Geschwindigkeitskonstanten der Teilreaktionen berechnen, daß die Rekombinationswahrscheinlichkeit ε in ihren Versuchen etwa von der Größenordnung 10^{-4} war. Hierdurch konnte auch eine zuerst unverständliche Beobachtung von BODENSTEIN und UNGER[4] erklärt werden. Diese fanden nämlich, daß trotz des Verschwindens der Cl-Atome an der Wand die Reaktionsgeschwindigkeit durch Änderung des Diffusionskoeffizienten nicht beeinflußt werden konnte, im Gegensatz zu den entsprechenden Verhältnissen bei der Bromwasserstoffbildung. Sie nahmen daher zunächst an, daß der Kettenabbruch nicht an der Wand, sondern im Gasvolumen, und zwar durch Reaktion der Cl-Atome mit irgendeiner nicht näher bekannten Verunreinigung stattfände. Die Beobachtung, daß die Rekombinationswahrscheinlichkeit an der Wand für Cl-Atome unter Umständen sehr klein sein kann, legt nun aber folgende Erklärung der Ergebnisse von BODENSTEIN und UNGER nahe. Da der weitaus größte Teil der an die Wand gelangenden Atome wieder reflektiert wird, wird die Konzentration der Atome in Wandnähe nicht wesentlich kleiner als im Inneren des Reaktionsvolumens sein, und wenn kein merkliches Konzentrationsgefälle vorhanden ist, kann sich auch keine Diffusion bemerkbar machen. Die Zahl der Stöße auf die Wand wird in diesem Falle einfach durch die Zahl der gaskinetischen Stöße gegeben; die geringe Zahl der verschwindenden Atome wird schon durch eine unmerklich langsame Diffusion aus dem Inneren des Reaktionsvolumens nachgeliefert. Wir wollen die Verhältnisse etwas näher untersuchen mit Hilfe der Diffusionsgesetze, die sich für die mathematische Behandlung des Kettenabbruchs als sehr fruchtbar erwiesen haben (siehe z. B. die Arbeiten von SEMENOFF, BODENSTEIN, LENHER und WAGNER, JOST, HINSHELWOOD und CLUSIUS, BURSIAN und SOROKIN, STORCH und KASSEL, LEWIS und v. ELBE[5]). Tatsächlich scheint unter den normalen Versuchsbedingungen die Diffusion der ausschlaggebende Transportvorgang zu sein[6], während Konvektion praktisch vernachlässigt werden kann. Betrachtet man etwa ein Gefäß, das aus zwei unendlich ausgedehnten planparallelen Platten besteht (Diffusion in nur einer Dimension), die senkrecht zur x-Achse stehen, so ist die Konzentration an aktiven Zentren n_x bei unverzweigten Ketten im sta-

---

[1] M. BODENSTEIN (nach Versuchen von L. v. MÜFFLING, A. SOMMER, S. KHODSCHAIAN): Z. physik. Chem., Ab. B **48** (1941), 239.

[2] ST. v. BOGDANDY, M. POLANYI: Z. Elektrochem. angew. physik. Chem. **33** (1927), 554.

[3] M. BODENSTEIN, E. WINTER: S.-B. preuß. Akad. Wiss. **1936**, I.

[4] M. BODENSTEIN, W. UNGER: Z. physik. Chem., Abt. B **11** (1931), 253.

[5] N. SEMENOFF s. bes. Chemical Kinetics and Chain Reactions, Oxford, 1935. — M. BODENSTEIN, S. LENHER, C. WAGNER: Z. physik. Chem., Abt. B **3** (1929), 459. — W. JOST: Z. physik. Chem., Abt. B **3** (1929), 95. — C. N. HINSHELWOOD, K. CLUSIUS: Proc. Roy. Soc. (London), Ser. A **129** (1930), 589. — V. BURSIAN, V. SOROKIN: Z. physik. Chem., Abt. B **12** (1931), 247. — H. H. STORCH, L. S. KASSEL: J. Amer. chem. Soc. **57** (1935), 672. — B. LEWIS, G. v. ELBE: Ebenda **59** (1937), 970.

[6] Ganz entsprechend findet D. A. FRANK-KAMENETZKY [Acta physicochim. URSS **10** (1939), 365] bei der theoretischen Behandlung von Wärmeexplosionen, daß die Wärmeabführung aus dem reagierenden Gas praktisch ausschließlich durch Wärmeleitung erfolgt, während Konvektion unter nicht zu extremen Bedingungen zu vernachlässigen ist.

tionären Zustand gegeben durch die Gleichung[1]:

$$D \cdot \frac{\partial^2 n}{\partial x^2} + n_0 = \frac{\partial n}{\partial t} = 0 \tag{15}$$

Hierin ist D der Diffusionskoeffizient der Kettenträger in dem Reaktionsgemisch, x der Abstand von der Mittelebene, wobei wir annehmen, daß der Koordinatenanfangspunkt gerade in der Mitte zwischen beiden Wänden liegt, und n_0 ist die Zahl der pro Zeit- und Volumeneinheit primär erzeugten aktiven Zentren, die natürlich von der bereits vorhandenen Konzentration unabhängig und in unserem Falle z. B. durch die Zahl der absorbierten Lichtquanten gegeben ist[2]. Die Integration der Gl. (15) führt unter Berücksichtigung der Tatsache, daß die Konzentrationsverteilung symmetrisch zur Mittelebene und daher $\left(\frac{dn}{dx}\right)_{(x=0)}$ gleich 0 sein muß, zu der Beziehung für n:

$$n = -\frac{n_0}{2D} \cdot x^2 + C. \tag{16}$$

Die Bestimmung der Integrationskonstanten erfolgt durch Einsetzen der Grenzbedingungen. Führt jeder Stoß der aktiven Teilchen auf die Wand zu ihrer Vernichtung, wie in den älteren Rechnungen stets angenommen wurde, so ist n an der Wand für alle Zeiten gleich Null zu setzen, und man erhält als Grenzbedingung, wenn die Wände von der Mittelebene den Abstand $x = \pm r$ haben, $n_{(x=\pm r)} = 0$; hieraus ergibt sich dann die bekannte Beziehung:

$$n = \frac{n_0}{2D} \cdot (r^2 - x^2). \tag{17}$$

Die mittlere Konzentration $\bar{n}$ der Kettenträger, der die Reaktionsgeschwindigkeit proportional ist, ergibt sich dann durch Integration von Gl. (17) über das gesamte Reaktionsvolumen:

$$\bar{n} = \frac{N}{2r} = \frac{1}{2r} \cdot \int_{-r}^{+r} n \cdot dx = \frac{n_0 \cdot r^2}{3D} \tag{18}$$

(N = Gesamtzahl der Teilchen im Reaktionsvolumen); dies ist die bekannte Formel, wonach die Reaktionsgeschwindigkeit bei Kettenabbruch an der Wand proportional dem Quadrat des Gefäßdurchmessers und umgekehrt proportional dem Diffusionskoeffizienten ist, wie es bei manchen Reaktionen auch tatsächlich beobachtet werden kann.

Wie wir oben gesehen hatten, ist die Grenzbedingung, die zur Ableitung der Formeln (17) und (18) geführt hatte, häufig nicht erfüllt. Wir haben also eine andere Grenzbedingung einzuführen, die dem Umstand Rechnung trägt, daß häufig nur ein geringer Bruchteil der an die Wand gelangenden Kettenträger verschwindet. Eine derartige Beziehung wurde bereits von PANETH und HERZ-

[1] Allen im folgenden gebrachten Ableitungen liegt die vereinfachende Annahme zugrunde, daß stets nur eine Art aktiver Teilchen für Kettenabbruch usw. zu berücksichtigen ist. [Ansätze zur Verallgemeinerung für mehrere Arten von Teilchen siehe z. B. bei JOST und v. MÜFFLING: Z. physik. Chem., Abt. A **183** (1938), 43. — W. JOST: Explosions- und Verbrennungsvorgänge in Gasen, S. 276f. Springer, Berlin, 1939; vgl. auch den Artikel von JOST in Bd. I dieses Handbuches S. 135.]

[2] Falls das Reaktionsgefäß überall gleichmäßig belichtet wird. Der experimentell häufige Fall, daß nur ein kleiner Bereich des Reaktionsgemisches belichtet wird, läßt sich ebenfalls mathematisch erfassen und bringt gegenüber den obigen Ableitungen nur eine Änderung in den Zahlenfaktoren (z. B. bei SEMENOFF: Chemical Kinetics and Chain Reactions. Oxford, 1935); wir gehen daher hier nicht näher darauf ein.

FELD[1] angewandt und von STORCH und KASSEL[2] für Kettenreaktionen dahin modifiziert, daß im stationären Fall, den wir hier durchweg betrachten, die Gesamtzahl der Kettenträger im Reaktionsvolumen unverändert bleiben muß, also stets ebenso viele aktive Teilchen verschwinden wie neugebildet werden. Das führt zu der Beziehung:

$$\varepsilon \cdot \frac{\bar{v}}{4} \cdot n_\lambda = n_0 \cdot r \tag{19}$$

oder durch Einsetzen von (16) für n_λ:

$$\varepsilon \cdot \frac{\bar{v}}{4} \cdot \left(- \frac{n_0}{2D} (r - \lambda)^2 + C \right) = n_0 \cdot r. \tag{20}$$

Aus Gl. (20) wird dann die Integrationskonstante C bestimmt. Man erhält entsprechend[3]:

$$n = \frac{n_0}{2D} (r^2 - x^2) + \frac{4 n_0 r}{\bar{v}} \left(\frac{1}{\varepsilon} - 1 \right) \tag{21}$$

und

$$\bar{n} = \frac{n_0 r^2}{3D} + \frac{4 n_0 \cdot r}{\bar{v}} \cdot \left(\frac{1}{\varepsilon} - 1 \right). \tag{22}$$

Beide Ausdrücke gehen für $\varepsilon = 1$ natürlich wieder in (17) und (18) über. Für andere mathematisch leicht zu behandelnde Gefäßformen, die experimentell häufiger verwirklicht sind, z. B. den unendlichen Zylinder (d. h. in der Praxis ein Zylinder, dessen Höhe gegenüber dem Durchmesser so groß ist, daß man die Diffusion in der Längsrichtung vernachlässigen kann) und die Kugel, erhält man prinzipiell die gleichen Ausdrücke, die sich nur in den Zahlenfaktoren unterscheiden, nämlich für den Zylinder:

$$n = \frac{n_0}{4D} (r^2 - x^2) + \frac{2 n_0 \cdot r}{\bar{v}} \left(\frac{1}{\varepsilon} - 1 \right) \tag{23}$$

$$\bar{n} = \frac{n_0 \cdot r^2}{8D} + \frac{2 n_0 \cdot r}{\bar{v}} \left(\frac{1}{\varepsilon} - 1 \right), \tag{24}$$

für die Kugel:

$$n = \frac{n_0}{6D} (r^2 - x^2) + \frac{4}{3} \frac{n_0 \cdot r}{\bar{v}} \left(\frac{1}{\varepsilon} - 1 \right) \tag{25}$$

$$\bar{n} = \frac{n_0 \cdot r^2}{15D} + \frac{4}{3} \frac{n_0 \cdot r}{\bar{v}} \left(\frac{1}{\varepsilon} - 1 \right), \tag{26}$$

wobei r den Radius bedeutet. Mit Hilfe der Formeln (21)$\div$(26) läßt sich der Einfluß einer Veränderung der katalytischen Aktivität der Wand quantitativ diskutieren, falls für D und $\bar{v}$ entsprechende Angaben vorliegen. Während man für $\varepsilon = 1$ die Gl. (17) und (18) entsprechenden Ausdrücke erhält, gehen für $\varepsilon \ll 1$, wenn also gleichzeitig

$$\frac{n_0}{2D} (r^2 - x^2) \quad \text{bzw.} \quad \frac{n_0 \cdot r^2}{3D} \ll \frac{4 n_0 \cdot r}{\bar{v} \cdot \varepsilon}$$

wird, Gl. (21) und (22) über in:

$$n = \bar{n} = \frac{4 n_0 \cdot r}{\bar{v} \cdot \varepsilon}. \tag{27}$$

Es wird also die Konzentration der Kettenträger überall im Volumen gleich und

---

[1] F. PANETH, K. F. HERZFELD: Z. Elektrochem. angew. physik. Chem. **37** (1931), 577.

[2] H. H. STORCH, L. S. KASSEL: J. Amer. chem. Soc. **57** (1935), 672.

[3] Bei dieser Ableitung erhält man $D = \bar{v} \cdot \lambda / 4$; diese Abweichung gegenüber der üblichen Formel $D = \bar{v} \cdot \lambda / 3$ rührt daher, daß alle freien Weglängen gleich der mittleren gesetzt werden.

gleichzeitig die Reaktionsgeschwindigkeit vom Diffusionskoeffizienten unabhängig. Der Übergang vom einen Grenzfall zum anderen ist in den Abb. 7÷11 für planparallele Platten mit dem Abstand $2r = 10$ cm und ein Kugelgefäß vom Radius $r = 5$ cm wiedergegeben, wobei für $\bar{v}: 5 \cdot 10^4\,\text{cm}\cdot\text{sec}^{-1}$, für $D: 0{,}5\,\text{cm}^2\cdot\text{sec}^{-1}$

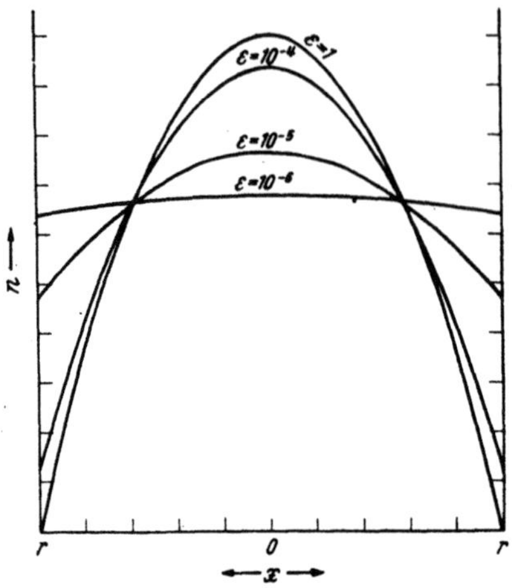

Abb. 7. Konzentrationsverteilung der Kettenträger bei verschiedenem Rekombinationsfaktor ε (planparallele Platten).

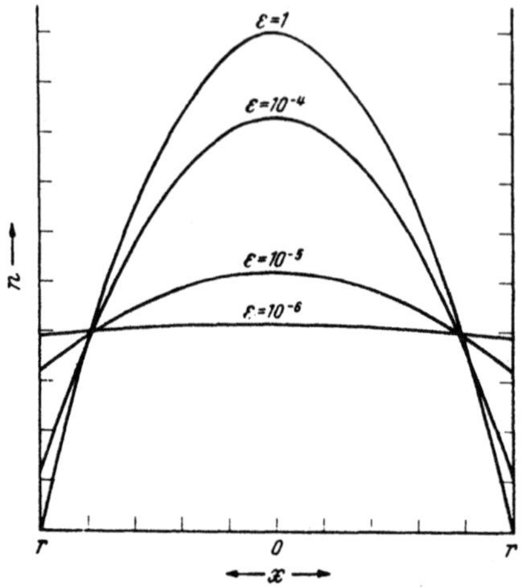

Abb. 8. Konzentrationsverteilung der Kettenträger bei verschiedenem Rekombinationsfaktor ε (Kugelgefäß).

angenommen wurde, wie es etwa für Cl-Atome bei Zimmertemperatur und einigen 100 mm $H_2 + Cl_2$-Drucken geschätzt werden kann. Die Abb. 7 und 8 zeigen, wie sich die Verteilung der Konzentration der aktiven Teilchen im Reaktionsgefäß unter diesen Bedingungen ändert mit abnehmendem ε; dabei ist stets gleiche

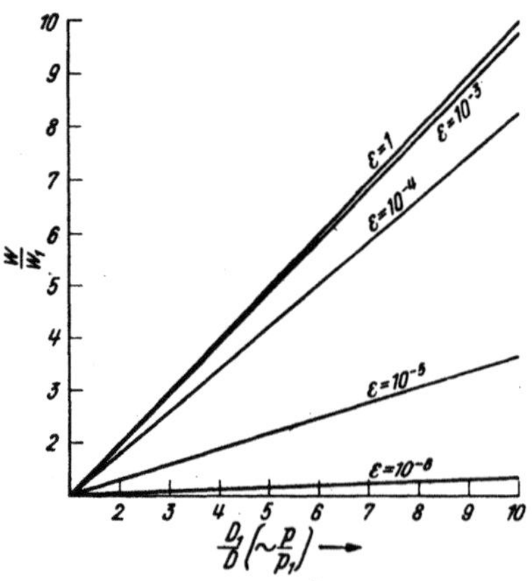

Abb. 9. Zunahme der Reaktionsgeschwindigkeit mit abnehmendem Diffusionskoeffizienten D bei verschiedenem Rekombinationsfaktor ε (planparallele Platten).

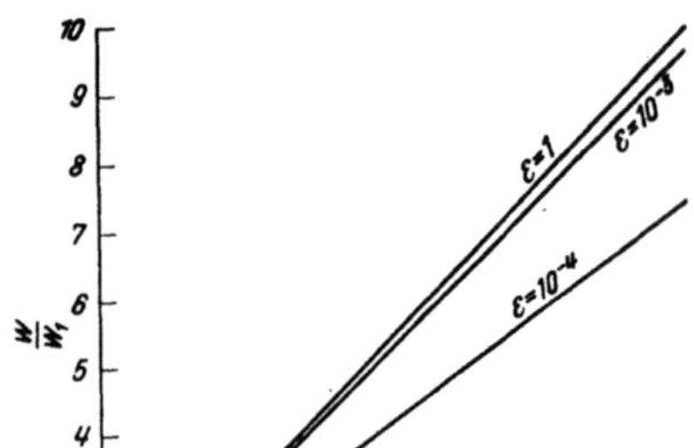

Abb. 10. Zunahme der Reaktionsgeschwindigkeit mit abnehmendem Diffusionskoeffizienten D bei verschiedenem Rekombinationsfaktor ε (Kugelgefäß).

Reaktionsgeschwindigkeit, also gleiches $\bar{n}$ angenommen. Unter den angegebenen Bedingungen tritt bei Werten für ε unterhalb etwa 10^{-3} eine merkliche Veränderung in der Konzentrationsverteilung gegenüber $\varepsilon = 1$ auf und bei $\varepsilon = 10^{-6}$ ist unter diesen Umständen etwa der Grenzfall erreicht, daß die Konzentration im ganzen Volumen konstant ist. In den Abb. 9 und 10 ist dargestellt, wie sich mit abnehmendem ε der Einfluß des Diffusionskoeffizienten auf die Reaktionsgeschwindigkeit ändert. Während bei hohen Werten von ε direkte Proportionalität besteht, wird mit abnehmenden Werten von ε die Abhängigkeit immer geringer und bei 10^{-6} wird die Reaktion praktisch nicht mehr beeinflußt. Man sieht, daß dann z. B. im Kugelgefäß eine Erniedrigung von D auf ein Fünftel die Reaktionsgeschwindigkeit nur noch um 10% erhöht, was sich in diesem Falle experimentell nicht mehr feststellen lassen dürfte. Derartige Verhältnisse müssen etwa in den Versuchen von BODENSTEIN und UNGER[1] vorgelegen haben.

Natürlich ist bei der Verringerung der Zahl der Kettenabbrüche zur Aufrechterhaltung der gleichen mittleren Konzentration eine wesentlich geringere Neubildung von aktiven Teilchen erforderlich. Setzen wir etwa unter den angegebenen Bedingungen den Wert für n_0 gleich 1 im Falle $\varepsilon = 1$, so nehmen die Werte für n_0 in folgender Weise ab (Tabelle 7).

Tabelle 7. *Relative Geschwindigkeit der Neubildung aktiver Teilchen bei verschiedenem Rekombinationsfaktor für konstante stationäre Teilchenkonzentration.*

ε	n_0	
	Planparallele Platten	Kugel
1	1	1
10^{-3}	1/1,025	1/1,04
10^{-4}	1/1,24	1/1,4
10^{-5}	1/3,4	1/5
10^{-6}	1/25	1/41

Bei weiter abnehmendem ε nimmt dann n_0 direkt proportional ab. Diese Zahlen würden in dem vorliegenden Beispiel bedeuten, daß man bei einer Abnahme des ε von 1 bzw. 10^{-3} auf 10^{-6} mit einer etwa 40 mal kleineren Lichtintensität die gleiche Reaktionsgeschwindigkeit erhielte. Entsprechende Beobachtungen finden sich zum Beispiel in der Arbeit von BERNREUTHER und BODENSTEIN[2], die, nachdem die zuerst sehr aktive Wand in den ersten Versuchen weitgehend inaktiviert wurde (s. oben S. 114), erst nach Schwächung der Lichtintensität auf $^1/_{20}$ des Anfangswertes wieder eine stationäre Reaktion erhielten, deren Geschwindigkeit aber noch weit über der des ersten Versuches lag. Bei gleichbleibendem n_0 steigt natürlich mit abnehmendem ε die Reaktionsgeschwindigkeit entsprechend den reziproken Werten der Tabelle 7 an. So beobachteten z. B. BODENSTEIN und JOCKUSCH[3], daß unter sonst gleichen Versuchsbedingungen die photochemische HCl-Bildung in einem Magnesium-Gefäß 60 mal langsamer verlief als in einem Quarzgefäß infolge der größeren Aktivität der Wand für Kettenabbrüche. Die zufälligen und unkontrollierbaren Veränderungen in der Aktivität der Wand sind ja gerade der Grund dafür, daß es unter Umständen so außerordentlich schwierig ist, bei sonst gleichen Versuchsbedingungen reproduzierbare Werte für die Geschwindigkeitskonstanten der untersuchten Reaktionen zu erhalten, weshalb es besonders bei der photochemischen HCl-Bildung so große

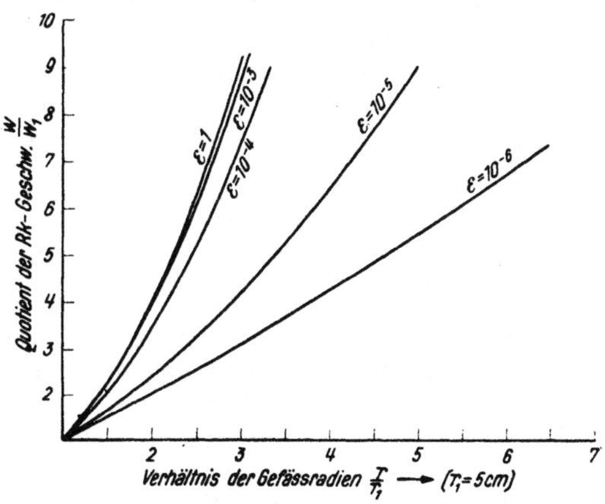

Abb. 11. Zunahme der Reaktionsgeschwindigkeit mit zunehmendem Gefäßradius r bei verschiedenem Rekombinationsfaktor ε (Kugelgefäß).

---

[1] M. BODENSTEIN, W. UNGER: Z. physik. Chem., A bt. B 11 (1931), 253.
[2] F. BERNREUTHER, M. BODENSTEIN: S.-B. preuß. Akad. Wiss. 1933, VI.
[3] M. BODENSTEIN, H. JOCKUSCH (unter teilweiser Mitarbeit von SHING-HOU CHONG): Z. anorg. allg. Chem. 231 (1937), 24.

Mühe machte, alle Ergebnisse verschiedener Autoren nach einheitlichen Gesichtspunkten zu deuten.

Eine weitere Änderung, die beim Übergang von großen zu kleinen Werten für ε auftritt, ist die Art der Abhängigkeit der Reaktionsgeschwindigkeit von den Gefäßdimensionen. Während im Grenzfall $\varepsilon = 1$ Proportionalität mit dem Quadrat des Gefäßradius besteht, ist im Falle $\varepsilon \ll 1$ die Geschwindigkeit nur noch der ersten Potenz von r proportional [siehe Formeln (18) und (27)]. Der Übergang vom einen zum anderen Grenzfall ist, wieder unter den oben angegebenen Annahmen, in Abb. 11 für ein Kugelgefäß wiedergegeben. Hier, wie auch bereits in den Abb. 7÷10 und Tabelle 7, fällt auf, daß eine nicht zu starke Verminderung von ε, zum Beispiel von 1 auf $10^{-3} \div 10^{-4}$, praktisch noch keinen Einfluß auf die Reaktionsgeschwindigkeit und die Konzentrationsverteilung der Kettenträger ausübt. Man hat dies so zu verstehen, daß die Teilchen, wenn sie erst einmal in die Wandzone diffundiert sind, dort sehr viele Zusammenstöße mit der Wand haben, ehe sie Gelegenheit haben, wieder ins Innere zu diffundieren und den Konzentrationsausgleich herzustellen, so daß eine mäßige Erniedrigung von ε noch keinen Einfluß hat. Bei welchem Wert von ε die Änderung merklich wird, hängt natürlich von den Werten von D, $\bar{v}$ und r ab. Z. B. wird bei niedrigen Drucken und entsprechend erhöhten Werten der Diffusionskonstanten in den Ausdrücken (21)÷(26) das erste Glied auf der rechten Seite schon bei höheren Werten von ε vernachlässigt werden können, so daß man also schon bei entsprechend höheren Werten von ε den Grenzfall erreicht, der hier erst bei 10^{-6} eintrat. Bei den Versuchen von Paneth und Herzfeld[1] über die Wandrekombination der CH_3-Radikale bei Gesamtdrucken von 2 mm Hg war der Diffusionskoeffizient der Radikale etwa 3 Zehnerpotenzen größer, als er hier in den obigen Rechnungen angenommen wurde. Entsprechend kann man erwarten, daß schon bei $\varepsilon = 10^{-3}$ die gleichen Verhältnisse erreicht sind, die wir in unseren Rechnungen für $\varepsilon = 10^{-6}$ erhalten. Das bereits oben mitgeteilte Ergebnis (siehe S. 112, Tabelle 6), daß bei $\varepsilon \simeq 10^{-3}$ die Lebensdauer der Radikale dem Rohrdurchmesser proportional ist, ist eine Bestätigung dieser Annahme.

Kettenabbruch gleichzeitig an der Wand und im Volumen.

Setzt man zu Chlorknallgas O_2 hinzu, so wird die Reaktion durch Kettenabbruch im Gasvolumen stark gehemmt. Man muß also bei wachsendem O_2-Zusatz Übergang vom Kettenabbruch an der Wand zum Abbruch in der Gasphase erhalten. Da der Kettenabbruch in der Gasphase in diesem Fall ebenfalls in bezug auf die aktiven Teilchen nach erster Ordnung verläuft, lautet die Gleichung für die Konzentration der aktiven Teilchen, wieder für den Fall der planparallelen Platten und stationären Zustand[2]:

$$D \cdot \frac{d^2 n}{d x^2} - \beta n + n_0 = 0, \tag{28}$$

wenn β die Wahrscheinlichkeit des Kettenabbruchs in der Gasphase bezeichnet. Die Lösung dieser Gleichung, wieder unter der Voraussetzung, daß der Koordinatenanfangspunkt in der Mitte zwischen beiden Wänden liegt und daher

---

[1] F. Paneth, K. F. Herzfeld: Z. Elektrochem. angew. physik. Chem. **37** (1931), 577.

[2] Unter diesen Umständen erfordert natürlich der Fall, daß nur ein Teil des Reaktionsgemisches belichtet wird, eine besondere Diskussion; hierbei kann ja die Konzentration der Kettenträger schon in einigem Abstand von der Wand 0 werden und diese daher erst bei ganz anderen Versuchsbedingungen eine Rolle spielen wie bei gleichmäßiger Belichtung des ganzen Gefäßes.

$\left(\frac{dn}{dx}\right)_{(x=0)} = 0$ ist, lautet:

$$n = C \cdot \mathfrak{Cof} \sqrt{\frac{\beta}{D}} \cdot x + \frac{n_0}{\beta}. \tag{29}$$

Die Konstante C ergibt sich wieder aus den Grenzbedingungen; setzt man $\varepsilon = 1$, also $n_{(x=r)} = 0$, so erhält man für die mittlere Konzentration der aktiven Teilchen (BURSIAN und SOROKIN[1]):

$$\bar{n} = \frac{n_0}{\beta}\left(1 - \frac{\mathfrak{Tg}\sqrt{\frac{\beta}{D}} \cdot r}{\sqrt{\frac{\beta}{D}} \cdot r}\right). \tag{30}$$

Falls $\varepsilon \neq 1$, erhält man wieder aus der Stationaritätsbedingung, daß die Zahl der verschwindenden gleich der der neugebildeten Teilchen sein muß, die Beziehung:

$$\varepsilon \cdot \frac{\bar{v}}{4} \cdot n_\lambda + \beta \cdot N = n_0 r \qquad \left(N = \int_0^r n \cdot dx\right) \tag{31}$$

und hieraus:

$$\bar{n} = \frac{n_0}{\beta}\left(1 - \frac{1}{\sqrt{\frac{\beta}{D}}\, r \cdot \mathfrak{Ctg}\sqrt{\frac{\beta}{D}}\, r + \frac{4r}{\bar{v}}\beta\left(\frac{1}{\varepsilon} - 1\right)}\right)^*, \tag{32}$$

was für $\varepsilon = 1$ wieder in (30) übergeht. Für $\varepsilon = 0$, wenn also alle Ketten in der Gasphase abgebrochen werden, ist:

$$\bar{n} = \frac{n_0}{\beta}, \tag{33}$$

die Reaktionsgeschwindigkeit als die einer homogenen Reaktion natürlich von Gefäßdimension und Diffusionskoeffizient unabhängig und bei gleichbleibendem n_0 nur durch β beeinflußbar, also immerhin noch vom Druck und Fremdgaszusatz abhängig im gleichen Maße wie hierdurch die Zahl und der Erfolg der Dreierstöße verändert wird, durch die in diesem Fall der Kettenabbruch erfolgt (siehe z. B. BODENSTEIN und LAUNER[2] sowie den Artikel von BODENSTEIN und JOST in Band I dieses Handbuchs). Den Übergang vom Kettenabbruch an der Wand zu dem in der Gasphase untersuchte z. B. TRIFONOFF[3]. Während im ersten Falle die Reaktionsgeschwindigkeit dem Quadrat des Gefäßdurchmessers proportional war[4] (was gleichzeitig darauf schließen läßt, daß in diesen Versuchen das ε genügend groß war), hatte im zweiten Grenz-

---

[1] V. BURSIAN, V. SOROKIN: Z. physik. Chem., Abt. B 12 (1931), 247.

* Falls $\sqrt{\frac{\beta}{D}} \cdot \lambda$ genügend klein ist, so daß man

$$\mathfrak{Cof}\sqrt{\frac{\beta}{D}} \cdot \lambda \approx 1, \quad \mathfrak{Sin}\sqrt{\frac{\beta}{D}} \cdot \lambda \approx \sqrt{\frac{\beta}{D}} \cdot \lambda$$

setzen kann.

[2] M. BODENSTEIN, H. F. LAUNER: Z. physik. Chem., Abt. B 48 (1941), 268.

[3] A. TRIFONOFF: Z. physik. Chem., Abt. B 3 (1929), 195.

[4] Man erhält dies Ergebnis auch aus Gl. (30) für den Grenzfall $\beta \to 0$; in diesem Fall setzt man

$$1 - \frac{\mathfrak{Tg}\sqrt{\frac{\beta}{D}} \cdot r}{\sqrt{\frac{\beta}{D}} \cdot r} = \frac{\beta}{3D} r^2 \quad \left(\text{wegen } \mathfrak{Tg}\, u = u - \frac{u^3}{3} + \frac{2}{15} u^5 - + \cdots\right)$$

und erhält dadurch wieder Ausdruck (18).

fall (bei merklichen O_2-Zusätzen) die Wand keinerlei Einfluß. Hier ist, da β der Sauerstoffkonzentration proportional ist, die Reaktionsgeschwindigkeit $\sim 1/[O_2]$. TRIFONOFF ermittelte das Druckgebiet, in welchem bei gegebenen Versuchsbedingungen Übergang vom einen Grenzfall zum anderen stattfindet, in Übereinstimmung mit der Theorie.

Im Fall, daß der Kettenabbruch in der Gasphase nicht nach erster, sondern zweiter Ordnung in bezug auf die aktiven Teilchen erfolgt, wie z. B. wenn sie miteinander in der Gasphase rekombinieren, lautet die Differentialgleichung für das Übergangsgebiet entsprechend:

$$D \cdot \frac{d^2 n}{d x^2} - \beta n^2 + n_0 = 0 . \tag{34}$$

Sie läßt sich nicht mehr geschlossen integrieren. Eine angenäherte Diskussion dieser Verhältnisse, wie sie etwa bei der photochemischen HBr-Bildung auftreten, findet sich bei JOST[1].

2. Reaktionen mit Kettenverzweigung.

Von großer praktischer Bedeutung für die Behandlung von explosiven Reaktionen, unter die ja namentlich alle Verbrennungsreaktionen fallen, ist die in der Hauptsache von SEMENOFF[2] entwickelte Vorstellung der Kettenverzweigung. Wir setzen hier voraus, daß die Kettenverzweigung in der Gasphase stattfindet, in einem Prozeß, der in bezug auf die aktiven Teilchen von erster Ordnung ist, wie z. B. bei der Knallgasverbrennung durch Zwischenreaktionen der Art:

$$H + O_2 = OH + O$$
$$O + H_2 = OH + H .$$

Die Differentialgleichung für die Konzentration der aktiven Teilchen lautet dann, wenn wieder n_0 die Zahl der primär erzeugten Teilchen ist, für planparallele Platten im stationären Fall:

$$D \cdot \frac{d^2 n}{d x^2} + \alpha n + n_0 = 0 , \tag{35}$$

wenn α die Wahrscheinlichkeit der Kettenverzweigung (genau genommen den Überschuß der kettenverzweigenden über die kettenabbrechenden Vorgänge in homogener Gasphase) bedeutet. Die Lösung lautet, wieder unter Berücksichtigung von $\left(\frac{dn}{dx}\right)_{(x=0)} = 0$,

$$n = C \cdot \cos \sqrt{\frac{\alpha}{D}}\, x - \frac{n_0}{\alpha} . \tag{36}$$

Nimmt man an, daß $\varepsilon = 1$ oder so groß ist, daß sich die Verringerung des Kettenabbruchs an der Wand noch nicht bemerkbar macht (vgl. oben S. 120), so erhält man für die mittlere Konzentration (BURSIAN und SOROKIN[3]):

$$\bar{n} = \frac{n_0}{\alpha} \cdot \left(\frac{\operatorname{tg} \sqrt{\frac{\alpha}{D}}\, r}{\sqrt{\frac{\alpha}{D}}\, r} - 1 \right) , \tag{37}$$

einen Ausdruck, der mit $\sqrt{\frac{\alpha}{D}}\, r \to \frac{\pi}{2}$ gegen ∞ geht, was gleichbedeutend mit Explosion ist; in Abb. 12 ist diese Funktion in Kurvenform wiedergegeben. Eine der-

[1] W. JOST: Z. physik. Chem., Abt. B 3 (1929), 95.
[2] N. SEMENOFF s. bes. Chemical Kinetics and Chain Reactions. Oxford, 1935.
[3] V. BURSIAN, V. SOROKIN: Z. physik. Chem., Abt. B 12 (1931), 247.

artige Zunahme der Reaktionsgeschwindigkeit mit zunehmendem Gefäßdurchmesser oder abnehmendem Diffusionskoeffizienten (z. B. durch Zugabe von Inertgas) findet man bei manchen Oxydationsreaktionen. Bei Diskussionen über das Eintreten von Explosion hat man natürlich immer zu berücksichtigen, daß Explosion nicht erst bei $\sqrt{\frac{\alpha}{D}}r = \frac{\pi}{2}$, sondern schon bei kleineren Werten auftreten kann, z. B. durch Störung des Wärmegleichgewichts, also Übergang in Wärmeexplosion. (Über die Frage, ob als notwendige Explosionsbedingung wirklich Unendlichwerden der Reaktionsgeschwindigkeit erforderlich ist, siehe z. B. JOST und v. MÜFFLING[1], JOST[2] und Band I dieses Handbuches S. 135.) Der Einfluß der Variation von ε läßt sich auch hier in ganz analoger Weise erfassen wie oben durch die Stationaritätsbedingung:

$$\varepsilon \cdot \frac{\bar{v}}{4} \cdot n_\lambda = n_0 \cdot r + \alpha \cdot N. \tag{38}$$

Das führt dann zu der Gleichung:

$$\bar{n} = \frac{n_0}{\alpha} \cdot \left(\frac{1}{\sqrt{\frac{\alpha}{D}}\, r \operatorname{ctg} \sqrt{\frac{\alpha}{D}}\, r - \frac{4r}{\bar{v}}\, \alpha \left(\frac{1}{\varepsilon} - 1\right)} - 1 \right), \tag{39}$$

einem Ausdruck, der wieder für $\varepsilon = 1$ in (37), für $\alpha = 0$ in (22) übergeht. Berücksichtigt man, daß

$$u \cdot \operatorname{ctg} u = 1 - \frac{u^2}{3} - \frac{u^4}{45} - \cdots$$

ist, und bricht hinter dem zweiten Glied ab (für Werte von $u \leqq 1$ mit einem Fehler $\leqq 3\%$), so läßt sich (39) umformen in:

$$\bar{n} = \frac{n_0}{\frac{3D}{r^2} \cdot \frac{1}{1 + \frac{3\lambda}{r}\left(\frac{1}{\varepsilon} - 1\right)} - \alpha}, \tag{40}$$

und man erhält für $\varepsilon = 1$

$$\bar{n} = \frac{n_0}{\frac{3D}{r^2} - \alpha}, \tag{41}$$

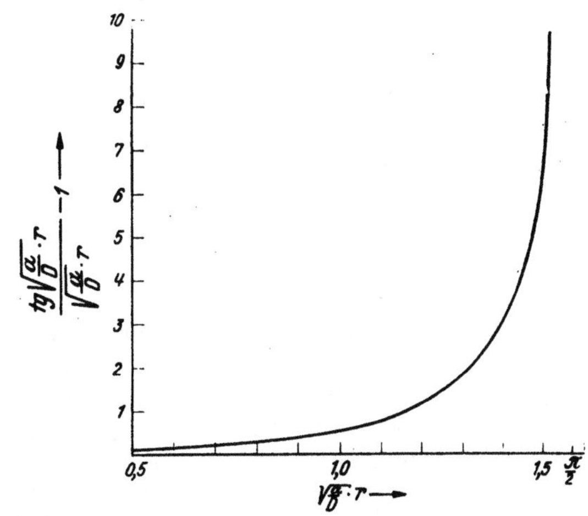

Abb. 12. Zunahme der Reaktionsgeschwindigkeit bei Kettenverzweigung ($\varepsilon = 1$).

einen Ausdruck, der für $\alpha = 0$ in (18) übergeht; falls $\varepsilon \ll 1$ und damit $\frac{3\lambda}{\varepsilon \cdot r} \gg 1$ ist, erhält man dagegen:

$$\bar{n} = \frac{n_0}{\frac{\varepsilon \cdot \bar{v}}{4r} - \alpha}, \tag{42}$$

was für $\alpha = 0$ entsprechend mit (27) identisch ist. (Für andere Gefäßformen erhält man wieder entsprechend geänderte Zahlenfaktoren; siehe z. B. für Kugelgefäß LEWIS und v. ELBE[3]). Für Werte von $\sqrt{\frac{\alpha}{D}}\, r$ nahe bei $\frac{\pi}{2}$ ergibt sich eine ganz ähnliche Diskussion (siehe LEWIS und v. ELBE[3]). In den Ausdrücken (41) und (42) ent-

[1] W. JOST, L. v. MÜFFLING: Z. physik. Chem., Abt. A 183 (1938), 43.
[2] W. JOST: Explosions- und Verbrennungsvorgänge in Gasen, S. 275ff. Berlin: Springer, 1939.
[3] B. LEWIS, G. v. ELBE: J. Amer. chem. Soc. 59 (1937), 970.

spricht immer das erste Glied im Nenner der Wahrscheinlichkeit des Kettenabbruchs, das zweite der der Kettenverzweigung; die Reaktion ist stationär, solange der Kettenabbruch die Verzweigung überwiegt; falls der Nenner verschwindet (bzw. sehr klein wird), bekommt man Explosion, und zwar handelt es sich hier um die Bedingungen der unteren Explosionsgrenze, bei der die Kettenverzweigung in der Gasphase mit dem Kettenabbruch an der Wand konkurriert. Während in dem durch Gl. (41) beschriebenen Grenzfall ($\varepsilon = 1$) das Eintreten der Explosion durch Erniedrigung des Diffusionskoeffizienten befördert wird und die Explosionsgrenze sich mit dem Quadrat des Gefäßdurchmessers ändert, ist im anderen Grenzfall ($\varepsilon \ll 1$) [Gl. (42)] die Explosionsgrenze von D unabhängig und ändert sich nur noch mit der 1. Potenz von r, genau dieselben Beziehungen, die wir schon oben bei unverzweigten Ketten erhalten hatten. Die experimentelle Verwirklichung der beiden Grenzfälle ε nahe bei 1 und $\varepsilon \ll 1$ zeigen Versuche von Biron und Nalbandjan[1] über den Einfluß von Argonzusatz auf die untere Explosionsgrenze bei der Knallgasexplosion in zwei verschiedenen Reaktionsgefäßen, von denen das eine aus vor dem Versuch bis zum Erweichen erhitztem Pyrexglas, das andere aus Quarz bestand (Tabelle 8).

Tabelle 8. *Argoneinfluß auf die untere Explosionsgrenze von Knallgas.* Gemisch $3\,H_2 + 2\,O_2$; Temperatur 515° C.

Überschmolzenes Pyrexglas		Quarz	
p_{Argon} mm Hg	$p_{H_2+O_2}$ (Explosionsgrenze) mm Hg	p_{Argon} mm Hg	$p_{H_2+O_2}$ (Explosionsgrenze) mm Hg
0	0,15	0	11,2
0,04	0,15	8,5	8,5
0,07	0,14	14,5	7,3
0,105	0,145	20,5	6,9
0,15	0,15		

Man sieht, daß im überschmolzenen Pyrexrohr die kettenabbrechende Wirkung der Wand so gering ist, daß Unabhängigkeit vom Diffusionskoeffizienten erreicht ist; das drückt sich auch in der außerordentlich tiefen Lage der Explosionsgrenze aus, die im Quarz um etwa 2 Zehnerpotenzen höher ist; entsprechend findet man auch im Quarz einen deutlichen Einfluß des Inertgaszusatzes. Wenn man die Wand durch besondere Maßnahmen für den Kettenabbruch noch aktiver macht, z. B. durch Belegen mit KCl, so geht die Explosionsgrenze noch weiter herauf (Frost und Alyea[2]). Auch die langsame Oxydation von H_2 wird durch Belegen der Gefäßwand mit KCl stark gehemmt[3], desgleichen zahlreiche andere Oxydationsreaktionen (z. B. die von Propan[4]). Nach den weiter oben mitgeteilten Ergebnissen von Taylor und Lavin[5] und Frost und Oldenberg[6] über die Radikalrekombination (S. 103, Tabelle 4) katalysiert KCl Rekombinationsvorgänge, an denen OH-Radikale beteiligt sind; diese oder ähnliche Radikale spielen ja vermutlich bei allen Oxydationsvorgängen von Wasserstoffverbindungen eine erhebliche Rolle.

Eine Diskussion des Übergangsgebietes von großen zu kleinen Werten von ε führt auch hier zu denselben Erkenntnissen, die wir bereits oben bei unverzweig-

[1] A. Biron, A. Nalbandjan: Acta physicochim. URSS **6** (1937), 43.
[2] A. A. Frost, H. N. Alyea: J. Amer. chem. Soc. **55** (1933), 3227.
[3] R. N. Pease: J. Amer. chem. Soc. **52** (1930), 5106.
[4] R. N. Pease: J. Amer. chem. Soc. **51** (1929), 1839.
[5] H. S. Taylor, G. I. Lavin: J. Amer. chem. Soc. **52** (1930), 1910. — G. I. Lavin, W. F. Jackson: Ebenda **53** (1931), 3189.
[6] A. A. Frost, O. Oldenberg: J. chem. Physics **4** (1936), 642.

ten Ketten erhalten hatten (s. STORCH und KASSEL[1], LEWIS und v. ELBE[1]), daß nämlich eine mäßige Erniedrigung der kettenabbrechenden Wirkung der Wand zunächst noch keinen Einfluß hat und sich dann in einem durch die Versuchsbedingungen gegebenen Intervall von ε-Werten der Übergang vom einen Grenzfall zum anderen vollzieht.

B. Die Erscheinung der Ketteneinleitung an der Wand.

1. Experimentelle Beispiele.

Die bisher besprochene Erscheinung des Kettenabbruchs an der Wand ist nicht die einzige Art, in der die Gefäßwand in den Ablauf von Gasreaktionen eingreifen kann. Ebenso bekannt ist es, daß an der Wand auch Ketten eingeleitet werden können. Experimentell wurde dies zum erstenmal von ALYEA und HABER[2] bei der Entzündung von Knallgas beobachtet. ALYEA und HABER kreuzten Strahlen von O_2 und H_2 unter Bedingungen von Druck und Temperatur, unter denen in Glas- oder Quarzgefäßen Explosion eintritt, und erhielten unter diesen Umständen keine Zündung. Wurde dagegen ein auf die gleiche Temperatur geheizter Stab aus Quarz (oder Glas, Porzellan, Kupfer, Eisen) an die Kreuzungsstelle der Gasstrahlen gebracht, so trat die Zündung ein. Daß das Material der Wand eine Rolle spielt, geht daraus hervor, daß mit Aluminium keine Zündung eingeleitet werden konnte.

Analoge Ergebnisse wie ALYEA und HABER an Knallgas erhielt THOMPSON[3] an Schwefelkohlenstoff-Sauerstoff-Gemischen. Ließ man Strahlen der Gase sich kreuzen in Abwesenheit einer festen Oberfläche, so erhielt man bei Atmosphärendruck Zündung erst oberhalb 250° C, wurde dagegen ein auf 150 ÷ 160° C geheiztes Glasrohr an die Kreuzungsstelle gehalten, so trat Zündung ein, wobei man beobachten konnte, daß die Flammen von der Glaswand ausgingen. Dieser direkte Befund, daß Kettenreaktionen in der Gasphase von der Wand aus eingeleitet werden können, ist in der Folgezeit auch in zahlreichen Untersuchungen aus der Kinetik der Kettenreaktionen und dem Einfluß der Wand hierauf gefolgert worden. Es hat auch nicht an Versuchen gefehlt, den Übergang der Kettenträger von der Oberfläche der festen Phase in den Gasraum direkt nachzuweisen, besonders in Gegenwart spezifischer Katalysatoren, an deren Oberfläche ein lebhafter Umsatz stattfindet. Ein Befund in dieser Richtung beim Knallgas von KOBOSEW und ANOCHIN[4], die beim Überleiten eines H_2-Luft-Stromes über Platinmohr bei Zimmertemperatur noch in einer Entfernung von 11 cm hinter dem Katalysator reduzierende Wirkung der Gase feststellten, wie sie im allgemeinen freie H-Atome besitzen, und daraus auf einen Übergang der katalytischen Oberflächenreaktion in den Gasraum bei dieser Temperatur schlossen, wird allerdings von ROGINSKY und SELDOWITSCH[5] als Wärmeeffekt gedeutet. ROGINSKY und SELDOWITSCH nehmen an, daß bei Temperaturen unterhalb 200° C die Volumenreaktion gegenüber der Oberflächenreaktion keine Rolle spielt. POLJAKOW[6] konnte bei der katalytischen H_2-O_2-Reaktion an Palladium spektralanalytisch die Gegenwart von OH-Radikalen im Gasraum in einer Entfernung von 6 ÷ 7 cm von der Katalysatoroberfläche schon bei etwa 70 ÷ 80° C und 50 ÷ 200 mm Hg Druck nachweisen; doch

[1] H. H. STORCH, L. S. KASSEL: J. Amer. chem. Soc. **57** (1935), 672. — B. LEWIS, G. v. ELBE: Ebenda **59** (1937), 970.

[2] H. N. ALYEA, F. HABER: Z. physik. Chem., Abt. B **10** (1930), 193. — H. N. ALYEA: J. Amer. chem. Soc. **53** (1931), 1324.

[3] H. W. THOMPSON: Z. physik. Chem., Abt. B **10** (1930), 273.

[4] N. I. KOBOSEW, W. L. ANOCHIN: Z. physik. Chem., Abt. B **13** (1931), 63.

[5] S. ROGINSKY, J. SELDOWITSCH: Z. physik. Chem., Abt. B **18** (1932), 361.

[6] M. W. POLJAKOW: J. physic. Chem. (russ.) **3** (1932), 201.

fand auch er, daß die Reaktion unter diesen Bedingungen hauptsächlich am Katalysator verläuft. Auch bei Gegenwart von Radikalen erfordert die Fortsetzung der Reaktionsketten im Gasraum ja noch eine merkliche Aktivierungsenergie (siehe z. B. GEIB[1]), so daß bei niedrigen Temperaturen kein merklicher Umsatz stattfindet. Bei höheren Temperaturen nimmt dagegen die Kettenlänge im Gasraum schnell zu, und die Volumenreaktion spielt dann neben der Oberflächenreaktion eine beträchtliche Rolle und kann sie sogar in den Hintergrund drängen (z. B. die Versuche von POLJAKOW und Mitarbeitern[2] über die entsprechenden Verhältnisse beim Knallgas).

Einen Übertritt von aktiven Teilchen von der Katalysatoroberfläche in den Gasraum konnte auch KOCHANENKO[3] bei der katalytischen Zersetzung von Aceton an Nickel bei 210° beobachten. Leuchtphosphore, die hinter dem Katalysator in die strömenden Gase gebracht wurden, leuchteten auf, angeregt durch die Oberflächenrekombination freier Radikale, genau wie das aus den Versuchen mit H-Atomen bekannt ist (siehe oben S. 98).

Andere Versuchsergebnisse lassen mehr indirekt aus der Kinetik der Reaktionen auf die Ketteneinleitung an der Wand schließen. Z. B. fand PRETTRE[4] bei der gemeinsamen Oxydation von H_2 und CO, daß bei einem H_2-Partialdruck unterhalb von 30 mm Hg die Reaktionsgeschwindigkeit mit dem H_2-Druck gemäß einer Adsorptionsisotherme zunahm; oberhalb 30 mm Hg hatte eine Änderung des H_2-Druckes keinen Einfluß auf die Reaktionsgeschwindigkeit mehr. Das führt zu dem Schluß, daß durch den an der Wand adsorbierten Wasserstoff die Reaktion eingeleitet wird, wobei bei 30 mm H_2-Partialdruck unter diesen Umständen praktisch der Sättigungszustand erreicht ist.

Zu dem gleichen Ergebnis gelangte CHRISTIANSEN[5] bei der Untersuchung der thermischen HCl-Bildung aus den Elementen. Die Geschwindigkeit dieser Reaktion ist der Chlorkonzentration direkt proportional, während man unter der Annahme, daß die Ketten durch Dissoziation von Cl_2 in der Gasphase eingeleitet würden, Abhängigkeit von $[Cl_2]^2$ erwarten sollte. Auch hier wird als Erklärung der Ergebnisse angenommen, daß die Ketten an der Wand eingeleitet werden, wobei die Unabhängigkeit der Bildungsgeschwindigkeit der Primärzentren von der Chlorkonzentration darauf beruht, daß bei den angewandten Cl_2-Drucken die an der Wand adsorbierte Chlormenge der Sättigung entspricht. Die thermische HCl-Bildung ist später noch wiederholt untersucht worden[6, 7, 8], so daß man an Hand dieser Reaktion einen einigermaßen zusammenhängenden Überblick über die Merkmale der Kettenreaktionen mit Ketteneinleitung an der Wand gewinnen kann, wie wir weiter unten sehen werden.

Auch die thermische HF-Bildung aus den Elementen wird von der Wand her eingeleitet und zeigt außerordentlich starke Abhängigkeit von Gefäßmaterial[9] und Vorbehandlung. Während in nicht angeätzten neuen Glasgefäßen beim Einfüllen der Gase bei Zimmertemperatur Entzündung eintrat, lief in häufiger benutzten Gefäßen, die nicht ausgeheizt wurden, die Reaktion langsamer; hier hatte

---

[1] K. H. GEIB: Ergebn. exakt. Naturwiss. **15** (1936), 44.
[2] M. W. POLJAKOW, P. M. STADNIK, A. I. ELKENBARD: Acta physicochim. URSS **1** (1934/35), 817. — M. W. POLJAKOW, I. I. MALKIN, A. W. ALEXANDROWITSCH: Ebenda **1** (1934/35), 821.
[3] P. N. KOCHANENKO: Acta physicochim. URSS **9** (1938), 93.
[4] M. PRETTRE: C. r. hebd. Séances Acad. Sci. **212** (1941), 1090; **213** (1941), 29.
[5] J. A. CHRISTIANSEN: Z. physik. Chem., Abt. B **2** (1929), 405.
[6] R. N. PEASE: J. Amer. chem. Soc. **56** (1934), 2388.
[7] G. KORNFELD, S. KHODSCHAIAN: Z. physik. Chem., Abt. B **35** (1937), 403.
[8] J. C. MORRIS, R. N. PEASE: J. Amer. chem. Soc. **61** (1939), 391, 396.
[9] M. BODENSTEIN, H. JOCKUSCH: S.-B. preuß. Akad. Wiss. **1934**, II.

sich die Wand mit Fluoriden und Silicofluoriden der Basen des Glases überzogen, die nun anscheinend weniger aktiv für die Ketteneinleitung sind. In Quarzgefäßen tritt immer Explosion auf, wenn die Gase nicht durch SiF_4 verunreinigt sind, das die Reaktion stark hemmt und das sich beim Stehen von Fluor allein im Gefäß bildet. In Silbergefäßen, deren Oberfläche nach einigen Versuchen mit AgF überzogen ist, findet gleichfalls explosionsartige Reaktion bei 20° C statt. Dagegen ist in Gefäßen aus Magnesium oder Elektronmetall auch bei Zimmertemperatur kein Umsatz zu beobachten. Als man versuchte[1], im Mg-Gefäß die Reaktion durch Belichten in Gang zu bringen in Analogie zur HCl-Bildung, ergab sich, daß nun die Wand für den Kettenabbruch durch Vernichtung von H-Atomen so aktiv war (vielleicht durch die Reaktion $H + MgF_2 = HF + MgF$, wonach letzteres durch Fluor sofort wieder in MgF_2 übergeführt wird), daß bei der angewandten Lichtintensität kein gut meßbarer Umsatz beobachtet werden konnte. Auch in Platingefäßen wurde nur eine sehr langsame Reaktion erhalten[1], was ebenfalls auf schnellen Kettenabbruch zurückzuführen ist, leicht verständlich, da Platin ja ein guter Katalysator für die H-Atomrekombination ist.

Was den Mechanismus der Ketteneinleitung von Volumenketten von der Wand her betrifft, so hat man wohl anzunehmen, daß dieser Vorgang eng mit einer katalytischen Oberflächenreaktion verknüpft ist. An sehr aktiven Katalysatoren kann, wie wir weiter oben schon erwähnt hatten, ein großer Teil des Gesamtumsatzes an der Katalysatoroberfläche stattfinden, an weniger aktiven ein geringerer oder vernachlässigbar kleiner. Die katalytische Oberflächenreaktion kann möglicherweise über die gleichen Zwischenstufen und aktiven Teilchen verlaufen wie die entsprechende Gasreaktion. Die Einleitung der Kettenreaktion an der Oberfläche erfolgt vermutlich meist durch aktivierte Adsorption, also unter gleichzeitiger Dissoziation, eines der Reaktionspartner. Die aktivierte Adsorption z. B. von H_2 an vielen Metallen ist ja bekannt. Roginsky[2] schließt aus Versuchen über die Parawasserstoff-Umwandlung, daß auch an Glas- und Quarzwänden adsorbierter H_2 schon bei etwa 120° C merklich in Atome gespalten ist. Irgend eine der Zwischenreaktionen der an der Oberfläche ablaufenden Kette hat dann eine genügend große Wärmetönung, die ausreicht, das in der Reaktion entstehende aktive Teilchen von der Wand zu lösen, womit der Kettenbeginn in der Gasphase gegeben ist. Betrachten wir z. B. die thermische HCl-Bildung aus H_2 und Cl_2. Die experimentellen Ergebnisse führten zu dem Schluß, daß der Reaktionsbeginn durch Dissoziation eines adsorbierten Chlormoleküls erfolgt. Natürlich kann man nicht annehmen, daß die in der Adsorptionsschicht gebildeten Cl-Atome sogleich in den Gasraum übertreten; das ist thermodynamisch unmöglich. Aber sie können nun zunächst an der Wand mit H_2 reagieren zu $HCl + H$; vielleicht wäre das hierbei entstehende H-Atom schon imstande, in den Gasraum zu entweichen. Viel größer ist die Wahrscheinlichkeit hierzu aber für das im nächsten Schritt $H + Cl_2 = HCl + Cl\,(\text{Wand})$ entstehende Cl-Atom; diese Reaktion hat in der Gasphase eine Wärmetönung von etwa 45 kcal/Mol (an der Wand durch die Adsorptionswärmen entsprechend geändert). Nehmen wir also an, daß dieses Cl-Atom in den Gasraum entweicht und dort eine Kette einleitet mit größenordnungsmäßig 10^4 Gliedern, wie man sie aus der photochemischen Reaktion kennt, so können dagegen die zwei ersten an der Wand verlaufenden Glieder vernachlässigt werden. Tatsächlich kann auch keine nennenswerte Umsetzung an der Wand festgestellt werden, wie besonders aus den Versuchen von Pease[3]

---

[1] M. Bodenstein, H. Jockusch (teilweise unter Mitarbeit von Shing-Hou Chong): Z. anorg. allg. Chem. **231** (1937), 24.

[2] S. Roginsky: Acta physicochim. URSS **1** (1934/35), 473.

[3] R. N. Pease: J. Amer. chem. Soc. **56** (1934), 2388.

hervorgeht, der durch Vergrößerung der Oberfläche durch Füllen des Reaktionsgefäßes mit Glasstücken bei sauerstofffreien Gasen keine Beschleunigung der Reaktion erhielt. Je nach dem Verhältnis der Zahl der Kettenglieder an der Wand und im Gasraum, das infolge der verschiedenen Aktivierungsenergien auch stark von der Temperatur abhängt, kann sich die heterogene Reaktion natürlich unter Umständen stark bemerkbar machen, wie ja bereits das oben angeführte Beispiel der Knallgasvereinigung in Gegenwart von Platin und Palladium zeigte. Als eigentliche Kettenreaktionen mit Ketteneinleitung an der Wand wollen wir hier nur die definieren, bei denen der heterogene Umsatz neben dem homogenen vernachlässigt werden kann. Die Rolle der Wand als Katalysator für die Ketteneinleitung geht z. B. bei der thermischen HCl-Bildung aus folgendem hervor. MORRIS und PEASE[1] fanden, daß sich in ihren Versuchen aus der Bildungsgeschwindigkeit des HCl eine stationäre Cl-Atomkonzentration ergab, die gleich dem thermischen Dissoziationsgrad des Cl_2 war. Die Frage, warum dann überhaupt die Wand zur Ketteneinleitung erforderlich ist und nicht, wie bei der thermischen HBr-Bildung, die thermische Dissoziation des Cl_2 in der Gasphase als ketteneinleitender Vorgang zu betrachten ist, läßt sich leicht dadurch beantworten, daß beim Chlorknallgas die Cl-Atome durch homogene Dissoziation nur langsam nachgeliefert werden und sehr schnell weiterreagieren, so daß im Gegensatz zur H_2-Br_2-Reaktion das Dissoziationsgleichgewicht durch die Reaktion stark gestört wird. Es wird dann die Dissoziationsgeschwindigkeit des Cl_2 für die Geschwindigkeit der Gesamtreaktion maßgebend, und diese ist, wenn man mit den bimolekularen Stoßzahlen und einer Aktivierungsenergie, die gleich der Dissoziationswärme von Cl_2 ist, rechnet, so klein, daß die Reaktionsgeschwindigkeit 5÷6 Größenordnungen niedriger liegen müßte, als tatsächlich beobachtet wird. An der Wand dagegen kann nach den Rechnungen von KORNFELD und KHODSCHAIAN[2] die Dissoziation des Cl_2 mit genügender Geschwindigkeit verlaufen; hier ist die Aktivierungsenergie der Dissoziation nur etwa 38 kcal/mol; der niedrige Temperaturkoeffizient der Reaktion war übrigens auch bei CHRISTIANSEN[3] mit ein Grund zur Annahme von heterogener Ketteneinleitung. Der schon erwähnte Befund von MORRIS und PEASE[1], daß die Reaktionsgeschwindigkeit etwa dem thermischen Dissoziationsgrad des Cl_2 entsprach, führt zu dem Schluß, daß bei ihnen die Ketten praktisch ausschließlich durch heterogene Rekombination zweier Cl-Atome abgebrochen wurden, so daß die Wand also die Einstellung des Gleichgewichts $Cl_2 \rightleftarrows 2\,Cl$ katalysierte. Der Umstand, daß KORNFELD und KHODSCHAIAN wesentlich geringere Reaktionsgeschwindigkeit fanden, läßt sich nach MORRIS und PEASE z. B. dadurch erklären, daß in diesen Versuchen auch Kettenabbruch durch Verbrauch von H-Atomen eine Rolle spielte. Daß bei KCl-Belegung der Wand dagegen höhere Werte erhalten wurden, muß dahin gedeutet werden, daß hier H_2 an der Ketteneinleitung beteiligt war.

War bereits bei Berücksichtigung nur des Kettenabbruchs an der Wand die Reaktion sehr stark von geringen zufälligen Veränderungen des Oberflächenzustandes abhängig, so gilt dies natürlich in noch erhöhtem Maße, wenn auch die Ketteneinleitung ein heterogener Vorgang ist. Es zeigt sich, daß derartige heterogen-homogene Prozesse, bei denen der Hauptteil der Reaktion in der Gasphase verläuft, häufig noch stärker durch den Oberflächenzustand zu beeinflussen sind als rein heterogene Reaktionen.

---

[1] J. C. MORRIS, R. N. PEASE: J. Amer. chem. Soc. **61** (1939), 391, 396.
[2] G. KORNFELD, S. KHODSCHAIAN: Z. physik. Chem., Abt. B **35** (1937), 403.
[3] J. A. CHRISTIANSEN: Z. physik. Chem., Abt. B **2** (1929), 405.

2. Rechnerische Behandlung bei Ketteneinleitung an der Wand.

Wir wollen noch betrachten, welche kinetischen Merkmale sich für Kettenreaktionen bei Ketteneinleitung an der Wand ergeben. Auch hier lassen sich ganz analog die Diffusionsgesetze anwenden. Es sind folgende Fälle möglich: Zunächst bei unverzweigten Ketten Ketteneinleitung an der Wand und Kettenabbruch an der Wand. In diesem Fall kann die Konzentration der aktiven Teilchen nur durch Diffusion geändert werden. Betrachtet man wieder zwei planparallele Platten im Abstand $2r$, in deren Mitte der Koordinatenanfangspunkt liegt, und den stationären Fall, so lautet die entsprechende Differentialgleichung:

$$D \cdot \frac{d^2 n}{d x^2} = 0\,, \tag{43}$$

woraus sich ergibt, daß die Konzentration n überall im Volumen gleich sein muß. Bezeichnet man die Zahl der je cm² der Wand eingeleiteten Ketten mit m_0, so muß wieder im stationären Zustand die Zahl der eingeleiteten gleich der der abgebrochenen Ketten sein, also

$$m_0 = n \cdot \frac{\varepsilon \cdot \bar{v}}{4} \tag{44}$$

oder[1]

$$n = \bar{n} = \frac{4\, m_0}{\varepsilon \cdot \bar{v}}\,, \tag{45}$$

d. h. die Reaktionsgeschwindigkeit wird vom Diffusionskoeffizienten und Gefäßdurchmesser unabhängig wie eine rein homogene Reaktion. Das ist z. B. das Ergebnis von PEASE[2] bei der thermischen HCl-Bildung in O_2-freien Gasen, bei der durch Packen des Gefäßes die Reaktionsgeschwindigkeit nicht verändert wurde; dagegen konnten durch Veränderungen des Oberflächenzustandes der Wand (z. B. Belegen mit KCl) starke Änderungen hervorgerufen werden, die sogar dazu führten, daß das kinetische Gesetz sich änderte[3]. Auch die Unterschiede in den Ergebnissen verschiedener Autoren können wohl hier wieder auf Unterschiede in der Beschaffenheit der Oberflächen zurückgeführt werden.

Sind die Gase sauerstoffhaltig, so werden die Ketten wieder ganz analog der photochemischen Reaktion durch Reaktion mit Sauerstoff in der Gasphase abgebrochen, mit einer Geschwindigkeit, die der Konzentration der Kettenträger direkt proportional ist. Man erhält in diesem Fall für die Konzentration der aktiven Teilchen die Gleichung:

$$D \cdot \frac{d^2 n}{d x^2} - \beta \cdot n = 0\,. \tag{46}$$

Die Lösung lautet unter Berücksichtigung der gleichen Bedingungen wie oben:

$$n = C \cdot \operatorname{Cof} \sqrt{\frac{\beta}{D}} \cdot x\,, \tag{47}$$

eine Funktion, die bekanntlich für $x = 0$, also die Gefäßmitte, ein Minimum ergibt. Aus der Stationaritätsbedingung:

$$m_0 = \beta \cdot N \tag{48}$$

erhält man hier für $\bar{n}$ die einfache Beziehung:

$$\bar{n} = \frac{m_0}{\beta \cdot r}\,. \tag{49}$$

[1] Die Ableitung verliert in dieser Form natürlich für $\varepsilon = 1$ ihren Sinn, da in diesem Fall definitionsgemäß die Konzentration an der Wand und damit auch überall im Volumen gleich 0 wird; wir lassen daher diesen wohl auch selten exakt verwirklichten Grenzfall hier außer Betracht (s. hierzu SEMENOFF: bes. Chemical Kinetics and Chain Reactions, S. 35. Oxford, 1935).

[2] R. N. PEASE: J. Amer. chem. Soc. **56** (1934), 2388.

[3] J. C. MORRIS, R. N. PEASE: J. Amer. chem. Soc. **61** (1939), 391, 396.

Die Reaktionsgeschwindigkeit wird also vom Diffusionskoeffizienten unabhängig und nimmt mit abnehmendem r zu. Letzteres wurde übereinstimmend von KORNFELD und KHODSCHAIAN[1] und PEASE[2] bei sauerstoffhaltigen Gasen gefunden. Die Zunahme der Reaktionsgeschwindigkeit mit abnehmendem Gefäßdurchmesser entspricht natürlich genau den Gesetzmäßigkeiten, die man erhält, wenn die Reaktion z. T. heterogen an der Wand verläuft; es muß also in einem solchen Fall besonders nachgewiesen werden, daß die hier beschriebenen Verhältnisse, Ketteneinleitung an der Wand und -abbruch in der Gasphase, tatsächlich vorliegen. Das ist hier nach den Ergebnissen an sauerstofffreien Gasen recht wahrscheinlich, da kein Grund besteht anzunehmen, daß nach Sauerstoffzusatz die Reaktion merklich heterogen würde. Die Unabhängigkeit vom Diffusionskoeffizienten, die sich nach Gl. (49) auch bei Kettenabbruch in der Gasphase ergibt, scheint ebenfalls gut zu den Ergebnissen von KORNFELD und KHODSCHAIAN zu passen. Sie fanden nämlich eine auffallende Übereinstimmung zwischen der aus der gemessenen Reaktionsgeschwindigkeit berechneten und der aus theoretischen Ansätzen ohne Berücksichtigung einer Diffusionshemmung abgeleiteten Zahl von Kettenursprüngen und -abbrüchen; in ihren Experimenten war auch bei sauerstoffreichen Gasen ein einer Diffusionshemmung entsprechender Druckeinfluß nicht deutlich vorhanden. Ein Einfluß von Druck und Zusammensetzung der Gase auf die Reaktionsgeschwindigkeit läßt sich bei ausschließlich im Gasvolumen stattfindendem Kettenabbruch nach Gl. (49) (wenn man von unkontrollierbaren Änderungen in m_0 absieht) auch nur erwarten durch Änderungen von β, der Wahrscheinlichkeit der Kettenabbrüche, die hier wieder durch Dreierstöße erfolgen.

Nur im Übergangsgebiet zwischen den beiden eben besprochenen Grenzfällen, wenn also Kettenabbruch gleichzeitig im Gas und an der Wand erfolgt, geht der Diffusionskoeffizient in den Ausdruck für die mittlere Konzentration der Kettenträger mit ein. In diesem Falle hat man zur Bestimmung der Integrationskonstanten die Stationaritätsbedingung:

$$m_0 = \beta \cdot N + \varepsilon \cdot \frac{\bar{v}}{4} n_\lambda , \tag{50}$$

woraus man mit (47) erhält[3]:

$$\bar{n} = \frac{m_0/r}{\frac{\varepsilon \cdot \bar{v}}{4r} \sqrt{\frac{\beta}{D}}\, r\, \mathfrak{Ctg} \sqrt{\frac{\beta}{D}}\, r + \beta\,(1-\varepsilon)} , \tag{51}$$

eine Gleichung, die für die Grenzfälle $\varepsilon = 0$ bzw. $\beta = 0$ wieder in die Gleichung (49) bzw. (45) übergeht. Im Zwischengebiet, bei gleichzeitigem Abbruch an der Wand und im Gasraum, wenn also ε genügend groß und β genügend klein ist, sind Bedingungen möglich, unter denen man das zweite Glied im Nenner gegenüber dem ersten vernachlässigen kann. Da außerdem $\mathfrak{Ctg} \sqrt{\frac{\beta}{D}}\, r$ für $\sqrt{\frac{\beta}{D}}\, r > 2$ gleich 1 wird, ist unter diesen Umständen die Reaktionsgeschwindigkeit unter sonst gleichen Bedingungen proportional $\frac{1}{\sqrt{\beta}}$ und damit $\sim \frac{1}{\sqrt{[O_2]}}$. Derartige Ergebnisse wurden z. B. von CHRISTIANSEN[4] erhalten und von KORNFELD und KHODSCHAIAN (l. c.) in dem gleichen Sinne gedeutet.

---

[1] G. KORNFELD, S. KHODSCHAIAN: Z. physik. Chem., Abt. B. **35** (1937), 403.

[2] R. N. PEASE: J. Amer. chem. Soc. **56** (1934), 2388.

[3] Mit $\sqrt{\frac{\beta}{D}}\,\lambda \ll 1$, so daß man setzen kann $\mathfrak{Cof} \sqrt{\frac{\beta}{D}}\,\lambda \approx 1$, $\mathfrak{Sin} \sqrt{\frac{\beta}{D}}\,\lambda \approx \sqrt{\frac{\beta}{D}} \cdot \lambda$.

[4] J. A. CHRISTIANSEN: Z. physik. Chem., Abt. B **2** (1929), 405.

Die ketteneinleitende Wirkung der Wand wurde zuerst an explosiven Reaktionen beobachtet, die vermutlich unter Kettenverzweigung in der Gasphase verlaufen. Auch dieser Fall läßt sich in gleicher Weise wie die früheren behandeln, wenn man wieder annimmt, daß die Geschwindigkeit der Kettenverzweigung der Konzentration der Kettenträger direkt proportional ist. Hier lautet die Gleichung für planparallele Platten im stationären Fall:

$$D \cdot \frac{d^2 n}{d x^2} + \alpha \cdot n = 0 \tag{52}$$

mit der Lösung:

$$n = C \cdot \cos \sqrt{\frac{\alpha}{D}} \cdot x . \tag{53}$$

Die Integrationskonstante ermittelt man wieder aus der Stationaritätsbedingung, daß die Zahl der durch Einleitung an der Wand und Verzweigung in der Gasphase entstehenden gleich der durch Verbrauch an der Wand verschwindenden Kettenträger sein muß[1]:

$$m_0 + \alpha \cdot N = \varepsilon \cdot \frac{\bar{v}}{4} \cdot n_\lambda \tag{54}$$

und erhält daraus[2] den Ausdruck:

$$\bar{n} = \frac{m_0/r}{\frac{\varepsilon \cdot \bar{v}}{4 r} \sqrt{\frac{\alpha}{D}}\, r \operatorname{ctg} \sqrt{\frac{\alpha}{D}}\, r - \alpha (1 - \varepsilon)}, \tag{55}$$

der für $\alpha = 0$ wieder in (45) übergeht. Ist $\sqrt{\frac{\alpha}{D}} \cdot r$ genügend klein, so wird

$$\sqrt{\frac{\alpha}{D}}\, r \cdot \operatorname{ctg} \sqrt{\frac{\alpha}{D}}\, r = 1 \quad \left(\text{für } \sqrt{\frac{\alpha}{D}}\, r \leqq 0{,}5 \text{ mit einem Fehler } \leqq 9\%\right),$$

und man erhält:

$$\bar{n} = \frac{m_0/r}{\frac{\varepsilon \cdot \bar{v}}{4 r} - \alpha (1 - \varepsilon)} \tag{56}$$

Ganz analoge Ausdrücke mit entsprechend geänderten Zahlenfaktoren erhält man für andere Gefäßformen (LEWIS und v. ELBE[3]). Das Eintreten von Explosion läßt sich in ähnlicher Weise diskutieren wie weiter oben bei Ketteneinleitung in der Gasphase (s. oben Seite 123).

Auch der Fall der Kettenverzweigung an der Wand, der in verschiedenen Untersuchungen wahrscheinlich gemacht wird[4], läßt sich analog den anderen hier betrachteten Fällen behandeln; man hat dafür einfach die Zahl der Kettenabbrüche in den Gl. (22) bzw. (45) entsprechend zu ändern.

---

[1] BURSIAN und SOROKIN [Z. physik. Chem., Abt. B **12** (1931), 247], die in ihren Rechnungen stets $\varepsilon = 1$ setzen und daher immer die Grenzbedingung $n_{(x=r)} = 0$ haben, behandeln die Ketteneinleitung an der Wand in der Weise, daß sie die primäre Bildung der Kettenträger im Gasraum in einem Abstand von der Wand annehmen, der die Größenordnung einer freien Weglänge hat. Die von ihnen abgeleitete Formel erhalten wir identisch aus der obigen Gl. (55) für den Spezialfall $\varepsilon = 1$.

[2] Mit $\cos \sqrt{\frac{\alpha}{D}}\, \lambda = 1$, $\sin \sqrt{\frac{\alpha}{D}}\, \lambda = \sqrt{\frac{\alpha}{D}}\, \lambda$.

[3] B. LEWIS, G. v. ELBE: J. Amer. chem. Soc. **59** (1937), 970.

[4] Z. B.: N. SEMENOFF: Acta physicochim. URSS **1** (1934/35), 525. — M. PRETTRE: C. R. hebd. Séances Acad. Sci. **207** (1938), 576.

Wasserstoffüberspannung und Katalyse.

Von

M. Straumanis, Riga.

Inhaltsverzeichnis.

Die Gleichgewichtselektroden.

Ein großer Teil der chemischen Elemente besitzt die Tendenz, unter günstigen Umständen unter Abgabe nutzbarer Energie in den Zustand gelöster Ionen überzugehen. Auch manche Gase, wie Wasserstoff, Sauerstoff, Chlor u. a., besitzen diese Eigenschaft. Bringt man in eine Säure ein Platinblech und sättigt das System z. B. mit Wasserstoff, so löst sich das Gas im Metall und ist nun fähig, von dort aus in den Ionenzustand überzugehen:

$$H_2 \rightleftarrows 2\,H$$

$$2\,H \rightarrow 2\,H^+ + 2e. \qquad (1)$$

Dieser Prozeß kann sich aber nicht beliebig lange fortsetzen, denn die Reaktion ist, wie aus der Gleichung ersichtlich, mit der Trennung von elektrischen Ladungen verbunden: die Elektronen bleiben auf dem Platinblech, während die gebildeten Protonen (H^+) sich in der Grenzschicht anhäufen. Bei der Ionisation eines jeden folgenden Wasserstoffatoms muß deshalb die elektrostatische Aufladung der Grenzschichten überwunden werden. Die Ionen können nicht wegdiffundieren, denn sie werden von den Elektronen auf dem Platin festgehalten. Der obige Prozeß kommt deshalb dank den großen Elektrizitätsmengen, die die Ionen tragen, bald zum Stillstand. Und wenn er überhaupt in geringem Maße stattgefunden hat, so ist das nur der Tendenz des Wasserstoffs, mit Wasser in das Ion H_3O^+ überzugehen, zu verdanken. Diese Fähigkeit der Elemente ist von NERNST mit dem Ausdruck „elektrolytische Lösungstension" bezeichnet worden. Sie bewirkt somit die Trennung der elektrischen Ladungen, und es bildet sich infolgedessen auf der Seite der Flüssigkeit und der angrenzenden des Metalls die „elektrische Doppelschicht" aus. Die Größe der Aufladung ist der Messung zugänglich, obgleich die Menge des in Lösung gegangenen Wasserstoffs analytisch nicht nachweisbar ist. Wird diese „Wasserstoffelektrode" nicht durch Stromabnahme belastet, so erreicht der Potentialsprung (ε) Wasserstoff(im Pt)—Elektrolyt nach einiger Zeit einen konstanten Wert, dessen Größe nicht nur von der Wasserstoffionenkonzentration [H^+] in der Lösung und der Temperatur (T), sondern auch vom Wasserstoffdruck p_{H_2} abhängt. Diese 4 Variabeln werden durch die Formel von NERNST untereinander verbunden:

$$\varepsilon = -\frac{RT}{2F}\ln\frac{p_{H_2}}{[H^+]^2} - \frac{RT}{2F}\ln k^*. \tag{2}$$

Es wird dabei vorausgesetzt, daß die Lösungstension des Wasserstoffs (im Pt) proportional der Quadratwurzel des Wasserstoffdruckes ist ($P = k\sqrt{p_{H_2}}$). Wählt man jetzt eine Lösung, deren $[H^+] = 1$ ist, also etwa 2 n Schwefelsäure oder etwa 1,3 n Salzsäure, und sättigt das System samt Pt-Elektrode mit Wasserstoff unter Atmosphärendruck ($p_{H_2} = 1$) bei Zimmertemperatur, so bleibt von (2) nur das zweite Glied übrig. Nach dem Vorschlage von NERNST wird diese „Normalwasserstoffelektrode" als Bezugselektrode für Potentialmessungen benutzt und ihr Potential ε_0 als relativer Nullpunkt angesehen. Eine jede Änderung des Potentials der Wasserstoffelektrode in Abhängigkeit von der Temperatur, der [H^+] und dem Wasserstoffdruck[1] kann jetzt gegen die Normalwasserstoffelektrode als relativen Nullpunkt gemessen werden:

$$\varepsilon = \varepsilon_0 - \frac{RT}{2F}\ln\frac{p_{H_2}}{[H^+]^2}. \tag{3}$$

Die Formel für die Wasserstoffelektrode konnte nur unter der Voraussetzung abgeleitet werden, daß sich diese wie eine „reversible" Elektrode verhält: Schaltet man gegen die Wasserstoffelektrode eine zweite Elektrode und läßt einen Strom so fließen, daß Wasserstoff verbraucht wird, so muß bei Umkehr der Stromrichtung durch dieselbe Strommenge genau dieselbe Wasserstoffmenge wieder entwickelt werden. Dieser Voraussetzung entspricht die Wasserstoffelektrode nur annähernd, nämlich in dem Falle, daß die Stromabnahme so gering ist, daß sich die Gleichgewichtsprozesse (1) genügend schnell einstellen können, mithin das dynamische Gleichgewicht durch die Abfuhr der Endprodukte H_2 bzw. ε nicht wesentlich gestört wird. Das Potential der Wasserstoffelektrode wird somit

* Näheres hierzu: F. FOERSTER: Elektrochemie wäßriger Lösungen **1922**, S. 191. — A. EUCKEN: Grundriß d. physik. Chemie **1934**, S. 555. Auch G. E. KIMBALL, S. GLASSTONE, A. GLASSNER: Über die Spannung und Struktur der elektrischen Doppelschicht an einer Wasserstoffelektrode. J. chem. Physics **9** (1941), 91.

[1] R. ROMAN, W. CHANG: Bull. Soc. France **51** (1932), 932.

durch (3) nur im Falle des Gleichgewichts, wenn keine Stromabnahme stattfindet, streng wiedergegeben. Dann ist es auch einerlei, welches Edelmetall als Träger des Wasserstoffs gewählt wird, ob Pt, Pd, Au, Ir usw., denn der im Metall gelöste atomare Wasserstoff zwingt jedem dieser Metalle sein unedleres (negativeres) Potential auf.

Unter ganz denselben Umständen betätigt sich auch der Sauerstoff elektromotorisch, wenn man dieses Gas statt des Wasserstoffs zur Sättigung des Elektrolyten und des Edelmetalls benutzt. Es findet dabei die Reaktion

$$O_2 + 2\,H_2O + 4\,e \rightleftharpoons 4\,OH^-$$

statt. Solch eine „Sauerstoffelektrode" müßte gemäß den Berechnungen gegenüber der Normalwasserstoffelektrode ein viel größeres (positiveres) Gleichgewichtspotential aufweisen, nämlich 1,227 V. Praktisch erhält man aber einen viel niedrigeren Wert. Man erklärt das dadurch, daß der nötige stromlose Zustand bei der Sauerstoffelektrode nicht erreicht werden kann, da Ströme zwischen dem Oxydfilm, der sich auf dem Metall ausbildet, und dem Metall selbst fließen. Diese Ströme rufen eine irreversible Erniedrigung des Potentials der Elektrode, wahrscheinlich durch Kompensation, hervor[1]. Extrapoliert man die anodischen und kathodischen Stromdichte-Potentialkurven, erhalten an einer Sauerstoffelektrode, so kann nach HOAR das Potential der Elektrode für einen annähernd stromlosen Zustand gefunden werden. Er erhielt $1{,}20 \pm 0{,}03$ statt der theoretischen 1,227 V[2].

Auf ganz ähnliche Weise betätigen sich elektromotorisch auch die Metalle, nur wirkt hier kein Gas, sondern das Metall selbst, indem es bestrebt ist, in den Ionenzustand überzugehen. Mißt man das Potential der Metalle (im stromlosen Zustand) gegen die Lösungen ihrer Ionen von der Konzentration 1 Grammion im Liter mit Hilfe der Normalwasserstoffelektrode, so erhält man die Normalpotentiale der Metalle ε_{0_h}. Je nach Größe der Lösungstension der betreffenden Metalle wird sich ein niedrigeres oder höheres ε_{0_h} messen lassen. Ordnet man die Metalle der Größe ihrer Normalpotentiale nach in eine Reihe, so erhält man die bekannte Spannungsreihe, in der der Wasserstoff mit dem Potential Null den Übergang zwischen den elektronegativen und den elektropositiven Elementen bildet. Ob ein Element positiv oder negativ ist und in wie starkem Maße das zutrifft, hängt natürlich von der Wahl des Nullpunktes ab. Die Wasserstoffelektrode bildet in mancher Hinsicht einen sehr bequemen Nullpunkt, wenn auch praktisch zu Potentialmessungen diese als Bezugselektrode nicht immer verwandt wird.

Verschiebung des Potentials bei Gleichgewichtsstörungen.

Jetzt fragt es sich aber, wie sich das Potential einer Elektrode, die sich im Gleichgewicht mit dem Elektrolyten befindet, ändert, wenn man an sie von außen eine negative oder positive Spannung anlegt, das heißt die Elektrode zur Kathode oder Anode macht. Über diese Frage ist eine sehr große Zahl von experimentellen und theoretischen Arbeiten veröffentlicht worden; da aber das Problem durchaus noch nicht erschöpft ist, so wird auch gegenwärtig viel hierüber gearbeitet. Hier interessiert die Frage nur soweit, als sie mit *katalytischen Erscheinungen* verknüpft ist. Am ausgeprägtesten treten die katalytischen Einflüsse bei der kathodischen Entwicklung von Gasen, besonders bei der von Wasserstoff hervor. Deshalb soll in diesem Abschnitt hauptsächlich nur die *Wasserstoff-*

---

[1] M. STRAUMANIS: Korros. u. Metallschutz **14** (1938), 73.
[2] T. P. HOAR: Proc. Roy. Soc. (London), Ser. A **142** (1933), 628.

entwicklung besprochen werden[1]. Bei der Metallabscheidung[2] machen sich katalytische Erscheinungen wenig oder gar nicht bemerkbar, eben weil schon nach ganz kurzer Zeit die Abscheidung am gleichartigen Metall erfolgt, während die Gasentwicklung die ganze Zeit an einer fremdartigen Fläche stattfindet und deshalb der Prozeß in verschiedenstem Maße durch das Elektrodenmaterial beeinflußt werden kann.

Ganz allgemein läßt sich die oben aufgeworfene Frage an Hand des Prinzips von Le Chatelier beantworten[3]. Dieses Prinzip kann hier folgendermaßen formuliert werden: Das Anlegen eines Potentials an die Gleichgewichtselektrode ruft eine elektromotorische Gegenkraft hervor.

Wird also an eine Wasserstoffelektrode eine negative Spannung angelegt, so geht durch die Elektrode ein Strom in der Richtung, daß die angelegte Spannung und folglich auch die Wasserstoffentwicklung vermindert wird, es tritt die *Gegenkraft* der *Polarisation* auf. Dasselbe findet in entgegengesetzter Richtung statt, wenn die Elektrode anodisch „polarisiert" wird. Auch Metalle verhalten sich ähnlich, wenn sie anodisch gelöst werden[4] oder sich von selbst in einer Säure auflösen[5]. In einem Element treten somit, sobald ihm Strom entnommen wird, Prozesse auf, die eine Verminderung der elektromotorischen Kraft hervorrufen (Polarisation) und dadurch der Stromabnahme entgegenwirken. Die Polarisation nimmt mit wachsendem Strome zu und ist nicht mit dem Spannungsabfall zu verwechseln, der, etwa bei Kurzschluß, vom Produkt $i \cdot r$ (Strom × innerer Widerstand) herrührt. Vom Standpunkt des Prinzips von Le Chatelier ist also qualitativ die auftretende Gegenkraft der Polarisation und deren Richtung bei stromdurchflossenen Elektroden durchaus verständlich. Über den quantitativen Zusammenhang zwischen Stromstärke und Potential sagt jedoch das Prinzip gar nichts aus. Der Zusammenhang ist, wie das zahllose experimentelle Arbeiten zeigen, nicht eindeutig, und die erhaltenen Kurven sind trotz allen Bemühens theoretisch bis jetzt noch nicht befriedigend gedeutet worden.

Die Überspannung.

Legt man an eine Wasserstoffelektrode ein negatives Potential, indem man ihr ein zweites Halbelement entgegenschaltet (vorausgesetzt, daß sich die Reaktionsprodukte beider Elektroden nicht vermischen), so finden folgende Prozesse statt: Die durch die Leitung kommenden Elektronen ziehen die H-Ionen aus der Grenzschicht an das Platin und entladen diese, die Atome rekombinieren zu Molekülen, falls das Metall an Wasserstoff schon übersättigt ist, diese sammeln sich zu Bläschen an und entweichen aus der Flüssigkeit:

$$2\,H^+ + 2\,e = 2\,H$$

$$2\,H \rightarrow H_2 .$$

Dieselben Reaktionen in umgekehrter Folge finden statt, wenn man an die Elek-

[1] Eine zusammenfassende Darstellung über die Wasserstoffüberspannung überhaupt, insbesondere am Platin, ist zu finden in Gmelins Handbuch der anorgan. Chemie **68** (Platin), B, S. 181.

[2] Zur Frage der Polarisation bei der Ausscheidung und Auflösung von Metallen s. G. Masing: Z. Elektrochem. angew. physik. Chem. **48** (1942), 85.

[3] Auch unter den Namen Le Chatelier, van't Hoff, Braun bekannt. Siehe z. B. M. Planck: Ann. Physik **19** (1934), 759; **20** (1934), 196. — K. Posthumus: Recueil Trav. chim. Pays-Bas **53** (1934), 308. — Le Chatelier: C. R. Séances Acad. Sci. **198** (1934), 1329.

[4] J. Hoekstra: Collect. Trav. chim. Tchécoslov. VI (1934), 17.

[5] M. Straumanis: Z. physik. Chem., Abt. A **147** (1934), 167.

trode ein geringes positives Potential anlegt. Experimentell wird gefunden, daß beim Anlegen einer noch so geringen negativen Spannung die Elektrode nicht mehr ihr reversibles Potential behält, sondern dieses sich irreversibel zu unedleren (kleineren, negativeren) Potentialen verschiebt. Besonders deutlich ist das an Zeichnungen einer Arbeit von VOLMER und WICK zu sehen, von denen hier eine als Abb. 1 wiedergegeben ist[1].

Aus der Zeichnung läßt sich entnehmen, daß zu einer jeden Stromdichte eine bestimmte Spannung der Wasserstoffelektrode gehört. Das verschobene Potential einer arbeitenden Elektrode ist somit immer an eine bestimmte Stromdichte gebunden.

Das Entweichen des Gases bei den geringen Stromdichten kann dabei gar nicht beobachtet werden und wird erst bei viel höheren Strömen sichtbar. Daß trotzdem bis zu den geringsten Stromdichten hinab das FARADAYsche Gesetz in bezug auf die Wasserstoffentwicklung erfüllt ist, hat BAARS gezeigt[2]. Die Nichtsichtbarkeit der Bildung von Gasbläschen ist nach BAARS darauf zurückzuführen, daß der an der Elektrode frei werdende Wasserstoff durch anfängliches Auflösen im Elektrodenmaterial und durch Diffusion und Konvektion sich der Beobachtung entzieht. Nach längerer Zeit scheidet sich das Gas an den Wänden des Reaktionsgefäßes ab, an die es durch Diffusion gelangt. Hierbei wird vorausgesetzt, daß sich im Gefäß auch nicht die geringsten Spuren von Sauerstoff und anderen Oxydationsmitteln befinden. Das Potential ε' nun, welches eine arbeitende Wasserstoffelektrode gegen eine ruhende (in demselben Elektrolyten und demselben Gasdruck) aufweist, wird als kathodische „*Überspannung*" des Wasserstoffs (η) am betreffenden Metall bezeichnet[3]. Unter Überspannung ist also nichts anderes als die Potentialdifferenz zwischen einer arbeitenden, Wasserstoff entwickelnden, einerlei, aus welchem Material bestehenden und einer Gleichgewichtswasserstoffelektrode in demselben Elektrolyten zu verstehen:

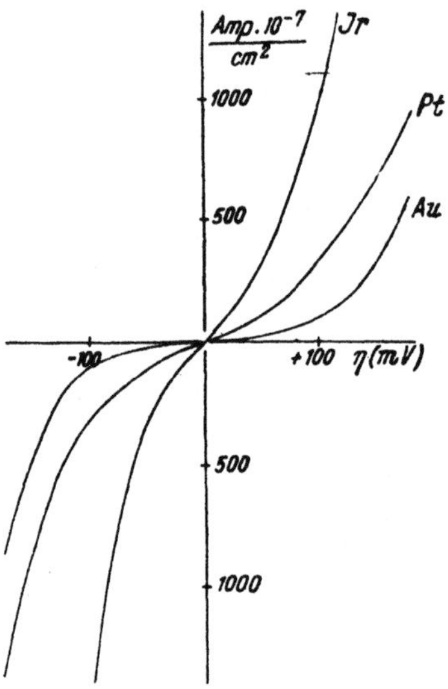

Abb. 1. Wasserstoffabscheidung und -auflösung an einer Iridium-, Platin- und Goldelektrode bei 20° nach VOLMER und WICK. Die Meßpunkte liegen so gut auf den Kurven des Originals, daß sie hier nicht wiedergegeben sind.

$$\eta = \varepsilon' - \varepsilon_h . \tag{4}$$

Exakter könnte man die Überspannung auch als Differenz zwischen den Potentialen einer arbeitenden ε' und der Normalwasserstoffelektrode ε_{0h} bezeichnen:

$$\eta = \varepsilon' - \varepsilon_{0h} . \tag{5}$$

Die letzte Definition ändert nichts an der Auffassung von der Überspannung; zudem sind die gemessenen Überspannungswerte überhaupt nicht so genau reproduzierbar, daß ein großer Unterschied zwischen beiden Definitionen bestünde. Die Definition (5) bietet aber in mehreren Fällen erhebliche Vorteile.

Natürlich kann dasselbe Wort auch auf andere elektrolytische Abscheidungs-

---

[1] M. VOLMER, H. WICK: Z. physik. Chem., Abt. A **172** (1935), 429.

[2] E. BAARS: Marburger Sitzungsber. **63** (1929), 249. — E. BAARS, C. KAYSER: Z. Elektrochem. angew. physik. Chem. **36** (1930), 436.

[3] Der Name rührt von NERNST, jedoch wurde die Überspannung von ihm in etwas anderem Sinne verstanden.

prozesse ausgedehnt werden. So kann man nicht nur von einer Wasserstoff-, Sauerstoff-, Halogen-, sondern auch von der Metallüberspannung reden. Die Größe der Überspannung gibt somit einen zahlenmäßigen Aufschluß über die Irreversibilität eines Elektrodenprozesses.

Aus der Abb. 1 ist weiter zu sehen, daß das Potential der Wasserstoffelektrode im Gleichgewichtszustande ($J = 0$) davon unabhängig ist, ob sie aus Au, Pt oder Ir besteht. Ein Unterschied stellt sich aber sofort ein, wenn die Elektrode anodisch oder kathodisch mit Strom belastet wird: man erhält allgemein bei der Erhöhung der angelegten Spannung und Ablesen der zugehörigen Stromdichte die sogenannten Stromdichte-Potential- oder in unserem Fall die *Überspannungskurven*. Die Kurven fallen für eine jede Kathode anders aus. Das Au besitzt nach Abb. 1 bei bestimmter Stromdichte die höchste, das Ir dagegen unter denselben Umständen die niedrigste Überspannung. Die Höhe der Überspannung hängt somit in ausgesprochener Weise von dem Material der Kathode ab: sie ändert sich nicht nur von Metall zu Metall, sondern es gelingt sogar nicht einmal, mit derselben Elektrode vollständig übereinstimmende Resultate zu erhalten. Man findet hier dasselbe wieder wie bei allen katalytischen Prozessen, nämlich die sehr starke Abhängigkeit der Geschwindigkeit einer katalytisch verlaufenden Reaktion von der Natur des Katalysators. Die hier in Betracht kommenden Reaktionen sind die elektrolytische Abscheidung oder Auflösung von Elementen. Speziell im Falle der Wasserstoffentwicklung spielt das Kathodenmaterial eine hervorragende Rolle, indem zum Beispiel durch Blei als Kathode der Abscheidungsprozeß (1) viel langsamer katalysiert wird als durch Platin. Praktisch kann das dadurch festgestellt werden, daß man im ersteren Fall eine viel negativere Spannung an die Kathode anlegen muß als im letzteren, um dieselbe Geschwindigkeit der Wasserstoffentwicklung (Stromstärke) zu erzielen. Zur Kennzeichnung des betreffenden Zustandes der Kathode kann man sich des Ausdruckes „Aktivität" der Elektrode bedienen[1]. Unter Aktivität ist der Quotient von beobachteter Stromdichte (in Milliampere/cm²) und gemessener Spannung der Kathode (in Volt) zu verstehen:

$$\text{Aktivität} = \frac{\text{mA}}{\text{Volt}\cdot\text{cm}^2}$$

In bezug auf die Wasserstoffabscheidung besitzt demnach Blei eine geringe, Platin dagegen eine hohe Aktivität.

Die Messung der Überspannung.

Bei der Bestimmung von Überspannungen handelt es sich eigentlich nur *um die Messung von Potentialen arbeitender Elektroden.* Hier sollen deshalb die Methoden nur ganz kurz unter Hinweis auf Handbücher[2] und Originalarbeiten besprochen werden.

Augenblicklich werden die meisten Überspannungsmessungen so durchgeführt, daß man eine Elektrode aus dem zu untersuchenden Metall herstellt, diese in einer Elektrolysiereinrichtung zur Kathode macht und dann deren Potential bei einer bestimmten Stromdichte feststellt. Das ist die sogenannte direkte Methode. Die Meßanordnung ist schematisch in Abb. 2 dargestellt. Zur Messung der EMK der Kette

Polarisierte Elektrode/Elektrolyt/KCl/Vergleichselektrode

[1] M. Volmer, H. Wick: Z. physik. Chem., Abt. A 172 (1935), 440.
[2] Ostwald-Luther: Physiko-chemische Messungen. — Kohlrausch: Lehrbuch der praktischen Physik.

dient eine Kompensationseinrichtung. In den meisten Fällen kann man sich der POGGENDORFFschen Kompensationsmethode mit einem Capillarelektrometer als Nullinstrument bedienen. Besondere Kompensationsapparate sind natürlich besser. Bei sehr geringen polarisierenden Strömen ist es von Bedeutung, die zu untersuchende Elektrode durch die Ströme der Meßeinrichtung möglichst wenig zu belasten. Als Nullinstrument kann dann zum Beispiel ein WULFFsches Einfadenelektrometer benutzt werden[1] oder auch ein Elektrometerröhrengerät[2].

Als Bezugselektrode dient meistens eine Wasserstoffelektrode, die mit demselben Elektrolyten wie das Elektrolysiergefäß gefüllt ist. Das Benutzen dieser Elektrode ist aber mit gewissen Unbequemlichkeiten verbunden, wie zum Beispiel die ständige Herstellung des sehr reinen Wasserstoffs, die Potentialeinstellung usw. Deshalb werden von vielen bequemere und handlichere Halbelemente, wie die 0,1 oder 1 *n* KCl-Kalomelelektroden verwandt. Da nun das Potential dieser Elektroden um 0,337 bzw. 0,286 V (bei 18° C) positiver ist als das der Normalwasserstoffelektrode, so sind diese Zahlen von den gemessenen Werten abzuziehen, um zur Überspannung zu gelangen[3]; diese ist aber dann laut (5) Seite 136 definiert. Will man sich aber an die Definition (4) halten, so muß zuerst, am besten empirisch, das Potential der Wasserstoffelektrode im zu untersuchenden Elektrolyten unter Zwischenschaltung von 3,5 *n* KCl gegen die Kalomelelektrode bestimmt werden. Das gefundene Potential dient dann zur Reduktion der Überspannungswerte auf die Wasserstoffelektrode im betreffenden Elektrolyten. Ist zum Beispiel die Potentialdifferenz der Kette

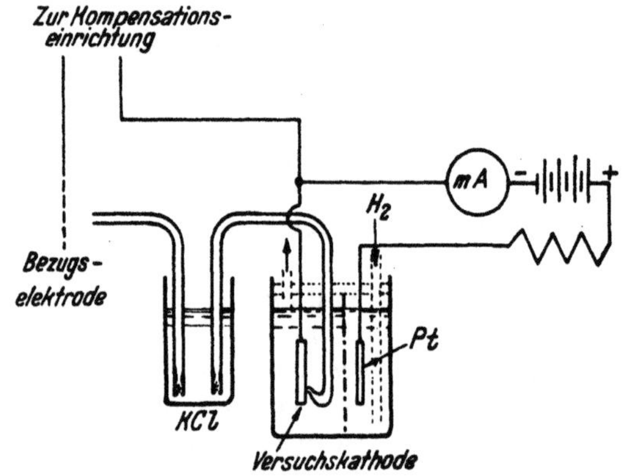

Abb. 2. Anordnung zur Bestimmung der Überspannung nach der direkten Methode.

$$\text{polarisierte Elektrode/Elektrolyt/3,5 } n \text{ KCl/1 } n \text{ KCl, } Hg_2Cl_2/Hg$$

zu — 0,458 V gemessen worden, so wird die Überspannung, bezogen auf die Wasserstoffelektrode in *demselben* Elektrolyten (wenn die Potentialdifferenz der Kette

$$H_2 \text{ (im Pt)/Elektrolyt/3,5 } n \text{ KCl/1 } n \text{ KCl, } Hg_2Cl_2/Hg$$

zu — 0,279 gemessen worden ist), — 0,458 + 0,279 = — 0,179 V betragen. Auf die Normalwasserstoffelektrode bezogen, würde dagegen die Überspannung — 0,458 + 0,286 = — 0,172 V hoch ausfallen.

Die Trennung von Anoden- und Kathodenraum ist immer dann streng durchzuführen, wenn Überspannungsmessungen bei geringen Polarisationsströmen gemacht werden sollen. Denn dadurch, daß zum Beispiel Sauerstoff an die Kathode gelangt, wird der entwickelte Wasserstoff oxydiert, die ablaufende kathodische Reaktion beschleunigt, und man mißt sofort eine kleinere (positivere) Überspannung[4]. Aus demselben Grund muß auch der Kathodenraum gegen das

[1] T. ERDEY-GRÚZ, M. VOLMER: Z. physik. Chem., Abt. A 157 (1931) 170.
[2] F. MÜLLER, W. DÜRICHEN: Z. Elektrochem. angew. physik. Chem. 42 (1936), 31.
[3] F. FOERSTER: Elektrochemie wäßriger Lösungen 1922, S. 179.
[4] Über die Form der Überspannungskurven in Gegenwart von Sauerstoff und bei geringen Stromdichten s. M. STRAUMANIS, N. BRAKŠS: Z. physik. Chemie, Abt. A 185 (1939), 37.

Eindringen von Luftsauerstoff gesichert sein. Da das Fernhalten von Sauerstoff mit gewissen Schwierigkeiten verbunden ist, so haben THIEL und BREUNING vorgeschlagen, zur Erzeugung des Polarisationsstromes eine Zinkelektrode zu verwenden[1]. Am besten wählt man reinstes Zink, das sich in verdünnten Säuren äußerst langsam löst[2]. Außer den Zn-Ionen bilden sich hier keine anderen Reaktionsprodukte, und mit der Messung der kathodischen Überspannung kann sofort nach Sättigung der Apparatur mit reinstem Wasserstoff begonnen werden. Diese Stromquelle zur Versuchsanordnung ist in Abb. 3 schematisch dargestellt.

Bei sehr empfindlichen Messungen muß dafür gesorgt werden, daß auch die Zn-Ionen nicht zur Kathode gelangen.

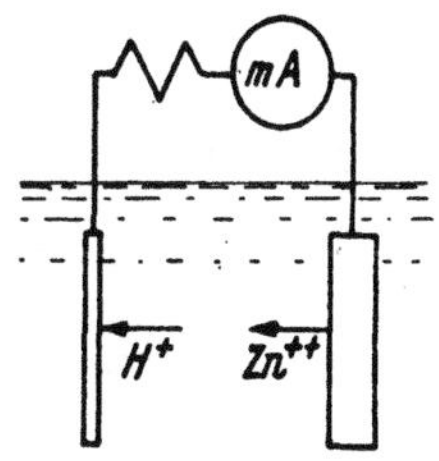

Abb. 3. Die Stromquelle für Überspannungsmessungen (reinstes Zink) innerhalb der Apparatur.

Bei der Bestimmung der Sauerstoffüberspannung müssen wieder Maßnahmen ergriffen werden, damit kein Wasserstoff in den Anodenraum gelangt, da die Sauerstoffelektrode gegen die geringsten Spuren von Wasserstoff sehr empfindlich ist.

Werden kathodische Überspannungsmessungen bei höheren Stromdichten durchgeführt, so ist der Sauerstoffeinfluß schon nebensächlicher, und die Versuchsanordnung kann vereinfacht werden[3].

Zur Vermeidung des Spannungsabfalles in der Nähe der arbeitenden Elektrode muß die Flüssigkeitsleitung der Normalelektrode möglichst nahe an die Kathode gebracht werden. Zu diesem Zweck wird die HABER-LUGGINsche Capillare benutzt[4]. Wenn diese aber zu fein ist, besitzt sie einen großen Widerstand, so daß das Nullinstrument unempfindlicher wird. Es empfiehlt sich deshalb, nur das Ende der Capillare fein auszuziehen, seitlich abzuschleifen und an die Elektrode leicht anzulegen, wie in Abb. 4 gezeigt. Ein in die Capillare eingeführter Faden verhindert das Eintreten von Wasserstoffbläschen[5].

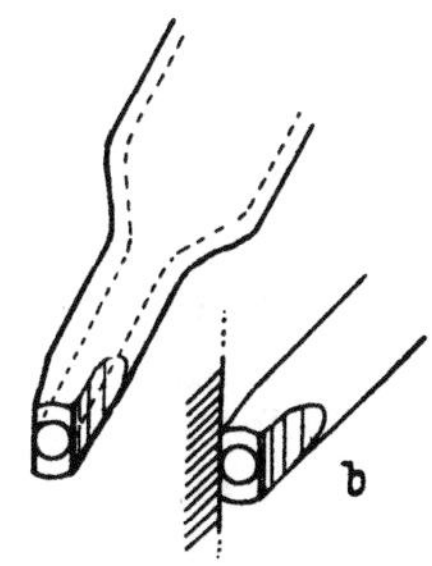

Abb. 4. Ende der Flüssigkeitsleitung zur Normalelektrode (vergrößert). *a* Heberende, *b* an die Elektrode angedrückt.

Mit Hilfe der beschriebenen Anordnungen lassen sich die Wasserstoff- und auch die Sauerstoffüberspannungen auf dreierlei Art bestimmen: 1. nach der Knick-, 2. nach der Bläschenmethode und 3. können auch ganze Stromdichte-Überspannungskurven aufgenommen werden. Gemäß der älteren Definition der Überspannung wurden die ersten zwei Methoden verwandt, denn früher verstand man unter Wasserstoffüberspannung diejenige Spannung (gegenüber der reversiblen Elektrode), die nötig war, um an der Kathode die ersten Gasblasen zu erzeugen oder — bei abnehmender Stromstärke — zum Verschwinden zu bringen. Das ist die sogenannte „Mindestüberspannung", die mindestens nötig ist, um eine Gasentwicklung auszulösen[5]. Die „Knickmethode" beruht darauf, daß nach dem beim Beginn der Blasenbildung (und sogar bei noch nicht sichtbarer Gasentwicklung) in der Stromspannungskurve auftretenden Knicke die Überspannung bestimmt wird. Nach THIEL und BREUNING liefert sie durchweg zu niedrige und zuweilen auch von anderen Methoden ganz abweichende Resultate[5]. Die Methode führt deshalb nicht zum Ziel.

Von den eben genannten Autoren wird dagegen die Bläschenmethode empfohlen

[1] A. THIEL, E. BREUNING: Z. anorgan. allg. Chem. **83** (1913), 336.
[2] M. CENTNERSZWER, M. STRAUMANIS: Z. physik. Chem., Abt. A **167** (1933), 421.
[3] M. CENTNERSZWER, M. STRAUMANIS: Z. physik. Chem. **118** (1925), 438.
[4] OSTWALD-LUTHER: Physikalisch-Chemische Messungen, S. 465, 3. Aufl.
[5] A. THIEL, E. BREUNING: Z. anorgan. allg. Chem. **83** (1913), 331.

und weiter entwickelt. Obgleich hier mit an Wasserstoff gesättigten Elektrolyten und Elektroden gearbeitet wird — es wird nämlich das Potential der Kathode bestimmt, bei welchem bei abnehmender Stromdichte die Bläschenbildung gerade aufhört —, so ist die Methode doch nicht zuverlässig, und es fragt sich, ob überhaupt der Punkt des Aufhörens der Bläschenbildung einigermaßen genau bestimmbar ist. MASING und LAUE konnten neuerdings zeigen, daß die Bläschenbildung nach dem Unterbrechen des polarisierenden Stromes fortdauert und die entwickelte Wasserstoffmenge um so größer ist, je stärker die anfängliche kathodische Polarisation war (Abb. 5)[1]. Nach KAYSER und BAARS zeigen sogar Cu-Kathoden in sauren Lösungen eine tagelang andauernde Nachentwicklung des Wasserstoffs nach Unterbrechung des Stromes[2]. Das ist allerdings schon teilweise von THIEL vorausgesehen worden, und es mußte nach seinen Angaben bei jeder Stromverminderung eine längere Zeit gewartet werden (bis 10 Minuten). Der Effekt der nachträglichen Wasserstoffentwicklung läßt also sicherlich nicht das Potential erkennen, wo die Bläschenbildung aufhört. Man wird deshalb auch nach dieser Methode zu niedrige Resultate erhalten. Bestimmt man aber den Punkt der Bläschenbildung bei steigender Stromstärke, so wird er wieder zu hoch ausfallen, da eine bestimmte Menge von Wasserstoff zur Übersättigung des ganzen Systems nötig ist. Weiter kann aus Gründen der Diffusion des Wasserstoffs, wie schon auf Seite 136 erwähnt, die Mindestüberspannung nicht sicher bestimmt werden. Außerdem entwickeln die unedlen Metalle in der Säure schon von selbst ohne kathodische Polarisation Wasserstoff, wodurch natürlich die Messungen sehr erschwert werden. Auch Adsorptionserscheinungen sind in Erwägung zu ziehen[3]. Deshalb ist es nicht verwunderlich, daß für den Punkt der Mindestüberspannung von verschiedenen Autoren sehr verschiedene Werte gefunden worden sind, wie das die Tabelle 1 zeigt, die einer zusammenfassenden Darstellung von BAARS entnommen ist[4].

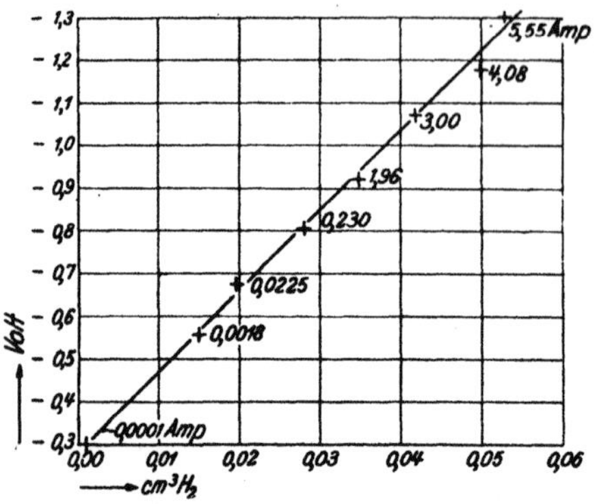

Abb. 5. Abhängigkeit der nach Stromöffnung entwickelten Wasserstoffmengen vom kathodischen Potential nach MASING und LAUE.

Tabelle 1. *Mindestüberspannung des Wasserstoffs in 2 n Schwefelsäure in Volt.* (Das negative Vorzeichen ist weggelassen.)

Elektrodenmaterial	Überspannung nach		
	THIEL und Mitarbeiter	GLASSTONE	ONODA
Quecksilber	0,570	0,74	—
Blei	0,402	0,62	—
Kupfer	0,19	—	0,098
Silber	0,097	—	—
Gold	0,0165	—	0,0086
Platin, glatt	0,080	—	0,0063
Platin, platiniert	0,000002	—	—

Allerdings besitzt auch die verschiedene Elektrodenbeschaffenheit, die unmöglich bei allen Autoren gleich ausgefallen sein konnte, einen großen Einfluß auf die Höhe der gemessenen Werte.

[1] G. MASING, G. LAUE: Z. physik. Chem., Abt. A 178 (1937), 1.
[2] E. BAARS, C. KAYSER: Z. Elektrochem. angew. physik. Chem. 36 (1930), 437.
[3] ST. v. NÁRAY-SZABÓ: Z. physik. Chem., Abt. A 178 (1937), 355.
[4] Marburger Sitzungsber. 63 (1928), 221.

Aus all diesem ergibt sich nun der Schluß, daß weder die Knickpunkt- noch die Bläschenmethode zu irgendwelchen Konstanten, denen physikalische Bedeutung zukommen könnte, führen. Man kann sich deshalb vollständig der Schlußfolgerung von BAARS und KAYSER anschließen[1]: „Eine Mindestüberspannung in dem bisher angenommenen Sinne existiert nicht. Vielmehr ist das Auftreten einer Überspannung stets an das Vorhandensein einer endlichen Stromdichte geknüpft. Mit der Verringerung der Stromdichte nimmt die Überspannung stetig ab und erreicht — dieser Extrapolation dürften Bedenken nicht entgegenstehen — bei der Stromdichte Null auch selbst den Nullwert." Die Mindestüberspannung stellt somit einen ungenau definierbaren Punkt auf der Stromdichte-Überspannungskurve dar.

Die Angabe eines Überspannungswertes hat also nur dann einigermaßen einen Sinn, wenn die *betreffende Stromdichte* auch angegeben ist. Einen dauernden Wert besitzen infolgedessen nur die Messungen, wo ganze Stromdichte-Potentialkurven aufgenommen worden sind. Deshalb kommt der dritten Methode der Überspannungsbestimmung, nämlich der Aufnahme ganzer Stromüberspannungskurven eine allgemeinere Bedeutung zu, denn hier gehört zu einer bestimmten Stromdichte ein bestimmter Überspannungswert. Die Aufnahme der Kurven geschieht in der Weise, daß man mit der Stromdichte sprungweise entweder hinauf- oder hinabgeht, die Einstellung eines stationären Gleichgewichtes abwartet und dann das zugehörige kathodische Potential abliest.

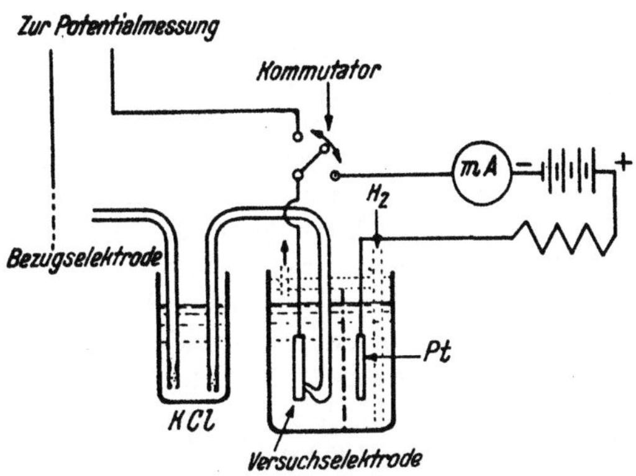

Abb. 6. Anordnung zur Bestimmung der Überspannung nach der Kommutatormethode.

Die Potentialmessung kann nun auf zweierlei Art erfolgen: während des Stromdurchganges und unmittelbar nach der Stromunterbrechung, im letzten Fall also an einer stromlosen Kathode. Gegen die erste Messungsart wurde oft der Einwand gemacht, daß 1. das Heberende nicht direkt bis an die Elektrode reichen kann und man deshalb einen Spannungsabfall ($i \cdot r$) mitmißt und 2. soll eine „Gashaut" den Widerstand der Grenzschicht vergrößern[2]. Diese Fehlerquellen sollen wegfallen, wenn man das Kathodenpotential im stromlosen Zustand mißt. Bei dieser Messungsart entstehen aber *neue Fehler*, nämlich das Kathodenpotential klingt sehr schnell ab (es nimmt edlere Werte an), und man erhält infolgedessen eo ipso zu niedrige Überspannungen.

Mit dieser Anordnung, das kathodische Potential sofort nach Unterbrechung des polarisierenden Stromes zu messen, gelangt man eigentlich schon zur zweiten, zu Überspannungsbestimmungen oft benutzten *Kommutatormethode*. Schematisch ist die Anordnung in der Abb. 6 dargestellt. Diese Methode ist hauptsächlich von NEWBERY entwickelt worden[3]. Hier wird den Elektroden durch einen Kommu-

---

[1] E. BAARS, H. KAYSER: Z. Elektrochem. angew. physik. Chem. **36** (1930), 438.

[2] E. NEWBERY: J. chem. Soc. (London) **105** (1914), 2419.

[3] E. NEWBERY: J. chem. Soc. (London) **105** (1914), 2419; **109** (1916), 1051; **121** (1922), 7; **125** (1924), 511; Proc. Roy. Soc. (London) **107** (1925), 486; **111** (1926), 182; **114** (1927), 103; **119** (1928), 684; J. Amer. chem. Soc. **42** (1920), 2007; Trans. Faraday Soc. **15** (1919), 126. Weitere Untersuchungen und Vervollständigungen der Methode siehe A. L. FERGUSON, S. M. CHEN: J. physik. Chem. **36** (1932), 2437; **38** (1934), 1117; **39** (1935), 191.

tator ein intermittierender Gleichstrom zugeführt, wobei die Messung des kathodischen Potentials in den Strompausen, also im stromlosen Zustande der Kathode erfolgt.

Es entsteht natürlich die Frage, welche von den beiden Methoden weniger gefälschte Resultate liefert. Umfangreiche Untersuchungen sind angestellt worden, die dem Vergleiche beider Methoden gewidmet sind. Der Haupteinwand gegen die direkte Methode ist nach NEWBERY der, daß die Messungen durch den Widerstand des Gasfilmes auf der Elektrode beeinflußt werden. DUNNILL fand nun, indem er die Überspannung am Quecksilber und amalgierten Blei prüfte, daß ein solcher Gasfilm, wenn er überhaupt vorhanden ist, keinen größeren Fehler als höchstens 20 mV verursachen könne. Die direkte Methode soll dagegen viel bessere Resultate liefern[1]. Darauf antwortet NEWBERY, daß die Kommutatormethode für die betreffenden Untersuchungen sehr geeignet erscheint, wenn die Zahl der Unterbrechungen des polarisierenden Stromes nicht kleiner als 1500 in der Minute ist. Auf eine unendliche Zahl von Unterbrechungen könne extrapoliert werden[2]. Weitere umfangreiche vergleichende Studien führten TARTAR und KEYES durch[3]. Sie fanden, daß beide Methoden bei kleinen Stromdichten annähernd dieselben Werte liefern. Steigert man aber die Stromdichte, so steigen die mit der direkten Methode erhaltenen Werte viel schneller an als diejenigen nach der Kommutatormethode. Besonders deutlich ließ sich das an einer Zinkkathode erkennen, wenn dem Elektrolyten Zn-Ionen hinzugesetzt wurden. Die letztgenannten Autoren kommen zu dem Schluß, daß die direkte Methode den Vorzug verdiene, besonders wenn man berücksichtigt, daß bei Vergrößerung der Stromdichte die nach der direkten Methode erhaltenen Überspannungen weniger schwanken als die nach der zweiten. GLASSTONE findet aber, daß beide Methoden aus folgenden Gründen verschiedene Resultate liefern und deshalb überhaupt nicht direkt vergleichbar sind[4]: 1. ist bei derselben Stromdichte die Konzentration von Gasen in unmittelbarer Nähe der Elektroden bei der Kommutatormethode niedriger als bei der direkten und 2. ruft der intermittierende Strom Induktionsströme hervor, die in entgegengesetzter Richtung wirken. Die Kommutatormethode besitze deshalb in der Form, wie sie zu den Untersuchungen bis jetzt gebraucht worden ist, weder einen chemischen noch einen physikalischen Wert. Außerdem fällt das Potential der Elektroden nach Unterbrechung des polarisierenden Stromes sehr schnell, und man bestimmt in Wirklichkeit auf der mit der Zeit schnell fallenden Kurve irgend einen Punkt, der dann als Überspannung am untersuchten Metall bezeichnet wird. GLASSTONE benutzte deshalb die übliche Kommutatormethode mit einer kleinen Abänderung: es war ihm möglich, das kathodische Potential, ähnlich wie in einer Anordnung von KNOBEL[5], nach 0,002, 0,004, 0,008, 0,012 usw. Sekunden nach Stromunterbrechung zu messen. Diese „Momentpotentiale" extrapolierte er dann auf die Zeit Null und kam so zu Zahlen, die bei kleinen Stromdichten (bis etwa 0,012 Amp) mit den nach der direkten Methode erhaltenen übereinstimmten, mit Ausnahme derjenigen Fälle, wo im Stromkreis eine zu große Selbstinduktion auftrat. Nur bei höheren Stromdichten erhielt GLASSTONE erheblich niedrigere Werte als nach der direkten Methode.

In Anbetracht dessen, daß die GLASSTONEsche Anordnung kompliziert ist

---

[1] S. DUNNILL: J. chem. Soc. (London) **119** (1921), 1081.
[2] E. NEWBERY: J. chem. Soc. (London) **121** (1922), 7, 17.
[3] H. V. TARTAR, H. KEYES: J. Amer. chem. Soc. **44** (1922), 557.
[4] S. GLASSTONE: J. chem. Soc. (London) **123** (1923), 1745, 2926; **125** (1924), 250; Trans. Faraday Soc. **19** (1924) 808.
[5] M. KNOBEL: J. Amer. chem. Soc. **46** (1924), 2613.

und daher alle Fehlerquellen nicht so leicht zu ermitteln sind, ist es überhaupt fraglich, ob die bei höheren Stromdichten nach der direkten Methode beobachteten hohen Überspannungswerte auf das Vorhandensein von Übergangswiderständen zurückzuführen sind oder ob die Kommutatormethode zu niedrige Werte liefert, da der durch Extrapolation bestimmte Anfangspunkt wegen des anfänglich zu steilen Abfalles des Potentials niedriger ausfallen kann. NEWBERY glaubte an Hand oszillographischer Untersuchungen den ersten Umstand dafür verantwortlich machen zu können. Nun konnte aber BAARS in einer eingehenden Arbeit, in der auch das Abklingen des Potentials oszillographisch untersucht und Widerstände gemessen wurden, zeigen, daß die Resultate NEWBERYS anzuzweifeln sind, da die „Messung der Überspannung bei geschlossenem Beladungsstromkreis und Stromdichten bis zu 10^{-3} Amp/cm^2 aufwärts durch Übergangswiderstände an den Elektrodenflächen nicht nennenswert, d. h. zu einem die normale Unsicherheit von einigen Millivolt erreichenden Betrage, gefälscht wird"[1].

In letzter Zeit ist es HICKLING gelungen, eine mit einem elektrischen Unterbrecher ohne mechanische Teile versehene Einrichtung zu bauen, die bei genügender Meßgenauigkeit (0,01 V) Resultate frei von Widerstandsfehlern liefert[2]. Da keine Störungen durch induzierte Strömungen auftreten sollen, so stimmen die gemessenen Maximalwerte mit den nach der direkten Methode erhaltenen überein. Die Methode sei mit Erfolg an Elektroden zu brauchen, deren Potential nach Stromunterbrechung schnell abfällt.

Die Erklärung für die bei höheren Stromdichten auftretenden Unterschiede der beiden Methoden sind deshalb wohl auf die beiden Einwände von GLASSTONE gegen die gewöhnliche Kommutatormethode zurückzuführen. Es ist aber klar, daß die Überspannungsbestimmung bei höheren Stromdichten nach *beiden* Methoden mit Fehlern behaftet ist. Aus diesem Grunde ist *der direkten Methode*, als der einfacheren, *der Vorzug zu geben*. Auch FERGUSON kommt nach eingehenden Versuchen zum Schluß, daß die direkte Methode einwandfreiere Resultate liefert[3].

Überspannung und Aktivität der Elektroden.

Auf die Erscheinung der Überspannung wurde man zuerst bei Versuchen der Wasserzersetzung aufmerksam. So beobachteten HELMHOLTZ[4], ROSZKOWSKI[5], LE BLANC[6], NERNST[7] u. a., daß z. B. die Zersetzung von verdünnten Säuren mit Pt-Elektroden bei einer geringeren Spannung eintritt als mit Pb- und besonders mit Hg-Elektroden. Die Entwicklung des Wasserstoffs wurde von PIRANI[8] und später (auf Veranlassung von NERNST) von CASPARI[9] näher untersucht. Letzterer fand, daß die Spannung — er nannte sie Überspannung —, die an die Kathode angelegt werden muß, um sichtbare Wasserstoffentwicklung zu erzeugen, in ausgeprägter Weise vom Material der Kathode abhängt. Die folgenden Zahlen wurden von ihm erhalten:

---

[1] E. BAARS: Marburger Sitzungsber. 63 (1928), 281, 301.
[2] A. HICKLING: Trans. Faraday Soc. 33 (1937), 1540.
[3] A. L. FERGUSON: Trans. Amer. electr. Soc. 76 (1939), Prep. 14.
[4] H. HELMHOLTZ: Wied. Ann. 34 (1888), 735.
[5] J. ROSZKOWSKI: Z. physik. Chem. 15 (1894), 26.
[6] LE BLANC: Z. physik. Chem. 8 (1891), 299; 12 (1893), 333.
[7] W. NERNST: Ber. 30 (1897), 1553.
[8] E. PIRANI: Wied. Ann. 21 (1884), 64.
[9] W. CASPARI: Z. physik. Chem. 30 (1899), 89.

Tabelle 2. *Wasserstoffüberspannung in Volt an verschiedenen Metallen in n* H_2SO_4, bestimmt nach der Bläschenmethode nach CASPARI.

Pt, platiniert	0,005	Ni	0,21	Sn	053
Pt, poliert	0,09	Cu, amalg.	0,51	Pb, blank	0,64
Au	0,02	Cu	0,23	Pb, geätzt	0,631
Fe in NaOH	0,08	Cd, amalg.	0,68	Pb, Schwamm. el.	0,628
Ag, blank	0,152	Cd	0,48	Zn in Zn-halt. Säure	0,70
Ag, geätzt	0,145	Ag, Schwamm	0,138	Hg	0,78

Die Metalle kamen als Millimeterdraht, zu einer Schlinge gebogen, zur Anwendung.

Da nun die Zahlen von CASPARI nicht ganz den später beobachteten Tatsachen entsprachen und auch die Vorbehandlung der Elektroden nicht eindeutig durchgeführt worden war, so seien hier noch die sorgfältig von THIEL, BREUNING und HAMMERSCHMIDT[1] bestimmten Mindestüberspannungen (nach der Bläschenmethode) als Tabelle 3 angeführt. Obgleich die Zahlen keine eindeutigen Konstanten darstellen, so geben sie doch die Reihe der Metalle zunehmender Überspannung, also fallender Aktivität, ziemlich gut wieder.

Tabelle 3. *Mindestüberspannungen des Wasserstoffs* nach THIEL, BREUNING und HAMMERSCHMIDT bei 25° C. (Das negative Vorzeichen ist weggelassen.)

Nr.	Metall	Elektrolyt	η	Nr.	Metall	Elektrolyt	η
1	Pd	2 n H_2SO_4	0,00001	18	Sb	2 n H_2SO_4	0,233
2	Pt	2 n H_2SO_4	0,00001	19	Ti	0,01 n H_2SO_4	0,236
3	Ru	2 n H_2SO_4	0,00043	20	Al	0,01 n H_2SO_4	0,296
4	Os	2 n H_2SO_4	0,00148	21	C	2 n H_2SO_4	0,335
5	Ir	2 n H_2SO_4	0,00255	22	As	2 n H_2SO_4	0,369
6	Rh	2 n H_2SO_4	0,004	23	Mn	0,1 m $Mn(CH_3COOH)_2$	0,37
7	Au	2 n H_2SO_4	0,0165	24	Th	0,05 m Th-Acetat	0,38
8	Co	0,01 n H_2SO_4	0,067	25	Bi	2 n H_2SO_4	0,388
9	Ag	2 n H_2SO_4	0,097	26	Ta	2 n H_2SO_4	0,39
10	V	2 n H_2SO_4	0,135	27	Cd	0,01 n H_2SO_4	0,392
11	Ni	2 n H_2SO_4	0,138	28	Sn	0,01 n H_2SO_4	0,401
12	W	2 n H_2SO_4	0,157	29	Pb	2 n H_2SO_4	0,402
13	Mo	2 n H_2SO_4	0,168	30	Zn	0,01 m Zn-Acetat	0,482
14	Fe	0,1 n H_2SO_4	0,175	31	In	2 n H_2SO_4	0,533
15	Cr	0,1 m H_2SO_4	0,182	32	Tl	0,01 n H_2SO_4	0,538
16	Cu	2 n H_2SO_4	0,19	33	Hg	2 n H_2SO_4	0,570
17	Si	2 n H_2SO_4	0,192				

Von CASPARI wurde außerdem, wie das die Tabelle 2 zeigt, gefunden, daß dasselbe Metall, auf verschiedene Art bearbeitet, verschiedene Überspannungswerte liefert. Der Einfluß der Stromdichte auf die Höhe der Überspannung wurde ebenfalls von ihm festgestellt.

Die Vorbehandlung der Elektrode und ihre Oberflächenbeschaffenheit spielt somit eine erhebliche Rolle bei den Überspannungsmessungen: man erhält hohe Werte an glatten, kristallinen, blanken oder polierten Oberflächen, niedrigere an rauhen und besonders niedrige an schwammigen Metallen. Wird die kathodische Wasserstoffentwicklung an ein- und demselben Metall verfolgt, so läßt sich beobachten, daß die Entwicklung großer Blasen (glatte Oberflächen) mit

[1] A. THIEL, E. BREUNING: Z. anorgan. allg. Chem. **83** (1913), 347 und W. HAMMERSCHMIDT: Ebenda **132** (1924), 23.

höherer Überspannung verbunden ist, die kleiner und kleinster dagegen mit niedrigerer. Doch kann die Überspannung durch Zerklüftung der Oberfläche nicht beliebig herabgedrückt werden, denn jedes Metall besitzt eine niedrigste Überspannungskurve (in Abhängigkeit von der Stromdichte), die sich für ein jedes Metall ungefähr bestimmen läßt, wenn Elektroden mit möglichst fein verteiltem Metall benutzt werden[1]. Diese lassen sich am besten elektrolytisch bei hohen Stromdichten darstellen. Auch durch Schmirgeln und durch abwechselndes kathodisches und anodisches Behandeln der Elektroden kann ihre Aktivität stark heraufgesetzt werden.

Die elektrolytische Aktivität der Elektrode in bezug auf die Wasserstoffentwicklung ist somit um so größer, in je feiner verteiltem Zustand sich das Metall auf der Oberfläche der Elektrode befindet. Je niedriger die Überspannung, um so höher die Aktivität, auf dieselbe Stromdichte bezogen. Nun ist aber sicher, daß eine zerklüftete Fläche eine viel größere wahre Oberfläche besitzt als die geometrisch gemessene. Ein relatives Maß für die Oberfläche ist die Polarisationskapazität[2]. Nach FRUMKIN soll aber die Bestimmung der Polarisationskapazität unsicher sein[3]. Es wäre demnach zu unterscheiden, ob die höhere Aktivität rauher Elektroden auf die infolge der Vergrößerung der wahren Oberfläche kleinere Stromdichte zurückzuführen ist, da mit fallender Stromdichte die Überspannung sich ebenfalls vermindert, oder auf die gesteigerte Zahl aktiver Stellen auf der Elektrode. An den aktiven Stellen würde in letzterem Fall der Ablauf der elektrochemischen Reaktion in gesteigertem Maße katalysiert werden. VOLMER und WICK konnten nun an Goldelektroden zeigen, daß deren Aktivität nach erfolgter anodischer Vorbehandlung um mehr als das Fünffache zunimmt, während die Größe der wahren Oberfläche, durch Polarisationskapazitätsmessungen bestimmt, sogar etwas abnahm[4]. Damit ist bewiesen, daß nicht die Größe der Oberfläche, sondern ihre Beschaffenheit, die Zahl oder Art der Aktivstellen, für die Höhe der Überspannung verantwortlich zu machen ist.

Was nun die Ursache der aktivierenden Wirkung der anodischen Behandlung betrifft, so meinen VOLMER und WICK, daß ein Teil der aktiven Stellen der Elektrode während des kathodischen Prozesses durch irgendwelche Verunreinigungen des Elektrolyten, zum Beispiel durch Spuren von Cu oder As, blockiert werde. Bei umgekehrter Stromrichtung gehen diese „Gifte" wieder in Lösung, und die Aktivität der Elektroden kann dadurch erheblich gesteigert werden. In diesem Fall müßte sich aber zeigen lassen, daß die aktiven Stellen, wie bei allen katalytischen Prozessen, empfindlich gegen Gifte sind. Und tatsächlich stellt sich die Überspannung auch darin als eine ausgesprochene Grenzflächenerscheinung dar, daß sie schon durch die geringsten Spuren von Fremdstoffen (auch Kolloiden und Nichtelektrolyten) beeinflußt wird.

Vergiftungsversuche an Pt-Kathoden mit As_2O_3 und $HgCl_2$ sind zum Beispiel von ATEN und Mitarbeitern durchgeführt worden[5]. Es erwies sich dabei, daß sogar die Wasserstoffelektrode ein positiveres Potential annimmt, wenn keine adsor-

---

[1] M. CENTNERSZWER, M. STRAUMANIS: Z. physik. Chem. **118** (1925), 440; s. auch G. P. MAITAK: Cbl. **1942** I, 3176.

[2] F. P. BOWDEN, E. K. RIDEAL: Proc. Roy. Soc. (London) A **120** (1928), 59.

[3] PROSKURNIN, A. FRUMKIN: Trans. Faraday Soc. **31** (1935), 110; T. ERDEY-GRÚZ, G. KROMREY: Z. physik. Chem., Abt. A **157** (1931), 213.

[4] M. VOLMER, H. WICK: Z. physik. Chem., Abt. A **172** (1935), 436.

[5] A. H. W. ATEN, BRUIN, DE LANGE: Recueil Trav. chim. Pays-Bas **46** (1927), 417 und M. ZIEREN: Ebenda **48** (1929), 944; **49** (1930), 641; **50** (1931), 943 und BLOKKER: Ebenda **50** (1931), 961. Siehe auch C. A. KNORR, E. SCHWARTZ: Z. Elektrochem. angew. physik. Chem. **40** (1934), 38. Über die Vergiftung und Regenerierung von Wasserstoffelektroden s. a. H. JABLCZYNSKA-JEDRZEJEWSKA, W. CHROSTOWSKI: Roczniki Chem. **18**, 550; Cbl. **1941** I, 1136.

bierbaren Fremdstoffe im Elektrolyten vorhanden sind. Die Entgiftung der schon analysenreinen Alkalien und Säuren erfolgte in der Weise, daß die Elektrolyte durch wiederholte Berührung mit großen, frisch platinierten Elektroden entgiftet wurden. Die in geringsten Mengen vorhandenen Fremdstoffe wurden unter diesen Umständen offenbar adsorbiert, und dann zeigten in solchen Lösungen auch blanke Pt-Elektroden das Wasserstoffpotential an und waren gegen Sauerstoffspuren nicht mehr so empfindlich. Wenn man annimmt, daß das Wasserstoffpotential durch die Konzentration der Wasserstoffatome auf der Elektrode bestimmt wird, so folgt aus der Erhöhung des Potentials durch Vergiftung, daß dabei die Konzentration der H-Atome eine Erniedrigung erfährt. Diese Erniedrigung kann nach ATEN dadurch verursacht werden, daß die Spaltungsgeschwindigkeit der Wasserstoffmoleküle durch das Gift vermindert wird, während die Reaktion des Wasserstoffs mit dem Sauerstoff nicht oder nicht stark verzögert wird. Man kann sich nämlich vorstellen, daß die katalytische Wirkung des Platins zum Teil in einer Aufspaltung der Moleküle, zum größten Teil aber in einer sonstigen Aktivierung der Moleküle besteht (TAYLOR).

Vergiftungsversuche an Pt-Elektroden wurden auch von VOLMER und WICK durchgeführt. Es konnte festgestellt werden, daß die Überspannung bei einer bestimmten Stromdichte schon durch Mengen unter $4 \cdot 10^{-4}$ mg As_2O_3 beträchtlich vergrößert wird. Sie kommen zu dem Schluß, daß die kathodische (und besonders die anodische) Überspannung außerordentlich empfindlich gegen geringe Verunreinigungen ist. Im Falle geringer Arsenzusätze werden die aktiven Stellen blockiert, was sich in doppelter Weise auswirkt: die Aktivierungsenergie der Entladung wird vergrößert und der Vorgang $H_2 \rightleftarrows 2H$ verzögert. Durch Bestimmung der Überspannung an platinierten Pt- und an schwarz vernickelten Ni-Elektroden, vergiftet mit Katalysatorgiften (Hg, As, Pb und Cu), kommen RAEDER und NILSEN zu dem Schluß, daß bei der elektrolytischen Wasserstoffentwicklung den aktiven Oberflächenzentren dieselbe Bedeutung zukommt, wie bei der gewöhnlichen heterogenen Katalyse den aktiven Zentren des Katalysators[1].

Bei der anodischen Behandlung vergifteter Elektroden kann bei stärkerer Stromdichte außer der Regeneration der Aktivstellen noch eine Neubildung von solchen erfolgen. Unter diesen Umständen sollen sich nämlich nach BOWDEN die obersten Metallatomschichten infolge der Sauerstoffentwicklung oxydieren, die dann in der Wasserstoffatmosphäre oder beim Umkehren des Stromes reduziert und so durch Auflockerung aktiviert werden[2].

Die hohe Überspannung des Wasserstoffs am flüssigen Quecksilber ist teilweise auf die Unfähigkeit dieses Metalls zurückzuführen, zerklüftete Oberflächen zu bilden.

Die Aktivität einer Elektrode kann zunehmen, wenn sich darauf Metalle mit geringerer Überspannung abscheiden. So kann die Überspannung des Bleis durch Platin oder Kupfer, die von Kohle durch Spuren von Platin sehr erheblich herabgesetzt werden[3]. Nach ŠLENDYK ist sogar die Hg-Elektrode gegen Spuren von Platin äußerst empfindlich. ŠLENDYK und HERASYMENKO kommen weiter auf Grund sehr ausgedehnter Versuche zu dem Schluß, daß die Messungen anderer Autoren, die mit Pt-Anoden arbeiteten, durch verschleppte Spuren dieses Metalls

[1] M. G. RAEDER, K. W. NILSEN: Norges Tekn. Hoiskol. Avhandl. **1935**, 263/79. Auch C. A. KNORR, E. SCHWARZ: Z. Elektrochem. angew. physik. Chem. **40** (1934), 38.

[2] F. P. BOWDEN: Proc. Roy. Soc. (London), Ser. A **125** (1929), 446.

[3] Siehe z. B. T. ERDEY-GRÚZ, H. WICK: Z. physik. Chem., Abt. A **162** (1932), 59. Nach B. KABANOW und S. JOFA [Acta physicochim. URSS **10** (1939), 617] soll spektroskopisch reines Blei in schwefelsaurer Lösung eine sehr hohe Überspannung besitzen, die sogar höher als am Quecksilber ausfällt.

gefälscht worden sein könnten, denn Pt katalysiert die H_2-Entwicklung außerordentlich stark, und man mißt infolgedessen eine niedrigere Überspannung[1].

Selbstverständlich muß eine Aktivitätsänderung eintreten, wenn man z. B. ein Metall mit hoher Überspannung mit einem solchen mit niedriger legiert. So findet FISCHER, daß die Überspannung einer Legierung von der niedrigsten Eigenüberspannung einer Komponente bestimmt wird, und daß sie von der prozentischen Zusammensetzung der Legierung unabhängig ist[2]. Nach RAEDER und BRUN soll das nur für eutektische Gebiete annähernd gültig sein, da sonst tatsächlich nur eine mehr oder weniger gleichmäßige Verschiebung der Überspannungswerte zwischen den Einzelwerten der Komponenten gemessen wird[3]. Es wurde z. B. gefunden, daß sich die Überspannung in Mischkristallgebieten zwischen den Grenzen der Komponenten gleichmäßig verschiebt, daß aber auch starke Erhöhungen der Überspannung über die normalen Werte der beiden reinen Komponenten hinaus auftreten können. FLOOD hat den Versuch unternommen, die Überspannungsänderung in Mischkristallgebieten auf Grund der STRANSKIschen Kristallwachstumstheorie zu erklären[4].

Auch eine Desaktivierung kann stattfinden. Die Aktivität einer Elektrode nimmt ab, wenn an ihr Wasserstoff längere Zeit entwickelt wird. Eine Reihe von Metallen wurden von BAARS in bezug auf das Ansteigen der Überspannung mit der Zeit untersucht[5]. Dabei wurde gefunden, daß dieser Anstieg bei allen benutzten Metallen außer Quecksilber erfolgt, sich schwer reproduzieren läßt und von unkontrollierbaren Störungen beherrscht wird. Beim eingehend untersuchten formierten Blei vergrößerte sich die Überspannung bei einer Stromdichte von $4 \cdot 10^{-4}$ Amp/cm² im Laufe von 10 Tagen um etwa 160 mV. Das Ansteigen findet um so langsamer statt, je geringer die angewandte Stromdichte ist. Die Erscheinung kann vorläufig auf irgend ein Ausfallen aktiver Stellen während der langen Dauer der Elektrolyse zurückgeführt werden. In derselben Weise können auch Kolloide wirken, wenn sie dem Elektrolyten zugesetzt werden; die Wasserstoffüberspannung steigt in solchen Fällen erheblich[6]. Am platinierten Platin ist die Erscheinung nicht so ausgeprägt. Auch organische Stoffe, besonders die, die die Oberflächenspannung senken, wie Buttersäure, Heptylsäure, Äther, Amylalkohol verhalten sich ähnlich. Die Überspannung des Bleis wird besonders stark durch einen Zusatz von Tetrabutyl- oder Tetrapropylammoniumsulfat erhöht[7].

Die Verminderung der Zahl der Aktivstellen kann auf drei Wegen erfolgen: 1. die aktiven Stellen werden durch Fremdstoffe oder Gifte blockiert (nach MASING und LAUE auch durch Wasserstoff selbst). Zugunsten dieser Annahme spricht die leichte Wiederherstellbarkeit der Aktivität der Elektrode durch anodisches Polarisieren. An Metallen, die eine außerordentlich große Zahl aktiver Stellen besitzen, wie zum Beispiel am platinierten Platin, steigt die Überspannung

---

[1] I. ŠLENDYK: Cbl. **1932 II**, 3920; I. ŠLENDYK, P. HERASYMENKO: Z. physik. Chem., Abt. A **162** (1932), 238; auch F. P. BOWDEN: Proc. Roy. Soc. (London), Ser. A **120** (1928), 59; **126** (1930), 114.

[2] P. FISCHER: Z. physik. Chem. **113** (1926), 326.

[3] M. G. RAEDER, J. BRUN: Z. physik. Chem. **133** (1928), 15 und D. EFJESTAD: Ebenda **140** (1929), 124. — U. CROATTO, M. D. VIÀ: Ric. sci. Progr. tecn. Econ. naz. **12** (1941), 1197.

[4] H. F. FLOOD: Z. physik. Chem., Abt. A **159** (1932), 131.

[5] E. BAARS: Marburger Sitzungsber. **63** (1929), 259. Siehe auch G. MASING, M. LAUE: Z. physik. Chem., Abt. A **178** (1937), 1.

[6] E. NEWBERY: J. chem. Soc. (London) **111** (1917), 42. — N. ISGARISCHEW, S. BERKMANN: Z. Elektrochem. angew. physik. Chem. **28** (1922), 47. — G. M. WESTRIP: J. chem. Soc. (London) **125** (1924), 1116.

[7] L. WANJUKOWA, B. KABANOW: Cbl. **1942** I, 2627.

mit der Zeit nicht so schnell an. Quecksilber, auf dem keine Ecken und Kanten vorhanden sein können, zeigt demnach auch keine stetige Abnahme der Aktivität mit der Zeit; es sind zwar auch dort plötzliche Änderungen vorhanden, doch rühren die von anderen Ursachen her. 2. Die aktiven Stellen können teilweise durch die andauernde Wasserstoffentwicklung mechanisch oder chemisch zerstört werden; letzteres ist zum Beispiel bei hydridbildenden Metallen möglich. 3. Kann die wirksame Oberfläche der Kathode durch haftende Wasserstoffblasen vermindert werden; dann steigt die wahre Stromdichte und mit ihr die Überspannung[1]. Von diesen drei Möglichkeiten wird wohl der ersten der größte Anteil an der Aktivitätsverminderung der Elektroden zufallen.

Aus dieser Darstellung ist zu sehen, daß sich die Überspannung bei *gleicher Stromdichte*, vollständige Abwesenheit von Sauerstoff vorausgesetzt, nicht nur von Metall zu Metall ändert, sondern daß sich auch starke Aktivitätsänderungen an demselben Metall feststellen lassen, je nachdem, wie die Oberfläche bearbeitet worden ist, welche Fremdstoffe im Elektrolyten vorhanden sind, wie lange und wie stark kathodisch polarisiert wurde usw. Deshalb ist es auch nicht verwunderlich, daß sich die von einzelnen Forschern festgestellten Überspannungswerte so stark voneinander unterscheiden.

Wasserstoffüberspannung und Stromdichte.

Wie schon erwähnt, ist ein Überspannungswert immer mit einer bestimmten Stromdichte verbunden. Wird diese gleich Null, so erhält man mit edlen Elektroden das reversible Wasserstoffpotential, mit unedlen aber das Auflösungs- oder auch das Adsorptionspotential des betreffenden Metalles[2]. Die Änderung der Überspannung mit steigender Stromdichte (J/q) ist sehr ausgeprägt und ist zuerst eingehend von TAFEL beschrieben worden[3]. Die Stromdichte-Überspannungskurven besitzen dabei durchweg einen logarithmischen Charakter und können durch die TAFELsche Gleichung

$$\eta = a + b \log (J/q) \tag{6}$$

mehr oder minder gut dargestellt werden. a und b sind Konstanten, die jedoch, wie das die Darstellung der erhaltenen Kurven durch die Gleichung zeigte, in erheblichem Maße schwanken. Den jetzigen Anschauungen und experimentellen Feststellungen entspricht deshalb diese Gleichung nicht vollkommen.

Die Stromdichte-Überspannungskurven lassen sich am besten auf halblogarithmischem Papier darstellen, indem man auf der Ordinate die Überspannung und auf der Abszisse den log J/q aufträgt. Im Falle des genauen Zutreffens der Beziehung (6) erhält man gerade Linien, und aus den Diagrammen können die Konstanten a und b berechnet werden. a ist einfach der Anfangspunkt der Geraden auf der Ordinate und b die Tangente des Neigungswinkels. In Abb. 7 sind einige Überspannungskurven in dieser Weise gezeichnet. Abb. 8 zeigt dieselben Kurven in gewöhnlicher Darstellung.

Gemäß der von TAFEL gegebenen Theorie sollte b in allen Fällen dieselbe Größe besitzen. Infolgedessen müßten auf der Abb. 7 die Geraden für verschiedene Metalle zueinander parallel laufen. Das ist aber auch nicht annähernd der Fall; ebenso sind die Linien in vielen Fällen keine Geraden, sondern mehr oder weniger gekrümmt. In einer Reihe von Untersuchungen ist nun versucht worden,

[1] G. M. WESTRIP: J. chem. Soc. (London) **125** (1924), 1112.
[2] T. ERDEY-GRÚZ, P. SZARVAS: Z. physik. Chem., Abt. A **177** (1936), 277.
[3] J. TAFEL: Z. physik. Chem. **50** (1905), 641.

festzustellen, wieweit sich die experimentellen Kurven der Beziehung (6) nähern. Die besten Kurven erhält man, wenn in kurzen, zum Beispiel einige Minuten dauernden Zeitabständen die Stromdichte sprungweise gehoben oder gesenkt und die zugehörigen Spannungen abgelesen werden. Das ist auch verständlich, da ja die Überspannung bei konstanter Stromdichte mit der Zeit zunimmt und deshalb bei unregelmäßiger Messung Abweichungen vom rein logarithmischen Verlauf auftreten müssen. TAFEL selbst hat die Formel im Bereich von $4 \cdot 10^{-3}$ bis zu $4 \cdot 10^{-4}$ Amp/cm² an verschiedenen Metallen geprüft und gefunden, daß befriedigende Übereinstimmung bei den Metallen Hg, Pb, Cd, Tl und Zn herrscht. Allerdings änderte sich der Wert der Konstante b in ziemlich erheblichem Maße. Ein noch größeres Stromdichteintervall (10^{-4} bis 1,5 Amp/cm²) untersuchten nach der direkten Methode KNOBEL, KAPLAN und EISEMAN und kamen zu dem Schluß, daß ein logarithmischer Charakter der Kurven zwar vorliegt, ihre Darstellung über das ganze Stromdichteintervall hin mit den zwei Konstanten a und b der TAFELschen Gleichung jedoch nicht durchführbar ist[1]. Bei noch höheren Stromdichten werden die Ablesungen wegen der starken Wasserstoffentwicklung unsicher, da die aufsteigenden Blasen Schwankungen der Stromstärke

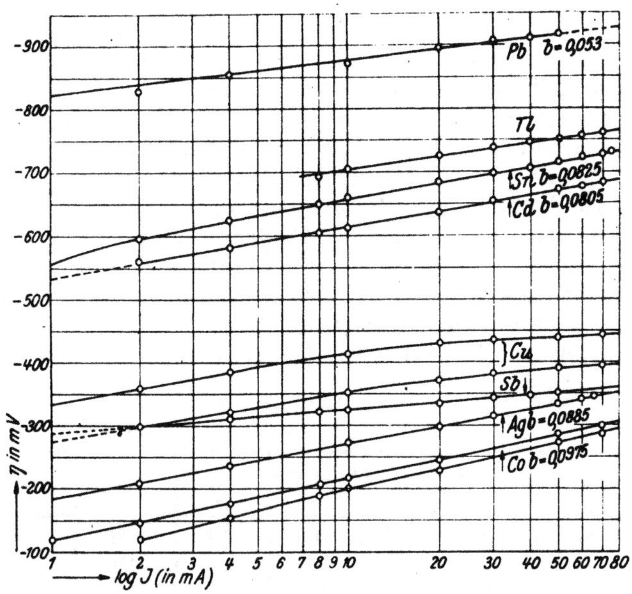

Abb. 7. Beispiele einiger Stromdichte-Überspannungskurven in halblogarithmischer Darstellung nach Versuchen des Verfassers.

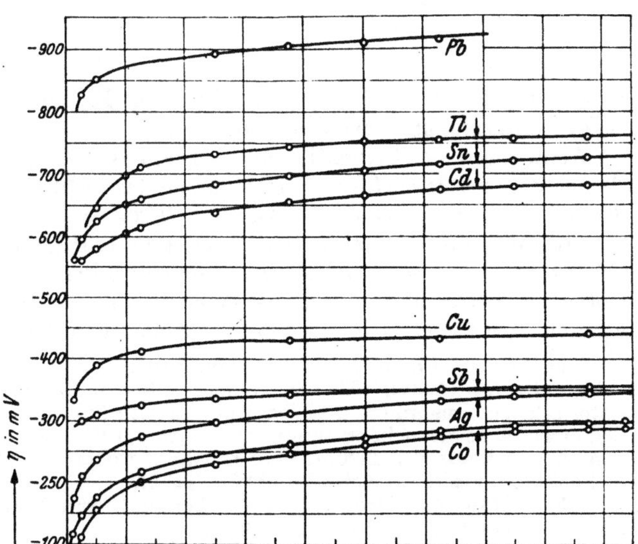

Abb. 8. Die Kurven von Abb. 7 in gewöhnlicher Darstellung.

[1] M. KNOBEL, P. KAPLAN, M. EISEMAN: Trans. electrochem. Soc. **43** (1933), 55.

und des Potentials hervorrufen[1]. Rein logarithmische Kurven sind am Hg, Ag, Ni und Pt von Bowden, Bowden und Rideal[2]; am (Au), Ag, Cu, Pb und Hg von Baars[3]; an Kohle und Tantal von Erdey-Grúz und Wick[4]; am Platin von Volmer und Wick[5]; am Pt, Ag, Cu und Hg von Náray-Szabó[6] festgestellt worden. Gerade Linien für die Abhängigkeit η — $\log J$ erhielten auch Hickling und Salt an den Kathoden aus Bi, Fe, Ni, W, Au und platiniertem Pt, eine gekrümmte jedoch am Hg, Cu, C, Cd, Sn, Al, Pt, Rh und Pb, wobei sich die Überspannung bei hohen Stromdichten (gearbeitet wurde mit solchen zwischen 10^{-3} und 1 Amp/cm²) einem konstanten Werte näherte; b zeigte starke Streuungen[7]). Die mit der Kommutatormethode gewonnenen Kurven lassen sich nicht vollkommen durch Formel (6) darstellen[8].

Eine Übersicht über die Reihenfolge der Metalle steigender Überspannung in Abhängigkeit von der Stromdichte liefert die Tabelle 4. Die Messungen sind nach der direkten Methode bei Luftzutritt, also unter Umständen, die der Auflösung und Korrosion der Metalle entsprechen, durchgeführt worden.

Tabelle 4. *Überspannungen des Wasserstoffs in mV an fein verteilten Metallen.* Elektrolyt $\frac{1}{2}n$ H_2SO_4[9].

Metall	η bei Stromdichte (in mA/cm²)				Metall	η bei Stromdichte (in mA/cm²)			
	1	10	50	75		1	10	50	75
Fe	246	247	266	274	Cd	522	583	639	649
Co	82	196	268	291	Bi	524	625	664	670
Ag	128	256	301	303	Pb	258	669	700	—
Ni	59	204	280	297	Sn	559	659	715	729
Sb	285	309	340	356	Tl	467	709	754	—
Cu	337	394	415	420	Zn	712	719	770	786
As	368	520	—	—					

Ganz ähnliche Überspannungskurven erhält man auch in alkalischen Lösungen, wie das z. B. Schmid und Stoll an Kathoden aus Cu, Ni, Pb und Ag in 0,1-n Natronlauge zeigen konnten[10].

Wenn somit bei Stromdichten oberhalb 10^{-4} Amp/cm² die Tafelsche Gleichung einigermaßen erfüllt ist, so läßt sich das nicht auf Messungen bei kleineren Stromdichten übertragen. Volmer und Wick haben solche Messungen an Platin-, Iridium- und Goldelektroden angestellt und gefunden, daß die Potentialabhängigkeit von der Stromdichte über einen Bereich von $\pm$ 10 mV zu beiden Seiten des reversiblen Potentials *streng linear ist.* Die Linien biegen dann bei höheren Stromdichten in Kurven logarithmischen Charakters um, und zwar so,

[1] Mittels einer besonderen Anordnung ist es Kabanow gelungen [Acta physicochim. URSS. **5** (1936), 193], Stromdichten bis zu 100 Amp/cm² (?) zu erzielen und unter solchen Umständen die Überspannung am Pt, Ag und Au zu messen. Auch bei den erzielten hohen Überspannungen (bis zu 1,5 V) blieb deren lineare Abhängigkeit vom Logarithmus der Stromdichte erhalten, wobei für die b-Werte 0,72÷0,74 berechnet wurde (zitiert nach Cbl. **1937** I, 4474).

[2] F. P. Bowden: Proc. Roy. Soc. (London), Ser. A **126** (1930), 107; und E. K. Rideal: Ebenda **120** (1928), 59, 80.

[3] E. Baars: Marburger Sitzungsber. **63** (1928), 266.

[4] T. Erdey-Grús, H. Wick: Z. physik. Chem., Abt. A **162** (1932), 53.

[5] M. Volmer, H. Wick: Z. physik. Chem., Abt. A **172** (1935), 429, 443.

[6] St. v. Náray-Szabó: Z. physik. Chem., Abt. A **181** (1938), 367.

[7] A. Hickling, F. W. Salt: Trans. Faraday Soc. **36** (1940), 1226; ebenda **37** (1941), 333.

[8] Siehe z. B. E. Newbery: J. chem. Soc. (London) **105** (1914), 2419; **109** (1916), 1051. — S. Glasstone: Ebenda **125** (1924), 250, 2414, 2646.

[9] M. Centnerszwer, M. Straumanis: Acta Univ. Latviensis **10** (1926), 463.

[10] G. Schmid, E. K. Stoll: Z. Elektrochem. angew. physik. Chem. **47** (1941), 360.

daß mit steigendem Strom die Polarisation weniger schnell ansteigt. Die Überspannungskurven besitzen somit einen komplizierten Verlauf und deuten darauf hin, daß bei zunehmender Wasserstoffentwicklung wenigstens zwei Prozesse sich nacheinander abspielen, wobei der erste durch den linearen, der zweite durch den logarithmischen Verlauf der Kurve gekennzeichnet wird. Die einfache TAFELsche Gleichung kann deshalb die ganze Stromdichte-Überspannungskurve nicht richtig wiedergeben.

Weitere theoretisch bedeutsame Merkmale der Überspannung.

1. Die Höhe der Überspannung.

Wie schon eben dargelegt, muß die Theorie imstande sein, den zusammengesetzten Charakter der Stromdichte-Überspannungskurven wiederzugeben und die vorkommenden Schwankungen der Konstante b zwanglos zu erklären. Außer dieser Abhängigkeit liegen noch weitere vor, die die Erscheinung der Überspannung begleiten und noch andere, die ihre Höhe beeinflussen. Der Umstand, daß die Kurven von der Natur des Elektrodenmaterials und von dessen Oberflächenbeschaffenheit in hohem Maße abhängig sind, muß ebenfalls von der Theorie erfaßt werden.

2. Das Anlaufen und Abklingen der Überspannung.

Besonders wichtig ist das *Anlaufen und Abklingen* der Überspannung sofort nach dem Schließen oder Öffnen des polarisierenden Stromes. Die sogenannten Anlaufvorgänge sind von mehreren Forschern oszillographisch mit dem Resultat untersucht worden, daß das Ansteigen der Überspannung sofort nach Stromschluß linear erfolgt. ERDEY-GRÚZ und VOLMER folgern hieraus, daß sich die Elektrode wie ein Kondensator verhält[1]. In der Arbeit von BAARS findet man eine Reihe von Anlaufkurven, unter verschiedenen Bedingungen am Hg, Pb, Cu, Ag, Au und Pt aufgenommen, von denen hier eine als Abb. 9 wiedergegeben ist. Der Anfang der Kurven ist immer linear und dauert in den meisten Versuchen einige Tausendstel Sekunden. Würden auch alle entladenen Wasserstoffatome an der Elektrodenfläche verbleiben, so würde sich unter den gegebenen Umständen kaum eine uniatomare Wasserstoffschicht ausbilden können. Nach BAARS ist das ein genügender Beweis gegen das Vorhandensein einer „Gashaut". Durch letztere kann somit die Überspannung nicht erklärt werden. Erst später biegt der gerade Teil in eine Kurve um, die dann schnell, in etwa 0,05 Sekunden, den Wert der Überspannung erreicht, der sich bei gegebener konstanter Stromdichte einstellen würde[2].

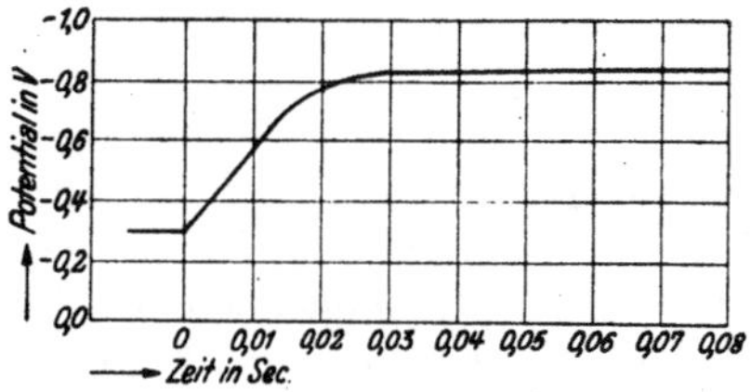

Abb. 9. Zeitliche Ausbildung der Überspannung am Blei nach BAARS. $q = 1{,}0\ cm^2$; $J = 10^{-3}$ Amp; $2\,n\ H_2SO_4$.

Das Abklingen der Überspannung nach Öffnen des Stromes erfolgt vom Augenblick der Stromöffnung (siehe S. 142) an völlig stetig und zwar annähernd logarithmisch mit der Zeit. Die Geschwindigkeit des Potentialabfalls ist dabei von Metall zu Metall verschieden und von der Ausgangsstromdichte abhängig[3].

---

[1] T. ERDEY-GRÚZ, M. VOLMER: Z. physik. Chem., Abt. A **150** (1930), 205.

[2] E. BAARS: Marburger Sitzungsber. **63** (1928), 303.

[3] Derselbe: Ebenda **63** (1928), 290. Weitere Untersuchungen über das Abklingen der Überspannung s. S. C. GANGULI: J. Indian chem. Soc. **17** (1940), 691.

3. Krümmungsmaß der Kathode und Überspannung.

Die Arbeiten von MEUNIER[1], SEDERHOLM und BENEDICKS[2] deuten darauf hin, daß die Höhe der Überspannung auch vom Krümmungsmaß der Kathode abhängig sei. Gegen die erste Arbeit hat schon BAARS seinerzeit eine ablehnende Stellung eingenommen[3]. Über die zweite muß gesagt werden, daß die Stromdichten nicht angegeben sind; es ist nämlich nicht zu ersehen, ob die Stromdichten bei den kleineren, einem höheren Krümmungsmaß entsprechenden Quecksilbertröpfchen auch dieselben waren wie bei den größeren Tröpfchen. Nach KABANOW ist die Überspannung als *unabhängig* vom Krümmungsmaß der Kathode zu betrachten[4]. Die Frage ist deshalb als gewissermaßen aufgeklärt anzusehen.

4. Reduktionsfähigkeit und Überspannung.

Die Theorie muß ferner die wichtige Tatsache erklären, daß viele durch molekularen Wasserstoff nicht reduzierbare Stoffe gemäß den Beobachtungen von HABER, RUSS, LOEB, TAFEL elektrolytisch leicht reduziert werden können, und zwar *um so leichter, je höher die Überspannung an der Kathode ist.* Die letzte Feststellung wurde von TAFEL und NAUMANN gemacht, indem sie schwer reduzierbare Stoffe, wie Coffein oder Succinimid, der elektrolytischen Reduktion in schwefelsaurer Lösung unterwarfen[5]. Es wurde gefunden, daß von allen untersuchten Kathoden nur die aus Quecksilber, Blei und Cadmium, also diejenigen mit höchster Überspannung, imstande waren, die obengenannten Stoffe zu reduzieren. Die Nutzwirkung war dabei um so höher, je höher das kathodische Potential; glatte, polierte Flächen, an denen die Überspannung gewöhnlich größer ist, wirkten deshalb günstiger, als rauhe, formierte Oberflächen. Minimale Mengen edlerer Metalle von geringerer Überspannung heben die Reduktionswirkung z. B. einer Bleikathode fast vollständig auf, wenn sie sich auf dieser abscheiden (siehe S. 146). Parallel hierzu wurde ein Sinken der Überspannung beobachtet. Gewöhnlich waren polierte Oberflächen gegen Spuren edlerer Metalle viel empfindlicher als rauhe. Fällt somit das kathodische Potential unter einen bestimmten Wert, so hört die reduzierende Wirkung der Kathode auf, und die jetzt entwickelte Wasserstoffmenge ist der nach dem FARADAYschen Gesetz erwarteten fast gleich.

5. Verminderung der Überspannung durch Oxydationsmittel.

Weiter konnten TAFEL und NAUMANN feststellen, daß ein jeder Coffeinzusatz die Überspannung der Hg-, Pb- oder Cd-Kathoden verminderte (das Potential veredelte). Der organische Stoff verhält sich somit wie ein Depolarisator oder wie ein schwaches Oxydationsmittel. Das Potential der Wasserstoff entwickelnden Kathode muß demgemäß stark negativ aufgeladen werden, um das Coffein zu reduzieren. Starke Oxydationsmittel, wie zum Beispiel Sauerstoff, vermindern deshalb auch niedrigere kathodische Überspannungen. Das kommt gerade bei kleineren Stromdichten am stärksten zum Vorschein. Wegen der geringen Löslichkeit des Sauerstoffs in verdünnten Säuren ist nämlich nur bei kleinen Stromdichten dessen Diffusionsgeschwindigkeit ausreichend, um sämtlichen oder fast sämtlichen entladenen Wasserstoff zu oxydieren. In diesem Gebiet wird somit die Überspannung stark vom Sauerstoff beeinflußt. Bei höheren Stromdichten reicht

[1] F. MEUNIER: Bull. Acad. roy. Méd. Belgique **9** (1923), 200.
[2] P. SEDERHOLM, P. BENEDICKS: Z. Elektrochem. angew. physik. Chem. **38** (1932), 77.
[3] E. BAARS: Handb. d. Physik Bd. XIII (1928), 570.
[4] B. KABANOW: Acta physicochim. URSS **5** (1936), 199.
[5] J. TAFEL, K. NAUMANN: Z. physik. Chem. **50** (1905), 713.

aber die Konzentration des Sauerstoffs nur zur Oxydation eines kleinen Teils des entwickelten Wasserstoffs aus, und der potentialveredelnde Einfluß (Verminderung der Überspannung) kommt hier nicht zum Vorschein[1]. Deshalb können Überspannungsmessungen bei hohen Stromdichten ohne merkbare Fehler auch an der Luft durchgeführt werden, bei kleinen dagegen auf keinen Fall. Der Einfluß des Kathodenmaterials ist dabei umgekehrt wie bei 4., gerade an Kathoden aus Edelmetallen läßt sich die Überspannung (bei geringer Stromdichte) am stärksten durch den Sauerstoff beeinflussen, während die Metalle Cd, Pb viel weniger empfindlich sind[2].

6. Zusammensetzung des Elektrolyten und Überspannung.

Welchen Einfluß die Zusammensetzung des Elektrolyten und dessen Konzentration auf die Höhe der Überspannung ausübt, ist durchaus noch nicht eingehend erforscht worden. Das hängt teilweise mit den erheblichen Schwierigkeiten zusammen, mit denen solche Untersuchungen verbunden sind. Auch Widersprüche in der Literatur sind dadurch zu erklären.

Es liegen zum Beispiel Angaben von GLASSTONE vor, aus denen geschlossen werden kann, daß die Überspannung am Quecksilber und Blei beim Übergang von konzentrierterer zu verdünnter Schwefelsäure so gut wie unabhängig von der Konzentration ist[3]. Derselbe Autor konnte weiter feststellen, daß die Mindestüberspannungen an den genannten Metallen unabhängig von der Säurestufe (p_H) des Elektrolyten sind. So schwankte die Mindestüberspannung am Pb in schwefelsauren, Natriumcitrat-, -phosphat-, -borat- und zuletzt -hydroxydhaltigen Lösungen mit einem p_H von $0 \div 10{,}1$ in den Grenzen von $0{,}62 \div 0{,}65$ V; in stark alkalischen (p_H von $11{,}2 \div 14$) fiel sie aber von 0,60 bis auf 0,48 V. Die Überspannungsänderungen am Quecksilber waren kaum feststellbar. Untersuchungen von KABANOW am Blei in Schwefelsäure der Konzentrationen $0{,}01 \div 8\,n$ zeigten ebenfalls die Unabhängigkeit der Überspannung von der Konzentration der Säure[4].

THIEL und BREUNING (l. c.) fanden dagegen am Eisen eine deutliche Abhängigkeit der Mindestüberspannung von der Zusammensetzung des Elektrolyten: in n KOH—0,075; in n NaOH — 0,087; in $2\,n$ $CH_3COOH + 5\,n$ CH_3COONa — 0,127 V. Eine Erhöhung der Überspannung ruft nach ISGARISCHEW und STEPANOW die Anwesenheit von Fluoriden hervor, wobei bei einer bestimmten Konzentration ein Maximum der Überspannung festgestellt werden kann, was auf die Bildung von Oxyfluoriden auf der Elektrodenoberfläche und die Auflösung der Deckschicht in überschüssigem Fluorid zurückgeführt wird[5]. Werden Messungen in Elektrolyten durchgeführt, die ein Salz des Kathodenmetalles enthalten, zum Beispiel Zn-Ionen bei der Bestimmung der Überspannung am Zink, so beobachtet man nach NEWBERY und WESTRIP eine Erhöhung des kathodischen Potentials[6]. Enthält der Elektrolyt ein Salz eines edleren Metalls als das der Kathode, so scheidet es sich auch ohne Elektrolyse auf der Kathode ab und ruft selbstverständlich eine Änderung der Überspannung hervor. Werden unedle

[1] Zu der gleichen Folgerung kommen in letzter Zeit auch A. HICKLING und F. W. SALT: Trans. Faraday Soc. **37** (1941), 319.

[2] M. STRAUMANIS: Korros. u. Metallschutz **12** (1936), 148.

[3] S. GLASSTONE: J. chem. Soc. (London) **125** (1924), 2414, 2646.

[4] B. KABANOW, S. JOFA: Acta physicochim. URSS **10** (1939), 617.

[5] N. ISGARISCHEW, D. STEPANOW: Z. Elektrochem. angew. physik. Chem. **30** (1924), 138.

[6] E. NEWBERY: J. chem. Soc. (London) **111** (1917), 420. — G. WESTRIP: Ebenda **125** (1924), 1112.

Kathoden in Säuren untersucht, so stellt sich das Potential des Metalles um so unedler ein, je konzentrierter die Säure ist. In Abhängigkeit von der Lage dieses Anfangspunktes (Konstante a der TAFELschen Gleichung) fällt dann die ganze Stromdichte-Spannungskurve entweder niedriger oder höher aus. So mißt man zum Beispiel am Zink in Salzsäure folgende Potentiale (Tabelle 5). Von diesen sind nun in erwähnter Weise die Stromdichte-Spannungskurven abhängig[1]. Auch NÁRAY-SZABÓ, der zum ersten Male reproduzierbare a-Konstanten erhalten konnte, findet, daß diese außer vom Kathodenmaterial auch noch vom Elektrolyten stark abhängen. So wird bei einer Stromdichte von 10^{-2} Amp/cm² in $2\,n$ HCl und H_2SO_4 die Konstante a am Quecksilber zu 0,682÷0,714 (HCl) und 1,044 (H_2SO_4), am Silber zu 0,217÷0,219 (HCl) und 0,145 (H_2SO_4) gefunden[2]. Dementsprechend fallen auch die ganzen Stromdichte-Überspannungskurven höher oder niedriger aus. Dasselbe läßt sich ebenfalls in alkalischen Lösungen beobachten, wo z. B. Zn und Sn eine besonders negative Überspannung besitzen, und zwar deswegen, weil die genannten Metalle dort auch ohne kathodische Polarisation ein *negativeres* Potential aufweisen als in Säuren[3].

Tabelle 5. *Potentiale des Zinks in Salzsäure steigender Konzentration.*

n	ε'_h
0,01	− 0,678 V
0,02	− 0,697
0,04	− 0,713
0,1	− 0,725
0,125	− 0,727
0,25	− 0,736
0,5	− 0,747

Mehr Aufschluß über die Frage der Abhängigkeit der Überspannung von der Konzentration der Säure scheinen Untersuchungen an Quecksilberkathoden zu liefern. So findet BOWDEN, daß bei höheren Säurekonzentrationen die Überspannung vom p_H unabhängig ist[4]; sie steigt aber stark mit der Verdünnung der Säure. Noch eindeutigere Resultate erhält man nach der polarographischen Methode. Bei der Bestimmung der kathodischen Potentiale des Quecksilbers auf diesem Wege hat man den wesentlichen Vorteil, daß die Oberfläche des Metalls ständig erneuert wird, die in der Lösung vorhandenen katalytisch wirksamen Verunreinigungen sich also nicht an der Kathodenoberfläche ansammeln können und deshalb die Resultate in hohem Maße reproduzierbar sind. HERASYMENKO und ŠLENDYK untersuchten das Potential der Wasserstoffabscheidung in Abhängigkeit von der Konzentration der Säure[5]. Sie erhielten hierbei das Diagramm Abb. 10. Wie ersichtlich, ist auch hier die TAFELsche Gleichung erfüllt, jedoch nur wenn korrigierte Werte verwandt wurden, denn der wahre elektrolytische (FARADAYsche) Strom konnte aus den Stromspannungskurven nur dann erhalten werden, wenn die Werte des nicht-FARADAYschen Ladungsstromes von der ge-

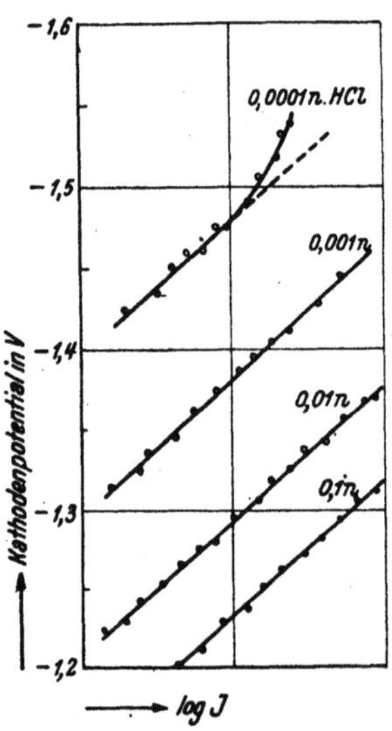

Abb. 10. Abhängigkeit des Kathodenpotentials der Wasserstoffabscheidung in Salzsäure von der Stromstärke nach HERASYMENKO und ŠLENDYK. Potentiale bezogen auf die Normal-Kalomelelektrode.

[1] M. STRAUMANIS: Acta Univ. Latviensis Bd. XX (1928), 335; Z. physik. Chem., Abt. A **147** (1930), 169. — M. CENTNERSZWER, M. STRAUMANIS: Ebenda **128** (1927), 381. Die Deutung dieser Abhängigkeit hat W. J. MÜLLER an Hand seiner Theorie zu geben versucht: S.-B. Akad. Wiss. Wien, Abt. II b **145** (1936), 1028.
[2] ST. v. NÁRAY-SZABÓ: Z. physik. Chem., Abt. A **181** (1938), 369.
[3] G. SCHMID, E. K. STOLL: Z. Elektrochem. angew. physik. Chem. **47** (1941), 364.
[4] F. P. BOWDEN: Proc. Roy. Soc. (London), Serie A **126** (1930), 115.
[5] P. HERASYMENKO, I. ŠLENDYK: Z. physik. Chem., Abt. A **149** (1930), 123. — P. HERASYMENKO: Z. Elektrochem. angew. physik. Chem. **34** (1928), 129.

samten beobachteten Stromstärke abgezogen wurden, was sich auf graphischem Wege durchführen ließ. In Anbetracht dessen, daß die Überspannung η definitionsgemäß als Unterschied zwischen dem gemessenen (kathodischen) Potential und dem der reversiblen Wasserstoffelektrode in demselben Elektrolyten anzusehen ist, läßt sich die Überspannungsänderung beim Übergang zur verdünnteren Säure $\Delta\eta$ aus den gemessenen Potentialen berechnen. Die Tabelle 6 zeigt, daß die Überspannungen in konzentrierteren HCl-Lösungen von der H-Ionenkonzentration fast unabhängig sind; in verdünnteren Lösungen dagegen vergrößerten sie sich bei Verminderung der H-Ionenkonzentration. HERASYMENKO und ŠLENDYK glauben, daß das nur unter Berücksichtigung der *Adsorption* der H-Ionen unter Einführung der LANGMUIRschen Adsorptionsisotherme zu erklären sei. Da die Adsorbierbarkeit sich von Metall zu Metall ändert, so wird die Überspannung an solchen Metallen, an denen die Adsorption stark ist (η klein), von der Konzentration unabhängig und umgekehrt. Die genannten Autoren folgern weiter, daß alle Umstände, welche die Adsorption von Wasserstoffionen an der Kathodenoberfläche stark erhöhen, zum Beispiel Rauhigkeit der Oberfläche, nicht nur den Gesamtwert der Überspannung erniedrigen, sondern auch die Überspannung unabhängig von der H-Ionenkonzentration machen müssen. Diese Ausführungen werden auch theoretisch, vom Mechanismus der Wasserstoffbildung nach HEYROVSKY ausgehend, begründet[1].

Tabelle 6.

Vergrößerung der Überspannung am Hg mit der Verdünnung der Säure nach HERASYMENKO *und* ŠLENDYK.

Normalität der HCl	Abscheidungspotential in V	Differenz $\Delta\varepsilon$ in V	Vergrößerung der Überspannung $\Delta\eta$ in V
0,1	1,224		
		0,062	0,005
0,01	1,286		
		0,092	0,036
0,001	1,378		
		0,098	0,041
0,0001	1,476		
0,05	1,267		
		0,082	0,025
0,005	1,349		
		0,099	0,042
0,0005	1,448		

Von demselben Standpunkt läßt sich auch die Beeinflussung der Überspannung durch die Anwesenheit von Neutralsalzen im Elektrolyten betrachten. Nach HERASYMENKO und ŠLENDYK ist nämlich zu erwarten, daß Neutralsalze die Adsorption der H-Ionen erniedrigen, indem sie diese aus der Oberflächenschicht der Kathode verdrängen, und daß sie so die Überspannung erhöhen, was auch experimentell bestätigt werden konnte. Die untersuchten Neutralsalze (Chloride des Li, Na, K, Rb, Ba, La, Th) erhöhten die Wasserstoffüberspannung am Quecksilber um so stärker, je höher die Ladung des zugesetzten Ions und je größer dessen Durchmesser war. Demgemäß erhielten die Verfasser für die Konzentrationen der Neutralsalze, die die gleiche Verschiebung des Potentials bedingen, die Reihen:

$$[Th^{4+}] < [La^{3+}] < [Ba^{2+}] < [K^{1+}] \qquad \text{und} \qquad [Rb^{1+}] < [K^{1+}] < [Na^{1+}] < [Li^{1+}]$$

Hier herrschen somit dieselben Verhältnisse, wie bei der Flockung von negativen Kolloiden durch Elektrolytzusätze. Ähnliche Reihen werden auch bei anderen elektrokinetischen Erscheinungen beobachtet.

Im allgemeinen findet man dieselben Überspannungskurven, wenn auch etwas gesenkt oder erhöht, in anderen Elektrolyten wieder. Von HICKLING und SALT sind Elektroden aus Hg, platiniertem Pt, Sn und Pb in salzsauren Lö-

[1] J. HEYROVSKÝ: Trans. Faraday Soc. **19** (1924), 692; Recueil Trav. chim. Pays-Bas **46** (1925), 499. — P. HERASYMENKO: Ebenda **46** (1925), 503; Z. Elektrochem. angew. physik. Chem. **34** (1928), 129.

sungen von Äthylenglykol bei Stromdichten zwischen 10^{-3} und 1 Amp/cm^2 mit dem erwähnten Resultat untersucht worden. Wurde aber statt des Wassers Alkohol oder Cyclohexanol gebraucht, so gelangte man wohl zu durchweg niedrigeren Überspannungswerten, die Kurven waren aber denen in wäßrigen Lösungen sehr ähnlich[1]. Dasselbe konnte auch an C- und Mo-Elektroden in Schmelzen, bestehend aus Mischungen von $MgCl_2$, KCl und NaCl erhalten werden[2].

Aus dem Dargelegten ist also ersichtlich, daß die Wirkung der Zusammensetzung des Elektrolyten auf die Überspannung zwar eine mannigfaltige sein kann, doch geht auch daraus hervor, daß die *Umgebung* des $H^{\cdot}$ *nicht* den für Größe der Überspannung entscheidenden Faktor darstellt.

7. Temperaturabhängigkeit der Überspannung.

Die Temperaturabhängigkeit der Wasserstoffüberspannung ist verhältnismäßig wenig untersucht worden. Ganz allgemein läßt sich sagen, daß die Überspannungskurven um so niedriger ausfallen, je höher die Temperatur ist. Eine Reihe solcher Kurven findet man in der Abhandlung von BAARS[3]. Nach HARKINS und ADAMS fällt die Überspannung am Hg um etwa 2 mV pro Grad[4]; ähnliche Werte wurden zwischen 0° und 75° von KNOBEL und JOY am Ag, Cu, Ni, Pb, am glatten und platinierten Platin festgestellt[5]. BIRCHER, HARKINS und DIETRICHSON arbeiteten bei geringer Stromdichte und fanden denselben Temperaturkoeffizienten (2 mV/Grad) am Cu, Au und Sn bei einer Stromdichte von $1 \div 2, 10^{-4}$ Amp und Temperaturen zwischen 0° und 30°; bei noch geringeren Stromdichten traten wesentliche Änderungen im Verlaufe der Kurven auf, zum Beispiel am Zinn, wo sich das Vorzeichen des Temperaturkoeffizienten sogar umkehrte[6]. Die Autoren versuchen auch die beobachteten Erscheinungen zu erklären.

In sehr verdünnter Salzsäure (0,001 *n* in 0,1 *n* KCl) sind die Potentiale der Wasserstoffabscheidung am Quecksilber auf polarographischem Wege durch HERASYMENKO untersucht worden[7]. Er fand ebenfalls, daß sich das Kathodenpotential bei Erhöhung der Temperatur um $2 \div 3$ mV/Grad veredelt, und kommt zu dem Schluß, daß eine solche Veredelung von 30 mV bei einer Temperatursteigerung von 10° etwa einer Verdoppelung der chemischen Aktivität der Wasserstoffionen entspricht, was mit der Forderung der VAN'T HOFFschen Regel in Übereinstimmung stehe.

Eine weitere Untersuchung zur Frage der Temperaturabhängigkeit ist zuletzt von BOWDEN veröffentlicht worden[8]. Er bestimmte das Potential von Quecksilberelektroden bei der Wasserstoff- und Sauerstoffentwicklung in Abhängigkeit von der Temperatur nach zwei Methoden: 1. das Elektrodenpotential wurde konstant gehalten und die Änderung der Stromdichte gemessen und 2. die Stromdichte wurde konstant gehalten und das Elektrodenpotential gemessen. Im ersten Falle steigt der Logarithmus der Stromdichte linear mit der Temperatur, im

---

[1] A. HICKLING, F. W. SALT: Trans. Faraday Soc. **37** (1941), 224.
[2] S. KORPATSCHEW, S. REMPEL, J. JORDAN: J. physik. Chem. **13** (1939), 1087.
[3] E. BAARS: Handb. d. Physik Bd. XIII (1928), 577.
[4] W. D. HARKINS, H. S. ADAMS: J. physik. Chem. **29** (1925), 205; Hystereseerscheinungen wurden von ihnen ebenfalls festgestellt.
[5] M. KNOBEL, D. B. JOY: Trans. electrochem. Soc. **44** (1923), 443.
[6] L. J. BIRCHER, W. D. HARKINS, G. DIETRICHSON: J. Amer. chem. Soc. **46** (1924), 2622.
[7] P. HERASYMENKO: Z. Elektrochem. angew. physik. Chem. **34** (1928), 131.
[8] F. P. BOWDEN: Proc. Roy. Soc. (London), Ser. A **126** (1922), 107. S. hierzu auch die Überlegungen von N. KOBOSEW und N. I. NEKRASSOW: Z. Elektrochem. angew. physik. Chem. **36** (1930), 542.

zweiten Fall erhält man ebenfalls eine Gerade für die Verminderung des Potentials mit der Temperatur. Beide Methoden ergaben übereinstimmende Zahlen für den Temperaturkoeffizienten, nämlich Verminderung der Überspannung um etwa 2,6 mV beim Ansteigen der Temperatur um 1° (Stromdichte 10^{-5} Amp/cm² in 0,2 *n* H_2SO_4).

8. Überspannung und Druck.

Obgleich ein Einfluß des Druckes auf die Höhe der Überspannung theoretisch zu erwarten ist, so stehen doch die experimentell erhaltenen Resultate in keinem Verhältnis zu den theoretischen Erwägungen. Wie die Druckabhängigkeit der Überspannung ausfällt, hängt davon ab, ob das kathodische Potential gegen eine druckabhängige Elektrode, wie die Wasserstoffelektrode, oder gegen eine fast druckunabhängige, wie die Mercurosulfatelektrode, gemessen wird. Definitionsgemäß würde die Messung gegen eine Wasserstoffelektrode richtiger sein, doch dem Wesen der Erscheinung entspricht das nicht. Wie aus der Formel für die Wasserstoffelektrode ersichtlich, wird deren Potential mit steigendem Druck kleiner (negativer):

$$\varepsilon = \varepsilon_0 - \frac{RT}{2F} \ln \frac{p_{H_2}}{[H^+]^2}. \tag{3}$$

Die Formel ist in ziemlich guter Übereinstimmung mit den Beobachtungen[1]. Wird nun die Überspannung unter sonst gleichen Umständen bei steigendem Druck gegen eine solche Elektrode gemessen, so muß eine Verminderung konstatiert werden, auch wenn die Änderung der Überspannung an sich nicht so stark ist, weil eben der Hauptanteil der Spannungsänderung auf die reversible Wasserstoffelektrode entfällt. Eigentlich mißt man dann also die Änderung des Potentials der Wasserstoffelektrode. Demgemäß führen die experimentellen Untersuchungen auch zu zwei Ergebnissen: einige Forscher, die mit der H_2-Elektrode arbeiteten, finden, daß sich die Überspannung mit steigendem Druck vermindert, die anderen aber — sie arbeiteten mit Mercurosulfatelektroden —, daß sie fast druckunabhängig ist. So stellen HARKINS und ADAMS, MACINNES und ADLER[2], GOODWIN und WILSON[3], CASSEL und KRUMBEIN[4] fest, daß die Überspannung mit der Druckverminderung zunimmt. BIRCHER und HARKINS finden dagegen, daß sich die Überspannung am Hg, Pb und Ni nur etwas hebt, wenn der Druck vermindert wird. Dieser beeinflußt also das Potential der Wasserstoffelektrode (der ersteren Forscher) in viel stärkerem Maße als das kathodische Potential[5]. Das geringe Ansteigen der Überspannung wird dabei durch die Vergrößerung der Gasblasen bei vermindertem Druck erklärt. Hierbei wächst erstens der Widerstand der Lösung und zweitens wird ein Teil der Elektrode abgedeckt, was bei konstant gehaltener scheinbarer Stromdichte ein Ansteigen der Überspannung zur Folge hat. Die Ergebnisse der letztgenannten Autoren werden von KNOBEL am Pt, Pb, Cu und Ni bestätigt, der bei seinen Versuchen bei konstanter Stromdichte eine noch bessere Konstanz der Überspannung bei verschiedenem Druck erzielen konnte[6]. Die Messungen und Ansichten dieser Autoren verdienen deshalb größeres Zutrauen.

Es ergibt sich also die Regel, daß beim Arbeiten mit einer druckabhängigen

[1] R. ROMAN, WA-PO CHANG: Bull. Soc. chim. France **51** (1932), 932.
[2] MACINNES, ADLER: J. Amer. chem. Soc. **41** (1919), 194.
[3] H. GOODWIN, L. A. WILSON: Trans. electrochem. Soc. **40** (1921), 173.
[4] H. M. CASSEL, E. KRUMBEIN: Z. physik. Chem., Abt. A **171** (1934), 70.
[5] S. J. BIRCHER, W. D. HARKINS: J. Amer. chem. Soc. **45** (1923), 2890; auch E. NEWBERY: J. chem. Soc. (London) **105** (1914), 2419.
[6] M. KNOBEL: J. Amer. chem. Soc. **46** (1934), 2751; Tabelle der Überspannungen auch bei BAARS: Handb. d. Physik Bd. XIII (1928), 577.

Elektrode (Wasserstoff-), *die Überspannung* bei den verschiedensten Stromdichten und Kathodenmetallen *mit steigendem Wasserstoffdruck abnimmt* und in erster Näherung durch die Formel von KNOBEL

$$\eta = \eta_0 - \frac{RT}{2F} \ln p_{H_2} \qquad (3a)$$

dargestellt werden kann; hier ist η_0 die Wasserstoffüberspannung beim Druck 1. An und für sich ist also η vom Druck unabhängig, die gemessene Änderung der Überspannung fällt deshalb fast vollständig auf die Änderung des Potentials der Bezugselektrode (in Abhängigkeit vom Druck). SCHMID und STOLL konnten nun in letzter Zeit zeigen, daß die Regel und Formel (3a) auch *in alkalischen Lösungen* ihre annähernde Gültigkeit behält[1]. Sie arbeiteten bei 0° C in 0,1 *n* NaOH bei Stromdichten zwischen 10^{-2} und 10^{-4} Amp/cm^2 und bei Drucken zwischen Atmosphärendruck und 15 cm Hg nach der direkten Methode. Für sämtliche Metalle (untersucht wurden Cu-, Ni-, Pb-, Ag-, Fe-, Zn- und Sn-Kathoden) ergab sich eine Zunahme der Überspannung mit fallendem Druck. Für Fe, Zn und Sn waren die unregelmäßigen Schwankungen zu groß, um (3a) zu bestätigen, doch gelang dies bei den übrigen Metallen.

9. Wasserstoffkonzentration und Überspannung.

Die meisten Überspannungsbestimmungen sind in einer Wasserstoffatmosphäre durchgeführt worden. KNORR und Mitarbeiter nahmen aber in letzter Zeit Überspannungskurven in einer Stickstoffatmosphäre auf und kamen zu Resultaten, die auf den ersten Blick ziemlich sonderbar erscheinen[2]: der Verlauf der Kurven hing sehr stark davon ab, ob ins Versuchsgefäß H_2, N_2 oder kein Gas eingeleitet wurde. Der KNORRschen Arbeit ist das hier als Abb. 11 dargestellte Diagramm entnommen, in dem die geschilderten Verhältnisse gut zu übersehen sind. Kurve *III* konnte erhalten werden, wenn in das Versuchsgefäß während der Elektrolyse kein Gas eingeleitet und auch jede Erschütterung des Gefäßes vermieden wurde. Durch die geringsten Erschütterungen oder durch bereits sichtbare Bläschenbildung bei der Wasserstoffabscheidung vergrößerte sich das Potential (η verminderte sich) der Versuchselektrode sofort wesentlich. Wurde nun ins Versuchsgefäß zunächst bei konstanter Stromstärke mit zunehmender Geschwindigkeit Wasserstoff eingeleitet, so veredelte sich das Potential weiter (Rührung des Elektrolyten!), um sich bei noch größerer Verstärkung des Gasstromes nicht mehr beeinflussen zu lassen (Kurve *II*). Den positivsten Wert erreichte die Elektrode schließlich, wenn sie hinreichend kräftig mit molekularem Stickstoff bespült wurde (Kurve *I*). Die Kurven ließen sich gut reproduzieren und konnten wie in sauren, so auch in alkalischen Lösungen an hochaktiven Metallen wie Platin und Palladium erhalten werden. Aus den Versuchsresultaten läßt sich somit schließen, daß bei *III* die engste Umgebung der Elektrode mit Wasserstoff über-

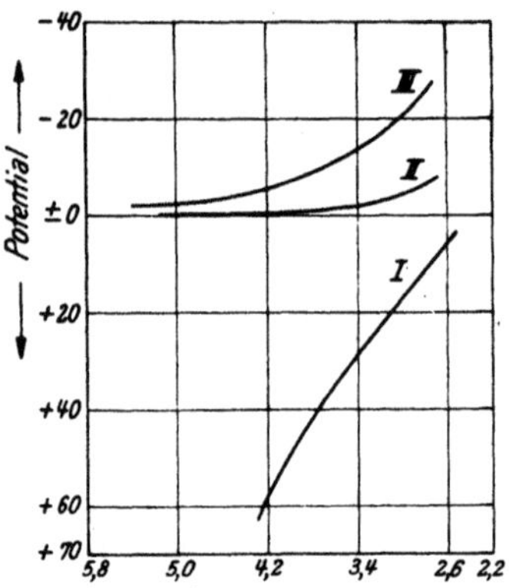

Abb. 11. Stromspannungskurven am Platin in 2 *n* H_2SO_4.
I Elektrode im N_2-Strom; *II* Elektrode im H_2-Strom; *III* Elektrode ohne Gasbespülung nach KANDLER, KNORR und SCHWITZER.

[1] G. SCHMID, E. K. STOLL: Z. Elektrochem. angew. physik. Chem. **47** (1941), 360.
[2] L. KANDLER, C. A. KNORR, C. SCHWITZER: Z. physik. Chem., Abt. A **180** (1937), 281.

sättigt, bei *I* untersättigt ist; *II* nimmt eine Mittelstellung ein. Dieses alles ist dem Verhalten einer Wasserstoffelektrode ähnlich, deren Potential mit steigendem H_2-Druck zur negativen Seite verschoben wird. Das Elektrodenpotential der Wasserstoffabscheidung bei kleiner Stromdichte ist somit in hohem Maße von der Geschwindigkeit der Wegdiffusion des Wasserstoffs abhängig. Die eigentlichen Entladungsvorgänge werden also in diesen Fällen durch Diffusionserscheinungen überdeckt. Bei noch höheren Stromdichten, wo sichtbare Gasentwicklung einsetzt, bei intensiver Rührung und Wasserstoffdurchströmung müßten infolgedessen die Diffusionseffekte gegenüber den eigentlichen Überspannung bedingenden Vorgängen zurücktreten. In diesen Fällen müßte man Kurven erhalten, die sich der in Abb. 11, *II* dargestellten nähern.

10. Überspannung der Wasserstoffisotopen.

Seit der Entdeckung des schweren Wasserstoffs durch UREY im Jahre 1932[1] drängt sich die Frage nach der Überspannung dieses Isotops auf. Sie gewann eine besondere Bedeutung, da sich die Elektrolyse als eines der günstigsten Verfahren zur Herstellung des schweren Wassers erwies. Es interessierte hauptsächlich die Theorie der elektrolytischen Trennung der Isotopen, und in diesem Zusammenhang wurde und wird auch die Wasserstoffüberspannung in Betracht gezogen. Unter der großen Zahl von Arbeiten, die über den schweren Wasserstoff und das schwere Wasser veröffentlicht worden sind, findet man nur wenige, in denen direkt von der Überspannung des schweren Wasserstoffs die Rede wäre. Teilweise erklärt sich das durch die Neuheit solcher Untersuchungen, teilweise aber dadurch, daß man bei den Arbeiten auf Schwierigkeiten stößt, da der zu erwartende Effekt klein ist und infolgedessen die Unterschiede gegenüber gewöhnlichem Wasser nur mit Mühe erfaßt werden können. Es ist deshalb kein Wunder, daß die experimentellen Ergebnisse verschiedener Autoren oft widersprechend sind. Hier sollen deshalb nur einige Arbeiten besprochen werden, die sich ohne Widerspruch in den Rahmen des vorliegenden Aufsatzes einfügen. Aus beistehender Abb. 12, die einer Arbeit von BOWDEN und KENYON entnommen ist[2], erkennt man, daß die *Überspannung um so höher* ausfällt, *je reicher das Lösungsmittel an schwerem Wasser* ist. Der Unterschied der Überspannung in leichtem und schwerem Wasser beträgt etwa 0,13 V. HEYROVSKÝ findet dagegen, ebenfalls am Quecksilber, nur einen Unterschied von 0,087 V[3]. Weiter ist aus der Abb. 12 zu sehen, daß die Überspannung beider Isotopen in derselben Weise von der Stromdichte abhängt und die Geraden dieselbe Neigung (Konstante *b*) besitzen. Der Temperaturkoeffizient der Überspannung des Deuteriums ist größer als der des Wasserstoffs; der Unterschied $\Delta\eta$ vergrößert sich mit steigender Temperatur. Nach

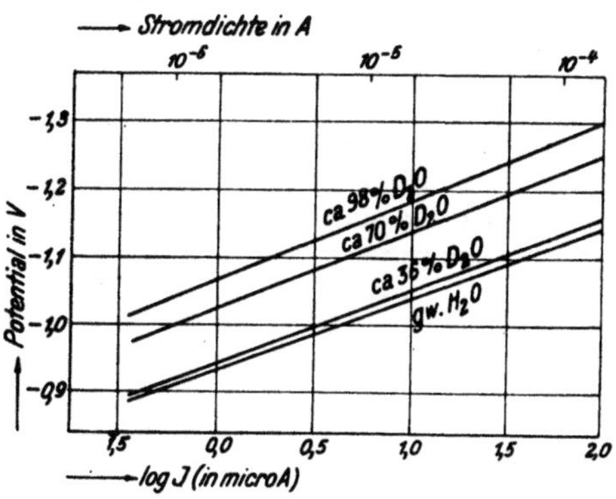

Abb. 12. Wasserstoffüberspannung am Quecksilber in 0,2 n H_2SO_4, gelöst in schwerem Wasser verschiedener Konzentration. Nach BOWDEN und KENYON. Potentiale bezogen auf die gesättigte Kalomelelektrode.

[1] UREY, BRICKWEDDE, MURPHY: Physic. Rev. **39** (1932), 164; **40** (1933), 1.

[2] F. P. BOWDEN, H. F. KENYON: Nature **135** (1935), 105; auch Z. Elektrochem. angew. physik. Chem. **44** (1938), 55.

[3] J. HEYROVSKÝ, MÜLLER: Coll. Czech. chem. Com. **7** (1935), 281. — J. HEYROVSKÝ: Nature **140** (1937), 1022; Coll. Czech. chem. Com. **9** (1937), 207, 273, 344.

BOWDEN und KENYON reichen die 0,13 V vollständig aus, um die Trennung der Isotopen bei der Elektrolyse zu erklären; aus obigem Diagramm folgt, daß die Geschwindigkeit der Entladung der Wasserstoffionen etwa

$$\frac{\text{Menge des entwickelten } H_2}{\text{Menge des entwickelten } D_2} = \frac{9{,}23 \cdot 10^{-6}\,\text{Amp}}{0{,}668 \cdot 10^{-6}\,\text{Amp}} = 13{,}8 \text{ mal}$$

größer ist als die der Deuteronen.

Bei der Elektrolyse reichert sich somit der schwere Wasserstoff im Elektrolyten an, da der leichte schneller entweicht. Je vollständiger das geschieht, um so größer ist der „Trennfaktor". Letzterer läßt sich am besten folgendermaßen definieren:

$$\left(\frac{[D]}{[H]}\right)_{H_2O} = s\left(\frac{[D]}{[H]}\right)_{H_2}, \tag{7}$$

wo $\frac{[D]}{[H]}$ das Verhältnis der Konzentrationen von D und H im Elektrolyten (Wasser) und im entwickelten Wasserstoff ist. Der Trennungsfaktor s fällt somit um so größer aus, je wirksamer die Trennung der Isotopen ist. Es wäre jetzt von Bedeutung festzustellen, wie groß der Unterschied $\Delta\eta$ der beiden Wasserstoffarten ausfällt, wenn als Kathoden verschiedene Metalle benutzt werden. In dieser Richtung sind nun so gut wie keine Versuche unternommen worden, teilweise wegen der ziemlich schlechten Reproduzierbarkeit der Überspannungswerte. Statt dessen sind aber im breiten Umfang die Trennungsfaktoren an verschiedenen Metallen untersucht worden. Es wäre nun zu erwarten, daß sich zwischen der Höhe der Überspannung an der betreffenden Kathode und deren Trennwirkung irgend eine Beziehung feststellen ließe. Aus den Versuchen konnte jedoch solch ein Schluß nicht gezogen werden[1]. Es scheint vielmehr, das Quecksilber ausgenommen, daß die Trennfaktoren unabhängig vom Kathodenmaterial sind. Die Größe des Faktors schwankt dabei bei einem jeden Material, je nach dessen Aktivität, in ziemlich weiten Grenzen, wie das zum Beispiel aus den Zahlen der Tabelle 7 zu sehen ist, die aus einer Arbeit von FARKAS stammt[2]. Irgend ein Zusammenhang mit der Überspannung kann hier nicht entdeckt werden. Nun muß man aber in Betracht ziehen, daß Versuche zur Ermittelung von Trennfaktoren sehr lange dauern, da diese aus der Dichtezunahme des zurückgebliebenen Wassers oder aus der Dichte des zu Wasser verbrannten entwickelten Wasserstoffs ermittelt werden. Da hierzu eine längere Zeit nötig ist, so muß die Zahl der Einzelversuche eingeschränkt werden. Zudem ändert sich während der langen Zeit der Elektrolyse leicht die Aktivität der Elektroden, so daß die Eindeutigkeit der Versuche darunter stark leidet. Es war deshalb ein erheblicher Fortschritt, als es EUCKEN und BRATZLER gelang, die Trennfaktoren mit nur wenigen Kubikzentimetern des entwickelten Wasserstoffs unter Verwendung exakter Wärmeleitfähigkeitsmessungen hinreichend sicher zu bestimmen[3]. Die genannten Autoren kommen nun zu folgenden Schlüssen, die auf Grund sehr deutlicher und durchaus reproduzierbarer Effekte gezogen worden sind:

Tabelle 7. *Trennungsfaktoren an verschiedenen Elektroden bei einer Stromdichte von 0,5 Amp/cm²* nach FARKAS.

Cu	5,5 ÷ 6,8
Ag	5,3 ÷ 6,0
Hg	2,8 ÷ 2,9
Pb	6,3 ÷ 7,4
Fe	6,9 ÷ 7,6
Ni	4,0 ÷ 6,5
Pt (gew.)	4,7 ÷ 7,6
Pt (akt.)	3,4 ÷ 4,7

[1] R. P. BELL, J. H. WOLFENDEN: Nature **133** (1934), 25.

[2] A. u. L. FARKAS: Proc. Roy. Soc. (London), Ser. A **146** (1934), 623; J. chem. Phys. **2** (1934), 468. — A. FARKAS: Trans. Faraday Soc. **32** (1936), 922; **33** (1937), 552, 678.

[3] A. EUCKEN, K. BRATZLER: Z. physik. Chem., Abt. A **174** (1935), 273; Wärmeleitfähigkeitsmethode nach H. SACHSSE, K. BRATZLER: Ebenda, Abt. A **171** (1934), 331.

a) Die erhaltenen Trennfaktoren liegen in den meisten Fällen — auch bei Betrachtung eines und desselben Kathodenmaterials — zwischen recht weit voneinander entfernten Grenzwerten: Pt 3,4 ÷ 14,7, Au 3,1 ÷ 17,6, Ag 4,1 ÷ 9,4, Pb 4,0 ÷ 9,8.

b) Durch eine *vorangehende anodische Polarisation* der Kathode tritt durchweg ein (zuweilen sehr beträchtlicher) *Anstieg des Trennungsfaktors* ein. Der Effekt wird durch Zusatz von Giftstoffen (α-Naphthachinolin) schwächer, bleibt aber immer noch deutlich erkennbar.

Nur beim *Quecksilber* erweist sich die anodische Polarisation als *wirkungslos*.

Das *Potential* nimmt, solange die vorausgehende anodische Polarisation wirksam ist, bei gleichbleibender Stromdichte einen erheblich, durchschnittlich um 0,1 ÷ 0,2, zuweilen sogar um 0,4 V niedrigeren (edleren) Wert an als vor der anodischen Behandlung.

c) Durch Zusatz von Giftstoffen (geringe Mengen von α-Naphthachinolin) wird der Trennfaktor bei *sämtlichen Metallen* auf einen zwischen 3 und 4 liegenden Wert *herabgedrückt*. Bei Quecksilber wird sogar der Wert 3 unterschritten.

Das Potential (Überspannung) besitzt meistens einen höheren Wert als nach der anodischen Polarisation der Elektrode. Trennfaktor und Potential verlaufen somit, soweit es sich um die Wirkung einer anodischen Polarisation und eines Giftzusatzes handelt, antibat: *Je niedriger das Potential, desto höher der Trennfaktor*. Der Trennfaktor bei Giftzusatz ist bei allen Metallen etwa gleich groß.

d) Das Wachsen des Trennfaktors mit wachsender Stromdichte ist nach EUCKEN und BRATZLER nicht immer sicher festzustellen.

e) Ebenso konnte kein direkter Zusammenhang zwischen der Überspannung eines Metalls und der Größe des Trennfaktors gefunden werden.

f) Ein Zusammenhang zwischen der Konstante *b* der TAFELschen Gleichung und der Höhe des Trennfaktors konnte ebenfalls nicht sicher ermittelt werden.

Bei der Elektrolyse verhalten sich die beiden Wasserstoffisotopen also so, als ob jedes sein eigenes Abscheidungspotential besäße. Es wird somit das Diagramm Abb. 12 auch von dieser Seite noch indirekt bestätigt. Besitzt die Kathode eine niedrige Überspannung (Pt, Au, Ag), so entweicht hauptsächlich der leichte Wasserstoff, und der Trennfaktor fällt infolgedessen hoch aus. Bei Metallen mit hoher Überspannung (Quecksilber) ist dagegen die Trennung, wie leicht verständlich, sehr unvollkommen. Nach den Betrachtungen von EUCKEN und BRATZLER erhält man an aktivierten Kathoden hohe Trennfaktoren, was auf eine niedrige Überspannung der Elektrode hindeutet. Wie auf Seite 145 schon hervorgehoben, bewirkt tatsächlich anodische Polarisation eine besonders niedrige Überspannung, ebenso die Anwesenheit von Sauerstoff. Die Trennung erfolgt deshalb auf denselben Grundlagen wie die elektrolytische Trennung zweier Ionen mit verschiedenen Potentialen. Da aber hier der Unterschied zwischen ihnen gering ist, so ist nur eine relative Anreicherung des schwereren Isotops möglich, ähnlich wie das von HOLLECK an Lithium gefunden worden ist[1]. Daß der aktive Zustand der Elektrode kein dauernder ist und deshalb die günstigen Bedingungen der Trennung nur von kurzer Dauer sind, folgt ebenfalls aus dem schon Gesagten: die geringen Beimengungen (Gifte), die sich im Elektrolyten befinden, finden Gelegenheit genug, während der auch hier verhältnismäßig langen Dauer der Elektrolyse sich auf der Kathode abzuscheiden, was mit einer Erhöhung der Überspannung und einem Fallen der Trennfaktoren verbunden ist. Aktive Materialien werden somit mit der Zeit unaktiv. Damit erklärt es sich dann auch, daß Kathoden aus verschiedenen Materialien in ihrer Wirkung sich nicht besonders stark

[1] L. HOLLECK: Z. Elektrochem. angew. physik. Chem. 44 (1938), 111.

unterscheiden: durch die lange Dauer der Elektrolyse werden die aktiven Stellen zerstört oder abgedeckt, so daß alle Kathoden zuletzt etwa dieselbe Überspannung besitzen; infolgedessen unterscheiden sich die Trennfaktoren auch nicht besonders.

Was nun die Ursachen des verschiedenen elektrochemischen Verhaltens beider Wasserstoffisotopen betrifft, so gehen hier die Meinungen stark auseinander, da wegen der Neuheit der Erscheinung diese weder experimentell noch theoretisch genügend durchgearbeitet ist. Auf die möglichen Gründe des Überspannungsunterschiedes wird weiter unten deshalb nur kurz eingegangen werden.

11. Überspannung, Rührung und Stromart.

Die Höhe der Überspannung wird weiter noch durch die Durchmischung des Elektrolyten (Rotation der Kathode) und die Art des Stromes beeinflußt.

HARKINS und ADAMS gingen bis zu 5600 Umdrehungen der Kathode in der Minute und fanden, daß die Überspannung mit steigender Rotationsgeschwindigkeit fällt und sich zuletzt einem Grenzwerte nähert[1]. Der Einfluß ist bei niedrigen Stromdichten stärker als bei höheren. Der Effekt läßt sich dadurch erklären, daß die Gasblasen von der Kathode entfernt werden, weshalb sich eine niedrigere Stromdichte einstellt, die Diffusion der H-Ionen und, falls ohne Luftabschluß gearbeitet wird, auch die des Sauerstoffs begünstigt wird.

Überlagert man dem Gleich- einen Wechselstrom, so beobachtet man nach GOODWIN und KNOBEL eine Verminderung der Überspannung[1,2]. Es läßt sich das ebenfalls durch den entstehenden Sauerstoff erklären. Die Wirkung des intermittierenden Gleichstromes ist schon auf S. 142 und 151 besprochen worden.

12. Überspannung und Ultraschall.

Einen ähnlichen Einfluß übt auch der Ultraschall auf die Höhe der Überspannung aus. Die ersten Versuche über die Wirkung des Ultraschalls auf das Abscheidungspotential des Wasserstoffs sind von SCHMID und EHRET unternommen worden[3]. Umfangreichere Untersuchungen hat aber in letzter Zeit PIONTELLI durchgeführt[4]. Er arbeitete in 0,1 *n* Lösungen von HCl, H_2SO_4, NaOH, KOH und Na_2SO_4. Wurde die Überspannung in Abhängigkeit von der Stromdichte ohne Ultraschall gemessen, so erhielt man die gewöhnlichen logarithmischen Kurven. Beim Einschalten des Ultraschalls trat eine Depolarisation ein, die sich besonders stark bei kleinen Stromdichten auswirkte, wobei zuweilen ein Fallen der Überspannung um 0,8 V beobachtet werden konnte. Die Wirkung nahm aber mit steigender Stromdichte ab; dieses Verhalten konnte an Cu- und Pb-Elektroden beobachtet werden. Zweifellos lassen sich die erwähnten Erscheinungen dadurch deuten, daß durch den Ultraschall die Entfernung der Wasserstoffbläschen und anderer Reaktionsprodukte von der Kathode stark gefördert wird. Ist aber die Stromdichte zu hoch, so reicht die benutzte Schallintensität nicht mehr dazu aus, um auch hier stärkere Polarisationseffekte auszulösen.

Die Deutung der Überspannung.

In den nun folgenden Kapiteln soll eine kurze Übersicht der theoretischen Deutungsmöglichkeiten der Überspannungserscheinungen gegeben werden.

[1] W. D. HARKINS, H. S. ADAMS: J. physic. Chem. **29** (1925), 211.
[2] M. GOODWIN, M. KNOBEL: Trans. Amer. electr. Soc. **37** (1920), 617, 624.
[3] G. SCHMID, L. EHRET: Z. Elektrochem. angew. physik. Chem. **43** (1937), 597.
[4] R. PIONTELLI: Atti R. Accad. naz. Lincei, Rend. (6), **27** (1938), 357, 581.

Wie aus dem eben Dargelegten ersichtlich, ist die Erscheinung der Überspannung trotz der scheinbaren Einfachheit der elektrolytischen Prozesse selbst sehr kompliziert. Deshalb ist es nicht verwunderlich, daß zur Deutung der Überspannung eine Reihe von Theorien entwickelt worden sind und noch ständig entwickelt werden. Doch keine von ihnen ist vorläufig so ausbaufähig, daß sie alle Erscheinungen der Überspannung restlos erklären könnte. Nur größere oder kleinere Teilgebiete werden von den einzelnen Theorien erfaßt, allerdings in letzter Zeit mit gutem Erfolg.

Von den Überspannungstheorien sollen hier indessen nur die umfassendsten und die bekanntesten betrachtet werden. An erster Stelle steht hier die älteste, schon von TAFEL entwickelte katalytische Theorie, die qualitativ eine Reihe von Umständen erklärt und auch den logarithmischen Verlauf der Stromdichte-Überspannungskurven mit Leichtigkeit liefert. Im Anschluß daran sollen die KNORRschen Anschauungen über die Rolle des diffundierenden Wasserstoffs, dann die ERDEY-GRÚZ-VOLMERsche und zuletzt in aller Kürze die HAMMETsche Theorie betrachtet werden. Auf die eingehende Darstellung der quantenmechanischen Theorie von GURNEY kann verzichtet werden, da in letzter Zeit Sammelreferate von WIRTZ[1] und von RONCARI[2] erschienen sind, in denen gerade diese Theorie ausführlich betrachtet worden ist.

Bevor wir zur TAFELschen Theorie übergehen, soll die kathodische Ausbildung der Überspannung anschaulich am einfachsten Modell betrachtet werden.

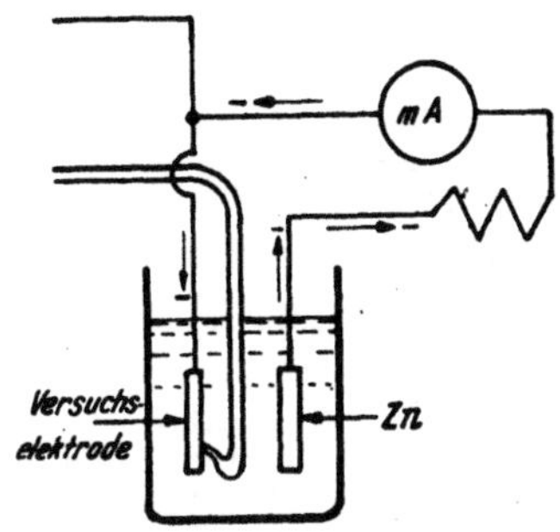

Abb. 13. Einfachste Anordnung zur Messung der kathodischen Überspannung.

1. Die Ausbildung der Überspannung, anschauliche Darstellung.

In Abb. 13 ist eine elektrolytische Zelle gezeichnet, die mit eigenem Strom arbeitet und in der an der Kathode (Pt) die Überspannung gemessen werden kann. Das in die Säure tauchende, sehr reine Zink sendet als Anode $Zn^{\cdot\cdot}$-Ionen in Lösung und lädt sich selbst negativ auf. Die Elektronen werden durch die Leitung, den Widerstand und das Milliamperemeter in die Kathode gedrängt, die so ebenfalls negativ aufgeladen wird. Zwei Grenzfälle lassen sich jetzt weiter unterscheiden. 1. Als Kathode wirkt ein Metall, aus dem die Elektronen nicht herauskönnen, um die an die Kathode gezogenen H^+ oder H_3O^+ zu entladen; es findet also keine Wasserstoffentwicklung statt. In diesem Fall wird das kathodische Metall bis auf das Potential der Anode aufgeladen, da jenes gewissermaßen von der Säure isoliert ist. Zn-Ionen können dann nicht mehr in Lösung gehen, die Kathode ist gänzlich inaktiv. Wählt man dagegen als Kathode ein sehr aktives Material, an dem jedes vom Zink kommende Elektron sofort an ein Wasserstoffion abgegeben werden kann, so herrscht in der Kathode ein Elektronenmangel, der nach außen als positives Potential gemessen wird. Ist die Flüssigkeit und die Elektrode mit Wasserstoff gesättigt, so kann dieses Potential nicht höher (positiver) sein als das der reversiblen Wasserstoffelektrode in demselben Elektrolyten. Eine stürmische Gasentwicklung findet während des Prozesses statt, Zn-Ionen gehen

[1] K. WIRTZ: Z. Elektrochem. angew. physik. Chem. 44 (1938), 303—326. Vorliegender Aufsatz wurde im Jahre 1938 abgefaßt. Zusammenstellung der Überspannungstheorien s. GMELINS Handbuch der anorganischen Chemie 8. Aufl. System Nr. 68, Pt, Teil B, Lieferung 3, S. 232—251.

[2] RONCARI: Ing. Chimiste (Bruxelles) 20 (1937), 193—203; 21 (1937), 1—14, 45—61.

in Lösung. In Wirklichkeit liegt aber die Wahrheit in der Mitte zwischen beiden Fällen, denn es gibt nur Metalle, deren kathodische Eigenschaften eine Mittelstellung zwischen den beiden extremen Fällen einnehmen. Das kathodische Potential läßt sich mit dem Druck in einem Behälter vergleichen, der aus einem sehr großen Reservoir durch einen nicht zu engen Schlauch mit Preßluft beschickt wird. Die Luft kann durch einen weiten Hahn aus dem Behälter ins Freie treten. Je nach dem, wie stark man nun den Hahn öffnet (entsprechend der katalytischen Aktivität der Kathode) kann im Behälter entweder der Druck des Reservoirs (Hahn geschlossen), der Atmosphärendruck (Hahn offen) oder irgend ein Zwischendruck (Zwischenstellung des Hahnes) eingestellt werden. Eine metallische Kathode, an der sich Wasserstoff entwickelt, kann niemals ganz bis auf das Potential der Elektronenquelle aufgeladen werden, denn die durch die Leitung kommenden Elektronen werden auch im ungünstigsten Fall mit einer gewissen Geschwindigkeit an die Protonen abgegeben. Es stellt sich zuletzt ein stationäres Gleichgewicht ein (Druck im Behälter bei halbgeöffnetem Hahn), dem ein bestimmtes negatives Potential entspricht. Wird dieses Potential gegen die Wasserstoffelektrode gemessen, so hat man die Überspannung. Diese ist also nichts anderes als die Höhe der Aufladung der Kathode, die sich in Abhängigkeit von der Geschwindigkeit der Elektronenzufuhr (regulierbar durch den Widerstand) und der der Elektronenabgabe an die Wasserstoffionen der Lösung einstellt.

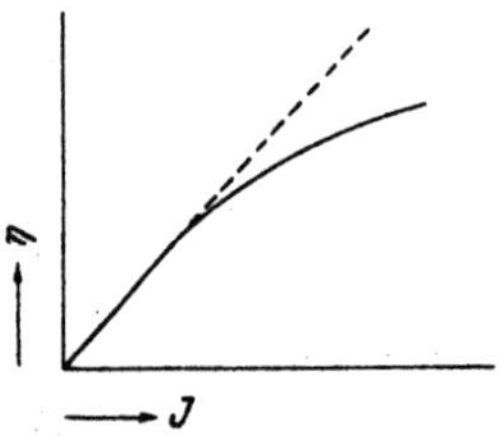

Abb. 14. Die Rolle des nicht-FARADAYschen und des FARADAYschen Stromes bei der Ausbildung der Überspannung.

Betrachtet man das Platin der Zelle der Abb. 13 zunächst bei geöffnetem Stromkreis, so nimmt es das Potential (Überspannung gleich Null, definitionsgemäß) der reversiblen Wasserstoffelektrode an. Schließt man aber den Stromkreis über einen genügend großen Widerstand, so daß nur ein geringer Strom durchs Milliamperemeter fließt, so beginnt die Kathode sich aufzuladen (Ausbildung der elektrischen Doppelschicht), und zwar proportional der ankommenden Elektronenzahl. Die Aufladung (Zunahme der Überspannung) ist also anfangs proportional der nicht-FARADAYschen Stromstärke, und in diesem Stadium werden keine Wasserstoffionen entladen. Erst wenn das Potential etwas höhere Werte, einem bestimmten Schwellenwert entsprechend, erreicht hat, setzt die Entladung der Wasserstoffionen ein, und durch die Kette fließt jetzt der FARADAYsche Strom. Würde nun diese Entladung ebenso schnell verlaufen wie das Ankommen der Elektronen, so würde die Elektrolyse sich beim Potential des Schwellenwertes fortsetzen. Das ist nun nicht der Fall: es treten *Verzögerungserscheinungen* in der Entladung auf, und das Potential steigt weiter, bis ein stationärer Zustand erreicht ist, jedoch nicht mehr proportional der Stromstärke. Die sich ergebende Stromspannungskurve ist in der Abb. 14 dargestellt. Der nicht-FARADAYsche Strom dient also zur Aufladung der Elektrode und ist der Stärke nach verschwindend gegen den FARADAYschen, der die Abweichung des Potentials vom geradlinigen Verlauf bewirkt und durch den die Elektrolyse sich vollzieht. Diese Abweichung zu geringeren Überspannungen ist dabei um so größer, je unbedeutender die Verzögerungserscheinungen an der Kathode sind, d. h. je aktiver sie ist. Eine jede Änderung der Aktivität der Elektrode ist deshalb auch mit einer Überspannungsänderung verbunden: Nimmt zum Beispiel die Zahl der aktiven Stellen, an denen die Entladung erfolgen kann, ab, so dienen die ankommenden Elektronen zur Erhöhung der negativen Ladung der Kathode, was gleichbedeutend mit der Vergrößerung der Überspannung ist. Jetzt kann die Entladungsgeschwindigkeit so lange zunehmen, bis sich wieder ein stationärer Zustand einstellt. Wird dagegen die Aktivität einer Kathode z. B. durch Zusatz von Platin heraufgesetzt, so wird ein Teil der Aufladungselektronen zur Neutralisation der Wasserstoffionen verwandt, und die Überspannung fällt.

Leider sind nun die wirklichen Vorgänge an der Kathode nicht so einfach, wie eben beschrieben, denn es müssen noch andere Umstände in Betracht gezogen werden. Es löst sich während der Elektrolyse atomarer Wasserstoff in der Kathode, die dann gemäß der NERNSTschen Formel ein negativeres Potential annimmt. Da die Lösung mit der Stromdichte zunimmt, was man zum Beispiel aus den Versuchen von MASING und LAUE schließen könnte[1], so ließe sich auch dadurch die Polarisation der Kathode erklären. Auch andere Umstände, wie die Ausbildung des elektrokinetischen Potentials, können die Höhe der gemessenen Überspannung beeinflussen und komplizieren auf diese Weise die einfache Vorstellung.

2. Die Hemmungen bei der Wasserstoffentwicklung.

Welcher Art sind nun die Hemmungen, die bei der kathodischen Wasserstoffentwicklung auftreten können? Den Entladungsprozeß kann man sich aus folgenden Einzelschritten zusammengesetzt denken:

1. der Entladung der H-Ionen:

$$H^+ + e = H \quad \text{oder} \quad H_3O^+ + e = H + H_2O\,,$$

2. a) der Diffusion der entladenen H-Atome zu den aktiven Stellen, an denen die Rekombination stattfinden kann,

b) der Rekombination der H-Atome: $2\,H \rightarrow H_2$, auch $H^+ + H^- \rightarrow H_2$,

3. der Diffusion, Adsorption und Desorption des H_2.

Wenn eine Reaktion sich aus mehreren Teilreaktionen zusammensetzt, so ist die Geschwindigkeit der am langsamsten verlaufenden Teilreaktion für den Verlauf der Gesamtreaktion geschwindigkeitsbestimmend. Eine Reihe von Forschern hat sich nun bemüht, die langsamste Teilreaktion ausfindig zu machen und von diesem Standpunkt aus den ganzen Prozeß quantitativ zu beschreiben. Es sind folgende Vorschläge gemacht worden: der langsamste Schritt ist

a) die Molisation (2) und (3) nach TAFEL,

b) die Diffusion des H_2 (3) nach KNORR,

c) die Entladung der H^+ (1) nach SMITS, ERDEY-GRÚZ und VOLMER, GURNEY,

$$H^+ + H^- \rightleftharpoons H_2 \text{ nach HEYROVSKY.}$$

Da es sich herausstellte, daß durch keine dieser Voraussetzungen die Überspannungskurven restlos gedeutet werden konnten, so kam man naturgemäß auf den Gedanken, daß die Höhe der Überspannung nicht durch einen, sondern je nach Umständen durch mehrere Schritte gleicher Geschwindigkeit bedingt wird. Demnach können als langsamste Teilreaktionen

d) (1) und (2) nach HAMMET

angesehen werden.

3. Die TAFELsche Theorie.

Der TAFELsche Mechanismus ist der älteste und setzt voraus, daß die Molisation des Wasserstoffs am langsamsten verläuft und deshalb für die Reaktion geschwindigkeitsbestimmend ist[2]. Ein bestimmter Überspannungswert stellt sich ein, wenn bei der Elektrolyse ein stationärer Zustand erreicht worden ist, das heißt, wenn die Geschwindigkeit der Vereinigung des entladenen Wasserstoffs zu H_2 und dessen Abdiffusion gerade gleich wird der Geschwindigkeit, mit der die H-

[1] G. MASING, G. LAUE: Z. physik. Chem., Abt. A **178** (1937), 1.
[2] J. TAFEL: Z. physik. Chem. **50** (1905), 641. S. auch O. K. KUDRA: Cbl. **1942** II, 13.

Ionen durch den Strom an die Kathodenoberfläche transportiert werden. Eine gewisse Menge des atomaren Wasserstoffs der Konzentration [H] befindet sich dann in der Grenzschicht und bedingt dadurch das Potential der Kathode, indem es zu negativeren Werten, als der reversiblen Wasserstoffelektrode entspricht, verschoben wird:

$$\varepsilon' - \varepsilon_h = \eta$$

$$\eta = -\frac{RT}{F}\ln[\mathrm{H}] + \frac{RT}{F}\ln[\mathrm{H}]_0 = \varepsilon' - \frac{RT}{F}\ln[\mathrm{H}], \tag{8}$$

wenn $[\mathrm{H}]_0$ die Konzentration des atomaren Wasserstoffs der Bezugselektrode bedeutet; $[\mathrm{H}] > [\mathrm{H}]_0$. Nun wird aber die Geschwindigkeit, von der die Konzentration des atomaren Wasserstoffs [H] in der Elektrode abhängt, offenbar durch die Stromdichte J bestimmt:

$$\frac{d[\mathrm{H}]}{dt} = \frac{J}{F}. \tag{9}$$

Andrerseits erfolgt Molisation an der Kathode, wobei [H] mit der Zeit fällt:

$$-\frac{d[\mathrm{H}]}{dt} = k[\mathrm{H}]^2. \tag{10}$$

Der stationäre Zustand stellt sich dann ein, wenn (9) und (10) gleich sind:

$$\frac{J}{F} = k[\mathrm{H}]^2; \quad [\mathrm{H}] = \sqrt{\frac{J}{k\cdot F}}.$$

In (8) eingesetzt, erhält man für die Überspannung:

$$\eta = \varepsilon' - \frac{RT}{F}\ln\sqrt{\frac{J}{kF}}.$$

Werden die Konstanten zusammengezogen, so gelangt man zuletzt zur TAFELschen Gleichung:

$$\eta = \varepsilon' + \frac{RT}{2F}\ln kF - \frac{RT}{2F}\ln J$$

$$\eta = a + b\log J. \tag{11}$$

Wie schon erwähnt, entspricht dieser Ausdruck dem Charakter der experimentell erhaltenen Kurven[1]. Außerdem wird noch vieles andere durch die TAFELsche Theorie richtig erklärt:

Zunächst: Die Höhe der Überspannung an verschiedenen Metallen. Besitzt das kathodische Material die Eigenschaft, den Molisationsprozeß $2\mathrm{H} \rightarrow \mathrm{H}_2$ wesentlich zu beschleunigen, so vereinigen sich die entladenen Atome sehr schnell zu Molekülen, es findet kein Anstauen von atomarem Wasserstoff in der Grenzschicht statt, und gemäß (11) wird an solch einem Metall eine geringe Überspannung gemessen werden. Die Versuche zeigen nun tatsächlich, daß den katalytisch aktiven Metallen, wie dem Pt und Pd, besonders wenn sie in feiner Verteilung die Kathode bedecken, eine besonders niedrige Überspannung zukommt. Auch an den übrigen katalytisch wirksamen Metallen, wie Eisen, Silber, Kupfer, werden niedrige Überspannungen gemessen. An Metallen aber, die die Reaktion $2\mathrm{H} \rightarrow \mathrm{H}_2$ wenig beschleunigen, muß die Konzentration [H] in der Grenzschicht steigen, und es wird in solchen Fällen ein negativeres Potential — eine höhere Überspannung — der Kathode zu messen sein. Das läßt sich tatsächlich an katalytisch inaktiven Metallen wie Pb, Zn, Sn, Cd oder Hg beobachten. Eine Stütze

---

[1] E. BAARS berücksichtigt auch die Umkehrbarkeit der Reaktion $2\mathrm{H} \rightleftarrows \mathrm{H}_2$ und gelangt so zur vollständigen Formulierung der TAFELschen Theorie; Marburger Sitzungsber. **63** (1929), 279.

für diese Auffassung lieferte TAFEL selbst, indem er die Möglichkeit der elektrolytischen Reduktion von Coffein und Succinimid—Stoffen, die durch molekularen Wasserstoff nicht reduziert werden — mit Hilfe seiner Theorie erklärte (siehe S. 152). Die Reduktion gelingt nur an Kathoden mit höchster Überspannung, eben weil hier die Konzentration des sehr aktiven atomaren Wasserstoffs hoch ist. Katalytisch wirksame Materialien, wie Pt, Pd, Fe, Cu, beschleunigen dagegen die Reaktion $2H \rightarrow H_2$ sehr stark, die Konzentration der Atome ist deshalb in der Grenzschicht gering, und die Reduktion bleibt infolgedessen aus. Es wird hierdurch auch alles übrige verständlich, wie zum Beispiel die Verminderung der reduzierenden Wirkung von Pb-Kathoden, wenn sich auf ihnen aktive Zentren bilden, sei es durch die Anwesenheit von Metallen mit geringer Überspannung, sei es durch Aufrauhen der Oberfläche. Desgleichen wird die depolarisierende Wirkung — Verminderung der Überspannung — verschiedener Oxydationsmittel und des Sauerstoffs verständlich. Im letzten Fall läßt sich der Einfluß des Sauerstoffs gerade an Kathoden aus Platin und Palladium besonders gut beobachten, weil diese Metalle die Reaktion

$$4H + O_2 = 2H_2O$$

und auch

$$2H_2 + O_2 = 2H_2O$$

hervorragend katalysieren.

Als weitere Stütze der TAFELschen Theorie können die Versuche BONHOEFFERS mit aktivem Wasserstoff angesehen werden[1]. Er beobachtete den Wärmeeffekt der Molisation des atomaren Wasserstoffs an verschiedenen Metallen, mit denen die Kugel eines Thermometers bedeckt worden war. Infolge der verschieden großen katalytischen Beschleunigung der Reaktion

$$2H \rightarrow H_2 + Q\,\text{cal}$$

durch verschiedene Metalle konnten folgende Wärmeeffekte beobachtet werden:

am	Pd	340°
,,	Ag	278
,,	Cu	258
,,	Pb	142

Diese Reihe stellt aber auch zugleich die Reihenfolge der Metalle steigender Überspannung dar. Obgleich die Molisation bei höherer Temperatur erfolgte, so deuten die Versuche doch auf die Möglichkeit einer ähnlichen Katalyse bei Zimmertemperatur hin und bestätigen so die dynamische Theorie von TAFEL[2].

Aus der Theorie folgt weiter, daß die Überspannung mit der Erhöhung der Temperatur fallen muß, eben weil dadurch die Geschwindigkeit des Molisationsprozesses vergrößert wird. Qualitativ läßt sich diese Folgerung durch die Versuche bestätigen (siehe S. 156). Auch die Druckunabhängigkeit der Überspannung folgt nach SCHMID und STOLL aus der Tatsache, daß weder die Geschwindigkeit der Molisation noch der Entladung durch den Druck beeinflußt werden können.

Eine weitere Prüfung der Theorie ist von BAARS durchgeführt worden[3]. Es werden Betrachtungen über das Abklingen der Überspannung nach Unterbrechung des Stromes vom Standpunkt der Theorie angestellt. Es wird dabei gefunden, daß die Forderung der Theorie den Versuchsergebnissen tatsächlich entspricht.

[1] K. F. BONHOEFFER: Z. physik. Chem. **113** (1924), 199; siehe auch J. LANGMUIR: J. Amer. chem. Soc. **37** (1915), 1162. S. auch v. MÜFFLING im vorliegenden Bande des Handbuches.

[2] Siehe auch W. D. BANCROFT: J. physic. Chem. **20** (1916), 396.

[3] E. BAARS: Marburger Sitzungsber. **63** (1929), 278.

Die TAFELsche Theorie hat also vieles für sich, und sie wäre schon längst allgemein anerkannt, wenn sie auch quantitativ die beobachteten Stromspannungskurven wiedergeben könnte. Das bezieht sich besonders auf die Größe des Koeffizienten b. Nach der Theorie müßte b einen universellen Wert besitzen und in allen Fällen konstant sein. Rechnet man mit den BRIGGschen Logarithmen, so erhält man für

$$b = \frac{RT}{2F} \simeq 0{,}029\,. \tag{12}$$

Die aus den experimentellen Kurven nach $b = \frac{d\eta}{d \log J}$ bestimmten Werte fallen jedoch sehr verschieden aus, ändern sich von Metall zu Metall, sogar beim gleichen Metall von Elektrode zu Elektrode und sind meist viel größer als 0,029, wie das die Tabelle 8 zeigt.

Tabelle 8. *Die experimentellen Werte von b der TAFELschen Gleichung.*

Kathodenmaterial	b	Beobachter
Pt, platiniert	0,016	WIRTZ
Pt, aktiv	0,029	KNORR
Pt, glatt	0,085	BAARS
Pt, glatt, unvorbehandelt	0,098	WIRTZ
Pd, aktiv	0,029	KNORR
Au, glatt	0,123	BAARS
Ag, schwammig	0,089	STRAUMANIS
Ag	0,117	BOWDEN und RIDEAL
Ag, geschm., 0,1 n NaOH 0° C	0,043	SCHMID und STOLL
Ag, glatt	0,120	BAARS
Ni	0,113	BOWDEN und RIDEAL
Ni, geschm., 0,1 n NaOH 0° C	0,026	SCHMID und STOLL
Cu in HNO_3 abgeätzt	0,3	WIRTZ
Cu, glatt, geschmirgelt	0,07 ÷ 0,085	WIRTZ
Cu, geschm., 0,1 n NaOH 0° C	0,021	SCHMID und STOLL
Cu, glatt, reinst	0,116	WIRTZ
Cu, glatt	0,105	BAARS
Pb, glatt	0,200	BAARS
Pb, geschm., 0,1 n NaOH 0° C	0,032	SCHMID und STOLL
Pb, schwammig	0,053	STRAUMANIS
Sn, schwammig	0,083	STRAUMANIS
Cd, schwammig	0,081	STRAUMANIS
Co, schwammig	0,098	STRAUMANIS
Hg	0,110	TAFEL
Hg	0,120	BOWDEN und RIDEAL
Hg	0,147	BAARS

EUCKEN und BRATZLER erhalten durchweg höhere b-Werte[1].

Von einer Konstanz des b-Wertes kann überhaupt nicht die Rede sein: je nach dem Zustand der Kathodenoberfläche und deren Aktivität können die verschiedensten Zahlen für b erhalten werden, von Null beginnend sogar bis 0,3 (nach WIRTZ)! WIRTZ findet auch einen Zusammenhang zwischen b und der katalytischen Aktivität einer Elektrode: b fällt im allgemeinen um so niedriger aus, je höher die Aktivität ist[2]. Indessen ist dieses Verhalten gemäß der oben gegebenen anschaulichen Darstellung der Ausbildung der Überspannung

[1] A. EUCKEN, BRATZLER: Z. physik. Chem., Abt. A. **174** (1935), 273.
[2] K. WIRTZ: Z. physik. Chem., Abt. B **36** (1937), 435.

durchaus verständlich, nur bei der quantitativen Formulierung stößt man auf Schwierigkeiten. Die TAFELsche Theorie ist somit *nicht* imstande, die Inkonstanz des b-Wertes zu erklären, und deshalb wurden und werden immer neue Deutungsmöglichkeiten gesucht.

4. Die Anschauungen von KNORR.

Der Umstand, daß man häufig auch sehr niedrige b-Werte feststellen kann, wurde Anlaß, nach einem anderen langsamsten, geschwindigkeitsbestimmenden Vorgang zu suchen. KNORR, KANDLER und SCHWITZER glauben diesen in dem langsamen *Wegdiffundieren* des molekularen Wasserstoffs von der Grenzschicht zu finden (siehe Schema S. 165)[1]. Wie schon auf Seite 158 erwähnt, kann das nur dann zutreffen, wenn Umstände herrschen, wo die Diffusion nicht beschleunigt wird. Wird dagegen gerührt oder findet eine merkliche Wasserstoffentwicklung statt, so wird die Überspannung durch zunehmendes Rühren nicht mehr geändert, wie das schon TAFEL bemerkte[2]. Die Höhe der Überspannung kann somit in diesen Fällen nicht durch die Geschwindigkeit der Wegdiffusion des Wasserstoffs bedingt werden. In den Fällen aber, wo die Stromdichte gering ist, muß nach KNORR die Diffusion des Wasserstoffs als potentialbestimmender Prozeß angesehen werden. Da auch hier die NERNSTsche Formel zum Ausgangspunkte der Theorie dient, so gelangt man notwendigerweise zur TAFELschen Beziehung. Die Untersuchungen von KNORR und Mitarbeitern zeigen, daß ihre Messungen sich sehr gut durch eine Formel darstellen lassen, die unter der Voraussetzung abgeleitet wurde, daß die Diffusion des molekularen Wasserstoffs in der Lösung der langsamste Vorgang ist:

$$\eta = b \log \frac{AF + J}{AF} . \tag{13}$$

Hier bedeutet $A \cdot F$ in Molen die in der Sekunde zur Elektrode zurückdiffundierende Wasserstoffmenge, die bei der Einstellung des stationären Gleichgewichts als konstant angesehen werden kann:

$$\eta = b \log (1 + KJ) . \tag{14}$$

Man erhält auch hier die TAFELsche Gleichung, wobei sich b wieder zu 0,029 ergibt. Aus dem Verlauf seiner experimentellen Kurven erhielt nun KNORR für b Zahlen, die sich dem theoretischen Wert mit einer bemerkenswerten Genauigkeit nähern: $0{,}029 \pm 0{,}001$. Die KNORRsche Theorie erklärt natürlich alle mit der Überspannung verbundenen Erscheinungen ebenso gut wie die TAFELsche. Auf die Frage aber, warum das Potential der Kathode zu Anfang der Elektrolyse proportional dem durchgeflossenen Strome ist (siehe S. 150), schulden uns beide Theorien die Antwort. Es ist aber, gemäß dem weiter oben Dargelegten, verständlich, daß die Potentialausbildung an der Kathode mit einer Aufladung beginnen muß, indem sich die ankommenden Elektronen einfach in die Doppel schicht einreihen.

5. Die Theorie von ERDEY-GRÚZ und VOLMER.

Der Umstand, daß die Konstante b der TAFELschen Gleichung sehr oft nahezu 0,116 (siehe Tabelle 8) beträgt, veranlaßte ERDEY-GRUSZ und VOLMER, nach einer weiteren geschwindigkeitsbedingenden, langsamsten Teilreaktion zu suchen. Sie setzen voraus, daß bei der Wasserstoffentwicklung die *Entladung*

$$H^+ + e = H \quad \text{oder} \quad H_3O^+ + e = H + H_2O \tag{15}$$

[1] L. KANDLER, C. A. KNORR, C. SCHWITZER: Z. physik. Chem. **180** (1937), 281.
[2] J. TAFEL: Z. physik. Chem. **50** (1905), 666.

im Vergleich zur Molisation und Diffusion am langsamsten verläuft[1]. Um die lineare Beziehung zwischen Spannung und Stromstärke nach Stromschluß zu erklären, wird angenommen, daß sich die Kathode praktisch wie ein Kondensator verhält, wobei die ankommenden Elektronen sich in die Doppelschicht einreihen und die Wasserstoffionen anziehen. Die Kapazität eines solchen Kondensators muß merklich unabhängig von der Natur der Elektrode sein, was den Versuchen von Baars und besonders den von Bowden und Rideal am Quecksilber, Silber und Platin entspricht. Die beiden letzteren Autoren zeigten, daß zur Erhöhung des Elektrodenpotentials um 0,1 V unabhängig von der Art der Kathode und der Konzentration der Säure $6 \cdot 10^{-1}$ Coulomb/cm² nötig sind. Daraus läßt sich die Kapazität der Doppelschicht zu 6 Mikrofarad/cm² berechnen. Erst bei weiterer Vergrößerung der Potentialdifferenz Elektrode — anliegende Ionenschicht kann die Entladung nach obigem Schema (15) einsetzen. Um auf dieser Basis die Tafelsche Gleichung theoretisch zu begründen, gehen Erdey-Grúz und Volmer davon aus, daß sie für den Übergang des Elektrons aus dem Metall zum positiven Ion in der Lösung, falls zunächst das Potential Null zwischen den Belegungen des Kondensators besteht, die Aktivierungsenergie q fordern. Es ergibt sich dann eine bestimmte Zahl der sekundlich neutralisierten Wasserstoffionen

$$Z_0 = k' c_+ e^{-\frac{q}{RT}}, \tag{16}$$

wo k' eine Konstante und c_+ die Oberflächenkonzentration der Wasserstoffionen der Doppelschicht ist. Wird nun durch einen Elektronenstrom die Kathode negativ aufgeladen, so wird damit auch der Übertritt des Elektrons zum Wasserstoffion in der Grenzschicht um so mehr erleichtert, je größer die Potentialdifferenz E (positiv gerechnet) ist. Die Aktivierungsenergie nimmt ab, und zwar um den Betrag $\alpha E F$, wo α ein Proportionalitätsfaktor ist. Die Zahl der sekundlichen Entladungen nimmt daher zu:

$$Z = k' c_+ e^{-\frac{q - \alpha E F}{RT}} = k'_1 c_+ e^{\frac{\alpha E F}{RT}}. \tag{17}$$

Unter der Voraussetzung, daß auch die umgekehrte Reaktion — die Ionisation der Wasserstoffatome — stattfinden kann, gelangen Erdey-Grúz und Volmer zu dem Ausdruck[2]:

$$Z F = J = k_1 c_+ e^{\frac{\alpha \eta F}{RT}} - k_2 [\mathrm{H}]\, e^{-\frac{\alpha \eta F}{RT}}. \tag{18}$$

Bei höherem η soll nun das zweite Glied mit dem negativen Exponenten gegenüber dem ersten praktisch zu vernachlässigen sein; die Konzentration der Wasserstoffatome [H] an der Elektrodenfläche fällt somit aus dem Ausdruck heraus, und man erhält zuletzt für die Stromdichte J:

$$J = k_1 c_+ e^{\frac{\alpha \eta F}{RT}}$$

oder hieraus

$$\eta = \text{const} + \frac{RT}{\alpha F} \ln J. \tag{19}$$

Unter gewissen kinetischen Voraussetzungen erhalten nun Erdey-Grúz und Volmer für α den Wert 0,5. In (19) eingesetzt, ergibt sich für b:

$$b = \frac{d\eta}{d \log J} = 2{,}3 \cdot \frac{RT}{0{,}5\, F} = 0{,}116. \tag{20}$$

---

[1] T. Erdey-Grúz, M. Volmer: Z. physik. Chem., Abt. A **150** (1930), 203.

[2] Über die Ableitung siehe die Originalarbeit oder die Darstellung von Wirtz: Z. Elektrochem. angew. physik. Chem. **44** (1938), 308; ferner T. Erdey-Grúz, H. Wick: Z. physik. Chem., Abt. A **162** (1932), 61. — St. v. Náray-Szabó: Z. physik. Chem., Abt. A **178** (1937), 355.

Wie aus Tabelle 8 ersichtlich, stimmt die Zahl 0,116 mit einer Reihe von b-Werten überein, was als größter Erfolg der Theorie anzusehen ist. Weiter konnte die Temperaturabhängigkeit von b theoretisch berechnet werden. Sie befand sich in Übereinstimmung mit den von BOWDEN am Quecksilber erhaltenen Zahlen (Tabelle 9).

Die Theorie erklärt ferner auch das Abklingen der Überspannung nach Stromunterbrechung richtig, da die abgeleitete Gleichung mit der von BOWDEN und RIDEAL sowie von BAARS (siehe S. 151) empirisch aufgestellten übereinstimmt. Die Druckunabhängigkeit der Überspannung läßt sich ebenfalls erklären.

Tabelle 9.
Temperaturabhängigkeit von b.

T^0 abs.	b gefunden	b berechnet
273	0,108	0,107
309	0,123	0,122
345	0,141	0,136

Auch der lineare Verlauf der Überspannung in der Nähe des reversiblen Wasserstoffpotentials in Abhängigkeit von der Stromdichte konnte experimentell und theoretisch bestätigt werden (siehe S. 150)[1].

Von FRUMKIN ist die VOLMERsche Theorie durch Einführung des elektrokinetischen Potentials (ζ) noch weiter vervollständigt worden[2]. Doch ist diese Größe in normalen Konzentrationsbereichen klein gegenüber der Überspannung.

Die Theorie vermag jedoch nichts über die Höhe der Überspannung an verschiedenen Metallen auszusagen. Wegen der Voraussetzung, daß die Molisation des Wasserstoffs schnell im Vergleich zur Entladung verläuft — es fällt auch das [H] enthaltende Glied in der Darstellung der Theorie heraus —, kann die reduzierende Fähigkeit von Kathoden mit hoher Überspannung durch die Theorie nicht erklärt werden; desgleichen nicht die Verminderung der Überspannung durch anwesenden Sauerstoff. Das sind aber Umstände, die durch die katalytische Theorie von TAFEL elegant erklärt werden können.

Zuletzt ist es wieder der Faktor b, der sich der Alleingültigkeit auch der Theorie von ERDEY-GRÚZ und VOLMER in den Weg stellt. Wie die Tabelle 8 zeigt, kommt zwar der Wert $b = 0{,}116$ ziemlich häufig vor, es sind aber auch Zahlen von Null beginnend, solche, die mehr der älteren Theorie entsprechen, und solche bis 0,3 durchaus nicht ausgeschlossen. VOLMER und WICK kommen deshalb auf Grund ihrer weiteren experimentellen Untersuchungen unter anderem zu den Schlüssen[3]:

1. Sind Oberfläche und Elektrolyt genügend rein, so wird die Geschwindigkeit der Elektrodenreaktion in erster Linie durch den Entladungsvorgang bestimmt (theoretischer b-Wert 0,116).

2. In unreinen Elektrolyten sind Giftstoffe vorhanden, welche die Rekombination der H-Atome stärker verzögern als die Entladung, so daß der TAFELsche Mechanismus (theoretischer b-Wert 0,029) neben dem Entladungsvorgang die Geschwindigkeit der Wasserstoffentwicklung mitbestimmt. Der b-Wert wird kleiner als 0,12.

Hiermit wird von VOLMER ausdrücklich zugegeben, daß neben der Entladung auch die Molisation des Wasserstoffs geschwindigkeitsbestimmend wirken kann, denn Anhaltspunkte für die Möglichkeit dieses Sachverhalts sind auch von ATEN (siehe S. 145) geliefert worden. Es erhellt, daß auf diese Weise die Vorzüge der TAFELschen Auffassung mit denen der Theorie von ERDEY-GRÚZ-VOLMER-GURNEY vereinigt werden können: was von der einen nicht erklärt wird, kann durch die zweite erklärt werden. Es ist deshalb von HAMMET der Versuch unter-

[1] M. VOLMER, H. WICK: Z. physik. Chem., Abt. A **172** (1935), 429. — K. WIRTZ: Z. Elektrochem. angew. physik. Chem. **44** (1938), 310.

[2] A. FRUMKIN: Z. physik. Chem., Abt. A **164** (1933), 121.

[3] M. VOLMER, H. WICK: Z. physik. Chem., Abt. A **172** (1935), 140.

nommen worden, beide Theorien für den Fall, daß die Entladung der Wasserstoffionen und die Molisation des atomaren Wasserstoffs vergleichbare Geschwindigkeiten besitzen, in einer Theorie der Überspannung zu vereinigen[1]. Die von Hammet entwickelte Gleichung ist umständlich, und ihre Wiedergabe kann hier deshalb unterbleiben.

Loschkarev und Essin haben die von Hammet abgeleitete Gleichung in eine für die Prüfung bequemere Form übergeführt. Sie haben auch untersucht, wie die Gleichungen ausfallen, wenn drei und mehr Stadien des Elektrodenprozesses (zum Beispiel die eigentliche Entladung, Rekombination, zweidimensionale Diffusion des molekularen Wasserstoffs und dessen Desorption) vergleichbare Geschwindigkeiten erreichen[2].

6. Adsorption des Wasserstoffs und Überspannung.

In letzter Zeit wird der *Adsorption* des atomaren Wasserstoffs an der Kathodenoberfläche besondere Aufmerksamkeit geschenkt. Man ist tatsächlich durchaus berechtigt anzunehmen, daß zu Anfang der Elektrolyse die entladenen H-Atome vom Metall adsorbiert werden und daß die Abscheidung des adsorbierten Wasserstoffs bei wesentlich positiveren Potentialen (kleineren Überspannungen) erfolgen kann als die des molekularen[3]. Im allgemeinen wird das dann der Fall sein, wenn die atomare Adsorptionsenergie größer als die Bindungsenergie des Atoms im H_2-Molekül ist. Zu Anfang der Elektrolyse wird man deshalb besonders niedrige *b*-Werte der Tafelschen Gleichung feststellen können. Ist die Elektrode mit Wasserstoff gesättigt, was mit einem Steigen der Überspannung verbunden ist, so erfolgt weiter die Desorption und Entwicklung des molekularen Wasserstoffs. Adsorbierter Wasserstoff kann nun nach Náray-Szabó leichter abgeschieden werden, und zwar um so leichter, je adsorptionsfähiger die Kathode ist (Pt und Pd). Gerade diese Metalle besitzen aber die niedrigste Überspannung. Man müßte also zu dem Schluß kommen: je stärker die Adsorption, um so niedriger die Überspannung. Nun kann man zwar theoretisch zwischen Adsorption an der Oberfläche und Löslichkeit unterscheiden, experimentell wird das aber wohl kaum möglich sein. Man kommt deshalb in Gefahr, weiter zu postulieren: je größer die Löslichkeit des Wasserstoffs im kathodischen Metall, um so geringer die Überspannung. Das ist aber der erste Deutungsversuch der Überspannung, der von Nernst vorgeschlagen worden ist und als Löslichkeits-, Okklusions- oder Hydridtheorie bezeichnet werden könnte[4]. Bei oberflächlicher Betrachtung besteht tatsächlich ein Parallelismus zwischen Überspannung und Löslichkeit wie beim Pd, Pt, Pb, Hg. Die zuletzt stehenden Metalle lösen wenig Wasserstoff und besitzen dementsprechend eine hohe Überspannung. Diese Theorie wurde von Thiel und Hammerschmidt näher geprüft, indem sie die Menge Wasserstoff bestimmten, die sich in der Kathode während der Elektrolyse gelöst hatte[5]. Folgende Zahlen wurden erhalten, die zeigen, wieviel Volumina Wasserstoff sich in einem Volumen des kathodischen Materials gelöst hatten:

Ta ...	340	W....	13
Pd ...	130	Ni ...	18 und 11
Fe ...	34 und 36	Cu ...	7
Pt ...	35		

[1] L. Hammet: Trans. Faraday Soc. **29** (1933), 770.
[2] M. Loschkarev, O. Essin: Acta physicochim. USSR. **8** (1938), 189.
[3] St. v. Náray-Szabó: Z. physik. Chem., Abt. A **178** (1937), 358; **181** (1938), 367; auch J. A. V. Butler: Proc. Roy. Soc. (London), Ser. A **157** (1936), 423.
[4] W. Nernst, F. Dolezalek: Z. Elektrochem. angew. physik. Chem. **6** (1900), 549.
[5] A. Thiel, W. Hammerschmidt: Z. anorg. allg. Chem. **132** (1923), 15.

Wie ersichtlich, besteht *kein* Parallelismus zwischen Überspannung und Löslichkeit. Auffallend ist das Verhalten des Tantals, das bekanntlich eine besonders große Überspannung besitzt. Nach THIEL genügen die erhaltenen Ergebnisse vollständig, um die NERNSTsche Theorie abzulehnen. Bevor man also die Beziehungen zwischen Überspannung und Adsorption theoretisch näher erörtert, müssen besonders in Anbetracht der Resultate von MASING und LAUE[1] die Löslichkeitsverhältnisse des Wasserstoffs in den Kathoden einer eingehenden Prüfung unterzogen werden.

Außer den erwähnten Möglichkeiten liegen noch andere vor, die zur Deutung oder Teildeutung der Überspannungen herangezogen werden können. So gibt es auch manche physikalische Umstände, wie den Druck, der bei der Wasserstoffentwicklung überwunden werden muß, verschiedene Anziehungskräfte, wie von der Seite des Metalls, so auch von der Seite des Elektrolyten, die auf die Wasserstoffionen wirken, die Dehydration der Wasserstoffionen usw. In den letzten Fällen ist es schon schwer zu unterscheiden, ob man es mit chemischen oder physikalischen Vorgängen zu tun hat und wie weit diese gesondert von den schon erörterten Gründen der Überspannung betrachtet werden müßten. Nun kann wohl behauptet werden, daß alle diese Vorgänge zwar einen Einfluß, jedoch keinen entscheidenden auf die Höhe der Überspannung ausüben werden. Die rein physikalischen Theorien der Überspannung verlieren deshalb an Interesse und können hier übergangen werden, zumal schon an anderen Stellen eine Darstellung dieser gegeben worden ist[2].

7. Die Isotopentrennung.

Es bleibt noch übrig, hier einen Punkt zu betrachten, nämlich den Effekt der Isotopentrennung des Wasserstoffs. In Anbetracht dessen, daß weder die experimentelle noch die theoretische Forschung zu einem eindeutigen Schluß gekommen ist, kann man sich kurz fassen. Bei der Elektrolyse mit sehr aktiven Kathoden (niedrige Überspannung) müßte fast nur leichter Wasserstoff entweichen, was einem hohen Separationsgrade entsprechen würde. Tatsächlich ist das aber nicht so, denn man erhält höchstens $S \cong 17$, während am aktiven Platin sich sogar noch niedrigere Werte, $3 \div 4$, einstellen können. Über dieses sonderbare Verhalten gibt eine Arbeit von BONHOEFFER und RUMMEL Aufschluß[3]. Sie fanden nämlich, daß die Reaktion

$$H_2 + HDO \rightleftharpoons HD + H_2O$$

sich durch Platinmohr bis zur Einstellung des Gleichgewichts katalytisch beschleunigen läßt. Demnach wird der anfangs entwickelte leichte Wasserstoff, besonders wenn er eine Zeitlang in Berührung mit der aktiven Kathode verweilt, gegen den schweren ausgetauscht. Der Separationsfaktor fällt damit sofort. Auf diese Weise erklärt es sich auch, warum bei der Elektrolyse keine kleineren Faktoren als etwa 4 erzielt werden können. Je nach den Bedingungen und der katalytischen Aktivität der Elektrode lassen sich nämlich bei der Elektrolyse alle Trennfaktoren von etwa $3 \div 4$ beginnend (dem Austausch*gleichgewichte* entsprechend) bis zu den experimentell erzielten Höchstwerten beobachten.

Was nun zuletzt das Zustandekommen der verschiedenen Überspannungen der beiden Wasserstoffisotopen betrifft, so lassen sich hier in Anlehnung an

---

[1] G. MASING, G. LAUE: Z. physik. Chem., Abt. A **178** (1937), 1.

[2] F. FOERSTER: Elektrochemie wäßriger Lösungen, 1922, S. 323; E. BAARS: Handb. d. Physik Bd. XIII (1928), 566.

[3] K. F. BONHOEFFER, K. W. RUMMEL: Naturwiss. **22** (1934), 45. — K. F. BONHOEFFER: Z. Elektrochem. angew. physik. Chem. **40** (1934), 469. — J. HORIUTI, M. POLANYI: Nature **132** (1933), 819, 931.

BUTLER folgende Ursachen angeben[1]. Die höhere Überspannung des Deuteriums, durch die die Trennung der Wasserstoffisotopen ermöglicht wird, könnte durch die geringere Geschwindigkeit folgender Teilreaktionen erklärt werden: 1. der Übertragung der Elektronen vom Metall auf die hydratisierten schweren Wasserstoffionen, 2. des Übergangs von Deuteronen zu den Adsorptionsstellen und 3. der Atomvereinigung oder der Desorption der Wasserstoffmoleküle. Bei leichtem Wasserstoff verlaufen die entsprechenden Reaktionen schneller, und die Überspannung fällt geringer aus. Nach BUTLER ist bei irreversiblen Kathoden nur der Vorgang 1 von Bedeutung.

Überspannung und Metallauflösung.

Bekanntlich lösen sich sehr reines Al, Zn, Cd, Fe in starken, nicht oxydierenden Säuren sehr langsam, und zwar um so langsamer, je höher der Reinheitsgrad des Metalles ist. So entwickelte reinstes 99,998% iges Aluminium in 2 *n* HCl in 13 Tagen pro cm^2 nur etwa 27 cm^3 Wasserstoff[2]; als sehr widerstandsfähig erwiesen sich auch reines Zink und Eisen[3]. Es genügt aber, zur Säure, die das metallische Aluminium, Zink oder Cadmium umgibt, geringe Mengen von Platinsalzen hinzuzufügen, um die Auflösung einzuleiten: schon 0,06 γ in 10 cm^3 2 *n* HCl beschleunigen die Auflösung des Aluminiums merklich. Noch größere Mengen rufen eine stürmische Reaktion hervor. Auch weniger aktive Metalle wie Eisen sind sehr wirksam. Durch Eisenzusätze kann die Auflösungsgeschwindigkeit des Aluminiums etwa 15000mal beschleunigt werden. Die katalytische Wirksamkeit der edleren Metalle ist also offensichtlich. Der Theorie der Lokalelemente ist es indessen gelungen, die Wirksamkeit der edleren Metalle beim Auflösungsprozeß zu erklären, und zwar in engem Anschluß an die kathodische Wasserstoffüberspannung.

Die obigen Metalle lösen sich in reinen Säuren deshalb so langsam, weil die Wasserstoffentwicklung an der reinen Metalloberfläche der Überspannung wegen, die fast gleich dem Potential des Metalls gegen die Säure ist, stark gehemmt wird. Scheidet sich aber aus der Lösung eine metallische Beimengung mit geringer Überspannung auf der Oberfläche des zu lösenden Metalls ab oder befindet sich dort eine Unstetigkeit, so kann dort die Wasserstoffentwicklung einsetzen: in der Umgegend der gebildeten Lokalkathode gehen die Ionen des Grundmetalls in Lösung, während an ihr selbst die Wasserstoffentwicklung erfolgt. Die beschleunigende Wirkung eines Zusatzes zur Lösung oder zum Grundmetall muß deshalb um so größer ausfallen, je höher die Zahl der gebildeten „Austrittspforten des Wasserstoffs", der Lokalkathoden oder Aktivstellen und je geringer deren Überspannung ist. Die Auflösung des Zinks wird deshalb durch Metalle mit niedriger Überspannung am stärksten beschleunigt werden, aber durch solche mit hoher überhaupt nicht. Durch Versuche konnte dieses Verhalten des Zinks bestätigt werden. Die Auflösung dieses Metalls in Säuren (verd. HCl und H_2SO_4) wird durch folgende Metalle, als Salze zur Säure hinzugesetzt, in immer steigendem Maße beschleunigt:

$$\mathrm{Fe} < \mathrm{Ag} < \mathrm{Sb} < \mathrm{Bi} < \mathrm{Cu} < \mathrm{As} < \mathrm{Co} < \mathrm{Au} < \mathrm{Ni} < \mathrm{Pt}.$$

Die Metalle Tl, Cd, Sn und Pb erwiesen sich dagegen als unwirksam[4]. Wenn nun die Reihe nicht vollständig mit derjenigen fallender Überspannungen überein-

[1] J. A. V. BUTLER: Z. Elektrochem. angew. physik. Chem. **44** (1938), 55.
[2] M. STRAUMANIS: Korros. u. Metallschutz **14** (1938), 2.
[3] M. CENTNERSZWER, M. STRAUMANIS: Z. physik. Chem., Abt. A **167** (1933), 421; **162** (1932), 94.
[4] M. CENTNERSZWER, M. STRAUMANIS: **118** (1925), 415.

stimmt, so sind hier verschiedene Nebenumstände verantwortlich zu machen: Ein vollständiger Parallelismus ist deshalb nicht zu erwarten, weil die maximale Auflösungsgeschwindigkeit nicht nur vom Potential des sich lösenden Grundmetalls und von der jeweiligen Überspannung am edleren Metall, sondern auch vom inneren Widerstand des Lokalelements abhängig ist. Der innere Widerstand kann aber je nach der *Form* des abgeschiedenen edleren Metalls sehr verschieden ausfallen[1].

Die Beschleunigung der Auflösung unedler Metalle durch katalytisch wirksame Beimengungen läßt sich somit aus der Überspannung mit Hilfe der Theorie der Lokalelemente erklären, deren ersten Anfänge durch PALMAER entwickelt worden sind[2].

[1] M. STRAUMANIS: Z. physik. Chem. **129** (1927), 386.

[2] T. ERICSON-AURÉN, W. PALMAER: Z. physik. Chem. **39** (1901), 1. Vgl. den Artikel „Katalytische Gesichtspunkte und Vorgänge bei der Korrosion" im vorliegenden Bande des Handbuchs.

Katalytische Gesichtspunkte und Vorgänge bei der Korrosion.

Von

M. STRAUMANIS, Riga.

Inhaltsverzeichnis.

Einleitung.

Unter dem Begriffe „Korrosion" versteht man heute eine Zerstörung eines festen Körpers durch unbeabsichtigte chemische oder elektrochemische Angriffe, die von der Oberfläche ausgeht. Der Begriff ist somit ein sehr umfassender und bezieht sich nicht nur auf die allmähliche Zerstörung von Metallen, sondern überhaupt auf feste Körper, insbesondere auf Baumaterialien. In diesem Abschnitt soll jedoch nur die Korrosion von Metallen betrachtet werden.

Die Metallkorrosion ist ein außerordentlich komplizierter Prozeß, dessen Gesetzmäßigkeiten deshalb nur schwierig zu erfassen sind. Da die Korrosion von einer ganzen Reihe schwer definierbarer Umstände abhängt, so kommt jeder Forscher nicht nur zu im besten Fall etwas anderen Resultaten, sondern vielfach sogar zu widersprechenden Ergebnissen. In Anbetracht dessen, daß der Korrosion auch eine große wirtschaftliche Bedeutung zukommt, da Milliardenwerte durch sie zerstört werden und die verrosteten Metalle so gut wie nicht mehr zurückzugewinnen sind, mithin für die Wirtschaft für immer verlorengehen, so ist der rege rein wissenschaftliche und technisch-wissenschaftliche Eifer verständlich, der jetzt Korrosionsfragen gewidmet wird.

Tatsächlich sind die Schäden, die durch Korrosion verursacht werden, außerordentlich groß. Einige Beispiele sollen das bestätigen: so berechnete HADFIELD, daß im Jahre 1920 die Korrosionsschäden der Welt auf 2500000000 Dollar geschätzt werden können; denn etwa 33% des gewonnenen Eisens gehen wieder durch Korrosion verloren. Die Deutsche Reichsbahn hat festgestellt, daß sie zur Erhaltung einer Tonne Eisen im Jahre 32 Mark ausgeben muß; man hat dann bei 1½ Millionen Tonnen Stahl mit einem Verluste von 48 Millionen Mark zu rechnen (im Jahre 1929); die Seeschiffe müssen für die Erhaltung ihres Außenanstriches, der sie gegen die Korrosion schützt, jährlich etwa den halben Betrag ihrer Tonnage in Mark aufwenden; die gesamten Korrosionsschäden in Deutschland betragen etwa 1÷2 Milliarden Mark jährlich.

Es ist deshalb von großer volkswirtschaftlicher Bedeutung, das Schwinden der Metalle möglichst zu vermindern, denn es wird dadurch am Vorrate von Metallen gespart, der ja bekanntlich in wirtschaftlich zugänglicher Form nicht allzu groß ist. Als Resultat dieser Bestrebungen entstand eine kaum übersehbare Korrosionsliteratur, wobei die erschienenen Bücher nach Dutzenden und die Einzelarbeiten nach Tausenden gezählt werden können[1]. Auf dem Gebiete der Korrosion arbeiten nicht nur Chemiker und Physiker, sondern auch Ingenieure und Architekten. Sogar die Biologie wird zur Klärung von Korrosionsfragen zu Hilfe gezogen[2]. Ein riesiges Tatsachenmaterial wird durch diese Untersuchungen zusammengetragen, das zudem nicht einheitlich ist, da es von verschiedenen theoretischen Standpunkten aus betrachtet wird, je nachdem, ob der Autor ein mehr oder weniger erfahrener Chemiker, Physiker, Ingenieur oder Biologe ist. Das Material ist tatsächlich so verschiedenartig und so geschmeidig, daß man daraus nach Bedarf Material als Grundlage für eine beliebige Theorie der Korrosion heraussondern kann. Deshalb lassen sich die Tatsachen von den verschiedensten Standpunkten, auch z. B. vom katalytischen aus, betrachten. Und trotzdem läßt sich die Fülle der Tatsachen auf bestimmte Gesetzmäßigkeiten zurückführen, die das ganze Gebiet der Korrosion und des Korrosionsschutzes beherrschen.

Die Ursachen der Korrosion.

Warum die Korrosion von Metallen überhaupt erfolgt, ist vollständig klar, denn von den gebräuchlichen Metallen besitzen ja die wichtigsten einen stark unedlen Charakter. Diese Metalle können aus ihren Erzen nur unter Aufwand großer Energien reduziert werden. Sie besitzen deshalb unter gewöhnlichen Umständen einen erheblichen Inhalt an freier Energie. Es ist aber bekannt, daß alle Systeme die Tendenz besitzen, von selbst ihren Inhalt an freier Energie zu vermindern. Dies kann aber sehr leicht geschehen, wenn das Metallatom aus seinem Zustand im Metallgitter in den Zustand gelöster Ionen übergeht. Bei der Ionisation allein wäre zwar Energie aufzuwenden, das Metall wandelt sich aber dabei entweder in ein Oxyd oder in ein Salz um, und so gewinnt man die Elektronenaffinität des Sauerstoffs, Halogens oder dergl. Im ganzen findet also hierbei die entsprechende Energieabgabe statt. Wird das Salz noch durch ein Lösungsmittel (Wasser) verdünnt, so wird auch noch Hydratationsenergie frei. Findet die Korrosion durch eine Säure statt, so gewinnt man außerdem statt der genannten Elektronenaffinität die Ionisierungsarbeit des Wasserstoffs. Auf alle Fälle wird also beim Übergang der Atome des Metallgitters in gelöste Ionen Energie abgegeben, und nach einem solchen Vorgang hat das ursprünglich energiereiche Metallatom seinen niedrigsten Stand an freier Energie erreicht. Befindet sich deshalb ein Metall in geeigneter Umgebung, so wird es immer bestrebt sein, unter Energieabgabe in den Ionenzustand überzugehen. Das ist die Ursache und der Grundvorgang einer jeden Korrosion. Wir sind nicht imstande, diesen Naturvorgang der Entwertung — die Oxydation der unedlen Metalle zu Rost — vollständig aufzuheben. Das einzige, was wir tun können, ist, *die Geschwindigkeit dieses Vorganges nach Möglichkeit herabzusetzen*, die Lebensdauer eines Metalles

[1] Bis zum Jahre 1932 waren z. B. 16 Bücher, mehrere Monographien und 5000 Einzelarbeiten erschienen.

[2] Siehe z. B. H. J. BUNKER: Mikrobiologische Experimente über anaerobe Korrosion. J. Soc. chem. Ind. 58 (1939), 93. — R. F. HADLEY: Oil Gas J. 38, Nr. 19, 92, 94, 96 (1939).

somit zu verlängern, indem man es vor solchen Umständen, die günstig für den Übergang der Gitteratome in Lösungsionen sind, nach Möglichkeit schützt. Die ganze Frage der Korrosion und des Korrosionsschutzes ist somit *eine Frage der Geschwindigkeit.* Gelänge es uns, diese Geschwindigkeit bis auf Null herabzusetzen, so wäre das Ziel erreicht, es gäbe dann keine Korrosionsverluste mehr! Leider sind wir noch allzu weit von diesem Ziel, doch ist es die Wissenschaft, die uns den Weg weist, uns diesem Ziel zu nähern.

Da es sich bei Korrosionsfragen um die Beeinflussung der Geschwindigkeit von Korrosionsprozessen handelt, so tritt hier deutlich der Zusammenhang mit der Katalyse hervor, denn man kann bei der Korrosion die Frage stellen: sind es nicht irgendwelche Fremdkörper (Katalysatoren), die die Korrosionsprozesse beschleunigen? Die Probleme des Korrosionsschutzes können dagegen teilweise auf die Frage zurückgeführt werden: wie wäre es möglich, einen vorhandenen Katalysator möglichst vollständig unschädlich zu machen?

Die Erscheinungen der Korrosion sind aber sehr verwickelt, und der Prozeß selbst erfolgt verhältnismäßig langsam, so daß es lange dauert, um zu Schlüssen über die Ursachen und die Beeinflussungsmöglichkeiten des Prozesses zu gelangen. Viel schneller als die Korrosion läuft aber die *Auflösung* von Metallen ab, ein Vorgang, der sich prinzipiell nicht von der Korrosion unterscheidet, da auch hier der Vorgang

$$\text{Atom (im Gitter)} \rightarrow \text{Ion}$$

stattfindet, jedoch mit einer unvergleichlich viel größeren Geschwindigkeit. Dieser Prozeß erwies sich und erweist sich noch immer als sehr geeignet zum Studium der katalytischen Erscheinungen bei der Metallauflösung, aus dem dann sehr weitgehende Schlüsse auch bezüglich des langsameren Prozesses — der Korrosion — gezogen werden können.

Katalytische Erscheinungen bei der Metallauflösung.

Schon vor mehr als 100 Jahren (1830) hat A. de la Rive auf einige Eigentümlichkeiten aufmerksam gemacht, die er bei seinen Untersuchungen über galvanische Ketten am Zink feststellen konnte. Er fand nämlich, daß sehr reines destilliertes Zink sich in verdünnter Salzsäure fast gar nicht löst, während das unreine Handelszink mit derselben Säure stürmisch unter Wasserstoffentwicklung reagiert. Zur Aufklärung dieser damals sehr auffallenden Tatsache stellte er Legierungen des reinen Zinks mit Zinn, Blei, Kupfer und Eisen her und überzeugte sich dabei, daß jedes der genannten Metalle die Reaktionsfähigkeit des Zinks erhöht, und zwar am stärksten das Eisen, etwas schwächer das Kupfer, noch schwächer das Blei und am schwächsten das Zinn.

Seit dieser Zeit haben sich die Beispiele der erhöhten Reaktionsgeschwindigkeit der verunreinigten Metalle den reinsten gegenüber vermehrt. Auf Grund vieler Versuche ist man sogar zu dem Satz gekommen, *daß sich äußerst reine Metalle* in ebensolchen, nicht oxydierenden Säuren nur sehr langsam, absolut reine (die aber leider nicht herstellbar sind) sich aber *überhaupt nicht lösen* würden. Ersteres trifft bei mehreren Metallen in sehr frappanter Weise zu. So konnte z. B. Centnerszwer (1914) zeigen, daß sich reinstes Zink tatsächlich sehr langsam löst[1]. Im Zusammenhang damit wurde versucht, diejenigen Mengen der edlen Metalle abzuschätzen, die noch die Auflösung des Zinks merklich beschleunigen. Zu diesem Zweck wurde elektrolytisch auf eine Zinkplatte Nickel aus einer Lösung, die eine bestimmte Menge dieses Metalles enthielt, aufgetragen

[1] M. Centnerszwer, J. Sachs: Z. physik. Chem. 87 (1914), 692.

und dann die Platte der Auflösung in $\frac{1}{2}$ *n* Schwefelsäure unterworfen[1]. Es zeigte sich, daß 10^{-8} Mol (0,56 γ) Nickel je cm^2 der Zinkoberfläche die Auflösung des Grundmetalls schon beträchtlich beschleunigen. Zieht man in Betracht, daß sich dieser elektrolytische Niederschlag äußerst schlecht am Zink hält, so kann man sagen, daß festhaftendes Nickel (etwa als Beimengung im Metall) noch in viel kleineren Mengen die Auflösung des Zinks beschleunigen wird. Zink, das nur 0,01 Gew.-% Platin enthält, löst sich außerordentlich schnell[2]. Als besonders empfindlich gegen geringste Beimengungen hat sich das reinste Aluminium erwiesen[3]: so beschleunigt Platin, als Salz einer 5 *n* Salzsäure hinzugegeben, schon in Mengen von 0,06 γ (in 10 cm^3) die Auflösung des Aluminiums merklich. Umgekehrt konnte durch umfangreiche Versuche bewiesen werden, daß die Geschwindigkeit der Auflösung unedler Metalle um so mehr abnimmt, je reinere Metalle es herzustellen gelingt. So löste sich sehr reines, auf elektrolytischem Wege sorgfältig hergestelltes Zink in verdünnten Säuren noch langsamer als Zink „KAHLBAUM" und sublimiertes Zink[4]. Noch langsamer löst sich Carbonyleisen: man gelangt hier zu Endgeschwindigkeiten (nach einer Induktionsperiode von einigen Tagen) von 13÷17 mm^3 Wasserstoff in der Minute und pro Quadratzentimeter der reagierenden Oberfläche, wenn das Metall in 10÷11,45 *n* (konzentrierter) Salzsäure gelöst wird[5]. Daß solche Geschwindigkeiten sehr gering sind, zeigt z. B. der Vergleich mit Zink, wo in 0,5 *n* Salzsäure in Gegenwart von Platin Geschwindigkeiten bis zu 30 cm^3 Wasserstoff in 5 Minuten erzielt werden konnten. Auch löst sich reinstes Aluminium in der genannten Säure sehr langsam: es entwickeln sich in 2 *n* Säure von einer Platte von einem Durchmesser von 1,8 cm etwa 16 cm^3 Wasserstoff in der Woche bei Zimmertemperatur. Die Auflösung in 5 und 10 *n* Salzsäure erfolgt schneller, vermindert sich aber wieder in konzentrierter Säure. Die Geschwindigkeit der Auflösung des Aluminiums kann in 2 *n* Salzsäure durch die Gegenwart von Eisen im Metall etwa 16000fach beschleunigt werden. Diese Beispiele zeigen deutlich, in welchem Maße die Geschwindigkeit der Auflösung mancher Metalle durch die Gegenwart geringer Beimengungen in Form edlerer Metalle gesteigert werden kann.

Da nun die edleren Metalle während der Auflösung des Grundmetalls sich chemisch nicht verändern, so kann die eingetretene Reaktion als *durch jene katalytisch beschleunigt* aufgefaßt werden.

Nicht alle edleren Metalle beschleunigen als Beimengungen die Auflösung eines unedleren Metalls. So wird zum Beispiel die Auflösung des Zinks in verdünnter Salz- und Schwefelsäure am meisten durch Platin, Nickel, Kupfer, Kobalt und Gold beschleunigt, weniger stark wirken Antimon, Silber, Wismut, als fast ganz unwirksam erweisen sich die Metalle Thallium, Cadmium, Zinn, Blei und Quecksilber. Letzteres Metall hemmt sogar die Auflösung des Zinks. Ähnlich steht es auch mit dem Aluminium: die Metalle Platin, Eisen und Kupfer sind hier die wirksamsten. Wie ersichtlich, sind es bei der Auflösung von Metallen in Säuren die auch sonst gewöhnlich katalytisch aktiven Metalle Platin, Eisen, Kupfer, Nickel, die die Reaktion am meisten beschleunigen.

Es gibt aber nur wenige Metalle, deren Auflösung durch geringe Beimengungen edlerer Metalle beschleunigt werden kann. Das Magnesium scheidet fast vollständig aus, da es auch in reinem Zustande sehr gut reagiert; es bleiben dann nur

---

[1] M. STRAUMANIS: Z. physik. Chem. **129** (1927), 383.
[2] Derselbe: Ebenda, Abt. A **148** (1930), 114.
[3] M. STRAUMANIS: Korros. u. Metallschutz **14** (1938), 1. — R. GADEAU: Chim. et Ind. **34** (1935), 1021.
[4] M. CENTNERSZWER, M. STRAUMANIS: Z. physik. Chem., Abt. A **167** (1933), 421.
[5] M. CENTNERSZWER, M. STRAUMANIS: Z. physik. Chem., Abt. A **162** (1932), 94.

übrig die Metalle Aluminium, Zink, Cadmium, Eisen, Thallium, Zinn und Blei. Im allgemeinen lösen sich diese Metalle in Säuren um so langsamer, je edler sie sind. So reagieren Magnesium, Zink und Aluminium unter geeigneten Umständen sehr schnell, während das beim Zinn, Blei u. a. nur in sehr beschränktem Ausmaße der Fall ist. Je edler das Grundmetall, um so weniger zahlreich und wirksam sind die beschleunigenden edleren Metalle. Während die Auflösung des Zinks durch eine ganze Reihe von Metallen beschleunigt wird, gibt es beim Eisen nur einige, die eine ähnliche, jedoch viel langsamere Reaktion hervorrufen. Deshalb löst sich reinstes Eisen selbst in konzentrierter Salzsäure nur äußerst langsam; es gelingt aber nicht, durch Erhöhung der Reinheit ein Zink herzustellen, das sich in derselben Säure nur langsam lösen würde. Es ist zweifelhaft, ob das überhaupt gelingen wird, denn es besteht die Möglichkeit, daß die Oberfläche, wenn sie auch vollständig frei von Beimengungen wäre, doch nicht gleichmäßig glatt ist und an den rauheren Stellen oder Unstetigkeiten der Auflösungsprozeß einsetzen könnte.

Zum Studium der katalytischen Erscheinungen bei der Auflösung eignen sich nach allem nur die unedleren Metalle Magnesium (in beschränktem Maße), Zink, Aluminium und Eisen. Von den nicht oxydierenden Säuren kommen dabei nur die in Betracht, die lösliche Salze mit den entsprechenden Metallen bilden.

Der Auflösungsprozeß.

Eine besondere Eigentümlichkeit, die für die Auflösung von Metallen in Säuren und auch Basen charakteristisch ist, ist der Umstand, daß der Vorgang mit einer kleinen Geschwindigkeit beginnt, die dann, je nach Umständen, mit der Zeit mehr oder weniger schnell zunimmt. Äußerlich erinnert dieses Ablaufen der Lösungsreaktionen an autokatalytische Prozesse. Der meistens lineare Anstieg der Geschwindigkeit findet aber nach einiger Zeit ein Ende, und es beginnt nunmehr ein Abflauen der Reaktion. Die Zeit vom Anfang des Lösungsprozesses bis zum Zeitpunkt des Erreichens der maximalen Lösungsgeschwindigkeit wird als *Induktionsperiode* bezeichnet. Die Induktionsperiode fällt um so länger aus, je reiner die Säure oder das Grundmetall sind. Ebenso wirkt das Verdünnen der Säure. Durch Beimengungen wird dagegen die Induktionsperiode verkürzt.

Ferner wird eine Beschleunigung der Auflösung durch steigende *Konzentration* der Säure bewirkt. In manchen Fällen, wo die Säuren verdünnt sind, ist die Geschwindigkeit proportional der Konzentration der Säure[1], in den meisten Fällen nimmt aber die Reaktionsgeschwindigkeit schneller zu als die Konzentration. Hierbei ist immer die maximale Geschwindigkeit gemeint, die unmittelbar nach dem Ablauf der Induktionsperiode auftritt. Umgekehrt sinkt die Auflösungsgeschwindigkeit schneller als die Wasserstoffionenkonzentration der Säure, wenn man z. B. zur Säure Alkohol hinzusetzt.

Geht man zu immer *verdünnteren Säuren* über, so lösen sich in ihnen die gewöhnlichen unedlen Metalle immer langsamer. Auch der Angriff der Säure findet jetzt anders statt: während bei der Auflösung in konzentrierteren Säuren der Angriff sich ziemlich gleichmäßig über die ganze Platte verteilt, so daß der kristalline Aufbau des Metalles sichtbar wird, ist das bei sehr verdünnten Säuren oder auch im Falle sehr reiner Metalle nicht mehr der Fall, da hier der Angriff offenbar an bevorzugten Stellen punktartig erfolgt.

Je verdünnter eine angreifende Säure, eine um so größere Rolle beginnt die Anwesenheit des *Sauerstoffs* zu spielen, denn ein sehr langsamer Auflösungsprozeß wird durch die Anwesenheit von Sauerstoff erheblich beschleunigt. In

[1] M. STRAUMANIS: Z. physik. Chem., Abt. A **147** (1930), 161.

diesen Fällen kann die Auflösung (Korrosion) sogar in neutralen Lösungen erfolgen. In basischen Lösungen findet dagegen nur Korrosion solcher unedler Metalle statt, die ein Anion zu bilden imstande sind, zum Beispiel die des Aluminiums, nicht aber des Eisens. Aber auch die Geschwindigkeit dieser Auflösung oder Korrosion in sehr verdünnten Säuren oder neutralen Lösungen ist vom Reinheitszustand des Grundmetalles abhängig: unreine Metalle werden schneller angegriffen als reine. Und auch hier sind die edlen Metalle, wie Pt, Cu, Ni, viel aktiver als die unedleren, ganz in Übereinstimmung mit dem, was über die Auflösung in konzentrierteren Säuren gesagt wurde.

Die Auflösungsgeschwindigkeit eines Metalles in einer Säure hängt weiter davon ab, in welchem *Zustande* sich das Grundmetall befindet, ob es deformiert oder nicht deformiert ist: jede Art von Deformation beschleunigt den Auflösungsvorgang. So findet man immer, daß diejenigen Stellen einer homogenen Oberfläche am schnellsten angegriffen werden, die durch Feilen, Polieren, Ritzen, Schaben oder Abschmirgeln zerstört worden ist. Ähnlich verhalten sich auch gewalzte, gereckte und gestauchte Metalle. Am besten kann die Wirkung der Deformation an Einkristallen, z. B. von Zink studiert werden. Undeformiert gelingt es nur, die Basisfläche (0001) eines Zinkeinkristalls zu erhalten, indem man den Kristall bei der Temperatur der flüssigen Luft spaltet. Man erhält sehr schöne, stellenweise vollständig glatte, hochglänzende Flächen, auf denen sogar unter dem Mikroskop keine Unstetigkeiten festzustellen sind. Bearbeitet man solche Flächen mit Säuren (z. B. Salz- oder Schwefelsäure), so werden sie im Falle eines sehr reinen Metalls nur äußerst langsam angegriffen, und zwar nur an einzelnen Stellen. An diesen bevorzugten Stellen bilden sich dann Ätzfiguren aus, wie das die Abb. 1 zeigt. Obgleich das betreffende Stück 12 Stunden lang in 2 *n* Salzsäure geätzt wurde, ist die Fläche doch verhältnismäßig wenig angegriffen worden. Der Angriff erfolgte dabei, wie man aus dem Aussehen der Ätzfiguren schließen kann, an den Stellen, wo sich Einschlüsse befanden[1]. Rings um den Einschluß ist dann das Metall in Lösung gegangen, wobei sich eine sechsseitige Ätzfigur ausbildete, der Symmetrie der Kristallfläche entsprechend. In die Tiefe dringt der Prozeß offenbar so lange vor, bis der Einschluß unterlöst und eine ungestörte Netzebene erreicht worden ist. Beim reinsten sublimierten Zink ist das meistens schnell der Fall. Die untere Fläche (der Boden) der Ätzfigur fällt deshalb blank aus, mit Abstufungen zum Zentrum hin, an dem Wasserstoffblasen haften. Solche Ätzfiguren, allerdings nicht in so regelmäßiger Form, kann man auch auf den Basisflächen von Zinkeinkristallen aus Zink „KAHLBAUM" erhalten. Die unregelmäßige Form in diesen Fällen erklärt sich durch die Überlagerung einzelner Ätzfiguren, da diese infolge der geringeren Reinheit des Metalls zu dicht aneinander auftreten. Wird aber eine sehr reine unangegriffene Kristallfläche durch Biegen, Eindrücken oder Ritzen deformiert, so greift der Lösungsvorgang mit Vorliebe die gestörten Stellen an: Gleitlinien und Zwillingslamellen, die sich bei der Deformation bilden, werden viel schneller von der Säure angegriffen als die nichtdeformierten Stellen, und sogar, wenn das Metall sehr rein ist. Abb. 2

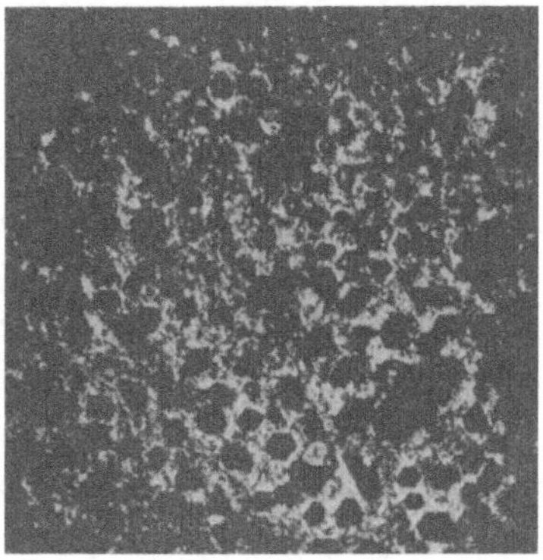

Abb. 1. Ätzfiguren auf (0001). Sublimiertes Zink. 40fach.

[1] M. STRAUMANIS: Z. physik. Chem., Abt. A **147** (1930), 161.

zeigt eine angeätzte Basisfläche eines Kristalls, auf der durch Deformation Zwillingslamellen erzeugt worden sind. Man sieht, daß nur die parallelen Streifen auf der Fläche angegriffen sind. Die erhöhte Lösungsgeschwindigkeit der deformierten Stellen dauert gewöhnlich so lange, bis diese Stellen gelöst sind. Daher läßt sich immer beobachten, daß die anfängliche Lösungsgeschwindigkeit z. B. einer geschmirgelten oder polierten Zinkoberfläche mit der Zeit sehr schnell fällt, bis das deformierte Gitter aufgelöst ist. Erst dann tritt im Falle sehr reiner Metalle die normale Lösungsgeschwindigkeit ein. Daß aber auch beim sorgfältigsten Polieren das Kristallgitter an der Oberfläche stark deformiert ist, zeigen z. B. wiederholte Untersuchungen mit Röntgen- und Elektronenstrahlen.

Was den Einfluß der *Temperatur* auf die Geschwindigkeit der Auflösung betrifft, so steigt diese mit der Temperatur. Der Temperaturkoeffizient ist aber gering und entspricht etwa dem der Diffusionsgeschwindigkeit. Würde aber die Auflösung ein rein chemischer Prozeß sein, so wäre annähernd eine Verdoppelung der Reaktionsgeschwindigkeit für je 10° Temperaturerhöhung zu erwarten.

Auch das *Rühren* beeinflußt die Geschwindigkeit des Gesamtvorganges, denn diese ist meist der Rührgeschwindigkeit proportional.

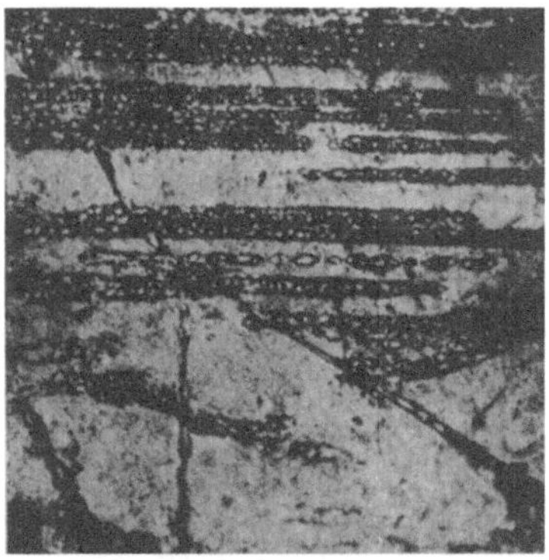

Abb. 2. Ätzstreifen auf (0001). Zink „Kahlbaum". 34fach.

Wenn bisher von der Beschleunigung eines Auflösungsprozesses die Rede war, so sind auch die Einflüsse zu erwähnen, die umgekehrt eine *Verzögerung* einer schon vorhandenen oder einer möglichen Geschwindigkeit hervorrufen. Es sind hier in erster Linie verschiedenartige Kolloide zu erwähnen. So verzögern ziemlich geringe Mengen von Agar-Agar oder Gelatine, zur Säure hinzugesetzt, den Auflösungsprozeß sehr erheblich (Schutzkolloide). Der Ablauf der Reaktion wird dabei sehr unregelmäßig, und man merkt sofort, daß durch den erwähnten Zusatz starke Störungen eingetreten sind. In letzter Zeit hat z. B. JENCKEL versucht, die Auflösung von Aluminium durch den Zusatz von organischen Stoffen zu hemmen. Als wirksam erwiesen sich dabei eine Reihe von Derivaten des Pyridins, Chinolins und Acridins, z. B. β-Naphthochinolin oder 2-Phenylchinolin[1]. Weiter kann die Geschwindigkeit der Auflösung eines unedlen Metalls durch Legierung mit geringen Mengen katalytisch wenig aktiver Metalle gehemmt werden. Die Versuche, die vom Verfasser an absichtlich verunreinigtem Zink angestellt wurden, zeigten z. B. folgendes: kleine Mengen Cadmium, die dem Zink beilegiert wurden, verzögern dessen Auflösung sehr erheblich. Das zeigt sehr deutlich die Tabelle 1[2].

Aus der Tabelle ist deutlich der Einfluß des Cadmiumzusatzes auf die Lösungsgeschwindigkeit zu sehen. So wird die Geschwindigkeit der Auflösung der Legierung von Zink mit Platin durch den 2%igen Zusatz von Cadmium auf ein Viertel bis ein Siebentel vermindert; auch im Falle der Legierungen Zink–Nickel und Zink–Eisen ist die Wirkung des Cadmiums deutlich zu erkennen. Viel stärker ist aber der Einfluß bei den Legierungen des Zinks mit Gold und mit Kupfer: die Lösungsgeschwindigkeit wird durch den Cadmiumzusatz fast vollständig paralysiert. Die schützende Wirkung des Cadmiums beginnt schon bei etwa

[1] E. JENCKEL, F. WOLTMANN: Z. anorg. allg. Chem. **233** (1937), 236.

[2] M. STRAUMANIS: Z. physik. Chem., Abt. A **148** (1930), 112; Korros. u. Metallschutz **11** (1935), 49.

0,05 Gew.-%, vergrößert sich aber beim Überschreiten von 0,2% nicht mehr wesentlich.

Endlich wird eine Hemmung der Auflösung immer dann beobachtet, wenn sich unlösliche Angriffsprodukte bilden, die die reagierende Metallfläche bedecken, dadurch den Zutritt der Säure hindern und folglich schützend wirken (Bedeckungspassivität). Es ist leicht verständlich, daß diese Hemmung um so vollständiger sein wird, je besser die Niederschläge oder Schichten an der Metalloberfläche haften und je dichter und unlöslicher sie sind.

Aus dieser Übersicht über das Auflösen von Metallen in Säuren ist zu ersehen, daß katalytische Vorgänge bei diesem Prozeß nur im Zusammenhang mit den geringen Beimengungen edlerer Metalle im Grundmetall auftreten. Umgekehrt kann die katalytische Wirksamkeit dieser Beimengungen auf verschiedene Art — auch durch das Vorhandensein von Giften — gehemmt werden. Wie das alles zustande kommt, läßt sich am besten durch die Tätigkeit von *Lokalelementen* erklären. Die Theorie der Lokalelemente liefert somit die Erklärung der katalytischen Beschleunigung der Auflösung von Metallen durch die Gegenwart geringer Beimengungen; sie liefert aber auch die Erklärung der hemmenden Wirkung der Katalysatorgifte der Auflösung. Die Art der Katalyse wird sofort verständlich, wenn man die Tätigkeit der Lokalelemente näher betrachtet.

Tabelle 1. *Auflösungsgeschwindigkeit verschiedener Zinklegierungen in 2 n Schwefelsäure bei 25° C.*

Rührgeschwindigkeit 130 Umdr./Min. Volum der Säure 200 cm³. Zusammensetzung der Legierungen in Gewichtsprozent. t = Zeit in Minuten seit Reaktionsanfang; v_0 = die in dieser Zeit entwickelte Wasserstoffmenge in cm³; $\frac{\Delta v}{\Delta t}$ = Geschwindigkeit der Gasentwicklung in mm³ in der Minute pro cm².

Legierung	t	v_0	$\frac{\Delta v}{\Delta t} \cdot 10^3$
Zn + 0,01 % Pt	40	177	11770
Zn + 0,01 % Pt	40	165	11300
Zn + 0,01 % Pt + 0,2 % Cd	160	116	1630
Zn + 0,01 % Pt + 0,2 % Cd	160	200	2860
Zn + 0,05 % Ni	25	193	11260
Zn + 0,05 % Ni	20	158	10830
Zn + 0,05 % Ni + 0,2 % Cd	30	126	7680
Zn + 0,05 % Ni + 0,2 % Cd	30	127	8160
Zn + 0,1 % Fe	80	180	4160
Zn + 0,1 % Fe	60	127	4076
Zn + 0,1 % Fe + 0,4 % Cd	340	234	1264
Zn + 0,1 % Fe + 0,4 % Cd	80	74	2620
Zn + 0,01 % Au	220	390	5400
Zn + 0,01 % Au	210	327	6100
Zn + 0,01 % Au + 0,2 % Cd	360	1,3	9
Zn + 0,01 % Au + 0,2 % Cd	360	6,9	17
Zn + 0,1 % Cu	190	270	3600
Zn + 0,1 % Cu	200	296	3670
Zn + 0,1 % Cu + 0,2 % Cd	240	2,2	4
Zn + 0,1 % Cu + 0,2 % Cd	240	1,3	2
Zn + 0,2 % Ag	150	4,7	20
Zn + 0,2 % Ag	120	6,4	100
Zn + 0,2 % Ag + 0,2 % Cd	180	0,5	0

Die Rolle der Lokalelemente beim Auflösungs- und Korrosionsprozeß.

Bei der Auflösung von Metallen in Säuren sind zwei Fälle zu unterscheiden: 1. wenn sich lösliche und 2. wenn sich unlösliche Produkte bilden, die sich auf der Metalloberfläche abscheiden. Es sei zunächst der erste Fall betrachtet.

1. Lösliche Produkte.

Schon DE LA RIVE erkannte, daß die Beschleunigung der Auflösung des Zinks durch die Tätigkeit der Lokalelemente verständlich wird. Was ist unter einem „Lokalelement" zu verstehen? Es fällt sehr leicht, das *Modell* eines solchen Elementes zu konstruieren. Man braucht nur reines Zink oder ein anderes unedles Metall, das sich z. B. unter verdünnter Schwefelsäure befindet, mit einem edleren Metall, etwa einem Platindraht, zu berühren. Sofort wird die Wasserstoffentwicklung nur am Draht sichtbar, während vom Zink Schlieren abfließen: das Zink, das sich vor der Berührung äußerst langsam löste, kam durch den Kontakt mit dem Draht zu schneller Auflösung. Hierbei spielen sich folgende Prozesse, zunächst vor der Berührung mit dem Platindraht, ab:

Auf der Oberfläche des Zinks bildet sich die elektrolytische Doppelschicht, und das Metall lädt sich negativ auf (*Überschuß* von Elektronen im Metall). Die Wasserstoffionen der Säure werden durch das negative Zink angezogen und teilweise entladen, wobei die äquivalente Menge von positiven Zn-Ionen in Lösung geht. Dieser Prozeß läuft aber sehr langsam ab, da der Entwicklung des Wasserstoffs am Zink *sich sehr starke Hemmungen in Form der Wasserstoffüberspannung* entgegensetzen (siehe das Kapitel über die Wasserstoffüberspannung, S. 132). Dieselben Wasserstoffionen besitzen aber eine erhöhte Tendenz, sich an einen eingetauchten Platindraht zu drängen (Adsorption), und bringen den Draht auf ein Potential, das viel edler ist als das des Zinks. Durch die Adsorption der Wasserstoffionen an der Platinoberfläche und Ausbildung der Doppelschicht entsteht nämlich im Draht ein Elektronen*mangel*, und das Potential veredelt sich. Wird jetzt der Kontakt zwischen beiden Metallen durch Berührung hergestellt, so sind die Potentiale beider Metalle bestrebt, sich auszugleichen, indem Elektronen vom Zink in den Platindraht fließen. Der Ausgleich dauert allerdings nur eine äußerst kurze Zeit, zum Stillstand kommt aber dann der Elektronenfluß doch nicht, weil im nächsten Moment die Elektronen sehr leicht an der Oberfläche des Platins an die Wasserstoffionen abgegeben (geringe Überspannung am Pt!) und die nun fehlenden vom Zink nachgeliefert werden können. Die Entladung der Wasserstoffionen am Platin erfolgt somit aus dem Grunde, weil durch die im Draht vorhandenen Elektronen sich dessen Potential zur negativen Seite hin verschiebt und infolgedessen auf die angrenzenden Wasserstoffionen einen erhöhten elektrostatischen Zug ausübt; der entladene Wasserstoff entweicht schließlich am Platin (siehe Abb. 3). Dieselbe Zahl von positiven Ladungen, die als entladener Wasserstoff das System verläßt, tritt dann anodisch wieder in Lösung, wobei die freie Energie des Systems fällt.

Ganz dasselbe geschieht auch, wenn das Zink durch ein anderes Metall von geringer Überspannung, z. B. Kupfer, etwas *verunreinigt* ist. Der Wasserstoff kann sich der hohen Überspannung wegen nur schwer an den Stellen, wo sich reines Zink befindet, entwickeln; das geschieht aber leicht dort, wo Kupferteilchen an der Reaktionsoberfläche vorhanden sind: hier werden die Wasserstoffionen entladen, die Zinkionen gehen in der Umgebung dieser Teilchen in Lösung, wodurch die Auflösung der Legierung gegenüber reinstem Zink außerordentlich beschleunigt wird. Dieses Fließen der Elektronen zu den Austrittspforten des Wasserstoffs (edlere Einschlüsse) zur Entladung der Wasserstoffionen bei gleichzeitiger Ionisation des Grundmetalls ist nun das, was wir einen Lokalstrom oder Lokalelement nennen. Man kann sich auch leicht überzeugen, daß in solch einem Element tatsächlich ein elektrischer Strom fließt. Man braucht nur den Platindraht unter Vermittlung eines Milliamperemeters in die Säure zu tauchen; wo das geschieht, ist gleichgültig (siehe Abb. 4).

Aus dem Gesagten folgt, daß der Grundvorgang einer jeden Metallauflösung und Korrosion der Vorgang

$$\mathrm{Me} \rightarrow \mathrm{Me}^{n+} + n\,\mathrm{e} \tag{1}$$

ist. Er verläuft aber dann und nur dann, wenn die n Elektronen *irgendwie aus dem System entfernt werden* können. Geschieht das nicht oder geschieht das mit einer sehr geringen Geschwindigkeit, so ist das Metall korrosionsfest. Nun gibt es leider eine Reihe von Möglichkeiten zur Entfernung von Elektronen aus dem System: *alle positiven Ionen*, die edler als das Metall in (1) sind, nehmen mit Leichtigkeit die n Elektronen unter Reduktion zum Metall auf:

$$\mathrm{Me}_1^{n+} + n\,\mathrm{e} \rightarrow \mathrm{Me}_1\,. \tag{2}$$

Auch die in wäßrigen Lösungen *überall vorhandenen Wasserstoffionen tun das*, wobei in diesem Fall noch eine weitere Reaktion, nämlich die Molisation des atomaren Wasserstoffs und das Entweichen in Form von Blasen stattfinden muß.

$$\mathrm{H}^+ + \mathrm{e} = \mathrm{H}$$

$$2\,\mathrm{H} \rightarrow \mathrm{H}_2 \text{ und Blasenbildung.} \tag{3}$$

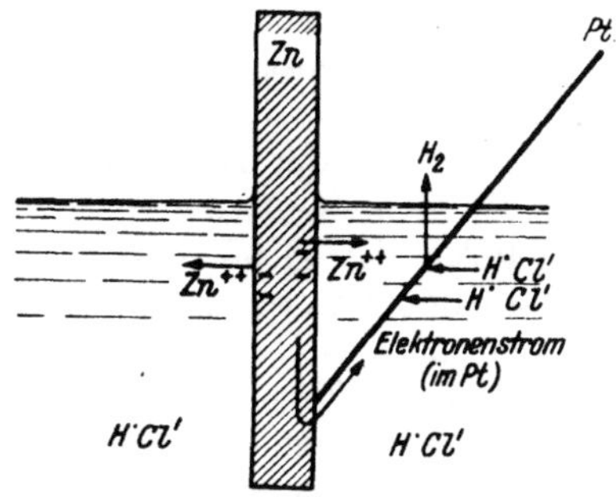

Abb. 3. Die Tätigkeit eines Lokalelements (schematisch).

Die Auflösungs- oder Korrosionsgeschwindigkeit eines Metalls hängt deshalb davon ab, wie schnell die Reaktionen (2) und (3) bei den herrschenden Umständen ablaufen können. Nun ist aber aus dem eben Gesagten und aus der Erscheinung der Überspannung (siehe S. 143) bekannt, daß die Geschwindigkeit der Reaktion (3) in hohem Maße vom edleren Metall abhängt (als Beimengung eines unedleren), an dem die Wasserstoffentwicklung stattfindet. Vom katalytischen Standpunkt aus betrachtet werden sich *auf einer Metalloberfläche Lokalströme immer dann ausbilden, wenn auf der Fläche Stellen vorhanden sind, an denen der Ablauf der Reaktion* (3) *mehr oder weniger stark katalytisch beschleunigt werden kann.* Das Auftreten von Lokalströmen ist aber *stets mit einer Zerstörung des Grundmetalls* (Auflösung, Korrosion) *verbunden.* Zum Glück ist nun die EMK eines Lokalelementes gering, denn obgleich zwischen einem galvanischen und einem Lokalelement kein prinzipieller Unterschied besteht, unterscheiden sie sich doch hinsichtlich der entwickelten Stromstärke: ein Lokalelement ist kurzgeschlossen, arbeitet ohne kräftige Depolarisatoren (wenn man vom Luftsauerstoff absieht), besitzt infolgedessen eine kleine EMK und liefert einen geringen elektrischen Strom. Andrerseits stehen aber die Erzeugnisse aus unedlen Metallen fast ununterbrochen in Berührung mit wäßrigen Lösungen, Dämpfen und Feuchtigkeit, die alle, wenn auch in geringem Maße, Wasserstoffionen enthalten. Die Reaktion (3) kann deshalb grundsätzlich stattfinden, und die Metalle sind einer stärkeren oder schwächeren Korrosion unterworfen.

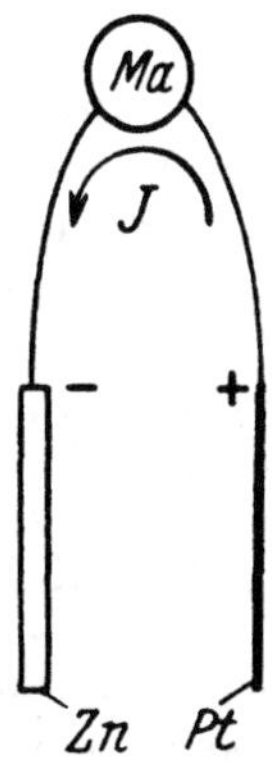

Abb. 4. Messung der Stromstärke eines Lokalelementmodells.

Von größter Wichtigkeit für die theoretische Korrosionsforschung ist deshalb festzustellen, durch welche Umstände und Faktoren die Geschwindigkeit der Reaktionen (2) und (3) beeinflußt werden kann, für die praktische Korrosionsforschung ist dagegen der Endzweck aller Bestrebungen die Frage: wie ist es möglich, die gesamte Geschwindigkeit der Prozesse (1) bis (3) auf ein Minimum herabzudrücken?

Auf Untersuchungen an Modellelementen, Auflösungs- und Korrosionsversuche sich stützend, haben G. W. AKIMOW, M. CENTNERSZWER, U. R. EVANS, W. O. KROENIG, W. J. MÜLLER, W. PALMAER, G. SCHIKORR, A. THIEL, F. TÖDT, der Verfasser und eine Reihe anderer Fachgenossen sich bemüht, eine Antwort zu geben[1].

Die Ergebnisse dieser Forschungen sollen hier in kurzer Zusammenfassung betrachtet werden. Zunächst wäre die Frage zu beantworten, warum sich manche sehr reine Metalle, wie Al, Zn, Cd, Fe, Sn, in verdünnten Säuren nur äußerst langsam lösen.

Je elektronegativer ein Metall ist, je höher also dessen Lösungstension, um so größer ist sein Bestreben, unter günstigen Umständen als Ion in Lösung zu gehen. In der Tabelle 2 findet man eine Reihe von Metallen der Größe ihrer Normalpotentiale nach zusammengestellt.

Tabelle 2.
Normalpotentiale in Volt (ε_{0h}) *der wichtigsten Metalle.*

$Li \rightarrow Li^{\cdot}$	$-3{,}02$	$Ni \rightarrow Ni^{\cdot\cdot}$	$-0{,}25$
$K \rightarrow K^{\cdot}$	$-2{,}92$	$Sn \rightarrow Sn^{\cdot\cdot}$	$-0{,}14$
$Ca \rightarrow Ca^{\cdot\cdot}$	$-2{,}76$	$Pb \rightarrow Pb^{\cdot\cdot}$	$-0{,}13$
$Na \rightarrow Na^{\cdot}$	$-2{,}71$	$H_2 \rightarrow 2H^{\cdot}$	$\pm 0{,}00$
$Mg \rightarrow Mg^{\cdot\cdot}$	$-2{,}35$	$Sb \rightarrow Sb^{\cdot\cdot\cdot}$	$+0{,}2$
$Be \rightarrow Be^{\cdot\cdot}$	$-1{,}70$	$Bi \rightarrow Bi^{\cdot\cdot\cdot}$	$+0{,}83$
$Al \rightarrow Al^{\cdot\cdot\cdot}$	$-1{,}30$	$As \rightarrow As^{\cdot\cdot\cdot}$	$+0{,}3$
$Mn \rightarrow Mn^{\cdot\cdot}$	$-1{,}1$	$Cu \rightarrow Cu^{\cdot\cdot}$	$+0{,}34$
$Zn \rightarrow Zn^{\cdot\cdot}$	$-0{,}76$	$Cu \rightarrow Cu^{\cdot}$	$+0{,}52$
$Cr \rightarrow Cr^{\cdot\cdot\cdot}$	$-0{,}51$	$2Hg \rightarrow Hg^{\cdot\cdot}$	$+0{,}79$
$Fe \rightarrow Fe^{\cdot\cdot}$	$-0{,}44$	$Ag \rightarrow Ag^{\cdot}$	$+0{,}81$
$Cd \rightarrow Cd^{\cdot\cdot}$	$-0{,}40$	$Pd \rightarrow Pd^{\cdot\cdot}$	$+0{,}82$
$Tl \rightarrow Tl^{\cdot}$	$-0{,}34$	$Hg \rightarrow Hg^{\cdot\cdot}$	$+0{,}86$
$Co \rightarrow Co^{\cdot\cdot}$	$-0{,}26$	$Au \rightarrow Au^{\cdot\cdot\cdot}$	$+1{,}38$

Ein jedes Element dieser Reihe verdrängt die niedriger stehenden aus ihren Lösungen, wobei es selbst in den Ionenzustand übergeht. Metallisches Zink verdrängt somit nicht nur das Cadmium, Nickel, Blei aus den Lösungen ihrer Salze, sondern auch den Wasserstoff, das Kupfer usw., die sich auf der Oberfläche des Zinks abscheiden. Für die Auflösung und Korrosion ist allein die Verdrängung des Wasserstoffs aus seinen Verbindungen (Säuren, Wasser) von Wichtigkeit. Nun bedarf es aber noch einer bestimmten zusätzlichen Spannung, der Überspannung, damit sich der Wasserstoff nach (3) an einer bestimmten Metallfläche entwickeln kann. Die Größe der Überspannung an einigen Metallen findet man in der Tabelle 3 zusammengestellt.

Tabelle 3. *Überspannungen des Wasserstoffs in Volt an fein verteilten Metallen in $\frac{1}{2}$ n H_2SO_4 bei Stromdichten von 75 Milliampere/cm².*

Pt	$-0{,}02$	As	$-0{,}54$
Fe	$-0{,}28$	Cd	$-0{,}66$
Co	$-0{,}29$	Bi	$-0{,}67$
Ag	$-0{,}30$	Pb	$-0{,}70$
Ni	$-0{,}32$	Sn	$-0{,}73$
Sb	$-0{,}35$	Tl	$-0{,}78$
Cu	$-0{,}40$	Zn	$-0{,}78$
Cr	$-0{,}41$	Hg	$-0{,}8$

Es ist selbstverständlich, daß sich an einem reinen Metall Wasserstoff mit sichtbarer Geschwindigkeit nur dann entwickeln wird, wenn das Potential des betreffenden Metalles ε_{Me} größer ist als die Überspannung an ihm. Deshalb gilt die Bedingung PALMAERS:

$$\varepsilon_{Me} > \varepsilon_H + \eta; \tag{4}$$

ein Metall löst sich nur dann in einer Säure, wenn sein Potential (ε_{Me}) das zur Wasserstoffentwicklung nötige übertrifft (ε_H = Potential des H_2 am Pt, η = Überspannung des betreffenden Metalls). Wenn Zink in einer Säure das Potential von $-0{,}76$ V annimmt, dagegen zur merklichen Wasserstoffentwicklung an demselben Metall etwa $-0{,}78$ V nötig sind, so ist es klar, daß sich das Metall nicht in der betreffenden Säure lösen kann. Zu der Bedingung (4) ist aber zu sagen, daß

[1] Siehe z. B. M. STRAUMANIS: Die elektrochemische Theorie der Korrosion der Metalle. Berlin: Verlag Chemie 1933.

auch im Falle reinster und glattester Metallflächen die linke Seite der Formel immer etwas größer sein wird als die rechte, weil nämlich η eine Funktion der Stromdichte ist (siehe S. 148): bei kleinem Lokalstrom ist auch die Überspannung viel geringer, als in der Tabelle 3 angegeben. Deshalb wird sich nach einiger Zeit ein stationärer Zustand zwischen der Stromdichte und der Überspannung an den kathodischen Stellen einstellen, als dessen Folge sich ein wenn auch sehr geringer Lokalstrom (Wasserstoffentwicklung) ergeben wird. Auf diese Weise erklärt sich, warum auch die reinsten Metalle einer Korrosion unterworfen sind.

Natürlich läßt sich auch angeben, wo die Wasserstoffentwicklung auf den Flächen reiner Metalle erfolgen wird; nach obigem wird sie dort stattfinden, *wo die Überspannung geringer ist*, wo somit die Reaktion (3) besser katalysiert wird. Das ist offenbar an rauheren Stellen der Oberfläche der Fall, wo sich Unstetigkeiten befinden; das sind die *kathodischen Stellen*; in nächster Umgebung befinden sich dann die *anodischen* mit negativerem Potential.

Auch ist es möglich, die Stromstärke eines solchen Lokalelementes anzugeben. Es ist ein Verdienst PALMAERS, gezeigt zu haben, in welcher Weise das geschehen kann. Durch Anwendung des OHMschen Gesetzes gelangte er zu einer recht komplizierten Formel, in die das Potential des Grundmetalls und die Überspannung der kathodischen Stellen (Beimengungen) als ziemlich konstante Größen eingehen, da nur die Änderung des Potentials des Grundmetalls und der Überspannung in Abhängigkeit von der Metallionen- und Wasserstoffionenkonzentration in der Lösung gemäß der NERNSTschen Formel in Betracht gezogen wurden. Wie im Kapitel über die Überspannung näher dargelegt, hängt aber die Wasserstoffüberspannung am kathodischen Metall stark von der Stromdichte ab; desgleichen ist auch das Potential des sich lösenden Metalls von der Geschwindigkeit der Auflösung abhängig, wie das schon 1927[1], eingehender aber im Jahre 1930 am Beispiel des Zinks gezeigt werden konnte[2]: die Veredelung des Potentials einer sich lösenden Zinkplatte erfolgt proportional der Belastungsstromstärke J (oder der Auflösungsgeschwindigkeit)

$$\varepsilon_2' = \varepsilon_1' - k_1 J, \tag{5}$$

wobei unter k_1 ein Proportionalitätsfaktor zu verstehen ist. Natürlich ändert sich während des Auflösungsprozesses auch die Leitfähigkeit der Säure, indem diese abnimmt. Da weiter gezeigt werden konnte, daß die PALMAERsche Formel eine beobachtete Auflösungsgeschwindigkeit nicht wiedergeben kann[3], sie in ihren Grundzügen aber doch richtig sein muß, da sie auf dem OHMschen Gesetz fußt, so haben schon 1925 CENTNERSZWER und der Verfasser versucht, die PALMAERsche Formel zu vereinfachen[4]. 1930 kam aber der Verfasser zu dem Schluß, daß die Arbeit eines Lokalstromes und dessen Änderungen mit der Zeit sich durch keine endgültige Formel wiedergeben lassen, daß aber immerhin die Stromstärke i_1 eines Lokalelementes in jedem Augenblick der Auflösung durch das Auflösungspotential ε' des Grundmetalls, die Überspannung der kathodischen Stellen η und durch den inneren und äußeren Widerstand (Flüssigkeit und Kontaktstellen) bestimmt wird[5]. Durch das OHMsche Gesetz lassen sich diese vier Variabeln zu einer einfachen Formel

$$i_1 = k_2\left(\frac{\varepsilon' - \eta}{r_1 + r_2}\right) \tag{6}$$

[1] M. CENTNERSZWER, M. STRAUMANIS: Z. physik. Chem. **128** (1927), 369.

[2] M. STRAUMANIS: Z. physik. Chem., Abt. A **147** (1930), 174, auch Korros. u. Metallschutz **14** (1938), 67.

[3] M. STRAUMANIS: Korros. u. Metallschutz **9** (1933), 5.

[4] M. CENTNERSZWER, M. STRAUMANIS: Z. physik. Chem. **118** (1925), 444.

[5] M. STRAUMANIS: Z. physik. Chem. **148** (1930), 120, 349; auch Korros. u. Metallschutz **11** (1935), 49; **14** (1938), 67.

zusammenfassen, die die Stromstärke eines Lokalelements in einem jeden Moment richtig wiedergibt. Da sich nun auf einer sich lösenden Metalloberfläche z Elemente pro cm^2 befinden können, die Größe der Fläche aber f cm^2 groß sein kann, so ergibt sich die Auflösungsgeschwindigkeit ϱ einer Platte zu

$$\varrho = \frac{\varDelta v}{\varDelta t} = k \cdot f \cdot z \cdot \left(\frac{\varepsilon' - \eta}{r}\right). \tag{7}$$

Will man die Auflösungsgeschwindigkeit in cm^3 Wasserstoff ($\varDelta v$) pro Flächeneinheit in der Minute ($\varDelta t$) darstellen, so ist ϱ durch $\frac{\varDelta v}{\varDelta t}$ auszudrücken; k ist eine Konstante. Die Formel enthält Größen, nämlich r, z und η, die nicht direkt zu bestimmen sind, und deshalb kann man mit der Formel die mögliche Geschwindigkeit eines Auflösungsprozesses nicht vorausberechnen; sie gibt aber die Geschwindigkeit der Auflösung in jedem Moment richtig wieder, worüber man sich jederzeit an einem arbeitenden Modell eines Lokalelements (Abb. 4) nach Einsetzen der gemessenen Größen ε', η und r überzeugen kann. Es ist kein Grund vorhanden, anzunehmen, daß die Formel, die die Geschwindigkeit der Auflösung der Anode im Modellelement beschreibt, nicht auch auf die kleinen Lokalelemente, die sich auf einer sich lösenden Metalloberfläche befinden, anzuwenden wäre. Daß tatsächlich auf Metallen während der Korrosion elektrische Ströme in theoretisch vorausgesehener Richtung fließen, ist durch Evans gezeigt worden[1]. Natürlich kann man die Formel (7) noch weiter entwickeln, indem man die Größen ε', η, r und z in Abhängigkeit von den in Frage kommenden, sehr zahlreichen Umständen, die bei der Korrosion eine Rolle spielen, darstellt und in (7) einsetzt. Der Möglichkeiten gibt es hier sehr viele, und deshalb ist es auch verständlich, warum Auflösungs- und Korrosionsversuche so schwer zu reproduzieren sind. Eine vollständig entwickelte Korrosionsformel würde somit sehr kompliziert aussehen, würde aber an Übersichtlichkeit gegenüber der einfachen Formel (7) stark einbüßen, die ja eigentlich alle Auflösungs- und Korrosionserscheinungen zu überblicken erlaubt, wenn man jeweils überlegt, wie sich ein fraglicher Faktor auf die Größen der Formel (7) auswirken wird.

Die katalytischen Vorgänge bei der Auflösung und Korrosion sind jedoch nur an *eine* Veränderliche der Formel (7) gebunden, nämlich an die Überspannung, die ihrerseits wieder von der Art und Zusammensetzung der kathodischen Stellen abhängt. Ganz allgemein gilt der Satz: *alle Umstände, die eine Vergrößerung des Lokalstromes auf einer Metallfläche hervorrufen, fördern die Auflösung und Korrosion.* Wie das aber geschehen kann, das ist der Formel (7) zu entnehmen.

Sind auf einer Metallfläche keine Potentialdifferenzen ($\varepsilon' - \eta$) vorhanden, was aber gemäß dem schon Gesagten niemals der Fall sein wird, so ist die Korrosion Null, wenn auch die übrigen Umstände dazu günstig wären. Ist weiter der Widerstand der Flüssigkeit unendlich groß, was ebenfalls gewöhnlich nicht der Fall ist, so tritt auch keine elektrochemische Korrosion ein (eine rein chemische Reaktion könnte auftreten). Korrosion tritt nur dann auf, wenn die Flüssigkeit Ionen enthält (leitend ist); in reinstem Wasser erfolgt deshalb die Korrosion nur sehr langsam.

Sind aber auf der Metallfläche Stellen vorhanden, an denen die Wasserstoffentwicklung beschleunigt werden kann, so ist damit eine Steigerung der Zerstörung des Metalls verbunden. Als besonders wirksam erweisen sich deshalb metallische Beimengungen mit geringer Überspannung. Die beschleunigende Wirkung dieser Metalle müßte um so größer sein, je niedriger die Überspannung ist.

---

[1] U. R. Evans: Nature **136** (1935), 792; auch U. R. Evans: Metallic Corrosion, Passivity and Protection, S. 7. London, 1937.

Im großen und ganzen trifft das auch zu. Als Beimengung, die den Auflösungsprozeß am stärksten beschleunigt, erweist sich das Platin, ein Metall mit kleinster Überspannung, an dem somit die Reaktion (3) am stärksten katalysiert wird. Durch eine geringere Aktivität zeichnen sich die Metalle Kupfer, Eisen, Gold, z. B. dem Zink beilegiert, aus. Unwirksam oder sehr wenig wirksam sind die Metalle Cadmium, Blei, Quecksilber, ganz in Übereinstimmung mit der steigenden Überspannung der genannten Metalle. Die Reihe der immer stärker katalytisch wirkenden Metalle fällt jedoch nicht ganz mit der fallender Überspannungen zusammen. Doch ist nicht zu vergessen, daß die Auflösungsgeschwindigkeit in jedem Moment erstens durch das Potential des Grundmetalls während der Auflösung, zweitens durch die Überspannung des Wasserstoffs bei entsprechender Stromstärke und drittens durch den Widerstand der Lokalelemente bestimmt ist. Von den Überspannungen der Lokalkathoden wissen wir jedoch nur so viel, daß sie an den einzelnen Niederschlägen sehr hoch sind und sich voneinander um wenige Millivolt, sogar um Bruchteile von Millivolt unterscheiden. Trotzdem können diese geringen Unterschiede der Überspannungen beträchtliche Unterschiede in der Auflösungsgeschwindigkeit hervorrufen, denn letztere hängt ja doch von der *Zahl* z der Lokalelemente ab (7). Es kommt noch dazu, daß besonders die aus der Säurelösung ausgeschiedenen edleren Metalle verschiedene Form besitzen und sich verschieden gut an der Zinkplatte halten; der innere *Widerstand* wird deshalb bei verschiedenen Niederschlägen verschieden ausfallen. Infolgedessen ist ein strenger Parallelismus zwischen der Reihe der Metalle nach fallenden Überspannungen und der, in der sie die Auflösung der Metalle immer stärker beschleunigen, nicht zu erwarten.

Die Zahl der edleren Metalle, die die Auflösung eines Metalles beschleunigen, nimmt, wie das leicht aus der Formel (7) verständlich ist, immer mehr ab, je edler (ε') das sich lösende Metall ist. Zuletzt wirken nur Platinniederschläge oder -beimengungen (z. B. beim Cd, Pb, Sn, Ni).

Auch läßt sich das Zustandekommen der *Induktionsperiode* auf derselben Grundlage leicht erklären: Bringt man z. B. eine entfettete Zinkplatte, dargestellt aus reinem Zink „Kahlbaum", in eine verdünnte Säure, so wird sie sofort angegriffen, doch zur Abscheidung des Wasserstoffs kommt es nur an Stellen mit niedriger Überspannung (Lokalelemente). Diese Stellen bestehen vorzugsweise aus edleren Fremdmetallen, die noch im reinen Zink vorhanden sind, wobei ihre Zahl z vom Reinheitsgrad des Zinks abhängt. Zu Anfang des Auflösungsprozesses, wo die Zahl dieser Stellen noch klein, die Oberfläche der Lokalkathoden noch gering ist, sind diese durch den Strom stark belastet, ihre Überspannung ist deshalb sehr hoch (fast gleich dem Potential des Grundmetalls). In der nächsten Umgebung der Kathoden geht somit das Grundmetall in Lösung; es werden dadurch neue Lokalkathoden entblößt (z wächst, zunehmender schwarzer Niederschlag auf der Platte), die Oberfläche der vorhandenen vergrößert sich aber und die Stromdichte, zugleich auch die Überspannung fallen. Es resultiert eine zunehmende Stromstärke der Elemente, die noch durch den sinkenden inneren Widerstand gefördert wird. Die Geschwindigkeit der Auflösung nimmt deshalb mit der Zeit zu (Induktionsperiode). Das Maximum der Auflösungsgeschwindigkeit und zugleich das Ende der Induktionsperiode ist erreicht, wenn die Zahl der Lokalelemente sich nicht mehr vergrößern kann und wenn die Überspannung und der innere Widerstand ihren kleinstmöglichen Wert erreicht haben (η etwa um $10 \div 30$ mV edler als das Potential des Zinks). Die Versuche zeigen, daß die Auflösungsgeschwindigkeit in Abhängigkeit von der Zeit während der Induktionsperiode eine gerade Linie ist, wenn keine Abbröckelung des Niederschlags von der Platte stattfindet. Die Induktionsperiode fällt weiter um so länger aus, je reiner die Säure oder das Grundmetall, je verdünnter die Säure und je höher die Überspannung der edleren Lokalkathoden ist. Auch dieses alles folgt aus der Theorie.

Die nach der Induktionsperiode auftretende maximale Auflösungsgeschwindigkeit ist um so größer, je höher die Konzentration der Säure und je niedriger die Überspannung der Lokalkathoden ist.

Ähnlich verläuft der Prozeß, wenn sich das edlere Metall aus der Säure auf der Versuchsplatte ausscheidet: durch die geringe Überspannung an jenem ist dem Wasserstoff Gelegenheit zur Entwicklung gegeben, und es bilden sich infolgedessen Lokalströme, deren Zahl sehr bald die größtmögliche wird (schwarzer Niederschlag). Die Stromstärke eines Lokalelements ist aber anfangs gering (hohe Überspannung). Zusammen mit dem Wasserstoff scheidet sich auch das edlere Metall aus der Flüssigkeit ab, und es findet ein Wachsen der Niederschlagsschuppen statt. Dadurch vergrößert sich die Kathodenfläche, der innere Widerstand fällt usw., und man beobachtet die Induktionsperiode.

Die danach eintretende Verminderung der Reaktion läßt sich in beiden Fällen hauptsächlich auf zwei Gründe zurückführen: 1. die Kathodenfläche der Elemente nimmt nur bis zu einem bestimmten Grad zu, dann beginnt sie allmählich abzubröckeln, und 2. es wächst der Widerstand der Säure mit ihrem Verbrauch.

Einen ganz ähnlichen Verlauf des Auflösungsprozesses zeigen auch die übrigen in Betracht kommenden Metalle: Mg, Cd, Tl, Al, Fe, Sn, Cr.

Die Geschwindigkeit der Auflösung nimmt im allgemeinen mit der äquivalenten Leitfähigkeit der Säure zu. Auf das Zink wirken also bei Äquivalentkonzentration in steigendem Maße die Säuren:

$$CH_3COOH < CH_2ClCOOH < H_2SO_4 < HCl < HBr < HJ.$$

Doch muß bei jedem Metall mit sehr verschiedenen Lösungsumständen, z. B. der Bildung von Deckschichten, der Beeinflussung der EMK usw. gerechnet werden. Geht man bei Auflösungsversuchen zu immer verdünnteren Säuren über, so vermindert sich nicht nur die Leitfähigkeit der Säure, sondern es steigt zugleich die Überspannung, und es veredelt sich das Potential des Grundmetalls. Das Umgekehrte findet statt, wenn man von verdünnteren zu konzentrierteren Säuren übergeht. Aus der Sachlage des ersteren Falles folgt eine schnellere Abnahme der Geschwindigkeit der Auflösung, als aus der Verminderung der Leitfähigkeit zu erwarten wäre. In derselben Weise wirken auch Zusätze von Alkohol.

Geht man zu noch verdünnteren Säuren über, so kommt man ins eigentliche Gebiet der Korrosion, und es gilt hier ebenfalls der Satz, daß alles, was auf einer Metallfläche Potentialdifferenzen hervorruft, die Korrosion fördert, denn der Grundvorgang der Korrosion ist ja ganz derselbe wie im Falle der Metallauflösung, nur erfolgt letztere viel schneller als erstere. Die Erfahrung zeigt, daß die Korrosion in Gegenwart von Sauerstoff (der Luft) stattfindet, bei Ausschluß von Sauerstoff ist sie erheblich geringer und vielfach überhaupt nicht feststellbar. Vom Standpunkt der Theorie der Lokalelemente ist diese Tatsache einfach zu verstehen, wenn man in Betracht zieht, daß die Überspannung der Lokalkathoden bei geringer Stromdichte stark durch die Anwesenheit des Sauerstoffs beeinflußt wird (siehe S. 152). Während bei starker Wasserstoffentwicklung sich der Einfluß des Sauerstoffs nicht bemerkbar macht, bewirkt dieser bei geringen Stromdichten eine merkliche Veredelung des kathodischen Potentials. Es kann dabei gezeigt werden, daß die Höhe der Überspannung in diesen Fällen von der Geschwindigkeit der Diffusion des Sauerstoffs abhängt: je höher diese ist, um so niedriger die Überspannung. *Die Stelle einer metallischen Oberfläche, wo Sauerstoff frei zutreten kann, wird somit zur Kathode, die Umgegend zur Anode*, hier findet also Korrosion statt. An einem Modellelement konnte Evans die hier stattfindenden Prozesse genau studieren[1]. Zwei geschmirgelte Eisenstreifen, aus demselben Blech geschnitten, wurden in eine $\frac{1}{2}$ n Kaliumchloridlösung getaucht und durch ein Milliamperemeter kurzgeschlossen. Im allgemeinen fließt ein sehr schwacher Strom durch eine solche Kette. Wird aber jetzt die eine Elektrode durch Sauerstoff umspült (die Elektroden sind voneinander durch eine poröse Wand abgeteilt), so fließt plötzlich ein Strom durchs Milliamperemeter, indem die belüftete Elektrode zur Kathode und die unbelüftete zur Anode wird und sich löst. Das ist ein Versuch, der sich jederzeit auch mit anderen Metallen, wie z. B. Zn, Cd, Pb wiederholen läßt. Ungleichmäßiger Sauerstoffzutritt zu einer Metalloberfläche ruft somit in Gegenwart von Feuchtigkeit Potentialdifferenzen und somit auch Korrosion hervor. Auch die reinsten Metalle können unter solchen Umständen erheblich angegriffen werden. Es fragt sich jetzt, ob durch edlere Beimengungen auch dieser Korrosionsprozeß gefördert wird. Das ist gleichbedeutend mit der Frage, ob die Oxydation des kathodisch entwickelten Wasserstoffs zu Wasser durch das Kathodenmetall beschleunigt wird oder nicht. Eine um so niedrigere Überspannung müßte sich dann ergeben, je schneller die Reaktion

$$2\,H + \tfrac{1}{2}\,O_2 = H_2O$$

durch das edlere Metall katalysiert wird. Die Frage wurde durch den Verfasser in einigen Arbeiten behandelt[2]. Wie schon zu erwarten war, besitzt Platin als Beimengung die stärkste Fähigkeit, die obige Reaktion zu beschleunigen: an diesem Metall konnte nämlich die größte Verminderung der Überspannung gemessen werden, wenn man dem Sauerstoff freien Zutritt zum Elektrolyten und folglich auch zu den Lokalkathoden gewährte; zugleich stieg natürlich die Stromstärke des Modellelements. Schon weniger aktiv erwies sich das Eisen, dann das Nickel. Aber auch an einem Element, wie dem Cadmium, konnte eine Verminderung der Überspannung in Gegenwart von Sauerstoff gemessen werden. Gewissermaßen hat man es hier mit den sogenannten „Luftelementen" zu tun. Das Prinzip der ungleichen Belüftung nach EVANS findet somit auf diese Weise seine Erklärung. Abschließend kann man also sagen: ohne Luft und Wasserstoffionen (Feuchtigkeit) keine Korrosion!

Geht man deshalb zu Lösungen mit noch geringerer Wasserstoffionenkonzentration, also zu alkalischen Lösungen über, so müßte man erwarten, daß die Tätigkeit der Lokalelemente unter solchen Umständen aufhören würde, und zwar deswegen, weil in alkalischen Lösungen das Potential der Lokalkathoden sich außerordentlich nahe dem Potential des Grundmetalls einstellt. Bei einigen Metallen ist das auch tatsächlich der Fall. So haben SHIPLEY und MCHAFFIE die Korrosion des Eisens in Abhängigkeit von der Wasserstoffionenkonzentration der Wässer untersucht und gefunden, daß die Korrosion mit steigendem p_H fällt, in neutralen und besonders in alkalischen Wässern sehr gering wird. Anders steht es aber mit dem Aluminium, das sich auch in reinstem Zustande schnell in alkalischen Lösungen löst. Der Verfasser konnte zeigen, daß auch hier die Auflösung durch geringste Mengen von Fremdmetallen beschleunigt wird, jedoch nicht in dem Maße wie in sauren Lösungen[3]. Während die Auflösung in 2 n Salzsäure im Vergleich zu reinem Aluminium etwa 15000 mal zunimmt, so nimmt die Reaktion in Natronlauge mit steigender Menge der Beimengungen nur langsam, etwa 3÷6 mal zu. Ein elektrochemischer Prozeß findet deshalb auch in letzterem

[1] U. R. EVANS: J. Inst. Metals 30 (1923), 267; Metallic Corrosion, Passivity and Protection, S. 168. London, 1937; Berlin 1938.

[2] M. STRAUMANIS: Korros. u. Metallschutz 12 (1936), 148; Z. physik. Chem., Abt. A 185 (1939), 37.

[3] M. STRAUMANIS, N. BRAKŠS: Korros. u. Metallschutz 15 (1939), 5.

Falle statt. Da das Potential des Aluminiums in solchen Lösungen sehr unedel ist (etwa $-1{,}6$ V), so liefern die Lokalelemente auch dann eine erhebliche EMK, wenn man die Überspannung der Lokalelemente sehr hoch, etwa $-0{,}8$ V annimmt (im Falle des Eisens ist dann schon längst das Potential des Grundmetalls erreicht). Die in nächster Nähe der Kathode vorhandenen Wasserstoffionen werden dann trotz ihrer geringen Konzentration sofort entladen:

$$3\,H_2O \rightleftharpoons 3\,H^{\cdot} + 3\,OH'$$
$$3\,H^{\cdot} + 3\,e = 3\,H$$
$$2\,H \rightarrow H_2\,.$$

Die Hydroxylionen bilden jedoch mit den in Lösung gegangenen Al-Ionen unlösliches $Al(OH)_3$. Letzteres würde die anodischen Stellen bedecken, und der Prozeß käme zum Stillstand, wenn sich das Hydroxyd nicht in der anwesenden Lauge lösen würde:

$$Al(OH)_3 + OH' = AlO_2' + 2\,H_2O\,.$$

Offenbar läuft aber letztere Reaktion viel langsamer ab als die Ionisation des Metalls. Deshalb ist sie geschwindigkeitsbestimmend. Die Auflösung des unreinen und auch des reinsten Aluminiums wird somit ebenfalls durch die Tätigkeit der Lokalelemente hervorgerufen, die endliche Reaktionsgeschwindigkeit wird aber durch die Geschwindigkeit der Auflösung des im elektrochemischen Prozeß gebildeten $Al(OH)_3$ bestimmt.

2. Unlösliche Produkte.

Es kommt aber auch vor, daß bei der Korrosion von Metallen in entsprechenden Säuren und Basen sich *unlösliche Produkte* bilden, die nicht weggelöst werden, die Reaktionsoberfläche bedecken und den Ablauf des Prozesses hindern. Die erdrückende Mehrzahl der Korrosionsvorgänge ist von dieser Art. Wie in solchen Fällen ein Auflösungs- oder besser ein Korrosionsprozeß abläuft, ist von U. R. EVANS, besonders aber W. J. MÜLLER mit Hilfe der sogenannten gedeckten Elektroden untersucht worden[1]. Freilich stellen nach MÜLLER das kathodische und anodische Potential eines Lokalelementes weitgehend von der Stromstärke unabhängige Größen dar, und alle Änderungen in der Geschwindigkeit der Auflösung werden deshalb auf Widerstandsänderungen der Poren und der Deckschicht zurückgeführt[2]. Infolgedessen kommen Überspannungsänderungen so gut wie gar nicht in Betracht. Die MÜLLERsche Theorie ist folglich als vollständig „unkatalytisch“ anzusehen und braucht hier deshalb nicht eingehender dargestellt zu werden. Es sei aber erwähnt, daß es der Theorie durch Anwendung der KIRCHHOFFschen Gesetze gelingt, die vom Verfasser experimentell festgestellte Beziehung (5) abzuleiten. Die Änderung des Potentials der Anode mit der Stromstärke ist in diesem Fall als „Kompensationsphänomen“ aufzu-

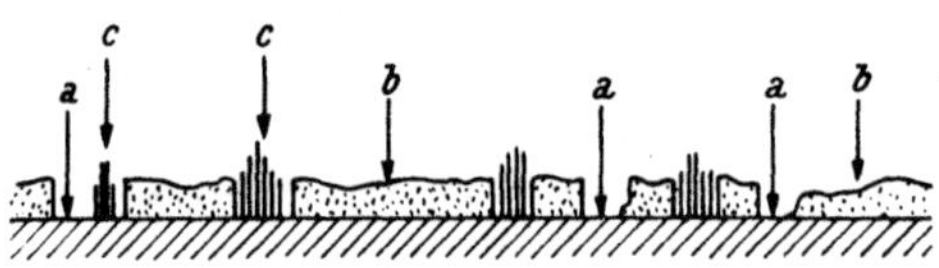

Abb. 5. Das neue Modell des Lokalelements, das in sich die Vorzüge der älteren Theorie und die der Deckschichtentheorie vereinigt. *a* anodische Stellen (in den Poren), *c* kathodische Stellen (als edlere Beimengungen, Niederschläge), *b* dünnere oder dickere Oxyd- oder Deckschichten. Das sich lösende Metall ist schraffiert.

---

[1] W. J. MÜLLER: Die Bedeckungstheorie der Passivität der Metalle. Berlin: Verlag Chemie 1933.

[2] W. J. MÜLLER, E. LÖW, F. STEIGER: Korros. u. Metallschutz **15** (1939), 4. — W. J. MÜLLER: Ebenda **16** (1940), 10.

fassen[1]. Zweifellos hat nun auch die MÜLLERsche Theorie vieles für sich, und deswegen hat der Verfasser ein Modell eines Lokalelements vorgeschlagen, das erlaubt, die Vorzüge der älteren Auffassung mit denen der Deckschichtentheorie zu vereinigen (Abb. 5)[2]. Hierdurch wird letztere in die allgemeine Lokalstromtheorie einbezogen und gewinnt sehr an Anwendungsmöglichkeiten, da nunmehr durch volle Berücksichtigung der Überspannung auch katalytische Einflüsse zur Geltung kommen können. Außer der Ausbildung von bestimmten Strombahnen und des Potentialgefälles fällt dabei die Deckschicht weiter dadurch ins Gewicht, daß durch sie Lokalelemente verdeckt werden und ihr innerer Widerstand beeinflußt wird.

Zur Topochemie der Metallauflösung.

Wenn ein Metall durch eine Säure oder ein anderes Ätzmittel angegriffen wird, entsteht die Frage, wie dieser Vorgang sich an dem Kristallgitter des Metalles auswirkt, also an welchen Stellen eines Kristalls oder Kristalliten der Abbauprozeß beginnt. Daß tatsächlich der Abbau in bestimmter Weise gesetzmäßig erfolgt, zeigt das Verhalten von angeätzten Metallschliffen: dort sind die sogenannten Ätzfiguren zu sehen. So findet man auf den Würfelflächen der im kubischen System kristallisierenden Metalle (Al, Fe, Cu) bei starker Vergrößerung viereckige kleine Grübchen, auf den Oktaederflächen dreieckige; auf den Basisflächen der hexagonal kristallisierenden Metalle (Zn, siehe Abb. 1; Mg, Cd) — dagegen sechseckige Figuren. Auch in dem Falle, daß Ätzfiguren ihrer Kleinheit wegen mikroskopisch nicht mehr zu sehen sind, kann ihre Anwesenheit durch das Aufleuchten der Körner des Schliffes bei dessen Drehen in einem schräg auftreffenden Lichtstrahl festgestellt werden. Angeätzte Einkristallstäbe reflektieren in der ganzen Länge gleichzeitig. Es muß deshalb der Abbau der Metallkristalle gesetzmäßig erfolgen. Dasselbe muß auch für den Korrosionsprozeß gelten, obgleich hier der Metallschimmer, durch den Rost verdeckt, nicht zu sehen ist. Der Verfasser konnte in einer Arbeit am Zink zeigen, daß dieser Prozeß des Abbaues relativ einfach ist, denn es sind nur *einige Kristallflächen*, die durch die Ätzmittel zu sich selbst parallel abgebaut werden[3]. Der Abbau aller übrigen Flächen (wie sie gerade auf der Oberfläche des Schliffs an Kristalliten vorliegen), erfolgt über eine oder mehrere dieser Flächen. Im regulären System ist gewöhnlich die Würfelfläche diejenige, durch deren Parallelverschiebung der Abbau eines Kristalls oder der einzelnen Kristallite eines Stücks erfolgt. So werden z. B. die Kristallite eines Eisenplättchens durch ein Ätzmittel in der Weise angegriffen, daß auf den Schliffflächen Ätzgrübchen, begrenzt von Würfelflächen, entstehen. Durch weiteren treppenartigen Abbau dieser Flächen geht das Metall in Lösung. Warum ein Kristall in solch einer gesetzmäßigen Weise abgebaut wird, darauf gibt die Kristallwachstumstheorie von KOSSEL und STRANSKI eine Antwort (siehe Bd. IV, Beitrag STRAUMANIS). Aus der Lokalelementtheorie folgt, daß auch im Falle der Korrosion, wo der Abbau des Metalls durch die Tätigkeit der Lokalströme erfolgt, das Ablösen des Gitters in nächster Umgebung der Lokalkathoden stattfinden wird. Zuerst werden natürlich die Eckenatome, deren Potential am negativsten ist, herausgehoben, dann folgen die Kanten, es setzt dann der sogenannte „wiederholbare Schritt" ein, und zuletzt werden die Mitten der idealen Flächen angegriffen, wo das Herausheben am schwersten ist. Das Potential der Flächenmitten

[1] M. STRAUMANIS: Korros. u. Metallschutz 14 (1938), 67, 73.
[2] M. STRAUMANIS: Korros. u. Metallschutz 14 (1938), 81.
[3] M. STRAUMANIS: Z. Kristallogr., Mineral., Petrogr. 75 (1930), 445; Z. physik. Chem., Abt. A 147 (1930), 183.

ist nämlich am edelsten. Als Resultat eines solchen Lösungsprozesses entsteht um die Lokalkathode eine Ätzgrube (siehe Abb. 6). Durch den wiederholbaren Schritt, der ja bei weitem den größten Betrag der Gesamtenergie liefert, werden dann die angebrochenen Netzebenen abgetragen. Der wiederholbare Schritt braucht nur an einer Stelle einzusetzen, das Aufrollen der übrigen Netzebene erfolgt dann wesentlich leichter. Unstetigkeiten, die einen Anlaß zum Entstehen des Lokalstromes geben, erleichtern somit die Überwindung der Energieschwelle. Durch Überlagerung der einzelnen Abbaustellen, der Ätzgruben, entsteht zuletzt das Korrosionsgefüge einer metallischen Oberfläche. Bis vor kurzem war der hier dargelegte Abbauprozeß nur eine Anschauung, eine Theorie, die sich auf die Ausbildung von Ätzgruben, -rillen und auf die manchmal sehr regelmäßig erfolgenden Wachstumserscheinungen von Kristallen stützte. Die großartigen Erfolge der Elektronenmikroskopie der letzten Jahre zeigten aber, daß die entwickelte Theorie in den Hauptzügen richtig ist, denn der Abbau von Metallflächen erfolgt gerade so, wie man sich den Prozeß vorgestellt hat. Das wird durch besonders schöne Aufnahmen geätzter Metallflächen (Al, Ni) von Mahl bestätigt[1]. Das Ätzgefüge ist natürlich nur dann sichtbar, wenn sich lösliche Korrosionsprodukte bilden können. Erfolgt die Korrosion unter Rostbildung, so wird die Oberfläche verdeckt, was häufig mit einer Verminderung der Korrosion verbunden ist. Ganz besondere Bedeutung kommt aber den sehr dünnen Oxydfilmen und -schichten nach Evans zu. Ist genügend Sauerstoff vorhanden, so vermag er nach I. N. Stranski mit den besonders reaktionsfähigen Stellen der angegriffenen Oberfläche, also den Ecken, Kanten usw. Oxyde zu bilden. Hierdurch bleiben die Flächenmitten mit dem edelsten Potential übrig, und die ganze mit Sauerstoff belüftete Fläche nimmt dieses Potential an. Die EMK der Lokalelemente vermindert sich infolgedessen, und man beobachtet eine Korrosionshemmung durch gebildete Oxyd- oder Deckschichten. Es braucht sich also überhaupt nicht die ganze Fläche mit einer Oxydhaut zu bedecken, es genügt ein Netz, das auf den aktiven Stellen lagert. In den Abb. 7 und 8 findet man diese Passivierung durch „dimensionslose“ und „ein-

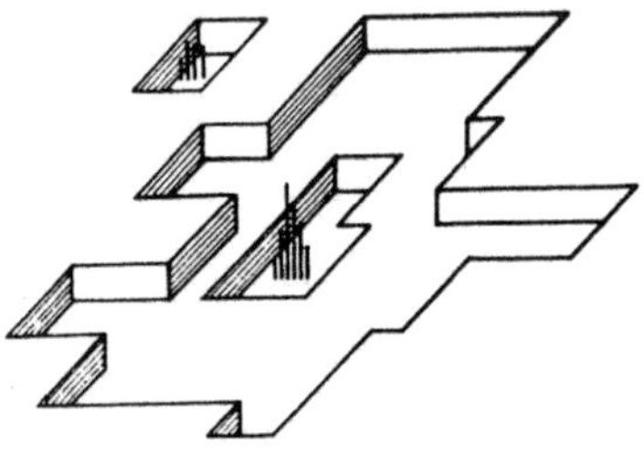

Abb. 6. Durch einen Lokalstrom korrodierte Fläche eines regulären Kristalls.

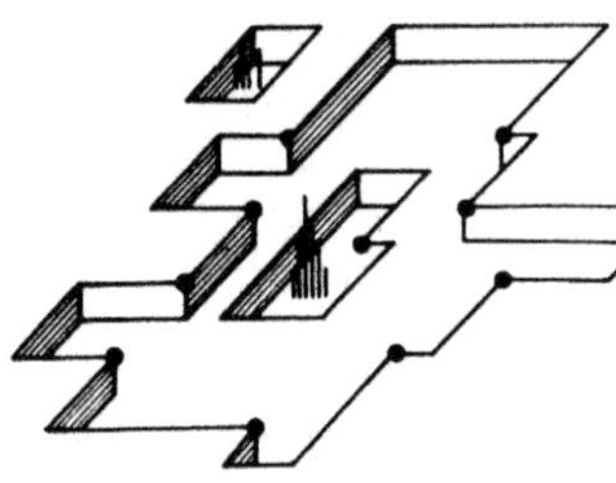

Abb. 7. Dieselbe Oberfläche von Abb. 6, durch „dimensionslose“ Oxyde passiviert. Die EMK des Lokalelements ist geringer.

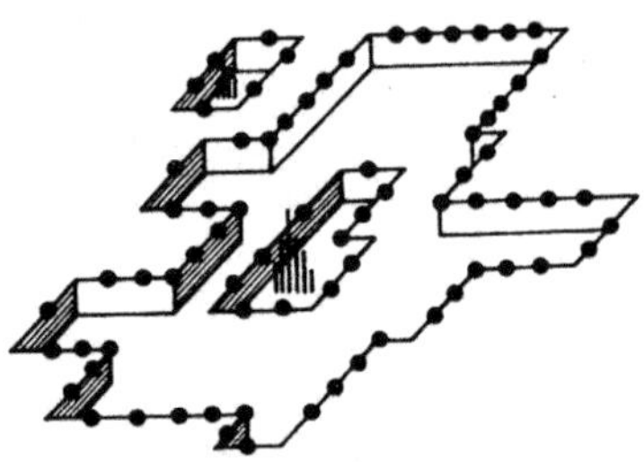

Abb. 8. Dieselbe Oberfläche von Abb. 6, durch „eindimensionale“ Oxyde passiviert. Die EMK des Lokalelements ist noch geringer als in Abb. 7.

[1] H. Mahl: Z. Metallkunde **33** (1941), 68, Tafel VII; Korros. u. Metallschutz **17** (1941), 1, Abb. 12; s. auch Zehn Jahre Elektronenmikroskopie, ein Selbstbericht des AEG Forschungs-Instituts, S. 100÷116. Berlin: Springer 1941.

dimensionale" Oxyde in zwei Stadien dargestellt[1]. Da im letzten Fall die ganze Fläche nun das edlere Potential der Flächenmitte besitzt, so ist die EMK des Lokalelements wesentlich geringer; infolgedessen haben die Elemente bei der Korrosion durch ungleiche Belüftung geringere Bedeutung, die sich mit zunehmender Reinheit des korrodierenden Metalls noch weiter vermindert. Auf diese Weise läßt sich der Anfang der Passivierung und die Eigenart der Korrosion der Metalle bei ungleichem Luftzutritt erklären. Natürlich ist diese Art von Passivierung von der eigentlichen Passivität zu unterscheiden. Bei genügendem Sauerstoffzutritt können sich selbstverständlich auch dickere Oxydschichten ausbilden.

Alle diejenigen Mittel, die das Oxydnetz einer Metallfläche entfernen oder beschädigen, z. B. mechanische Bearbeitung, Bildung von Rissen, chemische Agentien, rufen an den entsprechenden Stellen Korrosion hervor. Letztere kommt dadurch zustande, daß durch Entfernung der Oxydschicht lösungsfähige Stellen mit unedlerem Potential entblößt oder neugebildet werden. Einen radikalen Schutz bilden deshalb solche Oxydschichten nicht.

Der Korrosionsschutz.

Wenn somit die Beschleunigung der Korrosion und Auflösung der Metalle sich in der Hauptsache durch die Tätigkeit der Lokalelemente erklären läßt, die ihrerseits wieder durch die katalytische Beschleunigung des Wasserstoffentwicklungs- und Oxydationsprozesses durch das Lokalkathodenmetall bestimmt wird, so ruft umgekehrt eine jede Verminderung der Aktivität der Lokalkathoden eine Hemmung der Korrosion hervor. Ganz allgemein kann man sagen, daß alles, was eine Verminderung von örtlichen Potentialunterschieden auf einer Metallplatte hervorruft, auch eine Schwächung der Korrosion bewirkt. Alle diese Umstände lassen sich besonders gut durch die schon erwähnte Korrosionsformel überblicken:

$$\varrho = k \cdot f \cdot z \cdot \left(\frac{\varepsilon' - \eta}{r}\right). \tag{7}$$

Es folgt aus der Formel, daß die Korrosionsgeschwindigkeit fällt, 1. wenn z, die Zahl der Lokalelemente je cm^2, vermindert wird, 2. wenn das Auflösungspotential des Grundmetalls ε' möglichst edel gehalten wird, 3. wenn es gelingt, die Überspannung der Lokalkathoden η durch besondere Maßregeln zu erhöhen, 4. wenn man möglichst schlecht leitende Flüssigkeiten verwendet und 5. wenn gleichzeitig einige oder alle vier der hier genannten Faktoren sich im oben angeführten Sinne ändern. Hier interessiert indessen nur der Punkt 3, der mit katalytischen Vorgängen beim Auflösungs- oder Korrosionsprozeß verbunden ist[2].

Würde es gelingen, die Überspannung der Lokalkathoden bis fast auf das Potential des Grundmetalls zu bringen, so könnte auf diese Weise ein sehr vollständiger Schutz gegen Korrosion erzielt werden. Auf Seite 183 ist gezeigt worden, daß gewöhnliches Zink oder Zink „Kahlbaum" sich beträchtlich langsamer in Säuren löst, wenn es mit etwas Cadmium legiert ist (siehe Tabelle 1). Die Wirkung des Cadmiums besteht nun darin, daß es sich beim Abkühlen der Legierung zusammen mit den edleren Beimengungen in den Kristalliten in Schichten hauptsächlich parallel den Basisflächen ausscheidet, wie das an Schliffen bewiesen werden konnte. Die so gebildeten, durch Cadmium „vergifteten" Lokalkathoden besitzen aber eine hohe Überspannung und können daher die Auflösung des Zinks

[1] Daß tatsächlich die Kristallkanten in bevorzugter Weise zu einer solchen Adsorption befähigt sind, ist 1942 von P. A. THIESSEN (Z. Elektrochem. angew. physik. Chem. 48, 675) ebenfalls auf übermikroskopischem Wege gezeigt worden.

[2] M. STRAUMANIS: Korros. u. Metallschutz 11 (1935), 49.

wenig oder überhaupt nicht beschleunigen. Enthält das Zink als edlere Beimengungen Platin, Eisen oder Nickel, so setzt ein Zusatz von 0,2÷0,4% Cd die Auflösung 2÷7fach herab, enthält es aber Kupfer, Gold oder Silber, so wird die Auflösung durch dieselbe Menge von Cadmium vollständig paralysiert. Ähnlich dem Cadmium, aber schwächer wirken die Metalle Aluminium, Magnesium, Blei, Thallium, stärker dagegen das Quecksilber.

Die Blockierung und Vergiftung der aktiven Stellen der Lokalkathoden kann weiter durch Hinzufügen von verschiedenen organischen Stoffen erreicht werden, wie z. B. JENCKEL gezeigt hat (siehe S. 182). Auch „Schutzkolloide" wie Agar-Agar, Gelatine, Stärke usw. wirken in ähnlicher Weise. Diese werden wie vom Grundmetall, so von den Lokalkathoden adsorbiert. Infolgedessen steigt die Überspannung, und die Korrosionsgeschwindigkeit fällt gemäß Formel (7) auf geringe Werte.

Andere Erklärungsmöglichkeiten von Auflösungs- und Korrosionsprozessen.

Die Theorie der Lokalelemente erklärt die überwiegende Mehrzahl von Korrosions- und Auflösungsfällen so befriedigend, daß diese Theorie als vollständig ausreichend zur Deutung der Korrosionsvorgänge anzusehen ist. Wenn man in der Praxis doch auf Fälle stößt, denen die Theorie ratlos gegenübersteht, so ist das nur auf die Kompliziertheit der Korrosionsprozesse und auf die Unkenntnis aller den Korrosionsfall begleitenden Umstände zurückzuführen. Es braucht sich nur ein Umstand etwas zu ändern, so daß er z. B. die Überspannung der Lokalkathoden um einen ganz winzigen Betrag herabsetzt, um schon nach einiger Zeit starke Korrosionsschäden bemerken zu lassen. Zugleich kann aber ein anderes, vollständig gleich zusammengesetztes Metall unter scheinbar denselben Umständen ganz unangegriffen bleiben. Gelingt es uns nicht, die Ursachen der erhöhten Korrosion festzustellen, die unter anderem in einer anderen Windrichtung, in einem etwas anderen Sauerstoffzufluß, einer etwas abweichenden, analytisch kaum erfaßbaren Zusammensetzung des Elektrolyten und des Metalls an aktiven Stoffen, in einer etwas verschiedenen Adsorptionsfähigkeit usw. bestehen könnten, so steht man schon vor einem theoretisch undeutbaren Fall. Es fällt hier hauptsächlich die Aktivität der Kathode ins Gewicht, die sich, wie das ja durchweg bei der Katalyse der Fall ist, durch die geringsten Mengen irgendwelcher Stoffe ändern kann.

Eine solche lückenhafte Anwendbarkeit einer Theorie ruft das Erscheinen anderer Theorien hervor. Es wären hier in diesem Zusammenhang die Überlegungen von E. PIETSCH zu erwähnen. Von diesem Forscher ist der Versuch gemacht worden, ganz ohne die Lokalelemente auszukommen[1]. Es wird angenommen, daß auch bei der Korrosion, analog wie im Falle der heterogenen Katalyse, die *Adsorption* von Ionen aus dem Lösungsmittel und anschließend die Ausbildung von mehr oder weniger homöopolaren Adsorptionsverbindungen stattfindet. Die so gebildete Verbindung ist jedoch im Gitterverbande nicht mehr fixierbar und tritt aus dem Gitterverbande aus. Auf dieser Grundlage gestaltet sich z. B. die Auflösung des Zinks folgendermaßen: Hat sich auf der Oberfläche des Metalls eine Adsorptionsverbindung mit SO_4'' ausgebildet, so besteht das Bestreben, in die Verbindung $ZnSO_4$ überzugehen und es „werden die zum $Zn^{\cdot\cdot}$ gehörigen zwei negativen Ladungen verfügbar und von den gleichfalls adsorbierten H-Ionen aufgenommen, die dadurch in Atome übergeführt werden und im Falle

[1] E. PIETSCH: Korros. u. Metallschutz 8 (1932), 57.

eines artgleichen Stoßes zu molekularem Wasserstoff rekombinieren, der infolge seines gegenüber den H-Atomionen größenordnungsmäßig geringeren Adsorptionspotentials die Oberfläche verläßt. Das gebildete $ZnSO_4$ ist mit den Stabilitätsbedingungen des Gitterverbandes nicht mehr verträglich und tritt in die Lösung ein." Die Tätigkeit eines Lokalstromes wird weiter folgendermaßen geschildert: „Wird in die gleiche Lösung ein zweites Metall, z. B. Platin getaucht, so findet in der bereits beim Zn beschriebenen Weise Adsorption beider Ionenarten auch am Platin statt. Da aber das Adsorptionspotential am Pt außerordentlich gering ist, Bildung einer Verbindung also ausbleibt und infolgedessen auch keine Elektronen frei werden, so fehlen zur Entladung des $H^{\cdot}$ am Platin die Ladungen. Es kann also am Pt lediglich zur Ausbildung einer mehr oder weniger monomolekularen $H^{\cdot}$- bzw. H_2-Beladung, also zur Passivierung kommen. Das wird sofort anders, wenn beide Metalle durch einen Draht leitend verbunden werden. Ein Teil der im Zn frei vorhandenen Elektronen wird einen Elektronenverschiebungsstrom durch den Schließungsdraht bewirken und Ladungsaustausch am Pt hervorrufen. Dadurch wird Bildung von H-Atomen und Rekombination zu H_2 am Pt erfolgen, der infolge seines geringen Adsorptionspotentials gasförmig entweichen wird. *Bei der Konkurrenz der beiden Metalle Zn und Pt um die H-Ionen ist Pt bevorzugt.* Infolgedessen wird der Vorgang so ablaufen, daß bei Stromschluß zwischen Zn und Pt eine erhöhte H_2-Abscheidung am Pt, dagegen eine erhöhte SO_4''-Anreicherung am Zn und folglich eine gegenüber dem ersten Zustande erhöhte Löslichkeit des Zn eintreten wird. Dieser Vorgang verläuft wegen der ständigen Störung des Gleichgewichts kontinuierlich." Es sei darauf hingewiesen, daß in dieser Darstellung das Hauptgewicht auf den Satz: „Bei der Konkurrenz der beiden Metalle Zn und Pt um die H-Ionen ist Pt bevorzugt" zu legen ist. Die verschiedene Adsorptionsfähigkeit des Wasserstoffions an verschiedenen Metallen kommt aber in der Theorie der Lokalelemente durch den Begriff „*Überspannung*" zum Ausdruck. Alle die von PIETSCH erwähnten Erscheinungen und die Katalyse betreffenden Überlegungen gehören somit ins Gebiet der Überspannung und werden deshalb notwendigerweise mit wenigstens derselben Vollständigkeit durch die elektrochemische Theorie der Korrosion erfaßt, zumal auch von PIETSCH in seinem „Elektronenverschiebungsstrom" das Funktionieren eines Lokalelementes beschrieben wird. Die erwähnte elektrochemische Theorie ist somit die umfassendere. Auch der „Differenzeffekt" läßt sich zwanglos erklären[1].

Ganz dasselbe kann auch über den Deutungsversuch von Korrosionsvorgängen durch C. WAGNER und W. TRAUD gesagt werden[2]. Diese Autoren meinen, daß eine Auflösung von Metall (z. B. Zinkamalgam) in Säure auch ohne Lokalelemente möglich ist, indem kathodische und anodische Teilvorgänge

$$2\,H^{\cdot} + 2\,e^{+} = H_2$$

$$\text{Zn (gelöst im Hg)} = Zn^{\cdot\cdot} + 2\,e$$

in ständigem Wechsel unter statistisch ungeordneter Verteilung von Ort und Zeitpunkt des Einzelvorgangs aufeinanderfolgen. Die Arbeit ist von W. J. MÜLLER einer Kritik unterzogen worden mit dem Resultat, daß nach den heutigen Vorstellungen über die Natur der Metalle allein die elektrochemische Auffassung die Grundtatsachen vollauf erklärt, daß rein chemische Reaktionen nur eine sekundäre Rolle spielen und daß zuletzt auch der Deutungsversuch von WAGNER und TRAUD mit der Annahme der Lokalelemente identisch wird[3].

---

[1] M. STRAUMANIS: Korros. u. Metallschutz **14** (1938), 67.

[2] C. WAGNER, W. TRAUD: Z. Elektrochem. angew. physik. Chem. **44** (1938), 391.

[3] W. J. MÜLLER: Korros. u. Metallschutz **16** (1940), 1. Siehe auch M. STRAUMANIS: Ebenda **18** (1942), 271.

Spezifität und Selektivität von Katalysatoren.

Von

G. Roberti und G. Sartori, Rom.

Inhaltsverzeichnis.

Einführung.

Von den vielen Verbindungen, die die chemische Stöchiometrie in einem System von Stoffen vorauszusehen erlaubt, bestimmt die Thermodynamik, welche davon möglich sind.

Welche Umsetzungen sich nun aber wirklich vollziehen, hängt sehr oft von anwesenden systemfremden Stoffen ab, die man als Katalysatoren bezeichnet.

Ein selektiver Katalysator ist ein Katalysator, der fähig ist, dem System einen bestimmten Verlauf stärker als andere aufzuprägen; beim Wechsel des selektiven Katalysators wird sich auch der Weg ändern. Diese Selektivität kann sich so auswirken, daß man entweder einen oder mehr Stoffe stärker in einer statt in einer anderen Richtung reagieren läßt (Selektivität), oder daß man einen Stoff reagieren läßt, welcher sich in einem Gemisch von ähnlichen Stoffen befindet, die jedoch der Wirkung des Katalysators nicht unterliegen (Spezifität). Dieser Artikel beschäftigt sich vorwiegend mit den ersteren Fällen, wo man durch die Wahl des Katalysators die Richtung der Entwicklung eines Systems von Stoffen beeinflussen kann.

In einigen der von uns betrachteten Systeme vollziehen sich die verschiedenen Reaktionen, die in Gegenwart von verschiedenen Katalysatoren auftreten, auch unter anderen Bedingungen von Temperatur und Druck; in einigen Fällen findet man für ein und denselben Katalysator sogar verschiedene Reaktionen bei Änderung eines dieser Parameter; wir beabsichtigen jedoch, uns auf die Betrachtung der Fälle zu beschränken, bei welchen die Verschiebung eines oder beider der oben erwähnten Parameter die thermodynamische Möglichkeit der Reaktionen nicht beeinflußt: z. B. kommt es vor, daß ein System von Stoffen in einem Intervall von Temperatur oder Druck den einen Weg verfolgt und in einem anderen Intervall einen anderen, wenn auch die Thermodynamik zeigt, daß beide Vorgänge in den beiden betrachteten Intervallen von Temperatur oder Druck möglich sind.

Die Fähigkeit eines Stoffes, eine Reaktion, eine Art oder eine Gruppe von Reaktionen katalytisch zu fördern, bezeichnet man als Selektivität; die Selektivität eines Stoffes ist manchmal auf ihn selbst beschränkt, in dem Sinne, daß ähnliche Verbindungen oder, wenn es sich um ein Element handelt, ähnliche Elemente einer und derselben Gruppe nicht immer die gleichen katalytischen Eigenschaften zeigen.

Zum Schluß kann die Selektivität eines Katalysators nicht nur von der chemischen Natur des Stoffes abhängen, sondern manchmal auch von der Herstellungsweise und von den Umwandlungen, welche der Stoff erlitten hat; auch andere Stoffe, die im System anwesend sind, können die Richtung der katalytischen Wirkung ändern.

Die selektiven Katalysatoren haben große Bedeutung sowohl theoretisch wie auch praktisch; theoretisch insoweit eine Theorie der Katalyse vor allem die Selektivität der Katalysatoren erklären muß; umgekehrt wird man von der selektiven Wirkung aus zur Ausarbeitung von Regeln kommen, die allgemeinen Charakter haben werden. Für die praktische Bedeutung ist zu sagen: wenn auch die ersten großen Industrien, die auf katalysierten Reaktionen fußten, wie die Synthese des Ammoniaks und des Schwefelsäureanhydrids, nicht in dieses Gebiet fielen, so gibt es doch heute Beispiele von sehr wichtigen industriellen Verfahren, bei denen man auf den Gebrauch der selektiven Katalysatoren zurückgreift, wie z. B. bei der Synthese des Methylalkohols. Für die große Bedeutung und feinverzweigte Ausarbeitung selektiver Katalysen in der präparativen Chemie sei auf Band VII dieses Handbuches: „Katalyse in der organischen Chemie" hingewiesen.

Zersetzungsreaktionen.

Alkohole.

Wir beginnen damit, an Beispiele von selektiver Katalyse zu erinnern, in denen sie sich bei Zersetzungsreaktionen von organischen Stoffen auswirkt. Ein jetzt schon klassisches Beispiel von selektiver Katalyse ist durch den Zerfall des Äthylalkohols gegeben, der die zwei folgenden Wege gehen kann[1]:

$$CH_3CH_2OH \rightarrow C_2H_4 + H_2O, \qquad (a)$$

$$CH_3CH_2OH \rightarrow CH_3CHO + H_2; \qquad (b)$$

er kann demnach ein Molekül Wasser verlieren und Äthylen geben oder ein Wasserstoffmolekül verlieren und Acetaldehyd geben.

Die Reaktion (a), die zum erstenmal schon am Ende des 18. Jahrhunderts[2] in Gegenwart von Kaolin erhalten wurde, tritt auch leicht in Gegenwart von einigen sehr schwer reduzierbaren Oxyden auf, wie Aluminiumoxyd, Thoriumoxyd und dem blauen Oxyd des Wolframs; die Reaktion (b) beobachtet man in Gegenwart von einigen Metallen, wie Kupfer und Nickel.

Während die eben genannten Katalysatoren in einer absolut selektiven Weise wirken können, indem sich in ihrer Gegenwart eine der zwei Reaktionen mit Ausschluß der zweiten vollzieht, gibt es Katalysatoren, in deren Gegenwart man beide Reaktionen gleichzeitig findet, unter Überwiegen einer von beiden, je nach dem benutzten Katalysator.

[1] Auch andere Reaktionen sind möglich, nämlich: mit stark dehydrierenden Katalysatoren bilden sich nicht nur Aldehyde, sondern auch CH_4 und CO; mit kondensierenden Katalysatoren Butylalkohol und Butteraldehyde; mit Mischkatalysatoren, die gleichzeitig kondensierende und dehydrierende Wirkung ausüben, bekommt man Butadien, Butylen und H_2.

[2] DIEMANN, VAN TROOSTWYK, LAWERENBURG, BONDT: Ann. Chim. Phys. 21 (1797), 58 und Ann. Phys. 2 (1799), 208.

Die folgende Tabelle 1[1] enthält eine Reihe dieser Katalysatoren und gibt die Reaktionsgeschwindigkeit bei der gleichen Temperatur von 340÷350° an, ausgedrückt durch die Gasentwicklung und das Prozentverhältnis an Äthylen und Wasserstoff, aus dem man das Verhältnis der beiden Reaktionsgeschwindigkeiten entnehmen kann.

Tabelle 1. *Zersetzung von Äthylalkohol.*

Katalysator	Relative Wirkung gemessen in Volumina entwickelten Gases pro min	Zusammensetzung des Gases in Volumprozent	
		Äthylen	Wasserstoff
Cu .... (bei niederer Temperatur reduziert)	110	0	100
MgO	Spuren	0	100
MnO	3,5	0	100
ZnO	6	5	95
V_2O_3	14	9	91
UO_2	14	24	76
ZrO_2	1,0	45	55
BeO	1,0	45	55
TiO_2	7,0	63	37
SiO_2	0,9	84	16
Cr_2O_3	4,2	91	9
W_2O_3	57	98,5	1,5
Al_2O_3	21	98,5	1,5
ThO_2	31	100	Spuren

Außer dem Aluminiumoxyd sind auch andere Aluminiumverbindungen gute Katalysatoren der Dehydratisierung. Das Kaolin haben wir bereits erwähnt. Wir geben jetzt einen Vergleich der Wirkung verschiedener Aluminiumsalze[2] (Tabelle 2).

Der Äthylalkohol kann bei der Dehydratisierung außer Äthylen auch Diäthyläther liefern; diese Reaktion geht in Gegenwart der gleichen Stoffe, die die Dehydratisierung begünstigen, aber bei niedrerer Temperatur vor sich.

Interessant ist die entsprechende Reaktion im Falle des Methylalkohols, der keine ungesättigten Kohlenwasserstoffe, wohl aber Dimethyläther geben kann; diese Reaktion wird durch Aluminiumoxyd zwischen 200° und 400° katalysiert. Die Dehydrierung über Kupfer führt zum Formaldehyd, der jedoch bei zu hoher

Tabelle 2. *Alkoholzerfall an verschiedenen Aluminiumverbindungen.*

Katalysator	Temperatur des Reaktionsbeginns	Geschwindigkeit der Gasentwicklung in cm^3/min		Prozent an Äthylen im Gas
		340°	370°	
Aluminiumphosphat	320	9	20	99,5
Aluminiumsilicat	270	54	78	99,5
Kaolin	270	52	75	97,8
Wasserfreies Aluminiumsulfat	265	75	100	99,5
Gefälltes Aluminiumoxyd	250	90	90	99,5

Temperatur oder über einem sehr aktiven Katalysator in Kohlenoxyd und Wasserstoff zerfällt. Auch hier gibt es Katalysatoren, wie die Oxyde des Thoriums, Chroms, Titans, die beide Reaktionen hervorrufen; andere Oxyde, wie die des Zirkons, Molybdäns, Mangans und Vanadiums, veranlassen Dehydrierung mit darauffolgendem Zerfall des Aldehyds.

Wir geben eine Tabelle, die die dehydrierende Wirkung von verschiedenen Katalysatoren bei 350° an Hand der Wasserstoffentwicklung zeigt (Tabelle 3).

Wie man sieht, ist das Kupfer der aktivste Katalysator, aber die Ausbeute an Formaldehyd hängt vom physikalischen Zustand des Metalles ab: relativ kompaktes Kupfer, das durch Reduktion von Kupferoxyd bei Rotglut gewonnen

[1] SABATIER, MAILHE: Ann. Chim. Phys. (8) **120** (1910), 341.
[2] SENDERENS: Ann. Chim. Phys. (8) **25** (1912), 449.

wurde, gibt eine recht gute Ausbeute an Formaldehyd, während sehr aktives Kupfer, das durch Reduktion von gefälltem Kupferoxyd bei niederer Temperatur hergestellt wurde, eine vollständige Spaltung des Formaldehyds in Wasserstoff und Kohlenoxyd gibt[1]. Der Zerfall kann auch zu anderen Produkten führen: z. B. kann sich mit Zinkoxyd Methylformiat bilden, mit Zinkchlorid Hexamethylbenzol.

Die dehydrierende Wirkung des Kupfers und die dehydratisierende des Aluminiumoxyds erstrecken sich auch auf die höheren Alkohole, auf die sekundären Alkohole mit offener Kette und die cyclischen bis zu den ungesättigten Alkoholen, den Alkoholen der aromatischen Reihe und den mehrwertigen Alkoholen.

Propylalkohol verwandelt sich in Gegenwart von Kupfer bei 230÷300° in Aldehyd[2], in Gegenwart von Aluminiumoxyd bei 500° entsteht dagegen Propylen[3]. Butylalkohol gibt unter der Wirkung von Kupfer zwischen 220° und 280° den Aldehyd[2] und durch Dehydratisierung an reinem Aluminiumoxyd 85% Buten-1 und 15% Buten-2; interessant ist, daß Spuren von sauren Produkten im Aluminiumoxyd die Bildung des Buten-2 mit einer Ausbeute von 90% hervorrufen[4]. Aus Isoamylalkohol erhält man unter der Wirkung von Kupfer bei 240÷300° den Aldehyd[2]; aus Amylalkohol entsteht mit Aluminiumoxyd zwischen 500° und 540° ein Gemisch von Amylenen mit einer Ausbeute von 70÷80%[5].

Tabelle 3.
Dehydrierung von Methylalkohol.

Katalysator	Geschwindigkeit der Wasserstoffentwicklung bei 350° C
BeO	zu vernachlässigen
SiO_2	0,3
TiO_2	1,2
ZnO	1,5
ZrO_2	1,8
MnO	2,0
Al_2O_3	6,0
Cu (bei niederer Temperatur reduziert)	12,0

Benzylalkohol beginnt über Kupfer bei 300° Aldehyd zu geben, aber bei 380° treten schon sekundäre Reaktionen unter Bildung von Benzol und Toluol ein[2]; an Aluminiumoxyd folgt der Dehydratisierung[6] Polymerisation; man erhält einen gelben harzigen Kohlenwasserstoff der Formel $(C_7H_6)_x$, wo x unbekannt ist.

Im Falle der sekundären Alkohole führt die Dehydratisierung zum Keton anstatt zum Aldehyd. Aus dem Isopropylalkohol erhält man schon bei 150° Aceton, und die sehr heftige Reaktion ist bei 250° noch vollständig selektiv[2]; bei 360° in Gegenwart von Aluminiumoxyd erhält man dagegen reines Propylen[3]. Das Butanol-2 gibt bei 300° an Kupfer Butanon[2]; an Aluminiumoxyd gibt es Buten[7].

Auch bei den cyclischen Alkoholen sind beide Reaktionen beobachtet worden: aus dem Cyclohexanol hat man bei 300° an Kupfer Cyclohexanon erhalten[8], während man bei 330° an Aluminiumoxyd Cyclohexen erhält[9].

Die Methylcyclohexanole kann man mit Kupfer dehydrieren[10] und mit Aluminiumoxyd dehydratisieren[11] (siehe auch Seite 203).

Auch die Terpenalkohole kann man dehydrieren: so z. B. gibt Menthol bei

[1] SABATIER, SENDERENS: Ann. Chim. Phys. (8) 4 (1905), 473. — SABATIER, MAILHE: Ebenda **20** (1910), 344.
[2] SABATIER, SENDERENS: Ann. Chim. Phys. **4** (1905), 462ff.
[3] IPATIEFF: J. Russe physico-chim. Soc. **35** (1905), 577.
[4] MATIGNON, MOUREU, DODÉ: C. R. hebd. Séances Acad. Sci. **106** (1933) 973.
[5] ADAMS, KAM, MARVEL: J. Amer. chem. Soc. **40** (1918), 1950.
[6] SABATIER, MURAT: Ann. Chem. **4** (1915) 284.
[7] IPATIEFF, SDZITOWECKI: Ber. **40** (1907), 1827.
[8] SABATIER, SENDERENS: Ann. Chim. Phys. **4** (1905), 467.
[9] IPATIEFF: Catalytic reactions at high pressures and temperatures, S. 490. New York, 1937.
[10] SABATIER, MAILHE: Ann. Chim. Phys. **10** (1907), 550f.
[11] IPATIEFF: Ber. **36** (1903), 200.

300° an Kupfer Menthon[1], und *l*-Borneol gibt Campher[1, 2]; durch Dehydratisierung entsteht an Aluminiumoxyd bei 370° aus Menthol und bei 330° aus *l*-Borneol Menthen beziehungsweise Camphen[3]. Wenn eine Doppelbindung vorliegt, so sättigt sie der aus der Dehydrierung kommende Wasserstoff, so daß man das gesättigte Derivat erhält. So bekommt man aus Vinyläthylcarbinol bei 300° an Kupfer Diäthylketon mit einer Ausbeute von 51% [4]; an Aluminiumoxyd bildet sich schon bei 250÷280° mit einer Ausbeute von 50% das entsprechende Pentadien[5].

Aus Glycerin im Dampfzustand erhält man bei 330° an Kupfer den Aldehyd[6]; wenn man es dagegen in Gegenwart von kleinen Mengen Aluminiumoxyd auf 110° erwärmt, so erhält man Acrolein[7].

Als Katalysatoren zur Dehydrierung kann man auch andere Metalle benutzen, wie Kobalt, Nickel, Platin und auch Eisen und Zink. Aber im allgemeinen ist ihre Wirksamkeit geringer und weniger selektiv als die des Kupfers. Bei Kobalt und Nickel findet man bei der Dehydrierungstemperatur auch schon einen Zerfall der gebildeten primären Produkte. Platin und noch mehr Eisen und Zink erfordern für einen Zerfall im großen Maß hohe Temperaturen.

Auch mit einigen Oxyden erhält man Dehydrierungen, wie wir schon beim Äthylalkohol gesehen haben. Besonders mit Manganoxyd sind Propyl-, Isoamyl- und Benzylalkohol[8] dehydrierbar, aber unter Zerstörung eines Teils der Aldehyde. Zinn(2)-oxyd dehydriert bei 340° Amylalkohol[9] und Cadmiumoxyd Benzylalkohol[10]; doch bleiben die Oxyde nicht unverändert, sondern reduzieren sich zu Metallen.

Zinkoxyd verhält sich wie dem Äthylalkohol und Methylalkohol, so auch den höheren Alkoholen gegenüber wie ein gemischter Katalysator. Sein Verhalten ändert sich mit der Natur des Alkohols, außerdem, wie wir später sehen werden, mit dem Herstellungsverfahren. Die Dehydrierungsgeschwindigkeit wächst in folgender Reihenfolge: Butyl-, Propyl-, Isobutyl-, Äthyl-, Isopropyl-Alkohol, sekundäre Butylalkohole; zwischen 337° und 435° bleibt das Verhältnis von dehydrierender und dehydratisierender Wirkung auf primäre Alkohole konstant, wie man aus der folgenden Tabelle ersehen kann (Tabelle 4):

Tabelle 4. *Dehydrierung und Dehydratisierung von primären Alkoholen an Zinkoxyd.*

	Olefin %	Wasserstoff %
Äthylalkohol	9,5	90,5
Butylalkohol	15,0	85,0
Propylalkohol	16,0	84,0
Isobutylalkohol	31,5	68,5

Bei den sekundären Isopropyl- und Butylalkoholen dagegen ändert sich das Verhältnis mit der Temperatur (Tabelle 5).

Auch Zinksulfat katalysiert beide Reaktionen, aber mit Bevorzugung der Dehydrierung[11].

Mit blauem Wolframoxyd wird bei 330° Methylalkohol teilweise dehydriert, andere Alkohole aber, wie

[1] Neave: J. chem. Soc. (London) **101** (1912), 513.
[2] Goldsmith: Engl. Pat. 17573 (1906). — Aloy, Brustier: Bull. Soc. chim. **9** (1911), 733.
[3] Ipatieff: Catalytic reactions at high pressures and temperatures, S. 105. New York, 1937.
[4] Delaby, Dumoulin: Bull. Soc. chim. **39** (1926), 1578.
[5] Dumoulin: C. R. hebd. Séances Acad. Sci. **182** (1926), 974.
[6] Sabatier, Gaudian: C. R. hebd. Séances Acad. Sci. **166** (1918), 1035.
[7] Senderens: Bull. Soc. chim. **3** (1903), 878; C. R. hebd. Séances Acad. Sci. **151** (1910), 530.
[8] Sabatier, Mailhe: Ann. Chim. Phys. **20** (1910), 315.
[9] Sabatier, Mailhe: Ann. Chim. Phys. **20** (1910), 309.
[10] Sabatier, Mailhe: Ann. Chem. Phys. **20** (1910), 302.
[11] Brus: Bull. Soc. chim. **33** (1923), 1433.

Propyl-, Isobutyl-, Isoamyl- und Benzylalkohol, dehydratisieren wie an Aluminiumoxyd[1].

Wie Aluminiumoxyd verhält sich, wenn auch mit geringerer Wirkung, das Thoriumoxyd, mit dem man außer Äthylalkohol auch Propyl-, Isopropyl-, Butyl- und Isobutyl-Alkohol dehydratisieren kann[2]. In einigen Fällen begünstigt Thoriumoxyd außer der Dehydratisierung auch die Isomerisierung, wie im Falle des Cycloheptanols, das in Methylcyclohexan verwandelt wird[3].

Andere Katalysatoren, die fähig sind, höhere Alkohole zu dehydratisieren, sind wasserfreies Kupfersulfat, mit dem zahlreiche tertiäre Alkohole mit 8, 9, 10 und 11 Kohlenstoffatomen zwischen 180° und 240° dehydratisierbar sind[4], Aluminiumphosphat, mit dem nicht nur Äthylalkohol, sondern auch, wie wir schon gesehen haben, bei 140÷200° tertiärer Isobutylalkohol dehydratisiert wird, bei 250° Isopropylalkohol, bei 300÷320° Butyl- und Isoamylalkohol und bei 300÷340° Propylalkohol[5]. Andere wirksame Aluminiumverbindungen sind das basische Sulfat, das Silicat, mit dem Gärungs-Amylalkohol[6] dehydratisiert wird, Ton, an dem bei 300° die Dehydratisierung des Propyl- und Isobutylalkohols sowie des Cyclohexanols abläuft, und die sogenannte gelbe Japanerde, mit welcher außer Methyl- und Äthylalkohol auch Isobutyl- und Isoamylalkohol[8] dehydratisiert werden, ferner bei 200° Cyclohexanol, bei 250° Methylcyclohexanol[9], endlich *l*-Menthol zu *l*-Menthen, *d*-Borneol zu *d*-Camphen und andere Terpenalkohole[10].

Tabelle 5. *Dehydrierung und Dehydratisierung von sekundären Alkoholen an Zinkoxyd.*

		Isopropylalkohol:			
345°	89 %	Propylen	11 %	Wasserstoff	
394°	80 %	,,	20 %	,,	
458°	71 %	,,	29 %	,,	
		Sek. Butylalkohol:			
345°	88 %	Butylen	12 %	Wasserstoff	
377°	79 %	,,	21 %	,,	
398°	75 %	,,	25 %	,,	
418°	73 %	,,	27 %	,,	[7]

In vielen Fällen tritt bei Temperaturerhöhung außer der Dehydratisierung auch Isomerisierung ein; so erhält man z. B. bei 330° aus Cyclohexanol Methylcyclopentan und bei 350° aus Methylcyclohexanol Dimethylcyclopentan[10].

Schon bei diesem ersten Beispiel der Selektivität von Katalysatoren für die Dehydrierung oder die Dehydratisierung der Alkohole wollen wir darauf aufmerksam machen, daß die Selektivität abhängt von der Herstellungsmethode des Katalysators, der Behandlung, die er erlitten hat, den Stoffen, die eventuell den Katalysator bei dieser Behandlung begleiten, den Stoffen, die dem fertigen Katalysator beigemischt sind, und zuletzt von dem Druck und der Temperatur, bei denen man arbeitet. Das Zinkoxyd, dessen doppelte, dehydrierende und dehydratisierende Wirksamkeit wir schon gesehen haben, begünstigt als Handelsprodukt vor allem die Dehydrierung, während das durch Fällung erhaltene Oxyd besser die Dehydratisierung katalysiert[5]. Nicht nur die Aktivität, sondern auch die Selektivität eines Katalysators hängt außer von der verwandten Herstellungstechnik auch vom Ausgangsprodukt seiner Darstellung ab.

---

[1] Sabatier, Mailhe: Ann. Chim. Phys. **20** (1910), 328.
[2] Sabatier: La catalyse en chimie organique, S. 280.
[3] Rosanoff: J. Russe physico-chim. Soc. **61** (1929), 2313.
[4] Meyer, Tuot: C. R. hebd. Séances Acad. Sci. **196** (1933), 1231.
[5] Senderens: Bull. Soc. chim. **1** (1907), 690.
[6] Senderens: C. R. hebd. Séances Acad. Sci. **171** (1920), 916.
[7] Adkins, Lazier: J. Amer. chem. Soc. **47** (1925), 1719.
[8] Inoue: Bull. chem. Soc. Japan **1** (1926), 197.
[9] Inoue: Bull. chem. Soc. Japan **1** (1926), 219.
[10] Ono: Bull. chem. Soc. Japan **1** (1926), 248.

Die folgende Tabelle 6 gibt das Verhältnis zwischen der Menge des in Wasserstoff und Kohlenoxyd zerfallenen Methanols zu demjenigen, das in sekundären Reaktionen zerfällt und Methan, Kohlensäureanhydrid, Äthylen, Formaldehyd, Ameisensäure, Methylformiat usw. gibt.

Tabelle 6. *Methanolzerfall an Zinkoxyden verschiedener Herkunft*[1].

Ausgangsmaterial	Methanol, das in Wasserstoff und Kohlenoxyd zerfällt %	Methanol, das sekundäre Reaktionen gibt %
$ZnC_2O_4 \cdot 2\,CH_3OH$	73,4	11,9
$ZnC_2O_4 \cdot 2\,H_2O$ (200°)	78,1	15,1
$ZnC_2O_4 \cdot 2\,H_2O$	77,4	17,1
$2\,ZnC_2O_4(C_6H_5NH_2)_2 \cdot H_2C_2O_4 \cdot 2\,H_2O$	73,6	23,7
$Zn(OH)_2$	61,1	31,9
$ZnC_2O_4 \cdot 5\,NH_3$	12,7	11,1
$ZnC_2O_4 \cdot 2\,H_2O$	4,4	6,0
$ZnC_2O_4 \cdot 2\,CH_3OH$	3,8	11,4

Während ein Katalysator aus Thoriumoxyd, der aus dem erhitzten Nitrat gewonnen wird, fast nur die Reaktion der Dehydratisierung fördert, wie in Tabelle 1 gezeigt wurde, haben einige Autoren[2] im Gegensatz zu diesen Werten gefunden, daß Thoriumoxyd aus der Fällung mit Ammoniak ungefähr das gleiche Volumen Äthylen und Wasserstoff gibt. Es ist sicher der Einfluß vieler Faktoren, der sich bei der Verschiedenheit der experimentellen Resultate bemerkbar macht; tatsächlich wird die Selektivität des Thoriumoxyds von verschiedenen Stoffen beeinflußt, die sich während der Reaktion bilden oder zufällig vorhanden sind: Wasserdampf und Acetaldehyd wirken wie Gifte, vermindern aber die Dehydratisierungsreaktion stärker als die Dehydrierung; Chloroform in kleinen Mengen fördert dagegen die Dehydratisierung und vergiftet die Dehydrierung.

Die Wirkung des Wassers, die Bildung des Aldehyds im Vergleich zu der des Äthylens zu fördern, ist auch im Falle des Aluminiumoxyds und Titan(4)oxyds beobachtet worden[3].

Tabelle 7 enthält als Beispiel hierfür Werte, die mit Aluminiumoxyd und mit Titanoxyd, das aus Sulfat gewonnen worden ist, erhalten wurden.

Tabelle 7. *Wirkung des Wassers auf den Zerfall von Äthylalkohol an Aluminiumoxyd und Titan(4)oxyd aus Sulfat.*

	Aluminiumoxyd				Titan(4)oxyd	
	Alkohol		Alkohol		Alkohol	
	abs.	wäßrig	abs.	wäßrig	abs.	zu 50 %
Temperatur	420°	420°	380°	380°	380°	380°
C_2H_4 %	97,5	95,4	98,7	97,7	69	58
H_2 %	2,5	4,6	1,3	2,3	31	42

Die nicht absolut selektiven Katalysatoren, das heißt solche, die beide Reaktionen fördern, können durch Hinzufügen geeigneter Stoffe selektiver gemacht

[1] HÜTTIG, GOERK: Z. anorg. allg. Chem. **231** (1937), 249.
[2] BROWN, REID: J. physic. Chem. **28** (1921), 1077. — HOOVER, RIDEAL: J. Amer. chem. Soc. **49** (1927), 104.
[3] ENGELDER: J. physic. Chem. **21** (1917), 683.

Tabelle 8. *Herstellung der Katalysatoren von Tabelle 9.*

Katalysator Nr.	Ausgangslösung			Fällungsmittel
1	$^1/_4$ Mol $(NH_4)_2Ni(SO_4)_2$	$^1/_4$ Mol $Al_2(SO_4)_3 \cdot 18\,H_2O$	—	2 Mol NaOH
2	$^1/_4$ Mol $(NH_4)_2Ni(SO_4)_2$	$^1/_8$ Mol $Al_2(SO_4)_3 \cdot 18\,H_2O$	$^1/_8$ Mol Al_2O_3	$^1/_4$ Mol NaOH
3	$^1/_4$ Mol $(NH_4)_2Ni(SO_4)_2$	$^1/_4$ Mol $Al_2(SO_4)_3 \cdot 18\,H_2O$	—	0,8 Mol $Na_2CO_3 \cdot 10\,H_2O$
4	$^1/_4$ Mol $(NH_4)_2Ni(SO_4)_2$	$^1/_8$ Mol $Al_2(SO_4)_3 \cdot 18\,H_2O$	$^1/_8$ Mol Al_2O_3	0,55 Mol $Na_2CO_3 \cdot 10\,H_2O$
5	$^1/_4$ Mol $Ni(NO_3)_2 \cdot 6\,H_2O$	—	$^1/_4$ Mol Al_2O_3	0,55 Mol NaOH
6	$^1/_4$ Mol $Ni(NO_3)_2 \cdot 6\,H_2O$	$^1/_4$ Mol $Al_2(NO_3)_6 \cdot 15\,H_2O$	—	2 Mol NaOH
7	$^1/_4$ Mol $NiCl_2$	$^1/_2$ Mol $AlCl_3$	—	0,75 Mol NaOH
8	$^1/_4$ Mol $NiCl_2$	$^1/_4$ Mol $AlCl_3$	$^1/_8$ Mol Al_2O_3	1,25 Mol NaOH
9	$^1/_4$ Mol $NiCl_2$	$^1/_2$ Mol $AlCl_3$	—	0,72 Mol $Na_2CO_3 \cdot 10\,H_2O$
10	$^1/_4$ Mol $NiCl_2$	$^1/_4$ Mol $AlCl_3$	$^1/_8$ Mol Al_2O_3	0,45 Mol $Na_2CO_3 \cdot 10\,H_2O$
11	$^1/_4$ Mol $Al_2(NO_3)_6 \cdot 15\,H_2O$	$^1/_4$ Mol Al_2O_3 $^1/_4$ Mol $Ni(NO_3)_2 \cdot 6\,H_2O$	$^1/_{40}$ Mol $NiSO_4$	2,5 Mol NaOH
12	$^1/_4$ Mol $Al_2(NO_3)_6 \cdot 15\,H_2O$	$^1/_4$ Mol Al_2O_3 $^1/_4$ Mol $Ni(NO_3)_2 \cdot 6\,H_2O$	$^1/_{20}$ Mol $NiSO_4$	2,5 Mol NaOH
13	$^1/_4$ Mol $Al_2(NO_3)_6 \cdot 15\,H_2O$	$^1/_4$ Mol Al_2O_3 $^1/_4$ Mol $Ni(NO_3)_2 \cdot 6\,H_2O$	$^3/_{40}$ Mol $NiSO_4$	2,5 Mol NaOH
14	$^1/_4$ Mol $Al_2(NO_3)_6 \cdot 15\,H_2O$	$^1/_4$ Mol Al_2O_3 $^1/_4$ Mol $Ni(NO_3)_2 \cdot 6\,H_2O$	$^1/_8$ Mol $NiSO_4$	2,5 Mol NaOH
15	$^1/_4$ Mol $Al_2(NO_3)_6 \cdot 15\,H_2O$	$^1/_4$ Mol Al_2O_3 $^1/_4$ Mol $Ni(NO_3)_2 \cdot 6\,H_2O$	$^1/_{40}$ Mol $Co(NO_3)_2 \cdot 6\,H_2O$	2,5 Mol NaOH
16	$^1/_4$ Mol $Al_2(NO_3)_6 \cdot 15\,H_2O$	$^1/_4$ Mol Al_2O_3 $^1/_4$ Mol $Ni(NO_3)_2 \cdot 6\,H_2O$	$^1/_{40}$ Mol $FeSO_4 \cdot 7\,H_2O$	2,5 Mol NaOH
17	$^1/_4$ Mol $Al_2(NO_3)_6 \cdot 15\,H_2O$	$^1/_4$ Mol Al_2O_3 $^1/_4$ Mol $Ni(NO_3)_2$ $6\,H_2O$	$^1/_{40}$ Mol $Ca(NO_3)_2 \cdot 4\,H_2O$	2,5 Mol NaOH
18	$^1/_4$ Mol $Al_2(NO_3)_6 \cdot 15\,H_2O$	$^1/_4$ Mol Al_2O_3 $^1/_4$ Mol $Ni(NO_3)_2 \cdot 6\,H_2O$	$^1/_{40}$ Mol $Mn(NO_3)_2 \cdot 6\,H_2O$	2,5 Mol NaOH
19	Platin reduziert auf aktiver Kohle			
20	Platin auf mit Natriumsilicat zementiertem Aluminiumoxyd.			

Tabelle 9. *Spezifität der Spaltung von Isoamylalkohol an den Katalysatoren aus Tabelle 8.*

$$\text{Spezifität} = \frac{\text{Dehydratisierung}}{\text{Dehydrierung}}$$

Temp. °C	Katalysator Nr. 1	2	3	4	5	6	7	8	9	10	11	12	13	14	15	16	17	18	19	20
180	—	—	—	—	0,026	0,059	0,030	0,012		—	0,021	0,06	0,106	0,079	0,034	0,044	0,002	—	0,02	0,01
200	0,014	0,028	0,010	—	0,080	0,111	0,125	0,055		—	0,103	0,187	0,184	0,134	0,106	0,126	0,016	0,093	0,031	—
220	0,069	0,068	0,008	0,023	0,087	0,212	0,163	0,045	inaktiv	—	0,212	0,226	0,242	0,224	0,143	0,192	0,034	0,158	0,052	0,037
240	0,218	0,187	0,037	0,094	0,185	0,292	0,254	0,070		0,039	0,328	0,284	—	0,302	0,334	0,306	0,064	0,235	0,080	0,079
260	0,445	0,395	—	0,238	0,256	0,329	0,324	0,145		0,072	0,500	—	—	—	0,300	—	0,139	0,299	0,131	0,123
280	—	—	—	—	—	—	—	—		—	—	—	—	—	—	—	—	—	0,110	0,227
300	—	—	—	—	—	—	—	—		—	—	—	—	—	—	—	—	—	0,192	0,327

werden[1]: zugesetzte Oxyde und basische Metallhydrate der ersten zwei Gruppen des periodischen Systems neigen dazu, die dehydratisierende Wirkung zu unterdrücken, während der Zusatz saurer Oxyde, wie derer von Mangan Schwefel, Chrom, Arsen, Silicium, Titan, Zinn, Bor, Aluminium oder saurer Salze den dehydrierenden Effekt unterdrückt. Wenn man daher Isopropylalkohol über einen Katalysator aus Zinkoxyd leitet, das 4,5% Natriumcarbonat enthält, gibt er bei 400° 99 Mol Aceton auf je 1 Mol Propylen; setzt man dagegen 7% Zinksulfat an Stelle des Natriumcarbonats, so erhält man 60 Mol Propylen auf je 40 Mol Aceton.

Erhöhung der Temperatur bedingt im allgemeinen eine Verminderung der Selektivität. Während Titan(4)oxyd bei 320° eine vollständig selektiv dehydratisierende Wirkung auf Alkohol ausübt[2], verliert sich diese Selektivität bei höheren Temperaturen, wie auch aus Tabelle 1 und 7 hervorgeht. So geben auch die Katalysatoren, die Kupfer und Chrom zur Grundlage haben, bei 350° über 90% Äthylen, bei höheren Temperaturen aber Wasserstoff in wachsender Menge sowie andere Produkte, wie Kohlensäureanhydrid, Methan, Äthan, Kohlenoxyd, die auf sehr verwickelte Zersetzungen hindeuten[3].

Eine spezifische Wirkung des Druckes, von der wir eine Anzahl weiterer Beispiele in dem Kapitel über Hydrierung finden werden, ist beim Thoriumoxyd beobachtet worden, indem hier niederer Druck (1÷6 mm) die Dehydratisierung[4] begünstigt, obwohl der Druck das Gleichgewicht im Falle der Dehydratisierung nicht anders beeinflußt als im Falle der Dehydrierung. Wir geben zwei Tabellen von RUBINSTEIN[5] wieder, der Versuche mit Isoamylalkohol an Katalysatoren gemacht hat, die auf verschiedene Weise und mit verschiedenen Zusätzen hergestellt waren und in der Hauptsache aus Aluminiumoxyd und Nickel bestanden; aus den Tabellen 8 und 9 geht hauptsächlich die Zusammensetzung der Lösungen hervor, aus denen die Katalysatoren hergestellt wurden, die Zusammensetzung der fällenden Flüssigkeit und das Verhältnis von Dehydratisierung und Dehydrierung. Man erkennt auch den Temperatureffekt in dem früher schon erwähnten Sinne.

Säuren und Ester.

Auch im Falle der *Ameisensäure* können die Reaktionen der Dehydrierung und der Dehydratisierung stattfinden:

$$HCOOH = CO_2 + H_2 \qquad \text{(a)}$$

$$HCOOH = CO + H_2O \qquad \text{(b)}$$

Außerdem ist noch die Reaktion möglich:

$$2\,HCOOH = HCOH + CO_2 + H_2O\,. \qquad \text{(c)}$$

Die Dehydrierung nach (a) wird auch hier durch Metalle katalysiert: Platinschwamm, Palladiumschwarz, Rhodiumschwarz, durch Reduktion erhaltenes[6] Kupfer, Nickel und Cadmium, Silber[7]; auch Molybdänoxyd, Eisen(2)oxyd, Zinkoxyd und Zinn(2)oxyd[6] beschleunigen hauptsächlich die Reaktion (a), aber bei den beiden letztgenannten Stoffen findet man auch kleine Mengen von Form-

[1] MARKS, DU PONT DE NEMOURS: Brit. Pat. 223713 (1930).
[2] ENGELDER: l. c.
[3] BOOME, MORRIS: Canad. J. Res. 2 (1930), 384.
[4] HOOVER, RIDEAL: l. c.
[5] RUBINSTEIN: Acta physicochim. URSS. 7 (1938), 101; Z. physik. Chem., Abt. B 31 (1936), 203.
[6] SABATIER, MAILHE: C. R. hebd. Séances Acad. Sci. 152 (1911), 1212.
[7] TINGEY, HINSHELWOOD: J. chem. Soc. (London) 122 (1922), 1668.

aldehyd entsprechend der Reaktion (c). Das blaue Wolframoxyd[1] sowie die wasserentziehenden Mittel Schwefelsäure, Phosphorsäure und Kaliumbisulfat katalysieren nach (b)[2], ebenso auch das Titan(4)oxyd, hergestellt durch Hydrolyse aus dem Tetrachlorid und bei 300° getrocknet. Die Herstellungsmethode des Titanoxyds hat jedoch einen bemerkenswerten Einfluß auf die Spezifität, da das TiO_2 aus der Fällung und das aus Natriumtitanat erhaltene daneben noch 10% beziehungsweise 2,28% eines Gemisches liefern, das zu gleichen Teilen aus CO_2 und H_2 besteht. Das Titan(4)oxyd gibt (b); auf Rotglut erhitzt ergibt es aber, ohne an Gesamtwirkung einzubüßen, zu 32% die beiden Gase, die aus der Reaktion (a) entstehen[3]. Beim Zerfall der Ester ruft, wie wir auf Seite 208 sehen werden, eine gleiche Erhitzung einen Wirksamkeitsverlust von 30% hervor. Die Reaktion (b) wird besonders vom Aluminiumoxyd, Siliciumdioxyd, Zirkonoxyd, Mangan(2)oxyd, Chromoxyd, Berylliumoxyd, Holzkohle bevorzugt, aber in kleinem Maß tritt auch (c) auf[1]; Thoriumoxyd verursacht bei 250° zu 79% den Zerfall nach (b) und zu je 10,5% nach (a) und (c); es kann auch die Bildung von Methylalkohol eintreten, der aus (c) stammt, indem die überschüssige Ameisensäure mit dem Formaldehyd nach der folgenden Gleichung reagiert:

$$HCOOH + HCHO = CO_2 + CH_3OH\,.$$

Glaspulver katalysiert in gleichem Maß nach (a) und (b), Uranoxyd nach (b) und (c). Mit gemischten Katalysatoren kann man gleichzeitig (a) und (b) und in kleinerem Maß (c) katalysieren[1].

Auch die höheren Säuren zeigen verschiedene Reaktionsmöglichkeiten; Nickel fördert außer komplizierten Zersetzungen die allgemeine Reaktion:

$$RCOOH = RH + CO_2\,.$$

Diese Reaktion ist bei Benzoesäure[4], Essigsäure, Propionsäure[5], Buttersäure, Isobuttersäure und Capronsäure[6] beobachtet worden. Die sich bildenden höheren Kohlenwasserstoffe zerfallen ihrerseits in leichtere Kohlenwasserstoffe, Kohlenstoff und Wasserstoff. An Kupfer findet diese Reaktion mit Benzoesäure statt, bei den alphatischen Säuren aber auch die Bildung von Ketonen. Diese letzte Reaktion wird von einigen Carbonaten und Oxyden begünstigt. So gibt Essigsäure an Kalium-, Barium- und Strontiumcarbonat und Zinkoxyd bei 570° bis 580° mit guter Ausbeute Aceton[7].

Wenn man dagegen Essigsäuredampf bei 550° durch ein Eisenrohr leitet, erhält man hauptsächlich Wasserstoff und Kohlenoxyd und nur eine kleine Menge Aceton[8].

Je komplizierter die Stoffe werden, um so mehr wächst die Zahl der möglichen Reaktionen.

Im Falle der Ester, wie z. B. des Äthylacetats, sind es drei Reaktionen, die in Gegenwart von Katalysatoren ablaufen können:

$$2\,CH_3COOC_2H_5 = (CH_3)_2CO + 2\,C_2H_4 + H_2O + CO_2\,, \qquad (a)$$

$$CH_3COOC_2H_5 = CH_3COOH + C_2H_4\,, \qquad (b)$$

$$2\,CH_3COOC_2H_5 = (CH_3)_2CO + CO_2 + C_2H_5OH + C_2H_4\,. \qquad (c)$$

[1] SABATIER, MAILHE: C. R. hebd. Séances Acad. Sci. **152** (1911), 1212.
[2] SENDERENS: C. R. hebd. Séances Acad. Sci. **184** (1927), 856.
[3] ADKINS, BISCHOFF: J. Amer. chem. Soc. **47** (1925), 808.
[4] SABATIER, MAILHE: C. R. hebd. Séances Acad. Sci. **159** (1914), 217.
[5] SABATIER, SENDERENS: Ann. Chim. Phys. **4** (1905), 476.
[6] MAILHE: Bull. Soc. chim. **5** (1909), 616.
[7] SQUIBB: J. Amer. chem. Soc. **17** (1895), 187; **18** (1896), 231. — IPATIEFF, SCHULLMANN: J. Russe physico-chim. Soc. **36** (1904), 764.
[8] IPATIEFF: Catalytic reactions of high temperature and pressure, S. 122. New York, 1936.

Die Reaktion (a) wird durch Aluminiumoxyd katalysiert, (b) durch Titan(4)-oxyd, (c) durch Thoriumoxyd[1]. ADKINS und KRAUSE[2] meinen, daß das Schema der Reaktionen auch anders sein könnte, insofern, als zuerst die Verseifung einträte und dann eventuell Zerfall der Säure und des Alkohols, jedes für sich. In der Tat erhalten sie in einigen Fällen mehr CO_2 als C_2H_4; auf jeden Fall finden sie, daß die lenkende Wirkung des Katalysators mehr von der Herstellungsmethode als von dem Grundmetall abhängt, wie die Ergebnisse zeigen, die in der folgenden Tabelle 10 wiedergegeben sind. Sie bringt für verschiedene Katalysatoren den Prozentsatz an Äthylacetat, der in Kohlensäureanhydrid und Aceton nach (a) und (c) zerfallen ist.

Tabelle 10. *Zerfall von Äthylacetat.*

Katalysator	Mol-% Äthylacetat, das in Aceton und Kohlensäureanhydrid zerfallen ist
Aluminiumoxyd aus Sulfat	80÷30
Titan(4)oxyd	31
Aluminiumoxyd aus Silicat	73÷41
Thoriumoxyd	97÷72
Titan(4)oxyd aus Sulfat	60÷23
Titan(4)oxyd, geglüht	40
Titan(4)oxyd aus Trichlorid	75÷67

Daraus geht hervor, daß Titan(4)oxyd kein spezifischer Katalysator für die Reaktion (b) ist.

ADKINS stellte Aluminiumoxyd durch Fällung aus Salzen oder Estern in wäßriger Lösung oder Xylol oder durch Einwirkung von Wasserdampf auf Aluminiumalkoholate her und benutzte es in reinem Zustand oder auf Bimsstein aufgetragen. Hierdurch gelang es ihm, den Katalysator vorzugsweise für die Dehydratisierung oder die Decarboxylierung zu aktivieren. Es wurden Veränderungen des Verhältnisses von C_2H_4 zu CO_2 von 0,34 bis zu 1,50 erreicht[3].

Kohlenwasserstoffe.

Im Falle des Zerfalles der Kohlenwasserstoffe reagieren die sich bildenden Produkte ihrerseits weiter, so daß man im allgemeinen aus einem Kohlenwasserstoff eine ganze Anzahl von Produkten erhält. Oft hat die Anwesenheit von Katalysatoren Einfluß auf den Weg, den das System einschlägt; aber im allgemeinen paßt der Ausdruck „selektive Katalyse" schlecht auf diese Reaktionen; sie führen zu einer ganzen Folge von Produkten, und auch wenn der Katalysator eine Richtungswirkung z. B. auf die erste Reaktion ausübt, dann stehen doch die folgenden Reaktionen nicht mehr unter der Kontrolle des Katalysators.

Die vorliegenden Versuche sind außerordentlich zahlreich, aber die Schwierigkeit, die erhaltenen Gemische zu analysieren und den Einfluß der vielen Faktoren zu trennen, verhindert es oft, ein genaues Bild der katalytischen Aktivität der verschiedenen verwendeten Stoffe zu erhalten; außerdem hat man häufig mit einer Ablagerung von Kohlenstoff auf dem Katalysator und, wenn es sich um Oxyde handelt, mit einer Reduktion der Katalysatoren zu rechnen und weiß daher nicht, was der wirklich aktive Stoff ist.

Im allgemeinen haben die Metalle der achten Gruppe und besonders Nickel,

---

[1] SABATIER: La catalyse en Chimie organique, S. 341.
[2] ADKINS, KRAUSE: J. Amer. chem. Soc. 44 (1922), 385.
[3] J. Amer. chem. Soc. 44 (1922), 2175.

Kobalt und Eisen eine beschleunigende Wirkung auf den Zerfall der Kohlenwasserstoffe mit offener Kette, in dem Sinne, daß sie die Spaltung der C-C-Bindung und auch der C-H-Bindung begünstigen und so die Bildung freien Kohlenstoffs und Wasserstoffs hervorrufen. Eine ähnliche Wirkung, wenn auch weniger energisch, haben einige Oxyde, wie z. B. die der Erdalkalien, im besonderen Kalk, nicht aber natürlich die schon oben genannten Metalloxyde, die im Laufe der Reaktion zu Metallen reduziert werden.

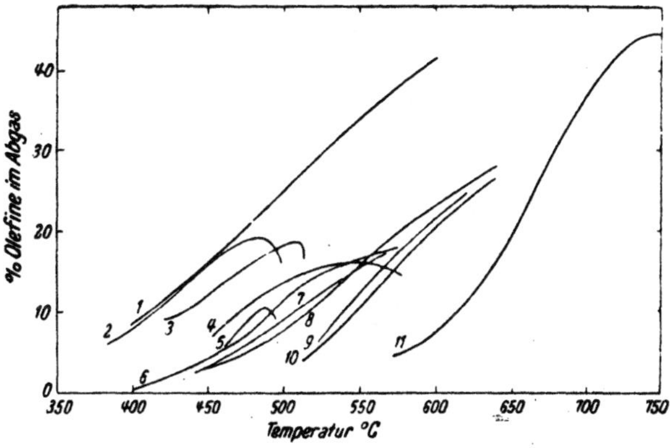

Abb. 1. Dehydrierung von Butan.
Kurve *1* Gleichgewichtskurve (nach FREY und HUPPKE), *2* Molybdän-, Zink- und Magnesiumoxyd, *3* Ammoniumchromat auf Silicagel *4* Ammoniumchromat mit Zink- und Mangannitrat, *5* Titanoxyd auf Aktivkohle, *6* Nickel-, Aluminium- und Zinkoxyd auf Aktivkohle, *7* Mangannitrat auf Aktivkohle, *8* Kupfer auf Aktivkohle, *9* Aluminiumoxyd auf Aktivkohle, *10* Ohne Katalysator.

Andere Oxyde üben dagegen auf die Kohlenwasserstoffe der Paraffinreihe eine echte selektive Wirkung aus, indem sie eine Reaktion mit Ausschluß der anderen beschleunigen, wenn das Temperaturintervall günstig gewählt ist: zwischen 350° und 500° verursachen Molybdänoxyd, Chromoxyd, Zinkoxyd, besonders letzteres im Gemisch mit Magnesium- und Molybdänoxyd, selektive Dehydrierung von Propan, Butan und Isobutan[1].

Wir geben hier einige Diagramme wieder, die sich auf das Butan und Isobutan beziehen und die Gleichgewichtskurven sowie die mit verschiedenen Katalysatoren erhaltenen Ergebnisse zeigen (Abb.1 und 2).

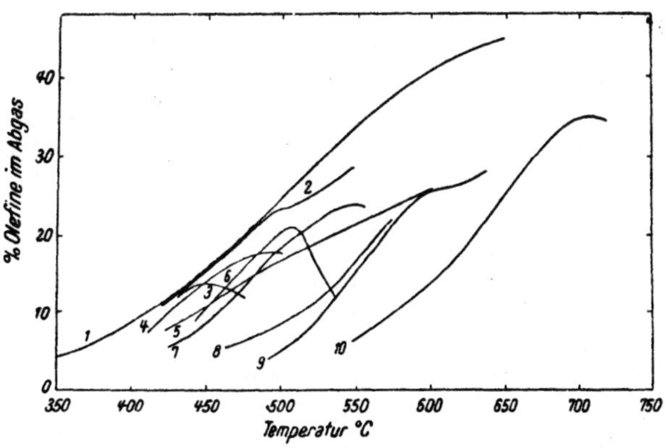

Abb. 2. Dehydrierung von Isobutan.
Kurve *1* Gleichgewichtskurve, *2* Ammoniumchromat auf Silicagel, *3* Platinasbest, *4* Ammoniumchromat, Zink- und Magnesiumnitrat auf Aktivkohle, *5* Kupfernitrat auf Aktivkohle, *6* Chrom-, Zink- und Molybdänoxyd, *7* Molybdän-, Zink- und Magnesiumoxyd, *8* Kupfervanadat auf Aktivkohle, *9* Aktivkohle, *10* Ohne Katalysator.

Bei den gesättigten Kohlenwasserstoffen mit 6, 7 und 8 Kohlenstoffatomen folgt auf die Dehydrierung die Aromatisierung, wenn man Chromoxyd, Wolframoxyd, Molybdänoxyd und auch Molybdänsulfid, allein oder auf Aluminiumoxyd oder Ton aufgetragen, oder Gemische von Chrom- und Vanadiumoxyd bzw. Molybdän- und Vanadiumoxyd[2] anwendet: aus *norm.* Octan

[1] FREY, SMITH: Ind. Engng. Chem. **20** (1928), 948. — FREY, HUPPKE: Ebenda **25** (1933), 54. — DUNSTAN, HOWES: J. Instn. Petrol. Technologists **22** (1936), 363. — EGLOFF, BLOCH: Proc. II. World Petroleum Congress Bd. II (1937), 461.

[2] MOLDAVSKII, KAMUSCHER: C. R. Acad. Sci. USSR. N. S. **1** (1936), 355. — KASANSKY, LOSSIK, ZELINSKY: C. R. Acad. Sci. USSR. **27** (1940), 565. — MORREL, GROSSE: Amer. Pat. 2157204 (1939) und 2157940 (1939). Siehe auch die Mitteilung von EGLOFF beim Congrès de l'Association Française pour l'avancement des sciences, 17.÷22. Juli. Lüttich, 1939.

hat man so *o*-Xylol und kleine Mengen von Äthylbenzol erhalten, während man aus Diisobutyl *p*-Xylol, beides nach dem folgenden Schema, erhält:

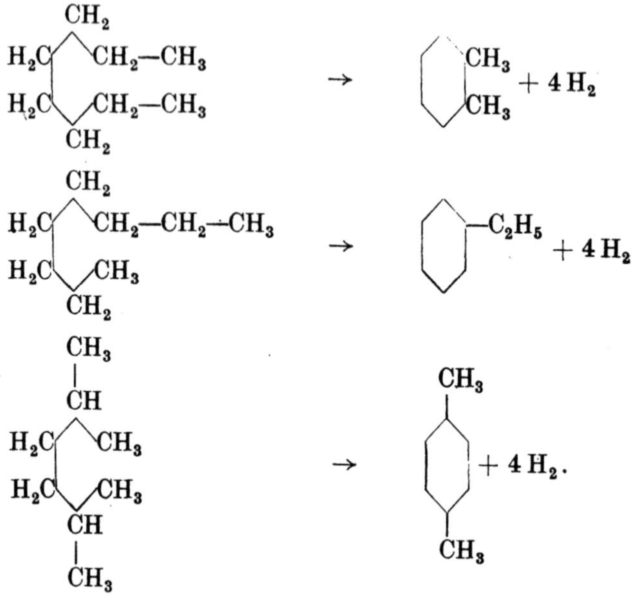

Aus Decan kann Naphthalin gewonnen werden. Die gleiche Reaktion tritt auch mit Decen ein[1]. Der verwandte Katalysator ist Ton mit 5÷15% Chromoxyd. Die Cyclisierung kann industriell mit einer Ausbeute von 75÷90% durchgeführt werden.

Auch mit Nickel auf Aluminiumoxyd kann man eine Dehydrierung und Cyclisierung der gesättigten Kohlenwasserstoffe erreichen, wie z. B. beim normalen Octan und Decan, die sich wieder in Kohlenwasserstoffe der aromatischen Reihe verwandeln; aber gleichzeitig bildet sich auch Methan, was man weder an Chromoxyd noch an auf Kohle aufgetragenem Platin beobachtet[2].

Im Falle der olefinischen Kohlenwasserstoffe tritt außer der oben erwähnten Aromatisierung der Verbindungen mit sechs oder mehr Kohlenstoffatomen bei den niederen Gliedern mit weniger als sechs Kohlenstoffatomen noch eine weitere Dehydrierung unter Bildung von mehrfach ungesättigten Olefinen ein; so kann man aus Butylen Butadien bekommen[3]. Der verwendete Katalysator enthält Chrom, Molybdän und Wolfram.

Auch für diese Reaktionen, im besonderen für die Dehydrierung und Cyclisierung, ist die Herstellungsmethode des Katalysators von Einfluß[4].

Die dehydrierende Wirkung des Chromoxyds erstreckt sich auch auf die Naphthenkohlenwasserstoffe, wie man bereits aus der Aromatisierung der Kohlenwasserstoffe der Paraffinreihe leicht voraussehen könnte[5].

Wegen der größeren Stabilität der Kohlenwasserstoffe der aromatischen Reihe und weil die Naphthenkohlenwasserstoffe den Wasserstoff bei niedrerer Temperatur abgeben als die gesättigten mit offener Kette, kann man für diese

---

[1] v. Grosse, Mattox: Universal Oil Products Co. Amer. Pat. 2212018 (1940).
[2] Komarewsty, Riess: J. Amer. chem. Soc. **61** (1939), 2524.
[3] Universal Oil Products Co. Amer. Pat. 2178584 (30. 11. 37/7. 11. 39).
[4] Huppke, Frey: US.-Pat. 1905383 (25. April 1933).
[5] Lazier, Vaughen: J. Amer. chem. Soc. **54** (1932), 3080. — Kazansky, Liberman, Platé, Serguienko, Zelinsky: C. R. Acad. Sci. USSR. **27** (1940), 446.

Reaktion auch die Metalle der achten Gruppe, besonders Nickel und Platin, aber auch Palladium oder Osmium benutzen.

Cyclohexan verwandelt sich in Gegenwart von Nickel bei 270÷280° in Benzol[1], gleichzeitig bildet sich aber auch Methan; in Gegenwart von Wasserstoff dagegen ist die Bildung von Methan auch bei 350° gehemmt[2].

Auch Methylcyclohexan dehydriert sich bei 275° zu Toluol unter Bildung von wenig Methan, Äthylcyclohexan bei 280÷300° zu Äthylbenzol unter Bildung von Toluol und Methan, (1-3)-Dimethylcyclohexan bei 400° zu *m*-Xylol mit einem Umsatz, der 25% nicht übersteigt[3]. Die Kohlenwasserstoffe der Paraffinreihe erleiden dagegen Zersetzungen unter Bildung von Methan, während die Pentamethylene unverändert bleiben[4].

Auch das Kupfer verursacht die Dehydrierung der Hexamethylene, aber seine Wirkung, die weniger energisch ist als die des Nickels, beginnt erst bei 300°[3].

Aktiver als Nickel sind Platin und Palladium; am Platin beginnt die Reaktion schon bei 150° und am Palladiumasbest bei 190°[5].

Interessant ist die Feststellung, daß bei 300÷310° in Gegenwart von Platinschwarz (1-2)-Dimethylcyclohexan, bei 310° in Gegenwart von Palladiumschwarz (1-3)-Dimethylcyclohexan quantitativ und 1-4-Dimethylcyclohexan mit einer Ausbeute von 96% dehydriert werden, (1-1)-Dimethylcyclohexan[6] bei 300° auf platiniertem Asbest aber gar nicht[7]. Menthan dagegen geht an Palladiumschwarz bei 300÷350° in Cymen über. An denselben Katalysatoren erleiden die Penta- und Heptamethylen-Kohlenwasserstoffe[8, 9] keine Dehydrierung.

Eine von den anderen Katalysatoren verschiedene spezifische Wirkung übt im Gebiet der Kohlenwasserstoffe das Aluminiumchlorid aus, indem es je nach Ausgangsmaterial und Arbeitsbedingungen Zerfall, Polymerisierung, Cyclisierung, Dehydrierung und Isomerisierung hervorruft[10].

Hydrierungen.

Verlassen wir nun das Gebiet der Zersetzungen, so liefert uns die Hydrierung der Kohlenstoffverbindungen eine große Anzahl von Beispielen selektiver Katalyse.

Kohlenoxyd.

Beginnen wir mit der einfachsten Verbindung, dem Kohlenoxyd, so haben wir die folgenden Möglichkeiten:

1. Reduktion zu Methan.
2. Reduktion zu höheren Kohlenwasserstoffen.
3. Reduktion zu Methylalkohol.
4. Reduktion zu höheren Alkoholen.
5. Reduktion zu sauerstoffhaltigen Verbindungen, die keine Alkohole sind.

1. Die Reduktion zu *Methan* wird von Nickel bei 180÷200°, von Eisen bei 400°[11], von Platin, Rhodium und Ruthenium, die eine ähnliche Aktivität wie

---

[1] Sabatier, Mailhe: C. R. Séances Acad. Sci. **137** (1903), 240.
[2] Sabatier, Gaudion: C. R. Séances Acad. Sci. **169** (1919), 670.
[3] Sabatier: La catalyse en chimie organique, Paris, S. 246f.
[4] Pfaff, Brunet: Ber. **56** (1923), 2463.
[5] Zelinsky, Powlow: Ber. **56** (1923), 1255.
[6] Zelinsky: Ber. **56** (1923), 1716.
[7] Zelinsky: Ber. **56**, (1923) 787.
[8] Zelinsky, Herzenstein: J. Russe physico-chim. Soc. **44** (1912), 275.
[9] Zelinsky: J. Russe physico-chim. Soc. **43** (1911), 1220.
[10] Egloff, Wilson, Hulla, van Arsdell: Chem. Reviews **20** (1937), 345.
[11] Sabatier, Senderens: C. R. Séances Acad. Sci. **134** (1902), 514, 680.

Nickel haben, bei gewöhnlichem Druck[1] und von Molybdänoxyd und Molybdänsulfid bei normalem und hohem Druck katalysiert[2]. Es gibt auch einige Hinweise dafür, daß Kohle unter gewissen Bedingungen die Umwandlung in Methan begünstigen kann, besonders bei hohen Drucken; in dem mit Sauerstoff- und Dampf-Gasgeneratoren arbeitenden System Lurgi, das bei hohen Drucken (ungefähr 20 atü) arbeitet, findet man in der Tat eine gewisse Umwandlung von Wassergas in Methan. Die Reduktion zu Methan kann auf zwei Arten vor sich gehen, nämlich nach den Gleichungen:

$$CO + 3\,H_2 = CH_4 + H_2O\,,$$

$$2\,CO + 2\,H_2 = CH_4 + CO_2\,.$$

Abgesehen von dem Einfluß, den natürlich die relative Konzentration der zwei reagierenden Gase auf die Wahl zwischen diesen beiden Möglichkeiten hat, beschleunigen Nickel und Kobalt die erste Reaktion, Eisen beide.

In Gegenwart von Molybdänoxyd und von Molybdänsulfid scheint bei normalem Druck die zweite Reaktion zu überwiegen, während bei hohem Druck die erste statthat. Halbkoks katalysiert nur die zweite Reaktion[3].

2. Die Herstellung von *höheren Kohlenwasserstoffen* aus Kohlenoxyd und Wasserstoff bildet die berühmte Synthese des Benzins nach FISCHER und TROPSCH[4], für die hauptsächlich einige der Katalysatoren gebraucht werden, die an sich die Synthese des Methans katalysieren, im besonderen Kobalt und Nickel, aber auf besondere Weise und mit verschiedenen Zusätzen hergestellt. Die Temperatur hält man zwischen 165° und 200°; der Druck ist der normale, kann aber auch mit Vorteil auf 10 ÷ 20 Atmosphären gebracht werden.

Besonders wirksam sind Katalysatoren, die als Grundstoff Kobalt enthalten mit Zusätzen von Thoriumoxyd oder Manganoxyd mit oder ohne Kupfer auf Trägern von großer Oberfläche, wie Kieselgur, oder solche mit Nickelbasis und Zusätzen von Thorium- oder Manganoxyd und Aluminiumoxyd; dargestellt werden sie aus den Nitraten durch Erhitzen oder Fällung. Eine andere Art von wirksamen Katalysatoren erhält man aus den Legierungen nach RANEY, die aus Kobalt und Silicium oder Nickel, Kobalt und Silicium[5] bestehen, durch Zersetzung mit Natronlauge.

Es ist interessant zu bemerken, daß sich zwar nur Kohlenwasserstoffe der Paraffin- und Olefinreihe bilden, da die Bildung von Kohlenwasserstoffen der Acetylenreihe thermodynamisch nicht möglich ist, daß aber der Prozentsatz an olefinischen Kohlenwasserstoffen außer vom Wasserstoffgehalt, wie es für Gleichgewichtsfragen natürlich erschiene, auch von der Natur des Katalysators beeinflußt wird, wobei Nickel eine spezifisch hydrierende Wirkung auf die Doppelbindung ausübt (Tabelle 11).

Tabelle 11. *Olefinbildung aus Kohlenoxyd und Wasserstoff.*

Katalysator	Olefine aus dem Gemisch		
	1 CO und 1 H_2	1 CO und 2 H_2	1 CO und 3 H_2
Kobalt . . .	55	35	12
Nickel . . .	35	16	5

[1] AUDIBERT: Ann. Com. Liq. **8** (1927), 715.
[2] MEYER, HORN: Abhandl. Kenntnis der Kohle **11** (1931 ÷ 1933), 389. — SEBASTIAN: Verh. des Kongresses „Chemie u. Industrie" **1935**, 875.
[3] BUECKNER: Brennstoff-Chem. **20** (1939), 346.
[4] FISCHER, TROPSCH: Ber. **59** (1926), 830.
[5] FISCHER: Brennstoff-Chem. **16** (1935), 1.

Auch der relative Gehalt an schwereren und leichteren Produkten wird neben den Parametern Temperatur und Druck von der Natur des Katalysators beeinflußt. Wenn man bei gewöhnlichem Druck alkalihaltige Katalysatoren anwendet, so erhält man eine Zunahme an festem Paraffin, das heißt eine Verlängerung der Kette, ein Effekt, den wir bei der Synthese der Alkohole wiederfinden werden, den man aber nicht erhält, wenn man mit einem Druck von 15÷20 Atmosphären arbeitet[1]. Bei diesem Druck zeigt sich, daß Nickel-Skelettkontakte (aus Legierungen von Nickel mit Silicium) kein festes Paraffin geben, während mit Katalysatoren auf Kobaltbasis der Gehalt an festem Paraffin erheblich größer ist als bei gewöhnlichem Druck: auch diese Verschiedenheit zwischen Nickel und Kobalt ist der größeren hydrierenden Wirkung des ersteren zuzuschreiben.

Für die Synthese nach FISCHER und TROPSCH sind Katalysatoren mit Eisen als Grundstoff weniger wirksam. Dennoch sind mit dem Ziel der Feststellung eines möglichst spezifischen Katalysators interessante Studien an solchen Kontakten gemacht worden. Die Bildung von höheren kondensierbaren Kohlenwasserstoffen findet nicht statt, wenn das Eisen im Katalysator im elementaren Zustand vorliegt; sie wird auch nicht durch die Oxyde Fe_2O_3 und Fe_3O_4 in reinem Zustand hervorgerufen; man findet sie nur, wenn Fe_2O_3 teilweise zu Fe_3O_4 reduziert ist, das sich, um eine größere Aktivität zu haben, in fester Lösung im Ferrioxyd befinden muß. Diese Feststellungen gelten für 250°; bei 400° werden die Oxyde zu metallischem Eisen reduziert, und dann bildet sich, wie wir schon gesehen haben, ausschließlich Methan[2].

Bei hohem Druck ist die Bildung von Sauerstoffverbindungen aus Kohlenoxyd-Wasserstoff-Gemischen begünstigt, aber die Bildung findet nur statt, wenn die geeigneten Katalysatoren anwesend sind. Mit einigen Katalysatoren, wie Nickel, Eisen und Kobalt, bildet sich dagegen nur Methan.

Höhere Kohlenwasserstoffe erhält man in Spuren auch mit Palladium und Iridium, in kleinen Mengen mit Platin, in größeren mit Osmium; die beste Ausbeute an höheren Kohlenwasserstoffen, die zum großen Teil fest sind, hat man mit Ruthenium[3] bei 180÷200° und 100÷150 Atmosphären. Mit Rhodium erhält man unter den gleichen Bedingungen schon Sauerstoffverbindungen, wie auch mit Katalysatoren auf Kobaltbasis, wie sie bei der Synthese nach FISCHER und TROPSCH bei niederem Druck verwandt werden.

3. Von den *Sauerstoffverbindungen* ist die einfachste der Methylalkohol; diesen erhält man mit ausgezeichneter Ausbeute hauptsächlich mit zwei Arten von Katalysatoren, die als Grundstoffe Kupfer bzw. Zinkoxyd haben. Kleine Zusätze verbessern die Ausbeute beider Katalysatoren, ohne die Spezifität zu ändern: dem Kupfer fügt man mit Vorteil Manganoxyd, Thoriumoxyd, Aluminiumoxyd, Berylliumoxyd zu[4], dem Zinkoxyd Chromoxyd und auch Kupfer; einen guten Katalysator bildet das Zinkoxyd aus Smitsonit[5].

Mit Katalysatoren auf Kupferbasis erhält man gute Ausbeuten bei ungefähr 375° und 150 Atmosphären; mit Katalysatoren, denen Zinkoxyd zugrunde liegt, kann man auch bei 400÷420° arbeiten, wenn der Druck entsprechend auf 300 bis 400 Atmosphären erhöht wird. Wenn man bedenkt, daß die Bildung von Methylalkohol eine exotherme Reaktion ist, die mit einer Verminderung des

[1] FISCHER, PICHLER: Brennstoff-Chem. **29** (1939), 41.
[2] ANTHEAUME: Ann. Com. Liq. **10** (1935), 473.
[3] PICHLER: Verhandl. des X. internationalen Kongresses der Chemie Bd. III (1938), 768.
[4] AUDIBERT, RAINEAU: Ann. Com. Liq. **2** (1927), 715.
[5] NATTA, FALDINI: Fr. Pat. 670763, Engl. Pat. 330919 (1929).

Volumens verbunden ist, so kann der schädliche Effekt der Temperatursteigerung durch eine Erhöhung des Druckes ausgeglichen werden. Während man mit diesen Katalysatoren nur Methylalkohol erhält, kann man ein Gemisch von Methylalkohol und höheren Alkoholen bekommen, wenn man ihnen Alkalien zusetzt.

4. Wenn man Smitsonit mit Kaliumacetat tränkt, so erhält man an diesem Kontakt ein Gemisch, das zu 50% aus Methylalkohol und im übrigen aus einem Gemisch besteht, dessen Hauptbestandteile folgende sind:

50÷52%	Isobutylalkohol,	2÷4%	Isopropylalkohol,
11÷13%	Propylalkohol,	2%	Butylalkohol,
3÷4%	Äthylalkohol,	5%	β-Methylbutylalkohol.

Danach hätte man 25% Isobutylalkohol[1]. Bei Versuchen, die Ausbeute an Isobutylalkohol zu erhöhen, ist man bis zu 30% gekommen[2].

Einen bemerkenswerten Prozentsatz an Äthylalkohol erhält man, wenn man dem Katalysator Kobalt zusetzt: Kobalt verursacht an sich die Bildung einer gewissen Menge von Methan, aber wenn man es in Form von Sulfid einführt, dann wird diese spezifische Wirkung ein wenig vermindert; bei 400° und 200 Atmosphären erhält man mit einem Katalysator aus 0,1 Grammäquivalent Kobaltsulfid, 1 Grammäquivalent Kupferoxyd und 1 Grammäquivalent Manganoxyd 47% des Kohlenstoffs in Form von Methan, 17% als Methylalkohol, 22% als Äthylalkohol und 11% an höheren Alkoholen. Unten geben wir einen Vergleich der Flüssigkeit, die man mit diesem Katalysator (D 15) erhält, mit denen von einem Katalysator aus Manganoxyd, Chromoxyd und Rubidiumoxyd (Rb IK) und von einem aus Zinkoxyd, Manganoxyd, Kaliumoxyd und Kobaltoxyd (C 16). In der Tabelle 12 sind die Gewichte der verschiedenen Bestandteile in Gramm auf 1 kg des flüssigen Produktes angegeben[3]:

Die Verhältnisse der verschiedenen Komponenten sind ersichtlich je nach dem Katalysator verschieden.

Tabelle 12. *Gemische synthetischer Alkohole aus Kohlenoxyd und Wasserstoff.*

Alkohole	Katalysator		
	D 15	Rb IK	C 16
Methyl	220	420	198
Äthyl	200	12	86
n-Propyl	50	43	17
Isobutyl	33	69	11
n-Butyl	16	—	4
β-Methylbutyl	2	8	1½
n-Amyl	6	—	—
β-Methylamyl	—	6½	—
n-Hexyl	2	—	—
n-Heptyl	1	—	—
Rest	1	89	1½

5. Mit alkalihaltigem Eisen, d. h. mit einer Alkalilösung durchtränkter und erwärmter Eisenfeile, erhält man unter den gleichen Bedingungen, bei 400÷420° und 150÷200 Atmosphären, ein Flüssigkeitsgemisch, das von FISCHER „Syntol"[4] genannt worden ist und aus einer öligen Schicht und einer wäßrigen Schicht besteht. In diesem Produkt sind Kohlenwasserstoffe, Alkohole, Aldehyde, Ketone, Säuren und Ester festgestellt worden. Die Ausbeute ist um so größer, je alkalischer das Tränkungsmittel war: die besten Ergebnisse bekommt man mit Rubidiumhydroxyd oder Rubidiumcarbonat.

---

[1] NATTA, RIGAMONTI: Giorn. Chim. ind. appl. **14** (1932), 17.
[2] TAHARA, TATUKI, SIMIZU: J. Soc. chem. Ind. Japan 43 (1940), 82B.
[3] TAYLOR: J. chem. Soc. (1934), 1429.
[4] FISCHER: Die Umwandlung der Kohle in Öle **1924**, **285**.

Hydrierung organischer Verbindungen.

Bei der Hydrierung von *organischen Verbindungen* gibt es verschiedene Reaktionsmöglichkeiten, wenn die Verbindung mehr als eine hydrierbare Gruppe besitzt: man kann dann Hydrierung einer oder der anderen oder aller Gruppen erhalten. Wenn sie dagegen nur eine hydrierbare Gruppe hat, so kann die Hydrierung quantitativ mehr oder weniger weit fortschreiten.

Fälle der ersten Art treten auf bei Verbindungen, die wie Styrol eine Äthylendoppelbindung und einen aromatischen Ring haben. In Gegenwart von aktivem Nickel wird diese Verbindung bei 160° in Äthylcyclohexan[1] umgewandelt, während man in Gegenwart von Kupfer Äthylbenzol erhält[2]. Verschiedene Möglichkeiten hat man im Falle des Nitrobenzols: mit Nickel erhält man bei 200° Anilin[3], aber mit aktiverem Nickel Cyclohexylamin. Anilin erhält man auch, wenn man Kupfer[4], Wismut[5], Gold[6], Cadmium[7], Zinn[8], Zinkoxyd und Manganoxyd[9] benutzt. Thallium katalysiert dagegen die Umwandlung in Azobenzol[6].

Ein interessantes Verhalten zeigt das Blei, indem es noch einmal zeigt, wie die Spezifität eines Katalysators vom Herstellungsverfahren abhängt: das Metall, das durch Reduktion von Bleioxyd bei 290° dargestellt wird, reduziert Nitrobenzol zu Azobenzol; wenn es aber durch Reduktion von Mennige gewonnen wird, katalysiert es bei 300° die Hydrierung zu Anilin[10]. Mit Platinschwamm beobachtet man dagegen neben Anilin die Bildung von symmetrischem Diphenylhydrazin[11].

Wenn eine der hydrierbaren Gruppen der aromatische Kern ist, so hat man immer verschiedene Möglichkeiten, da bei gewöhnlichem Druck im Gleichgewicht seine Hydrierung nur für Temperaturen, die 250° nicht überschreiten, möglich ist; wenn man über dieser Temperatur arbeitet, können nur die anderen hydrierbaren Stellen reduziert werden.

So erhält man aus dem eben erwähnten Styrol, während das aktive Nickel so wirkt, wie oben gesagt, mit einem weniger aktiven Nickel bei 300° Äthylbenzol.

Aus Phenol wird bei gewöhnlicher Temperatur und Druck in Gegenwart von Platin Cyclohexan[12] gewonnen. Zwischen 100° und 150° und mit 15 Atmosphären in flüssiger Phase wandelt sich Phenol an Nickel in Cyclohexanol um[13]. Das gleiche Ergebnis erzielt man, wenn man in der Dampfphase mit Nickel bei 180° und normalem Druck[14] arbeitet oder in flüssiger Phase mit Nickeloxyd bei 245° und 250 Atmosphären[15]. Bei 340° und 100 Atmosphären in Gegenwart von Kobaltsulfid findet man wieder Bildung von Cyclohexan mit ein wenig Cyclohexen[16], während bei höherer Temperatur, 450°, in Gegenwart von Aluminiumoxyd[17] oder Molybdänoxyd[18] Benzol auftritt.

[1] SABATIER, SENDERENS: C. R. Séances Acad. Sci. **132** (1901), 1254.
[2] SABATIER, SENDERENS: C. R. Séances Acad. Sci. **132** (1901), 1255.
[3] SABATIER, SENDERENS: C. R. Séances Acad. Sci. **133** (1901), 322; **135** (1902), 226.
[4] SABATIER, SENDERENS: C. R. Séances Acad. Sci. **133** (1901), 321.
[5] BROWN, HENKE: J. physic. Chem. **26** (1922), 324.
[6] BROWN, HENKE: J. physic. Chem. **26** (1922), 621.
[7] HARTMANN, BROWN: J. physic. Chem. **34** (1930), 265.
[8] BROWN, HENKE: J. physic. Chem. **27** (1923), 739, 760.
[9] SABATIER, FERNANDEZ: C. R. Séances Acad. Sci. **185** (1927), 241.
[10] BROWN, HENKE: J. physic. Chem. **26** (1922), 324.
[11] SABATIER, SENDERENS: Ann. Chim. Phys. **4** (1905), 416.
[12] WILLSTÄTTER, HATT: Ber. **45** (1912), 1471.
[13] BROCHET: Bull. Soc. chim. (IV) **13** (1913), 197.
[14] SABATIER, SENDERENS: C. R. Séances Acad. Sci. **137** (1903), 1025.
[15] IPATIEFF: Ber. **40** (1907), 1281.
[16] ROBERTI: Mem. R. Accad. d'Italia **1** (1930), 189.
[17] KLING, FLORENTIN: Bull. Soc. chim. (IV) **41** (1907), 1341.
[18] GRIFFITH: Contact Catalysis, S. 69. Oxford, University Press 1936.

Bei der Hydrierung eines Gemisches von Kresolen bei hohem Druck ist nicht nur für verschiedene Katalysatoren eine verschiedene Wirksamkeit gefunden worden, sondern auch eine lenkende Wirkung, wie die verschiedenen Dichten *D* der Kohlenwasserstofffraktionen zeigen, die in der folgenden Tabelle 13 wiedergegeben sind[1].

Tabelle 13. *Höhere Kohlenwasserstoffe aus Kresol.*

Katalysator	Reaktionstemperatur	Reaktionsdauer	Drück H_2 (kg/cm^2)			Flüssige Kohlenwasserstoffe	
	°C	Stunden	Anfang bei 20° C	Maximum	Ende bei 20° C	Ausbeute %	D_4^{20}
	465	1	85	240	77	8,3	0,843
ZnO	465	1	79	239	77	8,2	0,852
$ZnCl_2$	455	1	86	219	62	25,8	0,873
$Al(OH)_3$	465	1,5	78	223	60	23,6	0,845
V_2O_5	465	1	78	217	60	20,2	0,840
$Cr(OH)_3$	465	1,33	85	238	66	20,7	0,843
MoO_3	465	1	92	224	25	82,2	0,821
MoO_3 (gebraucht)	455	1,2	85	206	27	75,6	0,825
MoS_3	465	1	87	193	22	78,1	0,827
$(NH_4)_2MoS_4$	377	2,33	88	183	23	75,5	0,819
MoS_3	350	1,67	80	167	10	71,8	0,840
WO_3	465	1	85	230	77	9,7	0,851
$3(NH_4)_2O \cdot 7WO_3 \cdot 6H_2O$	465	1	80	223	77	7,1	—
$(NH_4)_2WS_4$	465	1	80	188	20	66,9	0,829
WS_3	465	1	98	258	48	70,7	0,842
UO_3	455	1,2	84	228	73	13,2	0,866
$Fe(OH)_3$	465	1	80	221	70	6,7	0,820
FeS	465	1	70	199	68	2,2	—
$Co(OH)_2$	465	1	83	144	17	26,8	0,872
CoS	370	2,25 1,25	90 52	196 168	15 39	57,6	0,809
$Ni(OH)_2$	455	1	83	144	17	56,0	0,798
NiS	460	1	78	211	60	15,3	0,865

Geringe Dichte ist ein Zeichen für Hydrierung des Ringes.

Verschiedene Möglichkeiten bietet auch das Anilin, das man mit Nickeloxyd bei 220° und 115 Atmosphären zu Cyclohexylamin hydrieren kann[2], mit kolloidalem Platin[3] zu Dicyclohexylamin mit ein wenig Cyclohexylamin, mit Kobaltsulfid bei 340° und 100 Atmosphären[4] zu Cyclohexan und Cyclohexen und endlich mit Iridiumasbest bei 250° und 200 Atmosphären[5] zu Benzol und Cyclohexan.

Ähnliche Möglichkeiten bieten die heterocyclischen Verbindungen mit Pyrrol-, Pyridin-, Chinolin-, Furanringen usw. Hier führt jedoch eine zu energische Hydrierung zur Öffnung des Ringes.

Pyridin gibt in Gegenwart von Nickel zwischen 120° und 220° Amylamin[6], bei 150° in Gegenwart von platiniertem, iridiertem oder osmiertem Asbest Tetrahydropyridin neben Piperidin und Kondensationsprodukten[7]; mit kolloidalem

[1] Tropsch: International Conference on bituminous coal Bd. II (1931), 40.
[2] Ipatieff: Ber. **41** (1908), 993.
[3] Willstaetter, Hatt: Ber. **45** (1912), 1476.
[4] Roberti: Rend. Accad. Lincei **6** (1931), 1352.
[5] Ssadikoff, Klebansly: Ber. **61** (1928), 131.
[6] Sabatier, Mailhe: C. R. Séances Acad. Sci. **144** (1907), 784.
[7] Ssadikoff, Mikhailoff: J. Russe physico-chim. Soc. **58** (1926), 427.

Platin erhält man bei 50° Pentan und Ammoniak[1] und mit Kobaltsulfid bei 350° und 100 Atmosphären Pentan, Amylen und Ammoniak[2].

Chinolin wird durch Nickelsalze bei 210÷215° und 200 Atmosphären erst in das tetra- dann in das dekahydrierte[3] Derivat umgewandelt; die gleichen Reaktionen sind mit Nickeloxyd[4] bei höheren Drucken und mit kolloidalem Platin bei normalem Druck zu erhalten; direkte Umwandlung in Dekahydrochinolin erfolgt mit kolloidalem Palladium[5]; mit Kobaltsulfid, ebenfalls bei 350° und 100 Atmosphären, erhält man dagegen ein Gemisch von Propylcyclohexan und Propylcyclohexen neben der Abspaltung von Stickstoff in Form von Ammoniak[2].

Unter den Furanderivaten beansprucht das Furfurol ein besonderes Interesse wegen der vielen Produkte, die es geben kann, wenn es hydriert wird.

Die erste Verbindung, die man mit Nickel bei 190°[6] mit Kupferchromit bei 150°[7] und mit Platinoxyd bei niedriger Temperatur[8] bekommt, ist der Furfurylalkohol.

Mit Nickel und Platinoxyd geht die Hydrierung weiter bis zum Tetrahydrofurfurylalkohol, während mit Kupferchromit keine Hydrierung der Doppelbindungen des Furankernes zu erzielen ist. Die Zugabe von Eisen zu den Nickelkatalysatoren steigert die Bildung von Methylfuran und Tetrahydromethylfuran, die man, wenn auch mit geringerer Ausbeute, auch schon mit den Nickelkatalysatoren erhalten kann[9].

Die Erhöhung der Temperatur bis 250÷300° bringt das Erscheinen anderer von der Selektivität des Katalysators abhängender Verbindungen mit sich[10].

Die Aufsprengung des Kernes führt zur Bildung von Glykolen, wenn man mit Kupferchromitkatalysatoren behandelt: es wurden die Amylenglykole 1–5, 1–2 und 1–4 gefunden. Auch mit gemischten Kupfer-Nickel- und Kobalt-Nickel-Katalysatoren erhält man Glykole, aber mit geringerer Ausbeute, und noch schwieriger mit Nickelkatalysatoren. Eine weiter geführte Hydrierung führt vom Methylfuran oder von den Glykolen zu den Amylalkoholen: mit Nickelkatalysatoren bekommt man hauptsächlich sekundären Amylalkohol (2-Pentanol), während man mit Kupferkatalysatoren einen größeren Anteil von normalem Amylalkohol bekommt, nur mit Spuren von sekundärem vermischt.

Über die Bildung von Methylfuran kann man auch mit Nickelkatalysatoren zum Butylalkohol gelangen[11].

Die Verschiedenheit des Hydrierungsvermögens des Chromits von dem des Nickels und die des Nickels in Abhängigkeit von der Darstellungsmethode wurde von ADKINS und Mitarbeitern studiert. Ihre Arbeiten umfassen eine ganze Reihe von Hydrierungsreaktionen der Abkömmlinge des Furans, der Aminosäuren, Ketone, Oxysäureamide und ungesättigten Alkohole und Ester usw.

Von den wichtigsten Ergebnissen können wir die folgenden nennen:

---

[1] SKITA, BRUNNER: Ber. **49** (1916), 1597.
[2] ROBERTI: Rend. Accad. Lincei **6** (1931), 1352.
[3] BRAUN, PETZHOLD, SEEMANN: Ber. **55** (1922), 3779.
[4] IPATIEFF: J. Russe physico-chim. Soc. **41** (1908), 991.
[5] SKITA, MEYER: Ber. **45** (1912), 3593.
[6] PADOA, PONTI: Gazz. chim. ital. **37** (1937), 108; Att. L. **15** (2) (1907), 610.
[7] ADKINS, CONNOR: J. Amer. chem. Soc. **53** (1931), 1031. — CALINGAERT, GRAHAM: Ind. Engng. Chem. **26** (1934), 278. — ROBERTI: Ann. Chim. applicat. **25** (1935), 530.
[8] KAUFMANN, ADAMS: J. Amer. chem. Soc. **45** (1923), 3029.
[9] Distilleries de Deux Sèvres. Fr. Pat. 639756 (1928).
[10] NATTA, RIGAMONTI, BEATI: Chim. e Ind. **23** (1941), 117.
[11] KOMATSU, MASUMOTO: Bull. chem. Soc. Japan **5** (1930), 241.

An Kupferchromit werden die Amide zu Aminen oder zu Alkoholen hydriert, je nach dem Ausgangsmaterial[1].

Die Oxysäureamide[2] reagieren meistens in derselben Weise mit RANEY-Nickel und mit Kupferchromit; die Reaktionen unterscheiden sich jedoch je nach der Struktur des Ausgangsmaterials; so geben die Pentamethylenamide mit Seitenketten und mit einer Hydroxylgruppe in α, γ, δ, ε an Kupferchromit und an Nickel die entsprechenden Aminalkohole; wenn aber die Hydroxylgruppe in β-Stellung steht, bekommt man an Kupferchromit Äthylpiperidin, während an Nickel die Reaktion wie üblich verläuft. Z. B. ergibt Pentamethylen-Oxybuttersäureamid:

$$CH_3CHOHCH_2CON\langle\begin{smallmatrix}CH_2-CH_2\\CH_2-CH_2\end{smallmatrix}\rangle CH_2$$

mit RANEY-Nickel das Amid

$$CH_3CH_2CH_2CON\langle\begin{smallmatrix}CH_2-CH_2\\CH_2-CH_2\end{smallmatrix}\rangle CH_2,$$

mit Kupferchromit dagegen Butylpiperidin

$$CH_3CH_2CH_2CH_2N\langle\begin{smallmatrix}CH_2-CH_2\\CH_2-CH_2\end{smallmatrix}\rangle CH_2.$$

Es ist weiter zu bemerken, daß in den Fällen, in denen die Hydrierung der Derivate der Pentamethylenamide die Aufspaltung der Seitenkette bewirkt, diese immer zwischen dem 2. und 3. Kohlenstoffatom erfolgt, während bei den Kohlehydraten und den entsprechenden Alkoholen die Hydrogenolyse immer zwischen dem 3. und dem 4. Kohlenstoffatom erfolgt.

Das Äthylmandelat[3] gibt bei 175° mit Nickel hydriert zu 95% Äthyl-Phenylacetat, mit Kupferchromit bei 250° gibt es dagegen zu 70% β-Phenyläthylalkohol und zu 13% Äthylbenzol (Et = Äthyl):

$$C_6H_5CHOHCOOEt \begin{cases} \xrightarrow{\text{Ni } 175^\circ} C_6H_5CH_2COOEt \\ \xrightarrow[\text{Kupferchromit } 250^\circ]{} C_6H_5CH_2CH_2OH + C_6H_5Et. \end{cases}$$

Das Äthyl-Phenylacetat seinerseits gibt an Nickel bei 200° zu 77% Äthyl-Cyclohexylacetat, das, mit Kupferchromit bei 250° hydriert, zu 94% β-Cyclohexyläthylalkohol gibt.

$$C_6H_5{-}CH_2COOEt \xrightarrow[200^\circ]{\text{Ni}} C_6H_{11}CH_2COOEt \xrightarrow[250^\circ]{\text{Kupferchromit}} C_6H_{11}CH_2CH_2OH.$$

Das Äthyl-Benzoylbenzoat gibt mit Kupferchromit bei 250° zu 93% o-Benzyl-Toluol, mit Nickel bei 150° das Lacton mit einer Ausbeute von 95%:

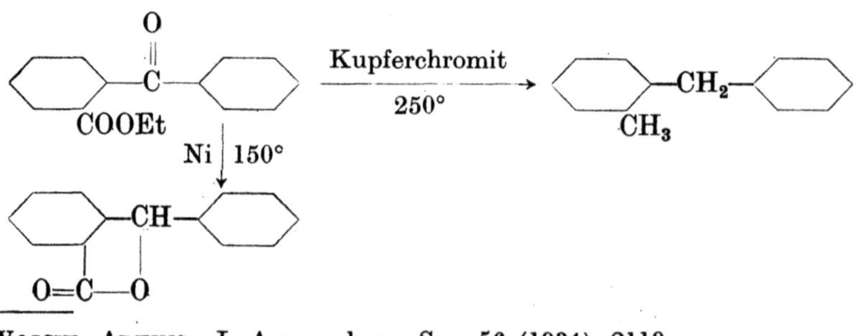

[1] WOJCIK, ADKINS: J. Amer. chem. Soc. 56 (1934), 2119.
[2] D'IANNI, ADKINS: J. Amer. chem. Soc. 56 (1934), 1675.
[3] ADKINS, WOJCIK, COVERT: J. Amer. chem. Soc. 55 (1933), 1671.

Der Äthylester der *o*-Benzylbenzoesäure: 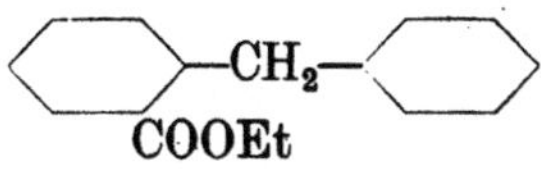

ergibt mit Nickel bei 150° hydriert zu 86% Äthyl-*o*-Hexahydrobenzyl-Hexahydro-Benzoat:

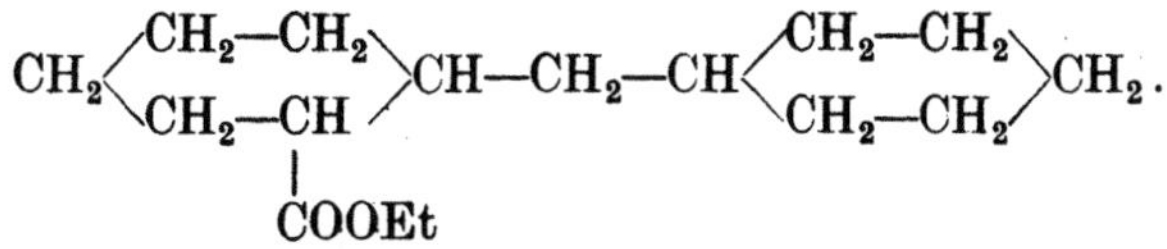

Dieser Ester hydriert sich bei 250° an Kupferchromit zu 74% zu dem entsprechenden Alkohol und zu 8% zum Kohlenwasserstoff.

Das Äthyl-β-Benzoylpropionat wird dagegen fast vollständig zu (4)-Phenylbutanol hydriert:

$$C_6H_5{-}CO{-}CH_2{-}CH_2{-}CO{-}C_2H_5 \xrightarrow[250^\circ]{\text{Kupferchromit}} \underset{94\%}{C_6H_5CH_2CH_2CH_2CH_2OH}\,.$$

In diesem Falle ist es die verschiedene Stellung der Phenylgruppe, die die Reaktion in einer anderen Weise verlaufen läßt.

Phthalsäureanhydrid wird von Nickel bei 150° zuerst mit einer Ausbeute von 36% zum Phthalid und dann mit einer Ausbeute von 36% zu *o*-Toluylsäure und zu der entsprechenden hydrierten Säure hydriert.

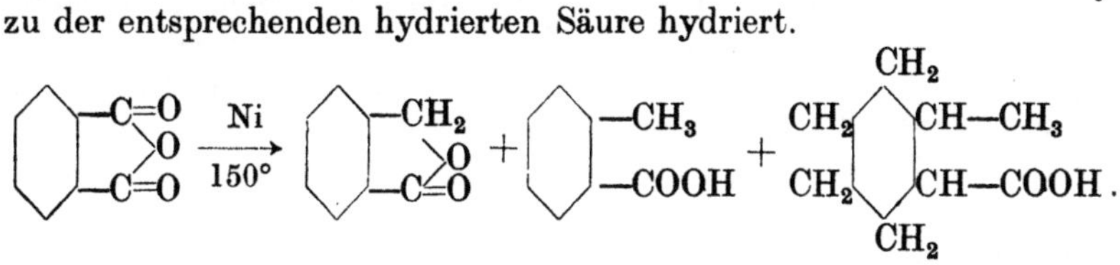

Diäthylphthalat gibt an Kupferchromit Phthalalkohol mit einer Ausbeute zwischen 0 und 9%, *o*-Methylbenzylalkohol mit einer Ausbeute zwischen 0 und 14% und *o*-Xylol mit einer Ausbeute zwischen 67 und 88%.

An Nickel gibt es Diäthylhexahydrophthalat mit einer Ausbeute von 93%, das an Kupferchromit zuerst zum entsprechenden Glykol, dann zum einwertigen Alkohol und zum Schluß zum Kohlenwasserstoff reduziert wird.

Diese verschiedenen Produkte erhält man gleichzeitig, aber die Ausbeute an Alkohol kann dabei bis zu 94% erreichen.

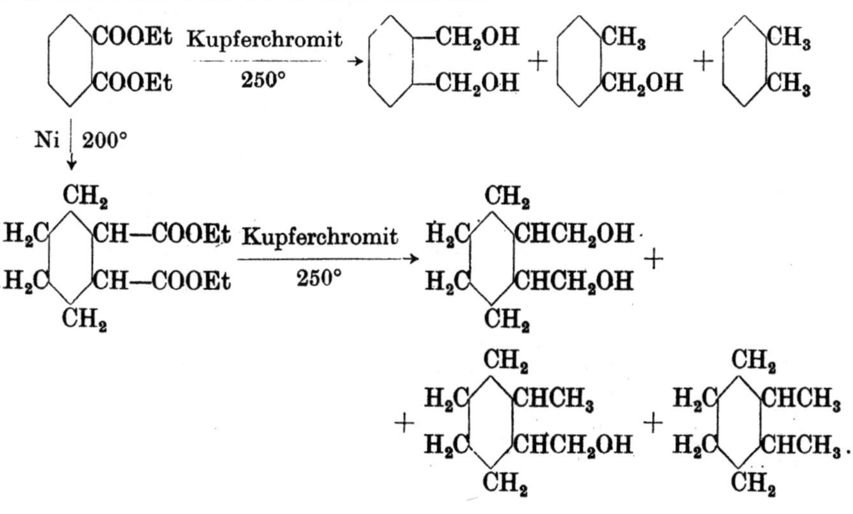

Die Reduktion der ungesättigten Fettsäuren ist eines der charakteristischsten Probleme der selektiven Katalyse. Je nach dem Katalysator kann man nämlich die folgenden Möglichkeiten beobachten: 1. Hydrierung der Doppelbindung unter Bildung von Estern der aliphatischen Säuren, 2. Hydrierung nur des Carboxyls unter Bildung von ungesättigten Alkoholen, 3. gleichzeitige Hydrierung der Carboxylgruppe und der Doppelbindungen unter Bildung von gesättigten Alkoholen, 4. Hydrierung zu Kohlenwasserstoffen.

Im Falle der Oxysäuren können noch andere Möglichkeiten eintreten, je nachdem die alkoholische Hydroxylgruppe reduziert wird oder nicht. Es ist zu beachten, daß der Reaktionsmechanismus in einer Abspaltung des alkoholischen Hydroxyls mit einem benachbarten Wasserstoffatom in Form von Wasser und darauffolgender Sättigung der gebildeten Doppelbindung besteht. Von den verschiedenen erwähnten Reaktionen haben eine industrielle Bedeutung die Reduktion der Doppelbindung, auf die sich die Industrie der Fetthärtung gründet, und die Reduktion des Carboxyls, auf die sich die Herstellung der höheren aliphatischen Alkohole gründet, die so große Bedeutung für die Herstellung von Schaumbrechern gewonnen haben.

Die selektive Reduktion der Doppelbindung der ungesättigten Fettsäuren[1] läßt sich in Anwesenheit von Nickel durchführen, das man durch Zersetzung des Formiats oder durch Reduktion des Oxyds erhält, das seinerseits aus dem Carbonat oder auch durch anodische Oxydation hergestellt sein kann; statt reinen Nickels benutzt man auch ein Gemisch mit Chromoxyd und Manganoxyd[2]. Es sind Temperaturen zwischen 100° und 180° und Drucke von der Größenordnung von $3 \div 15$ Atmosphären erforderlich; es ist vorzuziehen, mit Estern statt mit freien Säuren zu arbeiten, da die Oberfläche des Nickels unter der Wirkung der Fettsäure verändert wird, besonders in Gegenwart von Luft oder Feuchtigkeit.

Die Doppelbindung der Fettsäuren kann in selektiver Weise auch bei normalen Temperatur- und Druckverhältnissen an Platin oder Palladium[3] und bei einer Temperatur von 250° und einem Druck von 200 Atmosphären mit Kupferoxyd und Molybdänoxyd[4] gesättigt werden; mit diesen Katalysatoren sind z. B. Äthyl- und Butyloleat zu den entsprechenden Stearaten reduziert worden.

Die selektive Reduktion der Carboxylgruppe an ihrer Doppelbindung kann mit einem Gemisch von Chromoxyd und Zinkoxyd erhalten werden, und zwar im Falle des Äthyl- und Butyloleats[4] bei $280 \div 300°$ und 200 Atmosphären mit einer Ausbeute von 60% an dem entsprechenden ungesättigten Alkohol. Aus Ölsäure, Physetolsäure, Linderasäure und Linolensäure, alle in Form ihrer Ester, hat man für diese Reaktion mit demselben Katalysator bei 330° und einem Anfangsdruck von 200 Atmosphären eine Ausbeute von 80% an ungesättigten Alkoholen erhalten[5].

Die gleichzeitige Reduktion der Doppelbindung der Carboxylgruppe zur Oxhydrylgruppe ist von ADKINS und Mitarbeitern[4] durchgeführt worden, indem sie Äthyl- und Butyloleat mit dem üblichen Katalysator, der Kupferchromit zur Grundlage hat, bei 350° und 250 Atmosphären behandelten; aber nach anderen[6] soll man mit aktivem Kupfer aus dem Äthylester der Ölsäure bei 300° und

---

[1] MAXTED: Catalysis and its industrial applications, S. 287 und 439. London, 1933. ULLMANN: Enzyklopädie der technischen Chemie, Bd. 5, S. 169. 2. Aufl.
[2] SCHRAUTH, SCHENK, STICKDORN: Ber. 64 (1931), 1314.
[3] MAXTED: l. c.
[4] SAUER, ADKINS: J. Amer. chem. Soc. 59 (1937), 1.
[5] KOMORI: J. Soc. chem. Ind. Japan 42 (1939), 46B.
[6] SCHMIDT: Ber. 64 (1931), 205.

atmosphärischem Druck Octadecylalkohol erhalten, während mit einem Katalysator aus Kobalt dieselbe Reaktion schon bei 230° eintreten soll.

Das Kupferchromit von ADKINS allein und gemischte Chromite von Kupfer und Barium sowie Kupfer und Calcium[1] oder Chromate von Kupfer und Zink[2] und noch anderen Metallen, die in den Patentschriften angeführt sind, dienen zur Reduktion der gesättigten Capryl-, Laurin-, Palmitin- und Stearinsäure, im allgemeinen in Form von Estern, zu den entsprechenden Alkoholen bei 300÷350° und 200÷250 Atmosphären.

Aus Ricinusöl kann man in Gegenwart eines Kobaltkatalysators ein Gemisch von Octadecanol und Oxyoctadecanol erhalten[3].

Dagegen gibt Nickel, das bei relativ niederen Temperaturen und Drucken die einfache Sättigung der Doppelbindung der ungesättigten Säuren erfolgen läßt, bei Temperaturen von 400° und darüber und Drucken von 100 Atmosphären, allein oder im Verein mit Kupfer, die gesättigten Kohlenwasserstoffe aus den entsprechenden Fettsäuren. In diesem Falle kann man von den Estern wie auch von den freien Säuren ausgehen. So hat man Dodecan aus dem Methylester der Laurinsäure mit auf Kieselgur aufgetragenem Nickel erhalten; Kokosöl gibt an einem Katalysator aus Nickel-Kupfer ein Gemisch von Kohlenwasserstoffen, die zwischen 60° und 200° sieden; Spermazetöl gibt Hexadecan; aus Laurinsäure und Stearinsäure wird Dodecan und Octadecan gewonnen[4].

Fälle von weniger auffallender Selektivität, aber nicht geringerem Interesse als die bisher betrachteten, findet man bei der Hydrierung von Stoffen, die verschiedene Isomere geben können. So wird Naphthalin sowohl an Platin als auch an Nickel zu Decalin hydriert; aber im ersten Falle findet man die *cis*-Verbindung, im zweiten die *trans*-Verbindung[5].

Wir wollen nun einige Fälle katalytischer Hydrierung hervorheben, die erst durch den Einfluß des Druckes selektiv geworden sind. Für die Beispiele, die wir nennen werden, ist der Ausdruck „selektive Katalyse" sehr geeignet, da wir uns nicht im Gebiet der Reversibilität der betrachteten Reaktionen befinden und man deshalb auch nicht von einer Verschiebung des Gleichgewichts durch die Wirkung des Druckes sprechen kann, sondern von einer Abschwächung der katalytischen Wirkung, durch die eine Reaktion, statt bis zu Ende fortzuschreiten, in einem Zwischenstadium anhält.

So kann man die Hydrierung der Kohlenwasserstoffe mit zwei Doppelbindungen bei der ersten anhalten; aus Phenyl-1-Pentadien hat man so bei 150° und 20 mm Druck an nickelhaltigem Bimsstein Phenyl-1-Penten-1 erhalten[6].

Halogenderivate der ungesättigten Kohlenwasserstoffe sind in ungesättigte Kohlenwasserstoffe umgewandelt worden: so kann man aus Cynnamilchlorid $C_6H_5CH=CH-CH_2Cl$ in Gegenwart von Nickelchlorid bei 280° und 20÷22 mm Hg ein Gemisch von Phenyl-1-Propen-1, Propylbenzol, Diphenyl und Harzprodukten erhalten; Platinschwarz hat eine größere Selektivität, in dem man bei 140÷150° und 25 mm Hg ausschließlich Phenyl-1-Propen-1 erhält. Während ω-Bromstyrol bei normalem Druck in Gegenwart von Platinschwarz bis zum Äthylbenzol hydriert wird, hört, wenn man bei 200 mm Hg arbeitet, die Hydrierung beim Styrol auf[7].

---

[1] Röhm & Haas: Amer. Pat. 2091800 (1937); über die Herstellung dieser Katalysatoren sieh ADKINS, CONNOR, FOLKERS: J. Amer. chem. Soc. **54** (1932), 1138.
[2] SCHRAUTH, SCHENK, STICKDORN: Ber. **64** (1931), 1314.
[3] Fr. Pat. 689713 (1930).
[4] SCHRAUTH, SCHENK, STICKDORN: Ber. **64** (1931), 1314.
[5] WILLSTÄTTER, SEITZ: Ber. **57** (1924), 683.
[6] FARGIER: Dissert., S. 72÷81. Lyon, 1932.
[7] FARGIER: Dissert., S. 115. Lyon, 1932.

Äthylenalkohole, die bei normalem Druck bei 180÷200° an Nickel die entsprechenden gesättigten Kohlenwasserstoffe geben, werden dagegen bei 10 bis 20 mm Hg und 160÷170° in gesättigte Alkohole umgewandelt: diese Reaktion ist für verschiedene Methylheptenole verwirklicht worden[1]. Z. B. wird Geraniol in Citronellol umgewandelt, sowohl in Gegenwart von Platinoxyd auf Bimsstein bei 130° und 50 mm Hg, als auch in Gegenwart von nickelhaltigem Bimsstein bei 150° und 90 mm Hg[2].

Wir haben schon gesehen, welche Reaktionen Phenol (S. 215) bei mehr oder weniger starker Hydrierung bei verschiedenen Temperaturen und Drucken und mit verschiedenen Katalysatoren geben kann; wir ergänzen hier nur noch, daß man, wenn man bei 150° und 18÷20 mm Hg mit in Cyclohexanol gelöstem Phenol arbeitet, Tetrahydrophenol erhält, eine tautomere Form des Cyclohexanols. Cyclohexanon kann sich aus dem Cyclohexanol nicht bilden, da dieses die Dehydrierung zu Cyclohexanon bei 18 mm Druck erst oberhalb 155° erleidet[3]. Die Anwendung von vermindertem Druck erlaubt die Reduktion der Aldehyde zu Alkoholen statt zu Kohlenwasserstoffen und von ungesättigten Aldehyden zu gesättigten Aldehyden. Während so bei Atmosphärendruck der Benzoealdehyd in Gegenwart von Nickel mit einer Ausbeute von 58% Toluol gibt, bildet sich bei einem Druck zwischen 200 und 220 mm Hg und einer Temperatur von 200÷250° kein Toluol; die Hydrierung ist selektiv, und man erhält bei 150° und 25 mm Hg[4] Benzylalkohol mit einer Ausbeute von 40%.

Der Zimtaldehyd wird bei 150° und 20 mm Hg mit einer Ausbeute von 45% zu Phenylpropionaldehyd hydriert. Zu bemerken ist dazu, daß, wenn man einen energischeren Katalysator benutzt, den man durch Ersatz des Bimssteins als Träger des Nickels durch aktive Kohle erhalten kann, eine Ausbeute von 40% an Phenylpropylalkohol[5] anfällt.

Aus den Halogenderivaten der Ketone erhält man bei vermindertem Druck Ketone, während man bei Atmosphärendruck zu Alkoholen und Kohlenwasserstoffen kommt. So erhält man bei 195° und 50 mm Hg auf Platinschwarz aus α-Chlordecylmethylketon ausschließlich Decylmethylketon und mit Platinoxyd auf Bimsstein bei 180° und 50 mm Hg aus α-Chlorcyclohexanon Cyclohexanon. Aus Säurechloriden hat man Aldehyde erhalten, während sie bei normalem Druck zu Alkoholen und Kohlenwasserstoffen reduziert würden. Aus Benzoylchlorid ist so bei 300° und 300 mm Hg Benzaldehyd mit einer Ausbeute von 60% zu gewinnen. Die gleiche Reaktion mit gleicher Ausbeute erhält man bei 225° und 140 mm Hg in Gegenwart von Platinoxyd, das von der Salzsäure nicht angegriffen wird und sich daher besser als Nickel für diese Reaktion eignet. Aus Phenylacetylchlorid erhält man bei 200° und 400 mm Hg Phenylacetaldehyd mit einer Ausbeute von 50%, ohne daß sekundäre Reaktionen auftreten; aus Isovaleryl- und Isocaprylchlorid entstehen bei 200° und 300÷400 mm Hg die Aldehyde und nur aus dem ersten dieser Stoffe[6] ein wenig Alkohol.

Eine Wirksamkeitsverminderung, analog derjenigen bei einer Verminderung des Druckes, kann durch eine *partielle Vergiftung* des Katalysators verursacht werden.

---

[1] Grignard, Escourrou: C. R. Séances Acad. Sci. **177** (1923), 93.
[2] Escourrou: Bull. Soc. chim. **43** (1928), 1101, 1207.
[3] Grignard, Mingasson: C. R. Séances Acad. Sci. **185** (1927), 1553; Bull. Soc. chim. **41** (1927), 22. — Mingasson: Dissert., S. 72. Lyon, 1927.
[4] Grignard: Bull. Soc. chim. **43** (1928), 488.
[5] Velon: Diss., S. 29. Lyon, 1929.
[6] Grignard, Mingasson: C. R. Séances Acad. Sci. **185** (1927), 1173; Bull. Soc. chim. **41** (1927), 1143. — Mingasson: Dissert., S. 119÷140. Lyon, 1927.

So gibt Benzoylchlorid durch Reduktion mit Wasserstoff in Gegenwart von fein verteiltem Palladium Toluol; diese Reaktion vollzieht sich in drei Stadien:

1. $R.COCl + H_2 = R.CHO + HCl$.
2. $R.CHO + H_2 = R.CH_2 \cdot OH$.
3. $R.CH_2 \cdot OH + H_2 = R.CH_3 + H_2O$.

Wenn die Reaktion in einer Lösung von Benzoylchlorid in Toluol erfolgt und wenn dabei das Gemisch bis zum Sieden erwärmt wird, so bilden sich nur Spuren von Benzaldehyd, da die Reaktion bis zur Bildung von Toluol durchläuft. Setzt man dazu eine Spur von Bromthiophen, Chinolin, das vorher mit Schwefel erwärmt worden ist, oder von einigen anderen Stoffen, die ungesättigte Bindungen enthalten, wie Dimethylanilin, Chinolin, Chinin, dann wird die Ausbeute an Benzaldehyd enorm erhöht und erreicht in einigen Fällen beinahe 90%. Wenn man dagegen Xanthon hinzufügt, geht die Reaktion bis zum Benzylalkohol weiter, der dann Hauptprodukt wird[1].

Oxydation, Chlorierung und Polymerisation.

Bei den Oxydationsprozessen sind die Fälle von selektiver Katalyse seltener; im allgemeinen ist bei der Oxydation, besonders von organischen Verbindungen, die frei werdende Energie so groß, daß sie die Moleküle anregt, so daß das System einen relativ stabilen Endzustand erreicht; ein Katalysator kann dazu dienen, die Reaktion auszulösen, die dann unabhängig vom Einfluß des Katalysators selbst weitergeht.

Dennoch hat man in einigen Teiloxydationen eine Richtwirkung des Katalysators beobachtet.

Wenn man einen mit Äther gesättigten Luftstrom gegen eine auf Rotglut erhitzte Platinspirale bläst, bildet sich ein wenig flüchtiges kristallines Peroxyd, das explosiv ist, Wasser unter Bildung von Peroxyd und Jodide unter Freimachung von Jod zersetzt; wenn man aber an die Stelle des Platins Bimsstein setzt, bildet sich kein Peroxyd, und die Hauptprodukte sind Acetaldehyd und Aceton[2].

Bei der Oxydation des Paraffins, die eine so große Bedeutung für die technische Herstellung von Fettsäuren hat, dienen die Katalysatoren dazu, die Reaktionstemperatur von 160°, der Optimaltemperatur in Abwesenheit von Katalysatoren, auf $100 \div 130°$ zu erniedrigen. Unter diesen Bedingungen erhält man eine geringere Bildung von Oxysäuren, bezogen auf die Gesamtsäuren. Eine selektive spezifische Wirkung der verschiedenen Katalysatoren, besonders Mangan-, Calcium- und Magnesiumsalze, ist nicht beobachtet worden, wenn es auch möglich wäre, daß eine sorgfältigere Kenntnis der Reaktionsprodukte, die in dem gebildeten sehr komplizierten Gemisch anwesend sind, Verschiedenheiten zeigen würde. Auf jeden Fall bestätigt sich, daß sich in Gegenwart von Eisen dunkelgefärbte Stoffe bilden und daß Blei die Bildung von Oxysäuren erhöht[3].

Eine Richtwirkung des Katalysators ist bei der Oxydation des Furfurols mit Alkalichloraten beobachtet worden; in Gegenwart von Vanadinpentoxyd erhält man Fumarsäure, in Gegenwart von Osmiumtetroxyd dagegen Mesoweinsäure und ein wenig Oxalsäure[4].

---

[1] ROSENMUND, ZETSCHE: Ber. 54 (1921), 435.
[2] DUNSTAN, DYMOND: J. chem. Soc. 57 (1890), 585.
[3] WITTKA: Gewinnung der höheren Fettsäuren durch Oxydation der Kohlenwasserstoffe, S. 48, 56 und 57. Leipzig, 1940.
[4] MILAS: J. Amer. chem. Soc. 49 (1927), 2005.

Cyanwasserstoffsäure gibt durch Oxydation mit sehr aktiven Katalysatoren, wie Platin und Metalloxyden, Stickoxyd nach der Reaktion:

$$4\,HCN + 7\,O_2 = 4\,NO + 4\,CO_2 + 2\,H_2O,$$

mit wenig aktiven Katalysatoren, wie Silicium und Porzellan, bleibt die Reaktion bei den Zwischenprodukten, wie Cyamelid $(CNOH)_2$ und Cyanursäure $(CNOH)_3$ stehen[1].

Die verschiedene Aktivität eines Katalysators, die von der Form abhängt, kann auch zu verschiedenen Produkten führen; so weiß man, daß Ammoniak sich nach den zwei Reaktionen oxydieren kann:

$$2\,NH_3 + 1{,}5\,O_2 = N_2 + 3\,H_2O,$$
$$2\,NH_3 + 2{,}5\,O_2 = 2\,NO + 3\,H_2O.$$

Während die zweite dieser Reaktionen mit ausgezeichneter Ausbeute an Platinfolien und -drähten vor sich geht, reagiert an Platinschwamm ein gewisser Prozentsatz des Ammoniaks nur nach der ersten Reaktion[2].

Wegen der praktischen Bedeutung der Ammoniakverbrennung ist diese Reaktion von verschiedenen Autoren gründlich studiert worden, von denen wir hier BODENSTEIN, KRAUSS, ANDRUSSOW und NAGEL anführen wollen. Nach BODENSTEIN und Mitarbeitern[3, 4, 5, 6] finden sich, wenn die Reaktion bei niedrigem Druck durchgeführt wird, unter den Endprodukten Hydroxylamin, salpetrige Säure, Salpetersäure und Stickstoff. Demnach kann die Reaktion in verschiedene Teilprozesse aufgespalten werden:

$$NH_3 + O = NH_2OH, \tag{1}$$
$$NH_2OH + O_2 = HNO_2 + H_2O, \tag{2a}$$
$$2\,HNO_2 = H_2O + NO + NO_2, \tag{2b}$$
$$2\,NO_2 = 2\,NO + O_2, \tag{2c}$$
$$NH_2OH + NH_3 = N_2 + H_2O + 2\,H_2, \tag{3}$$
$$NH_2OH + \tfrac{1}{2}\,O_2 = HNO + H_2O, \tag{4a}$$
$$2\,HNO = H_2O + N_2O, \tag{4b}$$
$$HNO + O_2 = HNO_3. \tag{5}$$

Reaktion (1), (2a), (2b), (3), (4a) und (5) verlaufen am Katalysator.

Im Verfolg dieser Untersuchungen fanden KRAUSS und SCHULEIT[7] speziell in bezug auf die Reaktion

$$NH_2OH + O_2 = HNO_2 + H_2O$$

folgende Ergebnisse: Mit Platinlegierungen mit 1% Rhodium oder 1% Ruthenium als Katalysatoren tritt eine Induktionsperiode auf, in der die Ausbeuten an Hydroxylamin und salpetriger Säure variieren und endlich einen konstanten Wert erreichen; während aber mit reinem Platin die Menge des Hydroxylamins zunimmt und die der salpetrigen Säure abnimmt, findet man bei den Rhodium- und Rutheniumlegierungen das Umgekehrte.

---

[1] SINOSAKI, HARA: Technol. Rep. Tôhoku Imp. Univ. Sendai **6** (1926), 1 und **5** (1925), 71.
[2] PASCAL: Synthèses et catalyses industrielles, S. 122. Paris, 1925.
[3] Helv. chim. Acta **18** (1935), 758.
[4] Z. Elektrochem. angew. physik. Chem. **41** (1935), 466.
[5] J. Amer. chem. Soc. **71** (1937), 353.
[6] Trab. IX. Int. Congr. Quim. **3** (1935), 475.
[7] Z. physik. Chem., Abt. B **45** (1939), 1.

Die beste Bestätigung des obigen Reaktionsschemas wurde von NAGEL[1] gegeben. Nach ihm sollen die wirklichen Teilreaktionen sein:

$$2\,NH_3 + O_2 = 2\,NH + 2\,H_2O\,, \quad (1)$$

$$2\,NH + O_2 = 2\,HNO\,, \quad (2)$$

$$2\,HNO + O_2 = 2\,HNO_2\,. \quad (3)$$

Dieses Schema ist letzten Endes dem BODENSTEINschen analog, indem es ebenfalls das Auftreten der Zwischenverbindung HNO annimmt. Um es zu beweisen, müßte man also unter den Reaktionsprodukten Stickoxydul finden, das aus der Zersetzungsreaktion:

$$2\,HNO = N_2O + H_2O$$

stammen müßte. Tatsächlich zeigte NAGEL, daß in Gegenwart von Mangandioxyd als Katalysator die Ausbeute an Stickoxydul 80÷90% erreichen kann.

Von ANDRUSSOW[2] wurde die katalytische Oxydation von Mischungen aus Ammoniak und Methan untersucht und die Reaktionsgleichung vorgeschlagen:

$$2\,NH_3 + 2\,CH_4 + 3\,O_2 = 2\,HCN + 6\,H_2O\,.$$

Das hauptsächliche Zwischenprodukt soll wieder, wie bei der Oxydation des Ammoniaks allein, HNO sein. Bei 1000° an Platin werden 58÷63% des Ammoniaks in Blausäure und nur 1,8÷12% in Stickstoff übergeführt. An Nickel erhält man dagegen nur Spuren von Blausäure; das Methan wird zu $CO + H_2$ und das Ammoniak zu Stickstoff oxydiert. An Nickel und Kupfer tritt nämlich Reduktion der Blausäure zu Ammoniak und Methan ein, und als Zwischenprodukte sollen Methylenimin CH_2NH und Methylamin CH_3NH_2 auftreten, welche an Kupfer sogar zu 80÷90% isoliert werden können.

Bei der Halogenierung organischer Verbindungen beschleunigen die Katalysatoren im allgemeinen dieselben Reaktionen, die auch in ihrer Abwesenheit stattfinden würden. In manchen Fällen jedoch ändert die Anwesenheit eines Katalysators den Hauptangriffspunkt. Wenn es sich um eine aromatische Verbindung mit einer Seitenkette handelt, kann die Gegenwart eines Katalysators bekanntlich die Chlorierung des Ringes herrbeiführen[3].

Bei der Chlorierung von Toluol mit Schwefelchlorid als Chlorierungsmittel hat man folgende Resultate gefunden[4]:

Tabelle 14.
Chlorierung von Toluol mit Schwefelchlorid an verschiedenen Katalysatoren.

Katalysator	Chlorid von	Chlor im Produkt %	Chlortoluol %	Benzoylchlorid %
Gruppe V	Phosphor	2,1	—	7,6
	Arsen	4,6	3,3	12,6
	Antimon	26,2	93,1	—
	Wismut	21,1	76,4	—
Gruppe VI	Schwefel	18,1	50,5	13,8
	Selen	23,2	77,0	5,2
	Tellur	25,0	89,1	—
Gruppe VII	Brom	10,8	26,9	11,3
	Jod	5,6	16,0	4,5

[1] Z. physik. Chem., Abt. B **41** (1938), 71.
[2] Angew. Chem. **48** (1935), 593.
[3] MAXTED: Catalysis and its industrial applications, S. 399. London, 1933.
[4] SILBERRAD, SILBERRAD, PARKE: J. chem. Soc. (London) **127** (1925), 1724.

Bei Polymerisierungsreaktionen haben die Katalysatoren einen bemerkenswerten Einfluß; sehr oft haben die Produkte, zu denen man kommt, je nach dem verwendeten Katalysator verschiedene Eigenschaften; man nimmt im allgemeinen an, daß sich der Polymerisationsgrad ändert. Von diesen Beispielen findet man eine große Anzahl im Gebiet der künstlichen Harze. Aber auch für weniger komplizierte Produkte, wo sie einfacher bestimmbar sind, findet man diese Unterschiede.

So gibt Pinen, wenn es 12 Stunden in Gegenwart von Ameisensäure erwärmt wird, ein Polymeres mit doppeltem Molekulargewicht[1], und das gleiche gilt in Gegenwart von konzentrierter Schwefelsäure, Borfluorid und Phosphorsäureanhydrid[2]. Dagegen erhält man bei Erwärmung auf 50° mit 20% Antimonchlorid[3] ein Polymeres mit vierfachem Molekulargewicht, ebenso mit Aluminiumchlorid, Eisenchlorid und Zinkchlorid[4].

Weiter finden wir auf diesem Gebiet ein Beispiel einer lenkenden Wirkung der Temperatur bei ein und demselben Katalysator: Acetaldehyd gibt mit kleinen Mengen von Schwefeldioxyd oder wasserfreiem HCl Paraldehyd[5], während unter 0° die gleichen Katalysatoren Metaldehyd geben[6]. Die Bildung von Metaldehyd wäre thermodynamisch auch bei höheren Temperaturen möglich, denn wenn man Acetaldehyd bei 300° über reduziertes Kupfer leitet, erhält man ein Gemisch von Paraldehyd und Metaldehyd neben Crotonaldehyd[7].

Substrat-Spezifität.

Wir kommen nun dazu, die spezifische Wirksamkeit von Katalysatoren eingehender zu behandeln, die sich in der Wahl zwischen zwei oder drei Stoffen ausdrückt, die auf Grund ihrer chemischen Funktionen oder ihrer Eigenschaften das gleiche Verhalten haben sollten, sich aber in Anwesenheit eines Katalysators verschieden verhalten.

Ein Beispiel dieser Spezifität ist uns durch die Verbrennung des Wasserstoffs im Gemisch mit Methan gegeben, welch letzteres nicht angegriffen wird, wenn man ein Gemisch der beiden Gase mit Luft durch ein U-Rohr leitet, das Palladium enthält. Hier geben wir einige Versuche wieder, die die gute Übereinstimmung zeigen zwischen dem Wasserstoffgehalt im Gemisch und demjenigen, der mit der Annahme selektiver Wasserstoffverbrennung errechnet wurde.

Tabelle 15. *Spezifische Verbrennung von Wasserstoff neben Methan an Palladium*[8].

Zusammensetzung des Gases in %			Kontraktion in % nach der Verbrennung	% an verbranntem Wasserstoff, aus der Kontraktion errechnet
H_2	CH_4	Luft		
1,5	12,0	85,1	2,3	1,5
3,0	8,3	86,5	4,5	3,0
5,1	12,3	86,0	7,6	5,0
9,3	7,1	83,7	14,1	9,4
13,7	7,3	77,5	20,3	13,5
14,1	5,4	81,2	21,2	14,1
14,6	4,5	80,6	22,1	14,7
13,1	6,0	80,3	19,7	13,1

Der letzte Wert ist bei 100° erhalten worden, die anderen bei Zimmertemperatur.

[1] LAFONT: Ann. Chim. Phys. 15 (1888), 179.
[2] DEVILLE: Ann. Chim. Phys. 75 (1840), 66; 27 (1849), 87.
[3] PRINS: Chem. Weekbl. 13 (1916), 1264.
[4] RIBON: Ann. Chim. Phys. 6 (1875), 42.
[5] LIEBEN: Liebigs Ann. Chem. 1. Erg.-B. (1861), 114.
[6] KEKULÉ, ZINCKE: Liebigs Ann. Chem. 162 (1872), 125.
[7] KOMATSU, KURATA: Mem. Coll. Sci., Kyoto Imp. Univ. 7 (1924), 293.
[8] HEMPEL: Ber. 12 (1879), 1006.

Die selektive Oxydation des Wasserstoffs in einem Gemisch mit Methan kann man auch mit einem Mischkatalysator aus Osmium und Palladium in Gegenwart von Alkalichlorat als Sauerstoffquelle[1] erreichen. Man erhält eine geeignete Lösung, wenn man 35 g Natriumchlorat, 5 g Natriumcarbonat, 0,05 g Palladiumchlorid und 0,02 g Osmiumdioxyd in 250 cm³ Wasser löst.

Eine ähnliche Reaktion ist die bevorzugte Oxydation des Kohlenoxyds im Gemisch mit Wasserstoff. Die selektive Verbrennung kann man in Gegenwart von Kupferoxyd bei 110° erhalten oder zwischen 200° und 300° in Gegenwart eines Gemischs von Eisenoxyd und Chromoxyd mit oder ohne Aluminium- und Wismutoxyd mit kleinen Mengen von Thoriumoxyd und Ceroxyd[2].

Im Gemisch verbinden sich in Gegenwart von Platin Kohlenoxyd, Wasserstoff und Methan mit Sauerstoff in der gegebenen Reihenfolge; wenn man dagegen ein Gemisch dieser drei Gase mit Sauerstoff durch einen Funken explodieren läßt, so verbrennt Methan eher als Wasserstoff und Kohlenoxyd[3].

Spuren von Zusätzen zu einem Katalysator können seine spezifische Wirkung ändern: so wird das Verhältnis der Oxydationsgeschwindigkeiten des Kohlenoxyds und Wasserstoffs an Kupfer durch eine kleine Menge Palladium erhöht; wenn man den Palladiumgehalt steigert, fällt das Verhältnis wieder, bis es bei 1,7% Palladium wieder ungefähr gleich demjenigen an reinem Kupfer ist; für höhere Werte an Palladium fällt es unter dieses Verhältnis[4].

Ein klassisches Beispiel selektiver Kohlenoxydverbrennung liegt im „Hopcalit" vor, einem Mischkatalysator aus Kupferoxyd, Mangandioxyd und Silberoxyd. Da in der Literatur etwa hundert Arbeiten vorliegen, die sich mit diesem Oxydationsvorgang beschäftigen (siehe vor allem J. Frazer[5] und G.-M. Schwab[6]), kann man den Vorgang noch nicht als ganz erforscht bezeichnen.

Die sichersten Tatsachen sind folgende: Während am Kupferoxyd dessen Reduktion durch Kohlenoxyd bei 140° beginnt und die Reoxydation des Kupfers mit atmosphärischem Sauerstoff schon bei Zimmertemperatur abläuft, beginnt beim Mangandioxyd die Reduktion bei 30° und die Oxydation bei 100°; beim Hopcalit dagegen beginnt (ohne Silberoxydzusatz) die Reduktion bei 70° und die Oxydation bei Zimmertemperatur.

Beispiele von der oben genannten Art von Spezifität hat man auch in den Polymerisationsreaktionen der Äthylenkohlenwasserstoffe. Wenn man ein Gemisch der ungesättigten Kohlenwasserstoffe Äthylen, Propylen, Butylen und Isobutylen über einen Katalysator leitet, der aus Aluminiumchlorid besteht, bekommt man ein außerordentlich kompliziertes Flüssigkeitsgemisch, wobei alle Kohlenwasserstoffe der Mischung an der Reaktion teilnehmen; dasselbe tritt in Gegenwart von Aluminiumsilicat bei 160° ein, wenn man dem Gas kleine Mengen von Salzsäure oder eines organischen Halogenides, das fähig ist, Salzsäure zu geben, hinzusetzt[7]. Mit diesem gleichen Gemisch und Aluminiumoxyd dagegen findet nur Polymerisation des Isobutylens statt, das Diisobutylen mit kleinen Mengen von Triisobutylen und höheren Multipla bildet[8].

---

[1] Hoffmann, Schneider: Ber. **48** (1915), 1535.
[2] Taylor, Rideal: Analyst **44** (1919), 89. — Harger, Terry: Brit. Pat. 127609.
[3] Bancroft: J. physic. Chem. **21** (1917), 651, 674.
[4] Hurst, Rideal: J. chem. Soc. (London) **125** (1924), 685.
[5] J. physic. Chem. **35** (1931), 405; **38** (1934), 735.
[6] G.-M. Schwab, G. Drikos: Z. physik. Chem., Abt. A **185** (1939), 405.
[7] Roberti, Minervini: Ricerca Scientifica **13** (1942), 548; s. a. Ind. Engng. Chem. **25** (1933), 1112.
[8] Natta, Baccaredda: Atti del X. Congresso Internazionale di Chimica **1938**, 970.

Die Bedingungen, unter denen man die Reaktion ausführt, können die spezifische Wirkung des Katalysators auf ein Gemisch von Isobutylen und normalen Butylenen umstellen: In Berührung mit Schwefelsäure in der Kälte polymerisiert sich nur das Isobutylen zu 65%; in der Wärme polymerisiert sich auch das Isobutylen mit den normalen Butylenen zusammen[1]. Auch mit einem festen Katalysator auf Phosphorsäurebasis tritt zwischen 20° und 66° die Polymerisation des Isobutylens, zwischen 66° und 121° diejenige der normalen Butylene[2] ein.

Auch auf dem Gebiet, das wir jetzt betrachten, ist der Einfluß der *Gifte* auf den Katalysator beachtenswert[3]. Man kann durch ihn die Anzahl der Verbindungen in einem Gemisch, auf die die Wirkung des Katalysators sich erstreckt, begrenzen.

Es ist z. B. bekannt, daß Platin die Reduktion des Acetophenons, des Nitrobenzols und Benzols katalysiert. Wenn man zu 0,2 g des Katalysators, der in 50 cm³ Alkohol suspendiert ist, 0,4 mg Schwefelkohlenstoff hinzufügt, dann reduziert das Platin das Acetophenon nicht mehr; 0,5 mg Gift genügen, damit das Platin auch Nitrobenzol nicht mehr reduziert, und 1,1 mg, um die katalytische Aktivität vollständig aufzuheben. Folglich benimmt sich ein mit 0,4 mg Schwefelkohlenstoff vergifteter Katalysator in einem Gemisch von Acetophenon und Benzol selektiv, indem er nur die Reduktion des Benzols katalysiert[4].

Mit aktivem Nickel kann man sowohl Benzol als auch die Äthylendoppelbindung als auch eine Nitroverbindung hydrieren. Kleine Mengen Thiophen verhindern die Hydrierung des Benzols, aber der Katalysator ist noch fähig, die Äthylenbindungen und die Gruppe NO_2 zu hydrieren; ein Zusatz von Äthylsulfid vergiftet den Katalysator auch in bezug auf die Äthylenbindungen; man braucht Schwefelwasserstoff, um auch noch Unfähigkeit des Katalysators zur Reduktion der Nitroverbindungen zu erhalten[5].

Ein anderer interessanter Fall von selektiver Vergiftung in dem hier behandelten Sinn ist von Senderens und Aboulenc[6] beobachtet worden, die gefunden haben, daß ein Nickel, mit dem viele Monate lang Phenol hydriert worden war, die Fähigkeit verloren hatte, die Hydrierung des Kresols zu katalysieren, obgleich die katalytische Aktivität gegen Phenol unversehrt blieb.

Ein ähnlicher Fall wurde von Bouveault[7] bei der Hydrierung der Alkohole beobachtet, indem das Kupfer, das für einen Alkohol benutzt worden ist, oft seine katalytische Eigenschaft in bezug auf einen zweiten Alkohol verliert. Hüttig[8] hat sehr eingehend diesen sog. „Weichensteller-Effekt" bearbeitet.

Theoretische Deutungen der Selektivität.

Während die Aktivierung des Substrats durch *Adsorption* am Katalysator die erhöhte Reaktionsgeschwindigkeit katalysierter Reaktionen ohne weiteres erklärt, kann sie die Erscheinung der Selektivität nicht ohne speziellere Annahmen deuten.

---

[1] Mc Allister: Refiner 16 (1937), 493.
[2] Mond und Universal Oil Products Co.: Engl. Pat. 501776 (1937).
[3] Vgl. den Beitrag von Baccaredda im vorliegenden Bande des Handbuchs.
[4] Vavon, Husson: C. R. Séances Acad. Sci. 175 (1922), 277, siehe aber Maxted (J. chem. Soc. 1934, 26, 672); der findet, daß die Vergiftung zu demselben Faktor der Verminderung der katalytischen Wirkung des Platins gegen verschiedene Stoffe führt.
[5] Kubota, Yoshikawa: Sci. Pap. Inst. physic. chem. Res. 3 (1925), 33.
[6] Bull. Soc. chim. (4) 11 (1912), 644.
[7] Bull. Soc. chim. (4) 3 (1908), 122.
[8] Hüttig: Im vorliegenden Bande des Handbuchs.

Die Theorie einer *chemischen Verbindung*, an der der Katalysator teilnimmt, wird in der Form aufrechterhalten, daß sich vorübergehend Zwischenverbindungen sowohl mit den reagierenden Stoffen als auch mit den Reaktionsprodukten bilden. Das verschiedene Verhalten von Aluminiumoxyd, Thoriumoxyd und anderen Oxyden und von Metallen, wie Kupfer und Nickel den Alkoholen gegenüber wird im ersten Fall mit der Bildung von Äthylaten von Aluminium oder Thorium erklärt, die sich, wie direkt festgestellt worden ist[1], in Äthylen, Wasser und Metalloxyd zersetzen.

Die Metalle, die fähig sind, Hydride zu geben, sollten danach auch fähig sein, Wasserstoff solchen Stoffen zu entziehen, in denen die Bindungen zwischen Wasserstoff und dem Rest des Moleküls nicht sehr stark sind[2].

Ein anderes Beispiel bietet die Erklärung, die IPATIEFF[3] von der Reaktion von SQUIBB (siehe Seite 207) gibt. Wenn man Essigsäure über Bariumcarbonat leitet, so soll sich im ersten Augenblick Bariumacetat und Kohlendioxyd bilden, dann würde sich Bariumacetat nach der bekannten Reaktion in Carbonat und Aceton zersetzen; Zinkoxyd würde in gleicher Weise wirken, nur hätte man hier, da Zinkcarbonat sich erst bei 540÷580° zersetzt, am Ende der Reaktion Zinkoxyd statt Carbonat. Daß Eisen trotz der Fähigkeit des Eisenacetats, sich zu zersetzen und Aceton zu geben, sich anders verhält, wird damit erklärt, daß man annimmt, der Katalysator müsse, um die Bildung des Acetons zu fördern, fähig sein, sich wenigstens für einen Augenblick mit dem Kohlendioxyd zu verbinden, das sich aus zwei Essigsäuremolekülen ausscheidet. Während nun Zinkoxyd in Anwesenheit von Feuchtigkeit und Kohlendioxyd Carbonat bildet, besitzt Eisenoxyd diese Eigenschaft nicht.

Das verschiedene Verhalten des Isobutylens und der normalen Butylene an Aluminiumoxyd in Gegenwart von Salzsäure kann ebenfalls mit der verschiedenen Stabilität der Additionsverbindungen mit Salzsäure in Beziehung gebracht werden[4].

Dabei ist natürlich klar, daß in Systemen, die ein stabiles Gleichgewicht erreichen, eine selektive Einwirkung des Katalysators nicht möglich ist. So wird man bei der katalytischen Oxydation des Ammoniaks, wenn sie bei 1500° verläuft, immer nur Stickstoff und Wasser als Endprodukte finden, da dies die letzten Oxydationsprodukte sind.

Wenn dagegen die Temperatur so liegt, daß kein stabiles Gleichgewicht sich einstellt, bleibt der Vorgang bei einem metastabilen Gleichgewicht stehen, oder aber es werden bestimmte Teilreaktionen unterbrochen und bleiben in einem Zwischenzustand stecken.

So hat insbesondere für den oben erwähnten Vorgang SWIETOSLAWSKI[5] gezeigt, daß z. B. die NO-Konzentration von dem für jeden Katalysator charakteristischen Geschwindigkeitsverhältnis der Teilreaktionen abhängt.

MITTASCH[6] unterscheidet zwei Arten der Selektivität: der Katalysator beschleunigt entweder eine Reaktion aus einer Reihe von Folgereaktionen oder eine aus einer Schar von Nebenreaktionen. Ein Beispiel der ersten Art ist die schon erwähnte Dehydratation des Alkohols an Aluminiumoxyd, die sich wie folgt zerlegen läßt:

$$2\,C_2H_5OH \rightleftarrows (C_2H_5)_2O + H_2O\,,$$

$$(C_2H_5)_2O \rightleftarrows 2\,C_2H_4 + H_2O\,.$$

[1] SABATIER, MAILHE: Ann. Chim. Phys. 20 (1910), 349.
[2] SABATIER: La catalyse en chimie organique, S. 617.
[3] IPATIEFF: Catalytic reactions at high pressures and temperatures, S. 122. New York, 1936.
[4] MC MILLAN: Ind. Engng. Chem., Anal. Ed. 9 (1937), 511.
[5] J. Chim. physique 22 (1935), 73.
[6] Ber. dtsch. chem. Ges. 59 (1926), 13.

Die Ausbeuten an Äther und Äthylen hängen von der Verweilzeit des Alkohols über dem Katalysator ab. Bis 300°, einer Temperatur, bei der der Äther sich noch nicht zersetzt, bleibt die Ausbeute an Äthylen klein, oberhalb 354° zerfällt der Äther, und die Äthylenausbeute steigt (siehe Abb. 3).

Das gleiche gilt für die Synthese von Äthylamin aus Alkohol und Ammoniak an Aluminiumoxyd:

$$C_2H_5OH + NH_3 \rightarrow C_2H_5NH_2 + H_2O\,,$$
$$C_2H_5NH_2 \rightarrow C_2H_4 + NH_3\,,$$

für die es ein Gebiet gibt, in dem mit Verminderung der Verweilzeit der Gase über dem Kontakt die Ausbeute an Äthylamin steigt.

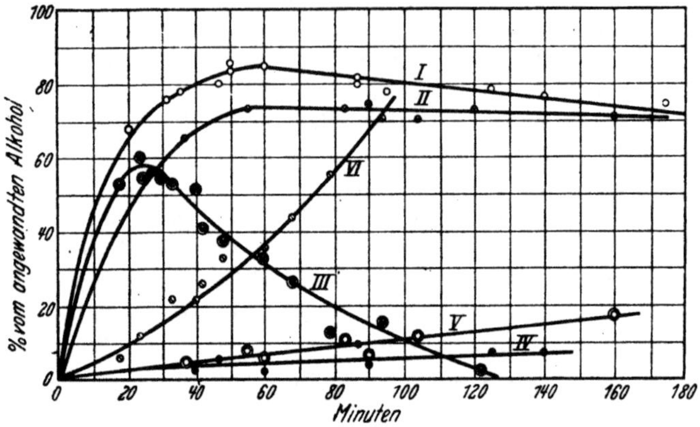

Abb. 3. Dehydratisierung von Alkohol an Tonerde.
Kurve *I* Äther 269°, *II* Äther 300°, *III* Äther 354°, *IV* Äthylen 269°, *V* Äthylen 300°, *VI* Äthylen 354°.

Ein anderes Beispiel dieser Art liefert die schon besprochene Ammoniakverbrennung, die man in folgendem Schema zusammenfassen kann:

$$NH_3 + O_2 \rightarrow NHO \rightarrow NO + H_2 \rightarrow H_2 + N_2 + H_2O\,.$$

Fälle, in denen der Katalysator aus verschiedenen Parallelreaktionen die Auswahl trifft, sind die verschiedenen Synthesen aus Kohlenoxyd und Wasserstoff:

$$CO + H_2 \rightarrow CH_2O \rightarrow CH_3OH \rightarrow \left\{\begin{array}{l}\text{Alkohole}\\ \text{Säuren}\\ \text{Äther und Ester}\\ \text{Aldehyde und Ketone}\\ \text{Kohlenwasserstoffe}\\ \text{Aromaten}\end{array}\right.$$

Wir sahen schon, daß hier Zinkoxyd die Bildung von Alkohol begünstigt, Zusatz von Alkali die Reaktion bis zu höheren Alkoholen fortführt, während Eisen, Kobalt und Nickel Kohlenwasserstoffe geben usf.

Andere Beispiele liegen in folgenden Reaktionen vor:

$$C_2H_5OH \rightarrow C_2H_4 + H_2O\,,$$
$$C_2H_5OH \rightarrow CH_3CHO + H_2$$

oder

$$CH_2{=}CHCH_2OH \rightarrow CH_2 = CHCHO + H_2\,,$$
$$CH_2{=}CHCH_2OH \rightarrow CH_3CH_2CHO$$

oder

$$HCOOH \rightarrow H_2 + CO_2$$
$$HCOOH \rightarrow CO + H_2O\,.$$

Metalle, wie aktives Kupfer, katalysieren die Aldehydbildung, während Aluminiumoxyd die Äthylenbildung, andere Oxyde wie Zinkoxyd oder Titanoxyd beide Reaktionen beschleunigen.

Ameisensäure zerfällt an Glas nach beiden angeschriebenen Reaktionen erster Ordnung. Bei 280° sind die beiden Geschwindigkeiten einander gleich, aber die Aktivierungswärme beträgt für die erste Reaktion 28 kcal, für die zweite 16 kcal. Wenn für beide Reaktionen die adsorbierten Molekeln dieselben wären, kann man ausrechnen, daß die Geschwindigkeiten bei 280° im Verhältnis 1 : 340 stehen müßten[1]. Dieser Widerspruch kann wohl das Wesen der Selektivität beleuchten. Er bedeutet doch, daß das Endprodukt außer von der Energie der adsorbierten Molekeln noch von einer Wahrscheinlichkeit der Umordnung bei der kritischen Energie abhängt, oder aber eher von *verschiedenen Arten adsorbierter Molekeln* an verschiedenen Stellen der Oberfläche[2].

Auch Isomerisierung oder Dehydrierung des Allylalkohols sind mit entsprechenden Mechanismen verträglich[3]. Es gibt noch eine ganze Reihe von Tatsachen, die wir schon erwähnt haben und die einer ähnlichen Erklärung zugänglich sind.

So erklärt BANCROFT[4] die verschiedene Art der Alkohole, sich in Aldehyde und Wasserstoff oder in ungesättigte Kohlenwasserstoffe und Wasser zu zersetzen, mit der verschiedenen Fähigkeit, die die verschiedenen Katalysatoren haben, Wasserstoff oder Wasserdampf zu adsorbieren: Nickel, das fähig ist, Wasserstoff zu adsorbieren, fördert die Zersetzung in Aldehyd und Wasserstoff, während Aluminiumoxyd, das die Neigung hat, Wasser zu adsorbieren, die andere Reaktion katalysiert.

Im allgemeinen glaubt man, daß es die Adsorption des Substrates, das reagieren muß, ist, die die Aktivierung der Moleküle und dadurch ihre Teilnahme an der Reaktion verursacht. So wird die selektive Verbrennung an Platin in der Reihenfolge Kohlenoxyd, Wasserstoff und Methan (siehe S. 227) von BANCROFT mit der Adsorptionsfähigkeit des Platins in Verbindung gebracht, welche für Kohlenoxyd größer als für Wasserstoff und für Wasserstoff größer als für Methan ist[5].

Auch der Effekt des Palladiums, innerhalb bestimmter Grenzen der zugesetzten Menge die Selektivität der katalytischen Wirkung des Kupfers auf Kohlenoxyd im Vergleich zu Wasserstoff (siehe S. 227) zu vergrößern, ist mit einer Adsorptionsvergrößerung des Kohlenoxydes und mit einer Adsorptionsverminderung des Wasserstoffs in Beziehung zu bringen[6].

Wir sahen oben, wie das Verhältnis Dehydratisierung — Dehydrierung bei Alkoholen von der Herstellungsart des Katalysators abhängt. Unter diesen Fällen wollen wir den kennzeichnendsten, von HOOVER und RIDEAL[7] gefundenen, nämlich Äthylalkohol an Thoriumoxyd, besprechen.

Thoriumoxyd katalysiert beide Reaktionen, die Geschwindigkeiten sind ungefähr gleich und haben nur verschiedenen Temperaturkoeffizienten. Außerdem kann man aber die Dehydratation selektiv mit Wasserdampf, Acetaldehyd oder Chloroform vergiften, ohne die Dehydrierung zu beeinträchtigen.

Da die Vergiftung eine Blockierung der aktiven Zentren der Oberfläche be-

---

[1] C. N. HINSHELWOOD, HARTLEY und B. TOPLEY: Proc. Roy. Soc. (London) Ser. A **100** (1922), 675.

[2] Siehe G.-M. SCHWAB: Katalyse, S. 184ff. Berlin: Springer, 1931.

[3] F. H. CONSTABLE: Proc. Roy. Soc. (London) Ser. A **113** (1927), 254.

[4] J. physic. Chem. **21** (1917), 591.

[5] l. c. S. 651.

[6] HURST, RIDEAL: J. chem. Soc. **125** (1924), 694.

[7] J. Amer. chem. Soc. **49** (1927), 104, 116.

deutet[1] und da in diesem Fall die Dehydrierung weiterläuft, bedeutet dies, daß die adsorbierenden Zentren für die beiden Reaktionen verschieden sind, d. h. daß die verschiedenen Reaktionen an verschiedenen Teilen der Oberfläche verlaufen.

Natürlich führt alles, was wir über die verschiedenen Eigenschaften verschieden hergestellter Katalysatoren gesagt haben, zu derselben Schlußfolgerung. Man darf wohl mit TAYLOR[2] diese Auffassung verallgemeinern und die selektive Wirksamkeit überhaupt mit einer *selektiven Adsorption* erklären. Diese Theorie erklärt dann auch die Auswahl einer Reaktion aus Folgereaktionen, indem eine *Schutzvergiftung* ein Zwischenprodukt stabilisieren kann[3].

Dies wäre etwa der Fall der schon betrachteten Äthylaminbildung. In dieses Schema paßt auch der Einfluß des Schwefels auf die Katalyse von Kohlenoxyd-Wasserstoff-Gemischen durch Zinkoxyd; in diesem Fall wird der Schwefel am Eisen gebunden, so daß allein das Zinkoxyd wirksam bleibt und die Synthese des Methanols begünstigt, während keine Kohlenwasserstoffe gebildet werden[4].

ADKINS glaubte, daß die Selektivität, die nach seinen Versuchen von der Herstellungsweise des Katalysators abzuhängen schien, in Beziehung zu der Porosität des Katalysators stehe, die ihrerseits außer der Herstellungsmethode von dem Ausgangsmaterial abhinge. So hätten die verschiedenen Aluminiumoxyde (siehe S. 208) verschiedene Porosität, und die großen Poren sollten die Decarboxylierung und die kleinen Poren die Dehydratisierung begünstigen. Diese Theorie ist in der Folge von ADKINS selbst experimentell widerlegt worden, da es ihm nicht gelang, dieselben Unterschiede im Verhalten der verschiedenen Aluminiumoxyde bei analogen Reaktionen, wie der Dehydratisierung der Amide und der Abspaltung von Salzsäure aus Alkylchloriden zu finden; man nimmt von anderer Seite an, daß die beobachteten Differenzen oft von der Anwesenheit von kleinen Mengen von Fremdstoffen herrühren[5].

Die Theorie von BURK[6] von der multiplen Adsorption, die von BALANDIN[7] weiter entwickelt worden ist, führt die verschiedene Art zu reagieren auf die verschiedene Weise zurück, in der die Moleküle an den Katalysator gebunden werden. Im Falle des Äthylalkohols gibt er die zwei folgenden schematischen Darstellungen, in denen die Punkte „Dubletts" von Katalysatoratomen bedeuten:

H_2—C—CH_2
        | |
       H OH
	H_3C—CH—O
	           | |
	          H H

Dehydratisierender Katalysator	Dehydrierender Katalysator

Die Katalysatoren, die fähig sind, den Benzolring zu hydrieren und zu dehydrieren, sind Metalle, die ein kubisch-flächenzentriertes Gitter haben, und einige Metalle, wie Zink, Osmium, Ruthenium, Kobalt, die in hexagonaler dichtester Packung kristallisieren. In den kubischen Metallen wären die aktiven Punkte diejenigen Atome, die an den Ecken der dichtesten Gitterfläche gelegen sind, das heißt, in der Oktaederfläche (111); in den Metallen, die im hexagonalen System kristallisieren, würden als aktive Punkte die Atome der zentrierten

[1] Siehe den Beitrag BACCAREDDA in vorliegendem Bande des Handbuchs.
[2] J. physic. Chem. **30** (1926), 145. — G.-M. SCHWAB: Katalyse, S. 185. Berlin: Springer, 1931.
[3] ARMSTRONG, HILDITCH: Proc. Roy. Soc. (London) Ser. A **97** (1920), 262.
[4] A. MITTASCH: Z. Elektrochem. angew. physik. Chem. **36** (1930), 569.
[5] TAYLOR: J. physic. Chem. **30** (1926), 166.
[6] J. physic. Chem. **30** (1926), 1134.
[7] Z. physik. Chem. **126** (1927), 267; Abt. B **2** (1928), 289.

Basisfläche auftreten, die das gleiche charakteristische Anziehungs- und Orientierungsvermögen wie die Oktaederfläche der kubischen Metalle zeigen würden. So angeordnete aktive Zentren können nämlich zwei Kohlenstoffatome desselben Ringes anziehen, während andere Wasserstoff anziehen. Das bedeutet, daß auf der Oberfläche des Katalysators sich Gruppen von solchen aktiven Punkten befinden würden, die vom Autor „Multipletts" genannt werden, deren Lage die Symmetrie des Benzolringes hätte. Diese Multipletts würden im speziellen Falle der Hydrierung und Dehydrierung das „Sextett" von Atomen sein, die in den Ecken zweier ineinander eingeschriebener Dreiecke gelegen sind; drei von ihnen würden im Benzolring die Kohlenstoffatome anziehen und drei die Wasserstoffatome. Hieraus folgt, daß, wenn eine solche Anziehungskraft sich auswirken soll, der Atomradius der als Hydrierungskatalysatoren brauchbaren Elemente zwischen zwei bestimmten Werten liegen muß, und diese sind im Falle der Metalle des oben genannten Typs 1,236 ÷ 1,379 Å, was durch die Versuche bestätigt wird.

Zu bemerken ist, daß auch das Kobaltsulfid, dessen Fähigkeit, Phenol und Anilin in Cyclohexan zu verwandeln, auf Seite 215 und 216 gezeigt worden ist, hexagonale Struktur mit zentrierter Basis hat, in welcher die aktiven Punkte die Kobaltatome wären, die auf der Grundfläche gelegen sind, die auch die dichtest mit Atomen besetzte ist[1]

Im Einklang mit der Theorie von Balandin werden Penta- und Heptamethylene von den genannten Katalysatoren nicht dehydriert; ebenso auch die Cyclohexankohlenwasserstoffe, die an demselben Kohlenstoffatom doppelt substituiert sind (siehe auch S. 211).

[1] Caglioti, Roberti: Gazz. chim. ital. **62** (1932), 28.

Vergiftung der Kontakte.

Von

MARIO BACCAREDDA, Rom.

Inhaltsverzeichnis.

Einleitung.

Man bezeichnet in der heterogenen Katalyse als Gift jeden Stoff, der fähig ist, die Wirkung eines Katalysators, also die Erhöhung der Geschwindigkeit einer chemischen Reaktion ganz oder teilweise zu vernichten. Dieser Name, der anfänglich nur für jene Stoffe galt, die, fremd für die betrachtete chemische Reaktion, schon in kleinen Mengen fähig sind, jene Wirkung auszuüben, wurde später auch auf die Stoffe erweitert, die nur dann, wenn sie in großen Mengen neben den reagierenden Produkten anwesend sind, einen merkbaren Einfluß haben; als man jedoch erkannte, daß zuweilen die reagierenden Stoffe selbst oder ihre Umwandlungsprodukte oder auch die Hauptreaktionsprodukte selbst in bestimmten Konzentrationen auf die Reaktionsgeschwindigkeit anders, als es das Massenwirkungsgesetz verlangen würde, wirken können, wurde auch die Einschränkung, daß das Gift ein fremder Stoff sein müsse, vom Begriff des katalytischen Giftes fallen gelassen.

Auf Grund dieser Definition schließen wir von der Behandlung dieses Kapitels die Inhibitorerscheinungen aus, die im zweiten Band dieses Werkes behandelt werden und deren Wirkung sich unabhängig von der Gegenwart eines positiven Katalysators äußert.

Auch werden in diesem Abschnitt die Ursachen des Inaktivwerdens eines Katalysators ausgeschlossen, die hauptsächlich nur physikalischer Natur sind, z. B. lange und zu intensive Ausnutzung des Katalysators, die zur sog. „Inaktivierung durch Ermüdung“ oder auch die Überhitzung, die gewöhnlich zu einer Herabsetzung der Aktivität durch Veränderung der physikalischen Struktur (Sinterung) führt.

Die ersten Beobachtungen einer Aktivitätsverminderung feinverteilten Platins sind von Döbereiner und Faraday gemacht worden; die Erscheinung wurde dann von Turner[1] untersucht, dem es gelang, als Ursache die Wirkung von kleinen Mengen von Schwefelverbindungen nachzuweisen. Er erforschte systematisch den Einfluß von Ammoniumsulfid, Schwefelwasserstoff, Schwefelkohlenstoff, er beschrieb auch Methoden zu bevorzugten katalytischen Verbrennungen und ist damit der Vorläufer der modernen Anwendungen der selektiven Eigenschaften der katalytischen Gifte für die chemische Synthese.

Tabelle 1. *Vergleich der Vergiftung von Platin und Blutkatalase.*

Gift	Kolloidales Platin	Hämase
H_2S	M/300000	M/1000000
HCN	M/20000000	M/1000000
$HgCl_2$	M/2000000	M/2000000
$HgBr_2$	—	M/300000
$Hg(CN)_2$	M/200000	M/300000
J_2 in KJ	M/5000000	M/50000
$NH_2OH \cdot HCl$	M/25000	M/80000
$C_6H_5NH \cdot NH_2$	—	M/20000
$C_6H_5NH_2$	M/5000	M/400
As_2O_3	M/50	nicht giftig bis M/2000
CO	sehr giftig	nicht giftig
HCl	M/3000	M/100000
NH_4Cl	M/200	M/1000
HNO_3	nicht giftig	M/250000
H_2SO_4	nicht giftig	M/50000
KNO_3	nicht giftig	M/40000
$KClO_3$	schwach giftig	M/40000

Der häufige Parallelismus der Verminderung der Aktivität der Katalysatoren und derjenigen von Enzymen durch dieselben Stoffe rechtfertigt den ihnen gegebenen Namen „Gifte“[2].

Bancroft[3] hat die obige Tabelle 1 zusammengestellt, in welcher man die

[1] E. Turner: Pogg. Annalen **2** (1824), 210.

[2] C. F. Schönbein: J. prakt. Chem. **1** (1864), 89, 340. — O. Bredig, R. Müller von Berneck: Z. physik. Chem. **31** (1898), 258.

[3] W. D. Bancroft in E. K. Rideal u. H. S. Taylor: Catalysis in Theory and Practice. London, 1926.

molekularen Konzentrationen der verschiedenen Gifte findet, die nötig sind, um die katalytische Wirkung des kolloidalen Platins und der Katalase des Blutes (Hämase) auf die Zersetzung des Wasserstoffperoxyds auf die Hälfte des Wertes zu bringen, den man in Abwesenheit eines Giftes erhält.

Der Parallelismus zwischen diesen zwei Fällen ist recht weitgehend, wenn auch wichtige Ausnahmen zu verzeichnen sind.

Die praktische Bedeutung der Erscheinung der Vergiftung der Katalysatoren ist grundlegend, wenn man bedenkt, daß in den meisten Fällen die hauptsächlichste Schwierigkeit, die verschiedenen katalytischen Prozesse in die Praxis überzuführen, durch die größeren Mengen an Verunreinigungen bedingt ist, die die Reagenzien aufweisen, die man für technische Anwendungen gegenüber denen im Laboratorium zur Verfügung hat; diese Prozesse konnten technisch erst dann verwirklicht werden, nachdem man Verfahren gefunden hatte, um die industriellen Ausgangsstoffe von den katalytischen Giften genügend zu reinigen, oder nachdem die Herstellung von Katalysatoren, die gegen Gifte wenig empfindlich sind, oder Verbesserungen der Methoden zur Regenerierung von vergifteten Katalysatoren gelungen waren.

So konnte sich die Herstellung des Schwefeltrioxydes mittels der Kontaktmethode, die erstmalig 1831 patentiert worden ist, erst dann industriell behaupten, als man die Schwefeldioxyd-Gase von den Arsenverbindungen durch die Verfahren der elektrostatischen Entstaubung zu reinigen gelernt hatte.

Die FISCHER-Synthese der Benzine und der festen Paraffine aus Wassergas ist technisch erst dann möglich geworden, als man Verfahren der „Feinreinigung" des Wassergases in Anwendung brachte, die es erlauben, den Gehalt an Schwefelverbindungen im Gas von $2 \div 10$ g je m^3 auf 0,002 mg je m^3 herabzusetzen; nur unter diesen Bedingungen wird die schnelle Vergiftung des Kobaltkatalysators verhindert.

Wo aber eine genügende Reinigung der Rohstoffe nicht möglich war, mußte man im praktischen Gebrauch Katalysatoren anwenden, die gegen bestimmte Gifte unempfindlich sind; ein Beispiel haben wir in der Hydrierung der Mineralöle und der Kohlen, die einen besonderen Aufschwung mit der Anwendung von Katalysatoren aus Metallsulfiden erlangte, die unempfindlich gegen Schwefelverbindungen sind.

Die Vergiftung, die durch Produkte sekundärer Reaktionen oder durch die Reaktionsprodukte selbst (Selbstvergiftung) verursacht wird, findet man oft bei organischen Polymerisationen. Die industrielle Anwendung dieser Verfahren ist wirtschaftlich erst mit der Einführung von Regenerierungsverfahren für die Katalysatoren möglich geworden: so bei der Fabrikation des Butadiens aus Äthylalkohol zur Kautschuksynthese, wo man die Fabrikationsphase der Katalyse mit einer Phase der Regenerierung durch oxydierende Gase (Luft, Wasserdampf), die die nichtflüchtigen adsorbierten Polymeren zersetzen, abwechseln läßt oder bei der FISCHER-Synthese mit einer solchen durch reduzierende Gase (reinen Wasserstoff), welche die schweren vom Katalysator adsorbierten Produkte entfernen.

Gruppeneinteilung der Gifte.

Besser als nach ihrer chemischen Natur oder ihrem Aggregatzustand, die nur zu einer formalen Unterscheidung führen, kann man die katalytischen Gifte folgendermaßen ordnen:

nach ihrer Wirkungsintensität (starke, mittelstarke, schwache Gifte);

nach dem Charakter ihrer Wirkung (bleibende und vorübergehende Gifte; allgemeine, spezifische, selektive und progressive Gifte);

nach dem Mechanismus ihrer Wirkung (physikalische Adsorption, chemische Adsorption, Bildung von massiven unwirksamen chemischen Verbindungen).

BREDIG[1], der die hemmende Wirkung von verschiedenen Stoffen auf die Zersetzung des Wasserstoffperoxydes in Gegenwart von kolloidalem Platin untersucht hat, ordnete die verschiedenen Gifte nach der Verdünnung $\frac{1}{c_G}$ (in Litern ausgedrückt) eines Grammoleküls eines giftigen Stoffes, die erforderlich ist, damit bei Anwendung von 10^{-5} g Platin die erste Hälfte des Reaktionsablaufes mit der halben Geschwindigkeit derjenigen in Abwesenheit des Giftes (s. später auf S. 243) vor sich gehe: in *starke Gifte*, für die $\frac{1}{c_G}$ bis zu 21000000 herunter geht (in der Reihenfolge fallender Giftigkeit: Blausäure, Jodcyan, Mercurichlorid, Schwefelwasserstoff, Natriumthiosulfat, Kohlenoxyd, Phosphor, Phosphorwasserstoff, Arsenwasserstoff, Mercuricyanid, Schwefelkohlenstoff), *mittelstarke Gifte* mit $\frac{1}{c_G}$ bis zu 30000 (wie oben: Anilin, Hydroxylamin, Brom, Chlorwasserstoff, Oxalsäure, Amylnitrit, arsenige Säure, Natriumsulfid, Ammoniumchlorid) und *schwache Gifte* mit $\frac{1}{c_G} < 900$ (Phosphorsäure, Natriumnitrit, Salpetersäure, Pyrogallol, Nitrobenzol, Fluorwasserstoff, Ammoniumfluorid).

Man definiert als *vorübergehendes Gift* einen Stoff, dessen lähmende Wirkung auf die Aktivität des Katalysators reversibel ist, d. h. daß diese aufhört, sobald das Gift aus den reagierenden Stoffen verschwindet. Die Wirkung eines *permanenten (bleibenden) Giftes* ist dagegen irreversibel, sie dauert auch noch nach seiner Entfernung aus den reagierenden Stoffen an, und die Aktivität des Katalysators kann nur dadurch wiederhergestellt werden, daß man durch besondere physikalische oder chemische Behandlungen aus ihm den Fremdstoff vollständig entfernt oder seine Wirkung vernichtet (Wiederbelebung, Regeneration). Das bleibende Gift reagiert meistens mit dem Katalysator unter Bildung von auf seiner Oberfläche unter den Reaktionsbedingungen beständigen Stoffen, welche zu ihrer Zersetzung besondere Bedingungen verlangen. Beispiele von bleibenden Giften bei den drei wichtigsten katalytischen Reaktionen: bei der Ammoniaksynthese mit Eisen als Katalysator, bei der Oxydation des Ammoniaks an Platin und bei der Oxydation des Schwefeldioxyds über Vanadiumpentoxyd sind: Schwefelverbindungen[2], Phosphorwasserstoff[3] und Arsen[4]; in allen drei Fällen bilden sich beständige Adsorptionsprodukte zwischen Gift und Katalysator, die zur Regenerierung im ersten Falle eine vollständige Oxydation des Metallsulfides zu Oxyd und darauffolgend dessen Reduktion verlangen, in den anderen Fällen das Weglösen der Oxydationsprodukte der Gifte, P_2O_5 bzw. As_2O_5.

Beispiele von vorübergehenden Giften sind bei der Wasserbildung durch Katalyse des Knallgases an Kupfer oder Nickel[5] oder an Silber und Gold[6] zu verzeichnen: eine Verminderung des Partialdruckes des Sauerstoffes in den reagierenden Gasen unter die Zersetzungsspannung der betreffenden Oxydschichten (Filme), die sich bilden, beschleunigt die Reaktion im Gegensatz zur Forderung des Massenwirkungsgesetzes. In diesen Fällen liegt der Mechanismus des vergänglichen Vergiftungsvorganges gerade in der Bildung einer dünnen Schicht einer Additionsverbindung mit dem Katalysator, die keine katalytischen Eigenschaften

[1] G. BREDIG, K. IKEDA: Z. physik. Chem. 37 (1901), 1.
[2] F. WATANABE: Bull. Inst. physic. chem. Res. 1 (1928), 102.
[3] J. SSYRKIN: J. chem. Ind. (USSR) 3 (1926), 1197.
[4] I. J. ADADUROW: Trans. VI Mendelejew-Congress Theor. Appl. Chem. 2 (1935), 154.
[5] A. F. BENTON, P. H. EMMETT: J. Amer. chem. Soc. 46 (1924), 2728. — A. T. LARSON, F. E. SMITH: J. Amer. chem. Soc. 47 (1925), 346.
[6] D. L. CHAPMAN, J. E. RAMSBOTTOM, C. G. TROTMAN: Proc. Roy. Soc. (London), Ser. A 107 (1925), 92.

besitzt und die, wenn der Partialdruck ihrer Gaskomponente bei den Reaktionsbedingungen unter eine bestimmte Grenze fällt, wieder zerfallen muß.

Bei der Ammoniaksynthese mit Katalysatoren, die Eisen als Grundstoff haben, ist Wasserdampf ein vergängliches Gift, dessen Wirkung auf der Bildung einer Oxydschicht beruhen dürfte; die ursprüngliche Aktivität wird wieder erreicht, wie die Abb. 12 S. 264 zeigt, wenn man die dem Katalysatorrohr zuströmenden Gase vortrocknet, denn in Abwesenheit von Wasserdampf kann der Wasserstoff die vorher gebildeten Oxydschichten wieder zu Metall reduzieren[1].

Der bleibende oder vergängliche Charakter eines Giftes für einen bestimmten Katalysator hängt von den Arbeitsbedingungen, von der Temperatur und dem Partialdruck ab, die, da sie auf die Beständigkeit der Additionsprodukte von Einfluß sind, auch die Vergiftbarkeit der verschiedenen Katalysatoren beeinflussen müssen; so kann ein Stoff bei einer bestimmten Temperatur für einen bestimmten Katalysator ein permanentes Gift sein; er kann dagegen ein vergängliches Gift sein bei einer höheren Temperatur, bei der die Beständigkeit der Additionsverbindung zwischen Gift und Katalysatoroberfläche viel kleiner ist. Während bei der Hydrierung der Kohlenwasserstoffe, die sich bei einer relativ niederen Temperatur abspielt, die Schwefelverbindungen für Nickelkatalysatoren permanente Gifte sind, sind sie vergängliche Gifte für den gleichen Katalysator bei der Konversion des Äthylens mit Wasserdampf, die bei einer höheren Temperatur durchgeführt wird[2]. Die Oxydationsgeschwindigkeit des Schwefeldioxydes über Vanadiumpentoxyd steigt plötzlich über 400° an; dies liegt an dem Zerfall eines inaktiven Vanadiumsulfoxydes, welches sich unterhalb dieser Temperatur bilden kann.

Der permanente oder vergängliche Charakter eines Giftes ist nicht nur vom Gift selbst bedingt, sondern hängt auch vom Katalysator ab; das gleiche Gift kann für einen bestimmten Katalysator permanent sein und für einen anderen vergänglich, auch wenn die gleiche Reaktion in Frage kommt. So ist Wasserdampf bei der Ammoniaksynthese für Eisenoxyd ein vergängliches Gift, während er wie auch der Sauerstoff permanente Gifte gegenüber Katalysatoren sind, die aus Urannitrid bestehen, das durch sie in ein inaktives und beständiges Uranoxyd umgewandelt wird[3]. Darauf ist es zurückzuführen, daß dieser Katalysator, der aus anderen Gründen bei der Ammoniaksynthese viele Vorteile bieten würde, sich in der Technik nicht durchsetzen konnte.

Das andere Unterscheidungsmerkmal der katalytischen Gifte bezieht sich, wie schon gesagt, auf den Einfluß, den sie auf verschiedene von einem bestimmten Katalysator geförderte Reaktionen haben; einige Gifte üben ihre hemmende Wirkung auf alle möglichen Reaktionen aus, die ein gegebener Katalysator zu fördern fähig ist, gleichgültig, welche die reagierenden Produkte seien; andere haben eine hemmende Wirkung verschiedener Intensität für die verschiedenen Reaktionen, die ein bestimmter Katalysator, je nach den reagierenden Stoffen, beschleunigen kann; noch andere haben verschieden hemmende Wirkungen auf verschiedene aufeinander folgende Reaktionen, oder auch, nach einigen Autoren, auf verschiedene nebeneinander verlaufende Reaktionen, die aus gleichen Ausgangsstoffen verschiedene Produkte ergeben. Die erste Art hat den Namen der *allgemeinen*, die zweite den der *spezifischen*, die dritte den der *selektiven* Gifte erhalten.

---

[1] P. H. Emmett, S. Brunauer: J. Amer. chem. Soc. 52 (1930), 2682.

[2] W. A. Karshawin, A. G. Leibusch, B. N. Owtschimikow: J. chem. Ind. (USSR) 10 (1933), 45. — I. J. Adadurow: Trans. VI Mendelejew-Congress Theor. Appl. Chem. 2 (1935), 154.

[3] P. W. Ussatschew: Z. Elektrochem. angew. physik. Chem. 40 (1934), 647.

Im Falle, daß der spezifische Charakter eines Giftes sich durch eine abgestufte Hemmung von analogen Reaktionen bei einer Erhöhung der Konzentration des Giftes selbst äußert, so nennt man ein solches auch ein *progressives* Gift.

Im strengen Sinne des Wortes kann man nicht von *allgemeinen* Giften sprechen, es gibt jedoch Stoffe, die sich bei vielen Anwendungsgebieten gegenüber verschiedenartigen Katalysatoren als Gifte betätigen. In diese Gruppe kann man auch die wenig wirksamen Stoffe einreihen, deren Wirkung hauptsächlich darin besteht, daß sie die Oberfläche des Katalysators mit einer mehr oder weniger dichten Schicht eines unwirksamen Stoffes bedecken, welche die direkte Berührung der Reagentien mit dem Katalysator verhindert und somit die katalytische Wirkung, unabhängig von der Natur der betrachteten Reaktion und oft auch von derjenigen des Katalysators, hemmt: solche allgemeinen Gifte sind z. B. Fette, teerige Stoffe und die Hochpolymeren, die sich auf den verschiedenen Katalysatoren bei der Behandlung oder Synthese der Kohlenwasserstoffe ablagern.

Die *spezifischen* Gifte verdanken demgegenüber ihre Eigenschaft ihrer Reaktionsfähigkeit, durch die sie bei den verschiedenen Bedingungen der Reaktionen, die der Katalysator fördern soll, in verschiedener Weise umgewandelt werden; dies ist z. B. bei der arsenigen Säure gegenüber Platin der Fall; bei der Hydrierung der Kohlenwasserstoffe wirkt sie unter den Reaktionsbedingungen energisch wegen ihrer Reduktion zu Arsenwasserstoff oder Arsen ein, welche die eigentlichen Giftstoffe sind, die mit dem Platin reagieren und Arsenide bilden; die gleiche arsenige Säure hat dagegen praktisch fast keine Wirkung auf den gleichen Katalysator bei der Zersetzung von Wasserstoffperoxydlösungen, da unter diesen Bedingungen die arsenige Säure nicht reduziert, sondern von der Lösung aufgenommen wird.

Manchmal kann ein für eine bestimmte Reaktion spezifisches Gift an demselben Katalysator für eine andere Reaktion sogar als Aktivator wirken; Wismut ist bei der Hydrierung in Anwesenheit von Eisen Gift, während es bei der Oxydation des Ammoniaks beim gleichen Katalysator als Aktivator wirkt.

Der Begriff der Spezifität eines Giftes kann sich statt auf die verschiedenen Reaktionen, die ein bestimmter Katalysator fördern kann, auch auf die Wirkung auf verschiedene Katalysatoren für die nämliche Reaktion beziehen: so sind Spuren von Schwefelwasserstoff bei der Methanolsynthese aus Wassergas ein spezifisches Gift für Katalysatoren, die Kupfer als Grundelement enthalten, während sie unter den gleichen Bedingungen fast gar keine Wirkung auf Katalysatoren aus Zinkoxyd haben.

Der spezifische Charakter eines Giftes für einen bestimmten Katalysator geht parallel mit der Stabilität, die unter den Reaktionsbedingungen die inaktive Verbindung hat, die sich aus Gift und Katalysator bildet; im genannten Beispiel ist das Bildungsgleichgewicht des Kupfersulfides aus Kupfer und Schwefelwasserstoff

$$Cu + H_2S \rightleftarrows CuS + H_2$$

bei den Synthesetemperaturen nach rechts, während es beim Zinksulfid gemäß

$$ZnO + H_2S \rightleftarrows ZnS + H_2O$$

nach links verschoben ist; Schwefelwasserstoff ist für Zinkoxyd nur dann giftig, wenn er in beträchtlichen Konzentrationen auftritt, und ist jedenfalls auch dann nur ein vergängliches Gift.

Man muß beachten, daß sich die Werte der üblichen Gleichgewichtskonstanten auf Verbindungen in massiver Form beziehen, während die katalytischen Vergiftungserscheinungen im allgemeinen auf der Bildung einer Oberflächenschicht, welche sich durch chemische Adsorption des Giftes auf der Katalysatoroberfläche gebildet hat, beruhen; diese dünnen Schichten haben im allgemeinen eine andere Stabilität als die massive Form; manchmal kann sie sogar größer sein. Doch kann in vielen Fällen, wie beim obengenannten, die Affinität der Bildungsreaktion der massiven Form der Verbindung von Katalysator und Gift einen qualitativen Hinweis auf die Stabilität des Adsorptionsproduktes des Giftes geben.

Als *selektive* Gifte bei Folgereaktionen haben sich das Thiophen und andere organische Schwefelverbindungen bei der Reduktion des Benzoylchlorids zu Benzaldehyd und zu Benzylalkohol erwiesen. ROSENMUND, ZETSCHE und HEISE[1] haben gezeigt, daß, wenn man Benzoylchlorid in reinem Benzol löst und es in Gegenwart von kolloidalem Palladium hydriert, praktisch keine Bildung von Benzaldehyd stattfindet, da die Hydrierung bis zum Benzylalkohol fortschreitet; wenn man aber als Lösungsmittel statt des reinen gewöhnliches Benzol nimmt, so erhält man eine erhebliche Ausbeute an Benzaldehyd, und zwar weil die weitere Reduktion des Benzaldehyds durch die Schwefelverbindungen, die im gewöhnlichen Benzol enthalten sind, gehemmt wird.

Ein anderes Beispiel für ein selektives Gift bei Folgereaktionen ist das der schwefelhaltigen Verunreinigungen bei der Hydrierung des Nitrobenzols mit aus Nitrat hergestellten Nickelkatalysatoren: ein Katalysator, der durch Fällung aus einer Lösung, die nur 1,5 ÷ 2 Teile Sulfat auf hundert Teile Nitrat enthält, gewonnen wurde, schränkt bereits die Hydrierung auf die Bildung von Anilin ein und verhindert die weitere Reduktion zur Cyclohexanverbindung[2]. Das Thiophen übt eine ähnliche, aber energischere Wirkung aus[3].

Die Alkalien können bei der Bildung des Methans aus Wassergas unter Druck und in Anwesenheit von Eisen als selektive Gifte angesehen werden[4]; denn man muß annehmen, daß die Reaktion über sauerstoffhaltige organische Zwischenverbindungen verläuft, die durch weitere Hydrierung zu Methan reduziert werden; bei Anwesenheit von Alkalien wird die Folgereaktion vergiftet, und das Reaktionsprodukt ist reich an Sauerstoffverbindungen.

Ein anderes bemerkenswertes Beispiel wäre die selektive Vergiftung, welche Schwefelverbindungen bei der Hydrierung der Kohlenwasserstoffe in Anwesenheit von Nickel ausüben; die Anwesenheit von Thiophen erlaubt zwar nach IPATIEW[5] die Hydrierung der Olefine, verhindert dagegen die Hydrierung der aromatischen Kohlenwasserstoffe. Auch nach einem neueren Patent[6] soll das Thiophen selbst und auch andere Schwefelverbindungen bei der Synthese des Benzins nach FISCHER mit Katalysatoren aus Kobalt-Thoroxyd-Kieselgur die letzte Phase der Hydrierung der Olefine verhindern, ohne die Bildung der Öle zu stören, die in diesem Falle besonders reich an ungesättigten Produkten bleiben.

Ein Beispiel für ein *progressives* Gift wird durch VAVON und HUSSON[7] angegeben, nach welchen die katalytische Hydrierung von Aceton, Zimtsäure, Nitrobenzol und Cyclohexen in Anwesenheit von Platin nach der angegebenen Reihenfolge der Verbindungen fortschreitend durch aufeinanderfolgende Zusätze von Schwefelkohlenstoff gehemmt wird.

---

[1] K. W. ROSENMUND, F. ZETSCHE, F. HEISE: Ber. **54** (1921), 425, 638, 1032, 2033.

[2] K. YOSHIKAWA: Sci. Pap. Inst. physic. chem. Res. **24** (1933), 512; **25** (1934), 235; Bull. Inst. physic. chem. Res. **13** (1934), 54.

[3] K. YOSHIKAWA, T. YAMANAKOWA, B. KUBOTA: Sci. Pap. Inst. physic. chem. Res. **26** (1935), 566; **27** (1935), 573; Bull. Inst. physic. chem. Res. **14** (1935), 23, 29.

[4] F. FISCHER, H. TROPSCH: Brennstoff-Chem. **4** (1924), 276; **5** (1925), 201.

[5] W. IPATIEW: Catalytic Reactions at High Pressures and Temperatures. New York, 1936.

[6] W. WHALLEY MIDDLETON: E.P. 509325, 22. 1. 1938; 10. 8. 1939.

[7] G. VAVON, A. HUSSON: Compt. rend. Séances Acad. Sci. **175** (1922), 277.

Eine Einteilung der gasförmigen Kontaktgifte in drei Klassen auf Grund ihres *Wirkungsmechanismus* ist von THOMAS[1] in einer Arbeit über die Hydrierung der ungesättigten Glyceride in Anwesenheit von Nickel vorgeschlagen worden.

Die erste Klasse würde die gasförmigen Gifte umfassen, deren Wirkung rein physikalischer Art ist und darin besteht, daß einmal der Partialdruck der reagierenden Gase und andererseits ihre Adsorbierbarkeit durch die Oberfläche des Katalysators herabgesetzt werden.

Die zweite Klasse würde die gasförmigen Gifte umfassen, die außer der physikalischen Wirkung, die auch von den Giften der ersten Klasse ausgeübt wird, indem durch sie selbst oder durch ihre Umwandlungsprodukte die Adsorption der reagierenden Gase vermindert wird, auch fähig sind, in Gegenwart der Katalysatoren mit den Ausgangsgasen zu reagieren und auf diese Weise eine energischere negative Wirkung als die Gifte der ersten Klasse ausüben.

Die dritte Klasse schließlich würde die Gifte umfassen, die schon von sich aus mit dem Katalysator zu reagieren und mit ihm feste Verbindungen zu bilden vermögen.

THOMAS gibt als Beispiele von Giften für die genannte Hydrierungsreaktion, die den drei Klassen angehören, Stickstoff, Kohlenoxyd und Schwefelwasserstoff an.

Die von THOMAS im Jahre 1920 dargelegten Begriffe sind noch etwas unbestimmt. Damals war die Natur der verschiedenen Arten der physikalischen und chemischen Adsorption noch wenig erforscht, auch war noch nicht erkannt worden, daß in gewissen Fällen eine Adsorptionsschicht eine größere Beständigkeit als die entsprechende chemische Verbindung in massiver Form haben kann.

Auch heute ist es noch schwer, zu einer befriedigenden Einteilung der Gifte zu gelangen, sowohl wenn man sich auf die Wirkung (Spezifität usw.) oder auf die Art der Wirkung, die sie ausüben (Adsorption, chemische Verbindung) oder auf die Beständigkeit der Verbindungen, die durch Umsetzung der Gifte mit dem Katalysator entstehen (Reversibilität usw.), stützt, und zwar weil die verschiedenen Gifte sich nicht scharf unterschiedlich verhalten; es gibt graduelle Übergänge sowohl zwischen den verschiedenen Wirkungstypen als auch zwischen ihrem Mechanismus.

Trotzdem kann man heute die Gifte in die folgenden vier Klassen einteilen:

1. *Gifte, die physikalisch adsorbiert sind* durch VAN DER WAALSsche Valenzkräfte oder durch Capillaradsorption. In diese Gruppe können die Stoffe mit niedrigem Dampfdruck einbegriffen werden, die bei der Reaktionstemperatur meist flüssig sind und die die verschiedenen der heute bekannten Arten der physikalischen Adsorption[2] geben können. Zu dieser Gruppe gehören beispielsweise die arsenige Säure, die bei der Oxydation des Schwefeldioxyds über Vanadiumpentoxyd zu Arsenpentoxyd oxydiert wird, das die aktiven Zentren der Katalysators überdeckt, dann die hochpolymeren Produkte, die sich bei der Kondensation oder Polymerisation organischer Stoffe auf dem Katalysator ablagern und so seine Aktivität vermindern oder aufheben.

2. *Chemisch adsorbierte Gifte mit Bildung von homöopolaren Schichten* auf der Katalysatoroberfläche durch Valenzverbindungen zweiter Art. Zu dieser Gruppe kann man die gasförmigen Gifte rechnen, die chemisch von der Katalysatoroberfläche als Moleküle (z. B. Kohlenoxyd auf Eisen bei niederen Temperaturen)

[1] R. THOMAS: J. Soc. chem. Ind. **39** (1920), 10 T.

[2] S. BRUNAUER, L. S. DEMING, W. E. DEMING, E. TELLER: J. Amer. chem. Soc. **62** (1940), 1723.

oder als Atome (Wasserstoff und Stickstoff auf Eisen bei niederen Temperaturen[1]) adsorbiert werden.

3. *Chemisch adsorbierte Gifte mit Bildung von Schichten heteropolarer Verbindungen* durch Adsorption in Ionenform und Valenzbindung erster Art. Als Beispiel eines Giftes, das zu dieser Gruppe gehört, kann man den Sauerstoff auf Eisen bei niederen Temperaturen nennen[1].

4. *Gifte, die mit dem Katalysator reagieren und zur Bildung von chemischen Verbindungen in massiver Form führen,* wie Schwefelwasserstoff auf Eisen bei hohen Temperaturen, Kohlenoxyd auf Eisen und Nickel, ebenfalls bei hohen Temperaturen. Strenggenommen dürften diese Fälle nicht zu den eigentlichen Vergiftungserscheinungen gezählt werden, da sie zu einer wirklichen Zerstörung der Substanz des Katalysators und nicht nur zu einer Lähmung der Entfaltung seiner Oberflächeneigenschaften führen. In diesen Fällen, auch wenn die Bildung der inaktiven Verbindung umkehrbar sein sollte, bleibt die Giftwirkung doch streng genommen nicht umkehrbar, da der Katalysator, der mit der Entfernung des Giftes wieder entsteht, nicht mit dem ursprünglichen Katalysator identisch ist; er kann manchmal sogar aktiver sein (s. später auf S. 288).

Man muß beachten, daß die Zugehörigkeit eines Giftes zu einer oder zu einer anderen Gruppe und besonders die Zugehörigkeit zu 3. und 4. nicht allein von dem spezifischen Verhalten von Gift zu Katalysator, sondern auch sehr von den Reaktionsbedingungen abhängt.

Vergiftung und Reaktionsgeschwindigkeit.

Bei den ersten Untersuchungen über Vergiftungserscheinungen wurde die Giftwirkung auf Grund der scheinbaren Gleichgewichtsverschiebung, welche man bei einem vollständig vergifteten Katalysator beobachtet, bewertet.

BANCROFT[2] fand bei den von den Reaktionsprodukten selbst vergifteten Reaktionen, wie dem Zerfall des Salicins und des Amygdalins in Anwesenheit von Platin, die von der in Freiheit gesetzten Salicylsäure bzw. Cyanwasserstoffsäure vergiftet werden, daß der scheinbare Gleichgewichtszustand, der sich in dem System einstellt, von der anwesenden Menge des Katalysators abhängt; wenn diese dem Gift gegenüber gering ist, so wird er vollständig vergiftet, und die Reaktion bleibt bei einem falschen Gleichgewichtszustand stehen, der von der relativen Menge des Katalysators und des Giftes abhängt; wenn dagegen der Katalysator gegenüber dem Gift im Überschuß ist, so schreitet die Reaktion mehr oder weniger schnell fort und erreicht den echten Gleichgewichtszustand, bevor der Katalysator ganz vergiftet ist. Dieselbe Erscheinung war schon früher sehr genau für enzymatische Reaktionen festgestellt worden[3].

Für Reaktionen in der Gasphase ist das Bestehen eines Verhältnisses zwischen der Menge des verwendeten Katalysators und der Giftmenge, die nötig ist, um vollständige Inaktivität des Katalysators herbeizuführen und infolgedessen einen scheinbaren Gleichgewichtszustand festzulegen, von GHOSH und BAKSHI[4] bestätigt worden, welche die Vergiftung der Dehydrierung des Methylalkohols an Kupfer durch Schwefelkohlenstoff, Chloroform, Brom und Mercurijodid untersucht haben.

Später wurden die Untersuchungen auf das Studium der Kinetik der Reaktionen in Anwesenheit von Giften ausgedehnt.

---

[1] S. BRUNAUER, P. H. EMMETT: J. Amer. chem. Soc. **62** (1940), 1732.

[2] W. D. BANCROFT: J. physic. Chem. **22** (1918), 22.

[3] G. TAMMANN: Z. physik. Chem. **18** (1895), 426. — T. H. KASTLE, A. S. LOEVENHART: Amer. chem. J. **24** (1900), 491.

[4] J. C. GHOSH, J. B. BAKSHI: J. Indian chem. Soc. **6** (1929), 749.

Die Hauptwirkung, die das Gift ausübt, äußert sich in einer Verminderung der Reaktionsgeschwindigkeit in Abhängigkeit von der relativen Menge des vorhandenen Giftes bezogen auf die Menge des angewendeten Katalysators. Es wäre jedoch besser, wenn man die Wirkung statt auf das Gewicht auf die wahre Oberfläche des Katalysators beziehen könnte; da im allgemeinen jedoch genaue Methoden zur Bestimmung der spezifischen Oberfläche fehlen, so ist es einfacher, sie auf das Gewicht zu beziehen.

Bredig und Ikeda[1] haben (ohne auf das Gesetz der Abhängigkeit von Giftwirkung und Giftkonzentration einzugehen) die Wirkung der verschiedenen Gifte auf die katalytische Aktivität des Platins bei der Zersetzung des Wasserstoffsuperoxydes verglichen auf Grund der Menge, die nötig ist, um einen bestimmten Effekt zu erhalten. Die Autoren setzen:

$$\frac{t_{c\frac{1}{2}} - t_{0\frac{1}{2}}}{t_{0\frac{1}{2}}} = a c^b .$$

$t_{0\frac{1}{2}}$ und $t_{c\frac{1}{2}}$ sind die Zeiten, in denen eine Verminderung der Konzentration des Wasserstoffperoxydes auf die Hälfte des Anfangswertes eintritt, erstens bei reinem, zweitens bei mit Gift der Konzentration c vergiftetem Platin, a und b sind zwei für jedes Gift spezifische Konstanten. Wenn mit $[c]_G$ die Konzentration eines bestimmten Giftes bezeichnet wird, für das $t_{c\frac{1}{2}} = 2\, t_{0\frac{1}{2}}$ ist, d. h. bei dem die Zeit, die nötig ist, um das Wasserstoffperoxyd zur Hälfte zu zersetzen, doppelt so groß ist wie diejenigen in Abwesenheit des Giftes, so folgt:

$$a\,[c]_G^b = 1 \quad \text{und} \quad [c]_G = \left(\frac{1}{a}\right)^{\frac{1}{b}} .$$

Durch diese Gleichung wird die Giftigkeit eines bestimmten Giftes durch den reziproken Wert $(c)_G$ ausgedrückt, der weiter nichts ist als „die Verdünnung der Giftlösung, bei der die erste Hälfte der Reaktion mit halb so großer Geschwindigkeit wie in der giftfreien Lösung verläuft“.

Die so definierte Giftigkeit kann zum Vergleich der Wirkung verschiedener Gifte für die gleiche Reaktion und für verschiedene Stadien ihres Verlaufes dienen; wenn man dagegen ein Maß für die Intensität der Wirkung der verschiedenen Gifte für verschiedene Reaktionen unabhängig von der Giftkonzentration und dem Stadium des Reaktionsverlaufes haben will, so muß man das Gesetz der gegenseitigen Abhängigkeit zwischen der Verminderung der Geschwindigkeitskonstanten k der Reaktionen und der Giftkonzentration in den einzelnen Fällen untersuchen.

Die Kenntnis des Gesetzes der Abhängigkeit der Reaktionsgeschwindigkeitskonstanten als Funktion der Giftkonzentration hat nicht nur für die Bewertung der Wirkung der verschiedenen Gifte eine Bedeutung, sondern auch für die Deutung des Mechanismus der selektiven Vergiftung und der Vergiftung im allgemeinen. Während das Verhältnis **fallender Linearität** zwischen k und c [siehe unten unter a)] mit der Hypothese der gegenseitigen Gleichwertigkeit der aktiven Zentren für die Verteilung des Giftes zwischen ihnen übereinstimmt, steht das in anderen Fällen gefundene Exponentialgesetz in Einklang mit der exponentiellen Funktion der Verteilung der aktiven Zentren gemäß ihrer Aktivierungswärme (s. S. 279 u. ff.).

[1] G. Bredig, K. Ikeda: Z. physik. Chem. 37 (1901), 1.

a) Lineare Beziehung zwischen k und c.

Nimmt man als Hypothese an, daß die Verminderung der Reaktionsgeschwindigkeitskonstanten durch die Wirkung des Giftes eine lineare Funktion der Giftkonzentration sei, so hat man

$$k_c = k_0 (1 - \alpha c), \qquad (1)$$

wo k_c und k_0 die Geschwindigkeitskonstanten bei der Giftkonzentration c und in Abwesenheit des Giftes sind; der Proportionalitätskoeffizient α wird *Giftigkeitskoeffizient* genannt.

Wenn man die Gleichung (1) nach α auflöst, so erhält man:

$$\alpha = \frac{1}{c} \frac{k_0 - k_c}{k_0};$$

so wäre αc gegeben durch das Verhältnis der Abnahme der Geschwindigkeitskonstanten bei der Konzentration c des Giftes zur Geschwindigkeitskonstanten in Abwesenheit des Giftes.

Andere Forscher haben dagegen beim Studium der Wirkung verschiedener Mengen unterschiedlicher Gifte auf Katalysatoren deren absolute Mengen bestimmt, die nötig sind, um die Aktivität des Katalysators auf die Hälfte seines Anfangswertes oder bis zu einer vollständigen Unwirksamkeit herabzusetzen; diese Bewertungsarten können auf die oben angegebene allgemeine Formel zurückgeführt werden, wenn man in ihr $k_c = \frac{1}{2} k_0$ bzw. $k_c = 0$ setzt; in letzterem Fall wird α gleich dem reziproken Wert der Giftkonzentration.

Damit α, wie nach (1) definiert, die richtige Bewertung der Giftigkeit der verschiedenen Gifte gegenüber verschiedenen Katalysatoren unabhängig von der Giftkonzentration darstellte, sollte in jedem Fall die oben angedeutete Bedingung der linearen Beziehung von Geschwindigkeitskonstante und Giftkonzentration erst nachgewiesen sein.

MAXTED[1] hat eine Reihe von Versuchen ausgeführt, um den Geltungsbereich dieser Beziehung für verschiedene Reaktionen zu bestimmen.

Es wurde an erster Stelle der Einfluß von Schwefel, Arsen und der Blei-, Quecksilber- und Zinkionen auf die Hydrierung der Ölsäure in Anwesenheit von feinverteiltem Platin in essigsaurer Lösung und weiterhin der Quecksilber- und Bleiionen auf die Zersetzung des Wasserstoffperoxyds ebenfalls in Anwesenheit von Platin untersucht. Im ersten Fall wurden die Gifte in Essigsäure gelöst (der Schwefel als solcher, die anderen als Oxyde) zugesetzt und die Aktivitäten der Katalysatoren in der Weise gemessen, daß man in den verschiedenen Fällen experimentell die absorbierten Volumina Wasserstoff V in Abhängigkeit von der Zeit bestimmte. Wenn man dann einen Ausdruck von der Form $V = a t + b t^2 + c t^3$ nach t differenziert und in der erhaltenen Gleichung $t = 0$ setzt, so ergibt sich, daß die katalytische Anfangsaktivität, die durch die Anfangsgeschwindigkeit der Wasserstoffabsorption gemessen wird, durch die Konstante a wiedergegeben wird. Im zweiten Falle wurden die Gifte in Form der verschiedenen Salze (Quecksilber als Nitrat oder als Chlorid, Blei als Acetat) zugesetzt; die Wirkung des Katalysators war in den verschiedenen Fällen durch den Anfangswert der Konstante der experimentell bestimmten Reaktionsgeschwindigkeit gegeben. Bei allen Versuchen wurden die anderen Bedingungen (Temperatur, Katalysatormenge, Lösungsvolumen) konstant gehalten.

Diese Versuchsergebnisse bestätigen das Gesetz der linearen Änderung der katalytischen Aktivität in Abhängigkeit von der eingeführten Giftmenge, aber

[1] E. B. MAXTED: J. chem. Soc. (London) **117** (1920), 1501; **119** (1921), 225; **121** (1922), 1760.

nur bis zu einer bestimmten Konzentration des Giftes selbst, von der ab alle Diagramme eine plötzliche Richtungsänderung aufweisen, nach der die lineare Änderung wieder erscheint. In Abb. 1 sind die Anfangswerte der Zerfallsgeschwindigkeitskonstanten des Wasserstoffperoxyds bei den verschiedenen bei 20° ausgeführten Versuchen mit 20 mg Platin in Abhängigkeit von der eingeführten Menge Quecksilberchlorid, in mg Quecksilber ausgedrückt, wiedergegeben; in diesem Fall findet man, daß das Gesetz der linearen Abhängigkeit bis zu solchen Giftkonzentrationen reicht, die die Aktivität des Platins auf ungefähr ein Viertel heruntersetzen. In anderen Fällen hat das Linearitätsgesetz einen größeren Gültigkeitsbereich; so findet man z. B. bei der Hydrierung der Ölsäure den Knickpunkt für Quecksilber, wenn die Aktivität ungefähr auf ein Zehntel, für Schwefel, wenn sie auf ein Fünfzehntel heruntergesetzt ist.

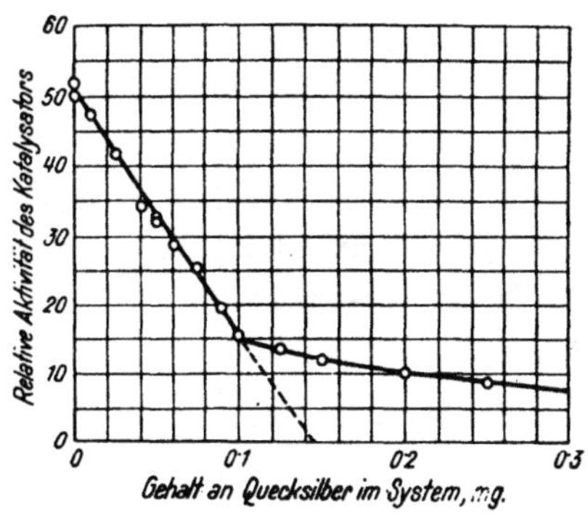

Abb. 1. Hydroperoxydzerfall an Platin in Gegenwart von Quecksilber(II)chlorid.

Es ist jedoch zu beachten, daß man, wenn man als Giftkonzentration die Gesamtheit des eingeführten Giftes nimmt, den Faktor der Verteilung des Giftes zwischen Katalysator und Lösung nicht berücksichtigt; tatsächlich wird nicht sofort das ganze Gift von der Katalysatoroberfläche adsorbiert, und die Werte von α, die auf Grund der gesamten Konzentration abgeleitet werden, bedeuten daher nur die „scheinbare Giftigkeit".

MAXTED[1] hat die Beziehung, die zwischen der wirklich von der Oberfläche adsorbierten Giftmenge und der Anfangs- und Endkonzentration des Giftes in den Lösungen besteht, untersucht; die Bestimmung der nicht adsorbierten Giftmenge, die oft sehr klein war, wurde so durchgeführt, daß man die hemmende Wirkung der Restlösung auf einen Standardplatinkatalysator bei der Hydrierung der Doppelbindungen einer ungesättigten Säure maß.

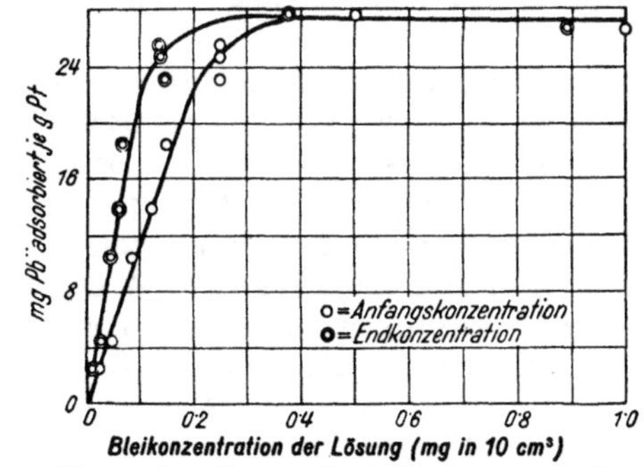

Abb. 2. Adsorption von Quecksilberionen an Platin.

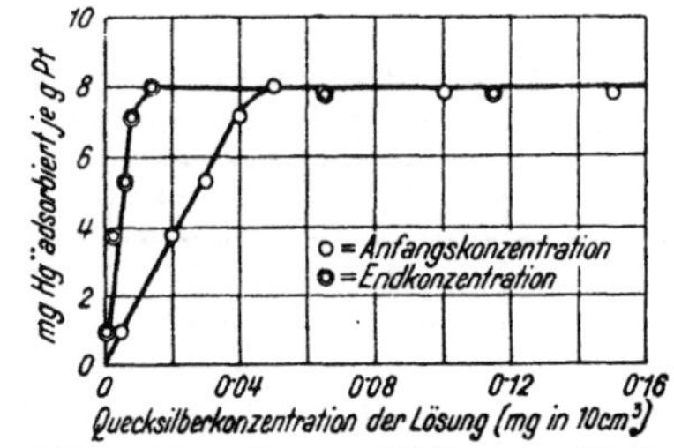

Abb. 3. Adsorption von Bleiionen an Platin.

In Abb. 2 und 3 sind auf der Abszisse die Anfangs- und Endkonzentrationen der Quecksilber- bzw. Bleiionen in den Wasserstoffperoxydlösungen in Anwesenheit einer bestimmten Platinmenge aufgetragen, auf der Ordinate die adsorbierte Giftmenge. Man sieht, wie diese linear mit der Konzentration zunimmt bis zu einer gewissen Grenze, die der vollständigen Sättigung der Oberfläche entspricht, über die hinaus keine weitere Adsorption mehr stattfindet.

Diese Bestimmungen, die auch auf andere Gifte ausgedehnt worden sind[2],

[1] E. B. MAXTED: J. chem. Soc. (London) **127** (1925), 73.
[2] E. B. MAXTED, H. C. EVANS: J. chem. Soc. (London) **1938**, 2041.

haben gezeigt, daß bis zu einer gewissen Grenzkonzentration des Giftes, die von dessen Natur abhängt, die Konzentration in der Oberfläche des Katalysators eine lineare Funktion der Anfangskonzentration im System ist. Um daher von der Bewertung der scheinbaren Giftigkeit der verschiedenen Gifte zu der wahren überzugehen, braucht man für die Giftkonzentrationen nur einen Korrekturfaktor einzuführen, der unterhalb einer gewissen Konzentration konstant ist, bis zu der das erste Vergiftungsstadium reicht, und der durch das Verhältnis der adsorbierten zur eingeführten Menge (Verteilungsfaktor) gegeben ist.

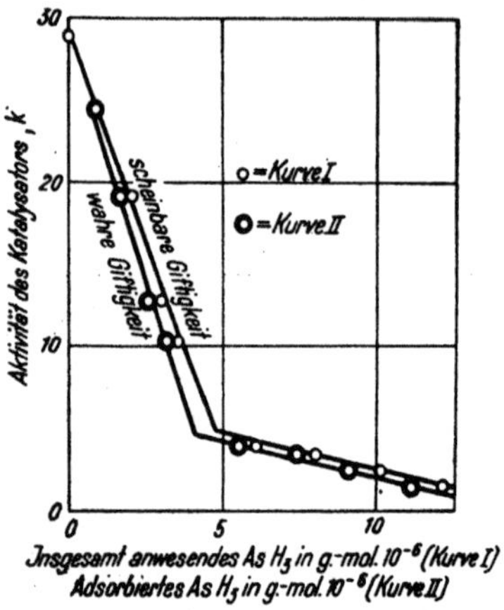

Abb. 4. Hydrierung von Crotonsäure an Platin in Gegenwart von Arsenwasserstoff.

Abb. 4 zeigt die Ergebnisse, die MAXTED und EVANS mit Arsenwasserstoff an 0,05 g Platin in Anwesenheit von 5 cm³ einer $2n$ Lösung von Crotonsäure in Essigsäure erhalten haben; der Verlauf der „wahren Giftigkeit" in Abhängigkeit von der adsorbierten Giftmenge scheint analog demjenigen der scheinbaren Giftigkeit zu sein, man beobachtet nur eine gewisse Verschiebung der beiden Diagramme und der Grenzen, innerhalb derer das Gesetz des linearen Abfalls gilt.

In der folgenden Tabelle 2 sind die Ergebnisse gesammelt, die die genannten Verfasser außer mit Arsenwasserstoff unter den gleichen Bedingungen und auch mit anderen Giften, wie Cyanionen, Schwefelwasserstoff, Methylsulfid, Zinkionen, erhalten haben.

K_1 ist der experimentell gefundene Verteilungsfaktor der verschiedenen Gifte, α_a und α_r die scheinbaren und wahren Giftigkeitskoeffizienten. Die so erhaltenen α_r-Werte haben eine besondere Bedeutung für die Deutung des Wesens und des Mechanismus der Katalyse im allgemeinen; auf diese wird später zurückzukommen sein.

Man muß beachten, daß die α_a- oder α_r-Werte eines bestimmten Giftes je nach dem Katalysator, auf den sie sich beziehen, verschieden sind, aber für einen bestimmten Katalysator sind sie für eine große Gruppe von analogen Reaktionen gleich; MAXTED und STONE[1] haben bei der Hydrierung von Croton-, Öl- und Benzoesäure und auch von Acetophenon, Benzol und Nitrobenzol in Essigsäure in Anwesenheit eines Platinkatalysators bei verschiedenen als Quecksilberchlorid zugesetzten Quecksilbermengen für den Giftigkeitskoeffizienten dieses Elementes in verschiedenen Versuchsreihen unter den obengenannten Bedingungen einen beinahe konstanten Wert ($\alpha = 1{,}98 \div 2{,}20$) gefunden. Natürlich muß der Gültigkeitsbereich des Koeffizienten α auf die Konzentrationen begrenzt bleiben, für die das Linearitätsgesetz gilt, d. h. auf Giftkonzentrationen, die unterhalb des Knickpunktes der entsprechenden Aktivitäts-Giftkonzentrationskurve liegen.

Tabelle 2. *Wahre und scheinbare Giftigkeiten bei der Hydrierung der Crotonsäure mit Platin.*

	K_1	$\alpha_a \cdot 10^{-5}$	$\alpha_r \cdot 10^{-5}$
CN′	0,63	1,14	1,89
H_2S	0,86	2,82	3,17
AsH_3	0,75	6,06	8,33
CH_3SCH_3	0,67	19,6	28,6
Zn··	0,39	14,3	39,6

b) Exponentialbeziehung zwischen k und c.

Die lineare Beziehung zwischen k und c ist nicht in allen Fällen bestätigt worden.

[1] E. B. MAXTED, V. STONE: J. chem. Soc. (London) **1934, 26, 672.**

Schon PEASE und STEWART[1] untersuchten im Jahre 1925 die hemmenden Wirkungen des Kohlenoxyds auf Kupfer bei der Hydrierung des Äthylens bei niederer Temperatur. Sie stellten fest, daß die stärkste Minderung der Aktivität des Katalysators von den ersten allerkleinsten Giftmengen bewirkt wird. 0,05 cm³ Kohlenoxyd genügten, um die Wirkung von 100 g Kupfer auf 11% des Normalwertes herunterzusetzen, wenn man die Aktivitäten auf Grund der Zeiten berechnet, die nötig sind, um eine Druckverminderung des Äthylen-Wasserstoff-Gasgemisches von 700 auf 600 mm Hg zu erreichen, während, um eine Verminderung des Partialdruckes auf 5% des Anfangswertes zu erreichen, 1,97 cm³ Kohlenoxyd erforderlich sind und 9,14 cm³, um auf 1% zu kommen.

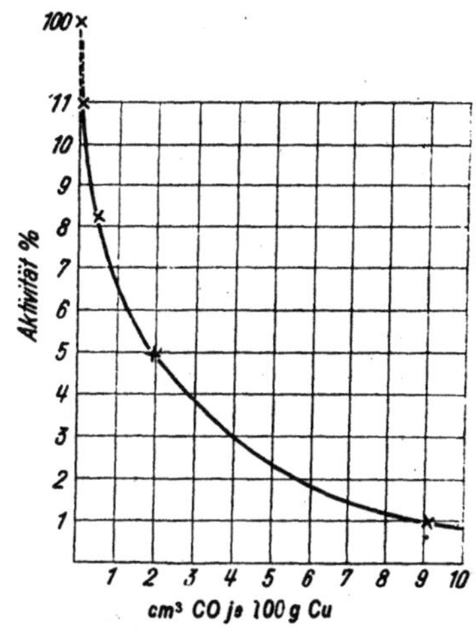

Abb. 5. Hydrierung von Äthylen an Kupfer in Gegenwart von Kohlenoxyd.

Diese Ergebnisse, die in Abb. 5 graphisch dargestellt sind, würden zu einer Exponentialbeziehung zwischen *k* und *c* führen. KUBOKAWA[2] hat später, als er wieder die Reaktion der Zersetzung des Wasserstoffperoxydes mit einem Gift, dem Quecksilberion, untersuchte, für das MAXTED das Gesetz des linearen Abfalls bestätigt hatte, eine lineare Beziehung zwischen den entsprechenden *Logarithmen* gefunden.

DIXON[3] hat beim Studium der hemmenden Wirkung des Kohlenoxyds auf den katalytischen Ammoniakzerfall an Kupfer bei 581,5° festgestellt, daß die stärkste Wirkung den allerersten Mengen des Giftes zuzuschreiben ist, während die folgenden praktisch keine weitere Wirkung ausüben.

IPATIEW und CORSON[4] haben die Wirkung des Zusatzes verschiedener Mengen von Wismut, Cadmium und Blei zu Katalysatoren aus Kupfer und Kupfer-Nickel bei der katalytischen Hydrierung des Benzols untersucht. Die Tabelle 3 bringt die bei 350° und 100 at Druck mit Katalysatoren aus reinem Kupfer für eine Kontaktzeit von 12 Stunden erhaltenen Ergebnisse.

Tabelle 3.
Vergiftung der Benzolhydrierung an Kupfer.

Gewichts-% des Giftes	Hydrierung des Benzols in % bei Vergiftung mit Bi	Cd	Pb
0,0	33	33	33
0,005	21	6	5
0,05	6	1	1
0,5	2	0	0
1,0	0	0	0

Auch diese Ergebnisse stimmen eher mit einem Gesetz einer exponentiellen Abhängigkeit zwischen *k* und *c* als mit dem mit einer linearen Abhängigkeit mit einem oder mehreren Knickpunkten überein.

Zusammenfassend muß man sagen, daß die bis heute zur Verfügung stehenden experimentellen Daten es noch nicht erlauben, die Frage nach dem Abhängigkeitsgesetz zwischen *k* und *c* mit Sicherheit zu entscheiden, trotzdem die lineare Beziehung im allgemeinen die am häufigsten beobachtete erscheint.

c) Ausnahmen von beiden Gesetzen der Abhängigkeit zwischen *k* und *c*.

Nicht in allen Fällen verhalten sich Stoffe, die im allgemeinen Gifteigenschaften haben, als Gifte. Man hat oft feststellen können, daß Stoffe, die für be-

---

[1] R. N. PEASE, L. STEWART: J. Amer. chem. Soc. **47** (1925), 1235.
[2] M. KUBOKAWA: Rev. physic. Chem. Japan **11** (1937), 202.
[3] J. K. DIXON: J. Amer. chem. Soc. **53** (1931), 1771.
[4] W. IPATIEW, B. CORSON: Chim. et Ind. **45** (1941), 103.

stimmte Katalysatoren Gifte sind, bei sehr kleiner Konzentration sogar die Reaktion begünstigen können; dies wird später eingehender zu besprechen sein, wenn die anomalen Wirkungen der Gifte behandelt werden. Diese Begünstigung der Reaktionen erinnert an die anregende Wirkung, welche sehr kleine Mengen von Giftstoffen auf lebende Organismen haben. Es ist hier an die Fälle zu erinnern, bei denen die zuerst eingeführten Giftmengen, im Widerspruch sowohl zum linearen als auch zum logarithmischen Gesetz, die Reaktionsgeschwindigkeit nicht beeinflussen, vielmehr die hemmende Wirkung erst von einer gewissen Giftkonzentration ab merklich wird.

Diese Ausnahmen könnten jedoch durch das Auftreten von chemischen Reaktionen zwischen Gift und anderen anwesenden Stoffen erklärt werden; so hat ISHIMURA[1] für die verzögerte Vergiftung der „sauren Japanerde" bei der Kondensation des Naphthalins durch Chloroform die Annahme gemacht, daß nicht dieses das eigentliche Gift sei, sondern Stoffe, die sich aus ihm am Katalysator bilden (z. B. Salzsäure).

In ähnlicher Weise haben MAXTED und MORRISH[2] das anomale Verhalten des Natriumsulfits gegenüber anderen schwefelhaltigen Natriumsalzen, die hemmende Eigenschaften bei der mit Platin katalysierten Hydrierung der Crotonsäure haben, gedeutet. Sulfit hat nämlich bis zu einer bestimmten Konzentration keinen Einfluß auf die Reaktionsgeschwindigkeit, bei höherer Konzentration nimmt die vergiftende Wirkung sehr schnell mit der Konzentration zu. Dies wird durch eine irreversible Oxydation des Sulfits zu Sulfat, das keine hemmende Wirkung auf die Reaktion hat, durch den Sauerstoff, der im Platinmohr und im Wasserstoff enthalten ist, erklärt. Eine Giftwirkung des Sulfits ist dann nur möglich, wenn es gegenüber dem anwesenden freien Sauerstoff im Überschuß vorhanden ist. Schließt man den Sauerstoff sorgfältig aus, so verhält sich Sulfit genau so wie alle anderen schwefelhaltigen Salze von analogem molekularem Aufbau, die Gifteigenschaften haben (vgl. S. 268 und 269). Dieses Verhalten wird durch Abb. 6 wiedergegeben. Kurve *I* bezieht sich auf Versuche unter normalen Bedingungen, Kurve *II* auf Versuche nach vorhergehender Entfernung des Sauerstoffs; wie früher schon sind auch hier auf der Abszisse die Giftmengen und auf der Ordinate die Aktivitäten aufgetragen.

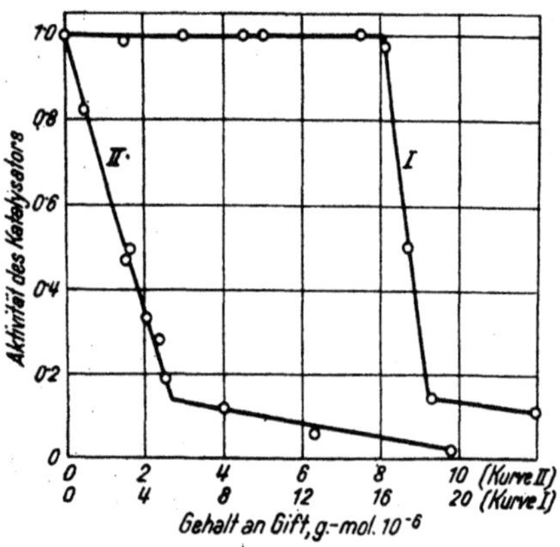

Abb. 6. Hydrierung von Crotonsäure an Platin in Gegenwart von Sulfit: *I* sauerstoffhaltiges, *II* sauerstofffreies System.

Adsorption an vergifteten Katalysatoren.

a) Vergiftung und Adsorptionsfähigkeit.

Schon seit langer Zeit ist eine Beziehung zwischen Giftwirkung und Verminderung des Adsorptionsvermögens der Katalysatoren bemerkt worden, aber erst später haben systematische Untersuchungen es erlaubt, die Beziehung zwischen den beiden Erscheinungen quantitativ festzulegen.

Die ersten Arbeiten zu dieser Frage sind rein qualitativer Art; BERLINER[3] hatte

[1] K. ISHIMURA: Bull. chem. Soc. Japan **9** (1934), 521.
[2] E. B. MAXTED, R. W. D. MORRISH: J. chem. Soc. (London) **1940**, 252.
[3] BERLINER: Wied. Ann. **35** (1888), 903.

im Jahre 1888 beobachtet, daß Spuren von Fettdämpfen aus den Hähnen der Apparatur fähig waren, das Adsorptionsvermögen des Palladiums für Wasserstoff zu vernichten; zehn Jahre später wurde die gleiche Wirkung von Quecksilberdämpfen durch MAUD, RAMSAY und SHIELDS[1] untersucht. Die Bedeutung der Adsorptionseigenschaften für die Katalyse ist dann später von BODENSTEIN und FINK[2] hervorgehoben worden; von ihnen wird die Verlangsamung der heterogenen Reaktionen grundsätzlich der Behinderung der Adsorption der reagierenden Stoffe am Katalysator zugeschrieben. Die gleichen Annahmen sind später auch von BANCROFT[3] bestätigt worden.

Der Parallelismus zwischen der Wirkung von Quecksilber auf das Adsorptionsvermögen des Palladiums für Wasserstoff und auf seine katalytische Aktivität gegen ein Gemisch von Wasserstoff und Sauerstoff wurde von PAAL und STEGER[4] gezeigt.

Die entscheidenden Arbeiten auf diesem Gebiete verdankt man jedoch MAXTED[5]. Er konnte beim Studium der Adsorption des Wasserstoffs durch mit wachsenden Schwefelwasserstoffmengen vergiftetes Palladium zwei Phasen unterscheiden: die erste verläuft fast augenblicklich, die zweite langsamer und fortschreitend. So ist es bis zu einer gewissen Grenze des vorher adsorbierten Schwefelwasserstoffvolumens. Darüber hinaus hört der primäre Vorgang auf, und nur der sekundäre bleibt übrig; der Betrag der Adsorption des Wasserstoffs fällt bei beiden Vorgängen linear mit steigender Schwefelwasserstoffmenge.

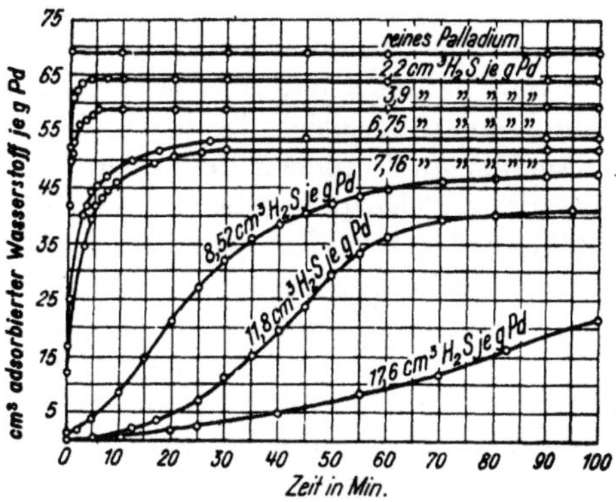

Abb. 7. Adsorption von Wasserstoff an Palladium bei verschiedenen bei 20° vorher adsorbierten Volumina Schwefelwasserstoff in Abhängigkeit von der Zeit.

Die Ergebnisse dieser Versuche sind in Abb. 7 und 8 zusammengefaßt; in Abb. 7 sind auf der Ordinate die adsorbierten Volumina Wasserstoff aufgetragen, auf der Abszisse die Zeiten. Die verschiedenen Kurven beziehen sich auf verschiedene bei 20° vorher adsorbierte Volumina Schwefelwasserstoff; für kleinere Schwefelwasserstoffvolumina als 8,52 cm³ je g Palladium fallen die ersten Äste der Kurven, die der augenblicklichen Adsorption entsprechen, praktisch mit der Ordinatenachse zusammen; in Abb. 8 sind auf der Ordinate die adsorbierten Volumina Wasserstoff aufgetragen, auf der Abszisse die vorher adsorbierten Volumina Schwefelwasserstoff; Kurve *I* stellt die augenblickliche Adsorption des Wasserstoffes dar, Kurve *II* die sekundäre; der Verlauf der beiden Kurven zeigt die in beiden Fällen bestehende lineare Beziehung zwischen Adsorption und adsorbierten Schwefelwasserstoffmengen.

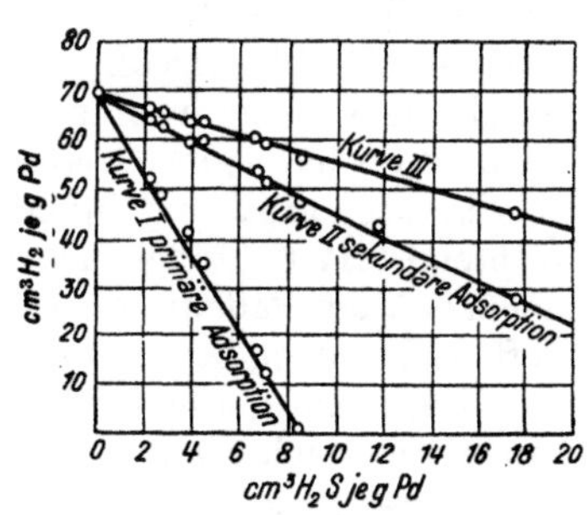

Abb. 8. Adsorption von Wasserstoff an Palladium in Abhängigkeit von der Menge vorher adsorbierten Schwefelwasserstoffs.

[1] L. MAUD, W. RAMSAY, J. SHIELDS: Z. physik. Chem. **25** (1898), 657.
[2] M. BODENSTEIN, C. G. FINK: Z. physik. Chem. **60** (1907), 46.
[3] W. D. BANCROFT: J. physic. Chem. **21** (1917), 734; **22** (1918), 22; Ind. Engng. Chem. **14** (1922), 331, 444.
[4] C. PAAL, H. STEGER: Ber. **51** (1918), 1743.
[5] E. B. MAXTED: J. chem. Soc. (London) **117** (1920), 1280.

Den sekundären Adsorptionsprozeß kann man weder durch eine allmähliche Verdrängung des zuerst adsorbierten Schwefelwasserstoffes durch Wasserstoff, noch durch eine Reduktion des auf dem Palladium gebildeten Schwefelkomplexes erklären, da in beiden Fällen Schwefelwasserstoff in den Restgasen vorhanden sein müßte, was experimentell nicht bestätigt werden konnte. Der sekundäre Prozeß soll dagegen auf der spontanen Dissoziation des adsorbierten Schwefelwasserstoffs unter Bildung eines Pd_4S-Komplexes beruhen. Bei der Bildung des Komplexes wird gleichzeitig die entsprechende Menge Wasserstoff frei, die jedoch für den weiteren Adsorptionsvorgang verfügbar ist.

Der Nachweis, daß sich der Prozeß in der beschriebenen Weise vollzieht, wird durch einen Vergleich der Kurve *II* in Abb. 8 mit den Ergebnissen von vorher ausgeführten ähnlichen Versuchen MAXTEDS[1] erbracht. Mit Schwefelwasserstoff vergiftete Palladiumproben wurden im Vakuum bei 100° behandelt, so daß die Bildung des PdS-Komplexes und die Entbindung der entsprechenden Menge Wasserstoff künstlich hervorgerufen wurde. Die Verminderung des Adsorptionsvermögens des Palladiums in Abhängigkeit von der Schwefelmenge ist in Übereinstimmung mit der Annahme, daß sich eine Pd_4S-Verbindung bildet, die bei der Wasserstoffadsorption vollständig inaktiv ist, während das nicht gebundene Palladium sein Adsorptionsvermögen unverändert beibehält. Die Berechnung der gesamten adsorbierten Gasvolumina bei Versuchen mit nach der Vergiftung nicht erhitztem Palladium ergibt unter den gleichen Annahmen die in Abb. 8, Kurve *III* dargestellten Werte; diese unterscheiden sich von den experimentell gefundenen Volumina der Kurve *II* durch Beträge, die fast gleich dem adsorbierten Volumen Schwefelwasserstoff sind, entsprechend dem bei seiner spontanen Dissoziation gebildeten Wasserstoffvolumen, das für weitere Adsorption zur Verfügung steht.

Nachdem die lineare Beziehung, die zwischen Giftkonzentration und augenblicklicher Adsorption besteht, bewiesen wurde, wäre damit auf Grund der vorher schon (für nicht zu große Giftmengen) bewiesenen Linearbeziehung zwischen Reaktionsgeschwindigkeitskonstante und Giftmenge auch die Proportionalität zwischen Reaktionsgeschwindigkeitskonstante und Adsorptionsvermögen für verschiedene Giftkonzentrationen nachgewiesen.

MAXTED hat jedoch beobachtet, daß die katalytische Aktivität durch Gifte in sehr viel größerem Maße beeinflußt wird als das Adsorptionsvermögen[2]. Während 0,17 g-Atome Blei benötigt werden, um das Adsorptionsvermögen von einem g-Atom Palladium auf die Hälfte seines Wertes bei Abwesenheit von Giftstoffen zu senken, benötigt man, um die katalytische Aktivität bei der Hydrierung der Ölsäure auf denselben Wert zu reduzieren, nur 0,02 g-Atome Blei je g-Atom Palladium. Nach MAXTED kann man dies so erklären, daß, während am Adsorptionsvorgang auch die tieferen Schichten teilnehmen, die katalytische Aktivität hauptsächlich von der Oberfläche abhängt. Nach TAYLOR und vielen neueren Autoren[3] wird diese ganz allgemeine Tatsache etwas abweichend so aufgefaßt, daß die Adsorption auf der ganzen Oberfläche (und in einzelnen Fällen auch in tieferen Schichten) stattfindet, die katalytische Reaktion aber nur an ganz besonders ausgezeichneten Punkten, den „aktiven Zentren". Das wird durch die Tatsache bestätigt, daß, während der Giftigkeitskoeffizient für die katalytische Wirkung von Präparat zu Präparat verschieden ist, der Giftigkeitskoeffizient für das Adsorptionsvermögen für die verschiedenen Präparate desselben Metalles konstant ist.

[1] E. B. MAXTED: J. chem. Soc. (London) **115** (1919), 1050.
[2] E. B. MAXTED: J. chem. Soc. (London) **119** (1921), 1280.
[3] Siehe z. B. G.-M. SCHWAB: Katalyse, S. 190f. Berlin, 1931.

Diese Umstände haben dazu geführt, den Adsorptionsvorgang vom Gesichtspunkt der Katalyse aus in zwei verschiedene Teile zu zerlegen: ein Teil des adsorbierten Gases hätte vornehmlich Bedeutung für die katalytische Wirkung und würde durch die Anwesenheit des Giftes auf ähnliche Weise beeinflußt werden wie die Reaktionsgeschwindigkeit; der andere Teil, entsprechend der Adsorption in der Tiefe oder auf weniger aktiven Zentren des Katalysators, hätte weiter keine Bedeutung für die katalytische Tätigkeit.

Pease[1] hat in einer Arbeit über das Adsorptionsvermögen und die katalytischen Eigenschaften des mit Quecksilber vergifteten Kupfers gegenüber Wasserstoff und Äthylen gezeigt, daß das Quecksilber wirklich nur die sogenannte „starke" (Niederdruck- oder „aktivierte") Adsorotion des Wasserstoffs verhindert, während es die Adsorption bei hohem Druck nicht beeinflußt.

Die Arbeit von Pease ist auch in bezug auf den Einfluß der katalytischen Gifte auf die Adsorption der verschiedenen Gase, die an der Reaktion teilnehmen, wichtig; die Wirkung des Quecksilbers auf die Adsorption des Äthylens ist im Unterschied von der des Wasserstoffes praktisch gleich Null. Dies wird als ein Beweis dafür angesehen, daß sich die aktivierte Adsorption nicht in dem gleichen Maße auf die verschiedenen Gase erstreckt und daß die Reaktionsgeschwindigkeit in diesem Falle hauptsächlich von dem aktivierten Wasserstoff abhängt.

Es scheint heute so zu sein, daß man in jedem Falle für den Begriff aktivierte Adsorption denjenigen der chemischen Adsorption setzen kann[2], während die physikalische Adsorption ohne jeden Einfluß auf die katalytischen Erscheinungen zu sein scheint; ein vollständiger Parallelismus zwischen katalytischer Aktivität und chemischer Adsorption würde sich erst dann einwandfrei herausstellen, wenn man die Größe der letzten für die verschiedenen Fälle bestimmen könnte.

Von diesem Gesichtspunkt aus ist das von Burrows und Stockmeyer[3] erhaltene Ergebnis wichtig. Diese haben festgestellt, daß die katalytische Aktivität des Palladiums bei der Bildung von Wasser aus Wasserstoff und Sauerstoff bei niederem Druck vollständig, wenn auch nur vorübergehend, unterdrückt wird, wenn das Palladium vorher bei niedrigem Druck Kohlenoxydmengen adsorbiert hat, die wenigstens so groß sein müssen, daß eine unimolekulare Schicht auf der Katalysatoroberfläche gebildet wird.

b) Vergiftung und Adsorptionsgeschwindigkeit.

Schon im Jahre 1926 haben Rideal und Taylor[4] trotz Fehlens experimenteller Unterlagen die Wichtigkeit der Erforschung der Adsorptionsgeschwindigkeit an vergifteten Katalysatoren vorausgesagt, da sie größere Aussichten als die der gesamten Adsorption bieten könnte in Anbetracht der Tatsache, daß besonders bei Reaktionen in gasförmiger Phase die Kontaktzeiten des Gases mit dem Katalysator größenordnungsmäßig oft nur wenige Sekunden betragen.

Der Beweis des besseren Einklanges zwischen katalytischer Aktivität und Adsorptionsgeschwindigkeit statt der nach einer gewissen Zeit adsorbierten Gasmenge ist kürzlich von Maxted und Moon[5] gegeben worden. Bei Versuchen über das Verhalten von mit Schwefelwasserstoff vergiftetem Platin bei der Wasserstoffadsorption und bei der katalytischen Hydrierung der Crotonsäure haben die beiden Autoren beobachtet, daß die Unterschiede des Einflusses der adsorbierten

[1] R. N. Pease: J. Amer. chem. Soc. **45** (1923), 2296.
[2] Siehe den Beitrag Hunsmann in Band IV des Handbuches.
[3] M. G. T. Burrows, W. H. Stockmeyer: Proc. Roy. Soc. (London), Ser. A **176** (1941), 474.
[4] E. K. Rideal, H. S. Taylor: Catalysis in Theorie and Practice. London, 1926.
[5] E. B. Maxted, C. H. Moon: J. chem. Soc. (London) **1938**, 1228; **1939**, 1750.

Schwefelwasserstoffmengen auf die katalytische Aktivität einerseits und auf die totale Adsorption andrerseits mit der Verkürzung der Meßzeiten der letzteren ständig abnehmen.

In Abb. 9 sind die relativen Werte der katalytischen Aktivität und die der totalen Adsorption nach verschiedenen Zeitintervallen wiedergegeben, und zwar so, daß die entsprechenden Anfangswerte als Einheit genommen sind; man sieht, wie der Unterschied zwischen der Neigung der Kurve der katalytischen Wirksamkeit und derjenigen der Adsorption mit der Abnahme des Zeitintervalles abnimmt. Danach ist vorauszusehen, daß im Grenzfall eine gute Übereinstimmung zwischen katalytischer Aktivität und Adsorptionsgeschwindigkeit besteht.

Nach BANGHAM und SEVERT[1] besteht zwischen der Sättigungskapazität a und dem Volumen v, das in der Zeit t adsorbiert wird, für die ersten Stadien der Adsorption die Beziehung:

$$\lg \frac{a}{a-v} = k t^n. \tag{1}$$

Diesen Ausdruck kann man als Integral einer Differentialgleichung folgender Art ansehen:

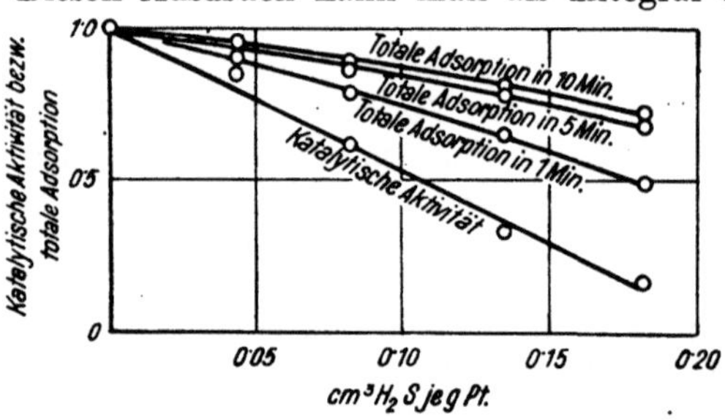

Abb. 9. Wasserstoffadsorption und katalytische Aktivität für Crotonsäurehydrierung an Platin nach vorheriger Adsorption von Schwefelwasserstoff.

$$\frac{dv}{dt} = n k (a - v) t^{n-1}. \tag{2}$$

Demgemäß kann der Wert des Produktes $n \cdot k$, der bequem aus den experimentellen Daten[2] berechnet werden kann, als ein Maß für die Konstante der Adsorptionsgeschwindigkeit für ein bestimmtes Vergiftungsstadium angesehen werden; dies ist deshalb möglich, weil der Wert von n sich nicht merklich mit dem Vergiftungsgrad des Platins ändert, wie experimentell nachweisbar ist, indem man den Ausdruck φ, den Logarithmus des ersten Gliedes der Gleichung (1), berechnet; gemäß dem Ausdruck, den man so ableitet:

$$\varphi = \lg\left(\lg \frac{a}{a-v}\right) = \lg k + n \lg t,$$

sind die sich ergebenden Kurven für φ als Funktion von $\lg t$ für verschiedene Vergiftungsgrade untereinander parallele Geraden.

Wenn man neben den Werten der katalytischen Aktivität in Abhängigkeit der adsorbierten Giftmenge diejenigen von $n\,k$ aufträgt, so erhält man tatsächlich zwei Kurven mit ungefähr gleicher Neigung.

Diese Ergebnisse sind, wie schon gesagt, nur für die ersten Stadien des Adsorptionsvorganges gültig; wenn man die Beobachtungen ausdehnt, so zeigt die Linie, die die Werte der Funktion φ in Abhängigkeit vom Logarithmus der Zeit wiedergibt, eine Richtungsänderung; es ergeben sich, entsprechend der Abb. 10, in Abhängigkeit vom Giftgehalt zwei verschiedene Kurven für die Adsorptionsgeschwindigkeit, nämlich Kurve *I* auf Grund der Werte, die vor der Änderung der Richtung der φ-Kurven, Kurve *II* auf Grund der Werte, die nach der Richtungsänderung erhalten wurden. Die Richtungsänderung der Kurven, die die Funktion φ darstellen, wird einem in den ersten Stadien des Adsorptionsvorganges auftretenden Störungsfaktor zugeschrieben, nämlich der thermischen Kontrak-

[1] D. H. BANGHAM, W. SEVERT: Phil. Mag. **49** (1925), 938.
[2] E. B. MAXTED: J. chem. Soc. (London) **1936**, 1545.

tion des Gases, welche der durch die Adsorptionswärme verursachten Ausdehnung folgt. Aus Abb. 10 kann man die Übereinstimmung zwischen dem Verlauf des Rückganges der katalytischen Aktivität in Abhängigkeit von der Giftkonzentration und den entsprechenden Verlauf der Adsorptionsgeschwindigkeit $n \cdot k$ entnehmen.

Diese Übereinstimmung ist gegeben, wenn man annimmt, daß der Adsorptionsvorgang aus zwei Teilvorgängen besteht, deren erster sich sehr schnell abspielt und die katalytischen Eigenschaften bestimmt, während der zweite langsamer verläuft und dem Eindringen des Gases in das Innere des Metalles entspricht. Wenn man den Einfluß dieses zweiten Vorganges so gut wie ganz unterdrückt, so ist die Übereinstimmung zwischen dem Vorgang der Adsorption und der katalytischen Aktivität vollständig.

In Anbetracht der besonderen Bedeutung der Adsorption bei niederem Druck für die katalytische Aktivität haben MAXTED und MOON den Einfluß der Vergiftung des Platins durch Schwefelwasserstoff auf die Adsorptionsgeschwindigkeit des Wasserstoffes bei einem Druck von ungefähr 0,06 mm Hg untersucht. Es ergab sich, daß auch mit Schwefelwasserstoffmengen, die fähig sind, die katalytische Aktivität des Platins auf weniger als ein Fünftel des normalen Wertes herabzusetzen, die Adsorptionsgeschwindigkeit des Wasserstoffes unter den Versuchsbedingungen praktisch überhaupt nicht von dem Oberflächenzustand beeinflußt ist, sondern nur dem Druck proportional ist. Dieses im ersten Augenblick eigenartige Ergebnis ist leicht zu erklären, wenn man bedenkt, daß bei den angegebenen niederen Drucken bereits ein kleiner frei gebliebener Teil der Oberfläche genügt, um eine hohe Adsorptionsgeschwindigkeit für Wasserstoff zu erlauben.

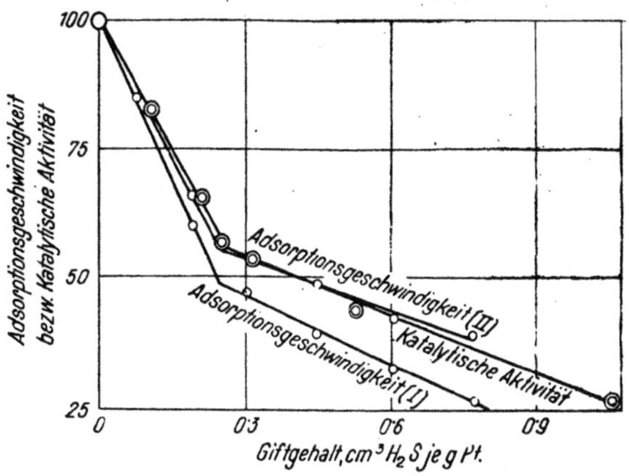

Abb. 10. Adsorptionsgeschwindigkeit und katalytische Aktivität in Abhängigkeit von vorheriger Adsorption von Schwefelwasserstoff.

c) Ausnahmen von dem Parallelismus zwischen Vergiftung und Verminderung der Adsorptionsfähigkeit.

Eine bemerkenswerte Ausnahme von der Übereinstimmung zwischen Vergiftung und Verminderung des Adsorptionsvermögens findet man bei dem Einfluß des Kohlenoxyds auf die Hydrierung des Äthylens an Kupfer; PEASE und STEWART[1] hatten gezeigt, daß schon sehr kleine Mengen Kohlenoxyd bei dieser Reaktion die Aktivität des Katalysators sehr stark herabsetzen; in Übereinstimmung mit dem erwähnten Parallelismus zwischen katalytischer Aktivität und Adsorption sollte man erwarten, daß durch kleine Kohlenoxydmengen auch eine empfindliche Herabsetzung des Adsorptionsvermögens des Kupfers für Wasserstoff und Äthylen erfolgen würde. GRIFFIN[2] hat dagegen zeigen können, daß sowohl für Äthylen als auch für Wasserstoff bei niederen Drucken die Anwesenheit des Kohlenoxyds eine Erhöhung des Adsorptionsvermögens hervor-

[1] R. N. PEASE, L. STEWART: J. Amer. chem. Soc. 47 (1925), 1235.
[2] W. GRIFFIN: J. Amer. chem. Soc. 49 (1927), 2136.

ruft, die innerhalb gewisser Grenzen um so größer ist, je kleiner die anwesende Menge an Kohlenoxyd ist.

In Abb. 11 sind die Isothermen der Wasserstoffadsorption bei verschiedenen Kohlenoxydmengen für 63,42 g Kupfer und ein Gesamtvolumen von 22,35 cm³ dargestellt; die Kurve *1* bezieht sich auf einen Versuch in Anwesenheit von 0,76 cm³ Kohlenoxyd, Kurve *2* von 0,27 cm³, Kurve *3* in Abwesenheit von Kohlenoxyd, Kurve *4* in Anwesenheit von 0,038 cm³ Kohlenoxyd. Wie man sieht, ist der Punkt, in dem die Adsorptionsisotherme des reinen Wasserstoffs die anderen Isothermen schneidet, also der Punkt, über den hinaus die Wirkung des Kohlenoxydes auf die Adsorption wieder normal ist, unterhalb eines gewissen Prozentsatzes an Kohlenoxyd um so mehr gegen höhere Drucke verschoben, je kleiner der Giftgehalt ist.

Nach GRIFFIN könnte man diesen Effekt auf eine Neuverteilung des Adsorptionsvermögens der aktiven Zentren zurückführen, die durch das Kohlenoxyd bei den verschiedenen Drucken bedingt wird, ohne daß sich ihre Anzahl ändert, wenn nicht die Änderung der Adsorption quantitativ sehr viel bedeutender als die der adsorbierten Kohlenoxydmenge wäre. Wenn man dies berücksichtigt, muß man annehmen, daß das Kohlenoxydmolekül mehrere Wasserstoff- oder Äthylenmoleküle anzuziehen vermag, entweder direkt oder durch eine Erhöhung der Aktivität der in der Nähe befindlichen Zentren oder über beide Wege. So läßt sich erklären, warum Kohlenoxyd bei niederen Drucken das Adsorptionsvermögen eines Katalysators vergrößern kann, dessen aktive Zentren in Abwesenheit des Giftes nur ein Molekül gebunden halten. Um auch noch die Verminderung der Adsorption bei höheren Drucken zu erklären, nimmt GRIFFIN an, daß sich neben der eigentlichen Oberflächenadsorption noch eine sekundäre Umsetzung zwischen Gas und festem Körper abspielt, z. B. eine Auflösung des ersteren im zweiten, die bei niederen Drucken praktisch vernachlässigt werden kann und die durch das adsorbierte Gift verhindert wird. Demgemäß ist, da bei niederen Drucken die positive Wirkung des Giftes vorherrscht, in Anwesenheit von Kohlenoxyd das Adsorptionsvermögen größer; bei höheren Drucken macht sich der Effekt der Lösung des Gases im Metall, die nur bei Abwesenheit des Giftes stattfindet, viel stärker bemerkbar, und das gesamte Adsorptionsvermögen ist daher in Abwesenheit des Giftes viel höher.

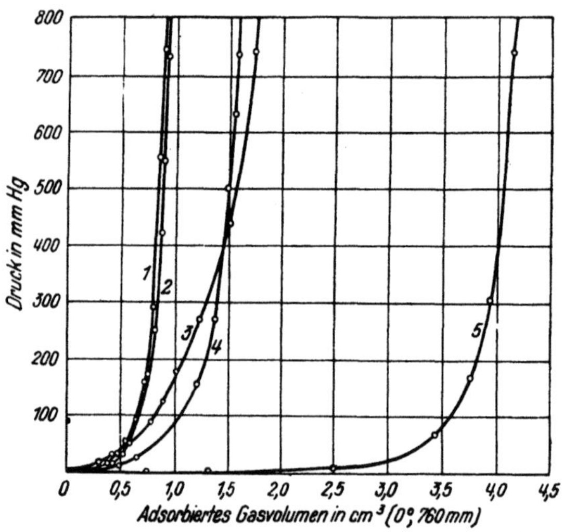

Abb. 11. Adsorptionsisothermen von Wasserstoff an mit Kohlenoxyd vergiftetem Kupfer: *1* H_2 mit 0,76 cm³ CO; *2* H_2 mit 0,27 cm³ CO; *3* H_2 ohne CO; *4* H_2 mit 0,038 cm³ CO; *5* reines CO.

WHITE und BENTON[1] fanden beim Studium des gleichen Effektes mit Nickel, daß kleine Mengen Kohlenoxyd die Wasserstoffadsorption bei allen Drucken bis zu einer Atmosphäre erhöhen, während größere Mengen Kohlenoxyd die Adsorp-

[1] T. A. WHITE, A. F. BENTON: J. physic. Chem. **35** (1931), 1784.

tion vermindern; diese Autoren nehmen an, daß die Adsorptionszunahme, die sich im ersten Falle zeigt, nicht eine parallel verlaufende Zunahme der katalytischen Aktivität zu bedingen braucht, da das Kohlenoxyd mit den adsorbierten Wasserstoffmolekülen, die eine sekundäre Schicht um das Gift bilden, Oberflächenverbindungen gibt und so den Wasserstoff der Aktivierung entzieht.

Ähnliche Ergebnisse sind von GRIFFIN mit Kupfer[1] und mit Nickel[2] auf Trägern mit kleinen Mengen Kohlenoxyd erhalten worden; für größere Mengen dagegen bemerkte er in diesen Fällen eine kleine Adsorptionszunahme bei äußerst niederen Drucken und eine Abnahme bei höheren Drucken; GRIFFIN hat diese Ergebnisse in der Weise gedeutet, daß er annahm, daß beim Kupfer die Anwesenheit des Trägers einfach den sekundären Adsorptionsfaktor, der durch die Auflösung des Gases im Metall bedingt wird, unterdrückt; tatsächlich war in diesem Fall die Verminderung der Adsorption bei hohem Druck gleich der Differenz von verwendetem Giftvolumen und der Zunahme bei niederem Druck.

Beim Nickel dagegen ist die Adsorptionsverminderung bei hohem Druck nicht so groß wie das verwendete Giftvolumen; GRIFFIN erklärt dies so, daß nur die aktivsten unter den aktiven Zentren fähig seien, Wasserstoff nach dem von WHITE und BENTON angegebenen Mechanismus zu adsorbieren.

Reaktionen mit Selbstvergiftung.

a) Selbstvergiftung durch Adsorption.

Wir haben schon angedeutet, daß manchmal die Stoffe, welche die Vergiftung des Katalysators verursachen, nicht reaktionsfremd sind, sondern einen der Ausgangsstoffe oder eines der Endprodukte oder deren Umwandlungsprodukte darstellen. Diese Fälle faßt man unter dem Namen der „Selbstvergiftung" zusammen.

HENRY[3] hatte schon vor über einem Jahrhundert bemerkt, daß die Geschwindigkeit der Oxydation des Kohlenoxyds in Anwesenheit von Platin sehr stark erhöht wird, wenn das erzeugte Kohlendioxyd durch Absorption mittels Kaliumhydroxyd ständig aus dem System entfernt wird. Diesen Effekt kann man nicht der Massenwirkung der Kohlendioxydkonzentration auf die Geschwindigkeit und auf das Gleichgewicht der Reaktion zuschreiben, da diese bei niedriger Temperatur praktisch nicht reversibel ist.

Auch bei technischen Prozessen, wie z. B. bei der Synthese des Methanols, findet man manchmal, daß die Reaktionsgeschwindigkeit am größten in Anwesenheit eines Überschusses eines der reagierenden Gase ist, was im Gegensatz zu den Forderungen des Massenwirkungsgesetzes steht; im genannten Beispiel hat man die größte Reaktionsgeschwindigkeit[4] nicht bei einem Verhältnis von CO zu H_2 gleich 1:2, wie es das stöchiometrische Verhältnis verlangt, sondern bei einem Verhältnis von 1:4÷1:5.

Den ersten Versuch, diese Erscheinungen zu erklären, verdanken wir BODENSTEIN[5] und seinen Mitarbeitern, die gezeigt haben, daß nicht nur die Reaktionsprodukte, sondern auch der eine oder der andere der reagierenden Stoffe fähig sind, den Fortgang der Reaktion zu hemmen, d. h. ihre Geschwindigkeit zu verringern. Nach jenen Autoren wäre die hemmende Wirkung des Kohlenoxyds

[1] C. W. GRIFFIN: J. Amer. chem. Soc. 57 (1935), 1206.
[2] C. W. GRIFFIN: J. Amer. chem. Soc. 59 (1937), 2431.
[3] HENRY: Phil. Mag. (3), 9 (1836), 324.
[4] G. NATTA, E. CASAZZA: Giorn. Chim. ind. appl. 13 (1931), 205.
[5] M. BODENSTEIN, F. OHLMER: Z. physik. Chem. 53 (1905), 175. — M. BODENSTEIN, C. G. FINK: Z. physik. Chem. 60 (1907), 1. — M. BODENSTEIN, F. KRANENDIECK: Nernst-Festschrift (1912), 99.

bei seiner Oxydation an Quarz, des Schwefeltrioxydes bei der Oxydation des Schwefeldioxydes in Anwesenheit von Platin und des Stickstoffs bei der Zersetzung des Ammoniaks in Anwesenheit von Molybdän und andere ähnliche Fälle auf die Bildung einer auf der Katalysatoroberfläche adsorbierten Schicht dieser Gase zurückzuführen; die Reaktionsgeschwindigkeit würde von der Diffusionsgeschwindigkeit der reagierenden Gase durch die Schicht der adsorbierten Gase abhängen, deren Dicke wieder vom Partialdruck der Gase abhängen würde.

Diese Hypothese konnte auf Grund der späteren Arbeiten von LANGMUIR[1], wie BODENSTEIN[2] selbst bestätigt hat, nicht aufrechterhalten werden.

LANGMUIR nimmt in Erweiterung seiner Hypothesen über die Beschaffenheit der Adsorptionsschichten an[3], daß die adsorbierten Gase unimolekulare Schichten bilden, die bestimmte Zonen der aktiven Oberfläche bedecken, demzufolge die Reaktionsgeschwindigkeit von dem von reagierenden Stoffen bedeckten Anteil dieser aktiven Oberfläche abhängt. Man kann eine quantitative Prüfung der Erscheinung durchführen, wenn man die Adsorptionsisotherme für zwei Gase A und B anwendet:

$$\sigma_A = \frac{b\, p_A}{1 + b\, p_A + b'\, p_B}.$$

Dieser Ausdruck kann in verschiedenen Fällen von selbstverzögerten Reaktionen Vereinfachungen aufweisen, die es erlauben, die oft sehr einfache Beziehung zwischen Reaktionsgeschwindigkeit und Partialdruck oder Konzentration des Hemmstoffes abzuleiten, was durch die experimentellen Daten bestätigt wird.

Die neuesten Theorien, nach denen es nur die chemische Adsorption wäre, die bei katalytischen Erscheinungen interessiert, erlauben die Anwendung der LANGMUIRschen Isotherme, auch wenn diese ursprünglich für physikalische Adsorptionen vorgeschlagen worden ist. Die chemische Adsorption führt ebenfalls zur Bildung von uniatomaren oder unimolekularen Schichten, und die Isotherme von LANGMUIR bezieht sich ja gerade auf solche unimolekularen Schichten. Außerdem tritt die Adsorptionsart, die der LANGMUIRschen Isotherme entspricht, dann auf, wenn die Adsorptionswärme größer als die Kondensationswärme des Gases ist, und die chemische Adsorption ist gerade durch hohe Adsorptionswärmen gekennzeichnet. Nichts verhindert also anzunehmen, daß auch bei der chemischen Adsorption sowohl bei der unvollständigen Sättigung der unimolekularen Schicht mit einer einzigen Art von Molekülen wie bei der Adsorption von mehreren Molekülarten kinetische Gleichgewichte bestehen können, analog denjenigen, die als Grundlage für die Theorie von LANGMUIR angenommen wurden[4].

1. *Im Falle einer einzigen Molekülart des reagierenden Stoffes A, die schwach vom Katalysator adsorbiert wird, und eines der Reaktionsprodukte B, das mittelstark adsorbiert wird,* kann man $b\,p_A$ gegen die Einheit und gegen $b'p_B$ vernachlässigen, und man erhält

$$\sigma_A = \frac{b\, p_A}{1 + b'\, p_B}$$

und daher

$$-\frac{d p_A}{dt} = k\, \sigma_A = \frac{k\, b\, p_A}{1 + b'\, p_B} = \frac{k'\, p_A}{1 + b'\, p_B},$$

was nach den üblichen kinetischen Bezeichnungen der folgenden Gleichung gleichwertig ist:

$$\frac{dx}{dt} = \frac{k\,(a - x)}{1 + b\,x},$$

---

[1] J. LANGMUIR: J. Amer. chem. Soc. **37** (1915), 1139; **38** (1916), 2221; Trans. Faraday Soc. **17** (1921), 607.

[2] M. BODENSTEIN: Z. physik. Chem., Abt. B. **2** (1929), 345.

[3] Vgl. den Beitrag SCHWAB in Band V dieses Handbuches.

[4] Siehe auch G.-M. SCHWAB: Ergebn. exakt. Naturwiss. **7** (1928), 276.

wonach die Anwesenheit von B die Reaktionsgeschwindigkeit vermindert. Ein Beispiel einer sich selbst verzögernden Reaktion, die nach dem genannten Gesetz abläuft, ist der Zerfall des Stickoxyduls an Platin[1], bei dem der Sauerstoff, der sehr stark vom Platin adsorbiert wird, als Hemmstoff wirkt.

2. *Wenn der reagierende Stoff A schwach, das Produkt B stark adsorbiert wird*, kann in der Isotherme von LANGMUIR $1 + b p_A$ gegen $b' p_B$ vernachlässigt werden, und man erhält:

$$-\frac{d p_A}{dt} = k \sigma_A = \frac{k b p_A}{b' p_B} = \frac{k' p_A}{p_B}$$

oder auch

$$\frac{dx}{dt} = \frac{k(a-x)}{x}.$$

Die Zersetzung des Stickstoffdioxyds auf Platin, die durch die Wirkung des gebildeten Sauerstoffs verzögert wird, folgt der oben angegebenen Formel[2].

Ein anderes Beispiel ist durch die Zerfallsreaktion des Ammoniaks in Anwesenheit von Platin bei Drucken zwischen 0,25 und 10 mm Hg gegeben[3]; bei dieser wirkt der Wasserstoff als Hemmstoff; die gleiche Reaktion an Kaolin, Kupfer oder Eisen verläuft in ähnlicher Weise[4].

3. *Im Falle, daß sowohl das reagierende Gas A wie auch das Produkt B stark adsorbiert werden*, kann die Einheit gegen die Summe $b p_A + b' p_B$ vernachlässigt werden, und man hat dann:

$$-\frac{d p_A}{dt} = k \sigma_A = \frac{k b p_A}{b p_A + b' p_B}$$

oder auch

$$\frac{dx}{dt} = k \frac{b(a-x)}{b(a-x) + b' x} = k \frac{b(a-x)}{ba + x(b'-b)}.$$

Dieser Fall ist von DOHSE und KÄLBERER[5] für die Dehydratisierung des Isopropylalkohols auf Aluminiumoxyd verifiziert worden. Die Autoren haben direkt die Adsorptionsisotherme der Dämpfe des Isopropylalkohols, des Wassers und des Propylens an Aluminiumoxyd gemessen. Sie fanden beim Propylen eine schwache Adsorption, eine recht erhebliche und fast gleich große Adsorption dadagegen beim Alkohol und beim Wasser; da man in der Formel der Reaktionsgeschwindigkeit den Ausdruck $x(b' - b)$ gegen $b \cdot a$ vernachlässigen kann, so ergibt sich eine Reaktion erster Ordnung in Übereinstimmung mit dem experimentellen Befund. Die hemmende Wirkung des Wassers konnte in diesem Falle aufgehoben werden entweder durch Anwendung eines großen Überschusses des Katalysators gegenüber der vorhandenen Alkoholmenge, so daß die kleine gebildete und absorbierte Wassermenge die Adsorption der Alkoholmoleküle nicht störte, da für sie genügend Raum zur Verfügung stand, oder indem man den Hemmstoff selbst durch Absorption mit Bariumoxyd beseitigte; mittels des letzten Verfahrens wurde die hemmende Wirkung des Wasserdampfes vollständig aufgehoben, so daß die Reaktion nullter Ordnung wurde; man hat dann:

$$-\frac{d p_A}{dt} = k \sigma_A = \text{constans}.$$

[1] C. N. HINSHELWOOD, C. R. PRICHARD: J. chem. Soc. (London) **127** (1925), 327. — H. CASSEL, E. GLÜCKAUF: Z. physik. Chem., Abt. B **17** (1932), 380; jedoch G.-M. SCHWAB, B. EBERLE: Z. physik. Chem., Abt. B **19** (1932), 102.

[2] T. E. GREEN, C. N. HINSHELWOOD: J. chem. Soc. (London) **1926**, 1709.

[3] G.-M. SCHWAB, H. SCHMIDT: Z. physik. Chem., Abt. B **3** (1929), 337; Z. Elektrochem. angew. physik. Chem. **35** (1929), 605.

[4] E. ELÖD, W. BANHOLZER: Z. Elektrochem. angew. physik. Chem. **32** (1926), 555.

[5] H. DOHSE, W. KÄLBERER: Z. physik. Chem., Abt. B **5** (1929), 131; **6** (1929), 343; **8** (1930), 159; **12** (1931), 364.

Auch für die Dehydrierung der Alkohole in Anwesenheit von Kupfer, die schon früher von PALMER und CONSTABLE[1] bearbeitet worden war, haben BORK und BALANDIN[2] einen kinetischen Verlauf nach erster Ordnung nach der weiter oben angegebenen Formel festgestellt, wobei sich der Adsorptionskoeffizient des Wasserstoffs als fast null, die des Aldehyds und des entsprechenden Alkohols als gleich erweisen.

Auch die Dehydratisierung des Äthylalkohols an Aluminiumoxyd folgt nach den Untersuchungen von BORK und TOLSTOPLJATOWA[3] dem gleichen kinetischen Gesetz, wobei dem Wasser eine hemmende Wirkung, ähnlich wie im Falle des Isopropylalkohols, zukommt.

Aus den gleichen Untersuchungen von BORK[4] hat sich ergeben, daß die Adsorptionskoeffizienten der zu homologen Reihen gehörenden Substrate bei den geprüften Dehydrierungen und Dehydratisierungen für die gleichen Katalysatoren die gleichen Werte haben und daß auch das Verhältnis der Adsorptionskoeffizienten sowohl der Aldehyde als auch der Alkohole zu dem des Wassers unter sich gleich sind. Auf Grund dieser Resultate bestätigt BORK die Hypothese von PALMER und CONSTABLE[5], nach der die Moleküle der Alkohole durch die Funktionsgruppe an der Katalysatoroberfläche haften, während der Restteil der Moleküle senkrecht zur Katalysatoroberfläche steht, und erweitert sie auf die Aldehyde und Ketone.

4. *Im Falle, daß der reagierende Stoff A schwach adsorbiert wird, aber zwei der Reaktionsprodukte B und C stark adsorbiert werden*, erhält man:

$$-\frac{dp_A}{dt} = k\,\sigma_A = \frac{k\,b\,p_A}{b'p_B + b''p_C}.$$

Dies ist der Fall bei der Zersetzung des Ammoniaks auf Platin, die sowohl von Wasserstoff wie auch von Stickstoff gehemmt wird, wenn der Druck unter 0,1 mm Hg ist (zum Unterschied von höheren Drucken), wie SCHWAB[6] nachgewiesen hat.

Wenn die an der Reaktion teilnehmenden Molekülarten zwei, *A* und *B*, sind, so können sich Fälle von Selbstvergiftung schon durch das Verhältnis, in dem die zwei Komponenten vorhanden sind, ergeben.

5. *Im Falle, daß bemerkenswerte Unterschiede in der Adsorption der zwei reagierenden Stoffe vorhanden sind, so daß z. B. A schwach und B mittelstark adsorbiert wird*, so ergibt sich:

$$-\frac{dp}{dt} = k\,\sigma_A \cdot \sigma_B = \frac{k\,b\,p_A \cdot b'p_B}{(1 + b'p_B)^2} = k' \cdot \frac{p_A \cdot p_B}{(1 + b'p_B)^2},$$

wobei das Maximum der Reaktionsgeschwindigkeit erreicht wird, wenn $p_B = \frac{1}{b'}$ ist.

6. *Im Falle, daß der Unterschied des Adsorptionsvermögens des Katalysators für A und B ausgeprägter ist, wobei A schwach und B stark adsorbiert wird*, kann $1 + b\,p_A$ gegen $b'p_B$ vernachlässigt werden; dann hat man zu setzen:

$$-\frac{dp}{dt} = k\,\sigma_A\,\sigma_B = \frac{k\,b\,p_A\,b'p_B}{b'^2 p_B^2} = k'\frac{p_A}{p_B}.$$

Die Reaktionsgeschwindigkeit wächst, wenn sich p_B Null nähert. Unter anderen Reaktionen befolgt dieses Verhalten die Bildung des Wassers an Platin bei nie-

---

[1] W. G. PALMER, F. H. CONSTABLE: Proc. Roy. Soc. (London), Ser. A **107** (1925), 255.
[2] A. BORK, A. A. BALANDIN: Z. physik. Chem., Abt. B **33** (1936), 73.
[3] A. BORK, A. A. TOLSTOPLJATOWA: Acta physicochim. URSS 8 (1937), 591.
[4] A. BORK: Acta physicochim. URSS **9** (1939), 697.
[5] W. G. PALMER, F. H. CONSTABLE: l. c.
[6] G.-M. SCHWAB: Z. physik. Chem. **128** (1927), 161.

deren Temperaturen, die Verbrennung des Kohlenoxyds zu Kohlendioxyd an Platin ebenfalls bei niederen Temperaturen[1], die Hydrierung des Äthylens zu Äthan an Kupfer bei 0° und 20°[2]. Die ersten beiden Reaktionen werden nach dem oben beschriebenen Gesetz durch Sauerstoff, die dritte durch Äthylen verzögert; dieses Verhalten besteht für die drei genannten Reaktionen nur bei niederen Temperaturen; bei höheren Temperaturen befolgen sie wegen der Wirkung der verschiedenen Adsorptionsbedingungen, die sich für die reagierenden Gase einstellen, andere kinetische Abläufe.

Ein verwickelter Fall von Selbstvergiftung ist der der Oxydation des Schwefeldioxydes zu Schwefeltrioxyd in Anwesenheit von Platin, der von BODENSTEIN und FINK[3] sehr eingehend untersucht worden ist.

Die Bildungsgeschwindigkeit des Trioxyds ergab sich als der Quadratwurzel seiner Konzentration umgekehrt und der Schwefeldioxydkonzentration direkt proportional, solange das Verhältnis $2\,SO_2 : O_2$ kleiner als 1,5 war; sie war der Sauerstoffkonzentration direkt proportional, wenn jenes Verhältnis größer als dieser Wert war; in den beiden Fällen ist jeweils:

$$\frac{d(2\,SO_3)}{dt} = k\,\frac{(2\,SO_2)}{(2\,SO_3)^{\frac{1}{2}}}$$

bzw.

$$\frac{d(2\,SO_3)}{dt} = k'\,\frac{(O_2)}{(2\,SO_3)^{\frac{1}{2}}}.$$

Die erste Erklärung, die von BODENSTEIN und FINK für diese experimentellen Ergebnisse gegeben wurde, nahm an, daß die Geschwindigkeit, mit der die mit dem Platin in Berührung gekommenen Gase zu reagieren vermögen, außerordentlich groß sei, aber daß sie, bevor sie das Metall erreichen, durch eine Schicht von Trioxyd diffundieren müßten, so daß die Reaktionsgeschwindigkeit proportional der Diffusionsgeschwindigkeit durch diese Schicht für das langsamere der beiden reagierenden Gase wird, d. h.

$$\frac{dx}{dt} = k\,\frac{D}{\delta}\,C_{Gas},$$

wobei k eine Proportionalitätskonstante ist, D der Diffusionskoeffizient, δ die Dicke der Schicht, C_{Gas} die Konzentration des langsamer diffundierenden der beiden reagierenden Gase außerhalb der Schicht.

Andererseits folgt aus der FREUNDLICHschen Adsorptionsisotherme, daß δ proportional der Quadratwurzel der Trioxydkonzentration in der Gasphase sein kann, so daß sich in Übereinstimmung mit den experimentellen Ergebnissen schließlich ergibt:

$$\frac{dx}{dt} = k\,\frac{C_{Gas}}{(2\,SO_3)^{\frac{1}{2}}},$$

wobei man für C_{Gas} die Konzentration des Schwefeldioxyd- oder des Sauerstoffgases in der Gasphase einzusetzen hat, je nachdem ob das eine oder andere auf Grund seiner eigenen Diffusionsgeschwindigkeit und seiner Konzentration in der Gasphase das langsamer diffundierende ist; auf Grund der angenommenen Hypothesen muß dieser Wechsel eintreten, wenn das Verhältnis der Konzentration der beiden Gase kleiner oder größer als die Quadratwurzel des Verhältnisses der entsprechenden Molekulargewichte ist, d. h. übereinstimmend mit den

[1] J. LANGMUIR: Trans. Faraday Soc. **17** (1922), 621.
[2] R. N. PEASE: J. Amer. chem. Soc. **45** (1923), 1196.
[3] M. BODENSTEIN, C. G. FINK: Z. physik. Chem. **60** (1907), 1.

Versuchsergebnissen, kleiner oder größer als

$$\sqrt{\frac{64}{32}} = 1{,}41\,.$$

BODENSTEIN[1] hat später seine Theorie noch einmal im Lichte der modernen Adsorptionstheorien überprüft, nach denen die Moleküle der adsorbierten Stoffe auf der Oberfläche des Adsorbens nach zwei Dimensionen beweglich sind, während die katalytischen Reaktionen sich nicht auf der ganzen Katalysatoroberfläche, sondern nur auf bevorzugten Punkten oder Linien abspielen. Die Diffusion würde statt in senkrechter Richtung zur Platinoberfläche sich parallel zu dieser gegen die aktiven Zentren bewegen, und die Behinderung der Diffusion durch das Trioxyd wäre auf die Bewegung der Moleküle nach zwei Dimensionen zurückzuführen statt auf die Wirkung festsitzender Moleküle; diese Erklärungen würden, wie die frühere, mit den experimentell gefundenen kinetischen Werten und mit dem schon früher bestimmten Temperaturkoeffizienten der Reaktion übereinstimmen.

Nach analogen Gesetzen verlaufen nach LANGMUIR[2] die Oxydation des Kohlenoxyds und die Bildung des Wassers am Platin.

b) Selbstvergiftung durch Bedeckung.

Die Erscheinung der Selbstvergiftung kann außer durch echte Adsorptionseffekte, wie in den bisher untersuchten Fällen, auch durch eine rein mechanische Überdeckung des Katalysators zustande kommen, welche den Kontakt zwischen den reagierenden Stoffen und seiner Oberfläche verhindert.

Dies beobachtet man z. B. bei dem von MAXTED[3] beobachteten Fall der katalytischen Hydrierung der Ölsäure zu Stearinsäure; wenn die Reaktionstemperatur oberhalb des Schmelzpunktes der Stearinsäure liegt, beobachtet man keine Vergiftung, andernfalls häuft sich das feste Produkt auf der Katalysatoroberfläche an und erschwert dadurch dem Wasserstoff den Zutritt für ein weiteres Fortschreiten der Reaktion. Auch bei der katalytischen Konversion des Methans zu Wasserstoff mittels Wasserdampf tritt eine Vergiftung des Katalysators durch Überdeckung mit Ruß ein.

Ähnliche Erscheinungen einer Selbstvergiftung durch Adsorption physikalischer Natur sind bei der Polymerisierung verschiedener organischer Stoffe in der Ablagerung von Produkten mit hohem Molekulargewicht[4] auf dem Katalysator beobachtet worden. Bei der Kohlenwasserstoffsynthese nach FISCHER aus CO und H_2 kann die Abscheidung von Paraffin auf dem Katalysator seine Wirksamkeit vollständig lahmlegen, indem es ihn bis zu 150% durchtränken kann[5].

Einfluß der Temperatur auf die Vergiftung.

Eine große Anzahl von experimentellen Ergebnissen zeigt, daß im allgemeinen die Giftwirkung auf die Katalysatoren um so stärker ist, je niederer die Temperatur bei sonst gleichen Bedingungen ist. Der größte Teil der Gifte wirkt nur bis zu einer bestimmten Grenztemperatur, über die hinaus der Einfluß aufhört.

Diese Erscheinung ist dann leicht zu erklären, wenn der Vergiftungsmechanis-

[1] M. BODENSTEIN: Z. physik. Chem., Abt. B 2 (1929), 345.
[2] J. LANGMUIR: Trans. Faraday Soc. 17 (1921), 621.
[3] E. B. MAXTED: Catalysis and its Industrial Application. London, 1933.
[4] G. NATTA, M. BACCAREDDA: Chim. Ind. 21 (1939), 393.
[5] F. FISCHER: Brennstoff-Chem. 16 (1935), 1.

mus auf einer reversiblen Adsorption beruht, wie dies allgemein bei vorübergehenden Vergiftungen der Fall ist.

Da in solchen Fällen die Adsorption ein exothermer Vorgang ist und daher durch eine Temperaturerhöhung zurückgedrängt wird, muß eine Änderung der Temperatur einen Einfluß auf den Vergiftungsvorgang haben. Wenn der Adsorptionskoeffizient des Giftes sehr groß gegenüber den entsprechenden Koeffizienten der reagierenden Stoffe ist und auch seine Adsorptionswärme groß ist, so wird jener Einfluß bedeutend sein, und die Giftwirkung wird mit dem Wachsen der Temperatur kleiner werden, bis sie schließlich ganz aufhört; in diesem Fall überlagert sich die günstige Wirkung der Temperaturerhöhung auf die Unterdrückung der hemmenden Wirkung des Giftes auf die Reaktionsgeschwindigkeit mit der Erhöhung der Reaktionsgeschwindigkeit durch den direkten Einfluß der Temperatursteigerung, so daß der Temperaturkoeffizient der Brutto-Reaktionsgeschwindigkeitskonstanten besonders hoch ausfällt[1].

Dementsprechend ist die „scheinbare" Aktivierungswärme einer verzögerten Reaktion um die Adsorptionswärme des Giftes höher als die wahre Aktivierungswärme.

Je höher folglich die Temperatur ist, um so geringer sollten die Wirkungen der Gifte sein, bis dann über eine bestimmte Temperatur hinaus die Gifte für die betrachtete Reaktion aufhören, solche zu sein.

Eine große Anzahl von Beobachtungen ist in dieser Hinsicht über große Temperaturintervalle an verschiedenen Katalysatoren, die für die Synthese des Ammoniaks benutzt werden, gemacht worden.

In der folgenden Übersicht Tabelle 4 sind die Ergebnisse wiedergegeben, die ALMQUIST und DODGE[2] bei Versuchen über die Ammoniaksynthese bei 100 at und einer Raumgeschwindigkeit von 5000 mit einem Katalysator auf Eisenbasis, der Aluminiumoxyd und Kaliumoxyd enthielt, in Anwesenheit von verschiedenen Mengen von Kohlenoxyd fanden.

Tabelle 4.
Vergiftung eines Ammoniakkontakts mit Kohlenoxyd.

Temperatur (°C)	Prozent an NH_3		
	reine Gase	Gase mit 0,04% CO	Gase mit 0,08% CO
450	12,3	6,0	2,1
475	11,8	7,8	4,0
500	10,4	8,6	5,8
525	9,2	7,9	6,6

Ähnliche Resultate hat BONE[3] für die Vergiftung durch an einem analogen Katalysator adsorbierten Schwefelwasserstoff erhalten. Bei — 78° ist der Effekt achtmal so groß wie bei 100°.

Zu ähnlichen Schlußfolgerungen führen auch die Versuche von ALMQUIST und BLACK[4] über die Vergiftung von Eisenkatalysatoren mit oder ohne Aktivatoren durch die Wirkung von verschiedenen Prozentsätzen an Wasserdampf und Sauerstoff in den Synthesegasen.

So beobachteten auch KAMSOLKIN und AWDEJEWA[5] bei der Bestimmung des Einflusses verschiedener Konzentrationen von Schwefelwasserstoff und von Phosphorwasserstoff auf Katalysatoren auf Eisenbasis mit Alkalioxyden, daß, je höher die Temperatur ist, um so höher auch die Konzentration dieser Stoffe wird, die erforderlich ist, um eine bestimmte Vergiftung zu erreichen; nach diesen Autoren hat auch diese Vergiftung vergänglichen Charakter.

---

[1] W. C. Mc. C. LEWIS: J. chem. Soc. (London) **115** (1919), 182.
[2] J. A. ALMQUIST, R. L. DODGE: Chem. metallurg. Engng. **33** (1926), 89.
[3] W. A. BONE: Proc. Roy. Soc. (London), Ser. A **112** (1927), 474.
[4] J. A. ALMQUIST, C. A. BLACK: J. Amer. chem. Soc. **48** (1926), 2814.
[5] W. P. KAMSOLKIN, A. W. AWDEJEWA: J. chem. Ind. (USSR) **10** (1933), 32.

Auch die Vergiftung, die auf die Zerfallsprodukte der Schmieröle der Kompressoren bei der Ammoniaksynthese zurückzuführen ist, zeigt hinsichtlich des Temperatureinflusses[1] die gleichen Merkmale.

Auch in Fällen von bleibender Vergiftung hat man eine Verminderung der Giftwirkung mit steigender Temperatur festgestellt, in Übereinstimmung mit dem, was sich allgemein bei der vorübergehenden Vergiftung zeigt.

So haben ADADUROW, PERSCHIN und FEDOROWSKI[2] bemerkt, daß eine Vergiftung der Katalysatoren für die Oxydation des Schwefeldioxyds mit Vanadiumpentoxyd und anderen Metalloxyden als Grundsubstanz oberhalb einer bestimmten Temperatur nicht mehr erfolgt. Sie erklären diese Tatsache mit der Annahme, daß bei höheren Temperaturen neue Zentren, die durch Arsentrioxyd nicht angegriffen werden und von den bei niederen Temperaturen aktiven Zentren verschieden sind, die Oxydation des Schwefeldioxyds bewirken.

Nickel ist ein Katalysator für die Überführung von organisch gebundenem Schwefel in anorganischen:

$$R_2S + 2\,H_2 \rightleftarrows H_2S + 2\,RH,$$

$$COS + 4\,H_2 \rightleftarrows CH_4 + H_2O + H_2S.$$

Bei niederen Temperaturen tritt eine Selbstvergiftung auf; bei 900÷950° verläuft die Reaktion dagegen quantitativ. Sie wird praktisch zur Bestimmung von Spuren von organischem Schwefel im Wassergas angewendet und erreicht eine Empfindlichkeit, die höher als 1 mg Schwefel je m^3 Gas ist.

Jedoch wirkt sich der Temperatureinfluß nicht in allen Fällen in dem obengenannten Sinne aus, d. h. nach dem vorher angegebenen einfachen Vorgang einer Dissoziation des Adsorptionsproduktes; in anderen Fällen wird die Verminderung oder das Aufhören der hemmenden Eigenschaften eines bestimmten Giftes durch die Temperatur einer chemischen Umwandlung in Stoffe ohne Giftcharakter zuzuschreiben sein, die nur unter bestimmten Bedingungen vor sich geht.

So soll das plötzliche Aufhören der vergiftenden Wirkung des Kohlenoxyds auf Nickelkatalysatoren bei der Hydrierung oberhalb einer bestimmten Temperatur auf eine Hydrierung des Kohlenoxyds selbst zu Methan[3] zurückgeführt werden.

Auch bei den vorübergehenden Vergiftungen fehlen Ausnahmen von der angegebenen Regel nicht.

Wiederum beim Fall der Ammoniaksynthese hat man[4] gefunden, daß der Vergiftungseffekt auf Eisenkatalysatoren durch Wasserdampf in Konzentrationen von 0,01÷0,05% anfangs mit dem Ansteigen der Temperatur wuchs, um ein Maximum zu erreichen und um dann wieder abzunehmen. Der Vergiftungsmechanismus soll auf einer Verminderung der Anzahl der aktiven Zentren beruhen, die durch die Reaktion des Wasserdampfes mit dem Eisen hervorgerufen wird:

$$Fe + H_2O \rightleftarrows FeO + H_2.$$

Bei niederer Temperatur wird das Wasser adsorbiert, reagiert aber nicht mit dem Eisen, bei höheren Temperaturen verläuft die Reaktion, die die aktiven Zentren zerstört; bei noch höheren Temperaturen bedingt das Gleichgewicht

[1] W. P. KAMSOLKIN, W. D. LIWSCHITZ: J. chem. Ind. (USSR) **14** (1937), 1225.

[2] I. J. ADADUROW, P. P. PERSCHIN, G. W. FEDOROWSKI: Chem. J. Ser. B, J. angew. Chem. **6** (1933), 797.

[3] H. S. TAYLOR, R. M. BURNS: J. Amer. chem. Soc. **43** (1921), 1273. — S. B. AUSSIMOW, W. F. POLOSOW: Chem. J. Ser. B, J. angew. Chem. **11** (1938), 297.

[4] W. P. KAMSOLKIN, W. D. LIWSCHITZ: J. chem. Ind. (USSR) **14** (1937), 244.

eine Reduktion des Eisen (II)-Oxyds und eine Wiederherstellung der ursprünglichen oder vielmehr die Bildung von neuen aktiven Zentren.

Eine Erscheinung dieser Art ist auch von BURSTEIN und KATSCHTANOW[1] bei der Umwandlung des Parawasserstoffs in Orthowasserstoff auf Holzkohle beobachtet worden: der hemmende Effekt des bei hoher Temperatur adsorbierten Wasserstoffs ist stärker bei Raumtemperatur und ist geringer sowohl bei der Temperatur der flüssigen Luft wie auch bei 300°; die Autoren erklären diese Erscheinung mit der Annahme, daß gewisse bei Raumtemperatur inaktive Zentren bei der Temperatur der flüssigen Luft und bei 300° aktiv werden. Die ausgeführten Messungen mit nicht vergifteter Holzkohle haben gezeigt, daß die Reaktion bei allen Temperaturen einen positiven Temperaturkoeffizienten hat und daß folglich mit ansteigender Temperatur die Aktivierungsenergie beider Arten von Zentren wächst; an vergifteter Kohle hat man einen negativen Temperaturkoeffizienten bei niederen und einen positiven bei höheren Temperaturen.

Es ist leicht verständlich, daß in der Regel die Temperatur nur dann einen Einfluß auf die Wirkung der Gifte haben kann, wenn sie hoch genug ist, daß die Reversibilität des Vergiftungsvorganges erreicht wird, oder wenn sie die Entfernung des Giftes durch chemische Reaktionen, an denen es teilhat, ermöglicht. Wenn man dagegen bei niederen Temperaturen oder solchen arbeitet, bei denen das Produkt der Wechselwirkung von Gift und Katalysator beständiger ist als die Adsorptionsprodukte zwischen reagierendem Gas und Katalysator, so ist eine Einwirkung der Temperatur ausgeschlossen.

Die Nichtbeeinflussung des Temperaturkoeffizienten der Reaktionsgeschwindigkeit und der Aktivierungswärme durch eine Vergiftung ist z. B. von CONSTABLE[2] bei der Dehydrierung des mit Fuselöl verunreinigten Alkohols an Kupfer nachgewiesen worden.

Auch MAXTED[3] findet bei der Untersuchung der Giftwirkung der Quecksilberionen auf Platin bei der Zersetzung des Wasserstoffperoxyds, daß die Aktivierungswärmen, die auf Grund von drei Versuchsserien bei drei verschiedenen verhältnismäßig niedrigen Temperaturen (0°, 15°, 25°) berechnet werden können, sich nicht merklich mit der Änderung der eingeführten Giftmenge verschieben, sofern diese Mengen unterhalb der Grenze bleiben, bei der die Kurve der Geschwindigkeitskonstanten gegen die Giftkonzentration ihre Richtung ändert.

Einfluß des Druckes auf die Vergiftung.

Der Einfluß des Druckes auf die Vergiftungsvorgänge wirkt sich ebenso wie derjenige der Temperatur je nach dem Mechanismus der Giftwirkung in verschiedener Weise aus.

Wenn die Vergiftung durch physikalische Adsorption erfolgt, so ist der Einfluß des Druckes bedeutend, da er ein bestimmender Faktor der Adsorption ist. Aber auch bei der chemischen Adsorption drängt der Druck eine Dissoziation des Reaktionsproduktes von Gift und Katalysator zurück, wenn man bei Temperaturen arbeitet, bei denen der Dissoziationsvorgang reversibel wird, und auch in diesem Fall wird bei sonst gleichen Bedingungen, je größer der Druck ist, um so größer die hemmende Wirkung der Gifte sein.

Im anderen Falle kann der Vergiftungsvorgang unabhängig vom Druck sein. IPATIEW und CORSON[4] haben festgestellt, daß die Vergiftung des Kupfers bei

---

[1] R. BURSTEIN, P. KATSCHTANOW: Trans. Faraday Soc. **32** (1936), 823
[2] F. H. CONSTABLE: Proc. Cambridge philosophical Soc. **22** (1925), 738.
[3] E. B. MAXTED, G. J. LEWIS: J. chem. Soc. (London) **1933**, 502.
[4] W. IPATIEW, B. CORSON: Chim. et Ind. **45** (1941), 103.

der Hydrierung des Benzols durch bestimmte Mengen von Wismut, Cadmium und Blei unabhängig vom Betriebsdruck verläuft.

EMMETT und BRUNAUER[1] haben bei der Ammoniaksynthese die Wirkung einer Einführung und darauffolgenden Beseitigung von Wasserdampf in den Synthesegasen bei verschiedenen Drucken in Anwesenheit von Katalysatoren aus Eisen-Aluminiumoxyd-Kaliumoxyd untersucht.

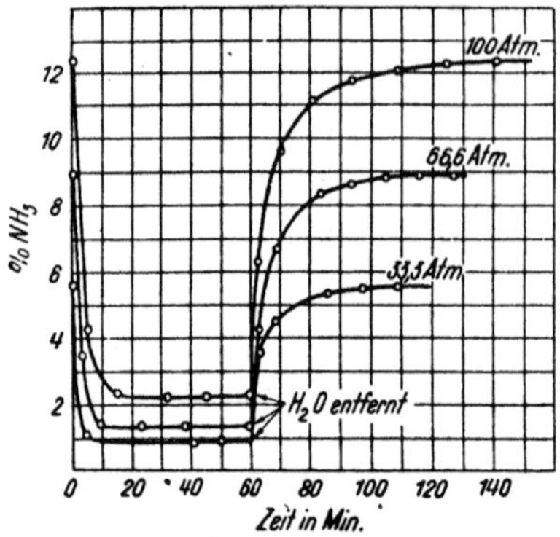

Abb. 12. Einfluß von 0,32% Wasserdampf im Synthesegas auf die Aktivität eines Ammoniakkontakts bei verschiedenen Drucken.

Die Ergebnisse sind in Abb. 12 wiedergegeben; auf der Abszisse sind die Zeiten eingetragen, auf der Ordinate die Ammoniakprozente, die nach Einführung von 0,32% Wasserdampf in die reagierenden Gase und darauffolgender Beseitigung aus diesen auftreten. Die anfängliche Aktivität wird vollständig wiederhergestellt, sobald die Gase vorgetrocknet werden, und die prozentische Verminderung der Aktivität ist bei allen Synthesedrucken ziemlich konstant.

Später ist durch KAMSOLKIN und LIWSCHITZ[2] bei der Ammoniaksynthese ein positiver Effekt des Druckes auf die Vergiftung durch Wasserdampf gefunden worden. Sie haben auch einen ähnlichen Druckeffekt auf die lähmende Wirkung der Zerfallsprodukte der Schmieröle[3] bei der gleichen Synthese nachgewiesen.

Vergiftung, Zusammensetzung und molekulare Struktur des Giftes.

a) Beziehung zwischen der Giftigkeit der Elemente und ihrer Stellung im periodischen System.

Wir haben schon angedeutet, daß die wichtigsten Fälle von Vergiftung einer chemischen Adsorption des Giftes zuzuschreiben sind. Die Giftwirkung eines gegebenen Elementes kann daher von seinen physikalisch-chemischen Eigenschaften und folglich von seiner Stellung im periodischen System abhängen.

Tatsächlich sind die Gifte für Metallkatalysatoren hauptsächlich Elemente mit nichtmetallischem Charakter, die zu ihnen eine gewisse chemische Affinität besitzen.

BERKMAN, MORRELL und EGLOFF[4] haben einen Vergleich zwischen Verstärkern und Giften in bezug auf verschiedene physikalisch-chemische Eigenschaften durchgeführt. Sie haben vor allem darauf hingewiesen, daß die aktivierend wirkenden Elemente im allgemeinen eine Kristallstruktur von hoher Symmetrie besitzen, vorzugsweise dem regulären oder hexagonalen System angehören und oft isomorph mit den Katalysatoren sind, die sie aktivieren, während die Elemente und Verbindungen, die deutliche Gifteigenschaften aufweisen, meistens Systemen niedriger Symmetrie angehören, im allgemeinen trigonaler oder rhombischer, jedoch immer sehr verschieden von der der Katalysatoren, die durch sie vergiftet werden.

Vom Gesichtspunkt anderer physikalischer Eigenschaften aus zeichnen sich

---

[1] P. H. EMMETT, S. BRUNAUER: J. Amer. chem. Soc. **52** (1930), 2682.
[2] W. P. KAMSOLKIN, W. D. LIWSCHITZ: J. chem. Ind. (USSR) **14** (1937), 244.
[3] W. P. KAMSOLKIN, W. D. LIWSCHITZ: J. chem. Ind. (USSR) **14** (1937), 1225.
[4] S. BERKMAN, J. C. MORRELL, G. EGLOFF: Promotors and Poisons in catalysis. Universal Oil Products Co. — Booklet n. 213. Chikago, 1936.

die Elemente und Verbindungen mit Giftcharakter gegenüber denjenigen mit aktivierendem Charakter nach obengenannten Autoren durch sehr tiefe Schmelz- und Siedepunkte aus. Was die Elektronenkonfiguration angeht, geben die Elemente mit aktivierenden Eigenschaften im allgemeinen beim Übergang in den Ionenzustand Elektronen ab, während die Elemente mit Giftcharakter bei diesem Übergang Elektronen aufnehmen.

In bezug auf die elektrochemischen Potentiale heben die genannten Autoren hervor, daß den Ionen von Giften fast immer ein negativeres Potential als dem Wasserstoff zukommt, im Gegensatz zu den Ionen mit aktivierendem Charakter.

Endlich können auch das magnetische Verhalten und die verschiedenen Valenzstufen der Elemente dazu beitragen, die zwei Klassen der Stoffe zu unterscheiden; so sind die Elemente, die aktivierenden Charakter haben, im allgemeinen paramagnetisch oder schwach diamagnetisch und besitzen höchstens eine oder zwei Valenzstufen, während die Elemente mit Giftcharakter stärker diamagnetisch sind und mehrere Valenzstufen haben.

Man muß beachten, daß die genannten Eigenschaften sich als Folge der Stellung der verschiedenen Elemente im periodischen System ergeben, ohne von sich aus etwas mit den katalytischen Erscheinungen zu tun zu haben.

Tabelle 5.

Anordnung von Giften für Metallkatalysatoren im periodischen System.

Periode	Gruppe 0	I	II	III	IV	V	VI	VII	VIII
1									
2					6 C	7 N	8 O	9 F	
3					14 Si	15 P	16 S	17 Cl	
4			30 Zn		32 Ge	33 As	34 Se	35 Br	
5			48 Cd		50 Sn	51 Sb	52 Te	53 J	
6			80 Hg	81 Tl	82 Pb	83 Bi			

Da z. B. die Metalloide zum Unterschied von den Metallen eine Kristallstruktur von niedriger Symmetrie haben, so folgt schon daraus die Tatsache, daß der größte Teil der Elemente, die als Gifte wirken, eine Struktur mit niederer Symmetrie besitzt; diese Tatsache hat nichts mit der Katalyse zu tun und ist nur eine Folge der komplizierten molekularen Struktur der Metalloide.

Anderseits hat auch die Gruppierung der Gifte nach ihrer Stellung im periodischen System, die in der beifolgenden Tabelle 5 wiedergegeben ist, und auch die Feststellung, daß sie alle der zweiten Untergruppe der II., III., IV, V., VI. und VII. Gruppe angehören, keine allgemeinere Bedeutung, sondern nur eine spezielle, wenn man die Gifte der metallischen Katalysatoren betrachtet. Zieht man dagegen die aus Oxyden bestehenden Katalysatoren in Betracht, so sieht man, daß Stoffe von anderen Klassen als Gifte wirken, und daß einzelne Stoffe, die Gifte für Metalle sind, für Oxyde sogar Aktivatoren sein können. Es genügt als Beispiel nur an die aktivierende Wirkung des Chlors und der Salzsäure auf Aluminiumoxyd und Aluminiumchlorid bei der Polymerisation der Olefine oder die analoge Wirkung des roten Phosphors oder der Phosphorsäure bei Polymerisations- und Alkylierungsreaktionen zu denken.

Dies beweist, wie vorsichtig man in der Verallgemeinerung der Beziehungen zwischen Giftwirkung der Stoffe und ihren physikalischen und chemischen Eigenschaften sein muß. Die Beziehungen, die man herausheben kann, gelten nur für bestimmte Klassen von Katalysatoren. Naturgemäß begünstigt ein tiefer Schmelzpunkt die Vergiftung durch Adsorption und pysikalische Überdeckung und fördert folglich das Auftreten einer Giftwirkung.

Auch die Herabsetzung des elektrochemischen Potentials der vergifteten Katalysatoren, auf die von einigen Autoren[1] hingewiesen wurde, ist nur eine Folge der Tatsache, daß die Giftwirkung im allgemeinen durch chemische Adsorption[2] erfolgt und daher zur Bildung von Oberflächenschichten mit anderen Oberflächeneigenschaften (Oberflächenspannung, Lösungstension usw.) führt.

b) Beziehung zwischen der Giftigkeit der Elemente und den Atom- und Molekülabmessungen.

Das Studium der Beziehungen zwischen Giftigkeit und den Atom- und Molekülabmessungen der Gifte hat eine große Bedeutung für die Erklärung des Vergiftungsvorganges.

Die Empfindlichkeit der verschiedenen Katalysatoren gegen die verschiedenen Gifte wird sehr stark durch die wechselseitigen Atom- und Molekülgrößen beeinflußt.

MAXTED und MARSDEN[3] haben mit der gleichen Versuchsmethode, die sie bei den schon früher genannten Arbeiten benutzt haben, die den verschiedenen Elementen selbst zukommenden Giftigkeiten auf Platin bei der Hydrierung der Crotonsäure untersucht, indem sie die Elemente in Form der Hydride oder von Stoffen, die unter den Reaktionsbedingungen in die Hydride übergehen können, eingeführt haben. Es wurden auf diese Weise die Giftigkeiten des Phosphors (eingeführt direkt als PH_3), des Arsens (als arsenige Säure), des Antimons (in Form von Kaliumantimonyltartrat) und des Wismuts (als Acetat) verglichen.

Die Resultate, bezogen auf 0,05 g eines Platinstandardkatalysators, sind in Tabelle 6 wiedergegeben.

Tabelle 6.
Vergleich der Giftigkeit von P, As, Sb, Bi.

Hemmstoff	$\alpha \cdot 10^{-5}$	Relative Giftigkeit für 1 g-Atom des Giftes
Phosphor	1,23	1,00
Arsen	1,23	1,00
Antimon	1,29	1,05
Wismut	1,59	1,29

Die Giftigkeiten sind beim Phosphor und Arsen gleich, beim Antimon etwas und beim Wismut merklich größer.

Wenn man die relativen Giftigkeiten mit den Atomradien der Gifte und des Platins vergleicht, so kann man folgern, daß die Giftigkeit, während sie für die Elemente mit einem kleineren Atomradius als der des Katalysatormetalles konstant ist, für die anderen um so größer wird, je größer der Unterschied zwischen ihrem Atomradius und dem des Katalysatormetalles ist.

Nach neueren Arbeiten derselben Autoren[4] soll auch die normale Wertigkeit zusammen mit dem Atomradius zur Bestimmung der Giftigkeit der Elemente beitragen; für Platin sollen die zweiwertigen Elemente, wie z. B. Zink und Cadmium, ungefähr viermal so giftig wie die einwertigen Kupfer und Silber sein.

BRUNAUER und EMMETT[5] haben den gegenseitigen Einfluß der chemischen Adsorption von Stickstoff, Wasserstoff, Kohlenoxyd, Kohlendioxyd und Sauerstoff an Katalysatoren aus Eisen-Aluminiumoxyd-Kaliumoxyd, die in der Am-

[1] N. ISGARISCHEW, E. KOLDAEWA: Z. Elektrochem. angew. physik. Chem. **30** (1924), 83.
[2] G. KAEB: Z. physik. Chem. **115** (1925), 224.
[3] E. B. MAXTED, A. MARSDEN: J. Chem. Soc. (London) **1938**, 839.
[4] E. B. MAXTED, A. MARSDEN: J. chem. Soc. (London) **1940**, 469.
[5] S. BRUNAUER, P. H. EMMETT: J. Amer. chem. Soc. **62** (1940), 1732.

moniaksynthese verwendet werden, untersucht. Das Kohlenoxyd, das nur von den Eisenatomen adsorbiert wird, behindert stark die Adsorption des Kohlendioxyds, obwohl diese nur die Alkalimoleküle betrifft; es ist die Möglichkeit nicht auszuschließen, daß die Kohlenoxydmoleküle wegen ihrer erheblichen Größe die chemische Adsorption der benachbarten Alkalimoleküle behindern. Die Tatsache dagegen, daß die Adsorption des Stickstoffs und Wasserstoffs, die auch auf den Eisenatomen stattfindet, zum Unterschied von Kohlenoxyd, die Adsorption des Kohlendioxydes nicht beeinflußt, wie auch die physikalische Unmöglichkeit, daß ein Stickstoff- oder Wasserstoffmolekül gleichzeitig von ein und demselben Eisenatom adsorbiert werden, beweist, daß die beiden letzten Gase in Form ihrer Atome adsorbiert sind.

Nach ADADUROW und GRIGOROWITSCH[1] ergäbe sich aus der röntgenographischen Analyse der mit arseniger Säure vergifteten Katalysatoren aus Platin und Chromoxyd, die für die Oxydation des Schwefeltrioxydes benutzt werden, daß sowohl Platinschwarz als auch Chromoxyd Cr_2O_3, die bis zum Verlust von 50% ihrer katalytischen Aktivität vergiftet sind, noch die gleiche Struktur wie die nicht vergifteten Katalysatoren zeigen. Nur sollen die Parameter der entsprechenden Elementarzellen eine Vergrößerung aufweisen (für Platin wächst a von 3,918 Å auf 3,935 Å an, für Cr_2O_3 das a von 4,940 auf 4,955 Å und b von 13,58 auf 13,65 Å); Platinschwarz auf Kupfer als Träger zeige dagegen nach der Vergiftung eine andere Kristallstruktur, während eine weitere Vergiftung des Platinschwarzes bis zur Herabsetzung seiner katalytischen Wirksamkeit auf 30% zu keiner weiteren Veränderung der Parameter Anlaß geben soll.

Während eine Veränderung der Kristallstruktur durch die Wirkung großer Giftmengen in einigen Fällen vorauszusehen ist, wenn nämlich die Bildung eines neuen chemischen Individuums eintritt, so ist dagegen die Verformung des Gitters des Cr_2O_3 und des Platins, die von den genannten Autoren beobachtet wurde, sehr eigenartig, da nicht bekannt ist, daß diese Stoffe feste Lösungen mit der arsenigen Säure zu bilden vermögen.

c) Beziehung zwischen der Giftigkeit der Elemente und der Verbindungsform.

Bezüglich der Veränderlichkeit der Giftigkeit eines Elementes in Abhängigkeit von seiner Verbindungsform in dem Stoff, der als Gift wirkt, ist es klar, daß die Giftigkeit nicht eine einfache additive Atomeigenschaft sein kann, sondern auch von der Natur des Katalysators wie auch von der des Giftes abhängt. So weiß man, daß, während Phosphor und Phosphorwasserstoff sehr wirksame Gifte für Nickel bei der katalytischen Hydrierung sind, Calciumphosphat ein Verstärker derselben[2] ist. BREDIG und IKEDA[3] haben gefunden, daß Arsen in Form von Natriumarsenit eine viel geringere Giftigkeit auf Platin bei der Zersetzung des Wasserstoffperoxyds ausübt als in Form von Arsenwasserstoff, der ein sehr starkes Gift ist.

Nach ANDREWS[4] ist die Giftwirkung des Phosphors, der in einigen organischen Verbindungen wie Lecithin enthalten ist, auf Hydrierungskatalysatoren viel geringer als die des anorganisch gebundenen Phosphors.

Schwefel und die Sulfide wirken für gewöhnlich bei der katalytischen Hydrierung in Anwesenheit von Nickel oder von anderen Metallen der achten und der ersten Gruppe als Gifte, während die Sulfide von anderen Metallen selbst als Hy-

---

[1] I. J. ADADUROW, N. M. GRIGOROWITSCH: J. physic. Chem. (USSR) 9 (1938), 276.
[2] H. K. MOORE, G. A. RICHTER, W. B. von ARSDEL: Ind. Engng. Chem. 9 (1917), 451.
[3] G. BREDIG, K. IKEDA: Z. physik. Chem. 37 (1901), 1.
[4] F. ANDREWS: Chem. Trade J. chem. Engr. 84 (1929), 277.

drierungskatalysatoren wirken können[1]. Die Anwendung von Hydrierungskatalysatoren, die mit Schwefelwasserstoff vorbehandelt sind, ist weitverbreitet und in vielen Patenten geschützt. Man vermeidet durch ihre Anwendung die Reinigung der zu hydrierenden Produkte von Schwefelverbindungen. DOLGOV, KARPINSKI und SSILINA[2] haben gefunden, daß reines Zinksulfid oder solches, das 5% Cadmium- oder Molybdän- oder Kupfersulfid enthält, für die Zersetzung des Methanols ein viel aktiverer Katalysator als Zinkoxyd ist, und daß insbesondere das reine Zinksulfid mit Vorteil in der Synthese gebraucht werden kann.

Umgekehrt liegt der Fall, wenn erst die Reaktionsbedingungen die chemische Umwandlung der einen Giftstoff enthaltenden Substanz in die Form gestatten, in der er eine hemmende Wirkung ausübt; dann ist diese unabhängig von der Form, in der der Stoff ursprünglich eingeführt worden ist. So hat man gefunden, daß die Wirkung von äquivalenten Mengen Sauerstoff oder Wasserdampf auf Eisenkatalysatoren bei der Ammoniaksynthese gleich ist, da es zur Bildung von gleichen Mengen von Eisenoxyd kommt[3].

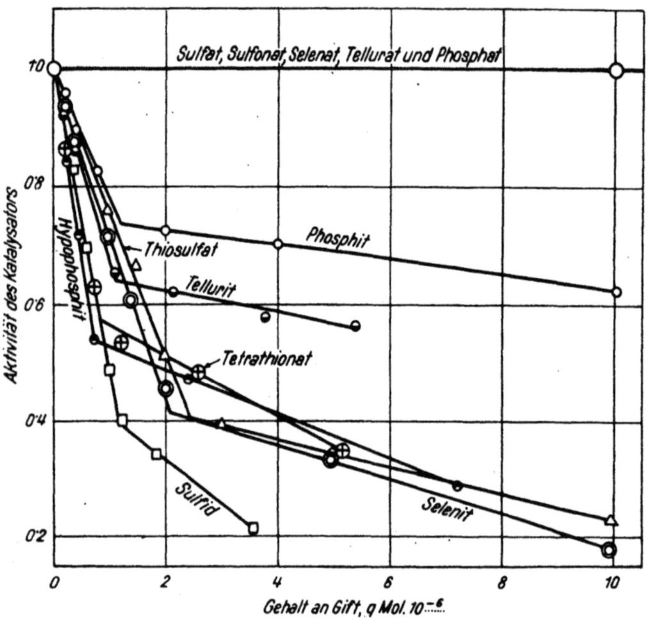

Abb. 13. Hydrierung von Crotonsäure an Platin nach Adsorption verschiedener Anionen.

Für metallische Katalysatoren wirken als Gifte im allgemeinen die Metalloide, ihre Verbindungen mit Wasserstoff und diejenigen Sauerstoffverbindungen, die nicht der höchsten Valenzstufe des nichtmetallischen Elementes gegen Sauerstoff entsprechen, so daß noch Valenzkräfte vorhanden sind, welche die Ausbildung von homöopolaren Bindungen zwischen den Bausteinen der Oberfläche des Katalysators und dem Gift erlauben.

Die Giftigkeit der Anionen, die Schwefel, Selen und Tellur enthalten, gegen Platin bei der Hydrierung der Crotonsäure ist von MAXTED und MORRISH[4] untersucht worden.

In Abb. 13 sind die Ergebnisse dargestellt, die mit Sulfid-, Sulfit-, Sulfat-, Sulfonat-, Thiosulfat-, Tetrathionat-, Selenit-, Selenat,- Tellurit-, Tellurat-, Hypophosphit-, Phosphit- und Phosphationen erhalten wurden.

Abgesehen von den Ergebnissen, die mit dem Sulfition erhalten wurden, über dessen Verhalten schon berichtet worden ist (S. 248), erweisen sich die Sulfate, Sulfonate, Selenate, Tellurate und Phosphate als nicht giftig, während die Phosphite, Thiosulfate, Selenite, Tellurite, Sulfide, Tetrathionate und die Hypo-

---

[1] E. B. MAXTED: J. Soc. chem. Ind. Trans. **53** (1934), 102.
[2] B. N. DOLGOV, M. N. KARPINSKI, N. P. SSILINA: Chem. festen Brennstoffe **5** (1935), 470.
[3] J. A. ALMQUIST, R. L. DODGE: Chem. metallurg. Engng. **33** (1926), 89.
[4] E. B. MAXTED, R. W. D. MORRISH: J. chem. Soc. (London) **1940**, 252.

phosphite in der obigen Folge zunehmende Giftigkeit aufweisen, wenigstens für Konzentrationen, die unterhalb der Grenze liegen, oberhalb deren die Kurve der Reaktionsgeschwindigkeitskonstanten gegen die Konzentration die Richtung wechselt.

MAXTED und MORRISH erklären in vereinfachender Weise die erhaltenen Ergebnisse unter Annahme der Oktetttheorie.

Im Fall der ungiftigen Anionen würde das giftige Element ein Elektronenoktett der folgenden Art haben:

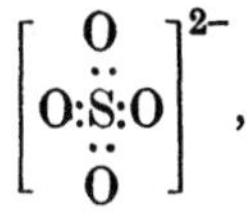

in dem der Schwefel durch Selen oder Tellur ersetzt sein kann oder mit anderer Valenz durch Phosphor, oder, im Fall der Sulfonate, durch eine Konfiguration vom Typus:

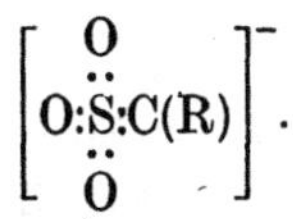

Dagegen würde den giftigen Anionen, dem Sulfit-, Selenit-, Telluritanion eine Struktur der folgenden Art zukommen:

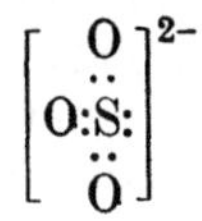

oder im Fall der Thiosulfate des Typus:

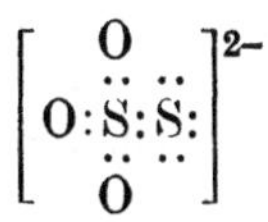

und endlich bei den Sulfiden des Typus

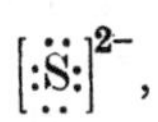

die stark ungesättigt sind und dem Atom des potentiell giftigen Elementes erlauben sollen, seine Giftwirkung auszuüben.

Es ist zu beachten, daß die verhältnismäßig große Giftigkeit, die man bei den Tetrathionaten gefunden hat, ihrer Reduktion durch den Wasserstoff unter Bildung von zwei Molekülen Thiosulfat für je ein Molekül Tetrathionat zuzuschreiben ist; tatsächlich ist die molekulare Giftigkeit der Tetrathionate ungefähr doppelt so groß wie die der Thiosulfate.

Von dieser Regel scheint das Verhalten des Hypophosphit- und des Phosphitions eine Ausnahme zu bilden, denen die folgenden Strukturen zugeschrieben werden:

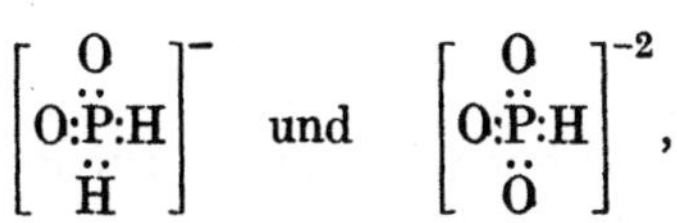

welche der Basizität der entsprechenden Säuren Rechnung tragen. Diese Ionen sollten sich analog verhalten wie die Sulfationen, die ein vollständiges Oktett haben, und entgegen dem experimentellen Befund ungiftig sein. Diese Ausnahmen wären jedoch nach MAXTED der Schwäche der Kovalenzbindung P:H zuzuschreiben, die nicht genügt, um eine Bindung Pt:P zu verhindern, die die Giftwirkung bedingt.

d) Beziehung zwischen der Giftigkeit der Elemente und der Affinität von Gift und Katalysator.

Die von MAXTED und MORRISH entwickelte Theorie kann nicht allgemein angewendet werden. Sie kann für die Gifte der metallischen Katalysatoren, die eine bedeutende Affinität zu den Metalloiden haben, gelten, ist aber nicht gültig für andere Katalysatoren, z. B. für gewisse Oxyde, bei denen eine entgegengesetzte Wirkung auftreten kann.

Die Sauerstoffverbindungen der Metalloide, die der höchsten Valenzstufe entsprechen und die nicht giftig sein dürften, wenn man die vorhergehenden Darlegungen verallgemeinern würde, haben die Eigenschaft, an Oxyden von basischer Natur adsorbiert zu werden und mit ihnen chemisch zu reagieren und sind daher oft, je nach dem besonderen Fall, entweder Aktivatoren oder starke Gifte.

Chlor verhält sich zu metallischen Katalysatoren (Nickel, Kupfer usw.) wie ein Gift, nicht nur im elementaren Zustande, sondern auch als Chloridion, das die Elektronenstruktur eines Edelgases hat.

Arsenpentoxyd ist oft ein energischeres Gift als arsenige Säure. Kohlendioxyd wirkt bei der Ammoniaksynthese an mit Alkali aktivierten Eisenkatalysatoren als Gift, während Methan nicht als Gift wirkt.

Bei einer Untersuchung über Mischkatalysatoren aus Cr_2O_3—SnO_2—BaO und V_2O_5—SnO_2—BaO bei der Oxydation des Schwefeldioxyds haben ADADUROW und GERNET[1] festgestellt, daß bei Temperaturen unter 500° die Empfindlichkeit des ersten Katalysators für eine Vergiftung durch arsenige Säure größer ist als die der Vanadinkatalysatoren. Auch OLSEN und MAISNER[2] haben eine verschiedene Empfindlichkeit gegen arsenige Säure bei verschiedenen Katalysatoren aus V_2O_5 festgestellt, die kleine Mengen von Alkali- oder Erdalkalimetallen enthielten und die von ihnen bei Versuchen über die Oxydation des Schwefeldioxydes angewandt worden sind.

Als Erklärung für diese Tatsachen könnte die Bildung von chemischen Verbindungen oder eine chemische Adsorption zwischen arseniger Säure und dem basischen Verstärker angesehen werden.

In anderen Fällen scheint sich die Wirkung des Verstärkers darin zu äußern, daß er die Vergiftung verhindert; so soll nach BRUNAUER und EMMETT[3] die Überlegenheit der Eisen-Aluminiumoxyd-Kaliumoxyd-Katalysatoren gegenüber denen aus Eisen-Aluminiumoxyd bei der Ammoniaksynthese darauf beruhen, daß die ersten die Bildung von Wasserstoff-Stickstoff-Komplexen verhindern, die fähig wären, den Katalysator zu vergiften.

Statt durch die Verbindungsform wäre es logischer, die Giftwirkung dadurch zu erklären, daß man sie in Beziehung setzt zur Affinität des Bildungsvorganges des Produktes der chemischen Adsorption am Katalysator, welche ein Maß für die Stabilität dieses Produktes ist. Eine thermodynamische Bestimmung der Affinität ist jedoch für die Adsorptionsschichten sehr schwer durchzuführen, da man die besonderen chemischen und thermodynamischen Eigenschaften der Oberflächen nicht genau kennt.

Man kann jedoch allgemein feststellen, daß meistens eine Giftwirkung auftritt, wenn die Adsorptionswärmen groß sind.

---

[1] I. J. ADADUROW, D. W. GERNET: Chem. J. Ser. B, J. angew. Chem. **8** (1935), 612.
[2] J. C. OLSEN, H. MAISNER: Ind. Engng. Chem. **29** (1937), 254.
[3] S. BRUNAUER, P. H. EMMETT: J. Amer. chem. Soc. **62** (1940), 1237.

e) Beziehung zwischen der Giftigkeit der organischen Moleküle, die ein Giftradikal enthalten, und ihrer Form und Größe.

Ein systematisches Studium der Beziehungen zwischen Giftigkeit, Zusammensetzung und molekularer Struktur der bei der katalytischen Hydrierung für Platin und Nickel auf Kieselgur als Träger giftig wirkenden organischen Schwefelverbindungen ist von MAXTED und seinen Mitarbeitern unter Benutzung der früher beschriebenen Versuchsmethode (S. 244 ff.) durchgeführt worden.

In der folgenden Tabelle 7[1] sind für die beiden Metalle die berechneten absoluten Werte der Giftigkeit des Schwefelwasserstoffs, Schwefelkohlenstoffs, Thiophens und des Cystins verzeichnet, wobei als Konzentration des Giftes die Grammatome des im System anwesenden Schwefels eingesetzt wurden.

Tabelle 7.

Giftigkeit von Schwefelverbindungen für Platin und Nickel auf Kieselgur.

	Platin		Nickel	
	$\alpha \cdot 10^{-5}$	relative Giftigkeit je g-Atom Schwefel	$\alpha \cdot 10^{-5}$	relative Giftigkeit je g-Atom Schwefel
Schwefelwasserstoff . .	3,4	1	7,5	1
Schwefelkohlenstoff . .	6,4	1,9	18,2	2,4
Thiophen	14,8	4,4	33,3	4,5
Cystin	16,7	5,0	40,0	5,4

Es ergibt sich, daß für beide Metalle die Giftigkeit der verschiedenen Verbindungen in der angegebenen Reihenfolge nicht nur mit dem Wachsen des Molekulargewichtes der Schwefelverbindung zunimmt, sondern daß trotz des bedeutenden Unterschiedes der Empfindlichkeit der beiden Katalysatoren für Vergiftungen die relativen Werte der Giftigkeit der verschiedenen Verbindungen sich in beiden Fällen als ungefähr gleich erweisen. Die Giftigkeit je Schwefeleinheit nimmt mit wachsender Kompliziertheit des schwefelhaltigen Moleküls zu, auch wenn der übrige Teil des Moleküls keine Elemente oder Gruppen enthält, die normalerweise als katalytische Gifte wirken könnten.

Diese Ergebnisse sind durch spätere Untersuchungen[2] bestätigt und auf die Giftigkeit der Alkylsulfide (des Methyl-, Äthyl-, Butyl-, Octyl- und Cetylsulfids) und der Thioalkohole (des Äthyl-, Butyl-, Octyl- und Cetylmercaptans) erweitert worden; die relative Giftigkeit für das bei der Hydrierung der Crotonsäure verwendete Platin wächst sowohl für die Sulfide als auch für die Thioalkohole stetig mit der Länge der Kette; der Einfluß jedes neuen Kettengliedes wird jedoch mit dem Längerwerden der Kette immer geringer. Die Giftigkeit der Dialkylsulfide, die zwei Alkylketten enthalten, ist immer größer, und zwar um denselben Proportionalitätsfaktor (2,5$\div$2,6) als die Giftigkeit der entsprechenden Alkohole, die nur eine einzige Kette von der gleichen Länge enthalten. In Abb. 14 sind diese Ergebnisse zusammengefaßt.

Die Autoren nehmen an, daß durch die „Verankerung" am Schwefelatom die Alkylketten durch umliegende aktive Punkte adsorbierbar werden, auf die sie dann wie echte Gifte wirken. Auf Grund der Größe der Elementarzelle und der Struktur des Platins und der Länge der Alkylketten und des Verhältnisses zwischen deren Giftigkeit und derjenigen des Schwefelwasserstoffes folgert man sogar, daß praktisch alle Elemente der Platinoberfläche in dem ganzen Bereiche, der von den Ketten um das Schwefelatom bestrichen wird, die katalytische Wirk-

[1] E. B. MAXTED, H. C. EVANS: J. chem. Soc. (London) 1937, 603.
[2] E. B. MAXTED, H. C. EVANS: J. chem. Soc. (London) 1937, 1004.

samkeit verlieren. Bei längeren Ketten wird die Verankerung schwächer und damit die überdeckende Wirkung der Ketten weniger vollständig. Diese Erklärung steht auch mit der Tatsache im Einklang, daß die überdeckende Wirkung der Sulfide, die zwei Seitenketten haben, größer ist als die der Thioalkohole, die die gleiche Anzahl von Kohlenstoffatomen haben, aber bei denen das Schwefelatom am Ende statt in der Mitte der Kette angeordnet ist. Dieser Fall könnte jedoch auch durch einen einfachen sterischen Abschirmeffekt zustande kommen.

Weiterhin[1] sind die Untersuchungen auf die Verbindungen, die zwei Schwefelatome enthalten, ausgedehnt worden. Die molekulare Giftigkeit des Propylendimercaptans $HS—CH_2—CH_2—CH_2—SH$ ist trotz seines größeren Schwefelgehaltes kleiner als die des *n*-Propylmercaptans $CH_3—CH_2—CH_2—SH$ und des *n*-Butylmercaptans $CH_3—CH_2—CH_2—CH_2—SH$. Dagegen ist die Giftigkeit des Diäthyldisulfides $(C_2H_5)_2S_2$ trotz seines doppelten Schwefelgehaltes nicht sehr verschieden von derjenigen des Äthylsulfides $(C_2H_5)_2S$. Dies zeigt, daß eine Verankerung der Moleküle an zwei entfernten Punkten des Moleküls einen negativen Effekt auf die Giftigkeit hat, während die Verankerung an zwei benachbarten Punkten diese Eigenschaft des Moleküls nicht verändert und bestätigt, daß die vergiftende Wirkung von der Beweglichkeit des Moleküls um seinen Verankerungspunkt abhängt.

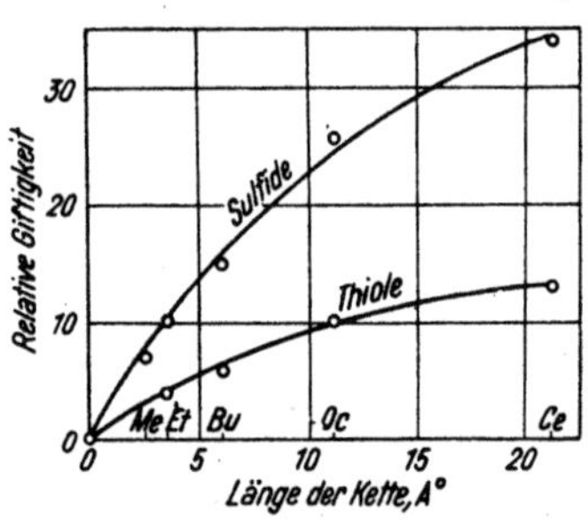

Abb. 14. Vergleich der relativen Giftigkeit von Thioalkoholen und Thioäthern für die Crotonsäurehydrierung an Platin.

Es ist auch die Giftigkeit des *n*-Propylsulfids mit der des Allylsulfids verglichen worden, um den Einfluß der Doppelbindung, und mit der des Isopropylsulfids, um gegebenenfalls eine Wirkung der Kettenverzweigung auf die molekulare Giftigkeit festzustellen.

Die Wirkung einer Doppelbindung hat sich praktisch als null ergeben, während die Giftigkeit der normalen Verbindung ein wenig größer als die des Iso-Isomeren ist; was vorauszusehen war, da der Effekt, welcher der kleineren Fläche der verzweigten Kette entspricht, nicht vollständig durch die größere Verankerungsintensität, die der verzweigten Verbindung zukommt, ausgeglichen wird.

Endlich wurden die Giftigkeiten von Schwefelverbindungen verglichen, die einen Kohlenstoffring und ein Schwefelatom in verschiedener Lage zu diesem enthalten: Thiophen, in dem das Schwefelatom im Ring enthalten ist, Thiophenol, in welchem es dem Ring benachbart liegt, und β-Phenyläthylmercaptan $C_6H_5—CH_2—CH_2—SH$, in dem das Schwefelatom und der Ring durch eine kurze Kette verbunden sind. Wie vorauszusehen war, zeigt sich, daß Thiophenol giftiger als Thiophen ist, während Phenyläthylmercaptan wahrscheinlich wegen der größeren Entfernung des Benzolringes von der katalytischen Oberfläche und seiner daher weniger günstigen Lage für eine bevorzugte Adsorption eine mittlere Giftigkeit zwischen denjenigen der beiden obengenannten Verbindungen zeigt.

Vergiftung und Herstellungsmethode des Katalysators.

Die Empfindlichkeit eines Katalysators für ein bestimmtes Gift hängt, unabhängig von seiner chemischen Zusammensetzung, auch von dem für die Herstellung angewandten Verfahren ab, das die Natur der Oberfläche des Katalysators stark beeinflussen kann[2].

---

[1] E. B. MAXTED, H. C. EVANS: J. chem. Soc. (London) **1938**, 455.
[2] Vgl. Band IV dieses Handbuches.

Es ist offensichtlich, daß bei gleichem Gewicht von auf verschiedene Art hergestellten Katalysatoren derselben Zusammensetzung diejenigen, die eine größere Oberfläche besitzen, auch die Fähigkeit besitzen werden, größere Dosen von Gift zu ertragen. Denn die Giftmenge, die eben genügt, um einen Katalysator mit kleiner spezifischer Oberfläche vollständig zu vergiften, ist ungenügend, um einen Katalysator mit größerer Oberfläche vollständig zu vergiften.

Dies ist von KELBER[1] im Jahre 1916 nachgewiesen worden. Dieser Autor hat in einer systematischen Versuchsreihe den Einfluß der Reduktionstemperatur auf die Empfindlichkeit eines aus basischem Carbonat hergestellten Nickelkatalysators gegenüber Cyanwasserstoff, Schwefelwasserstoff und Schwefelkohlenstoff untersucht. Je höher die angewandte Reduktionstemperatur war, desto kleiner war die Menge der verschiedenen Gifte, die genügte, um die Anfangsaktivität auf einen bestimmten Bruchteil herabzusetzen oder um den Katalysator vollständig inaktiv zu machen, desto größer war also auch seine Empfindlichkeit. Dieses Ergebnis ist leicht zu erklären, wenn man bedenkt, daß der Katalysator, der bei einer niedrigeren Temperatur reduziert wurde, auch unter normalen Bedingungen der aktivere, d. h. der an aktiven Zentren reichere ist.

Zu ähnlichen Schlußfolgerungen gelangen auch KUBOTA und YOSHIKAWA[2] beim Studium der Vergiftung des Nickels durch Thiophen bei der Hydrierung des Benzols. Die Vergiftung setzte um so eher ein, je höher die Temperatur lag, bei der der Katalysator reduziert worden war.

Nach BELOZERKOWSKI[3] soll ein Nickelkatalysator, der aus Nickelformiat nach dem Patent von SHELLING[4] hergestellt wird, sich besser zur Hydrierung technischen Phenols eignen (d.h. er kann viele Tage unverändert bleiben) als ein Nickelkatalysator nach SABATIER und SENDERENS oder einer, der nach ARMSTRONG hergestellt wird und 25% Natriumcarbonat enthält.

Die RANEY-Katalysatoren, die man aus Metallegierungen erhält, die man durch Entfernen einer der Komponenten der Legierung durch selektive Auflösung porös gemacht hat, sind manchmal den Giften gegenüber widerstandsfähiger als die gleichen Katalysatoren, die aus den Oxyden hergestellt worden sind; so verhalten sich nach RAPAPORT[5] die Katalysatoren aus Nickel oder aus Nickel-Kobalt, die man aus den Legierungen Nickel-Aluminium bzw. Nickel-Aluminium-Kobalt durch Behandlung mit Alkalihydraten erhält, bei der Hydrierung ganz ähnlich wie die, die man durch Reduktion der Oxyde gewinnt, sind aber gegen Vergiftung durch Schwefelverbindungen viel weniger empfindlich. Dies ist auch von MAXTED und TITT[6] bestätigt worden.

Vergiftung und Natur der Träger und Lösungsmittel.

Schließlich hat auch die Natur des Trägers, der mehr oder weniger inert ist und auf dem der Katalysator aufgetragen ist, Einfluß auf die Empfindlichkeit des Katalysators gegen Gifte.

Der Träger kann eine direkte oder auch indirekte Einwirkung auf den Widerstand des Katalysators gegen kleine Giftmengen ausüben.

1. Eine *direkte Wirkung* hat er dann, wenn die Bildungsaffinität des Adsorptionsproduktes zwischen Gift und Träger größer ist als die des Adsorptionsproduk-

[1] C. KELBER, Ber. 49 (1916), 1868.
[2] B. KUBOTA, K. YOSHIKAWA: Sci. Pap. Inst. physic. chem. Res. 8 (1928), 33.
[3] M. I. BELOZERKOWSKI: Plast. Mass. 1935, 12.
[4] SHELLING: A.P. 1122811.
[5] I. B. RAPAPORT: Chem. J. Ser. B, J. angew. Chem. 11 (1938), 1056.
[6] E. B. MAXTED, R. A. TITT: J. chem. Soc. Ind. 57 (1938), 197.

tes zwischen Gift und Katalysator. Diese Wirkung kann je nach dem besonderen Fall und der anwesenden Giftmenge günstig oder ungünstig sein.

2. Eine *indirekte Wirkung* hat er dann, wenn der Träger dafür sorgt, daß ein bestimmtes Gewicht des katalytisch aktiven Stoffes eine größere Oberfläche hat und behält (strukturelle Verstärkung) oder dessen Stabilität gegen jene Faktoren vergrößert, die sie zu vermindern trachten (Sinterung), so daß auf diesem Wege der Katalysator die Fähigkeit erlangt, kleine Giftdosen besser zu ertragen.

Man findet tatsächlich eine günstige Wirkung, wenn der Träger in der Lage ist, kleine Giftmengen selektiv zu adsorbieren und sie so der Einwirkung auf den Katalysator zu entziehen. Bei größeren Giftmengen hört diese Wirkung bei einem bestimmten Punkt dann auf, wenn die Trägeroberfläche mit Gift gesättigt ist.

Eine ungünstige Wirkung kann dann auftreten, wenn der Träger das Gift adsorbiert, das normalerweise nicht vom Katalysator adsorbiert wird. In diesem Falle kann der Träger Stoffe als Gifte wirken lassen, die es in seiner Abwesenheit nicht täten. Das kann man beispielsweise bei organischen Katalysen feststellen, bei denen durch eine kondensierende oder polymerisierende Wirkung des Trägers Selbstvergiftung eintreten kann.

ROSENMUND und LANGER[1] haben eine Reihe von Versuchen ausgeführt über die Empfindlichkeit eines Palladiumkatalysators gegen arsenige Säure und Kohlenoxyd bei der Hydrierung der Zimtsäure in Abhängigkeit von der Natur des Trägers, auf dem der Katalysator aufgetragen war. Kieselgur zeigte gegenüber den anderen Trägern außer einer kleineren Aktivität in Abwesenheit von Giften auch die größte Empfindlichkeit den Giften selbst gegenüber, während Blutkohle gleichzeitig die größte Aktivität und die kleinste Empfindlichkeit gegen Gifte zeigte. Dennoch kann nicht, wie aus dem bisher Gesagten hervorginge, allgemein geschlossen werden, daß der für die katalytische Aktivität in Abwesenheit von Giften günstigere Träger auch der gegen Gifte widerstandsfähigere sei.

KARSHAWIN, BOGUSLAWSKI und SMIRNOWA[2] haben die günstige Wirkung hervorgehoben, die Schamotte als Träger auf die Widerstandsfähigkeit von Nickelkatalysatoren gegen die Vergiftung durch Schwefelwasserstoff bei der Konversion des Methans hat.

Der Einfluß eines Trägers kann auch in seiner katalytischen Wirkung auf die Umwandlung eines wenig giftigen Stoffes in einen giftigeren, z. B. von arseniger Säure in Arsenpentoxyd bestehen; dieser Effekt ist von ADADUROW, ZEITLIN und ORLOWA[3] festgestellt worden bei einer systematischen Untersuchung des Einflusses von Trägern auf die Empfindlichkeit von Platinkatalysatoren der Oxydation des Schwefeldioxydes gegen Vergiftung durch arsenige Säure. Es wurden geprüft die Sulfate und Oxyde des Bariums, Calciums, Strontiums, Berylliums, Bleis, Aluminiums, Eisens, Wismuts, Zinns, Zirkoniums, Thoriums und Titans und auch die entsprechenden freien Metalle. Ein Teil dieser Träger (Blei, Calcium, Wismut) hemmte den Oxydationsvorgang des Schwefeldioxyds, während Barium, Eisen und Zinn die katalytische Aktivität des Platins verbesserten; das auf Zinndioxyd oder Zirkondioxyd niedergeschlagene Platin wurde schwerer durch Arsen vergiftet als dasjenige auf anderen Trägern. Die Autoren deuten ihre Ergebnisse auf Grund einer Theorie über die Deformation des Katalysators durch die Trägeratome in Abhängigkeit von deren Ladung und Durchmesser. Sie erweitern damit die Vorstellungen, die man für die Wechsel-

---

[1] K. W. ROSENMUND, G. LANGER: Ber. **56** (1923), 2262.

[2] W. A. KARSHAWIN, S. M. BOGUSLAWSKI, S. M. SMIRNOWA: J. chem. Ind. (USSR.) **10** (1933), 31.

[3] J. ADADUROW, A. N. ZEITLIN, L. M. ORLOWA: Chem. J. Ser. B, J. angew. Chem. **9** (1936), 399.

wirkung der Atome eines Moleküls gebildet hat, auf Atome, die zwei verschiedenen Phasen in Berührung angehören.

Diese Hypothese ist jedoch wenig naheliegend. Wahrscheinlicher ist die Erklärung, daß die günstigere Wirkung der Träger aus Zinn- und Zirkonoxyd gegenüber anderen Oxyden der geringeren Basizität dieser Oxyde und ihrer demgemäß geringeren Neigung, arsenige Säure chemisch zu adsorbieren, zuzuschreiben ist.

Bei Reaktionen in flüssiger Phase kann auch das *Lösungsmittel* Einfluß auf die Empfindlichkeit des Katalysators gegen Gifte[1] haben, aber in dieser Hinsicht gibt es in der Literatur noch keine quantitativen Ergebnisse; andererseits können viele der Beobachtungen, die in dieser Beziehung gemacht worden sind, durch die Tatsache, daß die Lösungsmittel von sich aus unwägbare Giftspuren enthalten können, gefälscht sein.

Mechanismus der Vergiftung.

Schon seit der Feststellung der ersten Vergiftungserscheinungen ist angenommen worden, daß ihr Mechanismus in der Hauptsache auf einer Verkleinerung der aktiven Oberfläche des Katalysators beruhe. Der Prozeß, durch den diese Verkleinerung zustande kommt, ist je nach der Natur des Katalysators, des Giftes und der Reaktion, die in Frage kommt, verschieden.

a) Physikalische Adsorption.

Wie wir gesehen haben, besteht die Wirkung in vielen Fällen in einer mechanischen Überdeckung der Oberfläche durch einen Stoff, der eine weitere Berührung zwischen den Reagentien und der Oberfläche selbst verhindert, ohne daß chemische Adsorptionserscheinungen auftreten und ohne daß eine chemische Affinität zwischen Katalysator und Gift besteht; in diese Klasse von Vergiftungen ordnen sich ein die schon genannten Beispiele der Ablagerung von Produkten mit hohem Siedepunkt bei den Kontaktreaktionen organischer Stoffe, wie z. B. die Abscheidung hochmolekularen Paraffins auf metallischen Katalysatoren bei der Benzinsynthese nach Fischer oder die Ablagerung von inerten Pulvern, welche den Durchtritt der reagierenden Gase zu den verschiedenen Katalysatoren vermindern.

Bei Katalysatoren, die aus kolloidalen Metallen bestehen, tritt die Vergiftung im allgemeinen durch die Wirkung von Substanzen ein, die die Sinterung der festen Teilchen, aus denen der Katalysator besteht, begünstigen (siehe unter b); das tritt, wie Bredig[2] zeigte, durch die Vernichtung der Schutzwirkung eines Aktivators oder eines Schutzkolloides ein. Trotzdem gibt es Fälle, bei denen auch die kolloidalen Katalysatoren durch echte Gifte vergiftet werden können, die keine Sinterung begünstigen, die aber vorzugsweise von der Oberfläche physikalisch adsorbiert werden, wie von Meyerhof[3] bei der „narkotisierenden" Wirkung der Alkohole und der Urethane auf die Zersetzung des Wasserstoffperoxydes durch kolloidales Platin gefunden worden ist. Er hat mit Hilfe des Ultramikroskops zeigen können, daß es ausgeschlossen ist, diese Wirkung auf eine Agglomerierung kolloidaler Teilchen zurückzuführen.

Ein anderer Fall, in dem sich der Vergiftungsmechanismus nur auf eine Bedeckung der Katalysatoroberfläche oder besser ihrer aktiven Zentren durch physikalische Adsorption zurückführen läßt, ist die Wirkung arseniger Säure auf Katalysatoren aus Platin oder aus Metalloxyden. In diesen Fällen soll nach

[1] G. Vavon, A. Husson: Compt. rend. Séances Acad. Sci. **175** (1922), 277.
[2] G. Bredig: Z. physik. Chem. **31** (1899), 332.
[3] O. Meyerhof: Pflügers Arch. ges. Physiol. Menschen Tiere **157** (1914), 307.

ADADUROW und Mitarbeitern[1] das durch die Oxydation der arsenigen Säure erzeugte Arsenpentoxyd diese Bedeckung vollbringen, indem es stufenweise die Anzahl der aktiven Zentren vermindert.

Der Mechanismus dieser Vergiftungen kann auf die verschiedenen Arten der physikalischen Adsorption zurückgeführt werden, die durch BRUNAUER und seine Mitarbeiter[2] angegeben worden sind.

b) Begünstigung der Sinterung.

Ein Fall von Vergiftung, der zweifellos durch die Begünstigung des Sinterungsvorgangs durch den Hemmstoff bedingt ist, ist der des Quecksilbers bei Kupferkatalysatoren. GHOSH und BAKSHI[3] haben den hohen Giftigkeitskoeffizienten dieses Metalles im Vergleich zu anderen Giften durch die Hypothese erklärt, daß seine Dämpfe, die sich auf den aktiven Zentren des Kupfers kondensieren, diese auflösen und so die Oberfläche des Metalles in eine geschlossene Fläche verwandeln.

Dieses Verhalten verdient Beachtung, da es wahrscheinlich ist, daß auch andere Elemente (Pb, Sn, Cd usw.) unter den Arbeitsbedingungen vieler Metallkatalysatoren eine ähnliche Wirkung äußern können.

Bei diesen Giften hat man es nicht mit einer typisch chemischen Adsorption zu tun, denn wegen ihrer leichten Schmelzbarkeit und in einigen Fällen wegen der Eigenschaft, feste Lösungen mit anderen Metallen zu bilden, diffundieren sie leicht in die Masse des Katalysators hinein. In einigen Fällen kann ihre die katalytische Aktivität herabsetzende Wirkung auf eine Beschleunigung der Rekristallisation oder der Sinterung (analog gewissen Flußmitteln bei den Metalloxyden) zurückgeführt werden; diese Vorgänge führen zu einer Verminderung der Oberfläche und folglich auch der katalytischen Aktivität.

c) Chemische Adsorption.

Wir haben schon gesehen, daß die häufigsten und auch die typischsten Fälle der Vergiftung einer chemischen Adsorption zuzuschreiben sind. Man muß vor allem hervorheben, daß eine chemische Adsorption auch in Fällen und unter Bedingungen stattfinden kann, in denen eine chemische Reaktion zwischen dem Gift und dem Material des Katalysators unter Bildung einer Verbindung in massiver Form aus kinetischen oder thermodynamischen Gründen nicht in Betracht kommt.

In einigen Fällen ist es nur die Behinderung einer weiteren Diffusion des Giftes (kinetische Verhinderung), die eine Vermehrung der adsorbierten Schicht verhindert.

In anderen Fällen beobachtet man eine Vergiftung noch unter Bedingungen, unter denen das thermodynamische Gleichgewicht (wegen der niedrigen Konzentration bzw. des kleinen Partialdruckes des Giftes) die Bildung einer chemischen Verbindung in massiver Form ausschließt. Es ist interessant, festzustellen, daß sogar oft gerade an der Grenze der Beständigkeit der massiven chemischen Verbindungen die Vergiftungserscheinungen auftreten.

Wie die Capillarstruktur eines Körpers (Capillarität) bei der physikalischen Adsorption Kondensation eines Dampfes bei niedreren Drucken als dem Dampfdruck der Flüssigkeit ermöglicht, so kann man bei der chemischen Adsorption die

[1] I. J. ADADUROW, M. A. GUMINSKAJA: Chem. J. Ser. B, J. angew. Chem. 5 (1932), 722. — I. J. ADADUROW, D. W. GERNET: Ebenda 8 (1935), 612. — I. J. ADADUROW, A. N. ZEITLIN, L. M. ORLOWA: Ebenda 9 (1936), 399.

[2] S. BRUNAUER, L. S. DEMING, N. E. DEMING, E. TELLER: J. Amer. chem. Soc. 62 (1940), 1723.

[3] J. C. GHOSH, J. B. BAKSHI: Quart. J. Indian chem. Soc. 6 (1929), 749.

Bildung des Adsorptionsproduktes bei niedreren Konzentrationen (oder Partialdrucken) feststellen, als es die sind, welche für die Verbindung in massiver Form benötigt werden.

So hat ALMQUIST[1] beobachtet, daß eine Mischung 3:1 von Wasserstoff und Stickstoff, die wenigstens 0,016% Wasserdampf enthielt, bei 444° fähig war, durch chemische Adsorption einen Katalysator aus reinem Eisen oder solchem mit Verstärkern zu vergiften, während das gewöhnliche massive Eisen unter den gleichen Bedingungen erst oxydiert wird, wenn der Prozentgehalt an Wasserdampf im Gemisch Wasserdampf-Wasserstoff 16% erreicht. Die Bildung dieses Oxydes auf der Oberfläche erfolgt offensichtlich durch eine Reaktion zwischen dem Wasserdampf und den Atomen der Metalloberfläche, die einen geringeren Sättigungsgrad als die übrigen haben. Der Autor hat auch den Unterschied der freien Energie zwischen solchen und den normalen Atomen und auch ihre relative prozentische Häufigkeit für die verschiedenen Fälle reinen und verstärkten Eisens berechnet. Im zweiten Falle ist der Prozentgehalt an chemisch aktiven Eisenatomen größer.

Analog muß man, um die Aktivität eines Silberkatalysators bei der Knallgasreaktion wiederherzustellen, den Partialdruck des Sauerstoffs weit unter die Grenze der Beständigkeit des massiven Oxyds senken.

Der chemisch adsorbierte Stoff kann sowohl in molekularer wie auch in atomarer oder in Ionenform vorliegen. Wie schon erwähnt wurde, haben BRUNAUER und EMMETT[2] auf Grund der gegenseitigen Beeinflussung der entsprechenden chemischen Adsorptionen an Eisenkatalysatoren für die Ammoniaksynthese nachgewiesen, daß Kohlenoxyd als Molekül, Wasserstoff und Stickstoff als Atome und Sauerstoff in Ionenform adsorbiert werden.

In einigen Fällen beteiligen sich an der Bildung der inaktiven Schicht zusammen mit dem Gift auch die reagierenden Stoffe. So vermuten WHITE und BENTON[3], um die Tatsache zu erklären, daß kleine Kohlenoxydmengen die Wasserstoffadsorption an Nickel bei niedrigem Druck erhöhen, obwohl sie seine Hydrierungsaktivität vergiften, daß der Mechanismus der vergiftenden Wirkung in der Bildung einer Oberflächenverbindung mit den Wasserstoffmolekülen besteht; der Wasserstoff ist daher, obwohl er bei niedrigem Druck adsorbiert wird, doch wenig aktiv; die mehr oder weniger energische Wirkung des Giftes würde von der größeren oder kleineren Beständigkeit der Verbindung abhängen.

Es darf nicht überraschen, daß ein Gift wie Kohlenoxyd eine Giftwirkung ausüben kann, ohne die Adsorption für Wasserstoff zu vermindern, denn es würde für das Zustandekommen einer solchen Erscheinung genügen, wenn die Adsorption anderer reagierender Stoffe, z. B. organischer Stoffe, die hydriert werden sollen, verhindert würde. Ebensowenig ist die Tatsache erstaunlich, daß das Kohlenoxyd die Diffusion des Wasserstoffs nicht behindert, dessen Moleküle sehr beweglich sind und bei der chemischen Adsorption[2] sogar in Atome von noch kleineren Dimensionen dissoziieren, während die Adsorption der langsamen und großen organischen Moleküle verhindert wird.

Charakteristisch für die chemische Adsorption ist die große molekulare Adsorptionswärme, die viel größer ist als die einer physikalischen Adsorption.

Wenn man z. B. die anfängliche Adsorptionswärme einiger Gifte des Eisens bei der Ammoniaksynthese[4] prüft, so findet man die Werte, die in Tabelle 8 wiedergegeben sind.

---

[1] J. A. ALMQUIST: J. Amer. chem. Soc. 48 (1926), 2820.
[2] S. BRUNAUER, P. H. EMMETT: J. Amer. chem. Soc. 62 (1940), 1237.
[3] T. A. WHITE, A. F. BENTON: J. physic. Chem. 35 (1931), 1784.
[4] R. A. BEEBE, N. P. STEVENS: J. Amer. chem. Soc. 62 (1940), 2134.

Die Beständigkeit der Adsorptionsschichten dieser Gifte ist daher sehr groß und erklärt, warum die freie Bildungsenergie des Wassers bei der Verbrennung des Sauerstoffs mit Wasserstoff nicht genügt, um diese Adsorptionsschicht zu zersetzen, es sei denn, daß man bei sehr hohen Temperaturen arbeitet. Daß diese freie Energie wahrscheinlich größer ist als die der Adsorption der Wasserstoffatome und sicher größer als die der anderen reagierenden Stoffe, beweist die größere Affinität des Giftes für die Katalysatoroberfläche gegenüber den reagierenden Stoffen und erklärt seine bevorzugte Adsorption und seine hemmende Wirkung auf die Katalyse.

Tabelle 8. *Adsorptionswärmen von Giften am Ammoniakkontakt.*

Gift	Adsorptionswärme (in kcal/Mol) Chemische Adsorption	Physikalische Adsorption
CO	30	< 8
CO_2	30	< 8÷12
O_2	100÷120	4

Hohe Werte der chemischen Adsorptionswärme, insbesondere des Grenzwertes für kleinste Mengen adsorbierten Giftes (erste differentielle Adsorptionswärme) sind auch in Fällen möglich, in denen die Bildungswärmen des Produktes in massiver Form nur klein oder Null sind, oder sogar wenn dieses Produkt gar nicht beständig ist. Dies gilt deshalb, weil die Bildungsenergie der massiven Verbindung sich aus der Summe von drei Größen zusammensetzt, von denen eine negativ ist (Austrittsenergie der Atome aus dem Gitter, die mit der Sublimationswärme übereinstimmt) und zwei positiv (die Verbindungsenergie des gasförmigen Giftes mit den aus dem Gitter ausgetretenen Atomen und die Bildungsenergie des Gitters der festen Verbindung). Wenn die erste negative Größe einen sehr hohen absoluten Wert aufweist, so kann sich die Möglichkeit einer Beständigkeit der Adsorptionsverbindung, aber nicht der massiven ergeben. Allgemein kann gesagt werden: wenn die massive Verbindung sich bei nicht übermäßig hohen Temperaturen bilden kann, so besteht auch die Möglichkeit der chemischen Adsorption, aber nicht umgekehrt. Und aus diesem Grunde wirken, wie schon erwähnt, Schwefel, Sauerstoff, Kohlenoxyd und Chlor auf Katalysatoren mit Eisen als Grundstoff bei der Ammoniaksynthese als Gifte, während Kohlendioxyd nur auf alkalihaltige Katalysatoren als Gift wirkt.

Die chemische Adsorption kann auch bereits bei niederen Temperaturen eintreten, bei denen kinetisch eine Bildung der chemischen Verbindung in massiver Form noch nicht stattfindet, weil sie eine Diffusion des gasförmigen Giftes durch die erste Oberflächenschicht verlangt und diese Diffusion besonders in starren Gittern nur bei hohen Temperaturen erfolgen kann.

In einigen Fällen kann die Bildung der echten chemischen Verbindung einer Entgiftung entsprechen, wie bei mit Kohlenoxyd vergiftetem Eisen, das beim Erwärmen im Vakuum Eisencarbonyl abgibt.

Selektive Vergiftung, progressive Vergiftung und aktive Zentren.

a) Selektive Vergiftung.

Wir haben bis jetzt hauptsächlich Fälle betrachtet, in denen das Gift eine schädliche Wirkung auf den Verlauf von Kontaktreaktionen ausübt. In vielen Fällen von Reaktionen, insbesondere auf dem Gebiete der organischen Chemie, in denen parallel verlaufende und Folgereaktionen stattfinden, kann ein Gift sich auch vorteilhaft oder, wie man sagt, schützend betätigen, wenn seine hemmende Wirkung sich nur auf einige unerwünschte Parallel- oder Folgereaktionen beschränkt.

Wir haben einige Beispiele von selektiver Vergiftung schon bei der Behandlung der Gruppierung der Gifte gebracht (S. 240).

Ein typisches Beispiel von *schützender Wirkung* bei Folgereaktionen ist von ARMSTRONG und HILDITCH[1] bei der Dehydrierung des Äthylalkohols an Kupfer untersucht worden; sie haben beobachtet, daß mit wässerigem Alkohol die Ausbeuten an Acetaldehyd unter Zurückdrängung der Bildung der gasförmigen Produkte Methan, Kohlenoxyd und Kohlendioxyd größer waren als die, welche man aus absolutem Alkohol erhalten kann; als Ursache wurde die schützende Wirkung des Wasserdampfes angenommen, die die nachfolgenden Zerfallsreaktionen des Aldehyds verhindern soll; diese Wirkung ist für den Kupferkatalysator spezifisch, denn sie ist bei einem Nickelkatalysator viel geringer.

Eine ähnliche schützende Wirkung hat Wasserdampf auch bei der Dehydratisierung der Alkohole über Kaolin[2]; die Reaktion kann statt bei niederen Temperaturen auch bei Rotglut durchgeführt werden, wenn man die Reaktionsprodukte durch Anwendung eines Gemisches von Wasser und Alkohol vor dem Zerfall schützt. Analog verbessert die Anwesenheit von Wasser die Ausbeute bei der Dehydratisierung des Butylenglykols zu Butadien für die Herstellung von synthetischem Kautschuk im Gegensatz zum Massenwirkungsgesetz dadurch, daß sie die Polymerisation des Butadiens verhindert.

Die gleiche schützende Wirkung wie Wasser übt auch Alkohol selbst aus: PALMER[3] hat nachgewiesen, daß bei der Dehydrierung an Kupfer bei 300° die Menge der sekundären Zerfallsprodukte minimal ist, während, wenn man ein Gemisch von Acetaldehyd und Wasserstoff bei 250°÷300° über Kupfer leitet, ein großer Teil des Acetaldehyds gespalten wird.

Auch bei der Dehydrierung des Methylalkohols zu Formaldehyd an Kupfer hat Wasser eine schützende Wirkung.

Die Erscheinung der selektiven Vergiftung ist eine der experimentellen Grundlagen für die Theorie der Existenz von aktiven Zentren auf der Katalysatoroberfläche, die untereinander verschiedene katalytische Aktivitäten haben.

Nach TAYLOR[2] soll der Wirkungsmechanismus der selektiven Gifte darauf beruhen, daß die stärker aktiven Zentren der Katalysatoroberfläche die Gifte bevorzugt adsorbieren, wodurch bei einer bestimmten Giftkonzentration nur die Zentren frei bleiben, die eine geringere Aktivität haben und die daher nur fähig sind, die Reaktionen mit an sich niederer Aktivierungswärme zu fördern.

Diese Überlegung ist von CONSTABLE[4] rechnerisch durchgeführt worden, jedoch in einer die experimentellen und die theoretischen Grundlagen zu stark beanspruchenden Weise.

Zugrunde gelegt wird die Annahme einer exponentiellen Verteilung der aktiven Zentren als Funktion ihrer Aktivierungswärme von der Form

$$dn = C \cdot e^{hq}\, dq,$$

wobei dn die Anzahl der aktiven Zentren ist, an denen die Aktivierungswärme zwischen q und $q - dq$ liegt, C und h zwei Konstanten sind. Diese Verteilung ist beim Vergleich ein und derselben Reaktion an verschiedenen Katalysatoren und verschiedener homologer Reaktionen am gleichen Katalysator immer wieder bestätigt worden[5]. Für eine einheitliche unvergiftete Reaktion widerspricht sie nicht der allgemeinen Erfahrung von der Konstanz der Aktivierungswärme, denn da die Zentren mit großem q zwar sehr häufig, aber sehr unwirksam, die mit kleinem q selten, aber hochwirksam sind, kommt als Summe ziemlich genau ein konstan-

---

[1] E. F. ARMSTRONG, T. P. HILDITCH: Proc. Roy. Soc. (London), Ser. A **97** (1920), 262.

[2] H. S. TAYLOR: J. physic. Chem. **30** (1926), 145.

[3] W. G. PALMER: Proc. Roy. Soc. (London), Ser. A **98** (1920), 13.

[4] F. CONSTABLE: Proc. Roy Soc. (London), Ser. A **107** (1924), 283; **108** (1925), 374; Proc. Cambridge philosophical Soc. **22** (1925), 738.

[5] Siehe Anmerkung 1, S. 280.

tes q heraus, das (wegen des empirischen Zahlenwertes von h) in der Nähe der kleinsten Aktivierungswärme, also der aktivsten Zentren liegt[1].

CONSTABLE kombiniert nun diese Verteilungsfunktion mit der (willkürlichen) Annahme, daß die Vergiftungsgeschwindigkeit jeder Zentrenart proportional der Herabsetzung der spontanen Aktivierungswärme q_0 an ihr auf q ist, also:

$$-\frac{dS}{dt} = k(q_0 - q) S, \tag{1}$$

wobei S die relative Ausdehnung der zur Zeit t noch nicht vergifteten aktiven Oberfläche ist. Er integriert dann über die bis zur Messung der Reaktion verstrichene Vergiftungszeit sowie über die verschiedenen Werte der Aktivierungswärme, führt dieselben Vereinfachungen ein, die, wie oben erwähnt, zur einfachen ARRHENIUSschen Gleichung mit konstantem q führen, und kommt schließlich für die Reaktionsgeschwindigkeit bei laufender Vergiftung zu dem Ausdruck:

$$v_t = v_0 \cdot e^{-(q_0-q)\cdot kt}. \tag{2}$$

CONSTABLE hat diese Formel bei Versuchen über die Alkoholdehydrierung geprüft für den Fall der Vergiftung des Kupfers durch Amylalkohol, der Verunreinigungen aus dem Fuselöl enthielt, die in kleinem und konstantem Prozentgehalt im Alkohol enthalten sind und die vom Katalysator irreversibel gebunden werden. Nach einer gewissen Zeit wurde die Vergiftungsgeschwindigkeit proportional dem Bruchteil der in diesem Augenblick noch nicht vergifteten Oberfläche, also:

$$-\frac{dS}{dt} = k'S.$$

Die zuletzt geschriebene Gleichung unterscheidet sich von Gleichung (1) nur dadurch, daß in dieser die Proportionalitätskonstante k' in zwei Faktoren getrennt ist, deren einer durch die Differenz der Aktivierungswärme q_0 der Reaktion in Abwesenheit des Katalysators und derjenigen q der Reaktion an den aktiven Zentren gegeben ist. Die Reaktionsgeschwindigkeit ist auch, wenn man mit kurzen Berührungszeiten arbeitet, S proportional, und folglich besteht eine Proportionalität zwischen Reaktionsgeschwindigkeit und Vergiftungsgeschwindigkeit. Die Reaktionsgeschwindigkeit ergibt sich als eine logarithmische Zeitfunktion, d. h.

$$\lg v = -kt + \text{constans},$$

die der Gleichung (2) entspricht.

Diese Übereinstimmung ist jedoch weit davon entfernt, die logarithmische Verteilung der aktiven Zentren zu bestätigen, da die Ableitung von (2) von der Annahme ausgeht, daß die katalytische Aktivität fast nur des Teiles der Oberfläche in Betracht kommt, dessen Aktivierungswärme am kleinsten ist. Sie beweist vielmehr nur die praktische Konstanz der Aktivierungswärme selbst.

Tabelle 8a. *Vergiftung von Kupferkontakten nach* CONSTABLE.

Versuch	Aktivität	Aktivierungswärme (cal/g·mol)	Temperaturkoeffizient bei 250°
I	1,00	19·840	1,433
II	0,07	20·070	1,439
III	0,03	20·580	1,450
IV	1,00	20·070	1,439
V	0,17	20·390	1,447

Dies wird auch durch die experimentellen Zahlenwerte von CONSTABLE bei der Dehydrierung der Alkohole auf Kupfer bestätigt, die in der nebenstehenden Tabelle 8a wiedergegeben sind, in der die Werte des Versuchs I sich auf den frischen

[1] Hierzu siehe besonders SCHWAB, TAYLOR, SPENCE: Catalysis, S. 282ff. New York, 1937: oder SCHWAB: Katalyse, S. 196ff. Berlin, 1931.

Katalysator beziehen, die der Versuche II und III auf den gleichen Katalysator, der aber mit wachsenden Mengen von Amylalkohol vergiftet war, die der Versuche IV und V auf einen neuen, aber durch thermische Behandlung gesinterten Katalysator.

Wie man sieht, bleibt der Temperaturkoeffizient praktisch unverändert, während die Aktivität durch die Vergiftung auf ein Dreißigstel ihres Anfangswertes herabgesetzt ist. Der kleine Gang der Aktivierungswärmen, antibat mit den Aktivitäten, in dem CONSTABLE die Bestätigung seiner Theorie sieht, ist wohl zu gering, um weittragende Schlüsse zu stützen.

MAXTED und LEWIS[1] haben die Zerfallsgeschwindigkeiten des Wasserstoffperoxyds bei verschiedenen Temperaturen in Anwesenheit von auf gleiche Weise hergestelltem Platinschwarz und für verschiedene Giftmengen (Quecksilberionen) gemessen. Die Ergebnisse sind in Abb. 15 graphisch dargestellt. In der folgenden Tabelle 9 sind die berechneten Werte für die Aktivierungswärmen für zwei verschiedene Temperaturintervalle (0°÷15° und 0°÷25°) und für wachsende Giftkonzentrationen, aber immer unterhalb der Grenze, bis zu der das lineare Gesetz zwischen Anfangsgiftkonzentration und adsorbierter Menge gilt, wiedergegeben (S. 245).

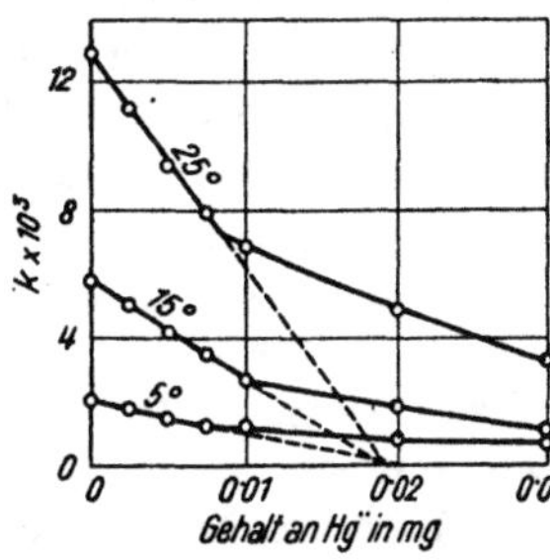

Abb. 15. Temperaturkoeffizient der durch Quecksilber vergifteten Spaltung von Hydroperoxyd an Platin.

Die praktische Konstanz der Aktivierungswärmen bei Änderung der Giftkonzentration innerhalb der bezeichneten Grenzen, zusammen mit der linearen Beziehung, die innerhalb der gleichen Grenzen zwischen Reaktionsgeschwindigkeitskonstante und Giftkonzentration besteht, kann für die untersuchte Reaktion als Beweis für die Gleichartigkeit der aktiven Zentren vom energetischen Standpunkt aus angesehen werden, denn wenn die Zentren von diesem Standpunkt aus gesehen merklich verschieden wären, so müßte, da die aktivsten unter ihnen vorzugsweise vergiftet werden, die Aktivierungsenergie eine Veränderung mit fortschreitender Vergiftung zeigen.

Tabelle 9.

Aktivierungswärmen der vergifteten H_2O_2-Spaltung an Platin.

Giftkonzentration (mg Hg¨)	0	0,0025	0,0050	0,0075
$T_1 = 273°$; $T_2 = 288°$	10,900	11,100	10,800	11,600
$T_1 = 273°$; $T_2 = 298°$	12,000	11,900	11,900	12,0C0

b) Progressive Vergiftung.

Die oben wiedergegebenen Ergebnisse über die Konstanz der Aktivierungswärme beziehen sich auf den gleichen Katalysator und auf ein und dieselbe vergiftete Reaktion. Um diese Ergebnisse auf verschiedene Reaktionen auszudehnen, ist es notwendig, erst die Erscheinung der *progressiven Vergiftung* zu betrachten.

Ein typischer Fall von progressiver Vergiftung ist, wie schon erwähnt wurde, von VAVON und HUSSON[2] bei der katalytischen Hydrierung des Acetophenons, der Zimtsäure, des Cyclohexens und des Nitrobenzols untersucht worden. Die beiden Autoren stellten fest, daß bei aufeinanderfolgenden Zusätzen von Schwefel-

[1] E. B. MAXTED, G. J. LEWIS: J. chem. Soc. (London) **1933**, 502.

[2] G. VAVON, A. HUSSON: Compt. rend. Séances Acad. Sci. **175** (1922), 277.

kohlenstoff zu Lösungen dieser Stoffe in Alkohol in Anwesenheit von Platin bei jedem Zusatz eine plötzliche Verminderung der Hydrierungsgeschwindigkeit eintritt, gemessen auf Grund des absorbierten Wasserstoffvolumens. Wenn eine gewisse Grenzmenge des eingeführten Giftes erreicht wurde, so war die Reaktion vollkommen gelähmt. Diese Grenze ergab sich bei Versuchen, die mit 500 cm^3 Alkohol und in Anwesenheit von 0,2 g Platin ausgeführt wurden, zu 1,1 mg für Cyclohexen, 0,8 mg für Nitrobenzol, 0,5 mg für Zimtsäure und 0,4 mg für Acetophenon. Diese Grenze war auch unabhängig von der Menge des zu hydrierenden Stoffes und von dem Volumen des Lösungsmittels, aber abhängig von dem Herstellungsverfahren des Platins und bei gleicher Herstellung proportional dem Gewicht des verwendeten Platins. Demnach ist das Platin, das auf je 0,2 g 0,8 mg Schwefelkohlenstoff adsorbiert hat, in einem Gemisch der genannten Verbindungen nur noch fähig, Cyclohexen zu hydrieren; jede Verbindung verlangt zur Hydrierung ein Platin, das nicht über eine gewisse Grenze hinaus vergiftet ist.

Die Hypothese, die von VAVON und HUSSON aufgestellt wurde, um diese experimentellen Tatsachen zu erklären, daß nämlich jede Verbindung, um hydriert zu werden, einen gewissen minimalen Aktivierungsgrad des adsorbierten Wasserstoffes durch die Oberflächenbausteine verlangt, ist heute nicht mehr annehmbar.

Auch die Erklärung von KUBOTA und YOSHIKAWA[1] für ähnliche progressive Vergiftungserscheinungen des Nickels bei der Hydrierung von verschiedenen organischen Stoffen, die auf der Hypothese der Bildung verschiedener stöchiometrisch bestimmter Hydride, die verschiedene Hydrierungsfähigkeit und verschiedene Empfindlichkeit den verschiedenen Schwefelverbindungen gegenüber besitzen, erscheint heute als überholt.

Man kann die Erscheinung der progressiven Vergiftung viel einfacher erklären, wenn man das Molekularvolumen der verschiedenen Substrate in Betracht zieht. Bei den von VAVON und HUSSON untersuchten Stoffen ergibt sich:

Stoff	Molekulargewicht	Dichte (15°)	Molekularvolumen	Benötigte Giftmenge, um die Hydrierung zu verhindern (mg für 0,2 g Pt)
Cyclohexen .	82,08	0,815	100,7	1,1
Nitrobenzol	123,05	1,207	101,8	0,8
Zimtsäure . .	148,06	1,284	115,2	0,5
Acetophenon	120,06	1,026	117,5	0,4

Qualitativ sind desto größere freie (unvergiftete) Bereiche der katalytischen Oberfläche notwendig, damit nicht die katalytische Aktivität verschwindet, je größer das Molekularvolumen des zu hydrierenden Stoffes ist.

MAXTED und STONE[2] haben, um die Folgerungen, die MAXTED über die Gleichartigkeit der aktiven Zentren gezogen hat, auch auf diejenigen Zentren zu erweitern, die fähig sind, verschiedene Reaktionen zu fördern, die Hydrierung der Croton-, Öl- und Benzoesäure in essigsaurer Lösung in Anwesenheit von Platin mit Zusätzen von Quecksilberchlorid in essigsaurer Lösung als Gift geprüft; bei den Reagenzien wurde mit größter Sorgfalt die Anwesenheit anderer Hemmstoffe ausgeschlossen. Die drei Säuren zeigen in der genannten Reihenfolge wachsende Hydrierungsschwierigkeit; trotzdem fand man, daß die Giftmenge, die notwendig ist, um die Reaktionsgeschwindigkeit auf einen be-

[1] B. KUBOTA, K. YOSHIKAWA: Japanese J. of Chem. **2** (1925), 45; Sci. Pap. Inst. physic. chem. Res. **3** (1925), 223.
[2] E. B. MAXTED, V. STONE: J. chem. Soc. (London) **1934**, **26**, 672.

stimmten Bruchteil ihres Anfangswertes herunterzusetzen, für die drei verschiedenen Fälle gleich groß war und sich so der Giftigkeitskoeffizient in den drei Fällen als ungefähr gleich ergab. Die in Abwesenheit von Giften bestimmten Aktivierungsenergien der drei Verbindungen steigen nun stufenweise von der Crotonsäure zur Benzoesäure an, so daß sich bestätigt, daß die Schwierigkeit der Hydrierung mit der benötigten Aktivierungsenergie wächst.

Ähnliche Ergebnisse wurden experimentell bei Nitrobenzol, Acetophenon und Benzol gefunden, d. h. genau bei den von VAVON und HUSSON[1] untersuchten Stoffen. Es ergaben sich Giftigkeitskoeffizienten, die praktisch gleich sind, dies jedoch nur dann, wenn man besondere Sorgfalt auf die Reinigung der drei Stoffe wandte und wenn man im Proportionalitätsbereich zwischen adsorbierter und eingeführter Giftmenge blieb (S. 245). Die Empfindlichkeit gegen Vergiftung ist also für diese Stoffe die gleiche, wenn sie wirklich von ursprünglichen Giftbeimengungen frei sind. Ähnliche Ergebnisse erhält man, wenn man das Quecksilberchlorid als Hemmstoff durch Schwefelkohlenstoff ersetzt, das Gift, das auch von VAVON und HUSSON benutzt worden ist.

Die Versuchsdaten von VAVON und HUSSON stehen nicht im Gegensatz zu denjenigen von MAXTED und STONE, weil die ersten sich auf die gesamte Vergiftung mit Giftmengen der Größenordnung von Centigrammen je Gramm Platin, die zweiten sich auf Mengen von zehntel oder hundertstel von Milligramm je Gramm Platin beziehen. Es ist einzusehen, daß man für sehr kleine Giftmengen mit einer Proportionalität zwischen adsorbierter Giftmenge und Verminderung der Geschwindigkeitskonstanten für alle analogen Reaktionen zu rechnen hat, während bei größeren Mengen Gift, die der Überdeckung des größten Teiles der Oberfläche entsprechen, eine vollständige Vergiftung viel leichter bei Reaktionen eintritt, an denen Moleküle mit erheblichem Volumen beteiligt sind.

Nach MAXTED und STONE muß die Gleichheit des Wertes der Giftigkeitskoeffizienten als ein Beweis für die Gleichartigkeit oder gegenseitige Gleichwertigkeit der einzelnen katalytischen Zentren und ihre Teilnahme an allen katalysierten Reaktionen in gleichem Verhältnis angesehen werden. Diese Auffassung der Gleichartigkeit der katalytischen Zentren wäre mit der Theorie der Adlineation von SCHWAB und PIETSCH[2] besser in Übereinstimmung als mit der Existenz von aktiven Zentren, aufgefaßt als verschiedenartigen außerhalb der Gitter auftretenden Störungsstellen, es sei denn, daß diese Gebilde ihrerseits gleichförmiger Art wären.

Diese Begriffe sind später von MAXTED und EVANS[3] bestätigt und genau definiert worden, und zwar auf Grund der Ergebnisse der Vergiftung der Hydrierung der Crotonsäure an Platin durch Cyanide, Schwefelwasserstoff, Arsenwasserstoff, Methylsulfid und Zinkionen, wobei man statt der totalen anwesenden Giftmengen die wirklich von der Katalysatoroberfläche adsorbierten Mengen zugrunde legen muß. Erweitert man die vorhergehenden Überlegungen, so müßte man die Existenz zweier Kategorien von Oberflächenelementen annehmen, die den zwei linearen Stücken der Kurven entsprechen, welche die Verminderung der katalytischen Aktivität in Abhängigkeit von der adsorbierten Giftmenge wiedergeben, deren erste die sowohl für die Adsorption als auch für die Katalyse stärker aktiven und untereinander gleichwertigen Oberflächenelemente umfaßt, während die zweite den weniger aktiven, aber auch untereinander gleichwertigen Elementen entspricht.

---

[1] G. VAVON, A. HUSSON: l. c.

[2] G.-M. SCHWAB, E. PIETSCH: Z. physik. Chem., Abt. B 1 (1928), 385; Z. Elektrochem. angew. physik. Chem. 35 (1929), 135. — G.-M. SCHWAB, L. RUDOLPH: Z. physik. Chem., Abt. B 12 (1931), 427.

[3] E. B. MAXTED, H. C. EVANS: J. chem. Soc. (London) 1938, 2071.

Diese Verteilung der Oberflächenelemente ist mit der Theorie der Adlineation von SCHWAB und Mitarbeitern nicht in Widerspruch, wenn man zu den beiden bezeichneten Kategorien von untereinander äquivalenten Bauelementen, die möglicherweise den Kanten und den Ecken der Kristalle entsprechen, eine dritte Zone für den Bereich sehr hoher Giftkonzentrationen hinzufügt, die den Flächen entspräche, aber deren Anwesenheit experimentell noch nicht festgestellt werden konnte.

Die Theorie von MAXTED kann die selektive Vergiftung analoger Reaktionen mit der gleichförmigen Verteilung des Giftes auf gleichwertige aktive Zentren und deren Teilnahme an allen Reaktionen in gleichem Verhältnis erklären; der praktische Effekt der Selektivität würde sich in diesem Falle so ergeben, daß die verzögernden Wirkungen des Giftes, obwohl sie sich gleicherweise bei allen Reaktionen auswirken, doch die langsameren Reaktionen merklicher beeinflussen, so daß sie im Vergleich zu den schnelleren praktisch unterdrückt würden.

Bei selektiven Wirkungen auf sehr verschiedene oder auf Folgereaktionen, wie z. B. bei der schädlichen Wirkung des Quecksilberjodids auf die Dehydrierung des Methylalkohols, wo es nach GHOSH und BAKSHI[1] nur die Bildungsgeschwindigkeit des Formaldehyds verringert, während es eine geringe Wirkung auf den Zerfall desselben in Kohlenoxyd und Wasserstoff hat, muß man dagegen annehmen, daß entweder die zweite Reaktion sich an Zentren anderer Art abspielt oder daß das Gift bei der zweiten Reaktion seinerseits als Katalysator wirkt.

c) Vergiftung, Aktivierungs- und Adsorptionswärme.

Wie wir aber schon gesehen haben, ist die Konstanz der Aktivierungswärme, die sich auf die aktiven Zentren bezieht, die an der Katalyse teilnehmen, auch bei einer kontinuierlichen Mannigfaltigkeit von Zentren theoretisch zu erwarten. Hiermit soll nicht gesagt sein, daß diese Mannigfaltigkeit wirklich immer vorhanden ist. Es sprechen vielmehr gewichtige Anzeichen dafür, daß in vielen Fällen tatsächlich die Mannigfaltigkeit diskontinuierlich ist, daß mit andern Worten die Ecken, Kanten und Flächen der Katalysatorkristallite sich in der Aktivierungswärme um endliche Beträge unterscheiden und nur ihrerseits in ihrer relativen Häufigkeit durch eine Verteilungsfunktion bestimmt sind, die dann einfach die Kristallitgröße regelt (Rekristallisationsgleichgewicht). Dann ist natürlich, vor allem an teilweise vergifteten Katalysatoren, eine sehr viel strengere Konstanz der Aktivierungswärme zu erwarten als nach der andern Auffassung.

Diese Konstanz wird durch die jüngsten Arbeiten einer großen Anzahl von Forschern bestätigt. Auch CONSTABLE hat bei seinen Messungen eine konstante Aktivierungswärme sowohl für die fortschreitend vergifteten als auch für die fortschreitend gesinterten Katalysatoren gefunden.

Die Forschungen von BRUNAUER und EMMETT[2] und von BURROWS und STOCKMEYER[3] scheinen zu ergeben, daß bei aktivierter Adsorption die ganze freie Oberfläche des Katalysators von einer unimolekularen oder uniatomaren (bei atomarer Adsorption) Schicht überdeckt wird.

Die plötzliche Änderung der Adsorptionswärme in der Größenordnung von einigen zehn- oder hunderttausend Calorien bei der aktivierten Adsorption auf Werte von einigen tausend oder höchstens zehntausend Calorien bei der weiteren

[1] J. C. GHOSH, J. B. BAKSHI: Quart. J. Indian chem. Soc. **6** (1929), 749.
[2] S. BRUNAUER, P. H. EMMETT: J. Amer. chem. Soc. **62** (1940), 1732.
[3] M. G. T. BURROWS, W. H. STOCKMEYER: Proc. Roy. Soc. (London), Ser. A **176** (1941), 474.

Adsorption, wie sie die in Abb. 16 und 17 dargestellten Ergebnisse von BEEBE und STEVENS[1] für die Adsorption von Kohlenoxyd bzw. Sauerstoff an den auch von BRUNAUER untersuchten Katalysatoren zeigen, steht dann offensichtlich mit der Hypothese der kontinuierlichen Verteilung der aktiven Zentren in Funktion der Aktivierungswärme im Widerspruch.

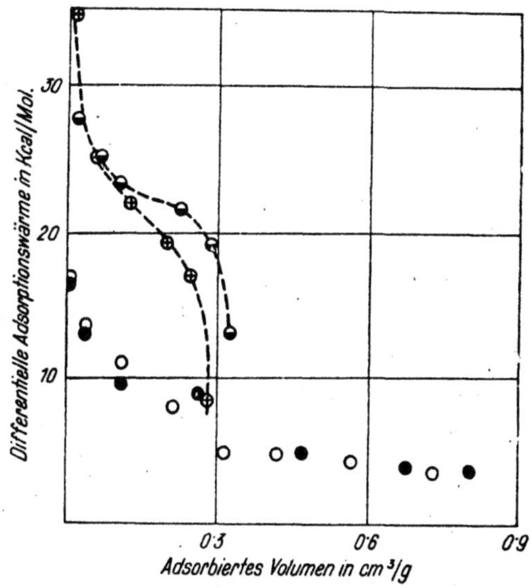

Abb. 16. Abrupter Abfall der differentiellen Adsorptionswärme des Kohlenoxyds an Ammoniakkatalysatoren bei verschiedenen Temperaturen.
◒ 0° ⊕ −78° ● und ○ −183°

Wenn man anderseits experimentell bei der progressiven chemischen Adsorption Unterschiede der differentiellen Adsorptionswärmen beobachtet hat, so scheint dies keine Bedeutung für die Katalyse zu haben, denn ihre Geschwindigkeit ist der in sich homogenen Oberfläche nur einer, der katalytisch wirksamen Zentrenart, etwa der Kanten, direkt proportional.

Einen ganz anderen Verlauf zeigt die physikalische Adsorption, aber es fehlen Versuchsdaten, die die Behauptung rechtfertigen, es gebe katalytische Reaktionen, bei denen keine chemische, sondern nur physikalische Adsorption vorliegt.

Da aber die Wärmetönung einer physikalischen Adsorption sehr klein im Vergleich zu der einer chemischen Adsorption ist, so sind ebenso die Energiebeträge, die im ersten Falle im Spiele sind, klein. Die physikalische Adsorption könnte daher nur für solche Reaktionen von Bedeutung sein, deren Aktivierungswärme schon bei der nicht katalysierten Reaktion klein ist, so daß sie auch ohne Katalysator verlaufen könnten.

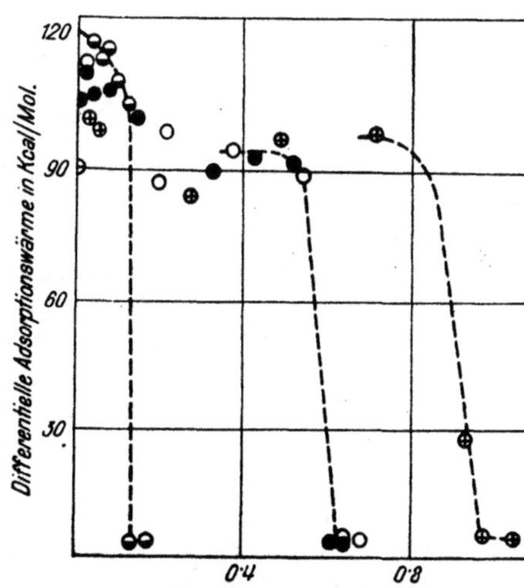

Abb. 17. Abrupter Abfall der differentiellen Adsorptionswärme des Sauerstoffs an zwei verschiedenen Ammoniakkatalysatoren bei − 183°.
◒ Katalysator 1, Serie A ● ⊕ Katalysator 2, Serie A ○ Serie B

Bei den wichtigsten chemischen Reaktionen, bei denen die Anwesenheit eines Katalysators notwendig ist, hat man es mit chemischer Adsorption mit sehr hohen Adsorptionswärmen zu tun. Diese können sich nur um ganz große Beträge sprunghaft ändern, und deshalb müssen alle aktiven Zentren, die eine bestimmte Art von chemischer Adsorption ergeben, die gleiche Aktivierungswärme aufweisen.

Was die Adsorption des Wasserstoffs anbetrifft, so nehmen BRUNAUER und

[1] R. A. BEEBE, N. P. STEVENS: J. Amer. chem. Soc. 67 (1940), 2134.

EMMETT (l. c.) an, daß die Adsorption auch an Atomen, die tieferen Gitterebenen angehören, erfolgen könnte; es ist jedoch wahrscheinlich, daß solche Adsorptionen in der Tiefe keinen Einfluß auf die Katalyse haben.

Das Problem ist unzweifelhaft sehr kompliziert, da man auch beobachtet hat, daß die Vergiftung in gewissen Fällen ausschließlich oder hauptsächlich die Adsorption eines einzigen Substrats beeinflußt, aber auch in diesem Fall imstande sein kann, die katalytische Aktivität herabzusetzen oder zu unterdrücken.

Dann wird man nicht umhin können, verschiedenen Reaktionen (Substraten) verschiedene Zentrenarten zuzuordnen.

Es ist sehr wahrscheinlich, daß die Schicht der chemischen Adsorption ihrerseits eine weitere chemische oder physikalische Adsorption auf der neu gebildeten Oberfläche bedingen kann. So ist es bei der Vergiftung des Kupfers mit Quecksilber verständlich, daß die chemisch adsorbierte Quecksilberschicht nicht fähig ist, Wasserstoff zu adsorbieren, da Quecksilber kein Hydrierungskatalysator ist (s. das Kapitel über Katalyse und Überspannung), während Äthylen auf der Quecksilberschicht adsorbiert werden kann, wie die Ergebnisse von PEASE (Seite 251) zeigen.

Diese Anschauung stimmt auch mit der Erklärung für die Zunahme der Adsorption des Wasserstoffes durch Zugabe kleiner Kohlenoxydmengen an Kupfer (S. 253 u. ff.) überein.

Im allgemeinen beziehen alle Autoren, die die Vergiftungserscheinung behandelt haben, die Adsorption auf die Katalysatoroberfläche, wie sie vor der Vergiftung war, und beachten nicht, daß die chemische Adsorptionsschicht Träger einer weiteren Adsorption sein kann. Es ist zu beachten, daß die Energien, die die chemisch adsorbierten Atome an das Gitter des Katalysators binden, sehr stark sind und daß in manchen Fällen die Adsorptionsschicht eine Festigkeit der gleichen Größenordnung haben kann, wie die Oberflächenschicht des Gitters des nicht vergifteten Katalysators.

Wechselwirkungen zwischen Giften.

Es kann vorkommen, daß die Vergiftungserscheinungen durch die Einwirkung eines Giftes auf ein anderes beeinflußt werden. Die beiden Gifte können untereinander bei der Berührung mit dem Katalysator chemisch reagieren in der Weise, daß sie unschädliche oder anders wirkende giftige Stoffe geben; oder das zweite Gift verdrängt, wenn es von der Katalysatoroberfläche adsorbiert wird, das vorher adsorbierte erste Gift; oder das zweite Gift kann auch so wirken, daß es die Umwandlungsreaktion, die das erste erleiden muß, um aktiv zu werden, verhindert.

Ein Beispiel, das für die Wechselwirkung zwischen Giften gegeben werden kann, ist der Einfluß, den Wasserdampf bei der Dehydrierung des Äthylbenzols zu Styrol an Katalysatoren aus Nickel oder Eisen hat; er wirkt vergiftend; bei 500 ÷ 600° dagegen verhindert er die Selbstvergiftung des Katalysators durch sekundäre Produkte der thermischen Spaltung des Styrols[1].

Die Anwesenheit eines Giftes auf einem Katalysator kann, wie gesagt, auch die Adsorption eines zweiten Giftes vermindern oder verhindern; diese Wechselwirkung zwischen adsorbierten Giften ist von BRUNAUER und EMMETT[2] für die chemische Adsorption von Kohlenoxyd, Kohlendioxyd und Sauerstoff an Katalysatoren aus Eisen, gegebenenfalls mit Aluminiumoxyd und Kaliumoxyd aktiviert, die zur Ammoniaksynthese dienen, aufgezeigt worden.

Ein Beispiel einer nützlichen Wechselwirkung von Giften, die nach dem drit-

[1] G. NOLTA: Privatmitteilung.
[2] S. BRUNAUER, P. H. EMMETT: J. Amer. chem. Soc. 62 (1940), 1732.

ten Mechanismus verläuft, ist bei der Oxydation des Schwefeldioxyds mit Katalysatoren, die aus Vanadin-, Barium- und Zinnoxyden[1] bestehen, gefunden worden: Ein vorher mit Leuchtgas, d. h. Schwefelwasserstoff, vergifteter Katalysator ist gegen eine spätere Vergiftung durch arsenige Säure unempfindlich; es scheint, daß das erste Gift die Oxydation der arsenigen Säure zu Arsenpentoxyd verhindert, das, wie schon bemerkt, die Verbindung ist, welche die eigentliche vergiftende Wirkung ausübt.

Ein anderes Beispiel von nützlicher Wechselwirkung zwischen Giften findet man bei der katalytischen Oxydation des Ammoniaks mit Platin: die sehr stark vergiftende Wirkung des Phosphorwasserstoffs kann auch in diesem Falle durch die Einwirkung kleiner Schwefelwasserstoffmengen vollständig vernichtet werden; auch hier ist der für die arsenige Säure angenommene Vorgang wahrscheinlich; ähnlich wirkt Schwefelwasserstoff unter den gleichen Bedingungen auf eine Vergiftung durch Acetylen[2].

Anomale Wirkungen der Gifte.

Nicht immer äußern sich die Wirkungen der Gifte als Verlangsamung von Reaktionen; man hat manchmal den Fall, daß ein Stoff, der unter bestimmten Bedingungen als Gift für einen bestimmten Katalysator wirkt, unter anderen Bedingungen, und besonders wenn er in sehr geringen Konzentrationen anwesend ist, die gleiche Reaktion beschleunigen kann. Diese Erscheinung ist in verschiedenen Fällen beobachtet worden, und es ist, wie schon gesagt, der Parallelismus mit der anregenden Wirkung, die kleinste Mengen von Giftstoffen auf lebende Organismen ausüben, hervorgehoben worden[3].

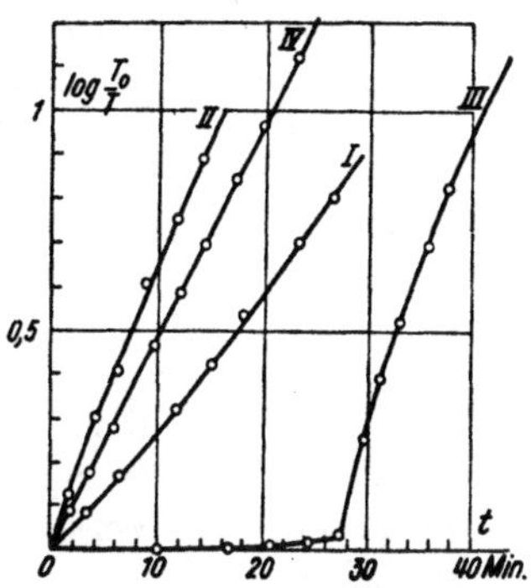

Abb. 18. Hydroperoxydzerfall an Platin.
I unvergiftet, *II* wenig vergiftet, *III* stark vergiftet, *IV* regeneriert.

Ein nützlicher Einfluß auf die Wirkung des Katalysators kann sich manchmal als Folge der Entfernung des Giftes von einem vergifteten Katalysator ergeben; der wiederbelebte Katalysator kann eine größere Aktivität als der ursprüngliche haben, und wenn die Wirkung des Giftes eine vorübergehende war, kann es so nach einer gewissen Zeit zu einer Aktivierung kommen.

Bredig und Ikeda[4] beobachteten, daß Kohlenoxyd, dessen giftiger Charakter für Katalysatoren im allgemeinen und für Platin im besonderen wohl bekannt ist, unter bestimmten Bedingungen fähig ist, eine Beschleunigung der Zersetzung des Wasserstoffperoxyds in Anwesenheit von Platin zu bewirken.

In Abb. 18 sind die Ergebnisse von vier verschiedenen Versuchen dargestellt, die alle unter gleichen Bedingungen der Temperatur und Platinmenge ausgeführt worden sind; auf der Abszisse sind die Zeiten, auf der Ordinate die Logarithmen des Verhältnisses von Anfangskonzentration des Peroxyds zur Konzentration zur Zeit t aufgetragen: Kurve *I* gibt die Ergebnisse wieder, die man mit nicht vergiftetem Platin erhielt, Kurve *II* diejenigen mit Platin, das 10 sec lang in einer Atmosphäre von Kohlenoxyd gehalten war, Kurve *III* diejenigen mit Platin, das 15 sec lang in einer Atmosphäre von Kohlenoxyd gehalten und stark geschüttelt und daher stark vergiftet worden war. Kurve *IV* bezieht sich auf einen vorher

[1] I. E. Adadurow, P. P. Perschin, G. W. Fedorowski: Chem. J. Ser. B, J. angew. Chem. 6 (1933), 797.
[2] E. Decarrière: Compt. rend. Séances Acad. Sci. **173** (1921), 148; **174** (1922), 756.
[3] T. A. White, A. F. Benton: J. physic. Chem. **35** (1931), 1784.
[4] G. Bredig, K. Ikeda: Z. physik. Chem. **37** (1901), 1.

mit Kohlenoxyd vergifteten Katalysator, der dann für die Peroxydzersetzung benutzt und endlich durch Entfernen der adsorbierten Kohlenoxydspuren durch Spülung mit Luft wieder regeneriert worden war. Die Ergebnisse zeigen, daß man sowohl mit wegen ungenügender Kohlenoxydbehandlung schwach vergiftetem als auch mit vergiftetem und dann wieder regeneriertem Platin die größten Zersetzungsgeschwindigkeiten erhält, im Vergleich zu den Versuchen, die mit nicht mit Kohlenoxyd behandeltem Platin durchgeführt worden sind; bei stark vergiftetem Platin sieht man die Erscheinung der „Inkubation", bei der der Katalysator anfangs fast unwirksam ist, bis plötzlich der Zerfall eintritt und nun mit einer noch größeren Geschwindigkeit als in anderen Fällen verläuft. Es ist zu beachten, daß die Vergrößerung der Reaktionsgeschwindigkeit zum Teil, aber nur zum Teil der katalytischen Oxydation des absorbierten Kohlenoxyds durch Wasserstoffperoxyd zuzuschreiben ist. Die Wiederbelebung des vergifteten Katalysators durch das Wasserstoffperoxyd wird dagegen durch eine Verbrennung des adsorbierten Kohlenoxydes oder der Additionsverbindungen, die sich zwischen Kohlenoxyd und Platin gebildet haben, erklärt.

Wenn man das Kohlenoxyd statt gasförmig in Lösung auf Platin einwirken läßt und das Peroxyd diesem schon zu Beginn zuführt, so tritt eine Inkubationsperiode nicht auf, und der Katalysator verhält sich wie ein nicht mit Kohlenoxyd behandelter, der aber eine bis sechsmal so große Aktivität hat.

Der günstige Effekt muß im beschriebenen Fall auf die Strukturveränderungen zurückgeführt werden, die der Katalysator bei den aufeinanderfolgenden Phasen der Vergiftung und Wiederbelebung erleidet.

Ein Beispiel, in dem man dagegen den günstigen Effekt einer Reaktionsbeschleunigung der katalytischen Wirkung eines Umwandlungsproduktes des Giftes zuschreiben muß, ist uns wiederum von BREDIG[1] bei der Zersetzung des Wasserstoffperoxydes in Anwesenheit von Gold und Natriumhydroxyd gegeben worden. Quecksilberchlorid, das in neutraler Lösung ein starkes Gift ist, bewirkt in alkalischer Lösung eine Erhöhung der Reaktionsgeschwindigkeit; dies kann man nicht dem Verbrauch an Peroxyd auf Grund der folgenden Gleichung zuschreiben:

$$HgCl_2 + H_2O_2 + 2\,NaOH = Hg + O_2 + 2\,NaCl + 2\,H_2O,$$

da die Konzentration des Peroxyds ungefähr vierzigmal so groß ist wie die des Quecksilberchlorids, vielmehr muß man sie auf die katalytische Wirkung des durch Reduktion in Freiheit gesetzten kolloidalen Quecksilbers zurückführen.

Andere Fälle günstiger Wirkung von Giften haben ferner GHOSH und BAKSHI[2] festgestellt bei der Dehydrierung des Methylalkohols zu Formaldehyd und nachfolgend zu Kohlenoxyd und Wasserstoff in Anwesenheit von Katalysatoren aus Kupfer, die als Aktivator Cer enthalten. Während Methylcyanid und Brom beide Reaktionen vergiften, beschleunigen Schwefelkohlenstoff und Chloroform in kleinen Konzentrationen die Bildung des Formaldehyds, während sie seinen weiteren Zerfall verzögern; bei größeren Konzentrationen wird auch die Bildungsreaktion des Aldehyds verzögert; Quecksilberjodid dagegen beeinflußt die erste Reaktion nicht, während es die zweite beschleunigt; die beiden indischen Autoren geben jedoch keine weitere Erklärung für die beobachteten Erscheinungen.

Bei der Benzinsynthese aus Kohlenoxyd und Wasserstoff mit Katalysatoren aus Nickel-Mangan-Aluminiumoxyd verursachen die ersten Zusätze an Schwe-

---

[1] G. BREDIG, W. REINDERS: Z. physik. Chem. **37** (1901), 321.
[2] J. G. GHOSH, J. B. BAKSHI: Quart. J. Indian. chem. Soc. **6** (1929), 749.

felverbindungen, wie Schwefelkohlenstoff und Schwefelwasserstoff, nach FUJIMURA, TSUNEOKA und KOWAMICHI[1] eine gewisse Erhöhung der Ausbeute.

KASCHTANOW und RYSOW[2] haben oberhalb Zimmertemperatur eine günstige Wirkung auf die Oxydation des Schwefeldioxyds in Lösung mit Mangansulfat durch Stoffe wie Phenol, die bei niederer Temperatur als Gifte wirken, beobachtet.

PLATANOV und TOMILOV[3] fanden bei Versuchen über die Vergiftung der katalytischen Zersetzung der Ameisensäure durch Schwefelwasserstoff, Schwefeldioxyd, Schwefelsäure, arsenige Säure, Arsenpentoxyd und Phosphorpentoxyd, daß kleine Mengen dieser Stoffe die Reaktionsgeschwindigkeit merklich erhöhten.

Zu der gleichen Kategorie muß man auch die Beobachtungen von USSATSCHEW, TARAKANOWA und KOMAROW[4] zählen, nach denen die Anwesenheit kleiner Mengen von Sauerstoff oder Wasserdampf in den Gasen der Ammoniaksynthese anfangs eine Erhöhung der Ammoniakausbeute bewirken soll, sogar über die Grenzen hinaus, die durch das Gleichgewicht erlaubt sind. Nach diesen Autoren und auch nach JEROFEJEF[5] hätte man diese Erscheinung auf die Verdrängung des auf der Katalysatoroberfläche adsorbierten Ammoniaks durch Sauerstoff und Wasserdampf zurückzuführen; dagegen schreiben MOROZOV und KAGAN[6] auf Grund der Tatsache, daß sich die Reaktion in Anwesenheit von Wasserstoff vollzieht, diese Erscheinung der Hydrierung des adsorbierten Stickstoffs zu, die durch die Anwesenheit des Sauerstoffs katalysiert würde. Eine experimentelle Nachprüfung erscheint wünschenswert.

IPATIEW und CORSON[7] stellen bei der katalytischen Benzolhydrierung durch Kupfer-Nickel-Mischkatalysatoren den Einfluß von verschiedenen Mengen von Wismut, Cadmium, Blei fest. Mengen dieser Elemente, die kleiner als 0,001 Gew.-% sind, begünstigen die katalytische Wirkung, während höhere Mengen als Gifte wirken.

Vorbeugung der Vergiftung und Wiederbelebung vergifteter Katalysatoren.

Wir haben schon anfangs darauf hingewiesen, daß Möglichkeiten bestehen, der Vergiftung vorzubeugen oder sie zu mildern oder, wenn sie einmal eingetreten ist, den bleibend vergifteten Katalysator wiederzubeleben, und daß diese Möglichkeiten hervorragende Bedeutung für die industriellen Anwendungen haben.

Die Vorbeugung der Vergiftung kann durch zwei verschiedene Arten von Maßnahmen erfolgen, einmal durch die Auswahl des Katalysators, die nicht nur auf Grund der Ausbeute, die er bei der betrachteten Reaktion zu geben vermag, vorzunehmen ist, sondern auch auf Grund seiner kleineren oder größeren Empfindlichkeit den Giften gegenüber, die in den reagierenden Stoffen wahrscheinlich anwesend sein können, zweitens durch eine Feinreinigung der reagierenden Stoffe von ihren Giften.

Zu der ersten Art von Vorkehrungen dienen die Kenntnisse über die charak-

[1] G. FUJIMURA, S. TSUNEOKA, K. KOWAMICHI: Sci. Pap. Inst. physic. chem. Res. 24 (1934), 93.

[2] L. S. KASCHTANOW, W. P. RYSOW: Ber. allruss. wärmetechn. Inst. 1935, 8, 43.

[3] M. S. PLATANOV, W. I. TOMILOV: Chem. J. Ser. A, J. allg. Chem. 8 (1938), 346.

[4] R. W. USSATSCHEW, W. I. TARAKANOWA, W. A. KOMAROW: Z. Elektrochem. angew. physik. Chem. 40 (1934), 647.

[5] B. N. JEROFEJEF: Acta physicochim. URSS 10 (1939), 313.

[6] N. M. MOROZOV, M. J. KAGAN: Acta physicochim. URSS 8 (1937), 549; 10 (1939), 935.

[7] W. IPATIEW, B. CORSON: Chim. et Ind. 45 (1941), 103.

teristische gegenseitige Spezifität der Katalysatoren und der Gifte und über die Empfindlichkeit der ersteren den zweiten gegenüber, die wir schon besprochen haben.

Man kann auch hier wieder an das Beispiel der größeren Empfindlichkeit des Nickels für Schwefelverbindungen gegenüber Molybdän erinnern, die der Grund dafür ist, daß das Molybdän erhebliche Verwendung gefunden hat, und an die größere Empfindlichkeit des Kupfers für die Vergiftung durch Chlorionen gegenüber Nickel.

Bei den Reinigungsmethoden der reagierenden Stoffe von katalytischen Giften versucht man das Gift chemisch in eine ungiftige Verbindung umzuwandeln, die womöglich auch leicht abzuscheiden ist, oder es auf chemischem oder physikalischem Wege vollständig aus den reagierenden Stoffen zu entfernen.

Es ist z. B. möglich, Schwefelverbindungen (Sulfide, Sulfite, Thiosulfate, Tetrathionate), die für Hydrierungskatalysatoren giftig sind, unschädlich zu machen, indem man sie vorher durch Oxydation mit Hypochlorit in Sulfate umwandelt, die die folgende Kontaktreaktion nicht stören[1]; natürlich darf die so gebildete ungiftige Verbindung unter den Reaktionsbedingungen, denen das System dann ausgesetzt wird, nicht die Neigung haben, sich wieder in eine giftige Verbindung umzuwandeln. Deshalb ist die obengenannte Oxydationsmethode außer für Schwefelverbindungen auch für Selen- und Phosphorverbindungen anwendbar, versagt aber für Arsen- und Antimonverbindungen, weil bei der folgenden Hydrierung ihre Oxydationsprodukte wieder zu Arsen- und Antimonwasserstoff reduziert werden.

Beispiele der Reinigung durch eine *Vorkatalyse*, die erlaubt, das Gift in eine ungiftige, leicht entfernbare Verbindung umzuwandeln, sind uns in der Beseitigung des Sauerstoffs aus dem Wasserstoff bekannt, der für die Ammoniaksynthese oder für die katalytische Hydrierung mit Nickel bestimmt ist. Auch Kohlenoxyd kann in diesen Fällen in Kohlendioxyd umgewandelt werden entweder durch die Reaktion mit Wasserdampf in Anwesenheit von Metalloxyden bei 450° nach der bekannten Konversionsreaktion[2] oder durch selektive Verbrennung in Anwesenheit von Sauerstoff oder Luft bei 150÷200° über Metalloxyden (Hopcalit)[3]. Das sich bildende Kohlendioxyd ist leicht durch Waschen mit Wasser unter Druck zu entfernen.

In anderen Fällen und besonders dann, wenn der Gehalt an Kohlenoxyd in dem zu reinigenden Gase so niedrig ist, daß es nicht notwendig erscheint, das Umwandlungsprodukt zu entfernen, nimmt man eine Konversion des Kohlenoxyds zu Methan vor durch Umsetzung mit Wasserdampf an Nickel bei 300° und normalem Druck nach der Reaktion:

$$4\,CO + 2\,H_2O = CH_4 + 3\,CO_2.$$

Das sich bildende schwer entfernbare Methan bleibt im Gasgemisch und verhält sich für gewöhnlich als inertes Gas.

Dieselbe Reaktion kann auch unter Druck bei 400° an Molybdän[4] oder an Molybdänsulfid auf Kieselsäuregel[5] durchgeführt werden mit dem Vorteil, daß

---

[1] E. B. MAXTED, R. W. D. MORRISH: J. chem. Soc. (London) **1941**, 132.

[2] R. MEZGER: Chem. Eng. Congress of the World Power conference 1936. — H. KEMMER: Z. angew. Chem. **49** (1936), 133. — F. SCHUSTER: Wärme **58** (1935), 854.

[3] J. HARGER, H. TERREY: E.P. 127609 (1917). — E. K. RIDEAL, H. S. TAYLOR: Analyst **44** (1919), 89. — E. K. RIDEAL: J. chem. Soc. (London) **115** (1919), 993. — A. B. LAMB, W. C. BRAY, I. C. W. FRAZER: Ind. Engng. Chem. **12** (1920), 217. — A. B. LAMB, C. C. SCALIONE, G. EDGAR: J. Amer. Chem. Soc. **44** (1922), 738.

[4] K. MEYER, O. HORN: Gesammelte Abh. Kenntn. Kohle **11** (1934), 389.

[5] J. J. S. SEBASTIAN: Carnegie Inst. Techn. Coal. Res. Lab. n. 35 (1936).

man hier Katalysatoren zur Verfügung hat, die durch Schwefelverbindungen nicht vergiftet werden.

Bei den genannten Methoden verlangt die Umwandlung des Giftes eine vorausgehende katalytische Behandlung. Manchmal kann man jedoch diese Behandlung gleichzeitig mit der katalytischen Hauptreaktion mit oder ohne fremde Zusätze, die sie fördern, vornehmen.

In anderen Fällen gelingt die Vorbeugung der Vergiftung einfach dadurch, daß man die Reaktion unter solchen Temperatur- und Druckbedingungen ausführt, die ganz oder teilweise ihr Zustandekommen verhindern; das ist das Vorgehen bei der Oxydation des Schwefeldioxyds zu Schwefeltrioxyd in Gegenwart von Katalysatoren aus Vanadinpentoxyd; wenn man bei Temperaturen über 400° arbeitet, vermeidet man die Bildung der inaktiven Verbindung zwischen Schwefeldioxyd und Katalysator (Vanadiumsulfoxyd), die einen Fall von Selbstvergiftung darstellt.

Auch bei der Ammoniaksynthese werden die Gifte (Kohlenoxyd, Sauerstoff) durch Arbeiten bei höheren Temperaturen unschädlich.

Die wichtigsten Beispiele der *vollständigen Abtrennung auf chemischem Wege* sind: die Entfernung des Kohlenoxyds aus dem Wasserstoff durch Waschen mit Kupferamminsalzlösungen unter Druck und die verschiedenen Methoden der Absorption des Schwefelwasserstoffs und der organischen Schwefelverbindungen.

Die älteste Methode zur Entfernung des Schwefels aus Gasen ist die mit Eisenoxyd, mit dem der Schwefelwasserstoff Eisensulfid bildet. Im Jahre 1920 wurde zum ersten Male der Seabord-Prozeß angewandt, nach dem die Gase im Gegenstrom unter Druck mit Natriumcarbonatlösungen gewaschen werden; der Shell-Prozeß verwendet dagegen Lösungen von Trikaliumphosphat[1]; in beiden Fällen wird der Schwefelwasserstoff als saures Sulfid gelöst und kann dann durch Austreiben mit Luft oder durch Erwärmen der Lösung wieder entfernt werden; die Lösung wird auf diese Weise wieder regeneriert.

Der Girbotol-Prozeß[2] verwendet Lösungen von Aminen, besonders Triäthanolamin, welche die Fähigkeit haben, Schwefelwasserstoff unter Bildung von instabilen Additionsverbindungen zu absorbieren, die dann durch Erwärmung wieder zersetzt werden können; der Thylox-Prozeß[3] verwendet alkalische Thioarsenatlösungen, mit denen der Schwefelwasserstoff reagiert, indem er ein Sauerstoffatom durch ein Schwefelatom ersetzt, worauf durch Oxydation mit Luft und Fällung des Schwefels das ursprüngliche Thioarsenat wieder regeneriert wird. Der *Alkacid*-Prozeß der I. G. Farbenindustrie[4] benutzt Lösungen von Alkalisalzen von schwachen organischen Säuren, die mit starken organischen Basen kombiniert sind und der Koppers-Prozeß[5] Lösungen von Natriumphenolat; in beiden Fällen verdrängt der Schwefelwasserstoff die schwache Säure unter Bildung von sauren Sulfiden, und die Reaktion ist leicht durch Änderung der Temperatur umkehrbar.

Nach anderen Verfahren kann der Schwefelwasserstoff durch einfache Lösung in Wasser oder durch Behandlung mit Suspensionen von Metalloxyden[6] und Fällung der entsprechenden Sulfide absorbiert werden. Maxted[7] hat für die Ab-

[1] T. W. Rosebaugh: Refiner natur. Gasoline Manufacturer **17** (1938), 245.
[2] R. R. Bottoms: Ind. Engng. Chem. **23** (1931), 501.
[3] H. A. Gollmar: Ind. Engng. Chem. **26** (1934), 130. — G. E. Foxwell, A. Grounds: Chem. and Ind. **58** (1939), 163.
[4] A. R. Powell: The Science of Petroleum III, 1807. London, 1938.
[5] H. Baher: Refiner natur. Gasoline Manufacturer **17** (1938), 229.
[6] A. Thom: Chemiker-Ztg. **19** (1935), 193.
[7] E. B. Maxted: E.P. 490775 31. 3. 1937, 15. 9. 1938.

scheidung des Schwefelwasserstoffs die Anwendung von Metall-Thiomolybdaten bei 300 ÷ 600° vorgeschlagen.

Unter den anderen zum gleichen Zweck vorgeschlagenen Gemischen kann noch hingewiesen werden auf die aus Bleichromat und Kupferoxyd[1] bestehenden, deren Anwendungsbereich zwischen 300° und 500° liegt, und das Gemisch aus verschiedenen Eisenoxydhydraten mit Alkalicarbonaten[2], das zwischen 150° und 300° aktiv ist. Diese Gemische vermögen den Gehalt an Schwefelwasserstoff in dem Gasgemisch $CO + H_2$ bei der FISCHER-Synthese auf 0,002 mg je m^3 zu reduzieren.

Ein Beispiel für die Entfernung von Giften durch Anwendung *physikalischer Hilfsmittel* ist das klassische Verfahren der elektrostatischen Abscheidung nach dem COTTRELL-System, das für gewöhnlich bei der Herstellung von Schwefelsäure aus Schwefeldioxyd nach dem Kontaktverfahren zur Entfernung des eisen- und arsenhaltigen Staubes dient, ferner die Abscheidung ähnlichen Staubes aus dem Gemisch Ammoniak-Luft, das zur katalytischen Herstellung der Salpetersäure bestimmt ist[3], durch Filter aus pflanzlichen oder metallischen Geweben.

In anderen Fällen kann eine einfache Waschung der reagierenden Gase mit Wasser bei normalem oder erhöhtem Druck genügen, um die in ihnen enthaltenen Giftstoffe zu entfernen; so verfährt man z. B. mit den gasförmigen ungesättigten Kohlenwasserstoffen, die zur Polymerisation in Gegenwart von Phosphorsäure oder Schwefelsäure bestimmt sind, um Amine und Aldehyde, welche die Lebensdauer der Katalysatoren[4] abkürzen würden, zu beseitigen.

Die physikalischen Hilfsmittel können auch nach chemischer Behandlung angewandt werden, um die letzten Reste von arseniger Säure zu entfernen. Aus schwefeldioxydhaltigen Gasen können durch Zusatz von Ozon vor der letzten Elektrofilterstufe Schwefelsäurenebel erzeugt werden, die als Kerne wirken und die arsenige Säure anlagern[5].

Wenn aber trotz aller Aufmerksamkeit zur Verhütung einer Vergiftung diese doch in bleibender Form eingetreten und die Aktivität des Katalysators unter eine wirtschaftlich tragbare Grenze gesunken ist, so muß man seine *Regenerierung* vornehmen.

Man versteht unter Wiederbelebung (Regenerierung) die Gesamtheit der Behandlungen, sei es chemischer, sei es physikalischer Art, die nötig sind, um dem Katalysator eine der ursprünglichen vergleichbare Aktivität wiederzugeben.

Unter diesem Begriff sollen jene Verfahren nicht einbegriffen sein, die eine vollständige Auflösung der Elemente, welche die katalytische Wirksamkeit bedingen, und ihre darauffolgende Verwendung zu einer neuen Herstellung des Katalysators mit sich bringen. Diese müssen im wesentlichen als *Wiederherstellungsverfahren* angesehen werden.

Auf diese viel belastenderen Verfahren greift man natürlich nur zurück, wenn man die Wiederbelebungsverfahren nicht anwenden kann, also dann, wenn die gebildete inaktive Verbindung sich nicht zersetzen läßt oder das Gift nicht in irgendeiner einfachen Weise zu entfernen ist, oder auch wenn die notwendigen Behandlungen gleichzeitig eine chemische oder physikalische Strukturveränderung hervorrufen würden, welche aus anderen Gründen den zu regenerierenden Katalysator zu inaktivieren vermöchte.

---

[1] F. FISCHER, H. TROPSCH: F.P. 3. 6. 1926, 25. 8. 1926.

[2] Studien- u. Verwertungs G. m. b. H.: F.P. 797902 31. 10. 1935, 6. 5. 1936.

[3] C. S. IMISON, W. RUSSEL: J. Soc. chem. Ind. 41 (1922), 37 T.

[4] N. V. De Bataafsche Petr. Maatschappij: F.P. 853733 3. 5. 1939, 27. 3. 1940; It.P. 373515 26. 4. 1939.

[5] Metallgesellschaft Akt.-Ges. (F. LECHLER): D.R.P. 712567 22. 12. 1937, 22. 10. 1941.

So sind die durch Halogene vergifteten Metallkatalysatoren schwer regenerierbar, da Halogene durch einfache Röstung nicht zu beseitigen sind; Wasserstoff reduziert Nickelchlorid bei 400° und stellt so das metallische Nickel wieder her, aber der so behandelte Katalysator hat nicht mehr seine ursprüngliche Aktivität, auch nicht nach nochmaliger Oxydation und nachfolgender Reduktion[1]. Unter anderen Fällen, bei denen sich zur Regenerierung eine Wiederherstellung als nötig erweist, sei hingewiesen auf die aus Nickel und Kupfer[2] bestehenden Katalysatoren, die zur Hydrierung der Öle und Fette benutzt werden, und in einigen Fällen auf die Katalysatoren der FISCHER-Synthese aus Kobalt oder aus Kobalt-Thoriumoxyd auf Trägern[3].

Die eigentlichen Wiederbelebungsmethoden können in *chemische* und *physikalische* unterschieden werden, je nach der Art der Behandlung, die sie verlangen.

Manchmal kann auch der Wiederbelebungsprozeß rein mechanischer Art sein, z. B. darin bestehen, daß man den Katalysator in Bewegung hält und einem starken Strom eines inerten Gases aussetzt, der die pulverförmigen Verunreinigungen, welche die Oberfläche bedecken, mit sich fortführt[4].

Die *physikalischen Verfahren* der Wiederbelebung bestehen manchmal in einer Temperaturerhöhung, die dazu dient, die adsorbierten Gifte durch Destillation oder Sublimation zu entfernen, oder in einer Vakuumbehandlung, die im Grunde genommen den gleichen Zweck verfolgt, oder auch in einer Extraktion, welche die physikalisch adsorbierten Gifte durch ein Lösungsmittel beseitigt. Die Wegschaffung der Hochpolymeren, die sich bei Polymerisationen oder bei organischen Spaltungen auf dem Katalysator ablagern und so dessen Wirksamkeit lahmlegen, wird öfters so ausgeführt, daß man den Katalysator bei der Reaktionstemperatur oder bei einer ein wenig höheren Temperatur mit einem Strom eines inerten Gases (Stickstoff, Wasserstoff, Wasserdampf usw.), das frei von Kohlenwasserstoffen ist, behandelt, wobei sich der Gasstrom mit den Dämpfen der schweren Polymerisationsprodukte mit niedrigem Dampfdruck sättigt und so die Entfernung durch Verdampfung oder auch durch Dissoziation[5] erleichtert.

Auch die Regenerierungsmethoden unter Extraktion mit Lösungsmitteln werden viel zur Wiederbelebung von Katalysatoren für Hydrierungs-, Dehydrierungs- und Kondensationsreaktionen organischer Stoffe und der Katalysatoren der FISCHER-Synthese angewandt[6].

Nach einem Patent der *Standard I. G.*[7] werden z. B. Dehydrierungskatalysatoren, die aus Metalloxyden und -sulfiden bestehen, von hochmolekularen auf der Oberfläche adsorbierten Stoffen durch Abfiltrieren nach Waschen mit Leichtbenzin, Benzol, Xylol, Tetrahydronaphthalin, Aceton, Schwefelkohlenstoff, Tetrachlorkohlenstoff befreit.

Auch wird manchmal der Gebrauch von verschiedenartigen Lösungsmitteln nacheinander vorgeschrieben, deren jedes dazu bestimmt ist, eine bestimmte Verunreinigung zu entfernen; so schreibt das Patent der *Soc. Industrielle de Produits Chimiques*[8] vor, zur Regenerierung der Nickelkatalysatoren für Hydrierungen

---

[1] P. SABATIER: La Catalyse en Chimie Organique, S. 40. Paris, 1920; Leipzig, 1927.

[2] A. LAPTEW, A. SOLOTAREWA: Öl- u. Fett-Ind. URSS **13** (1938), 16.

[3] Ruhrchemie Akt.-Ges.: F.P. 842278 18. 8. 1938, 8. 6. 1939; Ind.P. 25835 31. 10. 1938, 18. 2. 1939. — N. V. Int. Koolwaterstoffe Synth. Maatschappij: N.P. 62414 16. 9. 1938, 29. 4. 1940.

[4] Gen. Chem. Co. (B. M. CARTER) A.P. 1936154 23. 4. 1930, 21. 11. 1933.

[5] Int. Hydrogenation Patents Co. Ltd. (E. B. PECK): Kan.P. 332183 30. 9. 1930, 2. 5. 1933. — Standard Oil Develop. Co.: F.P. 845196 26. 10. 1938, 14. 8. 1939.

[6] F. FISCHER, H. KOCH: Brennstoff-Chem. **13** (1932), 61.

[7] Standard I. G. Co. (E. B. PECK): A.P. 1933508 12. 11. 1929, 31. 10. 1933.

[8] Soc. Industrielle de Produits Chimiques: D.R.P. 356592 15. 12. 1917, 21. 7. 1922.

erst eine Entfernung der organischen Verunreinigungen durch Waschen mit organischen Lösungsmitteln, dann die der anorganischen Verunreinigungen durch Waschen mit Wasser und Calcinierung vorzunehmen.

Oft ist die Behandlung mit einem Lösungsmittel nur der erste Teil der Regenerierung, die dann mit anderen Mitteln vervollständigt wird, wie bei dem Patent der *Standard Oil Dev. Co.*[1] für die Regenerierung von Hydrierungskatalysatoren, die aus Metallsulfiden der 6. Gruppe des periodischen Systems bestehen. Nach Extraktion mit einem Lösungsmittel folgt eine Behandlung mit einem Gemisch von Ammoniak und Wasserdampf unter Druck.

Die Regenerierung verschiedener Katalysatoren durch anodische Oxydation und folgende Reduktion mit Wasserstoff wird durch ein Patent der *Technical Research Work Ltd.*[2] geschützt.

Öfters als physikalische werden *chemische Verfahren* zur Wiederbelebung angewandt. Sie verfolgen den Zweck, dem Katalysator seine ursprüngliche Beschaffenheit wiederzugeben, indem das Gift chemisch in eine Verbindung übergeführt wird, die leicht wegzuschaffen ist.

Die am häufigsten benutzte chemische Regenerierungsmethode ist die Oxydation mit Luft oder mit Gasen, die Sauerstoff oder Wasserdampf oder ihre Gemische enthalten[3].

Diese Methode wird für gewöhnlich zur Wiederbelebung von mit Schwefel oder Schwefelverbindungen vergifteten Katalysatoren angewandt, wobei diese als Schwefeldioxyd oder Schwefelwasserstoff entfernt werden, oder sie dient zur Beseitigung von organischen Stoffen von hohem Molekulargewicht oder von Kohleteilchen, die zu Kohlenoxyd, Kohlendioxyd und zu Wasserdampf oxydiert werden. Der Gehalt an den verschiedenen Komponenten in den Regenerierungsgasen und besonders der an Sauerstoff müssen genau bestimmt und in den verschiedenen Verfahrensstadien genau innegehalten werden, um eine zu hohe Überhitzung durch die Verbrennungswärme zu verhindern, die den Katalysator schädigen könnte. Diese Methoden finden gewöhnlich Anwendung bei der Regenerierung von Katalysatoren, die zur Hydrierung, Dehydrierung, Polymerisation, Kondensation, thermischen Spaltung und zur Konversion flüchtiger organischer Produkte (besonders von Kohlenwasserstoffen oder Kohlenoxyd) benutzt werden. Manchmal genügt auch die Oxydationswirkung des Wasserdampfes[4].

Bei Metalloxydkatalysatoren für Polymerisationen oder Dehydratisierungen organischer Stoffe kann die Regenerierung durch Oxydationsbehandlung gebrauchsfertige Katalysatoren liefern. In anderen Fällen, wie bei Hydrierungskatalysatoren, ist es notwendig, eine Behandlung mit Wasserstoff folgen zu lassen.

Ein anderes Mittel der oxydierenden Regenerierung für Katalysatoren aus

---

[1] Standard Oil Development Co. (J. A. FRANCEWAY): A.P. 1904218 23. 6. 1930, 18. 4. 1933.

[2] Technical Research Work Ltd.: F.P. 569325 2. 8. 1923, 10. 4. 1924.

[3] G. PATART: E.P. 252361 12. 5. 1925, 28. 7. 1926. — Compagnie Int. pour la Fabrication des Essences et des Petroles: E.P. 315412 8. 7. 1929, 4. 9. 1929; F.P. 672677 13. 7. 1929, 6. 1. 1930; F.P. 749011 13. 1. 1933, 17. 7. 1933. — W. DOMINIK: Poln.P. 8571 21. 2. 1927, 25. 9. 1928. — Houdry Process Corp. (E. HOUDRY): E.P. 414413 3. 2. 1933, 30. 8. 1934; A.P. 2205409 23. 4. 1937, 25. 6. 1940. — Standard Oil Development Co. (P. E. KUHL): A.P. 2162893 1. 9. 1938, 20. 6. 1939; E.P. 512404 14. 3. 1939, 5. 10. 1939; F.P. 845541 2. 11. 1938, 25. 8. 1939; It.P. 367750 24. 10. 1938, 17. 3. 1939. — G. N. MASSLIANSKI: Russ.P. 53092 2. 3. 1937, 30. 4. 1938. — N. V. Internazionale Hydrogeneeringsoctroien Maatschappij: F.P. 854439 8. 5. 1939, 15. 4. 1940.

[4] Standard Oil Development Co. (G. H. FREYENMUTH, J. K. SMALL, W. V. HANKS): A.P. 1904441 7. 3. 1930, 18. 4. 1933.

Metallhalogeniden, die zur Behandlung der Kohlenwasserstoffe oft benutzt werden, ist Chlor, das solche Katalysatoren wiederzubeleben vermag[1]; das gleiche Mittel kann anscheinend auch, gegebenenfalls in Mischung mit Luft oder anderen Oxydationsmitteln, benutzt werden zur Regenerierung von Katalysatoren für die Oxydation organischer Stoffe, wie von Vanadinpentoxyd[2]. Andere Oxydationsmittel, die manchmal zur Regenerierung der Katalysatoren angegeben werden, sind die Stickoxyde, gegebenenfalls verdünnt mit weniger energischen Oxydationsmitteln wie Kohlendioxyd und Wasserdampf[3], ferner Wasserstoffperoxyd, Ozon, Schwefeltrioxyd, Schwefeldioxyd usw.[4].

Das meistbenutzte reduzierende Wiederbelebungsmittel ist Wasserstoff, gegebenenfalls in Mischung mit inaktiven Gasen und Wasserdampf; diese Regenerierungsverfahren sind vorgeschlagen worden für die Katalysatoren der Konversion der gasförmigen Kohlenwasserstoffe mit Wasserdampf[5].

Die Katalysatoren der Ammoniaksynthese werden manchmal durch Gemische von Wasserdampf und Wasserstoff bei hoher Temperatur und gewöhnlichem Druck regeneriert[6].

Auch für die Regenerierung der durch Arsen vergifteten Vanadinkatalysatoren der Oxydation von Schwefeldioxyd können reduzierende Gase verwendet werden. Nach ADADUROW, GERNET und CHATUM[7] ist das geeignetste Mittel, um das Arsenpentoxyd, das, wie schon gesagt, in diesem Falle der eigentliche Giftstoff ist, zu arseniger Säure zu reduzieren, die Behandlung mit Wassergas bei 550°; im Falle, daß die Aktivität des Katalysators auch durch Eisenoxydstaub, der von der Abröstung des Pyrits stammt, geschädigt worden ist, behandelt man ihn mit einem Gemisch von Kohlenoxyd und Chlor, wodurch das Eisenoxyd in sublimierbares Eisen-(II)-Chlorid umgewandelt wird. Für die Regenerierung von Platin auf Trägern, das für die gleiche Reaktion benutzt wird, ist die Verwendung von flüssigen Reduktionsmitteln, wie Allylalkohol, Acetaldehyd, Benzaldehyd, Hydroxylamin, Hydrazin, gelöst in geeigneten Lösungsmitteln, wie Wasser, Alkohol, Aceton[8], empfohlen worden.

Bei durch Schwefelverbindungen vergifteten Nickelkatalysatoren ist ein Regenerierungsverfahren vorgeschlagen worden[9], das in der Behandlung mit Dämpfen organischer Säuren (Ameisensäure, Essigsäure) und einer darauf folgenden Zersetzung der aus dem Metall des Katalysators und den Säuren gebildeten Salze bei höheren Temperaturen besteht.

Ein analoges Verfahren ist für die Regenerierung der Platinkatalysatoren der Oxydation von Schwefeldioxyd vorgeschlagen worden[10].

Auch Wiederbelebungsverfahren durch Behandlung mit Alkali sind für durch Schwefelverbindungen vergiftete Metallkatalysatoren vorgeschlagen wor-

---

[1] H. SUIDA: Öst.P. 106039 11. 2. 1924, 25. 3. 1927. — Standard Oil Co. (W. E. KUENTZEL): A.P. 2113028 10. 10. 1934, 5. 4. 1938.

[2] M. B. RADWINSKI: J. Chim. appl. 12 (1939), 1374.

[3] H. HARTER, G. OEHLRICH: D.R.P. 395509 24. 4. 1921, 19. 5. 1924.

[4] Selden Co.: E.P. 280712 26. 11. 1926, 15. 12. 1927. — Celanese Corp. of Amerika (W. BADER, E. B. THOMAS): A.P. 1999388 13. 3. 1930, 20. 4. 1935.

[5] Standard Oil Development Co. (G. H. FREYENMUTH, W. V. HANKS): A.P. 1504440 6. 3. 1930, 18. 4. 1933.

[6] SIRI (Soc. It. Ricerche Industriali): F.P. 724243 12. 10. 1931, 23. 4. 1932.

[7] I. J. ADADUROW, D. W. GERNET, A. M. CHATUM: Chem. J. Ser. B, J. angew. Chem. 7 (1934), 17.

[8] Grasselli Chemical Co. (E. S. RIDLER): A.P. 1980923 22. 4. 1933, 13. 11. 1934.

[9] Gewerkschaft Kohlenbenzin: D.R.P. 481927 24. 5. 1924, 4. 9. 1929. — E. A. PRUDHOMME: E.P. 23. 5. 1924, 11. 9. 1925; Öst.P. 108684 10. 1. 1925, 25. 1. 1925.

[10] Grasselli Chemical Co. (E. S. RIDLER): Austr.P. 17885/1934, 7. 6. 1934, 21. 2. 1935; E.P. 437659 3. 5. 1934, 28. 11. 1935; A.P. 2006221 22. 6. 1933, 25. 6. 1935.

den. Wenn Schwefel kalt oder warm unter Druck mit starken Alkalilösungen behandelt wird, geht er in Alkalithiosulfat über und wird durch Waschen entfernt[1]. Die alkalische nasse Behandlung wird gewöhnlich auch für die Regenerierung der Öl- und Fetthydrierungskatalysatoren verwendet, die auf diese Weise von den auf ihnen abgelagerten[2] festen Rückständen befreit werden.

Der alkalischen Behandlung kann man eine anodische Oxydation folgen lassen, bei der das Metall Anode in einer verdünnten Alkalilösung ist, und dann eine Reduktion mit Wasserstoff[3].

Von speziellen Regenerierungsverfahren sei noch das von TAYLOR[4] vorgeschlagene erwähnt, nach dem die Katalysatoren mit Lösungen von Ammoniumsalzen, die das gleiche Anion wie der Katalysator haben, gewaschen werden. Auf diese Weise läßt sich ein durch Sulfat verunreinigter Katalysator aus Nickelcarbonat reinigen.

Nur erwähnt sei die Methode von RANEY[5]; sie besteht aus einer Oxydation des Katalysators mit folgender Mischung und Wärmebehandlung mit einem Hilfsmetall, das das Oxyd reduziert und ferner mit dem gebildeten Metall eine Legierung gibt, aus der danach das Hilfsmetall wieder herausgelöst wird.

---

[1] Bayerische Stickstoffwerke A. G. (P. MANGOLD): D.R.P. 416451 6. 4. 1922, 16. 7. 1925.
[2] G. W. TROJANOWSKI: Russ.P. 35177 25. 4. 1933, 31. 3. 1934. — Öl- u. Fett-Ind. 10 (1934), 16.
[3] B. F. Goodrich Co. (V. E. WELLMAN, W. L. SEMON): A.P. 2208616 9. 8. 1938, 23. 7. 1940.
[4] E. I. Du Pont de Nemours (H. S. TAYLOR): A.P. 1998470 28. 1. 1932, 23. 4. 1935.
[5] M. RANEY: A.P. 2139602 17. 6. 1935, 6. 12. 1938.

Heterogene Katalyse und Reaktionsfolgen.

Von

J. A. CHRISTIANSEN, Kopenhagen.

Inhaltsverzeichnis.

Einleitung.

Wie z. B. aus dem Buch von G.-M. SCHWAB: „Katalyse vom Standpunkt der chemischen Kinetik" hervorgeht, haben viele heterogenen Katalysen die Besonderheit, daß die Reaktion von anwesenden Stoffen, z. B. den Reaktionsprodukten, deutlich gehemmt wird. Z. B. kann die Geschwindigkeit folgende Form annehmen:

$$v = F \frac{1}{1 + bC}, \tag{1}$$

wo F die Geschwindigkeitsfunktion in Abwesenheit des hemmenden Stoffes und C die Konzentration (im Dampfraum) desselben bedeutet.

Als Erklärung wird gewöhnlich die LANGMUIRsche Verdrängungshypothese[1] angenommen. LANGMUIR zeigte nämlich, daß man zu erwarten hat, daß die Oberfläche eines Katalysators mehr oder weniger von den im Dampfraum anwesenden Molekülarten bedeckt wird. Wenn nun ein Stoff ziemlich schwach, aber doch merkbar adsorbiert wird, zeigen die Überlegungen, daß der Bruchteil der ganzen Oberfläche, der von dem betreffenden Stoff bedeckt ist, proportional der entsprechenden Konzentration im Dampfraum ist. Dabei kann die nützliche Oberfläche des Katalysators offenbar vermindert werden, was eine Hemmung der Reaktion bedeutet.

Nun fanden H. S. TAYLOR und seine Mitarbeiter in einer Reihe von Arbeiten, daß diese Erklärung nicht immer stichhaltig sein könnte, denn direkte Versuche ergaben, daß in gewissen Fällen die Reaktion fast vollständig zum Stillstand gebracht wurde („Vergiftung") bei Konzentrationen der hemmenden Stoffe, wo die adsorbierten Mengen davon lange nicht genügten, um die Oberfläche des Katalysators mit einer unimolekularen Schicht zu bedecken[2].

---

[1] Siehe I. LANGMUIR: J. Amer. chem. Soc. 40 (1918), 1361; Trans. Faraday Soc. 17 (1922), 621.

[2] ARMSTRONG, HILDITCH: Faraday Society Symposium, Discussion 17 (1922), 670.

H. S. TAYLOR[1, 2] nahm daher an, daß die Oberfläche des Katalysators nicht überall gleich aktiv ist, sondern daß gewisse Bezirke der Katalysatoroberfläche besonders aktiv sind und fast den ganzen Beitrag zur beobachteten Reaktionsgeschwindigkeit liefern, während andere Bezirke fast wirkungslos sind. Wenn man nun annimmt, daß gerade die aktivsten Stellen auch die am stärksten adsorbierenden sind, versteht man unmittelbar, daß adsorbierte Stoffmengen, die nicht groß genug sind, um die ganze Oberfläche des Katalysators zu bedecken, dennoch genügen, um die aktiven Stellen zu blockieren und dadurch die Reaktion zum Stillstand zu bringen.

TAYLOR stellt sich nun vor, daß die aktivsten Stellen an der Oberfläche die sind, wo das Kristallgitter des Katalysators sehr unvollkommen ist. Er gibt z. B. folgendes Diagramm der Oberfläche eines Nickelkatalysators (Abb. 1):

Abb. 1. Schema des Querschnitts einer Katalysatoroberfläche (TAYLOR).

Es ist klar, daß von den Atomen, die von den wenigsten Nachbarn umgeben sind, die stärksten extraatomaren Kräfte ausgehen. Da man nun weiß, daß die meisten freien Atome außerordentlich reaktionsfähig sind, ist es sehr plausibel, daß die erwähnten, unvollständig im Gitter gebundenen Atome auch besonders aktiv sind. Andererseits ist es auch sehr naheliegend anzunehmen, daß dieselben Atome wegen der intensiven extraatomaren Kraftfelder besonders stark adsorbieren, so daß das ganze Bild in sich konsequent ist und sehr plausibel erscheint, so plausibel, daß man kaum bezweifeln darf, daß die Annahme sogenannter „Lockerstellen“ an der Oberfläche des Katalysators für unsere ganze Auffassung der Wirkungsweise eines Katalysators wichtig ist. Insbesondere muß hingewiesen werden auf die Studien der Adsorptionswärmen, die z. B. im TAYLORschen Institut[3, 4] ausgeführt wurden. Aus diesen Versuchen geht unzweifelhaft hervor, daß die Adsorptionszentren in bezug auf die Adsorptionswärme verschieden sind.

Eine andere Frage ist aber die, ob die Verdrängungshypothese in ihren verschiedenen Formen[5] die *einzig mögliche* Erklärung der Abweichungen von einfachen kinetischen Gesetzen bei Katalysen ist. Man möge sich hierzu daran erinnern, wie man in der Kinetik der homogenen Reaktionen ähnliche Anomalien erklärt hat. Beispielsweise findet man bei der Bromwasserstoffbildung eine mäßige Hemmung durch Bromwasserstoff und bei gewissen Autoxydationen eine überaus starke Hemmung, eine fast vollständige „Vergiftung“ durch gewisse „Inhibitoren“ (MOUREUS „antioxygènes“), die in winzigen Mengen zugesetzt werden[6]. Das sind Phänomene, die äußerlich denen bei kinetischen Untersuchungen heterogener Katalysen weitgehend ähnlich sind, und sie sind nach vielseitigen Untersuchungen durch die Annahme offener oder geschlossener *Reaktionsfolgen* zu erklären.

---

[1] H. S. TAYLOR: Proc. Roy. Soc. (London), Ser. A **108** (1925), 105.

[2] H. S. TAYLOR: 3rd Report on Contact Catalysis. J. physic. Chem. **28** (1924), 939.

[3] H. S. TAYLOR, G. KISTIAKOWSKY, FLOSDORF: J. Amer. chem. Soc. **49** (1927), 22.

[4] H. S. TAYLOR, G. KISTIAKOWSKY: Z. physik. Chem. **125** (1927), 265. Vollständige Literaturangaben siehe G.-M. SCHWAB: Die Katalyse, S. 147ff. sowie den Beitrag von BEEBE in Band IV dieses Handbuchs.

[5] Siehe hierzu die ausführliche Darstellung bei G.-M. SCHWAB: Die Katalyse, S. 157ff, sowie den Beitrag von SCHWAB in Band V dieses Handbuchs.

[6] Vgl. den Beitrag von DUFRAISSE und CHOVIN in Band II dieses Handbuchs.

Die gestellte Frage muß daher mit nein beantwortet werden: Obwohl es sicher ist, daß die Verdrängungshypothese eine *mögliche* Erklärung der Anomalien bei den heterogenen Katalysen ist, gibt auch die Annahme von offenen oder geschlossenen Reaktionsfolgen eine Erklärungsmöglichkeit.

Daraus folgt, daß man in jedem Einzelfall entscheiden muß, welche Annahme die wahrscheinlichere ist, wobei man nicht vergessen darf, daß auch Kombinationen der zwei Möglichkeiten zu beachten sind. Ein solches Programm ist aber viel leichter aufzustellen als zu realisieren. Um einerseits die Verdrängungshypothese zu verifizieren, müßte man außer den reaktionskinetischen Versuchen Adsorptionsmessungen bei den bei der Katalyse vorherrschenden Temperaturen und Partialdrucken der Gase ausführen, was bekanntlich eine ziemlich schwierige Aufgabe ist, siehe z. B. die vorher zitierten Arbeiten aus dem TAYLORschen Laboratorium. Wegen der erwähnten Ungleichförmigkeit der Oberflächen verspricht ein solches Vorgehen keine schlüssigen Ergebnisse. Wie von G.-M. SCHWAB[1] vorgeschlagen, könnte man auch die kinetisch ermittelten Zahlenwerte von b in Gleichung (1) benutzen, um zu zeigen, daß eine Adsorptionsverdrängung vorliegt. Doch scheint es mir, daß man mit solchen Schlußfolgerungen ziemlich vorsichtig sein muß, denn es liegt in der Natur der Sache, daß die Bestimmung von b ziemlich unsicher ist, und für eine solche Schlußfolgerung benötigt man nicht nur den Wert selbst, sondern auch dessen Temperaturkoeffizienten.

Will man andrerseits das Vorliegen einer Reaktionsfolge beweisen oder wahrscheinlich machen, so muß man selbstverständlich zuerst eine (offene oder geschlossene) Folge aufstellen, die mit der experimentell ermittelten Kinetik übereinstimmt. Eine solche Folge wird fast immer kurzlebige Zwischenprodukte in Form von geraden oder ungeraden Radikalen enthalten[2], und es ist dann naheliegend zu versuchen, solche Radikale nachzuweisen. Selbst bei homogenen Reaktionen scheint aber der qualitative Nachweis von Radikalen nicht hinreichend, um die Frage zu erledigen. Beispielsweise hat F. PATAT[3] Fälle gefunden, wo Radikale qualitativ nachweisbar sind, aber deren Quantität zu klein ist, um die kinetischen Befunde zu decken. Bei den heterogenen Reaktionen liegen die Verhältnisse noch schwieriger. Ein qualitativer Nachweis von Radikalen in der Gasphase bedeutet natürlich etwas, aber für einen endgültigen Beweis muß eine quantitative Bestimmung jedenfalls angestrebt werden. Umgekehrt ist aber ein negativer Befund an Radikalen in der Gasphase kein Beweis gegen die Annahme einer Reaktionsfolge, denn, wie weiter unten besprochen wird, spricht von vornherein nichts dagegen, daß die anzunehmenden Radikale an der Oberfläche des Katalysators haften bleiben.

Es sei endlich bemerkt, daß schon der gewonnene Geschwindigkeitsausdruck selbst in gewissen Fällen Fingerzeige für die Lösung der Frage geben kann. Es kommt nämlich vor, daß der Hemmungsfaktor Konzentrations*produkte* enthält[4]. Dies erklärt sich ganz von selbst, wenn man eine Reaktionsfolge[5] annimmt. Auch mit der Verdrängungshypothese kann man so etwas erklären, aber die dazu notwendigen Annahmen[6] werden doch ziemlich gekünstelt, wenn auch keineswegs unmöglich. Man wird etwa annehmen müssen, daß die verschiedenen miteinander reagierenden Molekülarten an verschiedenen Bezirken der Oberfläche

---

[1] G.-M. SCHWAB, G. DRIKOS: Z. physik. Chem., Abt. B 52 (1942), 234.
[2] Dieses Handbuch Bd. I, S. 253.
[3] F. PATAT: Z. physik. Chem., Abt. B 32 (1936), 294.
[4] Siehe beispielsweise dieser Band S. 307.
[5] Dieses Handbuch Bd. I, S. 261.
[6] Siehe G.-M. SCHWAB, H. S. TAYLOR, R. SPENCE: Catalysis from the standpoint of chemical Kinetics, S. 317. New York, 1937. Auch Z. physik. Chem. BODENSTEIN-Festband (1931), S. 69.

adsorbiert sind und an den Grenzen zwischen diesen Bezirken miteinander reagieren.

Alles in allem ist die Sachlage so kompliziert, daß es z. Z. nur ganz wenige Fälle gibt, wo die Frage in der einen oder der anderen Richtung endgültig entschieden ist[1]. Wenn man aber die allgemeinere Frage stellt, ob überhaupt das Auftreten von Reaktionsfolgen in der Kinetik der heterogenen Reaktionen eine Rolle spielt, muß diese Frage zweifellos bejaht werden. Dies zeigt mit aller Deutlichkeit der Artikel von L. v. Müffling in diesem Bande, der sich insbesondere mit Kettenreaktionen, d. h. mit geschlossenen Folgen befaßt. Und zwar ist es so, daß sowohl Zündung wie Auslöschung der Ketten an dem festen Katalysator stattfinden kann. Es liegt in der Natur der Sache, daß die Wirkungen geschlossener Folgen, wo kleine Ursachen sehr beträchtliche Wirkungen hervorbringen können, viel leichter erkennbar sind als die der offenen Folgen, wo die Effekte lange nicht so auffällig sind. Es sei daher schon hier ausdrücklich hervorgehoben, daß man bei der Diskussion etwaiger Versuchsergebnisse nicht die Möglichkeit des Vorliegens offener Folgen vergessen darf.

Allgemeine Betrachtungen über Adsorptionskatalyse und Reaktionsfolgen.

M. Polanyi[2] hat in einer sehr wichtigen Abhandlung eine allgemeine Erklärung der Adsorptionskatalyse gegeben. Der Gedankengang ist der folgende:

In der Gasphase sind die Gleichgewichtsmengen von „Radikalen", d. h. Molekülen mit ungesättigten Valenzen bei nicht allzu hoher Temperatur unmerklich, denn die betreffenden Bildungsreaktionen (z. B. $H_2 \rightleftarrows 2H$, $NH_3 \rightleftarrows H_2 + NH$) sind so stark endotherm, daß solche Reaktionen außerordentlich selten eintreten. In der Adsorptionsschicht liegen die Verhältnisse anders, denn die Adsorptionspotentiale der Radikale sind numerisch sehr viel größer als die der gesättigten Moleküle, d. h. die Radikale sind viel adsorbierbarer als die gesättigten Molekülarten, und dies muß rein thermodynamisch bedeuten, daß in der Oberflächenschicht die Gleichgewichte zugunsten der Radikalbildung verschoben sind.

Die Radikale sind nun, wie aus allgemeinen Erfahrungen bekannt, besonders geeignet, offene oder geschlossene Reaktionsfolgen einzuleiten, und wir haben hier jedenfalls eine mögliche Erklärung der Wirksamkeit der heterogenen Katalysatoren.

Man muß aber beachten, daß die Adsorptionspotentiale der Radikale auch „zu groß" werden können. Es sind nämlich Fälle denkbar, wo ein Radikal so fest an der Oberfläche gebunden wird, daß eine richtige chemische Oberflächenverbindung entsteht. Und in diesem Falle haben wir wiederum eine Reaktion zwischen zwei gesättigten Molekülarten vor uns, die ja gewöhnlich sehr träge ist.

Wenn nun die Katalyse dadurch eingeleitet wird, daß ein Radikal (instabiles Zwischenprodukt) X_1 an der Oberfläche des Katalysators gebildet wird und eine Folge von Reaktionen einleitet, wird die erste Teilreaktion an der Oberfläche durch das Schema

$$X_1 + A_1 \rightarrow B_1 + X_2$$

ausdrückbar sein, wo, wie erwähnt, X_1 im adsorbierten Zustand ist. A_1 und B_1 sollen gesättigte Molekülarten repräsentieren, die nicht besonders adsorptionsfähig sind. X_2 wird selbstverständlich an oder in unmittelbarer Nähe der Ober-

[1] Vgl. G.-M. Schwab, H. S. Taylor, R. Spence: Catalysis. New York, 1937. Einzelne Beispiele werden unten angeführt.

[2] M. Polanyi: Z. Elektrochem. angew. physik. Chem. 27 (1921), 142.

fläche und, wenn es dazu noch Radikalcharakter hat, höchstwahrscheinlich nach der Reaktion im adsorbierten Zustand vorliegen, so daß die Zwischenstoffe, die in der Folge auftreten, alle adsorbiert sind, d. h. die ganze Folge von Reaktionen spielt sich wahrscheinlich in der Oberflächenschicht ab. Von vornherein kann man aber nicht die Möglichkeit ablehnen, daß die Zwischenstoffe sich während der Teilreaktionen von der Oberfläche lostrennen, so daß die Fortsetzung der Folge im Gasraum stattfindet. Auf diese Frage kommen wir noch zurück (S. 304, 312)[1].

Wir wollen jetzt zwei Reaktionen näher betrachten, die mit sehr verschiedenen Methoden untersucht wurden, wodurch sie besonders lehrreich wurden.

Die Äthylenhydrierung und die Knallgasreaktion.

Als erstes Beispiel nehmen wir die Hydrierung von Äthylen. Die Kinetik dieser Reaktion an verschiedenen Katalysatoren wurde von vielen Autoren untersucht. Von diesen Arbeiten entstammen ein stattlicher Teil dem H. S. Taylorschen Laboratorium in Princeton, Arbeiten, die in Zusammenhang mit der Überprüfung der Verdrängungstheorie von Langmuir standen. Aus allen diesen Arbeiten geht hervor, daß die Kinetik der Reaktion außerordentlich verwickelt ist. Z. B. zeigten R. N. Pease und C. A. Harris[2] in Versuchen mit Kupfer als Katalysator, daß die Kinetik mit der Temperatur wechselt: Bei 0° C steigt die Geschwindigkeit mit zunehmendem Wasserstoffdruck und nimmt mit zunehmendem Äthylendruck ab. Bei 100° ist sie dem Wasserstoffdruck einfach proportional, und endlich fanden die Verfasser bei 220° einen bimolekularen Verlauf der Reaktion. Es schien im großen und ganzen möglich, diese Tatsachen mit Hilfe der Verdrängungshypothese zu deuten[3], aber es ist nicht ausgeschlossen, daß die Annahme irgendeiner offenen oder geschlossenen Folge von Reaktionen dasselbe würde leisten können, obwohl bis jetzt keine solche vorgeschlagen wurde.

K. Bennewitz und W. Neumann[4] versuchten dann die Frage mehr direkt zu entscheiden. Obwohl die Entscheidung, wie sie selbst später konstatierten, mißlang, ist doch der Versuch methodisch von großem Interesse und sei daher hier kurz besprochen. Wenn an einer nur einseitig aktiven Fläche die Reaktion

$$C_2H_4 + H_2 = C_2H_6$$

stattfindet, so ergibt eine etwas weitläufige, aber im Prinzip einfache Rechnung, daß die von der Fläche aufgenommenen bzw. abgegebenen Impulse sich gegenseitig nicht aufheben, sondern eine endliche Resultante in der Richtung von der inaktiven nach der aktiven Seite der Fläche hin ergeben. Die Fläche erfährt also eine Kraftwirkung, die man berechnen und auch messen kann. Voraussetzung für die Berechnung ist selbstverständlich, daß die Reaktion an der aktiven Oberfläche stattfindet, d. h. daß alle bei der Reaktion gebildeten Äthanmoleküle und verschwindenden Wasserstoff- und Äthylenmoleküle zu der berechneten Impulssumme beitragen. Die Messungen wurden bei einem Totaldruck von etwa 100 mm ausgeführt und ergaben erstens, daß die Effekte die verkehrte Richtung hatten und zweitens, daß sie fast verschwindend gegen den berechneten waren. Daraus meinten die Verfasser zunächst schließen zu dürfen, daß die Reaktion eine Kettenreaktion sei, und zwar derart, daß die Ketten im Gasraum ablaufen. Später

---

[1] Siehe auch die Abhandlung von L. v. Müffling: Dieses Handbuch Bd VI, S. 94.
[2] R. N. Pease, C. A. Harris: J. Amer. chem. Soc. 49 (1927), 2503.
[3] Siehe G.-M. Schwab: Z. physik. Chem., Abt. A 171 (1935), 421. — G.-M. Schwab, H. Zorn: Z. physik. Chem., Abt. B 32 (1936), 169.
[4] K. Bennewitz, W. Neumann: Z. physik. Chem., Abt. B 7 (1930), 247.

erkannten sie aber[1], daß dies ein Trugschluß war, denn der erwartete Druckeffekt kann nur dann auftreten, wenn die freie Weglänge im Gas von derselben Größenordnung wie die Apparatdimensionen ist, und dazu darf der Totaldruck 0,1 mm nicht übersteigen.

Eine andere und vielleicht technisch einfachere Methode, um dieselbe Frage direkt zu beantworten, wurde von B. FORESTI[2] angewandt: Die Reaktion verlief an der Oberfläche eines Differentialmikrocalorimeters, so daß die am Katalysator entwickelte Wärmemenge gemessen werden konnte. Der Druck war nur einige hundertstel Millimeter, klein genug, um der freien Weglänge einen passenden Wert zu geben. FORESTI fand nun, daß die gemessene Wärmemenge pro Mol Umsatz etwa der bekannten Wärmetönung der Reaktion entsprach, und schloß daraus, daß die Reaktion an der Oberfläche und nicht größtenteils im Gasraum stattfand. Analog hätte man zu erwarten, daß man bei einem idealen Versuch (hinreichend große Weglängen) nach BENNEWITZ und NEUMANN einen Effekt hätte beobachten müssen. Dieses Resultat spricht natürlich dafür, daß die Reaktion wirklich in der Katalysatorschicht stattfindet, daß also etwaige Ketten sich nicht im Gasraum fortpflanzen. Zur Beantwortung der Frage, ob Reaktionsketten in der Katalysatorschicht selbst verlaufen, gibt aber FORESTIS Versuch keinen Beitrag.

Übrigens ist die Theorie der Versuche von BENNEWITZ-NEUMANN einerseits und von FORESTI andererseits noch komplizierter, als es oben angedeutet wurde. Wenn nämlich die angewandten Drucke so klein sind, daß die Versuche etwas aussagen können, dann sind gerade die Bedingungen für die Ausbildung von Reaktionsketten in der Gasphase sehr schlecht. Dies geht z. B. aus der Abhandlung von L. v. MÜFFLING hervor[3], wo u. a. gezeigt wird, daß Ketten, auch Radikalketten, sehr oft an der Gefäßwand abgebrochen werden. Und bei großer freier Weglänge ist selbstverständlich die Wahrscheinlichkeit für Zusammenstöße mit der Wand statt mit einem anderen Molekül ziemlich groß.

Trotz dieser Komplikationen wäre eine Wiederholung der zwei hier besprochenen Klassen von Experimenten sehr wünschenswert; aber es fragt sich, ob nicht gerade das Zusammenspiel zwischen Gefäßwand und Katalysator bei kleinen Drucken eine dritte Möglichkeit für Nachweis von Ketten ergibt, die am Katalysator angezündet werden, sonst aber im Gasraum verlaufen. Wie wir unten sehen werden, scheint ein solches Zusammenspiel bei der Knallgasreaktion schon nachgewiesen zu sein. Z. B. könnte man eine Beantwortung der Frage nach von dem Katalysator ausgehenden und im Gasraum ablaufenden Ketten durch die folgende Versuchsanordnung erwarten: Der Abstand zwischen Katalysator und Wand wird variabel gemacht, und man stellt Versuche an, wo alle anderen geschwindigkeitsbestimmenden Faktoren konstant gehalten werden. Bei passend kleinen Drucken wird man dann, wenn Gasketten eine wesentliche Rolle spielen, eine Verzögerung der Reaktion bei Verminderung des erwähnten Abstandes erwarten dürfen, während andererseits ein negativer Ausfall des Versuches für eine örtlich auf die Katalysatoroberfläche begrenzte Reaktion sprechen wird.

Zur Diskussion der Äthylenhydrierung sei noch folgendes hinzugefügt: Zur Zeit der Ausführung der BENNEWITZ-NEUMANNschen Versuche war die Reaktion schon mehrmals als durch Quecksilber sensibilisierte photochemische Reaktion untersucht worden. Die meisten dieser Untersuchungen stammen ebenfalls aus H. S. TAYLORS Laboratorium[4] und hatten darauf hingedeutet, daß die Reaktion

[1] K. BENNEWITZ, W. NEUMANN: Z. physik. Chem., Abt. B **17** (1932), 457.

[2] B. FORESTI: Ateneo Parmense **4** (1932), 401. Zitiert nach Chem. Zentralbl. **1933** I 1567.

[3] Dieser Band des Handbuchs S. 112.

[4] Siehe z. B. H. S. TAYLOR, D. G. HILL: J. Amer. chem. Soc. **51** (1929), 2922.

durch Wasserstoffatome eingeleitet wurde, die durch Stöße zweiter Art zwischen angeregten Quecksilberatomen und H_2 entstanden waren. Da nun das Endprodukt der Reaktion hauptsächlich Äthan ist, kann man kaum umhin, eine geschlossene Reaktionsfolge (eine Kette) wie etwa

$$H + C_2H_4 \rightarrow C_2H_5$$

$$C_2H_5 + H_2 \rightarrow C_2H_6 + H$$

anzunehmen. Da die Kettenlänge, wie sich gezeigt hatte, schwierig zu bestimmen war, konnten BENNEWITZ und NEUMANN, ohne in Widerspruch mit anderweitigen Experimenten zu geraten, eine Kettenlänge von etwa 1000 annehmen, was den negativen Ausfall ihrer Experimente erklären könnte. Später fanden aber TAYLOR und SALLEY[1], daß die Kettenlänge sehr klein war, was mit den Versuchen von B. FORESTI übereinstimmt und den Annahmen von BENNEWITZ und NEUMANN widerspricht.

In dieser Verbindung sei hervorgehoben, daß, wenn die photochemischen Versuche eine große Kettenlänge ergeben hätten, dies kein zwingendes Argument für einen Kettenmechanismus bei der katalysierten Reaktion wäre. Es ist nämlich praktisch sichergestellt, daß die photochemische Reaktion durch Wasserstoffatome eingeleitet wird, und daraus folgt fast zwangsläufig[2], daß eine geschlossene Reaktionsfolge vorliegen muß. (Wir sagen „fast", weil ja die Reaktion auch durch sukzessives Einfangen von zwei Wasserstoffatomen stattfinden kann, was aber aus bekannten Gründen ziemlich unwahrscheinlich ist.) Bei der katalysierten Reaktion dagegen kann die Reaktion in ganz anderer Weise eingeleitet werden und braucht gar nicht die Entstehung von H-Atomen oder anderen ungeraden Radikalen zu involvieren.

Wie oben bemerkt, sagen FORESTIS Versuche nichts aus betreffend einer an der Oberfläche des Katalysators ablaufenden Reaktionsfolge, und es ist ja auch klar, daß solche Aussagen nur durch direkte Beobachtungen des Katalysators selbst während der Katalyse erhältlich sind. Diesbezügliche Versuche wurden von WAGNER und HAUFFE[3] angestellt. Sie beobachteten an einem Palladiumkatalysator das elektrische Leitvermögen während einer Hydrierungsreaktion, z. B. während der Äthylenhydrierung. Gelöster Wasserstoff ändert bekanntlich die Leitfähigkeit von Palladium, und die Messungen ermöglichten so eine Bestimmung des Gehalts des Katalysators an Wasserstoffatomen während der Katalyse. Mit Hilfe eines eleganten Rechenverfahrens[4] konnte hieraus berechnet werden, wie viele H-Atome je gebildetes Molekül Reaktionsprodukt (hier also Äthan) verbraucht wurden. Das Resultat war ungefähr 1 H auf 2 C_2H_6. Daraus ergibt sich, daß, wenn überhaupt eine Kette vorliegt, die Kettenlänge klein sein muß. Aber es existiert auch die Möglichkeit, daß die Reaktionen $C_2H_4 + H_2 \rightarrow C_2H_6$ und $C_2H_4 + 2H \rightarrow C_2H_6$ parallel laufen. Diese Resultate stimmen also ganz gut zu denen FORESTIS. Übrigens sei bemerkt, daß WAGNER und HAUFFE damit rechnen, daß Radikale (H, C_2H_5) bei der Katalyse nur adsorbiert vorkommen, daß also die Wärmeentwicklung bei der Reaktion in der Katalysatoroberfläche lokalisiert ist.

Als zweites Beispiel sei die Knallgasreaktion an Platin als Katalysator erwähnt.

---

[1] H. S. TAYLOR, D. J. SALLEY: zitiert nach SCHWAB-TAYLOR-SPENCE, S. 315. New York, 1937.

[2] Siehe dieses Handbuch Bd. I, S. 254.

[3] C. WAGNER, K. HAUFFE: Z. Elektrochem. angew. physik. Chem. 45 (1939), 425.

[4] Siehe die Beiträge von E. CREMER sowie K. H. GEIB im vorliegenden Bande des Handbuchs.

WAGNER und HAUFFE[1] fanden bei dieser Reaktion, allerdings mit Palladium als Katalysator, keinen Verbrauch an Wasserstoffatomen. Auch hier ist das Resultat mehrdeutig, es kann aber immerhin mit der Annahme irgendeines Kettenmechanismus an der Oberfläche oder in der Gasphase übereinstimmen. Übrigens rechnen WAGNER und HAUFFE wie oben nur mit Oberflächenketten.

Die Literatur über die Knallgasreaktion ist ganz außerordentlich umfassend, und es soll hier nicht versucht werden, eine irgendwie vollständige Übersicht aller diesbezüglichen experimentellen Ergebnisse zu geben. Und dies um so weniger, als man aus der Abhandlung von NORRISH und BUCKLER[2] das Notwendige erfahren kann. Zusätzlich kann auf die von NORRISH und BUCKLER zitierte Abhandlung von v. ELBE und B. LEWIS[3] und drei[4, 5, 6] spätere Abhandlungen derselben Verfasser hingewiesen werden. Aus diesen, die eine Synthese der meisten früheren Arbeiten enthalten, und aus den darin zitierten weiteren Abhandlungen geht hervor, daß die sehr verwickelte Kinetik der Reaktion zu einer einigermaßen vollständigen Entwirrung des homogenen Reaktionsmechanismus geführt hat. Es geht aus dem ganzen Material unzweideutig hervor, daß die Wasserbildung das Resultat einer verwickelten Kettenreaktion (einer geschlossenen Reaktionsfolge) ist. Und hierbei spielen nicht nur einfache Ketten, sondern auch verzweigte Ketten eine entscheidende Rolle, insbesondere für das Verständnis des Zustandekommens der Explosion, wie es z. B von NORRISH und BUCKLER in ihrer allgemeinen Übersicht[7] gezeigt wurde

Hinzugefügt sei, daß gleichzeitig mit der Wasserbildung häufig eine Bildung von Wasserstoffperoxyd stattfindet. Z. B. fanden BATES und SALLEY[8] bei der durch Quecksilber sensibilisierten photochemischen Gasreaktion bis 85% des umgesetzten Wasserstoffs als H_2O_2. Es hat den Anschein, als ob die H_2O_2-Bildung auch kettenartig stattfindet, obwohl die Aussagen hier nicht so eindeutig sind wie bei der Wasserbildung. Viele dieser Arbeiten zeigen sehr deutlich ein Zusammenspiel zwischen den an der Glas- oder Quarzoberfläche und den in der Gasphase ablaufenden Reaktionen.

Am deutlichsten zeigt sich dieses Zusammenspiel in den vielen Arbeiten von M. W. POLJAKOW und Mitarbeitern. Sie arbeiteten mit Platin als Katalysator der Knallgasreaktion und zeigten u. a., daß Wasserstoffperoxyd auch bei der katalysierten Reaktion unter passend gewählten Versuchsbedingungen einen beträchtlichen Teil der Reaktionsprodukte ausmacht. Was uns aber hier besonders interessiert, ist der folgende Versuch[9]: Bei bestimmten Bedingungen, wie Temperatur des Platindrahts usw., wird eine bestimmte H_2O_2-Bildung beobachtet, indem die Reaktionsprodukte durch Tiefkühlung des Gefäßes abgefangen werden. Wenn nun der Draht mit einem Platinnetz umgeben wird, während die anderen Bedingungen unverändert sind, findet praktisch keine H_2O_2-Bildung statt. Hieraus folgt unmittelbar, daß Zwischenprodukte der Reaktion sich von der Katalysatoroberfläche losgelöst haben, obwohl die primären Reaktionen dortselbst lokalisiert sein müssen. Dies wurde von POLJAKOW und STADNIK[10]

[1] Zit. S. 303.
[2] Dieses Handbuch Bd. I, S. 385.
[3] v. ELBE, B. LEWIS: J. Amer. chem. Soc. **59** (1937), 656.
[4] J. Amer. chem. Soc. **59** (1937), 2022.
[5] J. Amer. chem. Soc. **61** (1939), 1350.
[6] J. chem. Physics **7** (1939), 710.
[7] Dieses Handbuch Bd. I, S. 386, Anm. 2.
[8] J. R. BATES, D. J. SALLEY: J. Amer. chem. Soc. **55** (1933), 110.
[9] M. W. POLJAKOW, A. G. ELKENBARD: J. physik. Chem. **6** (1937), 1249. Zitiert nach Chem. Zentralbl. **1937** I 4459.
[10] M. W. POLJAKOW, P. M. STADNIK: Physik. Z. Sowjetunion **3** (1933), 617. Zitiert nach Chem. Zentralbl. **1933** II 3085.

bereits 1933 behauptet und die ganze Frage in einer Reihe von späteren Arbeiten[1, 2, 3] näher verfolgt. Durch diese Arbeiten ist mit praktisch vollkommener Sicherheit bewiesen, daß bei dieser Reaktion die Reaktionsketten sich von der Oberfläche des Katalysators ablösen, und demnach ist die Berücksichtigung der Reaktionsfolgen für die Deutung der Kinetik wesentlich. Andererseits sind aber gleichzeitig die Adsorptionsverhältnisse in Betracht zu ziehen, denn POLJAKOW und STADNIK[1] fanden auch, daß der Reaktionsverlauf davon abhängt, in welcher Reihenfolge die zwei Gase ins Reaktionsgefäß eingeleitet werden.

Es sei noch hinzugefügt, daß POLJAKOW[3] und Mitarbeiter meinen, daß es wahrscheinlich sei, daß auch der Oberflächenprozeß Kettencharakter besitzt.

Aus dem obigen Beispiel geht hervor, daß man mit der Möglichkeit von Reaktionsfolgen bei heterogenen Katalysen rechnen muß. Wenn man aber die kinetischen Konsequenzen dieser Annahme näher verfolgen will, muß man sich bewußt sein, wie kompliziert eigentlich die Aufgabe ist. Denn die Reaktionen können entweder nur in der Oberflächenschicht des Katalysators [indem wir mit VOLMER die adsorbierten Moleküle (und Radikale) als innerhalb der Adsorptionsschicht frei beweglich annehmen, „zweidimensionales Gas"] ablaufen, oder sie können durch Zusammenprallen von Molekülen aus der Gasphase mit adsorbierten Molekülen (Radikalen) stattfinden. Und endlich besteht drittens auch die Möglichkeit, daß aktive Zwischenprodukte, die an der Oberfläche gebildet werden, sich losreißen können und dann in der Gasphase weiter reagieren, indem sich dann dort offene oder geschlossene Reaktionsfolgen ausbilden. Im Falle geschlossener Reaktionsfolgen (Reaktionsketten) wird es dabei möglich, daß der größte Teil der Bruttoreaktion im Gasraum stattfindet, obwohl der Katalysator fortwährend unentbehrlich für den Kettenanfang ist.

Bei dieser Sachlage scheint es von vornherein fast unmöglich, zu Ausdrücken der Reaktionsgeschwindigkeit zu gelangen, die auch nur angenähert gültig sind, denn nur ganz selten wird es möglich sein, zwischen den drei Fällen, besonders zwischen den zwei ersten, zu entscheiden. Außerdem kommen hierzu noch die Komplikationen, die mit der Diffusion in der Gasphase zusammenhängen[4].

Ganz unmöglich ist die Aufgabe aber nicht, wenn wir uns auf den Fall der schwach adsorbierten Molekülarten beschränken. Denn in diesem Falle ist deren Konzentration in der Oberflächenschicht der Konzentration in der Gasphase proportional, und die Wahrscheinlichkeit für Reaktion mit irgendeinem anderen Molekül, z. B. einem Radikal, wird daher immer proportional der Konzentration in der Gasphase. Daraus folgt, daß man, wenn es gelungen ist, einen Ausdruck der Reaktionsgeschwindigkeit als Funktion der verschiedenen Konzentrationen zu finden, der mit den experimentellen Ergebnissen genügend gut übereinstimmt, ganz wie bei einer homogenen Reaktion auf den Mechanismus, d. h. auf die stattfindenden Folgen von Teilreaktionen zurückschließen kann. Solche Versuche geben aber keine Auskunft darüber, ob die Teilreaktionen an der Oberfläche des Katalysators oder in der Gasphase stattfinden. Um diese Frage zu beantworten, müssen andersartige Versuche angestellt werden, beispielsweise wie sie oben S. 302 und S. 304 angedeutet wurden.

---

[1] M. W. POLJAKOW, P. M. STADNIK: J. physik. Chem. 4 (1933), 449. Zitiert nach Chem. Zentralbl. 1934 II 2650.

[2] M. W. POLJAKOW: Acta physicochim. URSS 9 (1938), 517. Zitiert nach Chem. Zentralbl. 1939 II 1432.

[3] E. Y. NEUMARK, L. P. KULASHINA, M. W. POLJAKOW: Acta physicochim. URSS 9 (1938), 733. Zitiert nach Chem. Zentralbl. 1939 I 3308.

[4] Siehe hierzu den Abschnitt von L. v. MÜFFLING: Dieses Handbuch Bd. VI, S. 112.

Eine offene Folge: Die thermische Spaltung von Ammoniak.

Von den obigen Erwägungen ausgehend, wollen wir jetzt eine Anwendung der Theorie der Reaktionsfolgen auf die Reaktion

$$2\,NH_3 = N_2 + 3\,H_2$$

näher betrachten. Dieses Beispiel wurde gewählt, erstens weil sich mit ziemlich großer Sicherheit ergibt, daß es sich hier um eine offene Folge handelt, denn bei geschlossenen Folgen sind die kinetischen Versuche, wie schon aus dem altbekannten Fall der Chlorknallgasreaktion hervorgeht, oft außerordentlich schwierig zu deuten. Und zweitens zeigt dieses Beispiel, wie die Entwirrung des Mechanismus in einem konkreten Fall wirklich vorgenommen wurde. Es kann also als Beispiel der Ausführung des in Bd. I, S. 261 aufgestellten Programms dienen. Dagegen sei nicht behauptet, daß das Resultat unbedingt endgültig sei, denn es besteht, wie fast immer, die Möglichkeit, daß Experimente und deren Deutung durch andersartige oder genauere Experimente überholt werden.

Die zu untersuchende Reaktion war der Zerfall von Ammoniak an einer Quarzoberfläche[1]. Die Bruttoreaktion ist bekanntlich

$$2\,NH_3 \rightarrow N_2 + 3\,H_2,$$

und so kann man das Fortschreiten der Reaktion bequem durch Druckmessungen verfolgen. Aus den Versuchen folgt also die gebildete Stickstoffmenge als Funktion der Zeit. Wegen der bekannten Schwierigkeiten bei der Bestimmung des Anfangsdrucks wurde p_{NH_3} als $p_\infty - p$ bestimmt. Ein analoges Verfahren ist bekanntlich immer empfehlenswert, insbesondere wenn es sich um das Verfolgen der letzten Stadien der Reaktion handelt. Die Aufgabe ist, eine solche Folge von Reaktionen herauszufinden, die zwangsläufig gerade zu der gefundenen Funktion führt.

Aus älteren Versuchen[2,3] wußte man erstens, daß die Reaktion praktisch nur an der Oberfläche des Quarzbehälters stattfindet, zweitens, daß die Reaktionsgeschwindigkeit zu Anfang der Reaktion proportional dem NH_3-Druck in der ersten Potenz ist, und drittens, daß die Reaktion von Wasserstoff ziemlich stark gehemmt wird. Diese Tatsachen genügen schon, um die Vermutung auszusprechen, daß es sich um eine zweistufige Reaktionsfolge folgender Art handelt:

$$NH_3 \rightarrow NH_{ads.} + H_2\,, \qquad (+1)$$

$$NH_{ads.} + H_2 \rightarrow NH_3\,, \qquad (-1)$$

$$NH_{ads.} + NH_3 \rightarrow N_2 + 2\,H_2\,. \qquad (2)$$

Es sei bemerkt, daß die Reaktion bei den in Frage kommenden Temperaturen und Drucken praktisch einseitig verläuft.

Die reziproke Geschwindigkeit läßt sich mit diesen Annahmen sofort hinschreiben[4]:

$$\frac{1}{s} = \frac{1}{k_1\,[NH_3]}\left[1 + \frac{w_{-1}}{w_2}\right],$$

wo w_i, wie immer, die Wahrscheinlichkeit für eine Reaktion (Index i) zwischen einem instabilen Zwischenprodukt und gewissen stabilen Molekülarten bedeutet.

[1] J. A. Christiansen, Eggert Knuth: Det Kgl. Danske Vidensk. Selsk. Math.-fys. Medd. **13** (1935), Heft 12.

[2] M. Bodenstein, F. Kranendieck: Nernst-Festschrift **1912**, 99; Z. physik. Chem. **80** (1912), 148.

[3] C. N. Hinshelwood, R. E. Burk: J. chem. Soc. (London) **127** (1925), 1105.

[4] Siehe dieses Handbuch Bd. I, S. 261.

In unserem Fall ist offenbar $w_{-1} = k_{-1}[H_2]$; $w_2 = k_2[NH_3]$. Also

$$\frac{1}{s} = \frac{1}{k_1[NH_3]}\left[1 + \frac{k_{-1}[H_2]}{k_2[NH_3]}\right] = -\frac{dt}{d[NH_3]}.$$

Diese Gleichung läßt sich sofort integrieren. Nehmen wir z. B. an, daß der Versuch mit reinem NH_3 angestellt wird, und nennen wir den NH_3-Druck zu Anfang a und zu einer späteren Zeit $a - x$, dann wird $p_{N_2} = \frac{1}{2}x$; $p_{H_2} = \frac{3}{2}x$. Den Druck von NH dürfen wir vernachlässigen.

Also wird

$$k_1\frac{dt}{dx} = \frac{1}{a-x} + \frac{k_{-1}}{k_2}\cdot\frac{3}{2}\frac{x}{(a-x)^2} = f(x)$$

und

$$+ k_1 t = \int f(x)\,dx.$$

Diese letztere Form wird der integrierte Ausdruck für $\frac{1}{s}$ immer annehmen, und man kann also sagen, daß unsere Aufgabe ist, eine Funktion von x zu konstruieren, die die Eigenschaft hat, daß sie proportional der Zeit wächst. Ausführung der Integration und Anwendung der Bedingung: $t = 0$, $x = 0$ gibt

$$k_1 t = \left(1 - \frac{3}{2}\frac{k_{-1}}{k_2}\right)\ln\frac{a}{a-x} + \frac{3}{2}\frac{k_{-1}}{k_2}\frac{x}{a-x}.$$

Es zeigte sich nun, daß diese Gleichung zwar mit passend gewählten Konstanten k_1 und $^*f = \frac{k_{-1}}{k_2}\cdot\frac{3}{2}$ den Anfangsverlauf leidlich gut wiedergab. Dagegen war es unmöglich, Konstanten zu bestimmen, die den ganzen Verlauf wiedergeben konnten. Es zeigte sich aber, daß die Abweichungen am Ende der Reaktion immer positiv und proportional mit x waren. Diese Beobachtung führte unmittelbar zu der Annahme, daß der richtige Ausdruck von der Form

$$k_1 t = (1 + f\cdot a - f\cdot g)\ln\frac{a}{a-x} + f\cdot g\frac{a}{a-x} - f\cdot x$$

ist, wo f und g beide positive Konstanten sind.

Bei passender Wahl der Konstanten gab Einsetzen der experimentell bestimmten Werte von x eine Größe, die mit großer Annäherung bis über 90% Umsetzung der Zeit proportional wuchs.

Wird dieser Ausdruck differenziert, so findet man

$$k_1\frac{dt}{dx} = (1 + f\cdot a - f\cdot g)\frac{1}{a-x} + f\cdot g\frac{a}{(a-x)^2} - f = \frac{1}{a-x} + f\left(\frac{a}{a-x} - 1\right) +$$

$$+ \frac{fg}{(a-x)^2}(a - (a-x)) = \frac{1}{a-x} + f\frac{x}{a-x} + f\cdot g\frac{a}{(a-x)^2}$$

oder umgeschrieben $\left(g = \frac{k_{-2}}{k_3}\right)$

$$k_1\cdot\frac{1}{s} = \frac{1}{[NH_3]} + \frac{k_{-1}}{k_2}\frac{H_2}{[NH_3]} + \frac{k_{-1}k_{-2}}{k_2k_3}\frac{[H_2]}{[NH_3]^2}$$

$$= \frac{1}{[NH_3]}\left[1 + \frac{k_{-1}}{k_2}[H_2] + \frac{k_{-1}k_{-2}}{k_2k_3}\frac{[H_2]}{[NH_3]}\right].$$

Diese Gleichung zeigt sofort, daß die Reaktionsfolge drei Stufen enthält und daß[1]

$$w_{-1} = k_{-1}[H_2];\quad w_2 = k_2;\quad w_{-2} = k_{-2};\quad w_3 = k_3[NH_3].$$

* f in dieser Gleichung hat nichts mit dem obenstehenden Funktionszeichen f zu tun!

[1] Vgl. dieses Handbuch Bd. I, S. 261.

Hieraus ergibt sich zwangsläufig die Folge

$$NH_3 \rightleftarrows NH + H_2\,, \qquad (\pm 1)$$

$$NH \rightleftarrows NH^{\times}\,, \qquad (\pm 2)$$

$$NH^{\times} + NH_3 \rightarrow N_2 + 2\,H_2\,. \qquad (3)$$

NH und $NH^{\times}$ sollen einfach zwei verschiedene Formen des Radikals NH sein.

Wir haben die Frage offen gelassen, ob NH an der Oberfläche adsorbiert bleibt (was wegen des ungesättigten Charakters von NH von vornherein wahrscheinlich wäre) und dort reagiert, oder ob es in der Gasphase reagiert, oder endlich ob es an beiden Orten reagiert. Von letzterer Möglichkeit werden wir hier absehen, einfach weil die Berechnung dadurch erschwert wird, ohne wesentlich Neues zu bringen. Dagegen wäre es naheliegend anzunehmen, daß NH und $NH^{\times}$ beziehungsweise ein adsorbiertes und ein freies NH bedeutet. Oder in anderen Worten: NH_3 zerfällt an der Oberfläche, und das NH reagiert nicht, solange es adsorbiert bleibt. Erst wenn es verdampft, tritt die Reaktion mit NH_3 ein.

$\frac{k_{-2}}{k_2}$ wäre dann die Adsorptionskonstante (für das Gleichgewicht) von NH. Da aber nur die Verhältnisse $\frac{k_{-1}}{k_2}$ und $\frac{k_{-2}}{k_3}$ und nicht die Gleichgewichtskonstanten $\frac{k_{-1}}{k_1}$, $\frac{k_{-2}}{k_2}$ aus den Versuchen bestimmbar sind und anderweitige hinreichend genaue Daten auch nicht vorliegen, ist es zur Zeit unmöglich zu sagen, ob diese Annahme berechtigt ist.

Es muß noch erwähnt werden, daß qualitative in dieser Hinsicht angestellte Versuche chemischer Natur zeigten, daß zerfallendes NH_3 Spuren von NH enthält[1].

Zur Ammoniakzersetzung muß noch erwähnt werden, daß die meisten Versuche auch an anderen Katalysatoren eine Hemmung durch Wasserstoff zeigen. Besonders auffällig ist, daß G.-M. SCHWAB und H. SCHMIDT[2] an Platin bei niedrigen Drucken (unter 10 mm Hg)

$$v = k\,\frac{[NH_3]}{[H_2]}$$

fanden. Dieser Ausdruck kann noch leicht durch die LANGMUIRsche Verdrängungshypothese gedeutet werden, wie dies die Verfasser auch tun. Bei höheren Drucken aber finden sie:

$$v \sim k\,\frac{[NH_3]^{1,4}}{[H_2]^{2,3}}\,.$$

Dies deutet darauf hin, daß die Reaktionsfolge bei den total verschiedenen Reaktionsbedingungen in den Hochdruckversuchen etwa die folgende sein könnte:

$$NH_3 \rightleftarrows NH + H_2 \qquad (\pm 1)$$

$$NH \rightleftarrows NH^{\times} \qquad (\pm 2)$$

$$NH + NH_3 \rightleftarrows NH = NH + H_2 \qquad (\pm 3)$$

$$NH = NH \rightleftarrows N_2^{\times} + H_2 \qquad (\pm 4)$$

$$N_2^{\times} \rightarrow N_2 \qquad (5)$$

[1] Dieser Befund wurde spektrographisch von H. H. FRANCK und H. REICHARD bestätigt. Naturwiss. 24 (1936), 171.

[2] G.-M. SCHWAB, H. SCHMIDT: Z. physik. Chem. Abt. B 3 (1929), 337.

mit dem Geschwindigkeitsausdruck

$$\frac{1}{s}=\frac{1}{k_1\,[\mathrm{NH_3}]}\Big[1+\frac{k_{-1}\,[\mathrm{H_2}]}{k_2}+\frac{k_{-1}\,[\mathrm{H_2}]}{k_2}\cdot\frac{k_{-2}}{k_3\,[\mathrm{NH_3}]}+\frac{k_{-1}}{k_2}[\mathrm{H_2}]\cdot\frac{k_{-2}}{k_3}\cdot\frac{1}{[\mathrm{NH_3}]}\cdot\frac{k_{-3}\,[\mathrm{H_2}]}{k_4}+$$

$$+\frac{k_{-1}}{k_2}[\mathrm{H_2}]\cdot\frac{k_{-2}}{k_3}\frac{1}{\mathrm{NH_3}}\cdot\frac{k_{-3}}{k_4}[\mathrm{H_2}]\frac{k_{-4}}{k_5}[\mathrm{H_2}]\Big].$$

Denn dieser Ausdruck enthält $[H_2]$ in der dritten und niedrigeren Potenzen und $[NH_3]$ in der zweiten und niedrigeren Potenzen. Da die Versuchsdaten nicht im einzelnen publiziert sind, läßt sich die Annahme nicht verifizieren.

[Von anderer Seite sind Reaktionsfolgen auch für die Zersetzung des Ammoniaks an Eisen vorgeschlagen worden. So findet E. WINTER[1]

$$-\,d\,[\mathrm{NH_3}]/dt=\frac{k\,[\mathrm{NH_3}]^{0,9}}{[\mathrm{H_2}]^{1,5}}$$

und deutet dies durch eine Reaktionsfolge, bei der vorgelagerte Gleichgewichte zwischen adsorbiertem Ammoniak und adsorbierten N- und H-Atomen (über die oben erwähnten Radikale NH, NH_2 hinweg?) eingestellt sind und die Desorption der Stickstoffatome die Geschwindigkeit bestimmen soll. G. ENGELHARDT und C. WAGNER[2] deuten die Nitrierung von Eisen durch Ammoniak und seine Denitrierung durch Wasserstoff durch eine ähnliche Folge, in der aber die Reaktion

$$\mathrm{NH_{2\,ads.}}\rightarrow\mathrm{N_{ads.}}+\mathrm{H_2}$$

nicht bis zum Gleichgewicht gelangt, sondern die Geschwindigkeit bestimmt. Allen den vorgeschlagenen Reaktionsfolgen gemeinsam ist der Grundgedanke, die gefundene Wasserstoffhemmung durch ein durch Wasserstoff zurückgedrängtes, vorgelagertes Gleichgewicht zu deuten, in das je nach der gefundenen Wasserstoffpotenz mehr oder weniger H-Atome eingehen. Es könnte sein — und dieser Gedanke wurde zuerst in GMELINS Handbuch[3] ausgesprochen —, daß dies für die Katalysatoren gilt, an denen, wie an Quarz und an Eisen, die Reaktion bei tieferen Temperaturen untersucht wurde, daß aber bei höheren Temperaturen die ganze Reaktionsfolge rasch zum Gleichgewicht führt und in dem Tempo der primären Aufspaltung der adsorbierten NH_3-Molekel durchlaufen wird. Im ersteren Falle wären dann die Gesetze der Reaktionsfolgen, im letzteren die LANGMUIRsche Vorstellung Grundlage der Hemmung]*.

Aus dem angeführten Beispiel sieht man, wie man etwa vorgehen kann, wenn man die kinetischen Daten zur Entwirrung des Reaktionsmechanismus verwerten will.

Bei Variation der Anfangsbedingungen und Bestimmung der entsprechenden Anfangsgeschwindigkeit bekommt man meistens ohne große Schwierigkeiten das Hauptglied von $\frac{1}{s}$. Wenn dies gefunden ist, vergleicht man für spätere Versuchszeiten die daraus berechnete Geschwindigkeit mit der experimentell gefundenen. Aus der Abweichung schätzt man die anzubringende Korrektur als Funktion des Umsetzungsgrades, und wenn es gelungen ist, diese zu finden, rechnet man weiter mit den zwei ersten Gliedern usw. Kurz gesagt, ein einfaches Rezept gibt es nicht, man muß Schritt für Schritt weitergehen, und es gehört eine gewisse Kunst dazu, die richtige Wahl von Funktionen und Konstanten

[1] E. WINTER: Z. physik. Chem., Abt. B **13** (1931), 411.
[2] G. ENGELHARDT, C. WAGNER: Z. physik. Chem., Abt. B **18** (1932), 369.
[3] GMELINS Handb. d. anorg. Chem., 8. Aufl. Syst. Nr. 4 (N), 357. Berlin, 1935.
* Die eingeklammerten Zeilen stammen von G.-M. SCHWAB.

zu treffen. Glücklicherweise sind die Funktionen meistens sehr einfacher Natur wie $\ln(a-x)$, x, $x^2\ldots$ $(a-x)$, $(a-x)^2\ldots$ oder Verhältnisse wie $\frac{x}{a-x}$ usw.

Niemals sollte man unterlassen, die Integrationen und wenigstens die letzten Stadien der Bearbeitung mit den integrierten Ausdrücken auszuführen, denn dieses Verfahren ist wegen der nicht zu vermeidenden Unsicherheit der graphischen Bestimmung von Differentialquotienten wesentlich sicherer als das Rechnen mit den Geschwindigkeiten $\left(\frac{\Delta x}{\Delta t}\right)$. Zu einer ersten Orientierung über die Abhängigkeit der Geschwindigkeit von den verschiedenen Konzentrationen ist aber die Bestimmung dieser Differentialquotienten notwendig oder jedenfalls sehr nützlich. Die Schwierigkeiten bei der Ausführung des Programmes wachsen natürlich sehr stark mit der Anzahl von Teilreaktionen in der Folge, denn für jede Reaktion tritt eine neue Funktion und eine neue Konstante hinzu, und da man von vornherein nicht weiß, welche die Teilreaktionen sind, muß man versuchsweise vorgehen und nachsehen, welche Folge am besten mit den Versuchsdaten übereinstimmt. Schon bei drei Teilreaktionen mag ein solcher Vergleich etwas unbestimmt ausfallen, insbesondere wenn die Reaktion nicht fast bis zu Ende verfolgt wird, und bei mehr als drei mag er ganz unausführbar werden. Es leuchtet daher ein, daß es außerordentlich wichtig ist, zu versuchen, eventuellen Zwischenprodukten und ihrer Art, so gut es geht, direkt nachzuspüren. Und vor allem muß man in jeder zugänglichen Weise versuchen, eine Entscheidung zwischen den zwei Möglichkeiten von Adsorptionsverdrängung einerseits und Reaktionsfolgen andererseits zu treffen.

Zur Frage der Ammoniakzersetzung sei noch hinzugefügt, daß die photochemische Zersetzung nach fast allen den sehr zahlreichen Arbeiten über diesen Gegenstand einen ganz anderen Verlauf nimmt. Alle gesicherten Tatsachen deuten darauf hin, daß hier die einleitende Reaktion $NH_3 \rightarrow NH_2 + H$ ist. Man vergleiche hierzu z. B. die Arbeit von H. J. Welge und A. O. Beckmann[1]. Dies ist aber nur ein Beispiel dafür, daß thermische und photochemische Reaktionen sehr wohl ganz verschiedene Mechanismen, insbesondere verschiedene Anfangsreaktionen haben können. Dies ist auch leicht verständlich, denn bei photochemischen Reaktionen sind die absorbierten Energiequanten gewöhnlich so groß, daß sie selbst stark endotherme Reaktionen leicht verursachen können. Bei thermischen Reaktionen müssen aber die am wenigsten endothermen Reaktionen oder genauer die Reaktionen mit den kleinsten Aktivierungswärmen bevorzugt sein. Und es liegt auf der Hand, daß die Reaktion $NH_3 \rightarrow NH_2 + H$, wo zwei ungerade Radikale entstehen, viel stärker endotherm sein muß als die Reaktion $NH_3 \rightarrow NH + H_2$, wo ein gesättigtes Molekül und ein gerades Radikal entsteht. Schätzungen an Hand der von Bonhoeffer und Harteck[2] angegebenen Daten ergeben damit übereinstimmend für die Wärmetönungen der zwei Reaktionen -117 kcal. bzw. -75 kcal.

Geschlossene Folgen, Kettenreaktionen.

Wie oben bei der Besprechung der Knallgasreaktion gezeigt wurde, muß man mit der Möglichkeit rechnen, daß bei heterogenen Katalysen auch geschlossene Folgen auftreten können, und unserem Programm gemäß hätten wir hier die kinetischen Konsequenzen einer solchen Auffassung an passend gewählten weiteren Beispielen durchzurechnen und mit der Erfahrung zu vergleichen, genau

[1] H. J. Welge, A. O. Beckmann: J. Amer. chem. Soc. 58 (1936), 2462.

[2] K. F. Bonhoeffer, P. Harteck: Grundlagen der Photochemie, S. 79. Dresden u. Leipzig, 1933.

so, wie wir es oben bei einer offenen Folge, der Ammoniakzersetzung, haben tun können.

Wenn man aber zu der praktischen Bearbeitung der Versuchsresultate übergeht, stößt man auf gewisse Schwierigkeiten, die teilweise rein mathematischer Art sind. Z. B. wird die Integration der Geschwindigkeitsgleichungen dadurch etwas erschwert, daß jetzt schwieriger zu handhabende Funktionen auftreten, so daß die praktische Ausführung der Berechnungen etwas langwieriger wird.

Wesentlicher ist aber, daß Reaktionen dieses Typus (Kettenreaktionen im eigentlichen Sinne) überhaupt ziemlich empfindlich gegen kleine Störungen sind, so daß es bei geschlossenen Folgen noch schwieriger als bei offenen Folgen wird, reproduzierbare Experimente auszuführen. Gute Beispiele sind daher ziemlich spärlich vorhanden.

Als erstes sei die thermische Chlorwasserstoffbildung in Glasgefäßen erwähnt. Die meisten Untersuchungen hierzu sind im BODENSTEINschen Laboratorium ausgeführt worden. Hier seien die Arbeiten von J. A. CHRISTIANSEN[1] und G. KORNFELD mit S. KODSCHAIAN[2] zitiert, weitere Literaturangaben findet man besonders in[2]. Neuerdings haben R. N. PEASE[3] (Princeton) und J. C. MORRIS und PEASE[4] wertvolle Beiträge zu derselben Reaktion gegeben. Es ist auffallend, wie wenig die experimentellen Resultate verschiedener Autoren miteinander übereinstimmen, und auch der einzelne Autor bemerkt oft, wie launenhaft die Experimente ausfallen können. Dies stimmt alles sehr gut mit der Annahme überein, daß es sich um ein Zusammenspiel zwischen einer Wandreaktion und einer geschlossenen Folge von Reaktionen in der Gasphase handelt, denn beide sind bekanntlich sehr empfindlich gegen Störungen. Aber die kinetische Auswertung wird natürlich sehr unsicher, wenn schon die Versuchsdaten selbst unsicher, ja sogar teilweise untereinander widersprechend sind.

Einige Tatsachen scheinen aber doch ziemlich sicher zu sein, nämlich erstens die, daß die Wand (Glas) als die hauptsächlichste Quelle von Chloratomen fungiert, und zwar so, daß die Geschwindigkeit der Abgabe von Cl aus der Wand fast unabhängig von der Konzentration von Cl_2 in der Gasphase ist. Aber dies ist nur verständlich, wenn wir die LANGMUIRsche Vorstellung heranziehen, daß die Wand im ganzen untersuchten Intervall mit adsorbiertem Chlor gesättigt ist. Andererseits muß man, um den ganzen Reaktionsverlauf beschreiben zu können, eine (geschlossene) Folge von Teilreaktionen annehmen, so daß wir hier sowohl die LANGMUIRschen Anschauungen wie auch die Annahme von Reaktionsfolgen zur Erklärung der experimentellen Befunde (es handelt sich ja um eine an der Wand katalysierte Reaktion) heranziehen müssen.

Zweitens spricht alles dafür, daß die Ketten bei einigermaßen sauerstofffreien Gasen vorzugsweise an der Wand abgebrochen werden. Bei sauerstoffhaltigen Gasen dagegen finden alle Autoren eine Hemmung durch Sauerstoff und deuten dies als eine Kettenauslöschung in der Gasphase. Und endlich besteht drittens auch Einigkeit bezüglich der Annahme des bekannten NERNSTschen Atomkettenmechanismus:

$$Cl + H_2 \rightarrow HCl + H,$$
$$H + Cl_2 \rightarrow HCl + Cl$$

als „Kern" des Phänomens[5].

[1] J. A. CHRISTIANSEN: Z. physik. Chem., Abt. B **2** (1929), 405.
[2] G. KORNFELD, S. KODSCHAIAN: Z. physik. Chem., Abt. B **35** (1937), 403.
[3] R. N. PEASE: J. Amer. chem. Soc. **56** (1934), 2388.
[4] J. C. MORRIS, R. N. PEASE: J. Amer. chem. Soc. **61** (1939), 391, 396.
[5] Die von CHRISTIANSEN vermutete Hemmung der Reaktion durch HCl wurde von den späteren Autoren nicht wiedergefunden und existiert wahrscheinlich nicht. Siehe hierzu BODENSTEIN und JOST in Band I dieses Handbuchs.

Aber sonst sind die Resultate der verschiedenen Autoren so verschieden, daß es noch nicht gelungen ist, die Resultate in einer gemeinsamen Theorie zu verschmelzen. Wenn wir beispielsweise die Versuche von CHRISTIANSEN einerseits und MORRIS und PEASE andererseits zusammenhalten, fällt es auf, daß sie nicht gut vergleichbar sind. Denn CHRISTIANSEN hat hauptsächlich mit sauerstoffhaltigen Gasen gearbeitet und hat nur wenige Versuche mit sauerstofffreien Gasen, und zwar diese bei fast ungeänderten Konzentrationen, angestellt, während MORRIS und PEASE umgekehrt hauptsächlich mit sauerstofffreien Gasen arbeiteten und nur wenige und wenig variierte Versuche mit sauerstoffhaltigen Gasen angeben.

Am einfachsten sind die Resultate von MORRIS und PEASE zu verstehen. Sie fanden nämlich, jedenfalls in einer Versuchsserie ohne Sauerstoff, daß die Geschwindigkeit s der Chlorwasserstoffbildung der Gleichung

$$s = k \sqrt{C_{Cl_2}} \cdot C_{H_2}$$

gehorcht. Einen solchen Ausdruck bekommt man unmittelbar, genau wie bei der Bromwasserstoffbildung[1], aus der geschlossenen Folge

$$Cl + H_2 \rightarrow HCl + H\,, \tag{1}$$

$$H + Cl_2 \rightarrow HCl + Cl\,, \tag{2}$$

kombiniert mit dem Gasgleichgewicht

$$Cl_2 \rightleftarrows 2\,Cl\,. \tag{0}$$

Es ergibt sich

$$s = 2\,k_1 \sqrt{K_0 \cdot C_{Cl_2}} \cdot C_{H_2},$$

wo k_1 die Geschwindigkeitskonstante der Reaktion (1) und K_0 die Gleichgewichtskonstante der Reaktion (0) bedeuten. Die Rolle der Wand wäre danach nur die, daß sie die Einstellung von (0) katalysiert, denn es läßt sich errechnen[2], daß diese Reaktion in der Gasphase viel zu langsam verläuft, um die gefundene Geschwindigkeit verständlich zu machen.

Die Zahlenwerte der Geschwindigkeiten von CHRISTIANSEN einerseits und MORRIS und PEASE andererseits stimmen, wie diese Autoren bemerkt haben, bei den „sauerstofffreien Versuchen" ganz gut überein, aber leider genügt das Material von CHRISTIANSEN nicht für eine unabhängige Festlegung der Geschwindigkeitsgesetze.

Bei Anwesenheit von Sauerstoff fand letzterer unter Vernachlässigung der nicht bestätigten Hemmung durch Chlorwasserstoff angenähert

$$s = k \cdot \frac{C_{Cl_2}}{C_{O_2}}\,.$$

Zur Erklärung nahm er als Startreaktion die Loslösung von Cl von der Wand mit einer von der Cl_2-Konzentration unabhängigen Geschwindigkeit an:

$$ClW \rightarrow Cl + W\,. \tag{0}$$

Darauf sollten die zwei obigen Reaktionen (1) und (2) als „Kette" folgen und endlich als Kettenauslöschung

$$Cl + W \rightarrow ClW \tag{3}$$

oder

$$\left.\begin{array}{l} H + W \rightarrow HW \\ H + O_2 \rightarrow HO_2 \rightarrow ? \end{array}\right\} \tag{4}$$

[1] Siehe z. B. dieses Handbuch Bd. I, S. 264.

[2] J. C. MORRIS, R. N. PEASE: J. Amer. chem. Soc. 61 (1939), 399.

Unter gewissen, sicher zulässigen Vernachlässigungen ergibt sich daraus, wenn man Stationarität in der Gasphase annimmt:

$$s\left(w_4 + w_3 \frac{k_2\, C_{Cl_2}}{k_1\, C_{H_2}}\right) = n_0 \cdot 2\, k_2\, C_{Cl_2}\,.$$

Hier bedeuten n_0 die Geschwindigkeit der Abgabe von Chloratomen von der Wand und w_3, w_4 die Wahrscheinlichkeiten pro Sekunde für das Einfangen der Chloratome durch die Wand bzw. für das Einfangen der Wasserstoffatome durch die Wand oder durch Sauerstoff. Wenn hier $w_3 \ll w_4$ ist, und dies läßt sich durch Vergrößerung der Sauerstoffkonzentration in der Gasphase erreichen, dann wird

$$s = n_0 \frac{2\, k_2}{w_4} \cdot C_{Cl_2}\,,$$

in leidlicher Übereinstimmung mit den Versuchen von CHRISTIANSEN. Wenn andererseits bei sauerstofffreiem Gas $w_3 \gg w_4$ wäre, was jedenfalls nicht unmöglich ist[1], dann bekäme man

$$s = n_0 \frac{2\, k_1}{w_3} \cdot C_{H_2}\,.$$

Dies stimmt insofern zu MORRIS' und PEASE's Darstellung, als n_0/w_3 die stationäre Konzentration von Cl in der Gasphase bedeuten muß. Nach den gemachten Annahmen ist diese Größe aber eine Konstante und ist somit nicht identisch mit der thermodynamischen Gleichgewichtskonzentration. Um Identität zu erreichen, müßte man die Annahmen über n_0, w_3 und w_4 ändern, aber auf eine genauere Diskussion der verschiedenen Möglichkeiten ohne experimentelle Basis einzugehen, wird sich sicher nicht lohnen. Hinzugefügt sei noch, daß die Resultate der neueren Autoren darin übereinstimmen, daß die Geschwindigkeit in nicht näher zu erklärender Weise mit der Zeit abnimmt. Dies könnte vielleicht davon herrühren, daß in der Wandoberfläche wegen der Beladung mit den verschiedenen Molekülarten (und Atomen) während der Beobachtungszeit kein stationärer Zustand erreicht wird, obwohl Stationarität in der Gasphase herrscht. Besonders MORRIS und PEASE diskutieren diese schwierige Frage eingehend, kommen aber zu keinen endgültigen Resultaten.

Zum Schluß möchten wir bemerken, daß insbesondere bei den Versuchen mit sauerstoffhaltiger Reaktionsmischung, wo die Ketten an der Wand gezündet und im Gasraum ausgelöscht werden, Diffusionsphänomene eine wichtige Rolle für die Kinetik der thermischen HCl-Bildung spielen können. Auskünfte hierüber findet man in der oft zitierten Abhandlung von L. v. MÜFFLING.

Die Methanolhydrolyse.

Als letztes Beispiel sei die Reaktion

$$CH_3OH + H_2O \rightarrow CO_2 + 3\, H_2$$

besprochen. Nach Untersuchungen von CHRISTIANSEN und HUFFMANN[2, 3, 4] verläuft sie bei etwa 200° mit gut meßbarer Geschwindigkeit an einem Katalysator, dessen aktiver Bestandteil reduziertes Kupfer ist. Die Resultate der Untersuchung

[1] Vgl. M. BODENSTEIN, E. WINTER: Abh. preuß. Akad. Wiss., physik.-math. Kl. **1936**, I.

[2] J. A. CHRISTIANSEN: J. Amer. chem. Soc. **43** (1921), 1670.

[3] J. A. CHRISTIANSEN, J. R. HUFFMANN: Z. physik. Chem., Abt. A **151** (1930), 269.

[4] J. A. CHRISTIANSEN: Phys.-chem. Konf. Leningrad, 1930; Z. physik. Chem. BODENSTEIN-Festband (1931), 69.

gaben dem Verfasser den ersten Anstoß zur Aufnahme der Frage von der Mitwirkung von Reaktionsfolgen bei heterogenen Katalysen.

Die Versuche ergaben, daß die Kinetik der Reaktion ziemlich verwickelt ist. Bei systematischer Variation der Anfangsbedingungen zeigte sich erstens, daß die Anfangsgeschwindigkeit proportional der Quadratwurzel aus dem Methanoldruck, aber fast unabhängig vom Wasserdampfdruck war, und zweitens, daß die Reaktion von Wasserstoff stark gehemmt wird, während Kohlendioxyd ganz schwach hemmend wirkt. Das genauere Studium der Zeit-Umsatzkurven ergab, daß die reziproke Geschwindigkeit sich darstellen läßt als eine Summe von drei Termen, die Verhältnisse und Produkte von Konzentrationen enthielten. Es war daher naheliegend, die Reaktion nach den vorher beschriebenen Methoden zu behandeln und sie als das Resultat einer Folge von drei Teilreaktionen aufzufassen, denn das Auftreten von Konzentrationsprodukten in einem Hemmungsfaktor ist nach LANGMUIR nur erklärlich unter Annahmen, die zwar möglich, aber doch etwas gekünstelt sind.

Die reziproke Geschwindigkeit ergab sich zu

$$\frac{1}{s} = \frac{1}{k_1 \sqrt{[CH_3OH]}}\left(1 + f[H_2] + fg[H_2]\frac{[CO_2]}{[CH_3OH]}\right),$$

wo f und g Konstanten sind. Hieraus wurde bei Vergleich mit dem Ausdruck für die reziproke Geschwindigkeit einer dreistufigen geschlossenen Folge

$$\frac{1}{s} = \frac{1}{y_1 w_1}\left(1 + \frac{w_{-1}}{w_2} + \frac{w_{-1}}{w_2}\cdot\frac{w_{-2}}{w_3}\right)$$

vgl. Bd. I, S. 263) geschlossen, daß

$$w_{-1} = k_{-1}[H_2];\; w_2 = k_2;\; w_{-2} = k_{-2}[CO_2];\; w_3 = k_3[CH_3OH].$$

Also muß die Folge so aussehen:

$$Y_1 + A_1 \rightleftharpoons H_2 + Y_2 \qquad (\pm 1)$$
$$Y_2 \rightleftharpoons CO_2 + Y_3 \qquad (\pm 2)$$
$$Y_3 + CH_3OH \rightarrow B_3 + Y_1 \qquad (+ 3)$$

mit der Bruttoreaktion

$$A_1 + CH_3OH \rightarrow B_3 + H_2 + CO_2.$$

Aber man weiß ja, daß die Bruttoreaktion

$$H_2O + CH_3OH \rightarrow 3\,H_2 + CO_2$$

ist, und also muß $A_1 = H_2O$ und $B_3 = 2\,H_2$ sein. Die einfachste Annahme über Y_1, die mit dem unvollständigen Schema verträglich ist, ist nun $Y_1 = CHO$. Daraus ergibt sich zwangsläufig $Y_2 = COOH$ und $Y_3 = H$, und die Folge wird

$$CHO + H_2O \rightleftharpoons H_2 + COOH \qquad (\pm 1)$$
$$COOH \rightleftharpoons CO_2 + H \qquad (\pm 2)$$
$$H + CH_3OH \rightarrow 2\,H_2 + CHO. \qquad (+ 3)$$

Es entsteht aber jetzt die Frage, ob gezeigt werden kann, daß dann, wie notwendig, $y_1 w_1 = k_1 \sqrt{[CH_3OH]}$. In der erwähnten Abhandlung wurde folgende Annahme aufgestellt: Es stellt sich in der Oberfläche das Gleichgewicht

$$Cu + CH_3OH \rightleftharpoons CuH_2 + CHO + H \qquad (0)$$

ein, und es wird angenommen, daß dieses Gleichgewicht nicht von den in der Folge (1), (2), (3) auftretenden H- und CHO-Radikalen gestört wird. Dann bekommt man

$$y_1 = [CHO] \quad \text{und also} \quad y_1 w_1 = k_1 \sqrt{[CH_3OH]},$$

indem man weiterhin annimmt, daß die Oberfläche mit Wasser gesättigt ist. Letztere Annahme mag mit Rücksicht auf die LANGMUIRschen Vorstellungen vernünftig sein, aber die zwei ersteren sind jedenfalls schwer zu verteidigen.

Versuchen wir nun z. B. die reziproke Geschwindigkeit der Reaktion zu bestimmen unter der Annahme, daß die Radikale an der Oberfläche adsorbiert sind, und daß die Folge sei

$$Y_1 + A_1 \rightleftarrows Y_2 + B_1 \qquad (\pm\ 1)$$

$$Y_2 + A_2 \rightleftarrows Y_3 + B_2 \qquad (\pm\ 2)$$

$$Y_3 + A_3 \rightarrow Y_1 + B_3 . \qquad (+\ 3)$$

Es sei weiterhin das Gleichgewicht

$$A_{13} \rightleftarrows Y_1 + Y_3 \qquad (13)$$

mit der Gleichgewichtsbedingung

$$y_1\, y_3 = K_{13}\, a_{13}$$

ständig eingestellt. Die kleinen Buchstaben sollen hier Belegungsdichten in der Oberflächenschicht bedeuten. Nach Bd. I, S. 263 ist dann die reziproke Geschwindigkeit der Reaktion, $1/s$, gegeben durch

$$\frac{1}{s} = \frac{1}{y_1}\frac{D_1}{D_0}; \quad \frac{1}{s} = \frac{1}{y_2}\frac{D_2}{D_0}; \quad \frac{1}{s} = \frac{1}{y_3}\frac{D_3}{D_0},$$

wo D_0 bis D_3 gewisse Determinanten sind. Ausrechnung ergibt

$$\begin{aligned}
\frac{D_1}{D_0} &= \frac{1}{w_1} + \frac{1}{w_1}\frac{w_{-1}}{w_2} + \frac{1}{w_1}\frac{w_{-1}}{w_2}\frac{w_{-2}}{w_3} \\
\frac{D_2}{D_0} &= \frac{1}{w_2} + \frac{1}{w_2}\frac{w_{-2}}{w_3} \\
\frac{D_3}{D_0} &= \frac{1}{w_3},
\end{aligned}$$

und hieraus bekommt man

$$\frac{1}{s^2} = \frac{1}{y_1 y_3} \cdot \frac{D_1}{D_0} \cdot \frac{D_3}{D_0}$$

oder

$$\frac{1}{s} = \frac{1}{\sqrt{K_{13}\, a_{13}}} \sqrt{\frac{D_1}{D_0}} \sqrt{\frac{D_3}{D_0}}.$$

Wenn wir dieses Verfahren auf unser Beispiel anwenden, können wir zwar die Wurzelabhängigkeit von der Methanolkonzentration bewahren, denn mit passenden Annahmen über die Adsorption wird a_{13}, d. h. die Belegungsdichte von Methanol, konstant, und w_3 war ja den Versuchen gemäß proportional der Methanolkonzentration. Aber D_1/D_0 tritt jetzt unter dem Wurzelzeichen auf, was sich nicht gut mit den Versuchen verträgt.

Infolge der angedeuteten Schwierigkeiten sind die Resultate dieser Untersuchung viel weniger überzeugend wie die der Untersuchung der Ammoniakzersetzung, und die ganze Diskussion wäre nicht hierher gekommen, wenn nicht die ganze Arbeit (wie viele andere) ein, wie mir scheint, lehrreiches Beispiel dafür gäbe, erstens wie man die Theorie der Reaktionsfolgen bei der Entwirrung eines Reaktionsmechanismus anwenden kann, aber zweitens auch mit welchen Schwierigkeiten die Untersuchung heterogener Katalysen verknüpft ist:

1. Bekanntlich ist es bei kinetischen Untersuchungen sehr vorteilhaft, Versuche mit variierten Anfangskonzentrationen der Anfangs- und Endstoffe anzustellen. Dies läßt sich bei Reaktionen in homogenem Medium ohne weiteres tun.

Bei heterogenen Katalysen ist die Sache nicht so einfach, denn es zeigt sich, daß die Aktivität des Katalysators von Versuch zu Versuch etwas variieren kann, und die zu verwendenden Versuche können erst angestellt werden, wenn es in irgendeiner Weise gelungen ist, konstante Aktivität zu erreichen.

Im Einzelversuch, wo jedenfalls keine versuchsfremde Beeinflussung des Katalysators (Abpumpen der Gase usw.) stattfindet, kann man mit größerer Sicherheit mit konstanter Aktivität des Katalysators rechnen, und es empfiehlt sich daher, wie schon S. 307 erwähnt, die Reaktion zu Ende laufen zu lassen und den integrierten Ausdruck von der Form $k \cdot t = \int f(x)\, dx$, wo x die Laufzahl der Reaktion ist, anzuwenden.

2. Um diesen Ausdruck aufzufinden, ist es aber andererseits bequem, die Methode der Variation der Anfangskonzentrationen anzuwenden, um eine erste Orientierung über die Form von $f(x)$ zu bekommen.

Die beiden Methoden müssen sich daher ergänzen. Die Methode der besprochenen Arbeit war, daß die Geschwindigkeiten aus der Umsatz-Zeitkurve durch ein kombiniertes Rechen- und Zeichenverfahren abgeleitet wurden. Die ergänzende Berechnung der integrierten $f(x) - t$-Kurven wurde damals leider nicht vorgenommen.

3. Es sei auch sehr ausdrücklich gesagt, daß es oft von großer Wichtigkeit ist, das Eintreten des praktisch vollständigen Umsatzes abzuwarten, denn dabei wird der Umsatzgrad am Ende der Reaktion wesentlich genauer bestimmt, als wenn man sich auf die gewöhnlich nicht sehr genauen (durch Extrapolation gewonnenen) Anfangskonzentrationen stützt. Dies bewirkt zwar, daß man etwa nur einen Versuch pro Arbeitstag ausführen kann, so daß bei begrenzter Zeit die Anzahl der Versuche kleiner wird, aber der Verfasser hat das Gefühl, daß dieser Nachteil durch den Vorteil der größeren Genauigkeit überwogen wird, um so mehr, als die immerhin ziemlich große Rechenarbeit durch die kleinere Anzahl von Einzelversuchen vermindert wird. Leider wurde auch diese Regel bei der erwähnten Arbeit nicht eingehalten.

4. Es sei endlich erwähnt, daß es für die spätere Bearbeitung sehr bequem ist, die Ablesungen in äquidistanten oder jedenfalls in ganzzahligen Zeitintervallen vorzunehmen.

Schlußwort.

Die Darstellung dieses Abschnittes mag ziemlich fragmentarisch scheinen, u. a. weil so wenige Arbeiten zur Diskussion herangezogen sind. Dies entspricht aber ganz gut dem augenblicklichen Stand unseres Wissens auf diesem Gebiet. Denn weitaus die meisten Arbeiten zur Kinetik der heterogenen Katalysen sind von den betreffenden Verfassern ausschließlich an der Hand der LANGMUIRschen Annahmen behandelt worden, deren weitere Entwicklung wir vor allem C. N. HINSHELWOOD, G.-M. SCHWAB und H. S. TAYLOR verdanken. Dagegen kommt es ziemlich selten vor, daß die Möglichkeit der Entstehung von Reaktionsfolgen berücksichtigt wird, ganz anders als beim Studium der homogenen Reaktionen, wo das Rechnen mit Reaktionsfolgen sich fest eingebürgert hat. Doch bilden die Arbeiten der russischen Schule, in erster Reihe die von N. SEMENOFF[1] angeregten, eine Ausnahme davon; denn deren Ziel war von Anfang an, die Zusammenwirkung von Reaktionsketten und Oberflächenwirkung zu studieren. Eingehende Diskussionen dieser Arbeiten findet man in mehreren Abschnitten dieses Handbuches, so daß eine Besprechung hier sich erübrigt, um so mehr, als es sich dort

[1] Vgl. N. SEMENOFF: Chemical Kinetics and Chain Reactions. Oxford, 1935.

meistens um eine Hemmung durch die Wand und nicht um positive Katalyse handelt. Man könnte vielleicht daran denken, die sehr große Zahl von Untersuchungen zur Kinetik der heterogenen Katalysen mit Hilfe der Annahme von Reaktionsfolgen zu bearbeiten. Dies läßt sich aber, rein abgesehen von der damit verknüpften großen Rechenarbeit, kaum durchführen, aus dem einfachen Grunde, daß die Versuchsdaten fast immer nur ganz fragmentarisch publiziert sind. Dies ist mit Rücksicht auf die Unkosten verständlich, aber es bewirkt leider zu oft, daß wertvolles Material für eine spätere Bearbeitung endgültig verlorengeht, so daß die Ausführung eines solchen Programms unausführbar ist.

Es hat vielleicht den Anschein, als ob keine der besprochenen Untersuchungen, von der Knallgas- und Chlorknallgasreaktion abgesehen, einen bündigen Beweis für das Auftreten von Reaktionsfolgen bei heterogenen Katalysen erbracht hätte. Jedoch spricht bei der Ammoniakzersetzung an Quarzoberflächen der qualitative Nachweis von einem Zwischenprodukt (NH) zusammen mit den kinetischen Befunden jedenfalls mit ziemlicher Wahrscheinlichkeit für eine offene Reaktionsfolge, während die Richtigkeit der Annahme einer geschlossenen Folge bei der Methanolhydrolyse an Kupfer zweifelhafter ist. Jedenfalls sollte aber hier zum Ausdruck gebracht werden, daß das ganze Material dazu mahnt, bei der Deutung kinetischer Befunde diese Möglichkeit immer im Auge zu behalten.

Zwischenzustände bei Reaktionen im festen Zustand und ihre Bedeutung für die Katalyse.

Von

Gustav F. Hüttig, Prag.

Inhaltsübersicht.

Einleitung.

In welcher Weise sind die hier zu besprechenden „Zwischenzustände“ gekennzeichnet?

Spricht man schlechthin von den im Verlaufe eines chemischen Vorganges auftretenden „Zwischenzuständen“, so erwählt man bei einer solchen allgemeinen Fassung das gesamte Gebiet der chemischen Reaktionskinetik zum Gegenstand der Betrachtung. Eine solche umfassende Fragestellung ist nicht Aufgabe und Gegenstand des vorliegenden Beitrages. Es sollen vielmehr nur diejenigen im Verlaufe eines chemischen Vorganges auftretenden Zwischenzustände in den Vordergrund gerückt werden, welche die beiden folgenden Merkmale besitzen: a) der Zwischenzustand soll keine chemische Verbindung oder Lösung darstellen, wie sie etwa mit wesensähnlichen Eigenschaften unter anderen Umständen allenfalls auch als stabile Phasen in Erscheinung treten könnten und welche der Gegenstand der speziellen klassischen Chemie sind, und b) die betrachteten Zwischenzustände müssen unter irgendwelchen realisierbaren Bedingungen eine so lange Lebensdauer haben, daß sie präparativ erfaßbar sind und daß sich zumindest für die Dauer ihrer Untersuchung ihr Zustand praktisch nicht ändert.

So interessiert es an sich zum Beispiel hier weniger, wenn in einem Gemenge von 1 CaO : 1 SiO_2 bei dem Erhitzen als Zwischenzustand zunächst die Bildung der Verbindung 2 $CaO \cdot SiO_2$ stattfindet, welche erst mit der Zeit durch weitere Reaktion in den Endzustand $CaO \cdot SiO_2$ übergeht; denn das Gebilde 2 $CaO \cdot SiO_2$ ist durchaus zu den zur klassischen Chemie gehörenden Objekten zu zählen. Ebenso bedingen die obigen Eingrenzungen, daß wohl nahezu alle Vorgänge, an denen nur Gase teilnehmen, hier auszuschalten sind und ebenso die meisten Vorgänge innerhalb von Systemen, an welchen nur Gase oder Flüssigkeiten beteiligt sind, etwa mit Ausnahme der als Nebel, Schäume und Emulsionen bezeichneten Zwischenzustände. Andrerseits fallen innerhalb der hier vereinbarten Grenzen diejenigen Zwischenzustände, welche beispielsweise bei dem Vermischen von pulverförmigem Zinkoxyd mit Chromoxyd durch Adhäsionskräfte an den Berührungsstellen geschaffen werden (endgültiges Reaktionsziel: kristallisiertes $ZnCr_2O_4$), oder der fein verteilte Zustand des Aluminiumhydroxyds, wie er etwa in der Kälte bei dem Vermischen einer wässerigen Aluminiumsalzlösung mit Ammoniak entsteht (endgültiges Reaktionsziel: kristallisierter Hydrargillit $Al_2O_3 \cdot 3\,H_2O$), oder die mannigfaltigen Zustände, welche bei dem Übergang eines elastisch verformten Kristalls in den spannungsfreien, endgültig rekristallisierten Zustand beobachtet werden.

Bei einem großen Teil der hier zu besprechenden Zwischenzustände wird es sich also um „aktive“ Formen von festen Stoffen handeln, welche definitionsgemäß einen höheren Gehalt an freier Energie besitzen, als er dem gleichen Stoffe unter den gleichen Bedingungen im stabilen Zustand zukommt. Hierbei müssen wir unterscheiden zwischen solchen Fällen, bei welchen der Unterschied gegen den stabilen Zustand auf Verschiedenheiten im Zustand des gesamten Kristallgitters beruht und solchen, wo die Verschiedenheiten lediglich die Oberfläche betreffen.

Im ersteren Fall sollen hier mit Rücksicht auf die vorhin unter der Bezeichnung a) festgesetzte Einschränkung alle diejenigen Gitterverschiedenheiten, welche auf Modifikations- (Isomerie-) Unterschieden beruhen, in den Hintergrund treten. Unsere Betrachtungen bleiben im wesentlichen auf solche Zwischenzustände beschränkt, welche sich von dem stabilen Zustand in dem Ordnungsgrad (der

„Durchbildung“) ihres Gitters unterscheiden, was also im allgemeinen gleichbedeutend ist mit dem Auftreten von rhythmischen oder regellosen, unter allen Umständen aber thermodynamisch instabilen Baufehlern in dem Gitter des Zwischenzustandes. Das Wesen und insbesondere die Anordnung solcher Gitterbaufehler wird von der Vorgeschichte des Zwischenzustandes bedingt sein, wodurch eine große Mannigfaltigkeit von Konfigurationsmöglichkeiten gegeben ist. In den Grenzfällen lassen sich die möglichen Baufehler modellmäßig beschreiben als Fehlordnungen oder als Leerstellen oder als Einbau an Zwischengitterplätzen. Diese strenge geometrische Unterscheidung verwischt sich um so mehr, je größer die Zahl der Bau- und Ordnungsfehler ist, je mehr also der betrachtete Stoff dem völlig ungeordneten amorphen Zustand nahe kommt.

Für den Fall, daß sich die Zwischenzustände von dem thermodynamisch stabilen Zustand in bezug auf die Oberfläche unterscheiden, kann dieser Unterschied die Größe der Oberfläche (Unterschied in dem „Dispersitätsgrad“) oder das chemische Potential („Grad der Edelkeit“, „Chemische Güte“) der in der Oberfläche oder einem Teil derselben („aktive Zentren“) liegenden Moleküle betreffen. Dort, wo sich derartige Unterschiede ergeben, werden die Zwischenzustände im allgemeinen den höheren Dispersitätsgrad haben und auf alle Fälle das höhere chemische Potential (die geringere Edelkeit) in der Oberfläche besitzen müssen. Sowohl mit wachsendem Dispersitätsgrad, als auch mit fallendem Ordnungsgrad wird als gemeinsamer Grenzfall der amorphe Zustand erreicht.

Die obigen Aussagen gründen sich auf die Betrachtung der einzelnen Kristallite, aus welchen die im Zwischenzustand befindliche Phase aufgebaut ist. Zwischen den Einzelkristalliten sind nun Anziehungskräfte wirksam, welche diese durch ein Kontinuum von sehr mannigfaltig charakterisierten Zwischenformen („Sekundärstrukturen“) einem endgültigen Reaktionsziel zuführen. Das Reaktionsziel ist möglicherweise immer der Einkristall, möglicherweise jedoch eine Sekundärstruktur, deren Aufbau und Dispersitätsgrad von den äußeren Umständen, wie z. B. der Temperatur abhängt; darüber kann ein endgültiges Urteil heute noch nicht gefällt werden.

Sind zwei oder mehrere Phasen verschiedener chemischer Zusammensetzung zu einem System vereinigt, so ist an deren Berührungsstellen die Möglichkeit zur Ausbildung einer weiteren vielgestaltigen Mannigfaltigkeit von Zwischenzuständen gegeben. Hierbei kann die Wechselwirkung der beiden Phasen im wesentlichen zunächst auf die Moleküle der Oberfläche beschränkt bleiben. Insoweit, als hierbei feste Phasen beteiligt sind, wird man zweckmäßig unterscheiden zwischen der Kraftfeldbeziehung zweier sich nahe gegenüberliegender Moleküle („Bildung von Zwittermolekülen“, „Adhäsion“), ferner der vorwiegend eindimensional verlaufenden Fremddiffusion („Adlineation“) und der sich über die gesamte Oberfläche erstreckenden Oberflächen-Fremddiffusion. Erscheinungen dieser Art sind unabhängig davon, ob das Reaktionsziel in einer Vereinigung dieser beiden Phasen besteht (z. B. $ZnO + Fe_2O_3$) oder aber im klassischen Sinn eine Unveränderlichkeit des Systems (z. B. $BeO + Fe_2O_3$) festgestellt werden muß. Streben die beiden Phasen einer Vereinigung zu einer einzigen festen Phase zu, so werden sich allmählich die Oberflächenvorgänge in das Innere (meist nur *eines*) Gitters fortpflanzen und auch hier zunächst Zwischenzustände bilden.

Analoge Aussagen kann man für diejenigen Vorgänge machen, welche in der Umwandlung einer festen Phase (z. B. $CaCO_3 \rightarrow CaO + CO_2$ oder Modifikationsumwandlungen) oder in dem Zerfall einer festen Phase in zwei feste Phasen (z. B. $Fe_2O_3 \cdot 2\,SiO_2 \rightarrow Fe_2O_3 + 2\,SiO_2$) bestehen.

Von grundsätzlichem Interesse ist die Beziehung der vorangehend umschriebenen „Zwischenzustände“ zu dem in der allgemeinen Reaktionskinetik wohl ausschließlich an Gasreaktionen gebildeten Begriff des „Übergangszustandes“ (POLANYI[1], HINSHELWOOD[2]) (S. 468).

Die Feststellung der Reihe von „Zwischenzuständen“, welche von den Ausgangsstoffen zu den endgültigen Reaktionsprodukten führt, die präparative Herstellung der einzelnen Glieder dieser Reihe, ihre phänomenologische Kennzeichnung, modellmäßige Deutung und die das Werden und Vergehen beherrschenden Gesetze — das sind die Kernprobleme der nachfolgenden Ausführungen. Es werden sich somit vielfach nahe Beziehungen zu den in Band IV und V des vorliegenden Handbuches behandelten Gegenständen sowie zu dem nachfolgenden Bericht von HEDVALL über Phasenumwandlung und Katalyse ergeben. In bezug auf die einer exakteren Behandlung zugänglichen, rein kinetischen und auch thermodynamischen Fragestellungen muß auf Band I verwiesen werden.

Der vorliegende Beitrag ist aus Vorträgen hervorgegangen, welche auf deutschen Arbeitstagungen und an amerikanischen Universitäten über *eigene* Ergebnisse gehalten wurden. Dies erklärt bei der Auswahl der experimentellen Beispiele die häufige Bevorzugung der eigenen Ergebnisse, was sich auch auf die Formulierung und Bewertung der verallgemeinerten Vorstellungen auswirken mußte. Zur Entschuldigung wird vielleicht der Hinweis beitragen, daß eine zeitgerechte Bewältigung des immerhin recht umfangreichen und vielschichtigen Gebietes nur mit Hilfe einer solchen Arbeitserleichterung möglich war, daß diese aber im Falle einer Neufassung vermieden werden soll.

Die geschichtliche Entwicklung der Lehre von den „Zwischenzuständen“ und die Beziehungen zu den benachbarten Wissensgebieten.

Was wir sind, ist nichts,
was wir suchen, ist alles.
Hölderlin.

Die vorangehend umschriebenen „Zwischenzustände“ können auch als die „nicht klassischen“ Zustände der Stoffe bzw. deren Zusammenstellungen zu Systemen bezeichnet werden; sie stellen also diejenigen Gebilde dar, um derentwegen die „Kolloidwissenschaft“ von dem übrigen („klassischen“) chemischen Lehrgebäude abgezweigt wurde. — Da wir unsere Betrachtungen auf die thermodynamisch instabilen Gebilde dieser Art beschränkt haben, so werden sich diese im Vergleich zu dem Endzustand, dem sie zustreben, durch einen höheren Gehalt an freier Energie und damit auch durch eine größere Affinität und somit auch höhere „Reaktivität“ auszeichnen; man kann also die hier zu behandelnden Gegenstände auch als „aktive Zustände“ bezeichnen. — Da schließlich nicht allein die Beschreibung der Eigenschaften und des Modells dieser Zustände gegeben werden soll, sondern auch ganz vorwiegend ihre von den verschiedenen Umständen abhängige Genesis und der zeitliche Verlauf der Auswirkung ihrer „Reaktivität“ interessiert, so lassen sich größere Teile unserer Darlegungen auch in das Lehrgebäude der Reaktionskinetik einordnen

Die Anfänge unseres Wissenszweiges sind die Anfänge der Kolloidchemie. Erscheinungen, welche schon in früherer Zeit durch den Deutschen J. B. RICHTER und den Italiener SELMI und auch manchen anderen beobachtet wurden, traten,

[1] M. POLANYI: J. chem. Soc. (London) **1937**, 629; C 37 II 1127; Nature (London) **139** (1937), 575; C 37 II 1935.
[2] C. N. HINSHELWOOD: J. chem. Soc. (London) **1937**, 635; C 37 II 1127.

durch die Arbeiten GRAHAMS[1] veranlaßt, in den um 1860 liegenden Jahren in einen immer deutlicheren Gegensatz zu der „klassischen Chemie". GRAHAM berichtet in der zitierten Arbeit von Substanzen, „welche durch ihre Unfähigkeit den kristallinen Zustand anzunehmen, charakterisiert sind", wozu z. B. Hydrate der Kieselsäure, Tonerde u. a. gehören. Er nennt die in diesem Zustand befindlichen Körper „Kolloidsubstanzen". „Dem Kolloidalsein" ist das „Kristallinischsein entgegengesetzt". „Diese Unterscheidung ist ohne Zweifel eine auf Verschiedenheiten der innersten Molekularstruktur beruhende." Als Eigenschaften dieser Substanzen wird ein sehr geringes Diffusionsvermögen, eine äußerst schwache Kraft, sich in Lösung zu halten und ein gallertartiger Zustand ihrer Hydrate angeführt, wobei die „Weichheit der gallertartigen Kolloidsubstanzen einen Übergang zum Flüssigsein" vermittelt. „Eine andere und wesentliche Eigenschaft dieser Substanzen ist ihre Veränderlichkeit." Ihre Existenz ist eine fortgesetzte Metastase. Eine Kolloidsubstanz ist in dieser Beziehung vergleichbar mit Wasser, das unter seinem gewöhnlichen Gefrierpunkt noch flüssig geblieben ist oder mit einer übersättigten Salzlösung. „Der Kolloidzustand ist in der Tat ein dynamischer Zustand der Materie, während der kristallinische der statische ist. Der Kolloidsubstanz wohnt Tätigkeit (Energia) inne." Bei den Veränderungen, welchen diese Substanzen immer unterliegen, wird Wärme (Wärmestoff) abgegeben. Der beobachtete Wärmeverlust wird für die beobachteten Eigenschaftsänderungen die nötige Erklärung geben, wenn man annimmt, daß die Wärme so gut wie die wägbaren Elemente ein Bestandteil der Körper ist und die Eigenschaften derselben beträchtlich modifizieren kann.

Die zur Behandlung solcher Körper und Erscheinungen in das Leben gerufene Kolloidchemie stellt zunächst diejenigen Zustände in den Vordergrund, bei welchen sie als Ursache des abweichenden Verhaltens von dem normalen Zustand eine weitgehende Zerteilung des Stoffes erkannt hat. Der „Dispersitätsgrad" und die mit seinem Anwachsen verbundene Oberflächenvergrößerung werden die leitenden Grundvorstellungen. Namentlich ZSIGMONDY und seine Schule[2] sind es, welche den Anstoß zur Erforschung der „Struktur" kolloider Systeme („Primär-Struktur", „Sekundär-Struktur", Beschreibung der „Capillar-Systeme") geben. Die Beschaffenheit und die Vorgänge in den Oberflächen bzw. Phasengrenzflächen, wie etwa die Adsorptionserscheinungen und die Kräfte, welche die einzelnen Partikeln zu Aggregaten zusammenschließen oder zu Lösungen auseinandertreiben, werden zu einem wesentlichen Inhalt. Die viel weitergehende GRAHAMsche Definition des kolloiden Zustandes wird in dieser Richtung eingegrenzt. Bezeichnungen wie „Dispersoid-Chemie", „Oberflächen-Chemie", „Capillar-Chemie" oder „Welt der vernachlässigten Dimensionen" sind bei einer so gearteten Einschränkung durchaus zutreffende Namen. Die einer solchen Einstellung entsprechende logisch-formale Abgrenzung liegt in der Definition, derzufolge es sich hier um diejenigen Zustände handelt, welche den Übergang zu den greifbaren, kompakten Körpern einerseits und der molekularen Verteilung der Materie, wie sie in den echten Lösungen und Gasen vorliegt, andrerseits, bilden. Pioniere dieser Wissenschaft sind VAN BEMMELEN, ZSIGMONDY[3], W. BILTZ, WO. OSTWALD[4] u. a.

Die Anwendung der von LAUE (1912) angebahnten Untersuchungen che-

[1] THOMAS GRAHAM: Vgl. z. B. Anwendung der Diffusion der Flüssigkeiten zur Analyse. Ann. Chem. Pharmacie **121** (1862), 1. (Ostwalds Klassiker der exakten Wissenschaften Nr. 179. Leipzig, 1911.)

[2] J. S. ANDERSON: Z. physik. Chem. **88** (1914), 191; C **14 II** 815.

[3] R. ZSIGMONDY: Kolloid-Chemie, 4. Aufl. Leipzig, 1922.

[4] WO. OSTWALD: Die Welt der vernachlässigten Dimensionen, 11. Aufl. Dresden und Leipzig, 1937.

mischer Stoffe mit Hilfe von Röntgenstrahlen hat auch die Kolloidchemie in neue Bahnen gelenkt und grundlegende Erweiterungen herbeigeführt. Diese Untersuchungsmethode hat gezeigt, daß zwischen dem kristallisierten Zustand, also dem Zustand einer idealen gesetzmäßigen Ordnung, und dem amorphen Zustand, also dem Zustand einer willkürlichen, regellosen Unordnung, die Möglichkeit von kontinuierlichen Übergängen besteht. Der „Ordnungsgrad“ der Moleküle innerhalb eines festen Stoffes wird zu einem dem „Dispersitätsgrad“ adäquaten Begriff. Die Kolloidchemie wird ebenso die Lehre von denjenigen Übergangszuständen, welche zwischen den kompakten Kristallen und der molekulardispersen Verteilung, wie auch von denjenigen Übergangszuständen, welche zwischen den gesunden, fehlerfreien Kristallen und dem amorphen Zustand einschließlich liegen. Für beide Übergangsreihen mögen die Grenzzustände — große gesunde Kristalle einerseits, amorphe, molekular-disperse Gebilde andererseits — als identisch angesprochen werden; die Verbindungswege sind in beiden Fällen völlig verschieden gekennzeichnet. Mit der röntgenoskopischen und energetischen Untersuchung derartiger aktiver Stoffe befaßt sich eine Abhandlungsreihe von FRICKE[1]. Dort, wo die Abweichungen des thermodynamisch stabilen Kristalls in der Richtung gegen den instabilen, amorphen Zustand nur geringfügig sind, können sie als örtlich begrenzte „Gitterbaufehler“ beschrieben werden. Hier seien vor allem die physikalischen Arbeiten von SMEKAL[2], GUDDEN[3] u. a. genannt, insoweit das gesamte Kristallgitter betrachtet wird, und die mit katalytischen Erscheinungen eng verknüpften Ergebnisse von TAYLOR[4] („aktive Zentren“), insoweit sich die Betrachtung auf Kristalloberflächen beschränkt. Grundsätzlich hiervon geschieden und als zu unserem Gegenstand nicht gehörig müssen die thermodynamisch stabilen, durch die Wärmekräfte verursachten Gitterbaufehler sowie auch die thermodynamisch stabilen Mosaikstrukturen der Kristalle bzw. „Sekundärstrukturen“ bezeichnet werden.

Die überwiegende Mehrzahl der in der Kolloidwissenschaft behandelten Stoffe und Systeme ist aus flüssigen oder gasförmigen Phasen entstanden. Die Bildung von Solen oder Gelen durch Zusammenschütten zweier Flüssigkeiten dürfte die häufigste Darstellungsart kolloider Zustände in der älteren Kolloidchemie sein. Es handelt sich also hier um Zwischenzustände eines Vorganges, der von Flüssigkeiten ausgeht und dessen Reaktionsziel der grobdisperse, aus gesunden Kristallen bestehende Niederschlag ist. Indessen hat schon VAN BEMMELEN[5] gezeigt, daß nicht nur viele durch Fällung entstandene Oxydhydrate in unserer Ausdrucksweise als solche Zwischenzustände zu bezeichnen sind, sondern daß dies auch für ihre auf dem Wege eines Abdampfens von Wasser sich bildenden Entwässerungsprodukte gilt. Ja selbst wenn man bei einer thermischen Zersetzung der betrachteten Art von völlig gesunden, stabilen Kristallen ausgeht (z. B. dem Calcit), so können im Verlaufe dieses Vorganges sehr wirksame Zwischenzustände in Erscheinung treten, und auch das feste Reaktionsprodukt (z. B. Calciumoxyd) kann sich durch eine hohe Aktivität auszeichnen[6].

Um das Jahr 1911 hat HEDVALL[7] erkannt, daß auch Reaktionen innerhalb von Systemen, an welchen (auch in den Zwischenzuständen) nur feste Stoffe be-

[1] R. FRICKE: Angew. Chem. **51** (1938), 863 (zusammenfassender Vortrag); C 39 II 786.
[2] A. SMEKAL: Handbuch der Physik, 2. Aufl. Bd. 24/2, Kap. 5. Berlin, 1933.
[3] B. GUDDEN, W. SCHOTTKY: Z. techn. Physik **16** (1935), 323; C 36 I 1577.
[4] H. S. TAYLOR: Z. Elektrochem. angew. physik. Chem. **35** (1929), 542; C 29 II 3206.
[5] J. A. VAN BEMMELEN: Recueil Trav. chim. Pays-Bas **7** (1888), 98.
[6] G. F. HÜTTIG, M. LEWINTER: Angew. Chem. **41** (1928), 1034; C 28 II 2499.
[7] Vgl. z. B. J. A. HEDVALL: Reaktionsfähigkeit fester Stoffe. Leipzig, 1938.

teiligt sind, möglich sind. In der Folgezeit zeigte es sich, daß es gerade diese Reaktionen sind, welche sich durch eine Vielheit von aufeinanderfolgenden und unter geeigneten Umständen sehr langlebigen Zwischenzuständen auszeichnen. So wurde zunächst von HEDVALL[1] das Auftreten von sehr reaktiven Zwischenzuständen im Verlaufe von Modifikationsumwandlungen nachgewiesen. Für die Vorgänge der Vereinigung zweier Kristallpulver zu einer festen chemischen Verbindung wurden solche recht verschiedenartige Zwischenzustände von HÜTTIG und Mitarbeitern[2] und von JANDER und Mitarbeitern[3] festgestellt; bestimmte Zwischenzustände, welche nicht mehr das ursprüngliche Gemisch und noch nicht die fertige chemische Verbindung darstellen, sind die Träger der guten katalytischen Wirksamkeit. Etwa in den gleichen Jahren wurden derartige Zwischenzustände auch für andere, jedoch verwandte Reaktionsarten (z. B. den Typus $XCO_3 + YO \rightarrow XYO_2 + CO_2$) beobachtet. Eine zusammenfassende Darstellung über den Verlauf chemischer Vorgänge, an denen feste Stoffe beteiligt sind, wird im Rahmen einer Abhandlungsreihe gegeben[4]. Eine Betrachtung „aus der Entwicklungszeit der Chemie des festen Zustandes" bringt R. SCHENCK[5].

Folgerichtig sind auch die Zwischenzustände, welche bei dem Übergang fester Stoffe in feste Stoffe durchschritten werden, als ein zusammengehöriges Ganzes von den gleichen Gesichtspunkten aus, wie die kolloiden Zustände der älteren Kolloidchemie, zu betrachten, indessen ist eine solche Verschmelzung trotz mannigfacher Bemühungen noch keinesfalls vollzogen, der gegenseitige Assimilationsprozeß ist erst im Gang. Vor allem hat sich noch keine umfassende Systematik durchgesetzt, welche es gestattet, jeder hierhergehörenden Erscheinung ihren Platz zuzuweisen und dadurch eine Ordnung und gegenseitige Bezugsetzung in der heutigen Überfülle des Beobachtungsmaterials zu gewinnen. Der größte Teil der in dem Schrifttum mitgeteilten Ergebnisse geht einer übergeordneten Auswertung verloren. Es sei darauf verwiesen, daß die langlebigen Zwischenzustände, wie sie etwa für die zahlreichen „topochemischen" Reaktionen von KOHLSCHÜTTER und FEITKNECHT charakteristisch sind, in einem solchen System ebenso ihre eindeutige Einordnung finden müssen, wie etwa die Bildung der Gläser, der Erzeugnisse der Keramik einschließlich der Metallkeramik und die aktiven Zwischenzustände, in welchen eine Unzahl von Reaktionen von meist wenig einfachem Typus in der neueren anorganischen technischen Chemie steckenbleiben, einschließlich der Vorgänge, bei welchen ein fester Körper oder ein Gemisch mehrerer fester Körper als Katalysator wirksam ist.

Die Vielheit der Erscheinungen wird dadurch vermehrt, daß auch die an der Reaktion nicht eigentlich teilnehmenden Komponenten von durchaus entscheidender Bedeutung für die Beschaffenheit der Zwischenzustände sind, und daß sich allgemein manche wichtige Vorgänge gar nicht dreidimensional, sondern vorwiegend zweidimensional oder gar noch mit niedrigerer Dimension in den Phasengrenzflächen abspielen; das bezieht sich vor allem auch auf das Werden und Vergehen der festen Katalysatoren, insbesondere der „Mischkatalysatoren". Die Mannigfaltigkeit, mit welcher in manchen Stoffklassen, z. B. bei den Metalloxyden, gesetzmäßige und ungesetzmäßige Fehler, Leerstellen, Dehnungen und sonstige Abweichungen von dem geordneten Normalzustand auftreten können, dürfte mindestens so groß sein wie die Mannigfaltigkeit so mancher Verbindungs-

[1] J. A. HEDVALL, J. HEUBERGER: Z. anorg. allg. Chem. **135** (1923), 67; C 24 II 164.
[2] G. F. HÜTTIG, H. RADLER, H. KITTEL: Z. Elektrochem. angew. physik. Chem. **38** (1932), 443; C 32 II 2306.
[3] W. JANDER, W. SCHEELE: Z. anorg. allg. Chem. **214** (1933), 55; C 33 II 2633.
[4] Derzeit letzte Abhandlung: G. F. HÜTTIG: Kolloid-Z. **99** (1942), 262; C 43 I 122.
[5] R. SCHENCK: Z. Elektrochem. angew. physik. Chem. **47** (1941), 1; C 41 I 2495.

klassen der organischen Chemie. Die besondere Beschaffenheit der Gitterbaufehler kann jeweils solche Merkmale haben, daß sie in einem ursächlichen Zusammenhang mit dem Gitter desjenigen festen Stoffes steht, aus welchem der betrachtete fehlerhafte Kristall entstanden ist („Gedächtnis der Materie", „Pseudostruktur") oder daß sie auch von den sonst bei der Entstehung anwesenden Stoffen, insbesondere auch einem Fremdgase, abhängig ist („Weichensteller-Effekt"). Es eröffnet sich die grundsätzliche Möglichkeit, eine bestimmte Verbindung in so vielen verschiedenartig gekennzeichneten Zuständen herzustellen, als es Reaktionen und Katalysatoren dieser Reaktion gibt, bei welcher der betreffende feste Stoff entsteht. Eine *Systematik* der unter Beteiligung fester Stoffe verlaufenden Reaktionen wäre auch eine natürliche Systematik der hierbei auftretenden Zwischenzustände und deren Genesis. So wird denn auch im nachfolgenden ein Hauptgewicht auf die Aufstellung und Benützung einer möglichst klaren und ausreichend weit gefaßten Systematik der chemischen Reaktionsarten und damit auch auf eine logische Einordnung der hierbei auftretenden Zwischenzustände und deren Werdegang gelegt. So könnt. gehofft werden, daß das VOLMERsche Wort „wie gering die Summe vieljährig rein empirischer Forschung gewertet wird, der die Einfügung in das physikalisch-chemische Gesamtbild mangelt" hier keine Anwendungsmöglichkeit mehr findet. Was bis jetzt dem physikalisch-chemischen Gesamtbild eingefügt ist, ist zwar imposant, es bezieht sich aber doch auf einige wenige, meist den Gasen und Lösungen und allenfalls gesunden großen Kristallen zukommende, von allen Komplikationen abstrahierte Vorgangstypen und ist gering im Vergleich zu dem, was dem Chemiker im Laboratorium und Großbetrieb an Mannigfaltigkeit der Erscheinungen begegnet.

Der hier zu bewältigende Stoff ist nicht in allen Teilen mit der gleichen Ausführlichkeit behandelt. Diejenigen Gebiete, welche an anderen Orten bereits ihre Heimstätte und auch ausführliche zusammenfassende Darstellung gefunden haben (wie etwa die Capillarchemie), sind nur gestreift bzw. zu den anderen Gebieten in das von der Systematik bedingte Bezugsverhältnis gesetzt. Andrerseits sind diejenigen Zwischenzustände und deren Wandlungen, von denen charakteristische katalytische Auswirkungen studiert sind, in den Vordergrund gerückt.

Die Chemie der festen Katalysatoren hat ein sehr reiches, weit verzweigtes Tatsachenmaterial gefördert, dem auch eine Fülle theoretischer Darlegungen entspricht. Experiment und Theorie betreffen allerdings zum geringen Teil die Wandlungen der festen Katalysatoren im Verlaufe ihrer katalytischen Wirkung. Mehr noch als auf anderen Teilgebieten sind hier die Theorienbildungen recht exklusiv auf das interessierende Gebiet, also in diesem Falle auf die katalytischen Effekte eingestellt und nehmen meist wenig Rücksicht auf ihre Brauchbarkeit und Zweckmäßigkeit für den Fall, daß durch das Erfahrungsmaterial ein von anderen Fragestellungen geforderter Querschnitt gelegt wird. Die Hoffnung, daß ein Hineinstellen der katalytischen Probleme in den von der Frage nach den Zwischenzuständen und deren Kinetik diktierten Interessenkreis manche neue Erweiterungen, Aspekte und Beziehungen ergeben könnte, gab die Veranlassung zu dem vorliegenden Beitrag.

Allgemeines zu der Systematik der chemischen Reaktionsarten.

Die erste Voraussetzung für die Aufstellung einer zeitgemäßen Theorie ist die Sammlung, kritische Sichtung und Einordnung des Beobachtungsmaterials in eine eindeutige und einfach zu handhabende Registratur. Das derzeit über die

„Zwischenzustände“ vorliegende experimentelle Material ist riesig; die theoretische Formung und Bewältigung dieses Gebietes, als Gesamtheit betrachtet, ist demgegenüber gering. Die Theorie einiger Teilgebiete, wie etwa die Reaktionskinetik der Gase (BODENSTEIN) oder die Diffusion innerhalb fester Stoffe (C. WAGNER u. a.), hat eine sehr hohe Entwicklungsstufe erreicht. Indessen ist es ein Irrtum, anzunehmen, daß die Übertragung und Anwendung auf die große Fülle anderer Reaktionsarten nur noch einen weiteren, und zwar kleineren Schritt bedeutet. Der Ablauf einer jeden Reaktionsart wird diktiert von einer bestimmten Kombination von Prinzipien und Gesetzmäßigkeiten. Es mag zwar eine verhältnismäßig beschränkte Zahl solcher Prinzipien geben, welche sich in den verschiedenen Reaktionsarten wiederfinden, es wird aber im Wesen einer jeden Reaktionsart liegen, daß sie durch eine arteigene Kombination der daselbst gültigen und zuständigen Prinzipien gekennzeichnet ist. Nun ergibt aber jede solche Kombination eine grundsätzlich neue Sachlage, deren Bewältigung auch eine neue experimentelle und theoretische Aufgabe der Forschung bedeutet. Überdies wird man nicht behaupten können, daß auch nur die wesentlichsten Grundprinzipien bereits ihre Erfassung, Beherrschung und Geltung gefunden haben. So dürfte also der Versuch zu einer Zusammenschau des gesamten Beobachtungsmaterials über die Zwischenzustände und der Eingliederung in einen gemeinsamen theoretischen Bau gerechtfertigt sein.

Eine Vorstellung über die Verschiedenheiten der Prinzipien, welche bei verschiedenen Reaktionsarten auftreten können, möge die Gegenüberstellung einer Reaktion, bei welcher nur gasförmige Bestandteile auftreten mit einer solchen, an welcher auch feste Stoffe beteiligt sind, geben. Die Reaktionsarten, an welchen nur gasförmige Stoffe beteiligt sind, werden vielfach zwar sehr verwickelte Vorgänge darstellen (z. B. Kettenreaktionen), die sich aber immer als Aufeinanderfolge einiger weniger einfacher „Urreaktionen“ beschreiben lassen. Solche Urreaktionen sind gewissermaßen die Bausteine des Gesamtverlaufs der Reaktion; sie sind miteinander so verkoppelt, daß immer die Reaktionsprodukte der einen Urreaktion ganz oder teilweise die Ausgangsprodukte der nachfolgenden Urreaktion ergeben, bis schließlich auf dem Wege über solche Folge- und Nebenreaktionen das Endprodukt entsteht. Eine anschauliche schematische Darstellung solcher Vorgänge gibt SCHWAB[1]. Die Mengen, welche in der Zeiteinheit von einer solchen Urreaktion umgesetzt werden, sind zwar abhängig von der Geschwindigkeit, mit welcher die vorgeschalteten Urreaktionen die umzusetzenden Ausgangsprodukte liefern, die Qualität der Urreaktion selbst, vor allem auch die sie kennzeichnenden Konstanten, bleiben hiervon unbeeinflußt. Die Systematik der Urreaktionen läuft auf die Beschreibung und Ordnung einiger weniger Typen heraus; die Systematik der Gesamtreaktionen stellt die zusammengesetzten Typen dar, zu welchen sich die Urtypen untereinander verkoppeln können. Es verlockt nun anzunehmen, daß formal gleich einfache Prinzipien auch bei Reaktionen Gültigkeit haben, an welchen feste und flüssige Stoffe beteiligt sind. Eine solche Annahme ist aber unzutreffend. Dank der wesentlich dichteren Lagerung der Moleküle, Atome, Ionen und Elektronen finden hier die Vorgänge in einem Materiefeld etwa im Sinne von HUND[2] statt. Da auch die an sich gleichen Urreaktionen von der sich von Stoff zu Stoff ändernden Beschaffenheit des Materiefeldes individuell verändert werden. ist für den Gesamtverlauf der Vorgänge eine viel größere Mannigfaltigkeit von Typen gegeben. Andrerseits können hier manche Teilreaktionen (Urreaktionen) Zwischenprodukte liefern, welche von der nachfolgenden Teilreaktion nur lang-

[1] G.-M. SCHWAB: Katalyse vom Standpunkt der chemischen Kinetik, S. 7f. Berlin, 1931; C 31 II 815.

[2] F. HUND: Ann. Physik (5) **36** (1939), 319; C 40 I 6.

sam umgewandelt werden, so daß sich hier — im Gegensatz zu den Vorgängen zwischen ausschließlich gasförmigen Bestandteilen — häufig langlebige, präparativ gut erfaßbare Zwischenzustände ergeben, welche den Chemiker unmittelbarer angehen als die fast niemals greifbaren, kurzlebigen Zwischenzustände der Gasreaktionen.

Die Ordnung der bei den verschiedenen Reaktionsarten auftretenden Zwischenzustände kann primär nur auf einer Ordnung der verschiedenen möglichen Reaktionsarten selbst gegründet sein. Mit den Fragen nach einer allgemeinen Systematik der chemischen Reaktionstypen haben sich in den letzten Jahren nur wenige Arbeiten befaßt. Auf chemische Teilgebiete beziehen sich die Aufstellungen von FISCHBECK[1] (S. 317; vgl. auch die Anwendung auf petrologische Probleme bei KLEBER[2]), BLUMENTHAL[3] (Reaktionen, welche zwischen festen und gasförmigen Phasen auftreten können), SCHWAB[4] (Einteilung der heterogenen Katalysen je nach dem Aggregatzustand der aneinander grenzenden Phasen), BALANDIN[5], GOPSTEIN[6] (natürliche Klassifikation katalytischer Reaktionen in der organischen Chemie) u. a.

Die Forderung, die chemischen Vorgänge auf Grund gemeinsamer Merkmale in Reaktionstypen einzuteilen und diese Typen zu einem chemischen System zu ordnen, hat sich am nachhaltigsten auf dem Gebiete der technischen Chemie ergeben. Reaktionen, welche dem gleichen Typus angehören, bedingen auch meist eine übereinstimmende apparative Ausgestaltung im großtechnischen Betriebe. So erscheint die Hoffnung von H. H. FRANCK[7] berechtigt, daß eine Systematik der Reaktionstypen, wie sie etwa von W. J. MÜLLER[8] und von HOPPMANN[9] von technischen Gesichtspunkten aus angebahnt wurde, geeignet ist, „die bisherige Darstellung der chemischen Technik von ihrem rein beschreibenden Bilderbuchcharakter zu befreien und zu einer klaren Erfassung ihres Objektes und zu einer Systematik und Methodenlehre zu kommen". W. J. MÜLLER kennzeichnet die Reaktionsvorgänge nach den Aggregatzuständen, welche in den reagierenden und entstehenden Stoffen vertreten sind. Es können miteinander reagieren starr/starr, starr/flüssig, starr/gasförmig, flüssig/flüssig, flüssig/gasförmig, gasförmig/gasförmig, starr/flüssig/gasförmig. Jede dieser sieben Ausgangskombinationen kann wieder eine von diesen Kombinationen in den Reaktionsprodukten enthalten, so daß insgesamt $7 \times 7 = 49$ Reaktionsklassen resultieren. „Vergleicht man damit die theoretische Bearbeitung der Reaktionskinetik, so sieht man, daß von diesen 49 Reaktionsklassen nur sehr wenige eine ausführliche Behandlung erfahren haben." Dieses System nimmt keine Rücksicht auf die Anzahl der bei der Reaktion auftretenden starren oder flüssigen Phasen; dies ist sicher für das technische Anwendungsgebiet eine zweckentsprechende Vereinfachung; dort, wo eine allgemeine Grundlage geschaffen werden soll, welche z. B. auch den reaktionskinetischen Ansprüchen genügt, wäre eine solche und auch manche andere Vereinfachung nicht mehr angebracht. — Die Systematik von W. J. MÜLLER berührt sich in vieler Beziehung mit der auf kolloidchemischer Grundlage erwachsenen Systematik der Grenzschichten (vgl. z. B. den Beitrag von WO. OSTWALD: Kolloidchemisches Taschenbuch, S. 170. Leipzig, 1942). — Den besonderen Zwecken der organisch-chemischen Technologie ist die von FAITH[10] nach ganz anderen Gesichtspunkten aufgestellte Systematik angepaßt.

[1] K. FISCHBECK: Z. Elektrochem. angew. physik. Chem. **39** (1933), 316; C 33 II 325.
[2] W. KLEBER: Zbl. Mineral., Geol., Paläont., Abt. A **1941**, 193; C 42 I 449.
[3] M. BLUMENTHAL: Bull. int. Acad. polon. Sci. Lettres, Cl. Sci. math. natur., Ser. A **1935**, 287; C 36 I 3787.
[4] G.-M. SCHWAB: Katalyse vom Standpunkt der chemischen Kinetik, S. 135. Berlin, 1931; C 31 II 815.
[5] A. A. BALANDIN: Chem. J., Ser. A. J. allg. Chem. (64) **2** (1932), 166; C 33 I 2358; J. physik. Chem. **5** (1934), 679; C 35 I 2662.
[6] N. M. GOPSTEIN: Acta physicochim. URSS **3** (1935), 975; C 36 I 3073.
[7] H. H. FRANCK: Chem. Fabrik **8** (1935), 467; C 36 I 1669.
[8] W. J. MÜLLER: Chem. Fabrik **6** (1933), 333; C 33 II 1825; Österr. Chemiker-Ztg. **40** (1937), 15; C 37 II 4076.
[9] H. HOPPMANN: Chem. Fabrik **8** (1935), 468; C 36 I 1669.
[10] W. L. FAITH: J. chem. Educat. **17** (1940), 479; C 41 I 2077.

Eine Systematik, welche zum obersten Einteilungsprinzip gewisse Merkmale im Mechanismus des Reaktionsablaufes nimmt, ist diejenige, welche GARNER[1] auf Grund der Vorschläge von ROGINSKI aufstellt. GARNER unterscheidet zunächst vier Hauptgruppen von Reaktionstypen: a) solche, bei welchen weder eine Zerstörung noch eine Neubildung eines Kristallgitters stattfindet, wie z. B. bei der Wasserabgabe von Zeolithen; b) Reaktionen mit Bildung eines Gitters, wie z. B. aus Gasen oder Flüssigkeiten; c) Reaktionen mit Zerstörung eines Gitters, wie z. B. bei dem Zerfall von Jodstickstoff und d) Reaktionen mit Zerstörung der vorhandenen und Bildung neuer Gitter, wie z. B. bei der Reaktion $ZnO + Cr_2O_3 \rightarrow ZnCr_2O_4$. — Grundsätzlich kann dieses oberste Einteilungsprinzip bejaht werden. Zur Ordnung der innerhalb einer Hauptgruppe vereinigten Reaktionstypen wird dann aber irgendein ganz andersartiges Prinzip notwendig; eine solche Sachlage ist wenig zweckmäßig, und es wird darauf von GARNER auch kaum weiter eingegangen. Bei einem solchen System können selbst bezüglich der Hauptgruppen nur solche Reaktionen eingeordnet werden, wo bestimmte Angaben über die Gitter der Ausgangs- und Endstoffe bekannt sind. Ganz außerhalb dieser Systematik bleiben die Reaktionen, an denen keine festen Stoffe teilnehmen, und keine besondere Berücksichtigung finden die katalysierten Reaktionen. Es ist zu erwarten, daß in einem späteren Entwicklungszustand die auch für weniger bekannte Reaktionen klare und eindeutige Einteilung in Reaktionstypen, wie sie etwa dem W. J. MÜLLERschen System zukommt, in eine Systematik übergeführt wird, welche den atomistischen Mechanismus und Merkmale in der Genesis der Kristallstruktur zum Einteilungsprinzip macht; so sind auch solche Bestrebungen wie etwa diejenigen GARNERS oder SCHWARZENBACHS (vgl. w. u.) durchaus verständlich. Für eine umfassende Ordnung des heute vorliegenden Materials kommen die nach solchen Grundsätzen aufgestellten Systeme heute, und wohl noch auf recht lange Sicht hinaus, nicht in Betracht. SCHWARZENBACH[2] teilt sämtliche chemischen Reaktionen in die folgenden Hauptgruppen ein: 1. Salzfällung und Salzlösung, 2. Komplexbildung und Komplexzerfall, 3. Protonenübertragung und 4. Elektronenübertragung.

Im nachfolgenden wird eine Systematik HÜTTIGS[3] mitgeteilt und benützt, welche wohl umfassender als die bisher aufgestellten ist. Es soll jeder chemische und physikalische Vorgang ein Gerüst finden, in welchem er zu gleichartigen Vorgängen eingeordnet werden kann. Hierbei sollen auch solche Vorgänge mit einbezogen werden, welche sich im wesentlichen nur zweidimensional in den Phasengrenzflächen, eindimensional etwa längs Fäden oder Kanten und Rissen oder auch nur an vereinzelten Berührungsstellen fester Körper abspielen (vgl. z. B. die Systematik von WO. OSTWALD[4]). Es ist von uns (z. B. G. F. HÜTTIG und E. HERRMANN[5]) und auch von anderen Autoren (z. B. DERVICHIAN[6]) wiederholt darauf hingewiesen worden, daß die chemischen und physikalischen Vorgänge in den Phasengrenzflächen Analoga zu den besser bekannten chemischen und physikalischen Veränderungen der Kristallgitter sind; entsprechend dem höheren Gehalt an freier Energie, der den in der Oberfläche liegenden Atomen eigen ist, spielen sich diese Vorgänge nur mit einer größeren Affinität ab; in einer Systematik der Reaktionstypen muß die Gleichartigkeit der Gitter- und der Oberflächenvorgänge berücksichtigt werden.

Ferner sind in das System diejenigen Reaktionen aufgenommen, welche in Gegenwart von solchen Körpern stattfinden, die an dem eigentlichen Umsatz

---

[1] W. E. GARNER: Sci. Progr. **33** (1938), 209; C 39 I 579.

[2] G. SCHWARZENBACH: Allgemeine und anorganische Chemie. Leipzig, 1941; C 1941.

[3] G. F. HÜTTIG: Kolloid-Z. **94** (1941), 258; C 41 II 2.

[4] WO. OSTWALD: Kolloid-Beih. **42** (1935), 109; C 36 I 2304.

[5] G. F. HÜTTIG, E. HERRMANN: Kolloid-Z. **92** (1940), 27 (Abschn. 20); C 41 I 877.

[6] D. G. DERVICHIAN: J. chem. Physics **7** (1939), 931; C 40 II 297.

nicht teilnehmen; es sind dies die Katalysatoren oder ein an dem Umsatz nicht mehr teilnehmender Überschuß eines Reaktionspartners oder das „Medium“, innerhalb dessen sich die Reaktion abspielt. Auch hier ist mehrfach darauf hingewiesen worden (z. B. HÜTTIG[1]), daß es geradezu zu dem Wesen eines Katalysators gehört, sich unter entsprechend veränderten äußeren Umständen als echter Reaktionspartner an der Reaktion zu beteiligen. Auch hier würde eine völlig getrennte Behandlung der Reaktionen mit und ohne Katalysator eine wichtige Beziehung außer acht lassen.

Bei der Beurteilung der Frage, welcher *Reaktionsart* eine bestimmte Reaktion angehört, bleiben die Zwischenzustände, deren die betreffende Reaktion fähig ist, unberücksichtigt. Es werden nur die Merkmale herangezogen, welche die Reaktion bei ihrem Beginn und ihrem Ende, also nach Erreichung des thermodynamisch oder praktisch endgültigen Reaktionszieles hat. Zwischen Beginn und Ende der Reaktion liegen die Zustände des *Überganges*. Zwei Reaktionen, welche der gleichen Reaktionsart angehören, sich aber entsprechend der nachfolgend näher bezeichneten Merkmale in den Zuständen des Überganges unterscheiden, bezeichnen wir als Spielarten der betreffenden Reaktionsart.

Die zur Kennzeichnung der Reaktionsart herangezogenen *Merkmale* bestehen in der Zahl der „*Bestandteile*“, welche an der Reaktion beteiligt sind, und in der Anzahl der „*Zustände*“, welche am Anfang und zu Ende der Reaktion vorliegen. Wir gebrauchen die Ausdrücke „Bestandteil“ und „Zustand“ in dem gleichen Sinne wie für die Phasenregel die Ausdrücke „Komponente“ und „Phase“ Gültigkeit haben. Wir haben aber die letzteren Bezeichnungen deshalb nicht gewählt, weil wir sie gelegentlich in einem erweiterten Sinn anwenden müssen, für welche ihre ursprüngliche, der Phasenregel angepaßte, Definition nicht mehr zutrifft. Dieser Fall könnte sich bei der Behandlung reiner Oberflächenvorgänge einstellen, ebenso bei der Betrachtung der gleichen Modifikation in verschiedenen Aktivitätsgraden, welche für uns fraglos zwei verschiedene „Zustände“ darstellen, von denen es aber zweifelhaft sein könnte, ob sie als zwei Phasen zu zählen sind; so sind für uns ein kalt bearbeitetes Aluminium und ein weiches Aluminium zwei verschiedene „Zustände“.

Die Verschiedenheit in der Bezeichnung „Komponente“, wie sie die Phasenregel und das Massenwirkungsgesetz benützt, und der Bezeichnung „Bestandteil“, wie wir sie benützen, tritt am schärfsten bei den homogenen Gleichgewichten in Erscheinung, also bei den Gleichgewichten, wie sie innerhalb von Systemen auftreten, welche *nur* aus Gasen bzw. nur aus einer Flüssigkeit bzw. Lösung bestehen. Für das Massenwirkungsgesetz ist beispielsweise das Gleichgewicht $H_2 + J_2 \rightleftarrows 2\,HJ$ eine gasförmige Phase mit *zwei* Komponenten (H und J). Für uns bleibt jede Phase (also auch die obige Gasphase mit ihren möglichen Gleichgewichtsverschiebungen) so lange aus einem *einzigen* Bestandteil zusammengesetzt, als sich während der Veränderungen nicht die analytische Gesamtzusammensetzung ändert. Eine solche Festsetzung ist notwendig, da sich nur auf diesem Wege eine Übereinstimmung mit der Behandlung der Zustandsänderungen innerhalb fester Stoffe erreichen läßt. Diese Festsetzung greift in die Systematik wenig tief ein und ließe sich nachträglich unschwer abändern. Sobald ein Übertritt in eine andere Phase in einem abgeänderten Mischungsverhältnis eintritt (z. B. Abscheidung von flüssigem Jod im obigen Fall), wird die Zahl der „Komponenten“ und „Bestandteile“ sofort identisch. Wir bezeichnen dann zwei Reaktionen als zu der gleichen *Reaktionsart* gehörend, wenn sie durch die gleiche Anzahl von Bestandteilen gekennzeichnet sind und wenn sie sowohl am

[1] G. F. HÜTTIG: Mh. Chem. **69** (1936), 42 (Abschn. 8); C 37 I 509.

Beginn als auch am Ende ihres Verlaufes die gleiche Anzahl starrer bzw. flüssiger bzw. gasförmiger Zustände aufweisen.

Eine jede Systematik chemischer Reaktionen wird nicht ohne gewisse *Vernachlässigungen* auskommen. Es kann nur die Frage maßgebend sein, welche Vernachlässigungen man bei der Einreihung einer Reaktion in eine bestimmte Reaktionsart als zulässig betrachtet. Die heutige analytische Chemie vermag überall sämtliche Elemente nachzuweisen; grundsätzlich ist es also immer möglich, irgendwelche kleinen Mengen irgendeines beliebigen Elementes für einen unerwarteten Reaktionsablauf verantwortlich zu machen. Nur dort, wo man die von dieser undefinierten Seite kommenden Einflüsse vernachlässigen kann, ist eine Einordnung in ein übersehbares System möglich. Oder eine praktisch nur in der Oberfläche stattfindende Wechselwirkung zwischen den Molekülen zweier Bestandteile wird nur dann zweckentsprechend einzuordnen sein, wenn man eine immer — wenn auch nur in geringfügigem Ausmaße — vorhandene dreidimensionale Lösung der beiden Bestandteile vernachlässigt. Manche Reaktionsarten sind mit anderen Reaktionsarten durch kontinuierliche Übergangsmöglichkeiten verbunden; es bleibt dann vielfach willkürlich, welcher der beiden Reaktionsarten man eine zwischen beiden liegende Reaktion zuordnet. Dies gilt vor allem von einem der für jede Systematik grundlegendsten Begriffe, nämlich der „Homogenität" und „Heterogenität" (vgl. hierzu Wo. OSTWALD[1]). Zwischen einer echten Lösung gibt es über die Pseudolösung, fein und grob disperse Sole und Gele einen kontinuierlichen Übergang zu dem zweiphasigen Zustand: kristallisiert starr + flüssig; ebenso ist mit der Möglichkeit eines kontinuierlichen Überganges des amorphen bzw. glasartigen Zustandes in den kristallisierten zu rechnen. In bezug auf die Systematik der Reaktionsarten ist damit die Möglichkeit von Vorgängen gegeben, welche kontinuierliche Zwischenglieder von zwei registrierten Reaktionsarten sind.

Bei der Aufstellung der vorliegenden Systematik war das Bestreben vorhanden, möglichst wenige Reaktionsabläufe außerhalb ihres Rahmens fallen zu lassen. Immerhin ergeben sich auch in dieser Beziehung zwangsläufige Einschränkungen. Der Ablauf aller hier betrachteten Reaktionen ist bei konstant gehaltenen äußeren Umständen — also konstanter Temperatur, Druck, Spannung usw. — gedacht. Eine während des Reaktionsablaufes vorgenommene Änderung dieser Umstände kann eine Veränderung des Reaktionszieles bewirken. Solche „*Reaktionen mit einem während ihres Ablaufes veränderten Reaktionsziel*" werden zwar häufig verwirklicht, stehen aber vorläufig hier nicht weiter zur Diskussion. Das gleiche gilt im beschränkten Umfange für solche Reaktionen, bei welchen während ihres Ablaufes der weitere Ablauf, ja vielleicht sogar das Reaktionsziel durch neue Zusätze verändert wurde.

Mit dem Ansteigen der an dem Vorgang beteiligten Zahl der Bestandteile wächst die Anzahl der denkbaren Reaktionsarten größenordnungsmäßig an. Nur von dem Standpunkt der möglichen mathematischen Variationen, Kombinationen und Permutationen betrachtet, geht dieser Anstieg unbegrenzt weiter. Unter Berücksichtigung der üblichen Vernachlässigungen wird aber die Zahl der verwirklichten Reaktionen bald ein Maximum erreichen, um dann mit weiter wachsender Anzahl der Bestandteile wieder abzusinken. Der Versuch, eine umfassende Systematik der chemischen Reaktionsarten aufzustellen, ist von diesem Gesichtspunkt aus gar kein so hoffnungsloses Unternehmen.

Die Beurteilung einer Systematik kann lediglich in bezug auf die Zweckmäßigkeit erfolgen, mit welcher sie ihre Materie ordnet, übersichtlich gestaltet und zu

---

[1] Wo. OSTWALD: Kolloid-Z. 84 (1938), 258; C 39 I 2.

bewältigen ermöglicht. Die Zweckmäßigkeit wird nun je nach dem Arbeitsgebiet und dem Aufgabenkreis verschieden sein. Eine Systematik, welche gern eine allgemeiner anerkannte Grundlage darstellen möchte, muß bemüht sein, sich in den Schwerpunkt der manchmal auseinanderstrebenden Interessen zu stellen und insbesondere Brücken zu schlagen zwischen den Anforderungen des vorhandenen Besitzstandes, den Hauptrichtungen, in welchen sich die chemische Forschung fortbewegt, und den Bedürfnissen der angewandten, also technischen und patentrechtlichen Chemie. Mit dem Fortschritt der chemischen Forschung und Technik werden sich auch die an eine Systematik der chemischen Reaktionsarten zu stellenden Anforderungen ändern. Wollte man aus dieser Tatsache die Notwendigkeit eines Verzichts auf die Aufstellung eines solchen Systems ableiten, so könnte man mit dem gleichen Argument auch den Wert des wissenschaftlichen Fortschrittes selbst in Frage stellen.

Eine Systematik ist eine Registratur, aber kein Naturgesetz, aber sie fördert die planvolle Auffindung von Gesetzmäßigkeiten. Eine zweckentsprechende Registratur der Reaktionsarten wird die chemischen und physikalischen Vorgänge so ordnen, daß die Vorgänge mit gleichen oder ähnlichen Gesetzmäßigkeiten nahe beieinander stehen oder zumindest rasch festgestellt werden können. Eine fast jahrzehntelange Beschäftigung mit diesem Gegenstand hat uns gezeigt, daß sich häufig auf diese Weise chemische Vorgänge zusammenfinden und ergänzen, welche nach dem historischen Werdegang unserer Wissenschaft oder nach den technischen Anwendungen zu völlig verschiedenen, anscheinend beziehungslosen Gebieten gehören.

Auch in einem bestimmten Zeitpunkt der geschichtlichen Entwicklung wird die Frage nach der Aufstellung eines Systems der chemischen Reaktionsarten nicht nur eine einzige „richtige" Lösung haben. Auch wir haben es sehr erwogen, den Begriff des „Bestandteiles" nicht als oberstes Einteilungsprinzip zu setzen. Wenn wir dies dennoch in der nachfolgend verwendeten Systematik beibehalten haben, so war hierfür der Umstand maßgebend, daß sich ein solches System in bezug auf Übersichtlichkeit, Ausbaufähigkeit, Elastizität, allgemeine Anwendbarkeit und Vereinigung des sachlich Zusammengehörigen in unseren Händen seit längerer Zeit bestens bewährt hat und daß es auch seit etwa zwei Jahren der allgemeinen Kritik zugänglich war (vgl. HÜTTIG[1]). Insbesondere finden auch die katalysierten Vorgänge ihre natürlichen Beziehungen zu den übrigen Reaktionsarten.

Zu der Einteilung der gesamten Reaktionsarten in *Klassen* nach der Zahl der an dem System beteiligten Bestandteile und die innerhalb einer Klasse vorgenommene Zusammenfassung mehrerer Reaktionsarten zu *Sippen* (Familien, Typen) sowie die Unterteilung einer *Reaktionsart* in *Spielarten* braucht kaum eine Erläuterung beigefügt werden. Insofern dies nicht schon durch die vorangehend aufgestellte Definition geschehen ist, gibt darüber die nachfolgende Anwendung klare Auskunft.

„Chemische Affinität" und „katalytische Affinität".

Die Ursachen, welche für das Zustandekommen einer chemischen Reaktion einerseits und für den Effekt bei der Einwirkung eines Katalysators auf das Substrat andererseits verantwortlich sind, werden als wesensähnlich oder als wesensgleich angenommen; so wie man im ersteren Fall von einer „chemischen Affinität" spricht, wird analog von einer „katalytischen Affinität" gesprochen (MIT-

[1] G. F. HÜTTIG: Kolloid-Z. 94 (1941), 258; C 41 II 2.

TASCH[1]). Dort, wo die Kraftwirkungen zwischen den Molekülen groß genug sind, um eine dauernde chemische Vereinigung oder Neuanordnung zu bewirken, tritt eine chemische Reaktion ein; in diesem Fall sind alle Ausgangsstoffe Reaktionsteilnehmer, und der tatsächlich stattfindende Reaktionsablauf ist durch einen positiven Betrag an Affinität ($= \varDelta F$) gekennzeichnet; in dem Affinitäts/Temperatur-Diagramm (vgl. Abb. 1, S. 349) liegt in einem solchen Fall der $\varDelta F$-Wert oberhalb der Abszissenachse. Dort, wo die zwischen zwei Molekülgattungen bestehenden Kraftwirkungen nicht ausreichen, um eine chemische Verbindung zu bilden, kann auch keine chemische Reaktion eintreten; in diesem Fall wird die räumliche Nachbarschaft der beiden Molekülgattungen lediglich eine Verschiebung in ihren Kraftfeldern bewirken, die allenfalls die eine oder die andere Molekülart befähigt, irgend eine Reaktion (z. B. mit einer dritten Molekülart) mit größerer Geschwindigkeit einzugehen; in einem solchen Fall wird die Molekülart, welche die Kraftfelder der anderen Molekülart „auflockert", ohne aber selbst aus dieser erhöhten Reaktionsbereitschaft der anderen Molekülart Nutzen ziehen zu können, „Katalysator" genannt. Die thermodynamische Affinität zwischen dem Katalysator und dem von ihm aufgelockerten Molekül ist Null oder kleiner als Null; in dem Affinitäts/Temperatur-Diagramm liegt in einem solchen Fall der $\varDelta F$-Wert unterhalb der Abszissenachse, also z. B. in Abb. 1 auf denjenigen Ästen der F-Kurven, welche sich (in diesem Fall in dem Gebiete höherer Temperaturen) auf der nicht eingezeichneten Verlängerung unterhalb der Abszissenachse bewegen; diese unter die Abszissenachse fallenden Äste sind zwar mit Hilfe des NERNSTschen Wärmesatzes berechenbar, es fehlt ihnen aber vom Standpunkt der Thermodynamik eine naturwissenschaftliche Sinngebung; eine solche ist aber dann gegeben, wenn man die katalytische Affinität von dem gleichen Gesichtspunkt aus wie die chemische Affinität betrachtet, so wie dies oben geschehen ist.

Wir können uns hier des folgenden anschaulichen Bildes bedienen, das aber natürlich nichts über den eigentlichen Ablauf (Mechanismus) eines katalysierten Vorganges aussagen will: Um eine Kugel von dem Gewichte P zu heben, ist eine Kraft notwendig, welche größer ist als P; wird eine solche Kraft $> P$ an die Kugel angesetzt, so wird diese gehoben, und es findet eine Energieumwandlung (hier Arbeitsenergie in potentielle Energie) statt; ein solcher Vorgang trägt als Zustandsänderung in gewisser Beziehung die Merkmale einer chemischen Reaktion. Wird hingegen an die gleiche Kugel eine Kraft $= p$ angesetzt, die kleiner ist als P, so geschieht nichts, nur wird gegenüber einem anderen Hebevorgang die Kugel nicht mehr mit dem Gewicht P, sondern nur noch mit $P - p$ in Erscheinung treten. Ein solches Bild kann in gewisser Beziehung die Merkmale einer in Berührung mit dem Katalysator stehenden Komponente des Substrates veranschaulichen.

Es wurde vorhin angegeben, daß zumindest für die Reaktionen, deren Verlauf unter irgendeiner Bedingung möglich ist, aus den zugehörigen thermochemischen und thermischen Daten auch die Größe der negativen Affinität für solche äußeren Verhältnisse berechnet werden kann, unter denen die Reaktion nicht mehr freiwillig verläuft. So ist es also prinzipiell denkbar, zu bestimmen, wie groß in einem bestimmten Fall die Affinität ist, welche dem Katalysator noch fehlt, um mit irgendeinem Bestandteil des zu katalysierenden Substrates eine chemische Vereinigung oder Umsetzung einzugehen. So könnte man in günstig liegenden Fällen die Beziehung zwischen dieser fehlenden Affinität und den, die katalytische Wirksamkeit kennzeichnenden Größen (z. B. der Aktivierungswärme) prüfen. Diese einfache Fragestellung wird dadurch sehr kompliziert, daß man hier zum Vergleich die Affinitätswerte der eigentlich katalysierenden ak-

[1] A. MITTASCH: Über Katalyse und Katalysatoren in Chemie und Biologie, S. 13. Berlin: Springer, 1936; C 37 I 785.

tiven Zentren heranziehen müßte (vgl. S. 371), was schon im Hinblick auf unsere geringe Kenntnis der Oberflächen- (und analog Kanten- und Eck-) spannung der festen Körper nicht möglich ist. Immerhin mag die folgende Gegenüberstellung der von SCHWAB, STAEGER und v. BAUMBACH[1] gemessenen Aktivierungswärmen des katalytisierten Distickstoffoxydzerfalls mit einigen thermochemischen und thermodynamischen Daten lehrreich sein (Tabelle 1).

Tabelle 1. *Kinetik und Thermodynamik des Distickstoffoxydzerfalls.*

Katalysator	q_s	Δq_s	Q	ΔQ	F	ΔF
BeO	50	—	—	—	—	—
	—	13	—	—	—	—
MgO	37,0	—	—	—	—	—
	—	2,2	—	—	—	—
CaO	34,8	—	5,430	—	(4,904)	—
	—	2,8	—	7,64	—	4,44
SrO	32,0	—	13,07	—	(9,34)	—
	—	—	—	5,29	—	3,8
BaO = Reaktionspartner unter Bildung von BaO_2	—	—	18,36	—	13,2	—

Die obigen Zahlen sind Energiegrößen, ausgedrückt in kcal/Mol. Es bedeutet: q_s die scheinbare Aktivierungswärme des Distickstoffoxydzerfalls, wenn der in der ersten Kolonne genannte Stoff anwesend ist; ferner Q die Bildungswärme des Peroxyds, definiert durch die Gleichung

$$\text{MeO fest} + \tfrac{1}{2}\,O_2 \text{ gasförmig} \rightarrow \text{MeO}_2 \text{ fest} + Q \text{ kcal};$$

es bedeutet ferner F die freie Energie des gleichen Vorganges, wobei die geklammerten Zahlen geschätzte Werte darstellen. Die Werte ΔX geben die Veränderung der Werte für X ($X = q, Q, F$) bei zwei aufeinanderfolgenden Gliedern der Reihe an. Man sieht, daß die größere Beschleunigung, die das SrO gegenüber dem CaO als Katalysator des Distickstoffoxydzerfalls hervorbringt, einem Abfall von 2,8 in den Aktivierungswärmen entspricht und daß größenordnungsmäßig gleich, nämlich 4,4 auch die Affinität ist, welche SrO gegenüber Sauerstoff mehr hat als das CaO. *Hier scheint also eine um den Betrag ΔF ansteigende Affinität des Katalysators zu einem Zerfallsprodukt des Substrats eine größenordnungsmäßig gleiche Erniedrigung der Aktivierungswärme des in der Gegenwart des Katalysators stattfindenden Zerfallsvorganges zu bewirken* (vgl. S. 353 und SKRABAL[2]).

KOMATSU und MITSUI[3] geben gleichfalls eine Beziehung zwischen katalytischer Aktivität und Affinität. BALANDIN[4] hat diesen Gesichtspunkt der Abstufung der Aktivierungswärmen nach den Affinitäten zwischen Katalysator und Substratbruchstücken in breiterem Umfang bei der krackenden Hydrierung organischer Verbindungen erfolgreich ausgebaut. Freilich benutzt er statt der Differenzen der freien Energien die sicher ähnlich abgestuften Gesamtenergien.

Allgemein kann man den Katalysator als einen Stoff bezeichnen, welcher die Reaktionsteilnehmer zur Reaktion anregt, ohne sie hierin zu befriedigen, denn

[1] G.-M. SCHWAB, R. STAEGER, H. H. v. BAUMBACH: Z. physik. Chem., Abt. B **21** (1933), 65; C 33 I 3867.
[2] A. SKRABAL: Angew. Chem. **54** (1941), 343; C 41 II 1818.
[3] S. KOMATSU, K. MITSUI: Recueil Trav. chim. Pays-Bas **57** (1938), 586; C 38 II 1566.
[4] A. A. BALANDIN: Z. physik. Chem., Abt. B **3** (1929), 167; C 29 II 692.

ohne Anregung keine katalytische oder auch sonstige Wirkung und mit Befriedigung auch wieder keine Katalyse, sondern bereits Reaktionsteilnahme. Der Katalysator muß an dem Zustandekommen einer Reaktion interessiert sein, indem er sich gern mit einer der entstehenden Komponenten vereinigen möchte und daher an dem Verlauf der Reaktion mitarbeitet, dann aber, sobald dies bewerkstelligt ist, leer ausgeht („Prinzip des betrogenen Betrügers"). MITTASCH[1] weist auf die Apostrophierung des Katalysators als dem selbstlosen Helfer hin; dies ist aber bloß ein Ehrentitel für die tatsächlichen Dienstleistungen, die er anderen erweist; sie geschehen aber nicht aus Selbstlosigkeit, sondern aus Schwäche, sich die Früchte der Bemühungen auch für sich selbst zu erhalten. Nach den eben diskutierten Versuchen von SCHWAB und Mitarbeitern katalysiert BeO den Zerfall des Distickstoffoxyds fast gar nicht, wohingegen MgO eine deutliche katalytische Wirkung zeigt, wohl weil es bereits an dem bei dem Zerfall entstehenden Sauerstoff ein Interesse hat, etwa in der Absicht, ein MgO_2 zu bilden, zu dessen tatsächlicher Bildung aber die Affinität nicht ausreicht. Größer ist diese Affinität bei CaO, das auch tatsächlich in bezug auf den N_2O-Zerfall ein besserer Katalysator als MgO ist. Noch einen Schritt weiter in dieser Beziehung geht das SrO. Geht man nun zu dem BaO über, so wird die Affinität zu Sauerstoff so groß, daß sich tatsächlich BaO_2 bildet. BaO ist somit kein Katalysator mehr, sondern ein Reaktionsteilnehmer; die Steigerung der katalytischen Wirksamkeit ist überschossen. („Trop!"; „Prinzip des Hasardspieles Einundzwanzig", bei dem es um so günstiger ist, je näher man an 21 herankommt, und wo man verloren hat, wenn man auch nur mit einer einzigen Einheit darüber hinauskommt.) Am günstigsten scheint der Katalysator dann zu sein, wenn die Gesamtheit seines Zustandes bezüglich ihrer Affinität eben noch nicht zu einer Reaktion mit dem Substrat ausreicht. Hierfür gibt FRANKENBURGER ein schönes Beispiel: Eisen katalysiert die Ammoniakbildung, weil es ein instabiles Nitrid bildet, Vanadin tut dies nicht, weil sein Nitrid stabil ist. Natürlich sind für die Güte des Katalysators auch noch andere Umstände maßgebend, so z. B. seine Fähigkeit, eine ausreichende Menge der zu katalysierenden Ausgangsstoffe an seiner Oberfläche festzuhalten, sie in einer bestimmten Weise gegenseitig zu orientieren usw. (HÜTTIG[2]).

KLEMENT weist auf die folgende Affinitätsabstufung hin: Die wässerige Lösung von Ammoniumsulfid gibt mit Arsensulfid die echte Lösung einer chemischen Verbindung, mit Kupfersulfid nur noch eine kolloide Lösung und mit Quecksilbersulfid bildet sich auch diese nicht mehr, jedoch kann noch die Modifikationsumwandlung des Quecksilbersulfids durch die Anwesenheit der wässerigen Ammoniumsulfidlösung katalytisch beschleunigt werden.

Das Chrom(III)oxydhydrat-Sol ist durch elementaren Sauerstoff nur schwer oxydierbar; sind hingegen Stoffe vorhanden, die „zur Autoxydation neigen", so kann starke CrO_4''-Bildung beobachtet werden (HEIN und STUMM[3]). Die zugesetzten Stoffe *versuchen* die Sauerstoffmoleküle in die zum Oxydationsvorgang geeigneten Zustände zu bringen (z. B. durch Lockerung der O=O-Bindung); dadurch beschleunigen sie die Oxydation des Chrom(III)oxyds, sie selbst aber gehen leer aus. Dieses Beispiel zeigt, daß zwischen einer solchen Katalyse und den Vorgängen, bei welchen die Oxydation eines Stoffes (des „Rezeptors") nur dann mit großer Geschwindigkeit stattfindet, wenn sich gleichzeitig ein anderer Stoff

[1] A. MITTASCH: Über Katalyse und Katalysatoren in Chemie und Biologie, S. 47. Berlin: Springer, 1936; C 37 I 785.
[2] G. F. HÜTTIG: Mh. Chem. **69** (1936), 42; C 37 I 509; Tekn. Samfund. Handl. **1936**, 125; C 37 II 720.
[3] F. HEIN, O. STUMM: J. prakt. Chem. (N. F.) **147** (1936), 53; C 36 II 4185.

(der „Autoxydator") oxydiert, kein prinzipieller, sondern nur ein gradueller Unterschied zu bestehen braucht.

Da sich der vorliegende Abschnitt auf die energetische Betrachtungsweise beschränken soll, so mögen alle spezielleren Vorstellungen über den Mechanismus der Wechselwirkung zwischen Substrat und Katalysator hier unberücksichtigt bleiben (vgl. z. B. O. SCHMIDT[1], ROGINSKY[2], POLANYI u. v. a.).

I. Reaktionsarten mit einem Bestandteil.

Bei den Reaktionsarten mit *einem* Bestandteil kann es sich nur um Umwandlungen oder Veränderungen des Aggregatzustandes handeln. Die übliche Einteilung der Aggregate in feste (= starre), flüssige und gasförmige ist auch hier recht weitgehend beibehalten worden. Es hat sich jedoch als zweckmäßig herausgestellt, den starren Zustand *nicht* mit dem kristallisierten Zustand zu identifizieren, sondern als *starr* diejenigen Aggregate zu definieren, bei welchen alle Leptone (= Atome, Moleküle, Atomgruppen, Ionen) unabhängig von der Zeit ortsfest gebunden sind oder um eine ortsfeste Lage schwingen; in der Nähe des absoluten Temperatur-Nullpunktes ist also ein Glas ebenso im starren Zustand wie beispielsweise ein Kochsalzkristall. Dementsprechend ist der *flüssige* Aggregatzustand dadurch gekennzeichnet, daß die einzelnen Leptone ohne aufzuwendende Arbeit gegeneinander in Ebenen gleichen Potentials verschiebbar sind, wohingegen zu ihrer gegenseitigen Entfernung ein Energieaufwand erforderlich ist; in einem solchen Zustand befindet sich auch unser Sonnensystem. Im *gasförmigen* Zustand üben die einzelnen Leptone aufeinander überhaupt keine nachweisbaren Kräfte aus. Diese Definitionen beinhalten die Betrachtung idealisierter Zustände, für welche WO. OSTWALD[3] die Bezeichnung *Stasen* eingeführt hat. Realerweise werden uns aber nur Zustände begegnen, welche von diesen idealisierten Grenzfällen mehr oder minder stark abweichen und zwischen diesen Stasen liegende Zustände darstellen. Für diese Zwischenzustände hat WO. OSTWALD den Begriff „Aggregations-Metastasen" eingeführt. So wird in einem festen Stoff bei jeder realen Temperatur ein kleiner oder größerer Anteil der Leptone in Selbstdiffusion begriffen sein, also Merkmale des flüssigen Zustandes zeigen (S. 386). Andrerseits sind die Flüssigkeiten mit fixierter Struktur" (UEBERREITER[4]) und noch mehr die kristallinen Flüssigkeiten (WEYGAND[5]) Zwischenzustände auf dem Wege von der flüssigen zur festen Stasis.

Um Wiederholungen zu vermeiden, ist es zweckmäßig, einige der uns im nachfolgenden immer wieder begegnenden Merkmale des „stabilen" und des „aktiven" festen Zustandes zusammenfassend zu behandeln (S. 338 bis S. 372).

Der stabile feste Zustand bei dem absoluten Temperatur-Nullpunkt.

a) Das Kristallgitter.

Wir bezeichnen als *stabilen Zustand* eines Körpers oder einer Anordnung von Körpern einen solchen Zustand, der unter den betrachteten Verhältnissen ein Minimum an freier Energie besitzt; diese Definition ist gleichbedeutend mit der

[1] O. SCHMIDT: Z. Elektrochem. angew. physik. Chem. **39** (1933), 824; C 35 I 1281.
[2] S. ROGINSKY: Acta physicochim. URSS **1** (1934), 651; C 35 I 3243.
[3] WO. OSTWALD: Kolloid-Z. **100** (1942), 1.
[4] K. UEBERREITER: Z. physik. Chem., Abt. B **46** (1940), 157; C 40 II 462.
[5] C. WEYGAND: Nova Acta Leopoldina (N. F.) **9** (1940), 1; C 1940.

Aussage, daß eine im stabilen Zustand befindliche Anordnung sich bei unveränderten energetischen Verhältnissen auch während unbegrenzt langer Zeit nicht mehr verändert. Es wird recht allgemein als selbstverständlich angenommen, daß die festen Körper im stabilen Zustand als große fehlerfreie Kristalle vorliegen. Demnach sind die Atome, Moleküle oder Ionen, aus welchen sich die Kristalle aufbauen, regelmäßig periodisch wiederkehrend in den Knotenpunkten eines Raumgitters ortsfest angeordnet; ein wesentliches Merkmal dieser Anordnung ist es, daß die hindurchgehenden Röntgenstrahlen zu einer scharfen Interferenz gelangen können (Röntgenogramme, Debyeogramme).

Dieser klassischen Vorstellung gegenüber ist selbst für Betrachtungen bei dem absoluten Temperatur-Nullpunkt eine Vorsicht geboten, welche um so dringlicher wird, bei je höheren Temperaturen man den festen Zustand betrachtet. Wenn man den festen Zustand — so wie es nachfolgend stets geschehen wird — durch die ortsfeste Lagerung seiner Atome, bzw. Moleküle, bzw. Ionen definiert (S. 333), so sind zu den festen Stoffen abgesehen von den amorphen Zuständen auch die *Gläser* (vgl. S. 368), die *Sphärolithe* (MORSE, WARREN und DONNAY[1]), die *Somatoide* und *Vizinalen* (V. KOHLSCHÜTTER, FEITKNECHT[2], HUBER[3]) und andere feste Gebilde zu rechnen. Für die meisten dieser Zustandsformen muß eine bestimmte „Struktur", d. h. also eine zumindest teilweise gesetzmäßige Anordnung der Gitterbausteine angenommen werden. Es ist bisher nicht der thermodynamische Beweis erbracht, daß solche Gebilde unbedingt einen höheren Gehalt an freier Energie besitzen müssen, als sie sogar die mit dem kleinsten Gehalt an freier Energie ausgestattete kristallgittermäßige Anordnung der gleichen Bausteine hat. Für das Glycerin wurde sogar das Gegenteil bewiesen.

Des ferneren ist es sicher nicht zutreffend, daß man sich auch bei größeren Kristallen die regelmäßige Anordnung in Kristallgittern über den ganzen Kristall hinweg vorstellen darf. Wenn wir selbst von den Unregelmäßigkeiten absehen, welche in der Kristalloberfläche und in ihrer Nähe auftreten *müssen*, so ergibt sich immer noch der folgende Sachverhalt: M. v. LAUE hat bereits in seiner ersten Arbeit über die Interferenz von Röntgenstrahlen (OSTWALDS Klassiker Nr. 204, S. 42) festgestellt, „daß nicht der ganze Flußspatkristall als einheitliches Raumgitter wirkt, sondern nur gewisse Teile von ihm" — ein Befund, der später wiederholt von verschiedenen Seiten an verschiedenen Stoffen bestätigt wurde. CZOCHRALSKI und natürlich auch viele andere haben beobachtet, daß die durch Erstarren von Schmelzen entstandenen und nicht weiter mechanisch bearbeiteten metallischen Gußstücke überhaupt keine Anzeichen zu einer Kornvergrößerung zeigen; daß sich Verschmutzungen der Kristalloberflächen dem Übergang über gröber disperse Zustände zu dem Einkristall hemmend entgegenstellen, braucht nicht immer die ausreichende Erklärung hierfür zu sein. Überhaupt ist es auffallend, daß der Endzustand des großen Einkristalls im Laboratorium nur so schwierig und in der Natur nur selten und da auch nur bei vereinzelten Stoffen erreicht wird. HEDVALL[4] stellt für gewisse *thermodynamisch reversible* Zustandsänderungen, welche als Modifikationsumwandlungen anzusprechen die röntgenoskopischen Ergebnisse verbieten, die Annahme von diskontinuierlichen Umwandlungen in der „Gefügestruktur" zur Diskussion; eine solche Annahme wäre nur schlecht mit der Tatsache vereinbar, daß in allen

[1] H. W. MORSE, C. H. WARREN, J. D. DONNAY: Amer. J. Sci. (Silliman) [5] **23** (1935), 421; C 35 II 3480.

[2] W. FEITKNECHT: Z. Kristallogr., Mineral., Petrogr. **84** (1932), 173; C 33 I 1739; Helv. chim. Acta **18** (1935), 28; C 35 II 1817.

[3] K. HUBER: Z. Kristallogr., Mineral., Petrogr. **99** (1938), 453; C 38 II 3655.

[4] J. A. HEDVALL: Z. anorg. allg. Chem. **243** (1940), 231 (letzter Absatz und a. a. O.); C 40 I 1945.

Fällen der große Einkristall den thermodynamisch bedingten Gleichgewichtszustand darstellt. Für SAUERWALD[1] ist ein im „Gefügegleichgewicht" stehendes Aggregat ein feststehender Begriff. Am beharrlichsten und eindeutigsten verficht wohl BALAREW[2] in einem ausgedehnten Schrifttum die These, daß der disperse Zustand (etwa mit der Teilchengröße 10^{-4} cm) und nicht der große Einkristall dem stabilen Zustand der festen Materie entspricht, und weiß viele anschauliche Beobachtungen zu dieser Behauptung beizubringen. Es wird vor allem gezeigt, daß die Gleichgewichte, welche realerweise an Systemen unter Mitbeteiligung fester Stoffe beobachtet werden, nur auf diese Weise ihre Erklärung finden können. Über die als „Mosaik"- oder „Block-Struktur" der Kristalle bezeichneten Zustände sind in den letzten Jahren eine große Anzahl von Mitteilungen gemacht worden, so von ZWICKY[3], BLANK[4] (zusammenfassender Bericht), THOMSON[5], BUERGER[6] (und die hierzu gehörige Diskussion[7]), BUCKLEY[8] (und Aussprache hierzu[9]), GOETZ und DODD[10], DUWEZ[11], STROCK[12], GOGOBERIDSE[13], LEONHARDT und TIEMEYER[14], SEEMANN[15], SMIALOWSKI[16] u. a. HÜTTIG[17] hat diese Frage auf Grund der im Schrifttum vorhandenen Angaben über die Energietönungen bei der Bildung neuer Oberflächen und die Unterschiede in den spezifischen Wärmen bei den gleichen Stoffen, jedoch verschiedenen Dispersitätsgrades, thermodynamisch untersucht; wenn auch die experimentellen Unterlagen für eine eindeutige Entscheidung derzeit noch nicht ausreichend sind, so ist auch auf dieser Grundlage die Möglichkeit, daß einem bestimmten inkohärenten (dispersen) Zustand eine größere Stabilität zukommen kann, als dem großen Einkristall, keineswegs von der Hand zu weisen. Schließlich muß hervorgehoben werden, daß es für die Theorienbildung über die uns begegnende und auch katalytisch sehr verschiedenartig gekennzeichnete große Mannigfaltigkeit in den Zuständen eines festen Stoffes eine wesentliche Erleichterung wäre, wenn man die Annahme machen dürfte, daß es eine stabile „Gefügestruktur" gibt, welche sich je nach den betrachteten äußeren Umständen ändert.

Unterstellt man den festen Stoffen ein Verhalten, wie es in dem vorigen Absatz zum Ausdruck kam, so bieten sich als Ursache für die Abweichungen des

---

[1] F. SAUERWALD, L. HOLUB: Z. Elektrochem. angew. physik. Chem. **39** (1933), 750 (S. 752); C 33 II 3084.

[2] D. BALAREW: Kolloid-Z. **88** (1939), 161, 288; C 40 II 2588; Kolloid-Beih. **53** (1941), 377; C 42 I 1847. — „Der disperse Bau der festen Systeme". Dresden und Leipzig: Steinkopff, 1939.

[3] F. ZWICKY: Physic. Rev. (2) **41** (1932), 265; C 33 I 12.

[4] F. BLANK: Physik. Z. **34** (1933), 353; C 33 II 2235.

[5] G. P. THOMSON: Philos. Mag. J. Sci. (7) **18** (1934), 640; C 35 I 193.

[6] M. J. BUERGER: Z. Kristallogr., Mineral., Petrogr., Abt. A **89** (1934), 242; C 35 I 1182.

[7] M. J. BUERGER, A. GOETZ, E. OROWAN: Z. Kristallogr., Mineral., Petrogr., Abt. A **93** (1936), 167; C 36 II 582.

[8] H. E. BUCKLEY: Z. Kristallogr., Mineral., Petrogr., Abt. A **89** (1934), 410; C 35 I 1184.

[9] L. W. STROCK: Diskussion über H. F. Buckley: Z. Kristallogr., Mineral., Petrogr. **93** (1936), 161; C 36 II 582.

[10] A. GOETZ, L. E. DODD: Physic. Rev. (2) **48** (1935), 165; C 35 II 2922.

[11] P. E. DUWEZ: Bull. Amer. physic. Soc. **10** (1935), Nr. 4, 10; C 36 I 4676.

[12] L. W. STROCK: Z. Kristallogr., Mineral., Petrogr., Abt. A **93** (1936), 285; C 36 II 582.

[13] D. B. GOGOBERIDSE: Physik. Z. Sowjetunion **11** (1937), 621; C 37 II 2316.

[14] J. LEONHARDT, R. TIEMEYER: Z. Physik **102** (1936), 781; C 37 I 1639.

[15] H. SEEMANN: Ergebn. techn. Röntgenkunde **6** (1938), 186; C 38 II 3656.

[16] M. SMIALOWSKI: Korros. u. Metallschutz **14** (1938), 111; C 38 II 169.

[17] G. F. HÜTTIG: Kolloid-Z. **97** (1941), 281 (Abschnitt 7).

stabilen Zustandes von einem großen Einkristall zunächst die Auswirkungen der thermischen Kräfte im Kristallgitter an. Wenn aber auch nicht bezweifelt werden kann, daß das Ausmaß der wirksamen thermischen Kräfte (die Temperatur) auf die Beschaffenheit der stabilen Gefüge- oder Mosaikstruktur (des Dispersitätsgrades) von entscheidendem Einfluß sein muß, so kann andrerseits in ihnen nicht die Ursache dieser Erscheinung selbst erblickt werden. Dank der Forschungen über den Zustand der Oberfläche fester Körper, insbesondere der systematischen Untersuchungen des Kaiser-Wilhelm-Institutes für physikalische Chemie, Berlin-Dahlem (z. B. SCHOON[1]), ist die Erkenntnis unbestreitbar, daß die Gitterabstände der in den Oberflächen liegenden Atome beachtlich abweichen von den Gitterabständen der Innenatome; nach Berechnungen von STRANSKI liegt bei heteropolaren Kristallen eine Kontraktion, bei homöopolaren Kristallen eine Dehnung der obersten Gitterebenen vor; eine solche Sachlage bedingt aber eine Rissigkeit der Oberfläche, d. h. eine Aufspaltung in kleine Blöckchen. Dies muß aber Störungen der an sich in allen Teilen gleichen, räumlich unbegrenzten Gitterordnung ergeben, die zur Ausbildung begrenzter Kohärenzbereiche führen können. So rechtfertigt sich auch einstweilen die Behandlung dieser Erscheinung unter Außerachtlassung der thermischen Kräfte, also die Einordnung unter die auch bei dem absoluten Temperatur-Nullpunkt stabil existenzfähigen Zustände. Bei der Beurteilung der Abweichung des stabilen Zustandes von einem großen, in allen Teilen homogen geordneten Einkristall ist die Frage wichtig, ob es sich hierbei um eine Mosaikstruktur handelt, welche in ihrer Gesamtheit noch als ein zusammengehöriges Kristallindividuum angesprochen werden muß (z. B. die Inkohärenz des Flußspatkristalles von v. LAUE, vgl. oben), oder ob es sich um mehr oder minder gesetzmäßige Verwachsungen kleiner Einzelkristalle zu einem Gesamtaggregat handelt („Sekundärstrukturen" z. B. von FRICKE, „Kohärent-disperse Systeme" von H. KOHLSCHÜTTER) oder ob aber ein Haufwerk von Kristalliten vorliegt, deren gegenseitige Anziehungskräfte vernachlässigt werden können („Inkohärent-disperse Systeme").

Läßt man die Frage nach dem dispersen Bau des stabilen festen Zustandes — so wie es auch die mathematisch bestunterbauten Theorien tun — unberücksichtigt, so steht man vor einem mächtigen Erkenntniskomplex über den Bau der Kristallgitter und den diesen beherrschenden Gesetzmäßigkeiten. Seit der Anwendung der Röntgenstrahlen für die Zwecke der Kristallgitteraufklärung hat kaum ein Gebiet eine so eingehende und theoretisch vertiefte Behandlung erfahren. Das hier vorliegende Schrifttum weist zusammenfassende Darstellungen für die verschiedenartigsten Bedürfnisse auf, so daß die nachfolgenden Hinweise genügen werden.

Über die Ergebnisse der röntgenspektroskopisch ermittelten Kristallstrukturen (Anordnung der Bestandteile im Raumgitter) wird fortlaufend in den „Strukturberichten" mitgeteilt (vgl. z. B. GOTTFRIED[2]). Ebenfalls eine Vollständigkeit in der Mitteilung der Ergebnisse streben die „Internationalen Tabellen zur Bestimmung von Kristallstrukturen" an (C. HERRMANN[3]). Eine erschöpfende Darstellung des „Aufbaues der zusammenhängenden Materie" wird von BETHE bzw. SMEKAL[4] u. a. im Rahmen des Handbuches der Physik gegeben. Insonderheit mit den Metallen befaßt sich das von MASING herausgegebene „Handbuch der

[1] TH. SCHOON: Z. Elektrochem. angew. physik. Chem. 44 (1938), 498; C 38 II 3371.
[2] C. GOTTFRIED: Z. Kristallogr., Mineral., Petrogr., Erg.-Bd. 4 (1937/38), 1; C 38 I 2834.
[3] C. HERRMANN: Internationale Tabellen zur Bestimmung von Kristallstrukturen. Berlin: Gebr. Borntraeger, 1935; C 35 II 2028.
[4] A. SMEKAL: in Handbuch der Physik. Berlin: Springer, 1933; C 34 I 1008.

Metallphysik" (1940). Eine Zusammenstellung und ausführliche Besprechung der modernen Theorien des festen Zustandes bringt das Werk von SEITZ[1]. Zu einer ersten Einführung in diese Gebiete sei das kleine Buch von HASSEL[2] über „Kristallchemie" und zu einem ersten Studium der Röntgenanalyse von Kristallen das Werk von BIJVOET, KOLKMEIJER und MACGILLAVRY[3] empfohlen. Eine Voraussetzung für das Studium dieser Gebiete wird immer die Kenntnis der alten klassischen Kristallographie bleiben. Auf einem vorwiegend chemischen Interessenkreis erwachsen ist die von HEDVALL[4] aufgestellte Übersicht über die wichtigsten Gittertypen, namentlich auch vom Standpunkt ihrer Reaktionsfähigkeit, die von W. BILTZ[5] behandelte Frage nach der Raumbeanspruchung der einzelnen Komponenten innerhalb fester Phasen und die von W. JANDER[6] getroffene Einordnung der Kristallgitter der festen, sauerstoffhaltigen Salze (also z. B. auch der Spinelle) in vier, auch das chemische Verhalten charakterisierende Typen.

b) Die Kristalloberfläche.

Die in der Oberfläche oder in deren Nähe befindlichen Gitterbausteine befinden sich in einem anderen Zustand als die im Kristallinneren liegenden. Während die letzteren allseitig von den benachbarten Gitterbausteinen umgeben sind, in der Ausdrucksweise der Komplexchemie also alle ihre Koordinationsstellen besetzt sind, trifft dies für die in der Kristalloberfläche liegenden Gitterbausteine nicht zu und noch weniger für die in den Kanten oder gar Ecken befindlichen. Es sind also hier die wesensgleichen Verschiedenheiten zu erwarten, wie sie etwa zwischen den Verbindungen $[Mn \cdot 6NH_3]Cl_2$ und $[Mn \cdot 2NH_3]Cl_2$ bestehen.

Während die von A. WERNER[7] geschaffene Komplexchemie und Koordinationslehre sich dank den Formulierungen von P. PFEIFFER auf das fruchtbringendste mit der sieben Jahre später durch die LAUEsche Röntgenanalyse angebahnten Kristallgittertheorie vermählte, wird eine ähnliche Verknüpfung der komplexchemischen Prinzipien mit der Chemie der Oberfläche vorläufig erst angestrebt. Entsprechend dem von PFEIFFER geschaffenen Vorstellungskreise können wir einem im gewöhnlichen kubischen Gitter kristallisierenden Element X die Formel $X(X_6)$ zuschreiben, insoweit wir die in der Oberfläche liegenden Atome aus der Betrachtung ausscheiden; die 6 Liganden X besetzen in gleichwertiger Weise die 6 Koordinationsstellen des Zentralatoms X. — Für die in der Oberfläche liegenden Atome ist die Formel $X(X_5)$ zuständig, denn hier ist die nach *oben* — also die von dem Zentralatom in der Richtung senkrecht von der Oberfläche hinweg liegende Koordinationsstelle unbesetzt. Auch sind hier die 5 koordinativen Bindungen sicher nicht mehr alle untereinander gleichartig. Für die 4 koordinativen Bindungen, welche in der Oberfläche liegen, ist vollkommene Symmetrie vorhanden, so daß sicher auch untereinander Identität in der Bindungsart vorliegt. Anders ist es mit der fünften, gegen das Kristallinnere gerichteten Bindung, der auf der symmetrisch gegenüberliegenden Seite überhaupt kein Ligand ent-

[1] F. SEITZ: London: McGraw-Hill, 1940; C 41 II 5.
[2] O. HASSEL: Kristallchemie. Dresden-Leipzig: Steinkopff, 1934; C 34 I 1165.
[3] J. M. BIJVOET, N. H. KOLKMEIJER, MACGILLAVRY: Röntgenanalyse von Kristallen. Berlin: Springer, 1940; C 40 II 1691.
[4] J. A. HEDVALL: Reaktionsfähigkeit fester Stoffe, 1. Teil. Leipzig: J. A. Barth, 1938; C 38 I 254.
[5] W. BILTZ: Ber. dtsch. chem. Ges. **68** (A) (1935), 91; C 35 II 3886; Raumchemie der festen Stoffe. Leipzig: Leopold Voß, 1934; C 34 II 1725.
[6] W. JANDER: Z. anorg. allg. Chem. **192** (1930), 286; C 30 II 3694.
[7] A. WERNER: Neuere Anschauungen auf dem Gebiete der anorganischen Chemie. Braunschweig, 1905; C 06 I 1516.

spricht. Diesem Tatbestand würde die Schreibweise $X[(X_4)X]$ Rechnung tragen. Die besonderen Verhältnisse in der Oberfläche haben hier zu einem Zentralatom mit der Koordinationszahl 5 geführt, eine Anordnung, welche in der Komplexchemie als wenig stabil gilt und selten anzutreffen ist (HÜTTIG[1]). Die in der Oberfläche liegenden Atome sind reicher an freier Energie als die Innenatome und haben das Bestreben, entsprechend der Gleichung

$$7\,X[X_5] \rightarrow 6\,X[X_6] + \text{freie Energie}$$

überzugehen. Da nun einmal ein jeder feste Körper eine Oberfläche haben muß und somit sich nicht *alle* Oberflächenatome in Innenatome umwandeln können, wird der Zustand der größten Stabilität in der Richtung gegen ein Minimum der Oberflächengröße liegen. Die (auch im stabilen Zustand) in der Oberfläche verbleibenden Atome werden — fast immer mit Erfolg — bestrebt sein, durch Adsorption von Fremdbestandteilen die sechste Koordinationsstelle aufzufüllen und in eine Verbindung $X[X_4 \cdot XY]$ überzugehen. (Vgl. hierzu Frittungsvorgänge S. 411 und HÜTTIG[2].)

Mit der Oberflächenstruktur realer Festkörper und deren Untersuchungsmethoden befaßt sich in Band IV des vorliegenden Handbuches der Beitrag von R. FRICKE. Es mögen daher an dieser Stelle die folgenden, mehr zusammenfassenden Feststellungen genügen.

Auf die in der Oberfläche liegenden Gitterbestandteile sind auch im stabilen Zustand und auch bei den tiefsten Temperaturen andere Kräfte wirksam als auf die in dem Kristallinneren liegenden. Dementsprechend haben die in den Oberflächen liegenden Netzebenen andere Gitterabstände als die entsprechenden Netzebenen in dem Kristallinneren. Gestützt auf experimentelle und theoretische Arbeiten von LENNARD-JONES, OROWAN, MADELUNG, RIEDMILLER, U. HOFMANN, TRENDELENBURG, THIESSEN und SCHOON, LASCHKAREW u. a. ergibt sich, daß für Kristalle mit Ionenbindung eine Kontraktion (bei Natriumchloridkristallen z. B. um 5%), für Kristalle mit homöopolarer Bindung eine Aufweitung der obersten Netzebene vorliegt. An den Graphitoberflächen erfolgt innerhalb einer Schichtebene eine Kontraktion, in den senkrecht dazu liegenden Ebenen hingegen eine Aufweitung der C—C-Abstände. Dementsprechend sind auch die physikalischen Eigenschaften der Oberfläche von denjenigen des Inneren verschieden, und diese Verschiedenheit dürfte sich vor allem in den „strukturempfindlichen" Eigenschaften auswirken. So nimmt SÄNGER[3] an, daß ein ferromagnetischer Draht eine nicht ferromagnetische Oberflächenschicht von 100 ÷ 1000 Atomabständen Dicke besitzt (vgl. auch PROCOPIU und FARCAS[4]). Die Verschiedenheit in der Dimensionierung der in der Oberfläche und der im Innern liegenden Netzebenen hat die Ausbildung von Rissen und Blöckchen auf der Oberfläche zur Folge. Die übliche Vorstellung von der „glatten" Kristalloberfläche, welche auch für manche Theorien ausreichend ist, ist tatsächlich unzutreffend. Über die Tiefe, bis zu welcher sich die Oberflächenanomalien in nachweisbarem Ausmaße in das Kristallinnere ausbreiten, sind die Angaben sehr verschieden, sie wird aber vielfach nicht auf weniger als auf 100 Schichtendicken geschätzt. Es ist denkbar, daß zwischen der Blöckchenstruktur der Oberfläche und der vorhin im Abschnitt a) besprochenen Inkohärenz der Kristalle ein unmittelbarer kausaler Zusammenhang besteht. Schließlich sei auf die Arbeit von SCHOON[5] über die Erkundung des Feinbaues von Grenzflächen hingewiesen.

[1] G. F. HÜTTIG: Z. anorg. allg. Chem. **142** (1925), 135; C 25 I 1929.
[2] G. F. HÜTTIG: Kolloid-Z. **97** (1941), 281; C 42 II 129.
[3] R. SÄNGER: Helv. physica Acta **7** (1931), 478; C 34 II 2508.
[4] ST. PROCOPIU, T. FARCAS: Ann sci. Univ. Jassy **20** (1935), 75; C 35 II 491.
[5] TH. SCHOON: Z. Elektrochem. angew. physik. Chem. **44** (1938), 498; C 38 II 3371.

In manchen Fällen haben die kristallographisch verschieden gekennzeichneten Oberflächen des gleichen Kristalles je nach ihrer Besetzung mit Atomen bzw. Atomgruppen gänzlich verschiedene Eigenschaften; solche Beobachtungen wurden unter anderem an der Zinkblende, an Fettsäuren und fettsauren Salzen gemacht.

(Über den stabilen festen Zustand bei realen Temperaturen vgl. S. 384.)

Der aktive feste Zustand: Thermochemische, thermodynamische, reaktionskinetische und katalytische Merkmale.

Der stabile feste Zustand ist dadurch gekennzeichnet, daß er unter den betrachteten Verhältnissen ein Minimum an freier Energie besitzt und sich infolgedessen bei unveränderten äußeren Umständen auch während unbegrenzt langer Zeiten nicht mehr verändert. Der *aktive* feste Zustand ist dadurch definiert, daß er einen mehr als minimalen Gehalt an freier Energie besitzt und sich unter den betrachteten konstanten Verhältnissen unter dauernder Verminderung seiner freien Energie (= Vergrößerung der Entropie) bis zu dem Werte des Minimums, welches dem stabilen Zustand zukommt, wandelt; dieser stabile Zustand ist, unabhängig von den durchschrittenen Zwischenzuständen, auf alle Fälle das Endziel dieses Vorganges.

Die Bezeichnung „aktiv" (z. B. auch „aktiver" Sauerstoff für Ozon) soll in dem obigen Sinn bereits von SCHÖNBEIN verwendet worden sein. Sie hat nicht zuletzt dank den exakten Untersuchungen von FRICKE und Mitarbeitern[1] (z. B. 49. Mitteilung) über die aktiven festen Stoffe allgemeine Anwendung gefunden. ROGINSKY[2] benutzt an Stelle des Wortes „aktiv" die Bezeichnung „übersättigt". LASCHKO und PETRENKO[3] bezeichnen den zugehörigen stabilen Zustand als den „*n*"-Zustand. Mit dem „aktiven" Zustand ist nicht zu verwechseln der „akti*vierte*" Zustand, der einen unter solchen Bedingungen betrachteten stabilen Zustand darstellt, bei welchen dieser eine erhöhte Reaktionsbereitschaft zeigt.

Man sieht, daß sich der Begriff des „aktiven Zustandes" recht weitgehend deckt mit dem S. 323 eingeführten Begriff des „Zwischenzustandes". Ein Zwischenzustand kann aber nur eine erschöpfende Charakteristik finden, wenn er im Zusammenhang mit dem gesamten Reaktionsablauf, in welchem er als ein einzelner Zustand innerhalb eines Kontinuums aufeinanderfolgender Zustände auftritt, betrachtet wird. Da überdies die erhöhte Lebensdauer und damit die präparative Erfaßbarkeit der bei vielen Reaktionsarten auftretenden Zwischenzustände bedingt ist durch kleine Beimengungen der übrigen Reaktionsteilnehmer, welche in dem betrachteten festen Stoffe im stabilen Zustand praktisch nicht mehr enthalten sind, so ist eine Betrachtung der aktiven Zustände außerhalb des Rahmens des gesamten Reaktionsablaufes in wesentlichen Teilen unvollständig.

Andrerseits werden bei den aktiven Zuständen fester Körper gewisse allgemeine Merkmale, unabhängig von der Reaktionsart, in deren Verlauf sie auftreten, feststellbar sein. Es ist zweckmäßig, diese allgemeineren Gesichtspunkte zusammengefaßt zu behandeln. So werden also in dem vorliegenden Kapitel die

---

[1] R. FRICKE, T. SCHOON, W. SCHRÖDER: Z. physik. Chem., Abt. B **50** (1941), 13; C 41 II 3043.

[2] S. ROGINSKY: Acta physicochim. URSS **4** (1936), 729; C 36 II 2849.

[3] N. F. LASCHKO, B. G. PETRENKO: Ukrainisch. chem. J. **11** (1936), 342; C 38 II 665.

thermochemischen, thermodynamischen, reaktionskinetischen und katalytischen Merkmale und in dem nachfolgenden Kapitel die verschiedenen Ursachen und Typen des aktiven Zustandes besprochen werden.

a) Thermochemische Merkmale.

Dem höheren Gehalt an freier Energie ($= \Delta F$), den der aktive Zustand definitionsgemäß gegenüber dem gleichen Stoff im stabilen Zustand hat, wird im allgemeinen auch ein hoher Gehalt an gesamter Energie ($= \Delta U$) entsprechen. Bei nicht zu hohen Temperaturen wird man näherungsweise $\Delta U = \Delta F$ setzen dürfen, wie denn auch FRICKE[1] den Begriff des aktiven Zustandes fester Stoffe so faßt, daß er darunter „einfach" (aber nicht ganz korrekt) „einen Zustand mit — gegenüber dem normalen — erhöhtem Inhalt an *Gesamtenergie*" versteht.

Wir verdanken R. FRICKE und seinen Mitarbeitern für eine große Zahl in definierter Weise hergestellter aktiver Oxyde, Oxydhydrate und Metalle die sorgfältige Bestimmung ihres Mehrgehaltes an gesamter Energie nach thermochemischen Experimentalmethoden. Die Ergebnisse sind niedergelegt in der auch jetzt noch erscheinenden Abhandlungsreihe „Über Struktur, Wärmeinhalt und sonstige Eigenschaften aktiver Stoffe" (1. Mitteilung: FRICKE, WULLHORST und WAGNER[2]; 50. Mitteilung: FRICKE[3]). Eine zusammenfassende Darstellung, welche namentlich auch den katalytischen Interessenkreisen Rechnung trägt, ist von R. FRICKE für Band IV des vorliegenden Werkes vorgesehen. Es möge daher hier genügen, zwei Beispiele herauszugreifen:

1 Mol eines Zinkoxyds, das durch Entwässerung eines stabilen kristallisierten Zinkhydroxyds im Hochvakuum bei 100° hergestellt wurde (= aktiver Zustand), enthält um etwa 930 cal mehr an Gesamtenergie ($= \Delta U$) als das gleiche Zinkoxyd, das jedoch bei 580÷600° dargestellt wurde (= stabiler Zustand).

An einem aktiven α-Eisenoxydpräparat wurde ein Mehrgehalt an gesamter Energie ($= \Delta U$) von 13000 cal pro 1 Mol Fe_2O_3 beobachtet (FRICKE und KLENK[4]); der hier beobachtete Energieunterschied gegenüber dem stabilen Zustand muß also als sehr groß bezeichnet werden.

Eine gewisse Unsicherheit geht in diese Werte dadurch ein, daß der aktive Stoff vielfach deutliche Mengen von Fremdbestandteilen enthält, deren korrekte thermochemische Bewertung recht schwierig ist. Die letzten von einem festen Stoff festgehaltenen, verflüchtigbaren Bestandteile sind — im Vergleich zu der klassischen stöchiometrischen Verbindung des festen Stoffes mit dem verflüchtigbaren Anteil — mit einer größeren, aber im übrigen meist unbekannten Energie gebunden.

b) Thermische Merkmale.

Die Frage, in welcher Weise sich die spezifischen Wärmen aktiver fester Zustände von denjenigen des stabilen Zustandes unterscheiden, war Gegenstand von Untersuchungen von GEISS und VAN LIEMPT[5] (daselbst auch die Literatur über ältere Untersuchungen). In den Kreis der Betrachtung wurden kaltbearbeitete, also aktive Metalle und die gleichen, jedoch rekristallisierten, also im stabilen Zustand befindlichen Metalle gezogen. Auf Grund des von NERNST[6]

---

[1] R. FRICKE: Chemiker-Ztg. **63** (1939), 576; C 39 II 3233.

[2] R. FRICKE, B. WULLHORST, H. WAGNER: Z. anorg. allg. Chem. **205** (1932), 127; C 32 II 847.

[3] R. FRICKE: Kolloid-Z. **96** (1941), 211; C 42 I 452.

[4] R. FRICKE, L. KLENK: Z. Elektrochem. angew. physik. Chem. **41** (1935), 617; C 35 II 3072.

[5] W. GEISS, J. A. M. VAN LIEMPT: Z. anorg. allg. Chem. **171** (1928), 317; C 28 II 18.

[6] W. NERNST: S.-B. Kgl. Preuß. Akad. **1911**, 306; C 11 I 1182.

(vgl. auch GEISS und VAN LIEMPT[1]) hervorgehobenen Zusammenhangs zwischen elektrischem Widerstand und Energieinhalt wurde theoretisch die Beziehung abgeleitet

$$C_k = C_r + \left(\frac{R_k}{R_r} - 1\right)\frac{C_0 \cdot \beta}{\alpha};$$

hierbei bedeuten C_k bzw. C_r die spezifischen Wärmen und R_k bzw. R_r die spezifischen elektrischen Widerstände des kalt bearbeiteten bzw. des rekristallisierten Metalles, ferner ist α der Temperaturkoeffizient des elektrischen Widerstandes des rekristallisierten Metalles und β derjenige seiner spezifischen Wärmen und C_0 die spezifische Wärme bei 0° des rekristallisierten Metalls.

Da R_k stets größer als R_r beobachtet wird, so folgt daraus, daß *in dem* kaltbearbeiteten, also *aktiven Zustand die spezifischen Wärmen größer sein müssen als im rekristallisierten, also stabilen Zustand.* — Eine solche qualitative Aussage dürfte ganz allgemein als Beziehung zwischen dem aktiven und stabilen Zustand gelten. Meist errechnet sich auf Grund der obigen Relation der Unterschied in den spezifischen Wärmen mit einem so kleinen Wert, daß er innerhalb der Grenze des Beobachtungsfehlers fällt, wie denn auch tatsächlich GEISS und VAN LIEMPT an einer Reihe von Metallen (W, Al, Zn, Ni und Fe) etwa in den Temperaturbereichen 0÷700° C experimentell keine nachweisbaren Unterschiede gefunden haben. Hingegen konnte GAUDINO[2] (vgl. auch VAN LIEMPT[3]) an Ni, Cu und Pb eine experimentell nachweisbare Steigerung der spezifischen Wärmen als Folge einer elastischen Zugdeformation feststellen.

Die obige Relation müßte auch auf pulverförmige Metalle zutreffen, wobei das fein pulverförmige Metall den aktiven, hingegen der Einkristall bzw. das grobpulverförmige Metall den stabilen Zustand darstellen (vgl. S. 395). Nun beobachten neuerdings JAEGER und ZUITHOFF[4] ein gerade entgegengesetzt liegendes Ergebnis, indem sie an einem feinkörnigen Kobaltpräparat etwa um 1% *niedrigere* spezifische Wärmen als an einem grobkörnigen Kobaltpräparat finden. Indessen ist es fraglich, ob die beiden Kobaltsorten sich tatsächlich nur durch den Dispersitätsgrad in der hier unterstellten idealisierten Definition unterscheiden. Gegen eine solche Annahme spricht auch die Angabe der beiden Forscher, derzufolge sich das grobkörnige Metall leicht in Salzsäure, das feinkörnige hingegen nicht löst, also das entgegengesetzte Verhalten zeigt, als es zu erwarten wäre. Es bedeutet auf diesem Gebiete allgemein die direkte Bestimmung der Unterschiede in den spezifischen Wärmen eine große Schwierigkeit, indem diese Unterschiede mit einem für den Experimentator sehr kleinen Wert in Erscheinung treten und überdies schon geringe Abweichungen präparativer Art, wie z. B. ganz dünne Oberflächenüberzüge insbesondere auch von Fremdgasen, Ausbildung von Verwachsungskonglomeraten und anderem, das an sich numerisch kleine Ergebnis grundsätzlich verfälschen können.

Wir können uns recht gut vorstellen, daß in den aktiven Zuständen mit ihrem im Vergleich zu dem stabilen Zustand definitionsgemäß *höheren* „Auflockerungsgrad" (vgl. S. 386) die Zahl der betätigungsfähigen Freiheitsgrade erhöht ist, was bei konstanter Temperatur einen höheren Gehalt an Gesamtenergie und somit auch eine höhere spezifische Wärme bedingt.

---

[1] W. GEISS, J. A. M. VAN LIEMPT: Z. anorg. allg. Chem. **143** (1925), 263; C 25 I 2205.

[2] M. GAUDINO: Rend. Accad. Sci. fisiche mat., Napoli **35** (1929), 204; C 31 I 1731.

[3] J. A. M. VAN LIEMPT: Naturwiss. **19** (1931), 705; C 31 II 2975.

[4] F. M. JAEGER, A. J. ZUITHOFF: Proc., Kon. nederl. Akad. Wetensch. **43** (1940), 815; C 41 II 994.

c) Thermodynamische Merkmale.

Die fundamentale Größe, von welcher sich alle thermodynamischen Merkmale ableiten, ist die freie Energie ($= \Delta F$) des aktiven Stoffes. Es ist dies diejenige Energie, welche bei dem isothermen Übergang des aktiven Stoffes in seinen stabilen Zustand im Bestfalle als mechanische Arbeit gewonnen werden kann. Definitionsgemäß ist diese Größe zu identifizieren mit der chemischen Affinität des isothermen Überganges aktiver Zustand → stabiler Zustand. Eine übersichtliche Darstellung der in der chemischen Thermodynamik vorgenommenen Begriffsetzungen und Bezeichnungsweisen ist von F. MÜLLER[1] gegeben worden.

Die Beziehungen zwischen dem *Mehrgehalt an freier Energie* ($= \Delta F$) einerseits und dem *Mehrgehalt an gesamter Energie* ($= \Delta U$) andererseits, den der Stoff in einem aktiven Zustand im Vergleich zu seinem stabilen Zustand hat, werden durch den NERNSTschen Wärmesatz festgelegt (vgl. z. B. dessen Darstellung bei POLLITZER[2]). Es ist darnach für eine Temperatur T

$$\Delta F = -T \int_0^T (\Delta U / T^2)\, dT.$$

Um also die ΔF-Werte aus den Wärmetönungen ΔU berechnen zu können, ist die Kenntnis des Verlaufes von ΔU bis zum absoluten Temperatur-Nullpunkt herab erforderlich. Eine solche Kenntnis liegt auch dann vor, wenn außer der, bei einer einzigen Temperatur bestimmten Wärmetönung ΔU, der Verlauf der Molwärmen des aktiven und des stabilen Zustandes bis zum absoluten Temperatur-Nullpunkt bekannt ist.

Wir besitzen heute noch kein Beispiel, für welches diese Daten in befriedigender Weise vorliegen würden. Zu einer *angenäherten* Abschätzung genügt die Kenntnis der Molwärmen bei *einer* Temperatur. Man kann dann bei Anlehnung an ein Rechenverfahren von *Nernst*[3] näherungsweise die Annahme machen, daß die Differenz zwischen der Molwärme des aktiven und des stabilen Zustandes proportional mit der absoluten Temperatur ansteigt, also Molwärme (aktiv) — Molwärme (stabil) $= 2\beta T$, woraus sich ergibt $\Delta U = \Delta U_0 + \beta T^2$ und $\Delta F = \Delta U_0 - \beta T^2$.

Für das unter a) herangezogene *Beispiel* des Zinkoxyds wurde $\Delta U = 930$ cal für ungefähr Zimmertemperatur, also $T = 293$ angegeben. Die Molwärme wurde in diesem Temperaturgebiet für den stabilen Zustand mit 8,36 und für den aktiven Zustand mit 8,445 bestimmt (HÜTTIG und MÖLDNER[4], S. 376). Demnach ist $\beta = (8{,}445 - 8{,}36) : (2 \cdot 293) = 0{,}000145$; es ist dann ferner

$$\Delta U_0 = 930 - 0{,}000145 \cdot 293^2 = 918 \text{ cal}$$

und

$$\Delta F = 918 - 0{,}000145 \cdot 293^2 = \mathbf{906\ cal.}$$

Wie man sieht, unterscheidet sich in dem Gebiet der Zimmertemperatur das ΔU mit 930 cal kaum wesentlich von dem ΔF mit 906 cal. Immerhin muß vermerkt werden, daß die Affinität des Überganges aus dem aktiven in den stabilen Zustand um so kleiner wird, je höher die Temperatur ist. Ein solches Verhalten liegt vor, wenn die Molwärme des aktiven Zustandes größer als die Molwärme des stabilen Zustandes ist (vgl. hierzu HÜTTIG[5]).

---

[1] F. MÜLLER: Angew. Chem. **54** (1941), 334; C 41 II 1818.

[2] F. POLLITZER: Die Berechnung chemischer Affinitäten nach dem NERNSTschen Wärmetheorem. Stuttgart: Enke, 1912; C 12 II 656.

[3] W. NERNST: Theoretische Chemie, 8.÷10. Aufl., S. 787. Stuttgart: Enke, 1921; C 21 III 1148.

[4] G. F. HÜTTIG, H. MÖLDNER: Z. anorg. allg. Chem. **211** (1933), 368; C 33 I 3898.

[5] G. F. HÜTTIG: Kolloid-Z. **97** (1941), 281 (Abschnitt 7); C 42 II 129.

Die *Beziehungen* zwischen dem Mehrgehalt *an freier Energie* (= ΔF), den der Stoff im aktiven Zustand im Vergleich zu seinem stabilen Zustand hat, und der *elektromotorischen Kraft* (= E), welche bei einem Zusammenschluß des aktiven und stabilen Zustandes zu einer galvanischen Kette wirksam wird, ist gegeben durch

$$\Delta F\,(\text{cal}) = n \cdot 23060 \cdot E\,(\text{Volt}),$$

wobei n die Anzahl der Ladungen (Wertigkeit) bedeutet, mit welcher das Molekül des Stoffes in dem Elektrolyten vertreten ist. Messungen der elektromotorischen Kräfte sind nur an Stoffen möglich, welche den elektrischen Strom leiten, praktisch also nur an Metallen. Dieses Verfahren stellt den direktesten Weg zur Ermittlung des freien Energiegehaltes ΔF dar.

Hierzu mögen die beiden folgenden Beispiele angeführt werden: ECKELL[1] schaltet in einer wässerigen $NiSO_4$-Lösung ein durch Walzen aktiviertes und ein rekristallisiertes, also stabiles Nickelblech zu einer galvanischen Kette zusammen und beobachtet im Mittel eine Potentialdifferenz $= E$ (Volt) $= 0{,}070$; da das $n = 2$ ist, so ergibt sich mit Hilfe der obigen Gleichung das $\Delta F = 3228$ cal. — HÜTTIG und HERRMANN[2] tauchen in eine wässerige $CuSO_4$-Lösung ein pulverförmiges und ein stabiles Kupfer und beobachten nach einiger Zeit die Einstellung auf eine konstante Potentialdifferenz von etwa 0,030 V, also entsprechend einem $\Delta F = 1384$ cal. Wenn das jeweils untersuchte aktive Metall energetisch homogen wäre, so würden die obigen ΔF-Werte dem Mehrbetrag an freier Energie entsprechen, den 1 g-Atom des aktiven Metalls im Vergleich zu dem stabilen Zustand besitzt. Da in vielen Fällen, wie z. B. bei der Aktivierung durch Polieren, der Zustand erhöhter Aktivität vorwiegend auf die Oberflächenschichten beschränkt sein wird, beziehen sich die so ermittelten ΔF-Werte auf 1 g-Atom eines in diesem Zustand erhöhter Aktivität befindlichen Metalles; diese ΔF-Werte haben dann eine andere Bedeutung als diejenigen, welche vorhin aus den für das Gesamtaggregat geltenden ΔU-Werten errechnet wurden.

Für das chemische Geschehen ist von grundlegender Bedeutung der *Einfluß*, welchen der Wert ΔF des aktiven Stoffes auf *die Affinität der chemischen Reaktionen* hat, die unter seiner Beteiligung als Reaktionspartner oder als Katalysator ablaufen. *Jede chemische Reaktion, welche der durch die Größe ΔF charakterisierte aktive Stoff eingeht, wird mit einer Affinität stattfinden, die um diesen Mehrbetrag von ΔF an freier Energie größer ist, als jene Affinität, mit welcher der gleiche Stoff im stabilen Zustand unter den gleichen Umständen in die gleiche Reaktion eingeht.* Dies gilt selbstverständlich auch für Reaktionen, bei welchen irgendein Substrat an einem aktiven Stoff als Katalysator Zwischenverbindungen bildet; Voraussetzung ist nur, daß man hierbei die freie Energie desjenigen aktiven Zustandes in Rechnung setzt, an welchem sich die Zwischenverbindungen bilden.

Als *Beispiel* für die Veränderung, welche die Affinität einer Reaktion infolge des aktiven Zustandes eines ihrer Teilnehmer erleidet, möge die Reaktion $ZnO + H_2O$ (kondensiert) $\rightarrow Zn(OH)_2$ herangezogen werden. Sie möge einmal mit dem stabilen Zinkoxyd durchgeführt werden und dabei möge die gesamte Energietönung $= U$ (cal) und die Affinität $= F$ (cal) betragen. Wird die gleiche Reaktion mit dem vorhin gekennzeichneten *aktiven* Zinkoxyd ausgeführt, so möge die gesamte Energietönung $= U'$ (cal) und die Affinität $= F'$ (cal) sein. In der Abb. 1 sind in der Abhängigkeit von der Temperatur (Abszissenachse T absol.) die Werte von U, F, U' und F' (Ordinatenachse in cal) aufgetragen. Als experi-

[1] J. ECKELL: Z. Elektrochem. angew. physik. Chem. **39** (1933), 433 (S. 435); C 33 II 1471.

[2] G. F. HÜTTIG, E. HERRMANN: Z. anorg. allg. Chem. **247** (1941), 221 (S. 235); C 41 II 2789.

mentelle Grundlagen sind hier verwendet: die gesamte Wärmetönung U, welche ROTH und CHALL[1] für den obigen Hydratationsvorgang unter Verwendung von stabilem ZnO bei $T = 323°$ mit $+ 2355$ cal gefunden haben, ferner die von FRICKE und WULLHORST[2] bei $T = 292°$ mit $U' = 2280$ cal bestimmte gesamte Wärmetönung des gleichen Vorganges, wenn bei demselben ein, bei dieser Temperatur durch ein $\Delta U = 930$ cal (vgl. ein vorangehendes Beispiel) gekennzeichnetes, aktives Zinkoxyd verwendet wurde, und die von HÜTTIG und MÖLDNER[3] (daselbst auch die Einzelheiten der Grundlagen und der Ausrechnung) und anderen beobachteten spezifischen Wärmen des stabilen und aktiven Zinkoxyds sowie des stabilen Zinkhydroxyds. Man sieht, daß schon der verhältnismäßig geringe Aktivitätsgrad des hier verwendeten aktiven Zinkoxyds das Diagramm weitgehend verändert. Insbesondere sei darauf hingewiesen, daß die Temperaturwerte, bei welchen A bzw. $A' =$ Null ist, diejenigen Zustände kennzeichnen, bei denen ZnO, $Zn(OH)_2$, H_2O flüssig und H_2O dampfförmig miteinander im Gleichgewicht stehen. Unter Verwendung von stabilem Zinkoxyd liegt diese Temperatur bei etwa 40° C, bei Verwendung des oben gekennzeichneten aktiven Zinkoxyds bei etwa 140° C.

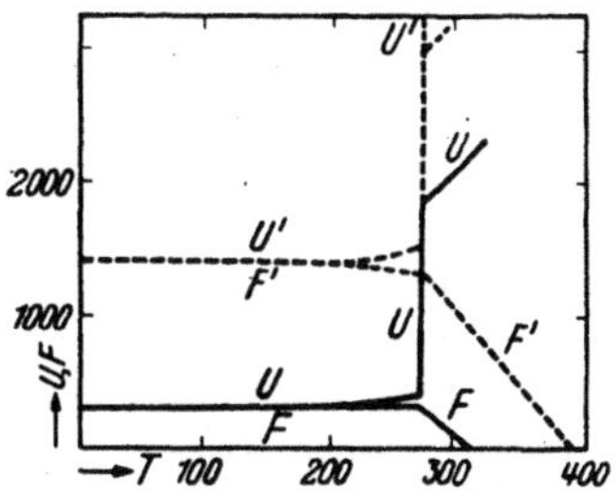

Abb. 1. Vergleich der Wärmetönungen und Affinitäten der Reaktion ZnO + H_2O (kond.) → $Zn(OH)_2$, wenn an dieser ein stabiles bzw. aktives ZnO beteiligt ist.

Der durch den Mehrgehalt an freier Energie ($= \Delta F$) des aktiven Stoffes bedingte *Einfluß auf die Lage des Gleichgewichtes* ist wohl eine der grundlegendsten chemischen Erscheinungen auf diesem Gebiete. Bei den einfachen chemischen Reaktionen wie dem Verdampfungs- und Auflösungsvorgang werden sich diese in einem im Vergleich zu dem stabilen Stoff erhöhten Sättigungsdruck bzw. Sättigungskonzentration ausprägen. Bezeichnet man den Sättigungsdruck oder die Sättigungskonzentration des stabilen Stoffes mit p und diejenige des aktiven Stoffes mit p', so besteht die Beziehung $\Delta F = 1{,}985 \cdot T \cdot \ln (p'/p)$. Man sieht, daß bei Zimmertemperatur ein Aktivitätsgrad entsprechend einem ΔF von rund 400 cal bereits eine Steigerung des Sättigungsdruckes bzw. der Sättigungskonzentration auf das Doppelte (also $p'/p = 2$) bewirkt. In der Tat ist die Messung von Gleichgewichtslagen nicht nur die bequemste, sondern wohl auch die empfindlichste experimentelle Grundlage zur Ermittlung des ΔF-Wertes eines aktiven Stoffes. Andererseits darf nicht übersehen werden, daß im Verlaufe solcher Untersuchungen infolge der Einwirkung der meist etwas gesteigerten Beobachtungstemperatur oder eines flüssigen Mediums eine Minderung des ursprünglich vorhandenen ΔF eintritt und daß ferner bei energetisch inhomogenen aktiven Stoffen (vgl. z. B. HÜTTIG und MARKUS[4]) diese Methode im wesentlichen auf die aktivsten Bezirke anspricht.

Ein sehr großes Beobachtungsmaterial über Gleichgewichtslagen (Gleichgewichtsdrucke), welche in dem obigen Sinne einer Auswertung zugänglich sind, liegt für den Reaktions-Typus AB starr $\rightarrow A$ starr $+ B$ gasförmig vor. Es ist dies außer dem Zerfall der Carbonate (z. B. $CaCO_3 \rightarrow CaO + CO_2$, HÜTTIG und LEWINTER[5]) vor allem der Zerfall der Oxydhydrate (z. B. $Zn(OH)_2 \rightarrow ZnO + H_2O$), welcher in dieser Beziehung eine eingehende experimentelle und theoretische Untersuchung gefunden hat (vgl. die Ausführungen von HÜTTIG in dem Handbuch

[1] W. A. ROTH, P. CHALL: Z. Elektrochem. angew. physik. Chem. **34** (1928), 185; C 28 I 2361.
[2] R. FRICKE, B. WULLHORST: Z. anorg. allg. Chem. **205** (1932), 127; C 32 II 847.
[3] G. F. HÜTTIG, H. MÖLDNER: Z. anorg. allg. Chem. **211** (1933), 368; C 33 I 3898.
[4] G. F. HÜTTIG, G. MARKUS: Kolloid-Z. **88** (1939), 274 (Abschn. 7÷9); C 40 II 2426.
[5] G. F. HÜTTIG, M. LEWINTER: Z. anorg. allg. Chem. **41** (1928), 1034; C 28 II 2499.

von FRICKE und HÜTTIG[1] und ferner FRICKE und ACKERMANN[2]). Bezeichnen wir mit ΔF den, die Aktivität des sich zersetzenden Stoffes (also z. B. $CaCO_3$) kennzeichnenden Aktivitätsgrad, mit p' den Zersetzungs- (= Gleichgewichts-) druck dieses aktiven Stoffes und mit p denjenigen des gleichen, jedoch im stabilen Zustand befindlichen Stoffes, so ist für diejenige Menge, welche 1 Mol Gas abgibt, $\Delta F\,(\text{cal}) = 1{,}985\,T \ln(p'/p)$; Voraussetzung hierbei ist, daß der entstehende feste Körper (also z. B. das CaO) sich in dem gleichen Zustand befindet. Denn selbstverständlich ist auch der Aktivitätsgrad der bei dem Zerfall *entstehenden* Phase auf die Gleichgewichtseinstellung (Gleichgewichtsdruck) von Einfluß. Gehen wir von dem gleichen Ausgangsmaterial aus und leiten wir den Versuch einmal etwa so, daß hierbei ein stabiles Zersetzungsprodukt entsteht, wobei der Gleichgewichtsdruck $= p$ beobachtet werden möge und ein zweitesmal so, daß das Zersetzungsprodukt aktiv ist, wobei der Gleichgewichtsdruck p'' beobachtet werden möge, so ist der Aktivitätsgrad des im letzten Fall entstehenden Reaktionsproduktes gekennzeichnet durch den Wert $\Delta F\,(\text{cal}) = 1{,}985\,T \ln(p''/p)$. Man kann den vorangehenden Ausführungen ferner entnehmen, daß bei dem vorliegenden Zersetzungsvorgang (und ähnlichen Reaktionstypen) eine Aktivierung des sich zersetzenden Stoffes (z. B. $CaCO_3$) eine *Erhöhung* des Gleichgewichtsdruckes, hingegen eine Aktivierung des bei der Zersetzung entstehenden Stoffes (z. B. CaO) eine *Erniedrigung* des Gleichgewichtsdruckes herbeiführt (vgl. hierzu auch die Tabelle 5 bei FRICKE[3]). Auf dem Gebiete der Oxydhydrate konnten Fälle nachgewiesen werden, wo der Zersetzungsdruck (p'_{H_2O}) eines aktiven Oxydhydrates um mehrere Zehnerpotenzen größer war, als derjenige des gleichen, aber stabilen Oxydhydrates.

Für die Zersetzung von Metalloxyden entsprechend dem Vorgang $MeO \rightarrow Me + \frac{1}{2} O_2$ haben SCHENCK und Mitarbeiter umfangreiche Messungen ausgeführt (zusammenfassende Darstellung bei R. SCHENCK[4]). Da der Gleichgewichtsdruck bei den weniger edlen Metallen sehr klein ist, wurde er indirekt gemessen, indem über das Metall CO geleitet wurde und das sich dabei einstellende Verhältnis von CO/CO_2 zu seiner Berechnung diente. So wurde beispielsweise festgestellt, daß bei der Reduktion des Eisenoxyds der Gleichgewichtsdruck des Sauerstoffes wesentlich *kleiner* ist (vgl. oben), wenn an ihm das Eisen in der aktiven Form des „Schwammeisens" beteiligt ist, als es bei kompakten Eisen der Fall ist (R. SCHENCK und Mitarbeiter[5]). Ähnliche Untersuchungen mit ähnlichen Auswertungsmöglichkeiten wurden von SCHENCK und Mitarbeitern auch in bezug auf andere Reaktionstypen durchgeführt. Auch FRICKE und Mitarbeiter haben sich mit der Beeinflussung der Gleichgewichte durch den physikalischen Zustand der festen Reaktionsteilnehmer befaßt, so z. B. in bezug auf das sich zwischen Fe/Fe_3O_4 und H_2O/H_2 einstellende Gleichgewicht (FRICKE, WALTER und LOHRER[6]).

d) Reaktionskinetische Merkmale.

Die Unterschiede zwischen dem aktiven und dem stabilen Zustand kommen ganz besonders stark zum Ausdruck in Verschiedenheiten in der *Reaktionskinetik.*

---

[1] R. FRICKE, G. F. HÜTTIG: Hydroxyde und Oxydhydrate, S. 542/48. Leipzig: Akad. Verl.-Ges., 1937; C 37 I 2343.

[2] R. FRICKE, P. ACKERMANN: Z. physik. Chem., Abt. A **169** (1934), 152; C 34 II 2038.

[3] R. FRICKE: Angew. Chem. **51** (1938), 863; C 39 II 786.

[4] R. SCHENCK: Angew. Chem. **49** (1936), 649; C 37 II 4278. Vgl. a. R. SCHENCK, H. KEUTH: Z. Elektrochem. angew. physik. Chem. **46** (1940), 298; C 40 II 2714.

[5] R. SCHENCK, T. DINGMANN, P. H. KIRSCHT, H. WESSELKOCK: Z. anorg. allg. Chem. **182** (1929), 97; C 30 I 3422.

[6] R. FRICKE, K. WALTER, W. LOHRER: Z. Elektrochem. angew. physik. Chem. **47** (1941), 487; C 41 II 1934.

Eine Reaktion, an welcher eine aktive Zustandsform beteiligt ist, kann mit einer erheblich größeren Geschwindigkeit verlaufen als die gleiche Reaktion unter Beteiligung der stabilen Zustandsform.

Die qualitative Seite dieser Erscheinung ist jedem Chemiker aus den Grundanfängen seines Praktikums bestens bekannt, ohne daß aber diesen Phänomenen ein theoretischer Unterbau gegeben worden wäre, wie dies in so hohem Maße für die ihm von Anbeginn begegnenden Lösungen (Ionentheorie! Komplexchemie!) der Fall ist. Ein durch Entwässern von Aluminiumhydroxydgel bei niederen Temperaturen im Vakuum hergestelltes Aluminiumoxyd (= aktives Aluminiumoxyd) ist in verdünnten Mineralsäuren leicht löslich, es ist hygroskopisch und auch sonst recht reaktiv; das gleiche Präparat jedoch, über 1200° geglüht (= stabiles Aluminiumoxyd), löst sich selbst in konzentrierten Mineralsäuren und bei erhöhter Temperatur nur so langsam auf, daß es als praktisch unlöslich gilt, trotzdem das endgültige thermodynamische Gleichgewicht selbstverständlich auch hier bei dem gelösten Zustand liegt; das stabile Aluminiumoxyd ist auch nicht hygroskopisch und denkbarst unreaktiv. Im allgemeinen werden hohe Darstellungstemperaturen, längeres Lagern — und dies wieder ganz besonders bei höheren Temperaturen — eine Bildung des stabilen Zustandes oder Annäherung an ihn bewirken. Gefällte Kieselsäure reagiert rascher als Quarz (HILD und TRÖMEL[1]). Die zur Reduktion des Fe_2O_3 erforderliche Temperatur ist um so höher, je höher das Oxyd vorgeglüht, je weniger aktiv es also war (OLMER[2]). Die Wasserstoffdurchlässigkeit des Palladiums wird durch dessen Aktivierung wesentlich erhöht (BARRER[3]). Eine zusammenfassende Darstellung des Fehlbaues von Festkörpern und ihres Einflusses auf die chemische Reaktivität gibt HEDVALL[4]. Es gibt aktive Zustände, welche manche chemische Reaktionen explosionsartig vollziehen, wohingegen derselbe Stoff, jedoch im stabilen Zustand, in die gleiche Reaktion mit kaum nachweisbarer Geschwindigkeit eingeht. Dadurch sind vor allem die Zustände gekennzeichnet, die man als „pyrophor" bezeichnet. Ein kompaktes Stück Calcium (= stabiles Calcium) wird an der Luft nur sehr langsam verändert, wohingegen ein durch Zersetzung von Hexammin-Calcium (= $Ca \cdot 6NH_3$) etwa bei Zimmertemperatur hergestelltes Calcium (= aktives Calcium) sich an der Luft unter starker Explosion mit Feuererscheinung oxydiert.

Die Erhöhung der Reaktionsgeschwindigkeit infolge einer Teilnahme von aktiven Stoffen kann zweierlei Ursachen haben. Sie kann durch eine größere Oberfläche verursacht sein, welche der aktive Zustand im Vergleich zu dem stabilen haben kann; bei einer solchen Sachlage reagieren in beiden Fällen die Moleküle in der gleichen Zustandsform, nur daß ein solcher aktiver Zustand der Reaktion pro Zeiteinheit eine größere Zahl von Molekülen zuführt; im zerkleinerten Zustand reagieren die festen Körper rascher als in kompakten Stücken.

Die Erhöhung der Reaktionsgeschwindigkeit kann aber auch durch den *höheren freien Energiegehalt* (höhere Affinität, vgl. oben) verursacht sein, den die Moleküle im aktivierten Zustand haben können. In den ersten Jahrzehnten des modernen chemischen Zeitalters glaubte man, überhaupt die Reaktionsgeschwindigkeit mit der Affinität der Reaktion identifizieren zu sollen; die Affinität einer Reaktion, wie sie derzeit allgemein nach VAN'T HOFF definiert wird, darf allerdings weder proportional noch auch nur symbat mit der Geschwindigkeit der betreffenden Reaktion gesetzt werden; die Reaktionsgeschwindigkeit hängt auch noch von anderen Faktoren als der Reaktionsaffinität ab. Immerhin er-

---

[1] K. HILD, G. TRÖMEL: Z. anorg. allg. Chem. **215** (1933), 333; C 34 I 339.
[2] F. OLMER: Rev. Métallurg. **38** (1941), 129; C 42 I 3032.
[3] R. M. BARRER: Trans. Faraday Soc. **36** (1940), 1235; C 42 II 504.
[4] J. A. HEDVALL: Österr. Chemiker-Ztg. **44** (1941), 4; C 41 I 1389.

geben sich bei manchen Stoffklassen nachweisbare Beziehungen zwischen diesen beiden Größen, was z. B. durch die grundlegenden Untersuchungen von DIMROTH[1] dargetan wurde (vgl. auch VELASCO[2] und den Beitrag „Thermodynamical approach to catalysis" in Band I des Handbuches der Katalyse). Für bestimmte Reaktionstypen haben NERNST[3] und in speziellerer Weise FISCHBECK[4] den Ansatz, daß die Reaktionsgeschwindigkeit = Treibende Kraft/Reaktionswiderstand ist, ausgebaut und angewendet; auch hier würde sich zwischen der „treibenden Kraft" und der „Affinität" der chemischen Reaktionen eine Relation aufstellen lassen. (Über die Verknüpfung der chemischen Kinetik mit der Thermodynamik zur Thermodynamik der Zwischenreaktionen vgl. H. SCHMID[5].)

Eine besser fundierte Beziehung ergibt sich zwischen dem Mehrgehalt an gesamter Energie, den die Moleküle des aktivierten Stoffes gegenüber dem stabilen Zustand haben, und der Erhöhung der Geschwindigkeit, welche die Teilnahme des aktiven Stoffes an einer Reaktion bewirkt. Ist q die „Aktivierungswärme", das heißt also der Energiebetrag, um den der reaktionsfähige Zustand den Ausgangszustand überschreitet, so muß zur Erlangung der Reaktionsfähigkeit die Wärmemenge q thermisch zugeführt werden. Wenn nun schon der aktive Ausgangszustand den stabilen um ΔU übertrifft, so vermindert sich die zur Erreichung desselben reaktionsfähigen Zustandes thermisch zuzuführende Aktivierungswärme q' um diesen Betrag ΔU. Es ist

$$q' - q = \Delta U.$$

Nach MAXWELL ist aber die Zahl der Moleküle, die den Durchschnitt um q' übertrifft, um $e^{\frac{\Delta U}{RT}}$ größer als im Falle des stabilen Ausgangszustandes.

e) Katalytische Merkmale.

Die vorangehend im letzten Absatz aufgenommenen Darlegungen gelten *nicht nur* für den Fall, daß die Affinität der betrachteten Stoffe zueinander auslangt, um die dort besprochenen Reaktionen wirklich einzugehen, die Stoffe also „Reaktionsteilnehmer" sind, sondern sie behalten *auch* ihre Gültigkeit, wenn diese Voraussetzung nicht zutrifft, die betrachteten Stoffe also nur als Katalysatoren wirken (vgl. S. 334).

Im allgemeinen wird einer höheren Aktivität auch eine höhere katalytische Wirksamkeit entsprechen. Dies ist auch der Ausgangspunkt der H. S. TAYLORschen Vorstellung von den „aktiven Zentren"; diese sind in der Oberfläche eines festen Körpers liegende ausgezeichnete Stellen (Kanten, Ecken, Risse, Leerstellen usw), denen eben dank ihrer geringeren Absättigung und dem damit verbundenen höheren Gehalt an freier und gesamter Energie auch eine erhöhte katalytische Wirksamkeit zukommt. Eine bestimmte Annahme macht CONSTABLE[6] (vgl. auch CREMER und SCHWAB[7]), derzufolge an einem Atom mit der „*Überschußenergie*" = ΔU die Aktivierungswärme der Substratreaktion um diesen Betrag ΔU vermindert wird (SCHWAB[8]). Ein solches Postulat steht also in naher Beziehung und im Einklang mit der vorangehend im Abschnitt d) betrachteten Re-

[1] O. DIMROTH: Angew. Chem. **46** (1933), 571; C 33 II 2786.
[2] I. R. VELASCO: An. Soc. españ. Fisica Quím. **1934**, 345; C 34 II 1729.
[3] W. NERNST: Theoretische Chemie, 7. Aufl., S. 705. Stuttgart: Enke, 1913; C 13 II 400.
[4] K. FISCHBECK: Z. Elektrochem. angew. physik. Chem. **39** (1933), 316; C 33 II 325.
[5] H. SCHMID: Z. Elektrochem. angew. physik. Chem. **42** (1936), 579; C 37 I 3914.
[6] F. H. CONSTABLE: Proc. Roy. Soc. (London), Ser. A **108** (1925), 355; C 25 II 881.
[7] E. CREMER, G.-M. SCHWAB: Z. physik. Chem., Abt. A **144** (1929), 243; C 30 I 3148.
[8] G.-M. SCHWAB: Katalyse vom Standpunkt der chemischen Kinetik, S. 197. Berlin: Springer, 1931; C 31 II 815.

lation zwischen dem Mehrgehalt an gesamter Energie, den ein aktiver Körper im Vergleich zu seinem stabilen Zustand hat und der dadurch bewirkten Herabsetzung der Aktivierungswärmen der Reaktionen, an welchen er teilnimmt.

Es ist ferner selbstverständlich, daß der Mehrbetrag an freier Energie $= \Delta F$, den ein aktiver Stoff in seiner Gesamtheit oder in dem betrachteten Bezirk hat, auch eine entsprechende Affinitätserhöhung für alle Zwischenreaktionen bewirkt, welche der aktive Stoff als Katalysator vorübergehend mit dem Substrat eingeht [vgl. den vorangehenden Abschnitt c) und auch die Untersuchungen von ECKELL[1], MAXTED und Mitarbeitern[2] und SCHENCK[3]].

So einfach einleuchtend und grundsätzlich wichtig die Relation zwischen dem Aktivitätsgrad des Katalysators und seiner katalytischen Wirksamkeit ist, so schwierig ist es auch, eine einwandfreie experimentelle Grundlage hierfür zu finden. Dies ist dadurch verursacht, daß der die Aktivität bedingende Mehrgehalt an freier Energie gerade bei den katalytisch wirksamsten Stoffen fast immer über den festen Körper und insbesondere seine Oberfläche *ungleichmäßig* verteilt ist. Die Spitzen und Täler der Energie liegen gewissermaßen in einem sehr feinen, den molekularen Dimensionen adäquaten Dispersitätsgrad vor, und die dazwischen liegenden Abhänge können im allgemeinsten Fall nach sehr komplizierten Funktionen die verschiedenen Energieniveaus durchschreiten. Die Folge hiervon muß sein, daß trotz der oben dargelegten einfachen Relationen die verschiedenen Reaktionen von ganz verschiedenen Stellen katalysiert werden können und es dann an jedweder Vergleichbarkeit gebricht. Es sind vor allem zwei voraussehbare Vorgänge, welche eine solche Sachlage bedingen:

Erstens: Je größer die Affinität des Katalysators zu irgendwelchen Bestandteilen des zu katalysierenden Substrates ist, desto mehr Stellen werden denjenigen Aktivitätsgrad übersteigen, bei welchem bereits eine Verbindungsbildung mit dem Substrat oder zum mindesten eine sehr lange Verweildauer des Substrates auf der betreffenden Stelle eintritt. Derart blockierte Stellen scheiden aber als Katalysatoren gewissermaßen infolge Vergiftung durch das Substrat aus, und die Katalyse muß so gut wie ausschließlich durch die übriggebliebenen, wenig aktiven und damit qualitativ auch katalytisch wenig wirksamen Stellen besorgt werden. Von diesem Gesichtspunkt aus gewinnt auch die Mitteilung von RIENÄCKER[4], derzufolge das Walzen (also Aktivieren!) eines Nickelbleches auch eine Abschwächung der katalytischen Wirkung auf bestimmte Substrate hat, an Interesse. Die Untersuchungen von SCHWAB[5] konnten allerdings diesen Befund nicht bestätigen und ergaben für Cu/Ag-Legierungen das Umgekehrte. Bei der Aufstellung der Beziehung zwischen Aktivitätsgrad des Katalysators $= \Delta U$ und der beobachteten Aktivierungswärme $= q'$ der katalysierten Reaktion darf für ΔU nicht der Gesamtwert (Mittelwert) des Katalysators und auch nicht der wohl weitaus höhere, den aktivsten Bezirken zukommende Wert eingesetzt werden, sondern derjenige Wert, welchen die tatsächlich katalysierenden Stellen besitzen. Durch Messungen der partiellen Oberflächenoxydation, welche mit Wasserdampf eines geringen, zur Oxydation normalen „massiven" Eisens noch unzureichenden Partialdruckes an verschiedenen Eisenpräparaten erzielbar ist, hat ALMQUIST[6] sowohl den „aktiven" Bruchteil der

[1] J. ECKELL: Z. Elektrochem. angew. physik. Chem. **39** (1933), 423, 433; C 33 II 1471; Z. Elektrochem. angew. physik. Chem. **39** (1933), 855; C 34 I 653.

[2] E. B. MAXTED, V. STONE: J. chem. Soc. (London) **1934**, 26; C 34 I 1935. — E. B. MAXTED: J. Soc. chem. Ind., Chem. & Ind. **53** (1934), 102; C 34 II 1730. — E. B. MAXTED, CH. H. MOON: J. chem. Soc. (London) **1936**, 635; C 36 II 1482.

[3] R. SCHENCK: Angew. Chem. **49** (1936), 649; C 37 II 4278.

[4] G. RIENÄCKER, F. A. BOMMER: Z. anorg. allg. Chem. **236** (1938), 263; C 38 I 4414.

[5] G.-M. SCHWAB: Z. physik. Chem., derzeit im Druck.

[6] J. A. ALMQUIST: J. Amer. chem. Soc. **48** (1926), 2820; C 27 I 1409.

Gesamtoberfläche dieser Präparate, als auch (aus der Gleichgewichtsverschiebung) deren mittleren Überschuß an freier Energie gegenüber dem Katalysatorgrundmaterial mit etwa 12 cal/g-Atom Fe abgeschätzt (FRANKENBURGER[1]); es ist grundsätzlich denkbar, durch Variation des Wasserdampfpartialdruckes zu Angaben über die Verteilung der aktiven Stellen auf die verschiedenen Niveaus der Aktivität zu gelangen. Mit dem Einfluß der Aktivität eines Katalysators auf seine katalytische Wirksamkeit beschäftigen sich unter anderem auch die Untersuchungen von RIENÄCKER, WESSING und TRAUTMANN[2] (Unterschiede der katalytischen Wirksamkeit abgeschreckter und getemperter Legierungen), ROGINSKY[3], SCHWAB und NAKAMURA[4], TAYLOR und WEISS[5], HEDVALL und AHLGREN[6].

Zweitens: Der gleichzeitige Einfluß nahe beisammen liegender aktiver Stellen auf ein Molekül des Substrates wird selektive Wirkungen ausüben können. Hier werden also Relationen zwischen der Verteilung der aktiven Stellen auf der Katalysatoroberfläche und der Kraftfeldverteilung innerhalb der zu katalysierenden Moleküle für den Reaktionsverlauf bestimmend sein. Mit diesen Fragen beschäftigen sich andere Beiträge des vorliegenden Handbuches.

Auf alle Fälle ist zu ersehen, daß die aktiven Zustandsformen der festen Körper nicht nur für die zu katalysierenden Reaktionen belangvoll sind, sondern daß auch umgekehrt aus ihrem katalytischen Verhalten auf ganz bestimmte Aktivitätsmerkmale geschlossen werden kann. Die Beobachtungen über das katalytische Verhalten sind ein wichtiges Hilfsmittel bei Untersuchungen über die aktiven Zustände und allgemein über die bei einer Reaktion unter Beteiligung fester Stoffe auftretenden Zwischenzustände.

f) Auswirkungen auf physikalische Eigenschaften.

Der aktive Zustand zeigt selbstverständlich auch in den physikalischen Materialkonstanten Abweichungen gegenüber dem stabilen Zustand. Die auf S. 356 gegebene Einteilung in strukturempfindliche und strukturunempfindliche Eigenschaften gilt natürlich auch hier und sinngemäß auch die übrigen dort gegebenen Darlegungen. Zusammenfassende Darstellungen bringen unter anderem SMEKAL[7], HEDVALL[8] und im besonderen für die Metalle GRAF[9]. Es sei ferner auf die Untersuchungen bezüglich der Dielektrizitätskonstante (GLEMSER[10], FRICKE) der magnetischen Eigenschaften (ZIMENS[11], KLEMM[12]) des Emanationsvermögens (JAGITSCH[13]) und des Verhaltens bei der Schwimmaufbereitung (LIESEGANG[14]) hingewiesen. Sehr wichtige und ausgedehnte Gebiete sind die Photochemie und die Lehre von den elektrischen Widerständen aktiver Zustände geworden (Vortragsreihe: „Leuchten und Struktur fester Stoffe"[15]). In der neuesten Zeit hat B. GUDDEN die folgende

[1] W. FRANKENBURGER: Z. Elektrochem. angew. physik. Chem. **39** (1933), 97; C 33 I 3044.

[2] R. RIENÄCKER, G. WESSING, G. TRAUTMANN: Z. anorg. allg. Chem. **236** (1938), 252; C 38 I 4414.

[3] S. ROGINSKY: Acta physicochim. USSR **8** (1938), 376; C 38 II 2692.

[4] G.-M. SCHWAB, H. NAKAMURA: Ber. dtsch. chem. Ges. **71** (1938), 1755; C 38 II 2226.

[5] A. TAYLOR, J. WEISS: Nature (London) **141** (1938), 1055; C 38 II 2227.

[6] J. A. HEDVALL, G. A. AHLGREN: Kolloid-Z. **100** (1942), 137; C 1942.

[7] A. SMEKAL: Physik regelmäß. Ber. **8** (1940), 127; C 41 I 1135; C 36 I 2905; Angew. Chem. **51** (1938), 388.

[8] J. A. HEDVALL: Österr. Chemiker-Ztg. **44** (1941), 4; C 41 I 1389.

[9] L. GRAF: Z. Elektrochem. angew. physik. Chem. **48** (1942), 181; C 42 II 1432.

[10] O. GLEMSER: Z. Elektrochem. angew. physik. Chem. **45** (1939), 865; C 40 I 3373.

[11] K. E. ZIMENS: Svensk kem. Tidskr. **52** (1940), 205; C 40 II 2994.

[12] W. KLEMM: Magnetochemie. Leipzig: Akad. Verlagsges., 1936; C 36 II 4196.

[13] R. JAGITSCH: IVA **1939**, 170; C 40 I 2901; IVA **1940**, 1; C 1940.

[14] R. E. LIESEGANG: Z. Altersforsch. **1** (1938), 67.

[15] Chemie **55** (1942), 190.

anschauliche Übersicht über die Empfindlichkeit physikalischer Eigenschaften gegenüber Aktivierungen (Aufteilungsart, Störstellen) gegeben:

Physikalische Eigenschaften anorganischer fester Stoffe (ohne Metalle).

mechanisch	I	II	thermisch	I	II	elektrisch	I	II	magnetisch	I	II	optisch	I	II
Raumgitter	*U*	*U*	Dampfdruck	*U*	?	Leitungsart (Elektronen od. Ionen	*U*	*U*	Suszeptibilität	*U*	*E*	Brechzahl (von Lichtfrequenz abhängig)	*U*	*U*
Dichte (röntg.)	*U*	*U*	Schmelzpunkt	*U*	?	Leitungsmechanismus	*U*	*E*	galvanomagn. Konstante	–	*E*	Absorption	*U*	*E*
Dichte (pykn.)	*E*	*U*	spezifische Wärme	*U*	*U*	spezif. Leitfähigkt.	*E*	*E*	thermomagn. Konstante	–	?	Doppelbrechung	–	*U*
Elastizität und Kompressibilität	–	*U*	Bildungswärme	*U*	*U*	dielektr. Konstante	*U*	*E*				elektr. u. magn. Doppelbrechung	–	*U*
Härte	*U*	*U*	Wärmeleitfähigkt.	*E*	*U*	piezoelektr. Konst.	–	?				Lichtelektr. Wirkg. … innere	?	*E*
Spaltbarkeit	*E*	*U*	therm. Ausdehnung	*U*	*U*	pyroelektr. Konst.	–	?				… äußere	*U*	*E*
Zerreißfestigkeit	*E*	*U*				thermoelektr. Konstante	*U*	*E*						
						Durchschlagsfestigkeit	*E*	?						

Erklärung:
I empfindlich gegen Aufteilungsart (Einkristall, Kristallit, Preßpulver)
II empfindlich gegen chemische Störstellen (gittereigene und gitterfremde)
U...unempfindlich, *E*...empfindlich.

Es sei hinzugefügt, daß die reaktionskinetischen und ganz besonders die katalytischen Merkmale gegenüber Störstellen sehr empfindlich ansprechen können, daß dies jedoch nicht in bezug auf die thermochemische Charakteristik gilt.

Der aktive feste Zustand: Konstitutive und morphologische Merkmale, Einteilung nach Typen.

In der klassischen Chemie wird jeder Stoffbezeichnung (z. B.: „Calcium" oder „Chrom-III-oxyd") ein einziger, durch eindeutig bestimmte physikalische und chemische Konstanten gekennzeichneter Stoff zugeordnet; zu diesen Naturkonstanten gehört auch die unveränderliche qualitative und quantitative analytisch-chemische Zusammensetzung. Diese Eindeutigkeit in der Zuordnung geriet vorübergehend ins Schwanken, als Stoffe bekannt wurden, welche sich in ihren Naturkonstanten untereinander grundsätzlich unterschieden und dennoch die identische analytisch-chemische Zusammensetzung aufwiesen. Um auch solche Erscheinungen in das Lehrgebäude der Chemie aufnehmen und einordnen zu können, wurde der Begriff der Isomerie bzw. der Modifikationsverschiedenheiten geschaffen. Es wurde erkannt, daß sich solche Stoffe untereinander durch eine völlig verschiedene Lagerung der Atome und allenfalls auch der Moleküle unterschieden und daß also hier Unterschiede in der „chemischen Konstitution" bzw. Verschiedenheiten in der raumgittermäßigen Anordnung innerhalb des Kristalls vorliegen. Da sich die isomeren Stoffe in ihrem ganzen Verhalten voneinander so grundlegend unterschieden, wie es die Stoffe verschiedener chemischer Zusammensetzung tun, und da auch zwischen den Isomeren keinerlei Übergangszustände von dem einen zu dem anderen beobachtet wurden, konnten solche Stoffe ohne einschneidende Veränderungen in den Grundlagen zwanglos in die klassische Chemie eingegliedert werden; die identische analytisch-chemische Zusammensetzung erhielt mehr den Charakter einer zufälligen Übereinstimmung.

Wesentlich größere Schwierigkeiten bereitet es der reinen Chemie vielfach auch heute noch, sich mit denjenigen Isomerien abzufinden, welche als die eigentlichen aktiven Zustände hier behandelt werden. Vor allem dadurch, daß sich von irgendeinem aktiven Zustand aus fast immer eine kontinuierliche, in den stabilen Zustand mündende Reihe von Zuständen mit fallender Aktivität realisieren läßt, treten hier Stoffklassen auf, welche sich mit den Prinzipien der reinen Chemie nicht in Einklang bringen lassen. Einer mehr stillschweigend vereinbarten Übereinkunft entsprechend wird aus der großen Fülle dieser Art von Isomerieerscheinungen nur der *stabile* Zustand in dem Lehrgebäude der *Chemie* behandelt und seine Naturkonstanten in den Tabellenwerken aufgenommen. Für die eigentlichen *aktiven* Zustände hat sich die *Kolloidchemie* als die gegebene Pflegestätte erwiesen.

Da nun bei der Beobachtung des Verhaltens eines festen Stoffes der Frage, ob auch wirklich der stabile Zustand vorliegt, meist wenig Aufmerksamkeit zuteil wurde, so weichen die Literaturangaben über die Konstanten des Stoffes mit gleichem Namen oft recht erheblich voneinander ab (vgl. hierzu die zahlreichen Mitteilungen von Cohen und Mitarbeitern, z. B. Cohen und Blekkingh[1]). Schon die Angaben über ganz einfache Größen, wie Raumerfüllung, magnetische Suszeptibilität u. a., zeigen große Streuung. Dies gilt ganz besonders für die von den Physikern (erstmalig von Smekal) als „strukturempfindlich" bezeichneten Eigenschaften, wozu wohl auch die reaktionskinetischen Merkmale zu zählen sind. Erst die Kritik der letzten Jahre hat den Bestrebungen, aus der Fülle des Beobachtungsmaterials die für den stabilen Zustand gültigen Daten auszuwählen, eine ausreichende Tragkraft gegeben. (Über eine solche auf das Zinkoxyd bezügliche Auswahl vgl. Hüttig und Toischer[2]). Alle übrigen Angaben beziehen sich auf *aktive* Präparate und haben nur dann einen Wert, wenn gleichzeitig das Herstellungsverfahren in reproduzierbarer Weise mitgeteilt wird.

Die Größe der Mannigfaltigkeit, welche die aktiven Zustände in manchen Stoffklassen aufweisen, kann nur mit der großen Zahl der Verbindungen der organischen Chemie verglichen werden. Die aktiven Zustände sind besonders zahlreich und vielgestaltig in der Gruppe der Oxydhydrate (Fricke und Hüttig[3]), Oxyde (Parravano[4]) und Metalle; es sind dies auch die Stoffklassen mit der häufigsten Verwendung als Katalysatoren. Von geringerem Umfang und geringerer Intensität sind die aktiven Zustände bei den Verbindungen mit Ionengittern, also vor allem bei den Salzen. Die geringste Bedeutung hatten bis jetzt die aktiven Zustände bei den nicht allzu hochmolekularen organischen Verbindungen, es wäre denn, daß man gewisse, aus der Chemie der Enzyme u. a. bekannte Aktivierungserscheinungen hier einordnet. In der organischen Chemie (allgemein in der Chemie der homöopolaren Verbindungen) hat sich der Naturwille zur Mannigfaltigkeit in der Ausbildung einer großen Zahl voneinander sprunghaft sich unterscheidender, echter chemischer Verbindungen manifestiert, was auf ein Unvermögen der schwachen van der Waalsschen Gitterkräfte der organischen Verbindungen, den aktiven Zustand aufrechtzuerhalten, zurückgeführt werden kann. Bei den hier interessierenden Aktivierungen handelt es sich hingegen stets um ein Kontinuum von Zuständen, das sich von einem Zustand mit maximaler Aktivität zu dem stabilen Zustand hinzieht.

Genau so wie es in der reinen Chemie eine Hauptaufgabe ist, für einen gegebenen Stoff die chemische Konstitution, also die räumliche Lagerung der Atome und die dadurch bedingten Kraftwirkungen zu ermitteln und das Verhalten des Stoffes hieraus abzuleiten, so ergibt sich für die aktiven Zustände die analoge Aufgabe, ihren diskreten Aufbau zu ermitteln und daraus die Art und Größe ihrer Aktivität zu erklären. Allerdings sind die Methoden des Experimentierens und Denkens im letzteren Fall meist wesentlich andere. Der Grundstock für diese

[1] E. Cohen, J. J. A. Blekkingh: Proc., Kon. nederl. Akad. Wetensch. **43** (1940), 334; C 40 II 465.

[2] G. F. Hüttig, K. Toischer: Z. anorg. allg. Chem. **207** (1932), 273; 53. Mittlg.; C 32 II 3662.

[3] R. Fricke, G. F. Hüttig: Hydroxyde und Oxydhydrate. Leipzig: Akad. Verl.-Ges., 1937; C 37 I 2343.

[4] N. Parravano: Chim. e Ind. (Milano) **20** (1938), 1; C 38 I 3017.

Methoden ist bereits in der älteren Kolloidchemie enthalten; eine wesentliche Erweiterung brachte die Einführung der Röntgenuntersuchungen nach DEBYE-SCHERRER und der Oberflächenuntersuchungen mit Hilfe der Beugung von Elektronenstrahlen; ein starker, in seinen Auswirkungen derzeit noch gar nicht übersehbarer Auftrieb ist neuerlich durch das Elektronenmikroskop herbeigeführt worden. Zusammenfassende Berichte über den diskreten Aufbau fester aktiver Zustände und deren Untersuchungsmethoden bringen BRILL und RENNINGER[1], THIESSEN[2], FRICKE[3], GIBBS[4] und viele andere, vor allem auch Band IV des vorliegenden Handbuches und die Vortragsreihe: „Leuchten und Struktur fester Stoffe"[5].

Es ist möglich, die aktiven Zustände in gewisse, durch charakteristische Merkmale gekennzeichnete Typen zu ordnen. Dabei ist aber festzuhalten, daß eine derart orientierte Beschreibung keinesfalls die aus dem Werden und Vergehen des Zustandes sich ergebende Behandlung ersetzen kann. Die Aufstellung solcher Typen ist eine Abstraktion, welche ohne Überschneidungen und arteigene Zutaten kaum jemals anzutreffen sein wird. Wenn wir dennoch im nachfolgenden eine Aufzählung und kurze Charakteristik dieser Typen bringen, so geschieht dies im Interesse einer Vermeidung von Wiederholungen innerhalb der speziellen Teile.

a) Instabile chemische Modifikationen.

α) Kristallographisch unabhängige Modifikationen.

Wenn man irgendeine Modifikation betrachtet, welche unter den gegebenen Verhältnissen instabil (= „metastabil") ist und somit früher oder später in die unter den betrachteten Verhältnissen stabile Modifikation übergehen muß, so liegt hier im Sinne einer uneingeschränkten Definition ein aktiver Zustand vor. So z. B. wird bei Zimmertemperatur gelbes Quecksilber(II)-jodid in seine rote Modifikation übergehen oder der Böhmit $Al_2O_3 \cdot 1\, H_2O$ wird in bezug auf den Diaspor instabil sein. Hierbei ist es gleichgültig, ob die instabile Modifikation unter irgendwelchen anderen äußeren Umständen ein stabiles Existenzgebiet besitzt [wie das gelbe Quecksilber(II)-jodid], also zu den beiden Modifikationen das Verhältnis der „Enantiotropie" besitzt, oder ob dies nicht der Fall ist (wie vermutlich bei dem Böhmit) und die beiden Modifikationen im Verhältnis der „Monotropie" stehen. Die Umwandlung in die stabile Modifikation kann sich mit sehr verschiedener Geschwindigkeit vollziehen; bei dem Quecksilber(II)-jodid ist sie meist in einigen Minuten vollzogen, bei dem Böhmit geht sie so langsam vor sich, daß sie direkt überhaupt nie beobachtet, sondern nur aus thermodynamischen Daten geschlossen wurde.

Aber auch chemische Verbindungen, welche nicht in bezug auf eine andere Modifikation oder Isomerie instabil sind, können trotzdem instabil sein und wären daher im Sinne einer uneingeschränkten Definition zu den aktiven Stoffen zu zählen. Bei einer Prüfung mit Hilfe des NERNSTschen Wärmesatzes erweist es sich, daß die meisten organischen Verbindungen instabil sind, indem der endgültige Gleichgewichtszustand in der Richtung einfacherer Zersetzungsprodukte liegt.

---

[1] R. BRILL, M. RENNINGER: Ergebn. techn. Röntgenkunde **6** (1938), 141; C 38 II 3656.

[2] P. A. THIESSEN: Angew. Chem. **51** (1938), 318; C 38 II 2566.

[3] R. FRICKE: Ber. dtsch. chem. Ges. **70** (1937), 138; C 37 II 1756; Angew. Chem. **51** (1938), 863; C 39 II 786.

[4] R. E. GIBBS: Sci. Progr. **29** (1935), 661; C 35 II 2022.

[5] Chemie **55** (1942), 190.

Aktivitätszustände, wie sie vorangehend beschrieben sind, haben wir in dem vorliegenden Bericht aus unserer Betrachtung ausgeschlossen (S. 322). Ihre Behandlung gehört in das Gebiet der reinen und physikalischen Chemie, und ihre Aktivität ist von einer anderen Art als die hier interessierende. Sie werden uns allenfalls nur dort beschäftigen, wo sie bei einem Reaktionsablauf als Bindeglied einer Reihe andersartiger aktiver Zwischenzustände auftreten. Immerhin muß betont werden, daß auch von dieser Aktivierungsart im allgemeinen eine erhöhte Reaktivität erwartet werden darf. So finden HEDVALL und ANDERSSON[1] für Anatas (instabile TiO_2-Modifikation) eine größere Reaktionsfähigkeit gegenüber CaO als für Rutil.

β) Pseudostrukturen.

Wenn nun auch die vorangehend gekennzeichneten instabilen Zustände an sich hier nicht interessieren, so gehören doch die aktiven Zwischenzustände, welche im Verlaufe ihrer Modifikationsumwandlungen oder sonstiger Umsetzungen auftreten, sehr wohl in das von uns erwählte Gebiet. Im Zusammenhang damit werden solche instabile Modifikationen, deren Feinbau kausal durch die Muttersubstanz bedingt ist, unsere erhöhte Aufmerksamkeit finden. Erscheinungen dieser Art liegen vor allem bei den „Pseudostrukturen" vor, wo also bei der Umwandlung eines festen Stoffes noch die wesentlichsten Merkmale des ursprünglichen *Kristallgitters* erhalten bleiben. Solche Pseudostrukturen wurden beispielsweise beobachtet von BAUDISCH und WELO an Fe_2O_3, das aus Fe_3O_4, von MERCK und WEDEKIND[2] an CoO, das aus Co_3O_4, von H. W. KOHLSCHÜTTER an Fe_2O_3, das aus $Fe_2(SO_4)_3$, und von HÜTTIG und LEWINTER[3] an CaO, das aus $CaCO_3$ entstanden ist.

Eine Anzahl gut definierter Beispiele für Pseudostrukturen ist von SLONIM[4] beschrieben worden; wenn man *Analcim* $Na(AlO_2 \cdot 2\,SiO_2) \cdot H_2O$ bei 750° entwässert, so zeigt das Entwässerungsprodukt im wesentlichen noch die gleichen Röntgeninterferenzen wie das nicht entwässerte Ausgangsprodukt; dieses Kristallgitter kommt aber keineswegs auch dem *stabilen* Entwässerungsprodukt zu; es ist nach der Entfernung des Wassers in seiner ursprünglichen Anordnung nur deshalb stehen geblieben, weil es noch nicht die Zeit gefunden hat, sich in die neue, dem stabilen Entwässerungsprodukt zukommende Anordnung umzulagern; es liegt hier eine Pseudostruktur vor; wird das Entwässerungsprodukt noch weitere 7 Stunden bei der Entwässerungstemperatur gehalten, so zeigt das Röntgenbild nicht mehr die Interferenzen des Analcims, hingegen diejenigen eines ganz neuen Kristallgitters. Analoge Erscheinungen wurden an den Entwässerungsprodukten des Chabasits, Natroliths und Harmotoms beobachtet, hingegen nicht bei der Entwässerung des kristallwasserhaltigen Strontiumchlorids (vgl. auch LE BLANC und MÖBIUS[5]). — Gelegentlich bildet sich die Pseudostruktur mit einem im Vergleich zu dem Ausgangsstoff etwas verzerrten (S. 364) Gitter aus, so bei der Bildung des MgO aus $Mg(OH)_2$ (BÜSSEM und KÖBERICH).

Zu den Pseudostrukturen müssen auch die Hydrate „zweiter Art" und die ihnen analogen Stoffgruppen gezählt werden. Unter den Hydraten „zweiter Art" versteht man solche instabil existierenden Hydrate, welche kein eigenes Kristallgitter besitzen, sondern Einlagerungen von Wasser nach stöchiometrischen Ver-

---

[1] J. A. HEDVALL, K. ANDERSSON: Sci. Pap. Inst. physic. chem. Res. 38 (1941), 210; C 42 I 3065.

[2] F. MERCK, E. WEDEKIND: Z. anorg. allg. Chem. 186 (1930), 49; C 30 I 1742

[3] G. F. HÜTTIG, M. LEWINTER: Angew. Chem. 41 (1928), 1034; C 28 II 2499.

[4] CH. SLONIM: Z. Elektrochem. angew. physik. Chem. 36 (1930), 439; C 30 II 2478.

[5] M. LE BLANC, E. MÖBIUS: Z. physik. Chem., Abt. A 142 (1929), 151; C 29 II 1390.

hältniszahlen in ein fremdes Gitter darstellen. Ein sehr gut untersuchtes Beispiel hierfür sind die Bauxithydrate von W. BILTZ[1] (S. 307).

Wahrscheinlich gehören hierher auch einige der von KLEMENT hergestellten Salze, bei denen das ursprüngliche sauere Oxyd aus seinem Gitter durch ein anderes saures Oxyd verdrängt wurde; mit diesen Beispielen nähern wir uns wohl der Erscheinung der isomorphen Vertretbarkeit.

Schließlich muß ausdrücklich betont werden, daß die vorangehend besprochenen „Pseudostrukturen" nicht verwechselt werden dürfen mit den „Pseudomorphosen", bei welchen lediglich nur noch die äußere Begrenzung früherer Zustandsformen vorliegt.

γ) Somatoide, Organoide, Sphärite.

Außer den Modifikationen mit einer kristallgittermäßigen Anordnung der Leptone gibt es auch andere gesetzmäßige Anordnungen wie die „Somatoide", „Organoide" und „Sphärite" (V. KOHLSCHÜTTER, WIELER[2]), die man sich derzeit wohl kaum anders denn als instabile Gebilde vorstellt, und allenfalls auch gewisse „Mesophasen" (ZOCHER), welche im Hinblick auf ihren Charakter als Zwischenzustände durchaus unserem Betrachtungskreis angehören.

b) Der disperse und der difforme Zustand.

Jeder feste Stoff besteht auch im stabilen Zustand aus mindestens zwei Molekülarten: den im Inneren liegenden Molekülen und den an freier Energie reicheren Molekülen in der Oberfläche. Von den Molekülen, welche zwar nicht in der Oberfläche, aber nahe darunter liegen, muß angenommen werden, daß sie sich in einer Art von Übergangszustand zwischen Oberflächen- und Innenmolekülen befinden. Die uns hier interessierende Charakteristik der in der Oberfläche befindlichen Gitterbausteine ist bereits auf S. 342 behandelt worden. Es entspricht einer ziemlich allgemein angenommenen Ansicht, daß innerhalb einer Reihe verschieden disperser Zustände dem stabilen Zustand die kleinste Oberfläche zukommt. Wird demzufolge ein Einkristall zerkleinert, so entstehen hierbei neue Oberflächen, und es liegt dann nicht mehr ein stabiles Gebilde vor, sondern ein *aktiver Zustand, der durch die Dispersität des festen Körpers verursacht ist.*

Mit der Darstellung der dispersen Stoffe und deren physikalischen und chemischen Eigenschaften beschäftigt sich die Kolloidchemie („Kolloidik"). Es gab in dieser Wissenschaft eine Strömung, die sämtliche der Kolloidchemie und -physik zufallenden Erscheinungen durch Dispersität erklären wollte, so daß die Kolloidchemie identisch mit einer „Dispersoidchemie" wäre. Wenn auch ein solcher Standpunkt zu eng begrenzt ist und neben den Begriff des „Dispersitätsgrades" als gleichberechtigt zumindestens auch derjenige des „Ordnungsgrades" treten muß, so beleuchtet doch ein solcher Sachverhalt den ungeheueren Umfang der Dispersitätserscheinungen und ihrer Erforschung. So wird denn auch hier im wesentlichen ein Hinweis auf die Lehrbücher und Sammelwerke dieser Wissenschaft genügen müssen, und es brauchen nur die Gesichtspunkte hervorgehoben werden, welche wir für den ganzen Zusammenhang benötigen. An deutschsprachigen Werken seien genannt die lehrbuchartigen Werke von Wo. OSTWALD: „Grundriß der Kolloidchemie" (7. Aufl., Dresden-Leipzig, 1923) und „Die Welt der vernachlässigten Dimensionen" (11. Aufl., Dresden-Leipzig, 1937); R. ZSIGMONDY: „Kolloidchemie" (Leipzig); A. v. BUZÁGH: „Kolloidik" (Dresden-Leip-

[1] W. BILTZ: Z. anorg. allg. Chem. **172** (1928), 292; C 28 II 633.
[2] A. WIELER: Kolloid-Z. **70** (1935), 79; C 35 I 2785.

zig, 1936). Ferner erscheint in Fortsetzungen ein „Handbuch der Kolloidwissenschaft in Einzeldarstellungen“ (Dresden-Leipzig) und Originalabhandlungen in der „Kolloid-Zeitschrift“ und deren „Beiheften“.

Für uns sind die folgenden Feststellungen von Belang: Bei einem Kristall wird man bei einer strengen Behandlung nicht nur Unterschiede zwischen „Oberflächen“- und „Innen“molekülen machen, sondern man wird bei den ersteren zu unterscheiden haben zwischen solchen Molekülen, welche in der glatten Oberfläche liegen, solchen, die in Kanten, und solchen, die in den Ecken des Kristalls liegen. Innerhalb eines Kristallgitters, bei welchem ein Atom, Ion oder Molekül gleichmäßig von sechs anderen umgeben ist, sind also alle 6 Koordinationsstellen besetzt; ein in der glatten Oberfläche liegendes Atom hat hingegen nur 5 (die nach außen gerichtete Koordinationsstelle ist unbesetzt), ein in der Kante liegendes Atom nur 4 und ein in der Ecke liegendes Atom sogar nur 3 Koordinationsstellen besetzt. Bei einem gesunden regulären Kristall sind bei einer rein geometrischen Betrachtungsweise nur diese drei Arten des Absättigungszustandes denkbar. Bei einem Kristall mit Rissen und Gitterbaufehlern sind auch noch andere Absättigungstypen vorstellbar, namentlich dann, wenn man auch noch die zweite Anlagerungssphäre des betrachteten Atoms berücksichtigt; es werden sich dann auch Koordinationsisomerien zu den bei dem gesunden Kristall möglichen Absättigungen ergeben. Es sei hier auch auf die selbst bei den stabilen Gebilden notwendigerweise vorhandene Rissigkeit und Unregelmäßigkeit der Oberfläche hingewiesen (S. 343).

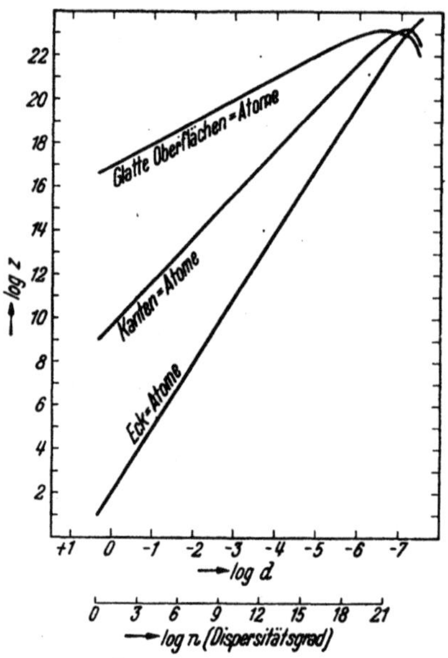

Abb. 2. Die Zahl der Oberflächen-, Kanten- und Eckatome eines Gramm-Atoms α-Eisen in Abhängigkeit von dem Zerteilungsgrad.

Bei einem grobdispersen Pulver ist die Zahl der der rein geometrischen Betrachtungsweise entsprechenden „glatten Oberflächenatome“ im Vergleich zu derjenigen der „Innenatome“ gering, und noch geringer ist die Zahl der „Kantenatome“ und schon gar diejenige der „Eckatome“. Bei steigender Zerkleinerung verschieben sich diese Verhältniszahlen jedoch sehr rasch zugunsten der weniger abgesättigten Atome.

In der Abb. 2 wird 1 g-Atom α-Eisen (= 55,84 g bzw. $6{,}023 \cdot 10^{23}$ Atome) in verschiedenen Dispersitätsgraden geometrisch betrachtet. Auf der Abszissenachse ist der Wert log d aufgetragen, wobei d die Kantenlänge (cm) eines der Würfel bedeutet, in welche das Eisen zerteilt ist. Darunter ist auf der zweiten Abszisse der Betrag log n aufgetragen, wobei n die Anzahl der Würfel bedeutet, die insgesamt 1 g-Atom Eisen ergibt, wenn die Kantenlänge des Würfels $= d$ ist. Auf der Ordinatenachse ist log z aufgetragen, wobei z die Anzahl der in 1 g-Atom Eisen enthaltenen „glatten Oberflächen“- bzw. „Kanten“- bzw. „Eck“atome bedeutet.

In der Chemie und auch in der Kolloidchemie wird die Wirkung von Kanten- und Eckatomen nur selten zur Erklärung von Phänomenen herangezogen; selbst in einem recht weitgehend dispersen Zustand galt ihre Zahl im Vergleich zu den glatten Oberflächenatomen als zu gering. Hingegen wurde ihre grundsätzliche Bedeutung für die katalytische Wirksamkeit fester Stoffe, dank einem Ausbau der H. S. TAYLORschen Theorie von den aktiven Zentren durch SCHWAB und PIETSCH[1] erkannt.

Mit der Variabilität der Größe und der Form der Einzelkristallite (= „Primärteilchen“) sind aber die durch den Dispersitätsgrad bedingten Mannigfaltigkeiten noch keineswegs erschöpft. Die Primärteilchen können sich vermöge der zwischen ihnen wirksamen Anziehungskräfte zu recht verschiedenartig gekennzeichneten „Sekundärstrukturen“ („Verwachsungskonglomerat“) verketten. Gerade in den letzten Zeiten wird diesen Sekundärstrukturen bei den Erklärungen über das Verhalten disperser Stoffe erhöhte Bedeutung zugemessen. Als erstes Einteilungsprinzip muß dasjenige von H. W. KOHLSCHÜTTER[2] gelten, demzufolge er dem „diskret-dispersen“ Zustand, bei welchem die einzelnen Primärteilchen unabhängig voneinander sind und gegeneinander verschoben werden können, ohne daß sich die Eigenschaften des Aggregates ändern, den „kompakt-dispersen“ Zustand gegenüberstellt, bei welchem die einzelnen Primärteilchen in wesentlicher Weise miteinander verbunden sind. Weitere Einzelheiten über diesen Gegenstand bringt der Beitrag von H. ZIMENS in Band IV des vorliegenden Handbuches. Für die Charakteristik der „Sekundärstruktur“ und wohl vor allem auch der durch sie bedingten katalytischen Eigenschaften ist die Frage nach einer geeigneten Kennzeichnung der Form des von der Materie erfüllten und des dazwischenliegenden hohlen Raumes von Belang. Mit diesen Fragen beschäftigt sich eine ausgedehnte Abhandlungsreihe von MANEGOLD[3].

Wo. OSTWALD[4] gibt eine Einteilung der dispersen Systeme in bezug auf die Anzahl der vernachlässigten Dimensionen der Primärteilchen. FRICKE und FEITKNECHT[5] präzisieren die Begriffe „Primärstruktur“, „Störstruktur“ und „Sekundärstruktur“. Eine wesentliche Vertiefung unserer Kenntnisse auf diesem Gebiet ist durch die Anwendung des Elektronenmikroskops angebahnt worden (BEISCHER und KRAUSE[6]).

Die an dem dispersen Zustand beobachteten Eigenschaften werden eben mit Rücksicht auf die Neigung, kohärent disperse Systeme zu bilden, stets etwas von denjenigen abweichen, welche sich rein geometrisch vorwiegend auf Grund gittertheoretischer Vorstellungen ableiten lassen. Die folgenden orientierenden Angaben sind durch unmittelbare Beobachtung erhalten worden.

Über den durch die Zerteilung bedingten Mehrgehalt an gesamter Energie mögen die folgenden Beispiele eine Vorstellung geben: Die feinteiligsten von FRICKE und MEYER[7] hergestellten Goldpräparate haben pro 1 g-Atom einen bis zu rund 1100 cal höheren Wärmeinhalt als grobteiliges Gold. Bei γ-Aluminiumoxyd-Präparaten ergaben sich pro 1 Mol Al_2O_3 Unterschiede im Wärmeinhalt bis zu 3850 cal, wobei gezeigt werden konnte, daß dieser Mehrgehalt an Energie proportional den Oberflächenunterschieden ist (FRICKE, NIERMANN und FEICHTNER[8], weitere Beispiele in der gleichen Abhandlungsreihe). Auch Magnesiumhydroxyd-

---

[1] G.-M. SCHWAB, E. PIETSCH: Z. Elektrochem. angew. physik. Chem. **35** (1929), 573; C 30 I 4.

[2] H. W. KOHLSCHÜTTER: Kolloid-Z. **77** (1936), 229; C 37 I 1107.

[3] E. MANEGOLD: Kolloid-Z. **80** (1937), 253; C 38 I 33; Kolloid-Z. **82** (1938), 269; **83** (1938), 146; C 38 II 4037. — E. MANEGOLD, K. SOLF, E. ALBRECHT: Kolloid-Z. **91** (1940), 243; C 41 I 752. — E. MANEGOLD: Z. Ver. dtsch. Ing., Beih. Verfahrenstechn. **1941**, 44; C 42 I 15.

[4] Wo. OSTWALD: Kolloidchemisches Taschenbuch. Leipzig, 1942.

[5] R. FRICKE, W. FEITKNECHT: Kolloid-Z. **95** (1941), 355.

[6] D. BEISCHER, F. KRAUSE: Angew. Chem. **51** (1938), 331; C 38 II 2566.

[7] R. FRICKE, K. MEYER: Z. physik. Chem., Abt. A **181** (1938), 409; C 39 I 4444.

[8] R. FRICKE, F. NIERMANN, CH. FEICHTNER: Ber. dtsch. chem. Ges. **70** (1937), 2318; C 38 I 1531.

präparate, welche im Vergleich zu dem stabilen Zustand einen Mehrgehalt an Energie bis zu 850 cal pro Mol hatten, verdankten diese Aktivität einer größeren Oberfläche (Fricke[1]). Für das Natriumchlorid liegen bezüglich der Abhängigkeit von Gesamtenergieinhalt und Dispersitätsgrad ausgedehnte Untersuchungen von Lipsett, Johnson und Maas[2] vor. Mit den Beziehungen zwischen Zerteilung und chemischer Affinität beschäftigt sich Schenck[3] (vgl. a. S. 414).

Auch die für die Untersuchung von Zwischenzuständen häufig herangezogenen magnetischen Eigenschaften können in empfindlicher Weise von dem Dispersitätsgrad abhängen. Durch eine kolloide Verteilung des Kupfers und Silbers wird deren Diamagnetismus erhöht (Rao[4]). Bei Graphitpulvern tritt mit Verminderung der Teilchengröße eine Erniedrigung des Diamagnetismus auf (Krishman und Ganguli[5]). Auch die besonderen Eigenschaften der „aktiven Kohlen", insbesondere auch ihre katalytische Aktivität, beruhen großenteils auf Unterschieden in der Sekundärstruktur (U. Hofmann, Ragoss und Sinkel[6], vgl. a. Ardenne und U. Hofmann[7], Juza[8]).

Für die hier interessierende Originalliteratur etwa der letzten 12 Jahre mögen die folgenden weiteren Anhaltspunkte gegeben werden: Wo. Ostwald und A. v. Buzágh[9], Wo. Ostwald[10], Kohlschütter und Siecke[11], Kohlschütter[12] (diskret-disperse und kompakt-disperse Systeme), Stranski und Kaischew[13] (Gleichgewichtsbetrachtungen), Stranski[14], Balarew[15], Cohen und Blekkingh[16], Rao[17] (magnetische Eigenschaften), Insley[18], Bugakow und Rybalko[19], Roller[20] (statistische Beschreibung), Graue und Riehl[21] (Porenstruktur), Rammler[22] (Kornverteilung), Adam[23], Bragg[24], E. Hoffmann[25], Dixit[26], Fricke, Blaschke und Schmitt[27] (Abhängigkeit des sauren bzw. basischen Charakters vom Dispersitätsgrad), Fricke,

---

[1] R. Fricke, K. Meyring: Z. anorg. allg. Chem. **230** (1937), 357; C 37 II 1756.
[2] S. G. Lipsett, F. M. G. Johnson, O. Maass: Journ. Amer. chem. Soc. **49** (1927) 925, 1940; **50** (1928), 2701; C 27 I 3180; 27 II 1934; 28 II 2443.
[3] R. Schenck: Z. Elektrochem. angew. physik. Chem. **42** (1936), 747; C 37 I 270.
[4] S. R. Rao: Current Sci. **4** (1935), 24; C 35 II 2175.
[5] K. S. Krishman, M. Ganguli: Current Sci. **3** (1935), 472; C 35 II 1142.
[6] U. Hofmann, A. Ragoss, F. Sinkel: Kolloid-Z. **96** (1941), 231; C 42 I 1471.
[7] M. v. Ardenne, U. Hofmann: Z. physik. Chem., Abt. B **50** (1941), 1; C 42 I 2501.
[8] R. Juza, R. Langheim, H. Hahn: Angew. Chem. **51** (1938), 354; C 38 II 2710.
[9] Wo. Ostwald, A. v. Buzágh: Kolloid-Z. **47** (1929), 314; C 29 I 2950.
[10] Wo. Ostwald: Z. physik. Chem., Abt. A **158** (1931), 91; C 32 I 1347.
[11] H. W. Kohlschütter, H. Siecke: Z. Elektrochem. angew. physik. Chem. **39** (1933), 617; C 33 II 3084.
[12] H. W. Kohlschütter: Kolloid-Z. **77** (1936), 229; C 37 I 1107.
[13] I. N. Stranski, R. Kaischew: Z. physik. Chem., Abt. B **26** (1934), 100; C 34 II 2493.
[14] I. N. Stranski: Mh. Chem. **69** (1936), 234; C 37 I 3286.
[15] D. Balarew: Z. physik. Chem., Abt. A **171** (1934), 466; C 35 I 3759.
[16] E. Cohen, J. J. A. Blekkingh jr.: Proc., Kon. Akad. Wetensch. Amsterdam **38** (1935), 842; C 36 I 1361. — E. Cohen, J. J. A. Blekkingh: Proc., Kon. Akad. Wetensch. Amsterdam **39** (1936), 154; C 36 I 4266.
[17] S. R. Rao: Current Sci. **4** (1936), 572; C 36 II 1129.
[18] E. G. Insley: J. physik. Chem. **39** (1935), 623; C 36 II 2510.
[19] W. Bugakow, F. Rybalko: Techn. Physics USSR **2** (1935), 617; C 37 I 796.
[20] P. S. Roller: J. Franklin Inst. **223** (1937), 609; C 37 II 1234.
[21] G. Graue, N. Riehl: Naturwiss. **25** (1937), 423; C 37 II 1756; Z. anorg. allg. Chem. **223** (1937), 365; C 37 II 4293.
[22] E. Rammler: Z. Ver. dtsch. Ing., Beih. Verfahrenstechn. **1937**, 161; C 38 I 1843.
[23] N. K. Adam: The physics and chemistry of surfaces, 2. Aufl. Oxford U. P., 1938; C 38 I 3894.
[24] W. Bragg: Nature (London) **140** (1937), 954; C 38 II 18.
[25] E. Hoffmann: Kolloid-Z. **82** (1938), 551; **83** (1938), 99; C 38 II 2403.
[26] K. R. Dixit: Physik. Z. **39** (1938), 580; C 38 II 2562.
[27] R. Fricke, F. Blaschke, C. Schmitt: Ber. dtsch. chem. Ges. **71** (1938), 1731; C 38 II 2887.

GWINNER und FEICHTNER[1] (Energiegehalt in Abhängigkeit vom Dispersitätsgrad), Wo. OSTWALD (1930, Kolloidwissenschaft und heterogene Katalyse), SCHUHMANN[2] (Größenverteilung und Oberflächenberechnung), ANDREASEN[3] (Feinheitsgrad und Technologie), KENRICK[4] (Oberflächenbestimmung von Pulvern), GIANNONE[5] (Korngrößenverteilung), LOCHMANN[6] (Porengrößenbestimmung), MELDAU[7] (Gestaltsanalyse), BALAREW[8] (disperser Bau fester Systeme), GOODEN und SMITH[9] (Messung mittlerer Teilchendurchmesser), RAMMLER[10] (technische Oberflächenermittlung), KURBATOV[11] (Oberflächenbestimmung von Katalysatoren), RUBINSTEIN[12] (Dispersität und katalytische Aktivität).

In den meisten Fällen wird gleichzeitig mit einer Aktivierung infolge eines höheren Dispersitätsgrades auch eine Aktivierung verbunden sein, welche ihre Ursache in den im folgenden Abschnitt beschriebenen Erscheinungen hat. Es ist daher meist auch schwierig festzustellen, welche Erscheinungen ausschließlich auf Kosten der Dispersität allein zu setzen sind (vgl. WIEST[13], SMITH, THORNHILL und BRAY[14]).

Auch für unseren Interessenkreis dürfte die Unterscheidung von Wo. OSTWALD[15] in *disperse* Systeme, welche die Aggregation vieler kleiner Primärteilchen und in *difforme* Systeme, welche *einen* kompakten Körper mit in bestimmten Richtungen kleinen Dimensionen (Draht, Lamelle) betrachtet, zweckmäßig werden.

c) Die instabilen Gitterstörungen.

Die Kristallgitter werden uns niemals in der regelmäßig-periodischen, fehlerfreien Anordnung begegnen, wie sie etwa durch die üblichen Schulmodelle veranschaulicht werden. Die meisten der gegenüber einer derartigen Idealisierung beobachteten Abweichungen werden unter dem Sammelbegriff „Gitterstörungen" oder „Gitterbaufehler" zusammengefaßt. Es ist notwendig, diese Erscheinungen in solche einzuteilen, bei welchen sich das Kristallgitter im thermodynamischen Gleichgewicht mit der Umgebung befindet, und solche, bei denen dies nicht der Fall ist. Im *ersteren Fall* wird es vor allem die Temperatur sein (S. **384**÷**396**), welche verschiedenartige Verschiebungen der Atomschwerpunkte aus der idealen, nach allen Raumrichtungen streng periodischen Anordnung bewirkt; die Größe der Abweichung wird sich bei den einzelnen Atomen mit der Zeit sowohl im Sinne einer Abnahme, als auch einer Zunahme ändern, sie wird jedoch in dem aus sämtlichen Atomen gezogenen *Mittel unverändert* bleiben. Im *letzteren Fall* handelt es sich im Vergleich zu der idealen, streng periodischen Anordnung auch um Ab-

---

[1] R. FRICKE, E. GWINNER, CH. FEICHTNER: Ber. dtsch. chem. Ges. **71** (1938), 1744; C 38 II 2886.
[2] R. SCHUHMANN JR.: Min. Technol. **4** (1940), 1189; C 40 II 2515.
[3] H. M. ANDREASEN: VDI-Forschungsh. **399** (1939), 1; C 40 II 3076.
[4] F. B. KENRICK: J. Amer. chem. Soc. **62** (1940), 2838; C 41 I 19.
[5] A. GIANNONE: Atti X Congr. int. Chim. Roma **4** (1938), 650; C 41 I 548.
[6] G. LOCHMANN: Angew. Chem. **53** (1940), 505; C 41 I 670.
[7] R. MELDAU: Z. Ver. dtsch. Ing., Beih. Verfahrenstechn. **1940**, 103; C 41 I 1010.
[8] D. BALAREW: Kolloid-Beih. **52** (1940), 45; C 41 I 2084.
[9] E. L. GOODEN, CH. M. SMITH: Ind. Engng. Chem., analyt. Edit. **12** (1940), 479; C 41 I 2832.
[10] E. RAMMLER: Z. Ver. dtsch. Ing., Beih. Verfahrenstechn. **1940**, 150; C 41 II 1174.
[11] J. D. KURBATOV: Z. physik. Chem. Abt. B **45** (1941), 851; C 42 I 451.
[12] A. M. RUBINSTEIN: J. physik. Chem. **14** (1940), 1208; C 42 I 964; Bull. Acad. Sci. USSR, Cl. Sci. chim. **1940**, 135; C 42 I 1463.
[13] P. WIEST: Metallwirtsch., Metallwiss., Metalltechn. **12** (1933), 255; C 33 II 2499.
[14] W. R. SMITH, F. S. THORNHILL, R. J. BRAY: Ind. Engng. Chem., ind. Edit. **33** (1941), 1303; C 42 II 701.
[15] Wo. OSTWALD: Kolloid-Z. **100** (1942), 1.

weichungen, welche auf die Entstehungs- oder Vorgeschichte des Kristalls zurückzuführen sind und welche noch nicht genügend Zeit hatten, ihre stabilste Anordnung zu finden; bezeichnen wir wieder für diese aktive Anordnung den Mehrgehalt an freier Energie mit ΔF, so wird dieser Wert mit der Zeit im Mittel gegen Null konvergieren; das gleiche wird aber im allgemeinen auch für das einzelne aktivierte Atom gelten, denn es hat wenig Wahrscheinlichkeit, daß bei dem Verschwinden („Ausheilen") eines derartigen aktiven Gitterbaufehlers an einer anderen, etwa inaktiven Stelle ein energetisch und konstitutiv gleichwertiger Gitterbaufehler entstehen kann; hier kann im allgemeinen *keine* Reversibilität angenommen werden. In der letzten Zeit hat HEDVALL[1] (vgl. a. RIEHL und ZIMMER[2]) die Vorstellung entwickelt, daß eine Störstelle im Innern eines festen Körpers wandern kann; insbesonders soll auch eine Wanderung zu der Oberfläche möglich sein, wo dann die der Störstelle eigene Überschußenergie einen Beitrag zur Überwindung der bei chemischen Reaktionen erforderlichen Aktivierungsenergie liefert.

Entsprechend der vorliegenden Fragestellung interessiert hier natürlich nur die letztere (nämlich die „instabile") Art von Gitterstörungen. Ohne daß meist auf die obige Einteilung besonderes Gewicht gelegt worden wäre, hat eine Reihe von Forschern Systematiken über die konstitutiven Merkmale der Gitterbaufehler aufgestellt. Wir verweisen auf die übersichtlichen Zusammenfassungen von FRICKE[3] (Aktive Zustände der festen Materie und ihre Bedeutung für die anorganische Chemie) und von J. A. HEDVALL[4] (Fehlbauzustände und Reaktionswege in festen Stoffen). Anhaltspunkte über die Auswirkungen auf physikalischem Gebiet vermitteln die Arbeiten von C. WAGNER[5], GUDDEN und SCHOTTKY[6], die zahlreichen Untersuchungen von SMEKAL über die „Lockerstellen" und von BROWN[7] (Fehlstellen und magnetische Eigenschaften) u. v. a. Die neueste Übersicht über diese bzw. verwandte Fragen ist gegeben worden im Rahmen der Vortragsfolge der Münchner Arbeitstagung über „Leuchten und Struktur fester Stoffe", Januar 1942 (Z. Elektrochem. angew. physik. Chem. **45** (1939), vgl. insbesondere LAVES und dessen 22 Klassen von Fehlordnungen auf S. 2ff.). Für eine Einteilung in die typischen Grenzfälle eignet sich die folgende Gliederung: Gitterverzerrungen, Leerstellen, Fehlordnungen und Abweichungen gegen andere Ordnungsprinzipien.

α) Gitterverzerrungen.

Die Moleküle (Atome, Ionen) haben zwar die gleiche Anordnung wie im stabilen Gitter, jedoch sind die Abstände nach einer, mehreren oder allen Richtungen verändert (z. B. gedehnt). Fälle dieser Art dürften vielfach nach einer mechanischen Beanspruchung kristallisierter fester Stoffe vorliegen. So hat HENGSTENBERG[8] gemeinsam mit MARK als Ursache von Spannungen in festen Stoffen die Änderungen von Atomlagen erkannt. BURGERS[9] konnte zeigen, daß in einer kaltgewalzten, rekristallisierten und dann gepreßten Eisen-Nickel-Legierung mit 53 Atom-% Fe die (400)-Netzebenenabstände ungefähr um 0,04% kleiner sind als im normalen Zustand. Als Einführung in die über diesen Gegenstand be-

[1] J. A. HEDVALL: Angew. Chem. **54** (1941), 505; C 42 I 1598.
[2] N. RIEHL, K. G. ZIMMER: Naturwiss. **30** (1942), 708. — F. MÖGLICH, R. ROMPE: Naturw. **31** (1943), 69.
[3] R. FRICKE: Angew. Chem. **51** (1938), 863; C 39 II 786.
[4] J. A. HEDVALL: Forsch. u. Fortschr. **17** (1941), 322; C 42 I 2623.
[5] C. WAGNER: Z. Elektrochem. angew. physik. Chem. **47** (1941), 696; C 42 I 449.
[6] B. GUDDEN: Ergebn. exakt. Naturwiss. **13** (1934), 223; C 35 I 2650.
[7] W. F. BROWN JR.: Physic. Rev. (2) **59** (1941), 528; C 41 II 2300.
[8] J. HENGSTENBERG (H. MARK): Ergebn. techn. Röntgenkunde **2** (1936), 139; C 34 I 1001.
[9] W. G. BURGERS: Nature (London) **135** (1935), 1037; C 35 II 1660.

stehende große Literatur mögen die folgenden Angaben dienen: WOOD[1] (Selektive Gitterverformung bei Torsion von Drähten), POLANYI[2] (Gitterversetzung), WIEST[3], TERTSCH[4], MONTORO[5], OROWAN[6], KLEBER[7], BLAKE[8], WOOD[9] und insbesondere die Werke von DEHLINGER über Metallphysik und HALLA: „Physik metallischer Werkstoffe". Alle diese Fragen schaffen eine Beziehung zwischen der Kristallstruktur (und damit der Chemie) und den mechanischen Festigkeitseigenschaften (vgl. z. B. POLANYI); auch der enge Zusammenhang des mechanisch herbeigeführten Zwangszustandes mit der katalytischen Wirksamkeit ist bekannt (z. B. ECKELL[10]).

Aber auch die chemische Vorgeschichte vermag Aktivierungen dieser Art zu hinterlassen. BÜSSEM und KÖBERICH[11] beschreiben die Deformation eines durch vorsichtige Entwässerung des Brucits gewonnenen Magnesiumoxydes folgendermaßen: Deformationsachse (111), Dehnung in der (111)-Ebene, kleine Kontraktion senkrecht dazu, im *Mittel* resultiert eine *Dehnung* aller Gitterabstände um 0,5%. Als Folge dieser Gitterdehnung kann ein Mehrgehalt an gesamter Energie $= \Delta U$ bis zu 1700 cal beobachtet werden. JANDER und WUHRER[12] finden, daß der Zement dann die besten Eigenschaften hat, wenn der in ihm vorkommende Alit ($3\,CaO \cdot SiO_2$) in einer möglichst aktiven Form, also auch etwa in gedehntem Gitter, vorliegt. MAITAK[13] findet bei lockerem, schwammartig durch Elektrolyse abgeschiedenem Kupfer einen höheren Gitterparameter. CHAUDRON, PORTEVIN und MOREAU[14] stellen fest, daß die Gitterdehnung, welche Palladium infolge der Aufnahme von Wasserstoff erleidet, auch nach der Entfernung des Wasserstoffs erhalten bleibt und daß es diese Gitterdehnung und nicht eigentlich der gelöste Wasserstoff ist, die die Änderungen in der Härte und der elektrischen Leitfähigkeit verursacht. OROWAN und PASCOE[15] finden an Cadmiumpräparaten bestimmter Vorgeschichte Gitter*krümmungen*, welche sie in Gegensatz zu dem Gitter*bruch* stellen. Über die Auswirkung gedehnter Gitter auf die katalytischen Eigenschaften siehe PARRAVANO[16], über ihren Einfluß auf den Ordnungsgrad vgl. BLAKE[17]. Untersuchungen über Doppelbrechung haben gezeigt, daß eine vorsichtig entwässerte Gelatine sich wie ein mechanisch gedehnter Stoff, eine vorsichtig bewässerte Gelatine wie ein mechanisch gepreßter Stoff verhält (Privatmitteilung von H. ZOCHER, Prag).

[1] W. A. WOOD: Nature (London) **131** (1933), 842; C 34 I 498.
[2] M. POLANYI: Z. Physik **89** (1934), 660; C 34 II 3084.
[3] P. WIEST: Metallwirtsch., Metallwiss., Metalltechn. **12** (1933), 255; C 33 II 2499.
[4] H. TERTSCH: Zbl. Mineral., Geol., Paläont., Abt. A. **1933**, 151; C 33 II 34.
[5] V. MONTORO: Mem. R. Accad. Italia, Cl. Sci. fisich, mat. natur. **3**, Fisica (1932), Nr. 2; C 33 II 178.
[6] E. OROWAN: Z. Physik **89** (1934), 605; C 34 II 3083; Z. Physik **97** (1935), 573; C 36 I 2507.
[7] W. KLEBER: Naturwiss. **23** (1935), 606; C 36 I 507.
[8] F. C. BLAKE: Physic. Rev. (2) **53** (1938), 333; C 38 II 1905.
[9] W. A. WOOD: Nature (London) **132** (1933), 352; C 33 II 3389.
[10] J. ECKELL: Z. Elektrochem. angew. physik. Chem. **39** (1933), 423; C 33 II 1471.
[11] W. BÜSSEM, F. KÖBERICH: Z. physik. Chem., Abt. B **17** (1932), 310; C 32 II 1900.
[12] W. JANDER, J. WUHRER: Zement **27** (1938), 73; C 38 I 3315.
[13] G. P. MAITAK: Ber. Inst. physik. Chem. Akad. Wiss. Ukr.SSR **7** (1941), 527; C 42 I 3176.
[14] G. CHAUDRON, A. PORTEVIN, L. MOREAU: C. R. hebd. Séances Acad. Sci. **207** (1938), 235; C 39 I 31.
[15] E. OROWAN, K. J. PASCOE: Nature (London) **148** (1941), 467; C 42 II 2117.
[16] N. PARRAVANO: Mem. R. Accad. Italia, Cl. Sci. fisich., mat. natur. **1**, Chimica Br. 1 (1930); C 31 I 2521; Atti III° Congr. naz. Chim. pura appl. Firenze e Toscana **1928** (1930), 45; C 31 I 3210.
[17] F. C. BLAKE: Bull. Amer. physic. Soc. **12** (1937), 17; C 38 I 3432.

β) Leerstellen.

Manche Stellen des Kristallgitters, die normalerweise mit einem Gitterbaustein besetzt sein sollten, sind unbesetzt — leer; das fehlende Lepton ist auch sonst nirgends an irgendeiner falschen Stelle in das Kristallgitter eingebaut. Trotzdem dieser Fall begrifflich von den nachfolgend zu besprechenden Fehlordnungen und Unordnungen zu trennen ist, ist ein scharfes experimentelles Kriterium für eine solche Absonderung schwer zu erhalten. BRAEKKEN[1] führt die Differenz der pyknometrisch und röntgenographisch ermittelten Dichten von eisenhaltigen Zinkblenden auf Leerstellen im Kristallgitter zurück. Auch bei Zinkoxyden (aber auch bei anderen Oxyden) kann die bei aktiven Präparaten pyknometrisch ermittelte Räumigkeit erheblich größer sein als die röntgenographisch bestimmte (HÜTTIG und STEINER[2]); vielleicht läßt die von BÜSSEM (HÜTTIG[3], S. 286) für ein aktives Zinkoxydpräparat gegebene Röntgencharakteristik auch tatsächlich eine Deutung mit Leerstellen zu; die pyknometrischen Messungen wären mit der Annahme vereinbar, daß in manchen aktiven Zinkoxydpräparaten z. B. 10% der normalen Gitterplätze unbesetzt sind. Kann also die Existenz von Leerstellen durch Röntgenbefunde kaum als sicher erwiesen angesehen werden, so spielt dieser Vorstellungskreis eine wichtige Rolle bei der Erklärung katalytischer Phänomene (z. B. die „molekularen Poren" von ADKINS[4]), und auch kinetisch-chemische Erscheinungen, die von HÜTTIG als „Gedächtnis der Materie" bezeichneten Effekte und in mancher Beziehung vielleicht auch manche Eigentümlichkeit der „genomorphen" (topochemisch entstandener) Formen V. KOHLSCHÜTTERS (FEITKNECHT[5]) lassen sich auf dieser Grundlage am besten erklären.

γ) Fehlordnungen.

Einzelne Gitterbausteine sind an „falschen" Stellen eingebaut, sei es, daß zwei Arten von Gitterbausteinen entgegen der periodischen Ordnung ihre Plätze vertauscht haben, sei es, daß infolge Überschuß der einen Art von Gitterbausteinen zum Teil auch die der anderen Art zukommenden Plätze besetzt werden. So ist möglicherweise die von KETELAAR[6] röntgenographisch festgestellte „Fehlordnung" der Metallatome in dem Ag_2HgJ_4 und die von RIEHL[7] zur Erklärung der Luminiscenzfähigkeit angenommene „Fehlplacierung" von Zinkatomen in den Zinkblende-Wurtzit-Zwillingen hier einzuordnen (vgl. SMEKAL[8]).

Die Leerstellen und die Fehlordnungen stellen eine wichtige begriffliche Grundlage der WAGNER-SCHOTTKYschen Theorie über die Diffusionsvorgänge, die elektrische Leitfähigkeit und andere damit verknüpfte Phänomene dar. Es ist jedoch zu bedenken, daß hierbei größtenteils an Gitterstörungen gedacht ist, wie sie den stabilen Zuständen zukommen (vgl. ersten Absatz des Abschnittes c).

δ) Einbau auf Zwischengitterplätzen.

Innerhalb mancher Kristallgitter ist zwischen den Gitterpunkten so viel leerer Raum vorhanden, daß weitere Gitterbausteine, allenfalls als instabile Anordnung, auf diesen Zwischengitterplätzen eingebaut sein können.

---

[1] H. BRAEKKEN: Kong. norske Vidensk. Selsk., Forh. **7** (1935), 119; C 35 I 3887.
[2] G. F. HÜTTIG, B. STEINER: Z. anorg. allg. Chem. **199** (1931), 149; C 31 II 2587.
[3] G. F. HÜTTIG: Kolloid-Beih. **39** (1934), 277, 56. Mittlg.; C 34 II 3713.
[4] H. ADKINS: J. Amer. chem. Soc. **44** (1922), 2175; C 23 I 1267.
[5] W. FEITKNECHT: Fortschr. Chem., Physik, physik. Chem. **21** (1930), 1; C 31 I 3533.
[6] A. D. KETELAAR: Wis- en natuurkund. Tijdschr. **7** (1934), 31; C 34 II 2994.
[7] N. RIEHL: Ann. Physik (5) **29** (1937), 636; C 37 II 2792.
[8] A. SMEKAL: Z. Elektrochem. angew. physik. Chem. **35** (1929), 567; C 30 I 4.

ε) Abweichungen in der Richtung zu einem anderen Gittertypus.

Wir haben in dem vorliegenden Abschnitt (unter a) β) die Erscheinung betrachtet, bei welcher ein fester Stoff unter Aufrechterhaltung seines Kristallgitters die chemische Zusammensetzung ändert. Der so entstandene Stoff liegt dann in einer als „Pseudostruktur" bezeichneten aktiven Modifikation vor, welche das Bestreben hat, sich mit der Zeit in die dem stabilen Zustand zukommende Gitteranordnung zu wandeln. Über einen möglichen Mechanismus dieser Umwandlung geben die Versuche von SLONIM[1] an entwässertem Analcim Anhaltspunkte. Das zunächst in dem Gitter des wasserhaltigen Analcims auftretende Entwässerungsprodukt geht kontinuierlich über einen röntgenamorphen Zustand in die neue stabile Gitteranordnung über. An einigen Beispielen läßt sich zeigen, daß auch noch dort, wo das Röntgenogramm bereits das Vorliegen des stabilen Gitters anzeigt, gewisse chemische Eigentümlichkeiten beobachtet werden können, die ihre Ursache noch in der ursprünglichen Gitteranordnung haben müssen. Wir fassen diese Erscheinung unter dem Kennwort „Gedächtnis der Materie" (vgl. S. 518) zusammen. Sie können als Abweichungen des stabilen Gitters in der Richtung gegen jene Anordnung definiert werden, welche dem Ausgangsstoff zukommt.

ζ) Abweichungen in der Richtung zu dem regellosen amorphen Zustand.

Derartige Abweichungen werden namentlich dort auftreten, wo sich die Bildung eines Kristalls aus dem amorphen Zustand vollzogen hat, ohne daß aber der stabile Endzustand bereits vollkommen erreicht ist. Es ist dies eine überaus häufige Aktivierungsart, welche insbesondere bei Niederschlägen mit großer Ausflockungs- und geringer Kristallisationsgeschwindigkeit (also z. B. bei den meisten Hydroxyden) in Erscheinung tritt. Ferner dürfte diese Aktivierungsart stets dort vorliegen, wo es sich um „eingefrorene" Zustände handelt, ferner dort, wo Aktivierungseffekte durch Belichtung oder Änderung des magnetischen Zustandes bewirkt wurden (HEDVALL[2]). Modellmäßig werden solche Zustände nach FRICKE[3] vor allem zu beschreiben sein als unregelmäßige „Vergrößerungen oder Verkleinerungen der Netzebenenabstände, unregelmäßige Verschiebungen von Netzebenen übereinander, Verbiegungen von Netzebenen, Abweichungen der Schwerpunkte von Atomen oder Atomgruppen von ihren Normallagen im Gitter", welche auch als „aufgerauhte" Netzebenen bezeichnet werden u. a. m. Natürlich muß auch hier mit unregelmäßig verteilten Leerstellen und Fehlordnungen gerechnet werden. Eine Abgrenzung gegen die in den Abschnitten α) und δ) gekennzeichneten Gitterstörungen ist dadurch gegeben, daß es sich hier um unperiodische Störungen handelt, daß also das mögliche Höchstmaß der hier vorliegenden Störungsart zu dem regellosen amorphen Zustand führt.

Es wäre wichtig, ein zweckmäßig definiertes Maß für den „Grad der Unordnung" (HABER[4]) einzuführen, so wie es ein Maß für den „Grad der Dispersität" (vgl. Abb. 2, Abszisse) gibt. Zur Charakterisierung und Messung von Störungszuständen wurden von A. SMEKAL optische Untersuchungen, von C. WAGNER die Bestimmung elektrischer Leitfähigkeiten herangezogen. Auf der Grundlage der röntgenographischen Eigenschaften hat BÜSSEM[5], vgl. auch FRICKE[6]) als Maß

[1] CH. SLONIM: Z. Elektrochem. angew. physik. Chem. **36** (1930), 439; C 30 II 2478.
[2] J. A. HEDVALL: Angew. Chem. **54** (1941), 505; C 42 I 1598.
[3] R. FRICKE: Angew. Chem. **51** (1938), 863; C 39 II 786.
[4] F. HABER: Ber. dtsch. chem. Ges. **55** (1922), 1717; C 22 I 464; Naturwiss. **13** (1925), 1007; C 26 I 2655.
[5] W. BÜSSEM: Naturwiss. **23** (1935), 469; C 35 II 1132.
[6] R. FRICKE: Z. Elektrochem. angew. physik. Chem. **44** (1938), 291; C 38 II 1906.

für die Gitterunordnung einen „Gitterstörungsfaktor" abgeleitet. Es ist interessant, daß für eine Reihe von Zinkoxydpräparaten dieser Störungsfaktor und die von HÜTTIG[1] mitgeteilten katalytischen Wirksamkeiten in der gleichen Reihenfolge ansteigen. (Vgl. auch die Gleichung von MOTL zur Berechnung des Störungsgrades, CICHOCKI[2].)

Die Größenordnungen, in welchen sich diese Art der Gitterstörungen energetisch auswirkt, mögen aus den folgenden Beispielen ersehen werden: Ein aktives Zinkoxyd, für welches als Ursache der Aktivität röntgenoskopisch eine „Aufrauhung" der Netzebenen festgestellt wurde, hatte pro Mol ZnO im Vergleich zu dem stabilen Zustand einen Mehrgehalt bis zu 1000 cal an gesamter Energie (FRICKE und MEYRING[3]). Auch das pyrophore Eisen zeigt gegenüber dem Eisen im stabilen Zustand unregelmäßige Gitterstörungen, die eine mittlere Abweichung der Fe-Atome von der Normallage um 0,06 Å und eine Steigerung des Energieinhalts um etwa 1400 cal pro g-Atom Fe bewirken (FRICKE, LOHRMANN und WOLF[4]). Ein amorphes Zinkhydroxyd hatte im Vergleich zu dem beständigsten kristallisierten Zinkhydroxyd einen um mindestens 3000 cal/Mol höheren Energiegehalt (FRICKE und MEYRING[3]), und ein aus frisch hergestelltem amorphem α-Eisen(III)-oxydhydrat durch vorsichtiges Entwässern hergestelltes α-Eisen(III)-oxyd zeigte gegenüber dem stabilen Zustand sogar einen Mehrgehalt an Energie von 13000 cal/Mol (FRICKE[5]). Bei einem stark gestörten Gitter des α-Fe_2O_3 überwiegen seine saueren Eigenschaften (FRICKE, BLASCHKE und SCHMITT[6]).

d) Der amorphe und der glasige Zustand.

Als „ideal amorphen" Zustand wird man einen solchen bezeichnen, bei dem eine völlig regellose Anordnung etwa nach Art eines einatomigen Gases vorliegt. Nun ist bisher aber kein einziger Fall eines festen Körpers mit einer ganz ungeordneten Atomverteilung bekannt, so daß es zweckmäßig erscheint, auch dann von amorphen festen Stoffen zu sprechen, wenn in ihnen die Atomverteilung einen gewissen Ordnungsgrad aufweist, aber nicht durch periodische Wiederholung einer Struktureinheit dargestellt werden kann (GLOCKER und HENDUS[7]).

Diese Erweiterung des Begriffes „amorph" ist ganz besonders notwendig bei seiner Anwendung auf glasige Zustände. So ist es also verständlich, daß in die Vorstellungen über den Aufbau der Gläser sowohl Begriffe hereingetragen werden, die dem flüssigen bzw. gelösten Zustande entlehnt sind (Assoziation, Solvatation, WEYL[8]), wie auch solche, die sich auf kristallgittertheoretische Betrachtungen lediglich unter Verzicht auf eine Regelmäßigkeit der Anordnung stützen (z. B. ZACHARIASEN[9]). Einem solchen Sachverhalt vermag auch die alte populäre Definition des Glases als Zustand einer unterkühlten Flüssigkeit einigermaßen Rechnung zu tragen.

Die Erforschung der Feinstruktur des Glases stellt ein wichtiges technisches Problem dar und ist dementsprechend in einem umfangreichen, aber von vielen

---

[1] G. F. HÜTTIG: Kolloid-Beih. **39** (1934), 277; C 34 II 3713.

[2] J. CICHOCKI: J. Physique Radium **8** (1937), 391; C 38 I 2683.

[3] R. FRICKE, K. MEYRING: Z. anorg. allg. Chem. **230** (1937), 357, 366; C 37 II 1756.

[4] R. FRICKE, O. LOHRMANN, W. WOLF: Z. physik. Chem., Abt. B **37** (1937), 60; C 38 I 841.

[5] R. FRICKE: Ber. dtsch. chem. Ges. **70** (1937), 138; C 37 II 1756.

[6] R. FRICKE, F. BLASCHKE, C. SCHMITT: Ber. dtsch. chem. Ges. **71** (1938), 1738; C 38 II 2886.

[7] R. GLOCKER, H. HENDUS: Z. Elektrochem. angew. physik. Chem. **48** (1942), 327; C 42 II 2458.

[8] W. WEYL: Glastechn. Ber. **10** (1932), 541; C 33 I 283.

[9] W. H. ZACHARIASEN: J. amer. chem. Soc. **54** (1932), 3841; C 33 I 890.

Autoren geordneten und gesichteten Schrifttum behandelt, so daß hier ein Hinweis auf dieses genügen muß. Wir nennen die neuesten zusammenfassenden Darstellungen von EITEL[1], DIETZEL[2], BÜSSEM und WEYL[3], SMEKAL[4], KORDES[5], JENCKEL[6], HOLZMÜLLER[7] (Platzwechselvorgänge), WARREN[8], FRENKEL und OBRASTZOV[9], KOBEKO, KUWSCHINSKI und SCHISCHKIN[10].

e) Aktivierung infolge Einbaues geringer Mengen von Fremdbestandteilen in das Kristallgitter.

Die vorangehenden Betrachtungen betrafen reine, also nur aus einer Komponente aufgebaute Stoffe. Bei vielen Aktivierungsarten sind jedoch kleine Mengen von Fremdbestandteilen in entscheidender Weise beteiligt. Hierbei muß man zwei verschiedene Funktionsmöglichkeiten des Fremdbestandteiles unterscheiden:

α) Viele aktive Zustände haben nur dann eine praktisch in Betracht kommende Lebensdauer, wenn eine kleine Menge der Komponente, die in den Ausgangsstoffen vorhanden war, sich noch in dem Gitter befindet. Diese Addition von kleinen Mengen Fremdstoff an die aktivsten Stellen bewirkt eine Stabilisierung und damit eine Verlängerung ihrer Lebensdauer. So wird ein aus Zinkcarbonat durch thermische Zersetzung hergestelltes aktives Zinkoxyd immer noch nachweisbare Mengen von Kohlendioxyd enthalten müssen; zur Austreibung dieser letzten Mengen Kohlendioxyd sind so hohe Temperaturen oder so lange Zeiten erforderlich, daß sich dies nicht ohne gleichzeitigen Übergang des aktiven in den stabilen Zustand bewerkstelligen läßt. SCHOSSBERGER[11] stellt fest, daß das instabile Anatas-Gitter durch Einbau von Fremdionen eine Verfestigung erfahren kann.

β) Recht häufig wird beobachtet, daß eine in das Kristallgitter eingebaute kleine Menge auch eines völlig systemfremden Stoffes eine Aktivierung verursacht, welche als „Gitterauflockerung" beschrieben werden kann. Für die Auflösungsvorgänge sind Erscheinungen dieser Art jedem Chemiker geläufig. HEDVALL und ANDERSSON[12] fanden, daß Verunreinigungen von Fe_2O_3 im Rutil dessen Reaktionsfähigkeit erhöhen. Zuweilen handelt es sich hierbei um eine Einbeziehung gasförmiger Komponenten in das Kristallgitter. Die dadurch verursachte Aktivierung kann auch noch fortbestehen, wenn der größte Teil der gasförmigen Komponente wieder entfernt ist. So gelang es HEDVALL und OLSSON[13] und vor allem HEDVALL und RUNEHAGEN[14] die Reaktivität des SiO_2 durch Vorbehandlung mit chemisch nicht reagierenden Gasen zu steigern.

---

[1] W. EITEL: „Physikalische Chemie der Silikate", 2. Aufl. Leipzig 1941; C 41 I 1656.

[2] A. DIETZEL: Naturwiss. **29** (1941), 81, 537; C 41 II 1824; **42** I 1293.

[3] W. BÜSSEM, W. WEYL: Naturwiss. **24** (1936), 324; C 36 II 1110.

[4] A. SMEKAL: Physik regelmäß. Ber. 8 (1940), 127; C 41 I 1135; Chemie **55** (1942), 235; Nova Acta Leopoldina, N. F. **11**, Sitzung vom 22. 1. 1942; „Elektrophysik der Festkörper II"; C 41 I 1135.

[5] E. KORDES: Z. physik. Chem., Abt. B **50** (1941), 194; C 42 I 1103.

[6] E. JENCKEL: Angew. Chem. **54** (1941), 475; C 42 I 3027.

[7] W. HOLZMÜLLER: Physik. Z. **42** (1941), 273; C 42 I 316.

[8] B. E. WARREN: J. Soc. Glass Technol. **24** (1940), 159; C 41 II 986; Chem. Reviews **26** (1940), 237; C 40 II 2272.

[9] J. FRENKEL, J. OBRASTZOV: J. Physics (Moskau) **2** (1940), 131; C 42 II 627.

[10] P. P. KOBEKO, E. W. KUWSCHINSKI, N. J. SCHISCHKIN: J. exp. theoret. Physik **10** (1940), 1071; C 41 II 1828.

[11] F. SCHOSSBERGER: Z. Kristallogr., Mineral., Petrogr., Abt. A **104** (1942), 358.

[12] J. A. HEDVALL, K. ANDERSSON: Sci. Pap. Inst. physic. chem. Res. **38** (1941), 210; C 24 I 3065.

[13] J. A. HEDVALL, K. OLSSON: Z. anorg. allg. Chem. **243** (1940), 237; C 40 I 1959.

[14] J. A. HEDVALL, O. RUNEHAGEN: Naturwiss. **28** (1940), 429; C 40 II 1982.

Die aus zwei oder mehreren Atomarten aufgebauten festen Stoffe werden auch in dem stabilen Zustand kleine, aber deutliche Abweichungen von einem streng stöchiometrischen Mengenverhältnis aufweisen (S. 392). Dort, wo innerhalb des Kristallgitters das Mengenverhältnis nicht demjenigen des stabilen Zustandes gleich ist, wird man ebenfalls mit Aktivierungen im Sinne der oben beschriebenen Gitterauflockerungen rechnen müssen.

Das Ausmaß, in welchem die Anwesenheit von Fremdbestandteilen („Verunreinigungen") zur Erklärung von Aktivierungseffekten und zur Aufstellung der zugehörigen Theorien herangezogen wird, wird von verschiedenen Forschern noch recht verschiedenartig bewertet. Angesichts der Allgegenwart aller chemischen Elemente ist natürlich die wichtigste Voraussetzung zur Aufstellung der klassisch-chemischen Theorien gegeben, welche in der Mannigfaltigkeit der aktiven Zustände nur die Auswirkungen kleiner, aber spezifisch wirksamer Bestandteile sehen; dies ist beispielsweise auch die bevorzugte Betrachtungsweise der Enzymchemie. Andererseits läßt sich nicht mehr abstreiten, daß das Grundproblem des aktiven Zustandes eine von Fremdbestandteilen unabhängige Angelegenheit der kolloidchemischen Isomeriemöglichkeiten ist. Ein Ausgleich zwischen diesen extremen Auffassungen gewinnt an Boden.

Schließlich sei betont, daß natürlich nicht jede kleine Menge eines Fremdbestandteiles innerhalb eines Kristallgitters einen instabilen Zustand darstellen *muß* (vgl. Arzybyschew[1]). Über die Vergiftung eines Katalysators durch kleine Mengen eines Fremdstoffes vgl. den Beitrag von M. Baccaredda in dem vorliegenden Band S. 234ff.

f) Aktivierungen der Oberfläche fester Körper.

Die verschiedenen Arten der Aktivierungen des Kristallgitters werden sich wohl immer mit analogen Merkmalen auf die Kristalloberfläche übertragen. Andererseits sind aber sehr wohl Aktivierungen in der Oberfläche und den oberflächennahen Schichten verwirklichbar, ohne daß die Stabilität des Kristallinneren in Mitleidenschaft gezogen wird. Bei einer Aktivierung der Oberfläche werden überdies konstitutive Eigenarten auftreten können, welche in dem Kristallinneren unmöglich sind. Mit diesen Fragen befaßt sich in Band IV des vorliegenden Handbuches der Beitrag von R. Fricke, im weiteren Sinne auch andere Beiträge der Bände IV bis VI. Eine Systematik der Fehlbaumöglichkeiten in Kristalloberflächen und deren Auswirkungen für das chemische Verhalten bringt Hedvall[2]; vgl. auch Roginski[3]. Zwecks Beurteilung unserer Zwischenzustände seien nachfolgend kurz die wesentlichsten Gesichtspunkte zusammengefaßt:

Zur Erklärung des katalytisch-selektiven Charakters haben H. S. Taylor und Mitarbeiter (etwa 1924) die Annahme gemacht, daß die Oberflächen nicht nur *eine* Art von Stellen, sondern deren eine ganze Reihe mit verschiedenen Eigenschaften enthalten. Dieser Vorstellungskreis war damals ganz neu und ungewohnt, er konnte aber durch sorgfältige Messungen von Adsorptionswärmen, partiellen Vergiftungen u. a. bestens gestützt werden (Taylor[4], Taylor und Johns[5] und a. a. O.) und stellt heute ein Fundament der Lehre von den Katalysatoren dar. Taylor stellt sich zunächst die Unterschiede der verschiedenen Arten von Ober-

[1] S. A. Arzybyschew: Physik. Z. Sowjetunion 11 (1937), 636; C 37 II 2319.
[2] J. A. Hedvall: Sci. Pap. Inst. physic. chem. Res. 37 (1940), 435; C 40 II 3307.
[3] S. Roginski: C. R. (Doklady) Acad. Sci. USSR 30 (N. S. 9) (1941), 23; C 41 I 3334.
[4] H. S. Taylor: Z. Elektrochem. angew. physik. Chem. 35 (1929), 542; C 29 II 3206.
[5] H. S. Taylor, D. W. Johns: Uspechi, Chimii 3 (1935), 701; Z. physik. Chem. 6 (1935), 181; C 35 II 3353.

flächenstellen als Atome vor, deren Koordinationsstellen mit einer verschiedenen Anzahl von Nachbaratomen besetzt sind; die Spitzen (besetzte Koordinationsstellen = 1) wären als die „aktivsten Zentren" zu deuten. SCHWAB und PIETSCH identifizieren die Kristallkanten, Korngrenzlinien und Störungsstellen in der Oberfläche mit diesen aktiven Zentren (SCHWAB und PIETSCH[1], PIETSCH[2]) und zumindest nicht im Widerspruch damit werden von SMEKAL[3] die in der Oberfläche liegenden „Lockerstellen" als die aktiven Zentren angesprochen, womit z. B. auch der Vorstellungskreis von AUDIBERT und RAINEAU[4] und von FROST und SCHAPIRO[5] und übrigens auch der unsrige in voller Übereinstimmung steht. Zum Teil in einem gewissen, aber nicht immer unüberbrückbaren Gegensatz zu diesen Vorstellungskreisen nehmen ADKINS und in ähnlicher Weise auch BALANDIN („Multipletthypothese") keine größere Anzahl verschiedenartiger aktiver Zentren an, die sich untereinander durch den Grad der koordinativen Absättigung (Affinität) unterscheiden, sondern für sie ist maßgebend die geometrische Verteilung in der Oberfläche; durch diese spricht sie gegenüber verschiedenen Molekülen selektiv verschieden an (siehe z. B. ADKINS und LAZIER[6], BALANDIN[7] und a. a. O.). Doch sollen auch hier die geometrisch definierten Gruppierungen nur in bevorzugten Lagen zur Wirkung kommen (BALANDIN: l. c.). Aus all dem ist zu ersehen, daß die *Aktivierung der Oberfläche* als solche und ihre besondere, durch die *Vorgeschichte* gegebene Charakteristik zumindest sehr oft die Qualität und Quantität der *katalytischen Wirksamkeit bestimmen* (vgl. auch FRANKENBURGER[8]).

Eine Aktivierung, welche lediglich die oberflächennahen Atomschichten erfaßt und das Kristallinnere unverändert läßt, erfolgt durch das *Polieren*; seinem Wesen nach stellt es eine analoge Beanspruchung des Materials auf den Gleitebenen dar, wie dies bei dem das ganze Kristallgitter erfassenden Walzen der Fall ist (TAMMANN[9]; daselbst ein zusammenfassender Bericht über den Einfluß der Kaltbearbeitung auf die chemischen Eigenschaften insbesondere von Metallen). Die Wirkung der Kaltbearbeitung auf die katalytische Wirksamkeit ist von ECKELL[10] und die Wirkung des Reibens der Oberfläche auf die Erhöhung der chemischen Reaktionsbereitschaft von FINK und HOFMANN[11] untersucht worden. (Über die Aktivierung der Oberfläche durch „Polieren" vgl. auch ERBACHER[12], DARBYSHIRE und DIXIT[13], LEES[14], BOWDEN und HUGHERS[15], FINCH und WILMAN[16] und die Literatur über die „amorphe" BEILBY-Schicht.)

[1] G.-M. SCHWAB, E. PIETSCH: Z. Elektrochem. angew. physik. Chem. **35** (1929), 573; C 30 I 4.

[2] E. PIETSCH: Metallwirtsch., Metallwiss., Metalltechn. **12** (1933), 223; C 33 II 7; Chem. J. Ser. G, Fortschr. Chem. **2** (1933), 622; C 34 II 9.

[3] A. SMEKAL: Z. Elektrochem. angew. physik. Chem. **35** (1929), 567; C 30 I 4.

[4] E. AUDIBERT, A. RAINEAU: Ann. Office nat. Combustibles liquides **8** (1933), 1147; C 34 I 1442.

[5] A. W. FROST, M. J. SCHAPIRO: C. R. Acad. Sci. USSR **2** (1934), 243; C 35 II 319.

[6] H. ADKINS, W. A. LAZIER: J. Amer. chem. Soc. **48** (1926), 1671; C 26 II 858.

[7] A. A. BALANDIN: Z. physik. Chem., Abt. B **2** (1929), 289; C 29 II 378.

[8] W. FRANKENBURGER: Z. Elektrochem. angew. physik. Chem. **39** (1933), 45; C 33 I 3044.

[9] G. TAMMANN: Z. Elektrochem. angew. physik. Chem. **35** (1929), 21; C 29 I 2267.

[10] J. ECKELL: Z. Elektrochem. angew. physik. Chem. **39** (1933), 423: C 33 II 1471.

[11] M. FINK, U. HOFMANN: Z. anorg. allg. Chem. **210** (1933), 100; C 33 I 1730.

[12] O. ERBACHER: Z. physik. Chem., Abt. A **163** (1933), 231; C 33 I 2656.

[13] J. A. DARBYSHIRE, K. R. DIXIT: Philos. Mag. J. Sci. (7) **16** (1933), 961; C 34 I 1172.

[14] C. S. LEES: Trans. Faraday Soc. **31** (1935), 1102; C 36 I 1182.

[15] F. P. BOWDEN, T. P. HUGHERS: Proc. Roy. Soc. (London), Ser. A **160** (1937), 575; C 37 II 3575.

[16] G. J. FINCH, H. WILMAN: Ergebn. exakt. Naturwiss. **16** (1937), 353; C 38 I 1308.

In den letzten Jahren hat die Erforschung der Oberflächenstruktur infolge der Anwendung von Elektronenstrahlen einen erneuten Auftrieb erhalten (zusammenfassender Bericht: Moliere[1]). Gottschald[2] stellt die Verfahren zu deren technischer Prüfung zusammen, Rienäcker und Burmann[3] kennzeichnen die Oberflächen auf Grund ihres katalytischen Verhaltens. Thiessen (1938), Schoon (1938), Haul (1938) u. a. befassen sich mit der Erkundung der Oberfläche und deren Funktionen. G. Schmaltz[4] hat eine zusammenfassende „Technische Oberflächenkunde" herausgegeben.

g) Physikalische Inhomogenität aktiver fester Stoffe.

Die in einem aktiven Zustande befindlichen festen Stoffe sind vielfach nicht in dem Sinne homogen, wie dies etwa für einen gesunden fehlerfreien Einkristall zutrifft. Eine modellmäßige Definition für einen grundsätzlichen Unterschied zwischen homogenem und inhomogenem Zustand läßt sich nicht geben, da die Materie *immer* körnig (atomar) konstituiert ist und den Raum niemals mit einem homogenen Kraftfeld erfüllt. Der Unterschied ist ein gradueller, indem in der Atomanordnung der als homogen bezeichneten Stoffe sich die ununterbrochene Periodizität über große Räume erstreckt und der räumliche Abstand zwischen zwei identischen Zuständen gering (in der Größenordnung molekularer Dimensionen) ist, wohingegen der als inhomogen bezeichnete Charakter um so mehr in Erscheinung tritt, je mehr das Gegenteil zutrifft.

Das häufigst angewendete experimentelle Kriterium zur Beurteilung der physikalischen Inhomogenität ist die Löslichkeit in der Abhängigkeit von der Bodenkörpermenge (Fricke, v. Buzágh). Die Löslichkeit eines homogenen Stoffes ist unabhängig von der Menge des Bodenkörpers (Phasenregel); für die Löslichkeit aktiver (inhomogener) Stoffe wurde vielfach gefunden, daß sie proportional mit der Bodenkörpermenge ansteigt, so auch bei aktiven Präparaten des Al_2O_3 (Hüttig und Markus[5]) und des TiO_2 (Hüttig und Kosterhon[6]). Die Unabhängigkeit der Löslichkeit von der Bodenkörpermenge einerseits und die direkte Proportionalität mit dieser andererseits dürften die beiden Grenzfälle sein, innerhalb derer sich das reale Verhalten bewegt. Vielfach verhalten sich die aktiven Stoffe (so auch die obigen Beispiele) so, als ob sie aus zwei verschiedenen Stoffen gemischt wären. Es ist aber keineswegs sichergestellt, ob nicht erst unter der Einwirkung des Lösungsmittels eine derartige Disproportionierung des aktiven Stoffes eintritt.

Fricke und Pfau[7] (vgl. auch die dort zitierte Literatur) erbrachten für ein aktives ZnO und α-Fe_2O_3 durch Herauslösen des aktiven Anteiles den Nachweis, daß in diesen Ausgangspräparaten ein Verteilungszustand der Aktivität besteht. Als Kriterium der Aktivität wurde die Lösungswärme benützt. In dem α-Fe_2O_3 läßt sich unter bestimmten Verhältnissen nur der durch eine größere Auflösungswärme gekennzeichnete Anteil hydratisieren. Zwei Fraktionen desselben aktiven α-Fe_2O_3, welche sich nur durch ihre Korngröße unterschieden, besaßen praktisch die gleiche Lösungswärme.

---

[1] K. Moliere: Z. Elektrochem. angew. physik. Chem. **46** (1940), 514; C 41 I 1645.
[2] R. Gottschald: Techn. Zbl. prakt. Metallbearb. **50** (1940), 393; C 41 I 1471.
[3] G. Rienäcker, R. Burmann: Z. Metallkunde **32** (1940), 242; C 41 I 4.
[4] G. Schmaltz: Technische Oberflächenkunde, Feingestalt und Eigenschaften von Grenzflächen technischer Körper, insbesondere der Maschinenteile. Berlin, 1936; C 37 I 1790.
[5] G. F. Hüttig, G. Markus: Kolloid-Z. **88** (1939), 274, 276; C 40 II 2426.
[6] G. F. Hüttig, K. Kosterhon: Kolloid-Z. **89** (1939), 202; C 40 II 2427.
[7] R. Fricke, H. Pfau: Kolloid-Z. **100** (1942), 153.

A. Die klassischen Zustandsänderungen.

1. *A* starr (Zustand *x*) → *A'* starr (Zustand *y*).

a) Modifikationsumwandlungen mit zwei Phasen. — HEDVALLsches Prinzip.

Ein wesentliches Merkmal ist es demnach hier, daß es während der Reaktion zwischen den beiden Modifikationen zur Bildung von Phasengrenzflächen kommt, deren Größe von dem Wert Null über ein Maximum wieder zu dem Wert Null zurückgeht. Im allgemeinen — jedoch nicht notwendigerweise — werden die nach FRANK und WIRTZ als Umwandlungen erster Ordnung gekennzeichneten Vorgänge in dieser Reaktionsart ablaufen (FRANK und WIRTZ[1]; v. LAUE[2]; WIRTZ[3]). Wir wollen hier den Begriff der Modifikationsverschiedenheiten nicht auf kristallographisch verschieden gekennzeichnete Zustände einschränken, sondern auch Zustandsunterschiede, wie sie z. B. bei einer diskontinuierlichen Änderung der Gefügestruktur auftreten, und ähnliches hier mit aufnehmen. Es sollen einstweilen auch noch die Reaktionsabläufe hierher gezählt werden, bei welchen eine oder mehrere Zwischenphasen auftreten; wir erweitern also diese Spielartbezeichnung auf diejenigen Reaktionsabläufe, bei welchen die der Reaktion zugeführte feste Modifikation x zunächst in eine Phase z übergeht, die sich dann ihrerseits in die feste Modifikation y als Reaktionsziel wandelt. Die Zwischenphase z kann fest sein, wie z. B. bei dem Vorgang α-$Zn(OH)_2$ → β → γ-$Zn(OH)_2$ → ε-$Zn(OH)_2$ (vgl. FRICKE[4]), sie kann flüssig sein, wie z. B. bei dem Vorgang Schwefel tetragonal → Schwefel flüssig -*b* → Schwefel monoklin (LINCK und KORINTH[5]), sie kann schließlich auch gasförmig sein, wie z. B. bei dem Übergang der roten Modifikation des Quecksilber(II) jodids in die gelbe auf dem Wege über eine Sublimation. Das wesentliche Merkmal dieser Spielart bleibt immer die Ausbildung von Phasengrenzflächen zwischen vergehenden und entstehenden Modifikationen. Wenn es sich bei einer Modifikationsänderung speziell um eine enantiotrope Umwandlung handelt, so wird bei dem Durchgang durch die Umwandlungstemperatur eine diskontinuierliche Änderung der Eigenschaften eintreten, und bei dieser Temperatur werden beide Modifikationen gleichzeitig als stabile Zustände existenzfähig sein.

Über die Kinetik der Modifikationsumwandlungen sind eine Reihe von Arbeiten veröffentlicht worden, welche aber meist nur die Ausgangsstoffe und stabilen Endstoffe in Relation bringen, so HUME und COLVIN[6], DEHLINGER[7], COPPOCK[8], COHEN und VAN LIESHOUT[9], GRAF[10], SWORYKIN[11], KOMAR und LASAREW[12], BUERGER[13], LEONHARDT[14] und insbesondere VOLMER[15]. Die dabei auftretenden Zwischen-

[1] F. C. FRANK, K. WIRTZ: Naturwiss. **26** (1938), 687; C 39 I 318.
[2] v. LAUE: Naturwiss. **26** (1938), 757; C 39 I 3144.
[3] K. WIRTZ: Naturwiss. **27** (1939), 127; C 39 II 329.
[4] R. FRICKE: Angew. Chem. **51** (1938), 863; C 39 II 786.
[5] G. LINCK, E. KORINTH: Z. anorg. allg. Chem. **171** (1928), 312; C 28 II 6.
[6] J. HUME, J. COLVIN: Philos. Mag. J. Sci. **8** (1929), 589; C 30 II 1817.
[7] U. DEHLINGER: Z. Physik **83** (1933), 832; C 33 II 1467.
[8] J. B. M. COPPOCK: Nature (London) **133** (1934), 570; C 35 I 2639.
[9] E. COHEN, K. W. A. VAN LIESHOUT: Z. physik. Chem., Abt. A **173** (1935), 1; C 35 I 3753.
[10] L. GRAF: Z. physik. Chem. **36** (1935), 489; C 35 II 1820.
[11] A. J. SWORYKIN: Chimitscheski Shurnal. Sser. N. Shurnal Prikladnoi Chimii **9** (1936), 779; C 36 II 3278.
[12] A. KOMAR, B. LASAREW: Physik. J. Ser. A, J. exp. theoret. Physik **5** (1935), 650; C 36 I 4118.
[13] M. J. BUERGER: Proc. nat. Acad. Sci. USA. **22** (1936), 682; C 37 I 2102.
[14] J. LEONHARDT: Fortschr. Mineral., Kristallogr., Petrogr. **21** (1937), 69; C 37 II 3.
[15] M. VOLMER: Kinetik der Phasenbildung, S. 57 ÷ 61. Dresden-Leipzig, 1939; C 1939.

zustände sind erstmalig und eingehend von Hedvall und seiner Schule studiert worden. Hedvall berichtet darüber selbst in dem vorliegenden Bande im Rahmen des Beitrages „Phasenumwandlung und Katalyse". Die für unsere Zwecke wichtigsten Gesichtspunkte sind im nachfolgenden festgehalten.

Als ein Beispiel wollen wir die von Hedvall, Floberg und Palsson[1] für Schwefel (Abb. 3, linker Teil) und die von Hedvall, Hedin und Andersson[2] für Wismut (Abb. 3, rechter Teil) mitgeteilten Ergebnisse benützen. Schwefel besitzt einen Umwandlungspunkt bei 95,6°; unterhalb dieser Temperatur ist die rhombische, oberhalb ihrer die monokline Modifikation stabil. Es wurden konstante Mengen Schwefel in Berührung mit einer schwefelsauren Kaliumpermanganatlösung bei konstanten Temperaturen innerhalb des Temperaturintervalles 91 ÷ 98° gehalten und nach stets den gleichen Zeiten unter den gleichen Bedingungen die oxydierte Menge Schwefel bestimmt. In der Abb. 3, linker Teil ist auf der Abszissenachse die Reaktionstemperatur, auf der Ordinatenachse die oxydierte Schwefelmenge aufgetragen. Die voll ausgezogene Kurve bezieht sich auf Versuche, welche vom rhombischen, die gestrichelte auf solche, welche vom monoklinen Schwefel ausgingen. In der Abb. 3, rechter Teil sind die Ergebnisse ganz analoger Versuche mit Wismut dargestellt. Wismut besitzt bei etwa 75° einen Umwandlungspunkt, der aber sicher nicht einer Umwandlung des Kristallgitters entspricht. Man kann annehmen, daß es sich hier um eine diskontinuierliche Umwandlung der „Mosaikstruktur" („Sekundärstruktur", „Blockstruktur") handelt. In diesem Fall wurde die Auflösungsgeschwindigkeit des Wismuts in Salpetersäure bei verschiedenen Temperaturen bestimmt.

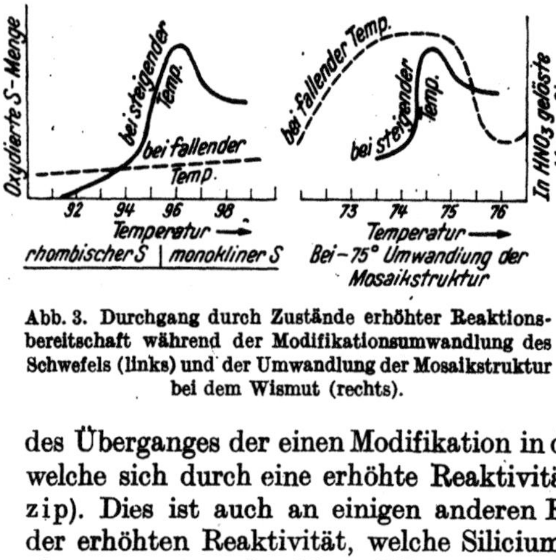

Abb. 3. Durchgang durch Zustände erhöhter Reaktionsbereitschaft während der Modifikationsumwandlung des Schwefels (links) und der Umwandlung der Mosaikstruktur bei dem Wismut (rechts).

Aus diesen Ergebnissen geht folgendes eindeutig hervor: Während des Überganges der einen Modifikation in die andere treten Zwischenzustände auf, welche sich durch eine erhöhte Reaktivität auszeichnen (Hedvallsches Prinzip). Dies ist auch an einigen anderen Fällen gezeigt worden, insbesondere an der erhöhten Reaktivität, welche Siliciumdioxyd während seiner Modifikationsübergänge gegenüber Eisen(III)-oxyd zeigt (Hedvall und Sjöman)[3]. Die thermochemischen und röntgenographischen Untersuchungen von Fricke, Dürr und Gwinner[4] zeigen, daß die erhöhte Reaktionsbereitschaft parallel mit einer deutlichen Erhöhung des Wärmeinhalts geht. Aber auch bei Temperaturpunkten, welche anders geartete Umwandlungen betreffen, wird der Durchgang durch eine gesteigerte Reaktivität bzw. durch eine katalytische Wirksamkeit bzw. auch andere maximale Eigenschaften beobachtet, so bei dem magnetischen und elektrischen Curie-Punkt. Zahlreiche Beispiele dieser Art mit den verschiedenartigsten Auswirkungen finden sich seit etwa 1911 in den Arbeiten von Hedvall und seiner

[1] J. A. Hedvall, A. Floberg, P. G. Palsson: Z. physik. Chem., Abt. A **169** (1934), 75; C 34 II 2199.

[2] J. A. Hedvall, R. Hedin, A. Andersson: Z. anorg. allg. Chem. **212** (1933), 84; C 33 II 494.

[3] J. A. Hedvall, P. Sjöman: Z. Elektrochem. angew. physik. Chem. **37** (1931), 130; C 31 II 188; Svensk kem. Tidskr. **42** (1930), 40; C 30 II 533.

[4] R. Fricke, W. Dürr, E. Gwinner: Naturwiss. **26** (1938), 500; C 38 II 3202. — R. Fricke, W. Dürr: Z. Elektrochem. angew. physik. Chem. **45** (1939), 254; C 39 II 2013.

Schule (vgl. auch das zusammenfassende Werk HEDVALLS[1]). Daß diese Effekte nicht von einer vorübergehenden örtlichen Temperatursteigerung verursacht werden, geht u. a. aus dem Beispiel des Wismuts hervor, wo die maximalen Reaktivitäten sowohl bei steigender als auch bei fallender Temperatur beobachtet wurden, trotzdem die Wärmetönung des Vorganges in der einen Richtung exotherm, in der anderen Richtung endotherm sein muß. Daß bei dem Schwefel die bei fallender Temperatur ausgeführten Versuche eine solche Aktivitätssteigerung nicht zeigten, ist in der geringen Umwandlungsgeschwindigkeit der monoklinen in die rhombische Modifikation begründet.

Allgemein scheint dieses Prinzip dort wirksam zu sein, wo der Übergang einer fixen Lagerung von Molekülen in eine andere Anordnung nur auf dem Wege einer völligen Umgruppierung aller Moleküle möglich ist. Wir können daher die hier beschriebenen Erscheinungen auch bei Rekristallisationen erwarten, welche in einem Übergang eines fehlerhaften in ein fehlerfreies Gitter bestehen (HÜTTIG und STROTZER[2]). Wir brauchen sie hingegen nicht dort zu erwarten, wo die Rekristallisation lediglich in einem Wachstum der größeren gesunden auf Kosten von kleineren gesunden Kristallen besteht. Auf alle hier besprochenen Vorgänge paßt das Bild von dem falsch zugeknöpften Rock (Zustand einer leidlichen Absättigung), der erst *vollständig* aufgeknöpft werden muß (Zustand einer minimalen Absättigung und daher maximalen Reaktivität), um dann erst richtig zugeknöpft werden zu können (Zustand einer maximalen Absättigung). Im Interesse einer kurzen Bezeichnungsweise wollen wir allgemein die auf solchen Ursachen beruhenden Erscheinungen als das „Prinzip von dem falsch zugeknöpften Rock" bezeichnen (HÜTTIG[3]).

Die vorangehend angeführten Beispiele (Schwefel, Wismut) betreffen Zwischenzustände, welche nur eine sehr geringe Lebensdauer haben. So wird bei der Umwandlung des Schwefels der größte Teil in dem Zustand einer der beiden wenig reaktiven Modifikationen sein, und nur der geringe Bruchteil, der gerade in Reaktion begriffen ist, ist auch der Träger der gesteigerten Aktivitätseigenschaften nach außen. Nur dadurch, daß immer wieder neue Moleküle in den Umwandlungsvorgang eintreten, ist es trotz der kurzen Reaktionsdauer der Einzelmoleküle möglich, die gesteigerte Aktivität während der gesamten Dauer des Umwandlungsvorganges zu beobachten. Bei einer solchen Sachlage ist es natürlich praktisch unmöglich, den während der Umwandlung beobachteten Zustand einer erhöhten Reaktivität auf dem Wege des „Einfrierens" als aktives Präparat zu erhalten; bei einer solchen Sachlage werden es auch nur bestimmte Eigenschaften sein, auf welche die betrachteten Zwischenzustände in praktisch gut nachweisbaren Ausmaßen ansprechen; es sind dies die Konstanten, welche die chemische Reaktionskinetik, die katalytische Wirksamkeit und wohl auch das Sorptionsvermögen betreffen; hingegen werden sich in denjenigen Eigenschaften, welche einen Mittelwert des Zustandes aller Moleküle des Systems in einem bestimmten Zeitpunkt angeben, kaum irgend welche anomalen Zwischenzustände nachweisen lassen; es ist z. B. nicht zu erwarten, daß die während der Umwandlung des Schwefels pyknometrisch bestimmte Räumigkeit etwas anderes als die Summe der Räumigkeiten der beiden jeweils vorhandenen Modifikationen ergibt.

In der letzten Zeit sind aber auch Fälle bekannt geworden, bei denen die Zwischenzustände eines Einfrierens und einer präparativen Erfassung fähig sind.

---

[1] J. A. HEDVALL: Reaktionsfähigkeit fester Stoffe. Leipzig: Barth, 1938; C 38 I 254.

[2] G. F. HÜTTIG, E. STROTZER: 23. Mittlg.: Z. anorg. allg. Chem. **22** (1936), 97; C 36 I 4245.

[3] G. F. HÜTTIG: Mh. Chem. **69** (1936), 42; C 37 I 509; Tekn. Samfund. Handl. **1936**, 125, **1937**; C 37 II 720.

Modellmäßig betrachtet ist dieser Fall dann möglich, wenn auch für das Einzelmolekül der Durchgang durch die Zwischenzustände hindurch eine längere Zeit beansprucht und wenn im ursächlichen Zusammenhang damit in einem gegebenen Zeitpunkt eine größere Anzahl von Molekülen sich gleichzeitig in dem Übergangszustand befindet. Im nachfolgenden werden hierfür einige Beispiele angegeben.

Die *Umwandlung des* TiO_2 *(Anatas) in* TiO_2 *(Rutil)* erfolgt monotrop, das heißt, es ist unter allen bekannten Umständen der Rutil die stabile Modifikation. Wenn dennoch der Anatas eine durchaus bekannte und bei Zimmertemperatur scheinbar unveränderliche Modifikation ist, so ist dies der bei tieferen Temperaturen sehr geringen, praktisch überhaupt nicht in Erscheinung tretenden Umwandlungsgeschwindigkeit zuzuschreiben; im allgemeinen wird diese Geschwindigkeit erst oberhalb 800° merklich. Um den Umwandlungsverlauf zu verfolgen, wurden verschiedene Anteile eines aus Titandioxydhydrat bestehenden Geles unter sonst streng vergleichbaren Verhältnissen auf verschieden hohen Temperaturen ($=t_1$) gehalten und nach dem Auskühlen auf verschiedene Eigenschaften, insbesondere auf ihre Lösbarkeitseigenschaften untersucht (HÜTTIG[1], KOSTERHON und HNEVKOVSKY[2] vgl. a. SCHOSSBERGER[3]). Die experimentellen Ergebnisse sind in der Abb. 4 dargestellt. Auf der Abszisse ist die Temperatur der Vorerhitzung $= t_1$ aufgetragen, auf der Ordinate die verschiedenen beobachteten Eigenschaften; bei den letzteren ist im allgemeinen ein solcher Maßstab gewählt, daß die in dem betrachteten Temperaturintervall beobachteten Veränderungen der verschiedenen Eigenschaften sich durch einen gleich großen Abschnitt auf der Ordinate abbilden.

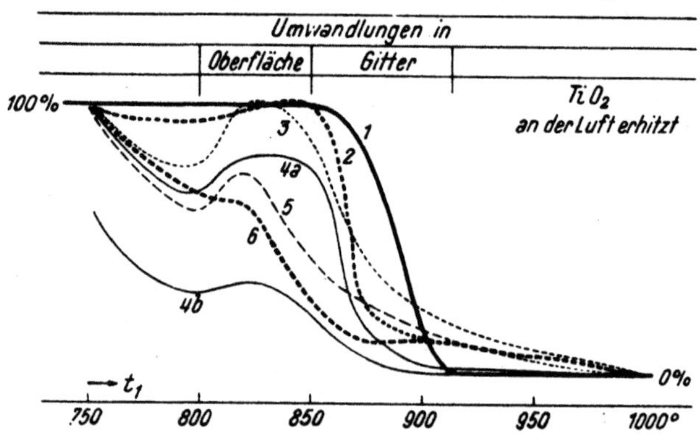

Abb. 4. Zwischenzustände im Verlauf der Umwandlung Anatas in Rutil.

Kurve *1* stellt den auf Grund der Röntgenintensitäten abgeschätzten Prozentgehalt des Anatas und somit auch des Rutils dar; die Gitterumwandlung hat kurz oberhalb 850° begonnen und war bei 915° vollständig. Eine gleichfalls reine Gittereigenschaft wird durch die in Kurve *2* dargestellten Molekularvolumina wiedergegeben; Kurve *2* ist auf Grund von Messungen im Vakuumpyknometer unter Berücksichtigung des Wassergehaltes (vgl. Kurve *5*) berechnet worden. Das Absinken des Molekularvolumens des Anatas zu demjenigen des Rutils beginnt auch hier bei 850° und ist im wesentlichen bei 915° beendet, wenn auch die endgültig konstanten Werte erst bei höheren Temperaturen erreicht werden. Es ist also unzweifelhaft, daß die Veränderungen in den Röntgenbildern und die großen Änderungen in den pyknometrisch bestimmten Dichten (bzw. Molekularvolumina) den gleichen Vorgang, und zwar die *Gitterumwandlung* von Anatas in Rutil anzeigen. Beachtenswert ist es, daß die Molekularvolumina trotz der fortschreitenden Wasserabnahme unmittelbar *vor* dem Beginn der Gitterumwandlung (etwa bei 840°) ein Maximum aufweisen. *Die Substanz zeigt also als Vorstufe der*

[1] G. F. HÜTTIG: Angew. Chem. **53** (1940), 35; C 40 II 2427.

[2] G. F. HÜTTIG, K. KOSTERHON, O. HNEVKOVSKY: Kolloid-Z. **89** (1939), 202; C 40 II 2427.

[3] F. SCHOSSBERGER, Z. Kristallogr., Mineral., Petrogr., Abt. A **104** (1942), 358; C 43 I 488.

Gitterumwandlung eine pyknometrisch gut feststellbare Auflockerung der Kristallgitters. Das HEDVALLsche Prinzip (S. 374) dokumentiert sich also auch in dieser handgreiflichen, präparativ erfaßbaren Weise.

Im Gegensatz zu den eben betrachteten Eigenschaften zeigen die übrigen beobachteten Eigenschaften schon bei tieferen Temperaturen ein sehr reges und charakteristisches Geschehen an; es sind dies die „Schüttvolumina" (Kurve *3*), d. h. die Volumina von 1 g der geschütteten und geschüttelten Substanz, die „Hygroskopizitäten", d. h. die unter streng vergleichbaren Verhältnissen nach 2 Stunden (Kurve *4b*) und nach 9 Stunden (Kurve *4a*) aufgenommenen Wassermengen, wobei diese Kurven untereinander in dem gleichen Maßstab gezeichnet sind, der „Glühverlust" (Wassergehalt) der Präparate (Kurve *5*) und die „Lösbarkeiten" in einer 17fach molaren Schwefelsäure (Kurve *6*). Allen diesen Kurven ist gemeinsam, daß sie entgegen der sonst mit steigender Temperatur absinkenden Tendenz etwa von 800° aufwärts ein Ansteigen zu einem Maximum oder zumindest — so wie es die „Lösbarkeiten" tun — eine Verzögerung des Absinkens in der Richtung zu einem „verdeckten" Maximum aufweisen. Bei allen diesen Eigenschaftsänderungen haben wir es mit Vorgängen zu tun, die ihren Sitz in der *Oberfläche* des festen Stoffes haben; in dieser Weise ist auch die „Lösbarkeit" (Auflösungsgeschwindigkeit) zu bewerten, für welche festgestellt wurde, daß sie auf das empfindlichste bereits auf reine Oberflächenunterschiede anspricht (HÜTTIG[1]). Da wir die eben gekennzeichneten Anstiege der Eigenschaftsintensitäten als eine „Aktivierung" ansprechen müssen, so können wir auch behaupten, daß bei etwa 800° eine Auflockerung („Aufknöpfung") der in der Oberfläche liegenden Molekularverbände einsetzt. *Es tritt hier das* HEDVALL*sche Prinzip auch in bezug auf die* (im Vergleich zu den Gitterumwandlungen bereits bei tieferen Temperaturen einsetzenden) *Oberflächenvorgänge in Erscheinung.*

Es ist denkbar, daß diese Oberflächenaktivierung bei einem weiteren Temperaturanstieg in die durch die Gitterauflockerung bedingte Aktivierung übergeht und daß erst dann die Desaktivierung einsetzt. Indessen zeigen die Lösbarkeiten außer dem eben beschriebenen verdeckten Maximum auch wieder ein neuerliches verdecktes Maximum etwa zwischen 875° und 900°, wo also die Gitterumwandlungen sich im vollen Gange befinden. Man wird also in Übereinstimmung mit den bei den Reaktionen zwischen zwei festen Körpern gemachten Erfahrungen (S. 472 ff.) *nach der Oberflächenaktivierung* (etwa zwischen 800° und 825°) *eine Periode der Desaktivierung der Oberfläche* (etwa zwischen 825° und 850°, also bei gleichzeitiger Aufblähung des Gesamtgitters) und *dann eine neuerliche, auf Gitterumwandlungen begründete Aktivierung* (mit dem Maximum bei etwa 880°) *und hierauf eine starke und endgültige Desaktivierung anzunehmen haben.* Besonders lehrreich ist in dieser Beziehung der Vergleich der Kurven *4a* und *4b*; bei der letzteren handelt es sich um die Aufnahme von den in kurzer Zeit aufgenommenen geringen, also wohl vorwiegend der Oberfläche anhaftenden Wassermengen; hier liegt auch das Maximum bei dem auf 825° vorerhitzten Präparat, also dort, wo auch die übrigen Eigenschaften ein Maximum der Oberflächenauflockerung aufweisen; bei der Kurve *4a* handelt es sich hingegen um eine länger andauernde Aufnahme viel größerer, also wohl auch in das Gitter eindringender Wassermengen; hier liegt das Maximum bei etwa 840°, also schon recht nahe an diejenige Temperatur herangeschoben, für welche wir ein Maximum der Gitterauflockerung annehmen mußten.

Ähnliche Untersuchungen, wie sie vorangehend in bezug auf die Umwandlung Anatas → Rutil beschrieben sind, wurden schon vorher von MARKUS in bezug auf die Umwandlung γ-Al_2O_3 → α-Al_2O_3 ausgeführt und haben grundsätzlich

[1] G. F. HÜTTIG: Angew. Chem. **53** (1940), 35 (Absatz 6); C 40 II 2427.

zu den gleichen allgemeinen Ausblicken geführt (HÜTTIG, MARKUS und HNEVKOVSKY[1], HÜTTIG[2], MARKUS und FRANZ[3]).

Es ist naheliegend, die für die Beobachtung solcher Erscheinungen erforderlichen Temperaturen, insbesondere die Temperatur der beginnenden Gitterumwandlungen zu der Schmelztemperatur in Beziehung zu setzen. Für die zu einer *Gitter*rekristallisation erforderliche Mindesttemperatur ($= T_z$ absol.) gibt *Tammann* für Oxyde die Beziehung $T_z = 0{,}52\ T_F$ an, wobei T_F die Schmelztemperatur in absoluter Zählung bedeutet. Für die zu einer *Oberflächen*rekristallisation erforderliche Mindesttemperatur ($= T'_Z$ absol.) ist die Beziehung $T'_Z = 0{,}26\ T_F$ aufgestellt worden (S. 392, 421).

Bei einer *Modifikationsumwandlung* wird sich also die Unterscheidung von *sechs* charakteristischen Temperaturgebieten notwendig erweisen, welche den folgenden Vorgängen zugeordnet sind: a) die Oberflächenrekristallisation und b) die Gitterrekristallisation (S. 425) der instabilen Modifikation, ferner c) die Oberflächenrekristallisation und d) die Gitterrekristallisation der stabilen Modifikation und schließlich e) die Vorbereitung der Modifikationsumwandlung in der Oberfläche und f) die Gitterumwandlung. *Jeder* dieser Vorgänge ist wieder gekennzeichnet durch eine Periode der Auflockerung und eine nachfolgende Periode der Stabilisierung in die neue Anordnung (S. 374).

Aus dem Schmelzpunkt des Rutils = 1825° C ($T_F = 2098°$) ergeben sich auf Grund der obigen Relationen und übrigens auch in Übereinstimmung mit direkten Beobachtungen die Temperaturen für c) mit 270° C, für d) mit 820° C und aus den in Abb. 4 dargestellten Ergebnissen für e) 800° C und für f) 850° C. Aus dem Schmelzpunkt des Korunds (α–Al_2O_3) = 2050° C ($T_F = 2323°$) ergeben sich auf den gleichen Grundlinien für c) 331° C, d) 935° C (beobachtet um 850°), e) 800° C und f) 940° C. Es hat also den Anschein, daß die Gitterumwandlung in nennenswerter Geschwindigkeit erst dann auftreten kann, wenn für die stabile Modifikation die Temperatur der Gitterrekristallisation erreicht oder etwas überschritten ist. (Bezüglich des Geschwindigkeitsunterschiedes in der Abgabe der in der Oberfläche und im Gitter festgehaltenenen verflüchtigbaren Bestandteile vgl. S. 422.)

Vom Standpunkt der hier aufgeworfenen Fragen interessieren auch die folgenden Arbeiten: Die Untersuchungen über die Umwandlung von α- in γ-Eisen durch BURGERS und VAN AMSTEL[4] und BRÜCHANOW[5], über den Umwandlungsmechanismus des flächenzentrierten kubischen Gitters in ein Gitter mit hexagonal dichtester Kugelpackung von NISHIYAMA[6] und die Umwandlung von Diamant in Graphit von NATH[7], ferner die Untersuchungen über die Umwandlungen des Zirkoniums und Calciums von BURGERS[8] (kubisch flächenzentrierte Zwischenphase) und die Diskussionen über die Zwischenzustände bei metallischen Mischphasen zwischen DEHLINGER[9] und BORELIUS[10], sowie die Untersuchungen über

[1] G. F. HÜTTIG, G. MARKUS, O. HNEVKOVSKY: Kolloid-Z. 88 (1939), 274; C 40 II 2426.

[2] G. F. HÜTTIG: Angew. Chem. **53** (1940), 35; C 40 II 2427.

[3] G. F. HÜTTIG, G. MARKUS, E. FRANZ: Przemysł chem. **22** (1938), 375; C 39 II 3527.

[4] W. G. BURGERS, J. J. A. PLOOS V. AMSTEL: Nature (London) **136** (1935), 721; C 36 I 3274.

[5] A. BRÜCHANOW: Techn. Physics USSR **4** (1937), 414; C 38 I 541.

[6] Z. NISHIYAMA: Sci. Rep. Tôhoku Imp. Univ., Ser. I **25** (1935), 79; C 36 II 1846.

[7] N. S. N. NATH: Proc. Indian Acad. Sci., Sect. A **2** (1935), 143; C 36 I 2293.

[8] W. G. BURGERS: Metallwirtsch., Metallwiss., Metalltechn. **13** (1934), 785; C 35 II 318.

[9] U. DEHLINGER: Chem. Physik (5) **20** (1934), 646; C 34 II 3352.

[10] G. BORELIUS: Chem. Physik (5) **20** (1934), 650; C 34 II 3352.

die Umwandlung von Markasit in Pyrit von ANDERSON und CHESLEY[1], diejenigen von SHOJI[2] über die Umwandlung von Boracit, Leucit und wasserfreiem Natriumsulfat und besonders die von dem Gesichtspunkt der Autokatalyse durch FRAENKEL und GOEZ[3] behandelte Umwandlung des Schwefels. Mit den Fragen über den Einfluß einer mechanischen Deformation auf die Geschwindigkeit polymorpher Umwandlungen beschäftigen sich die Arbeiten von COHEN und Mitarbeitern[4] u. a., NISHIYAMA[5] und STEPANOW[6]; die Änderung der katalytischen Aktivität am CURIE-Punkt wird von FORESTIER und LILLE[7], am Umwandlungspunkt von SCHWAB und MARTIN[8] untersucht. DEHLINGER[9] behandelt die „Ausscheidungsvorgänge" im festen Zustand von dem gleichen Standpunkt wie die Modifikationsumwandlungen; SCHWAB und SCHWAB-AGALLIDIS (unveröffentlichte Versuche) können bei einem solchen Vorgang allerdings keine katalytische Abnormität auffinden. Schließlich sei auf eine Feststellung von IWANOWSKI, BRANDE und PANINA[10] hingewiesen, derzufolge Eisen ein Maximum der katalytischen Wirksamkeit hat, wenn die Temperatur der Vorbehandlung gerade 700° betrug, sowie auf ein Zitat von LIESEGANG[11], welches besagt: „Es wird auch Bezug genommen auf die Feststellungen von J. A. HEDVALL, daß während der (auch bei den Alterungen stattfindenden) Modifikationsänderungen eine große Steigerung der chemischen Reaktionsfähigkeit auftritt. Der Biologe sollte dieses nicht unbeachtet lassen, wenn er eine Deutung der Vorgänge bei der Kernteilung und Mutationsbildung versucht." LINCK und KORINTH[12] beobachten, daß der Übergang eines tetragonal kristallisierten Schwefels in den monoklinen Schwefel auf dem Wege über eine vorübergehende Verflüssigung, also dem Zustand einer maximalen Auflockerung und Unordnung stattfindet. FRICKE[13] gibt an, daß der Übergang aus einer kristallisierten in eine andere kristallisierte Modifikation allenfalls auch auf dem Wege über den amorphen Zustand erfolgen kann. HEDVALL und ANDERSSON[14] beobachten eine erhöhte Reaktionsfähigkeit des TiO_2 gegenüber CaO während des Überganges von Anatas in Rutil.

In diesem Zusammenhang sei noch auf die folgenden Untersuchungen hingewiesen: SERRA[15] (rotes und gelbes HgJ_2), STEINBERG[16] (magnetische Umwandlungen,

---

[1] H. V. ANDERSON, H. G. CHESLEY: Amer. J. Sci. (Silliman) (5) **25** (1933), 315; C 33 I 3881.

[2] H. SHOJI: Sci. Rep. Tôhoku Imp. Univ., Ser. I **26** (1937), 86; C 37 II 2793.

[3] W. FRAENKEL, W. GOEZ: Z. anorg. allg. Chem. **144** (1925), 45; C 25 I 2602.

[4] E. COHEN, W. A. T. COHEN DE MEESTER, A. K. W. A. VAN LIESHOUT: Proc. Kon. Akad. Wetensch. Amsterdam **38** (1935), 377; C 35 II 317; Z. physik. Chem., Abt. A **173** (1935), 169; C 35 II 1307. — E. COHEN, A. K. W. A. VAN LIESHOUT: Proc. Kon. Akad. Wetensch. Amsterdam **39** (1936), 352; C 38 I 4118; ebenda **39** (1936), 1174; C 37 I 3923.

[5] Z. NISHIYAMA: Sci. Rep. Tôhoku Imp. Univ., Ser. I **25** (1935), 94; C 36 II 1847.

[6] A. W. STEPANOW: Physik. Z. Sowjetunion **5** (1934), 706; C 34 II 3900.

[7] H. FORESTIER, R. LILLE: Compt. rend. **204** (1937), 265; C 37 I 3287; ebenda **204** (1937), 1254; C 37 II 5.

[8] G.-M. SCHWAB, H. H. MARTIN: Z. Elektrochem. angew. physik. Chem. **43** (1937), 610; C 37 II 3855.

[9] U. DEHLINGER: Z. Metallkunde **27** (1935), 209; C 36 II 28.

[10] F. P. IWANOWSKI, G. E. BRANDE, A. M. PANINA: J. chem. Ind. **1934**, Nr. 2, 37; C 34 II 2726.

[11] R. E. LIESEGANG: Z. Altersforsch. **1** (1938), Heft 1, Referatenteil. Dresden und Leipzig: Steinkopff.

[12] G. LINCK, G. KORINTH: Z. anorg. allg. Chem. **171** (1928), 312; C 28 II 6.

[13] R. FRICKE: Z. anorg. allg. Chem. **175** (1928), 249; C 28 II 2541.

[14] J. A. HEDVALL, K. ANDERSSON: Sci. Pap. Inst. physic. chem. Res. **38** (1941), 210; C 42 I 3065.

[15] A. SERRA: Ind. chimica **8** (1933), 849; C 33 II 2232.

[16] S. S. STEINBERG: Metallwiss. (russ. Metallurg.) **11** (1936), Nr. 9, 6; C 37 I 2332.

nach SCHLEEDE phosphoresziert ZnS bei dem Übergang von Wurtzit in Zinkblende), H. H. FRANCK[1] (Umkehrung des HEDVALLschen Prinzips, Prinzip von *Buridans Esel*), FRANK und ENDLER[2], V. STEINWEHR[3] (α- und β-Quarz), UBBELOHDE[4] (Strukturänderungen in festen Körpern), ROLL[5] (Unstetigkeiten der Zerreißfestigkeit in der Nähe der Umwandlungspunkte), YOUNG[6] (Kinetik), DE BOER und MICHELS[7] (ferromagnetischer CURIE-Punkt), BURGERS und PLOOS VAN AMSTEL[8] (elektronenoptische Beobachtung der Umwandlung), THIESSEN und STÜBER[9] (Umwandlungen organischer Stoffe), ZIMENS[10] (Aragonit → Calcit), THILO und ROGGE[11] (Anthrophyllit → Talk), HEDVALL, HEDIN und ANDERSSON[12] (Gefügeumwandlungen bei Wismut und Kupfer), HEDVALL[13] und HEDVALL, BOSTRÖM, COLLIANDER und HAMMARSON[14] (Frage nach den Gefügeumwandlungen bei Sb, Ag und Cd), BURGERS[15] (Umwandlung des Zirkons mit angenommener kubisch-flächenzentrierter Zwischenphase), ALLEN[16] (α/β-Quarz, Umwandlung und Erklärung durch nahe Übereinstimmung der Frequenz beider Phasen), KRCZIL[17] (Einstoffpolymerisationen), KRUSTINSONS[18] (HgS schwarz → HgS rot), AVRAMI[19] (Phasenänderung und Mosaikstruktur), ELIAS, HARTSHORNE und JAMES[20] (Untersuchungen über Polymorphismus), PAMFILOW und IWANTSCHEWA[21] (die Umwandlung von Anatas in Rutil vollzieht sich in dem weiten Temperaturgebiet von 800° bis 1000° und hängt von den Bildungsbedingungen und den in den Präparaten enthaltenen Beimengungen ab), ROGINSKY und TODES[22] (Umwandlungskinetik parzellierter Körper), FRICKE und WIEDMANN[23] (Übergang vom amorphen Fe_2O_3 in α-Fe_2O_3), COHEN[24] (Metastabilität der Materie), LANGE[25] (stoffliche Umwandlungen und ihre Hemmungen), BLOOM[26] (Mechanismus der Entstehung polymorpher Formen), BOWDEN[27] (Zusammenfassung

---

[1] H. H. FRANCK: Congr. Chim. ind. Paris **17** (1937), II, 1160; C 38 II 2549.
[2] H. H. FRANK, H. ENDLER: Z. physik. Chem., Abt. A **184** (1939), 127; C 39 II 1627.
[3] H. E. V. STEINWEHR: Z. Kristallogr., Mineral., Petrogr., **99** (1938), 292; C 38 II 2549.
[4] A. R. UBBELOHDE: Trans. Faraday Soc. **33** (1937), 1198; C 38 II 2690.
[5] F. ROLL: Z. Metallkunde **30** (1938), 244; C 38 II 2898.
[6] L. A. YOUNG: Bull. Amer. physic. Soc. **13**, Nr. 1, 23; Physic. Rev. (2) **53** (1938), 686; C 38 II 3370.
[7] J. DE BOER, A. MICHELS: Physica **5** (1938), 76; C 38 II 3374.
[8] J. BURGERS, PLOOS VAN AMSTEL: Ergebn. techn. Röntgenkunde **6** (1938), 34; C 38 II 3656.
[9] P. A. THIESSEN, C. STÜBER: Ber. dtsch. chem. Ges. **71** (1938), 2103; C 38 II 4200.
[10] K. E. ZIMENS: Z. Elektrochem. angew. physik. Chem. **44** (1938), 590; C 38 II 3779.
[11] E. THILO, G. ROGGE: Ber. dtsch. chem. Ges. **72** (1939), 341; C 39 I 2739.
[12] J. A. HEDVALL, R. HEDIN, E. ANDERSSON: Z. anorg. allg. Chem. **212** (1933), 84; C 33 II 494.
[13] J. A. HEDVALL: Z. anorg. allg. Chem. **243** (1940), 231; C 40 I 1945.
[14] J. A. HEDVALL, N. BOSTRÖM, B. COLLIANDER, A. HAMMARSON: Z. anorg. allg. Chem. **243** (1940), 231; C 40 I 1945.
[15] W. G. BURGERS: Nature (London) **129** (1932), 281; C 32 II 495.
[16] H. S. ALLEN: Physic. Rev. **57** (1940), 921; C 41 I 331.
[17] F. KRCZIL: Einstoffpolymerisation. Leipzig: Akad. Verl.-Ges., 1940; C 41 I 1281.
[18] J. KRUSTINSONS: Z. anorg. allg. Chem. **245** (1941), 352; C 41 I 1526.
[19] M. AVRAMI: J. chem. Physics **7** (1939), 1103; C 40 II 1542; Bull. Amer. physic. Soc. **16** (1941), Nr. 1, 11; C 41 II 9; J. chem. Physics **9** (1941), 177; C 42 I 1590.
[20] P. G. ELIAS, N. H. HARTSHORNE, J. E. D. JAMES: J. chem. Soc. (London) **1940**, 588; C 41 II 2525.
[21] A. W. PAMFILOW, J. G. IWANTSCHEWA: J. chim. gén. (Minsk) **10** (1940), 154, 736; C 41 II 2306.
[22] S. Z. ROGINSKY, O. M. TODES: C. R. Acad. Sci. USSR **27** (1940), 681; C 42 I 709.
[23] R. FRICKE, H. WIEDMANN: Kolloid-Z. **89** (1939), 178; C 40 I 2123.
[24] E. COHEN: Z. physik. Chem., Abt. B **40** (1938), 231; C 39 I 1127.
[25] E. LANGE: Z. Elektrochem. angew. physik. Chem. **41** (1935), 197; C 35 I 3089.
[26] M. C. BLOOM; Amer. Mineralogist **24** (1939), 281; C 39 II 1637.
[27] S. T. BOWDEN: School Sci. Rev. **21** (1939), 798; C 40 I 2429.

über Allotropie), DAS[1] (enantiotroper Übergang zwischen S_α und S_β), EADE und HARTSHORNE[2] (Mitteilungsreihe über Polymorphismus), HARRISON[3] („Rheologie"), KONOBOJEWSKI[4] (Zusammenfassung), MAYER und STREETER[5] (Phasenübergänge), MEYERING[6] (Theorie der Komplexität und Allotropie), TIMMERMANNS[7] (Klassifizierung polymorpher Verbindungen), POWELL[8] (Wärmetönungen bei den Umwandlungen von Metallen), ZIMENS und HEDVALL[9] (Einfluß der Gefügeänderungen auf die magnetische Suszeptibilität), JAEGER[10] (Zusammenfassender Bericht über reversible Umwandlungen in festen Metallen).

Eine gesonderte Behandlung müssen diejenigen Umwandlungen erfahren, welche in entscheidender Weise durch eine vernachlässigte Dimension bedingt sind, so die plötzlichen irreversiblen Umwandlungen dünner Metallschichten unter der Wirkung einer ansteigenden Temperatur (SUHRMANN und BERNDT[11]) oder der Einwirkung von Elektronenstrahlen (WAS und TOL[12]). Im nahen Zusammenhang damit dürften auch die an den Oberflächen kompakter fester Stoffe beobachteten Erscheinungen sein, denen zufolge die bei höheren Temperaturen dreidimensional verlaufenden Modifikationsumwandlungen hierzu bereits bei tieferen Temperaturen eine Vorbereitung in der Oberfläche finden können.

b) Modifikationsumwandlungen mit einem Kontinuum von Zwischenzuständen.

Hier kommt es *nicht* zu einer Ausbildung von Phasengrenzflächen zwischen zwei starren Körpern. Als Klassifikationsprinzip ist es zweckmäßig, hier zu unterscheiden zwischen solchen Vorgängen, bei welchen die auftretenden Zwischenzustände auf alle Fälle aktiv sind, also unter keinen Umständen stabil existenzfähig sind, und solchen Vorgängen, bei denen die dem Kontinuum angehörenden Zustände stabil auftreten können und ihren ordnungsgemäßen Platz in dem Zustandsdiagramm besitzen. Nur dem ersteren Fall gehört mit Rücksicht auf den gewählten Blickpunkt unser unmittelbares Interesse.

Die letztere Umwandlungsart wurde wohl erstmalig von TAMMANN[13] erkannt, und sein Lehrbuch der Metallkunde gibt unter der Bezeichnung „Abnorme Umwandlungen" Beispiele und Erklärungen. Entsprechend der Systematik von FRANK und WIRTZ[14] kann von den Modifikationsumwandlungen zweiter (und höherer) Ordnung ein solcher Verlauf erwartet werden; bei diesen Umwandlungen zweiter Ordnung werden sich bei dem Übergang aus der einen in die andere Modifikation zwar nicht die Eigenschaften erster Ordnung, wie etwa der Energieinhalt ($= U$) oder das Volumen ($= V$) sprungweise ändern, wohl aber die Größen dU/dT bzw. dV/dT. Beispiele von Umwandlungen, welche hierher zu zählen

---

[1] S. R. DAS: Sci. and Cult. **4** (1939), 664; C 39 II 3665.
[2] D. G. EADE, N. H. HARTSHORNE: J. chem. Soc. (London) **1938**, 1636; C 39 I 1713.
[3] V. G. W. HARRISON: Nature (London) **146** (1940), 580; C 41 I 2088.
[4] S. T. KONOBOJEWSKI: Bull. Acad. Sci. USSR **1937**, 1209; C 39 I 4437.
[5] J. E. MAYER, S. F. STREETER: J. chem. Physics **7** (1939), 1019; C 40 II 2425.
[6] J. L. MEYERING: Chem. Weekbl. **37** (1940), 57; C 40 II 3.
[7] J. TIMMERMANNS: Bull. Cl. Sci., Acad. roy. Belgique **25** (1939), 417; C 41 I 1273.
[8] R. W. POWELL: Nature (London) **148** (1941), 58; C 42 II 632.
[9] K. E. ZIMENS, J. A. HEDVALL: Svensk kem. Tidskr. **53** (1941), 12; C 41 II 583.
[10] F. M. JAEGER: Proc. nederl. Akad. Wetensch. **43** (1940), 762; C 41 I 2503.
[11] R. SUHRMANN, W. BERNDT: Z. Physik **115** (1940), 17; C 40 I 1955.
[12] D. A. WAS, T. TOL: Physica **7** (1940), 253; C 40 II 3446.
[13] G. TAMMANN: Lehrbuch der Metallkunde, S. 69. Leipzig: L. Voß, 1932; C 32 II 441.
[14] F. C. v. FRANK, K. WIRTZ: Naturwiss. **26** (1938), 687; C 39 I 318.

sind, sind etwa die folgenden: $C_{23}H_{48}$ (Kristallklasse geringer Symmetrie → $C_{23}H_{48}$ (hexagonal), wobei sich die Interferenzlinien im Röntgenogramm kontinuierlich aus der der reagierenden Modifikation zukommenden Lage in die der entstehenden Modifikation zukommenden Lage verschieben; vermerkt muß werden, daß der Übergang $C_{24}H_{50}$ (Kristallklasse geringer Symmetrie) → $C_{24}H_{50}$ (hexagonal) bereits dem unter Spielart a) angegebenen Typus angehört. — Ag_2HgJ_4 (hoher Ordnungsgrad) → Ag_2HgJ_4, bei welchem letzteren nach KETELAAR die Grundstruktur der Jodionen erhalten bleibt, wohingegen die vorher gittermäßig geordneten Ag-, Hg- und Leerstellen nach der Umwandlung willkürlich untereinander verteilt sind. — Hierher gehören offenbar auch die als „Ordnung ⇆ Unordnung" bezeichneten Umwandlungen, welche in der letzten Zeit Gegenstand vieler Untersuchungen waren, so von BORELIUS[1], HENDUS und SCHEUFELE[2], HIRONE und MATUDA[3], SUHRMANN und SCHNACKENBERG[4] und WILSON[5]. Die Umwandlung des α-Zirkoniums in das β-Zirkonium tritt innerhalb eines Umwandlungsintervalls auf, wenn aber das Zirkonium vorher mechanisch stark deformiert wurde, so erfolgt die Umwandlung bei einem scharfen Umwandlungspunkt (DE BOER, CLAUSING und FAST[6], vgl. auch BURGERS und PLOOS VAN AMSTEL[7]). — Die „blitzartige" Umwandlung des triklinen in das monokline $K_2Cr_2O_7$ bei 236,8° weist auf die hohe Geschwindigkeit bei einem solchen Reaktionsmechanismus hin (SCHWAB und SCHWAB-AGALLIDIS[8]). — Es sind ferner hierher zu zählen die Umwandlung des β-Messings mit dem Umwandlungspunkt bei 464°, die Rotationsumwandlungen (z. B. bei CH_4, vgl. hierzu auch SCHALLAMACH[9]), weiter wohl alle Arten von Überschreitungen des CURIE-Punktes, wobei insbesondere auch die damit verbundenen Reaktivitäten und katalytischen Wirksamkeiten interessieren (AOYAMA, MATSUZAWA und TAKAHASHI[10], COHN[11], HEDVALL und BERG[12]), HEDVALL und BYSTRÖM[13], LILLE[14], der Sprung in der Supraleitung u. a. m. Mit den Fragen einer kontinuierlichen Modifikationsumwandlung befassen sich unter anderem DEHLINGER[15], wo auch die atomistischen Verhältnisse erörtert werden, welche zu scharfen Umwandlungstemperaturen führen, SMITS[16], STEINWEHR[17], WYART[18], KONDO, YAMAUCHI und KORA[19], BURGERS und PLOOS VAN

---

[1] G. BORELIUS: Kosmos (Stockholm) **17** (1939), 97; C 41 I 1647.
[2] H. HENDUS, E. SCHEUFELE: Z. Metallkunde **32** (1940), 275; C 41 I 174.
[3] T. HIRONE, S. MATUDA: Sci. Pap. Inst. physic. chem. Res. **37**, Nr. 980 (1940); C 41 I 10.
[4] R. SUHRMANN, H. SCHNACKENBERG: Z. Elektrochem. angew. physik. Chem. **47** (1941), 277; C 41 II 155.
[5] TH. C. WILSON: Physic. Rev. **56** (1939), 598; C 40 II 2435.
[6] J. H. DE BOER, W. G. CLAUSING, J. D. FAST: Recueil Trav. chim. Pays-Bas **55** (1936), 450; C 36 II 1492.
[7] W. G. BURGERS, J. J. PLOOS VAN AMSTEL: Physica **5** (1938), 305; C 38 II 492; Ergebn. techn. Röntgenkunde **6** (1938), 165; C 38 II 3656.
[8] G.-M. SCHWAB, E. SCHWAB-AGALLIDIS: Naturwiss. **29** (1941), 134; C 41 II 717.
[9] A. SCHALLAMACH: Proc. Soc. **171** (1939), 569; C 39 II 2222.
[10] SH. AOYAMA, J. MATSUZAWA, T. TAKAHASHI: Sci. Pap. Inst. physic. chem. Res. **34** (1938), 957; C 39 I 324.
[11] G. COHN: Svensk kem. Tidskr. **52** (1940), 49; C 40 II 859.
[12] J. A. HEDVALL, A. BERG: Z. physik. Chem., Abt. B **41** (1938), 388; C 39 I 3842.
[13] J. A. HEDVALL, H. BYSTRÖM: Z. physik. Chem., Abt. B **41** (1938), 163; C 39 I 382.
[14] R. LILLE: C. R. hebd. Séances Acad. Sci. **208** (1939), 1891; C 39 II 2209.
[15] U. DEHLINGER: Z. Physik **105** (1937), 21; C 37 II 1123.
[16] A. SMITS: Physik. Z. **36** (1935), 367; C 35 II 1820.
[17] H. E. v. STEINWEHR: Naturwiss. **25** (1937), 348; C 37 II 1164.
[18] J. WYART: C. R. hebd. Séances Acad. Sci. **205** (1937), 1077; C 38 I 2129.
[19] S. KONDO, T. YAMAUCHI, Y. KORA: J. Soc. chem. Ind. Japan (Suppl.) **40** (1937), 214; C 38 I 3017.

AMSTEL[1], COHEN und VAN LIESHOUT[2], EUCKEN[3] (Zustandsumwandlungen höherer Art), PINESS[4].

Zwischen den beiden von TAMMANN[5] unterschiedenen und als Spielart a) und b) vorangehend bezeichneten Grenzfällen gibt es auch Vorgänge, welche eine Mittelstellung einnehmen. Eine solche stellt die Umwandlung des α-Quarzes in β-Quarz dar: bei einer allmählich ansteigenden Erhitzung des α-Quarzes ändern sich die Eigenschaften desselben in kontinuierlicher Weise erheblich in der Richtung des β-Quarzes, bis bei 575° eine diskontinuierliche Entmischung in zwei Phasen — nämlich α- und β-Quarz eintritt. Bei Ammoniumchlorid soll eine heterogene Umwandlung mit homogener Vorbereitung vorliegen (SMITS[6]).

Vom katalytischen Interessenkreis aus sind heute diejenigen Vorgänge wichtiger, bei welchen das Kontinuum der Zwischenzustände unter allen Verhältnissen instabil, also aktiv ist. Solche Fälle sind allerdings heute noch kaum anders als innerhalb von Alterungsreihen liegend untersucht worden. Ohne die Frage nach der Berechtigung einer Besprechung an dieser Stelle aufzuwerfen, wird auf folgendes hingewiesen: Bei ihren Untersuchungen über die Alterung von Aluminiumoxydhydrat-Gelen haben HÜTTIG und BRÜLL[7] ein in definierter Weise durch Fällung hergestelltes Aluminiumoxydhydrat-Gel in einem allseitig verschlossenen Gefäß bei Zimmertemperatur lagern lassen. In gewissen Zeitabständen wurden hiervon Anteile entnommen und auf ihre katalytische Wirksamkeit gegenüber der Umwandlung von Methanoldampf in Dimethyläther bei 300° geprüft. Diese Versuche wurden unter verschiedenen Variationen ausgeführt, und es zeigte sich immer wieder, daß die katalytische Wirksamkeit ein Maximum erreicht, wenn das Präparat schon eine bestimmte Zeit (etwa 42÷57 Tage) bei Zimmertemperatur gealtert war; so bewirkte ein 3 Tage gealtertes Präparat eine Umwandlung des Methanols im Betrag von 9%, welcher Wert bei einer fortschreitenden Alterung des Präparates am 57. Tage bis 26% anstieg, bei einer weiteren Alterung wieder absank, um am 64. Tage wieder den Wert von 9% zu erreichen (vgl. JAGITSCH[8]). Gleichartige Beobachtungen haben später RABINERSON[9] und RABINERSON und SCHUMANN[10] an Solen und Gelen des Vanadin(V)-oxyds gemacht und hierfür ähnliche Erklärungen gegeben. Fraglos ist auch das hier beobachtete Durchschreiten durch ein Maximum der katalytischen Wirksamkeit unter das HEDVALLsche Prinzip einzuordnen. Es handelt sich hier allerdings nicht um den Übergang aus einer kristallographischen Modifikation in eine andere. V. KOHLSCHÜTTER und BEUTLER[11] haben an Präparaten des Systems Al_2O_3/H_2O und in prinzipiell ähnlicher Weise hat FEITKNECHT[12] an Präparaten des Systems ZnO/H_2O gezeigt, daß auch in den ersten Lebensstadien der Gele die Moleküle zu „organisierten" Körpern („*Somatoiden*") zusammengeschlossen

[1] W. G. BURGERS, J. J. A. PLOOS VAN AMSTEL: Nature (London) **141** (1938), 330; C 38 II 492.

[2] E. COHEN, A. K. W. A. VAN LIESHOUT: Z. physik. Chem., Abt. A **173** (1935), 67; C 35 I 3754.

[3] A. EUCKEN: Nachr. Ges. Wiss. Göttingen, math.-physik. Kl. **1933**, 340; C 34 I 352.

[4] B. J. PINESS: J. exp. theoret. Physik **9** (1939), 963; C 40 I 2915.

[5] G. TAMMANN: Z. physik. Chem., Abt. A **170** (1934), 380; C 35 I 2638.

[6] A. SMITS: Physik. Z. **36** (1935), 367; C 35 II 1820.

[7] G. F. HÜTTIG, J. BRÜLL: 58. Mittlg.: Ber. dtsch. chem. Ges. **65** (1932), 1795; C 33 I 728.

[8] R. JAGITSCH: Z. physik. Chem., Abt. A **174** (1935), 49; C 36 I 496.

[9] A. RABINERSON: Kolloid-Z. **68** (1934), 305; C 35 I 369.

[10] A. RABINERSON, G. SCHUMANN: Kolloid-Z. **71** (1935), 87; C 35 II 338.

[11] V. KOHLSCHÜTTER, W. BEUTLER: Helv. chim. Acta **14** (1931), 305; C 31 I 343.

[12] W. FEITKNECHT: Helv. chim. Acta **14** (1931), 305; C 30 II 3727.

sind, ohne daß allerdings diese Molekülvereinigungen die Fähigkeit hätten, im Debyeogramm Röntgeninterferenzen zu geben. Demnach dürfte die Beobachtung des HEDVALLschen Effektes in diesem Fall auf einem Übergang solcher somatoiden Molekülverbände in die stabilen kristallisierten Zustände über Zwischenstufen einer regelloseren chemisch-aktiveren Unordnung erfolgen. HÜTTIG und SCHAUFEL[1] konnten auch zeigen, daß bei sehr jungen Gelen die Peptisierbarkeit verhältnismäßig gering ist, daß dieselbe während des Alterns zunimmt, um dann in dem Maße, wie die Debyeogramme die Bildung fertiger Kristalle erkennen lassen, wieder abzusinken. Auch bei Präparaten des Systems Fe_2O_3/H_2O haben HÜTTIG und ZÖRNER[2] im Verlaufe der Alterung maximale katalytische Wirksamkeiten beobachtet.

Die Einordnung dieser Erscheinungen unter die Einkomponentensysteme erscheint nur dann gerechtfertigt, wenn während der Alterung der Wassergehalt konstant bleibt und auch sonst keine Entmischung in zwei Phasen eintritt. Nach den von uns aufgestellten Regeln wäre ferner der einphasig verlaufende Entglasungsvorgang hier zu behandeln; der bisherigen Gepflogenheit Rechnung tragend, wollen wir einstweilen noch die Gläser unter die Flüssigkeiten einreihen.

c) Veränderungen ohne Modifikationsumwandlungen als Folge der Änderungen in der energetischen Charakteristik der Umgebung.

Es handelt sich hier um diejenigen Zustandsänderungen, welche als rein physikalische angesprochen werden und beispielsweise bestehen in einer Veränderung der Temperatur oder eines allseitig gleichmäßig wirkenden Druckes, wie es der Fall ist, wenn der Druck durch Vermittlung einer den festen Körper allseitig umgebenden Flüssigkeit ausgeübt wird, oder Veränderungen in dem elektrischen, magnetischen bzw. optischen Feld (vgl. die Abhandlungsreihe von HEDVALL und Mitarbeitern[3] über Photoaktivität u. a. m.). Man kann natürlich Vorgänge, welche beispielsweise lediglich in der Überführung eines festen Körpers von irgendeiner Temperatur auf eine andere konstante Temperatur bestehen, als rein physikalisch und daher nicht hierher gehörig abtun; aber solche Vorgänge liegen so nahe an einer Umwandlung der „unendlichsten Ordnung", daß kein Grund vorliegt, den noch verbleibenden reinen physikalischen Rest außerhalb der Systematik stehen zu lassen, zumal sich wichtige Teile des chemischen Geschehens in ihren Erklärungen auf derartige Vorgänge abstützen. Wir heben daher aus diesem weiten Gebiet einige mit der Chemie in unmittelbarster Verquickung stehende Tatsachen und Gedankengänge hervor:

α) Veränderungen eines festen stabilen Körpers infolge Temperatursteigerung.

Die Schwingungen der Gitterbausteine.

Wir haben uns mit dem Zustand der festen Körper bei dem absoluten Temperaturnullpunkt befaßt, also jenem Zustand, der bei Ausschaltung der Wärmeenergie vorliegen würde. Bei realen Temperaturen beherbergen die Körper Wärmeenergie, die bei den kristallisierten Körpern wesensgleich mit einer *Schwingung* oder *Rotation* der in den Gitterpunkten befindlichen Gitterbausteine ist. In einem solchen Fall bezeichnen die Gitterpunkte nicht mehr die ortsfeste Lage der Bau-

[1] G. F. HÜTTIG, A. SCHAUFEL: 39. Mittlg.: Kolloid-Z. **55** (1931), 199; C 31 II 973.

[2] G. F. HÜTTIG, A. ZÖRNER: 16. Mittlg.: Z. anorg. allg. Chem. **184** (1929), 180; C 30 I 1450.

[3] J. A. HEDVALL, G. BERGSTRÖM, G. COHN: Kolloid-Z. **94** (1941), 57; C 41 I 2627; Nature [London] **143** (1939), 330; C 41 I 2780. — J. A. HEDVALL: Angew. Chem. **54** (1941), 505; C 42 I 1598.

steine, sondern die Punkte, um welche herum die periodische Schwingung erfolgt. Auch bei einer konstanten homogenen Temperatur schwingen nicht alle Bausteine mit gleichen Energien; in jedem Zeitpunkt verteilt sich die Energie in verschiedenem Ausmaße auf die einzelnen Bausteine. Die Art dieser Verteilung ist durch das MAXWELLsche Gesetz über die Energieverteilung gegeben. Überdies vermag nicht jeder dieser Bausteine jede beliebige Menge Schwingungsenergie aufzunehmen; entsprechend einer aus der PLANCKschen Quantentheorie sich ergebenden Forderung vermögen die Bausteine nur solche Schwingungsenergien aufzunehmen oder abzugeben, welche gleich den ganzzahligen Vielfachen ihrer Schwingungsfrequenz, multipliziert mit dem elementaren Wirkungsquantum, sind. Die bei der Schwingung als Einheit auftretenden Teilchen sind größtenteils identisch mit denjenigen Bausteinen, die in der Ruhelage die einzelnen Gitterpunkte besetzen; es sind also bei Atomgittern die bei der Ruhelage in diesen Gittern enthaltenen Atome und dementsprechend bei Ionengitter die Ionen, bei Molekülgittern die Moleküle, welche die Schwingungen ausführen. Diese Schwingungsvorgänge sind das Modell, von dem ein Großteil der Physik des kristallisierten Zustandes abgeleitet wird, so die spezifischen Wärmen und deren Abhängigkeit von der Temperatur, Schmelzvorgänge und Schmelztemperaturen, die ultraroten Strahlungen und vieles andere mehr (vgl. z. B. DAMKÖHLER[1]).

Die Untersuchungen von W. JANDER und seinen Mitarbeitern (Abhandlungsreihe über den inneren Aufbau fester sauerstoffhaltiger Salze bei höheren Temperaturen von JANDER[2] sowie JANDER und STAMM[3]) haben jedoch gezeigt, daß die Schwingungen auch Umgruppierungen benachbarter Bausteine zu neuen schwingenden Einheiten bewirken können. Bei einer Verbindung von der Zusammensetzung $Me^{II}RO_4$ möge bei tiefen Temperaturen ein reines Ionengitter vorliegen, demzufolge die einzelnen Gitterpunkte durch Me^{++}- bzw. RO_4''-Ionen besetzt sind. In diesem Gitter werden die Me^{++}-Ionen und die RO_4''-Ionen für sich allein Schwingungen ausführen, ohne sich gegenseitig merklich zu beeinflussen. Mit wachsender Temperatur nehmen die Schwingungen aber immer größere Beträge an, so daß die einzelnen Ionen aufeinander einwirken können. Ist nun RO_4'' verhältnismäßig leicht deformierbar und wirkt Me^{++} stark deformierend auf dieses Anion ein, so kann es vorkommen, daß ein doppelt negativ geladenes Sauerstoffatom des RO_4'' zu dem Me^{++} herangezogen wird. Es wird sich dadurch für eine gewisse Zeit die elektrisch neutrale Gruppe MeO bilden und die gleichfalls elektrisch neutrale Gruppe RO_3 zurückbleiben. Jede dieser Gruppen wird nun für sich Schwingungen vollführen. Gelegentlich wird das doppelt negativ geladene Sauerstoffatom wieder zu der Gruppe RO_3 zurückpendeln, der ursprüngliche Zustand wird dadurch hergestellt, und das Spiel kann sich wiederholen. So kann es zu einem Gleichgewicht innerhalb des Kristalls kommen, das sich durch die Beziehung $MeRO_4 \rightleftarrows MeORO_3$ formulieren läßt. Mit Steigerung der Temperatur wird sich das Gleichgewicht immer mehr nach rechts verschieben; es ist durchaus denkbar, daß kurz unterhalb des Schmelzpunktes sich im Kristall fast nur noch die Gruppen MeO und RO_3 befinden, die dann beim Schmelzen in die gegenseitig unverbundenen Oxyde übergehen. Ähnliche Gleichgewichtszustände sind auch zwischen anderen Gittertypen betrachtet worden (JANDER[4]). In dem Calcit $CaCO_3$ liegt auch ein Ionengitter vor (Ca^{++} und CO_3''); beim Erhitzen zerfällt es jedoch in die Oxyde

[1] G. DAMKÖHLER: Ann. Physik (5) **24** (1935), 1; C 36 I 2710.
[2] W. JANDER: Z. anorg. allg. Chem. **191** (1930), 171; C 30 II 1492; **192** (1930), 295; C 30 II 3694; **199** (1931), 306; C 31 II 2690.
[3] W. JANDER, W. STAMM: Z. anorg. allg. Chem. **199** (1931), 165; C 31 II 2689; **207** (1932), 289; C 32 II 2922.
[4] W. JANDER: Z. anorg. allg. Chem. **192** (1930), 295; C 30 II 3694.

$CaO + CO_2$, so daß auch hier bei der Zerfallstemperatur wenigstens zum Teil diese Oxyde als Bestandteile des Gitters angenommen werden müssen. *Allgemein kann man annehmen, daß solche Gleichgewichte zwischen verschiedenen Gittertypen innerhalb des Kristalls bestimmend sind für die Reaktionsprodukte bei dem Zerfall und bei den Umwandlungen des Kristalls.*

Die Gitterselbstdiffusion. — Auflockerung.

Das MAXWELLsche Verteilungsgesetz der Energie besagt, daß es bei realen Temperaturen Gitterbausteine mit sehr verschiedener, also auch mit recht hoher Schwingungsenergie geben wird; bei konstanter Temperatur wird lediglich ein bestimmter, der Temperatur entsprechender *Mittelwert* der thermischen Energie aufrechterhalten. Diejenigen Gitterbausteine, welche nun gerade einen besonders hohen Gehalt an Energie besitzen, werden aus dem Gitterverband herausgeschleudert; sie können dann z. B. im Austausch mit anderen beweglichen Bausteinen neue Plätze einnehmen oder überhaupt innerhalb des Kristallgitters regellos umherirren. Im ersteren Fall spricht man von „Platzwechselvorgängen" (TAMMANN[1]), im letzteren von „vagabundierenden Gitterbestandteilen" (HÜTTIG[2]); ein solcher Zustand wird weitgehend bei manchen aus zwei Komponenten bestehenden Gittern angetroffen, wo die Moleküle der einen Komponente ein praktisch unbewegliches Gittergerüst bilden, während die Moleküle der anderen Komponente innerhalb dieses Gerüstes frei beweglich sind; so sind bei den Zeolithen die Wassermoleküle innerhalb des Silicatgerüstes oder bei dem Hexammin-Magnesiumjodid $MgJ_2 \cdot 6NH_3$ etwa ein Drittel der Ammoniakmoleküle in dem restlichen Gitter frei beweglich (BILTZ und HÜTTIG[3]). Diese beiden Arten von aperiodischen Bewegungen (platzwechselnd und vagabundierend) stellen nur zwei begriffliche Grenzfälle dar, zwischen denen alle Grade von Übergängen vorkommen werden, indem zwischen dem Verlassen einer ortsfesten (wenn auch schwingenden) Stellung bis zu der Einnahme der nächsten bei verschiedenen Systemen unter verschiedenen Verhältnissen sehr verschiedene mittlere Zeiten verstreichen können. Alle aperiodischen Bewegungsvorgänge bezeichnet man als „Diffusionen". Man spricht von einer „Selbstdiffusion", wenn es sich um die Bewegung von Gitterbausteinen handelt, aus denen auch das Gitter aufgebaut ist, also z. B. die Bewegung von Bleiatomen innerhalb der Bleikristalle. Man spricht von einer „Fremddiffusion", wenn es sich um eine Bewegung von Gitterbausteinen handelt, die an dem Aufbau des Gitters nicht beteiligt sind, also z. B. um die Diffusion geringer Fremdbestandteile innerhalb des Kristallgitters.

Die Diffusionen innerhalb fester Stoffe waren Gegenstand eingehender Untersuchungen und Überlegungen, so von TAMMANN, v. HEVESY, DUSHMAN und LANGMUIR, JOFFÉ, BRAUNE, SMEKAL, VAN LIEMPT, JOST, SCHOTTKY, C. WAGNER[4], TUBANDT, REINHOLD, HEDVALL und JAGITSCH[5], W. JANDER, DORN und HARDER[6], DEHLINGER[7], SEITH und PERETTI[8], KETELAAR[9], JEFFREYS[10], GRAUE und

[1] G. TAMMANN: Aggregatzustände. Leipzig, 1921 (4); C 22 I 788.

[2] G. F. HÜTTIG: 6. Mittlg.: Fortschr. Chem., Physik physik. Chem. **18** (1924), 1; C 24 II 2225.

[3] W. BILTZ, G. F. HÜTTIG: Z. anorg. allg. Chem. **119** (1921), 115; C 22 I 1324.

[4] C. WAGNER: Ber. dtsch. keram. Ges. **19** (1938), 207; C 38 II 3203; Z. physik. Chem., Abt. B **38** (1937), 325; C 38 II 1004.

[5] R. JAGITSCH: IVA **1940**, 113; C 41 I 861.

[6] J. E. DORN, O. E. HARDER: Metals Technol. **4** (1937), Nr. 6; C 38 I 1737.

[7] U. DEHLINGER: Z. physik. Chem. **102** (1936), 633; C 37 I 2563.

[8] W. SEITH, E. A. PERETTI: Z. Elektrochem. angew. physik. Chem. **42** (1936), 570; C 36 II 2096.

[9] J. A. A. KETELAAR: Chem. Weekbl. **32** (1935), 262; C 35 II 650.

[10] H. JEFFREYS: Proc. Roy. Soc. (London), Ser. A **138** (1932), 283; C 33 I 3045.

RIEHL[1], BANKS und MILLER[2] und vielen anderen. Zusammenfassende Darstellungen liegen unter anderem vor von v. HEVESY[3], C. WAGNER[4] sowie in den Büchern von JOST[5], HEDVALL[6], SEITH[7] und SCHWARZ[8].

Für den „Mechanismus" der Diffusionsvorgänge ist heute die Theorie von WAGNER und SCHOTTKY (S. 445) allgemein angenommen, derzufolge in bestimmten Stoffklassen nicht neutrale Atome, sondern deren Ionen und Elektronen diffundieren, wobei den thermodynamisch reversiblen „Fehlordnungen" („Leerstellen", auf „Zwischengitterplätzen" und auf „falschen" Plätzen eingebauten Ionen, vgl. S. 366) ein entscheidender Einfluß zukommt (SCHOTTKY, ULICH und WAGNER[9], WAGNER und SCHOTTKY[10], DÜNWALD und WAGNER[11], SCHOTTKY[12], WAGNER[13], WAGNER und BEYER[14], FRANK[15], JOST und NEHLEP[16], KOCH und WAGNER[17], BETHE[18], MOTT und LITTLETON[19], JOST[20], BALAREW[21] und andere; eine zusammenfassende anschauliche Darstellung ist gegeben bei JOST[22]).

In dem vorliegenden Zusammenhang interessiert lediglich die *Selbstdiffusion* und deren Veränderung mit ansteigender Temperatur. Diejenigen Gitterbausteine, deren Gehalt an thermischer Energie einen bestimmten Wert überschreitet, werden aus ihrem Gitterverband herausgeschleudert. Die Zahl der auf diese Weise zu einer aperiodischen Bewegung gebrachten Bausteine wird also um so höher sein, je höher die Temperatur des Kristalls ist. Bezeichnen wir mit k eine Größe, welche der Anzahl der aus dem Gitterverband ausgeschiedenen Gitterbausteine proportional ist, so besteht zwischen k und der Temperatur T (T in absoluter Zählung), für welche die Betrachtung erfolgt, die Beziehung

$$k = A \cdot e^{-\frac{q}{RT}}.$$

Hierin ist A eine von der Temperatur weitgehend unabhängige Konstante, und q bedeutet die Arbeit, welche zur Ablösung eines Moles des diffundierenden Gitter-

[1] G. GRAUE, N. RIEHL: Angew. Chem. **51** (1938), 873; C 39 I 2366.

[2] F. R. BANKS, P. H. MILLER: Physic. Rev. **59** (1941), 943; C 41 II 2298.

[3] G. v. HEVESY: Naturwiss. **21** (1933), 357; C 33 II 981.

[4] C. WAGNER: Tekn. Samfund. Handl. **1939**, 193; C 40 I 2429; Z. Elektrochem. angew. physik. Chem. **47** (1941), 696; C 42 I 449.

[5] W. JOST: Diffusion u. chem. Reaktion in festen Stoffen. Dresden u. Leipzig: Steinkopff, 1937; C 37 II 1508.

[6] J. A. HEDVALL: Reaktionsfähigkeit fester Stoffe. Leipzig: Barth, 1938; C 38 I 254.

[7] W. SEITH: Diffusion von Metallen. Berlin: Springer, 1939; C 40 I 1317.

[8] K. E. SCHWARZ: Elektrolytische Wanderung in flüssigen und festen Metallen. Leipzig: Barth, 1940; C 40 I 184.

[9] W. SCHOTTKY, H. ULICH, C. WAGNER: Thermodynamik. Berlin: Springer, 1929; C 29 I 3077.

[10] C. WAGNER, W. SCHOTTKY: Z. physik. Chem., Abt. B **11** (1930), 163; C 31 I 1565.

[11] H. DÜNWALD, C. WAGNER: Z. physik. Chem., Abt. B **22** (1933), 212; C 33 II 1649.

[12] W. SCHOTTKY: Naturwiss. **23** (1935), 656; C 35 II 3635; Z. physik. Chem., Abt. B **29** (1935), 335; C 35 II 3070.

[13] C. WAGNER: Z. physik. Chem., Abt. B **22** (1933), 181; C 33 II 1648; Z. Elektrochem. angew. physik. Chem. **39** (1933), 543; C 33 II 2950.

[14] C. WAGNER, J. BEYER: Z. physik. Chem., Abt. B **32** (1936), 113; C 36 I 4536.

[15] F. C. FRANK: Nature (London) **137** (1936), 656; C 36 II 577.

[16] W. JOST, G. NEHLEP: Z. physik. Chem., Abt. B **32** (1936), 1; C 37 I 793.

[17] E. KOCH, C. WAGNER: Z. physik. Chem., Abt. B **38** (1937), 295; C 38 II 1189.

[18] H. A. BETHE: J. appl. Physics **9** (1938), 244; C 38 II 1369.

[19] N. S. MOTT, U. J. LITTLETON: Trans. Faraday Soc. **34** (1938), 485; C 38 II 1739.

[20] W. JOST: Trans. Faraday Soc. **34** (1938), 860; C 38 II 4179.

[21] D. BALAREW: Österr. Chemiker-Ztg. **41** (1938), 235; C 38 II 2897.

[22] W. JOST: Diffusion und chemische Reaktion in festen Stoffen. Dresden und Leipzig: Steinkopff, 1937; C 37 II 1508.

bausteines aus dem Gitterverband erforderlich ist („Ablösungsarbeit"). Diese Ablösungsarbeit ist eine auch für das chemische Reaktionsvermögen charakteristische Konstante des betreffenden Stoffes. Nach der Methode der radioaktiven Indicatoren wurde sie für Blei, unabhängig ob ein Einkristall oder Vielkristall vorliegt, zu 28000 cal/Mol ermittelt (v. HEVESY, SEITH und KEIL[1]), nach der gleichen Untersuchungsmethode ergab sich für Wismut in der Richtung der c-Achse ein Wert von 31000 cal/Mol und senkrecht hierzu ein Wert von 140000 cal/Mol (SEITH, 1933). Für eine angenäherte Berechnung der Ablösungsarbeiten aus den Schmelztemperaturen bzw. Rekristallisationsdaten wurden Formeln von VAN LIEMPT[2] und von BRAUNE[3] gegeben.

Entsprechend der obigen Funktion wird also bei jeder realisierbaren Temperatur ein gewisser Anteil der Gitterbausteine in Diffusion begriffen sein; die Zahl dieser diffundierenden Bausteine ist bei niederen Temperaturen geringer als bei höheren, sie hat einen langsameren Anstieg bei Temperatursteigerungen in niederen als in höheren Temperaturgebieten. Eine bestimmte Temperatur anzugeben, bei welcher die Diffusion „beginnt", ist somit unmöglich, es sei denn, daß man den absoluten Temperaturnullpunkt in dieser Weise kennzeichnet. Trotzdem hat sich für praktische Zwecke der Vorgang von TAMMANN bestens bewährt, demzufolge jeder kristallisierte Stoff durch eine Temperatur gekennzeichnet werden kann, bei welcher die Diffusion in einem *merklichen* Ausmaß einsetzt (vgl. vor allem die zusammenfassenden Berichte von TAMMANN[4] und die dort zitierte Literatur, insbesondere TAMMANN und MANSURI[5]). Gerade dadurch, daß die so definierte Temperatur von der Empfindlichkeit der angewendeten Untersuchungsmethode abhängt, ist ihre praktische Benützung begünstigt; auch die Relationen der Katalysatoreigenschaften zu den Platzwechselvorgängen werden sich zunächst meist auf diese für die praktische Anwendung bestimmte Definition stützen müssen. Für die Anwendbarkeit wichtig ist es, daß sich zwischen der „Temperatur des in merklichem Ausmaß beginnenden Platzwechsels" T_Z und den Schmelztemperaturen T_F innerhalb chemisch-ähnlicher Stoffklassen der gleiche Proportionalitätsfaktor α ergeben hat (S. 422, 391). In der Relation $T_Z = \alpha \cdot T_F$ (alle diese Temperaturangaben immer in absoluter Zählung) kann für eine erste Orientierung für Metalle $\alpha = 0{,}33$, für Metalloxyde $\alpha = 0{,}52$, für Salze $\alpha = 0{,}57$ und für Kohlenstoffverbindungen $\alpha = 0{,}90$ gesetzt werden. In den Mikrokristallen der gealterten Thorium- und Eisenoxydgele konnte O. HAHN[6] mit Hilfe seiner radioaktiven Methoden schon bei gewöhnlicher Temperatur eine erhebliche Homogenisierung der Atomverteilung wahrscheinlich machen; bei den kristallisierten Oxydhydraten dürften demnach Platzwechselvorgänge bei besonders tiefen Temperaturen einsetzen.

Die obige von TAMMANN herrührende Art der Temperaturzählung in Bruchteilen (α) der absoluten Schmelztemperatur hat sich auf dem Gebiete der Reaktionen fester Stoffe als sehr fruchtbringend erwiesen. Wir bezeichnen zwei Stoffe, deren an sich meist verschiedene Temperaturen durch den gleichen α-Wert gekennzeichnet sind, als in Wärmezuständen befindlich, welche in bezug auf die Schmelztemperatur übereinstimmen. In gewisser Beziehung ist für die Gase und Flüssigkeiten die reduzierte Zustandsgleichung von VAN DER WAALS ein Analogon

---

[1] G. v. HEVESY, W. SEITH, A. KEIL: Z. Physik **79** (1932), 197; C 33 I 3880.
[2] J. A. M. VAN LIEMPT: Z. Physik **96** (1935), 534; C 35 II 3887.
[3] H. BRAUNE: Z. physik. Chem. **110** (1924), 147; C 24 II 1309.
[4] G. TAMMANN: Z. anorg. allg. Chem. **89** (1926), 869; C 26 II 1361; Nachr. Ges. Wiss. Göttingen, math.-physik. Kl. **1930**, 227; C 31 II 527.
[5] G. TAMMANN, Q. A. MANSURI: Z. anorg. allg. Chem. **126** (1923), 119; C 23 II 707.
[6] O. HAHN: Z. Elektrochem. angew. physik. Chem. **38** (1932), 511; C 32 II 1774.

hierzu; hier wird die Temperatur in Bruchteilen der absoluten kritischen Temperatur des Gases bzw. der Flüssigkeit ausgedrückt.

Da der Anteil der in Diffusion begriffenen Gitterbausteine identisch ist mit dem chemisch reaktionsfähigen Anteil, so kommt diesem auch das besondere Interesse des Chemikers zu (S. 422). Eine chemische Reaktion ist mit einer Umgruppierung der Atome verbunden, die eine Beweglichkeit derselben zumindest bei *einem* Reaktionspartner zur Voraussetzung hat. So sind also die Diffusionsvorgänge eine Voraussetzung für das Zustandekommen von Reaktionen zwischen festen Stoffen, und die Geschwindigkeit der Diffusion bestimmt die Reaktionsgeschwindigkeit (vgl. HEDVALL[1]).

Das, was ohne nähere quantitative Definition als „Auflockerungsgrad" bezeichnet wird, dürfte sich begrifflich meist damit decken. Nun muß der in Diffusion befindliche Anteil einen höheren Energieinhalt bzw. eine höhere spez. Wärme haben als der ortsfest gebundene Anteil, so daß sich hierfür auch auf die thermischen Daten eine zahlenmäßige Erfassung gründen ließe. LICHTENECKER[2] hat am Beispiel des Eises gezeigt, daß die Wärmemenge, welche zur Erwärmung vom absoluten Temperaturnullpunkt bis zum Schmelzpunkt erforderlich ist, ebenso groß ist wie die Schmelzwärme. Dies läßt sich für einfach gebaute Stoffe so verstehen, daß im festen Zustand nur drei Freiheitsgrade der Schwingungsenergie für die Energieaufnahme in Betracht kommen, wohingegen im flüssigen Zustand noch die weiteren drei Freiheitsgrade der Translationsenergie hinzukommen. Tritt jedoch schon unterhalb des Schmelzens eine merkliche Selbstdiffusion ein, so kann diese energetisch einem teilweisen Schmelzen (vorzeitigen Auftauen der der Translationsenergie zukommenden Freiheitsgrade) unterhalb der Schmelztemperatur gleichgesetzt werden. Es müssen sich dann von dem obigen Idealfall Abweichungen ergeben, welche als Maß für den Auflockerungsgrad dienen könnten. LICHTENECKER[3] hat den Überschuß der beobachteten Wärmeinhalte gegenüber den aus den Gitterschwingungen zu erwartenden als zahlenmäßige Beschreibung des „Auflockerungsgrades" definiert und für 30 feste Stoffe bei der Schmelztemperatur angegeben; die so definierten Auflockerungsgrade bewegen sich zwischen −4,2% und +55,4% des Energieinhaltes, den der geschmolzene Stoff bei seiner Schmelztemperatur hat. In diesem Zusammenhang sei auch hingewiesen auf die bekannte Erscheinung des plötzlichen Anstieges der spezifischen Wärmen bei der Annäherung an die Schmelztemperatur, also in jenem Gebiet, wo bereits eine weitgehende Selbstdiffusion bzw. „Auflockerung" des Gitters angenommen werden muß. Mit dieser Auflockerung steht auch in nahem Zusammenhang die thermische Ausdehnung (vgl. z. B. HARASIMA[4]), indem bei Metallen der mittlere Temperaturverlauf des Ausdehnungskoeffizienten analog demjenigen der wahren Atomwärme ist (SWETSCHNIKOW[5]). Der Auflockerungsgrad darf nicht verwechselt werden mit dem Aktivitätsgrad (S. 344); dieser ist ein Maß für den Mehrgehalt an freier Energie gegenüber dem stabilen Zustand, wohingegen ein positiver Auflockerungsgrad auch den Stoffen im stabilen Zustand zukommt.

So schaffen die Diffusionsvorgänge Zustände, welche als Übergänge von den allseits starren zu den flüssigen bzw. gasförmigen Aggregaten angesehen werden dürfen. Ein ausgezeichneter Fall innerhalb dieser Übergangszustände ist

[1] J. A. HEDVALL: Reaktionsfähigkeit fester Stoffe, S. 100f. Leipzig: Barth, 1938; C 38 I 254.
[2] K. LICHTENECKER: Physik. Z. 28 (1927), 473; C 27 II 1676.
[3] K. LICHTENECKER: Z. Elektrochem. angew. physik. Chem. 48 (1942), 669; 49 (1943), 174.
[4] A. HARASIMA: Proc. physico-math. Soc. Japan [3] 22 (1940), 636; C 41 II 1831.
[5] W. N. SWETSCHNIKOW: Metallurgist 14 (1939), 28; C 41 I 180.

die bereits vorhin genannte zeolithische Bindung. Wir wollen die Bezeichnung „zeolithische Bindung" auf alle Fälle ausdehnen, bei denen ein größerer Anteil der einen Komponente in dem Gitter der anderen vagabundiert, wie dies beispielsweise auch bei dem Wasserstoff in dem Palladium oder bei dem Kupfer bzw. Silber in dem Zinksulfid der Fall ist (RIEHL). Die zeolithisch gebundene Komponente wird sich bei Konzentrationsstörungen in verhältnismäßig kurzer Zeit immer wieder über das ganze Gittergerüst gleichmäßig verteilen; hier liegt bereits ein Analogon mit dem Verhalten eines Gases innerhalb eines abgeschlossenen Raumes vor. Des ferneren läßt sich für manche Systeme zwischen dem Dampfdruck und der Konzentration der beweglichen Komponente ein Zusammenhang nachweisen, der sich aus den gleichen Voraussetzungen, wie sie den osmotischen Gesetzen in flüssigen Lösungen zukommen, ableiten läßt (HÜTTIG[1]). Ein lückenloser kontinuierlicher Übergang von dem vollkommen starr kristallisierten Zustand zu dem flüssigen Zustand ist bis jetzt wohl kaum realisiert worden, da durch Schmelzen (oder Zersetzen) eine Disproportionierung der ursprünglich einheitlichen Phase in mindestens zwei Phasen vorübergehend auftritt und damit eine Diskontinuität des Überganges stattfindet. Indessen stellt auch ein vollständig kontinuierlicher Übergang keineswegs eine naturwissenschaftliche Unmöglichkeit dar (F. SIMON[2], FRENKEL[3]).

In den Röntgenogrammen werden sich die Diffusionsvorgänge direkt oder indirekt als diffuse Interferenzen auswirken (BRAGG[4]). Mit den Diffusionsvorgängen in amorphen Festkörpern beschäftigt sich HOLZMÜLLER[5]. Als eine Folge der gesteigerten Diffusionsvorgänge sind die Erweichungserscheinungen anzusehen (UEBERREITER[6]).

Die Oberflächenselbstdiffusion und das Oberflächenschmelzen.

Unzweifelhaft wird man auch in der Oberfläche Vorgänge der Selbstdiffusion annehmen müssen, deren Temperaturabhängigkeiten sich durch eine Beziehung

$$k' = A' \cdot e^{-\frac{q'}{RT}}$$

(vgl. die analoge Gleichung für die Gitterselbstdiffusion S. 387) wiedergeben lassen. Es möge in diesem Fall k' von allen in der *Oberfläche* vorhandenen Gitterbausteinen (Atomen) denjenigen, allenfalls wieder (so wie bei der Gitterselbstdiffusion, vgl. oben) in Prozenten ausgedrückten Anteil bedeuten, der sich im Zustand der Diffusion in der Oberfläche befindet. A' stellt wieder eine von der Temperatur weitgehend unabhängige Konstante dar und q' (= „Ablösearbeit in der Oberfläche") bedeutet in Analogie zu q die Arbeit, welche erforderlich ist, um 1 Mol bzw. 1 g-Atom aus der ortsfesten Oberflächenlage in den Zustand der Oberflächendiffusion überzuführen. Es ist klar, daß q' kleiner sein muß als q, da doch die Ablösearbeit in der Oberfläche geringer als im Kristallinneren sein muß. Wichtig, aber noch kaum behandelt ist die Frage nach der Beziehung zwischen der Differenz $(q - q')$ und der Oberflächenbildungsenergie ΔU (vgl. S. 345, 361). Da die Werte von k (bzw. k') viel empfindlicher gegenüber Veränderungen des Wertes q (bzw. q') als gegenüber Veränderungen des Wertes A (bzw. A') sind, so wird bei einer auch nur größenordnungsmäßig angenäherten

[1] G. F. HÜTTIG: 6. Mittlg.: Fortschr. Chem., Physik physik. Chem. **18** (1924) 1; C 24 II 2225.
[2] F. SIMON: Trans. Faraday Soc. **33** (1936), 65; C 37 I 4190.
[3] J. FRENKEL: Trans. Faraday Soc. **33** (1936), 58; C 37 I 4190.
[4] W. L. BRAGG: Proc. Roy. Soc. (London), Ser. A **179** (1941), 61; C 42 II 256.
[5] W. HOLZMÜLLER: Physik. Z. **42** (1941), 273; C 42 I 316.
[6] K. UEBERREITER: Angew. Chem. **53** (1940), 247; C 41 I 26.

Gleichheit von A und A' bei ein und derselben Temperatur k' höher liegen müssen als k. Mit anderen Worten: Bei ein und derselben Temperatur wird die Zahl der in Selbstdiffusion begriffenen Gitterbausteine in der Oberfläche größer als im Inneren des Gitters sein müssen.

Wir wollen nun an Hand der schematischen Abb. 5 die Selbstdiffusion in dem Gitter und in der Oberfläche gemeinsam betrachten. In dieser Abbildung ist auf der Abszisse die absolute Temperatur T und auf der Ordinate der zugehörige k-Wert (bzw. k'-Wert) aufgetragen. Die Kurve i möge sich auf das Ausmaß der Selbstdiffusion im *Inneren* des Kristallgitters, die Kurve o auf die entsprechenden Werte auf der *Oberfläche* des Kristallgitters beziehen. Wir sehen, daß insgesamt für die Diffusionsvorgänge die folgenden vier Temperaturpunkte charakteristisch sind: Auf der Kurve i

der Temperaturpunkt T_F, das ist der Schmelzpunkt des Stoffes, der also durch einen vollständigen Zusammenbruch des Kristallgitters gekennzeichnet ist (S. 426).

Der Temperaturpunkt T_Z stellt die Temperatur dar, bei welcher die Gitterselbstdiffusion anfängt „merklich" zu werden, bei welcher also der steile Anstieg der Kurve einsetzt (vgl. S. 388).

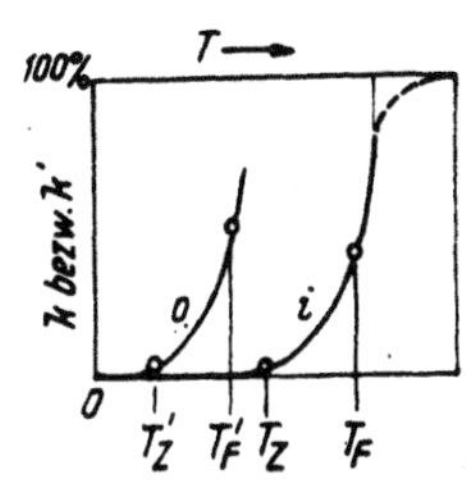

Abb. 5. Schematische Darstellung der Anzahl der im Kristallinneren (Kurve i) bzw. in der Oberfläche (Kurve o) diffundierenden Atome (Ordinate) in Abhängigkeit von der Temperatur (Abszisse).

Auf der Kurve o

der Temperaturpunkt T'_F, den wir als den „Oberflächenschmelzpunkt" bezeichnen wollen und der das zweidimensionale Analogon zu dem Gitterschmelzpunkt T_F ist. Es ist dies diejenige Temperatur, bei welcher die Oberflächenselbstdiffusion ein so hohes Ausmaß erreicht, daß die noch restlichen, in gittermäßiger Ordnung ortsfestgebundenen Oberflächenatome in den Zustand der bewegten Unordnung umklappen. Die Oberflächenuntersuchungen mit Hilfe der Beugung von Elektronenstrahlen finden die Oberfläche mancher kristallisierter Stoffe gittermäßig geordnet, diejenige anderer, aber gleichfalls kristallisierter Stoffe hingegen ungeordnet („amorph", „glasig", „Beilby-Schicht", Finch[1], Beilby[2]). Es wäre naheliegend, anzunehmen, daß die ersteren Stoffe in einem Zustand unterhalb T'_F, die letzteren oberhalb desselben erfaßt wurden, wobei aber auch mit der Möglichkeit einer Erfassung in einem metastabilen Zustand (z. B. bei manchen frisch polierten Metalloberflächen Finch, Quarrell, Roebuck[3], Hopkins[4]) gerechnet werden muß. Mit der Frage des Oberflächenschmelzens befassen sich Hüttig[5] und Lichtenecker[6]: „Das Oberflächenschmelzen in einer Schichte 10^{-3} bis 10^{-4} mm." Darnach wird dieser Vorgang direkt sichtbar gemacht und aus den allerdings nur sehr vereinzelten Beobachtungen an Metallen das T'_F etwa auf 0,7 T_F abschätzbar. Nach Stranski[7] „sollen mit Annäherung an den Schmelzpunkt die am schwächsten gebundenen Kristallbausteine eine dem Schmelzvorgang entsprechende Änderung noch unterhalb des Schmelzpunktes erfahren. — Die Änderungen der anderen Bausteine seien dagegen vernachlässigbar. Ein solches Verhalten würde gewissermaßen ein Analogon

[1] G. I. Finch: Sci. Progr. **31** (1937), 609; C 37 I 4739.
[2] G. Beilby: Chem. and Ind. **56** (1937), 773; C 38 I 539.
[3] G. I. Finch, A. G. Quarrell, J. S. Roebuck: Proc. Roy. Soc. (London), Ser. A **145** (1934), 676; C 35 I 193.
[4] H. G. Hopkins: Trans. Faraday Soc. **31** (1935), 1095; C 36 I 1182; Philos. Mag. J. Sci. [7] **21** (1936), 820.
[5] G. F. Hüttig: Kolloid-Z. **98** (1942), 263, (S. 273); C 42 I 852.
[6] K. Lichtenecker: Z. Elektrochem. angew. physik. Chem. **48** (1942), 601.
[7] I. N. Stranski: Z. Physik **119** (1942), 22; Naturwiss. **30** (1942), 425.

zum stufenweisen Schmelzen der kristallinen Flüssigkeiten darstellen. Es würde auch der von Volmer und Schmidt[1] vertretenen Auffassung entsprechen, wonach das Schmelzen wie eine Auflösung an Ecken und Kanten des Kristalls beginnen sollte." (Vgl. a. Neumann[2].)

Der Temperaturpunkt T'_Z stellt für die Oberflächenvorgänge das Analogon zu dem sich auf das dreidimensionale Gitter beziehenden Temperaturpunkt T_Z dar. Es ist dies diejenige Temperatur, bei welcher die Oberflächenselbstdiffusion in einem „merklichen" Ausmaße einsetzt. Als Orientierungsregel wurde für den Bereich der Metalloxyde die Relation $T'_Z = 0{,}59\ T_Z$ aufgestellt (Hüttig, Meyer, Kittel und Cassirer[3]; Hüttig und Mitarbeiter[4]; Hüttig und Markus[5] und a. a. O. dieses Handbuchs S. 378, 421).

Die Zahl der Arbeiten, welche Angaben über Oberflächenselbstdiffusion machen, ist gering. Smekal[6] gibt in einer Übersicht an: „Die gewöhnliche thermische Oberflächenwanderung *eigener* oder fremder Molekularbausteine ist im allgemeinen nur bei Annäherung an die Schmelz- oder Verdampfungstemperaturen beobachtbar." Er weist daselbst auch auf die Berichte von M. Volmer und K. Neumann[7] sowie von J. E. Lennard-Jones hin und ferner auf die Arbeiten von E. W. Müller über die Oberflächenselbstdiffusion des Wolframs und auf die eigenen Untersuchungen über „spannungsthermische" Oberflächenselbstdiffusion. Neumann und Costeanu[8] stellen auf gewissen Ebenen polarer Kristalle eine lebhafte Oberflächenwanderung fest.

Das Gesetz von den konstanten und multiplen Proportionen als Grenzgesetz.

Dort, wo ein im klassischen Sinn chemisch einheitlicher fester Stoff (also ein Einkomponentensystem) sich aus zwei oder mehreren Atomarten aufbaut, wird die vorangehend behandelte Selbstdiffusion zwangsläufig dahin führen, daß das stöchiometrische Gesetz von den konstanten und multiplen Proportionen auch für den stabilen festen Zustand bei dem absoluten Temperaturnullpunkt zwar strenge Gültigkeit beansprucht (S. 338), bei realen Temperaturen aber nur näherungsweise Gültigkeit haben kann (Hüttig[9], vgl. auch Klemm[10], Hüttig[11], W. Biltz[12]), bei einem aus zwei oder mehreren Leptonenarten[13] aufgebauten Kristallgitter wird bei Abwesenheit aller Diffusionsvorgänge — was aber streng genommen nur bei dem absoluten Temperaturnullpunkt zutrifft — der stabile Zustand dann vorliegen, wenn die Leptone in periodischer Gesetzmäßigkeit fehlerfrei geordnet sind; dann werden auch die gesamten Anzahlen der beiden

[1] M. Volmer, O. Schmidt: Z. physik. Chem., Abt. B **35** (1937), 467; C 37 II 177.
[2] K. Neumann: Z. Elektrochem. angew. physik. Chem. **44** (1938), 474; C 38 II 3900.
[3] G. F. Hüttig, T. Meyer, H. Kittel, S. Cassirer: Z. anorg. allg. Chem. **224** (1935), 225, (S. 251); C 36 I 708.
[4] G. F. Hüttig, R. Geisler, J. Hampel, O. Hnevkovsky, F. Jeitner, H. Kittel, O. Kostelitz, F. Owesny, H. Schmeiser, O. Schneider, W. Sedlatschek: Z. anorg. allg. Chem. **237** (1938), (S. 209), 298; C 39 I 4562.
[5] G. F. Hüttig, G. Markus: Kolloid-Z. **88** (1939), 274, (S. 281); C 40 II 2426.
[6] A. Smekal: Die Physik **8** (1940), 13. Leipzig: A. Barth.
[7] M. Volmer, K. Neumann: Physik. regelmäß. Ber. **5** (1939), 131; C 39 I 2736. — M. Volmer, J. Estermann: Z. Physik **7** (1921), 13; C 22 I 911.
[8] K. Neumann, V. Costeanu: Z. physik. Chem., Abt. A **185** (1939), 65; C 39 II 4197.
[9] G. F. Hüttig: Hochschulwissen **4** (1927), 261, 317, 365; C 27 II 1925.
[10] W. Klemm: Angew. Chem. **50** (1937), 524, Abschn. I; C 37 II 1933.
[11] G. F. Hüttig: Kolloid-Z. **94** (1941), 137, 139; C 41 I 2905.
[12] W. Biltz: Z. physik. Chem., Abt. A **189** (1941), 10, (S. 11); C 41 II 1707.
[13] Wir benützen mit F. Rinne den sprachlich sehr bequemen Ausdruck „Leptone" für Atome bzw. Ionen bzw. als Einheiten in dem Gitter auftretende Atomgruppen und Moleküle.

Leptonenarten mit aller Strenge im Verhältnis ganzer Zahlen stehen, so wie es das Gesetz der konstanten und multiplen Proportionen verlangt.

Wenn man jedoch die tatsächlich immer vorhandenen Diffusionsvorgänge mit in Betracht zieht, so werden zwei (oder mehrere) untereinander verschiedene Leptonenarten dank der Verschiedenheit ihrer Ablösungsarbeiten (S. 387f.) in verschiedenem Ausmaße an der Diffusion beteiligt sein; ein Extremfall dieser Art sind z. B. die Zeolithe (S. 513); eine einfache Überlegung lehrt, daß bei einer solchen Sachlage die Anzahl der am Aufbau des Kristalls beteiligten Leptonenarten im allgemeinen nicht mehr streng im Verhältnis ganzer Zahlen stehen wird. Dieses dem stabilen Zustand zukommende Verhältnis wird sich mit der Temperatur und den mit den Kristallen im Gleichgewicht stehenden absoluten und relativen Partialdrucken der Komponenten in der Gasphase ändern. Die größten Abweichungen von den Forderungen der Stöchiometrie werden demnach dort zu gewärtigen sein, wo eine Komponente mit verhältnismäßig leicht beweglichen Atomen mit einer schwerer beweglichen vereinigt ist. Abgesehen von den Zeolithen wurden z. B. bei den Hydriden Abweichungen von der stöchiometrisch geforderten Formel in den Intervallen NaH bis $NaH_{0,98}$, $PrH_{2,01}$ bis $PrH_{0,81}$, bei den Oxyden U_3O_8 bis $U_3O_{7,83}$, Fe_2O_3 bis $Fe_2O_{2,92}$ und anderes gefunden (HÜTTIG[1]). Auch „aus den Zustandsdiagrammen binärer Mischungen ist ja bekannt, daß vielfach intermediäre Verbindungen auftreten können, die nicht immer nur zu einem streng stöchiometrischen Verhältnis der Zusammensetzung gehören, sondern denen ein Existenzgebiet endlicher Breite entspricht" (JOST[2]; vgl. hierzu auch die Berücksichtigung dieser Erscheinung in der neuen anorganisch-chemischen Namensgebung 1941).

Schon geringe Veränderungen in dem stöchiometrischen Zahlenverhältnis können sich in manchen Eigenschaften als recht große Effekte kundtun. So *kann* eine *mäßige* Veränderung des auf einem Metalloxyd lastenden Sauerstoffdruckes schon recht starke Veränderungen der elektrischen Leitfähigkeit (VON BAUMBACH und WAGNER[3], VON BAUMBACH, DÜNWALD und WAGNER[4]) und der magnetischen Suszeptibilität hervorrufen; bei dem Eisenoxyd (Fe_2O_3) bewirkt sowohl eine Abweichung von dem streng stöchiometrischen Verhältnis in der Richtung gegen einen Fe-Überschuß, als auch in der Richtung gegen einen O-Überschuß ein Ansteigen der Suszeptibilität (HÜTTIG und KITTEL[5]).

Aus der Fülle der zu ähnlichen Ergebnissen gelangenden Arbeiten greifen wir die folgenden heraus: DE BOER[6] findet gleichfalls, daß eine geringe Abweichung in der stöchiometrischen Zusammensetzung einer Verbindung im festen Zustand die Halbleitereigenschaften bedingt. Auf Grund der Ergebnisse von Leitfähigkeitsmessungen an festen Körpern (wie CdO, ZnO oder NiO) wird im Gegensatz zu WAGNER und SCHOTTKY wie auch zu WILSON gefolgert, daß die Störstellen nicht im thermodynamischen Gleichgewicht mit dem übrigen Kristallgitter stehen, sondern daß der Überschuß der einen Atomart an Lockerstellen des Gitters sorbiert wird; auch diese Anordnung könnte einem stabilen Zustand entsprechen, und damit wäre auch eine Einreihung solcher Erscheinungen

---

[1] G. F. HÜTTIG: Hochschulwissen **4** (1927), 261, 317, 365; C 27 II 1925.

[2] W. JOST: Diffusion und chemische Reaktion in festen Stoffen, S. 41. Dresden und Leipzig: Steinkopff, 1937; C 37 II 1508.

[3] H. H. v. BAUMBACH, C. WAGNER: Z. physik. Chem., Abt. B **22** (1933), 199; C 33 II 1648.

[4] H. H. v. BAUMBACH, H. DÜNWALD, C. WAGNER: Z. physik. Chem., Abt. B **22** (1933), 226; C 33 II 1649.

[5] G. F. HÜTTIG, H. KITTEL: Z. anorg. allg. Chem. **199** (1931), 129; C 31 II 2586.

[6] J. H. DE BOER: Chem. Weekbl. **32** (1935), 106; C 35 I 3253.

an dieser Stelle berechtigt. Le Blanc und Möbius[1] finden vorwiegend auf Grund von magnetischen Suszeptibilitätsmessungen den Sauerstoffgehalt von Kobaltoxyden bestimmter Herstellungsart in weiten Grenzen schwankend. Hägg[2] hat eine kontinuierliche Veränderung der Gitterkonstanten der Eisenoxyde in Abhängigkeit von ihrem variablen Sauerstoffgehalt festgestellt (vgl. auch Hägg[3]). Alsen[4] hat in Übereinstimmung mit älteren analytisch-chemischen Untersuchungsergebnissen röntgenspektroskopisch festgestellt, daß der Schwefelgehalt des homogenen Magnetkieses (FeS) innerhalb eines Konzentrationsintervalls von mehreren Atom-% schwanken kann. — Westgren[5] (vgl. auch Zintl[6]) findet für eine Reihe intermetallischer Verbindungen wie $CuAl_2$, Cu_2Mg, $CuMg_2$, Cu_3Sn eine Homogenität innerhalb gewisser, wenn auch enger Konzentrationsintervalle und eine kontinuierliche Verschiebung der Interferenzlinien im Debyogramm bei kontinuierlichen Konzentrationsänderungen. Er bezweifelt, daß solche Phasen mit breiten Homogenitätsgebieten grundsätzlich verschieden von „singulären Kristallarten" (Tammann) sind. Auch er bezeichnet die Zusammensetzung der Stoffe nach konstanten Proportionen als einen idealen Grenzfall und verallgemeinert seine auf dem Gebiete der metallischen Stoffe gewonnenen Ergebnisse auch auf Carbide, Nitride, Sulfide und Oxyde. Schließlich sei noch auf die die Stöchiometrie und den Metallüberschuß behandelnden Abschnitte der Untersuchungen von Pohl[7] und von Mollwo[8] über die Elektronenleitung in Alkalihalogenidkristallen und die von Nagel und C. Wagner[9] ausgeführten Untersuchungen über die elektrische Leitfähigkeit polarer Verbindungen sowie insbesondere auf die Untersuchungen von Gudden[10] über die Abhängigkeit des elektrischen Leitvermögens von den stöchiometrischen Abweichungen bei Halbleitern hingewiesen.

Man ist natürlich formal berechtigt, trotz aller dieser Erkenntnisse die Gültigkeit des Gesetzes von den konstanten und multiplen Proportionen zu postulieren und die Abweichungen hiervon als Lösungen der im Überschuß vorhandenen Komponente in der Verbindung anzusprechen. Einer solchen Auffassung gegenüber muß allerdings betont werden, daß innerhalb eines solchen Bereichs von Lösungsmöglichkeiten derjenige Zustand mit dem streng stöchiometrischen Verhältnis durch keine irgendwie ausgezeichneten Gleichgewichts-Partialdrucke gekennzeichnet ist. Einen umfassenderen Rahmen erhält man durch die folgende Betrachtungsweise:

Innerhalb einer jeden homogenen Phase sind zweierlei Arten von Kräften am Werke:

Die *einen* sind gerichtete chemische Kräfte, die bestrebt sind, die einzelnen Atome (bzw. Ionen) der verschiedenen Atomarten in eine gesetzmäßige, streng periodisch sich wiederholende, räumlich gittermäßige Anordnung zu bringen (S. 339). Würden diese nicht in ihrem Wirken gestört sein, so müßte auf einer

---

[1] M. le Blanc, E. Möbius: Z. physik. Chem., Abt. A **142** (1929), 151; C 29 II 1390.

[2] G. Hägg: Z. physik. Chem., Abt. B **29** (1935), 95; C 35 II 1133.

[3] G. Hägg: Nature (London) **135** (1935), 874; C 35 II 2780.

[4] N. Alsén: Geol. Fören. Stockholm Förh. **45** (1923), 606: Neues Jb. Mineral., Geol., Paläont. I (1925), 303; C 25 II 1021.

[5] A. Westgren: Angew. Chem. **45** (1932), 33; C 32 II 764.

[6] E. Zintl, W. Hancke: Z. Elektrochem. angew. physik. Chem. **44** (1938), 104; C 38 I 2132.

[7] R. W. Pohl: Physik. Z. **36** (1935), 732; Z. techn. Physik **16** (1935), 338; C 36 I 2292.

[8] E. Mollwo: Nachr. Ges. Wiss. Göttingen, math.-physik. Kl., Fachgr. II (N. F.) 1 (1935), 215; C 36 I 2293.

[9] K. Nagel, C. Wagner: Z. physik. Chem., Abt. B **25** (1934), 71; C 34 II 733.

[10] B. Gudden: Chemie **56** (1943), derzeit im Druck.

solchen Grundlage stets auf ein Atom der einen Atomart die gleiche Anzahl — oder ein ganzzahliges Vielfaches von dieser — der anderen Atomart entfallen. Bei einer solchen Sachlage ergibt sich die strenge Gültigkeit des Gesetzes der konstanten und multiplen Proportionen. Je tiefer die Temperatur und je höher der Druck, desto weitgehender ist die Näherung an eine solche Sachlage.

Die *anderen* Kräfte, welche auf die Atome wirken, sind diejenigen, welche die Ursache der Wärmebewegung der Atome darstellen. Sind diese Kräfte im Vergleich zu den chemischen sehr groß, so daß sie praktisch ungestört zur Entfaltung gelangen können, so stellen sie in bezug auf Richtung, Größe und Angriffspunkt regellos wirkende Kräfte dar, die ein völliges Auseinanderfliegen der Atome im Raume bewirken; es liegt dann der ideale Gaszustand vor, wie er dem BOYLE-GAY-LUSSACschen Gesetz („Gasgesetz") streng folgen würde. Je höher die Temperatur und je geringer der Druck, desto weitgehender ist die Näherung an eine solche Sachlage.

Beide hier betrachteten ungestörten Extremfälle sind nicht realisierbar. Das Gasgesetz gilt als ein Näherungsgesetz, das um so schlechter gilt, je mehr die chemischen Anziehungskräfte (in des Wortes weitester Bedeutung) in Erscheinung treten, und durch Zusatzglieder (VAN DER WAALSsche Gleichung), welche diesem Umstand Rechnung tragen, korrigiert werden muß. Es ist nun folgerichtig, wenn man das gleiche Verfahren für den extrem entgegengesetzt liegenden Zustand auch anwendet und die dort gültigen Gesetze als *Grenzgesetze* bezeichnet, von welchen die realen Zustände mehr oder minder stark abweichen (HÜTTIG[1]).

Die Dispersität als temperaturbedingter stabiler Zustand.

Für alle obigen Darlegungen genügt die Unterstellung, daß es sich hierbei um die Betrachtung von Einkristallen handelt, welche in ihrem ganzen Bereich im Sinne der üblichen Kristallmodelle homogen sind. Da es sich auch immer um die Besprechung der sich bei einer konstanten Temperatur einstellenden *stabilen* Zustände gehandelt hat, würde auch eine andere Annahme mit dem klassischen Vorstellungskreis nicht in Einklang zu bringen sein. Dieser Vorstellungskreis, der auch die meisten gittertheoretischen Überlegungen beherrscht, kann nur den Einkristall als endgültigen stabilen Zustand bezeichnen. Dieser Anschauungsweise (TAMMANN, GÜRTLER u. a.) ist es unvorstellbar, daß die Zerteilung eines großen Einkristalls in ein disperses System mit einem Arbeitsgewinn, hingegen der Übergang eines dispersen Systems in den Einkristall mit einem aufzubietenden Arbeitsaufwand verbunden sein sollte. So erscheint es denn von diesem Standpunkt aus als gerechtfertigt, daß wir (S. 359) den dispersen Zustand uneingeschränkt als „aktiven" Zustand aufgezählt haben.

Indessen haben wir bereits auf S. 339f. eine Reihe von Beobachtungen der verschiedentlichsten Forscher aufgezählt, welche dartun, daß dieser klassische Vorstellungskreis in Schwierigkeiten geraten kann.

Wir gehen von dem Grundsatz aus, daß in thermodynamischer Hinsicht sich der Einkristall einerseits und ein disperser Zustand des gleichen Stoffes andererseits wie zwei verschiedene Modifikationen des gleichen Stoffes behandeln lassen. Bezeichnen wir den Mehrgehalt an freier Energie, den ein Mol eines bestimmten dispersen Zustandes bei dem absoluten Temperaturnullpunkt im Vergleich zu einem Mol eines Einkristalls hat, mit ΔF_0, so wird dieser Wert um so kleiner sein (z. B. $= \Delta F'_0$), je geringer der Dispersitätsgrad des betrachteten Zustandes ist. Mit steigender Temperatur t (Abszisse) wird sich die freie Energie ΔF ändern, und zwar wird sie ansteigen (vgl. Abb. 6, Kurven ΔF_1 und $\Delta F'_1$), wenn die spezi-

[1] G. F. HÜTTIG: Hochschulwissen 4 (1927), 261, 317, 365; C 27 II 1925.

fischen Wärmen des dispersen Zustandes kleiner sind als die des Einkristalls, sie werden absinken (z. B. Kurven ΔF_2 oder $\Delta F_2'$), wenn die spezifischen Wärmen des dispersen Zustandes höher liegen als diejenigen des Einkristalls. Das Absinken ist um so stärker, je größer diese Differenz der spez. Wärmen ist (vgl. die Kurven ΔF_2 mit ΔF_3 und $\Delta F_2'$ mit $\Delta F_3'$). Wo die ΔF-Werte durch einen positiven Betrag gekennzeichnet sind (also in den niederen Temperaturgebieten), ist der Einkristall im Vergleich zu der betrachteten dispersen Form der stabilere Zustand, von der Temperatur ab, von welcher ΔF negativ wird (also nach dem Schnitt mit der Abszissenachse in der Richtung zu den höheren Temperaturen), gilt das Umgekehrte. Nach VAN LIEMPT muß der aktivere, also (zumindest bei den niederen Temperaturen) der disperse Zustand die höhere spezifische Wärme haben, so daß der absinkende Verlauf der ΔF-Kurven dem wirklichen Verhalten entsprechen muß. Zu einem realisierbaren Schnitt mit der Abszissenachse kann es nur dann kommen, wenn dieser Schnittpunkt unterhalb der Schmelztemperatur (= Smp.) liegt. Die Wahrscheinlichkeit, daß dies zutrifft, ist um so größer, je größer die Differenz der spezifischen Wärmen und je geringer der Dispersitätsgrad des betrachteten Zustandes ist (HÜTTIG[1]). Der Vorgang des Schmelzens müßte also bei einem System, das sich immer auf den jeweils stabilen Zustand einstellt, nicht den Einkristall als ein plötzlich hereinbrechender totaler Zusammenbruch überraschen, sondern könnte sich schon bei tieferen Temperaturen als eine Art eines mit steigender Temperatur fortschreitenden Dissoziationsvorganges vorbereiten. Es wäre dann für jede Temperatur eine durch einen bestimmten Dispersitätsgrad gekennzeichnete *Sekundärstruktur* charakteristisch (über die diskontinuierliche Veränderung von Sekundärstrukturen vgl. S. 374).

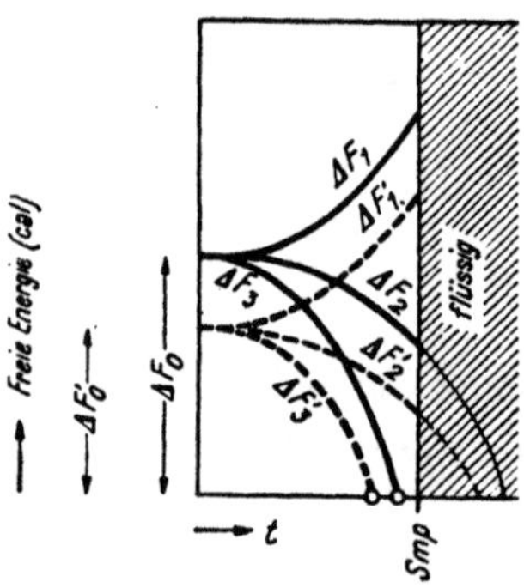

Abb. 6. Die möglichen Veränderungen der Affinitäten des Vorganges Einkristall ⇄ disperser Zustand in Abhängigkeit von der Temperatur.

Selbstverständlich würden bei einer solchen Sachlage auch unsere derzeitigen einfachen Ansätze über die Vorgänge der Selbstdiffusion eine Präzisierung erfahren müssen (S. 387). Ob bei dem absoluten Temperaturnullpunkt auf alle Fälle der Einkristall die stabile Zustandsform darstellen muß, dürfte gleichbedeutend sein mit der Frage, ob die Anomalien an der Oberfläche sich unbegrenzt in das Innere auswirken oder nur einen begrenzten Wirkungsbereich haben.

Ein wichtiges Merkmal für die bei steigender Temperatur durchschrittenen Zustände ist es, daß sie sich rasch auf das Temperaturgleichgewicht einstellen; es ist schwer möglich, bei ansteigender Temperatur auch nur während kurzer Zeit Zustände zu konservieren, welche ganz oder teilweise den für die tieferen Temperaturen zukommenden stabilen Zuständen entsprechen (S. 427). Dadurch wird man auf dem Wege einer Temperatursteigerung auch kaum zu aktiven (= instabilen) Zuständen gelangen. Es ist damit ein grundsätzlicher Unterschied gegenüber dem Verhalten der Körper bei absinkender Temperatur festgelegt.

Über die durch Temperaturänderung bewirkten Veränderungen in der *Oberfläche* siehe S. 390f.

β) Veränderungen eines festen Körpers infolge Temperaturerniedrigung.

Die gleichen Zustandsänderungen, wie sie vorangehend für Temperatursteigerungen beschrieben wurden, werden in umgekehrter Richtung bei Tem-

[1] G. F. HÜTTIG: Kolloid-Z. 97 (1941), 281, Abschn. 7; C 42 II 129.

peratur*senkungen* durchschritten. Im allgemeinen wird sich auch hier der zu jeder Temperatur zugehörige stabile Zustand einstellen. Im Gegensatz zu dem Verhalten bei ansteigender Temperatur trifft dies hier jedoch nur dann zu, wenn dem Stoff auch ausreichend Zeit zur Einstellung auf den stabilen Zustand gelassen wird. Ansonsten kann es vorkommen, daß trotz der bereits erfolgten Einstellung auf das kinetische Wärmegleichgewicht gewisse langlebigere, als Aktivierungen anzusprechende Merkmale erhalten bleiben, welche den bei den vorangehenden Temperaturen stabilen Zuständen eigen sind; so ist es denkbar, daß die der höheren Temperatur zukommende größere Unordnung und Fehlordnung (S. 284ff.) und vielleicht auch Gitterdehnung und die damit zusammenhängenden Abweichungen von der stöchiometrischen Zusammensetzung (S. 392) sowie die Art der Sekundärstruktur (S. 374, Beispiel Wismut) wenigstens teilweise bei dem Übergang zu tieferen Temperaturen erhalten bleiben können.

Mit Hilfe dieses Prinzips kann es gelingen, den chemisch gleichen Stoff in verschiedenen Aktivitätsgraden herzustellen. Hierfür sei das folgende Beispiel angeführt: Für ein Eisenoxydpräparat, von dem weitgehend eine der Formel Fe_2O_3 zukommende Zusammensetzung angenommen werden darf, wurde bei Zimmertemperatur an der Luft die magnetische Massensuszeptibilität $\chi = 22{,}1 \cdot 10^{-6}$ gemessen; wird ein Eisenoxydpräparat in der gleichen Weise wie das vorige, also durch vierstündiges Erhitzen von Eisenhydroxyd bei 600° hergestellt, jedoch bei gleichzeitigem Überleiten eines reinen Sauerstoffstroms, so wird wieder bei Zimmertemperatur an der Luft eine Massensuszeptibilität von $\chi = 57{,}6 \cdot 10^{-6}$ gemessen; im letzteren Fall hat sich infolge des höheren Partialdruckes des Sauerstoffs ein kleiner, analytisch wahrscheinlich nur schwer faßbarer Mehrgehalt an Sauerstoff in dem Präparat ergeben, der eine Erhöhung der magnetischen Suszeptibilität zur Folge hat; auch nachdem dieses Präparat auf die gleichen Bedingungen wie das normale Präparat gebracht wurde, haben sich die Unterschiede noch nicht ausgeglichen; der bei der Herstellung ($t = 600°$, $p_{O_2} = 1$ at) sich einstellende stabile Zustand ist wenigstens zum Teil bei Zimmertemperatur und Luftdruck eingefroren. Es ist aber bekannt, daß Eisenoxydpräparate beim Lagern bei Zimmertemperatur etwa während mehrerer Jahre ihre Suszeptibilität merklich ändern können. Stellt man das gleiche Präparat im Sauerstoffstrom, jedoch nicht bei 600°, sondern bei 700° her, so ist natürlich dann eine geringere Aufnahme und damit ein geringerer Mehrgehalt an Sauerstoff in dem Eisenoxydgitter zu erwarten; an einem in dieser Weise hergestellten Präparat wurde nach dem Abkühlen auf Zimmertemperatur an der Luft auch die wieder niedrigere magnetische Massensuszeptibilität von $\chi = 45{,}0 \cdot 10^{-6}$ gemessen (HÜTTIG und KITTEL[1]).

Andrerseits zeigte ein vor dem Gebläse geglühtes Zinkoxyd nach dem Abkühlen auf Zimmertemperatur in bezug auf Dichte und katalytische Fähigkeiten innerhalb der Meßgenauigkeit dieselben Eigenschaften, gleichgültig, ob das Abkühlen plötzlich durch Abschrecken oder sehr langsam über eine große Zeit verteilt erfolgte (HÜTTIG und TOISCHER, unveröffentlichte Versuche).

Aktivität infolge „Einfrierens“ eines Zustandes.

Man bezeichnet allgemein den Vorgang, demzufolge ein bei höherer Temperatur stabiler Zustand oder Gleichgewicht durch plötzliches Abkühlen auf tiefere Temperaturen „herübergerettet“ wird, als ein Einfrieren des Zustandes. Dieses Einfrieren gelingt um so weitgehender, je rascher die Temperaturerniedrigung erfolgt ist und je tiefer die Endtemperatur liegt. Zu den bekanntesten Er-

---

[1] G. F. HÜTTIG, H. KITTEL: Z. anorg. allg. Chem. **199** (1931), 129, 139÷142; C 31 II 2586.

scheinungen dieser Art gehören die Abschreckungsvorgänge der Metallbearbeitung, insbesondere der Stahlerzeugung. Des ferneren müssen alle aus dem Schmelzfluß erhaltenen Gläser als durch Unterkühlung eingefrorene Flüssigkeiten bezeichnet werden. Technisch sehr wichtig ist zuweilen die Möglichkeit des Einfrierens eines bei höheren Temperaturen vorliegenden Gasgleichgewichtes, so bei der Herstellung von Stickoxyd aus Luft nach dem Verfahren von BIRKELAND und EYDE. Über die Theorie der unterkühlten festen Lösungen vgl. KONOBEJEWSKI[1].

Zuweilen wird die Bezeichnung „Einfrieren" auch auf Zustände angewendet, welche zwar auch bei den höheren Temperaturen noch nicht den endgültigen stabilen, sondern nur einen Zwischenzustand darstellen, für deren Zustandekommen aber praktisch diese höheren Temperaturen erforderlich sind. Der größte Teil der von W. JANDER bzw. HÜTTIG an der Reaktionsart A starr $+ B$ starr $\rightarrow A\,B$ starr aufgezeigten Zwischenzustände ist (im Gegensatz zu dem Arbeiten nach der O. HAHNschen Emaniermethode) an solchen auf Zimmertemperatur eingefrorenen Zuständen untersucht worden.

SCHWAB[2] hat bei seinen Untersuchungen über den Zusammenhang zwischen Aktivierungswärme und Aktivität bei Kontaktkatalysen die Annahme gemacht, daß die Oberflächenpartikelchen gewisser Katalysatoren bei der Herstellungstemperatur eine stabile Verteilung erreichen, welche bei dem Abkühlen erhalten bleibt.

Grundsätzlich von dem gleichen Gesichtspunkt aus müssen diejenigen instabilen Zustände betrachtet werden, welche sich unter der Einwirkung des Intensitätsfaktors einer Energieart (wie Bestrahlung, magnetisches Feld, Druck, Zug usw.) eingestellt haben und nach Aufhören dieses Zwanges noch nicht vollständig in den zwanglosen Zustand übergegangen sind.

Beanspruchungen der mechanischen Festigkeit eines starren Körpers.

In ähnlicher Weise wie eine Temperatursteigerung den Zustand eines festen Körpers verändert und insbesondere seinen Gehalt an gesamter und freier Energie vermehrt, wird auch eine mechanische Beanspruchung (z. B. Druck oder Zug) wirken. Mit diesen Erscheinungen befaßt sich das große Gebiet der mechanischen Festigkeitslehre. Es hat seine große, vorwiegend von dem technischen Interessenkreis bestimmte Entwicklung zunächst ohne irgendwelche nennenswerten Berührungen mit chemischen Fragestellungen genommen. Auch hier war es G. TAMMANN, der die ersten tragfähigen Brücken baute. Einen wesentlichen Schritt zu der Verschmelzung dieser beiden Gebiete bedeutete die durch die Röntgenuntersuchungen herbeigeführte Erkenntnis des raumgittermäßigen Aufbaues der Kristalle und damit der Identität von Kohäsionskräften und chemischen Bindungskräften. Das Zerreißen eines festen Körpers ist dem chemischen Zerfalls-(Dissoziations-)Vorgang der an den Zerreißflächen gelegenen Moleküle gleichzusetzen, wohingegen eine zum Zerreißen nicht ausreichende, etwa in dem Gebiete der elastischen Beanspruchung verbleibende Deformation in Analogie zu der auflockernden Wirkung eines den Zerfall begünstigenden Katalysators gesetzt werden kann.

Über die Wirkungen, Gesetze und theoretischen Deutungen für die infolge mechanischer Beanspruchung bewirkten Zustandsänderungen besteht ein sehr ausgedehntes Schrifttum. Von neueren zusammenfassenden Werken der Buch-

[1] S. KONOBEJEWSKI: Z. physik. Chem., Abt. A **171** (1934), 25; C 35 I 1495.
[2] G.-M. SCHWAB: Z. physik. Chem., Abt. B **5** (1929), 406; C 30 I 3148.

literatur nennen wir KOCHENDÖRFER[1], HOUWINK und BURGERS[2] und das die metallischen Zustände betreffende von MASING[3] herausgegebene „Handbuch der Metallphysik", insbesondere die Bände über „Mechanische Eigenschaften metallischer Systeme" und „Die mechanische und thermische Behandlung der Metalle", ferner die Werke von SPÄTH[4] und von ZWIKKER[5].

Ergänzend seien einige der neuesten Originalarbeiten genannt: Über Kristallkohäsion SMEKAL[6], Probleme der technischen Festigkeit OROWAN[7], Festigkeitseigenschaften in Abhängigkeit von der Kristallstruktur CASWELL[8], Dipolmoment und Kohäsion VAN ARKEL[9], Theoretische Festigkeit der Stoffe BRAGG[10], Beziehungen zwischen Schmelzen und Festigkeit JEFFREYS[11], FÜRTH[12], Beziehungen zwischen chemischer Konstitution und elastischen Eigenschaften KUHN[13], VAN DER WAALSsche und COULOMBsche Kräfte und Zerreißfestigkeit BEISCHER[14] und MAXWELLsche Gleichung und Verformung HOLZMÜLLER und JENCKEL[15]. Eine Zusammenfassung über die Mechanik fester Körper gibt PÖSCHL[16] und über plastische Eigenschaften und deren atomistische Theorien KOCHENDÖRFER, MASING[17], REHBINDER[18]. CHASTON[19] (Korngröße und mechanische Eigenschaften), GORANSON[20] (Physik der beanspruchten festen Körper), KÖSTER[21] (Einfluß der Ordnung auf die mechanischen Eigenschaften von Legierungen), KONTOROWA[22] (eine statistische Theorie der Festigkeit), NAKAGAWA[23] (Plastizitätstheorie des isotropen Körpers), SLONIMSKY[24] (über das Gesetz der Deformation von realen Materialien) und STARZEV[25] (Zwischengebiete in plastisch deformierten Steinsalzkristallen).

Im allgemeinsten Fall wird bei den durch die Wirkung mechanischer Kräfte hervorgerufenen Zuständen die Aufeinanderfolge der folgenden Zwischenzustände zu unterscheiden sein: Elastische Verformungen, plastische Verformungen und der Zustand nach erfolgtem Bruch als endgültiges Reaktionsziel. Überschreitet die deformierende Kraft nicht einen bestimmten, für jeden Stoff charakteristi-

[1] A. KOCHENDÖRFER: Plastische Eigenschaften von Kristallen u. metallischen Werkstoffen. Berlin: Springer, 1941; C 41 II 1595.

[2] R. HOUWINK, W. G. BURGERS, E. SEIDL: Elastizität, Plastizität und Struktur der Materie. Dresden, Leipzig: Steinkopff, 1938; C 38 II 3059.

[3] G. MASING: Handbuch der Metallphysik. Leipzig: Akad. Verl.-Ges., 1940; C 41 I 1519.

[4] W. SPÄTH: Physik und Technik der Härte und Weiche. 1940.

[5] C. ZWIKKER: Technische Physik der Werkstoffe. Berlin, 1942.

[6] A. SMEKAL: Physik. Z. **34** (1933), 633; C 33 II 2937; Ergebn. exakt. Naturwiss. **15** (1936), 106; C 37 I 3447.

[7] E. OROWAN: Z. Physik **82** (1933), 235; **83** (1933), 554; C 33 II 3383.

[8] A. E. CASWELL: Physic. Rev. (2) **44** (1933), 320; C 34 I 341.

[9] A. E. VAN ARKEL: Trans. Faraday Soc. **30** (1934), 698; C 35 I 1186.

[10] W. BRAGG: Sci. Monthly **41** (1935), 111; C 35 II 2331.

[11] H. JEFFREYS: Philos. Mag. J. Sci. (7) **19** (1935), 840; C 36 I 2886.

[12] R. FÜRTH: Nature (London) **145** (1940), 741; C 41 I 1131.

[13] W. KUHN: Kautschuk **14** (1938), 182; C 39 I 64.

[14] D. BEISCHER: Kolloid-Z. **89** (1939), 214; C 40 I 679.

[15] W. HOLZMÜLLER, E. JENCKEL: Z. physik. Chem., Abt. A **186** (1940), 359; C 40 II 987.

[16] T. PÖSCHL: Physik regelmäß. Ber. **9** (1941), 41; C 41 II 1247; Physik regelmäß. Ber. **4** (1936), 131; C 37 I 285.

[17] G. MASING: Handbuch der Metallphysik. Leipzig: Akad. Verl.-Ges., 1940; C 41 I 1519.

[18] P. A. REHBINDER: Mitt. Akad. Wiss. USSR **10** (1940), 5; C 41 II 516.

[19] J. C. CHASTON: Metal Treatment **5** (1939), 58, 95; C 40 II 3000.

[20] R. W. GORANSON: J. chem. Physics **8** (1940), 323; C 41 I 1786.

[21] W. KÖSTER: Z. Metallkunde **32** (1940), 275; C 41 I 174.

[22] T. A. KONTOROWA: J. techn. Physics **10** (1940), 886; C 41 I 868.

[23] Y. NAKAGAWA: Mem. Ryojun Coll. Engng. **13** (1940), 21; C 41 I 332.

[24] G. L. SLONIMSKY: Acta physicochim. USSR **12** (1940), 99; C 41 I 1131.

[25] V. I. STARZEV: C. R. (Doklady) Acad. Sci. USSR **30** (N. S. 9) (1941), 124; C 41 I 3190.

schen Wert, so kehrt der Stoff nach dem Aufhören der Krafteinwirkung wieder in seinen ursprünglichen Zustand zurück. Man spricht in einem solchen Fall von einer *elastischen* (reversiblen) Formänderung (vgl. TAMMANN[1]). Im Zustand der elastischen Deformation ist der Stoff unter den gegebenen Umständen, also unter der Einwirkung der betreffenden Kraft nicht fähig (wenn nicht gerade eine Rekristallisation möglich ist) sich zu ändern. Es muß also dieser Zustand als ein unter den gegebenen Verhältnissen *stabiler* Zustand bezeichnet werden, wenn er sich auch an chemischen Reaktionen mit einer anderen Affinität und Geschwindigkeit beteiligt und daher auch als Katalysator anders verhält, als er dies ohne die Einwirkung des angelegten Kraftfeldes tun würde. Auf diesem Wege zu „aktiven" Stoffen zu gelangen, wäre nur möglich, wenn die Rückkehr des Stoffes nach Entfernung der einwirkenden Kraft in den ursprünglichen Zustand eine in Betracht kommende Zeit beansprucht; während des Überganges von dem elastisch verformten in den ursprünglichen Zustand liegen aktive Zustände von abnehmendem Aktivitätsgrad vor.

Überschreiten die wirkenden Kräfte oder die durch sie bewirkten Formänderungen den oberen, für die elastische Verformung charakteristischen Grenzwert, so kehrt nach Aufhebung der Kräfte der Körper nicht mehr in die ursprüngliche Form zurück, er hat seine Form dauernd verändert. Diese Zustände, welche von der Elastizitätsgrenze bis zum Bruch liegen, werden als *plastische* Verformung bezeichnet. Eine solche plastische Verformung findet also insbesondere bei den als Walzen, Schmieden und Recken (Drahtziehen) bezeichneten Vorgängen statt; insoweit derartige mechanische Beanspruchungen nicht bei erhöhter Temperatur vorgenommen werden, werden sie unter der Bezeichnung „*Kaltbearbeitung*" zusammengefaßt. Bei der Kaltbearbeitung bleibt zumeist ein Teil der zur Formänderung angewendeten Arbeit als potentielle (freie) Energie in dem Körper enthalten. Der Stoff liegt also hier in einem *aktiven* Zustand vor. Das Wesen dieser Aktivierung kann sowohl in einer Deformation des Kristallgitters wie auch in einer Verschiebung der Kristallite gegeneinander bestehen, die zu einer gegenseitigen Anordnung der Kristallite führt, die nicht dem stabilen Zustand entspricht. Röntgenographische Untersuchungen lehren, daß sich bei der Kaltbearbeitung die Abstände der Netzebenen ändern; die scharfen Interferenzlinien verbreitern sich, werden diffus, die Abstände der Netzebenen erhalten also verschiedene Werte. Der Grund für die Änderung der Netzebenenabstände ist in einer Änderung der Kraftfelder um die Atome zu suchen, und wenn sich das Kraftfeld um ein Atom ändert, so muß auch im Atom selbst eine Änderung vor sich gegangen sein (TAMMANN[2]; über die Rückbildung in den stabilen Zustand vgl. S. 407).

Über die plastische Deformation besteht eine große Literatur, wir nennen das Werk von SCHMID und BOAS[3], das sich um eine vollständige Zitierung aller einschlägigen Spezialarbeiten bemüht, ferner TAMMANN[4], G. SACHS[5], SEEMANN[6], SEITZ und READ[7]. An Einzeluntersuchungen seien genannt: SEIDL[8], STEPANOW[9],

[1] G. TAMMANN: Lehrbuch der Metallkunde, S. 99ff. Leipzig: Voß, 1932; C 32 II 441.
[2] G. TAMMANN: Z. Metallkunde 28 (1936), 6; C 36 I 4973.
[3] E. SCHMID, W. BOAS: Kristallplastizität mit besonderer Berücksichtigung der Metalle. Berlin: Springer, 1935; C 35 I 2940.
[4] G. TAMMANN: Lehrbuch der Metallkunde. Leipzig: Voß, 1932; C 32 II 441.
[5] G. SACHS: Metallwirtsch., Metallwiss., Metalltechn. 9 (1930), 238; C 30 I 2962.
[6] H. J. SEEMANN: Naturwiss. 24 (1936), 618; C 37 I 531.
[7] F. SEITZ, T. A. READ: J. appl. Physics 12 (1941), 100, 170; C 41 II 2297.
[8] E. SEIDL: Mitt. dtsch. Materialprüf.-Anst., Sond.-Heft 21 (1933), 46; C 33 I 2512.
[9] A. W. STEPANOW: Z. Physik 81 (1933), 560; C 33 II 661.

SMEKAL[1], OROWAN[2], AKULOV und RAEWSKY[3], BRILLIANTOW und OBREIMOW[4], GIBBS und RAMLAL[5], POST[6], W. G. BURGERS und J. M. BURGERS[7], KORNFELD[8], DAVID[9], BOAS[10], KRAUSE und TUNDAK[11], G. J. TAYLOR[12], HAWORTH[13], UNCKEL[14], GYULAI[15] (Wirkung eines allseitigen Druckes), KOCHENDÖRFER[16] (Verfestigung und Gitterverbiegung) und die Vorträge von GLOCKER, DEHLINGER und FÖRSTER[17]. Mit der Aufklärung des Zustandes mechanisch bearbeiteter *Oberflächen* mit Hilfe der Elektroneninterferenzen befassen sich die Untersuchungen von RAETHER[18]. Nach den Ergebnissen von COHEN und COHEN DE MEESTER[19] an Salicylsäure, wo die Annahme eines „Kaltbearbeitungseffektes" *nicht* notwendig war, darf man vermuten, daß diese Art von Effekten vorwiegend eine Domäne der anorganischen Stoffe ist. Die sehr ausgedehnten Untersuchungen von TAMMANN und seinen Schülern über die durch „Kaltbearbeitung" bewirkten Zustände haben wohl die meisten unmittelbaren Beziehungen zu den hier interessierenden Fragen; wir greifen willkürlich die folgenden Untersuchungen heraus: TAMMANN, NEUBERT und BOEHME[20], nach denen die Temperatur des Beginnes der Graulichtstrahlung durch vorangegangene Kaltbearbeitung erheblich erniedrigt werden kann, ferner TAMMANN und MORITZ[21], welche gefunden haben, daß die Dichte des Quarzes bei starkem Reiben um etwa 10% abnimmt, was zurückzuführen ist auf die Bildung von Hohlkanälen, die merkwürdigerweise die Oberfläche nicht erreichen, schließlich die zusammenfassende Darstellung von TAMMANN[22].

Eine weitere Steigerung der mechanischen Beanspruchung eines festen Materials führt über die plastische Deformation hinweg zu einer Zerteilung (Zerreißen, Bruch). Nach HOMÈS und DUWEZ[23] hat man zu unterscheiden zwischen einem *statischen* Bruch und einem *Ermüdungs*bruch. Über die Beziehungen zwischen Bruchgeschwindigkeit, Ultraschalldispersion und Fehlbaueigenschaften der Festkörper berichtet SMEKAL[24], die Beziehungen zwischen Zerreißen

---

[1] A. SMEKAL: Physik. Z. **34** (1933), 633; C 33 II 2937.

[2] E. OROWAN: Z. Physik **82** (1933), 235; **83** (1933), 554; C 33 II 3383; Z. Kristallogr., Mineral., Petrogr., Abt. A **89** (1934), 327; C 35 I 1183.

[3] N. AKULOV, S. RAEWSKY: Ann. Physik (5) **20** (1934), 113; C 34 II 2950.

[4] N. A. BRILLIANTOW, J. W. OBREIMOW: Physik. Z. Sowjetunion **6** (1934), 587; C 35 I 3883.

[5] R. E. GIBBS, N. RAMLAL: Philos. Mag. J. Sci. (7) **18** (1934), 949; C 35 I 3884.

[6] C. B. POST: Z. Kristallogr., Mineral., Petrogr., Abt. A **90** (1935), 330; C 35 II 478.

[7] W. G. BURGERS, J. M. BURGERS: Nature (London) **135** (1935), 960; C 35 II 1656.

[8] M. KORNFELD: Physik. Z. Sowjetunion **7** (1935), 608; C 35 II 2018.

[9] R. DAVID: Helv. physica Acta **8** (1935), 431; C 35 II 3207.

[10] W. BOAS: Helv. physica Acta **10** (1937), 265; C 37 II 2643.

[11] A. KRAUSE, E. TUNDAK: Z. anorg. allg. Chem. **235** (1938), 295; C 38 I 4141.

[12] G. J. TAYLOR: Proc. Roy. Soc. (London), Ser. A **145** (1934), 362; C 35 I 661.

[13] F. E. HAWORTH: Physic. Rev. (2) **52** (1937), 613; Bull. Amer. physic. Soc. **2** (1937) 9; C 38 I 541.

[14] H. UNCKEL: Z. Metallkunde **30** (1938), 252; C 38 II 3515.

[15] Z. GYULAI: Z. Physik **78** (1932), 630; C 33 I 737.

[16] A. KOCHENDÖRFER: Naturwiss. **29** (1941), 456; C 41 II 2411.

[17] R. GLOCKER, U. DEHLINGER, F. FÖRSTER: Angew. Chem. **54** (1941), 221.

[18] H. RAETHER: J. Amer. chem. Soc. **55** (1933), 4126; C 34 I 818.

[19] E. COHEN, W. A. T. COHEN DE MEESTER: Proc., Kon. Akad. Wetensch. Amsterdam **37** (1934), 270; C 34 II 1088.

[20] G. TAMMANN, F. NEUBERT, W. BOEHME: Ann. Physik (5) **15** (1932), 317; C 33 I 1893.

[21] G. TAMMANN, G. MORITZ: Z. anorg. allg. Chem. **218** (1934), 267; C 34 II 2796.

[22] G. TAMMANN: Z. Metallkunde **28** (1936), 6; C 36 I 4973.

[23] G. A. HOMÈS, P. DUWEZ: Bull. Cl. Sci. Acad. roy. Belgique (5) **24** (1938), 159; C 38 II 20.

[24] A. SMEKAL: Physik. Z. **41** (1940), 475; C 41 I 1000; Nova Acta Leopoldina (N. F.) **11** (1942), Sitzung vom 22. 1. 1942.

und Schmelzen behandelt FÜRTH[1] und die Alterung von Spaltflächen TAMMANN[2].

Während wir vorangehend unter Spielart c) (S. 384) die Einwirkungen eines ungerichteten homogenen Feldes zusammengefaßt haben, sollen im nachfolgenden als Spielarten d), e) und f) solche Vorgänge bezeichnet werden, welche durch ein *gerichtetes, homogenes* Kraftfeld bewirkt werden. Hier kommt einstweilen praktisch nur die Besprechung gerichteter mechanischer Kräfte in Betracht. Das Schema dieser Spielarten ist so geartet, daß eine durch den festen Körper hindurchgehende Ebene festgehalten wird und die einzelnen Spielarten sich durch den Winkel, den die Richtung der wirkenden Kraft gegen diese Ebene einschließt, unterscheiden. Das Kraftfeld ist homogen, d. h. die auf die Ebene einwirkende Kraft ist, bezogen auf 1 cm^2, überall die gleiche. Es ergeben sich die folgenden charakteristischen Fälle:

d) Die Zugvorgänge,

bei welchen die Kraft senkrecht hinweg von der festgehaltenen Ebene wirkt, wie dies z. B. bei dem Ziehen oder Recken eines an dem einen Ende festgehaltenen Stabes der Fall ist (*vgl. z. B.* JENCKEL und LAGALLY[3], WOOD und SMITH[4], OSGOOD[5], STEPANOW[6], NIIMI und SEO[7] u. v. a.). Der hier abschließende Vorgang des Zerreißens besteht ebenso wie der chemische Zersetzungsvorgang in einem Lösen chemischer Bindungen, so daß hier eine besonders nahe Beziehung zu der eigentlichen chemischen Affinitätslehre besteht. Es ist für komplikationsfreie Fälle grundsätzlich denkbar, die Festigkeit der chemischen Bindung in der Zerreißmaschine zu bestimmen.

e) Die Druckvorgänge,

bei welchen die Kraft senkrecht in der Richtung zu der festgehaltenen Ebene wirkt.

f) Die Abschervorgänge,

bei welchen die Kraft in einer bestimmten Richtung parallel zur festgehaltenen Ebene wirkt. Ein ausgezeichneter Sonderfall liegt dann vor, wenn der feste Körper aus einem Einkristall besteht und die festgehaltene Ebene eine Netzebene ist, längs der eine Gleitung (Translation) möglich ist.

Vorgänge, welche durch ein überall in der gleichen Richtung wirksames, jedoch inhomogenes Kraftfeld verursacht werden, sind als Spielarten g) bis j) zusammengefaßt. Es ist demnach hier zwar die Richtung aller Kräfte die gleiche, die Größe wird aber in den verschiedenen Angriffspunkten verschieden sein. Charakteristische Grenzfälle ergeben sich bei solchen Anordnungen, bei denen die Kraft an gewissen Oberflächenteilen homogen, an anderen aber gar nicht wirksam ist. Hier wird man die Möglichkeiten zweckmäßig nach der Form und Größe der der Kraftwirkung ausgesetzten Oberfläche ordnen: Die von der Kraftwirkung erfaßte Oberfläche des festen Körpers kann größenordnungsmäßig der Gesamtfläche

[1] R. FÜRTH: Nature (London) **145** (1940), 741; C 41 I 1131; Proc. Roy. Soc. (London), Ser. A **177** (1941), 217; C 41 II 1713. — M. BORN, R. FÜRTH: Proc. Cambridge philos. Soc. **36** (1940), 454; C 41 II 2056.

[2] G. TAMMANN: Z. anorg. allg. Chem. **130** (1923), 87; C 24 I 411.

[3] E. JENCKEL, P. LAGALLY: Z. Elektrochem. angew. physik. Chem. **46** (1940), 186; C 40 I 3069.

[4] W. A. WOOD, S. L. SMITH: Nature (London) **146** (1940), 400; C 41 I 1921.

[5] W. R. OSGOOD: J. appl. Mechan. **7** (1940), 61; C 40 II 3308.

[6] A. W. STEPANOW: J. Physics (Moskau) **3** (1940), 421; C 41 I 3478.

[7] K. NIIMI, M. SEO: Mem. Coll. Sci., Kyoto Imp. Univ., Ser. A **22** (1939), 357; C 42 II 982.

gleich sein, oder sie kann als vorwiegend linear oder schließlich angesichts einer allseitig geringen Ausdehnung als näherungsweise punktförmig betrachtet werden. In Kombination mit den Spielarten a), b) und c) (Ziehen, Drücken, Abscheren) ergeben sich insgesamt 9 Kombinationen. Wir begnügen uns, sie in drei Spielarten zusammenzufassen. Sie sind nur sinnvoll bei nicht völlig idealen festen Stoffen.

g) Zugvorgänge bei ungleicher Querschnittsbelastung.

h) Druckvorgänge bei ungleicher Querschnittsbelastung, insbesondere auch Schneiden (Sägen) und Stechen (Lochen) unter Druck.

i) Abschervorgänge bei ungleicher Kraftverteilung, insbesondere auch Schneiden (Hobeln) und Stechen parallel zur festgehaltenen Fläche, Ritzen (E. MADELUNG und A. SMEKAL[1]).

Zu dieser Gruppe müssen auch noch gerechnet werden

j) die Reibungsvorgänge,

also die Vorgänge, welche sich auf einem in einer ebenen Oberfläche liegenden Oberflächenteil abspielen, wenn die ebene Oberfläche eines aus dem gleichen Material bestehenden festen Körpers unter einem auf dieselbe senkrecht wirkenden Druck längs der ebenen Oberfläche des ersten Körpers gleitet. Wenn auch für die gegenseitige Wirkung der aufeinander gleitenden Körper meist deren Festigkeitseigenschaften und nicht deren gegenseitige individuelle chemische Einwirkung maßgebend sein werden, so kann doch auch die letztere in entscheidender Weise beteiligt sein (HAMMAR und MARTIN[2]; BOWDEN und HUGHES[3]; HOLM und KIRSCHSTEIN[4]; DERJAGUIN[5]). Diese letztere Art von Erscheinungen stellt sogar einen wichtigen Beitrag zur Kenntnis der Reaktionsfähigkeit zwischen festen Stoffen dar. Deshalb erfordert die Einordnung der Reibungsvorgänge in die vorliegende Reaktionsart die Einschränkung auf Gleitvorgänge zwischen chemisch identischen Körpern oder zumindest zwischen solchen Systemen, bei welchen der gegenseitige individuelle chemische Einfluß vernachlässigt werden kann. Über *innere* Reibung vgl. RANDALL, ROSE und ZENER[6]. — Ein Grenzfall der Reibungsvorgänge ist die vorangehend unter Spielart f) gekennzeichnete Gleitung; unter idealen Bedingungen kann die Gesamtenergiebilanz für diesen Vorgang Null sein; es liegt dann hier lediglich ein Transport innerhalb der gleichen Potentialfläche vor. Im allgemeinen (z. B. bei dem Feilen) wird jedoch der Reibungsvorgang begleitet sein von dem endothermen Prozeß des Abreibens (Abbröckelns) kleiner Partikelchen von der Oberfläche und teilweise eines Überganges der zur Gleitung aufgewendeten Energie in Wärme; da der letztere Anteil wohl stets überwiegt, geht auch der gesamte Reibungsvorgang wohl immer unter Wärmeentwicklung vor sich. BRISTOW[7] hat Reibungsvorgänge kinematographisch aufgenommen und sie daran erläutert.

---

[1] A. SMEKAL: Naturwiss. **30** (1942), 223.

[2] G. W. HAMMAR, G. MARTIN: Science (New York) (N. S.) **90** (1939), 179; C 41 I 1927.

[3] F. P. BOWDEN, T. P. HUGHES: Nature (London) **142** (1938), 1039; C 39 I 2139.

[4] R. HOLM, B. KIRSCHSTEIN: Wiss. Veröff. Siemens-Konz. **15** (1936), 122; C 36 I 4884.

[5] B. DERJAGUIN: Z. Physik **88** (1934), 661; C 34 II 3587.

[6] R. H. RANDALL, F. C. ROSE, C. ZENER: Bull. Amer. physic. Soc. **14** (1939), 37; Physic. Rev. (2) **55** (1939), 1140; C 41 I 1135.

[7] J. R. BRISTOW: Nature (London) **149** (1942), 169; C 42 II 747.

k) Vorgänge, welche durch ein an verschiedenen Orten in verschiedener Richtung wirkendes Kraftfeld verursacht werden.

Es sind dies beispielsweise die Zustandsänderungen, welche ein Körper bei Beanspruchung auf Torsionsfestigkeit, auf gewisse Arten von Biegungsfestigkeit u. a. m. erleidet. Auch eine gewisse Art des Bohrens ist hierher zu zählen.

l) Vorgänge mit örtlich und zeitlich veränderlichem Kraftfeld.

Hämmern, Prägen, Walzen, Aufspalten, Bohren, Drechseln, Drehen, Gewindeschneiden, Kneten, Zermahlen sowie die Vorgänge bei der Prüfung auf Brinellhärte gehören hierher. Für die durch zeitlich periodisch veränderte Beanspruchung hervorgerufenen Zustandsänderungen wird häufig die Bezeichnung „Ermüdung" gebraucht (Sachs[1], Spencer und Marshall[2]; über die Beziehungen zwischen Ritzhärte und Druckhärte: Ehrenberg[3]; Korrosionshärte: Eppler[4]). Die in dem vorliegenden Handbuch-Beitrag angewendete Systematik der chemischen Reaktionsarten beschränkt sich auf die Betrachtung solcher Fälle, welche sich bei konstanter Temperatur, Druck, Spannung usw. abspielen (Hüttig[5]).

Die Spielart l) mit ihrem zeitlich veränderlichen Kraftfeld liegt demnach bereits jenseits der Grenzen dieser Systematik. Zu der Spielart l) gehört wohl auch die für chemische Operationen wohl wichtigste und häufigste Art der Kaltbearbeitung, nämlich

das Zerreiben (Zermahlen) eines festen Stoffes.

Unzweifelhaft besteht die dadurch bewirkte Aktivierung in einer Vergrößerung der Oberfläche als Folge der Erhöhung des Dispersitätsgrades (S. 359); die bei dem Zerpulvern hervorgerufenen Änderungen sind aber vielfach tiefergehender Natur. Gleichzeitig mit der Zerkleinerung können auch Aktivierungen infolge von Gitterdeformationen, Gefügeänderungen und ähnlichem stattfinden (Hüttig und Kantor[6], Hüttig und Strial[7], vgl. auch Tammann und Jenckel[8]). Die Vorgänge beim Zerpulvern sind recht kompliziert und keineswegs eindeutig definiert. So wurde beim Zerreiben eines aktiven Zinkoxydpräparates eine Stabilisierung beobachtet (Hüttig und Kantor[9]). Vielleicht ist auch das Auftreten zusätzlicher Röntgeninterferenzen als Folge eines Zerreibens von glasiger Kieselsäure (Lu und Chang[10]) in diesem Sinne zu deuten. Der Reibungsvorgang mit dem Pistill bringt jedoch als Gesamtergebnis eher Aktivierungserscheinungen hervor. Untersuchungen dieser Art sind auch von H. W. Kohlschütter[11] ausgeführt worden. Über die Herabsetzung der Aktivierungswärme katalytischer Reaktionen als Folge eines Pulverns des Katalysators liegen Angaben von Rienäcker[12], über die dadurch erhöhte Reaktionsbereitschaft von

[1] G. Sachs: Iron Age **146** (1940), Nr. 10, 31; C 40 II 3255; **146** (1940), Nr. 11, 36; C 41 I 3283.

[2] R. G. Spencer, J. W. Marshall: Physic. Rev. (2) **57** (1940), 1085; Bull. Amer. physic. Soc. **15** (1940), Nr. 2, 38; C 40 II 3152.

[3] W. Ehrenberg: Z. Metallkunde **33** (1941), 22; C 41 I 3190.

[4] W. F. Eppler: Zbl. Mineral., Geol., Paläont., Abt. A **1941**, 1; C 41 I 2772.

[5] G. F. Hüttig: Kolloid-Z. **94** (1941), 258, 260; C 41 II 2.

[6] G. F. Hüttig, M. Kantor: Z. analyt. Chem. **86** (1931), 95; C 31 II 3449.

[7] G. F. Hüttig, K. Strial: 62. Mittlg.: Z. Elektrochem. angew. physik. Chem. **39** (1933), 368; C 33 II 657.

[8] G. Tammann, E. Jenckel: Z. anorg. allg. Chem. **192** (1930), 245; C 30 II 3236.

[9] G. F. Hüttig, M. Kantor: Z. analyt. Chem. **86** (1931), 95; C 31 II 3449.

[10] S. S. Lu, Y. L. Chang: Nature (London) **147** (1941), 642; C 42 II 135.

[11] H. W. Kohlschütter, H. Siecke: Z. Elektrochem. angew. physik. Chem. **39** (1933), 617; C 33 II 3084. — H. W. Kohlschütter: Z. physik. Chem., Abt. A **170** (1934), 20; C 34 II 3714.

[12] G. Rienäcker, G. Wessing, G. Trautmann: Z. anorg. allg. Chem. **236** (1938), 252; C 38 I 4414.

FINK und U. HOFMANN[1] und von BAUDISCH und WELO[2] vor. GUNDERMANN[3] findet, daß die negative Lösungswärme des Rohrzuckers infolge intensiver Mahlung positive Werte annimmt. Mit den Zerkleinerungsvorgängen befassen sich teils von theoretischem, teils praktischem Gesichtspunkte aus geleitet die folgenden Mitteilungen: PODSZUS[4] (Mechanische Zerkleinerung bis in kolloide Gebiete), ROSIN und RAMMLER[5] (über Mahlung und Mahlmaschinen), SMEKAL[6] (Physik der Zerkleinerungsvorgänge), HÖNIG[7] (Grundgesetze der Zerkleinerung) und AUERBACH[8] (Feinste Zerteilungen und ihre technischen Anwendungen), SCHLECHTER[9] (Kolloidmühle), WAESER[10] (Übersicht der großtechnischen Zerkleinerungsapparate), OLBRICH[11] (Wiedergabe des Mahlergebnisses in Form von Körnungskennlinien), HESS[12] und STAUDINGER[13] (Vermahlung von Cellulose bzw. Nitrocellulose), STEURER[14] (Schwingmahlung von hochmolekularen Stoffen).

Herstellung von feinen Pulvern.

Sehr häufig ist die Aufgabe gestellt, Pulver mit einer bestimmten Charakteristik herzustellen. Diese Carakteristik bezieht sich nicht nur auf Angaben über die Größe der Einzelteilchen (Dispersitätsgrad), sondern auch auf die Form, die Struktur, die kristallographische Kennzeichnung der Oberflächen, deren Art und Ausmaß der Aktivität u. a. m. Einen neuen Antrieb haben diese Herstellungsverfahren durch die Anforderungen der an Bedeutung zunehmenden Metall- und Oxydkeramik (S. 413) erhalten. In den seltensten Fällen führt eine mechanische Zerkleinerung zu dem gewünschten Ziel. Die verschiedentlichsten Reaktionsarten werden in den Dienst dieser Aufgabe gestellt. So kann die elektrolytische Abscheidung unter bestimmten Bedingungen zu verhältnismäßig gut definierten Pulvern führen (so z. B. Kupfer, aber auch Oxyde wie U_3O_8; vgl. FRANCIS[15], FRANCIS und TSCHANG[16], TAMMANN und JAACKS[17]). Ein anderes Verfahren besteht darin, daß das Metall zunächst geschmolzen und dann zerspritzt wird (Herstellung durch „Verdüsen" bzw. „Zerschleudern"). Bei chemischen Verfahren gelangt man leicht dort zu aktiven, feinteiligen Pulvern, wo eine Herstellung durch thermische Zersetzung einer gasförmigen Verbindung möglich ist, so z. B. bei der Herstellung von Eisenpulvern aus dem $Fe(CO)_5$. Dort, wo eine Bildung des Pulvers auf dem Wege einer chemischen Umwandlung eines anderen festen Stoffes entsteht (wie z. B. bei der Bildung von Eisenpulver durch Reduktion von Fe_2O_3 mit Wasserstoff), kommt es vor allem darauf an, die Reaktionstemperatur

---

1 M. FINK, U. HOFMANN: Z. anorg. allg. Chem. **210** (1933), 100; C 33 I 1730.
2 O. BAUDISCH, L. A. WELO: Naturwiss. **21** (1933), 593; C 33 II 1855.
3 J. GUNDERMANN: Kolloid-Z. **99** (1942), 142; C 42 II 1212.
4 E. PODSZUS: Kolloid-Z. **64** (1933), 129; C 33 II 2300.
5 P. ROSIN, E. RAMMLER: Chem. Fabrik **6** (1933), 395, 403; C 33 II 2867.
6 A. SMEKAL: Chem. Apparatur **24** (1937), 1; C 37 I 4138; Z. Ver. dtsch. Ing., Beih. Verfahrenstechn. **1937**, 159; C 38 II 2002; Z. Ver. dtsch. Ing. **81** (1937), 1321.
7 F. HÖNIG: VDI-Forschungsh. **378** (1936), 1; C 37 II 447.
8 R. AUERBACH: Chem. Fabrik **11** (1938), 205; C 38 II 2314.
9 H. SCHLECHTER: Vorratspflege u. Lebensmittelforsch. **3** (1940), 531; C 41 I 2293.
10 B. WAESER: Chem. Fabrik **13** (1940), 483; C 41 I 2568.
11 R. OLBRICH: Z. Ver. dtsch. Ing., Beih. Verfahrenstechn. **1942**, 23; C 42 II 325.
12 K. HESS: Z. physik. Chem., Abt. B **49** (1941), 64; C 41 II 886. — K. HESS, E. STEURER, H. FROMM: Kolloid-Z. **98** (1942), 148; C 42 II 532, 1109.
13 H. STAUDINGER: Organische Kolloid-Chemie. 2. Aufl., S. 43f. Braunschweig: Vieweg; C 42 I 1996.
14 E. STEURER: Chem. Technik **16** (1943), 1.
15 M. FRANCIS: C. R. hebd. Séances Acad. Sci. **201** (1935), 473; C 35 II 3079.
16 M. FRANCIS, TSCHENK-DA-TSCHANG: C. R. hebd. Séances Acad. Sci. **200** (1935), 1024; C 35 I 3767.
17 G. TAMMANN, H. JAACKS: Z. anorg. allg. Chem. **227** (1936), 249; C 36 II 941.

so tief zu halten, daß das entstehende Produkt keinerlei merklicher Rekristallisation unterliegt; hier kann der Zusatz von gasförmigen Katalysatoren zu dem reduzierenden Gas förderlich sein (K. SEDLATSCHEK[1]). Andere Arten der Zerkleinerung sind die elektrische Zerstäubung (z. B. von CuO, BESSALOW und KOBOSEW[2]) und die Dispergierung im Ultraschallfeld (MARINESCO[3]); mit der Frage nach der Herstellung gleichmäßiger Pulver befaßt sich u. a. MARSHALL[4]. Von mehr technischem Gesichtspunkt geleitet sind die Mitteilungen von JONES[5], SCHOOP[6], MEYERSBERG[7], Deutsche Gold- und Silberscheideanstalt[8] und Hercules Powder Co.[9]. Grundsätzlich interessant sind die Bestrebungen von SAUERWALD und HOLUB[10], zu Metallpulvern, bestehend aus gesunden Einzelkriställchen, zu gelangen (vgl. hierzu auch das Verfahren von WESTPHAL[11] über eine verformungsfreie Zerteilung von Metalleinkristallen).

Rückbildungen nach Aufhören der Beanspruchungen der mechanischen Festigkeit.

Die Zustandsänderungen, welche ein fester Körper infolge einer Beanspruchung durch die Wirkung mechanischer Kräfte erleidet [vgl. Spielarten d) bis l)], lassen sich thermodynamisch im allgemeinen als eine Vermehrung des Gehaltes an freier Energie (= „Aktivierung“) kennzeichnen. Hört die Wirkung der mechanischen Kräfte auf, so muß der aktivierte Körper mit seiner dem Mehrgehalt an freier Energie entsprechenden Affinität wieder in den Zustand übergehen, den er vor seiner mechanischen Beanspruchung hatte. Im Verlaufe der mechanischen Beanspruchung folgt dem Zustande der elastischen Deformation die plastische Deformation, der als Endziel der Bruch folgt. Der Weg ist stets der gleiche, und zwar auch dann, wenn er nicht bis zum Endziel (also dem Bruch) durchschritten wird, sondern irgendwo in einem der Zwischenzustände (z. B. der plastischen Deformation) stecken bleibt. Völlig anders ist die Sachlage, wenn nach aufgehobener mechanischer Beanspruchung der Weg wieder zurück zu dem ursprünglichen Ausgangszustand beschritten wird. Es ist wohl so, daß auch bei dieser Rückbildung schließlich grundsätzlich der gleiche — nämlich der stabile — Zustand erreicht wird. Indessen ist es so, daß keineswegs etwa der gebrochene Körper sich wieder über den Zustand der plastischen und dann der elastischen Deformation in den Anfangszustand zurückwandelt, sondern der Weg der Rückbildung ist völlig verschieden, je nach dem Grade der Deformation, welche bei der Wirkung der mechanischen Kräfte erreicht wurde. Was also sich bei der Betrachtung der Zustandsänderungen infolge mechanischer Beanspruchung erübrigt hat, nämlich eine Aufteilung nach dem Grade der Beanspruchung, ist für die Betrachtung der rückläufigen Vorgänge eine Notwendigkeit geworden. Wir wollen daher innerhalb der Gruppe der Erholungserscheinungen von einer mechanischen Beanspruchung die folgenden Spielarten m), n), o) unterscheiden:

---

[1] K. SEDLATSCHEK: Z. anorg. allg. Chem. **250** (1942), 23; C 42 II 1657.
[2] P. BESSALOW, N. KOBOSEW: J. physik. Chem. URSS **9** (1937), 815; C 38 I 4275.
[3] M. MARINESCO: C. R. hebd. Séances Acad. Sci. **196** (1933), 346; C 33 I 2790.
[4] F. H. MARSHALL: Physic. Rev. (2) **59** (1941), 110; C 41 II 1825.
[5] W. D. JONES: Steel **106** (1940), Nr. 23, 48; C 40 II 3394.
[6] M. U. SCHOOP: Gießerei (N. F. 14) **28** (1941), 9; C 41 I 2586.
[7] H. MEYERSBERG: Aluminium and non-ferrous Rev. **3**, 299, 325, 397; **4**, 5; C 40 II 3257.
[8] Deutsche Gold- und Silberscheideanstalt: E. P. 510320 (1938); C 41 I 1353.
[9] Hercules Powder Co., W. J. LAURENCE, A. C. DRESHFIELD: Am. Pat. 2215183 (1936); C 41 I 2154.
[10] F. SAUERWALD, L. HOLUB: Z. Elektrochem. angew. physik. Chem. **39** (1933), 750; C 33 II 3084.
[11] P. WESTPHAL: Metallwirtsch., Metallwiss., Metalltechn. **17** (1938), 1164; C 39 I 1726.

m) Die Rückbildung eines elastisch deformierten Körpers nach Aufhebung der Beanspruchung in seinen ursprünglichen stabilen Zustand. So interessant, namentlich bei einem Einkristall, die Kenntnis der reaktionskinetischen und katalytischen Merkmale der hierbei durchschrittenen Zustände und deren Veränderungen wäre, so liegt diesbezüglich bis jetzt kaum irgendein experimentelles Material vor. Unveröffentlichte Orientierungsversuche von PAPRITZ deuteten darauf hin, daß ein gespannter Platindraht die Knallgasreaktion wirksamer katalysiert als der gleiche ungespannte Draht.

n) Rückbildung eines plastisch deformierten Körpers in den ursprünglichen stabilen Zustand auf dem Wege der Rekristallisation und der sonstigen „Erholungs"erscheinungen. Nach MASING[1] versteht man unter *Erholung* nur den Abbau eines Zwangszustandes in einem Raumgitter *ohne* Neubildung des Gefüges, hingegen unter *Rekristallisation* Vorgänge, welche mit Änderungen der Korngrenzen und mit Neubildungen nach erfolgter Keimbildung verknüpft sind

Allein schon das den Chemiker interessierende Schrifttum über diesen Gegenstand ist sehr ausgedehnt. Es wären zunächst die gleichen Werke wie in dem Abschnitt „Beanspruchung der mechanischen Festigkeit eines starren Körpers" zu nennen sowie TAMMANN[2], MASING[1], SAUERWALD[3], CZOCHRALSKI[4]. Mit den Fragen der Kaltverformung, Erholung und Rekristallisation befassen sich u. a. auch die folgenden neueren Arbeiten: KORNFELD[5], KORNFELD und PAWLOW[6], KORNFELD und SAWIZKI[7], KORNFELD und SCHAMARIN[8], SAUERWALD und GLOBIG[9], DEHLINGER[10], MÜLLER[11], SEEMANN[12], SSELJAKOW und SSOWS[13], BORELIUS[14], VAN LIEMPT[15], MÜLLER[16], RUFF[17], KLJATSCHKO[18], BRANDSMA und LIPS[19], RAO[20], KRUPKOWSKI und BALICKI[21], BRAGG, SYKES und BRADLEY[22], BORELIUS[23], MEHL[24]; im besonderen mit den Oberflächen-

---

[1] G. MASING: Grundlagen der Metallkunde in anschaulicher Darstellung. Berlin: Springer, 1940; C 41 I 747; Z. Metallkunde **31** (1939), 238; C 40 I 2766.

[2] G. TAMMANN: Lehrbuch der Metallkunde. Leipzig: L. Voß, 1932; C 32 II 441.

[3] F. SAUERWALD: Lehrbuch der Metallkunde des Eisens und der Nichtmetalle. Berlin: Springer, 1929; C 29 II 1213.

[4] J. CZOCHRALSKI: Z. Metallkunde **17** (1924), 1; C 25 I 1520.

[5] M. KORNFELD: Physik. Z. Sowjetunion **7** (1935), 608; C 35 II 2018; **10** (1936), 142 C 37 I 2102.

[6] M. KORNFELD, W. PAWLOW: Physik. Z. Sowjetunion **6** (1936), 537; C 36 I 3455; **12** (1937), 301; C 38 I 1734.

[7] M. KORNFELD, F. SAWIZKI: Physik. Z. Sowjetunion **8** (1935), 528; C 36 I 3796.

[8] M. KORNFELD, A. SCHAMARIN: Physik. Z. Sowjetunion **11** (1937), 302; C 37 II 530.

[9] F. SAUERWALD, W. GLOBIG: Z. Metallkunde **25** (1933), 33; C 33 I 3045.

[10] U. DEHLINGER: Metallwirtsch., Metallwiss., Metalltechn. **12** (1933), 207; C 33 II 493; Z. Metallkunde **33** (1941), 16; C 41 I 3340.

[11] H. G. MÜLLER: Physik. Z. **35** (1934), 646; C 35 I 351.

[12] H. J. SEEMANN: Z. Physik **95** (1935), 796; C 35 II 2495.

[13] N. J. SSELJAKOW, J. J. SSOWS: C. R. Acad. Sci. URSS **1935**, II, 125; C 35 II 2495.

[14] G. BORELIUS: Ann. Physik (5) **24** (1935), 489; C 36 I 1375.

[15] J. A. M. VAN LIEMPT: Chem. Weekbl. **32** (1935), 546; C 36 I 2038.

[16] H. G. MÜLLER: Z. Physik **96** (1935), 279; C 36 I 2291.

[17] C. RUFF: Chim. et Ind. **35** (1936), 255; C 36 I 3257.

[18] IN. A. KLJATSCHKO: Kolloid-Beih. **44** (1936), 387; C 37 I 795.

[19] W. F. BRANDSMA, E. M. H. LIPS: Z. Metallkunde **28** (1936), 381; C 37 I 2331.

[20] S. R. RAO: Proc. Indian Acad. Sci., Sect. A **4** (1936), 186; C 37 I 2555.

[21] A. KRUPKOWSKI, M. BALICKI: Ann. Acad. Sci. techn. Varsowie **4** (1937), 270; C 38 I 4015.

[22] W. L. BRAGG, C. SYKES, A. J. BRADLEY: Proc. physic. Soc. **49** (1937), Nr. 274, 96; C 38 I 4157.

[23] G. BORELIUS: Proc. physic. Soc. **49** (1937), Nr. 274, 77; C 38 I 4015.

[24] R. F. MEHL: Metal Progr. **35** (1939), 156, 192; C 39 II 3379.

erscheinungen befassen sich die Arbeiten von HOMÈS[1] und STRACHAN[2]; ferner Diskussionstagung der Deutschen Bunsen-Gesellschaft (Z. Elektrochem. angew. physik. Chem.), Darmstadt, Oktober 1938, über „Übergänge zwischen Ordnung und Unordnung in festen und flüssigen Phasen" (vgl. auch S. 426), DEAN[3] (Vergleiche mit Zerfall eines Einkristalls), JENCKEL und ROTH[4] (Beziehungen zur Affinität), QUINNEY und G. J. TAYLOR[5] (latente Energie), CZOCHRALSKI und ROHOZINSKA[6] (bei Silber Minimum der Korngröße bei Rekristallisationstemperatur von 900°), TRILLAT[7] (Röntgenuntersuchungen, Aluminium), BUMM und H. G. MÜLLER[8] (Theorie), MASING[9], MASING und LONG[10], MCKIMM[11], SCHWALBE und EILENDER[12].

Die durch plastische Verformung eines festen Körpers erhaltenen aktiven Zustände („Zwangszustände") können bei verhältnismäßig tiefen Temperaturen (z. B. Zimmertemperatur) eine sehr lange Lebensdauer besitzen. Beschleunigt wird die Rückbildung durch Temperatursteigerung. Wird der Körper bei allmählich ansteigender Temperatur erhitzt, so geht er auf dem Wege charakteristischer Zwischenzustände in den ursprünglichen, nicht deformierten Zustand zurück. Zur Einführung in die Phänomenologie dieses Gebietes wählen wir als Beispiele das Verhalten von Nickel und Eisen, die wir dann durch andere Beispiele und die daran geknüpften modellmäßigen Vorstellungen ergänzen.

α) *Die Erholungserscheinungen an kalt bearbeitetem Nickel und Eisen.*

Ein harter Draht oder Walzstreifen aus *Nickel* bzw. *Eisen* von bestimmtem Zieh- bzw. Walzgrade wurde von TAMMANN[13] einer allmählich ansteigenden Temperatur ($= t_1$) ausgesetzt, und die hierbei auftretenden Änderungen wurden durch fortlaufende Messungen bestimmter Eigenschaften ermittelt; die Eigenschaften müssen hierbei denjenigen Werten zustreben, die dem stabilen (weichen) Nickel bzw. Eisen zukommen. In der Abb. 7 sind auf der Abszissenachse die Temperatur ($= t_1$ ° C bzw. in α-Werten, vgl. S. 388) und auf der Ordinatenachse in einem willkürlichen, nur der Beurteilung der Veränderungen dienenden Maßstab einige Eigenschaftswerte aufgetragen. Der linke Teil der Abb. 7 bezieht sich auf *Nickel*, der rechte Teil auf *Eisen*. Die Kurven *a* geben die prozentuale Abhängigkeit der magnetischen Induktion $\mathfrak{B}$ bei einer Feldstärke von etwa 6,7 Gauß an, also die Werte $100\,\Delta\mathfrak{B}/\mathfrak{B}$. Die Kurven *b* geben die prozentuale Änderung des elektrischen Widerstandes ($= 100\,\Delta W/W$) an; die Widerstandsmessungen sind immer bei derjenigen Temperatur, bis zu welcher die Erhitzung erfolgte, ausgeführt; dadurch unterscheiden sie sich von den folgenden Messungen, welche bei Zimmertemperatur stattfanden, nachdem der Draht oder das Blech auf die Temperatur t_1 vorerhitzt und dann wieder abgekühlt war. In den Kur-

---

[1] G. A. HOMÈS: Bull. Cl. Sci. Acad. roy. Belgique (5) **24** (1938), 147; C 38 II 20.
[2] J. G. STRACHAN: J. Roy. techn. Coll. **3** (1935), 343; C 35 I 3385.
[3] R. S. DEAN: U. S. Dep. Interior, Bur. Mines, Rep. Invest. **3400** (1938), 3; C 38 II 1004.
[4] E. JENCKEL, L. ROTH: Z. Metallkunde **30** (1938), 135; C 38 II 1186.
[5] H. QUINNEY, G. J. TAYLOR: Proc. Roy. Soc. (London), Ser. A **163** (1937), 157; C 38 II 2401.
[6] J. CZOCHRALSKI, J. ROHOZINSKA: Wiadomości Inst. Metalurgji Metaloznawstwa **4** (1937), 82; C 38 II 2393.
[7] J. J. TRILLAT: Metal Ind. (London) **49** (1936), 27; C 38 II 3211.
[8] H. BUMM, H. G. MÜLLER: Metallwirtsch., Metallwiss., Metalltechn. **17** (1938), 903; C 38 II 3785.
[9] G. MASING, H. J. WALLBAUM: Z. Metallkunde **32** (1940), 418; C 41 I 1787.
[10] G. MASING, P. Y. LONG: Z. Metallkunde **32** (1940), 217; C 41 I 1134.
[11] P. J. MCKIMM: Steel **107**, Nr. 14. 44. 46. 48, Nr. 15. 46. 48. 50. 78, Nr. 16. 139 (1940); C 41 I 3134.
[12] SCHWALBE, EILENDER: Arch. Eisenhüttenwes. **13** (1939), 267, kein C-Referat.
[13] G. TAMMANN: Z. Metallkunde **28** (1936), 6; C 36 I 4973.

ven c sind auf den Ordinatenachsen die Härten (H_B) aufgetragen, in den Kurven d die elastischen Spannungen (Federkraft ε), in den Kurven e die „Biegezahlen" (B_z) und in den Kurven f die „Durchbiegung" (D); bei den Kurven c bis f handelt es sich also um die Charakteristik bestimmter definierter Festigkeitseigenschaften; schließlich gibt die Kurve g das Sorptionsvermögen gegenüber gelöstem Methylviolett und Methylenblau an (TAMMANN[1]).

Bei Nickel und Eisen und ebenso auch bei Platin und Palladium erfolgt die Erholung eines Teiles ihrer Eigenschaften von der Kaltbearbeitung in einem erheblich höheren Temperaturgebiet als diejenige der übrigen Eigenschaften. Dies gibt wichtige Anhaltspunkte zur Deutung der Vorgänge. Die Erholung der magnetischen Induktion von der Kaltbearbeitung findet beim Nickel gleichzeitig mit der Erholung der Härte, hingegen beim Eisen gleichzeitig mit der Erholung des elektrischen Widerstandes statt. Beim Eisen wie auch beim Nickel erholen sich die durch Kaltbearbeitung veränderten Eigenschaften in zwei scharf getrennten Temperaturintervallen. Bis etwa 400° erholen sich der elektrische Widerstand, die elastische Spannung sowie auch (in der Abbildung nicht durch Kurven belegt) die Thermokraft, die Röntgeninterferenzen und beim Eisen die magnetische Induktion. Zu der zweiten Gruppe von Eigenschaften, welche sich oberhalb 400° erholen, gehören: die Härte und (in der Abbildung nicht gezeichnet) die Zugfestigkeit und Dehnung, die Auflösungsgeschwindigkeit, die Dichte, die Wärmeentwicklung und bei dem Nickel die magnetische Induktion. Zwischen beiden Gruppen liegen die Biegezahl und die Durchbiegung. Überdies ist für das Nickel festgestellt, daß der Hauptabfall der katalytischen Wirksamkeit auf die Äthylenhydrierung (ECKELL[2], ähnlich wie der Abfall der Thermokraft) bei 220°, das Maximum einer ersten Wärmeentwicklung bei 360°, der Abfall der Adsorption gegenüber Farbstoffen (sowie die Härte) bei 550°, das erste neue Rekristallisationskorn bei 600° und das Maximum einer zweiten Wärmeentwicklung bei 650° liegt (TAMMANN[1] und a. a. O.). ECKELL folgert, daß das Absinken der katalytischen Wirksamkeit ursächlich mit dem ersten Schritt bei der Rekristallisation, nämlich dem Rückgang der elastischen Verspannung des Gitters, also dem Verschwinden von Gitterdeformationen verknüpft ist. Die Struktur der katalytisch aktiven Stellen zeichnet sich hiernach durch irgendwie aus ihren Normallagen verrückte Atome bzw. geänderte Atomabstände aus. — Bei dem pyrophoren Nickel beginnen die pyrophoren Eigenschaften und gleichzeitig auch die katalytischen Wirksamkeiten bei etwa 350° abzunehmen, woraus auf eine gemeinsame Ursache geschlossen werden kann (TAMMANN[3]) (vgl. hierzu die Frittungsvorgänge S. 420).

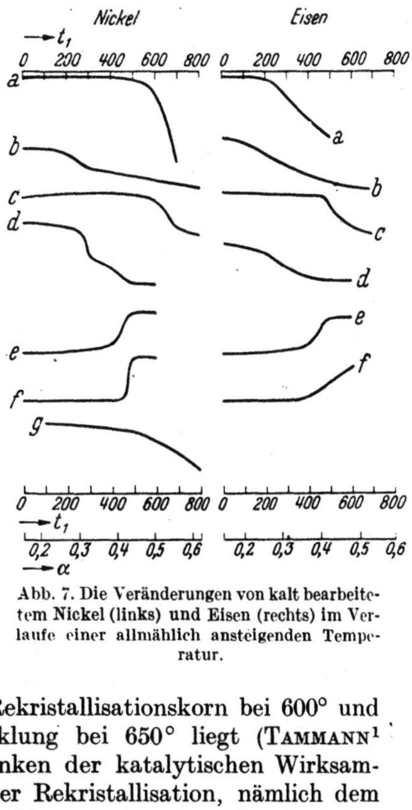

Abb. 7. Die Veränderungen von kalt bearbeitetem Nickel (links) und Eisen (rechts) im Verlaufe einer allmählich ansteigenden Temperatur.

---

[1] G. TAMMANN: Z. anorg. allg. Chem. **223** (1935), 222; C 35 II 2189.
[2] J. ECKELL: Z. Elektrochem. angew. physik. Chem. **39** (1933), 433; C 33 II 1471.
[3] G. TAMMANN: Z. anorg. allg. Chem. **224** (1935), 25; C 35 II 3354.

β) *Weitere Beispiele und Theorie.*

Auch beim *Aluminium* geht die Erholung der verschiedenen Eigenschaften in verschiedenen Temperaturgebieten vor sich; gewisse Eigenschaften, wie der elektrische Widerstand, werden durch die Kaltbearbeitung überhaupt nicht geändert. Wohingegen die Röntgeninterferenzen (entgegen älteren Angaben) charakteristische Veränderungen erfahren (EGGERT[1]). Bei *Kupfer, Silber* und *Gold* erholen sich alle Eigenschaften in demselben Temperaturgebiet. Auch über zahlreiche Mischkristalle, von denen die eine Komponente Kupfer oder Silber oder Eisen u. a. ist, liegen eingehende systematische Untersuchungen vor (TAMMANN[2] und die dort zitierte Literatur). Vom Standpunkt des Chemikers sind diejenigen Ergebnisse von besonderem Interesse, welche die Beziehungen zwischen mechanischen und chemischen Eigenschaften dartun, so z. B. zwischen Härte und Auflösungsgeschwindigkeit. In der Abb. 8 bedeutet die Abszisse ähnlich wie in Abb. 7 die Temperatur der Erhitzung eines bei Zimmertemperatur gewalzten oder zu Draht gezogenen Metalls. Die Ordinate ist proportional der Härte bzw. der Auflösungsgeschwindigkeit geteilt. Es bezieht sich das oberste Feld auf reines Aluminium, das mittlere auf ein Aluminium mit einem Gehalt von 0,1% Fe und das unterste auf ein Cer mit 5% Verunreinigungen. Durch Erhitzen geht sowohl die Härte als auch die Auflösungsgeschwindigkeit gleichzeitig in einem gewissen Temperaturintervall, das sich mit der Natur des Metalls ändert, auf die Werte des weichen Zustandes zurück. Dies trifft auch für das in der Abbildung nicht gezeichnete Magnesium zu. Beim Eisen nimmt die Auflösungsgeschwindigkeit mit wachsender Glühtemperatur nicht parallel der Härte, sondern der Zugfestigkeit ab (TAMMANN und NEUBERT[3]). Auffallend sind bei den verunreinigten Metallen die Maxima, deren Fehlen wir bei Nickel und Eisen diskutiert haben. Über die Erholung von elektrolytisch abgeschiedenen Metallen vgl. TAMMANN und JAACKS[4] und TAMMANN[5].

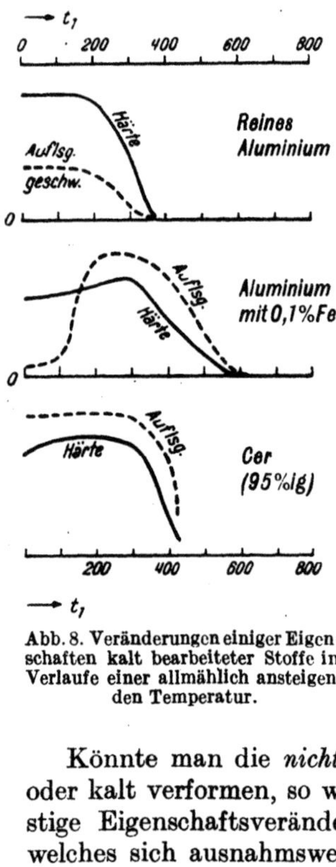

Abb. 8. Veränderungen einiger Eigenschaften kalt bearbeiteter Stoffe im Verlaufe einer allmählich ansteigenden Temperatur.

Könnte man die *nicht-metallischen* Kristalle ähnlich wie die Metalle walzen oder kalt verformen, so würde man an ihnen ähnliche Gitterstörungen und sonstige Eigenschaftsveränderungen wie an den Metallen beobachten. Ein Salz, welches sich ausnahmsweise bei 20° C weitgehend kalt verformen läßt, ist das geschmolzene Silberchlorid. Durch das Walzen nimmt seine Dichte ab und seine Härte zu. Bei dem Erhitzen eines Walzstreifens aus Silberchlorid nimmt zwischen 125° und 200° seine Härte auf den ursprünglichen Wert ab und seine Dichte zu (TAMMANN[5, 6]).

Den Vorgängen der Kaltbearbeitung und Erholung legt TAMMANN[2] die folgenden atomaren Vorgänge zugrunde: der Elementarvorgang bei der Kaltbearbei-

---

[1] J. EGGERT: Lehrbuch der physikalischen Chemie in elementarer Darstellung, S. 251. 5. Aufl. Leipzig: S. Hirzel, 1941; C 42 I 4.

[2] G. TAMMANN: Z. Metallkunde **28** (1936), 6; C 36 I 4973.

[3] G. TAMMANN, F. NEUBERT: Z. anorg. allg. Chem. **207** (1932), 87; C 32 II 2520.

[4] G. TAMMANN, H. JAACKS: Z. anorg. allg. Chem. **227** (1936), 249; C 36 II 941.

[5] G. TAMMANN: Z. anorg. allg. Chem. **233** (1937), 286, 291; C 37 II 2489.

[6] G. TAMMANN: Naturwiss. **20** (1932), 958; C 33 I 1242.

tung ist die durch plastische Verformung erzwungene Gleitung von Kristallitenteilen gegeneinander, die nach bestimmten kristallographischen Gesetzen vor sich geht. Mit dem Gleitwege nimmt die Reibung beim Gleiten zu, was einer unbekannten Veränderung in den Atomen auf und vielleicht auch in der Nähe der beiden Gleitebenen zuzuschreiben ist. Diese Veränderung erhält sich bei der Temperatur der Kaltbearbeitung praktisch unbegrenzt, sie geht aber bei erhöhter Temperatur zurück. Die Erholung vollzieht sich bei allmählicher Temperaturerhöhung stufenweise. Daraus folgt, daß die Veränderung in den Atomen keine gleichmäßige ist. Wenn die Veränderung in den Atomen mit wachsendem Gleitweg zunimmt, so werden in einem Metallstück bestimmten Kaltbearbeitungsgrades Atome verschiedenen Veränderungsgrades vorhanden sein können. Eine Temperaturerhöhung führt dazu, daß zuerst die am stärksten veränderten Atome ihren natürlichen Zustand wieder annehmen, wohingegen die weniger veränderten Atome diesen Vorgängen erst in höheren Temperaturgebieten unterliegen. Diejenigen Eigenschaften, welche sich in dem gleichen Temperaturgebiete ändern, werden auf den gleichen Veränderungsvorgang in den Atomen zurückgeführt. So kann für die Erholung des Eisens und Nickels gefolgert werden, daß es ein anderer Veränderungsvorgang in den Atomen ist, der z. B. den elektrischen Widerstand beeinflußt als derjenige, von welchem die Härte abhängt. Die Härte erholt sich erst, nachdem ein neues Korn entstanden ist, also eine vollständige Umkristallisation stattgefunden hat.

o) Die Frittungsvorgänge.

Im nachfolgenden sollen diejenigen Vorgänge behandelt werden, welche in der Vereinigung kleinerer Partikelchen zu größeren zusammenhängenden Aggregaten bestehen. Da die Betrachtung bei konstanter Temperatur erfolgen soll, so wird hierbei ein intermediäres Schmelzen nicht eintreten. Ein Transport der Moleküle auf dem Wege über die Gasphase ist wohl denkbar und bei vielen Stoffen (z. B. den organischen Stoffen) realisierbar; die so gekennzeichneten Vorgänge sollen hier aber erst in zweiter Linie Beachtung finden. Wir wollen in Übereinstimmung mit anderen Forschern solche Vorgänge als „Frittungsvorgänge" bezeichnen, wenn sie ausschließlich in Wechselwirkungen zwischen festen Teilchen bestehen und irgendwelche Schmelz- oder Sublimationsvorgänge hierbei nicht stattfinden (SAUERWALD und JAENICHEN[1], CASSIRER-BÁNÓ und HEDVALL[2]); hingegen soll die Bezeichnung „Sintervorgänge" nur dort Anwendung finden, wo im Verlaufe eines solchen Vorganges ein teilweises Schmelzen eintritt. Gewisse Ausführungsformen des Verschweißens zweier gleichartiger Stücke ohne Bindemittel sind in gleicher Weise wie die Frittungsvorgänge zu beurteilen (bezüglich der Metallurgie des Schweißens vgl. HENRY und CLAUSSEN[3]).

Um eine klare Abgrenzung dieses Gebietes zu bewerkstelligen, müssen noch weitere einschränkende Vereinbarungen getroffen werden. Das als Ausgangsmaterial betrachtete Pulver soll zwar aus kleinen Partikelchen bestehen, welche aber ansonsten — beispielsweise infolge von Gitterbaufehlern oder Gitterdeformationen — nicht „aktiviert" sind. Für sich allein betrachtet, also außerhalb der Berührung mit Nachbarteilchen, muß ein solches Partikelchen ein im thermodynamischen Gleichgewicht befindlicher Kristallit sein, der für sich allein auch im Verlaufe längerer Zeiträume keine Veränderungen, also kein Eigenleben aufweist. Ein Kristallit mit nicht im thermodynamischen Gleichgewicht befindlichen

---

[1] F. SAUERWALD, E. JAENICHEN: Z. Elektrochem. angew. physik. Chem. **31** (1925), 18; C 25 I 1474.

[2] S. CASSIRER-BÁNÓ, J. A. HEDVALL: Z. Metallkunde **31** (1939), 12; C 39 I 3447.

[3] O. H. HENRY, G. E. CLAUSSEN: Weld. J. **19** (1940), 624; C 41 I 1350.

Gitterbaufehlern, wie er z. B. bei den bei tieferen Temperaturen durchgeführten Reduktionen eines Metalloxydes oder bei dem raschen Abkühlen eines Nebels oder auch bei dem Zerreiben entstehen kann, ist ein für den betreffenden Vorgang charakteristischer Zwischenzustand. Würde man also solche aktive, d. h. auch innerhalb des einzelnen Partikelchens nicht zu Ende reagierte Zustände bei der vorliegenden Betrachtung als Ausgangsmaterial zulassen, so würde es sich um Einbeziehung von Reaktionsabläufen handeln, welche sehr verschiedenartigen Sippen und Klassen angehören und die hier angestrebte Beschränkung auf den möglichst einfachen Fundamentalverlauf stören würden.

Die meisten technischen Verfahren zur Herstellung von Frittungskörpern arbeiten unter Anwendung eines Preßdruckes. Dadurch werden im allgemeinen aber nicht nur die benachbarten Partikelchen näher aneinander gerückt und die Berührungsoberfläche vergrößert, sondern es wird auch eine elastische oder plastische Deformation der Einzelkristallite bewirkt. Die letzteren Zustände können während des Frittens zusätzliche und neuartige Erscheinungen auslösen, so daß der Schwerpunkt der nachfolgenden auf die Aufstellung möglichst überlagerungsfreier Gesetzmäßigkeiten bedachten Ausführungen bei den ungepreßten Pulvern verbleiben soll.

Es ist experimentell sehr schwierig, die Bedingungen einzuhalten, unter welchen der vorangehend begrifflich abgegrenzte Frittungsverlauf den gewünschten einfachen und komplikationsfreien Gang nimmt. Die in dieser Hinsicht störenden und vielfach nicht zu vernachlässigenden Einflüsse sind vor allem die folgenden:

a) Beimengungen (Verunreinigungen) des untersuchten Pulvers, welche seinen Charakter als Einkomponentensystem gefährden. Hierbei sind die nichtflüchtigen festen Verunreinigungen eher zu vermeiden als die gas- und dampfförmigen Bestandteile, welche das Ausgangsmaterial im Verlaufe seiner Vorgeschichte sorbiert hat. So können die Metallpulver, welche durch Reduktion oder in einer anderen Weise innerhalb einer Gasatmosphäre entstanden sind, größere Mengen dieses Gases addieren (GRUBE und SCHLECHT[1]), und die Metalloxyde neigen zu einer raschen und intensiven Adsorption, insbesondere von Wasserdampf und Kohlendioxyd (BREUER: Dissertation. Prag, 1941, Abschn. 17). Diese Fremdbestandteile werden erst bei solchen Temperaturen an das Vakuum abgegeben, bei denen der Verlauf der Frittung von ihnen bereits in maßgeblicher Weise beeinflußt wurde und durch die nach ihrer Abgabe zurückbleibenden aktivierten Stellen auch weiterhin beeinflußt wird. Namentlich die bereits bei tieferen Temperaturen einsetzenden Veränderungen der Oberflächeneigenschaften können durch diese unwillkommenen Begleitumstände in entscheidender Weise bestimmt werden.

b) Eine weitere Schwierigkeit bedeutet die Schaffung eines pulverförmigen Ausgangsmaterials, das sich von dem stabilen Zustand lediglich durch den höheren Dispersitätsgrad, aber durch keine anderen wie auch immer gearteten Aktivitätsunterschiede auszeichnet. Als solche unerwünschte Aktivitätszustände müssen auch gewisse morphologische Eigentümlichkeiten der Einzelteilchen mancher Pulver angesehen werden. Um die Herstellung von Pulvern, deren Teilchen nur aus gesunden Einkriställchen bestehen, bemühten sich SAUERWALD und HOLUB[2] auf dem Wege über das Schmelzen und Wiedererstarren eines in Magnesiumoxyd fein verteilten Kupferpulvers (vgl. auch WESTPHAL[3] über ein Verfahren zur verformungsfreien Zerteilung von Metalleinkristallen).

---

[1] G. GRUBE, H. SCHLECHT: Z. Elektrochem. angew. physik. Chem. **44** (1938), 357 (insbesondere Abb. 10); C 38 II 1478.

[2] F. SAUERWALD, L. HOLUB: Z. Elektrochem. angew. physik. Chem. **39** (1933), 750, 751; C 33 II 3084.

[3] P. WESTPHAL: Metallwirtsch., Metallwiss., Metalltechn. **17** (1938), 1164; C 39 I 1726.

c) Schließlich scheint auch die Frage gerechtfertigt, ob angesichts der Schwere der Einzelteilchen die gegenseitige Druckeinwirkung auch bei den lose geschütteten Pulvern ausreichend ausgeschaltet ist.

Es wird selbstverständlich das Bestreben eines jeden Experimentators sein die unerwünschten Einflüsse möglichst weitgehend fernzuhalten. Tatsächlich konnte dies aber — namentlich in bezug auf die vorangehend unter a) und b) bezeichneten Schwierigkeiten — meist nur recht mangelhaft erfolgen. Es verbleibt daher in mancher Beziehung nur der Weg, durch eine Kritik des beobachteten Gesamtverlaufes die unerwünschten Einflüsse zu eliminieren und zu einem Bild über den eigentlichen einfachen Verlauf zu gelangen. Ausführliche Darstellungen über die Geschichte der Frittungsvorgänge sind an verschiedenen Orten gegeben worden, so auch bei HÜTTIG[1].

Wohl den größten Antrieb erfuhr die Forschung der Frittungsvorgänge durch die von der Glühlampenindustrie gestellte Aufgabe, Einkristalldrähte aus den hochschmelzenden Metallen, insbesondere aus Wolfram, Molybdän und Tantal herzustellen. Fußend auf den Erfahrungen und den Vorstellungen von TAMMANN hat SAUERWALD für die „Metallkeramik" die wissenschaftlichen Grundlagen in den Jahren 1922÷1933 geschaffen (F. SAUERWALD und Mitarbeiter[2]). In diesen zahlreichen Arbeiten ergab sich eine klare Abgrenzung der Frittungsvorgänge gegen die als Folge der Kaltbearbeitung auftretende Rekristallisation; bei den Frittungsvorgängen sind die Erscheinungen des Kristallwachstums nur von dem Schwingungszustand der Atome in den Gittern bestimmt. Systematische Untersuchungen liegen ferner von TRZEBIATOWSKI[3] und von GRUBE und SCHLECHT[4] vor.

Zusammenfassende Darstellungen über „Metallkeramik", „Sinter"- und „Pulvermetallurgie" — welche Namen alle gleichbedeutend nebeneinander gebraucht werden — sind gegeben worden von BURGERS[5] in den Kapiteln Rekristallisationserscheinungen in nicht bearbeiteten Körpern, CARPENTER[6], COMSTOCK[7], FAST[8], JEFFRIES[9], JONES[10], der auch eine größere Anzahl experimentell-

[1] G. F. HÜTTIG: Kolloid-Z. **97** (1941), 281, Abschn. 3; C 42 II 129.

[2] F. SAUERWALD: Z. anorg. allg. Chem. **122** (1922), 277; C 22 III 861; Z. Elektrochem. angew. physik. Chem. **29** (1923), 79; C 23 III 607; Z. Metallkunde **16** (1924), 41; C 24 I 2303; Metall u. Erz **21** (1924), 117; C 24 II 237. — F. SAUERWALD, E. JAENICHEN: Z. Elektrochem. angew. physik. Chem. **30** (1924), 175; C 24 II 237; **31** (1925), 18; C 25 I 1474. — F. SAUERWALD, G. ELSNER: Z. Elektrochem. angew. physik. Chem. **31** (1925), 15; C 25 I 1475. — F. SAUERWALD: Stahl u. Eisen **45** (1925), 1274; C 25 II 1487; Z. Metallkunde **20** (1928), 227. — F. SAUERWALD, J. HUNCZEK: Z. Metallkunde **21** (1928), 22; C 29 I 1146. — F. SAUERWALD: Lehrbuch der Metallkunde. Berlin, 1929; C 29 II 1213. — F. SAUERWALD, S. KUBIK: Z. Elektrochem. angew. physik. Chem. **38** (1932), 33; C 32 I 1427. — F. SAUERWALD: Naturwiss. **21** (1933), 467; C 33 II 1133. — F. SAUERWALD, L. HOLUB: Z. Elektrochem. angew. physik. Chem. **39** (1933), 750; C 33 II 3084.

[3] W. TRZEBIATOWSKI: Naturwiss. **21** (1933), 205; C 33 I 2909; Z. physik. Chem., Abt. B **24** (1934), 75; C 34 I 2878; **24** (1934), 87; C 34 I 2998; Z. physik. Chem., Abt. A **169** (1934), 91; C 35 I 851.

[4] G. GRUBE, H. SCHLECHT: Z. Elektrochem. angew. physik. Chem. **44** (1938), 357; C 38 II 1478.

[5] W. G. BURGERS; Handbuch der Metallphysik, Bd. III, Teil II: Rekristallisation, verformter Zustand und Erholung. Leipzig, 1941; C 41 II 1123.

[6] C. P. CARPENTER: Quart. Colorado School Mines **35** (1940), Nr. 4, 5; C 41 I 1874.

[7] G. J. COMSTOCK: Metal Progr. **34** (1938), 505; **35** (1939), 343; C 1939 II 2272; Mech. Engng. **60** (1938), 801; C 39 II 2272; Iron Age **143** (1939), Nr. 22, 40; C 39 II 2704; Metal Progr. **35** (1939), 576; C 39 II 4076; Metals Technol. **5** (1938), Nr. 4; Techn. Publ. Nr. 926, 10 S.; Trans. Amer. Inst. min. metallurg. Engr. **128** (1938), 57; C 39 II 4076.

[8] J. D. FAST: Österr. Chemiker-Ztg. **43** (1940), 27; C 40 I 3570.

[9] Z. JEFFRIES: Metal Progr. **37** (1940), 314.

[10] W. D. JONES: Principles of powder metallurgy. London, 1937; C 38 I 430; Metal Treatment **4** (1938), 145, 152; Metal Ind. (London) **54** (1939), 51.

technischer Arbeiten veröffentlicht hat, KIEFFER und HOTOP[1], NOEL, SHAW und GEBERT[2], ROLLFINKE[3], DAWIHL[4], SCHWARZKOPF und GOETZEL[5], SKAUPY[6], sowie neuestens ein zusammenfassender Bericht von SAUERWALD[7]. Von den in der letzten Zeit mehr technisch-industriell gerichteten Zusammenfassungen nennen wir diejenigen von JEVONS[8], SALOW[9], BÁNÓ[10], GAUDENZI[11], TRIFONOFF[12], LÜPFERT[13], ENGEL[14], TAMA[15], PATCH[16], CLAUS[17], VANDERHEYDEN[18], PETERS[19], NEURATH[20], von älteren Arbeiten nennen wir diejenigen von v. HAGEN[21].

In der Literatur erscheint die Behandlung der Metallpulver und diejenige der Oxydpulver meist völlig getrennt und beziehungslos. Hingegen werden die oft verschiedenartigsten Reaktionsarten, wie z. B. das Sintern der Metallpulver und das Verspritzen von geschmolzenen Metallen, insoweit es technische Gesichtspunkte erfordern, gemeinsam behandelt. Neuere grundsätzliche Arbeiten über das Fritten von Oxydpulvern hat RYSCHKEWITSCH[22] ausgeführt.

Das Fritten von Glaspulvern stellt einen Übergang der hier behandelten Reaktionsart zu denjenigen Vorgängen dar, welche auf der Viscositätsänderung einer dispersen Flüssigkeit infolge Temperatursteigerung beruhen.

α) *Thermochemie und chemische Affinität.*

Die damit zusammenhängenden und hier interessierenden Fragen werden in Band IV des vorliegenden Werkes durch R. FRICKE besprochen werden (vgl. auch HÜTTIG[23] die Abschn. 4÷7). Wie jeder selbsttätig verlaufende Vorgang vermag auch der Übergang eines feiner dispersen Zustands in einen gröber dispersen Zustand bei bester Ausnutzung eine gewisse Arbeitsleistung $= \Delta F$ zu vollbringen, welche auch hier als die Affinität des Vorganges angesprochen werden

---

1 R. KIEFFER, W. HOTOP: Stahl u. Eisen **60** (1940), 517; C 40 II 1641.

2 D. O. NOEL, J. D. SHAW, E. B. GEBERT: Metal Ind. (London) **53** (1938), 315, 349; C 40 I 1264.

3 F. ROLLFINKE: Z. Ver. dtsch. Ing. **84** (1940), 681; C 40 II 3098; **84** (1940), 953; C 41 I 2854.

4 W. DAWIHL: Stahl u. Eisen **61** (1941), 909; C 42 I 670.

5 P. SCHWARZKOPF, C. G. GOETZEL: Iron Age **146** (1940), Nr. 12, 39; C 41 I 953; Metal Ind. (London) **57** (1940), 364; C 41 II 1673.

6 F. SKAUPY: Metallkeramik. Die Herstellung von Metallkörpern aus Metallpulvern. Berlin, 1930; C 30 I 1669.; Metallwirtsch., Metallwiss., Metalltechn. **20** (1941), 537; C 41 II 2994; **21** (1942), 64; C 42 I 3034; Kolloid-Z. **99** (1942), 319; **98** (1942), 92; C 42 I 3140.

7 F. SAUERWALD: Metallwirtsch., Metallwiss., Metalltechn. **20** (1941), 649, 671; C 42 I 670.

8 J. D. JEVONS: Metal Ind. (London) **53** (1928), 389, 467, 541, 565; C 40 I 1264.

9 T. J. SALOW: Iron Age **144** (1939), 30; C 40 I 1264.

10 E. A. BÁNÓ: Metallurgia (Manchester) **23** (1940), 51; C 41 II 949.

11 N. GAUDENZI: Alluminio **9** (1940), 211; C 41 II 1441.

12 I. TRIFONOFF: Chem. and Ind. **19** (1940), 93; C 41 II 1441.

13 H. LÜPFERT: Feinmech. u. Präzis. **50** (1942), 21, 49; C 42 II 454.

14 M. ENGEL: Mitt. Forsch.-Inst. Probieramts Edelmetalle Staatl. Höheren Fachschule Schwäb. Gmünd **1941**, 20; C 41 II 1673.

15 C. TAMA: Ind. meccan. **23** (1941), 323, 409; C 42 II 1052.

16 E. S. PATCH: Iron Age **146** (1940), Nr. 25, 31; C 41 II 804.

17 C. CLAUS: Ind. Heating **6** (1939), 926, 987, 1032; C 41 I 439.

18 F. J. VANDERHEYDEN: Techn.-wetensch. Tijdschr. **11** (1942), 145; C 42 II 1512.

19 F. P. PETERS: Metals & Alloys **12** (1940), 471, 474, 478: Übersicht über die 21 Vorträge einer Tagung am Massachusetts Inst. of Technology.

20 F. NEURATH: Chem. Age **44** (1941), 255; C 43 I 328.

21 T. v. HAGEN: Z. Elektrochem. angew. physik. Chem. **25** (1919), 375; C 20 I 237.

22 E. RYSCHKEWITSCH: Ber. dtsch. keram. Ges. **22** (1941), 54; C 41 I 2845; **16** (1935), 111; C 35 II 1932; **20** (1939), 477; C 40 I 2282.

23 G. F. HÜTTIG: Kolloid-Z. **97** (1941), 281; C 42 II 129.

muß. Dieser Vorgang ist mit einer Verkleinerung der Oberfläche verbunden, und seine Affinität wird fast ausschließlich auf 1 cm² der Oberflächenverkleinerung (= „Oberflächenarbeit"/cm²) bezogen und gemessen. Die neuesten Mitteilungen darüber werden von FRICKE[1] und von HAUL[2] gemacht. Hierbei wird auch meist die sicher nicht zutreffende Voraussetzung gemacht, daß dieser Wert unabhängig davon ist, ob kleine oder große Kristallite aggregieren (S. 395; vgl. auch die der Bemerkung von KLEBER[3] vorangehende Diskussion). Der Chemiker würde dann den unmittelbaren Anschluß an seine thermochemischen und thermodynamischen Daten und Theorien erhalten, wenn in der bei der chemischen Reaktion einzig möglichen Weise sich die Angaben auf 1 Mol des umgesetzten Stoffes beziehen würden, was aber auf grundsätzliche Schwierigkeiten stößt. Da die spezifischen Wärmen auch eines weitergehend dispersen Systems im allgemeinen nur wenig größer als diejenigen des gleichen grobdispersen Systems sind, wird bei nicht zu

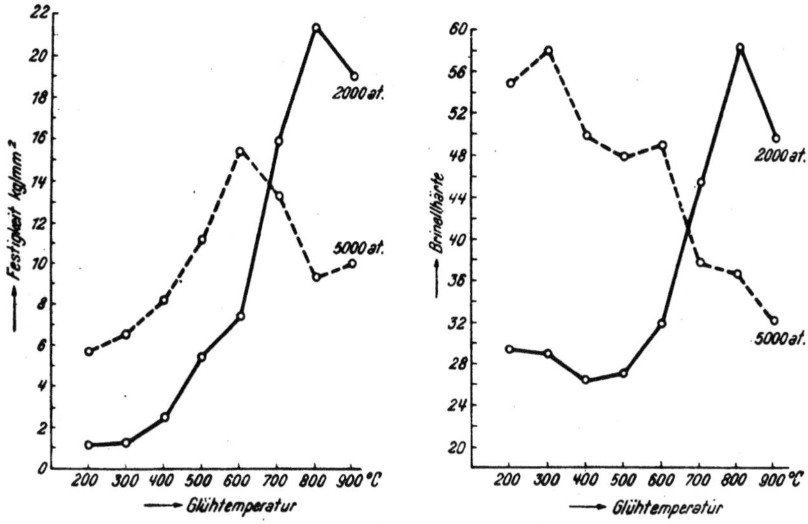

Abb. 9. Links: Festigkeit. Rechts: Härte von Kupferkörpern im Verlaufe ihres Zusammenfrittens.

hohen Temperaturen die gesamte Wärmetönung ($= \Delta U$) des Frittungsvorganges nur unwesentlich größer als die Affinität ($= \Delta F$) sein (S. 396; vgl. auch SCHENCK[4]).

β) *Beispiele für die Phänomenologie.*

Als erstes Beispiel möge der Frittungsverlauf von *Kupfer*pulvern herangezogen werden. SAUERWALD und KUBIK[5] haben ein Kupferpulver (99,77% Cu) durch Reduktion von Cu_2O mit Wasserstoff bei 420° hergestellt und daraus mit 2000 at bzw. 5000 at Preßkörper hergestellt. Verschiedene Körper wurden im Wasserstoff immer in der Dauer von 30 Minuten auf verschieden hohe konstante Temperaturen ($= t_1$) erhitzt. Nach dem Auskühlen wurde u. a. die Zerreißfestigkeit und die Brinellhärte bestimmt. Die Ergebnisse sind in der Abb. 9 mitgeteilt, wobei die Temperatur der Vorerhitzung ($= t_1$) auf der Abszisse und auf der Ordinate des linken Teiles die Zerreißfestigkeit, auf derjenigen des rechten

[1] R. FRICKE: Kolloid-Z. **96** (1941), 211; C 42 I 452.
[2] R. HAUL: Z. physik. Chem. (derzeit im Druck).
[3] W. KLEBER: Kolloid-Z. **94** (1941), 39; C 41 II 2056.
[4] R. SCHENCK: Z. Elektrochem. angew. physik. Chem. **42** (1936), 747; C 37 I 270.
[5] F. SAUERWALD, S. KUBIK: Z. Elektrochem. angew. physik. Chem. **38** (1932), 33; C 32 I 1427.

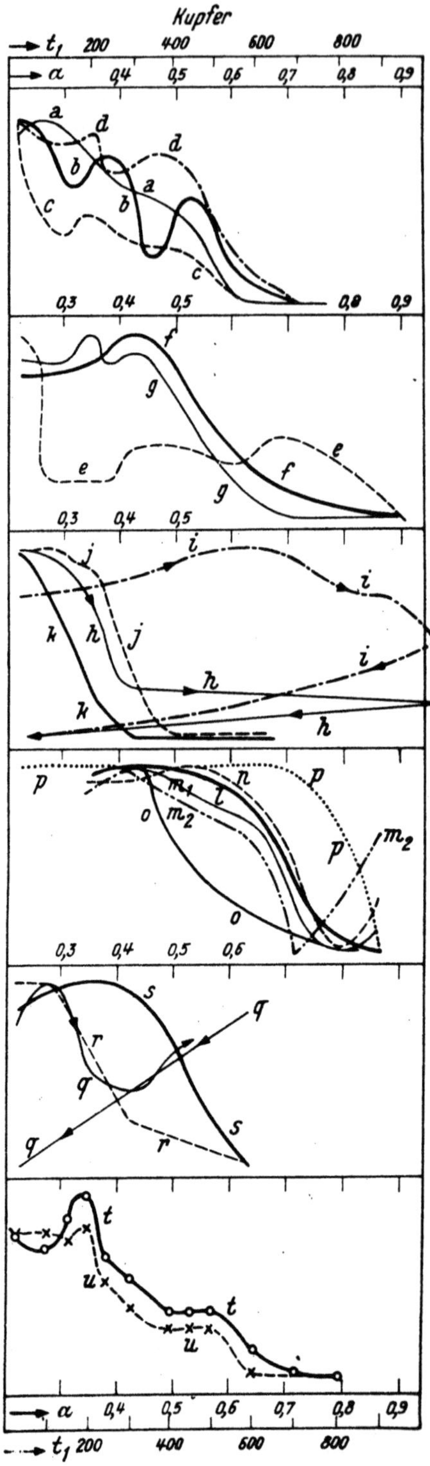

Abb. 10. Die Veränderungen verschiedener Eigenschaften im Verlaufe der Frittung von Kupferpulver.

Teiles die Brinellhärte aufgetragen ist. Bei den auf 2000 at vorgepreßten Körpern steigt die Zerreißfestigkeit mit steigender Vorerhitzung an, um bei $t_1 = 500°$ ein verdecktes und bei 800° ein reelles Maximum zu durchschreiten, wohingegen die Härten bis $t_1 = 400°$ etwas absinken, um dann von $500 \div 800°$ steil anzusteigen und daselbst ein Maximum zu erreichen. Auffallend ist, daß eine Erhöhung des Preßdruckes auf 5000 at einen ungefähr gegenteiligen Verlauf der Härte bewirkt. Bereits hier können wir erkennen, daß der Sinterungsverlauf präparativ erfaßbare Zwischenzustände von einer ähnlich großen Mannigfaltigkeit durchläuft, wie sie uns bei den Erholungs- (Rekristallisations-) Vorgängen begegnet sind (Abb. 6 und 7). HÜTTIG und Mitarbeiter[1] haben an einem elektrolytisch hergestellten Kupferpulver (99,6% Cu), das der Vorerhitzung ohne vorheriges Pressen zugeführt wurde, eine Reihe weiterer Eigenschaften bestimmt. Die Vorerhitzungsdauer im Wasserstoffstrom betrug hier jedesmal 2 Stunden. Die Ergebnisse sind in der ähnlichen Weise wie vorher in der Abb. 10 dargestellt. Da es sich hier im wesentlichen nur um den Vergleich in dem Verlaufe der verschiedenen Eigenschaften handelt, ist auf die numerischen Angaben auf den Ordinatenachsen verzichtet worden.

Die experimentellen Unterlagen für die Kurven *a* bis *g* sind veröffentlicht von HÜTTIG und Mitarbeitern[1], für die Kurven *h* und *i* bei HÜTTIG[2], für die Kurven *j* und *k* bei HÜTTIG, THEIMER und BREUER[3]. In dieser Abbildung sind ferner die Kurven *l*, m_1, *n* und *o* entnommen der Arbeit von SAUERWALD

[1] G. F. HÜTTIG, CH. BITTNER, H. HANNAWALD, R. FEHSER, W. HEINZ, W. HENNIG, E. HERRMANN, O. HNEVKOVSKY, J. PECHER: Z. anorg. allg. Chem. **247** (1941), 221; C 41 II 2789.

[2] G. F. HÜTTIG: Kolloid-Z. **98** (1942), 6; C 42 II 130.

[3] G. F. HÜTTIG, H. THEIMER, W. BREUER: Z. anorg. allg. Chem. **249** (1942), 134; C 42 I 2961.

und KUBIK[1], die Kurve m_2 derjenigen von SAUERWALD und JAENICHEN[2], die Kurve p derjenigen von SAUERWALD[3], die Kurven q bis s der Arbeit von TRZEBIATOWSKI[4] und die Kurven t und u der Arbeit von HAMPEL[5].

Die einzelnen Kurven stellen den Verlauf der folgenden Eigenschaften dar, wobei der Name des Beobachters in Klammer beigefügt ist:

Kurve *a*: Elektromotorische Kräfte, welche die Präparate gegen das gleiche auf 900° C vorerhitzte Kupferpulver zeigten (HERRMANN).
b: Auflösungsgeschwindigkeit in HNO_3 (HANNAWALD).
c: Adsorptionsvermögen gegenüber Methanoldampf bei dem Gleichgewichtsdruck $= p = 5$ mm (BITTNER).
d: Volumen der Capillaren, deren Durchmesser zwischen $1{,}5 \cdot 10^{-7}$ und $5{,}5 \cdot 10^{-7}$ cm liegen (BITTNER).
e: Im Vakuumpyknometer bestimmtes Atomvolumen (PECHER).
f: Schüttvolumen (PECHER).
g: Katalytische Wirkung gegenüber dem H_2O_2-Zerfall (HEINZ).
h: Logarithmus des spezifischen elektrischen Widerstandes (BLUDAU).
i: Volumen von 1 g des geschütteten Pulvers (BLUDAU).
j: Gehalt an gasförmigen Bestandteilen (THEIMER).
k: Gehalt an Feuchtigkeit (THEIMER).
l: Dichte, Ordinaten von oben nach unten aufgetragen (SAUERWALD und KUBIK).
m_1: Festigkeit, Ordinaten von oben nach unten aufgetragen (SAUERWALD und KUBIK).
m_2: Dasselbe (SAUERWALD und JAENICHEN).
n Härte, Ordinate von oben nach unten aufgetragen (SAUERWALD und KUBIK).
o: Elektrischer Widerstand (SAUERWALD und KUBIK).
p: Korngröße, auf Ordinate mittlerer scheinbarer Korndurchmesser von oben nach unten aufgetragen (SAUERWALD).
q: Elektrischer Widerstand bei steigender und fallender Temperatur (TRZEBIATOWSKI).
r: Dichte auf Ordinate von oben nach unten aufgetragen (TRZEBIATOWSKI).
s: Härte (TRZEBIATOWSKI).
t: Adsorptionsvermögen gegenüber gelöstem Kongorot, Vorerhitzungsdauer $^1/_2$ Stunde (HAMPEL).
u: Dasselbe, Vorerhitzungsdauer 4 Stunden (HAMPEL).

Als weiteres Beispiel wählen wir ein Oxyd, und zwar Fe_2O_3.

In der gleichen Weise wie in Abb. 10 sind die unter ähnlichen Voraussetzungen an dem Fe_2O_3 erhaltenen Ergebnisse in Abb. 11 dargestellt. Die ausführlichen Angaben können eingesehen werden bezüglich der Kurven *a* bis *x* bei HÜTTIG und Mitarbeitern[6] bzw. HÜTTIG[7], der Kurven *y* bis *z* bei HEDVALL[8], der Kurven *a'*

---

[1] F. SAUERWALD, S. KUBIK: Z. Elektrochem. angew. physik. Chem. **38** (1932), 33; C 32 I 1427.
[2] F. SAUERWALD, E. JAENICHEN: Z. Elektrochem. angew. physik. Chem. **31** (1925), 18; C 25 I 1474.
[3] F. SAUERWALD: Z. Metallkunde **16** (1924), 41; C 24 I 2303.
[4] W. TRZEBIATOWSKI: Z. physik. Chem., Abt. B **24** (1934), 75; C 34 I 2878.
[5] J. HAMPEL: Z. Elektrochem. angew. physik. Chem. **48** (1942), 82; C 42 I 2358.
[6] G. F. HÜTTIG, R. GEISLER, J. HAMPEL, O. HNEVKOVSKY, F. JEITNER, H. KITTEL, O. KOSTELITZ, F. OWESNY, H. SCHMEISER, O. SCHNEIDER, W. SEDLATSCHEK: Z. anorg. allg. Chem. **237** (1938), 209; C 39 I 4562.
[7] G. F. HÜTTIG: Kolloid-Z. **98** (1942), 6; C 42 II 130.
[8] J. A. HEDVALL: Z. physik. Chem., Abt. A **123** (1926), 33; C 26 II 2377.

bis c' bei Sauerwald und Elsner[1], der Kurve d' bei KITTEL[2] und e' bei HAHN und SENFTNER[3]. Es bedeutet die

Kurve a: Magnetische Massensuszeptibilitäten, Ordinatenauftragung von oben nach unten (KITTEL).

b: Schüttgewichte, Ordinatenauftragung von oben nach unten (KITTEL).

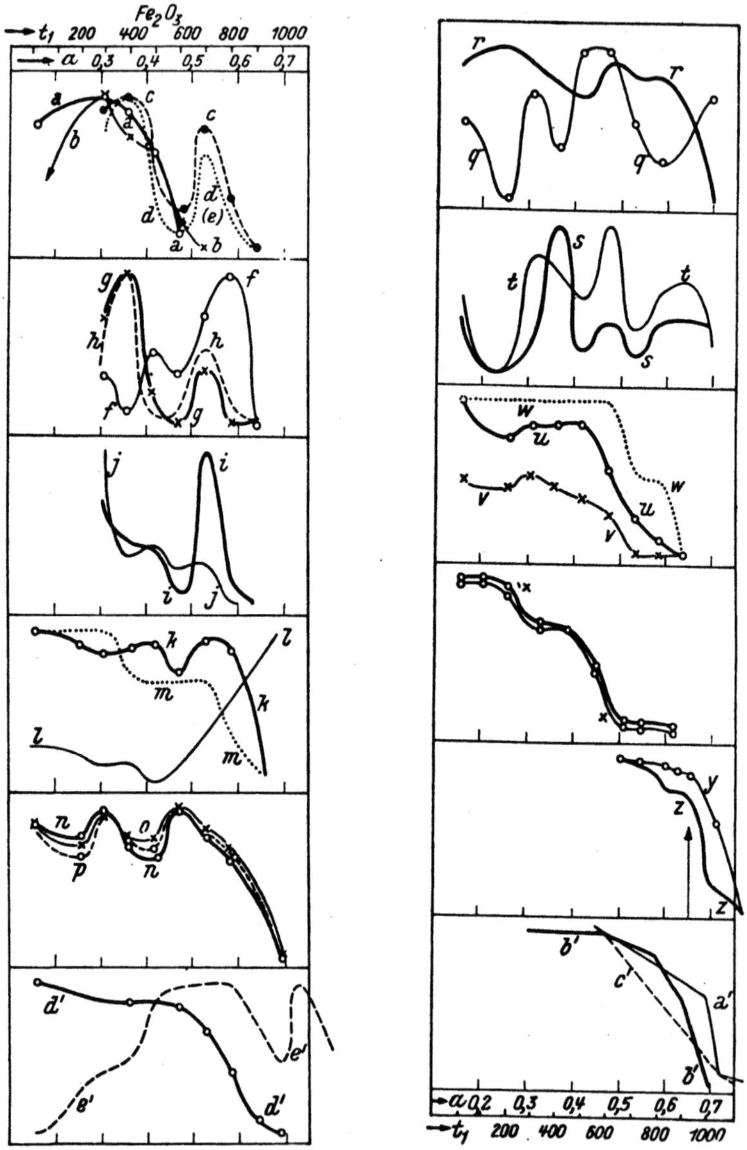

Abb. 11. Die Veränderungen verschiedener Eigenschaften im Verlaufe der Frittung von Fe_2O_3.

c: Adsorptionsvermögen gegenüber Methanoldampf bei dem Gleichgewichtsdruck $p = 3$ mm (W. SEDLATSCHEK).

[1] F. SAUERWALD, G. ELSNER: Z. Elektrochem. angew. physik. Chem. **31** (1925), 15; C 25 I 1475.

[2] H. KITTEL: Z. physik. Chem., Abt. A **178** (1936), 81; C 37 I 1879.

[3] O. HAHN, V. SENFTNER: Z. physik. Chem., Abt. A **170** (1934), 191; C 35 I 1187

Kurve *d*: Dasselbe für $p = 15$ mm (W. SEDLATSCHEK).
e: Dasselbe für $p = 50$ mm (W. SEDLATSCHEK).
f: Qualität der besser adsorbierenden Stellen (W. SEDLATSCHEK).
g: Quantität der besser adsorbierenden Stellen (W. SEDLATSCHEK).
h: Quantität der schlechter adsorbierenden Stellen (W. SEDLATSCHEK).
i: Volumen der Capillaren, deren Durchmesser zwischen $3{,}5 \cdot 10^{-7}$ und $4{,}5 \cdot 10^{-7}$ cm liegen (W. SEDLATSCHEK).
j: Volumen der Capillaren, deren Durchmesser zwischen $1{,}5 \cdot 10^{-7}$ und $2{,}5 \cdot 10^{-7}$ cm liegen (W. SEDLATSCHEK).
k: Magnetische Massensuszeptibilitäten, Ordinatenauftragung von oben nach unten (JEITNER).
l: Schüttgewichte, Ordinatenauftragung von oben nach unten (JEITNER).
m: Angaben über die Farbverschiebungen im W. OSTWALDschen Farbatlas (JEITNER).
n: Adsorptionsvermögen gegenüber Methanoldampf bei dem Gleichgewichtsdruck $p = 3$ mm (JEITNER).
o: Dasselbe für $p = 15$ mm (JEITNER).
p: Dasselbe für $p = 50$ mm (JEITNER).
q: Qualität der besser adsorbierenden Stellen (JEITNER).
r: Quantität der besser adsorbierenden Stellen (JEITNER).
s: Volumen der Capillaren, deren Durchmesser zwischen $3{,}5 \cdot 10^{-7}$ und $4{,}5 \cdot 10^{-7}$ cm liegen (JEITNER).
t: Volumen der Capillaren, deren Durchmesser zwischen $1{,}5 \cdot 10^{-7}$ und $2{,}5 \cdot 10^{-7}$ cm liegen (JEITNER).
u: Sorptionsvermögen gegenüber gelöstem Eosin (HAMPEL).
v: Sorptionsvermögen gegenüber gelöstem Kongorot (HAMPEL).
w: Angaben über die Farbe (HAMPEL).
x: Lösbarkeiten in Salzsäure (GOSSLER).

Versuchsergebnisse von HEDVALL (Ordinatenauftragungen von oben nach unten):
Kurve *y*: Bruchfestigkeiten gegen Druck.
z: Schwindung.

Versuchsergebnisse von SAUERWALD und ELSNER (Ordinatenauftragungen von oben nach unten):
Kurve *a'*: Spezifische Zerreißfestigkeiten.
b': Spezifische Druckfestigkeiten.
c': Dichten.

Versuchsergebnisse aus dem Kaiser-Wilhelm-Institut für Chemie (Ordinatenauftragungen von oben nach unten):
Kurve *d'*: Emanationsabgabe von Fe_2O_3 (KITTEL).
e': Emanationsabgabe von Fe_2O_3-Gel (O. HAHN und SENFTNER).

Untersuchungen, wie sie vorangehend für Cu und Fe_2O_3 umrissen sind, wurden mit gleichen Absichten von verschiedenen Autoren auch durchgeführt für Fe, Sn, Pb, Au, Ni, Mo, W, Al_2O_3, ZnO, BeO, CuO, Fe_3O_4, Al, NaCl, organische Stoffe und Gläser. Der Verlauf der Frittungen wurde verfolgt durch Messungen von elektromotorischen Kräften, magnetischen Suszeptibilitäten, Lösbarkeit und chemischen Umsetzungen mit verschiedenen flüssigen Medien, Adsorptionsisothermen gegenüber Methanoldampf und den daraus erhaltenen Rechenwerten, Emanationsvermögen, Dichten im Vakuumpyknometer, Schüttvolumen, katalytischen Wirkungen, elektrischen Widerständen, Gasabgaben, Festigkeiten, Härten, Kornvergrößerungen auf mikroskopischem und röntgenoskopischem Wege, Adsorptionsvermögen gegenüber gelösten Farbstoffen u. a. Eine möglichste Vollständigkeit anstrebende Zusammenstellung der an den oben genannten Stoffen erhaltenen Ergebnisse ist von HÜTTIG[1] vorgenommen worden, woselbst auch die graphischen Darstellungen nach Art der Abb. 9 und 10 ge-

[1] G. F. HÜTTIG: Kolloid-Z. 98 (1942), 6; C 42 II 130.

geben sind Darüber hinaus haben in neuester Zeit die Untersuchungen von den in den Pulvern festgehaltenen Gasen im Verlaufe der Frittung erhöhte Aufmerksamkeit gefunden (HÜTTIG, THEIMER und BREUER[1]; HÜTTIG und BLUDAU[2]).

γ) *Theorie.*

Die meisten Eigenschaften zeigen im Verlaufe der Frittung starke, oft nach einer sehr komplizierten Funktion mit Maxima und Minima ablaufende Veränderungen. Für verschiedene Eigenschaften ist das Bild ein recht verschiedenes, so daß zunächst aus dem Verlauf der einen Eigenschaft keine oder nur sehr unsichere Schlüsse auf den Verlauf einer anderen Eigenschaft gezogen werden können. Verschiedene Stoffe haben ihrerseits auch für die einzelnen Eigenschaften einen anderen Ablauf. Die Ordnung, Deutung und Aufstellung von Gesetzmäßigkeiten für den Frittungsverlauf ist daher recht schwierig.

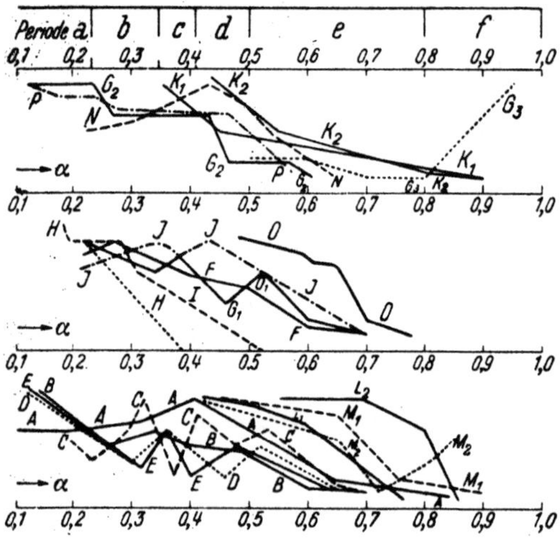

Abb. 12.
Schema für die Phänomenologie des Frittungsverlaufes.

Als ein sehr brauchbares Prinzip hat sich der Vorgang von TAMMANN bewährt, demzufolge die Temperatur nicht in Graden Celsius, sondern in Bruchteilen (= α) der absoluten Schmelztemperatur des betrachteten Stoffes zu zählen ist (S. 388). Trägt man die an verschiedenen Stoffen erhaltenen Ergebnisse über eine solche Temperaturabszisse auf, so ergibt sich in qualitativer Hinsicht für recht verschiedene Stoffe in erster Näherung das gleiche Bild; der individuelle Einfluß des Stoffes verschwindet weitgehend, und es bleibt nur die Charakteristik der verschiedenartigen Eigenschaften. Eine solche in erster Näherung nahezu für alle untersuchten Stoffe gültige schematische Darstellung ist in der Abb. 12 wiedergegeben.

Es bedeutet in dieser Abbildung

Kurve *A* : Schüttvolumina.
B : Adsorptionsvermögen gegenüber CH_3OH.
C : Güte der adsorbierenden Stellen.
D : Anzahl der adsorbierenden Stellen.
E : Volumen der Capillaren.
F : Elektromotorische Kraft.
G_1: Lösbarkeit des Kupfers in Salpetersäure.
G_2: Lösbarkeiten in Salzsäure.
G_3: Lösbarkeiten des Bleies in essigsaurer Cadmiumacetatlösung.
H : Gehalt an gasförmigen Bestandteilen.
I : Gehalt an Wasser.
J : Katalytische Wirkung gegenüber dem H_2O_2-Zerfall.
K_1 u. K_2: Elektrische Widerstände.
L_1 u. L_2: Korngröße von oben nach unten aufgetragen.
M_1 u. M_2: Zerreißfestigkeiten.

---

[1] G. F. HÜTTIG, H. THEIMER, W. BREUER: Z. anorg. allg. Chem. **249** (1942), 134; C 42 I 2961.
[2] G. F. HÜTTIG, H. H. BLUDAU: Z. anorg. allg. Chem. **250** (1942), 36; C 42 II 1658

Kurve N : Härten.
O : Schwindung.
P : Adsorptionsvermögen gegenüber gelösten Farbstoffen.

Dort, wo für eine Eigenschaft zwei Kurven eingetragen sind (z. B. K_1 und K_2), weichen die verschiedenen Stoffe innerhalb dieses Intervalls voneinander ab.

Eine Musterung der Abb. 11 verbunden mit den in dieser Beziehung älteren Erfahrungen an der Reaktionsart A starr + B starr → AB starr (S. 471) führt zu der folgenden modellmäßigen Beschreibung des Frittungsverlaufes:

Periode a): In dem Gebiet *unterhalb* $\alpha = 0{,}23$: ein mit der Temperatur *zunehmender Abdeckungseffekt* als Folge von *Adhäsionskräften*. In diesem Temperaturgebiet findet bereits eine sehr starke *Verkleinerung* der den Dämpfen bei den Adsorptionserscheinungen zugänglichen *Oberfläche* und des für ihre Kondensation zur Verfügung stehenden Capillarvolumens statt (Kurven D und E); im Zusammenhang damit nimmt auch das Adsorptionsvermögen gegenüber gelösten Farbstoffen etwas ab (Kurve P). Es liegt hier die gegenseitige flächenabdeckende Adhäsionswirkung der Kristallite vor, welche sich mit steigender Temperatur steigert. Es ist dies der wesensgleiche Vorgang, wie er in Pulver*gemischen* als „Abdeckungseffekt" beschrieben wird (S. 472). Mit diesen Erscheinungen muß wohl nicht zwangsläufig das Absinken des chemischen Potentials (= „Güte der adsorbierenden Stellen") verbunden sein. Daß ein solches beobachtet wird (vgl. Kurve C), dürfte wahrscheinlich auf einem Übergang der aktivsten und daher temperaturempfindlichsten Stellen in stabilere Lagen beruhen; etwas Derartiges würde wahrscheinlich nicht eintreten können, wenn die in dem Ausgangspulver enthaltenen Partikelchen von völlig gesunden, reinen, gasfreien Kristalloberflächen begrenzt wären.

Periode b): etwa von $\alpha = 0{,}23$ bis $0{,}36$: Aktivierungen infolge Oberflächendiffusionen. Lockerung oder Abgabe der etwa an der Oberfläche festgehaltenen Gase. Hier tritt die Auswirkung eines neuen Prinzips in Erscheinung, indem ein allgemeiner Anstieg der Aktivitäten einsetzt. Zuerst (bei $\alpha = 0{,}23$) wird von dem Ansteigen das chemische Potential, in welchem sich sozusagen die feinsten Kräuselungen der Oberfläche auswirken, erfaßt. Es folgt (bei $\alpha = 0{,}30$) ein Ansteigen der der Adsorption zugänglichen Oberflächengröße, und gleichzeitig oder nur wenig verzögert (bei $\alpha = 0{,}31$) erfolgt ein Ansteigen des Volumens der den Dämpfen zugänglichen Capillaren. Gleichzeitig mit allen diesen Vorgängen tritt ferner auch eine spontane Lockerung eines Teiles der bis dahin festgehaltenen Gase auf; eine Zusammenstellung dieser in der Abb. 11 noch nicht berücksichtigten Erscheinungen ist neuerdings für Eisen, Kupfer, α-Aluminiumoxyd und Nickel von HÜTTIG, THEIMER und BREUER[1] (vgl. auch HÜTTIG und BLUDAU[2]) gegeben worden. Eine im merklichen Ausmaße einsetzende Gitterselbstdiffusion kommt in diesem Temperaturgebiet sicher noch nicht in Betracht, wohl aber eine Oberflächenselbstdiffusion (S. 390). Es ist gut vorstellbar, daß eine in diesem Temperaturgebiet im merklichen Ausmaße einsetzende Oberflächenselbstdiffusion zunächst gewisse von den Adhäsionskräften geschaffene Zusammenballungen lockern muß (= Aktivierung), um erst dann die ihrem Wesen entsprechende neue Art von Agglomeraten bilden zu können. Eine derartige Erklärung manifestiert auch eine Übereinstimmung mit den wesentlichsten Merkmalen der bei den Pulvergemischen beschriebenen Periode der Aktivierung infolge der Bildung molekularer Oberflächenüberzüge (S. 474). Seit der Aufstellung des HEDVALLschen Prinzips (S. 374) gehört es zu unseren alltäglichen Vorstellungen, daß dort,

---

[1] G. F. HÜTTIG, H. THEIMER, W. BREUER: Z. anorg. allg. Chem. **249** (1942), 134; C 42 I 2961.

[2] G. F. HÜTTIG, H. H. BLUDAU: Z. anorg. allg. Chem. **250** (1942), 36; C 42 II 1658.

wo an ein aus festen Körpern bestehendes System ein neues ordnendes Prinzip herantritt, sich dieses zunächst als eine Aktivierung auswirkt. Zu der in den letzten Zeiten besonders interessierenden Frage nach der Abgabe kleiner Mengen Fremdgase sei noch folgendes bemerkt. Es wäre unrichtig zu argumentieren, daß die in diesem Gebiete stattfindende Gasabgabe die Ursache der Auflockerungserscheinungen ist. Der primäre Vorgang der Auflockerung ist durch das Verhalten der Kristalloberfläche bedingt, dem als Folgeerscheinung eine Abgabe der von der Oberfläche festgehaltenen flüchtigen Komponente folgen kann — falls eine solche vorhanden ist.

Periode c): etwa von $\alpha = 0{,}33$ bis $\alpha = 0{,}45$: Desaktivierung infolge Beendigung der Molekülumgruppierung in der Oberfläche und die dadurch bedingte Stabilisierung sowie verstärkte Auswirkung der Adhäsionskräfte. In diesem das Geschehen der Periode b) ein wenig überschneidenden Gebiet läuft die Anordnung auf den Wegen eines ungestörten Alterungsprozesses. Die Verminderung des chemischen Potentials (Abb. 11, Kurve *C*) setzt bei $\alpha = 0{,}33$, die Verminderung in der Größe der Oberfläche (Kurve *D*) und der Capillarvolumina (Kurve *E*) bei $\alpha = 0{,}36$ ein. Abgesehen von den bei höheren Temperaturen stärker in Erscheinung tretenden Adhäsionskräften werden hier die durch die Oberflächendiffusion verursachten Zusammenbackungsvorgänge eintreten, zumal diese Diffusionsart bereits über sehr schmale Spalten Verbindungsbrücken bauen kann (S. 424). Das Schüttvolumen (Kurve *A*), welches während der vorangehenden Aktivierungsperiode eine stark zunehmende Aufblähung aufweist, zeigt von $\alpha = 0{,}41$ einen auf ein zunehmendes Zusammenbacken hindeutenden Abfall. Auch hier ist noch eine gewisse Analogie zu dem innerhalb von Pulvergemischen verlaufenden, als Periode „Desaktivierung der molekularen Oberflächenbezüge" bezeichneten Vorgang vorhanden (S. 479).

Periode d): etwa von $\alpha = 0{,}37$ bis $0{,}53$: Aktivierungen infolge der Molekülumgruppierungen im Kristallinneren, die durch die hier im merklichen Ausmaße einsetzende Gitterselbstdiffusion verursacht werden; Ausstoßung der allenfalls im Gitter enthaltenen gasförmigen Bestandteile. Diesmal ist es die hier in merklichem Ausmaße einsetzende *Gitter*selbstdiffusion, welche die von der Oberflächenselbstdiffusion geschaffene Ordnung von innen heraus durchbricht und die Anordnung der Atome nach ihren eigenen kinetischen Gesetzen zu gestalten beginnt (vgl. Abb. 13, Teil *c*). Diese neuerliche, mit einer Aktivierung verbundene Revolution beginnt bereits bei $\alpha = 0{,}37$ mit einem raschen Anwachsen des chemischen Potentials (Abb. 11, Kurve *C*); das recht hohe Maximum wird bei $\alpha = 0{,}41$ erreicht, auf welcher Höhe sich das chemische Potential mit einigen Schwankungen und einer etwas fallenden Tendenz bis $\alpha = 0{,}53$ hält. Das Ansteigen des zugänglichen Capillarvolumens (Kurve *E*) setzt bei $\alpha = 0{,}40$ ein und währt bis $\alpha = 0{,}48$; das Ansteigen der Größe der zugänglichen Oberfläche (Kurve *D*) beginnt bei $\alpha = 0{,}43$ und dauert bis $\alpha = 0{,}52$. Es ist ferner $\alpha = 0{,}44$ die niedrigste Temperatur, für welche in dem Schrifttum der direkt beobachtete Beginn einer Korngrenzenverschiebung angegeben wird (Kurve L_1). Schließlich wird etwa bei $\alpha = 0{,}52$ der größte Teil der noch festgehaltenen Gase ausgestoßen. Auch die an den *Pulvergemischen* mit untereinander chemisch reagierenden Komponenten beschriebene Periode d) (S. 483) beinhaltet eine Aktivierung als Folge der inneren Diffusion.

Periode e): etwa von $\alpha = 0{,}48$ bis $\alpha = 0{,}8$ und höher: Desaktivierung infolge Gitterdiffusion, Verkleinerung der Oberfläche infolge Sammelrekristallisation. Nachdem die Revolutionsperiode d) abgeschlossen ist, kann der Weg der ungestört fortschreitenden Alterung in der Richtung gegen den Einkristall begangen werden. Das chemische Potential beginnt mit seinem endgültigen Absinken bei $\alpha \doteq 0{,}53$, die Abnahme der Oberflächengröße bei $\alpha = 0{,}52$, die des Volumens der

Capillaren bei $\alpha = 0{,}48$. Vor allem erfolgen die Korngrenzenverschiebungen bzw. die Kornvergrößerungen (Abb. 11, Kurven L_1 und L_2) bei zunehmender Temperatur immer rascher. Auch die Festigkeiten (Kurven M_1 und M_2) nehmen zu. Hier wird allerdings bei der Zugfestigkeit — worauf SAUERWALD als Angelegenheit von grundsätzlicher Bedeutung hingewiesen hat — ein Maximum bei etwa 0,72 erreicht (vgl. Kurve M_2), dem eine leicht sinkende Tendenz folgt.

Periode f): oberhalb $\alpha = 0{,}8$ allenfalls neuerliche Aktivierungen als Vorbereitung des Schmelzvorganges. Die Angabe über diesen Effekt gründet sich bis jetzt nur auf eine geringe Anzahl von Beobachtungen. Eine eingehende Darlegung und experimentelle Begründung für das obige Schema des Frittungsverlaufes ist gegeben bei HÜTTIG[1]. Die dem Schema zugrunde liegenden Erfahrungen sind gesammelt an dem Verhalten von Metalloxyden, Metallen und vereinzelt von Salzen, der Gültigkeitsbereich dürfte sich demnach wahrscheinlich allgemein auf die metallische und ionogene Bindung beziehen. Wo im Verlaufe der Vorerhitzung Modifikationsumwandlungen (z. B. bei dem Eisen) stattfinden, treten Komplikationen auf, indem der Gesamtablauf durch eine neuerliche Aktivierung und darauffolgende Desaktivierung bereichert wird. Etwas Ähnliches gilt für den Fall, daß das Pulver bei höheren Temperaturen teilweise eine Zersetzung unter Gasabgabe (wie z. B. das Fe_2O_3) erleidet. *Nicht* zutreffend ist das obige Schema für organische Stoffe und wahrscheinlich allgemein für Stoffe mit homöopolarer Bindung; hier liegt ein völlig anderer Mechanismus des Frittungsverlaufes vor, indem der hierzu notwendige Molekulartransport über die Gasphase, also durch Sublimation stattfindet (unveröffentlichte Versuche von THEIMER).

δ) *Die Elementarvorgänge des Frittungsverlaufes.*

An dem im vorigen Abschnitt beschriebenen Frittungsverlauf sind eine Anzahl untereinander wesensverschiedener Elementarvorgänge beteiligt. Es sind die folgenden:

Die Elementarvorgänge, deren Ursache die zwischen zwei sich berührenden Kristallflächen wirksamen Adhäsionskräfte sind (SAUERWALD und TAMMANN). Wir folgen hier der Darstellung von SAUERWALD[2]. Wenn sich die Oberflächen zweier Partikelchen, d. h. die Grenzebenen ihrer Gitter gegenüberliegen, so werden von beiden Gittern aus die Kraftfelder in den zwischen ihnen befindlichen Raum hineinreichen, und es wird eine gegenseitige Anziehung stattfinden. In beiden Gittern schwingen die Atome, und die Amplituden sowie der Wirkungsbereich der Kraftfelder nehmen mit der Temperatur an Größe zu. Es kann so der Fall eintreten, daß sich die Wirkungsbereiche überdecken und die Atome mit größerer Amplitude in den Bereich des fremden Gitters einbezogen werden können. Dies kann zu einer Verschiebung der Korngrenze führen, wenn man von der Annahme ausgeht, daß im Gitter die Kraftvektoren nach verschiedenen Richtungen entsprechend der Symmetrie des Gitters verschieden und die Schwingungen in bestimmter Weise im Gitter orientiert sind. Wenn sich nun zwei kristallographisch verschieden gekennzeichnete Flächen gegenüberstehen, so können Atome aus der Oberfläche mit der größeren Schwingungsamplitude von der gegenüberliegenden Fläche eingefangen werden, und es setzt die Verschiebung des Grenzspaltes ein, bis schließlich der eine Kristallit den anderen aufgezehrt hat. Der Mechanismus dieses Vorganges ist in dem Teil a) der Abb. 13 schematisch dargestellt. Die beiden gleich groß gezeichneten Kristalle A und B mögen sich in dem Abstand z gegenüberstehen, so daß sie durch den in der Abbildung durch schräge Schraffen

---

[1] G. F. HÜTTIG: Kolloid-Z. **98** (1942), 6; C 42 II 130.
[2] F. SAUERWALD: Z. anorg. allg. Chem. **122** (1922), 277; C 22 III 861.

angedeuteten Zwischenraum getrennt sind. Bei dem linken Kristall A möge die durch maximale Schwingungsamplituden definierte Hauptachse (in der Abbildung durch Pfeile dargestellt) von oben nach unten gestellt sein, wohingegen die Hauptachse des rechten Kristalls senkrecht dazu, in der Zeichnung von links nach rechts, gelagert sein möge. Die Atome der in Berührungsnähe stehenden Oberfläche des Kristalls B werden also in der Richtung zu dem Nachbarkristall viel größere Schwingungsamplituden aufweisen, als es für die gegenüberliegende Oberfläche des Kristalls A zutrifft. Infolgedessen werden die ganz besonders weit aus ihrer Ruhelage herausschwingenden Atome des Kristalls B in das Kraftfeld des Kristalls A vorstoßen, daselbst eingefangen und zum Aufwachsen des Kristalls A verwendet werden. Es wird von dem Kristall B eine Atomlage (in der Abbildung punktiert angedeutet) nach der anderen zu dem Kristall A herübergezogen werden, wobei der Zwischenraum z sich dauernd von links nach rechts verschiebt (= ,,Verschiebung der Korngrenze''), bis schließlich von dem Kristall B nichts übriggeblieben ist und ein einziger Kristall vorliegt, so wie er in bezug auf Größe, Form und Lage in dem Feld *a* der Abb. 13 durch die stark voll ausgezogene Linie versinnbildlicht ist.

Die Elementarvorgänge, deren Ursache die Selbstdiffusion in den Oberflächen der Kristalle ist. Die Oberflächen und deren Abhängigkeit von der Temperatur sind bereits auf S. 390 behandelt worden. Stehen *zwei* Kristallite miteinander in Berührung, so kann sich diese Oberflächenselbstdiffusion in einer Weise auswirken, wie sie schematisch in dem Teil *b* der Abb. 13 dargestellt ist. Es sind hier wieder zwei gleich große Kristalle A und B (dünn voll gezeichnet) einander in dem (diesmal etwas größer gezeichneten) Abstand z gegenübergestellt. Die sich gegenüberliegenden Flächen werden im Vergleich zu den übrigen, in keinem fremden Kraftfeld stehenden Flächen grundsätzlich ähnliche energetische Merkmale haben, wie die im Inneren einer Capillaren liegende Oberfläche oder wie thermodynamisch irreversible Gitterbaufehler. Die Fähigkeit, daselbst über die Oberfläche hindiffundierende Atome ortsfest einzufangen, wird daher hier größer sein als auf den übrigen Oberflächen. Infolgedessen muß mit der Zeit eine Zunahme (Anhäufung) von Atomen auf diesen Oberflächen auf Kosten der übrigen Oberflächen erfolgen. Die Kristalle werden an den einander zugekehrten Seiten einander entgegenwachsen. Die punktiert gezeichneten Linien stellen eine solche Zwischenstellung dar. Schließlich erfolgt Berührung und Vereinigung zu einem einzigen Kristall, wie er in dem Feld *b* der Abb. 13 durch die stark voll ausgezogene Umrahmung angedeutet ist.

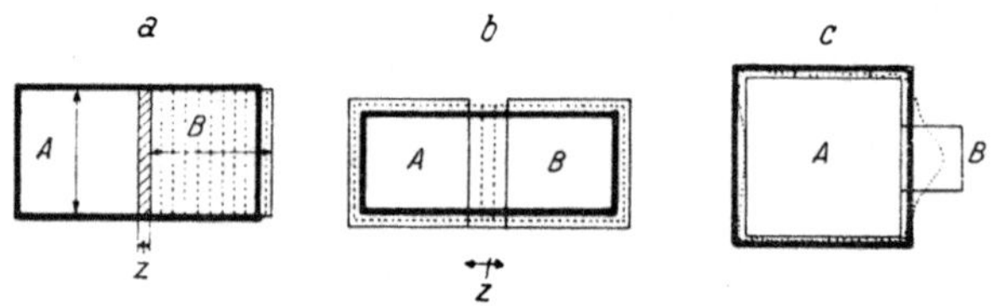

Abb. 13. Schematische Darstellung der Vereinigung zweier Kristalle infolge der Wirkung *a* von Adhäsionskräften, *b* der Oberflächenselbstdiffusion, *c* der Gitterselbstdiffusion.

Die Elementarvorgänge, deren Ursache die Selbstdiffusion in dem Kristallgitter ist. Die Gitterselbstdiffusion und deren Abhängigkeit von der Temperatur ist bereits auf S. 386 behandelt worden. Die Selbstdiffusion innerhalb des Kristallgitters unterscheidet sich von der Selbstdiffusion in der Oberfläche nur dadurch, daß die Fortbewegung der Atome nicht nur in der Kristalloberfläche, sondern durch den ganzen Querschnitt des Kristalls hindurchgeht. Ansonsten kann auch hier für die Vereinigung zweier benachbarter Kristalle der in dem Felde *b* der Abb. 13 skizzierte Mechanismus als zuständig betrachtet werden. Die Gitterdiffusion wird im Vergleich zu der Oberflächendiffusion erst in höheren Temperaturlagen merklich, kann dann aber dort mit steigender Temperatur so rasch ansteigen, daß ihr Anteil an dem Atomtransport den durch die Oberflächendiffusion bedingten Anteil größenordnungsmäßig überwiegt. Es ist daher auch keineswegs die Annahme notwendig, daß eine Kristallvereinigung, welche im wesentlichen durch Gitterdiffusion bewerkstelligt wird, bei dem Zustand beendet wird, der für die Oberflächendiffusion praktisch das Ende bedeutet. Das entsprechend der Zeichnung des Feldes *b* in der Abb. 13 als Produkt der Vereinigung gezeichnete Gebilde kann von dem stabilen Zustand eines Einkristalls noch recht weit entfernt sein. Ganz abgesehen von den bereits vorhin genannten gegenseitigen Lagen der Ausgangskristalle, die von einem kristallographisch einheitlichen Einkristall nicht übernommen werden können und wohl nur auf dem Wege einer Rekristallisation beseitigbar sind, kann auch bei einer kristallographisch völlig übereinstimmenden Lagerung der beiden Ausgangskristalle eine *Form* entstehen, welche für den Einkristall nicht den endgültigen Zustand bedeuten kann. Ein hier besonders interessierender Fall ist in dem Felde *c* der Abb. 13 dargestellt. Ein großer Kristall *A* und ein kleiner Kristall *B* (beide voll dünn gezeichnet) mögen nach einem der vorhin behandelten Prinzipien in kristallographisch durchaus übereinstimmender Lage zu einem Einkristall verwachsen sein, etwa so, wie es die Zeichnung wiedergibt. Bei dem so entstandenen Gebilde müssen in dem Teil, der früher der kleine Kristall *B* war, größere Oberflächenspannungen herrschen als in dem restlichen großen Teil. Auf dem Wege über die Gitterdiffusion (und zu einem kleineren Teil wohl auch die Oberflächendiffusion) wird ein Ausgleich stattfinden, der über Gebilde, wie sie etwa durch die punktierte Linie wiedergegeben werden, zu dem endgültigen Zustand, so wie er etwa durch die stark voll ausgezogene Umrahmung symbolisiert ist, führt. Nach diesem Mechanismus ist also die klassische Forderung nach dem Aufzehren der kleinen Kristalle durch die großen realisierbar.

Die Rekristallisationsvorgänge.

Die durch Vereinigung zweier Kristalle entstehenden Gebilde können starke innere Verspannungen besitzen. Dies kann vor allem für die auf dem Wege über die Oberflächendiffusion entstandenen Verwachsungen zutreffen. Solche Zwangszustände, welche ähnlich den durch Kaltbearbeitung entstandenen zu bewerten sind, werden in der Regel durch Rekristallisationsvorgänge (S. 410) beseitigt. Am ehesten darf man von den durch Gitterselbstdiffusion entstandenen Verwachsungen annehmen, daß sie der endgültigen Anordnung ohne nachfolgende Rekristallisationsnotwendigkeit zustreben. Die Umkehr aus der von den Adhäsionskräften angebahnten Vereinigung in die von der Oberflächenselbstdiffusion erstrebten ist das Merkmal der Periode b), der Übergang von der letzteren Anordnung in die Richtung zu dem von der Gitterselbstdiffusion selbst angestrebten Zustand das Merkmal der Periode d). In diesem Sinne können auch diese beiden Perioden als Rekristallisationen angesprochen werden.

Bezüglich der nun folgenden Reaktionsarten muß als das zusammenfassende Standardwerk für eine rein theoretische, meist auf vereinfachten Annahmen fußende Betrachtungsweise dasjenige von VOLMER[1]: „Kinetik der Phasenbildung" genannt werden. Für die großtechnischen Ausführungsformen des Schmelzens, Sublimierens und Gefrierens gibt WAESER[2] eine vollständige Literaturübersicht für die Jahre 1933÷1939.

---

[1] M. VOLMER: Kinetik der Phasenbildung. Dresden und Leipzig: Steinkopff, 1939; C 39 II 7.

[2] B. WAESER: Chem. Fabrik **14** (1941), 39; C 41 I 2568.

2. *A* starr → *A* flüssig (Schmelzvorgänge).

Eine grundlegende Darstellung unserer Kenntnisse über den Schmelzprozeß haben kürzlich Eucken[1] und Stranski[2], ferner Molière[3], Lennard-Jones und Devonshire[4] und Rice[5] gebracht. In der letzten Zeit wurden theoretische Darlegungen mitgeteilt von Dehlinger[6] unter Mitbenützung koordinationschemischer Vorstellungen, ferner von Kirkwood und Monroe[7], Mott[8] (Zusammenfassung) und Toda[9]. Vorwiegend von dem Standpunkte des Überganges eines geordneten in einen wenig geordneten Zustand betrachten den Schmelzvorgang die Arbeiten von Frank[10], Kubaschewski[11], Thiessen und Wittstadt[12], Wannier[13] und Ludloff[14]. Andere hierher gehörige Fragen sind die Zustände an der Grenzfläche Kristall/Schmelze bzw. die Vorgänge, welche in einer Größenveränderung dieser Grenzfläche bestehen.

Bereits unterhalb der Schmelztemperatur bereiten sich Vorgänge vor, welche als eine Vorbereitung des Schmelzvorganges angesprochen werden können. Diese kommen (ähnlich wie in der Nähe eines chemischen Zersetzungsvorganges) in einem anomalen Anstieg der spezifischen Wärmen, in einer Abnahme der Starrheit (Birch und Bancroft[15]) u. a. zum Ausdruck. Diese Vorgänge sind so zu deuten, daß auch im festen Zustande mit steigender Temperatur ein ständig wachsender Anteil der Gitterbausteine in einen „fluiden" Zustand übergeht (Zunahme der Unordnung S. 408, vgl. auch über Selbstdiffusion S. 386 und Auflockerung S. 389). Frenkel[16] spricht daher von einem stetigen Übergang des festen in den flüssigen Zustand in weitgehender Analogie zu dem stetigen Übergang des flüssigen in den gasförmigen Zustand und erblickt in dem eigentlichen Schmelzvorgang eine Reihe von örtlichen „Brüchen" des Kristallgitters. Dementsprechend werden auch die Flüssigkeiten in der Nähe der Schmelztemperatur noch gewisse Merkmale des starren Zustandes besitzen, also Flüssigkeiten mit einer „fixierten" Struktur (Ueberreiter[17]) bzw. überhaupt „flüssige Kristalle" sein. Über die Erhaltung von Strukturcharakteristiken beim Schmelzen der Alkalihalogenide berichtet Stewart[18]. Die Vorschmelzerscheinungen betreffen auch die Untersuchungen von Thiessen und Klenck[19]. Für den Fall, daß der Zusammenbruch des Kristallgitters nicht bei einer bestimmten Tem-

---

[1] A. Eucken: Chemie **55** (1942), 163; C 42 II 1324.
[2] I. N. Stranski: Naturwiss. **30** (1942), 425; Z. Physik **119** (1942), 22.
[3] G. Molière: Ann. Physik [5] **35** (1939), 577; C 39 II 3541.
[4] J. E. Lennard-Jones, A. F. Devonshire: Proc. Roy. Soc. (London) **170** (1939), 464; C 39 II 605.
[5] O. K. Rice: J. chem. Physics **7** (1939), 883; C 40 I 513.
[6] U. Dehlinger: Physik. Z. **42** (1941), 197; C 41 II 2175.
[7] J. G. Kirkwood, E. Monroe: J. chem. Physics **8** (1940), 845; C 41 II 318; **9** (1941), 514; C 42 I 973.
[8] N. F. Mott: Nature (London) **145** (1940), 801; C 41 I 1266.
[9] M. Toda: Proc. physico-math. Soc. Japan (3) **23** (1941), 252; C 41 II 2182.
[10] F. C. Frank: Proc. Roy. Soc. (London), Ser. A **170** (1939), 182; C 40 I 1323.
[11] O. Kubaschewski: Z. Elektrochem. angew. physik. Chem. **47** (1941), 475; C 41 II 2659.
[12] P. A. Thiessen, W. Wittstadt: Z. physik. Chem., Abt. B **47** (1941), 475; C 39 II 4113.
[13] G. H. Wannier: J. chem. Physics **7** (1939), 810; C 41 I 1517.
[14] H. F. Ludloff: Physic. Rev. [2] **59** (1941), 939; C 42 II 502.
[15] F. Birch, D. Bancroft: J. chem. Physics **8** (1940), 641; C 41 I 1260.
[16] J. Frenkel: Nature (London) **136** (1935), 167; C 35 II 2014.
[17] K. Ueberreiter: Z. physik. Chem., Abt. B **45** (1940), 361; C 40 I 3086.
[18] G. W. Stewart: Proc. Iowa Acad. Sci. **43** (1936), 267; C 38 II 3784.
[19] P. A. Thiessen, I. v. Klenck: Z. physik. Chem., Abt. A **174** (1935), 335; C 36 II 3071.

peratur erfolgt, sondern sich auch stetig über ein ganzes Intervall verteilt, so daß also ein kontinuierlicher Übergang stabiler Zustände aus dem kristallisierten in den flüssigen Zustand beobachtet werden würde, lassen sich kaum irgendwelche Beispiele anführen.

Die Deutungen des eigentlichen Schmelzvorganges bewegten sich zwischen der Vorstellung von LINDEMANN[1], wonach das Kristallgitter wegen der bei dem Schmelzpunkt zu groß gewordenen thermischen Schwingungen der Gitterbausteine zusammenbricht, und derjenigen von TAMMANN[2], wonach das Schmelzen des Kristalls in der Auflösung in seiner eigenen Schmelze besteht. STRANSKI[3] nennt sehr gewichtige Gründe für die Bevorzugung der TAMMANNschen Auffassung. VOLMER und SCHMIDT[4] konnten an gut ausgebildeten Einkristallen aus reinstem Gallium zeigen, daß eine „Überhitzung" tatsächlich möglich ist; das Schmelzen beginnt stets an Störungsstellen des Gitters (vgl. auch HAYKIN und BÉNET[5]). Als präparativ erfaßbaren Zwischenzuständen kommt solchen überhitzten festen Körpern einstweilen keine praktische Anwendung zu. Anders ist es, wenn man bei der Erhitzung bereits von instabilen festen Körpern (wozu auch die starren Gläser und amorphen Stoffe zu rechnen sind) ausgeht. Hier kann der endgültige stabile, flüssige Zustand auf dem Wege über ein zuweilen sehr langlebiges Kontinuum von instabilen Zwischenzuständen erreicht werden (bezüglich Schmelzen der Oberfläche vgl. S. 391).

3: *A* flüssig → *A* starr (Erstarrungsvorgänge).

a) Verlauf ohne Zwischenzustände (Keimbildung, Kristallwachstum).

Normalerweise wird eine chemisch einheitliche Flüssigkeit bei fortschreitender Senkung der Temperatur bei der Schmelztemperatur in den kristallisierten Zustand übergehen; der Übergang erfolgt ohne instabile Zwischenzustände in Anwesenheit zweier qualitativ unveränderlicher Phasen, nämlich des flüssigen und des kristallisierten Zustandes. Die Kinetik unterscheidet eine Keimbildungsgeschwindigkeit (z. B. STRANSKI[6], HORN und MASING[7]) und eine Kristallwachstumsgeschwindigkeit (z. B. MASING und REINBACH[8], LEONTJEWA[9], BALAREW[10]). Über das Problem der Keimbildung und des Wachstums in Abhängigkeit von der chemischen Morphologie der Flüssigkeiten und Kristalle wird in dem Werke von WEYGAND[11] berichtet. Die Wachstumsbedingungen in der Schmelze können zu Unvollkommenheiten, also Aktivierungen der Kristalle führen (LENNARD-JONES[12]). Eine Zusammenfassung der derzeitigen Anschauungen gibt STRANSKI[13].

[1] F. A. LINDEMANN: Z. Physik **11** (1910), 609; C 10 II 715.
[2] G. TAMMANN: Z. physik. Chem. **68** (1909), 257; C 10 I 402.
[3] I. N. STRANSKI: Naturwiss. **30** (1942), 425; Z. Physik **119** (1942), 22.
[4] M. VOLMER, O. SCHMIDT: Z. physik. Chem., Abt. B **35** (1937), 467; C 37 II 177.
[5] S. E. HAYKIN, N. P. BÉNET: C. R. (Doklady) Acad. Sci. URSS **23** (N. S. 7) (1939), 31; C 40 II 3310.
[6] I. N. STRANSKI: Z. Ver. dtsch. Ing., Beih. Verfahrenstechn. **1941**, 39; C 42 I 457.
[7] L. HORN, G. MASING: Z. Elektrochem. angew. physik. Chem. **46** (1940), 109; C 40 I 3371.
[8] G. MASING, R. REINBACH: Atti X Congr. int. Chim., Roma **3** (1938), 594; C 41 I 1260.
[9] A. A. LEONTJEWA: J. physik. Chem. **15** (1941), 134; C 42 I 3174; Acta physicochim. URSS **13** (1940), 423; C 41 I 2083.
[10] D. BALAREW: Kolloid-Z. **96** (1941), 23; C 41 II 3158.
[11] C. WEYGAND: Chemische Morphologie der Flüssigkeiten und Kristalle. Leipzig, 1941. Vgl. auch WEYGAND und Mitarbeiter: Z. physik. Chem., Abt. B **46** (1940) 270; **48** (1941), 148; **50** (1941), 124; J. prakt. Chem. **158** (1941), 266; C 42 I 12.
[12] J. E. LENNARD-JONES: Proc. physic. Soc. **52** (1940), 38; C 40 I 2284.
[13] I. N. STRANSKI: Atti X Congr. int. Chim., Roma **2** (1938), 514; C 39 II 1637.

Bezüglich des älteren Schrifttums seien die folgenden Hinweise gegeben: Eine zusammenfassende Besprechung der Theorie der Keimbildung unter besonderer Berücksichtigung der Theorien von VOLMER, WEBER und FARKAS u. a. geben BAYERL und FLOOD[1]. Mit der Kristallisation von Schmelzen, der Keimbildungs- und Wachstumsgeschwindigkeit von Kristallen befassen sich u. a. die folgenden Veröffentlichungen: STRANSKI und TOTOMANOW[2], H. S. TAYLOR, EYRING und SHERMAN[3], MEYER und PFAFF[4], STRANSKI und KAISCHEW[5], KAISCHEW und STRANSKI[6], TAMMANN[7] und RICHARDS, KIRKPATRICK und HUTZ[8]. Prinzipielle Darlegungen über die Umwandlung flüssig $\rightleftarrows$ fest bringen die Arbeiten von FRENKEL[9] und KUDAR[10].

b) Verlauf mit Zwischenzuständen (Unterkühlungen, Gläser).

Im Gegensatz zu den nur im geringen Umfange auftretenden „Überhitzungserscheinungen" (S. 427) sind hier die Abweichungen von dem eben gekennzeichneten normalen Verhalten sehr häufig. Sie führen hier die Bezeichnung „Unterkühlungserscheinungen" und bestehen darin, daß die Flüssigkeit bei der Unterschreitung der Schmelztemperatur erhalten bleibt und meist keine Diskontinuität in ihren Eigenschaften aufweist. Bei weiter fallender Temperatur nimmt die Viscosität dauernd zu, was schließlich zu glasartigen Körpern führt. Diese glasartigen Körper (S. 368) stellen instabile Zustände dar, welche aber meist erst nach sehr langen Zeiten diskontinuierlich, also zweiphasig, in den stabilen kristallisierten Zustand übergehen („Entglasungsvorgänge").

Die Entstehung der Gläser, ihre Eigenschaften und die Alterungs- und Entglasungsvorgänge von Silicaten waren mit Rücksicht auf die Glasindustrie Gegenstand ausgedehnter Untersuchungen. Eine Zusammenstellung unseres experimentellen und theoretischen Besitzstandes auf diesem Gebiete bringt das Werk von W. EITEL[11]: Physikalische Chemie der Silicate. Bezüglich der Umwandlungsvorgänge innerhalb der Gläser sei auf die zusammenfassende Darstellung von JENCKEL[12] hingewiesen. Aus dem sehr ausgedehnten Schrifttum seien einigermaßen willkürlich die folgenden Arbeiten herausgegriffen: TAMMANN[13] (Monographie), LIESEGANG[14], EITEL[15], BÜSSEM und WEYL[16], ZACHARIASEN[17], RI-

[1] V. BAYERL, H. FLOOD: Naturwiss. **21** (1933), 27; C 33 I 1917.
[2] I. N. STRANSKI, D. TOTOMANOW: Z. physik. Chem., Abt. A **163** (1933), 399; C 33 I 3158.
[3] H. S. TAYLOR, H. EYRING, A. SHERMAN: J. chem. Physics **1** (1933), 68; C 33 II 1299.
[4] J. MEYER, W. PFAFF: Z. anorg. allg. Chem. **217** (1934), 257; C **34** I 3705.
[5] I. N. STRANSKI, R. KAISCHEW: Z. physik. Chem., Abt. B **26** (1934), 312; C 35 I 10; Physik. Z. **36** (1935), 393; C 35 II 643.
[6] R. KAISCHEW, I. N. STRANSKI: Z. physik. Chem., Abt. B **26** (1934), 317; C 35 I 10; Z. physik. Chem., Abt. A **170** (1934), 295; C 35 I 851.
[7] G. TAMMANN: Z. anorg. allg. Chem. **214** (1933), 407; C 34 I 174.
[8] W. T. RICHARDS, E. C. KIRKPATRICK, C. E. HUTZ: J. Amer. chem. Soc. **58** (1936), 2243; C 37 I 1375.
[9] J. FRENKEL: Nature (London) **136** (1935), 167; C 35 II 2014; Acta physicochim. URSS **3** (1935), 913; C 36 I 3276.
[10] H. KUDAR: Physik. Z. **35** (1934), 560; C 35 I 1166.
[11] W. EITEL: Physikalische Chemie der Silicate, 2. Aufl. Leipzig: J. A. Barth, 1941; C 41 I 1656.
[12] E. JENCKEL: Glastechn. Bsr. **16** (1938), 191; C 38 II 1655.
[13] G. TAMMANN: Der Glaszustand. Leipzig: L. Voß, 1933; C 33 I 3870.
[14] R. E. LIESEGANG: Kolloidchemie des Glases. Dresden u. Leipzig: Steinkopff, 1931; C 31 II 1904.
[15] W. EITEL: Angew. Chem. **46** (1933), 803; C 34 I 3636.
[16] W. BÜSSEM, W. WEYL: Naturwiss. **24** (1936), 324; C 36 II 1110.
[17] W. H. ZACHARIASEN: Fortschr. Mineral., Kristallogr., Petrogr. **17** (1932), 451; C 33 I 1563.

CHARDS[1], RANDALL und ROOKSBY[2], VALENKOF und PORAY-KOSHITZ[3], MEYER und PFAFF[4], SMEKAL[5] und viele andere (vgl. auch S. 369).

α) *Einfriervorgänge.*

Bei der Bildung des Glases infolge Abkühlung der Schmelze beobachtet man, daß die physikalischen Eigenschaften, wie zum Beispiel das Volumen und der Wärmeinhalt, sich unterhalb eines engen Temperaturintervalls viel weniger mit der Temperatur ändern als oberhalb dieser Temperatur, welche man als den *Transformationspunkt* der Gläser bezeichnet. Dieser Temperaturpunkt gilt als ein wichtiges Charakteristikum eines jeden Glases. Wie hingegen JENCKEL[6] für einige Eigenschaften gezeigt hat, ändern sich diese unterhalb und oberhalb des Transformationspunktes in gleicher Weise, wenn man dem Glas nur hinreichend lange Zeit zur Einstellung gibt. In der Abb. 14 ist auf der Abszisse die Temperatur aufgetragen, längs deren die Abkühlung eines glasigen Selens erfolgte, und auf der Ordinate das Volumen. Die obere (geknickte) Kurve bezieht sich auf eine Arbeitsweise (TAMMANN und KOHLHAAS[7]), bei welcher in Temperatursprüngen von etwa 2° die Temperatur etwa 20 ÷ 30 Min. konstant gehalten wird; es ist also bei etwa 30° ein deutlich ausgeprägter „Transformationspunkt" feststellbar. Führt man dagegen den Versuch so aus, daß man bei konstanter Temperatur wartet, bis nach weiterem Warten keine neuerlichen Volumsänderungen zu beobachten sind, so erhält man den unteren gradlinigen Verlauf (JENCKEL, vgl. auch ISHIKAWA und SATÔ[8]). Der Transformationspunkt stellt also nur eine Einfriertemperatur dar. Die mit solchen ausgeprägten Einfrierungserscheinungen verbundene Abkühlung und Erstarrung der Gläser ist für die präparativen Variationsmöglichkeiten durch veränderte Abkühlungsbedingungen und die dadurch gegebene Möglichkeit, die Eigenschaften zu beeinflussen, von Wichtigkeit. In ganz besonders hohem Maße gilt dies für die Einfrierungsvorgänge hochmolekularer Stoffe.

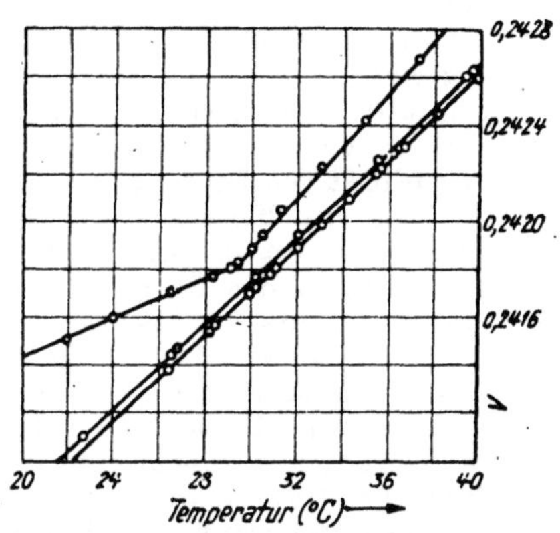

Abb. 14. Volumen des glasigen Selens bei rascher und langsamer Abkühlung.

SMEKAL[9] hat die Mehrstufigkeit der molekularen Ordnungsvorgänge im Einfrierbereich von Glasschmelzen nachgewiesen. Er findet allgemein, daß im Temperaturgebiet der Einfrierungsvorgänge die Relaxationszeit des langsameren Teilvorganges die größere Aktivierungswärme besitzt (vgl. S. 468). UEBERREITER[10]

---

[1] W. T. RICHARDS: J. chem. Physics **4** (1936), 449; C 36 II 3249.

[2] J. T. RANDALL, H. P. ROOKSBY: J. Soc. Glass Technol. **17** (1933), 287; C 34 I 2869.

[3] N. VALENKOF, E. PORAY-KOSHITZ: Nature (London) **137** (1936), 273; C 36 I 2678.

[4] J. MEYER, W. PFAFF: Z. anorg. allg. Chem. **217** (1934), 257; C 34 I 3705.

[5] A. SMEKAL: Z. physik. Chem., Abt. B **48** (1940), 114; C 41 I 2219.

[6] E. JENCKEL: Z. Elektrochem. angew. physik. Chem. **43** (1937), 796; C 38 I 1306; Glastechn. Ber. **16** (1938), 191; C 38 II 1655.

[7] G. TAMMANN, A. KOHLHAAS: Z. anorg. allg. Chem. **182** (1929), 49; C 30 I 652.

[8] F. ISHIKAWA, H. SATÔ: Sci. Pap. Inst. physic. chem. Res. **35**, Nr. 875; Bull. Inst. physic. chem. Res. (Abstr.) **18** (1939); C 40 I 830.

[9] A. SMEKAL: Z. physik. Chem., Abt. B **48** (1940), 114; C 41 I 2219.

[10] K. UEBERREITER: Z. physik. Chem., Abt. B **45** (1940), 361; C 40 I 3086; **46** (1940), 157; C 40 II 462; Angew. Chem. **53** (1940), 247; C 41 I 26.

betrachtet die Glasschmelzen als Flüssigkeiten mit „fixierter Struktur“ und nimmt als Maß für die Beweglichkeit der Mikrobestandteile (und damit auch der Weichheit) die Tiefe der Einfriertemperatur an. Mit dem Abschrecken glasartiger Verbindungen beschäftigt sich neuestens RENCKER[1].

Grundsätzlich interessiert hier auch die Möglichkeit, bei entsprechender Leitung der Abkühlung zwar sofort kristallisierte Stoffe zu erhalten, jedoch mit Eigenschaften, welche von dem stabilen Zustand abweichen. So geben POPOW und Mitarbeiter[2] an, daß sie Kaliumchlorid mit einer zu niedrigen (!) Auflösungswärme und mit „Überschußlinien“ im Röntgenogramm erhalten haben (vgl. auch FONTELL[3]).

β) *Entglasungsvorgänge.*

Den Einfriervorgängen folgt als meist viel langsamere Reaktion der Übergang des Glases in den stabilen kristallisierten Zustand. Er wird in seinen ersten Stadien als Alterung, in seinen späteren, wo bereits neben der Glasphase eine kristallisierte Phase nachweisbar ist, als *Entglasung* bezeichnet.

Über diese Erscheinungen besteht zwar ein sehr ausgedehntes Schrifttum, doch handelt es sich meist um technische Gläser, also Gläser, deren Reaktionsziel ein Konglomerat kristallisierter Phasen ist und die daher nicht an dieser Stelle abzuhandeln sind. Aber auch bei den Veröffentlichungen über die Einkomponentensysteme steht meist nicht die Frage nach der Aufeinanderfolge der Zwischenzustände, ihrer modellmäßigen Deutung und präparativen Erfassung im Vordergrund. Es seien hier die folgenden Hinweise gegeben: N. W. TAYLOR[4] gibt eine Gleichung für die Veränderung der Spannungsdoppelbrechung eines Glases mit der Zeit; TANAKA und TIEN[5] beobachten den Übergang aus dem glasigen in das metallische Selen; SAKURADA und ERBRING[6] befassen sich mit den zeitlichen Veränderungen von Schwefel; KLEIN[7] befaßt sich mit den Umwandlungen im Glas; COFFIN und JOHNSTON[8] untersuchen den explosionsartigen Übergang des amorphen in das kristallisierte Antimon; über den amorphen Zustand der Metalle vgl. KRAMER[9]. Mit den Alterungs- und Entglasungsvorgängen in Eisenoxydhydraten befassen sich die Arbeiten von BAUDISCH und WELO[10], ŠWIATKOWSKA, TORNO, STOCK und KRAUSE[11], KRAUSE und Mitarbeitern[12], CHEVALLIER und MATHIEU[13]; vgl. ferner auch die Atomordnungsprozesse von JONES und SYKES[14], die Theorien von DEHLINGER[15] und BORELIUS[16], die zwischen den amor-

[1] E. RENCKER: Bull. Soc. chim. France, Mém. (5) **7** (1940), 673; C 41 II 451.

[2] M. M. POPOW, S. M. SKURATOW, M. M. STRELZOWA: J. Chim. gén. (72) **10** (1940), 2023; C 41 II 452.

[3] N. FONTELL: Soc. Sci. fenn., Comment. physico-math. **10** (1940), Nr. 17, 1; C 41 I 1266.

[4] N. W. TAYLOR: J. Amer. ceram. Soc. **21** (1938), 85; C 38 II 17.

[5] K. TANAKA, H. TIEN: Mem. Coll. Sci., Kyoto Imp. Univ., Ser. A **18** (1935), 309; C 36 I 2679.

[6] K. SAKURADA, H. ERBRING: Kolloid-Z. **72** (1935), 129; C 36 I 1574.

[7] N. KLEIN: C. R. hebd. Séances Acad. Sci. **203** (1936), 180; C 36 II 2199.

[8] C. C. COFFIN, ST. JOHNSTON: Proc. Roy. Soc. (London), Ser. A **146** (1934), 564; C 35 I 2788.

[9] J. KRAMER: Z. Physik **106** (1937), 675; C 38 I 2834.

[10] O. BAUDISCH, L. A. WELO: Naturwiss. **21** (1933), 659; C 34 I 23.

[11] W. ŠWIATKOWSKA, H. TORNO, J. STOCK, A. KRAUSE: Z. anorg. allg. Chem. **219** (1934), 213; C 35 I 683.

[12] A. KRAUSE, W. ŠWIATKOWSKA, H. TORNO, J. STOCKOWNA: Roczniki Chem. **15** (1935), 15; C 36 I 1789. — A. KRAUSE, E. BORZESZKOWSKI: Kolloid-Z. **82** (1938), 312; C 38 II 3886.

[13] R. CHEVALLIER, S. MATHIEU: C. R. hebd. Séances Acad. Sci. **207** (1938), 58; C 38 II 1913.

[14] F. W. JONES, C. SYKES: Proc. Roy. Soc. (London), Ser. A **166** (1938), 376; C 38 II 1539.

[15] U. DEHLINGER: Ann. Physik (5) **20** (1934), 646; C 34 II 3352.

[16] G. BORELIUS: Ann. Physik (5) **24** (1935), 489; C 36 I 1375.

phen und den kristallisierten Aggregaten liegenden Zwischenzustände von VERWEY[1], die Umwandlungen in festen Gasen bei CLUSIUS[2] und Untersuchungen von DANILOW und NEUMARK[3] und DANILOW und TEWEROWSKI[4] über den Einfluß unlöslicher Beimengungen bzw. Ultraschallwellen auf den unterkühlten Zustand. Mit den Entglasungstemperaturen wässeriger Lösungen befaßt sich LUYET[5], mit dem Übergang von amorphem Kohlenstoff in kristallinen ÇELEBI[6] und mit dem Einfluß eines Ultraschallfeldes auf die Kristallisation von unterkühlten Flüssigkeiten BERLAGA[7].

An amorphen wasserhaltigen Oxyden konnten WEISER und MILLIGAN[8] durch Vergleich von Elektronenbeugungs- und Röntgenaufnahmen zeigen, daß die Kristallisation von der Oberfläche ausgeht; das würde mit der Vorstellung über die größere Reaktivität der Oberfläche in Einklang stehen.

HÜTTIG und STROTZER[9] haben ein Tafelglas, dem 10% Kobaltoxyd zugeschmolzen war, gepulvert und verschiedene Anteile dieses Pulvers in einem Platintiegel während verschiedener Zeitdauern ($= \tau$) auf einer konstanten Temperatur ($= t$) gehalten. Nach Ablauf der Zeit wurde der bedeckte Platintiegel

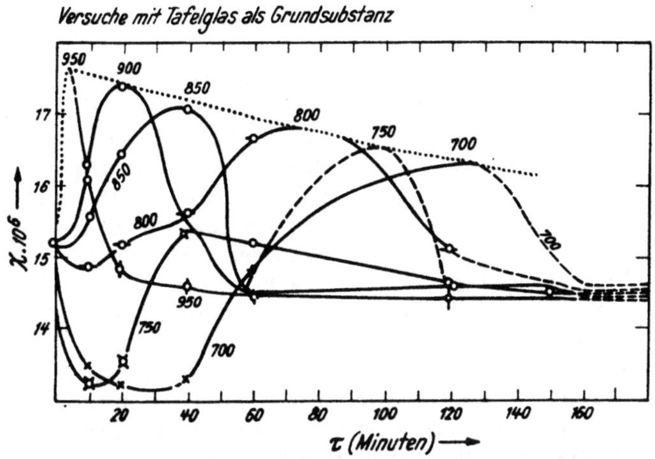

Abb. 15. Die Veränderungen, welche die magnetische Suszeptibilität eines in Tafelglas gelösten Kobaltoxyds während der Alterung des Glases bei konstanter Temperatur erleidet.

sehr rasch durch Einstellen in kaltes Wasser abgeschreckt und dann die magnetische Massensuszeptibilität ($= \chi$, sie war stets feldstärken*un*abhängig) bei 20° C bestimmt. Solche Versuchsreihen wurden bei $t = 700°$, 750°, 800°, 850°, 900° und 950° ausgeführt. Die Ergebnisse sind bildlich in der Abb. 15 dargestellt. Auf der Abszissenachse ist die Zeit ($= \tau$), auf der Ordinatenachse die nach dem Abschrecken beobachtete magnetische Massensuszeptibilität $\cdot 10^6 = \chi \cdot 10^6$ aufgetragen; die konstante Beobachtungstemperatur ($= t$) ist bei jeder Kurve vermerkt. Die Suszeptibilitäten zeigen während der Alterung in der ersten Zeit ein

[1] E. J. W. VERWEY: J. chem. Physics **3** (1935), 592; C 35 II 3634.
[2] K. CLUSIUS: Z. Elektrochem. angew. physik. Chem. **39** (1933), 599; C 33 II 2095.
[3] W. I. DANILOW, W. J. NEUMARK: J. exp. theoret. Physik **10** (1940), 942; C 42 II 502.
[4] W. I. DANILOW, B. M. TEWEROWSKI: J. exp. theoret. Physik **10** (1940), 1305; C 42 II 623.
[5] B. J. LUYET: Bull. Amer. Soc. **14** (1939), Nr. 2, 29; Physic. Rev. (2) **55** (1939), 1132; C 41 I 1130.
[6] M. ÇELEBI: Yüksek Ziraat Enstitüsü Çalismalarindan (Arb. Yüksek Ziraat Enstitüsü Ankara) Nr. 54 (1939), 1; C 40 II 3.
[7] R. J. BERLAGA: J. exp. theoret. Physik **9** (1939), 1397; C 41 II 1244.
[8] H. B. WEISER, W. O. MILLIGAN: J. physic. Chem. **44** (1940), 1081; C 41 II 307.
[9] G. F. HÜTTIG, E. STROTZER: Z. anorg. allg. Chem. **236** (1938), 107; C 38 II 3654.

Absinken der Werte, steigen dann zu einem Maximum an, von wo sie dann langsamer gegen einen konstanten Wert sinken. Ein solches Verhalten setzt die Superposition von *mindestens drei Teilvorgängen* voraus. Das erste Absinken tritt um so deutlicher in Erscheinung, bei je tieferer Temperatur die Alterung stattfindet; es wird bei $t = 700°$ und $750°$ in hohem Ausmaße, bei $800°$ in geringerem Ausmaße, aber immer noch deutlich beobachtet, während bei den noch höheren Temperaturen praktisch sofort der Anstieg einsetzt. Das bei dem Absinken erreichte Minimum wird um so tiefer und um so später durchschritten, je tiefer die Temperatur der Alterung ist; der dem ersten Minimum folgende Anstieg führt zu einem Maximum, das um so später und um so niedriger durchschritten wird, je tiefer die Temperatur der Alterung ist. Die Lagen dieser Maxima in Abhängigkeit von der Temperatur t sind in der Abb. 14 durch eine punktierte Linie verbunden. Da dem stärkeren Absinken (bei tieferen Temperaturen) ein höheres Maximum bei dem nachfolgenden Anstieg folgt, so handelt es sich hier nicht um zwei Vorgänge, welche streng nacheinander folgen, sondern teilweise um eine zeitliche Superposition. Dem mit dem Absinken verbundenen Vorgang muß die kleinere Aktivierungswärme entsprechen, ohne daß sie sich aber allzusehr von der mit dem Anstieg verbundenen Aktivierungswärme unterscheiden würde. Ist das Maximum überschritten, so fallen alle Kurven gegen einen übereinstimmenden konstanten Wert (etwa $\chi = 14{,}5 \cdot 10^{-6}$) ab, der um so rascher erreicht wird, je höher die Alterungstemperatur ist. — Prinzipiell ähnliche Ergebnisse, wie sie hier mit Tafelglas + Kobaltoxyd erhalten wurden, sind auch mit Borax + Kobaltoxyd und ebenso auch bei einer Schmelze, bestehend aus $Co_2B_2O_5 + 1\,B_2O_3$, beobachtet worden. Bei dem letzteren System liegt jedoch eine für die Ausdeutung wertvolle Vereinfachung vor: Das bei den beiden anderen Gläsern beobachtete erste Absinken ist hier nirgends (auch bei den tiefsten Beobachtungstemperaturen nicht) wahrzunehmen und wohl im ursächlichen Zusammenhang damit sind die Maxima, welche die sofort seit Alterungsbeginn einsetzenden Anstiege erreichen, bei allen Alterungstemperaturen in gleicher Höhe; verschieden ist nur die Zeit, nach welcher diese Maxima bei den verschiedenen Temperaturen erreicht werden. Man kann also annehmen, daß innerhalb des untersuchten Temperaturgebietes bei jeder Versuchstemperatur praktisch die gleichen Zustände, nur mit verschieden großen Geschwindigkeiten, durchschritten werden; die an diesem System beobachteten Alterungserscheinungen lassen sich als Superposition zweier Teilvorgänge darstellen, von welchen der eine ein Temperaturinkrement von 18620 cal/Mol, der andere ein solches von 27180 cal/Mol hat.

Der Verlauf der die Alterungsvorgänge beschreibenden Suszeptibilitätskurven zeigt im übrigen bei allen drei hier untersuchten Systemen übereinstimmende charakteristische Merkmale. Da allen drei Systemen lediglich der glasige Zustand bei Versuchsbeginn gemeinsam ist, die chemische Charakteristik jedoch untereinander völlig verschieden ist, so wird man in den hier beobachteten gemeinsamen Merkmalen den Ausdruck allgemeiner, von dem speziellen Chemismus unabhängiger Vorgänge während der Alterung eines Glases erblicken müssen; eine sichere modellmäßige Deutung der Teilvorgänge, in welche sich der Gesamtalterungsverlauf zerlegen läßt, ist auf Grund der magnetischen Beobachtungen *allein* nicht möglich.

In der technischen Katalyse spielt die Verwendung ausgesprochen glasbildender Komponenten, wie Phosphor(V)-oxyd, Metallphosphate, Bor(III)-oxyd und Borate, eine große Rolle. Sehr wahrscheinlich ist deren wertvolle Wirkung nicht nur an den glasigen Zustand, sondern an bestimmte Zustände innerhalb seines Alterungsverlaufes geknüpft.

Verlängerung der Lebensdauer des glasigen Zustandes.

Für den hier zu behandelnden Themenkreis sehr wichtig und auch gerade vom Standpunkt der Herstellung wirksamer Katalysatoren sehr belangvoll ist die Frage, wie man den Erstarrungsprozeß einer Schmelze leiten muß, damit auch die leicht kristallisierenden Stoffe durch glasige Zwischenzustände von längerer Lebensdauer hindurchgeführt werden. Damit beschäftigen sich einige Arbeiten von TAMMANN (z. B. TAMMANN und ELBRÄCHTER[1], TAMMANN und MÜLLER[2], vgl. auch TAMMANN[3]); es ergeben sich die folgenden Gesichtspunkte:

Kühlt man Flüssigkeitstropfen verschiedener Größe schnell ab, indem man sie auf eine Glasplatte fallen läßt, bei deren Temperatur die Bildung neuer Keime ein seltenes Ereignis ist, so sinkt die Temperatur der Tropfen im gleichen Temperaturintervall wahrscheinlich umgekehrt proportional ihrem Volumen ab. Da die Temperatur, bei welcher die Keimbildungsgeschwindigkeit sehr groß ist, nahe an der Schmelztemperatur liegt, so werden die kleinen Tropfen dieses, die Kristallisation begünstigende Temperaturgebiet rascher durchschreiten als die größeren, und die Wahrscheinlichkeit, eine Schmelze im glasigen Zustand zu erhalten, ist um so größer, auf je kleinere Tropfen die Schmelze bei dem Abschreckungsvorgang verteilt war. Zur Erzielung hinreichend kleiner Tropfen werden die geschmolzenen Stoffe durch einen Luftstrom zerstäubt. Dies kann so erfolgen, daß der betreffende Stoff in einem elektrischen Ofen innerhalb einer Glascapillare geschmolzen wird; nach einiger Zeit wird mit Hilfe einer Preßluftbombe ein Luftstrom mit 2 ÷ 3 at Überdruck durch eine Düse gepreßt, wodurch der in der Capillare geschmolzene Stoff zerstäubt und gegen eine unter dem Ofen angebrachte Glasplatte geblasen wird.

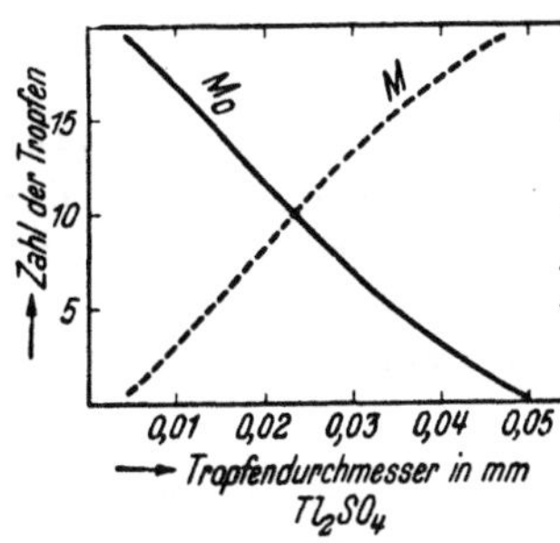

Abb. 16. Abhängigkeit der Kristallisationsfähigkeit von der Tropfengröße.

Bei den TAMMANNschen Untersuchungen wurden die auf der Glasplatte liegenden Tropfen unter dem Mikroskop im polarisierten Licht bei 250facher Vergrößerung betrachtet, um festzustellen, wie viele der Tropfen gleicher Größe kristallisiert und wieviel glasig erstarrt waren. Durch eine einmalige Zerstäubung entstehen auf der Glasplatte mehrere tausend Tropfen. Für Thallium (I)-sulfat wurden von 500 Tropfen die Durchmesser bestimmt und festgestellt, ob in ihnen Kristallisation eingetreten war oder nicht. In der Abb. 16 sind die hierbei gewonnenen Ergebnisse bildlich dargestellt. Auf der Abszissenachse ist der Durchmesser der Tropfen angegeben; auf der Ordinatenachse bedeutet der Wert M die Anzahl Tropfen, welche von je 20 Tropfen des gleichen Durchmessers kristallisiert, und M_0 ($= 20 - M$) die Anzahl der Tropfen, welche glasig erstarrt sind. Man sieht, daß bei einem Tropfendurchmesser oberhalb 0,05 mm alle Tropfen kristallisiert erstarren, daß bei einem Durchmesser von 0,023 mm die Zahl der kristallisierten gleich der der glasigen Tropfen ist und daß *bei einem Durchmesser unterhalb 0,005 mm alle Tropfen glasig erstarren.* Diese Zahlen sind bei verschiedenen chemischen Stoffen verschieden, jedoch war es möglich, viele organische und anorganische Stoffe (wie Harnstoff, Kaliumnitrat, Bleichlorid u. a.), die für gewöhnlich nur im kristallisierten Zustand bekannt sind, auf einem solchen Weg in ausschließlich glasigem Zustand zu erhalten.

[1] G. TAMMANN, A. ELBRÄCHTER: Z. anorg. allg. Chem. **207** (1932), 268; C 32 II 3665.

[2] G. TAMMANN, W. MÜLLER: Z. anorg. allg. Chem. **221** (1934), 109; C 35 I 1814.

[3] G. TAMMANN: Z. anorg. allg. Chem. **214** (1933), 407; C 34 I 174.

Für den denkbaren Fall, daß der Übergang aus der Schmelze in den kristallisierten Zustand kontinuierlich verläuft, lassen sich bis jetzt keine Belegbeispiele anführen. In gewissem Sinne lassen sich aber die Vorgänge Unordnung ⇆ Ordnung hierher zählen (S. 408 und FOKKER[1], KÄLLBÄCK, NYSTRÖM und BORELIUS[2]).

Eine besondere Spielart der vorliegenden Reaktionsart liegt dann vor, wenn die Flüssigkeit in einem fein zerstäubten Zustand zum Erstarren gebracht wird. Als sehr langlebige Zwischenzustände resultieren feine Pulver, deren Aktivität wohl in erster Reihe auf dem hohen Dispersitätsgrad (S. 359) beruht, aber auch auf gewissen Unterkühlungserscheinungen beruhen kann (S. 428). Nach einem solchen Prinzip werden auch die feinen Pulver für die Zwecke der Pulvermetallurgie hergestellt („Zerschleuderungsverfahren", „Verdüsungsverfahren").

Die folgenden Reaktionsarten haben einstweilen für präparativ erfaßbare Zwischenzustände wenig Bedeutung, so daß unter Hinweis auf die Systematik von HÜTTIG[3] im wesentlichen eine Aufzählung mit einigen Literaturangaben genügen dürfte.

4. *A* starr → *A* gasförmig (Sublimationsvorgänge),

wohin auch die Betrachtung der Zustände der Grenzfläche starr/gasförmig zwischen analytisch-chemisch gleichen Phasen einzubeziehen ist. KAISCHEW[4] berichtet über die elementaren Anlagerungs- und Abtrennungsvorgänge an Kristalloberflächen und NEUMANN und COSTEANU[5] über den Verdampfungskoeffizienten polarer Kristalle.

5. *A* gasförmig → *A* starr (feste Kondensation).

Über Kristallwachstum aus einem Dampfstrom berichtet HAWARD[6], vgl. auch WALL[7]. Zu der Frage, ob diese Kondensation über den flüssigen Zwischenzustand erfolgt oder nicht, ergeben sich die folgenden Gesichtspunkte: Versuche von F. BECKER[8] über die Kondensation von Dämpfen in Luft ergaben, daß bei adiabatischer Dilatation der Luft, gesättigt mit den Dämpfen von Stoffen, welche sich im flüssigen Zustand schwer unterkühlen lassen, bei denen also die Zahl der Kristallisationszentren groß ist, bei der Dilatation Kriställchen entstehen; ein solches Verhalten zeigen die Dämpfe von Campher, Borneol und Isoborneol. Hingegen entstehen aus den Dämpfen von Stoffen, welche sich tief unterkühlen und auch als Glas herstellen lassen, nur flüssige Tröpfchen; ein solches Verhalten zeigen Benzophenon und *o*-Nitrophenol. Dasselbe gilt auch für die Kondensation an Glaswänden. Aus Luft, gesättigt mit Wasserdampf, entsteht zwischen 0° und — 4° bei Dilatation auf das doppelte Volumen nicht Schnee, sondern Regen (TAMMANN[9]).

---

[1] A. D. FOKKER: Physica **8** (1941), 109; C 41 II 308.

[2] O. KÄLLBÄCK, J. NYSTRÖM, G. BORELIUS: Ing. Vetensk. Akad., Handl. Nr. **157** (1941), 3; C 42 I 165.

[3] G. F. HÜTTIG: Kolloid-Z. **94** (1941), 258; C 41 II 2.

[4] R. KAISCHEW: Z. physik. Chem., Abt. A **48** (1940), 82; C 41 I 2219.

[5] K. NEUMANN, V. COSTEANU: Z. physik. Chem., Abt. A **185** (1939), 65; C 39 II 4197.

[6] R. N. HAWARD: Trans. Faraday Soc. **35** (1939), 1401; C 40 II 864.

[7] E. WALL: Meteorol. Z. **59** (1942), 109; C 42 II 2345.

[8] F. BECKER: D. P. Kl. 29b, Nr. 234861 vom 16. 8. 1910; C 11 II 119.

[9] G. TAMMANN: Abh. Ges. Wiss. Göttingen, math.-physik. Kl. **18** (1937), 92; C 37 II 2945.

SUHRMANN und BERNDT[1] berichten über Zwischenzustände, welche sich bei der Kondensation von Metalldämpfen bilden (vgl. auch SUHRMANN und BARTH[2], TAMMANN[3], BRESLER, STRAUFF und ZELMANOFF[4], KIRCHNER[5]).

Ganz besonders nachdrücklich muß in diesem Abschnitt auf das Buch von VOLMER[6]: „Kinetik der Phasenbildung“ und die Untersuchungen von STRANSKI[7] verwiesen werden.

6. *A* flüssig (Zustand *x*) → *A* flüssig (Zustand *y*).

Als Beispiel für einen zweiphasigen Verlauf lassen sich wohl einige Übergänge aus den Mesophasen oder, wie man auch sagt, den kristallinen Flüssigkeiten in den optisch isotropen Zustand anführen (ZOCHER und JACOBOWITZ[8]). WEYGAND und GABLER[9] finden im *p*-Isobutoxybenzol-1-aminonaphthalin-4-azobenzol eine Substanz, bei welcher sich die optisch isotrope Schmelze in bezug auf die kristallinische Flüssigkeit deutlich unterkühlen läßt, obgleich sie einen scharfen Klärpunkt besitzt.

Zahlreich sind die einphasigen Umwandlungen von Flüssigkeiten. Ein zu den Modifikationsumwandlungen fester Stoffe parallel zu setzender Vorgang ist beispielsweise die Umwandlung, welche flüssiges Nitrobenzol bei 9,5° erleidet (WOLFKE und MAZUR[10], L. MEYER[11]); hier dürfte es sich um eine Umwandlung zweiter Ordnung handeln. Eine Umwandlung höherer Ordnung dürfte das *stufenhafte* Schmelzen der kristallinen Flüssigkeiten darstellen. Die Umwandlung $3\,CH_3COH$ (Acetaldehyd) → $C_6H_{12}O_3$ (Paraldehyd) dürfte eine Umwandlung unendlichster Ordnung sein. Das gleiche gilt für alle Assoziations- und Dissoziationsvorgänge. Darüber weiter hinaus müssen auch alle nicht chemischen Veränderungen hierher gerechnet werden, welche in einer bloßen Veränderung der Temperatur oder des Druckes bestehen. Analog zu dem Zerkleinern eines festen Stoffes (S. 404) ist hier das Verstäuben oder Verspritzen einer Flüssigkeit (NUKIYAMA und TANASAWA[12], I. G. Farbenindustrie A.G.[13]).

Durch Zerstörung der Struktur einer Flüssigkeit (S. 430) z. B., durch Ultraschall, richtende elektrische Felder oder vorübergehende Temperatursteigerung kann ein aktiver flüssiger Zustand entstehen, der nach Aufhören des Zwanges mit der Zeit wieder in den stabilen Zustand zurückgeht. Die Dauer dieser Rückbildung wird die *Relaxationszeit* genannt; sie ist sehr klein bei den Flüssigkeiten oberhalb ihres Schmelzpunktes (10^{-12} bis 10^{-10} sec), sie kann sehr groß (Wochen, Monate) bei unterkühlten Flüssigkeiten sein (UEBERREITER[14]).

---

[1] R. SUHRMANN, W. BERNDT: Z. Physik **115** (1940), 17; C 40 I 1955; Physik. Z. **27** (1936), 146; C 36 I 3272.

[2] R. SUHRMANN, G. BARTH: Z. Physik **103** (1936), 133; C 36 I 2045.

[3] G. TAMMANN: Z. anorg. allg. Chem. **233** (1937), 286, 291; C 37 II 2489.

[4] S. BRESLER, E. STRAUFF, J. ZELMANOFF: Physik. Z. Sowjetunion **4** (1933), 909; C 34 II 1412.

[5] F. KIRCHNER: Z. Physik **76** (1932), 576; C 32 II 2422.

[6] M. VOLMER: Kinetik der Phasenbildung. Dresden und Leipzig: Steinkopff, 1939; C 39 II 7.

[7] I. N. STRANSKI: Österr. Chemiker-Ztg. **45** (1942), 145.

[8] H. ZOCHER, M. JACOBOWITZ: Kolloid-Beih. **37** (1933), 427; C 33 II 2493.

[9] C. WEYGAND, R. GABLER: Z. physik. Chem., Abt. B **44** (1939), 69; C 40 I 497; Z. physik. Chem., Abt. B **46** (1940), 270; C 41 I 325; **48** (1941), 148; C 41 I 3181.

[10] M. WOLFKE, J. MAZUR: Z. Physik **74** (1932), 110; C 32 II 9.

[11] L. MEYER: Z. Physik **75** (1932), 421; C 33 II 2494.

[12] S. NUKIYAMA, J. TANASAWA: Allg. Öl- u. Fett-Ztg. **38** (1941), 43; C 41 I 2567.

[13] I. G. Farbenindustrie A.G.: D.R.P. 701864, Kl. 12g vom 30. 7. 1937; C 41 I 2426.

[14] K. UEBERREITER: Angew. Chem. **53** (1940), 247; C 41 I 26.

7. *A* flüssig → *A* gasförmig (Verdunsten, Verkochen).

Die Kinetik des komplikationsfreien Verdampfungsvorganges ist von KNUDSEN[1], BENNEWITZ[2], PRÜGER[3] u. a. aufgeklärt worden und wird in den meisten Lehrbüchern der physikalischen Chemie behandelt. Die Verdampfungsgeschwindigkeit kann sehr empfindlich auch gegenüber spurenhaften Verunreinigungen der Flüssigkeitsoberfläche sein.

Bezüglich der Übergänge flüssig ⇆ gasförmig vgl. auch LENNARD-JONES und DEVONSHIRE[4], N. FUCHS[5] (Aktivierungsenergien), SKLJARENKO und BARANAJEW[6], MACHE[7].

Man kann die Flüssigkeit dem Verdampfungsvorgang in einer durch Verleihung eines größeren Dispersitätsgrades aktivierten Form zuführen.

Von WOSDWISHENSKI[8] wird für den Vorgang des Verdampfens (und der Kondensation) das Auftreten der folgenden Zwischenzustände Flüssigkeit ⇄ Gassol ⇄ Schaum ⇄ Nebel ⇄ Aerosol ⇄ Gas an Hand der VAN DER WAALSschen Isotherme diskutiert. Zwischen dem kompakt-flüssigen und dem gasförmigen Zustand würde sich nach diesen Darlegungen ein stabiles, thermodynamisch-reversibel einstellbares Gebiet disperser Zustände einschieben; daß dieser Weg experimentell bisher nicht verwirklicht wurde, wird mit der Neigung der Dämpfe zu Übersättigungserscheinungen erklärt. Jedenfalls liegt hier eine Analogie zu dem Problem vor, wie es uns auf einer viel breiteren Grundlage bei dem Übergang des Einkristalls über Zustände steigenden Dispersitätsgrades in den flüssigen Zustand begegnet (S. 396). (Über das Verdampfen einer Flüssigkeit in ein inertes Gas hinein vgl. S. 528.)

8. *A* gasförmig → *A* flüssig (flüssige Kondensation).

Neuerdings hat FRENKEL[9] eine statistische Theorie der Kondensation (Assoziation) und Polymerisation mitgeteilt. Den meteorologischen Interessen tragen die Veröffentlichungen von KÄHLER[10] und KRASTANOW[11] Rechnung.

9. *A* gasförmig (Zustand *x*) → *A* gasförmig (Zustand *y*).

Beispiele für hierher gehörende Vorgänge sind $2\,O_3 \rightarrow 3\,O_2$ oder $N_2O_4 \rightleftarrows 2\,NO_2$, welch letzterer Vorgang als Schulbeispiel einer Umwandlung unendlichster Ordnung gilt. Es umfaßt also das ganze Gebiet von einfachen Temperatur- oder Druckveränderungen eines Gases bis zu den komplizierten, sich an den Namen BODENSTEIN knüpfenden Kettenreaktionen innerhalb von Gasphasen. Insoweit diese Reaktionen hier interessieren, werden sie im ersten Band des vorliegenden

---

1 M. KNUDSEN: Ann. Physik (4) **50** (1916), 472; C 16 II 447.

2 K. BENNEWITZ: Ann. Physik (4) **59** (1919), 193; C 19 III 657.

3 W. PRÜGER: Z. Physik **115** (1940), 202; C 40 I 2916; S.-B. Akad. Wiss. Wien, Abt. IIa **149** (1940), 31; C 41 I 499.

4 J. E. LENNARD-JONES, A. F. DEVONSHIRE: Proc. Roy. Soc. (London), Ser. A **156** (1936), 6; C 37 I 2093.

5 N. FUCHS: C. R. Acad. Sci. USSR **1934**, III, 335; C 36 I 1383.

6 S. J. SKLJARENKO, M. K. BARANAJEW: J. physic. Chem. **6** (1935), 1180; C 36 II 1500.

7 H. MACHE: Z. Physik **110** (1938), 189; C 38 II 3377.

8 G. S. WOSDWISHENSKI: Trans. Kirov's Inst. chem. Technol. Kazan **7** (1938), 67; C 41 II 1127.

9 J. FRENKEL: J. exp. theoret. Physik **9** (1939), 199; C 41 II 2050.

10 K. KÄHLER: Wolken und Gewitter. Leipzig: Barth, 1941.

11 L. KRASTANOW: Meteorol. Z. **58** (1941), 37; C 41 I 3051.

Handbuches behandelt (vgl. auch SKRABAL[1], SCHUMACHER[2]). Zuweilen wird der zu dieser Reaktionsart gehörige Vorgang mit der „chemischen Kinetik" schlechthin identifiziert (BODENSTEIN[3]). Im Verlaufe dieser Reaktionsart kann auch eine vorübergehende Aufteilung in zwei Phasen erfolgen, wie dies z. B. bei den explosiv verlaufenden Reaktionen (Ausbreitung einer Flamme) der Fall ist (vgl. z. B. HORIBA und GOTÔ[4]). Die gegenseitige Umwandlung von Ortho- und Parawasserstoff wird in dem vorliegenden Band (S. 1) von CREMER, der Austausch von Isotopen durch GEIB (S. 36) behandelt.

B. Die durch Zusatz des Reaktionsproduktes katalytisch beeinflußten Zustandsänderungen.

Es sind dies die gleichen Reaktionsarten, wie sie vorangehend als Sippe A zusammengefaßt wurden, jedoch von diesen dadurch unterschieden, daß ihr Reaktionsablauf von Anfang an in Gegenwart des fertigen Reaktionsproduktes stattfindet. Von den hier wieder insgesamt möglichen 9 Reaktionsarten seien die folgenden hervorgehoben: Der Zusatz von α–Al_2O_3 zu γ–Al_2O_3 oder der Zusatz von Rutil zu Anatas, um „durch Einreibung von Keimen" des Reaktionsproduktes die Umwandlungsgeschwindigkeit zu erhöhen (= Reaktionsart 1). — Sehr häufig wird der Übergang aus dem flüssigen in den kristallisierten Zustand durch Einführung fertiger Kristalle in die Flüssigkeit beschleunigt; ein Beispiel hierfür ist flüssiges Thymol, das man durch Zusatz einiger Thymolkristalle zur Kristallisation bringt; auch das Wachsen eines kleinen Korundkristalls durch Aufprallen eines feinen Strahles von flüssigem Al_2O_3 (Edelsteinherstellung) ist hierher zu rechnen; ebenso auch die Verwachsung zweier chemisch gleicher fester Körper auf dem Wege einer Verbindung durch das gleiche flüssige Material und nachheriges Erstarren (Schweißen) (= Reaktionsart 4). — Schließlich sei noch des Aufdampfens einer Schicht auf eine Unterlage, welche die chemisch gleiche Zusammensetzung wie der Dampf hat, als Beispiel der Reaktionsart 6 gedacht.

Von den Oberflächen eines durch mechanische Zerkleinerung entstandenen oder sonst durch eine individuelle Vorgeschichte gekennzeichneten festen Aggregates werden im allgemeinen andere Kristallisationskräfte ausgehen als von den aus der Schmelze erstarrten Kristallen.

C. Vereinigungen verschiedener Zustände zu einem neuen Zustand und die hierzu inversen Vorgänge.

Reaktionsarten dieser Sippe liegen dann vor, wenn zwei Zustandsformen des analytisch-chemisch gleichen Stoffes sich miteinander zu einer neuen Zustandsform vereinigen oder wenn der entgegengesetzte Vorgang (Aufspaltung) eintritt. Vielfach werden die in dieser Sippe zusammengefaßten Reaktionsarten sich aus den Merkmalen der vorangehenden Sippe so ableiten lassen, daß es sich hier (bei der Sippe C) nicht um den Zusatz des Reaktionsproduktes, sondern irgendeiner anderen (naturgemäß instabilen) Zustandsform handelt.

---

[1] A. SKRABAL: Homogenkinetik. Experimentelle u. rechnerische Grundlagen der klassischen chemischen Kinetik homogener Systeme. Dresden u. Leipzig: Steinkopff, 1941; C 42 I 711.

[2] H. J. SCHUMACHER: Z. Elektrochem. angew. physik. Chem. **47** (1941), 673; C 42 I 450.

[3] M. BODENSTEIN: Z. Elektrochem. angew. physik. Chem. **47** (1941), 667; C 42 I 450.

[4] S. HORIBA, R. GOTÔ: Proc. Imp. Acad. (Tokyo) **16** (1940), 218; C 41 I 486.

Für die Vereinigung zweier fester Zustandsformen zu einem neuen festen Zustand sind dann die Voraussetzungen gegeben, wenn die beiden Ausgangsprodukte miteinander feste Lösungen geben. Ein Beispiel für diesen Vorgang wäre etwa der Fall, daß man hexagonales $C_{23}H_{48}$ und dieselbe Verbindung in ihrer Kristallklasse niedrigerer Symmetrie vermischt und die Mischung auf eine Temperatur bringt, bei der ein Übergangszustand existenzberechtigt ist. Man könnte nun die Ansicht vertreten, daß die Vorgänge in den Mischungspartnern unabhängig voneinander nach Art der klassischen Zustandsänderungen (Sippe A) ablaufen, nur daß bei einem Teil der Weg zu dem Endzustand von den hexagonalen Kristallen aus beschritten wird, wohingegen von dem restlichen Teil derselbe Endzustand von der entgegengesetzten Seite aus erreicht wird. Indessen ist nach allen, namentlich auf dem katalytischen Gebiete gesammelten Erfahrungen eine solche Unabhängigkeit bereits unwahrscheinlich. Es ist viel wahrscheinlicher, daß sich die beiden Ausgangszustände zu dem zwischen ihnen liegenden gemeinsamen Endzustand „heranziehen" und die Geschwindigkeit dieses Überganges gegenseitig beschleunigen.

Beispiele für andere hierher gehörende Reaktionsarten wären etwa die Vermischung von Acetaldehyd und Paraldehyd oder von Ozon und Sauerstoff oder auch selbst nur die Vereinigung zweier in ihrem physikalischen Zustand verschieden gekennzeichneter Anteile der gleichen Flüssigkeit bzw. Gases. Einer gleichfalls hierher gehörenden Reaktionsart gehört die Trennung eines Ozon/Sauerstoffgemisches auf dem Wege einer Diffusion durch eine poröse Wand oder die Isotopentrennung im CLUSIUSschen Trennrohr an.

II. Reaktionsarten mit zwei Bestandteilen.

A. Vollständige Vereinigung oder vollständiger Zerfall.

1. A starr + B starr → AB starr.

Beispiele für diese Reaktionsart sind die Vorgänge ZnO starr + Fe_2O_3 starr → $ZnFe_2O_4$ starr oder x Au starr + y Ag starr → Au_xAg_y (feste Lösung).

Erst gegen das Ende des 19. Jahrhunderts wurden in den Laboratorien von J. VIOLLE[1], S. MARSDEN[2] und W. C. ROBERTS-AUSTEN[3] Reaktionen untersucht, an welchen nur feste Stoffe beteiligt waren. Trotzdem behielt bis vor etwa 25 Jahren die Ansicht, derzufolge Reaktionen zwischen festen Stoffen nur unter Beteiligung von Schmelzen (Flüssigkeiten) oder Gasen möglich sind, allgemeine Gültigkeit. Erst die bahnbrechenden umfangreichen Untersuchungen TAMMANNS und seiner Schule haben eindeutig die Richtigkeit des Gegenteils erwiesen. Eine geschichtliche Darstellung des Werdeganges dieses Wissensgebietes geben HEDVALL[4] und HÜTTIG[5] (vgl. auch den vorliegenden Band S. 327). Die ersten systematischen Untersuchungen über den Reaktionstypus A starr + B starr → AB starr (z. B. CoO + Al_2O_3 → $CoAl_2O_4$) wurden von HEDVALL[6] gelegentlich seiner Arbeiten über RINMANNS Grün, THÉNARDS Blau und Bleu Céleste vorgenommen. Seither ist ein großes experimentelles Material auf diesem Gebiete erstanden, an dessen Schaffung außer den Schulen TAMMANNS und HEDVALLS auch diejenige von W. JANDER in hervorragender Weise beteiligt ist.

---

[1] J. VIOLLE: C. R. Acad. Sci. **94** (1882), 28.

[2] S. MARSDEN: Proc. Roy. Soc. (Edinburgh) **10** (1878÷1880), 712.

[3] W. C. ROBERTS-AUSTEN: Proc. Roy. Soc. (London) **67** (1900) 101.

[4] J. A. HEDVALL: Angew. Chem. **49** (1936), 875; C 37 I 2922; J. physic. Chem. **28** (1924), 1316; C 25 I 2485; Angew. Chem. **44** (1931), 781; C 31 II 2828.

[5] G. F. HÜTTIG: Kolloid-Z. **94** (1941), 137; C 41 I 2905; **97** (1941), 281; C 42 II 129.

[6] J. A. HEDVALL: Ber. dtsch. chem. Ges. **45** (1912), 2095; C 12 II 808.

Es blieb zunächst unbekannt, daß diese Reaktionsart ganz besonders zur Bildung eigenartiger Zwischenzustände befähigt ist. Es wurde nur das Verschwinden der Ausgangsstoffe und die Bildung der fertigen Reaktionsprodukte verfolgt und auch die Versuche meist bei verhältnismäßig so hohen Temperaturen geleitet, daß die Zwischenzustände nur eine sehr geringe Lebensdauer hatten und nicht weiter in Erscheinung traten. Erst seit dem Jahre 1932 (HÜTTIG, RADLER und KITTEL[1]) wurden hier solche Zwischenzustände festgestellt und präparativ erfaßt; damit war der Ausgangspunkt für eine große Zahl weiterer Untersuchungen gegeben, und auch die Fragestellung des gesamten vorliegenden Beitrages ist aus Beobachtungen dieser Art hervorgegangen.

Der Ablauf der hier betrachteten Reaktionsart kann in verschiedener Weise erfolgen, wodurch sich auch eine Unterteilung in verschiedene Spielarten ergibt. Eine dieser Möglichkeiten besteht darin, daß die beiden Komponenten einen hohen Dampfdruck besitzen und die Vereinigung in der Gasphase mit nachfolgender Ausscheidung des festen Reaktionsproduktes erfolgt (vgl. z. B. TARADOIRE[2]). Eine andere Möglichkeit besteht in einem vorübergehenden Zusammenschmelzen wenigstens eines Teiles der Ausgangsstoffe und einer Ausscheidung des festen Reaktionsproduktes aus der Schmelze. Die beiden genannten Verläufe wurden gemäß dem alten alchimistischen Grundsatz „Corpora non agunt nisi fluida" bis in die neueste Zeit hinein als die einzig denkbaren angesehen. Wenn auch unzweifelhaft bei der vorliegenden Reaktionsart derartige Verhalten realisierbar sind, so stellen sie doch bei den Prozessen der anorganischen und technischen Chemie den selteneren und überdies weniger interessanten Ablauf dar, zumal sich dieser durch eine Aufeinanderfolge einfacher, verhältnismäßig gut bekannter und auch in diesem Beitrag an anderen Stellen bereits behandelter Teilvorgänge beschreiben läßt. Wir beschränken daher unsere Ausführungen auf solche Vorgänge, bei welchen auch während des Ablaufes keinerlei gasförmige oder flüssige Phase auftritt.

Die hier abzuhandelnde Reaktionsart ist in den Darstellungen von HEDVALL[3] und von JOST[4] mit einbezogen worden. Zusammenfassende Darstellungen über Reaktionen im festen Zustand sind in den letzten Jahren veröffentlicht worden von BUDNIKOW und BERESHNOI[5], DESCH[6], EITEL[7] in bezug auf die Silicatindustrie, FISCHBECK[8], FRICKE[9], HEDVALL[10], HÜTTIG[11], W. JANDER[12], JOST[4], MASING[13]

---

[1] G. F. HÜTTIG, H. RADLER, H. KITTEL: Z. Elektrochem. angew. physik. Chem. **38** (1932), 442; C 32 II 2306.

[2] F. TARADOIRE: Bull. Soc. chim. France, Mém. [5] **7** (1940), 720; C 42 I 962. Z. physik. Chem., Abt. B **34** (1936), 309.

[3] J. A. HEDVALL: Reaktionsfähigkeit fester Stoffe. Leipzig: J. A. Barth, 1938; C 38 I 254.

[4] W. JOST: Diffusion und chemische Reaktion in festen Stoffen. Dresden u. Leipzig: Steinkopff, 1937; C 37 II 1508.

[5] P. P. BUDNIKOW, A. S. BERESHNOI: J. Chim. appl. **13** (1940), 1277; C 41 II 2405.

[6] C. H. DESCH: The Chemistry of Solids. London: Oxford Univ. Press, 1934; C 34 II 2802.

[7] W. EITEL: Angew. Chem. **49** (1936), 895; C 37 I 1504.

[8] K. FISCHBECK: Z. Elektrochem. angew. physik. Chem. **40** (1934), 378; C 34 II 2947.

[9] R. FRICKE, W. DÜRR: Z. Elektrochem. angew. physik. Chem. **45** (1939), 254; C 39 II 2013.

[10] J. A. HEDVALL: Reaktionsfähigkeit fester Stoffe. Leipzig: J. A. Barth, 1938; C 38 I 254; Angew. Chem. **49** (1936), 875; C 37 I 2922.

[11] G. F. HÜTTIG: Angew. Chem. **49** (1936), 882; C 37 I 2923; S.-B. Akad. Wiss. Wien, Abt. IIb **145** (1936), 648; Mh. Chem. **69** (1936), 42; C 37 I 509.

[12] W. JANDER: Angew. Chem. **49** (1936), 879; C 37 I 2922; Österr. Chemiker-Ztg. **42** (1939), 145; C 39 II 2202.

[13] G. MASING: Angew. Chem. **49** (1936), 907; C 37 I 2331.

in bezug auf Metalle, MONTIGNIE[1], PERRIN und ROUBAULT[2] in bezug auf die Geologie, C. WAGNER[3] und GILARD[4]. Chemische Reaktionen zwischen festen Stoffen waren ferner Gegenstand von zusammenfassenden Vorträgen und Aussprachen bei der Hauptversammlung des Vereins Deutscher Chemiker, München 1936 (vgl. Angew. Chem. **49**) und der Faraday Society, Bristol 1938 [vgl. Angew. Chem. **51** (1938), 337]. Eine im wesentlichen vom technischen Gesichtspunkt geleitete Pflegestätte hat diese Reaktionsart auf dem Gebiete der Metall- und Oxydkeramik in den Fällen gefunden, wo es sich daselbst um chemische Frittungsvorgänge mit zwei Komponenten handelt. Wir erinnern an die Literaturzusammenstellung auf S. 413 und verweisen besonders auf die beiden in Erscheinung begriffenen Werke von SKAUPY bzw. KIEFFER und HOTOP sowie auf die zusammenfassenden Darstellungen von HÜTTIG[5].

In entscheidender Weise greifen die diese Reaktionsart betreffenden Vorgänge in viele Fragen der Mischkatalysatoren (S. 489) und die Beziehungen zwischen Katalysator und seinem Träger (S. 542) ein.

α) *Thermodynamik.*

Dank den Arbeiten von W. A. ROTH liegen für einige der hier interessierenden Reaktionen zuverlässige Angaben über deren Wärmetönungen vor. Einer Verwertung dieser Daten zur Berechnung der chemischen Affinitäten steht fast überall die Unkenntnis der spezifischen Wärmen der Reaktionsteilnehmer in Abhängigkeit von der Temperatur entgegen. Für den Vorgang $CaO + SiO_2 \rightarrow CaSiO_3$ kann für den absoluten Temperaturnullpunkt die Wärmetönung und somit auch die Affinität mit 19250 cal festgelegt werden. Mit *steigender Temperatur* steigt die Wärmetönung (ΔU), wohingegen die *Affinität sinkt* (z. B. bei 1100° abs. auf den Wert 16140 cal). Ein derartiges Absinken der Affinität mit der Temperatur dürfte bei dieser Reaktionsart der Normalfall sein (HÜTTIG[6]). Im allgemeinen wird jedoch die Affinität den Wert Null erst bei Temperaturen erreichen, welche oberhalb der Schmelztemperatur des Reaktionsproduktes liegen, so daß der Zerfallsvorgang im festen Zustand (Reaktionsart 2, S. 492) vielfach nicht realisierbar ist.

Eine Zusammenstellung der Bildungswärmen für eine Anzahl metallischer Verbindungen wird von W. BILTZ[7] gegeben, und C. WAGNER[8] gibt in Tabellen die bisherigen Ergebnisse über die mit calorimetrischen Messungen ermittelten Bildungswärmen und die integralen molaren Bildungsarbeiten für die Bildung fester Legierungen an.

β) *Temperatur, bei welcher die Reaktion mit merklicher Geschwindigkeit einsetzt.*

Für jede Reaktion dieser Art läßt sich *praktisch* eine Temperatur angeben, unterhalb derer die Reaktionsgeschwindigkeit so gering ist, daß ein Reaktionsablauf so gut wie gar nicht stattfindet, oberhalb derer aber die Reaktion mit

---

[1] E. MONTIGNIE: Bull. Soc. chim. France, Mém. (5) **8** (1941), 209; C 41 II 1361.

[2] R. PERRIN, M. ROUBAULT: Les réactions a l'état solide et la géologie. Alger.: Impr. „La Typo-Litho" et Jules Carbonel réunies, 1938; C 38 I 1097.

[3] C. WAGNER: Z. Elektrochem. angew. physik. Chem. **47** (1941), 696; C 42 I 449; Z. physik. Chem., Abt. B **34** (1936), 309.

[4] P. GILARD: Rev. univ. Mines, Métallurg., Trav. publ. Sci. Arts. appl. Ind. [8] **16** (1940), 83, 159; C 41 I 1389.

[5] G. F. HÜTTIG: Kolloid-Z. **97** (1941), 281; C 42 II 129; **98** (1942), 6; C 42 II 130; **98** (1942), 263; C 42 II 979; **99** (1942), 262; C 43 I 122.

[6] G. F. HÜTTIG: Kolloid-Z. **99** (1942), 262; C 43 I 122.

[7] W. BILTZ: Z. Metallkunde **29** (1937), 73; C 37 II 1155.

[8] C. WAGNER: Trans. Faraday Soc. **34** (1938), 851; C 40 II 1102.

gut nachweisbarer Geschwindigkeit abläuft. Eine Deutung für diesen Sachverhalt gibt TAMMANN[1]: Bringt man zwei Kristalle, die miteinander zu reagieren vermögen, z. B. Siliciumdioxyd und Calciumoxyd, bei gewöhnlicher Temperatur in Berührung, so bildet sich wahrscheinlich sofort eine Schicht $CaSiO_3$ von der Dicke einer Molekülschicht. Die Reaktion schreitet aber nicht weiter vor, weil in der Gitternetzebene der Calciumsilicatschicht sowie auch in dem Siliciumdioxyd- und Calciumoxydkristall fast alle Leptone nur um ihre Gitterpunkte schwingen (vgl. S. 384). Wird aber die Temperatur hinreichend gesteigert, so beginnen die Leptone in merklichem Ausmaße ihre Plätze zu wechseln, wodurch die Molekülschicht des Reaktionsproduktes für gewisse Atomgruppen durchlässig und damit auch die Geschwindigkeit der Reaktion merklich wird. Wir haben auf S. 388 als einen praktisch sehr zweckmäßigen Begriff die Temperatur T_z des in merklichem Ausmaße beginnenden Platzwechsels (Diffusion) der Leptone eines Kristalles eingeführt. Auf Grund des obigen Vorstellungskreises wird es verständlich, daß die Reaktionen zwischen zwei Kristallarten nur dann mit merklicher Geschwindigkeit vor sich gehen können, wenn mindestens in einer der beiden Kristallarten und dem gebildeten Reaktionsprodukt der Platzwechsel besteht. Dann können gewisse Atomgruppen durch die Schicht des Reaktionsproduktes dringen und sich in das Gitter der einen oder beider Komponenten lagern, indem sie dieses aufweiten.

In der nebenstehenden Tabelle 2 sind für einige Reaktionen die Temperaturen des merklichen Reaktionsbeginns angegeben.

Tabelle 2. *Temperaturen merklichen Reaktionsbeginns.*

$PbO + WO_3 \rightarrow PbWO_4$	480°
$PbO + MoO_3 \rightarrow PbMoO_4$	460°
$CuO + WO_3 \rightarrow CuWO_4$	600°
$CuO + MoO_3 \rightarrow CuMoO_4$	610°
$MgO + WO_3 \rightarrow MgWO_4$	300°
$MgO + MoO_3 \rightarrow MgMoO_4$	425°
$BeO + MoO_3 \rightarrow BeMoO_4$	400°
$CaO + MoO_3 \rightarrow CaMoO_4$	425°

Die direkt beobachteten Temperaturen des beginnenden Platzwechsels innerhalb der *einzelnen* Komponenten stimmen in dem oben dargelegten Sinne mit den Temperaturen merklichen Reaktionsbeginns überein.

γ) Erhöhung der Reaktionsgeschwindigkeit als Folge einer Modifikationsumwandlung einer der beiden Komponenten.

Auf S. 374 ist als HEDVALLsches Prinzip der Satz ausgesprochen worden, daß ein fester Körper *während* einer Modifikationsumwandlung eine erhöhte Reaktivität aufweist; dies trifft auch für seine Reaktivität gegenüber anderen festen Stoffen zu; es ist möglich, den betreffenden Stoff während seiner Umwandlung Reaktionen vollführen zu lassen, die sonst nur bei erheblich höheren Temperaturen oder vielleicht praktisch gar nicht durchführbar sind. Ein Beispiel hierfür ist das Verhalten von Siliciumdioxyd gegenüber Eisen (III)-oxyd. Während der Umwandlung von *t*-Quarz in *h*-Quarz bei 575° und dann neuerdings bei der Umwandlung von *h*-Quarz in Cristobalit bei etwa 950° vermag es mit Eisen (III)-oxyd zu reagieren, wobei sich aller Wahrscheinlichkeit nach eine (oder mehrere) Verbindungen zwischen Fe_2O_3 und SiO_2 bilden. Des ferneren ist es möglich, während des Überganges von Quarz in Cristobalit in Gegenwart von Eisen (III)-oxyd eine Art fester Lösung zwischen diesen beiden Komponenten zu erhalten. Cristobalit selbst reagiert nicht bei den untersuchten Temperaturen mit Fe_2O_3 und ebenso auch nicht Tridymit (HEDVALL und SJÖMAN[2]):

[1] G. TAMMANN: Z. anorg. allg. Chem. **39** (1926), 869; C 26 II 1361.

[2] J. A. HEDVALL, P. SJÖMAN: Z. Elektrochem. angew. physik. Chem. **37** (1931), 1930; C 31 II 188; Svensk. Kem. Tidskr. **42** (1930), 40; C 30 II 533.

innerhalb dieser festen Lösung zeigt das Fe_2O_3 eine Verfestigung, der Cristobalit eine Auflockerung, was unter anderem auch aus dem katalytischen Verhalten gefolgert werden kann (HEDVALL, HEDIN und LJUNGKVIST[1], vgl. auch S. 484). Prinzipiell ähnliche Ergebnisse wurden auch bei den Untersuchungen über die Reaktion zwischen Siliciumdioxyd einerseits und ZnO, CuO, NiO, CoO und Co_3O_4 andererseits beobachtet (HEDVALL und SCHILLER[2]). Die Gültigkeit des gleichen Prinzips wurde auch bei anderen Reaktionstypen festgestellt (vgl. hierzu die zusammenfassenden Mitteilungen von HEDVALL[3]).

δ) *Gleichungen für die Reaktionsgeschwindigkeit bei konstanter Temperatur. Gesetze der Fremddiffusion I.*

Die prinzipiell einfachste und daher wichtigste Anordnung zur Messung der Reaktionsgeschwindigkeiten wäre gegeben, wenn die beiden Komponenten als Einkristalle in einer gegenseitigen kristallographisch definierten Anordnung miteinander in Berührung stehen würden; dieser Fall ist bis jetzt kaum jemals untersucht worden. Die bisher aufgestellten Gesetzmäßigkeiten wurden fast immer an gepulverten Ausgangsstoffen beobachtet. Die anschaulichste Anordnung ist schematisch in der Abb. 17 dargestellt.

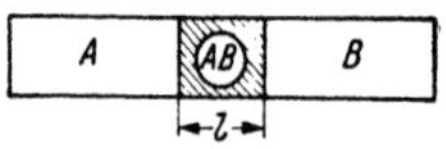

Abb. 17. Fortschreiten der chemischen Reaktion von der Berührungsfläche A/B aus.

Die Pulver der beiden Komponenten A und B werden in Form von Pastillen aufeinandergepreßt und in diesem Zustand auf die konstante Reaktionstemperatur gebracht. An der Berührungsebene der beiden Pastillen bildet sich das Reaktionsprodukt AB, dessen Schichtdicke ($= l$) mit der Zeit wächst. Nach TAMMANN[4] ist nach der Zeit τ diese (der umgesetzten Menge proportionale) Schichtdicke

$$l = k_1 \log \tau + \text{Konstante} \tag{1a}$$

oder, was dasselbe ist,

$$dl/d\tau = k_1/\tau\,, \tag{1b}$$

wobei k_1 eine von der Temperatur abhängige Konstante bedeutet.

Nach W. JANDER[5] ist

$$l = \sqrt{2 k_2} + \text{Konstante}, \tag{2a}$$

was einem Ansatz

$$dl/d\tau = k_2/l \tag{2b}$$

entspricht. Diese Geschwindigkeitsgleichung hat den folgenden Sinn: Die Reaktion setzt sich zusammen aus der Diffusion und der eigentlichen Verbindungsbildung (vgl. Abb. 17). Der langsamere dieser beiden Teilvorgänge — und dies ist meist die Diffusion — ist maßgebend für die beobachtete Reaktionsgeschwindigkeit. Innerhalb der Verbindung AB wird sich nun ein Konzentrationsgefälle der beiden Komponenten A und B einstellen. Nimmt man der Einfachheit halber an, daß nur eine Komponente (z. B. die Komponente A) diffundieren kann, dann kann man die allgemeinen Diffusionsgesetze auf ein solches System anwenden. Es gilt dann

$$dl/d\tau = (D\,c_0)/l\,. \tag{3}$$

---

[1] J. A. HEDVALL, R. HEDIN, S. LJUNGKVIST: Z. Elektrochem. angew. physik. Chem. **40** (1934), 300; C 34 II 1257.

[2] J. A. HEDVALL, G. SCHILLER: Z. anorg. allg. Chem. **221** (1934), 97; C 35 II 1168.

[3] J. A. HEDVALL: Chem. Reviews **15** (1934), 139; C 35 I 1655; Metall u. Erz **30** (1933), 168; C 33 II 6.

[4] G. TAMMANN: Angew. Chem. **39** (1926), 869; C 26 II 1361.

[5] W. JANDER: Z. anorg. allg. Chem. **163** (1927), 1; C 27 II 1113.

Hierbei bedeutet D den Diffusionskoeffizienten und c_0 die Konzentration der Komponente A an der Berührungsstelle der Phasen A und AB. Setzt man $D \cdot c_0$ gleich der Konstanten k_2, so resultiert die obige empirisch festgestellte Gleichung (W. JANDER[1], FISCHBECK[2], FISCHBECK und JELLINGHAUS[3]).

Als sehr fruchtbar hat sich eine Verallgemeinerung von FISCHBECK[4] (und die Veröffentlichungen in der Z. Elektrochem. angew. physik. Chem. in den Jahren 1932÷35) erwiesen, die derartige Reaktionen als einen Substanzstrom $= i$ betrachtet, der verschiedene hintereinandergeschaltete Widerstände zu überwinden hat. Man gelangt so zu einer Relation, welche eine formale Übereinstimmung mit dem OHMschen Gesetz hat:

$$i = \frac{K \Delta c}{\Sigma W}, \tag{4}$$

wobei K die Maßeinheiten verbindet, Δc die treibende Kraft in Form einer Konzentrationsdifferenz und ΣW den Ausdruck für die der Reihe nach zu überwindenden Diffusionswiderstände darstellt.

Eine Übertragung dieser Gesetzmäßigkeiten auf die Verhältnisse, wie sie in einem *pulverförmigen Gemisch* der beiden Komponenten vorliegen, hat W. JANDER[5] vorgenommen. Unter der Voraussetzung, daß die eine Komponente (z. B. die Komponente B) in einem großen Überschuß vorhanden ist und daß der isotherme Verlauf nicht durch die Reaktionswärmetönungen gestört wird, leitet sich die Beziehung ab

$$k \cdot \tau = \left(l - \sqrt[3]{\frac{100 - x}{100}}\right)^2, \tag{5}$$

wobei $k = \frac{2 D \cdot c_0}{r^2}$ ist.

Es bedeutet x die Anzahl % des Gesamtumsatzes, welche sich nach der Zeit τ tatsächlich umgesetzt haben, wenn der Körnchenradius der in kleinerer Menge vorhandenen Komponente (also der Komponente A) $= r$ war; die übrige Bezeichnungsweise ist dieselbe wie in den vorhergehenden Gleichungen.

ε) *Die Abhängigkeit der Reaktionsgeschwindigkeit von der Temperatur. Gesetze der Fremddiffusion II.*

Die vorangehenden Darlegungen zeigen, daß der hier betrachtete Reaktionstypus von den Diffusionsgesetzen beherrscht wird. Dadurch war es möglich, die immerhin wohlbekannten Grundgesetze der Diffusion auf die Kinetik von Reaktionen zwischen festen Körpern zu übertragen. Eine solche Übertragung führte auch zu der Aufstellung von Relationen zwischen Reaktionsgeschwindigkeit und Temperatur. In der Gleichung (3) sind die beiden temperaturabhängigen Glieder die Größen c_0 und D. Von c_0 kann man in erster Annäherung annehmen, daß es sich mit der Temperatur wenig, und zwar geradlinig verändert, also

$$c_T = k' \cdot c_0. \tag{6}$$

Die Abhängigkeit des Diffusionskoeffizienten D von der Temperatur ist gegeben durch die bekannte, auf den MAXWELLschen Verteilungssatz sich gründende Relation

$$D = B \cdot e^{-\frac{E}{RT}}. \tag{7}$$

---

[1] W. JANDER: Angew. Chem. **41** (1928), 73; C 28 I 1611.
[2] K. FISCHBECK: Z. anorg. allg. Chem. **165** (1927), 46; C 27 II 2377.
[3] K. FISCHBECK, W. JELLINGHAUS: Z. anorg. allg. Chem. **165** (1927), 55; C 27 II 2377.
[4] K. FISCHBECK: Z. Elektrochem. angew. physik. Chem. **39** (1933), 316; C 33 II 325.
[5] W. JANDER: Angew. Chem. **41** (1928), 73; C 28 I 1611.

Hierin bedeutet B eine praktisch temperaturunabhängige Konstante und E diejenige Wärmemenge (bezogen auf 1 Mol), die ein Lepton des diffundierenden Stoffes zumindest haben muß, um innerhalb des Mediums, in welchem es diffundiert (hier der Verbindung AB), Platzwechselvorgänge vollführen zu können. Die Größe E ist somit wohl die wichtigste und unabhängigste Konstante des betreffenden Reaktionsablaufes. Aus der Abhängigkeit der Geschwindigkeit von der Temperatur läßt sich allerdings nur der Temperaturgradient des Produktes Dc_0 ermitteln, nicht aber die Größe E selbst. Es erscheint aber näherungsweise zulässig, c_0 proportional dem jeweiligen Dampfdruck der leichter flüchtigen Komponente zu setzen und dann die Größe D bei verschiedenen Temperaturen und daraus dann E zu berechnen. Nach einem solchen Verfahren haben Fischbeck und Jellinghaus[1] für die Reaktion

$$2\,Ag + S \rightarrow Ag_2S$$

das E zu 6600 cal gefunden, d. h. nur diejenigen Schwefelatome, welche eine Wärmeenergie von mindestens 6600 cal (bezogen auf 1 Mol) besitzen, sind befähigt, innerhalb des Silbersulfids zu wandern. E wird die „Ablösungsarbeit" genannt.

ζ) *Welche Gitterbestandteile vollführen die Diffusion? Gesetze der Fremddiffusion III.*

Für die Beschreibung des Bruttoverlaufes ist vielfach die Vorstellung ausreichend, daß es die *Moleküle* der *einen* Komponente sind, deren Diffusion durch die Schicht der Reaktionsprodukte hindurch den weiteren Reaktionsablauf besorgt, wohingegen die Moleküle der anderen Komponente praktisch an diesem Diffusionsvorgang nicht beteiligt sind. Jedenfalls muß die Rolle, welche die beiden Komponenten bei der Diffusion spielen, meist als untereinander verschieden angenommen werden; ein solches Verhalten war es auch, das bei der Ableitung der obigen Gleichung (3) und der daraus hervorgegangenen Gleichung (5) vorausgesetzt wurde. Im Rahmen eines solchen Vorstellungskreises ist auch die Annahme naheliegend, daß diejenige Komponente, welche im Sinne der Ausführungen von S. 441 die leichter beweglichen Moleküle hat, auch eher diejenige mit den diffundierenden, wandernden, gebenden Molekülen ist und die andere die ruhende, empfangende ist.

Jander und Hoffmann[2] geben an, daß bei der Reaktion zwischen CaO und SiO_2 die Moleküle des CaO es sind, welche durch das primär gebildete Reaktionsprodukt $2\,CaO\cdot SiO_2$ hindurchdiffundieren. Jander und Hoffmann[3] teilen ferner mit, daß bei der Berührung von MgO mit $ZnAl_2O_4$ das Al_2O_3 aus dem letzteren zu dem MgO wandert, um dort das $MgAl_2O_4$ zu bilden. Reinhold[4] (Diskussionsbemerkung zu Hüttig) bemerkt, daß BaO z. B. bei 450° mit großer Geschwindigkeit in Fe_2O_3 diffundiert, wohingegen der umgekehrte Vorgang, nämlich die Diffusion von Fe_2O_3 in BaO in analytisch nachweisbarer Menge nicht stattfindet; er nennt einen solchen Verlauf eine „einseitig gerichtete Einlagerungsreaktion". Für das oben angeführte spezielle Beispiel könnte es von Bedeutung sein, daß das BaO in dem Gemisch erst aus BaO_2 entsteht und die Reaktivität „in statu nascendi" besonders groß sein kann. Hüttig und

[1] K. Fischbeck, W. Jellinghaus: Z. anorg. allg. Chem. **165** (1927), 55; C 27 II 2377.

[2] W. Jander, E. Hoffmann: Z. anorg. allg. Chem. **218** (1934), 211; C 34 II 1085.

[3] W. Jander, E. Hoffmann: Z. anorg. allg. Chem. **202** (1931), 135, 152; C 32 I 1749.

[4] Reinhold (G. F. Hüttig): Z. Elektrochem. angew. physik. Chem. **44** (1938), 571; C 39 II 3526.

ZEIDLER[1] folgern aus ihren Versuchsergebnissen, daß bei der Additionsreaktion zwischen MgO und Fe_2O_3 das *Fe_2O_3 zu dem MgO* wandert (vgl. hierzu die Bezeichnungsweise „Actor“ und „Actuarius“).

C. WAGNER[2] hat durch die Annahme, daß nicht neutrale Moleküle oder Atome, sondern statt dessen Ionen und Elektronen diffundieren, eine Verknüpfung der Diffusionsvorgänge mit dem elektrochemischen Verhalten herbeiführen können. Ein entscheidender Einfluß auf das Diffusionsverhalten kommt der Fehlordnung (S. 366), insbesondere den Leerstellen in dem Gitter desjenigen Aggregates zu, durch welches hindurch die Diffusion erfolgt (vgl. Abb. 17). So kann die Bewegung der Kationen durch ihr Nachrücken von regulären Gitterplätzen auf benachbarte Kationenleerstellen erfolgen. Je größer die Abweichung von der strengen stöchiometrischen Zusammensetzung in der Richtung gegen einen Anionenüberschuß liegt, desto größer ist die Anzahl der Kationenleerstellen und damit auch die Kationenbeweglichkeit und die elektrische Leitfähigkeit. Daß die Kationen die Träger der Diffusionsbewegung sind, hängt mit ihrem im Vergleich zu den Anionen im allgemeinen sehr kleinen Ionenradius zusammen. Das erste brauchbare Modell zur Deutung der Kationenbewegung ist von FRENKEL[3] entworfen worden. Der weitere Ausbau dieser Vorstellungsreihe erfolgte durch WAGNER und SCHOTTKY[4] und durch JOST[5]. Da diese Theorien an anderen Stellen des vorliegenden Handbuches ihre eingehende Behandlung erfahren, wollen wir uns mit folgendem Hinweis begnügen:

Bei der Bildung von Verbindungen aus Metall und Metalloid, wie z. B. bei der Reaktion $2\,Ag + Se \rightarrow Ag_2Se$, erfolgt die Diffusion durch eine Wanderung von Ag^+-Ionen und Elektronen in der Ag_2Se-Phase, ausgehend von dem Silber in der Richtung zum Selen.

Bei der Bildung von Ionenverbindungen höherer Ordnung aus einfachen Verbindungen, wie z. B. bei $2\,AgJ + HgJ_2 \rightarrow Ag_2HgJ_4$ erfolgt die Diffusion innerhalb der Ag_2HgJ_4-Phase durch eine Wanderung von Ag^+-Ionen und Hg^{++}-Ionen in entgegengesetzten Richtungen. Hierzu wird das folgende Umsetzungsschema angegeben:

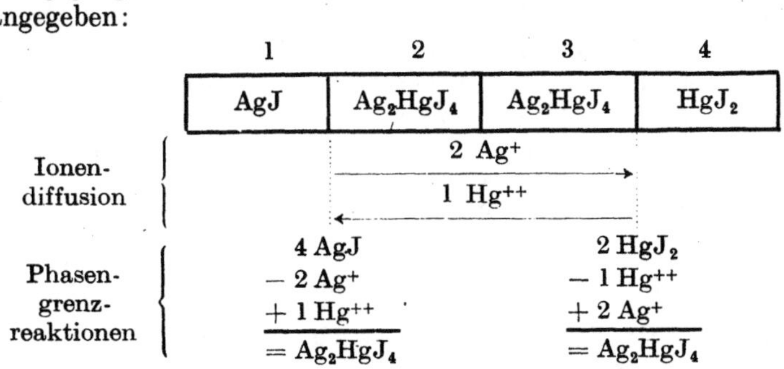

Nach WAGNER soll dieser Reaktionsmechanismus nicht nur bei der Bildung von Doppelsalzen, sondern auch bei derjenigen von *Spinell-* und *Silicatphasen* zutreffen. Die in dieser Richtung gehenden Theorien lassen primär alle von der Dispersität und der Sekundärstruktur der festen Phasen herrührenden Einflüsse unberücksichtigt. Eine solche Sachlage wird realerweise selten angetroffen. In dieser Beziehung anpassungsfähiger sind wohl die Grundlagen und Ergebnisse,

[1] G. F. HÜTTIG, E. ZEIDLER: 99. Mittlg.: Kolloid-Z. **75** (1936), 170; C 36 II 1294.
[2] C. WAGNER: Z. physik. Chem., Abt. B **22** (1933), 181; C 33 II 1648.
[3] J. FRENKEL: Z. Physik **37** (1926), 243; C 26 II 702.
[4] C. WAGNER, W. SCHOTTKY: Z. physik. Chem., Abt. B **11** (1930), 163; C 31 I 1565.
[5] W. JOST: Z. physik. Chem., Abt. B **21** (1933), 158; C 33 I 3670.

wie sie beispielsweise bei WICKE und KALLENBACH[1] vorliegen und welche die Möglichkeit eines erheblichen Anteils der Oberflächendiffusion an dem Gesamttransport dartun.

Zu den die Diffusion betreffenden Fragen sei schließlich noch auf die folgenden Originalarbeiten hingewiesen: KORDES[2], EITEL[3] (Buch), TRAPP[4] (Zusammenfassung), ALVARO-ALBERTO[5], DESCH[6] (Buch), FISCHBECK[7], SEIFERT[8] (Kinetik der Mischkristallbildung), MASING[9], STANWORTH[10], C. WAGNER[11], W. JANDER[12], PERRIN und ROUBAULT[13] (Buch), ferner den Tagungsbericht der Faraday-Soc. 1938 [Angew. Chem. **51** (1938), 337] und insbesonders SEITH[14] und JOST[15].

η) Bildung von Zwischenverbindungen.

Der vorangehend behandelte Ablauf der Reaktionsart A starr + B starr $\rightarrow AB$ starr betrachtet nur die Ausgangsstoffe und die fertigen Reaktionsprodukte, welch letztere sich auf dem Wege eines präparativ nicht erfaßbaren, den klassischen Grundlagen gehorchenden Diffusionsvorganges bilden. Ein Fall, der für diesen Vorstellungskreis zumindest eine schwere Komplikation darstellt, dafür aber dem chemischen Denken um so näher liegt, ist der, daß die beiden Komponenten zunächst eine von den Endprodukten in ihrer stöchiometrischen Zusammensetzung abweichende Zwischenverbindung bilden, welche dann mit der noch im freien Zustand vorhandenen Komponente sich zu dem endgültigen Endprodukt vereinigt. Als ein Schulbeispiel kann das Verhalten eines Gemisches 1 CaO : 1 SiO_2 bei 1200° gelten (W. JANDER und HOFFMANN[16] und W. JANDER[17]). Das endgültige Reaktionsziel ist die Umwandlung des gesamten Reaktionsgemisches in 1 CaO · 1 SiO_2 (= Wollastonit). In den ersten Stunden setzt sich jedoch ein Teil des Gemisches nur zu 2 CaO · SiO_2 (Orthosilicat) um. Später werden außerdem auch deutliche Mengen von 3 CaO · 2 SiO_2 nachweisbar. Erst zu einem verhältnismäßig späten Zeitpunkt nimmt die Menge dieser beiden Verbindungen wieder ab, und die Bildung des 1 CaO · 1 SiO_2 setzt in größerem Ausmaß ein, um schließlich das einzige endgültige Reaktionsprodukt zu liefern. In der Abb. 18 ist dieses Verhalten bildlich dargestellt. Auf der Abszissenachse ist die Dauer der Erhitzung des Gemisches bei 1200° angegeben, die Ordinaten sind ein Maß für die in Prozenten ausgedrückte Menge der einzelnen Verbindungen innerhalb des Reaktionsgemisches. Es muß noch vermerkt werden, daß

---

1 E. WICKE, R. KALLENBACH: Kolloid-Z. **97** (1941), 135; C 42 I 1609.
2 E. KORDES: Zement **17** (1928), 94; C 28 I 1134.
3 W. EITEL: Physikalische Chemie der Silicate. Leipzig: Barth, 1929; C 29 I 2572.
4 H. TRAPP: Metallbörse **22** (1932), 1629; **23** (1933), 1, 34; C 33 I 3155.
5 ALVARO-ALBERTO: Ann. Acad. brasil. Sci. **5** (1933), 145, 223; C 34 I 3011.
6 C. H. DESCH: The Chemistry of Solids. London: Oxford Univ. Pr., 1934; C 34 II 2802.
7 K. FISCHBECK: Z. Elektrochem. angew. physik. Chem. **40** (1934), 378; C 34 II 2947; **44** (1938), 513; C 38 II 2550.
8 H SEIFERT: Fortschr. Mineral., Kristallogr., Petrogr. **19** (1935), 103; C 36 I 962.
9 G. MASING: Angew. Chem. **49** (1936), 907; C 37 I 2331.
10 J. E. STANWORTH: J. Soc. Glass Technol. **21** (1937), 155; C 37 II 719.
11 C. WAGNER: Z. physik. Chem., Abt. B **34** (1936), 309; C 37 II 1505; Z. anorg. allg. Chem. **236** (1938), 320; C 38 II 3780.
12 W. JANDER: Angew. Chem. **51** (1938), 696; C 38 II 4170.
13 R. PERRIN, M. ROUBAULT: Les réactions à l'état solide et la géologie. Alger.: Impr. „La Typo-Litho" et Jules Carbonel réunies, 1938; C 38 I 1097.
14 W. SEITH: Diffusion in Metallen. Berlin: Springer, 1939.
15 W. JOST: Diffusion und chemische Reaktion fester Stoffe. Dresden und Leipzig: Steinkopff, 1937.
16 W. JANDER, E. HOFFMANN: Z. anorg. allg. Chem. **218** (1934), 211; C 34 II 1085.
17 W. JANDER: Angew. Chem. **47** (1934), 235; C 34 II 391; **49** (1936), 879; C 37 I 2922.

die Bereitung des Ausgangsgemisches durch Vermengen von 1 $CaCO_3$ und 1 SiO_2 (und nicht 1 CaO : 1 SiO_2) erfolgte, so daß strenggenommen hier ein anderer Reaktionstypus (nämlich *AB* starr + *C* starr → *AC* starr + *B* gasförmig, vgl. S. 555) vorlag.

Bei den Versuchen von W. JANDER und WUHRER[1] (vgl. auch die übrige dort zitierte Literatur) über die Vereinigung von Magnesiumoxyd mit Siliciumdioxyd wurde gleichfalls gefunden, daß sich primär das Magnesiumorthosilicat (2 MgO · 1 SiO_2) bildet, auch wenn das Mischungsverhältnis so gewählt wird, daß das Magnesiummetasilicat (1 MgO · 1 SiO_2) das endgültige Reaktionsprodukt ist. Diese Versuche wurden mit dem Gemisch der zunächst hoch erhitzten und für sich gepulverten Komponenten durchgeführt. — Bei den Reaktionen zwischen SrO und Al_2O_3 tritt unabhängig vom Mischungsverhältnis als Primärprodukt das 1 SrO · 1 Al_2O_3 auf (JANDER und KRIEGER[2]). Weitere hierher gehörende Beispiele können dem zusammenfassenden Vortrag von W. JANDER[3], den Arbeiten von W. JANDER und BUNDE[4] und von W. JANDER und PETRI[5] über das System MgO/TiO_2 entnommen werden.

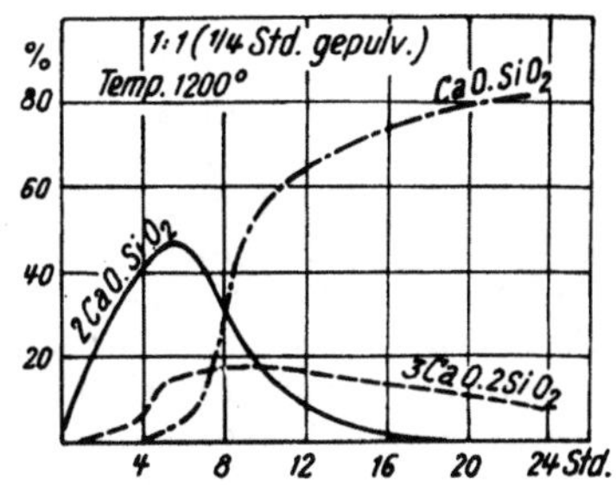

Abb. 18. Werden und Vergehen von Verbindungen des Systems CaO/SiO_2 bei 1200°.

Zu einer Erklärung für das Zustandekommen solcher Zwischenverbindungen könnten die folgenden Hinweise nützlich sein: Angesichts des vorliegenden Beobachtungsmaterials muß festgestellt werden, daß es wohl immer die schwerer bewegliche (langsamer diffundierende) Komponente ist, die in der Zwischenverbindung im Überschuß vorliegt. So ist bei den Verbindungen 2 CaO · SiO_2 und 3 CaO · SiO_2 das CaO (Smp. = 3000° C) im Vergleich zu dem SiO_2 (Smp. = 1713° C) die langsamer diffundierende Komponente. Wenn also die Molekülbewegung (ganz unabhängig von der sonstigen Frage nach ihrem Mechanismus) in einem allmählichen Transport, beispielsweise des SiO_2 zu dem CaO besteht, so wird dieses in den ersten Zeiten (erster Zeitabschnitt einer Invasion) an dem Reaktionsort im Überschuß vorhanden und zur Bildung entsprechender Verbindungen befähigt sein.

ϑ) Verzeichnis der Stoffpaare, für welche die im Verlauf ihrer Vereinigung auftretenden Zwischenzustände untersucht wurden, und die zugehörigen Schrifttumshinweise.

Für die vorliegenden Interessen wichtiger als der Verlauf mit chemisch wohldefinierten Zwischenverbindungen sind diejenigen Reaktionsabläufe, bei denen Zwischenzustände auftreten, welche sich weder durch den klassischen chemischen noch physikalischen Vorstellungskreis erfassen lassen. Im nachfolgenden sind diejenigen Stoffpaare zusammengestellt, für welche solche im Verlaufe ihrer Vereinigung auftretenden Zwischenzustände beobachtet wurden. Man entnimmt diesem Verzeichnis, daß die reine Forschung sich bisher fast ausschließlich mit Oxydpaaren befaßt hat. In der Zusammenstellung ist das Oxyd des mit niedrigerer Wertigkeit auftretenden Elementes immer an erster Stelle

[1] W. JANDER, F. WUHRER: Z. anorg. allg. Chem. **226** (1936), 225; C 36 I 4865.
[2] W. JANDER, A. KRIEGER: Z. anorg. allg. Chem. **235** (1937), 89; C 38 I 2487.
[3] W. JANDER: Angew. Chem. **49** (1936), 879; C 37 I 2922.
[4] W. JANDER, K. BUNDE: Z. anorg. allg. Chem. **239** (1938), 418; C 39 I 1329.
[5] W. JANDER, J. PETRI: Z. Elektrochem. angew. physik. Chem. **44** (1938), 747; C 38 II 4170.

gesetzt und im übrigen ist die alphabetische Reihenfolge gewahrt, so wie sie aus der chemischen Zeichengebung hervorgeht; einem jeden Stoffpaar sind die Schrifttumshinweise beigefügt. Die Zahl der berücksichtigten Stoffpaare und Literaturstellen ist eher zu weit als zu eng bemessen. Hier nicht aufgenommen sind diejenigen Untersuchungen, welche lediglich die Ausgangsstoffe und fertigen Reaktionsprodukte ohne irgendwelche Zwischenzustände beobachten (S. 440÷446), ferner umfangreiche Teile des Beobachtungsmaterials über Mischkatalysatoren, welche von den Zwischenzuständen zwar grundlegenden Gebrauch machen, für welche aber die Reaktionskinetik innerhalb der festen Phase ohne tiefergehendes Interesse ist; solche Ergebnisse werden an späteren Stellen nach Möglichkeit mit verwertet werden. Hingegen sind in dem Verzeichnis gelegentlich auch solche Stoffpaare mit aufgenommen, bei welchen die Oxyde erst in dem Gemisch (z. B. aus Carbonaten oder Oxydhydraten) entstanden oder der Vorgang in einer den Ablauf maßgeblich beeinflussenden Gasatmosphäre stattfand oder das Reaktionsziel gar nicht in einer Vereinigung der beiden Partner (wie z. B. bei BeO/Fe_2O_3) bestand.

Al_2O_3/Cr_2O_3: HÜTTIG, MEYER, KITTEL und CASSIRER[1].
Al_2O_3/Fe_2O_3: HÜTTIG, MEYER, KITTEL und CASSIRER[1].
Al_2O_3/SiO_2: JANDER und PETRI[2].
BaO/Fe_2O_3: KITTEL und HÜTTIG[3].
BaO_2/Fe_2O_3: REINHOLD, Diskussion zu HÜTTIG[4].
BaO/MoO_3: JANDER und SCHEELE[5].
BaO/WO_3: JANDER und SCHEELE[5].
BeO/Cr_2O_3: KITTEL[6], HAMPEL[7].
BeO/Fe_2O_3: HÜTTIG und KITTEL[8]; HÜTTIG, ZINKER und KITTEL[9]; HÜTTIG, SIEBER und KITTEL[10]; HÜTTIG, MEYER, KITTEL und CASSIRER[1]; KITTEL[11]; HÜTTIG, GEISLER, HAMPEL, HNEVKOVSKY, JEITNER, KITTEL, KOSTELITZ, OWESNY, SCHMEISER, SCHNEIDER und SEDLATSCHEK[12].
CaO/Al_2O_3: JANDER[13]; JANDER und PETRI[2].
$CaO/Al_2O_3/SiO_2$: JANDER und WUHRER[14]; JANDER und PETRI[2].
CaO/Cr_2O_3: HAMPEL[7].
CaO/Fe_2O_3: KITTEL und HÜTTIG[15]; HÜTTIG, ZINKER und KITTEL[9]; KITTEL und

---

[1] G. F. HÜTTIG, TH. MEYER, H. KITTEL, S. CASSIRER: 92. Mittlg.: Z. anorg. allg. Chem. **224** (1935), 225; C 36 I 708.
[2] W. JANDER, J. PETRI: Z. Elektrochem. angew. physik. Chem. **44** (1938), 747; C 38 II 4170.
[3] H. KITTEL, G. F. HÜTTIG: 78. Mittlg.: Z. anorg. allg. Chem. **219** (1934), 256; C 34 II 3215.
[4] REINHOLD: Diskussion zu HÜTTIG: Z. Elektrochem. angew. physik. Chem. **44** (1938), 571; C 39 II 3526.
[5] W. JANDER, W. SCHEELE: Z. anorg. allg. Chem. **214** (1933), 55; C 33 II 2633.
[6] H. KITTEL: 84. Mittlg.: Z. anorg. allg. Chem. **222** (1935), 1; C 35 I 3094.
[7] J. HAMPEL: 98. Mittlg.: Z. anorg. allg. Chem. **226** (1936), 132; C 36 I 4246.
[8] G. F. HÜTTIG, H. KITTEL: 69. Mittlg.: Gazz. chim. ital. **63** (1933), 833; C 34 I 3431.
[9] G. F. HÜTTIG, D. ZINKER, H. KITTEL: 75. Mittlg.: Z. Elektrochem. angew. physik. Chem. **40** (1934), 306; C 34 II 897.
[10] G. F. HÜTTIG, G. SIEBER, H. KITTEL: 87. Mitteilg.: Acta physicochim. URSS **2** (1935), 129; C 36 I 7.
[11] H. KITTEL: Z. physik. Chem., Abt. A **178** (1936), 81; C 37 I 1879.
[12] G. F. HÜTTIG, R. GEISLER, J. HAMPEL, O. HNEVKOVSKY, F. JEITNER, H. KITTEL, O. KOSTELITZ, F. OWESNY, H. SCHMEISER, O. SCHNEIDER, W. SEDLATSCHEK: Z. anorg. allg. Chem. **237** (1938), 209; C 39 I 4562.
[13] W. JANDER: Angew. Chem. **47** (1934), 235; C 34 II 391.
[14] W. JANDER, J. WUHRER: Zement **27** (1938), 377; C 38 II 2405.
[15] H. KITTEL, G. F. HÜTTIG: 73. Mittlg.: Z. anorg. allg. Chem. **217** (1934), 193; C 34 I 3432.

	Hüttig[1]; Hüttig, Funke und Kittel[2]; Hampel[3]; Hedvall und Sandberg[4].
CaO/SiO_2:	Maskill, Whiting und Turner[5]; Jander und Hoffmann[6]; Jander und Hoffmann[7]; Taylor und Williams[8]; Jander[9]; Jagitsch[10]; Jander und Wuhrer[11]; Jander[12]; Jander und Petri[13], Hüttig[14].
CaO/TiO_2:	Hedvall und Andersson[15].
CdO/Cr_2O_3:	Kittel[16].
CdO/Fe_2O_3:	Kittel[17]; Hüttig, Sieber und Kittel[18]; Schröder[19].
CoO/MnO_2:	Merck und Wedekind[20].
Cr_2O_3/Fe_2O_3:	Hüttig, Meyer, Kittel und Cassirer[21]; Starke[22].
Cr_2O_3/SiO_2:	Hüttig, Meyer, Kittel und Cassirer[21].
Cr_2O_3/TiO_2:	Hüttig, Meyer, Kittel und Cassirer[21].
CuO/Al_2O_3:	Hüttig, Meyer, Kittel und Cassirer[21]; Schenck und Kurzen[23].
Cu_2O/Cr_2O_3:	Schenck und Keuth[24].
CuO/Cr_2O_3:	Kostelitz[25]; Kittel[16]; Hüttig, Meyer, Kittel und Cassirer[21]; Starke[22]; Schenck und Kurzen[23].
CuO/Fe_2O_3:	Kittel[17]; Hüttig, Meyer, Kittel und Cassirer[21]; Jagitsch und Maschin[26]; Kittel[27]; Starke[22]; Schenck und Kurzen[23].
Cu_2O/Mn_2O_3:	Schenck und Keuth[24].
CuO/Mn_2O_3:	Schenck und Kurzen[23].
CuO/WO_3:	Jander und Wenzel[28].
CuO/ZnO:	Starke[22].
Fe_2O_3/SiO_2:	Hüttig, Meyer, Kittel und Cassirer[21].
Fe_2O_3/TiO_2:	Hüttig, Meyer, Kittel und Cassirer[21].

[1] H. Kittel, G. F. Hüttig: 78. Mittlg.: Z. anorg. allg. Chem. **219** (1934), 256; C 34 II 3215.
[2] G. F. Hüttig, J. Funke, H. Kittel: 81. Mittlg.: J. Amer. chem. Soc. **57** (1935), 2470; C 36 I 1789.
[3] J. Hampel: 98. Mittlg.: Z. anorg. allg. Chem. **226** (1936), 132; C 36 I 4246.
[4] J. A. Hedvall, S. O. Sandberg: Z. anorg. allg. Chem. **240** (1938), 15; C 39 I 4150.
[5] W. Maskill, G. H. Whiting, W. E. S. Turner: J. Soc. Glass Technol. **16** (1932), 61, 94; C 32 II 1148.
[6] W. Jander, E. Hoffmann: Angew. Chem. **46** (1933), 76; C 33 I 1975.
[7] W. Jander, E. Hoffmann: Z. anorg. allg. Chem. **218** (1934), 211; C 34 II 1085.
[8] H. W. Taylor, F. J. Williams: Bull. geol. Soc. America **46** (1935), 1121; C 35 II 3352.
[9] W. Jander: Angew. Chem. **49** (1936), 879; C 37 I 2922.
[10] R. Jagitsch: Z. physik. Chem., Abt. B **36** (1937), 339; C 38 I 813.
[11] W. Jander, J. Wuhrer: Zement **27** (1938), 377; C 38 I 3315.
[12] W. Jander: Angew. Chem. **51** (1938), 696; C 38 II 4170.
[13] W. Jander, J. Petri: Z. Elektrochem. angew. physik. Chem. **44** (1938), 747; C 38 II 4170.
[14] G. F. Hüttig: Kolloid-Z. **99** (1942), 262, § 5; C 43 I 122.
[15] J. A. Hedvall, K. Andersson: Sci. Pap. Inst. physic. chem. Res. **38** (1941), 210; C 42 I 3065.
[16] H. Kittel: 84. Mittlg.: Z. anorg. allg. Chem. **222** (1935), 1; C 35 I 3094.
[17] H. Kittel: 82. Mittlg.: Z. anorg. allg. Chem. **221** (1934), 49; C 35 I 2487.
[18] G. F. Hüttig, G. Sieber, H. Kittel: 87. Mitteilg.: Acta physicochim. URSS **2** (1935), 129; C 36 I 7.
[19] W. Schröder: Z. Elektrochem. angew. physik. Chem. **48** (1942), 241; C 42 II 1090.
[20] F. Merck, E. Wedekind: Z. anorg. allg. Chem. **192** (1930), 113; C 30 II 3237.
[21] G. F. Hüttig, Th. Meyer, H. Kittel, S. Cassirer: 92. Mittlg.: Z. anorg. allg. Chem. **224** (1935), 225; C 36 I 708.
[22] K. Starke: Z. physik. Chem., Abt. B **37** (1937), 81; C 38 I 2673.
[23] R. Schenck, F. Kurzen: Z. anorg. allg. Chem. **235** (1937), 97; C 38 I 2673.
[24] R. Schenck, H. Keuth: Z. Elektrochem. angew. physik. Chem. **46** (1940), 309; C 40 II 2714.
[25] O. Kostelitz: 83. Mittlg.: Kolloid-Beih. **41** (1934), 58; C 35 I 3094.
[26] R. Jagitsch, A. Maschin: Mh. Chem. **68** (1936), 101; C 36 II 2666.
[27] H. Kittel: Z. physik. Chem., Abt. A **178** (1936), 81; C 37 I 1879.
[28] W. Jander, W. Wenzel: Z. anorg. allg. Chem. **246** (1941), 67; C 41 I 3182.

MgO/Al_2O_3:	HÜTTIG, ZINKER und KITTEL[1]; BÜSSEM[2]; JANDER und PFISTER[3].
MgO/Cr_2O_3:	KITTEL und HÜTTIG[4]; HÜTTIG, ZINKER und KITTEL[1]; MEYER und HÜTTIG[5].
MgO/Fe_2O_3:	KITTEL, HÜTTIG und HERRMANN[6]; HÜTTIG, ROSENKRANZ, STEINER und KITTEL[7]; HÜTTIG, NOVÁK-SCHREIBER und KITTEL[8]; HÜTTIG, MEYER, KITTEL und CASSIRER[9]; HÜTTIG und ZEIDLER[10]; KITTEL[11]; FORESTIER und VETTER[12], THIRSK und WHITMORE[13].
MgO/GeO_2:	JANDER und STAMM[14].
MgO/SiO_2:	JANDER und STAMM[14]; TAYLOR und WILLIAMS[15]; JANDER und WUHRER[16].
MgO/TiO_2:	JANDER und BUNDE[17]; JANDER und LEUTHNER[18].
MgO/V_2O_5:	JANDER und LORENZ[19].
MgO/WO_3:	JANDER und WENZEL[20].
Na_2O/SiO_2:	HÜTTIG, DIMOFF und HNEVKOVSKY[21].
NiO/Al_2O_3:	JANDER und GROB[22], THIRSK und WHITMORE[23].
NiO/Fe_2O_3:	FORESTIER und VETTER[12].
PbO/Cr_2O_3:	KITTEL[24].
PbO/Fe_2O_3:	KITTEL[25].
PbO/SiO_2:	JAGITSCH[26].
SrO/Al_2O_3:	JANDER und KRIEGER[27].
SrO/Fe_2O_3:	KITTEL und HÜTTIG[28].
ZnO/Al_2O_3:	JANDER und SCHEELE[29]; JANDER und BUNDE[30].

1 G. F. HÜTTIG, D. ZINKER, H. KITTEL: 75. Mittlg.: Z. Elektrochem. angew. physik. Chem. **40** (1934), 306; C 34 II 897.
2 W. BÜSSEM: Naturwiss. **23** (1935), 469; C 35 II 1132.
3 W. JANDER, H. PFISTER: Z. anorg. allg. Chem. **239** (1938), 95; C 38 II 4170.
4 H. KITTEL, G. F. HÜTTIG: 73. Mittlg.: Z. anorg. allg. Chem. **217** (1934), 193; C 34 I 3432.
5 TH. MEYER, G. F. HÜTTIG: 85. Mittlg.: Z. Elektrochem. angew. physik. Chem. **41** (1935), 429; C 35 II 1651.
6 H. KITTEL, G. F. HÜTTIG, Z. HERRMANN: 64. Mittlg.: Z. anorg. allg. Chem. **212** (1933), 209; C 33 II 657.
7 G. F. HÜTTIG, E. ROSENKRANZ, B. STEINER, H. KITTEL: 72. Mittlg.: Z. anorg. allg. Chem. **217** (1934), 22; C 34 I 3432.
8 G. F. HÜTTIG, W. NOVÁK-SCHREIBER, H. KITTEL: 80. Mittlg.: Z. physik. Chem., Abt. A **171** (1934), 83; C 35 I 2486.
9 G. F. HÜTTIG, TH. MEYER, H. KITTEL, S. CASSIRER: 92. Mittlg.: Z. anorg. allg. Chem. **224** (1935), 225; C 36 I 708.
10 G. F. HÜTTIG, E. ZEIDLER: 99. Mittlg.: Kolloid-Z. **75** (1936), 170; C 36 II 1294.
11 H. KITTEL: Z. physik. Chem., Abt. A. **178** (1936), 81; C 37 I 1879.
12 H. FORESTIER, M. VETTER: C. R. Acad. Sci. **209** (1939), 164; C 40 I 841.
13 H. R. THIRSK, E. J. WHITMORE: Trans. Faraday Soc. **36** (1940), 862; C 42 I 314.
14 W. JANDER, W. STAMM: Z. anorg. allg. Chem. **207** (1932), 289; C 32 II 2922.
15 H. W. TAYLOR, F. J. WILLIAMS: Bull. geol. Soc. America **46** (1935), 1121; C 35 II 3352.
16 W. JANDER, J. WUHRER: Z. anorg. allg. Chem. **226** (1936), 225; C 36 I 4865.
17 W. JANDER, K. BUNDE: Z. anorg. allg. Chem. **239** (1938), 418; C 39 I 1329.
18 W. JANDER, G. LEUTHNER: Z. anorg. allg. Chem. **241** (1939), 57; C 39 I 4149.
19 W. Jander, G. LORENZ: Z. anorg. allg. Chem. **248** (1941), 105; C 42 I 1093.
20 W. JANDER, W. WENZEL: Z. anorg. allg. Chem. **246** (1941), 67; C 41 I 3182.
21 G. F. HÜTTIG, K. DIMOFF, O. HNEVKOVSKY: Ber. dtsch. chem. Ges. **75** (1943), 1573.
22 W. JANDER, K. GROB: Z. anorg. allg. Chem. **245** (1940), 67; C 41 I 2627.
23 H. R. THIRSK, E. J. WHITMORE: Trans. Faraday Soc. **36** (1940), 565; C 40 II 1254.
24 H. KITTEL: 84. Mittlg.: Z. anorg. allg. Chem. **222** (1935), 1; C 35 I 3094.
25 H. KITTEL: 82. Mittlg.: Z. anorg. allg. Chem. **221** (1934), 49; C 35 I 2487.
26 R. JAGITSCH: Z. physik. Chem., Abt. B **33** (1936), 196; C 37 I 3283.
27 W. JANDER, A. KRIEGER: Z. anorg. allg. Chem. **235** (1937), 89; C 38 I 2487.
28 H. KITTEL, G. F. HÜTTIG: 78. Mittlg.: Z. anorg. allg. Chem. **219** (1934), 256; C 34 II 3215.
29 W. JANDER, W. SCHEELE: Z. anorg. allg. Chem. **214** (1933), 55; C 33 II 2633.
30 W. JANDER, K. BUNDE: Z. anorg. allg. Chem. **231** (1937), 345; C 37 I 4596.

ZnO/Cr_2O_3:	HÜTTIG, RADLER und KITTEL[1]; HÜTTIG, KITTEL und RADLER[2]; JANDER und SCHEELE[3]; MOLSTAD und DODGE[4]; KOSTELITZ[5]; FROST, IVANNIKOV, SHAPIRO und ZOLOTOV[6]; HAMPEL[7]; JANDER und WEITENDORF[8]; HÜTTIG, MEYER, KITTEL und CASSIRER[9]; JANDER[10]; HÜTTIG, CASSIRER und STROTZER[11]; STARKE[12]; HÜTTIG und THEIMER[13].
ZnO/Fe_2O_3:	KITTEL, HÜTTIG und HERRMANN[14]; HÜTTIG, ZINKER und KITTEL[15]; HÜTTIG, TSCHAKERT und KITTEL[16]; KUTZELNIGG[17]; HÜTTIG, MEYER, KITTEL und CASSIRER[9]; HÜTTIG, EHRENBERG und KITTEL[18]; KITTEL[19]; HÜTTIG[20]; STARKE[21]; FRICKE, DÜRR und GWINNER[22]; HÜTTIG, GEISLER, HAMPEL, HNEVKOVSKY, JEITNER, KITTEL, KOSTELITZ, OWESNY, SCHMEISER, SCHNEIDER und SEDLATSCHEK[23]; FRICKE und DÜRR[24]; JANDER und HERRMANN[25]; HÜTTIG[26]; SCHRÖDER[27].
ZnO/SiO_2:	JANDER und RIEHL[28].
ZnO/TiO_2:	COLE und NELSON[29].
ZnO/WO_3:	JANDER und WENZEL[30].

[1] G. F. HÜTTIG, H. RADLER, H. KITTEL: 50. Mittlg.: Z. Elektrochem. angew. physik. Chem. **38** (1932), 442; C 32 II 2306.

[2] G. F. HÜTTIG, H. KITTEL, H. RADLER: Naturwiss. **20** (1932), 639; C 32 II 2306.

[3] W. JANDER, W. SCHEELE: Z. anorg. allg. Chem. **214** (1933), 55; C 33 II 2633.

[4] M. C. MOLSTAD, B. P. DODGE: Ind. Engng. Chem. **27** (1935), 134; C 35 I 2439.

[5] O. KOSTELITZ: 83. Mittlg.: Kolloid-Beih. **41** (1934), 58; C 35 I 3094.

[6] A. W. FROST, P. Y. IVANNIKOV, M. Y. SHAPIRO, M. M. ZOLOTOV: Acta physicochim. URSS **1** (1934), 511; C 35 I 3246.

[7] J. HAMPEL: 90. Mittlg.: Z. anorg. allg. Chem. **223** (1935), 297; C 35 II 1653.

[8] W. JANDER, K. F. WEITENDORF: Z. Elektrochem. angew. physik. Chem. **41** (1935), 435; C 35 II 2014.

[9] G. F. HÜTTIG, TH. MEYER, H. KITTEL, S. CASSIRER: 92. Mittlg.: Z. anorg. allg. Chem. **224** (1935), 225; C 36 I 708.

[10] W. JANDER: Z. Ver. dtsch. Ing. **80** (1936), 506; C 36 II 574.

[11] G. F. HÜTTIG, S. CASSIRER, E. STROTZER: 95. Mittlg.: Z. Elektrochem. angew. physik. Chem. **42** (1936), 215; C 36 II 738.

[12] K. STARKE: Z. physik. Chem., Abt. B **37** (1937), 81; C 38 I 2673.

[13] G. F. HÜTTIG, H. THEIMER: 120. Mittlg.: Z. anorg. allg. Chem. **246** (1941), 51; C 40 II 154; Kolloid-Z. **100** (1942), 162.

[14] H. KITTEL, G. F. HÜTTIG, Z. HERRMANN: 59. Mittlg.: Z. anorg. allg. Chem. **210** (1933), 26; C 33 I 1891.

[15] G. F. HÜTTIG, D. ZINKER, H. KITTEL: 75. Mittlg.: Z. Elektrochem. angew. physik. Chem. **40** (1934), 306; C 34 II 897.

[16] G. F. HÜTTIG, H. E. TSCHAKERT, H. KITTEL: 89. Mittlg.: Z. anorg. allg. Chem. **223** (1935), 241; C 35 II 1652.

[17] A. KUTZELNIGG: Z. anorg. allg. Chem. **223** (1935), 251; C 35 II 1654.

[18] G. F. HÜTTIG, M. EHRENBERG, H. KITTEL: 96. Mittlg.: Z. anorg. allg. Chem. **228** (1936), 112; C 36 II 3510.

[19] H. KITTEL: Z. physik. Chem., Abt. A **178** (1936), 81; C 37 I 1879.

[20] G. F. HÜTTIG: 101. Mittlg.: Angew. Chem. **49** (1936), 882; C 37 I 2923.

[21] K. STARKE: Z. physik. Chem., Abt. B **37** (1937), 81; C 38 I 2673.

[22] R. FRICKE, W. DÜRR, E. GWINNER: Naturwiss. **26** (1938), 500; C 38 II 3202.

[23] G. F. HÜTTIG, R. GEISLER, J. HAMPEL, O. HNEVKOVSKY, F. JEITNER, H. KITTEL, O. KOSTELITZ, F. OWESNY, H. SCHMEISER, O. SCHNEIDER und W. SEDLATSCHEK: Z. anorg. allg. Chem. **237** (1938), 209; C 39 I 4562.

[24] R. FRICKE, W. DÜRR: Z. Elektrochem. angew. physik. Chem. **45** (1939), 254; C 39 II 2013.

[25] W. JANDER, H. HERRMANN: Z. anorg. allg. Chem. **241** (1939), 225; C 39 II 2202.

[26] G. F. HÜTTIG: 111. Mittlg.: Vortrag auf dem X. Intern. Kongr. für Chemie **2** (1938), 678 (Rom); C 39 II 3525; 113. Mittlg.: Z. Elektrochem. angew. physik. Chem. **44** (1938), 571; C 39 II 3526; J. Chim. physique **36** (1939), 84; C 39 II 3527.

[27] W. SCHRÖDER: Z. Elektrochem. angew. physik. Chem. **48** (1942), 241; C 42 II 1090.

[28] W. JANDER, H. RIEHL: Z. anorg. allg. Chem. **246** (1941), 81; C 41 I 3183.

[29] S. S. COLE, W. K. NELSON: J. physik. Chem. **42** (1938), 245; C 38 II 673.

[30] W. JANDER, W. WENZEL: Z. anorg. allg. Chem. **246** (1941), 67; C 41 I 3182.

Salze:

$KNO_3/Ba(NO_3)_2$: STRASSMANN[1].
KCl/KBr; NaCl/NaBr; NaCl/KCl: MATSEN und BEACH[2].
Cu/Sn: Mitteilung in Kolloid-Z. bevorstehend.
Ni/Mo: GÔTO und ASADA[3].
Org. Subst./org. Subst.: A. BRIVEC (Bergamo), Privatmitteilung.

ι) Abhängigkeit von der Art der Vermischung.

In den nachfolgenden Abschnitten (S. 454÷491) werden die Zwischenzustände, welche bei der vorliegenden Reaktionsart auftreten können, besprochen. Bereits ein chemisch und physikalisch einheitliches Pulver von gleichförmigem konstanten Dispersitätsgrad hat eine große Zahl von Variationsmöglichkeiten (S. 359). Die Zahl der möglichen Zustände erhöht sich wesentlich, wenn auch noch andere Aktivitätsarten als Variable auftreten (S. 363ff.). Derzeit noch kaum übersehbar und klassifizierbar sind die Mannigfaltigkeiten der Zustände, wie sie bei einem aus zwei oder mehreren chemisch untereinander verschiedenen Komponenten bestehenden Gemisch (auch bei konstantem Mischungsverhältnis) vorliegen können. Hierzu kommt als weiteres komplizierendes Moment die häufig gebrauchte Möglichkeit, zu der Mischung die Komponenten in dem aktiven Zustand zu verwenden, wie sie als Zwischenzustände bei irgendeiner Reaktion gefaßt werden; bei einer Komponente von dieser Aktivitätsart kann die Abweichung von der stabilen Ordnung individuelle, periodisch wiederkehrende Merkmale haben, deren phänomenologische Auswirkung wir als das „Gedächtnis der Materie" (S. 518) bezeichnen. Man geht aus guten Gründen (HEDVALLsches Prinzip, S. 373) vielfach sogar noch einen Schritt weiter und läßt eine oder mehrere Komponenten erst innerhalb des Reaktionsgemisches entstehen; so wurde z. B. auf S. 446 nicht CaO und SiO_2 gemischt, sondern $CaCO_3 + SiO_2$, wobei sich also das CaO *innerhalb des Gemisches* erst aus dem $CaCO_3$ gebildet hat. Derartige Kunstgriffe führen dazu, daß gemäß unserer Systematik (S. 331) überhaupt die Reaktionsart verändert wird.

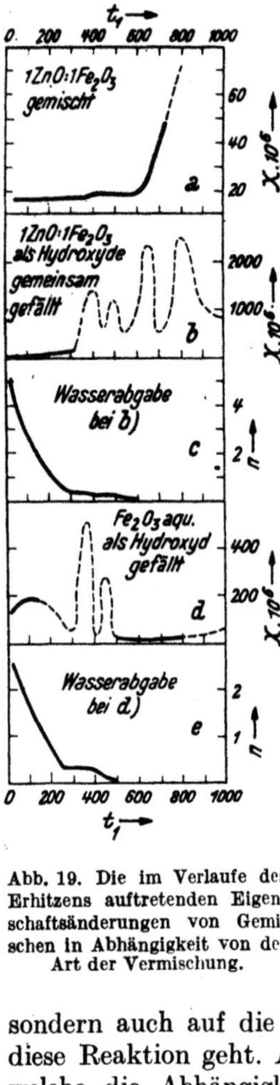

Abb. 19. Die im Verlaufe des Erhitzens auftretenden Eigenschaftsänderungen von Gemischen in Abhängigkeit von der Art der Vermischung.

Alle diese die Vorbereitung des Gemisches betreffenden Umstände wirken sich nicht nur auf die Geschwindigkeit des nachfolgenden Reaktionsablaufes aus, sondern auch auf die beobachteten Zwischenzustände, also auf den *Weg*, den diese Reaktion geht. Auf S. 443 ist eine Gleichung angegeben [Gleichung (5)], welche die Abhängigkeit zwischen Korngröße und Reaktionsgeschwindigkeit formelmäßig erfaßt. Die Abb. 19 veranschaulicht die große Abhängigkeit der durchschrittenen Zwischenzustände von der Art der gegenseitigen „Einverleibung" der beiden Komponenten. In der Abb. 19 sind im Feld a) auf der Ordinate die magnetischen Massensuszeptibilitäten eingetragen, welche ein

[1] F. STRASSMANN: Z. physik. Chem., Abt. B **26** (1934), 353; 34 II 3215.
[2] F. A. MATSEN, J. Y. BEACH: J. Amer. chem. Soc. **63** (1941), 3470: C 42 II 495.
[3] M. GÔTO, H. ASADA: Japan Nickel Rev. **8** (1940), 168; C 41 II 2412.

stöchiometrisches Gemisch (1 ZnO:1 Fe_2O_3) eines gepulverten inaktiven Zinkoxyds und Eisenoxyds im Verlaufe einer allmählichen Steigerung der auf der Abszisse aufgetragenen Temperatur annimmt. Im Feld b) sind die gleichen Werte für ein wasserhaltiges Gemisch (1 ZnO:0,97 Fe_2O_3) eingetragen, welches durch gemeinsame Fällung einer $ZnCl_2$ und $FeCl_3$-Lösung mit Ammoniak entstanden ist. Dem Feld c) kann man den Wassergehalt des Präparates entnehmen, indem dort auf der Ordinatenachse die Anzahl Mole H_2O angegeben ist, welche auf 1 Mol ZnO in dem Bodenkörper noch enthalten ist. Die Felder d) und e) beziehen sich auf ein aus einer $FeCl_3$-Lösung mit Ammoniak gefälltes Präparat $Fe_2O_3 \cdot aq$ (also ohne ZnO-Gehalt), wobei das Feld d) der Darstellung im Feld b) und das Feld e) der Darstellung im Feld c) entspricht; auf der Ordinate ist hier die Anzahl Mole H_2O pro 1 Mol Fe_2O_3 eingetragen. Die Darstellung a) ist entnommen der Arbeit Hüttig, Ehrenberg und Kittel[1], die übrigen Darstellungen einer Arbeit von H. Kittel (vgl. auch Hüttig[2]).

Ein Vergleich der Felder a) und b) zeigt, daß die magnetischen (und ähnlich wohl alle übrigen) Zustände, welche im Verlauf einer allmählich ansteigenden Erhitzung durchschritten werden, grundlegend verschieden sind, je nachdem ob man von einer mechanischen Mischung (Feld a) oder einer gemeinsamen Fällung der beiden Oxyde ausgeht. Im letzteren Fall geht die Kurve durch vier Maxima hindurch. Die beiden ersten Maxima lassen sich durch die Vorgänge der Entwässerung des $Fe_2O_3 \cdot aq$ erklären, da sie bei der Entwässerung dieser Substanz allein (vgl. Feld d) auch auftreten. Die beiden späteren Maxima (Feld b) beruhen ausschließlich auf einer Wechselwirkung in dem System ZnO/Fe_2O_3, wie sie in gleicher Weise bei einem aus den Oxyden mechanisch gemischten Pulver (vgl. Feld a) nicht beobachtet werden.

Auch in der Mitteilung von Starke[3] finden sich Beispiele darüber vor, wie sich Verschiedenheiten in der Art der Einverleibung der beiden Komponenten als Verschiedenheiten des Sorptionsvermögens auswirken. — Durch ein gemeinsames Fällen zweier Komponenten ist es möglich, deren Verbindungen (z. B. Spinelle) als Fällungsprodukt zu erhalten, während sich sonst die gleiche Verbindung aus den inaktiven Oxyden erst bei viel höheren Temperaturen bewerkstelligen läßt.

Völlig eindeutig definierte Verhältnisse könnten sich ergeben, wenn man bei den Beobachtungen der Zwischenzustände während des Reaktionsablaufes von den beiden im stabilen Zustand vorliegenden Komponenten ausgehen würde; dies wären aber Einkristalle, welche sich für dieses Studium noch weniger eignen, wie etwa die gegenseitige Einwirkung zweier gepreßter Pastillen. Infolgedessen ist es noch immer der zweckmäßigste Weg, die einzelnen stabilen Komponenten zu zerreiben und die dadurch bewirkte Aktivierung (S. 404) in Kauf zu nehmen, die beiden Komponenten ohne neuerliches Verreiben weitgehend zu vermischen und diese Mischung zum Ausgang der weiteren Untersuchungen zu nehmen. Völlig parallel hierzu werden die einzelnen, bereits zerriebenen, aber nicht gemischten Komponenten jede für sich allein untersucht, so wie dies auf S. 461 besprochen ist. Der Vergleich im Verhalten des Gemisches und desjenigen der Einzelkomponenten ermöglicht die Effekte festzustellen, die auf Kosten einer gegenseitigen Wechselwirkung der beiden Komponenten zu setzen sind.

---

[1] G. F. Hüttig, M. Ehrenberg, H. Kittel: 96. Mittlg.: Z. anorg. allg. Chem. **228**, (1936), 112; C 36 II 3510.

[2] G. F. Hüttig: 114. Mittlg.: J. Chim. physique **36** (1939), 84; C 39 II 3527.

[3] K. Starke: Z. physik. Chem., Abt. B **37** (1937), 81; C 38 I 2673.

$\varkappa$) *Der Verlauf von* $ZnO + Cr_2O_3 \rightarrow ZnCr_2O_4$.

Um die große phänomenologische Mannigfaltigkeit in den Zwischenzuständen dieser Reaktionsart darzutun, sind als Beispiel in der Abb. 20 alle bezüglichen, den Vorgang

$$ZnO + Cr_2O_3 \rightarrow ZnCr_2O_4$$

betreffenden Ergebnisse in einer zusammenfassenden und vergleichbaren Darstellung wiedergegeben.

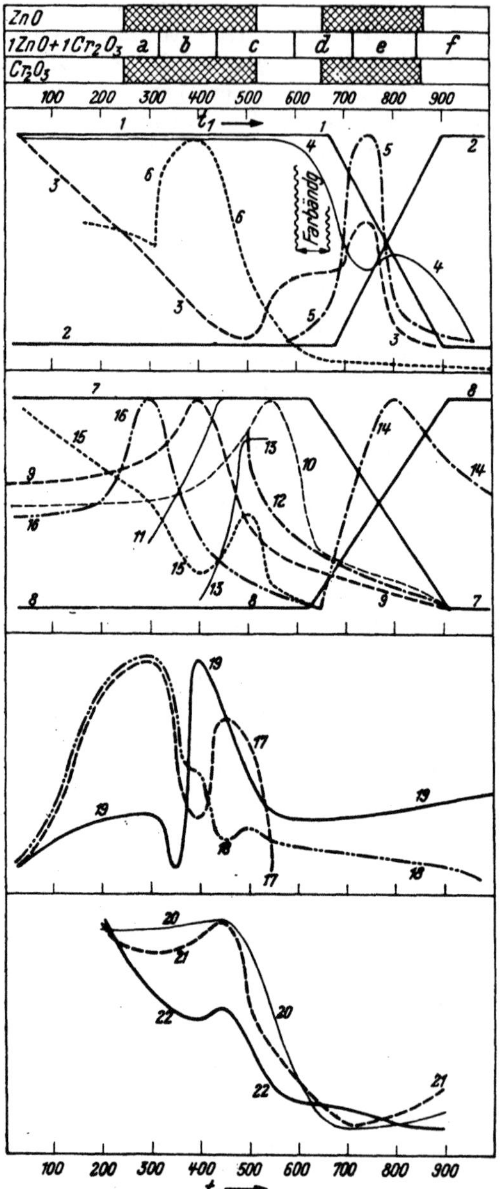

Abb. 20. Die Wandlungen verschiedener Eigenschaften im Verlaufe des Vorganges $ZnO + Cr_2O_3 \rightarrow ZnCr_2O_4$.

Allen Feldern gemeinsam ist die Abszissenachse, auf welcher die Temperatur ($= t_1$) eingetragen ist, bis zu welcher das Gemisch 1 ZnO : 1 Cr_2O_3 vorerhitzt wurde. Auf den Ordinaten sind die verschiedenen, nach dem Wiederabkühlen auf Zimmertemperatur beobachteten Eigenschaften aufgetragen; es handelt sich also stets um den infolge der Vorerhitzung verbleibenden (irreversiblen) Anteil. Wie schon bei früheren Gelegenheiten (z. B. Abbild. 10) ist auf eine Wiedergabe der Zahlenwerte auf den Ordinaten verzichtet worden, und es muß diesbezüglich auf die Originalliteratur verwiesen werden. Die hier gewählte Darstellung soll lediglich den *Gang* der betreffenden Eigenschaft im Verlaufe der Vorerhitzung veranschaulichen, wobei für jede Eigenschaft ein solcher Maßstab gewählt ist, daß der Vergleich *verschiedener* Eigenschaften untereinander möglichst deutlich zutage tritt (die höchsten Maxima einerseits und die tiefsten Minima andererseits in gleicher Höhe). An dem Kopfe der Abb. 20 ist entsprechend den Darlegungen von S. 421 für das ZnO bzw. Cr_2O_3 das Temperaturgebiet von $\alpha = 0{,}23 \div 0{,}35$, also das Gebiet der Aktivierungen infolge Oberflächenselbstdiffusionen der einzelnen Komponente durch einseitige Schraffen kenntlich gemacht, wohingegen das Temperaturgebiet von $\alpha = 0{,}41 \div 0{,}50$, also dort, wo die einzelne Komponente infolge der Gitterselbstdiffusion eine Aktivierung erleidet, durch gekreuzte Schraffen hervorgehoben ist. In dem dazwischen liegenden Streifen ist die ungefähre Verteilung der im Verlaufe der Wechselwirkung zwischen ZnO und Cr_2O_3 durchschrittenen Perioden entsprechend den Darlegungen von S. $472 \div 489$ angedeutet.

In der Abb. 20 beziehen sich die Kurven *1÷5* auf die Ergebnisse von HÜTTIG und THEIMER[1]. Das ZnO wurde auf 1000° geglüht und nachher fein gepulvert. Das Cr_2O_3 wurde bei 1000° im Wasserstoffstrom geglüht. Erst nach dieser Vorbehandlung wurde eine innige Mischung 1 ZnO : 1 Cr_2O_3 hergestellt. Das Vorerhitzen dieser Gemische auf die Temperatur t_1 erfolgte in der Dauer von 2 Stunden in einem sauerstofffreien N_2-Strom. Die *Kurve 1* gibt schematisch die Intensität der stärksten Linie des Cr_2O_3 im Röntgenogramm an. In der gleichen Weise gibt *Kurve 2* die Intensität der stärksten Linie des $ZnCr_2O_4$ an; dadurch ist eine Abschätzung des prozentualen Gehaltes an $ZnCr_2O_4$ gegeben, wobei die Gesamtlänge der Ordinate = 100% zu setzen ist. Die *Kurve 3* stellt das Sorptionsvermögen gegenüber in wässeriger Lösung befindlichem Methylenblau dar. Diese Kurve ist innerhalb des Temperaturintervalls von 20÷500° nur durch 2 Punkte (200° und 400°) belegt, was natürlich zur Ermittlung irgendwelcher Wendepunkte in diesem Gebiet nicht auslangt. Die *Kurve 4* gibt die Lösbarkeit des ZnO in einer 5 molaren Salzsäure und die *Kurve 5* die Lösbarkeit des Cr_2O_3 in einer kochenden, etwa 20%igen HCl-Lösung an. Bei den von uns eingehaltenen Bedingungen löst sich unabhängig von der Vorerhitzungstemperatur das reine unvermischte ZnO immer vollständig, das reine unvermischte Cr_2O_3 hingegen gar nicht nachweislich auf. Die nicht vorerhitzten Mischungen erscheinen vollkommen homogen. Von etwa $t_1 = 200°$ bis etwa $t_1 = 500°$ können einzelne ZnO-Teilchen mit freiem Auge festgestellt werden. Von $t_1 = 600°$ an aufwärts hat die Mischung wieder ein homogenes Aussehen. Die bis einschließlich $t_1 = 500°$ vorerhitzten Mischpräparate zeigen keine Neigung zur Zusammenballung. Das auf $t_1 = 600°$ vorerhitzte Präparat hat das Aussehen lauter kleiner Kügelchen. Die auf $t_1 = 700°$ und höher vorerhitzten Präparate zeigen starke Neigung zum Zusammenbacken.

Die *Kurve 6* gibt das von STARKE[2] bei 25° beobachtete Adsorptionsvermögen gegenüber einem in Methanol aufgelösten $Pb(NO_3)_2$ wieder; die Bestimmungen erfolgten nach der radioaktiven Indicatormethode mit Hilfe von ThB. Das ZnO wurde hergestellt, indem Zinkcarbonat 2 Stunden auf 300° und dann weitere 2 Stunden auf 400° erhitzt wurde. Das Cr_2O_3 wurde durch Erhitzen von basischen Chrom(III)carbonat während 2 Stunden bei 400° im Wasserstoffstrom dargestellt; diese beiden Ausgangskomponenten sind also sehr aktiv. Die Mischungen (1 ZnO : 1 Cr_2O_3) wurden hergestellt, indem die beiden Oxyde (gemeinsam?) gepulvert, gesiebt und noch einmal gemischt wurden. Das Vorerhitzen auf die Temperatur t_1 erfolgte in der Dauer von 2 Stunden im Wasserstoffstrom. Die oberhalb 550° hergestellten Präparate entstanden im Stickstoffstrom; in diesem oberhalb 550° liegenden Ast werden keine Wendepunkte mehr, sondern nur ein gleichmäßiges Absinken des Adsorptionsvermögens beobachtet. Der unterhalb 300° liegende Ast scheint mit einem Maximum zu beginnen, dessen Lage ein wenig oberhalb Zimmertemperatur angenommen werden muß. Bereits die bei Zimmertemperatur hergestellten und noch nicht vorerhitzten Präparate zeigen ein größeres Adsorptionsvermögen, als es der Summe des Adsorptionsvermögens der einzelnen unvermischten Komponenten zukommt (vgl. HAMPEL, w. u.). Jedoch zeigt auch nach der STARKEschen Bleinitratmethode eine (offenbar nicht vorerhitzte) Mischung aus hochvorerhitztem ZnO mit schwach vorerhitztem aktivem Cr_2O_3 zwar noch eine Verstärkung des Adsorptionsvermögens, hingegen zeigt ein Gemisch von aktiven ZnO mit hochvorerhitztem Cr_2O_3 reine Additivität. Geringe Mengen Sauerstoff in einem bei dem Vorerhitzen verwendeten Stickstoffstrom bewirken bereits in dem Gebiete $t_1 = 300°$ Zinkchromatbildung, welche eine Vorverschiebung des bei $t_1 = 400°$ liegenden Maximums (Kurve *6*) auf $t_1 = 300°$ und eine starke Erhöhung desselben verursacht.

Die *Kurven 7÷16* beziehen sich auf Ergebnisse von JANDER und WEITENDORF[3]. Das ZnO ist entstanden durch Erhitzen von ZnC_2O_4 an der Luft bei 400° in der Dauer von 4 Stunden, es ist somit ein recht aktives ZnO. Das Cr_2O_3 wurde hergestellt durch

---

[1] G. F. HÜTTIG, H. THEIMER: 120. Mittlg.: Z. anorg. allg. Chem. **246** (1941), 51; C 41 II 154.

[2] K. STARKE: Z. physik. Chem., Abt. B **37** (1937), 81; C 38 I 2673.

[3] W. JANDER, K. F. WEITENDORF: Z. Elektrochem. angew. physik. Chem. **41** (1935), 435; C 35 II 2014.

Erhitzen von Chromhydroxyd im Wasserstoffstrom bei 950° während 6 Stunden, es ist somit kaum aktiver als das von HÜTTIG und THEIMER verwendete Cr_2O_3. — Die beiden Oxyde wurden darauf in dem stöchiometrischen Verhältnis 1 ZnO : 1 Cr_2O_3 gemischt und dann in der Achatreibschale während 2 Stunden innig verrieben. Das Erhitzen auf die Temperatur t_1 erfolgte im Wasserstoffstrom. Es wurden Präparatenreihen von verschiedener Vorerhitzungsdauer (5 Minuten bis 6 Stunden) untersucht. Die hier wiedergegebenen Versuche wurden mit den auf 6 Stunden vorerhitzten Präparaten ausgeführt (Privatmitteilung von W. JANDER). Die *Kurve 7* gibt (in der gleichen Weise wie Kurve *1*) den auf röntgenoskopischem Wege geschätzten Gehalt an gittermäßig unveränderten ZnO bzw. Cr_2O_3 an, wohingegen die *Kurve 8* (in der gleichen Weise wie Kurve *2*) den Gehalt an kristallisiertem $ZnCr_2O_4$ darstellt. Die *Kurve 9* gibt (analog zur Kurve *3*) das Adsorptionsvermögen gegenüber Methylenblau wieder; es wird darauf hingewiesen, daß dieser Farbstoff von dem reinen ZnO nicht adsorbiert wird, somit die Veränderungen, welche mit dem Cr_2O_3 allein vor sich gehen, deutlich erkennbar macht. Die *Kurve 10* stellt das Adsorptionsvermögen gegenüber gelöstem Fuchsin dar. Die beiden letztgenannten Kurven sind innerhalb des Temperaturintervalls von 650 ÷ 900° nur durch einen einzigen Punkt belegt, was natürlich in diesem Gebiete der stärksten Gitterumwandlungen nicht zur Ermittlung irgendwelcher Wendepunkte auslangt. Ähnliche Ergebnisse (Maximum bei 580°) haben JANDER und SCHEELE[1] an ähnlich hergestellten Präparaten als Adsorptionsvermögen gegenüber Fuchsin und Methylviolett erhalten. Die *Kurve 11* stellt die Lösbarkeit des ZnO und die *Kurve 12* die Lösbarkeit des Cr_2O_3 in einer *2 n*-Salzsäure dar. Die *Kurve 13* gibt die Lösbarkeit des ZnO und die *Kurve 14* die Lösbarkeit des Cr_2O_3 in einer aus 8 Teilen konzentrierten H_2SO_4 und 3 Teilen Wasser bestehenden Flüssigkeit bei Wasserbadtemperatur an. Die Präparate wurden vor dem eigentlichen Lösungsversuch mit verdünnter Salzsäure ausgelaugt. Die *Kurve 15* zeigt die elektrischen Leitfähigkeiten einer Aufschlämmung des Präparates in einem Wasser von $p_H = 3$. Die *Kurve 16* gibt die katalytische Wirksamkeit gegenüber dem Methanoldampf bei $t_2 = 300°$ an.

Die *Kurve 17* ist von HÜTTIG und CASSIRER[2] gewonnen worden. Das als Ausgangspräparat verwendete Zinkoxyd wurde durch zweistündiges Erhitzen des käuflichen „Zinkcarbonat Merck purum" auf 550° hergestellt. Als Chromoxyd wurde das „Chromoxyd reinst" von Merck (mit unbekannter Vorgeschichte) verwendet. Die Vorerhitzung des stöchiometrischen Gemisches erfolgte in trockenem Wasserstoffstrom in der Dauer von 6 Stunden. Die *Kurve 17* gibt die Wassermengen an, welche im Verlaufe von 1 Stunde bei konstantem Wasserdampfdruck von den Mischpräparaten aufgenommen wurden.

Die *Kurven 18 und 19* sind der Arbeit von HÜTTIG, RADLER und KITTEL[3] entnommen. Das ZnO wurde durch zweistündiges Erhitzen von wasserfreiem ZnC_2O_4 bei 405° hergestellt. Das Cr_2O_3 wurde aus Chrom(III)-hydroxyd durch zweistündiges Erhitzen an der Luft bei 960° gewonnen. Die stöchiometrischen Mischungen wurden 2 Stunden gemeinsam verrieben und dann an der Luft auf der Temperatur t_1 während 6 Stunden vorerhitzt. Die *Kurve 18* gibt die katalytische Wirksamkeit gegenüber dem Zerfall des Methanoldampfes wieder; diese Versuche wurden mit praktisch dem gleichen Ergebnis an Mischungen wiederholt, welche im Vakuum auf 300° bzw. 360° und 500° vorerhitzt wurden. Die *Kurve 19* stellt die magnetischen Suszeptibilitäten dar; alle Präparate sind paramagnetisch, nur bei den auf 400° und 450° vorerhitzten Präparaten wurde Ferromagnetismus beobachtet. Im Röntgenogramm treten die ersten Linien des Zinkchromits (unsicher) bei $t_1 = 500°$ auf. Auf die Gefahr einer Zink*chromatbildung* bei den an der Luft erhitzten Präparaten und die dadurch möglicherweise bedingte Verfälschung der Beobachtungen machen JANDER und WEITENDORF[4]

[1] W. JANDER, W. SCHEELE: Z. anorg. allg. Chem. **214** (1933), 55; C 33 II 2633.

[2] G. F. HÜTTIG nach Versuchen von TH. MEYER, H. KITTEL, S. CASSIRER: 92. Mitteilg.: Z. anorg. allg. Chem. **224** (1935), 225; C 36 I 708.

[3] G. F. HÜTTIG, H. RADLER, H. KITTEL: 50. Mittlg.: Z. Elektrochem. angew. physik. Chem. **38** (1932), 442; C 32 II 2306; Naturwiss. **20** (1932), 639; C 32 II 2306.

[4] W. JANDER, K. F. WEITENDORF: Z. Elektrochem. angew. physik. Chem. **41** (1935), 435; C 35 II 2014.

aufmerksam. Dies ist auch angesichts der Ergebnisse von HÜTTIG, RADLER und KITTEL zu beherzigen, insoweit diese Präparate nicht im Vakuum hergestellt wurden.

Die *Kurven 20÷22* wurden von HAMPEL[1] beobachtet. Das ZnO wurde durch zweistündiges Erhitzen von wasserfreiem ZnC_2O_4 bei 405° an der Luft hergestellt. Das Cr_2O_3 entstand aus Chrom(III)-hydroxyd durch zweistündiges Glühen über dem Teclu-Brenner im Wasserstoffstrom. Diese beiden Komponenten wurden gemeinsam vermischt und in der Achatreibschale verrieben. Die Mischungen wurden 6 Stunden in einem sauerstofffreien Stickstoffstrom auf die Temperatur t_1 vorerhitzt. Die *Kurve 20* stellt das Adsorptionsvermögen gegenüber Kongorot, die *Kurve 21* gegenüber Säurefuchsin und die *Kurve 22* gegenüber Eosin dar. Diese Farbstoffe waren in Methanol gelöst. Hervorgehoben muß werden, daß sich durch das Vermischen bei Zimmertemperatur das Adsorptionsvermögen gegenüber Kongorot erniedrigt (Abdeckungseffekt), gegenüber Eosin erhöht und gegenüber Säurefuchsin ungefähr unverändert bleibt.

FROST und Mitarbeiter[2] finden, daß diejenigen Präparate die größte katalytische Wirksamkeit in bezug auf den Methanolzerfall zeigen, welche auf eine Temperatur etwa 100° unter derjenigen der schnellen Spinellbildung vorerhitzt wurden. Die gesteigerte katalytische Wirksamkeit beruht nicht auf Änderungen in den Gitterdimensionen oder dem Dispersitätsgrade, sie ist vielmehr auf Gitterstörungen zurückzuführen.

λ) Der Verlauf von $ZnO + Fe_2O_3 \rightarrow ZnFe_2O_4$.

Das bestuntersuchte Beispiel für den obigen Reaktionstypus ist derzeit die Bildung von Zinkferrit aus Zinkoxyd und Eisenoxyd. Im nachfolgenden werden zunächst die charakteristischsten Ergebnisse einer Reihe hierauf bezüglicher Mitteilungen von HÜTTIG und Mitarbeitern kurz und zusammenfassend dargestellt (vgl. vor allem HÜTTIG und Mitarbeiter[3], HÜTTIG, EHRENBERG und KITTEL[4], ferner KITTEL, HÜTTIG und HERRMANN[5], HÜTTIG, ZINKER und KITTEL[6], HÜTTIG, TSCHAKERT und KITTEL[7], HÜTTIG, MEYER, KITTEL und CASSIRER[8] und die folgenden zusammenfassenden Berichte von HÜTTIG[9]).

In ähnlicher Weise wie in der Abb. 20 ist in den Abb. 21, 22 und 23 das Verhalten eines Zinkoxyd-Eisenoxyd-*Gemisches* in dem stöchiometrischen Verhältnis 1 ZnO:1 Fe_2O_3 dargestellt.

Die Kurve *A* gibt ein Bild von der Intensität der Röntgeninterferenzen des kristallisierten Zinkoxyds; bis zu einer Vorerhitzung von etwa 500° ist an dieser Intensität

---

[1] J. HAMPEL: 90. Mittlg.: Z. anorg. allg. Chem. **223** (1935), 297; C 35 II 1653.

[2] A. W. FROST, P. Y. IVANNIKOV, M. J. SHAPIRO, N. N. ZOLOTOV: Acta physicochim. URSS **1** (1934), 511; C 35 I 3246.

[3] G. F. HÜTTIG, R. GEISLER, J. HAMPEL, O. HNEVKOVSKY, F. JEITNER, H. KITTEL, O. KOSTELITZ, F. OWESNY, H. SCHMEISER, O. SCHNEIDER, W. SEDLATSCHEK: Z. anorg. allg. Chem. **237** (1938), 209; C 39 I 4562.

[4] G. F. HÜTTIG, M. EHRENBERG, H. KITTEL: 96. Mittlg.: Z. anorg. allg. Chem. **228** (1936), 112; C 36 II 3510.

[5] H. KITTEL, G. F. HÜTTIG, Z. HERRMANN: 59. Mittlg.: Z. anorg. allg. Chem. **210** (1933), 26; C 33 I 1891.

[6] G. F. HÜTTIG, D. ZINKER, H. KITTEL: 75. Mittlg.: Z. Elektrochem. angew. physik. Chem. **40** (1934), 306; C 34 II 897.

[7] G. F. HÜTTIG, H. E. TSCHAKERT, H. KITTEL: 89. Mittlg.: Z. anorg. allg. Chem. **223** (1935), 241; C 35 II 1652.

[8] G. F. HÜTTIG, TH. MEYER, H. KITTEL, S. CASSIRER: 92. Mittlg.: Z. anorg. allg. Chem. **224** (1935), 225; C 36 I 708.

[9] G. F. HÜTTIG: Z. Elektrochem. angew. physik. Chem. **41** (1935), 527; C 35 II 2774; 101. Mittlg.: Angew. Chem. **49** (1936), 882; C 37 I 2923; Nature **25** (1936), Nr. 11, 17; C 37 II 2635; S.-B. Akad. Wiss. Wien, math.-naturwiss. Kl., Abt. IIb **145** (1936), 648; Mh. Chem. **69** (1936), 42; C 37 I 509; Tekn. Samfund. Handl. **1936** (1937), 125; C 37 II 720; Chemiker-Ztg. **61** (1937), 408; C 37 II 2306; 111. Mittlg.: Vortrag auf dem 10. Internat. Kongr. für Chemie **2** (1938), 678 (Rom); C 39 II 3525; J. Chim. physique **36** (1936), 84; C 39 II 3527.

keine Veränderung mit Sicherheit feststellbar, bei 600° sind diese Linien völlig verschwunden. Die Kurve *B* gibt in der gleichen Weise ein Bild von der Intensität der Röntgeninterferenzen des kristallisierten Eisen(III)-oxyds und die Kurve *C* von derjenigen des kristallisierten Zinkferrits; die Andeutung einer Linie des Zinkferrits erscheint erstmalig etwa oberhalb 650°; auch die sorgfältigeren Aufnahmen von W. JANDER und HERRMANN[1] zeigen das Auftreten der ersten Linien des $ZnFe_2O_4$ bei 600° an, ohne daß aber die Intensität der ZnO- und Fe_2O_3-Linien irgendwie geringer geworden ist. $ZnFe_2O_4$ nimmt von da ab langsam zu, während das Ausgangsmaterial in der gleichen Weise abnimmt. Selbst bei 800° finden sich noch schwach dessen Linien, und erst bei 1000° sind sie völlig verschwunden. *Größere* Mengen eines amorphen Materials werden niemals beobachtet. Zwischen 500° und 650° treten vorübergehend zwei schwache Linien auf, die weder dem ZnO oder Fe_2O_3 noch dem $ZnFe_2O_4$ angehören. Die Kurve *D* stellt die magnetischen Suszeptibilitäten und die Kurve *E* die aus den pyknometrisch bestimmten Dichten berechneten Molekularvolumina dar.

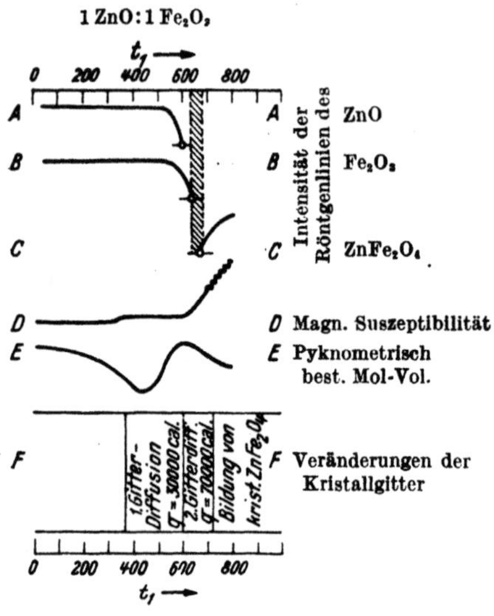

Abb. 21. Die Veränderungen der Gittereigenschaften eines Gemisches 1 ZnO : 1 Fe_2O_3 im Verlaufe seiner Erhitzung.

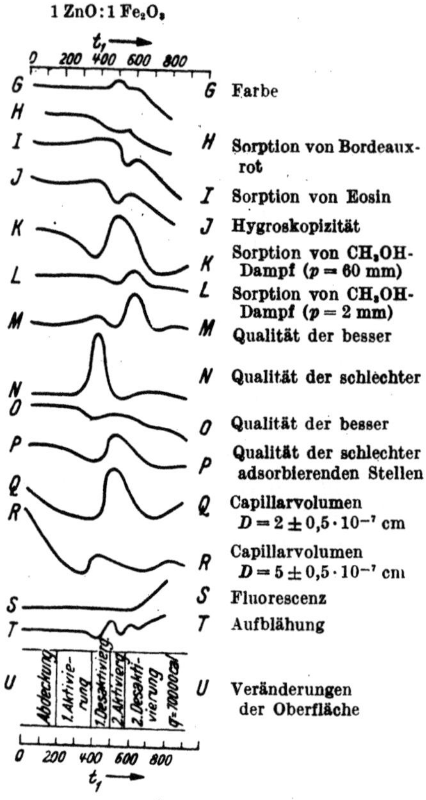

Abb. 22. Die Veränderungen der Oberflächeneigenschaften eines Gemisches 1 ZnO : 1 Fe_2O_3 im Verlaufe seiner Erhitzung.

Alle in der Abb. 21 dargestellten Eigenschaften sind (etwa mit Ausnahme der pyknometrisch bestimmten Dichten, wo auch Benetzungseffekte mit im Spiele sein können) von dem Zustand der Kristall*gitter* abhängig; eine Übersicht über das Wesen dieser Gitterveränderungen, wie sie sich auch unter Mithilfe der für die einzelnen Vorgänge bestimmten Temperaturinkremente (vgl. S. 465) ergeben, ist als Schema *F* am Fuße der Abb. 21 eingetragen.

Im Gegensatz zu Abb. 21 sind in der Abb. 22 (vielleicht mit Ausnahme der Kurven *S* und *T*) diejenigen Eigenschaften, welche die *Oberflächen* betreffen, berücksichtigt.

[1] W. JANDER, H. HERRMANN: Z. anorg. allg. Chem. **241** (1939), 225; C 39 II 2202.

Es sind dargestellt als Kurve *G* die Veränderungen der Farbe, gemessen mit dem 24teiligen OSTWALDschen Farbatlas, als Kurve *H* das Sorptionsvermögen gegenüber gelöstem Bordeauxrot und als Kurve *I* das Sorptionsvermögen gegenüber gelöstem Eosin, als Kurve *J* das Sorptionsvermögen gegenüber Wasserdampf (Hygroskopizität), als Kurve *K* das Sorptionsvermögen gegenüber Methanoldampf bei einem Gleichgewichtsdruck von 60 mm, als Kurve *L* die analogen Werte bei einem Gleichgewichtsdruck von 2 mm, als Kurve *M* die Qualität der besser adsorbierenden Stellen, als Kurve *N* die Qualität der schlechter adsorbierenden Stellen, als Kurve *O* die Quantität der besser adsorbierenden Stellen, als Kurve *P* die Quantität der schlechter adsorbierenden Stellen gegenüber Methanoldampf, als Kurve *Q* die Größe des Volumens derjenigen Capillaren, deren Durchmesser zwischen 1,5 und $2{,}5 \cdot 10^{-7}$ cm liegen, und in der gleichen Weise als Kurve *R* die Größe des Volumens der Capillaren mit dem Durchmesser zwischen 4,5 und $5{,}5 \cdot 10^{-7}$ cm; die Kurve *S* stellt eine von KUTZELNIGG[1] gemessene Größe dar, welche von dem Fluoreszenzvermögen abhängig ist, und die Kurve *T* die Volumina des geschütteten Pulvers. Schließlich ist in der analogen Weise wie in Abb. 21 (Schema *F*) am Fuß der Abb. 22 als Schema *U* eine Übersicht über das Wesen der Oberflächenvorgänge aufgenommen.

In der Abb. 23 sind diejenigen Eigenschaften berücksichtigt, welche sich auf die katalytischen Wirksamkeiten beziehen.

Die Kurve *V* zeigt die katalytischen Wirksamkeiten gegenüber der Reaktion der Bildung von Kohlendioxyd, die Kurven *W* und *Y* die katalytischen Wirksamkeiten gegenüber der Reaktion des Stickoxydulzerfalls, wobei die erstere Kurve von OWESNY, die letztere an einem anders hergestellten Präparat von TSCHAKERT beobachtet wurde; die Kurve *X* stellt die Aktivierungswärmen (Temperaturinkremente) dar, welche der Stickoxydulzerfall in Gegenwart der OWESNYschen Präparate hat.

1 ZnO : 1 Fe_2O_3

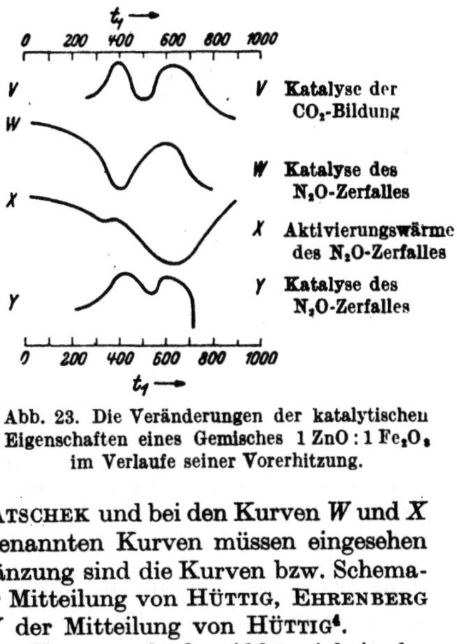

Abb. 23. Die Veränderungen der katalytischen Eigenschaften eines Gemisches 1 ZnO : 1 Fe_2O_3 im Verlaufe seiner Vorerhitzung.

In den Abb. 21, 22 und 23 rührt die experimentelle Grundlage bei den Kurven *A* bis *C* von HNEVKOVSKY, bei der Kurve *I* von HAMPEL, bei den Kurven *K* bis *R* von W. SEDLATSCHEK und bei den Kurven *W* und *X* von OWESNY her; die Einzelheiten über die genannten Kurven müssen eingesehen werden bei HÜTTIG und Mitarbeitern[2]. Zur Ergänzung sind die Kurven bzw. Schemata *D* bis *F*, ferner *J*, *T* und *U* entnommen der Mitteilung von HÜTTIG, EHRENBERG und KITTEL[3] und die Kurven *C*, *H*, *V* und *Y* der Mitteilung von HÜTTIG[4].

Die Experimente und die Besprechung der Frage nach der Abhängigkeit des Zustandes von der Erhitzungs*dauer* ($= \tau_1$) sind auf S. 466 einzusehen.

Es seien ferner auch die Versuchsergebnisse von KOSTELITZ (HÜTTIG und Mitarbeiter[5]) mitgeteilt, welche die katalytische Wirksamkeit von Präparaten des Systems ZnO/Fe_2O_3 gegenüber der Reaktion

$$2\,C_2H_5OH + H_2O \rightarrow CH_3COCH_3 + CO_2 + 4\,H_2$$

betreffen. Das Zinkoxyd war aus einem basischen Zinkcarbonat durch zweistündiges Erhitzen bei 1000°, das Eisenoxyd aus dem „Ferrum carbonicum (MERCK)"

[1] A. KUTZELNIGG: Z. anorg. allg. Chem. **223** (1935), 251; C 35 II 1654.

[2] G. F. HÜTTIG und Mitarbeiter: Z. anorg. allg. Chem. **237** (1938), 209; C 39 I 4562.

[3] G. F. HÜTTIG, M. EHRENBERG, H. KITTEL: 96. Mittlg.: Z. anorg. allg. Chem. **228** (1936), 112, Abb. 2; C 36 II 3510.

[4] G. F. HÜTTIG: S.-B. Akad. Wiss. Wien, math.-naturwiss. Kl., Abt. IIb **145** (1936), 648; Mh. Chem. **69** (1936), 42, Abb. 2; C 37 I 509.

[5] G. F. HÜTTIG und Mitarbeiter: Z. anorg. allg. Chem. **237** (1938), 250 ÷ 255; C 39 I 4562.

durch sechsstündiges Erhitzen auf 700° hergestellt. Verschiedene Anteile der Mischung 1 ZnO:1 Fe_2O_3 wurden zu Pastillen gepreßt und gekörnt, dann in der Dauer von 6 Stunden auf verschieden hohe, konstante Temperaturen ($= t_1$) erhitzt und nach dem Abkühlen der katalytischen Untersuchung zugeführt; hierbei betrug die Reaktionstemperatur ($= t_2$) immer 450° C. Die Ergebnisse sind in der üblichen Weise in der Abb. 24 dargestellt.

Auf der Abszissenachse ist die Temperatur der Vorbehandlung ($= t_1$) des Präparates aufgetragen; auf der Ordinatenachse sind die Mengen Aceton, Kohlenmonoxyd, Methan und Äthan abzulesen, welche sich bei dem katalysierten Vorgang gebildet haben; die als Ordinate aufgetragenen Werte geben an, wieviel Mol-% des zugeführten Alkohols bei der Umwandlung in den betreffenden Stoff (Aceton bzw. CO_2 usw.) verbraucht wurden. Die Abbildung ist in zwei Teile geteilt, die sich auf die gleiche Abszissenachse beziehen und sich nur in dem Maßstab der Ordinate unterscheiden. Die Ergebnisse der Abb. 24 beziehen sich auf die Beobachtungen, welche in der 2. bis 9. Stunde seit Beginn der katalysierten Reaktion gemacht wurden. Bei der Beurteilung der Ergebnisse ist zu berücksichtigen, daß die unterhalb 450° hergestellten Präparate im Verlaufe der Katalyse noch eine nennenswerte Alterung aufweisen können, welche sie untereinander allenfalls angleicht, und daß wenigstens teilweise mit einer Reduktion des Eisenoxyds im Verlaufe der Katalyse gerechnet werden muß, was die Vergleichbarkeit mit den N_2O-Versuchen stört.

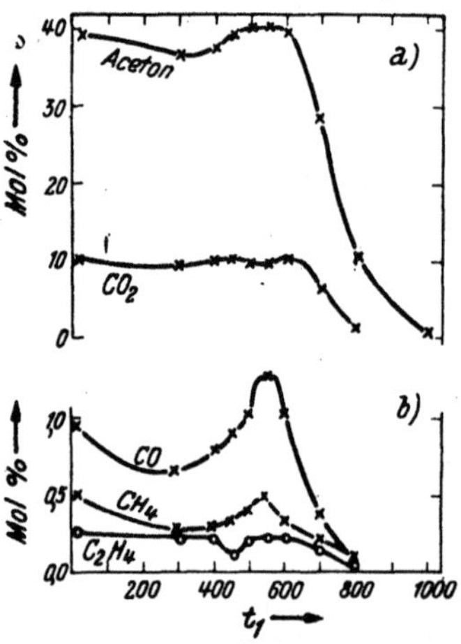

Abb. 24. Die Veränderungen der katalytischen Wirksamkeiten eines Gemisches 1 ZnO : 1 Fe_2O_3 gegenüber dem Alkoholzerfall im Verlaufe der Vorerhitzung.

FRICKE und DÜRR[1] haben Gemenge von aktivem ZnO mit FeOOH in der Dauer von 1 Stunde auf verschieden hohe Temperaturen (t_1) erhitzt und nach dem Abkühlen deren Auflösungswärme in einer geeigneten Säure bestimmt. In der Abb. 25 ist auf der Abszisse die Vorerhitzungstemperatur t_1 und auf der Ordinate die Lösungswärme pro Mol ($ZnO + Fe_2O_3$) eingetragen. Bei der mit *Zn α* bezeichneten Kurve war α-FeOOH, bei der mit *Zn γ* bezeichneten war γ-FeOOH in dem Ausgangsgemisch enthalten. Bei der mit *M* bezeichneten Kurve wurde die Ausgangsmischung durch gemeinsames Fällen der beiden Komponenten hergestellt.

Aus den Kurven der Abb. 25 und den zugehörigen Röntgenbefunden ersieht man, daß in dem Gebiete der röntgenographisch nachweisbaren Bildung des kristallisierten $ZnFe_2O_4$ aus den Oxyden (z. B. bei *Zγ* die „Haltestrecke" von 550 ÷ 700°) der Wärmeinhalt mit steigender Vorerhitzungstemperatur langsamer abnahm als vor und hinter diesem Intervall. Zum Teil ging sogar die Bildung des kristallisierten $ZnFe_2O_4$ unter Erhaltung des Gesamtwärmeinhaltes, d. h. sicher unter Zunahme der Entropie vor sich. Die genaue röntgenographische Untersuchung ergab ferner, daß das bei 700° entstandene kristallisierte $ZnFe_2O_4$ zuerst ein stark unregelmäßig gestörtes Gitter besitzt. Bei höherem Erhitzen gehen die Gitterstörungen und damit auch die Hygroskopizität und die gute Lösbarkeit verloren.

Die Deutung der in der Abb. 25 dargestellten Ergebnisse ist dadurch erschwert, daß sich über die hier eigentlich interessierenden Wechselbeziehungen zwischen den beiden Oxyden auch die Vorgänge der Entwässerung und der

[1] R. FRICKE, W. DÜRR: Z. Elektrochem. angew. physik. Chem. **45** (1939), 254; C 39 II 2013.

Alterung der aktiven Oxyde überlagern. Solche unerwünschte Begleiterscheinungen lassen sich zum großen Teil vermeiden, wenn man von einer Mischung inaktiver Oxyde ausgeht. Aber auch in solchen Fällen wird zwecks Erreichung einer ausreichenden Vermischung ein Zerpulvern der einzelnen Komponenten notwendig sein, das dann im Verlaufe der Erhitzung von der Wechselwirkung der beiden Komponenten unabhängige Frittungsvorgänge (S. 411ff.) zur Folge haben kann. Eine korrekte Beurteilung der auf der Wechselwirkung der beiden Komponenten beruhenden Effekte ist nur so möglich, daß man von dem beobachteten Gesamteffekt die Summe der Effekte in Abzug bringt, welche jede der Komponenten bei der gleichen Vorbehandlung für sich allein aufweist. Über Versuchsergebnisse dieser Art wird im nachfolgenden Abschnitt berichtet.

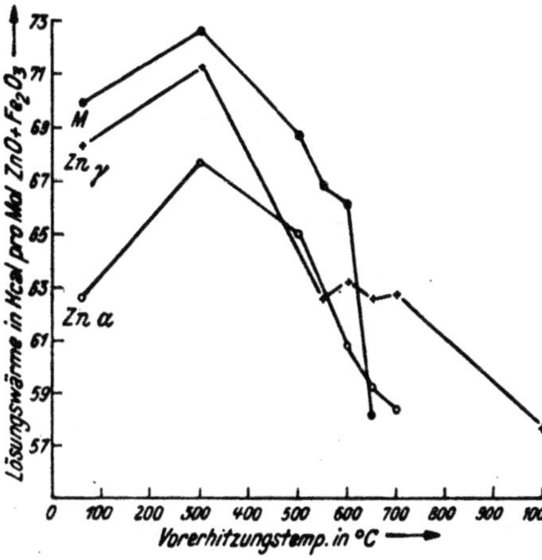

Abb. 25. Auflösungswärme verschieden hoch vorerhitzter wasserhaltiger Gemenge 1 ZnO : 1 Fe_2O_3.

μ) Vergleich mit dem Verhalten der Komponenten.

Die in den Abb. 26, 27 und 28 mitgeteilten Ergebnisse sind von W. SEDLATSCHEK (HÜTTIG und Mitarbeiter[1]) gewonnen worden. Es sind dies die gleichen Präparatenreihen, wie sie auf S. 458 bei den in der Abb. 22 behandelten Ergebnissen verwendet wurden. Allen Abbildungen gemeinsam ist wieder die Abszissenachse, auf welcher die Temperatur der Vorerhitzung ($= t_1$) aufgetragen ist. In der Abb. 26 sind in den Feldern *a*, *b* und *c* auf der Ordinatenachse die Anzahl Millimole CH_3OH ($= n$) aufgetragen, welche von 1 Mol ZnO (Feld *a*) bzw. 1 Mol Fe_2O_3 (Feld *b*) bzw. dem Gemisch von 1 Mol ZnO + 1 Mol Fe_2O_3 (Feld *c*) bei den konstanten Methanoldampfdrucken $p = 2$ bzw. $p = 20$ bzw. $p = 60$ mm aufgenommen wurden. In dem Feld *d* sind auf der Ordinatenachse die Werte Δn aufgetragen, das sind die an dem Gemisch (1 ZnO + 1 Fe_2O_3) beobachteten Mengen adsorbierten Methanols (Feld *c*), vermindert um die Summe der an 1 Mol ZnO (Feld *a*) und 1 Mol Fe_2O_3 (Feld *b*) adsorbierten Methanolmengen. Die Kurven des Feldes *d* geben also diejenigen Werte an, um welche das Gemisch mehr (bzw. weniger, falls die Ordinate negativ ist) sorbiert, als es die einzelnen Komponenten mit der gleichen Vorbehandlung im ungemischten Zustand tun würden (vgl. hierzu S. 458, Abb. 22, Kurven *K* und *L*).

In der Abb. 27 sind die gleichen aus der Anwendung der LANGMUIRschen Gleichung hervorgegangenen Konstanten K_1 (Feld *a*), K_2 (Feld *b*), $\varkappa_1$ (Feld *c*) und $\varkappa_2$ (Feld *d*) aufgetragen, wie sie bereits auf S. 458, Abb. 22, als Kurven *M*, *N*, *O*, *P* in prinzipiell der gleichen Weise diskutiert wurden. Entsprechend der LANGMUIRschen Gleichung in der reziproken Form:

$$\frac{p}{n} = \frac{p}{\varkappa} + \frac{1}{\varkappa K}$$

ist $\varkappa$ ein Maß für die Anzahl und *K* ein Maß für die Qualität (Güte) der sorbierenden Stellen. Da die beobachteten p/n-Wertpaare sich innerhalb des LANGMUIRschen Diagramms eingetragen meist auf zwei Geraden abbilden, die sich irgendwo zwischen $p = 5$ und $p = 20$ mm unter einem stumpfen Winkel schneiden, so muß die Anwesenheit von zwei Arten sorbierender Stellen angenommen werden. In der Abb. 27 ist mit K_1 (Feld *a*) die Qualität der besser sorbierenden, mit K_2 (Feld *b*) die Qualität der schlechter sorbierenden Stellen, mit $\varkappa_1$ (Feld *c*) die Quantität der besser sorbierenden

[1] G. F. HÜTTIG und Mitarbeiter: Z. anorg. allg. Chem. **237** (1938), 209; C 39 I 4562.

und mit $\varkappa_2$ (Feld *d*) die Quantität der schlechter sorbierenden Stellen bezeichnet. In jedem Fall sind diese Angaben für 1 Mol ZnO, ferner für 1 Mol Fe_2O_3 und auch für das Gemisch (1 ZnO + 1 Fe_2O_3) eingetragen.

In der Abb. 28 sind die Volumina der Capillaren und ihre Veränderungen mit der Temperaturvorbehandlung dargestellt (vgl. z. B. S. 458, Abb. 22, Kurven *Q* und *R*). Die Angaben des Feldes *a* beziehen sich auf 1 Mol ZnO, diejenigen des Feldes *b* auf 1 Mol Fe_2O_3, diejenigen des Feldes *c* auf das Gemisch 1 Mol ZnO + 1 Mol Fe_2O_3. Die mit *5* bezeichneten Kurven geben die Anzahl Millimole Methanol Δn an, welche in den Capillaren mit einem zwischen $4{,}5 \cdot 10^{-7}$ und $5{,}5 \cdot 10^{-7}$ cm liegenden Durchmesser Platz haben. Sinngemäß gilt das gleiche für die mit *1* ÷ *4* bezeichneten Kurven. In dem Felde *d* bedeutet der auf der Ordinate aufgetragene Wert von $\Delta n'$ die dem Gemisch 1 ZnO + 1 Fe_2O_3 zukommenden Δn-Werte, vermindert um die Summe der 1 Mol ZnO und 1 Mol Fe_2O_3 zukommenden Δn-Werte; diese für $D \cdot 10^7$ cm = 1, 2, 3, 4 und 5 (jedesmal $\pm$ 0,5) gezeichneten Kurven geben ein unmittelbares Bild, in welcher Weise sich das Capillarvolumen beim Erhitzen des Gemisches *anders* verhält, als wenn jede Komponente für sich erhitzt wird.

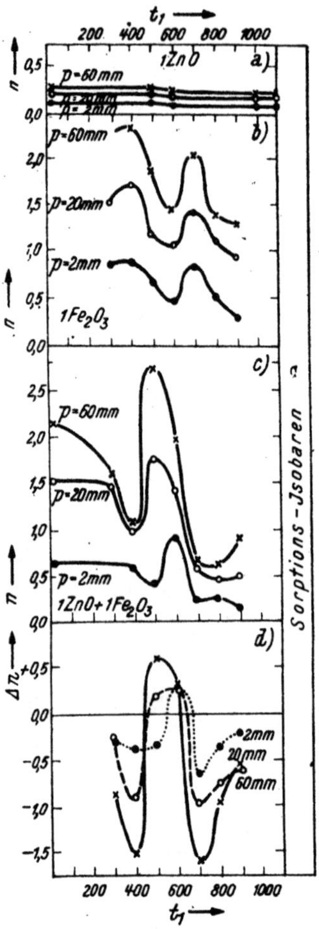

Abb. 26.

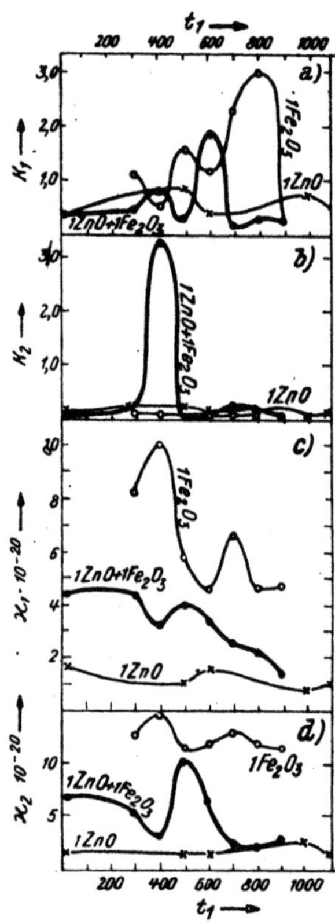

Abb. 27.

Untersuchungen über die Zwischenzustände in dem System ZnO/Fe_2O_3 sind auch von STARKE[1] ausgeführt worden. In Präparatenreihen, welche in *ähnlicher* Weise hergestellt wurden, wie sie als Grundlage für die in den Abb. 21, 22 und 23 mitgeteilten Versuchsreihen dienten, wurde nach einer radioaktiven Indicator-

[1] K. STARKE: Z. physik. Chem., Abt. B 37 (1937), 81; C 38 I 2673.

methode die Sorptionsfähigkeit gegenüber Bleinitrat, das in Methanol gelöst war, bestimmt (vgl. S. 514). Da das für diese Versuche verwendete Eisenoxyd durch Erhitzen von Eisenhydroxyd bei nur 300° und das verwendete Zinkoxyd durch Erhitzen von (basischem) Zinkcarbonat bei nur 400° hergestellt wurde, handelt es sich bei beiden Komponenten um hochaktive Stoffe, deren Verhalten noch im größten Ausmaße von den Ausgangsprodukten bestimmt wird. Ein Vergleich mit den bisher besprochenen Ergebnissen ist also nicht möglich, zumal in der Mitteilung die für einen Vergleich erforderlichen Daten nicht immer aufgenommen sind. Die wesentlichsten Ergebnisse sind die folgenden: Schon das Vermischen der beiden Komponenten bei Zimmertemperatur führt zu einem Adsorptionsvermögen, das größer ist, als es der Summe der beiden Komponenten entsprechen würde; ein solches Verhalten ist auch von anderen Autoren an anderen Präparaten bei der Sorption von Farbstoffen beobachtet worden (vgl. z. B. S. 458, Abb. 22). STARKE findet ferner: „Die als Gemisch erhitzten Präparate zeigen genau dasselbe Verhalten wie die nach dem Erhitzen der Komponenten auf dieselben Temperaturen aus ihnen hergestellten Mischungen gleicher Zusammensetzung. Das Adsorptionsvermögen ist also durch die Reaktion nicht verändert worden.“ Ein solches Ergebnis hätte wohl niemand erwartet; demnach würden die gegenseitigen Beeinflussungen der beiden Komponenten immer schon bei dem Vermischen eintreten, hingegen würden die durch Temperatursteigerung bewirkten Veränderungen hauptsächlich durch die Alterungsvorgänge bedingt sein, welche jede Komponente für sich erleidet, und die hierbei auftretenden Wechselwirkungen einschließlich der Verbindungsbildung nur von untergeordneter Bedeutung bleiben; ein solches Verhalten dürfte doch sehr an die hohe Aktivität der Ausgangskomponenten gebunden sein.

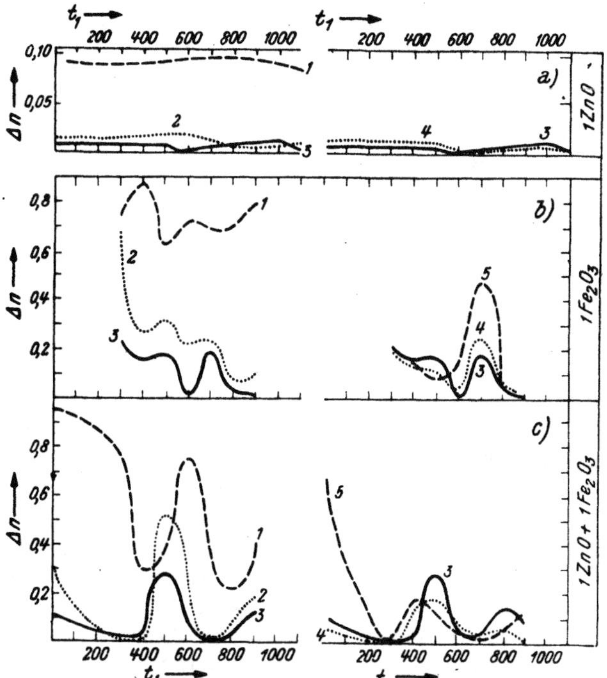

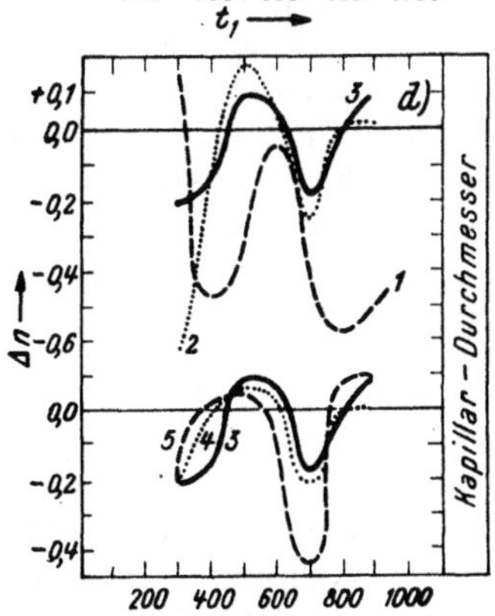

Abb. 28.

Abb. 26, 27, 28. Die Eigenschaftsänderungen, welche ein Gemisch 1 ZnO : 1 Fe_2O_3 im Verlaufe seiner Vorerhitzung erleidet, vermindert um die Eigenschaftsänderungen des gleichen Pulvers im *un*gemischten Zustand bei gleicher Vorbehandlung.

Die vorangehend (und auch auf S. 454ff.) beschriebenen Beispiele eines solchen Reaktionsablaufes zeigen, daß hierbei viele und sehr mannigfaltige Zwischenzustände durchschritten werden. Sehr wesentlich ist es, daß sich diese bei höheren Temperaturen gebildeten Zwischenzustände „einfrieren" lassen, also in Form von Präparaten mit praktisch unbegrenzt langer Lebensdauer erfassen lassen (vgl. S. 466). Wichtig ist ferner, daß zu jedem dieser Zwischenzustände eine individuelle Charakteristik seiner katalytischen Wirksamkeiten gehört; die Berücksichtigung dieses Umstandes ist bei der Herstellung von Katalysatoren zumindest so wichtig wie die Frage nach dem Mischungsverhältnis (S. 532), die Umstände bei ihrer gegenseitigen Einverleibung (S. 452) usw. Bei der vorangehenden Besprechung ist immer die Entstehung bestimmter Zwischenzustände kausal verknüpft worden mit dem Erhitzen auf bestimmte Temperaturen (t_1; Abszissenachse der Abb. 21, 22, 23 u. a.). Selbstverständlich ist hierbei auch die *Dauer* der Erhitzung von Einfluß (S. 466), aber dieser Einfluß ist verhältnismäßig geringer, so daß die Temperaturangabe für sich allein bei einer ersten Orientierung genügen mag. Für die überwiegend große Zahl der in diesem Abschnitt beschriebenen Versuche wurde so verfahren, daß die gleichen, durch Zerreiben des inaktiven Eisenoxyds und Zinkoxyds erhaltenen Präparate verwendet wurden, untereinander ohne neuerliches Verreiben innigst vermischt, dann rasch auf die Temperatur t_1 gebracht, bei dieser 6 Stunden belassen, dann wieder rasch abgekühlt und nach dem Auskühlen in bezug auf die verschiedenen, in den Abbildungen angegebenen Eigenschaften untersucht wurden.

Hiervon prinzipiell verschieden ausgeführt sind die Untersuchungen von H. Kittel unter Verwendung der Otto Hahnschen Emaniermethode (vgl. S. 514). Über diese Arbeitsweise und ihre Anwendung liegt eine große Anzahl von Mitteilungen vor, so von Strassmann[1], Käding und Riehl[2], O. Hahn und Senftner[3], Fricke und Feichtner[4], O. Hahn[5] u. v. a. Das Eisenoxyd wurde hergestellt durch Erhitzen eines radiothorhaltigen, in definierter Weise gefällten Eisenhydroxyds während 2 Stunden bei 800°; das Zinkoxyd wurde durch zweistündiges Glühen eines reinen (basischen) Zinkcarbonats bei 800° hergestellt und enthielt *kein* Radiothor. Das Eisenoxyd wurde einmal für sich allein bei langsam ansteigender Temperatur (3÷4° Anstieg pro Minute) erhitzt und gleichzeitig die Größe der Emanationsabgabe beobachtet. In der Abb. 29 ist auf der Abszisse die Temperatur und auf der Ordinate die hierbei beobachtete Stärke der Emanationsabgabe eingetragen; im Feld *a*) bezieht sich die voll ausgezogene Kurve auf die Beobachtungen an dem reinen Eisenoxyd, die gestrichelte Kurve auf das gleiche in gleicher Weise behandelte Eisenoxyd, dem im stöchiometrischen Verhältnis ($1\,Fe_2O_3 : 1\,ZnO$) Zinkoxyd beigemischt war; in dem Feld *b*) sind in bezug auf die gleiche Abszisse die Ordinaten der gestrichelten Kurve vermindert um diejenigen der voll ausgezogenen Kurve eingetragen. Ein Vergleich dieser Ergebnisse mit den in den Abb. 21, 22 und 23 mitgeteilten ist in qualitativer Beziehung zulässig. Nach Fricke und Mumbrauer[6] geht die Größe der Emanationsabgabe symbat der einem Gas relativ rasch zugänglichen Oberfläche. Der Abb. 29, Feld *b*) entnimmt man, daß bei dem Erhitzen bis zu etwa 600° die Größe der Oberfläche des Eisenoxyds unter dem Einfluß des Zinkoxyds rascher ansteigt, als sie es für sich allein tun würde; das Maximum wird hierbei zwischen

---

[1] F. Strassmann: Naturwiss. **19** (1931), 502; C 31 II 2184.
[2] H. Käding, N. Riehl: Angew. Chem. **47** (1934), 263; C 34 II 2252.
[3] O. Hahn, V. Senftner: Z. physik. Chem., Abt. A **170** (1934), 191; C 35 I 1187.
[4] R. Fricke, Ch. Feichtner: Ber. dtsch. chem. Ges. **71** (1938), 131; C 38 I 3578.
[5] O. Hahn: Z. Elektrochem. angew. physik. Chem. **44** (1938), 497; C 38 II 3900.
[6] R. Fricke, R. Mumbrauer: Naturwiss. **25** (1937), 89; C 37 II 1505.

650 und 700° erreicht. In dem Maße wie die Eisenoxydmoleküle in das Gitter des kristallisierten Zinkferrits eingebaut werden, sinkt diese Kurve wieder ab, und oberhalb 800° wird die zugängliche Oberfläche kleiner, als es bei dem Eisenoxyd ohne Zinkoxydzusatz der Fall wäre. Die zwei Wendepunkte, welche das reine Eisenoxyd (Feld *a*) zwischen $t_1 = 1100°$ und 1200° aufweist, bringen wir mit den Oberflächenveränderungen bei dem Übergang $Fe_2O_3 \rightarrow Fe_3O_4$ in kausalen Zusammenhang; dieser Vorgang ist hier von geringerem Interesse; es sei nur darauf hingewiesen, daß die gleiche Beobachtung in diesem Temperaturgebiet an dem Zinkferrit noch nicht gemacht wurde, da diese Verbindungsbildung zu einer Stabilisierung des Sauerstoffes des Eisenoxyds führt und die Reduktionsvorgänge in diesem Zustande erst bei höheren Temperaturen vor sich gehen. Sehr aufklärend wäre es, wenn man die gleichen Versuche in einer Anordnung anstellen würde, bei welcher das Zinkoxyd und nicht das Eisenoxyd mit Radiothor versetzt wäre.

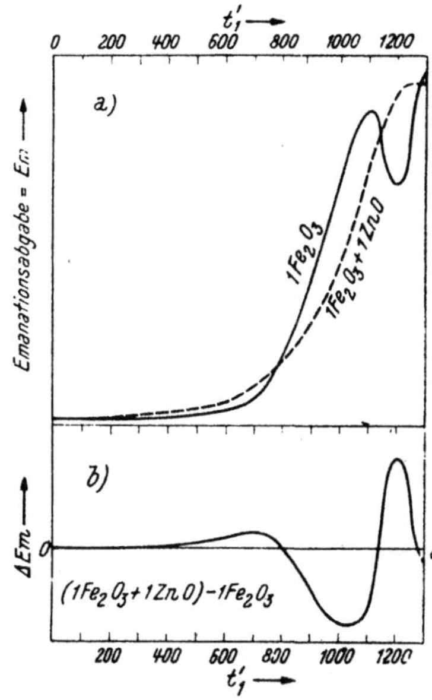

Abb. 29. Emanationsvermögen von reinem Fe_2O_3 bzw. eines Gemisches 1 ZnO : 1 Fe_2O_3 im Verlaufe ansteigenden Erhitzens.

Vorangehend ist in dem Abschnitt *ϰ*) versucht worden, das gesamte derzeit geförderte experimentelle Material bezüglich der Zwischenzustände bei der Bildung von Zinkchromit zusammenfassend und übersichtlich zu ordnen. In ähnlicher Weise ist dies in bezug auf den Zinkferrit in den Abschnitten *λ*) und *μ*) für die charakteristischsten Ergebnisse geschehen. Bezüglich der an anderen Systemen gewonnenen Ergebnisse muß auf das Literaturverzeichnis auf S. 448÷452 hingewiesen werden sowie auf die Absicht, das diesem Verzeichnis zugrunde liegende experimentelle Material übersichtlich zusammengefaßt in der Kolloid-Zeitschrift zu veröffentlichen.

ν) *Temperaturinkremente der Zwischenzustände.*

In den vorangehenden Abschnitten und den zugehörigen Abbildungen ist die Aufeinanderfolge der Zwischenzustände beschrieben, wie sie bei einer schrittmäßigen Steigerung der Temperatur beobachtet wird. Hierbei wurde kein großer Wert auf die Berücksichtigung der Zeitdauer gelegt, die das Gemisch auf jeder Temperaturstufe gehalten wurde. Wenn man von ganz kurzen Zeitdauern absieht, so ist in der Tat dieser Einfluß auch verhältnismäßig gering.

In der Abb. 30 sind entsprechend den Ergebnissen von Hüttig, Ehrenberg und Kittel[1] als Abszisse wiederum die Temperatur t_1 und auf der Ordinate die magnetische Massensuszeptibilität $\chi \cdot 10^6$ aufgetragen, welche ein Gemisch von Zinkoxyd/Eisenoxyd in dem stöchiometrischen Verhältnis 1 ZnO : 1 Fe_2O_3 besitzt. Die Präparate, ja zum Teil sogar auch die dargestellten Ergebnisse sind identisch mit denjenigen, welche in der Abb. 21 (S. 458) die Grundlage zur Konstruktion der Kurve *D* abgaben. In der Abb. 30 ist jedoch nicht eine, sondern drei Kurven gezeichnet, welche sich bei sonst gleichen Umständen auf verschiedene Verweilzeiten ($= \tau_1$) bei der Vorerhitzungstemperatur ($= t_1$) beziehen. Die stark strichpunktiert ausgezogene Kurve stellt die Ergebnisse dar, welche beobachtet wurden, nachdem das Oxydgemisch

[1] G. F. Hüttig, M. Ehrenberg, H. Kittel: 96. Mittlg.: Z. anorg. allg. Chem. 228 (1936), 112, Abb. 1; C 36 II 3510.

während *1 Stunde* auf der Temperatur t_1 gehalten wurde („Ein-Stunden-Kurve"), wohingegen sich die stark voll ausgezogene Kurve in gleicher Weise auf eine Vorerhitzungsdauer von *6 Stunden* („Sechs-Stunden-Kurve") und die stark gestrichelte Kurve auf eine solche von *12 Stunden* („Zwölf-Stunden-Kurve") bezieht. Die Unterschiede zwischen der „Ein-Stunden-Kurve" und der „Sechs-Stunden-Kurve" sind nicht groß, diejenigen zwischen der „Sechs-Stunden-Kurve" und der „Zwölf-Stunden-Kurve" sind sogar recht gering.

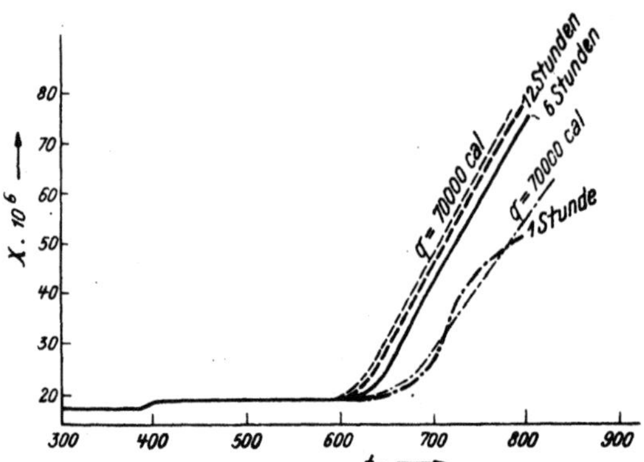

Abb. 30. Die Änderungen der magnetischen Suszeptibilität eines Gemisches 1 ZnO : 1 Fe_2O_3 in Abhängigkeit von der Dauer und der Temperatur der Vorerhitzung.

Insofern man sich auf die Betrachtung von nicht allzu weit auseinanderliegenden Erhitzungstemperaturen ($= t_1$) beschränkt, ist die Annahme zulässig, daß ein Zustand, der während einer kürzeren Zeit (τ_1'') bei höheren Temperaturen (t_1'') erreicht wurde, praktisch identisch durch Erhitzen während einer längeren Zeit (τ_1') bei entsprechend niederen Temperaturen erreicht werden kann. Eine Bestätigung für die Richtigkeit einer solchen Schlußfolgerung ist gegeben, wenn sich auf der Grundlage mehrerer Eigenschaften für die gleichen Präparate immer wieder die Identitäten ergeben. Da die Zeitdauern (τ_1', τ_1'', τ_1''' ...), welche bei den einzelnen Temperaturen (t_1', t_1'', t_1''' ...) erforderlich sind, um das Ausgangsgemisch bis zu einem bestimmten (z. B. durch eine bestimmte magnetische Suszeptibilität gekennzeichneten) Zwischenzustand umzuwandeln, sich umgekehrt verhalten, wie die zugehörigen Umwandlungsgeschwindigkeiten (c', c'', c''' ...), so ist eine Auswertung von Ergebnissen, wie sie in Abb. 30 dargestellt sind, mit Hilfe der Arrheniusschen Gleichung möglich. Da bei nicht allzu weit auseinanderliegenden Temperaturen (t_1', t_1'', t_1''' ...) natürlich die Reaktionsgeschwindigkeit verschieden (c', c'', c''' ...), aber kaum der Reaktionsmechanismus (Reaktionsordnung) verschieden sein wird, erscheint es zulässig, für diese Reaktionsgeschwindigkeiten dasselbe Verhältnis wie für die zugehörigen Geschwindigkeitskonstanten (k', k'', k''' ...) anzunehmen. Es ergibt sich dann das „Temperaturinkrement" $= q$, das unter bestimmten Voraussetzungen identisch ist mit der „Aktivierungswärme" des betreffenden Vorganges:

$$q\,(\text{cal}) = 1{,}985 \frac{\ln\left(\frac{c'}{c''}\right)}{\left(\frac{1}{T_1''} - \frac{1}{T_1'}\right)},$$

wobei die Temperaturen des isothermen Verlaufes ($T_1 = t_1 + 273$) in absoluter Zählung ausgedrückt sind. Zur Berechnung des Wertes q genügt also die Kenntnis von zwei Wertpaaren $\frac{c}{t_1}$, während die Kenntnis eines zugehörigen dritten Wertpaares (wie es auch aus der Abb. 30 entnommen werden kann) bereits dazu dient, um den Charakter des q-Wertes als Konstante, also die zumindest *formale* Gültigkeit der Arrheniusschen Gleichung zu prüfen. Um die in dieser Richtung liegenden Auswertungen in eine anschauliche Form zu bringen, ist in der Abb. 30 auch der Verlauf der „Ein-Stunden-Kurve" und der „Zwölf-Stunden-Kurve" schwach eingezeichnet, so wie er sich aus dem Verlauf der „Sechs-Stunden-Kurve" auf obiger Grundlage errechnet, wenn man für $q = 70000$ cal setzt.

In ähnlicher Weise wie für die magnetischen Eigenschaften wurden auch die Experimente und Auswertungen für die pyknometrisch beobachteten Dichten (vgl. S. 458, Abb. 21, Kurve *E*) und für die Hygroskopizitäten (vgl. S. 458, Abb. 22, Kurve *J*) vorgenommen. Besprechen wir die Ergebnisse an Hand der „Sechs-Stunden-Kurven", die auch die Grundlage für die Konstruktion der Kurven der Abb. 21, 22 und 23 sind, so ergibt sich folgendes: Aus den *Dichtebestimmungen* wäre zu schließen, daß die zwischen $t_1 = 350°$ und $450°$ durchschrittenen Zustände nach Vorgängen erreicht werden, deren Geschwindigkeits/Temperatur-Abhängigkeit nichts mit der ARRHENIUSschen Formel gemeinsam hat. Zwischen 450° und etwa 575° lassen sich die Beobachtungen genau mit einem $q = 30000$ cal wiedergeben. Die nun bis etwa 750° folgenden Zustände folgen wieder der ARRHENIUSschen Gesetzmäßigkeit nicht, es läßt sich lediglich feststellen, daß eine ausgesprochene Veränderung im Sinne ansteigender q-Werte vor sich geht. Erst etwa bei dem bei 775° erreichten Zustand ergibt sich eine Temperaturabhängigkeit, welche etwa mit dem Wert $q = 70000$ cal verträglich wäre. Bei den *magnetischen Messungen* werden bis $t_1 = 350°$ überhaupt keine Veränderungen beobachtet; zwischen 350° und 600° sind zwar deutliche Veränderungen vorhanden, aber in so geringem Ausmaße, daß eine zuverlässige Angabe des Temperaturinkrements kaum möglich ist. Immerhin sei vermerkt, daß hier der Wert $q = 70000$ cal (hingegen z. B. nicht $q = 30000$ cal) die Beobachtungen wiedergibt. Für die nun folgenden zwischen 600° und 675° durchschrittenen Zustände, also in dem eigentlichen Anstieg des Paramagnetismus, lassen sich die Beobachtungen wieder auf das genaueste durch $q = 70000$ cal wiedergeben. Oberhalb dieser Temperatur gibt die ARRHENIUSsche Gleichung die Beobachtungen nur näherungsweise wieder, wobei aber der Wert $q = 70000$ cal oder noch höher die beste Übereinstimmung gibt. Die *Hygroskopizitätsmessungen* lassen sich in dem weiten Bereich von 300 ÷ 650° *nicht* durch die ARRHENIUSsche Funktion wiedergeben. Erst etwa von 675 ÷ 725° ist näherungsweise eine Wiedergabe mit dem Wert $q = 70000$ cal möglich, und von etwa 725 ÷ 800° wird mit diesem Werte eine vollkommene Übereinstimmung zwischen den beobachteten und den berechneten Werten erreicht.

Dort, wo innerhalb eines bestimmten Temperaturintervalles die aufeinanderfolgenden Zustände durch die gleichen q-Werte gekennzeichnet sind, ist die Folgerung gerechtfertigt, daß es sich dabei immer um denselben wesensgleichen Vorgang handelt, der mit steigender Temperatur eine wachsende Anzahl von Molekülen erfaßt hat, und daß der beobachtete Gesamteffekt im wesentlichen nur von diesem einen Vorgang ohne irgendwelche komplizierende Überlagerungen bestimmt ist. Für diese zur Analyse des Gesamtverlaufes grundlegend wichtigen Feststellungen bietet die Bestimmung der Temperaturinkremente die prinzipiell zuverlässige Basis. Das Temperaturinkrement (q) ist überdies eine wichtige, zahlenmäßige Charakteristik des betreffenden Teilvorganges mit einem bestimmten naturwissenschaftlichen Sinn (vgl. S. 468). Von dieser Größe q muß angenommen werden, daß sie zwar von dem Aktivitätsgrad der Ausgangskomponenten, nicht aber von den willkürlichen äußeren Umständen (wie z. B. Innigkeit der Vermischung) abhängig ist.

W. JANDER und Mitarbeiter haben für eine Anzahl von Reaktionen die Temperaturinkremente bestimmt, wobei sie den vollständigen Übergang (ohne Zwischenzustände) aus den Ausgangspräparaten in die fertigen Reaktionsprodukte betrachteten oder zumindest eine solche Sachlage ihren theoretischen Betrachtungen unterstellten; derartige Untersuchungen liegen bezüglich der Vereinigungen von CaO und SiO_2 sowie La_2O_3 und SiO_2 vor (W. JANDER und STAMM[1]); ferner ist diese Betrachtungsweise auch auf Reaktionen von dem Typus AB starr $+ C$ starr $\rightarrow AC$ starr $+ B$ gasf. angewendet worden, wie z. B. $BaCO_3 + SiO_2 \rightarrow BaSiO_3 + CO_2$ (W. JANDER und E. HOFFMANN[2]). Mit der Bestimmung von

[1] W. JANDER, W. STAMM: Z. anorg. allg. Chem. **190** (1930), 65, 74; C 30 II 350.

[2] W. JANDER, E. HOFFMANN: Z. anorg. allg. Chem. **200** (1931), 245; C 31 II 3569; **202** (1931), 135; C 32 I 1749.

Aktivierungswärmen von Reaktionen im festen Zustand befaßt sich auch die Arbeit von ADADUROW und GERNET[1].

Es könnte der Einwand erhoben werden, daß bei der Art der JANDERschen Bestimmung der q-Werte und ebenso bei der unsrigen, insofern sie sich auf irgendwelche erst später entstandenen Zwischenzustände beziehen, die ganz anders charakterisierten vorangehenden Zustände mit einbezogen sind. Indes ist eine so geartete grundsätzliche Verfälschung der Deutung hier nicht zu befürchten. Unter den hier betrachteten Bedingungen werden die späteren (oder endgültigen) Zustände erst bei so hohen Temperaturen beobachtbar, daß die früheren Zustände hierbei auf alle Fälle sehr rasch durchlaufen werden und für die Geschwindigkeit, mit welcher ein späterer Zustand erreicht wird, nicht mehr mitbestimmend sind (vgl. S. 469).

ξ) Lebensdauer der Zwischenzustände in Abhängigkeit von der Temperatur.

Um einen Zwischenzustand präparativ darzustellen, ist es erfahrungsgemäß notwendig, das Ausgangsgemisch auf einer Temperatur zu halten, die innerhalb eines bestimmten, z. B. von t_1' bis t_1'' sich erstreckenden Temperaturintervalls liegt. Wird das Gemisch unterhalb von t_1' gehalten, so ist die Geschwindigkeit, mit welcher sich der darzustellende Zwischenzustand bildet, zu gering, um zu einem praktischen Erfolg zu führen; wird hingegen das Gemisch oberhalb von t_1'' gehalten, so ist die Geschwindigkeit, mit welcher sich der darzustellende Zwischenzustand in den darauffolgenden umwandelt, größer als die Geschwindigkeit seiner Entstehung, so daß auch hier seine präparative Erfassung nicht gelingt. In gewisser Beziehung besteht eine formale Analogie zu den „Übergangszuständen" bei den homogenen Reaktionen (HINSHELWOOD[2], POLANYI[3] u. a.). Im nachfolgenden werden die hier maßgebenden Zusammenhänge dargelegt.

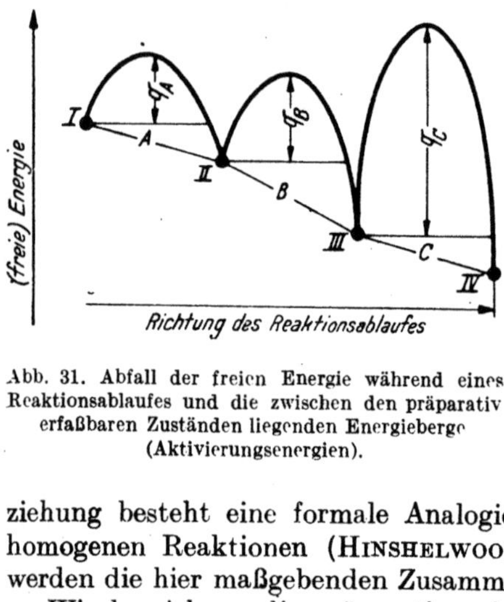

Abb. 31. Abfall der freien Energie während eines Reaktionsablaufes und die zwischen den präparativ erfaßbaren Zuständen liegenden Energieberge (Aktivierungsenergien).

Wir bezeichnen die präparativ erfaßbaren Zustände, welche eine Reaktion der Reihe nach durchschreitet, mit *I*, *II*, *III* und *IV*, wobei also etwa *I* dem Ausgangsgemisch und *IV* dem endgültigen Reaktionsprodukt entsprechen möge. Der zweite Hauptsatz der Thermodynamik verlangt, daß die freie Energie des Systems in der Richtung des Reaktionsablaufes, also bei dem Fortschreiten von *I* über *II* und *III* nach *IV* dauernd abnimmt. Dies ist in der Abb. 31 dadurch schematisch zum Ausdruck gebracht, daß die zeitlich aufeinanderfolgenden Zustände *I*, *II*, *III* und *IV* auf einem (im übrigen durch die Thermodynamik in keinerlei Weise näher festgelegten) Abfall der freien Energie liegen. Der Vorgang (Reaktion) der Umwandlung von *I* in *II* ist mit *A*, derjenige von *II* in *III* mit *B* und derjenige von *III* in *IV* mit *C* bezeichnet. Nach der Lehre der klassischen Kinetik wird der Übergang der Moleküle aus einem Zustand in den anderen (z. B. aus *I* in *II*) nicht einfach nur so erfolgen, daß der Gehalt an freier Energie

[1] J. E. ADADUROW, D. W. GERNET: Chem. J. Ser. W, J. physik. Chem. **3** (1932), 507; C 33 II 3380.

[2] C. N. HINSHELWOOD: J. chem. Soc. (London) **1937**, 635; C 37 II 1127.

[3] M. POLANYI: J. chem. Soc. (London) **1937**, 629; C 37 II 1127; Nature (London) **139** (1937), 575; C 37 II 1935.

um den zugehörigen Betrag abnimmt (also etwa ein Abgleiten von *I* nach *II*), sondern der Weg führt über einen Energieberg (z. B. von der Höhe q_A). Von allen in dem Zustand *I* befindlichen Molekülen werden nur diejenigen befähigt sein, in den Zustand *II* überzugehen, welche jeweils (MAXWELLscher Energieverteilungssatz) einen Energiegehalt haben, der gleich oder größer als q_A ist. Würde die Lage der Punkte *I*, *II*, *III* und *IV* nicht die freie, sondern die gesamte Energie bezeichnen (der Unterschied ist meist gering), versinnbildlichte die stark ausgezogene Kurve diejenigen energetischen Zustände, welche jedes Molekül durchschreiten muß, wenn es sich von dem Zustand *I* über die Zustände *II* und *III* in den Zustand *IV* umwandelt. Die Geschwindigkeit eines jeden Teilvorganges (Vorgang *A*, *B*, *C*) muß der ARRHENIUSschen Relation (vgl. S. 466) $\ln k = -q/RT + \ln C$ folgen; die Geschwindigkeit ist also, abgesehen von der Temperatur (T), abhängig von der Zahl der reagierenden Moleküle (symbat C), der Reaktionsordnung, welche die Verknüpfung der Geschwindigkeitskonstanten k mit der Reaktionsgeschwindigkeit angibt, und dem Temperaturinkrement (Aktivierungswärme) q, dessen Bedeutung als zu überschreitender Energieberg vorhin dargelegt wurde. Bei dem hier betrachteten Reaktionstypus werden die größten individuellen Verschiedenheiten der einzelnen Teilreaktionen in dem q-Wert liegen, so daß dieser bei einer isothermen Betrachtung den entscheidenden Einfluß auf die verglichenen Geschwindigkeiten der Teilreaktionen hat. Aus einer solchen Sachlage ergeben sich für uns die folgenden Schlüsse:

Die präparativ erfaßbaren Zwischenzustände liegen in Energietälern, die allseits von Bergen der Aktivierungsenergie umgeben sind. Je niederer der Energieberg ist, der zu der Bildung des Zustandes führt (z. B. für den Zustand *II* der Energieberg von der Höhe $= q_A$), desto rascher wird der Zustand entstehen. Je höher der Energieberg ist, der zu dem nächsten Zwischenzustand führt (z. B. für den Zustand *II* der Energieberg von der Höhe $= q_B$), desto langsamer wird der Zustand vergehen. Je höher in der Abb. 31 der rechts von dem betrachteten Zustand liegende Energieberg ist als der links liegende, um so größer wird die Lebensdauer des betreffenden Zustandes sein, und um so freier von anderen Zwischenzuständen wird seine präparative Darstellung möglich sein; eine vollständige Reindarstellung eines Zwischenzustandes, wie sie etwa als Aufgabe für den stabilen Zustand gestellt werden kann, ist prinzipiell nicht möglich. Ein Zwischenzustand, dem rechts ein niedrigerer Energieberg vorgelagert ist als links, wird im allgemeinen präparativ überhaupt kaum faßbar sein, da die Geschwindigkeit des Vergehens diejenige des Entstehens überschreitet. *Daher muß die chronologische Aufeinanderfolge der wirklich präparativ erfaßbaren Zwischenzustände auch eine nach steigenden Temperaturinkrementen (q) der zu den einzelnen Gliedern führenden Teilvorgänge geordnete Reihe sein*; die einen späteren präparativ erfaßbaren Zwischenzustand bildenden Vorgänge müssen ein höheres Temperaturinkrement haben als die vorangehenden zu präparativ erfaßbaren Zwischenzuständen führenden Teilvorgänge.

Die Zustände, welche in energetischer Beziehung durch Punkte auf den Abhängen oder den Gipfeln der Energieberge abgebildet werden, können im Sinne des zweiten Hauptsatzes der Thermodynamik nur einen geringen Bruchteil der jeweils vorhandenen Moleküle betreffen; die Aufklärung dieser Reaktionswege ist zwar Gegenstand der Frage nach dem „Mechanismus der Reaktion“, nicht aber der präparativen Chemie (vgl. HÜTTIG, ZINKER und KITTEL[1]). Der überwiegend größte Teil der organischen Chemie stellt mit Rücksicht auf die Instabilität der meisten organischen Verbindungen und damit ihren Charakter als

[1] G. F. HÜTTIG, D. ZINKER, H. KITTEL: 75. Mittlg.: Z. Elektrochem. angew. physik. Chem. **40** (1934), 306, Abschn. 1; C 34 II 897.

Zwischenverbindungen ein solches großes Energiegebirge dar, in dessen tiefstem Punkt der Talsohlen die präparativ herstellbaren Verbindungen liegen.

Hat man die Beobachtung gemacht, daß eine bestimmte Teilreaktion bei den verschiedenen Temperaturen T_1', T_1'', T_1''' ... sich mit den Geschwindigkeiten c', c'', c''' ... bzw. den zugehörigen Geschwindigkeitskonstanten k', k'', k''' ... vollzieht (S. 466), und trägt man die Werte $\frac{1}{T_1'}$, $\frac{1}{T_1''}$, $\frac{1}{T_1'''}$ ... auf der Abszisse und die Logarithmen der zugehörigen Werte k', k'', k''' ... auf der Ordinate auf, so ist es eine mathematische Forderung der Arrheniusschen Gleichung, daß die so konstruierten Punkte in eine Gerade zu liegen kommen. In der Abb. 32 sind in einem derartigen Koordinatensystem einige solche Gerade eingezeichnet, wobei eine jede Gerade einem bestimmten Teilvorgang entsprechen möge. Die Tangente des Neigungswinkels, den eine solche Gerade mit der Abszisse einschließt, ist proportional dem Temperaturinkrement (q) des betreffenden Vorganges, wohingegen der Abschnitt auf der Ordinatenachse ($\log C$) proportional dem Logarithmus der Reaktionsmöglichkeiten, also z. B. der Anzahl der Berührungsstellen zwischen den beiden Komponenten ist. Ist die chronologische Reihenfolge der zu den einzelnen Zwischenzuständen führenden Teilvorgänge A, B, C (vgl. auch Abb. 31), so ist nach den früheren Darlegungen die Voraussetzung für eine präparative Erfaßbarkeit der durchschrittenen Zwischenzustände, daß für die zugehörigen Temperaturinkremente die Beziehung $q_A < q_B < q_C$ gilt; sowohl die Zeichnung der Abb. 31, als auch diejenige der Abb. 32 ist so vorgenommen, daß diese Bedingung erfüllt ist. In der Abb. 32 werden die zu den Teilvorgängen A, B, C zugehörigen Geraden sich im allgemeinen schneiden; so möge der Schnittpunkt zwischen A und B bei der Temperatur T_1', derjenige zwischen A und C bei der Temperatur T_1'' und derjenige zwischen B und C bei der Temperatur T_1''' liegen. Die so gekennzeichneten Temperaturen sind wichtig, da sie die Grenzen bezeichnen, innerhalb derer die einzelnen Zwischenzustände präparativ gut erfaßbar sind. Unterhalb der Temperatur T_1' (also oberhalb des Wertes $1/T_1'$) ist der zur Bildung des Zustandes *II* führende Vorgang A der rascheste, wohingegen der, die weitere Umbildung von *II* zu *III* besorgende Vorgang B langsamer verläuft; zur präparativen Erfassung des Zwischenzustandes *II* müssen also Temperaturen unterhalb T_1' eingehalten werden. Eine analoge Betrachtung ergibt, daß innerhalb des Temperaturintervalls T_1' bis T_1''' die zur Bildung des Zustandes *III* führende Reaktion der rascheste Vorgang ist, daß also hier sowohl in bezug auf die Geschwindigkeit der Bildung als auch auf die Lebensdauer des Zustandes *III* die günstigsten Bedingungen liegen. Hält man die Temperatur oberhalb T_1''', so ist die zu dem Endzustand *IV* führende Reaktion C der rascheste Vorgang; bei einer solchen Temperaturlage wird es überhaupt zu einer Ausbildung von Zwischenzuständen in nennenswertem Ausmaße nicht kommen; in einem solchen Temperaturgebiet (das nach den bisherigen Darlegungen zwangsläufig immer die relativ höchsten Temperaturen umfassen muß), wird man auch den Reaktionsablauf zu vollziehen haben, wenn nur die Kinetik des direkten Überganges aus den Ausgangsstoffen in die endgültigen Endprodukte interessiert (vgl. S. 442 und Hüttig, Ehrenberg und Kittel[1], Abschnitt 6).

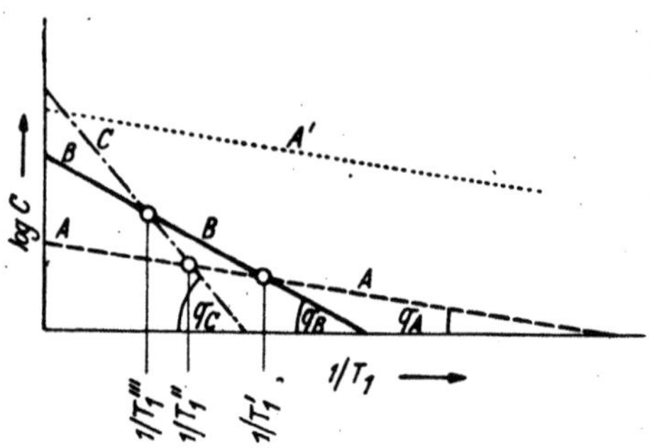

Abb. 32. Die Abhängigkeit von Reaktionsgeschwindigkeit und Temperatur, gezeichnet für drei aufeinanderfolgende Teilvorgänge im Arrheniusschen Diagramm.

Während das Temperaturinkrement (Aktivierungswärme) q bei chemisch und energetisch identischen Ausgangsstoffen eine von den übrigen Umständen unabhängige Naturkonstante des betreffenden Vorganges ist und dementspre-

[1] G. F. Hüttig, M. Ehrenberg, H. Kittel: 96. Mittlg.: Z. anorg. allg. Chem. **228** (1936), 112; C 36 II 3510.

chend durch eine bestimmte Neigung in dem Koordinatensystem der Abb. 32 gekennzeichnet ist, gilt nicht das gleiche für die Größe des Abschnittes auf der Ordinatenachse. Je nach der gegenseitigen Einverleibung der beiden Komponenten (wie z. B. Art und Innigkeit der Vermischung, S. 452) können die Geraden der Abb. 32 eine Parallelverschiebung innerhalb des Koordinatensystems erleiden, so wie z. B. die Gerade A' gegen A parallel verschoben gezeichnet ist. Derartige Parallelverschiebungen verändern die Lage der Schnittpunkte T_1', T_1'', T_1''' . . ., ja sie können sogar dazu führen, daß neue Schnittpunkte innerhalb der realisierbaren Temperaturgebiete zustandekommen oder irgendwelche vorhandene verschwinden. So würde z. B. eine Parallelverschiebung von A nach A' bewirken, daß innerhalb des hier betrachteten Temperaturgebiets der Vorgang B niemals derjenige mit der größten Geschwindigkeit wird und demnach unter diesen Umständen eine präparative Erfassung des Zwischenzustandes *III* unmöglich wird. So konnten NATTA und Mitarbeiter und auch FRICKE und DÜRR[1] (Präparat *M*) bei einer Reihe von Oxydgemischen, welche durch gemeinsame Fällung ihrer Hydroxyde entstanden waren, schon bei Zimmertemperatur das endgültige Reaktionsprodukt (den kristallisierten Spinell) erhalten; hierbei ist allerdings zu berücksichtigen, daß eine solche Art der Einverleibung nicht nur erhöhend auf die log C-Werte wirkt, sondern daß dank der hohen Aktivität, welche die im Entstehungszustand vereinigten Ausgangskomponenten haben, auch die q-Werte (etwa im Vergleich zu einer Mischung der hochgeglühten Oxyde) eine starke Verminderung aufweisen werden.

o) *Einteilung des Gesamtverlaufes in einzelne Abschnitte und deren Deutung.*

Außer den beiden vorangehend besprochenen Systemen (ZnO/Cr_2O_3 und ZnO/Fe_2O_3) sind von den hier interessierenden Gesichtspunkten aus noch die auf S. 448÷452 mit möglichst vollständigen Schrifttumshinweisen angeführten Systeme untersucht worden. Die Grundlagen für die Theorie sind gleichzeitig und im wesentlichen übereinstimmend, jedoch unabhängig voneinander von W. JANDER und WEITENDORF[2] einerseits und von HÜTTIG[3] andererseits aufgestellt worden. Zusammenfassende Darstellungen wurden in den folgenden Jahren mehrfach gegeben, so von W. JANDER[4] und von HÜTTIG[5]. In einer seiner letzten Arbeiten über diesen Gegenstand sagt W. JANDER[6]: „Im Zusammenhang damit wurden die sowohl von HÜTTIG als auch von mir entwickelten Vorstellungen über die aktiven Gebilde, die bei Beginn einer Reaktion im festen Zustand sich ausbilden, aufeinander abgestimmt.“

Eine anschauliche und übersichtliche Darstellung der wesentlichsten Momente in der Aufeinanderfolge der Zwischenzustände geben W. JANDER und WEITENDORF[2], die wir hier in der Abb. 33 mit der zugehörigen Erläuterung aufnehmen. Berühren sich zwei Kristallarten A und B (vgl. Abb. 33, Feld *1*, die schematisch zwei Netzebenen der Kristalle A und B darstellen soll), so wird es möglich sein, daß durch die vorhandenen Wärmeschwingungen einzelne, an der Oberfläche

---

[1] R. FRICKE, W. DÜRR: Z. Elektrochem. angew. physik. Chem. **45** (1939), 254; C 39 II 2013.

[2] W. JANDER, E. WEITENDORF: Z. Elektrochem. angew. physik. Chem. **41** (1935), 435; C 35 II 2014.

[3] G. F. HÜTTIG: 91. Mittlg.: Z. Elektrochem. angew. physik. Chem. **41** (1935), 527; C 35 II 2774.

[4] W. JANDER: Angew. Chem. **49** (1936), 879; C 37 I 2922; Österr. Chemiker-Ztg. **42** (1939), 145; C 39 II 2202.

[5] G. F. HÜTTIG: 101. Mittlg.: Angew. Chem. **49** (1936), 882; C 37 I 2923; 103. Mittlg.: Mh. Chem. **69** (1936), 42; C 37 I 509.

[6] W. JANDER: Z. anorg. allg. Chem. **241** (1939), 225; C 39 II 2202.

liegende Gitterbausteine von A in die Wirkungssphäre der Oberfläche von B kommen und dort festgehalten, also adsorbiert werden. Es tritt etwas Ähnliches ein wie bei der Adsorption von Gasmolekülen an einer festen Oberfläche, die vorzugsweise an „aktiven" Stellen vor sich geht. Man kann sich den Vorgang vielleicht am einfachsten so vorstellen, daß die A-Teilchen sich schon mit einzelnen B-Teilchen chemisch verbunden haben, ohne daß letztere aus dem Kristallverband von B herausgerissen sind. In der Abb. 33, Feld *2*, ist dies durch schraffierte Rechtecke angedeutet. Diese Gebilde werden „Zwitterverbindungen" genannt. Ist die Temperatur genügend hoch, so werden in der nächsten Phase auch B-Teilchen aus ihrem Kristallverband von der Oberfläche weggerissen, wodurch die Möglichkeit der Ausbildung der Verbindung AB zwischen A und B gegeben ist. In der entstandenen Reaktionshaut, die durch Hineindiffundieren von A und B mit der Zeit dicker wird, müssen sich aber die AB-Teilchen noch in einem stark aufgelockerten und ungeordneten Zustand befinden (Abb. 33, Feld *3* und *4*). Der ungeordnete Zustand geht dann im Verlaufe des Erhitzens, während sich zugleich infolge Diffusion der Reaktionspartner durch die Reaktionshaut hindurch immer mehr von der Verbindung bildet, allmählich in einen geordneten Zustand über, er *altert*. Es entstehen in ihm möglicherweise zunächst Kristallkeime der Verbindung AB (in der Abb. 33, Feld *5*, durch die Umrahmung angedeutet), die zu kleinen fehlerhaften Kristallblöckchen wachsen (Abb. 33, Feld *6*). Zum Schluß gehen durch Rekristallisation die fehlerhaften Kristallblöckchen in einen idealeren Kristall über.

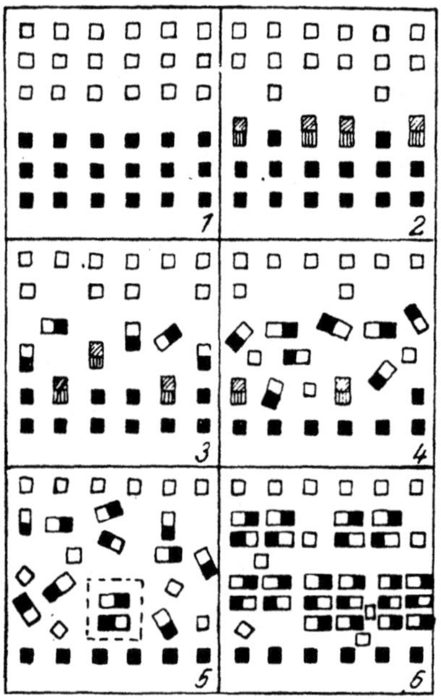

Abb. 33. Schematische Darstellung der aufeinanderfolgenden Zustände nach W. Jander und Weitendorf.

Es erscheint einstweilen zweckmäßig, den Gesamtverlauf der Reaktion nach dem die jeweilige Erscheinung beherrschenden Prinzip in folgende *Abschnitte* zu teilen: a) die Abdeckungsperiode, b) die Periode der Aktivierung infolge der Bildung von Zwittermolekülen und molekularen Oberflächenüberzügen, c) Periode der Desaktivierung der Zwittermoleküle und der molekularen Oberflächenüberzüge, d) Periode der Aktivierung als Folge der inneren Diffusion, e) Periode der Bildung von Aggregaten der Additionsverbindung, f) Periode der Ausheilung der Kristallbaufehler innerhalb der neu entstandenen kristallisierten Additionsverbindung.

a) Die Abdeckungsperiode. — Abdeckungseffekt und strukturelle Verstärkung.

Bei unseren Versuchen über das *System* ZnO/Fe_2O_3 wurde diese Periode von der Vermischung der Oxyde bei Zimmertemperatur bis zu einer Vorerhitzung auf *etwa* $t_1 = 250°$ (Abb. 21÷23), bei denjenigen über das *System* ZnO/Cr_2O_3 bis etwa $t_1 = 320°$ beobachtet (Abb. 20). Schon ein bloßes Vermischen der Oxyde bei Zimmertemperatur ruft stets Veränderungen in der Größe der den Gasen und gelösten Stoffen zugänglichen Oberfläche hervor.

Es gibt Systeme, wo das Vermischen eine so innige Oberflächenberührung der beiden Komponenten herbeiführt, daß die namentlich den großen Molekülen zugängliche Oberfläche wesentlich kleiner ist, als dies im unvermischten Zustand der Fall ist. So wurde von HAMPEL[1] an dem System 1 ZnO/1 Cr_2O_3 beobachtet, daß bei den gar nicht vorerhitzten Komponenten das Sorptionsvermögen gegenüber in Methanol gelöstem Kongorot höher, gegenüber Säurefuchsin ungefähr gleich und gegenüber Eosin niedriger ist als bei dem entsprechenden gleichfalls nicht vorerhitzten Gemisch. Man muß offenbar damit rechnen, daß bei dem Vermischen durch gegenseitiges „*Abdecken*" eine Verminderung der für die Sorption zur Verfügung stehenden Oberfläche bewirkt wird. Dem molekulardispersen Eosin kann auf diese Weise der Zugang zu diesen blockierten Oberflächen am wenigsten, dem kolloiden Kongorot am erfolgreichsten verwehrt werden. Auch die katalytische Wirksamkeit eines Zinkoxyds erfährt infolge eines Zusatzes von Chromoxyd oder von irgendeinem inerten Stoff, wie Calciumfluorid (HÜTTIG, RADLER und KITTEL[2]) oder diejenige von Aluminiumoxyd infolge Zusatzes von Magnesiumoxyd (HÜTTIG, ZINKER und KITTEL[3]) oder diejenige von Kupferoxyd durch Chromoxyd (SCHWAB, SCHULTES und STAEGER[4]) eine Schwächung. Ein Zusatz von Kalk zu CuSn schützt lezteres bei tieferen Temperaturen vor einer Oxydation (HEDVALL und ILANDER[5]). Vielleicht sind die „Schrumpfungseffekte" von HEDVALL[6] und die bei Mischungen beobachteten Kohäsionskräfte von GLAZUNOW und PETÁK[7] auf die gleichen Ursachen zurückzuführen. Nach den Ergebnissen von HOLM und KIRSCHSTEIN[8] ist zu erwarten, daß die Gegenwart von Fremdgasen auf die unter die Adhäsionserscheinungen einzuordnenden Abdeckungseffekte von größerem Einfluß ist. Von den hier interessierenden Gesichtspunkten aus wollen wir die Gesamtheit dieser Effekte als „Abdeckungseffekt" bezeichnen.

Andererseits wird an manchen Systemen beobachtet, daß ein Vermischen eine *Vergrößerung* der den Agenzien zugänglichen bzw. gegenüber einem zu katalysierenden Substrat in Wirkung tretenden Oberflächen hervorruft. Solche Effekte werden z. B. bei dem System 1 ZnO/1 Fe_2O_3 beobachtet; so zeigt es sich, daß eine Mischung von 1 ZnO und 1 Fe_2O_3 ein in Methanol gelöstes Eosin in größerem Ausmaße sorbiert, als es die beiden Komponenten unter den gleichen Bedingungen, jedoch im unvermischten Zustand tun. Auch die Sorptionsergebnisse von STARKE[9] (S. 462) könnten hier zum Vergleich herangezogen werden, wenn nicht zu befürchten wäre, daß dort unter Teilnahme des Lösungsmittels auch bereits eine qualitative Veränderung der sorbierenden Oberfläche mit im Spiele ist. Die Erscheinung, derzufolge die eine Komponente die andere in einer verhältnismäßig feinen, dem zu katalysierenden Substrat allseitig zugänglichen Verteilung erhält, wird nach SCHWAB und SCHULTES[10] als „strukturelle Verstärkung" bezeichnet und Beispiele hierfür angegeben. Eine derartige „Ver-

[1] J. HAMPEL: 90. Mittlg.: Z. anorg. allg. Chem. **233** (1935), 297; C 35 II 1653.

[2] G. F. HÜTTIG, H. RADLER, H. KITTEL: 50. Mittlg.: Z. Elektrochem. angew. physik. Chem. **38** (1932), 442; C 32 II 2306.

[3] G. F. HÜTTIG, D. ZINKER, H. KITTEL: 75. Mittlg.: Z. Elektrochem. angew. physik. Chem. **40** (1934), 306; C 34 II 897.

[4] G.-M. SCHWAB, H. SCHULTES, R. STAEGER: Z. physik. Chem., Abt. B **25** (1934), 411, 418; C 34 II 900.

[5] J. A. HEDVALL, F. ILANDER: Z. anorg. allg. Chem. **203** (1932), 373; C 32 I 1750.

[6] J. A. HEDVALL: Z. physik. Chem. **123** (1926), 33; C 26 II 2377; Tekn. Tidskr. Kemi och Bergsvetenskap **57** (1927), 23, 33; C 27 II 151.

[7] A. GLAZUNOW, V. PETÁK: Chem. Listy Vědu Průmysl **28** (1935), 191; C 35 I 1988.

[8] R. HOLM, B. KIRSCHSTEIN: Wiss. Veröff. Siemens-Konz. **15** (1936), 122; C 36 I 4884.

[9] K. STARKE: Z. physik. Chem., Abt. B **37** (1937), 81; C 38 I 2673.

[10] G.-M. SCHWAB, H. SCHULTES: Z. physik. Chem., Abt. B **9** (1930), 265; C 30 II 3112.

stärkung" des Eisennitrids als Folge eines Zusatzes von Aluminiumoxyd beschreibt NATANSON[1]. Auch die die thermische Beständigkeit erhöhende Wirkung von Zusätzen, welche ADADUROW und GERNET[2] angeben, ferner manche der von YOSHIMURA[3] mitgeteilten Beobachtungen und viele andere dürften hier einzuordnen sein (vgl. die Zusammenstellung bei SCHWAB[4]).

Ob bei der bloßen Vermischung eine „Abdeckung" oder eher ein Phänomen entsprechend der „strukturellen Verstärkung" eintritt, dürfte auch sehr von der Größe der Unterschiede zwischen der Oberflächenspannung an den Grenzflächen zwischen gleichartigen und ungleichartigen Kristalliten abhängen. Die katalytische Chemie macht ganz unabhängig von der Frage nach dem speziellen Mechanismus der Verstärkung einen Unterschied zwischen der Komponente, welche verstärkt = „Verstärker", „Promotor", „Aktivator"), und derjenigen, welche verstärkt wird. Genau die gleichen Verschiedenheiten in der Rollenbesetzung, nur mit entgegengesetzter Wirkung, bestehen auch in bezug auf die Abdeckung, indem man unterscheiden muß zwischen der Komponente, welche abdeckt (= „Abschwächer", „Desaktivator"), und derjenigen, welche abgedeckt wird. Selbstverständlich ist ein Grenzfall denkbar, bei dem beiden Komponenten die gleiche gegenseitige Wirkung zukommt.

Ein mäßiges Erhitzen des Oxydgemisches wirkt sich meist als eine Vergrößerung des Abdeckungseffektes bzw. eine Verminderung der strukturellen Verstärkung aus. So wird bei dem System 1 ZnO/1 Fe_2O_3 durch ein Erhitzen bis etwa $t_1 = 250°$ hauptsächlich das von außen zugängliche Volumen der Capillaren verringert; von dieser Verringerung werden die breiten Capillaren stärker erfaßt als die schmalen (Abb. 22, Kurven Q und R). Die eigentliche Oberfläche selbst scheint sich dadurch nicht wesentlich zu verringern, jedoch sprechen gewisse Anzeichen dafür, daß diese Temperatursteigerung auslangt, um auch schon gewisse Minderungen in der Qualität oder Quantität der „besser sorbierenden" und damit der katalytisch wirksamsten Stellen herbeizuführen.

W. JANDER und PFISTER[5] schließen aus ihren Untersuchungen an dem System *1 MgO/1* Al_2O_3, daß durch Vermischen der beiden Komponenten und Erhitzen auf $t_1 = 400 \div 500°$ ein Teil der für die Katalyse des Stickoxydulzerfalls maßgebenden aktiven Zentren auf der Magnesiumoxydoberfläche verschwindet; sie ordnen diese Erscheinungen in die Abdeckungsperiode ein. Damit würde die Beobachtung im Einklang stehen, daß auch für die Katalyse der Kohlendioxydbildung die Werte für k und $\log C$ bis etwa $t_1 = 400 \div 500°$ absinken und erst dann ziemlich steil ansteigen. Während also bei den HÜTTIGschen Versuchsreihen über 1 ZnO/1 Fe_2O_3 die Wirkung der Abdeckung kaum über $250 \div 300°$ dominierte, wird bei den JANDERschen Versuchsreihen über 1 MgO/1 Al_2O_3 der Abdeckungseffekt erst zwischen 400° und 500° von anderen Erscheinungen abgelöst.

b) Periode der Aktivierung infolge Bildung von Zwittermolekülen und molekularen Oberflächenüberzügen. Synergetische Verstärkung und Abschwächung.

Bei den von HÜTTIG und Mitarbeitern an dem System 1 ZnO/1 Fe_2O_3 ausgeführten Versuchsreihen dominiert der Aktivierungseffekt infolge Bildung von

[1] G. L. NATANSON: Z. Elektrochem. angew. physik. Chem. **41** (1935), 284; C 35 II 320.

[2] I. J. ADADUROW, D. W. GERNET: Chem. J. Ser. B, J. angew. Chem. **9** (1936), 603; C 37 I 151.

[3] R. YOSHIMURA: J. Soc. chem. Ind. Japan (Suppl.) **36** (1933), 14; C 33 I 3045.

[4] G.-M. SCHWAB: Katalyse vom Standpunkt der chem. Kinetik, S. 204f., Berlin: Springer, 1931; C 31 II 815.

[5] W. JANDER, H. PFISTER: Z. anorg. allg. Chem. **239** (1938), 95; C 38 II 4170.

Zwittermolekülen und molekularen Oberflächenüberzügen etwa in dem Temperaturgebiet von 250÷400° (Abb. 21÷23), bei dem System ZnO/Cr_2O_3 (Abb. 20) etwa in dem Gebiet von 310÷440°. Phänomenologisch ist diese Periode (Versuchsergebnisse an ZnO/Fe_2O_3) dadurch gekennzeichnet, daß sich zunächst in ihr die für die Abdeckungsperiode charakteristische Volumsverminderung der Capillaren fortsetzt; diese Veränderung hält bei den schmalen Capillaren länger an als bei den breiten. Innerhalb dieser Periode erfolgt wieder eine Volumsvermehrung, die um so früher (bei um so tieferen Temperaturen t_1) in Erscheinung tritt, je breiter der Durchmesser der Capillaren ist. Die Qualität aller adsorbierenden Stellen wird besser, womit auch eine häufig beobachtete Verbesserung der katalytischen Wirksamkeit zusammenhängen mag (vgl. Abb. 23, Kurven *V* und *Y*, und Abb. 24). Die Quantität der adsorbierenden Stellen wird eher geringer. Die Emanationsabgabe des Eisenoxyds ist innerhalb dieses Temperaturgebietes ein wenig, aber bereits deutlich größer als im unvermischten Zustand.

Die Deutung der Erscheinungen dieses Lebensabschnittes wird sie möglicherweise in zwei Vorgänge teilen müssen, welche bei manchen Systemen aufeinanderfolgend beobachtet werden können:

1. Die an den Berührungspunkten der beiden Komponenten liegenden Moleküle werden durch das Kraftfeld der angrenzenden Moleküle in einen reaktiveren Zustand versetzt. Solche aktivierte, als Zwittermoleküle bezeichnete Stellen (Abb. 33, Feld *2*) können also nur einen ganz geringen Bruchteil (nämlich die an den Berührungsstellen ungleichartiger Komponenten liegenden Moleküle) der gesamten Oberfläche ausmachen. Es entspricht namentlich dem von H. S. TAYLOR geschaffenen Vorstellungskreis (S. 370), daß eine so geringe Anzahl Stellen zu einer deutlichen katalytischen, hingegen zu keiner nennenswerten adsorptiven Wirkung auslangt (vgl. auch FRANKENBURGER[1]). In der Tat konnten JANDER und WEITENDORF (Abb. 20) an dem System ZnO/Cr_2O_3 nachweisen, daß im Verlaufe einer allmählichen Erhitzung bald eine katalytische Aktivierung (Kurve *16*), hingegen erst viel später ein Ansteigen der Löslichkeiten (Kurven *11*, *12* und *13*), der elektrischen Leitfähigkeiten (Kurve *15*) und der Sorption von Farbstoffen aus Lösungen (Kurve *9* und *10*) beobachtet wird; leider liegen an den identischen Präparaten keine Untersuchungen über die Sorbierbarkeit von Gasen oder Dämpfen vor; bei dem Zusatz flüssiger Medien muß mit der Möglichkeit einer Zerstörung der Zwittermoleküle (und auch der molekularen Oberflächenüberzüge) gerechnet werden. Bei dem System ZnO/Fe_2O_3 kann man aus der gleichzeitig mit dem Anstieg der katalytischen Fähigkeiten beobachteten Verbesserung der Güte *aller* adsorbierenden Stellen und der Steigerung der hygroskopischen Eigenschaften (Abb. 22, Kurven *M*, *N*, *J*) schließen, daß mit der Bildung von Zwittermolekülen gleichzeitig oder bald nachfolgend dieser Vorgang angenommen werden muß:

2. Die bei beiden Komponenten bei tieferen Temperaturen praktisch vollständig an ortsfesten Gitterpunkten festgehaltenen Moleküle werden bei höheren Temperaturen eine gewisse Beweglichkeit erhalten; bei allmählich ansteigender Temperatur wird eine solche Beweglichkeit in nennenswertem Ausmaße zuerst bei den in der Oberfläche liegenden Molekülen der Komponente mit den leichter beweglichen Molekülen eintreten (S. 391 und C. WAGNER[2]). Diese sich bewegenden Moleküle können von den Berührungsstellen aus längs der Kanten und Risse auch auf die Oberfläche der anderen Komponente gelangen und diese mit einer sehr dünnen, allenfalls molekularen Schicht überziehen. So verteilte Moleküle können natürlich eine höhere Reaktivität als das kompakte Kristallgitter und mit Rücksicht auf das Kraftfeld der Unterlage, in welchem sie sich befinden, auch spezifische Eigentümlichkeiten zeigen.

Die so gekennzeichneten Aktivierungen müssen sich phänomenologisch als eine Steigerung der katalytischen Wirkungen sowie auch gewisser sorptiver Qualitäten kundtun. Sie lassen jedoch die röntgenoskopischen und magnetischen

[1] W. FRANKENBURGER: Angew. Chem. **41** (1928), 523; C 28 II 1176.
[2] C. WAGNER: Z. Elektrochem. angew. physik. Chem. **47** (1941), 696, 704.

Eigenschaften unbeeinflußt; auch ein Einfluß auf das Adsorptionsvermögen gegenüber *gelösten* Farbstoffen ist kaum feststellbar. Bei den Systemen ZnO/Fe_2O_3 und MgO/Fe_2O_3 sprechen nun recht gewichtige Gründe dafür, daß es die Fe_2O_3-Moleküle sind, welche in dem hier betrachteten Temperaturgebiet auf die Oberfläche des Zinkoxyds herüberwandern und das letztere mehr oder minder vollständig einhüllen.

Diese Gründe sind: Aus den Darlegungen auf S. 388 folgt, daß die Beweglichkeit der Moleküle des Fe_2O_3 eine viel größere als diejenige des ZnO bzw. MgO ist. Der Beginn einer merklichen Beweglichkeit der Oberflächenmoleküle muß für das Fe_2O_3 bei 149°, für das ZnO bei 250° und für das MgO bei 434° angenommen werden; die entsprechenden Zahlen für den Beginn einer merklichen Beweglichkeit innerhalb des Gitters sind für das Fe_2O_3 bei 479°, für das ZnO bei 659° und für das MgO bei 987° anzusetzen (HÜTTIG[1]). — Auch W. JANDER und HOFFMANN[2] stellen fest, daß das dem Fe_2O_3 analoge Al_2O_3 (Schmelzpunkt 2050°) bei höheren Temperaturen *zu* dem MgO (Schmelzpunkt 2800°) wandert und nicht umgekehrt (vgl. auch W. JANDER und STAMM[3]). — Im Verlaufe der hier betrachteten Periode sinkt bei dem System MgO/Fe_2O_3 die Lösbarkeit des MgO stark ab, wohingegen diejenige des Fe_2O_3 einen deutlichen Anstieg zeigt; für sich allein erhitzt zeigt das Fe_2O_3 diesen Anstieg nicht (HÜTTIG und ZEIDLER[4]); das analoge Verhalten wird an dem sehr sorgfältig untersuchten System ZnO/Cr_2O_3 beobachtet (Abb. 20, Kurven *4* und *5*). Auch die Tatsache, daß bei dem System ZnO/Fe_2O_3 die an der elektrischen Leitfähigkeit des Lösungsmittels gemessene Lösbarkeit des ZnO in einer stark verdünnten Säure von Zimmertemperatur bei einer Vorerhitzung bis 400° einen dauernden Abfall zeigt, könnte von diesem Gesichtspunkt aus gedeutet werden (W. JANDER und WEITENDORF[5]). — Im Einklang damit steht auch die Beobachtung, der zufolge die Emanationsabgabe eines mit ZnO vermischten Eisenoxyds in diesem Temperaturgebiet größer ist als diejenige des reinen unvermischten Eisenoxyds. Dieser Befund spricht gleichfalls für eine Vergrößerung der den Gasen zugänglichen Eisenoxydoberfläche als Folge einer Berührung mit dem ZnO. — Den bündigsten Beweis erbringen die Elektronenbeugungs-Untersuchungen von THIRSK und WHITMORE[6], denen zufolge sich eine frische Spaltfläche von MgO, die in Berührung mit Fe_2O_3 gebracht und erhitzt wird, mit einem Film des Fe_2O_3 überzieht.

Bei einer solchen Sachlage muß die freie Energie des Fe_2O_3 eine Vergrößerung erfahren, welche unter anderem auch in einer Vergrößerung der Oberfläche besteht, wohingegen das MgO eine entsprechende Abnahme der freien Energie aufweisen muß, welche unter anderem auch in einer Herabsetzung der Oberflächenspannung infolge teilweiser Absättigung der Oberflächenmoleküle begründet ist. Insoweit also zwischen den gegenseitig völlig unbeeinflußten Komponenten einerseits und ihren fertigen endgültigen chemischen Verbindungen andrerseits irgendwelche Zwischenzustände existieren, kann man innerhalb der einzelnen Teile des Ablaufes vielfach unterscheiden zwischen der Komponente (hier das MgO bzw. ZnO), welche infolge Abgabe von freier Energie an die andere Komponente auf diese aktivierend wirkt, und derjenigen Komponente (hier das Fe_2O_3), welche infolge der Aufnahme der freien Energie aktiviert worden ist. Diese beiden Be-

[1] G. F. HÜTTIG: Kolloid-Z. **99** (1942), 270, Tabelle I; C 43 I 122.
[2] W. JANDER, E. HOFFMANN: Z. anorg. allg. Chem. **202** (1931), 135; C 32 I 1749.
[3] W. JANDER, W. STAMM: Z. anorg. allg. Chem. **199** (1931), 165; C 31 II 2689.
[4] G. F. HÜTTIG, E. ZEIDLER: 99. Mittlg.: Kolloid-Z. **75** (1936), 170, Abb. 4; C 36 II 1294.
[5] W. JANDER, K. WEITENDORF: Z. Elektrochem. angew. physik. Chem. **41** (1935), 435, Abb. 5; C 35 II 2014.
[6] H. R. THIRSK, E. J. WHITMORE: Trans. Faraday Soc. **36** (1940), 862; C 42 I 314.

griffe dürften ziemlich weitgehend übereinstimmen mit den bei den Mischkatalysatoren eingeführten Begriffen „Verstärker", „Aktivator" oder „Promotor" einerseits und „aktivierter Stoff" andererseits. Dort, wo ein Trägermaterial die katalytischen Fähigkeiten des Katalysators erhöht, dürfte — insoweit die Trägerwirkung nicht nur auf einer Verlängerung der Lebensdauer des Katalysators beruht — auch die Unterscheidung zwischen dem „Träger" und dem getragenen „Katalysator" auf der gleichen energetischen Gegensätzlichkeit beruhen (vgl. S. 542). Um aber durch Anwendung dieser Bezeichnungen für die oben gekennzeichneten energetischen Vorgänge nicht irgendeine noch nicht anerkannte Identität festzulegen, wollen wir in dem vorhin dargelegten energetischen Sinn die aktivierende Komponente (hier das MgO bzw. ZnO) als „*Actor*" und die aktivierte Komponente (hier das Fe_2O_3) als „*Actuarius*" bezeichnen (HÜTTIG und ZEIDLER[1]).

Ähnliche Gesichtspunkte ließen sich für den Fall geltend machen, daß man statt der Löslichkeiten den Dampfdruck der einzelnen Komponenten für sich allein und bei gegenseitiger Beeinflussung zum Vergleich heranzieht (vgl. hierzu auch das umfangreiche experimentelle Material von SCHENCK und Mitarbeitern, insbesondere SCHENCK und DINGMANN[2]). In diesem Zusammenhang sei auf die Untersuchungen der Wechselwirkung von SiO_2 und Fe_2O_3 durch HEDVALL, HEDIN und LJUNGKVIST[3] hingewiesen, bei denen das SiO_2 eine Erhöhung, hingegen das Fe_2O_3 eine Verminderung der Reaktionsbereitschaft erleidet. Eine Stabilisierung des Adsorbens durch Adsorption kleiner Mengen Methylviolett wurde von GAUBERT[4] nachgewiesen. Ein ähnliches Stabilisierungsphänomen wurde von uns auch zur Erklärung des „Weichenstellereffektes" (S. 562) herangezogen.

Bei der Besprechung der vorangehenden Periode („Abdeckungsperiode", S. 472) wurden die Begriffe der „strukturellen Verstärkung" und der „strukturellen Schwächung" („Abdeckung") behandelt. In beiden Fällen hat es sich nur um räumliche Wirkungen des „Verstärkers" bzw. „Abschwächers" gehandelt, indem der erstere in der Richtung einer Erhaltung einer möglichst großen, den Agenzien zugänglichen Oberfläche der anderen Komponente (Katalysators) wirkt, wohingegen der letztere gerade das Gegenteil tut. Bei der nun hier zu besprechenden Periode handelt es sich sowohl im Sinne JANDERS („Zwittermoleküle") als auch dem unsrigen *überdies* auch noch um eine spezifische Veränderung der Moleküle und daher auch ihrer Wirksamkeiten. Insoweit hierbei eine Verstärkung der katalytischen Wirksamkeit (und damit parallel wohl auch der Reaktivität) vorliegt, wird man diese Erscheinungen im Sinne WILLSTÄTTERS[5] (vgl. auch SCHWAB[6]) unter dem Begriff der „synergetischen Verstärkung" einordnen müssen; übrigens gehört hierher die gesamte Literatur, die sich mit der Bedeutung der zwischen zwei festen Stoffen liegenden Phasengrenzflächen für die katalytischen Vorgänge befaßt (vgl. hierzu den Beitrag von RIENÄCKER in Band V des vorliegenden Werkes „Mechanismus der Verstärkung"). Auch hier ist der entgegengesetzte Vorgang, also die „synergetische Abschwächung" durchaus realisierbar; wenn der hier geschaffene Zustand desaktiviert wird, was ganz besonders der Fall ist, wenn die gegenseitige Beeinflussung der beiden Komponenten bis zu den gesunden

[1] G. F. HÜTTIG, E. ZEIDLER: 99. Mittlg.: Kolloid-Z. **75** (1936), 170; C 36 II 1294.

[2] R. SCHENCK, TH. DINGMANN: Z. anorg. allg. Chem. **166** (1927), 113; C 28 I 1515.

[3] J. A. HEDVALL, R. HEDIN, S. LJUNGKVIST: Z. Elektrochem. angew. physik. Chem. **40** (1934), 300; C 34 II 1257.

[4] P. GAUBERT: C. R. hebd. Séances Acad. Sci. **196** (1933), 942; C 33 I 3405.

[5] R. WILLSTÄTTER: J. chem. Soc. London **1927**, 1359; Naturwiss. **15** (1927), 585; C 27 II 1849; Österr. Chemiker-Ztg. **32** (1929), 107; 29 II 1928.

[6] G.-M. SCHWAB: Katalyse vom Standpunkt der chem. Kinetik, S. 210ff. Berlin: Springer, 1931; C 31 II 815.

Kristallaggregaten der stabilen chemischen Verbindung fortgeschritten ist, dann liegt ein Zustand maximaler synergetischer *Abschwächung* vor.

Bei dem System MgO/Fe_2O_3 muß diese Lebensperiode b) etwa zwischen 350° und 450° angesetzt werden. Die Hygroskopizität steigt in diesem Intervall zu maximalen Werten an, die Farbe zeigt eine deutliche Verschiebung, und es tritt eine geringe Neigung zum Ferromagnetismus auf. Die Lösbarkeit des Fe_2O_3 beginnt schon bei etwa 300° anzusteigen, wohingegen die Lösbarkeit des MgO dauernd bis 500° sinkt.

Die hier zur modellmäßigen Deutung der Zwischenzustände der vorliegenden Lebensperiode herangezogenen Oberflächenvorgänge (vgl. S. 475) sind in ähnlicher Weise auch zu Erklärungen auf anderen Gebieten verwendet worden, worüber die nachfolgende kurze Zusammenstellung einen Überblick geben soll: VOLMER und ADHIKARI[1] haben die Diffusion adsorbierter Moleküle in der Oberfläche fester Körper nachgewiesen (vgl. auch den zusammenfassenden Bericht von VOLMER[2], ferner JEDRZEJOWSKI[3], NETTMANN[4], LENNARD-JONES und STRACHAN[5], LENNARD-JONES[6], FREUNDLICH[7], K. NEUMANN[8], C. WAGNER[9]). SCHWAB und PIETSCH haben gezeigt, daß die Bewegung vor allem längs der Kanten und Risse der Kristalle stattfindet (SCHWAB und PIETSCH[10], PIETSCH[11]). SMEKAL[12] (vgl. auch JOST[13]) nimmt an, daß der Platzwechsel wesentlich an inneren Grenzflächen des Kristalls stattfindet. Eine freie Beweglichkeit der Oberflächenatome ist auch die Grundvorstellung einer Theorie über die Resistenzgrenzen von DEHLINGER und GLOCKER[14]. Eine Aufzehrung der Kristalle durch die Unterlage wurde von FINCH, QUARRELL und ROEBUCK[15] gezeigt und ähnlich gedeutet. BALAREW[16] nimmt allgemein auf der Oberfläche der Kristalle eine glasige Schicht an und nimmt ferner an, daß eine Berührung ihrer Oberfläche Veränderungen bis tief in das Innere des Kristalls hervorruft. Wahrscheinlich sind die von SERRA[17] beobachteten Einwirkungen von Metallsulfiden auf Metalle auf ähnliche Ursachen zurückzuführen. Über die Adsorption fester Substanzen an einer festen Oberfläche vgl. BALY[18]. Über die Einordnung dieser Gebilde in die Systematik der Wechselbeziehungen zweier fester Stoffe vgl. O. HAHN, KÄDING und MUMBRAUER[19]. Über die durch solche Vorgänge bewirkten Affinitäts- und Gleichgewichtsverhältnisse vgl.

---

[1] M. VOLMER, G. ADHIKARI: Z. physik. Chem. **119** (1926), 46; C 26 II 2776.
[2] M. VOLMER: Physik regelmäß. Ber. **1** (1933), 141; C 33 II 3108.
[3] H. JEDRZEJOWSKI: Acta physic. polon. **2** (1933), 137; C 33 II 3091.
[4] P. NETTMANN: Korros. u. Metallschutz **10** (1934), 94; C 34 II 1905.
[5] J. E. LENNARD-JONES, C. STRACHAN: Proc. Roy. Soc. (London), Ser. A **150** (1935), 442; C 35 II 3750.
[6] J. E. LENNARD-JONES: Proc. physic. Soc. **49**, (1937), Nr. 274 140; C 38 II 499.
[7] H. FREUNDLICH: Ergebn. exakt. Naturwiss. **12** (1933), 82; C 34 I 675.
[8] K. NEUMANN: Z. Elektrochem. angew. physik. Chem. **44** (1938), 474; C 38 II 3900.
[9] C. WAGNER: Z. Elektrochem. angew. physik. Chem. **44** (1938), 507, 4. Abschn.; C 38 II 3900.
[10] G.-M. SCHWAB, E. PIETSCH: Z. physik. Chem., Abt. B **1** (1928), 385; C 29 I 1779; **2** (1929), 262; C 29 I 2010; Z. Elektrochem. angew. physik. Chem. **35** (1929), 135; C 29 I 2138; **35** (1929), 573; C 30 I 4.
[11] E. PIETSCH: Z. Elektrochem. angew. physik. Chem. **35** (1929), 366; C 29 II 1126.
[12] A. SMEKAL: Physik. Z. **26** (1925), 707; C 26 I 2285.
[13] W. JOST: Diffusion u. chem. Reaktion in festen Stoffen, S. 40. Dresden u. Leipzig: Steinkopff, 1937; C 37 II 1508.
[14] U. DEHLINGER, R. GLOCKER: Ann. Physik (5) **16** (1933), 100; C 33 I 2507.
[15] G. J. FINCH, A. G. QUARRELL, J. S. ROEBUCK: Nature (London) **133** (1934), 28; C 34 I 1278; Proc. Roy. Soc. (London), Ser. A **145** (1934), 676; C 35 I 193.
[16] D. BALAREW: Kolloid-Z. **66** (1934), 317; C 34 II 1581.
[17] A. SERRA: Periodico Mineral. **6** (1935), 179; C 35 II 3743.
[18] E. C. C. BALY: J. Soc. chem. Ind., Chem. & Ind. **55** (1936), Trans. 9; C 36 I 2517.
[19] O. HAHN, H. KÄDING, R. MUMBRAUER: Z. Kristallogr., Mineral., Petrogr., Abt. A **87** (1934), 387; C 34 I 3433.

SCHENCK und KURZEN[1]. Auch W. JANDER[2] nimmt an, daß die Selbstdiffusion besonders groß ist an den inneren und äußeren Oberflächen der Kristalle und ebenso an den Fehlstellen. GOLDFELD und KOBOSEW[3] sprechen von einem Überzug des Trägers durch den Katalysator, und JEROFEJEW und MOCHALOW[4] erblicken die Ursache der Verstärkung bestimmter Katalysatorwirkungen in der Ausbildung einer Adsorptionsschicht. Eine solche Adsorptionsschicht zwischen festen Katalysatorkomponenten wird auch von JULIARD[5] angenommen. Die Spezifität der physikalischen und kristallographischen Eigenschaften betreffen unmittelbar oder mittelbar die Untersuchungen von BEECHING[6], DEVAUX[7], MERCK und WEDEKIND[8] (vgl. auch HILDITCH und NAUJOKS[9]). Daß eine Adsorption die Unterlage nicht nur zu stabilisieren braucht, sondern sie auch aktivieren kann, dafür sprechen die lamellaren Aufspaltungen des CaF_2, die dieses unter der Einwirkung von adsorbiertem Cäsium erleiden kann (DE BOER[10]). Gut untersuchte Fälle einer Wanderung auf der Unterlage sind die Wanderungen der Bariumatome auf Wolfram (BENJAMIN und JENKINS[11]) und von Cäsium auf Wolframoxyd (FRANK[12]).

In den letzten Jahren sind die Fragen der Beweglichkeit von Fremdatomen bzw. Molekülen auf der Oberfläche von festen Körpern grundsätzlich behandelt worden, so von VOLMER[13], NEUMANN[14], WICKE und KALLENBACH[15], C. WAGNER[16], GEHRTS[17], EMSLIE[18], SEITZ und JOHNSON[19], SCHOON[20] und anderen. Es sei auch auf die älteren Untersuchungen von TRAUBE (1891), LANGMUIR (1918) und VOLMER (1925) hingewiesen, denen zufolge die in einer Oberfläche (Phasengrenzfläche) befindlichen Moleküle einer Zustandsgleichung gehorchen können, die dem Gasgesetz von BOYLE-GAY-LUSSAC bzw. VAN DER WAALS entspricht. In engen Beziehungen hierzu steht das Verhalten der in einer Monographie von MARCELIN[21] behandelten Oberflächenlösungen, zweidimensionalen Flüssigkeiten und monomolekularen Schichtungen[22].

c) Periode der Desaktivierung der Zwittermoleküle und der molekularen Oberflächenüberzüge.

Bei den von HÜTTIG und Mitarbeitern an dem System 1 ZnO/1 Fe_2O_3 ausgeführten Versuchen dominiert dieser Effekt etwa in dem Temperaturintervall

---

1 R. SCHENCK, F. KURZEN: Z. anorg. allg. Chem. **220** (1934), 97; C 35 I 513.
2 W. JANDER: Angew. Chem. **47** (1934), 235; C 34 II 391.
3 J. GOLDFELD, N. I. KOBOSEW: J. physik. Chem. **8** (1936), 208; C 37 I 2936.
4 B. JEROFEJEW, K. MOCHALOW: Acta physicochim. URSS **4** (1936), 859; C 36 II 2495.
5 A. JULIARD: Bull. Soc. chim. Belgique **46** (1937), 549; C 38 I 3323.
6 R. BEECHING: Philos. Mag. J. Sci. (7) **22** (1936), 938; C 37 I 3114.
7 H. DEVAUX: C. R. hebd. Séances Acad. Sci. **201** (1935), 1305; C 36 I 4865.
8 F. MERCK, E. WEDEKIND: Z. anorg. allg. Chem. **192** (1930), 113; C 30 II 3237.
9 T. P. HILDITCH, E. NAUJOKS: Die Katalyse in der angew. Chemie. Leipzig: Akad. Verl.-Ges., 1932; C 32 I 1935.
10 J. H. DE BOER: Z. Elektrochem. angew. physik. Chem. **44** (1938), 488; C 38 II 3899.
11 M. BENJAMIN, R. O. JENKINS: Nature (London) **140** (1937), 152; C 37 II 4164.
12 L. FRANK: Trans. Faraday Soc. **32** (1936), 1403; C 37 I 2340.
13 M. VOLMER: Kinetik der Phasenbildung. Dresden u. Leipzig: Steinkopff, 1939; C 39 II 7; Trans. Faraday Soc. **28** (1932), 359.
14 K. NEUMANN: Z. Elektrochem. angew. physik. Chem. **44** (1938) 474; C 38 II 3900.
15 E. WICKE, R. KALLENBACH: Kolloid-Z. **97** (1941), 135; C 42 I 1609.
16 C. WAGNER: Z. Elektrochem. angew. physik. Chem. **44** (1938), 507; C 38 II 3900.
17 A. GEHRTS: Z. techn. Physik **15** (1934), 456; C 35 I 1344.
18 A. G. EMSLIE: Physik. Rev. (2) **60** (1941), 458; C 42 I 3175.
19 F. SEITZ, R. P. JOHNSON: J. appl. Physics 8 (1937), 246; C 38 I 268.
20 T. SCHOON: Rdsch. dtsch. Techn. **18** (1932), 7; C 39 I 1146.
21 A. MARCELIN: Kolloid-Beih. **38** (1933), 177; C 33 II 3549.
22 H. H. ROWLEY, W. B. INNES: J. physic. Chem. **46** (1942), 537; C 43 I 813.

von 400÷500° und bei dem System ZnO/Cr_2O_3 (Abb. 20) etwa von 440÷600°. Phänomenologisch beobachtet an ZnO/Fe_2O_3 ist diese Periode dadurch gekennzeichnet, daß die bereits in der vorangehenden Periode einsetzende Vermehrung des den Dämpfen zugänglichen Capillarvolumens zu einem Maximum ansteigt. Für die breiteren Capillaren wird dieses Maximum bereits zu Beginn dieser Periode, für die schmaleren erst gegen deren Ende erreicht. Wohl in kausalem Zusammenhang damit dürfte die Beobachtung stehen, daß in dieser Periode die Sorptionsfähigkeit gegenüber den großen Bordeauxrotteilchen vorwiegend ein Absinken, hingegen gegenüber dem molekulardispersen Eosin vorwiegend noch ein Ansteigen zeigt. Die *Qualität und Quantität aller sorbierenden Stellen vermindert sich,* ebenso nehmen auch die hygroskopischen Fähigkeiten und bei der Mehrzahl der Beobachtungen (Abb. 23, S. 459, Kurven *V* und *Y*) auch die katalytischen Wirksamkeiten *ab.* Auch die Farbe zeigt innerhalb dieser Periode Änderungen. Die Emanationsabgabe weiß nichts von diesem Wendepunkt.

Die derzeit zweckmäßigste Deutung der Vorgänge dieser Lebensperiode scheint uns demnach die folgende zu sein: Die höchstens molekulare Oberflächenschicht, die sich in der vorigen Lebensperiode (S. 474÷479) gebildet hat, besteht aus aktivierten Molekülen, welche bei der Bildungstemperatur zum größten Teil als in der Oberfläche frei beweglich oder zumindest sehr locker gebunden angenommen werden müssen. Eine weitere Temperatursteigerung kann eine Verfestigung der Bindung dieser Moleküle mit der Unterlage und wahrscheinlich auch eine bestimmte ortsfeste Einordnung auf der Kristalloberfläche der Unterlage herbeiführen. Damit ist eine Verminderung der Aktivität (Qualität der Sorptionsfähigkeit, der katalytischen Wirksamkeit, der Reaktivität) verbunden; nach diesem wesentlichsten Merkmal bezeichnen wir diesen Lebensabschnitt als eine „*Desaktivierung*".

Einen sichtbaren Beweis nicht nur für die Beweglichkeit von Fe_2O_3-Molekülen über die Oberfläche des MgO (Periode b), sondern auch für ihre nachherige ortsfeste und geordnete Bindung bringen die Elektronenbeugungsuntersuchungen von THIRSK und WHITMORE[1]; darnach wird im Verlaufe der Vereinigung von MgO und Fe_2O_3 ein präparativ erfaßbarer Zustand durchschritten, bei welchem die Oberfläche des MgO von einem Film einer zur Unterlage orientiert aufgesetzten Substanz vom Spinellgitter überzogen ist. Während aber die Gitterkonstante des fertigen MgO/Fe_2O_3-Spinells von den verschiedenen Autoren (HOLGERSSON, POSNJAK, PASSERINI) übereinstimmend zwischen 8,342 und 8,360 Å gemessen wird, beträgt für den als Film vorhandenen Spinell die Gitterkonstante 8,4 Å, das ist der doppelte Betrag der Gitterkonstante des als Unterlage vorhandenen MgO.

Es sei ferner unterstrichen, daß wir den auf der Oberfläche (z. B. derjenigen des Zinkoxyds) adsorbierten Molekülen (z. B. denjenigen des Eisenoxyds) eine zweifache Bindungsmöglichkeit zubilligen. Die eine, nämlich die in der vorangehenden Lebensperiode b) sich bildende und fortbestehende Bindungsweise ist recht locker und dürfte im wesentlichen nur in der Wirkung von VAN DER WAALSschen Kräften bestehen. Bei einer Temperatursteigerung verfestigt sich diese Bindung zu der wohl vorwiegend chemischen Bindungsart, welcher Vorgang die vorliegende „Desaktivierungsperiode" kennzeichnet. Es wird also prinzipiell der gleiche Vorgang angenommen, wie ihn H. S. TAYLOR (vgl. z. B. TURKEVICH und H. S. TAYLOR[2], ROGINSKI[3] u. v. a. O.) bei dem Übergang aus der normalen in die aktivierte Adsorption beschreibt. Trotzdem der Verfestigungsvorgang mit einer *Abnahme* der freien Energie und somit definitions-

[1] H. R. THIRSK, E. J. WHITMORE: Trans. Faraday Soc. **36** (1940), 862; C 42 I 314; **36** (1940), 565; C 40 II 1254.

[2] J. TURKEVICH, H. S. TAYLOR: J. Amer. chem. Soc. **56** (1934), 2254; C 35 II 24.

[3] S. S. ROGINSKI: Chem. J. Ser. W, J. physik. Chem. **5** (1934), 175; C 35 I 3256.

gemäß auch mit einer Abnahme der Aktivität verbunden sein muß, ist die Bezeichnungsweise von TAYLOR der üblichen und auch in diesem Buch konsequent festgehaltenen gerade entgegengesetzt, was zur Vermeidung von Begriffsirrtümern klar ausgesprochen werden muß. Er bezeichnet nämlich die lockere Bindungsart als die normale und die verfestigte (also desaktivierte) als die aktivierte Adsorption (weil zu dem Übergang der Moleküle in die letztere Adsorptionsweise die Aufbringung einer gewissen „Aktivierungsenergie" erforderlich ist).

Bei dem System MgO/Fe_2O_3 ist es naheliegend, die Abnahme der Lösbarkeiten des Fe_2O_3 etwa in dem Gebiet von 475÷550° bzw. auch die schwache Abnahme der Hygroskopizität zwischen 400° und 500° mit den hier besprochenen Desaktivierungserscheinungen in Zusammenhang zu bringen. Alles in allem treten jedoch in diesem System die Erscheinungen der Oberflächendesaktivierungen in einem verhältnismäßig geringen Ausmaße ein; dies wird dann der Fall sein, wenn die nachfolgend zu besprechende Gitteraktivierung (S. 483) bereits einsetzt, *bevor* die Oberflächendesaktivierung zur vollen Auswirkung gelangt ist.

Bei dem System ZnO/Cr_2O_3 beobachten JANDER und Mitarbeiter oberhalb 300° einen starken Abfall der bis dahin ansteigenden katalytischen Wirksamkeiten gegenüber dem CH_3OH-Zerfall. Zur Erklärung nehmen sie keine Desaktivierung in unserem Sinne an, sondern schreiben die Ursache der Ausbildung einer dünnen Reaktionshaut zu, in welcher das Reaktionsprodukt in ungeordnetem Zustand mit großer innerer Oberfläche vorliegt. Diese Erklärung wird dadurch gestützt, daß gleichzeitig mit der Abnahme der katalytischen Fähigkeit eine Zunahme der Sorptionsfähigkeit gegenüber gelösten Farbstoffen und eine Zunahme der Löslichkeit in schwach wirkenden Agenzien beobachtet wird. Zur weiteren Stützung könnte auch das in diesem Gebiet von STARKE (Abb. 20, Kurve *6*) beobachtete Ansteigen der Adsorptionsfähigkeit gegenüber Bleinitrat herangezogen werden. Indes darf nicht übersehen werden, daß die Eigenschaften, welche in einer Prüfung des Verhaltens gegenüber flüssigen Medien bestehen, der Deutung grundsätzliche Schwierigkeiten bereiten. Abgesehen davon, daß das Lösungsmittel zu einer unkontrollierbaren Veränderung oder Zerstörung der Oberfläche führen kann, ja bei molekularen Schichten führen muß (vgl. HÜTTIG und Mitarbeiter[1]), kann der Lösungsvorgang eine derzeit in ihren Abhängigkeiten nicht übersehbare individuell charakterisierte „Kettenreaktion" darstellen, für welche die aktivierten Stellen lediglich die Ausgangspunkte sind. Es ist daher auch die Vorstellung diskutierbar, daß bei einem Präparat, welches sich erst im Zustand der Oberflächenaktivierung befindet, die Berührung mit einer Flüssigkeit nur diesen Überzug zerstört, hingegen die dabei frei werdende Oberfläche der darunterliegenden Komponente noch ihre ursprünglichen inaktiven Eigenschaften zeigt; anders wäre es, wenn die Entfernung der molekularen Oberflächenschicht durch die Flüssigkeit erst im Zustand der Desaktivierung, also durch Lösung der damit verbundenen, viel festeren Bindungen erfolgt. In einem solchen Fall kann die Weglösung oder Zerstörung der von der einen Komponente gebildeten molekularen Oberflächenschicht die Oberfläche der anderen Komponente in um so aktiverem Zustand hinterlassen, je fester die Vereinigung der Moleküle der beiden Komponenten bereits war. Auf diese Weise wäre doch auch die gleichzeitige Abnahme der katalytischen Wirksamkeit mit der Zunahme der in flüssigen Medien bestimmten Eigenschaftsintensitäten mittels einer Desaktivierung erklärbar. Daß tatsächlich etwa zwischen 300° und 400° eine Desaktivierung auftritt, zeigt unter anderem der in diesem Gebiete (gemessen

---

[1] G. F. HÜTTIG, R. GEISLER, J. HAMPEL, O. HNEVKOVSKY, F. JEITNER, H. KITTEL, O. KOSTELITZ, F. OWESNY, H. SCHNEIDER, H. SCHMEISER, W. SEDLATSCHEK: 110. Mittlg.: Z. anorg. allg. Chem. **237** (1938), 200, 221, letzter Absatz; C 39 I 4562.

an Präparaten, die im Wasserstoffstrom erhitzt waren) beobachtete, die beiden Maxima verbindende Abfall der Hygroskopizität (Abb. 20, Kurve *17*).

Für das System ZnO/Al_2O_3 geben Jander und Bunde[1] für das Erhitzungsintervall vom Vermischen bis zu 400° die folgende Erläuterung: „Sehr klar ist zu erkennen, daß beide Komponenten eine andere scheinbare Aktivierungswärme als die Gemische haben. Durch Vermischen und Erhitzen auf 400° tritt eine Oberflächenänderung ein, wodurch eine starke Verringerung der scheinbaren Aktivierungswärme für katalytische Prozesse eintritt. Die Anzahl der aktiven Stellen ist jedoch noch recht gering. *Eine Desaktivierung ist nicht zu beobachten*, vielmehr läßt sich das Erscheinungsbild gut mit der von uns beschriebenen Bildung sogenannter Zwittermoleküle erklären."

Für das System MgO/Al_2O_3 geben W. Jander und Pfister[2] die folgende Erläuterung: „Durch Vermischen und Erhitzen auf 400÷500° verschwindet ein Teil der für N_2O-Zerfall maßgebenden aktiven Zentren auf der MgO-Oberfläche (nach Hüttig die sog. Abdeckungsperiode). Es bildet sich dafür durch Oberflächenreaktion die von uns beschriebene Zwitterverbindung aus. Ab 600° geht diese in die ungeordnete Reaktionshaut über, die bei etwa 800° ihre größte Stärke erreicht." Auch bei diesem System wird man bei der Deutung nicht die Tatsache außer acht lassen dürfen, daß die Sorptionsfähigkeit gegenüber Dämpfen zwei Maxima aufweist, zwischen denen etwa im Intervall von 450÷600° ein deutlicher *Abfall* liegt.

Sucht man auch für die bei den Reaktionen zwischen festen Stoffen notwendiggewordenen Vorstellungen über eine Desaktivierung nach Brücken zu anderen Arbeitsgebieten, so ergibt sich, abgesehen von der H. S. Taylorschen Theorie über die aktivierte Adsorption (vgl. oben) folgendes: Auf Grund der Untersuchungen von Spangenberg und Neuhaus[3] (vgl. auch Neuhaus[4]) darf angenommen werden, daß die in der voranstehenden Weise gedeuteten Desaktivierungsvorgänge begünstigt werden, wenn in bezug auf die Molekülanordnung „zweidimensionale Analogien" zwischen der Oberfläche der umhüllten Komponente und der umhüllenden molekularen Schicht möglich sind. Jedenfalls ist es auffallend, daß bei manchen Systemen (z. B. ZnO/Fe_2O_3) die Desaktivierungsperiode sehr ausgeprägt ist, bei anderen (wie z. B. MgO/Fe_2O_3) viel undeutlicher und wieder bei anderen (wie vielleicht bei ZnO/Al_2O_3) überhaupt nicht feststellbar ist. Es liegt hier eine nahe Beziehung zu der Frage nach der gesetzmäßigen Verwachsung zwischen ungleichartigen Kristallen vor. Mit verwandten Problemen befassen sich die nachfolgend aufgezählten Arbeiten: Heesch[5] (zweidimensionale Kristalle), Bunn[6] (Adsorption, orientiertes Überwachsen und Mischkristallbildung), Finch und Quarrell[7] (Kristallstruktur und Orientierung in dünnen Filmen), Freundlich[8] (Orientierung von Molekülen an Grenzflächen), Dobytschin und Frost[9] (Alterung dünner Schichten), Ungemach[10] (Syntaxie und Polytypie), J.-E. Verschaffelt und Adam[11] (Stabilisierung unimolekularer Oberflächenschichten), Lange[12] (Sammelreferat über dünne Metallschichten), Thiessen und Schütza[13],

---

[1] W. Jander, K. Bunde: Z. anorg. allg. Chem. **231** (1937), 345; C 37 I 4596.

[2] W. Jander, H. Pfister: Z. anorg. allg. Chem. **239** (1938), 95; C 38 II 4170.

[3] K. Spangenberg, A. Neuhaus: Chemie d. Erde **5** (1930), 437; C 30 II 689.

[4] A. Neuhaus: Angew. Chem. **54** (1941), 527; C 42 I 1103.

[5] H. Heesch: Z. Kristallogr., Mineral., Petrogr., Abt. A **84** (1933), 399; C 33 I 2512.

[6] C. W. Bunn: Proc. Roy. Soc. (London), Ser. A **141** (1933), 567; C 33 II 2657.

[7] G. J. Finch, A. G. Quarrell: Nature (London) **131** (1933), 877; C 33 II 3390; Proc. physic. Soc. **46** (1934), 148; C 34 II 1418.

[8] H. Freundlich: Ergebn. exakt. Naturwiss. **12** (1933), 82; C 34 I 675.

[9] D. Dobytschin, A. W. Frost: Acta physicochim. URSS **1** (1934), 503; C 35 I 3095.

[10] H. Ungemach: Z. Kristallogr., Mineral., Petrogr. **91** (1935), 1; C 36 I 979.

[11] J.-E. Verschaffelt, Adam: Proc. Roy. Soc. (London), Ser. A **155** (1936), 684; C 36 II 2512.

[12] H. Lange: Kolloid-Z. **78** (1937), 109; C 37 I 3113.

[13] P. A. Thiessen, H. Schütza: Z. anorg. allg. Chem. **233** (1937), 35; C 37 II 1142.

SCHWAB[1] (Beziehungen zwischen dem Feinbau der Kristallflächen und der Struktur auf ihnen entstehender Reaktionsschichten), FUKUROI[2] (Umwandlungstemperatur eines Metallfilmes), CHALMERS[3] (Übergangsgitter zwischen zwei Kristalliten), QUARRELL[4] (Schritthafter Übergang aus dem zwei- in den dreidimensionalen Kristall), RÜDIGER[5] (Struktur von Metallfilmen), HASS[6] (Kontinuierlicher Übergang eines Metallfilmes aus dem quasiamorphen Zustand in den Einkristall), MAXTED und EVANS[7] (Verminderung der Wirkung eines Kontaktgiftes durch Einschränkung der Beweglichkeit seiner Moleküle auf der Katalysatoroberfläche), HARTECK[8] (Zusammenfassender Bericht über aktivierte Adsorption), SCHENCK und KURZEN[9] (Beispiele, bei denen die Adsorption auch eine Stabilisierung der *adsorbierten* Moleküle bedeutet), FRONDEL[10] (Bedingungen der orientierten Verwachsung und Wirkung der Adsorption), SCHWAB[11] (Orientierung unimolekularer Metallüberzüge auf Rechts- und Linksquarz), VAND[12] (Zeitliche Widerstandsänderung dünner Metallschichten), BENJAMIN und ROOKSBY[13].

d) Periode der Aktivierung infolge innerer Diffusion.

Bei den von HÜTTIG und Mitarbeitern an dem System 1 ZnO/1 Fe_2O_3 ausgeführten Versuchen dominiert dieser Effekt etwa in dem Temperaturintervall von 500÷600°, bei dem System ZnO/Cr_2O_3 (Abb. 20) etwa von 600÷720°. Phänomenologisch ist diese Periode für ZnO/Fe_2O_3 folgendermaßen gekennzeichnet: Der röntgenoskopische Befund zeigt bei 550° eine Zerbröckelung der größeren Zinkoxydkristalle in kleinere, regellos angeordnete Aggregate an; dies ist wohl nur unter dem Einfluß einer Diffusion von Fremdmolekülen (also hier von Fe_2O_3-Molekülen) in das Zinkoxydgitter vorstellbar. Die magnetischen Suszeptibilitäten zeigen einen kleinen, aber deutlichen Anstieg; da die magnetische Suszeptibilität der in dem Zinkoxyd diffundierenden Fe_2O_3-Moleküle bestimmt größenordnungsmäßig verschieden von derjenigen der kompakten Eisenoxydaggregate sein muß, so kann die Menge des in das Zinkoxydgitter eingedrungenen Eisenoxyds nicht groß sein. Angesichts der Geringfügigkeit der magnetischen Veränderungen ist eine zuverlässige Angabe des Temperaturinkrements kaum möglich. Immerhin sei vermerkt, daß hier der Wert $q = 70000$ cal (hingegen z. B. nicht $q = 30000$ cal) die Beobachtungen wiedergibt (S. 467). Demgegenüber lassen sich die Veränderungen der pyknometrisch bestimmten Dichten innerhalb der gleichen Lebensperiode äußerst genau mit einem $q = 30000$ cal wiedergeben (HÜTTIG, EHRENBERG und KITTEL[14]). Das Volumen der der Sorption zugänglichen Capillaren zeigt eine nahezu bis Null gehende Abnahme und dementsprechend nimmt auch die Quantität der sorbierenden Stellen ab. Hingegen ist es ein wesentliches Merkmal dieser Periode, daß die Qualität der besser adsorbierenden Stellen eine sehr starke, diejenige der schlechter adsor-

---

[1] G.-M. SCHWAB: Z. physik. Chem., Abt. B **51** (1942), 245; C 42 II 2885.
[2] T. FUKUROI: Sci. Pap. Inst. physic. chem. Res. **32** (1937), 196; C 37 II 4161.
[3] B. CHALMERS: Proc. Roy. Soc. (London), Ser. A **162** (1937), 120; C 37 II 4163.
[4] A. G. QUARRELL: Proc. physic. Soc. **49** (1937), 279; C 38 I 540.
[5] O. RÜDIGER: Ann. Physik (5) **30** (1937), 505; C 38 I 541.
[6] G. HASS: Ann. Physik (5) **31** (1938), 245; C 38 I 3306.
[7] E. B. MAXTED, H. C. EVANS: J. chem. Soc. (London) **1938**, 455; C 38 II 287.
[8] P. HARTECK: Z. Elektrochem. angew. physik. Chem. **44** (1938), 468; C 38 II 3899.
[9] R. SCHENCK, F. KURZEN: Z. anorg. allg. Chem. **220** (1934), 97; C 35 I 513.
[10] C. FRONDEL: Amer. J. Sci. (Silliman) **30** (1935), 51; C 35 II 1848.
[11] G.-M. SCHWAB: Z. Elektrochem. angew. physik. Chem. **44** (1938), 517; C 38 II 2550.
[12] V. VAND: Z. Physik **104** (1936), 48; C 37 I 2109.
[13] M. BENJAMIN, H. P. ROOKSBY: Philos. Mag. J. Sci. (7) **15** (1933), 810; C 33 I 3891.
[14] G. F. HÜTTIG, M. EHRENBERG, H. KITTEL: 96. Mittlg.: Z. anorg. allg. Chem. **228** (1936), 112, 119; C 36 II 3510.

bierenden Stellen eine geringe Verbesserung zeigt. Wohl im unmittelbaren Zusammenhang damit steigen alle katalytischen Wirksamkeiten zu einem meist recht hohen Maximum an; dementsprechend nimmt die scheinbare Aktivierungswärme des katalysierten N_2O-Zerfalls ab. Die Sorptionsfähigkeit gegenüber gelöstem Bordeauxrot und die Hygroskopizität erreichen etwa in der Mitte dieser Periode, die Sorptionsfähigkeit gegenüber gelöstem Eosin etwa am Ende dieser Periode ein Maximum. Schließlich sei darauf hingewiesen (Abb. 26, Feld *d*), daß das Gebiet etwa zwischen 450° und 650° das einzige ist, in welchem die Sorptionsfähigkeit gegenüber Dämpfen höher liegt als bei den in gleicher Weise vorbehandelten, jedoch unvermischten Komponenten.

Die derzeit zweckmäßigste *Deutung* der Vorgänge dieser Lebensperiode scheint uns die folgende zu sein: Wenn nach der Desaktivierung der molekularen Oberflächenüberzüge die Temperatur weiter gesteigert wird, so wird man auf diejenige Temperatur kommen, bei welcher bereits die Moleküle zumindest der einen Komponente einen Platzwechsel innerhalb des eigenen Gitters in merklichem Ausmaße ausführen. Diese innere Selbstdiffusion ist auf S. 386 behandelt worden. Der Beginn des TAMMANNschen Platzwechsels innerhalb des eigenen Gitters ist für das Eisenoxyd etwa bei 480° (S. 388), für das Zinkoxyd etwa bei 660° festgestellt worden. Der Eintritt dieses Ereignisses bei mindestens einer Komponente ist eine Voraussetzung dafür, daß die Moleküle dieser leichter beweglichen Komponente nun auch in das Gitter der anderen Komponente auf dem Wege einer Diffusion (Fremddiffusion) eindringen. Aus den gleichen Gründen, wie sie auf S. 476 dargelegt sind, nehmen wir hier an, daß die vorliegende Periode d) in einer Diffusion der Fe_2O_3-Moleküle in das Zinkoxydgitter besteht. Für eine solche Annahme ergeben sich in diesem Fall auch noch röntgenoskopische Anhaltspunkte. Von einem solchen Diffusionsvorgang wird selbstverständlich sowohl das Gitter als auch die Oberfläche derjenigen Komponente beeinflußt, in die hinein die Diffusion erfolgt; in dem vorliegenden Fall sind die Veränderungen in der Oberfläche groß, diejenigen der Gittereigenschaften verhältnismäßig noch gering.

Bei dem System *MgO/Fe₂O₃* wird man den Beginn einer merklichen Diffusion des Fe_2O_3 in das MgO bereits bei etwa 475° entsprechend dem Beginn des Anstieges der paramagnetischen Eigenschaften ansetzen. Ihre Hauptauswirkungen zeigen sich bei etwa 550°; oberhalb 575° beginnt dann ein neuer Effekt zu dominieren. Zwischen 450 und 575° zeigen auch die katalytischen Fähigkeiten gegenüber dem N_2O-Zerfall einen steilen Anstieg zu einem Maximum, und die Hygroskopizität hält sich auf ihrem verhältnismäßig hohen Werte. Eine wichtige Stütze für unsere modellmäßige Deutung ist durch die Beobachtung gegeben, daß bei 475° ein Ansteigen der Lösbarkeit des MgO einsetzt und bis 675° fortdauert, wie dies als Folge einer Auflockerung durch eine in das Gitter eindringende Fremdkomponente erwartet werden kann. Die Lösbarkeit der Eisenoxydkomponente nimmt hingegen zunächst ab, was sowohl als Desaktivierungserscheinung wie auch als Äußerung eines umhüllenden Schutzes, den die im MgO-Gitter befindlichen Fe_2O_3-Moleküle gegenüber den Agenzien erfahren, gedeutet werden kann (vgl. S. 442 über die Verfestigung des Fe_2O_3, das im Cristobalit enthalten ist, und über die Auflockerung des letzteren). Diese Lösbarkeit des Eisenoxyds zeigt bei dem weiteren Anstieg charakteristische Schwankungen, so z. B. die plötzliche Verminderung des Anstieges bei Beginn des Suszeptibilitätsanstieges. Bei dem System MgO/Fe_2O_3 muß mit der Möglichkeit gerechnet werden, daß die Erscheinungen der Perioden c) und d) sich teilweise überschneiden.

Bei dem System *ZnO/Cr₂O₃* (vgl. Abb. 20) nehmen JANDER und WEITENDORF in dem Gebiete etwa von 400÷650° gleichfalls eine Gitterdiffusion als wesentlich an, welche zu einer Verdickung und Alterung der schon unterhalb dieser Temperaturen gebildeten dünnen Reaktionshaut führt. Aus diesem Bild wird die in diesem Gebiete beobachtete *Abnahme* der katalytischen Fähigkeit, der Sorptionsfähigkeit gegenüber Farbstofflösungen und der Löslichkeit in schwach wirkenden Agenzien, hingegen die *Zunahme* der Lösbarkeit in stark wirkenden Agenzien (H_2SO_4) abgeleitet. Bei der Deutung darf nicht übersehen werden, daß die Hygroskopizität (und damit wohl allgemein die Sorptionsfähigkeit gegenüber Dämpfen) bei 400° ein Minimum hat, dem zwischen 400° und 475° ein steiler Anstieg folgt, dem sich wieder ein recht steiler Abfall anschließt; auch bei der Sorptionsfähigkeit gegenüber gelöstem Kongorot haben wir bei etwa 450° ein schwaches Maximum beobachtet. (Vgl. hiezu auch die Versuche von HÜTTIG und THEIMER[1]; Abb. 20, Kurven *4* und *5* über die Lösbarkeiten des ZnO und Cr_2O_3.)

Über die Fremddiffusion eines festen Körpers in einen anderen festen Körper besteht eine ausgedehnte Literatur; dieser Vorgang ist zum Ausgangspunkt aller Vorstellungen über die chemischen Reaktionen in festen Stoffen geworden (vgl. die zusammenfassende Darstellung und Literatur bei JOST[2]). Bei den hier betrachteten Reaktionstypen sind das Ausmaß und die Lebensdauer des Diffusionsvorganges bei den einzelnen Systemen verschieden und werden wahrscheinlich auch von ähnlichen Faktoren beeinflußt, wie sie für das Zustandekommen fester Lösungen maßgebend sind (vgl. hierzu SPANGENBERG[3], FERRARI und COLLA[4]). Es sei ferner noch auf die Beziehungen zu folgenden Arbeitsgebieten hingewiesen: CHLOPIN und TOLMATSCHEW[5] (Abhandlungsreihe über Verteilungsgleichgewichte), v. HEVESY[6], v. HEVESY und SEITH[7] (zusammenfassende Darstellung der Diffusion in festen Stoffen, vgl. auch S. 445), ESKOLA[8], ALTY und CLARK[9] (klare Herausarbeitung der Verschiedenheiten der Oberflächendiffusion entsprechend unserer Periode b) und der Gitterdiffusion, entsprechend unserer Periode d), dargelegt an der Diffusion von Quecksilber in Zinn), SEN[10] (Beziehung zwischen dem kleinsten Atomabstand und Diffusionsrichtung), SEITH und KEIL[11] (Beziehung zwischen Diffusion und Aufbau fester Legierungen), BURGERS und PLOSS VAN AMSTEL[12] (Diffusion *aus* dem Kristallinneren), MILLER[13] (Wanderung von festem Jod in Silicagel), DEAN[14] (Löslichkeit fester Stoffe an den Korngrenzen fester Lösungen), CICHOCKI[15].

In den letzten Jahren ist eine Monographie über die Diffusion von Metallen und die Platzwechselreaktionen von SEITH[16] erschienen. Es sei ferner auf die zusammenfassenden Darstellungen über Diffusionsvorgänge zwischen festen Stoffen

---

[1] G. F. HÜTTIG, H. THEIMER: 120. Mittlg.: Z. anorg. allg. Chem. **246** (1941), 51; C 41 II 154.
[2] W. JOST: Diffusion und chem. Reaktion in festen Stoffen. Dresden u. Leipzig: Steinkopff, 1937; C 37 II 1508.
[3] K. SPANGENBERG: Naturwiss. **26** (1938), 578; C 39 I 365.
[4] A. FERRARI, C. COLLA: Atti R. Accad. naz. Lincei, Rend. (6) **17** (1933), 312; C 33 II 322; (6) **17** (1933), 473; C 33 II 985.
[5] W. G. CHLOPIN, P. J. TOLMATSCHEW: Bull. Acad. Sci. URSS (7) **1932**, 43; C 33 I 3271.
[6] G. v. HEVESY: Naturwiss. **21** (1933), 357; C 33 II 981.
[7] G. v. HEVESY, W. SEITH: Metallwirtsch., Metallwiss., Metalltechn. **13** (1934), 479; C 34 II 1890.
[8] P. ESKOLA: Bull. Commiss. géol. Finlande **104** (1934), 144; C 35 I 192.
[9] T. ALTY, A. R. CLARK: Trans. Faraday Soc. **31** (1935), 648; C 35 II 1499.
[10] B. N. SEN: C. R. hebd. Séances Acad. Sci. **199** (1934), 1189; C 35 II 3053.
[11] W. SEITH, A. KEIL: Z. Metallkunde **27** (1935), 213; C 36 II 29.
[12] W. G. BURGERS, J. J. A. PLOSS VAN AMSTEL: Physica **4** (1937), 15; C 37 I 2741.
[13] M. A. MILLER: J. Chem. Educat. **13** (1936), 532; C 37 I 4076.
[14] G. R. DEAN: Bull. Amer. physic. Soc. **12** (1937), Nr. 5, 5; Physic. Rev. (2) **53** (1937), 202; C 38 I 2682.
[15] J. CICHOCKI: J. Physique Radium (7) **9** (1938), 129; C 38 II 2395.
[16] W. SEITH: Diffusion in Metallen. Berlin: Springer, 1939; C 40 I 1317; Chemie **56** (1943), 21.

von Fischbeck[1], C. Wagner[2] und Mehl[3] hingewiesen sowie auf die Arbeiten von van Liempt[4], Kyropoulos[5], Riehl und Ortmann[6] u. a.

e) Periode der Bildung wenig geordneter kristallisierter Aggregate der Additionsverbindung.

Bei den von Hüttig und Mitarbeitern an dem System 1 ZnO/1 Fe_2O_3 ausgeführten Versuchen dominiert dieser Effekt in dem Temperaturintervall etwa von 600° bis 800°, bei dem System 1 ZnO/1 Cr_2O_3 etwa zwischen 720° und 840°. Nach den röntgenoskopischen Beobachtungen von W. Jander und Herrmann[7] an dem System 1 ZnO/1 Fe_2O_3 treten bei etwa 600° die ersten Linien des $ZnFe_2O_4$ auf, ohne daß die Intensität der ZnO- und Fe_2O_3-Linien irgendwie geringer wird. Die Linien des $ZnFe_2O_4$ nehmen von da an Intensität zu, während diejenigen des Ausgangsgemisches in der gleichen Weise abnehmen; selbst bei 800° sind die letzteren noch schwach vorhanden. Überdies zeigen die Präparate mit einer zwischen 500° und 650° liegenden Vorerhitzung eine bzw. zwei äußerst schwache Linien, die später wieder verschwinden und weder dem Ausgangsmaterial noch dem Endprodukt zugeordnet werden können. Diese Linien sind insofern wichtig, als sie vielleicht einen Fingerzeig über die Struktur der ersten Reaktionshaut geben können. Die magnetischen Suszeptibilitäten haben zunächst unter Beibehaltung ihres paramagnetischen Charakters einen steilen Anstieg, um bei dem Auftreten der ersten Spinellinien in den ferromagnetischen Charakter überzugehen (Abb. 21, Kurve *D*). Das erstmalige Auftreten ferromagnetischer Eigenschaften ist ein empfindliches Kriterium für den Beginn der Bildung kristallisierter Spinellaggregate. Das Volumen der Capillaren durchschreitet ein Minimum (Abb. 22, Kurven *Q*, *R*). Die Güte (Qualität) der besser adsorbierenden Stellen zeigt gleich zu Beginn dieser Periode ein Maximum, dem sofort ein steiler Abfall auf den Wert folgt, der sich dann kaum mehr wesentlich ändert (Abb. 22, Kurve *M*). Die Anzahl (Quantität) der adsorbierenden Stellen und ebenso die Hygroskopizität und das Sorptionsvermögen gegenüber gelösten Farbstoffen nehmen ab (Abb. 22, Kurven *O*, *P*, *J*, *H*, *I*). Die katalytischen Fähigkeiten sinken von einem am Anfang dieser Periode liegenden Maximum ab (Abb. 23, Kurven *V*, *W*, *Y*). Ebenso liegt zu Beginn dieser Periode das Maximum des Unterschiedes der Emanationsabgabe zwischen einem radioaktiv indizierten Eisenoxyd in Vermischung mit Zinkoxyd einerseits und dem unvermischten Zustand andererseits.

Das wesentlichste Merkmal dieser Periode ist die Entstehung fehlerhaft kristallisierender, kurz nach ihrer Bildung dem amorphen Zustand wahrscheinlich nahestehender Aggregate. Wir haben als den Beginn der Periode d) (S. 483) die Diffusion von Fe_2O_3-Molekülen in das ZnO-Gitter angenommen. Wie O'Daniel[8] gezeigt hat, ist für jedes Übergitter die Aufnahmefähigkeit für Fremdmoleküle unter Beibehaltung des Gittertypus Beschränkungen unterworfen. Auch wir haben aus guten Gründen angegeben, daß die auf diese Weise in das Gitter des Zinkoxyds eindiffundierte Menge Eisenoxyd nur gering

[1] K. Fischbeck: Z. Elektrochem. angew. physik. Chem. **40** (1934), 378; C 34 II 2947.
[2] C. Wagner: Ber. dtsch. keram. Ges. **19** (1938), 207; C 38 II 3203; Z. physik. Chem., Abt. B **38** (1937), 325; C 38 II 1004.
[3] R. F. Mehl: J. appl. Physics **12** (1941), 191; C 41 II 2057.
[4] J. A. M. van Liempt: Recueil Trav. chim. Pays-Bas **60** (1941), 634; C 42 I 1473; Z. Physik **96** (1935), 534; C 35 II 3887.
[5] S. Kyropoulos: Physic. Rev. (2) **60** (1941), 161; C 41 II 3036.
[6] N. Riehl, H. Ortmann: Z. physik. Chem., Abt. A **188** (1941), 109; C 41 II 451.
[7] W. Jander, H. Herrmann: Z. anorg. allg. Chem. **241** (1939), 225; C 39 II 2202.
[8] H. O'Daniel: Fortschr. Kristallogr., Mineral., Petrogr. **19** (1935), 48; C 35 II 1126.

sein kann. Überschreitet die Konzentration der Fe_2O_3-Moleküle in dem ZnO-Gitter einen bestimmten Schwellenwert, so muß es zu einem Zusammenbrechen des ZnO-Gitters kommen; es resultiert hiebei eine Masse, die zunächst einen Überschuß an ZnO-Molekülen haben muß, der sich durch neuerliches Hinzudiffundieren von Fe_2O_3-Molekülen mindestens bis zu dem Verhältnis 1 ZnO : 1 Fe_2O_3 verschieben muß. Je mehr sich die Zusammensetzung dieser Schicht dem Verhältnis 1 ZnO : 1 Fe_2O_3 nähert, je höher die Temperatur und je länger die zur Verfügung stehende Zeit ist, desto größer ist die Wahrscheinlichkeit, daß die Bildung kristallisierter Aggregate des $ZnFe_2O_4$ einsetzt. Überdies scheint der Zeitpunkt des Eintreffens dieses Ereignisses von der Anwesenheit schwer kontrollierbarer Kristallkeime abhängig zu sein. Es handelt sich hier also um alles andere eher als um einen thermischen Fixpunkt. Hat sich einmal auf der Oberfläche des ZnO eine Schicht von kristallisiertem $ZnFe_2O_4$ gebildet, so erfolgt die weitere Diffusion des Fe_2O_3 zu dem ZnO durch diese mit der Zeit immer dicker werdende Schicht hindurch.

Bei dem System ZnO/Cr_2O_3 wird von JANDER und WEITENDORF[1] wahrscheinlich gemacht, daß im Röntgenogramm die ersten Anzeichen des kristallisierten Zinkchromits bei 650° auftreten. HÜTTIG, RADLER und KITTEL[2] geben für ihre Versuchsreihen die viel tiefere Temperatur von 500° an, wobei allerdings eine Verfälschung durch $ZnCrO_4$-Bildung von JANDER angenommen wurde. Jedenfalls zeigen in diesem System alle Aktivitätseigenschaften oberhalb 600° einen Abfall.

Bei dem System MgO/Fe_2O_3 wurden bei einer Versuchsreihe die ersten ferromagnetischen Effekte bei 575°, bei einer anderen Versuchsreihe erst bei 675° beobachtet. In der letzteren Versuchsreihe wurden im Röntgenogramm die ersten Linien des kristallisierten Magnesiumferrits bei 680° festgestellt. Jedenfalls bei 600° oder kurz oberhalb beginnen die katalytischen Wirksamkeiten (sowohl gegenüber der CO_2-Bildung als auch dem N_2O-Zerfall) und die Hygroskopizitäten steil abzufallen. Nur die scheinbare Aktivierungswärme ($= q$) einer durch die Präparate dieses Systems katalysierten Reaktion (beobachtet an der Reaktion des N_2O-Zerfalles) bleibt in dem Gebiete von 475° bis etwa 700° konstant; man muß daraus schließen, daß in diesem ganzen Temperaturintervall unabhängig von dem Vielen, was sonst geschieht, es immer die qualitativ gleichen aktiven Zentren sind, welche diesen Vorgang katalysieren. Wie bei allen Systemen, so zeigt auch hier die Farbe innerhalb dieser Perioden weitgehende Veränderungen. Mit dem Beginn dieser Periode setzt eine starke Abnahme der Löslichkeit des MgO ein, hingegen zeigt diejenige des Fe_2O_3 eine weitere Zunahme.

Bei dem System ZnO/Al_2O_3 wurden von W. JANDER und BUNDE[3] die ersten Interferenzlinien des kristallisierten Zinkaluminates bei 700° beobachtet. Bei dem System MgO/Al_2O_3 haben JANDER und PFISTER[4] die ersten Linien des Magnesiumaluminates bei 920° beobachtet. Für die Systeme MgO/Fe_2O_3 und NiO/Al_2O_3 haben THIRSK und WHITMORE[5] gezeigt, daß die sich bildenden Spinellkristalle orientiert zu einem der beiden Ausgangsoxyde entstehen.

Es ist denkbar, daß für die Bildung der Kristallisationskeime und deren Bedeutung für das Wachstum der entstehenden Kristalle der Additionsverbindung ähn-

---

[1] W. JANDER, K. F. WEITENDORF: Z. Elektrochem. angew. physik. Chem. **41** (1935), 435, 442; C 35 II 2014.

[2] G. F. HÜTTIG, H. RADLER, H. KITTEL: 50. Mittlg.: Z. Elektrochem. angew. physik. Chem. **38** (1932), 442; C 32 II 2306.

[3] W. JANDER, K. BUNDE: Z. anorg. allg. Chem. **231** (1937), 345; C 37 I 4596.

[4] W. JANDER, H. PFISTER: Z. anorg. allg. Chem. **239** (1938), 95; C 38 II 4170.

[5] H. R. THIRSK, E. J. WHITMORE: Trans. Faraday Soc. **36** (1940), 862; C 42 I 314; **36** (1940), 565; C 40 II 1254.

liche Gesichtspunkte gelten, wie sie VOLMER[1] für andere Vorgänge entwickelt hat (vgl. auch STRANSKI und TOTOMANOW[2]); will man also die Bildung des kristallisierten Aggregates des Endproduktes möglichst lange hinausschieben und so die Aktivierung möglichst weit treiben, muß man den gesamten Bodenkörper sich in allen Teilen möglichst gleichmäßig umwandeln lassen und im richtigen Zeitpunkt den Vorgang unterbrechen (vgl. S. 556 die Arbeitsweise bei den Präparaten des Systems $CaCO_3/Fe_2O_3$). Sehr wertvolle röntgenoskopische Untersuchungen und Deutungen des Überganges einer amorphen Vereinigung zweier Komponenten (z. B. gemeinsam gefälltes Zink- und Kobalthydroxyd) in den kristallisierten Zustand wurden von FEITKNECHT und LOTMAR[3] mitgeteilt. Das Fortschreiten der Bildung des kristallisierten Reaktionsproduktes von der Oberfläche gegen das Innere zu ist wohl auch der Vorgang, welcher von den kinetischen Gleichungen TAMMANNS, JANDERS und FISCHBECKS erfaßt wird.

f) Periode der Ausheilung der Kristallbaufehler.

Bei den von HÜTTIG und Mitarbeitern an dem System *1 ZnO/1* Fe_2O_3 ausgeführten Versuchen herrscht dieser Effekt etwa *oberhalb 750°* vor, bei dem System *1 ZnO/1* Cr_2O_3 (Abb. 20) oberhalb 850°. Auch wenn das Röntgenogramm nur noch die Linien des Spinells aufweist, können bei noch höherem Erhitzen weitere Eigenschaftsveränderungen beobachtet werden. So werden bei dem System 1 ZnO/1 Fe_2O_3 die Linien des Röntgenogramms schärfer, die katalytischen Fähigkeiten weisen noch ein weiteres Absinken auf, ebenso die Anzahl der adsorbierenden Stellen. Die Emanationsabgabe des Fe_2O_3 nimmt innerhalb des Gemisches im Vergleich zu dem ungemischten Fe_2O_3 rasch ab, d. h. es erfolgt ein immer weitergehender, der Oberfläche unzugänglicherer Einbau der Fe_2O_3-Moleküle in das Kristallgitter des Zinkferrits.

Die Deutung ist sehr einfach: Das kristallisierte Reaktionsprodukt ist mit Gitterbaufehlern behaftet und sehr fein dispers. Bei weiterer Temperatursteigerung gehen diese Systeme in den Zustand eines stabilen, fehlerfrei kristallisierenden, grobdispersen Pulvers über.

Bei dem System MgO/Fe_2O_3 sind die Veränderungen der Eigenschaften auch bei 1000° noch nicht abgeschlossen. Eine Sauerstoffabgabe, wie sie das reine Fe_2O_3 in diesem Temperaturgebiet bereits hätte, kommt bei dem Magnesiumferrit nicht in Betracht; immerhin ist hier — wie auch in manchen anderen ähnlichen Fällen — mit der Möglichkeit zu rechnen, daß teilweise eine Sauerstoffabgabe aus der *Oberfläche* diese in ihren Eigenschaften verändert.

Auch bei dem System ZnO/Cr_2O_3 (Abb. 20) sind die Veränderungen der Eigenschaften bei 1000° noch nicht abgeschlossen, und auch bei dem System ZnO/Al_2O_3 nehmen bei Temperaturen über 900° „durch Ausheilung der Kristallfehler die Zahl der aktiven Stellen ebenso wie die Intensität aller anderen beobachteten Erscheinungen ab" (JANDER und BUNDE[4]).

Bei dem System MgO/Al_2O_3 wird von JANDER und PFISTER[5] aus ihren sehr sorgfältigen Röntgenaufnahmen der einstweilen noch vorsichtig zu bewertende Schluß gezogen, daß die Spinellkristalle zunächst mit Gitterstörungen, also in einem schlechten Ordnungszustand auftreten. „Das ist leicht verständlich, liegt doch die Bildungstemperatur von etwa 920° außerordentlich weit vom Schmelzpunkt des Spinells ab. Aber dieser schlechte Ordnungszustand dauert nicht lange an, denn schon bei 950° ist das Intensitätsverhältnis wesentlich näher an dem des

[1] M. VOLMER: Z. Elektrochem. angew. physik. Chem. **35** (1929), 555; C 30 I 3.
[2] I. N. STRANSKI, D. TOTOMANOW: Naturwiss. **20** (1932), 905; C 33 I 725.
[3] W. FEITKNECHT, W. LOTMAR: Helv. chim. Acta **18** (1935), 1369; C 36 I 1363.
[4] W. JANDER, K. BUNDE: Z. anorg. allg. Chem. **231** (1937), 345; C 37 I 4596.
[5] W. JANDER, H. PFISTER: Z. anorg. allg. Chem. **239** (1938), 95; C 38 II 4170.

Spinells, um bei 1000° es fast zu erreichen." BÜSSEM[1] erläutert seine an dem System *MgO/Al_2O_3* bei *1300°* aufgenommenen Präzisionsröntgenogramme des Reaktions*verlaufes* folgendermaßen: Bei diesen Temperaturen ist angesichts der großen Platzwechsel- und Ordnungsgeschwindigkeit der Störungsgrad der beteiligten Kristallphasen gering; die Störungen erstrecken sich auf so kleine Reaktionsgebiete, daß sie röntgenoskopisch neben der intakten Hauptmasse nicht mehr wirksam sind.

Der hier stattfindende Ausheilungs- und Rekristallisationsprozeß ist der letzte Teilvorgang eines Ablaufes, wie er sich für manche Einkomponentensysteme durch das allgemeine Schema: amorph → fehlerhaft kristallisiert → fehlerfrei kristallisiert darstellen läßt (S. 380). Vgl. hierzu auch RAYCHAUDHURI[2] (Eigenschaften der Ferrite in der Abhängigkeit von ihrem Alterungsgrad), KOLTHOFF und ROSENBLUM[3] (Über den Alterungsmechanismus frisch entstandener Kristallaggregate), BRAGG und WILLIAMS[4] (Über die Geschwindigkeit der Gleichgewichtseinstellung einer nicht im Gleichgewicht befindlichen festen Phase). Die Ausheilungs- und Rekristallisationsvorgänge, welche in einem Übergang eines kristallisierten, mit vielen Gitterbaufehlern behafteten, in einen fehlerfreien Kristall bestehen, können entsprechend dem HEDVALLschen Prinzip (S. 374) durch Zustände erhöhter Aktivität hindurchgehen.

Mit den Eigenschaften, insbesondere auch mit der Gitterstruktur der fertigen Spinelle befassen sich u. a. die Arbeiten von HOLGERSSON[5], PASSERINI[6], HOLGERSSON und SERRES[7], KATO und TAKEI[8], MACHATSCHKI[9], PARMELEE und ALLY[10], HILPERT und SCHWEINHAGEN[11] (und die dort zitierten früheren Veröffentlichungen), SNOEK[12], VAN ARKEL, VERWEY und VAN BRUGGEN[13], HILPERT[14]; über die geordnete Verteilung in Mischkristallen siehe den zusammenfassenden Bericht von BECKER[15].

π) Lebensgeschichte der katalytisch wirksamen Stellen im Katalysenofen.

Es ist heute ein Grundpostulat der Chemie der Katalysatoren, daß nicht die gesamte Oberfläche des Katalysators sich an einer bestimmten Reaktion in katalytisch wirksamer Weise zu beteiligen braucht, sondern daß diese Fähigkeit allenfalls nur bestimmten „aktiven Zentren" auf der Oberfläche zukommt (vgl. hierzu in Band IV des vorliegenden Werkes den Beitrag von FRICKE über die Oberflächenstruktur von Katalysatoren, ferner in Band V die Beiträge von SCHWAB bzw. CONSTABLE über die allgemeinen, kinetischen und thermodynamischen Gesichtspunkte über aktive Zentren). Die Auswertungen der Adsorptionsergebnisse nach LANGMUIR zeitigen recht häufig das Ergebnis, daß in der Oberfläche zwei qualitativ verschiedene Arten von aktiven Zentren vorliegen (vgl. S. 461

[1] W. BÜSSEM: Naturwiss. **23** (1935), 469; C 35 II 1132.
[2] D. P. RAYCHAUDHURI: Indian J. Physics Proc. Indian Assoc. Cultivat. Sci. **9** (1935), 425; C 35 II 2341.
[3] J. M. KOLTHOFF, CH. ROSENBLUM: Physic. Rev. (2) **47** (1935), 631; C 35 II 2174.
[4] W. L. BRAGG, E. J. WILLIAMS: Proc. Roy. Soc. (London), Ser. A **145** (1934), 696; C 35 II 1498.
[5] S. HOLGERSSON: Lunds Univ. Arsskrift N. F. Avd. (2) **23** (1927), 9; C 29 I 372.
[6] L. PASSERINI: Gazz. chim. ital. **60** (1930), 389; C 30 II 1190.
[7] S. HOLGERSSON, A. SERRES: C. R. hebd. Séances Acad. Sci. **191** (1930), 35; C 30 II 2496.
[8] Y. KATO, T. TAKEI: Trans. electrochem. Soc. **57** (1930), 16; C 30 II 2882.
[9] F. MACHATSCHKI: Z. Kristallogr., Mineral., Petrogr. **80** (1931), 416; C 32 I 372.
[10] C. W. PARMELEE, A. ALLY: J. Amer. ceram. Soc. **15** (1932), 213; C 32 I 3213.
[11] R. S. HILPERT, R. SCHWEINHAGEN: Z. physik. Chem., Abt. B **31** (1935), 1; C 36 I 3986.
[12] J. L. SNOEK: Physica **3** (1936), 463; C 36 II 1312.
[13] A. E. VAN ARKEL, E. J. W. VERWEY, M. G. VAN BRUGGEN: Recueil Trav. chim. Pays-Bas **55** (1936), 331; C 36 II 2874.
[14] R. S. HILPERT: Recueil Trav. chim. Pays-Bas **55** (1936), 963; C 37 I 808.
[15] R. BECKER: Metallwirtsch., Metallwiss., Metalltechn. **16** (1937), 573; C 37 II 3281.

oder KAUTSKY und GREIFF[1], SCHURMOWSKAJA und BRUNS[2] u. v. a. und die von einem solchen Schema etwas abweichenden Ergebnisse von ZICKERMANN[3] und H. S. TAYLOR und STROTHER[4]). Für die Präparate des Systems 1 ZnO/1 Fe_2O_3 ist eine solche strikte Einteilung in zwei Arten von adsorbierenden Stellen eine vielfach auch nur näherungsweise gültige Schematisierung und ist mannigfachen Deutungen zugänglich (vgl. z. B. FREITAG, Dissertation D. T. H. Prag 1942). Immerhin läßt sich auf einer solchen Grundlage etwa durch den Vergleich der Kurve M in Abb. 22 und der Kurve X in Abb. 23 feststellen, daß zwischen der *Qualität der besser adsorbierenden Stellen* (hier gemessen gegenüber Methanoldampf) und der durch die scheinbare Aktivierungswärme (hier gemessen gegenüber der Reaktion des N_2O-Zerfalls) ausgedrückten *katalytischen Wirksamkeit* eine Parallelität besteht; je besser die zuerst definierte Güte, desto größer die *Erniedrigung* der scheinbaren Aktivierungswärme des katalysierten Vorganges (vgl. S. 353). Wenn man also vorsichtigerweise schon nicht eine Identität der Ursachen annehmen will, so muß zumindest eine weitgehende Parallelität in der Lebensgeschichte festgestellt werden. Da auf einer gesunden stabilen Oberfläche keine besser adsorbierenden, sondern nur die normalen (= schlechter adsorbierenden) Stellen vorhanden sind, so ist im wesentlichen die Chemie der Zwischenzustände auch die Chemie der festen Katalysatoren.

Wenn man einen Katalysator herstellt, indem man bei Zimmertemperatur zwei (oder mehrere) Komponenten vermischt und diese Mischung dann in einen Katalysatorofen von der Temperatur t_2 einführt, so werden zunächst alle diejenigen Zwischenzustände mehr oder minder rasch durchlaufen, deren große Lebensdauer in Temperaturgebieten unterhalb t_2 liegt. Wird der Ofen mit dem bei Zimmertemperatur hergestellten Präparat allmählich angeheizt, so werden Gebiete durchschritten, in welchen eine ansteigende Temperatur nur einen verhältnismäßig sehr geringen Anstieg der katalytischen Wirkung verursacht, ja häufig sogar eine Herabsetzung der katalytischen Wirksamkeit zur Folge hat. Es ist also unzweifelhaft, daß es während des Temperaturanstieges Perioden mit so weitgehender Desaktivierung gibt, daß die Herabsetzung der katalytischen Wirksamkeit infolge der Desaktivierung größer ist als die Erhöhung der katalytischen Wirksamkeit infolge der Temperatursteigerung.

Eine solche Sachlage ist in der Abb. 34 dargestellt (HÜTTIG und Mitarbeiter[5]).

Dieser Abbildung liegen die Beobachtungen von OWESNY an den gleichen Präparaten des Systems 1 ZnO/1 Fe_2O_3 zugrunde, wie sie in den Abb. 24÷28 verwendet wurden. Auf den Abszissenachsen sind die Werte $(1/T_2) \cdot 10^4$ aufgetragen, wobei T_2 die Temperatur (in absoluter Zählung) bedeutet, bei welcher die katalytische Beobachtung gemacht wurde. Auf der Ordinatenachse ist der zugehörige Wert von $\ln \alpha$ aufgetragen, wobei α den bei der Temperatur T_2 beobachteten Zersetzungsgrad des infolge der katalytischen Wirkung zerfallenden N_2O bedeutet. Die einzelnen Felder dieser Reihe beziehen sich immer auf ein Präparat von derjenigen Vorerhitzungstemperatur $= t_1$, die bei jedem Feld angegeben ist. In jedem Feld dieser Reihe sind die Ergebnisse voll ausgezogen; überdies sind die Ergebnisse, welche an dem Präparat mit der nächst niederen Darstellungstemperatur beobachtet wurden, gestrichelt eingezeichnet. Es ist somit möglich,

---

[1] H. KAUTSKY, S. GREIFF: Z. anorg. allg. Chem. **336** (1938), 124; C 38 I 4301.

[2] M. SCHURMOWSKAJA, B. BRUNS: Acta physicochim. URSS **6** (1937), 513; C 38 I 3300.

[3] C. ZICKERMANN: Z. Physik **88** (1934), 43; C 34 I 2565.

[4] H. S. TAYLOR, C. O. STROTHER: J. Amer. chem. Soc. **56** (1934), 586; C 34 I 3330.

[5] G. F. HÜTTIG und Mitarbeiter: Z. anorg. allg. Chem. **237** (1938), 209, 242; C 39 I 4562.

die Veränderungen der katalytischen Eigenschaften, wie sie im Verlaufe einer Steigerung der Darstellungstemperatur (t_1) beobachtet wurden, durch unmittelbaren Vergleich innerhalb jedes einzelnen Feldes schrittweise zu verfolgen. Bleibt die Reaktionsordnung und die Beschaffenheit des Katalysators während der katalytischen Versuche unverändert, so kann man erwarten, daß sich entsprechend dem ARRHENIUSschen Gesetz die Ergebnisse in dem hier gewählten Koordinatensystem als Gerade abbilden. Da sich die katalytischen Versuche bis zu Temperaturen oberhalb 600° ausdehnen, so kann diese Voraussetzung unmöglich für die etwa *unterhalb* $t_1 = 700°$ dargestellten Präparate gelten. Dieselben müssen während der allmählich ansteigenden Temperatur des Katalysenofens ($= t_2$) *altern*, die Darstellung in unserem ARRHENIUSschen Koordinatensystem muß dementsprechend Richtungsänderungen der Kurve aufweisen, aus denen wiederum Rückschlüsse auf den Verlauf der Alterungsvorgänge gezogen werden können. Dies wird nicht bei den über $t_1 = 700°$ vorerhitzten Präparaten sowie bei den bei sinkender Temperatur (die Richtung der Temperaturänderung ist in der Abb. 34 durch einen Pfeil kenntlich gemacht) angestellten Beobachtungen zu erwarten sein. In der Tat sehen wir, daß die bei 800° und 900° hergestellten Präparate in unserem Diagramm durch eine Gerade gekennzeichnet sind und daß dort auch die Ergebnisse bei steigender und fallender Temperatur nahezu identisch sind. Bei den übrigen Kurven müssen die Maxima der katalytischen Fähigkeiten, welche bei dem erstmaligen Temperaturanstieg innerhalb des katalytischen Ofens beobachtet wurden, solche Zustände kennzeichnen, bei denen eine durchgreifende Desaktivierung stattfindet. Wir haben auf Grund der Gesamtheit unserer Versuche die erste Desaktivierungsperiode [(= Periode c), S. 479] nach oben zu mit 500° begrenzt; in der Abb. 34 wird bei steigender Temperatur das erste Maximum durchschnittlich bei 550° beobachtet. Das auf das Maximum bei weiterem Temperaturanstieg folgende Minimum muß demnach seine Ursache in einer neuerlichen Aktivierung, und zwar der als Periode d) (S. 483) bezeichneten Aktivierung haben. Dieses Minimum wird bei den einzelnen Kurven der Abb. 34 zwischen 500° und 590° beobachtet, die Periode d) haben wir in das Temperaturgebiet zwischen 500° und 600° verlegt. — Bei den prinzipiellen Überlegungen über die Veränderungen des Katalysators im Katalysatorofen ist die Wirkung des Substrats unberücksichtigt geblieben. (Diesbezüglich vgl. S. 561.)

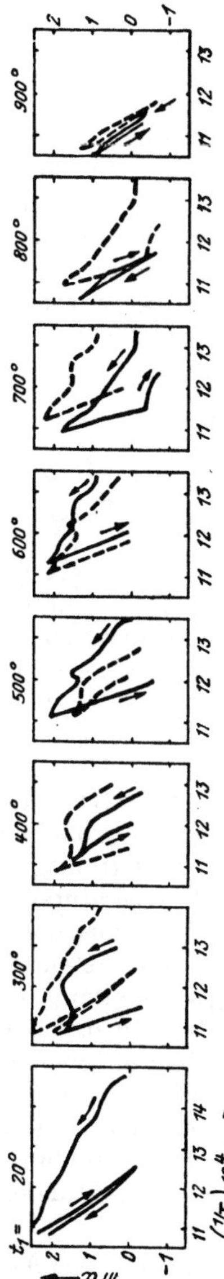

Abb. 34. Veränderungen der katalytischen Wirksamkeit von Präparaten (1 ZnO : 1 Fe_2O_3) von verschiedener Vorerhitzungstemperatur während des Anheizens und Abkühlens des Katalysenofens.

2. *AB* starr → *A* starr + *B* starr. — Die thermische Zersetzung des Nontronits.

Diese Reaktionsart stellt in bezug auf den Gesamtverlauf die Umkehrung der auf den S. 438÷491 behandelten Reaktionsart dar. Die Zwischenzustände, die hierbei durchschritten werden, sind an der thermischen Zersetzung des Nontronits von GEILMANN, KLEMM und MEISEL[1] untersucht worden. Der Nontronit ist ein natürlich vorkommendes Fe(II)-freies Eisen(III)-silicat von der Zusammensetzung $(Fe_2O_3 \cdot 3\ SiO_2 \cdot H_2O) \cdot 4\ H_2O$. Beim Erhitzen verliert das Mineral schon unterhalb 200° das Kristallwasser ($4\ H_2O$), zwischen 300° und 500° das Konstitutionswasser ($1\ H_2O$). Zwischen 800° und 1200° tritt dann der hier interessierende Vorgang $Fe_2O_3 \cdot 3\ SiO_2 \rightarrow Fe_2O_3 + 3\ SiO_2$ ein. Zur Aufklärung dieser Zersetzungsvorgänge wurden die magnetischen Suszeptibilitäten verschieden hoch vorerhitzter Präparate bei Zimmertemperatur gemessen. Die Ergebnisse sind in der Abb. 35 dargestellt. Auf der Abszisse ist die Temperatur der Vorbehandlung ($= t_1$), auf der Ordinate die Werte $\log \chi$ aufgetragen, wobei hier χ die auf 1 Fe-Atom bezogene magnetische Suszeptibilität bedeutet. Bis einschließlich $t_1 = 700°$ ist dieser Wert von der Feldstärke unabhängig (Paramagnetismus), oberhalb dieser Temperatur geben die geringelten Punkte die bei einer Feldstärke von 3700 Gauß und die voll gezeichneten Punkte die bei einer Feldstärke von 1000 Gauß gemessenen Werte; in diesem Gebiet sind die Präparate ferromagnetisch.

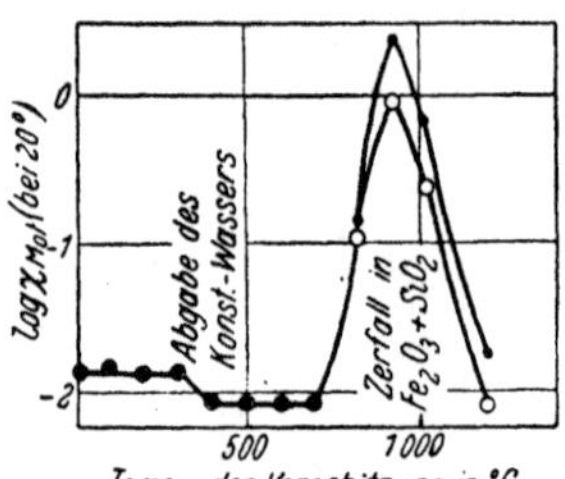

Abb. 35. Die Änderungen der magnetischen Suszeptibilitäten im Verlaufe der Zersetzuung des Nontronits.

„Man erkennt zunächst zwischen 300° und 400° einen geringen Abfall des Magnetismus, der mit der Abgabe des Konstitutionswassers zusammenhängt. Weiterhin findet man zwischen 800° und 1000° überraschenderweise nicht den erwarteten kontinuierlichen Abfall auf den Wert des α-Fe_2O_3, sondern sehr hohe feldstärkenabhängige Werte; erst nach dem Erhitzen auf noch höhere Temperaturen tritt der Wert des stabilen α-Fe_2O_3 auf. *Es müssen also bei der Zersetzung intermediär instabile Zwischenstufen von ferromagnetischem Charakter gebildet werden.*"

„Über die Natur dieser instabilen Zwischenstufen läßt sich einiges auf Grund der röntgenographischen Untersuchung aussagen. Eine der Zwischenphasen dürfte das ferromagnetische γ-Fe_2O_3 sein. Dieses ist zwar im freien Zustand bei diesen Temperaturen nicht mehr beständig, wird aber hier offensichtlich durch die Gitternachbarn stabilisiert. Außerdem scheinen aber noch weitere instabile Phasen aufzutreten; denn es sind — namentlich nach längerem Erhitzen — im Röntgendiagramm noch zahlreiche weitere Linien zu erkennen. Erst oberhalb 1000° beginnt das Diagramm des α-Fe_2O_3 aufzutreten."

Recht weitgehende Analogien dürfte dieser Vorgang mit der Zersetzung des gleichfalls im stabilen Zustand nicht existierenden Kaolins $Al_2O_3 \cdot 2\ SiO_2 \cdot 2\ H_2O$ bei allmählich ansteigender Temperatur haben. Indessen ist hier das Reaktionsziel nicht die Bildung der einzelnen Komponenten, sondern stabile Aluminiumsilicate, so daß dieser Vorgang unter einem anderen Reaktionstypus einzuordnen ist.

Da weitere, von den gleichen Gesichtspunkten wie diejenigen des Nontronits geleitete Untersuchungen bis jetzt fehlen, müssen einstweilen die folgenden Hinweise auf diesbezügliche Anhaltspunkte genügen:

GRUBE und HILLE[2] (Einfluß der Dissoziation metallischer Verbindungen auf die Spitzen der Leitfähigkeitsisothermen), DEHLINGER[3] (Theorie über Umwandlungsgeschwindigkeit von Metallen), NAESER[4] (Thermischer Zerfall von Fe_3C), O. KRAUSE

---

[1] W. GEILMANN, W. KLEMM, K. MEISEL: Naturwiss. **20** (1932), 639; C 32 II 2306.
[2] G. GRUBE, G. HILLE: Z. anorg. allg. Chem. **194** (1930), 179; C 31 I 886.
[3] U. DEHLINGER: Z. Physik **83** (1933), 832; C 33 II 1467.
[4] G. NAESER: Mitt. Kaiser-Wilhelm-Inst. Eisenforsch. Düsseldorf **16** (1934), 211; C 35 I 2336.

und JÄKEL[1] (System $MgO/Al_2O_3/SiO_2$), ZACHAROWA und TSCHIKIN[2] (Einphasiger und zweiphasiger Zerfall von festen Lösungen des Al/Mg), MOSKOWITSCH[3] (Kinetik der Zersetzungsprozesse und das Kettenproblem in der festen Phase), LACOMBE und CHAUDRON[4] (an der Zersetzung von festen Lösungen von Al/Mg werden deutliche Zwischenzustände mit maximalen Lösungsdrucken gezeigt), KONOBEJEWSKY und SACHAROWA[5] und SACHAROWA und KONOBEJEWSKY[6] (Zerfall der festen Lösungen von Cu/Al), SCHAUM[7] (Wirkung fester Keime bei Phasenspaltungen), BELONOGOW[8] (Zerfall der festen Lösungen von Pd/Cu), FORESTIER und REDSLOB[9] (Zersetzung von $CdFe_2O_4$), DEHLINGER[10] (Mechanismus von Ausscheidungen und Umwandlungen), BÉNARD[11] (Beständigkeit der festen Lösungen zwischen Eisen- und Kobaltoxyden), BECKER[12] (Keimbildung bei der Ausscheidung von metallischen Mischkristallen), VOLK, DANNÖHL und MASING[13] (Entmischungsvorgänge in Co/Cu/Ni-Legierungen im festen Zustand), MUIR[14] (Veränderungen im System Fe/C), ADADUROW und GERNET[15] (Ablauf der Reaktion $2\,FeAsO_4 \rightarrow Fe_2O_3 + As_2O_5$ in zwei Teilvorgängen), SCHWAB und SCHWAB-AGALLIDIS (Katalyse an Ag/Al-Legierungen bei der Entmischung).

Häufig verlaufen die Veränderungen von Legierungen entsprechend dieser Reaktionsart. Es sei diesbezüglich auf die Zusammenfassungen von C. WAGNER und KUNTZE[16] und insbesondere auf den Abschnitt „Entmischung von lückenlosen Mischkristallreihen" hingewiesen (vgl. auch bei MASING[17] die Ausführungen über die Temperaturabhängigkeit der Mischkristallgrenze, die Unterkühlbarkeit und über die Trägheit der Bildung der zweiten Phase). Mit der Kinetik des Zerfalls binärer Legierungen auf Grund eines vorwiegend klassischen Vorstellungskreises beschäftigen sich die Arbeiten von FINKELSTEIN[18] und in bezug auf den Austenitzerfall die Untersuchungen von AKULOV und STRUTINSKI[19]. Daß solche Vorgänge auf dem Wege über mannigfaltig gekennzeichnete Zwischenzustände ablaufen, beweisen die Untersuchungen von JENCKEL und ROTH[20], welche vor der Ausscheidung als Zwischenzustand die Bildung einer in einer Sammlung von Fremdatomen bestehenden neuen Phase annehmen, ferner die Ergebnisse von SAMANS[21], die im Verlaufe einer „Fällung aus festen Lösungen" sieben verschiedene Zwischenzustände unterscheiden, und die Beobachtungen von H. G. MÜLLER[22] über anomale Änderungen physikalischer Eigenschaften bei dem heterogenen Zerfall übersättigter Fe/Ni/Cu-Legierungen.

---

[1] O. KRAUSE, E. JÄKEL: Ber. dtsch. keram. Ges. **15** (1934), 485; C 35 I 2578.
[2] M. J. ZACHAROWA, W. K. TSCHIKIN: Z. Physik **95** (1935), 769; C 35 II 2776.
[3] S. M. MOSKOWITSCH: Uspechi Chimii **3** (1934), 752; C 35 II 3352.
[4] P. LACOMBE, G. CHAUDRON: C. R. hebd. Séances Acad. Sci. **202** (1939), 1790; C 36 II 942.
[5] S. KONOBEJEWSKY, M. SACHAROWA: Metallwirtsch., Metallwiss., Metalltechn. **15** (1936), 412; C 36 II 1681.
[6] M. J. SACHAROWA, W. T. KONOBEJEWSKY: J. techn. Physics **5** (1935), 1134; C 37 I 289.
[7] K. SCHAUM: Z. wiss. Photogr., Photophysik, Photochem. **35** (1936), 238; C 37 I 1097.
[8] P. S. BELONOGOW: Metallurgist **11** (1936), 92; C 37 I 2108.
[9] H. FORESTIER, F. REDSLOB: C. R. hebd. Séances Acad. Sci. **203** (1936), 1160; C 37 I 1651.
[10] U. DEHLINGER: Arch. Eisenhüttenwes. **10** (1936), 101; C 37 I 2104.
[11] J. BÉNARD: C. R. hebd. Séances Acad. Sci. **203** (1936), 1356; C 37 I 3616.
[12] R. BECKER: Ann. Physik (5) **32** (1938), 128; C 38 II 656.
[13] K. E. VOLK, W. DANNÖHL, G. MASING: Z. Metallkunde **30** (1938), 113; C 38 II 1005.
[14] J. MUIR: J. Roy. techn. Coll. **3** (1934), 205; C 34 II 3232.
[15] J. E. ADADUROW, D. W. GERNET: Chem. J. Ser. W, J. physik. Chem. **3** (1932), 507; C 33 II 3380.
[16] C. WAGNER, W. KUNTZE: Thermodynamik metallischer Mehrstoffsysteme usw. Leipzig: Akad. Verl.-Ges., 1940; C 41 I 1519.
[17] G. MASING: Z. Metallkunde **31** (1939), 238; C 40 I 2766.
[18] B. N. FINKELSTEIN: J. exp. theoret. Physik **10** (1940), 341; C 40 II 3307.
[19] N. S. AKULOV, N. J. STRUTINSKI: J. Physics (Moskau) **3** (1940), 35; C 41 I 3192.
[20] E. JENCKEL, L. ROTH: Z. Metallkunde **30** (1938), 135; C 38 II 1186.
[21] C. H. SAMANS: Metals Technol. **7** (1940), Nr. 3, Techn. Publ. Nr. 1186; C 40 II 3153.
[22] H. G. MÜLLER: Kolloid-Z. **96** (1941), 11; C 42 II 2669.

Ein weiteres großes Gebiet, welches von dieser Reaktionsart beherrscht wird, gehört der Silicatchemie, insbesondere den Entglasungserscheinungen an. So beschreiben beispielsweise Thilo und Schwarz[1] einen Vorgang $3\ Al_2(Si_4O_{10})O \rightarrow 3\ Al_2O_3 \cdot 2\ SiO_2 + 10\ SiO_2$. Bezüglich der Entglasungsvorgänge sei auf die zusammenfassende Darstellung von Eitel[2] hingewiesen, wobei ganz besonders die Fälle hier interessieren, bei welchen die Entglasung zu im Ungleichgewicht befindlichen Kristallarten führt. Mit der Untersuchung der Entglasungsvorgänge in einem Natron-Kalk-Magnesia-Kieselsäure-Tafelglas befaßt sich Preston[3].

Die grundsätzlichen Fragen der Thermodynamik und die konstitutiven Bestimmungsstücke behandeln die Arbeiten von Lassettre und Howe[4], Schenck[5] und Lifschitz[6]. Ein hierher gehöriger Vorgang ist auch die Disproportionierung eines festen elektrischen Leiters als Folge eines Durchganges von Gleichstrom (vgl. hierzu Manning und Bell[7]).

3. *A* starr + *B* flüssig → *AB* starr.

Beispiele für diese Reaktionsart sind $Fe + S$ flüssig $\rightarrow FeS$ oder $MnCl_2 + 6\,NH_3$ flüssig $\rightarrow Mn(NH_3)_6Cl_2$ und zahlreiche Hydratationsvorgänge. Von diesen ist die Bildung von Oxydhydraten aus Metalloxyd und flüssigem Wasser vielfach untersucht worden (Fricke und Hüttig[8]). Nach V. Kohlschütter[9] ist die Reaktion zwischen CaO und H_2O flüssig (Kalklöschen) ein ausgesprochen „*morphologisch*-chemischer" Vorgang, bei welchem der physikalische Mechanismus der Reaktionen die Erscheinungsform bestimmt und die rein chemischen Vorgänge beeinflussen kann; jedenfalls hat auch bei dem gleichen CaO-Präparat der praktisch erreichbare Endzustand bei gleicher analytisch chemischer Zusammensetzung andere Eigenschaften, wenn man mit flüssigem und nicht mit dampfförmigem Wasser hydratisiert; von reaktionskinetischen Gesichtspunkten aus ist der Prozeß des Kalklöschens von Aono[10] studiert worden. Unter den die Salze betreffenden Hydratationen gehört wohl das größte Interesse und die bisher ausführlichste Untersuchung der Hydratation von Zementen an (zusammenfassende Darstellung bei W. Eitel: loc. cit., S. 745ff.); auch hier mögen mannigfache Zwischenzustände, insbesonders solche kolloider Natur durchschritten werden. Schließlich sind hier auch die Quellungserscheinungen einzuordnen (Zusammenfassung der Grundphänomene bei Wo. Ostwald[11]; vgl. die modellmäßigen Betrachtungen z. B. bei Hermans[12]).

4. *AB* starr → *A* starr + *B* flüssig.

Beispiele hierfür sind $CaCl_2 \cdot 6\ H_2O \rightarrow CaCl_2 \cdot 4\ H_2O + 2\ H_2O$ flüssig, ferner $x As_2O_5 \cdot 4\ H_2O$ starr $\rightarrow As_2O_5 \cdot 1{,}67\ H_2O$ starr + flüssige Phase, weiter die Erscheinungen der Entquellung, Thixotropie und anderer Arten der Wasserabspaltung.

[1] E. Thilo, U. Schwarz: Ber. dtsch. chem. Ges. **74** (1941), 196; C 41 I 1797.

[2] W. Eitel: Physikalische Chemie der Silicate. Leipzig: J. A. Barth, 1941; C 41 I 1656.

[3] E. Preston: J. Soc. Glass Technol. **24** (1940), 139; C 41 I 2632.

[4] E. N. Lassettre, J. P. Howe: J. chem. Physics **9** (1941), 801; C 42 I 3169.

[5] R. Schenck, P. von der Forst: 3. Mittlg.: Z. anorg. allg. Chem. **249** (1942), 76; C 42 I 2493.

[6] I. Lifschitz: J. exp. theoret. Physik **9** (1939), 500; C 40 II 3307.

[7] M. F. Manning, N. E. Bell: Rev. mod. Physics **10** (1940), 520; C 41 I 495.

[8] R. Fricke, G. F. Hüttig: Handbuch der allg. Chemie. Bd. **9**: Hydroxyde und Oxydhydrate. Leipzig: Akad. Verlagsges., 1937; C 37 I 2343.

[9] V. Kohlschütter: Z. Elektrochem. angew. physik. Chem. **26** (1920), 181; C 20 IV 37.

[10] T. Aono: Bull. chem. Soc. Japan **6** (1931), 294; C 32 I 1349.

[11] Wo. Ostwald: Kolloid-Z. **75** (1936), 39; C 37 I 3771.

[12] P. H. Hermans: Kolloid-Z. **97** (1941), 231; C 42 II 261.

5. *A* starr + *B* gasförmig → *AB* starr.

Spielart a) Das Kristallgitter der Phase *AB* starr unterscheidet sich diskontinuierlich von dem Kristallgitter der Phase *A*, so daß im Verlaufe dieses Vorganges stets zwei feste Phasen vorliegen. Beispiele hierfür sind $3\,Fe + 2\,O_2 \rightarrow Fe_3O_4$ oder $CaO + CO_2 \rightarrow CaCO_3$. Für die Vereinigung der Metalle mit Sauerstoff, Stickstoff, Halogenen und Schwefel gibt C. WAGNER[1] eine theoretisch geordnete Darstellung des Beobachtungsmaterials. Mit dem Mechanismus solcher Vorgänge befassen sich auch ZAWADZKI und BRETSZNAJDER[2]. Von neuen Arbeiten seien genannt diejenigen von: MONTIGNIE[3] (Cu/J), AONO[4] (CaC_2/N_2) und QUARTAROLI und BELFIORI[5] (MgO/H_2O).

Spielart b) Der Zustand *A* starr geht kontinuierlich in den Zustand *AB* starr über. Beispiele hierfür sind die Aufnahme von Wasserdampf durch Zeolithe, ferner $4\,Fe_3O_4 + O_2 \rightarrow 6\,Fe_2O_3$ reguläre Pseudostruktur (BAUDISCH und WELO[6]), weiter die topochemische Oxydation einiger basischer Salze des Kobalts (FEITKNECHT[7]). Ein derartiger Vorgang liegt auch immer dann vor, wenn ein Gas in ein Kristallgitter eindringt (eindiffundiert), ohne dieses diskontinuierlich zu ändern. Eine Übersicht über die Erscheinungen der Gasdurchlässigkeit von Metallen gibt FAST[8]; in neuester Zeit befassen sich mit dem Durchgang der Gase durch feste Stoffe die Arbeiten von JAGITSCH[9] (Diffusion von Edelgasen), BARRER[10] (stationärer und nicht stationärer Zustand des Durchganges von Wasserstoff durch Pd und Fe) und von HAM[11]. Häufig wird diese Art der Diffusion bei Überschreitung eines bestimmten Schwellenwertes der Gaskonzentration in dem Gitter zu der Ausbildung einer neuen, diskontinuierlich entstandenen zweiten Phase führen; dies ist bei dem System Pd/H (SMITH[12]), Ti/O und Zr/O (EHRLICH[13]) der Fall.

Die allgemeinen Ausführungen über die Fremddiffusionen in Gittern auf S. 442 bis 446 sind natürlich sinngemäß auf die entsprechenden Vorgänge bei der vorliegenden Reaktionsart übertragbar. Mit den hierbei auftretenden Zwischenzuständen befassen sich Arbeiten von V. KOHLSCHÜTTER[14]. Eine Reihe von Sammelreferaten hat FISCHBECK[15] veröffentlicht. Von den Originalarbeiten der letzten Jahre seien die folgenden herausgegriffen: FAST[16] (Einwirkung von Gasen auf feste Metalle), FEITKNECHT[17] (Oxydation mit molekularem Sauerstoff), BRUNT[18] (Reaktionen zwischen Gasen und festen Stoffen), MISCIATELLI[19] (Hydratation von

---

[1] C. WAGNER: Trans. Faraday Soc. **34** (1938), 851; C 40 II 1102.
[2] J. ZAWADZKI, S. BRETSZNAJDER: Z. physik. Chem., Abt. B **40** (1938), 158; C 38 II 1897.
[3] E. MONTIGNIE: Bull. Soc. chim. France, Mém. (5) **8** (1941), 202; C 41 II 1260.
[4] T. AONO: Bull. chem. Soc. Japan **16** (1941), 106; C 42 II 2619.
[5] A. QUARTAROLI, O. BELFIORI: Ann. Chim. applicata **32** (1942), 37; C 42 II 988.
[6] O. BAUDISCH, L. A. WELO: Chemiker-Ztg. **49** (1925), 661; C 25 II 1580.
[7] W. FEITKNECHT: Helv. chim. Acta **24** (1941), 694; C 41 II 2171.
[8] J. D. FAST: Philips' techn. Rdsch. **6** (1941), 369; C 42 II 629; Chem. Weekbl. **38** (1941), 2; C 41 II 859.
[9] R. JAGITSCH: IVA **1941**, 41; C 42 I 711.
[10] R. M. BARRER: Trans. Faraday Soc. **36** (1940), 1235; C 42 II 504.
[11] W. R. HAM: Bull. Amer. physic. Soc. **14** (1939), Nr. 2, 34; C 41 I 336.
[12] D. P. SMITH: Trans. electrochem. Soc. **78** (1940), Preprint 5; C 41 I 1263.
[13] P. EHRLICH: J. anorg. allg. Chem. **247** (1941), 53; C 41 II 1836.
[14] V. KOHLSCHÜTTER: Helv. chim. Acta **15** (1932), 1425; C 33 I 890.
[15] K. FISCHBECK: Z. Elektrochem. angew. physik. Chem. **39** (1933), 316; C 33 II 325.
[16] J. D. FAST: Chem. Weekbl. **37** (1940), 342; C 41 I 494.
[17] W. FEITKNECHT: Helv. chim. Acta **24** (1941), 676; C 41 II 2170.
[18] N. A. BRUNT: Chem. Weekbl. **37** (1940), 426; C 41 I 1125.
[19] P. MISCIATELLI: Atti X Congr. int. Chem., Roma **2** (1938), 731; C 41 I 1011.

Thoriumsalzen verfolgt durch ihr Emaniervermögen und die magnetische Suszeptibilität), ROITER und RADTSCHENKO[1] (Kinetik), HERRMANN[2] (Mechanismus der Oxydschichtbildung auf Aluminiumanoden) und Bamag-Meguin A. G.[3] (Reaktionen zwischen Gasen und pulverförmigen Stoffen).

Auch bei diesem Reaktionstypus wurden die kinetischen Untersuchungen von TAMMANN angebahnt (z. B. TAMMANN und KÖSTER[4], SCHRÖDER und TAMMANN[5]). Zusammenfassende Sammelreferate gibt FISCHBECK[6] (vgl. auch FISCHBECK[7], FISCHBECK und SCHNAIDT[8], FISCHBECK und SALZER[9] und NEUNDEUBEL[10]). Der Verlauf dieser Vorgänge ist mit Hilfe der Emaniermethode verfolgt worden von MUMBRAUER[11], demzufolge die Adsorption von Wasserdampf an aktive Oxyde ein starkes Ansteigen, diejenige von Kohlendioxyd ein starkes Absinken des Emaniervermögens bewirkt, und von JAGITSCH[12] in bezug auf die Bewässerung von Magnesiumoxyd. Mit den Vorgängen der Aufnahme von Kohlendioxyd, Wasserdampf, Schwefeldioxyd u. a. durch Metalloxyde befassen sich die Arbeiten von AONO[13], BRETSZNAJDER[14], EITEL, WEYL und CHESTER[15], ISHIKAWA und SANO[16], ILINSKI[17], ZAWADSKI und ULINSKA[18], BRADLEY, GRIM und CLARK[19], LEFOL[20] u. a. Die Aufnahme von Wasserdampf durch Magnesiumsulfat wird von MIKULINSKI und RUBINSTEIN[21] in zwei aufeinanderfolgende Vorgänge zerlegt, in die reinen Oberflächen- und in die Gittervorgänge. Mit der Vereinigung der Metalle mit Sauerstoff, Schwefeldampf, Stickstoff und den Halogenen befassen sich die Untersuchungen von LEMARCHANDS und JACOB[22] (chemische Trägheit), ARCHAROW[23], ROTHER und BOMKE[24] (Cu_2O, Sperrschichtzellen), ANTROPOFF und KLINGEBIEL[25],

---

[1] W. A. ROITER, W. A. RADTSCHENKO: J. physik. Chem. **13** (1939), 896; C 41 I 326.

[2] W. HERRMANN: Wiss. Veröff. Siemens-Werke, Werkstoffsonderheft **1940**, 188; C 41 I 3055.

[3] Bamag-Meguin A. G.: F. P. 857494 vom 7. 7. 1939; C 41 I 554.

[4] G. TAMMANN, W. KÖSTER: Z. anorg. allg. Chem. **123** (1922), 196; C 23 III 188.

[5] E. SCHRÖDER, G. TAMMANN: Z. anorg. allg. Chem. **128** (1923), 179; C 24 I 880.

[6] K. FISCHBECK: Z. Elektrochem. angew. physik. Chem. **39** (1933), 316; C 33 II 325; **44** (1938), 513; C 38 II 2550.

[7] K. FISCHBECK: Z. Elektrochem. angew. physik. Chem. **40** (1934), 378; C 34 II 2947; **37** (1931), 593; C 31 II 1840.

[8] K. FISCHBECK, K. SCHNAIDT: Z. Elektrochem. angew. physik. Chem. **38** (1932), 769; C 32 II 3355.

[9] K. FISCHBECK, F. SALZER: Z. Elektrochem. angew. physik. Chem. **41** (1935), 158; C 35 I 3096.

[10] K. FISCHBECK, L. NEUNDEUBEL, F. SALZER: Z. Elektrochem. angew. physik. Chem. **40** (1934), 517; C 34 II 2947.

[11] R. MUMBRAUER: Z. physik. Chem., Abt. B **36** (1937), 20; C 37 II 3274.

[12] R. JAGITSCH: Z. physik. Chem., Abt. A **181** (1938), 215; C 38 I 3316.

[13] T. AONO: Bull. chem. Soc. Japan. **6** (1931), 294, 319; C 32 I 1349.

[14] S. BRETSZNAJDER: Roczniki Chem. **12** (1932), 799; C 33 I 892.

[15] W. EITEL, W. WEYL, G. H. CHESTER: Angew. Chem. **46** (1933), 69.

[16] F. ISHIKAWA, K. SANO: Sci. Rep. Tôhoku Imp. Univ. **23** (1934), 129; C 34 II 1103.

[17] M. ILINSKI: Roczniki Chem. **14** (1936), 857; C 36 I 973.

[18] J. ZAWADSKI, A. ULINSKA: Bull. int. Acad. polon. Sci. Lettres, Cl. Sci. math. natur., Ser. A **1938**, 62; C 38 II 647.

[19] W. F. BRADLEY, R. E. GRIM, G. L. CLARK: Z. Kristallogr., Mineral., Petrogr. **97** (1937), 216; C 37 II 4297.

[20] J. LEFOL: Sur l'hydratation des aluminates des sels doubles du silicate et du sulfate de calcium. Soc. Gen. d'Imprimerie et d'Edition; C 37 II 4300.

[21] A. S. MIKULINSKI, R. J. RUBINSTEIN: J. physik. Chem. **9** (1937), 431; C 38 I 3895.

[22] M. LEMARCHANDS, M. JACOB: C. R. hebd. Séances Acad. Sci. **195** (1932), 380; C 33 I 1072; Bull. Soc. chim. France (5) **2** (1935), 479; C 35 II 2622.

[23] W. J. ARCHAROW: Chem. J. Ser. W, J. physik. Chem. **2** (1931), 102; C 33 I 1239; J. techn. Physik **7** (1937), 1584; C 38 I 1308.

[24] F. ROTHER, H. BOMKE: Z. Physik **81** (1933), 771; C 33 I 3683.

[25] A. v. ANTROPOFF, H. KLINGEBIEL: Z. physik. Chem., Abt. A **167** (1933), 62; C 34 I 651.

STEINHEIL[1] (Wachstum dünner Oxydschichten auf Metallen), MONGAN[2] (Al/O_2), MARINESCU[3] (Oxydation an der Anode), CONSTABLE[4] (Wärmefluß während der Oberflächenbildung), ROLL und PULEWKA[5] (Reiboxydation), NOGAREDA[6] (Oberflächenreaktionen Platin/Jod), REINHOLD und SEIDEL[7] (Ag/S), SSOWS[8] (Fe/O_2), MILEY[9] (Fe/O_2), CZERSKI[10] (Cu/O_2; Fe/O_2), BIRCUMSHAW und PRESTON[11] (Pb/O_2), PRICE[12] (Zusammenfassung), V. KOHLSCHÜTTER[13] (Carbonatisierung von Bleioxyd); JORISSEN[14] (langsame Oxydation auch unter Einfluß von Katalysatoren u. v. a.).

Die Frage nach der Aufklärung des „Mechanismus" steht bei den folgenden Arbeiten im Vordergrund: C. WAGNER[15] (Elementarvorgänge bei der Bildung von Metalloxyd aus Metall und Sauerstoff sowie bei verwandten Reaktionen), VALENSI[16] (Kinetik der Bildung von Metalloxyden), TAYLOR und LANGMUIR[17] (dünne Schichten von Sauerstoff oder Cäsium auf Wolfram), DELAVAULT[18] (Bildung von Metalloxyden) und ENDÔ[19] (Fe/O_2); REINHOLD und MÖHRING[20] (Theorie des Anlaufvorganges). Insbesondere findet man eine ausführliche Darstellung des heutigen Standes der Theorie solcher Vorgänge in W. JOST: Diffusion und Reaktion in festen Stoffen. Dresden und Leipzig. 1937; vgl. auch die allgemeinen Untersuchungen über die Oxydation von WIELAND[21] und über die photosensibilisierte Oxydation von KAUTSKY[22].

Solange der neu entstehende feste Stoff AB in dünner Schicht auf dem festen Stoff A aufgewachsen ist, kann er sowohl in bezug auf die Gitterdimensionen, wie sogar auf den Gittertypus durch die Netzebene der Unterlage „orientiert" werden. So konnten FINCH und QUARRELL[23] zeigen, daß dünne Filme von Aluminium auf Platin, von Magnesiumoxyd auf Magnesium und von Zinkoxyd auf Zink orientiert sind, in welch letzterem Fall die Basisdimensionen des Zinkoxyds gleich denjenigen des Zinks werden. THIESSEN und SCHÜTZA[24] fanden, daß die auf Kupfereinkristallen entstehende Schicht von Cu_2O durch die Oktaeder- und Dodekaederflächen im Sinne der Unterlagen orientiert wird, wogegen auf der Würfelfläche des Kupfers die Oktaederfläche des Cu_2O aufwächst; mit dem gleichen Gegenstand befaßt sich YAMAGUTI[25]. Auf metal-

[1] A. STEINHEIL: Ann. Physik (5) **19** (1934), 465; C 34 II 1892.
[2] CH. MONGAN: Helv. physica Acta **7** (1934), 482; C 34 II 2169.
[3] M. MARINESCU: Bull. Soc. romane Fiz. **35** (1933), 135; C 34 II 2188.
[4] F. H. CONSTABLE: Nature (London) **134** (1934), 100; C 34 II 3585.
[5] F. ROLL, W. PULEWKA: Z. anorg. allg. Chem. **221** (1934), 177; C 35 I 2727.
[6] C. NOGAREDA: An. Soc. españ. Fisica Quím. **32** (1934), 658; C 35 II 795.
[7] H. REINHOLD, H. SEIDEL: Z. Elektrochem. angew. physik. Chem. **41** (1935), 499; C 36 I 496.
[8] J. J. SSOWS: J. physik. Chem. **6** (1935), 747; C 36 II 1123.
[9] H. A. MILEY: Iron Steel Inst., Carnegie Scholarship Mem. **25** (1936), 197; C 37 II 3140.
[10] L. CZERSKI: Roczniki Chem. **17** (1937), 436; C 38 II 279.
[11] L. L. BIRCUMSHAW, G. D. PRESTON: Philos. Mag. J. Sci. (7) **25** (1938), 769; C 38 II 1370.
[12] L. E. PRICE: Chem. and Ind. **56** (1937), 769; C 38 I 541.
[13] V. KOHLSCHÜTTER: Helv. chim. Acta **15** (1932), 1425; C 33 I 890.
[14] W. P. JORISSEN: Inst. int. Chim. Solvay, Cons. Chim. **5** (1935), 89; C 35 II 3626.
[15] C. WAGNER: Angew. Chem. **49** (1936), 735; C 37 I 271.
[16] G. VALENSI: C. R. hebd. Séances Acad. Sci. **203** (1936), 1252; C 37 I 1879; **203** (1936), 1354; C 37 I 2535; **201** (1935), 602; C 36 I 497.
[17] J. B. TAYLOR, J. LANGMUIR: Bull. Amer. physic. Soc. **11** (1936), Nr. 2, 27; C 37 I 2747.
[18] R. DELAVAULT: C. R. hebd. Séances Acad. Sci. **199** (1934), 580; C 35 I 660.
[19] K. ENDÔ: Sci. Rep. Tôhoku Imp. Univ., Ser. I **26** (1938), 562; C 38 II 1538.
[20] H. REINHOLD, H. MÖHRING: Z. physik. Chem., Abt. B **28** (1935), 178; C 35 II 1125.
[21] H. WIELAND: Inst. int. Chim. Solvay Cons. Chim. **5** (1935), 67; C 35 II 3626; Über den Verlauf der Oxydationsvorgänge. Stuttgart: F. Enke, 1933; C 33 I 3409.
[22] H. KAUTSKY: Ber. dtsch. chem. Ges. **66** (1933), 1588; C 33 II 3243.
[23] G. J. FINCH, A. G. QUARRELL: Nature (London) **131** (1933), 877; C 33 II 3390; Proc. physic. Soc. **46** (1934), 148; C 34 II 1418.
[24] P. A. THIESSEN, H. SCHÜTZA: Z. anorg. allg. Chem. **233** (1937), 35; C 37 II 1142.
[25] T. YAMAGUTI: Proc. physic.-math. Soc. Japan (3) **20** (1938), 230; C 38 II 262.

lischem Aluminium kann sich nach den Ergebnissen von VERWEY[1] (vgl. auch TANAKA und KANO[2]) kubisches Al_2O_3 und auf metallischem Eisen kann sich nach den Ergebnissen von DANKOW[3] kubisches Fe_2O_3 bilden; mit der „orientierten Oxydation" befassen sich ferner die Arbeiten von BURGERS und PLOOS VAN AMSTEL[4] (Ba/O_2), MEHL, CANDLESS und RHINES[5] (vgl. auch PRESTON[6]). Orientierte Aufwachsung von Silberhalogeniden auf Silber (und aufeinander) findet SCHWAB[7].

Umgekehrt kann auch das von dem festen Körper aufgenommene Gas die Gitterdimensionen der festen Unterlage verändern, wie KRÜGER und GEHM[8] und ROSENHALL[9] bei der Aufnahme von Wasserstoff durch Palladium gezeigt haben. HÜTTIG und ZÖRNER[10] wiesen nach, daß bei der Oxydation des $Fe(OH)_2$ durch elementaren Sauerstoff zu $Fe_2O_3 \cdot H_2O$ dem Sauerstoff ebenfalls eine orientierende Wirkung zukommt, indem hier das kristallisierte Nadeleisenerz entsteht, wogegen bei der Verwendung anderer Oxydationsmittel, namentlich in flüssigem Medium, amorphe Oxydationsprodukte resultieren.

Häufig stellt eine solche Addition (nicht nur einer gasförmigen Komponente) eine thermodynamische Stabilisierung des festen Stoffes dar (W. BILTZ[11], S. 561).

6. AB starr → A starr + B gasförmig.

a) Verlauf ohne Berücksichtigung der Zwischenzustände.

Bei einem Vorgang AB starr → A starr + B gasförmig (z. B. $MgCO_3 \rightarrow MgO + CO_2$) liegen dann die übersichtlichsten Verhältnisse vor, wenn alle Moleküle des Aggregats AB die gleiche Zerfallswahrscheinlichkeit haben. Wird dieser Vorgang isotherm und unter Ausschaltung der Gegenreaktion geleitet, so muß die Geschwindigkeit des Zerfalls

$$= -\frac{dn}{d\tau} = kn \qquad (1)$$

sein, wobei n die Anzahl Mole des zum Zeitpunkt τ noch vorhandenen unzersetzten Stoffes A bedeutet und k die Geschwindigkeitskonstante darstellt. In der Tat konnten CENTNERSZWER und Mitarbeiter die Ergebnisse ihrer frühesten (immer bei konstanter Temperatur und konstantem Druck ausgeführten) Versuche durch eine derartige, einen Verlauf erster Ordnung beschreibende Gleichung wiedergeben, so z. B. bei dem Zerfall von $MgCO_3$ (CENTNERSZWER und BRUŽS[12], vgl. auch TOPLEY und HUME[13] und die Darstellung bei SCHWAB[14]), wo auch aus der Größe des Temperaturgradienten der Geschwindigkeitskonstante geschlossen wurde, daß der langsamste Teilvorgang keine Diffusion,

---

[1] E. J. W. VERWEY: Z. Kristallogr., Mineral., Petrogr. **91** (1935), 317; C 36 I 963.
[2] K. TANAKA, H. KANO: Mem. Coll. Sci., Kyoto Imp. Univ., Ser. A **21** (1938), 1; C 38 II 262.
[3] P. D. DANKOW: C. R. Acad. Sci. URSS, Ser. A **2** (1934), 556; C 35 II 1507.
[4] W. G. BURGERS, J. J. A. PLOOS VAN AMSTEL: Physica **3** (1936), 1057; C 37 II 187.
[5] R. F. MEHL, E. L. M. CANDLESS, F. N. RHINES: Nature (London) **1934,** 1009; C 35 I 3886.
[6] G. D. PRESTON: Philos. Mag. J. Sci. (7) **17** (1934), 466; C 34 I 2249.
[7] G.-M. SCHWAB: Z. physik. Chem., Abt. B **51** (1942), 245.
[8] F. KRÜGER, G. GEHM: Ann. Physik (5) **16** (1933), 190; C 33 I 2507.
[9] G. ROSENHALL: Ann. Physik (5) **18** (1933), 150; C 33 II 3390.
[10] G. F. HÜTTIG, A. ZÖRNER: 23. Mittlg.: Z. Elektrochem. angew. physik. Chem. **36** (1930), 259, 267; C 30 II 1513.
[11] W. BILTZ: Nachr. Ges. Wiss. Göttingen, math.-phys. Kl. **1925**; C 26 II 857; Z. anorg. allg. Chem. **166** (1927), 275; C 27 II 2656.
[12] M. CENTNERSZWER, B. BRUŽS: Z. physik. Chem. **115** (1925), 365; C 25 II 512.
[13] B. TOPLEY, J. HUME: Proc. Roy. Soc. (London), Ser. A **120** (1928), 211; C 28 II 1738.
[14] G.-M. SCHWAB: Katalyse vom Standpunkt der chemischen Kinetik, S. 222. Berlin: Springer, 1931; C 31 II 815.

sondern ein echter chemischer Vorgang ist. Bei der Verbreiterung der experimentellen Grundlage wurden nicht immer nach anderen Methoden bewiesene Ergänzungen notwendig. So wurde zur Erklärung der „Inkubationsperiode“ die Annahme gemacht, daß der Ausgangskörper *AB* in zwei Modifikationen, nämlich einer zersetzlichen und einer unzersetzlichen vorliegen kann (z. B. CENTNERSWER und BRUŻS[1] in bezug auf $CdCO_3$), daß sich „Zwischenverbindungen“ bilden (z. B. CENTNERSZWER und BRUŻS[2] in bezug auf Ag_2CO_3) und daß im Zusammenhang mit solchen Erscheinungen der Gesamtverlauf in Teilvorgänge zu zerlegen ist (z. B. CENTNERSWER und AWERBUCH[3]), welcher Weg (vgl. z. B. BLUMENTHAL[4], CENTNERSZWER und CHECIŃSKI[5]) über die Vorstellung von der Bildung fester Lösungen zwischen dem Ausgangsprodukt und der im Abbau entstehenden festen Phase zu Versuchsergebnissen führte (z. B. BLUMENTHAL[6]), denen keinesfalls mehr eine Reaktion erster Ordnung zugrunde gelegt werden konnte und für welche der Ort der Reaktion in der Kristalloberfläche angenommen werden mußte.

ROGINSKY und SCHULZ[7] und unabhängig hievon HÜTTIG, MELLER und LEHMANN[8] haben innerhalb weiter Zersetzungsintervalle die Gültigkeit einer Beziehung für die Zerfallsgeschwindigkeit

$$-\frac{dn}{d\tau} = k \cdot n^{\frac{2}{3}} \tag{2}$$

festgestellt. (Vgl. auch SPENCER und TOPLEY[9], LEWIS[10], TOPLEY und HUME[11] und SCHWAB[12].) Das bedeutet, daß der Zerfall an der Oberfläche des Körpers *AB* beginnt und linear mit gleichförmiger Geschwindigkeit gegen das Innere fortschreitet. Solche Zersetzungsversuche wurden im Vakuum beispielsweise mit Zinkcarbonat und Zinkoxalat ausgeführt (HÜTTIG und LEHMANN[13]). Im Einklang damit haben MELLER und HÜTTIG[14] festgestellt, daß sich im Verlauf der Zersetzung von Zinkcarbonat die Sorptionseigenschaften gegenüber gelösten Farbstoffen nicht mehr ändern, sobald etwa 10% des im Bodenkörper enthaltenen Kohlendioxyds ausgetrieben sind; anders ist das Verhalten gegenüber den tiefer in das Innere eindringenden Gasen.

HÜTTIG, STEFFEL und HNEVKOVSKY[15] stellten fest, daß die Entwässerung eines nach KOHLSCHÜTTER topochemisch hergestellten Aluminiumoxydhydrates

---

[1] M. CENTNERSZWER, B. BRUŻS: Z. physik. Chem. **119** (1926), 405; C 26 II 323.
[2] M. CENTNERSZWER, H. BRUŻS: Z. physik. Chem. **123** (1926), 111; C 26 II 2375.
[3] M. CENTNERSZWER, A. AWERBUCH: Z. physik. Chem. **123** (1926), 127; C 26 II 2375.
[4] M. BLUMENTHAL: J. Chim. physique **31** (1934), 489; C 35 II 797.
[5] M. CENTNERSZWER, T. CHECIŃSKI: Bull. int. Acad. polon. Sci. Lettres, Cl. Sci. math. natur., Ser. A **1935**, 156; C 35 II 3352.
[6] A. BLUMENTHAL: J. Chim. physique **34** (1937), 627; C 38 II 7.
[7] S. ROGINSKY, E. SCHULZ: Z. physik. Chem., Abt. A **138** (1928), 21; C 29 I 600.
[8] G. F. HÜTTIG, A. MELLER, E. LEHMANN: Z. physik. Chem., Abt. B **19** (1932), 1; C 32 II 3663.
[9] W. D. SPENCER, B. TOPLEY: J. chem. Soc. (London) **1929**, 2633; C 30 II 4.
[10] G. N. LEWIS: Z. physik. Chem. **52** (1905), 310; C 05 II 450.
[11] B. TOPLEY, J. HUME: Proc. Roy. Soc. (London), Ser. A **120** (1928), 211; C 28 II 1738.
[12] G.-M. SCHWAB: Katalyse vom Standpunkt der chemischen Kinetik, S. 223. Berlin: Springer, 1931; C 31 II 815.
[13] G. F. HÜTTIG, E. LEHMANN: 57. Mittlg.: Z. physik. Chem., Abt. B **19** (1932), 420; C 33 I 2906.
[14] A. MELLER, G. F. HÜTTIG: 65. Mittlg.: Z. physik. Chem., Abt. B **21** (1933), 382; C 33 II 1828.
[15] G. F. HÜTTIG, O. STEFFEL, O. HNEVKOVSKY: 79. Mittlg.: Kolloid-Z. **68** (1934), 178; C 35 I 2486.

von der Zusammensetzung des Ausgangspräparates $Al_2O_3 \cdot 34\, H_2O$ bis zu der Zusammensetzung $Al_2O_3 \cdot 6\, H_2O$ nach den Beziehungen

$$-\frac{dn}{d\tau} = k \cdot n^0 \tag{3}$$

oder

$$-\frac{dn}{d\tau} = k \cdot n^{\frac{1}{3}} \tag{4}$$

stattfindet, und daß dann nahezu die gesamten noch vorhandenen 6 Wassermoleküle nach der ersten Ordnung [vgl. Gl. (1)] austreten.

Jede dieser Reaktionsordnungen entspricht einer bestimmten modellmäßigen Vorstellung, und zwar die nullte Ordnung einem Verdampfen an einer Oberfläche von konstant bleibender Größe, die Eindrittel-Ordnung einem Diffusionsvorgang, die Zweidrittel-Ordnung einem Fortschreiten der Reaktion der Oberfläche gegen das Innere und die erste Ordnung einem monomolekularen, alle Moleküle mit der gleichen Wahrscheinlichkeit erfassenden Zerfall. Demnach sind die Größe, die Form und die Wandlungen der zwischen den beiden festen Phasen (*AB* bzw. *A*) liegenden Grenzflächen sehr verschieden, je nach der Reaktionsordnung, nach welcher der Zerfall stattfindet (vgl. S. 499).

Mit der Kinetik dieses Reaktionstyps haben sich in den letzten Jahren auch die folgenden Arbeiten befaßt: HACKSPILL und KIEFFER[1] (Oxydhydrate und Salzhydrate), BITO, AOYAMA und MATSUI[2] ($CaCO_3$), NARAYANA und WATSON[3] ($CdCO_3$), IZMAILOV[4] (Theorie der topochemischen Reaktionen), KRUSTINSONS[5] (PbO_2), SCHEMJAKIN[6] (periodische Zersetzung von Alaun), BENTON und CUNNINGHAM[7] ($Ag_2C_2O_4$, Einfluß der Belichtung), BUDNIKOW und SCHTSCHUKAREWA[8] ($CaSO_4 \cdot 2H_2O$), BUTKOW und TSCHASSOWENNY[9] (Spektroskopische Untersuchungen), MIKULINSKI und PODTYMTSCHENKO[10] ($MgSO_4 \cdot 7\, H_2O$), JEROFEJEW[11], ŠPLÍCHAL, ŠKRAMOVSKÝ und GOLL[12]; ŠPLÍCHAL[13] ($CaCO_3$), KRUPKOWSKI und TAKLIŇSKI[14] ($KHCO_3$, $ZnCO_3$ usw.), CHOMJAKOV, JAWOROWSKAJA und ARBUSOW[15] (Carbonate), KRUPKOWSKI[16] (endotherme Zersetzungen), FISCHBECK[17] (Zusammenfassung). Hierher gehören ferner auch die

---

[1] L. HACKSPILL, A. P. KIEFFER: Ann. Chimie (10) **14** (1930), 227; C 31 I 1230.

[2] K. BITO, K. AOYAMA, M. MATSUI: J. Soc. chem. Ind. Japan (Suppl.) **36** (1933), 152; C 33 II 3083.

[3] P. Y. NARAYANA, H. E. WATSON: J. Indian Inst. Sci. Ser., A **17** (1933), 59; C 34 II 391.

[4] S. V. IZMAILOV: Physik. Z. Sowjetunion **4** (1933), 835; C 34 II 1256.

[5] J. KRUSTINSONS: Z. Elektrochem. angew. physik. Chem. **40** (1934), 246; C 34 II 1892.

[6] F. M. SCHEMJAKIN: Chem. J. Ser. A, J. allg. Chem. (3) **65** (1933), 1005; C 35 I 1169.

[7] A. F. BENTON, G. L. CUNNINGHAM: J. Amer. chem. Soc. **57** (1935), 2227; C 36 I 3996.

[8] P. P. BUDNIKOW, A. A. SCHTSCHUKAREWA: Chem. J. Ser. B, J. angew. Chem. **9** (1936), 189; C 36 II 2197.

[9] K. BUTKOW, A. TSCHASSOWENNY: Acta physicochim. URSS **5** (1936), 645; C 37 I 2322.

[10] A. S. MIKULINSKI, J. N. PODTYMTSCHENKO: J. physik. Chem. **8** (1936), 600; C 37 II 4153.

[11] B. W. JEROFEJEW: J. physik. Chem. **9** (1937); 828; C 38 I 3.

[12] J. ŠPLÍCHAL, ST. ŠKRAMOVSKÝ, A. J. GOLL: Chem. Obzor **12** (1937), 181, 203, 224, 252; C 38 II 3505; Collect. Trav. chim. Tchécoslov. **9** (1937), 302; C 38 I 813.

[13] J. ŠPLÍCHAL: Congr. chim. ind. Paris **17** II (1937), 667; C 38 II 3362.

[14] A. KRUPKOWSKI, G. TAKLIŇSKI: Ann. Acad. Sci. techn. Varsovie **2** (1935), 237; C 38 I 1952.

[15] K. G. CHOMJAKOW, S. F. JAWOROWSKAJA, W. A. ARBUSOW: Wiss. Ber. Moskauer Staatsuniv. **6** (1936), 77; C 38 I 3738.

[16] A. KRUPKOWSKI: Ann. Acad. Sci. techn. Varsovie **2** (1938), 3; C 38 II 7.

[17] K. FISCHBECK: Chem. Fabrik **11** (1938), 525; C 39 I 1129.

Gesetze über die Trocknung fester Stoffe (z. B. KRÖLL[1], MARKHAM[2], KAMEI und SHIOMI[3]) und die Abgabe von Gasen, die in festen Stoffen gelöst sind (z. B. EURINGER[4], UDINZEWA und TSCHUFAROW[5], VAN LIEMPT[6], GUYER, TOBLER und FARMER[7].

In einer sehr ausgedehnten Weise beschäftigen sich mit der Kinetik dieses Reaktionstyps die zahlreichen Untersuchungen von ZAWADZKI und Mitarbeitern etwa seit 1932 (z. B. ZAWADZKI und BRETSZNAJDER[8], BRETSZNAJDER[9], ZAWADZKI und ULINSKA[10], u. v. a.); gelingt es, sich von den durch Gegenreaktion und Keimbildung verursachten Komplikationen frei zu machen, so findet man bei dem Studium der Zersetzung von $CaCO_3$, $CdCO_3$ und Ag_2CO_3, daß das Temperaturinkrement der Zersetzungsgeschwindigkeit der Reaktionswärme gleich ist. (Vgl. das prinzipiell gleiche Ergebnis bei SLONIM[11].)

Eine weitere Gruppe wichtiger Untersuchungen sind diejenigen von BRADLEY, COLVIN, HUME, TOPLEY u. a. (HUME und TOPLEY[12], HUME und COLVIN[13], BRADLEY, COLVIN und HUME[14], TOPLEY[15], TOPLEY und SMITH[16]; vgl. auch VOLMER und SEYDEL[17], und S. 506). Für die Zerfallsgeschwindigkeit ist die Größe der *Berührungsfläche* zwischen den beiden festen Phasen maßgebend. Es wurden auch Zersetzungsversuche mit großen Einkristallen ausgeführt und die Absolutwerte der linearen Fortpflanzungsgeschwindigkeit der Reaktion und das Temperaturinkrement dieses Vorganges bestimmt. Die Reaktionsgeschwindigkeit hängt nicht nur von der Geschwindigkeit ab, mit welcher sich der im Abbau entstehende neue feste Körper von einem Keim aus bildet, sondern auch von der Keimbildungsgeschwindigkeit selbst.

Ferner sei noch auf die sehr aufschlußreichen Ergebnisse von GARNER und Mitarbeitern hingewiesen (GARNER und TANNER[18], GARNER, GOMM und HAILES[19], GARNER u. MOON[20], GARNER und SOUTHON[21], GARNER und MARKE[22], GARNER und PIKE[23]). Bei dem $CuSO_4 \cdot 5\,H_2O$ ist die Wasserabgabe an der Oberfläche des Pentahydrats der geschwindigkeitsbestimmende Vorgang und nicht die Diffusion durch die gebildete Schicht des Monohydrates oder die Verdampfung an der Oberfläche. Innerhalb eines Kornes geht die Zersetzung von Keimen aus, von Korn zu Korn greift die Zersetzung nur an wenigen Punkten der Grenzfläche über. Bei der Entwässerung von $NiSO_4 \cdot 7\,H_2O$ dauert es eine gewisse Zeit t_i = In-

[1] K. KRÖLL: Z. Ver. dtsch. Ing. **80** (1936), 958; C 36 II 2413.
[2] A. E. MARKHAM: Ind. Engng. Chem. **29** (1937), 641; C 37 II 2567.
[3] S. KAMEI, S. SHIOMI: J. Soc. chem. Ind. Japan (Suppl.) **40** (1937), 251; C 38 II 366.
[4] G. EURINGER: Z. Physik **96** (1935), 37; C 35 II 2488.
[5] W. S. UDINZEWA, G. I. TSCHUFAROW: J. Chim. appl. **14** (1941), 3; C 41 II 863.
[6] J. A. VAN LIEMPT: Recueil Trav. chim. Pays-Bas **57** (1938), 871; C 38 II 3212.
[7] A. GUYER, B. TOBLER, R. H. FARMER: Chem. Fabrik **7** (1934), 265; C 34 II 3153.
[8] J. ZAWADZKI, S. BRETSZNAJDER: Z. Elektrochem. angew. physik. Chem. **41** (1935), 215; C 36 I 709.
[9] S. BRETSZNAJDER: Roczniki Chem. **14** (1934), 843; C 36 I 710.
[10] J. ZAWADZKI, A. ULINSKA: Bull. int. Acad. polon. Sci. Lettres, Cl. Sci. math. natur., Ser. A **1938**, 62; C 38 II 647.
[11] CH. SLONIM: Z. Elektrochem. angew. physik. Chem. **36** (1930), 439; C 30 II 2478.
[12] J. HUME, B. TOPLEY: Proc. Leeds philos. lit. Soc., sci. Sect. **1** (1927), 169; C 27 I 3; Proc. Roy. Soc. (London), Ser. A **120** (1928), 211; C 28 II 1738.
[13] J. HUME, J. COLVIN: Proc. Roy. Soc. (London), Ser. A **125** (1929), 635; C 30 I 199; **132** (1931), 548; C 31 II 2588.
[14] R. S. BRADLEY, J. COLVIN, J. HUME: Proc. Roy. Soc. (London), Ser. A **137** (1932), 31; C 32 II 2420; Philos. Mag. J. Sci. (7) **14** (1932), 1102; C 33 I 1238.
[15] B. TOPLEY: Philos. Mag. J. Sci. (7) **14** (1932), 1080; C 33 I 1238.
[16] B. TOPLEY, M. L. SMITH: J. chem. Soc. (London) **1935**, 321; C 35 I 3756.
[17] M. VOLMER, G. SEYDEL: Z. physik. Chem., Abt. A **179** (1937), 153; C 37 II 3713.
[18] W. E. GARNER, M. G. TANNER: J. chem. Soc. (London) **1930**, 47; C 30 I 3539.
[19] W. E. GARNER, A. S. GOMM, H. R. HAILES: J. chem. Soc. (London) **1933**, 1393; C 34 I 3.
[20] W. E. GARNER, C. H. MOON: J. chem. Soc. (London) **1933**, 1398; C 34 I 175.
[21] W. E. GARNER, W. R. SOUTHON: J. chem. Soc. (London) **1935**, 1705; C 36 I 3273.
[22] W. E. GARNER, D. J. B. MARKE: J. chem. Soc. (London) **1936**, 657; C 37 I 2536.
[23] W. E. GARNER, H. V. PIKE: J. chem. Soc. (London) **1937**, 1565; C 37 II 3587.

duktionsperiode, bis die Kerne des Entwässerungsproduktes sichtbar werden (10^{-3} cm); während der Induktionsperiode wachsen die Kerne ungewöhnlich langsam, hierauf linear mit der Zeit; je höher die Temperatur ist, desto kürzer ist die Induktionsperiode; die Anzahl der Kerne wächst entsprechend der Gleichung $N_t = K (t - t_i)^2$.

Zusammenfassend läßt sich feststellen, daß der Gesamtverlauf des hier betrachteten Reaktionstyps eine Aufeinanderfolge vieler Einzelvorgänge ist; diese Einzelvorgänge sind die folgenden: 1) Abspaltung des gasförmigen Moleküls (also CO_2 aus Carbonaten, H_2O aus Hydraten usw.); wenn der Ausgangsstoff (z. B. das Carbonat) und auch der im Abbau entstehende feste Stoff (z. B. das Oxyd) nur in dem ihnen zukommenden kristallisierten Zustand existenzfähig sind und keinerlei Zwischenzustände in Betracht kommen, so läßt sich die Geschwindigkeit des Vorganges in Abhängigkeit von zwei Größen setzen: a) der Geschwindigkeit, mit welcher sich die Kristallkeime des Abbauproduktes bilden, und b) der Geschwindigkeit, mit welcher die Kristallkeime wachsen; eine gleichmäßige Verteilung der Kristallkeime über das ganze Volumen des Bodenkörpers kann zu einem Zerfall nach der 1. Ordnung, die bevorzugte Bildung an der Oberfläche von Körpern mit angenähert gleicher Ausdehnung nach allen Richtungen zu der $\frac{2}{3}$-Ordnung führen. 2) Diffusion der abgespaltenen Gasmoleküle zu der Oberfläche des Kristalliten. 3) Weitere Diffusion zur geometrischen Trennungsfläche zwischen Bodenkörper und Vakuum (bzw. Gasphase); ist einer der beiden letzteren Vorgänge der langsamste, also der geschwindigkeitsbestimmende Vorgang, so kann der Gesamtverlauf unter einfachen Voraussetzungen zu einem Zerfall nach einer $\frac{1}{3}$-Ordnung führen. 4) Übertritt der abgespaltenen Gasmoleküle aus dem Bodenkörper in das Vakuum (bzw. in die Gasphase). 5) Abtransport; ist einer der letztgenannten Teilvorgänge der geschwindigkeitsbestimmende, so resultiert ähnlich wie bei dem Verdampfen einer Flüssigkeit ein Zerfallsvorgang nullter Ordnung. 6) Die zur Erhaltung des isothermen Zustandes notwendige Wärmezufuhr von außen zur Reaktionsstelle, welche infolge des endothermen Prozesses der Gasabspaltung eine Abkühlung erfährt. 7) Wiederherstellung der aus den gleichen Gründen gestörten MAXWELLschen Energieverteilung; den Fragen des Wärmeausgleiches kommt als Teilvorgang des Gesamtverlaufes fraglos eine große und nicht immer ausreichend beachtete Bedeutung zu; wird ein Kristall in einen Raum mit einer höheren Temperatur gebracht, so wird sich der dem Temperaturausgleich dienende Wärmefluß, von den Kristalloberflächen ausgehend, gegen das Innere fortbewegen; dieser bevorzugten Stellung der Oberflächenmoleküle verdanken dieselben auch manche erhöhte Reaktionsbereitschaft, die nicht ganz richtig nur aus ihren spezifischen Oberflächeneigenschaften unabhängig von allen Wärmebewegungen abgeleitet wird; kann der Wärmefluß die Moleküle des Ausgangsstoffes nicht passieren, ohne sie zu zersetzen, dann ist das unzersetzte Kristallinnere in einen Wärmeisolator eingeschlossen, der überdies bei seinem Fortschreiten gegen das Innere noch Wärme verbraucht; nach unserer Erfahrung vermochte ein derartiger Ansatz ein großes und methodisch mannigfaltiges experimentelles Material auch mit sehr verschieden geformten Bodenkörpern widerspruchslos wiederzugeben. (Vgl. hierzu z. B. den Einfluß der Tiegelform auf die Zerfallsgeschwindigkeit bei VALLET[1], ferner die Temperaturverteilung im siedenden Wasser bei FRITZ und HOMANN[2] und die Probleme des Wärmeüberganges auf die Leistung von Reaktionsöfen bei DAMKÖHLER[3].)

---

[1] P. VALLET: Ann. Chim. (11) **7** (1937), 367; C 37 II 4154.

[2] W. FRITZ, F. HOMANN: Physik. Z. **37** (1936), 873; C 37 I 3769.

[3] G. DAMKÖHLER: Z. Elektrochem. angew. physik. Chem. **43** (1937), 8; C 38 I 2767.

Durch eine Veränderung in der Formgebung (z. B. Ausbreitung des ursprünglich kugelförmig angeordneten Pulvers auf sehr dünne Schichten) kann auch ein anderer Vorgang zum langsamsten Teilvorgang und damit die Reaktionsordnung verändert werden (HÜTTIG, NESTLER und HNEVKOVSKY[1]).

Durch sorgfältige Schichtenanalysen von geometrisch wohldefinierten, ursprünglich aus $CaCO_3$ bestehenden pulverförmigen Körpern, welche im verschiedenen Ausmaße der thermischen Zersetzung unterworfen waren, stellten HÜTTIG und KAPPEL[2] folgendes fest: in den *Oberflächenschichten*, wo gewissermaßen ein Überschuß an Wärme vorhanden ist, erfolgt eine rasche, nach der ersten Reaktionsordnung verlaufende Zersetzung, für welche der eigentliche chemische Vorgang der Zersetzung die Geschwindigkeit bestimmt; das Temperaturinkrement dieses Vorganges beträgt 50070 cal; für die nicht zu nahe an der Oberfläche liegenden Schichten, die *Kernschichten*, erfolgte eine langsamere Zersetzung nach einer Reaktion nullter Ordnung mit einem Temperaturinkrement von 48710 cal; die Geschwindigkeit bleibt hier auch innerhalb verhältnismäßig großer, durch einen verschiedenen Abstand von der Oberfläche gekennzeichneter Gebiete die gleiche; somit ist dieser Vorgang in der Hauptsache nicht von der Wärmeleitfähigkeit und auch nicht von der Diffusion, sondern von der pro Zeiteinheit zugeführten Wärmemenge abhängig. Es läßt sich voraussehen, daß bei Schichten, welche sehr weit von der Oberfläche entfernt liegen, die Diffusionsvorgänge oder die Wärmeleitfähigkeit und das damit verbundene, von der Oberfläche gegen das Innere absinkende Temperaturgefälle eine geschwindigkeitsbestimmende Rolle erhalten müssen. Die auf Grund der Analyse des Gesamtkörpers sich ergebenden Geschwindigkeitsdaten lassen sich innerhalb weiter Gebiete durch eine nullte Reaktionsordnung darstellen.

Die bisherigen Darlegungen beziehen sich auf Vorgänge, bei denen keine Übergangszustände zwischen dem kristallisierten Ausgangsstoff AB und dem kristallisierten Reaktionsprodukt A präparativ gefaßt werden können, wenn auch die vorhin zitierte Literatur mancherlei Hinweise und Anhaltspunkte für deren Existenzmöglichkeit gibt. Für die Bedingungen der präparativen Erfaßbarkeit solcher Zwischenzustände gelten die gleichen Prinzipien, wie sie auf S. 469 niedergelegt sind.

Die Eigenschaften, die durch die Grenzflächen zwischen zwei festen Phasen bedingt sind.

Die Darlegungen des vorangehenden Abschnittes zeigten, daß die Zerfallsreaktion vorwiegend oder ausschließlich diejenigen Moleküle erfaßt, welche in der Grenzfläche zwischen den beiden festen Phasen (z. B. Carbonat und Oxyd) liegen. Dieser besondere Zustand, den die in (oder nahe an) dieser Grenzfläche liegenden Moleküle haben, bedingt also die *Kinetik* dieses Vorganges. Dieser besondere Zustand ist aber auch zwangsläufig gefordert durch das Postulat der *Thermodynamik*, demzufolge bei dem vorliegenden Reaktionstyp (und ähnlich auch bei anderen) der Gleichgewichtsdruck in der Gasphase (z. B. der CO_2-Gleichgewichtsdruck) unabhängig von der absoluten und relativen Menge der festen (allgemein der kondensierten) Phasen sein muß. Schließlich ist es eine bekannte Erscheinung, daß die Stellen, in denen feste Phasen aneinandergrenzen, auch die Stellen einer erhöhten *katalytischen Wirksamkeit* und allgemein einer

[1] G. F. HÜTTIG, W. NESTLER, O. HNEVKOVSKY: 76. Mittlg.: Ber. dtsch. chem. Ges. **67** (1934), 1378; C 34 II 3214.

[2] G. F. HÜTTIG, H. KAPPEL: Angew. Chem. **53** (1940), 57; C 40 I 3065. — H. KAPPEL, G. F. HÜTTIG: Kolloid-Z. **91** (1940), 117; 40 II 1247.

chemischen Reaktivität sind; im Sinne der H. S. Taylorschen[1] Hypothese enthält also diese gegenseitige Berührungsfläche *aktive Zentren* bzw. entsprechend den neueren Ergebnissen von Schwab und Pietsch[2] die für die Reaktionsbereitschaft maßgebenden Grenzlinien, Kanten und Risse. Die in einer solchen Aktivierung liegende Reaktionsbereitschaft der in den Berührungsflächen der festen Phasen liegenden Moleküle ist also in gleicher Weise eine sowohl der Thermodynamik als auch der Kinetik, wie auch der Katalyse angehörende Erfahrung und stellt eine Relation zwischen diesen Gebieten dar. Dies sei unter Benützung älterer Vorstellungen von Wi. Ostwald nachfolgend kurz begründet (Hüttig[3], Schwab[4], Volmer[5], Schwab und Pietsch[6]).

A. Der Zustand der Phasengrenzflächen und die Thermodynamik.

Wir betrachten mit Slonim[7] bei einer konstanten Temperatur ein im Gleichgewicht befindliches System AB starr $\rightleftarrows$ A starr $+$ B gasförmig, also z. B. $CaCO_3 \rightleftarrows CaO + CO_2$. Der zugehörige Gleichgewichtsdruck sei p_{CO_2}. Ein solches Gleichgewicht ist dann vorhanden, wenn die Geschwindigkeit des Zerfalls (c_1) gleich ist der Geschwindigkeit des entgegengesetzten Vorganges (c_2), also der Vereinigung der beiden Komponenten. Die nächstliegende Annahme wäre, die Geschwindigkeit des Zerfalls proportional der Zahl der noch vorhandenen Moleküle AB zu setzen, also

$$c_1 = k_1 [AB]$$

und die Geschwindigkeit der entgegengesetzten Reaktion proportional der Zahl bereits vorhandener Moleküle A und dem Druck p zu setzen, also

$$c_2 = k_2 [A]\, p.$$

Bei einem solchen Ansatz ergibt sich für das Gleichgewicht $c_1 = c_2$, also

$$k_1 [AB] = k_2 [A]\, p,$$

oder wenn man $\frac{k_1}{k_2} = K$ setzt, so wäre

$$p = K \frac{[AB]}{[A]},$$

d. h. der Gleichgewichtsdruck p wäre abhängig von dem Mengenverhältnis der beiden festen Phasen im Bodenkörper, was im Widerspruch mit der Forderung der Thermodynamik und Phasenregel stehen würde. Um dieser Forderung zu genügen, muß man annehmen, daß sowohl c_1 als auch c_2 der jeweils gleichen Anzahl Moleküle proportional sind, also $c_1 = k_1 [AB]$ und $c_2 = k_2 [AB] \cdot p$, woraus für das Gleichgewicht die Forderung $p = \text{const.}$ resultiert. Der zu diesem richtigen Ergebnis führende, zunächst paradox erscheinende Ansatz kann nur so verstanden werden, daß lediglich die in der Grenzfläche zwischen den festen Phasen liegenden Moleküle zu der Reaktion befähigt sind, also die AB-

[1] H. S. Taylor: J. physic. Chem. **30** (1926), 145; Proc. Roy. Soc. (London), Ser. A **108** (1925), 105; C 26 I 2529.

[2] G.-M. Schwab, E. Pietsch: Z. physik. Chem., Abt. B **1** (1929), 385; C 29 I 1779; Z. Elektrochem. angew. physik. Chem. **35** (1929), 135; C 29 I 2139.

[3] G. F. Hüttig: 45. Mittlg.: Z. Elektrochem. angew. physik. Chem. **37** (1931), 631; C 31 II 3297.

[4] G.-M. Schwab: Katalyse, S. 224÷225. Berlin: Springer, 1931; C 31 II 815.

[5] M. Volmer: Z. Elektrochem. angew. physik. Chem. **35** (1929), 555; C 30 I 3.

[6] G.-M. Schwab, E. Pietsch: Z. physik. Chem., Abt. B **1** (1929), 385; C 29 I 1779; Z. Elektrochem. angew. physik. Chem. **35** (1929), 573; C 30 I 4.

[7] Ch. Slonim: Z. Elektrochem. angew. physik. Chem. **36** (1930), 439; C 30 II 2478.

(z. B. $CaCO_3$-) Moleküle zu einem Zerfall, die A-(z. B. CaO-) Moleküle zu einer Addition (z. B. von CO_2). In dieser Phasengrenzfläche ist tatsächlich entsprechend dem obigen Ansatz die Zahl der AB- und A-Moleküle jeweils einander gleich. Durch Messungen der Einzelgeschwindigkeiten c_1 und c_2 konnte SLONIM eine solche Sachlage auch unmittelbar nachweisen.

Die thermodynamische Forderung der Unabhängigkeit des Gleichgewichtsdruckes von dem Mengenverhältnis der festen Phasen kann also nur dann erfüllt sein, wenn lediglich die in den Grenzflächen der festen Phasen liegenden Moleküle (beider Arten) zu reagieren befähigt sind, alle anderen Moleküle hingegen nicht (WI. OSTWALD, LANGMUIR). *Die erhöhte katalytische Aktivität, die man bei der Theorienbildung über die Wirkung der Mischkatalysatoren den in den Berührungsstellen liegenden Molekülen zuschreibt, erscheint hier auch als eine thermodynamische Notwendigkeit.*

Wenn im Verlaufe einer Zersetzung die zu verschiedenen Zeiten entstandenen Anteile der im Abbau entstandenen festen Phasen einen verschiedenen Aktivitätsgrad haben, so fällt auch die bisher gemachte Voraussetzung über die Homogenität und nur diskontinuierliche Veränderbarkeit der festen Phasen weg. Für solche Fälle konnte SLONIM auch tatsächlich zeigen, daß der Gleichgewichtsdruck von dem Mengenverhältnis der festen Phasen abhängt. Mit so gekennzeichneten Systemen wird der erste Schritt in der Richtung gegen das Gebiet der Kolloide und ihre Gesetzmäßigkeiten unternommen (vgl. a. HÜTTIG und LEWINTER[1]).

Ein konstanter, von der Bodenkörpermenge unabhängiger Gleichgewichtsdruck kann sich also nur dann einstellen, wenn die abgebauten, der Grenzfläche zwischen den zwei festen Phasen *nicht* mehr benachbarten Moleküle, im Vergleich zu den in dieser Grenzfläche liegenden, so weit inaktiv sind, daß ihre Geschwindigkeit, mit der sie die Moleküle der Gasphase addieren, praktisch nicht in Betracht kommt. Im entgegengesetzten Fall muß mit fortschreitendem isothermem Abbau ein Sinken des Zersetzungsdruckes beobachtet werden. Dies ist auch vielfach tatsächlich der Fall und kann unter Umständen bis zu einer weitgehenden Verschleierung der vorhandenen stöchiometrischen Verhältnisse führen. In einem solchen Fall beseitigt diese Verschwommenheiten eine künstliche Inaktivierung, die praktisch so durchgeführt wird, daß das Präparat einige Zeit auf höhere Temperaturen unter gleichzeitiger Beibehaltung seines Gleichgewichtes mit der Gasphase (also unter entsprechend erhöhten Druck) gebracht wird („Schmoren"). (Eine ausführliche Darstellung dieser Verhältnisse findet sich bei HÜTTIG[2], ferner bei FRICKE und HÜTTIG[3].)

Man wird demnach auch annehmen müssen, daß diejenigen Präparate, welche beim Zerfall unter konstant bleibendem Gleichgewichtsdruck entstanden sind („treppenförmige Abbaukurve"), auch in bezug auf ihr sonstiges Verhalten weniger aktiv sind als diejenigen Präparate, die durch einen thermischen Zerfall entstanden sind, dessen Gleichgewichtsdruck von den Bodenkörperverhältnissen abhängig war. Nach unseren bisherigen Erfahrungen nähern sich die kristallisierten Monohydrate der Oxyde der zweiwertigen Metalle mehr dem ersteren, die Carbonate der gleichen Metalle mehr dem letzteren Verhalten (vgl. z. B. das System MgO/H_2O bei HÜTTIG und FRANKENSTEIN[4] und das System MgO/CO_2

[1] G. F. HÜTTIG, M. LEWINTER: 13. Mittlg.: Angew. Chem. **41** (1928), 1034; C 28 II 2499.

[2] G. F. HÜTTIG: Z. Elektrochem. angew. physik. Chem. **37** (1931), 631; C 31 II 3297.

[3] R. FRICKE, G. F. HÜTTIG: Hydroxyde und Oxydhydrate, S. 538÷553. Leipzig: Akad. Verl.-Ges., 1937; C 37 I 2343.

[4] G. F. HÜTTIG, W. FRANKENSTEIN: 18. Mittlg.: Z. anorg. allg. Chem. **185** (1930), 403; C 30 I 2529.

bei Hüttig und Frankenstein[1] oder das System CaO/H_2O bei Hüttig und Arbes[2] und das System CaO/CO_2 bei Hüttig und Lewinter[3]; der Wasserdampf scheint hier — im Gegensatz zu dem CO_2 — als Mineralisator des Abbauproduktes zu wirken, vgl. S. 568). Im Einklang damit haben wir gefunden, daß der Aktivitätsgrad eines bei 300° aus Zinkcarbonat hergestellten Zinkoxyds als Katalysator gegenüber dem Methanolzerfall etwa fünfmal so groß als derjenige eines Zinkoxyds ist, das in gleicher Weise und sogar noch bei niedrigeren Temperaturen aus kristallisiertem Zinkoxydmonohydrat entstanden ist (Hüttig und Fehér[4]).

B. Der Zustand der Phasengrenzflächen und die Kinetik (Geschwindigkeit der Gleichgewichtseinstellung).

In der Abb. 36 ist die Geschwindigkeit des Zerfalls eines Zinkcarbonates im Vakuum bei 460° in Abhängigkeit von den relativen Mengen $ZnCO_3/ZnO$ im Bodenkörper dargestellt (Hüttig, Meller und Lehmann[5]). Auf der Abszissenachse sind die Anzahl Mole CO_2 ($= n$), die insgesamt auf 1 Mol ZnO im Bodenkörper enthalten sind, aufgetragen. Auf der Ordinatenachse ist die Geschwindigkeit $\left(= -\frac{dn}{d\tau}\right.$ = Menge des in der Zeiteinheit abgegebenen $\left.CO_2\right)$ aufgetragen, welche der Zerfall bei der analytischen Zusammensetzung n des Bodenkörpers hat. Zu Beginn (wenn also nur reines $ZnCO_3$ vorliegt) ist die Geschwindigkeit nur wenig von Null verschieden; die Geschwindigkeit steigt dann im Verlauf des Zerfalls an („Induktionsperiode", „Inkubationsperiode"; vgl. auch den Abschnitt „Autokatalyse", S. 537), um ihr Maximum zu erreichen, wenn etwa 20% des gesamten Kohlendioxyds ausgetrieben sind ($n = 0{,}8$), und fällt dann angenähert nach einer ⅔-Potenz (vgl. S. 499) wieder ab, um bei $n = 0$ notwendigerweise Null zu werden. Bedenkt man, daß sich die Größe der zwischen den beiden festen Phasen liegenden Grenzflächen im Verlauf des Zerfalls gleichfalls von dem Wert Null (wenn noch reines $ZnCO_3$ vorliegt) über ein Maximum hinweg wieder zu dem Wert Null (wenn bereits ausschließlich ZnO vorliegt) bewegen muß, und bedenkt man überdies, daß, falls die Reaktion von der Oberfläche der Zinkcarbonatkristalle gegen ihr Inneres fortschreitet, die Größe der zwischen den festen Phasen liegenden Grenzflächen ziemlich bald nach Reaktionsbeginn ihr Maximum erreichen muß, so liegt die Parallelität zwischen der Größe dieser Phasengrenzfläche und der Zerfallsgeschwindigkeit klar zutage. *Unter konstanten Verhältnissen ist in komplikationsfreien Fällen die Zerfallsgeschwindigkeit proportional der Größe der zwischen den beiden festen Phasen liegenden Grenzfläche.* Die Abb. 36 gibt nicht nur ein Bild über die Veränderungen der Zerfallsgeschwindigkeiten, sondern auch über diejenigen dieser Phasengrenzflächen im Verlaufe eines Zerfalls.

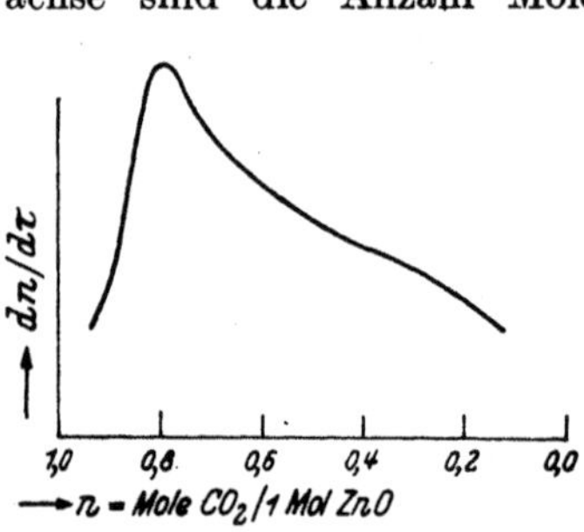

Abb. 36. Die Zerfallsgeschwindigkeit eines Zinkcarbonats im Verlaufe der Zersetzung.

[1] G. F. Hüttig, W. Frankenstein: 19. Mittlg.: Z. anorg. allg. Chem. **185** (1930), 413; C 30 I 2530.

[2] G. F. Hüttig, A. Arbes: 28. Mittlg.: Z. anorg. allg. Chem. **191** (1930), 164; C 30 II 3123.

[3] G. F. Hüttig, M. Lewinter: 13. Mittlg. Angew. Chem. **41** (1928), 1034; C 28 II 2499.

[4] G. F. Hüttig, J. Fehér: 38. Mittlg.: Z. anorg. allg. Chem. **197** (1931), 129; C 31 II 956.

[5] G. F. Hüttig, A. Meller, E. Lehmann: 54. Mittlg.: Z. physik. Chem., Abt. B **19** (1932), 1, Tabelle 1; C 32 II 3663.

Beispiele für Zerfallsvorgänge nach Art der in der Abb. 36 lassen sich sehr viele anführen. Wir verweisen auch auf die hierher gehörenden Erscheinungen bei dem isobaren und isothermen Abbau der Hydrate und Ammoniakate (zusammengestellt bei HÜTTIG[1] sowie auf die Besprechung bei SCHWAB[2]). Erstmalig hat wohl LEWIS[3] gelegentlich seiner Untersuchungen über den Zerfall von Silberoxyd auf diese Zusammenhänge aufmerksam gemacht.

C. Die erhöhte Reaktivität der Phasengrenzflächen gegenüber einer beliebigen Reaktion:

ROSENKRANZ[4] hat gezeigt, daß das Präparat Zinkcarbonat (Merck, purum) sich mit einer wässerigen Silbernitratlösung sehr langsam umsetzt, daß hingegen das gleiche Zinkpräparat in diesem Falle eine verhältnismäßig sehr große Reaktionsgeschwindigkeit aufweist, wenn durch thermischen Zerfall im Vakuum ein Teil des Kohlendioxyds entfernt wurde, und daß die Reaktionsgeschwindigkeit allmählich wieder in dem Maße absinkt, als man kohlensäureärmere Präparate der Reaktion zuführt. *Auch hier ergibt sich also eine Parallelität zwischen der Funktion, welche die Veränderung der Größe der zwischen den festen Phasen liegenden Grenzflächen angibt, und derjenigen, welche die Größe der Reaktivität beschreibt.* Die hier für die Reaktion mit Silbernitrat gegebene Charakteristik zeigt eine um so größere Abschwächung, je mehr Zeit seit der Herstellung des Präparates verstrichen ist; *also auch die Aktivität der Phasengrenzfläche vermag mit der Zeit abzunehmen* — sie vermag *zu altern.*

Analoge Versuchsergebnisse wurden auch bei Sorptionsmessungen gegenüber Methanoldampf und gelösten Farbstoffen (MELLER und HÜTTIG[5], HÜTTIG und MELLER[6], HÜTTIG und NEUSCHUL[7], vgl. S. 510) und bei der Prüfung von Lösbarkeitseigenschaften (HÜTTIG und STEINER[8]) und manchem anderen beobachtet. Indessen können hier die Aktivitäten mit hereinspielen, welche sich erhalten haben, nachdem die Moleküle nicht mehr in der Phasengrenzfläche (vgl. letzten Absatz dieses Abschnittes) waren. Dasselbe gilt auch für die nachfolgenden Aussagen über

D. die katalytische Wirksamkeit der Phasengrenzflächen.

Leitet man bei 300° über Zinkcarbonat Methanoldampf, so ist zu Beginn des Versuches, solange im wesentlichen noch unverändertes Zinkcarbonat vorliegt, der katalytische Wirkungsgrad gegenüber dem Methanolzerfall gering, er steigt dann rasch zu einem Maximum an, um dann wieder zu sinken und, sobald alles Zinkcarbonat in Zinkoxyd umgewandelt ist, während der ganzen weiteren Versuchsdauer einen konstanten Wert beizubehalten (HÜTTIG, KOSTELITZ und FEHÉR[9]); *es wird also auch hier die Parallelität zu den früheren Erscheinun-*

---

[1] G. F. HÜTTIG: Z. Elektrochem. angew. physik. Chem. **37** (1931), 631; C 31 II 3297.
[2] G.-M. SCHWAB: Katalyse, S. 221ff. Berlin: Springer, 1931; C 31 II 815.
[3] G. N. LEWIS: J. physik. Chem. **52** (1905), 310; C 05 II 450.
[4] E. ROSENKRANZ: 47. Mittlg.: Z. physik. Chem., Abt. B **14** (1931), 407; C 32 I 653.
[5] A. MELLER, G. F. HÜTTIG: 65. Mittlg.: Z. physik. Chem., Abt. B **21** (1933), 382; C 33 II 1828.
[6] G. F. HÜTTIG, A. MELLER: 56. Mittlg.: Chim. et Ind. **29** (1932), 788; C 33 II 2962.
[7] G. F. HÜTTIG, W. NEUSCHUL: 42. Mittlg.: Z. anorg. allg. Chem. **198** (1931), 219; C 31 II 1813.
[8] G. F. HÜTTIG, B. STEINER: 44. Mittlg.: Z. anorg. allg. Chem. **199** (1931), 149; C 31 II 2587.
[9] G. F. HÜTTIG, O. KOSTELITZ, J. FEHÉR: 41. Mittlg.: Z. anorg. allg. Chem. **198** (1931), 206; C 31 II 1812.

gen beobachtet. Durch Beimischung von Kohlendioxyd zu dem Methanoldampf kann man Werden und Vergehen der zwischen den festen Phasen liegenden Grenzflächen grundlegend beeinflussen und somit auch die katalytische Wirksamkeit.

Die in den Grenzflächen zwischen den beiden festen Phasen liegenden Moleküle können als wesensgleich mit den Janderschen „Zwittermolekülen" (S. 475) angenommen werden und ihre erhöhte Reaktivität modellmäßig in der gleichen Weise erklärt werden. Diese Zustände müssen als „*Zwischenzustände*" angesprochen werden. Aber auch die an diese Zwittermoleküle angrenzenden, nicht mehr in der eigentlichen Grenzfläche liegenden Moleküle, namentlich des Stoffes *A* (z. B. CaO), haben die Möglichkeit, sich noch in einem aktivierten Zustand zu erhalten; ein solcher Zustand kann sich auch über größere Aggregate, größere Zeitdauern und auch nach Abbruch der Bindung zu den Zwittermolekülen erhalten. Für die chemische Reaktivität, insbesondere auch für die katalytische Wirksamkeit wird die Gesamtheit der aktiven Zustände maßgebend sein, wohingegen für die Geschwindigkeit des Zerfalls im Vakuum nur die jeweils in der Grenzfläche zwischen den zwei festen Phasen liegenden Moleküle bestimmend sein können. So wird denn auch im Verlauf eines Zerfalls das Maximum der Zerfallsgeschwindigkeit schon kurz nach Beginn (vgl. Abb. 36) das Maximum der katalytischen Wirksamkeit erst später, allenfalls erst gegen das Ende des Zerfalls beobachtet (vgl. Rosenkranz[1]); über die Bedeutung der Größe der Phasengrenzflächen für die Katalyse vgl. Mittasch[2] u. v. a.

b) Bildung von Zwischenverbindungen.

Im linken Teil der Abb. 37 ist der Verlauf der Entwässerung von $CuSO_4 \cdot 5H_2O$ dargestellt, so wie ihn Škramovský, Forster und Hüttig[3] beobachtet haben. Die Einwaage wurde in der das Gewicht automatisch registrierenden Škramovskýschen Apparatur bei 70° in einem Stickstoffstrom mit einem Partialwasserdampfdruck = 7,6 mm gehalten. Die Kurve gibt die Anzahl Mole H_2O pro 1 Mol $CuSO_4$ (Ordinate) an, welche nach der Zeit τ (Abszisse) in dem Bodenkörper noch erhalten waren. Trotzdem unter diesen Bedingungen das $CuSO_4 \cdot 1H_2O$ das Endziel der Reaktion sein muß, entwässert sich das $CuSO_4 \cdot 5H_2O$ zuerst zu dem *$CuSO_4 \cdot 3H_2O$, dieses bleibt eine Zeitlang unverändert bestehen* (sehr merkwürdig!), und erst dann setzt die weitere Entwässerung ein (vgl. u. a. auch die Entwässerungsversuche an $CuSO_4 \cdot 5H_2O$ von Garner und Tanner[4], Hume und Colvin[5], Garner und Pike[6], Bright und Garner[7], Colvin und Hume[8], vgl. auch Škramovský[9].

Im rechten Teil der Abb. 37 ist der Verlauf der Zersetzung eines natürlichen Magnesits ($MgCO_3$) dargestellt, so wie er von Hüttig, Nestler und Hnevkovsky[10] beobachtet wurde. Die Zersetzung erfolgte im Vakuum, die einzelnen Versuchsreihen wurden bei 490°, 510° (voll ausgezogene Kurven) und 530° ausgeführt. Die Kurven geben die Anzahl Mole CO_2 pro 1 Mol MgO (Ordinate) an, welche nach der

[1] E. Rosenkranz: 47. Mittlg.: Z. physik. Chem., Abt. B **14** (1931), 407; C 32 I 653.
[2] A. Mittasch: Ber. dtsch. chem. Ges. **59** (1926), 13; C 26 I 2071.
[3] S. Škramovský, R. Forster, G. F. Hüttig: 71. Mittlg.: Z. physik. Chem., Abt. B **25** (1934), 1, Abb. 3, Kurve *6*; C 34 I 3698.
[4] W. E. Garner, M. G. Tanner: J. chem. Soc. (London) **1930**, 47; C 30 I 3539.
[5] J. Hume, J. Colvin: Proc. Roy. Soc. (London), Ser. A **132** (1931), 548; C 31 II 2588.
[6] W. E. Garner, H. V. Pike: J. chem. Soc. (London) **1937**, 1565; C 37 II 3587.
[7] N. F. H. Bright, W. E. Garner: J. chem. Soc. (London) **1934**, 1872; C 35 I 3631.
[8] J. Colvin, J. Hume: Trans. Faraday Soc. **34** (1938), 969; C 38 II 3779.
[9] St. Škramovsky: Collect. Trav. chim. Tchécoslov. **7** (1935), 69; C 35 I 3630.
[10] G. F. Hüttig, W. Nestler, O. Hnevkovsky: 76. Mittlg.: Ber. dtsch. chem. Ges. **67** (1934), 1378, Abb. 3; C 34 II 3214.

Zeit τ (Abszisse) in dem Bodenkörper noch enthalten waren. Bei der bei 510° ausgeführten Versuchsreihe geht der Zerfall zunächst nur bis zu der Zusammensetzung des Bodenkörpers $MgO \cdot 0{,}56\ CO_2$ (entsprechend $3\ MgO \cdot 4\ MgCO_3$) vor sich, dieser Zustand bleibt eine Zeitlang unverändert bestehen, hierauf schreitet der Zerfall bis zu einer Zusammensetzung $MgO \cdot 0{,}35\ CO_2$ (entsprechend $3\ MgO \cdot 4\ MgCO_3$ oder $2\ MgO \cdot 1\ MgCO_3$) fort, und nachdem sich diese Verbindung wieder unverändert eine lange Zeit gehalten hat, erfolgt der weitere Zerfall bis zu der Zusammensetzung $MgO \cdot 0{,}25\ CO_2$ (entsprechend $3\ MgO \cdot 1\ MgCO_3$). In den Röntgenbildern war auch noch bei der letztgenannten Zusammensetzung kein MgO nachweisbar, hingegen war noch das Gitter des Magnesiumcarbonats auch bei diesem weitgehend abgebauten Produkt vorhanden. Allerdings zeigen die Interferenzlinien während des Abbaues deutliche,

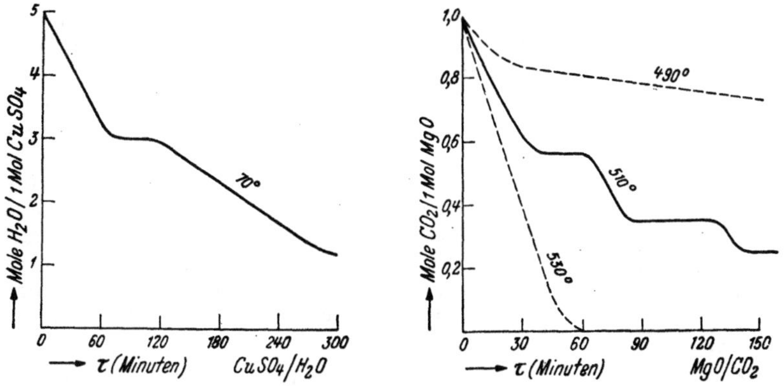

Abb. 37. Der isotherme Verlauf der Zersetzung von $CuSO_4 \cdot 5\ H_2O$ (links) und $MgCO_3$ (rechts).

die Fehlergrenze überschreitende Verschiebungen, und bei den schwächeren Linien treten auch Aufspaltungen bzw. Vereinigungen in Erscheinung. Die bei dem Zerfall bei 510° beobachteten Zwischenverbindungen wurden bei 490° nicht gefaßt (weil sie zu langsam entstehen) und auch nicht bei 530° (weil sie zu rasch vergehen, vgl. S. 469 und RINNE[1]).

Recht häufig geht der Zerfall *gleichzeitig* in der Richtung zu *verschiedenen* Zwischenverbindungen. Nach FREIDLIN, BALANDIN und LEBEDEWA[2] (vgl. auch BALANDIN, GRIGORJOWA und JANYSCHEWA[3]) zerfällt das Thallium(I)formiat bei 270° nach folgenden drei Richtungen gleichzeitig: 1) $2\ HCOOTl \rightarrow Tl_2CO_3 + CO + H_2$; 2) $2\ HCOOTl \rightarrow 2\ Tl + 2\ CO_2 + H_2$; 3) $2\ HCOOTl \rightarrow 2\ Tl + CO_2 + HCOOH$. Da das endgültige thermodynamisch festgelegte Reaktionsziel für alle Reaktionsrichtungen das gleiche sein muß, so lassen sich solche Vorgänge zu dem Begriff der Gleitisomerie oder Olisthomerie (BALANDIN[4]) in Parallele setzen.

c) Bildung von Zwischenzuständen. — Beispiel α-$Fe_2O_3 \cdot 1\ H_2O \rightarrow \alpha$-$Fe_2O_3 + H_2O$. Die Einteilung des Gesamtverlaufes in einzelne Abschnitte.

Der Verlauf des obigen Vorganges und die hierbei auftretenden Zwischenzustände sind untersucht worden von HÜTTIG, STROTZER, HNEVKOVSKY und

[1] F. RINNE: Z. Kristallogr., Mineral., Petrogr. **61** (1925), 113; C 25 I 1693.

[2] L. CH. FREIDLIN, A. A. BALANDIN, A. J. LEBEDEWA: Bull. Acad. Sci. URSS, Cl. Sci. chim. **1940**, 955; C 41 I 2907.

[3] A. A. BALANDIN, J. S. GRIGORJOWA, S. S. JANYSCHEWA: J. Chim. gén. (72) **10** (1940), 1031; C 41 I 1390.

[4] A. A. BALANDIN: J. Chim. gén. (72) **10** (1940), 1399; C 42 II 1765.

KITTEL[1], HAMPEL[2] und von HÜTTIG und NEUMANN[3] (vgl. auch FRICKE und KIMMERLE[4]).

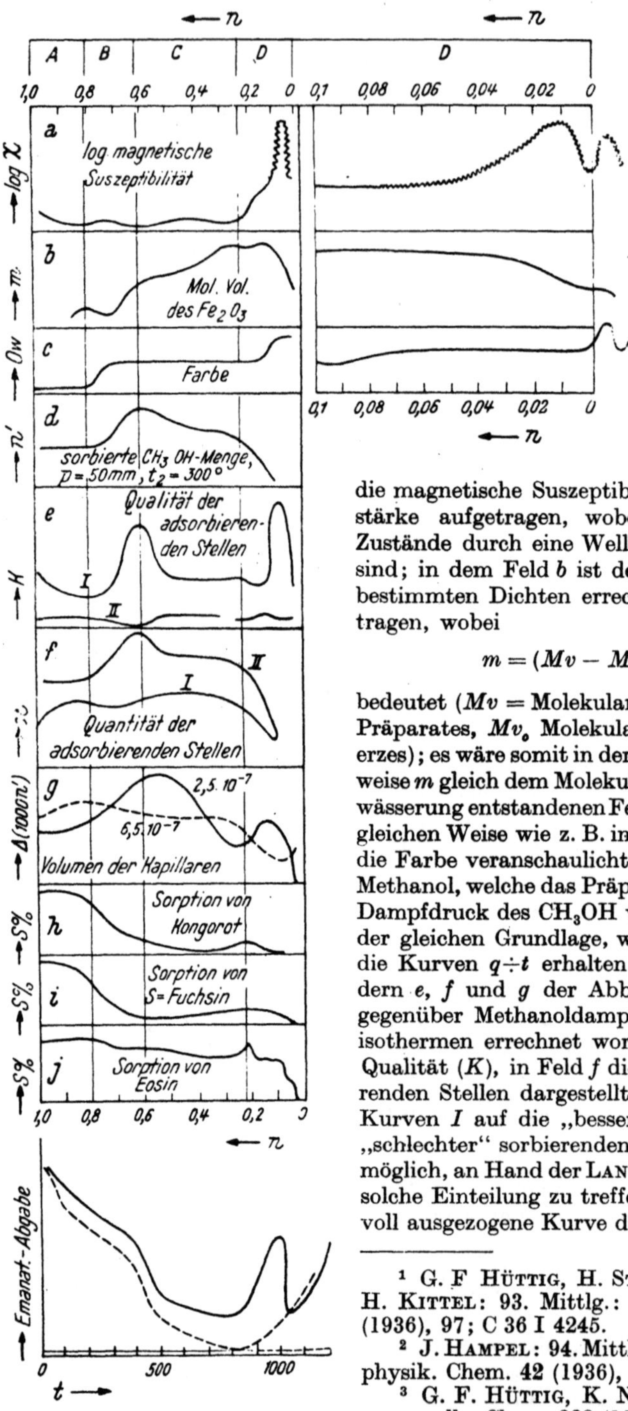

Abb. 38. Die Änderungen einiger Eigenschaften im Verlauf der Dehydratisierung von α-$Fe_2O_3 \cdot 1\,H_2O$.

In der Abb. 38 sind für eine Reihe von verschiedenen weitgehend entwässerten Anteilen eines künstlich hergestellten Nadeleisenerzes ($= \alpha$-$Fe_2O_3 \cdot 1\,H_2O$) eine Anzahl von Eigenschaften bildlich dargestellt. Auf der Abszissenachse ist der Wassergehalt des jeweils untersuchten Präparates aufgetragen, und zwar bedeutet n die Anzahl Mole H_2O pro Mol Fe_2O_3. Auf der Ordinatenachse ist im Feld a die magnetische Suszeptibilität bei konstanter Feldstärke aufgetragen, wobei die ferromagnetischen Zustände durch eine Wellenlinie kenntlich gemacht sind; in dem Feld b ist der aus den pyknometrisch bestimmten Dichten errechnete Wert von m eingetragen, wobei

$$m = (Mv - Mv_0 \cdot n) \cdot (1 - n)$$

bedeutet (Mv = Molekularvolumen des betreffenden Präparates, Mv_0 Molekularvolumen des Nadeleisenerzes); es wäre somit in der klassischen Betrachtungsweise m gleich dem Molekularvolumen des durch Entwässerung entstandenen Fe_2O_3; in dem Feld c ist in der gleichen Weise wie z. B. in Abb. 11, S. 418 (Kurve m) die Farbe veranschaulicht; in dem Feld d die Menge Methanol, welche das Präparat bei 20° und bei einem Dampfdruck des CH_3OH von 50 mm aufnimmt; auf der gleichen Grundlage, wie in der Abb. 11, S. 418, die Kurven $q \div t$ erhalten wurden, sind in den Feldern e, f und g der Abb. 38 die Kurven aus den gegenüber Methanoldampf beobachteten Sorptionsisothermen errechnet worden; in dem Feld e ist die Qualität (K), in Feld f die Quantität ($\varkappa$) der sorbierenden Stellen dargestellt; hierbei beziehen sich die Kurven I auf die „besser", die Kurven II auf die „schlechter" sorbierenden Stellen; auch hier war es möglich, an Hand der LANGMUIRschen Gleichung eine solche Einteilung zu treffen; in dem Feld g stellt die voll ausgezogene Kurve das Volumen derjenigen Ca-

[1] G. F. HÜTTIG, H. STROTZER, O. HNEVKOVSKY, H. KITTEL: 93. Mittlg.: Z. anorg. allg. Chem. **226** (1936), 97; C 36 I 4245.

[2] J. HAMPEL: 94. Mittlg.: Z. Elektrochem. angew. physik. Chem. **42** (1936), 185; C 36 II 738.

[3] G. F. HÜTTIG, K. NEUMANN: 100. Mittlg.: Z. anorg. allg. Chem. **228** (1936), 213; C 36 II 3511.

[4] R. FRICKE, M. KIMMERLE: Ber. dtsch. chem. Ges. **71** (1938), 474; C 38 I 4575.

pillaren dar, deren Durchmesser in dem Intervall von $2 \cdot 10^{-7}$ bis $3 \cdot 10^{-7}$ cm liegen, und die gestrichelte Kurve dasjenige der Capillaren mit Durchmessern zwischen $6 \cdot 10^{-7}$ und $7 \cdot 10^{-7}$ cm dar. In den Feldern *h*, *i* und *j* sind in der gleichen Weise wie in der Abb. 11 (Kurven *u* und *v*) die Sorptionswerte gegenüber Kongorot bzw. Säurefuchsin bzw. Eosin dargestellt. Die Kurven der Felder *a*, *b* und *c* sind rechts nebenstehend noch einmal mit einer 10 fach vergrößerten Abszissenachse gezeichnet. Als Ergänzung der Kurven in Abb. 38 sei ferner mitgeteilt, daß die katalytische Wirksamkeit gegenüber dem N_2O-Zerfall gering ist bei den gar nicht entwässerten Präparaten, daß sie dann bei fortschreitender Entwässerung zu einem Maximum ansteigt, dem ein flaches Minimum und ein neuerliches Maximum folgen, um dann bei den vollständig entwässerten Präparaten endgültig gegen minimale Werte abzusinken. Die Röntgenogramme zeigen bei einer Entwässerung bis etwa $Fe_2O_3 \cdot 0{,}9\ H_2O$ lediglich eine Verbreiterung der Linien des Nadeleisenerzes; bei der Zusammensetzung $Fe_2O_3 \cdot 0{,}5\ H_2O$ sind die Linien des α-Fe_2O_3 und wahrscheinlich auch diejenigen des Nadeleisenerzes vorhanden. Die Linien des α-Fe_2O_3 sind etwas verbreitert und werden erst bei der vollständigen Entwässerung scharf; bei der Zusammensetzung $Fe_2O_3 \cdot 0{,}011\ H_2O$ wird eine maximale allgemeine Schwärzung des Untergrundes beobachtet.

Für einen orientierenden Vergleich sind am Fuße der Abb. 38 die Ergebnisse von Hahn und Senftner[1] veranschaulicht, welche diese nach den Emaniermethoden (S. 514) im Verlaufe der Entwässerung eines Gels von α-Eisenoxydhydrat erhalten haben. Auf der Abszisse ist diesmal die Temperatur, auf der Ordinate die Intensität der Emanationsabgabe gezeichnet. Die stark voll ausgezogene Kurve bezieht sich auf die Beobachtungen, die während des Erhitzens gemacht wurden, die gestrichelte Kurve auf diejenigen Werte, die nach dem Auskühlen, und die schwach voll ausgezogene auf die Werte, die bei einem neuerlichen Erhitzen in Erscheinung traten. Der das Maximum bei 1000° (stark voll ausgezogene Kurve) bedingende Vorgang ist mit einem Austreiben letzter Wasserspuren verbunden.

In ähnlicher Weise, wie der Verlauf des Reaktionstyps *A* starr + *B* starr → *AB* starr sich in einzelne, aufeinanderfolgende Vorgänge zergliedern läßt (S. 471÷489), kann dies an Hand der Entwässerung des Nadeleisenerzes für den vorliegenden Reaktionstypus erfolgen. Im nachfolgenden wird die Einteilung in einzelne Lebensabschnitte vorgenommen; die Begründung für die hierbei gegebene modellmäßige Kennzeichnung muß der Abb. 38 und den zugehörigen Ergänzungen entnommen werden.

a) *Periode der homogenen Umwandlung* ($Fe_2O_3 \cdot 1\ H_2O$ bis $0{,}8\ H_2O$). Als derzeit wahrscheinlichste Deutung kommt die Annahme in Betracht, daß in diesem Gebiet in dem Bodenkörper eine einzige Phase variablen Wassergehaltes vorliegt. So, wie zumindest das nicht völlig geordnete Gitter vom Nadeleisenerztypus einen variablen, über die stöchiometrische Zusammensetzung hinausgehenden Wassergehalt beherbergen kann (Hüttig und Zörner[2]), kann es auch noch eine Zeitlang existieren, wenn der Wassergehalt unter diesen Betrag sinkt.

b) *Periode der Entmischung in zwei Phasen* ($Fe_2O_3 \cdot 0{,}8\ H_2O$ bis $0{,}6\ H_2O$). Im Verlaufe der eben gekennzeichneten Periode a) nimmt die Konzentration des Wassers innerhalb des α-$Fe_2O_3 \cdot 1\ H_2O$-Gitters immer mehr ab, bis es schließlich auf dem Weg über zunächst vereinzelt auftretende Keime zu einem spontanen Umklappen in das α-Fe_2O_3-Gitter kommt. Hiervon wird größenordnungsmäßig ein solcher Teil des Gitters erfaßt, welcher der bis dahin ausgetriebenen Menge Wasser ungefähr äquivalent ist, das sind in dem hier herangezogenen Beispiel immerhin etwa 20% des gesamten Bodenkörpers. Entsprechend dem Hedvallschen Prinzip (S. 374), das für die im Umbau begriffenen Gitter das Durchschreiten eines Maximums der Reaktivität und auch sonstiger Eigenschaften

[1] O. Hahn, V. Senftner: Z. physik. Chem., Abt. A **170** (1934), 191; C 35 I 1187.

[2] G. F. Hüttig, A. Zörner: 23. Mittlg.: Z. Elektrochem. angew. physik. Chem. **36** (1930), 259; C 30 II 1513.

voraussieht, ist auch in dieser Periode eine gesteigerte Aktivität und erhöhte magnetische Suszeptibilität vorhanden (vgl. die Schrifttumszusammenstellung zu der Frage „Über die Orientierung der Umsetzungsprodukte von Kristallen zum Gitter der früheren Kristalle" bei A. GÖPFERT: Diplomarbeit. Prag, 1940).

c) *Periode der Entwässerung mit zwei festen Phasen im Bodenkörper* ($Fe_2O_3 \cdot 0{,}6\, H_2O$ bis $0{,}2\, H_2O$). In diesem Teil erfolgt die Entwässerung so, wie es der klassischen Vorstellung über diesen Vorgang entspricht (S. 498ff.), daß nämlich jede entnommene Wassermenge von einer entsprechenden Verminderung der wasserreicheren und Vermehrung der wasserärmeren Phase begleitet ist. Allerdings ist die letztere Phase sicher nicht einheitlich. Aus den Röntgenogrammen ist zu schließen, daß sie in Zuständen verschiedenen Ordnungsgrades vorliegt, wobei ein Teil noch als vorwiegend amorph, ein anderer Teil schon als vorwiegend kristallisiert in dem Bodenkörper enthalten ist.

d) *Periode der Ausheilung von Kristallbaufehlern* ($Fe_2O_3 \cdot 0{,}2\, H_2O$ bis $0{,}0\, H_2O$). Zu Beginn dieser Periode liegt ein α-Fe_2O_3 mit wenig geordnetem Kristallgitter vor, welches das in dem Bodenkörper noch enthaltene Wasser innerhalb dieses Kristallgitters (vgl. hierzu den Zustand des Hydrohämatits bei HÜTTIG und ZÖRNER[1]) oder vielleicht auch zum Teil angereichert an den Oberflächen beherbergt. Die Vorgänge dieser Periode bestehen nun in einem Übergang des ungeordneten Gitters in das geordnete Hämatitgitter. Während dieser Vorgänge wird auch das restliche im Bodenkörper noch vorhandene Wasser ausgestoßen. Bemerkenswert ist es, daß diese Periode der Ausheilung der Kristallbaufehler oder Rekristallisation von einem Durchschreiten maximaler aktiver Eigenschaften begleitet ist, eine Erscheinung, wie wir sie schon früher unter das „Prinzip von dem falsch zugeknöpften Rock" eingeordnet haben (S. 375, vgl. z. B. auch die entsprechenden Maxima in der Abb. 38 auf S. 510). Beachtenswert ist ferner, daß sich diese Erscheinung auch durch ein hohes Maximum der Emanationsintensität kundtut (vgl. Abb. 38 unterstes Feld).

Die Periode der homogenen Umwandlung (Periode a) wird um so mehr in Erscheinung treten und die beiden nachfolgenden Perioden verkürzen und vielleicht völlig verdrängen, je mehr sich das Ausgangsprodukt von dem gut kristallisierten Zustand entfernt und dem Zustand eines amorphen Geles nähert. In dieser Richtung liegt auf dem Gebiete der Oxydhydrate ein großes experimentelles und theoretisches Material vor (FRICKE und HÜTTIG[2]). Hydrogele, bei welchen überhaupt nur eine einphasige Entwässerung stattfindet, finden sich bei den Systemen ZrO_2/H_2O, SnO_2/H_2O, TiO_2/H_2O u. a. vor. Aber auch bei sehr wohl ausgebildeten Kristallen kann der Zerfall praktisch innerhalb seines ganzen Verlaufes „einphasig", also mit einem Vorherrschen der Periode a) erfolgen; dies trifft bei den Zeolithen und den Stoffen mit zeolithartiger Bindung der verflüchtigbaren Komponente zu (S. 513).

Nach ähnlichen Gesichtspunkten wie die Zersetzung des Nadeleisenerzes ist auch der Zerfall des Zinkcarbonats und Zinkoxalatdihydrates untersucht worden, wobei der Verlauf auch durch dispersoidanalytische Untersuchungen verfolgt wurde (HÜTTIG und MEYER[3], HÜTTIG[4]). Vgl. hiezu auch die Untersuchungen von WEISER und MILLIGAN[5] über das System Fe_2O_3/H_2O und die dort zitierte Literatur, ferner die Erfassung

[1] G. F. HÜTTIG, A. ZÖRNER: 23. Mittlg.: Z. Elektrochem. angew. physik. Chem. **36** (1930), 259; C 30 II 1513.

[2] R. FRICKE, G. F. HÜTTIG: Hydroxyde und Oxydhydrate, S. 553 ÷ 574. Leipzig: Akad. Verl.-Ges., 1937; C 37 I 2343.

[3] G. F. HÜTTIG, TH. MEYER: 52. Mittlg.: Z. anorg. allg. Chem. **207** (1932), 234; C 32 II 3662.

[4] G. F. HÜTTIG: 66. Mittlg.: Kolloid-Beih. **39** (1934), 277; C 34 II 3713.

[5] H. B. WEISER, W. O. MILLIGAN: J. physic. Chem. **39** (1935), 25; C 35 II 480.

von morphologischen Zwischenzuständen durch GOLDSZTAUB[1], von aktiven Zwischenzuständen durch SCHRÖDER[2], GLEMSER[3], A. KRAUSE[4], WELO und BAUDISCH[5], siehe ferner FEITKNECHT[6], MERCK und WEDEKIND[7], DEFLANDRE[8]. Mit den Zwischenstufen bei der teilweisen Abspaltung von Sauerstoff aus Metalloxyden beschäftigt sich eine Reihe von Arbeiten von A. SIMON[9] und von SCHMAHL[10], mit Entwässerungsvorgängen KOFLER und BRANDSTÄTTER[11], HOUGEN, MC CAULEY und MARSHALL[12].

Entwässerung der Zeolithe.

Die Zeolithe stellen in der Art der Wasserbindung einen Grenzfall dar. Dies kommt bei der Entwässerung dadurch zum Ausdruck, daß sich hierbei sehr ausgeprägte, der klassischen Kinetik unbekannte Zwischenzustände bilden. Da sich alle übrigen Systeme von den zeolithartigen Verbindungen nur graduell, nicht aber prinzipiell unterscheiden, so lassen sich die bei den Zeolithen gewonnenen Erkenntnisse in entsprechendem Ausmaße auf diesen (und manchen andern) Reaktionstypus verallgemeinern. Im nachfolgenden sind zusammenfassend die Ergebnisse dargestellt, welche SLONIM[13] im Verlaufe der Entwässerung von Zeolithen erhalten hat. Man wird hierin die auf S. 511f. dargelegten Prinzipien unschwer wiedererkennen.

Der Analcim, Chabasit und Natrolith können weitgehend entwässert werden, ohne daß eine merkliche Veränderung in bezug auf die Größe der Elementarzelle und Lage der das Röntgenlicht reflektierenden Netzebenen eintritt. *Die Periode a)* (S. 511) *umfaßt also hier nahezu den ganzen Entwässerungsverlauf.* Grundsätzlich die gleichen Beobachtungen wurden auch gemacht bei den chemischen Veränderungen des Skolecits, bei dem Brennen des Glimmers (RINNE[14]), bei der Entwässerung des Heulandits, wo geringe Änderungen in den Netzebenenabständen eintreten (RINNE[15]), und bei dem Entwässern des Gipses (LINCK und JUNG[16], JUNG[17], vgl. auch BÜSSEM, COSMANN und SCHUSTERIUS[18]). Ähnliche Vorgänge wurden auch beschrieben von MERCK und WEDEKIND[19] für den Übergang $Co_3O_4 \rightarrow CoO$, von H. W. KOHLSCHÜTTER für $Fe_2(SO_4)_3 \rightarrow Fe_2O_3$, von HÜTTIG und LEWINTER[20] für $CaCO_3 \rightarrow CaO$ und von THILO und SCHWARZ[21] für die

---

[1] S. GOLDSZTAUB: Bull. Soc. franç. Minéral. **58** (1935), 6; C 35 II 1152.
[2] W. SCHRÖDER: Z. Elektrochem. angew. physik. Chem. **46** (1940), 680; C 41 I 1390; **47** (1941), 196; C 41 I 2511; **48** (1942), 241, 301; C 42 II 495; **49** (1943), 38.
[3] O. GLEMSER: Ber. dtsch. chem. Ges. **71** (1938), 158; C 38 I 3579; Z. Elektrochem. angew. physik. Chem. **44** (1938), 341; C 38 II 2080.
[4] A. KRAUSE, K. DOBRZYŃSKA: 34. Mittlg.: Kolloid.-Z. **81** (1937), 45; C 38 I 3577.
[5] L. A. WELO, O. BAUDISCH: Philos. Mag. J. Sci. (7) **17** (1934), 753; C 34 II 405.
[6] W. FEITKNECHT: Helv. chim. Acta **21** (1938), 766; C 38 II 2702.
[7] F. MERCK, F. WEDEKIND: Z. anorg. allg. Chem. **186** (1930), 49; C 30 I 1742.
[8] M. DEFLANDRE: Bull. Soc. franç. Minéral. **55** (1932), 140; C 33 I 2075.
[9] A. SIMON, A. LANDGRAF: Kolloid-Z. **74** (1936), 296; C 36 II 445.
[10] N. G. SCHMAHL: Z. Elektrochem. angew. physik. Chem. **47** (1941), 821; C 42 I 1730.
[11] L. KOFLER, M. BRANDSTÄTTER: Angew. Chem. **55** (1942), 77.
[12] O. A. HOUGEN, H. J. MCCAULEY, W. R. MARSHALL: Trans. Amer. Inst. chem. Engr. **36** (1940), 183; C 41 I 1450.
[13] CH. SLONIN: Z. Elektrochem. angew. phys. Chem. **36** (1930), 439.
[14] F. RINNE: Z. Kristallogr., Mineral., Petrogr. **61** (1925), 113.
[15] F. RINNE: Z. Kristallogr., Mineral., Petrogr. **59** (1924), 230; C 24 I 2063.
[16] G. LINCK, H. JUNG: Z. anorg. allg. Chem. **137** (1924), 407; C 24 II 1450.
[17] H. JUNG: Z. anorg. allg. Chem. **142** (1925), 73; C 25 I 1384.
[18] W. BÜSSEM, O. COSMANN, C. SCHUSTERIUS: Sprechsaal Keram., Glas, Email **69** (1936), 405; C 36 II 3279.
[19] F. MERCK, E. WEDEKIND: Z. anorg. allg. Chem. **186** (1930), 49.
[20] G. F. HÜTTIG, M. LEWINTER: Angew. Chem. **41** (1928), 1034; C 28 II 2499.
[21] E. THILO, U. SCHWARZ: Ber. dtsch. chem. Ges. **74** (1941), 196.

Wasserabgabe des Pyrophillits. Wird die Zersetzungstemperatur längere Zeit beibehalten, so bildet sich das neue, von dem ursprünglichen völlig verschiedene Kristallgitter (vgl. GRUNER[1]); die in dem Gitter des Ausgangsproduktes auftretenden Zersetzungsprodukte sind also instabil; es liegen hier die als „Pseudostrukturen" bezeichneten Zwischenzustände vor (S. 358). Bemerkenswert ist, daß sich eine solche instabile Pseudostruktur nicht nur durch Abgabe einer Komponente, sondern auch durch chemische Addition bilden kann; Beispiele hierfür sind die „Hydrate der zweiten Art", wie z. B. die Bauxithydrate (BILTZ, LEHRER und MEISEL[2]).

Ein entwässertes Produkt des Stilbits zeigte überhaupt keine Röntgeninterferenzen, es war also definitionsgemäß amorph. *Hier wurde also ein Zustand gefaßt, welcher der Umordnung entspricht, wie sie die Periode b)* (S. 511) *kennzeichnet.* Amorphe Zustände können auch gefaßt werden bei der Entwässerung des Natrium-Alauns (SLONIM) und des Aluminiumsulfats (KRAUSS und A. FRICKE[3]). Zwischen dem Zerfall des alten Strukturtypus und dem Entstehen des neuen hat also eine Periode der Amorphie Platz. Vielfach mag ihre Lebensdauer zu kurz sein, um einer präparativen Erfassung zugänglich zu sein; sie kann dann völlig ausbleiben, wenn eine Gitterebene des verschwindenden Typus geometrische Ähnlichkeit mit einer Gitterebene des entstehenden Typs hat, indem das neue Kristallgitter, wenn auch mit etwas gegen seinen stabilen Zustand verzerrtem Gitter, auf der ersteren Gitterebene aufwächst; auf diese Weise kann Magnesiumoxyd (Periklas) durch Entwässerung von Magnesiumhydroxyd (Brucit) entstehen (BÜSSEM und KÖBERICH[4]).

Mit Zeolithen und deren Entwässerungsprodukten befassen sich auch die Arbeiten von LENGYEL[5] (Röntgenuntersuchungen), TISELIUS[6] (Wanderungsgeschwindigkeit des Wassers), HEY[7] (Theorie der zeolithischen Diffusion, vgl. auch S. 390), MILLIGAN und WEISER[8] (Gitterschrumpfung während der Entwässerung).

Dort, wo der Vorgang in der Abspaltung eines im wesentlichen *gelösten* Gases besteht, liegen ähnliche Verhältnisse vor, nur daß das nach der Entgasung vorliegende Gitter fast immer dem endgültigen stabilen Zustand zukommt. Die im stark übersättigten Zustand gebundenen Gase werden bevorzugt bei den Temperaturen (S. 421f.) $\alpha = 0{,}29$ und $\alpha = 0{,}42$ abgegeben (HÜTTIG, THEIMER und BREUER[9]; HÜTTIG und BLUDAU[10], vgl. auch Zusammenfassung bei GUILLET[11]).

Untersuchungen mit der Hahnschen Emaniermethode.

Mit Hilfe der O. HAHNschen Emaniermethode[12] wurden die in diesem Abschnitt mitgeteilten Ergebnisse erhalten. Den drei Feldern der Abb. 39 gemeinsam ist die Abszissenachse, auf welcher die Temperatur aufgetragen ist, bis

---

[1] I. W. GRUNER: Z. Kristallogr., Mineral., Petrogr. **68** (1928), 363; C 28 II 2545.

[2] W. BILTZ, G. A. LEHRER, K. MEISEL: Z. anorg. allg. Chem. **172** (1928), 292; C 28 II 633.

[3] F. KRAUSS, A. FRICKE: Z. anorg. allg. Chem. **166** (1927), 170; C 27 II 2382.

[4] W. BÜSSEM, F. KÖBERICH: Z. physik. Chem. Abt. B **17** (1932), 310; C 32 II 1900.

[5] B. LENGYEL: Z. Physik **77** (1932), 133; C 33 I 1104.

[6] A. TISELIUS: Nature (London) **133** (1934), 212; C 34 II 560.

[7] M. H. HEY: Philos. Mag. J. Sci. (7) **22** (1936), 492; C 37 I 1374.

[8] W. O. MILLIGAN, H. B. WEISER: J. physic. Chem. **41** (1937), 1029; C 38 I 4162.

[9] G. F. HÜTTIG, H. THEIMER, W. BREUER: 126. Mittlg.: Z. anorg. allg. Chem. **249** (1942), 134; C 42 I 2961.

[10] G. F. HÜTTIG, H. H. BLUDAU: 130. Mittlg.: Z. anorg. allg. Chem. **250** (1942), 36; C 42 II 1658.

[11] L. GUILLET: Génie civil (62) **119** (1942), 134; C 42 II 504.

[12] O. HAHN: Z. Elektrochem. angew. physik. Chem. **38** (1932), 511; C 32 II 1747.

zu welcher das Präparat erhitzt und bei welcher das Emanationsvermögen beobachtet wurde; die hierbei festgestellte Intensität der Emanationsabgabe ist auf den Ordinatenachsen aufgetragen.

Das oberste Feld stellt Beobachtungen von JAGITSCH[1] dar, die dieser an einem durch Fällung von wässeriger Aluminiumchloridlösung mit Ammoniak bei Zimmertemperatur hergestellten gelförmigen *Aluminiumoxydhydrat* erhalten hat. Die Ergebnisse werden so gedeutet, daß bei dem Erhitzen bis 150° eine Abgabe des adsorbierten Wassers und damit eine Schrumpfung des Präparates und Verkleinerung der Oberfläche stattfindet. Der Anstieg zwischen 150° und 300° wird mit einer Bildung von ungeordnetem Aluminiumoxydhydrat mit großer innerer Oberfläche erklärt und auf die parallel damit ansteigende katalytische Wirksamkeit (IPATIEW[2]) bezogen; ähnliche Erscheinungen werden auch schon bei dem bloßen Altern eines gelförmigen Aluminiumoxydhydrats beobachtet (S. 384; HÜTTIG und BRÜLL[3]; vgl. auch HÜTTIG und NEUSCHUL[4]). Von 300° aufwärts wird unter Hinweis auf die gleichen Ergebnisse anderer Autoren die Bildung von γ-Aluminiumoxyd und damit eine langsam fortschreitende Kornvergrößerung angenommen. Zwischen 1000° und 1100° erfolgt ein plötzlicher Anstieg zu einem Maximum der Emanationsintensität, dem dann ein ebenso steiler Abfall folgt; diese Erscheinungen sind mit einem Übergang des γ-Al_2O_3 in das α-Al_2O_3 verknüpft (HEDVALLsches Prinzip, S. 374); eine ähnliche Beobachtung wurde bei etwas tieferen Temperaturen im Verlaufe des Erhitzens eines gelförmigen *Eisenoxydhydrats* gemacht [S. 384; Periode d); Abb. 38 (S. 510), unterstes Feld; HAHN und SENFTNER[5]]; bei dem Fe_2O_3 liegt hier eine Umgruppierung der Moleküle mit dem Ziele einer Ausheilung der Gitterbaufehler vor, ohne daß hiebei eine Modifikationsumwandlung stattfindet; bei dem Al_2O_3 ist der gleiche Vorgang mit einer Modifikationsänderung verknüpft.

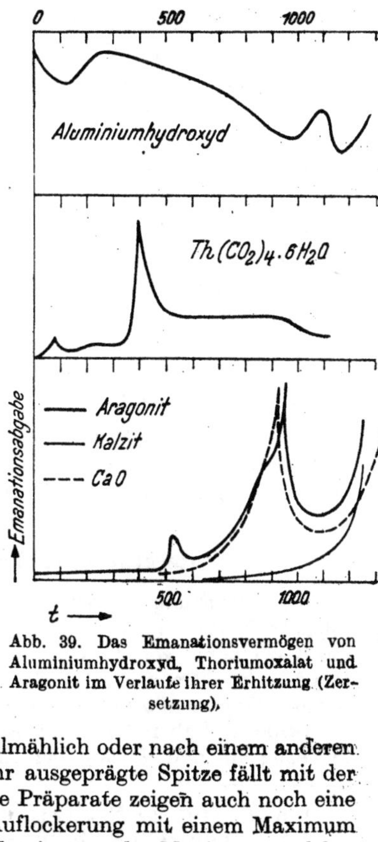

Abb. 39. Das Emanationsvermögen von Aluminiumhydroxyd, Thoriumoxalat und Aragonit im Verlaufe ihrer Erhitzung (Zersetzung).

Das mittlere Feld der Abb. 39 stellt Beobachtungen von BORN[6] dar, welche dieser an einem *Thoriumoxalat* $Th(CO_2)_4 \cdot 6\,H_2O$ gemacht hat. Die zwischen 80° und 100° liegende kleine Spitze fällt mit der Abgabe von 4 Molekülen H_2O zusammen, die beiden letzten Moleküle Wasser werden (wohl allmählich oder nach einem anderen Mechanismus) bis 300° abgegeben. Die zweite, sehr ausgeprägte Spitze fällt mit der Zersetzung des Oxalats zu Oxyd zusammen. Andere Präparate zeigen auch noch eine über ein größeres Temperaturgebiet ausgedehnte Auflockerung mit einem Maximum bei etwa 700°, was in ähnlicher Weise gedeutet wird, wie etwa das Maximum, welches das Fe_2O_3 bei 1000° hat (Abb. 38, unterstes Feld).

Das unterste Feld der Abb. 39 stellt Beobachtungen von ZIMENS[7] dar, welche

[1] R. JAGITSCH: Z. physik. Chem., Abt. A **174** (1935), 49, Abb. 1; C 36 I 496.

[2] W. N. IPATIEW, N. ORLOW, A. PETROW: Aluminiumoxyd als Katalysator in der organischen Chemie. Leipzig: Akad. Verl.-Ges., 1929; C 29 II 52.

[3] G. F. HÜTTIG, J. BRÜLL: 58. Mittlg.: Ber. dtsch. chem. Ges. **65** (1932), 1795; C 33 I 728.

[4] G. F. HÜTTIG, W. NEUSCHUL: 42. Mittlg.: Z. anorg. allg. Chem. **198** (1931), 219; Abb. 1; C 31 II 1813.

[5] O. HAHN; V. SENFTNER: Z. physik. Chem., Abt. A **170** (1934), 191; C 35 I 1187.

[6] H.-J. BORN: Z. physik. Chem., Abt. A **179** (1937), 256; Abb. 3; C 37 II 1733.

[7] K. E. ZIMENS: Z. physik. Chem., Abt. B **37** (1937), 231, Abb. 2; C 38 I 2486; Z. Elektrochem. angew. physik. Chem. **44** (1938), 590; C 35 II 3779; Z. physik. Chem., Abt. B **37** (1937), 241; C 38 I 2486.

dieser an *Aragonit* (stark voll ausgezogene Kurve), *Calcit* (gestrichelt) und *Calciumoxyd* (schwach voll) angestellt hat. In der Aragonitkurve bildet sich die Umwandlung des rhombischen Aragonits in den hexagonalen Calcit durch die kurz oberhalb 500° liegende Spitze ab, was eine sehr anschauliche Illustrierung zu dem Hedvallschen Prinzip ist; bei dem Calcit ist diese Erscheinung nicht vorhanden. Der bei der Calcit- (und auch Aragonit-) Kurve bei etwa 600° beginnende Anstieg dürfte den daselbst einsetzenden Tammannschen Platzwechselvorgängen entsprechen (S. 388). Er mündet dann in die bei etwa 950° liegenden, den Zerfall des Calciumcarbonats bezeichnenden Spitzen. In der gleichen Weise sind auch das gleichfalls einen Umwandlungspunkt besitzende Bariumcarbonat und Strontiumcarbonat untersucht worden (Zimens[1]). Die thermische Zersetzung von verschiedenen Bariumoxalaten untersuchte Sagortschew[2].

Mit den O. Hahnschen Methoden wurden u. a. auch untersucht die Vorgänge beim Trocknen und Wiederbewässern oberflächenreicher Niederschläge, wie z. B. der Oxydhydrate des Thoriums, Zirkoniums, Aluminiums, Eisens (O. Hahn und M. Biltz[3]), der Verlauf der Entwässerung von Hydraten des Bariumchlorids und -bromids (Mumbrauer[4]), die Entwässerung von gefällter Kieselsäure und der weitere Verlauf der Erhitzung und die gleiche Untersuchung in bezug auf Aluminiumoxydhydrate (Jagitsch[5]) und die Entwässerungen von Präparaten der Systeme BeO/H_2O und Fe_2O_3/H_2O und der „Ausspüleffekt" (Mumbrauer und Fricke[6]; vgl. auch die zusammenfassende Darstellung dieser Methoden bei O. Hahn[7]). Ganz besonders sei auf die Untersuchungen von Graue und Köppen[8] über die Oberflächenentwicklung aktiver Zinkoxyde hingewiesen; ferner auch Götte[9] (Hydroxyde des Eisens und Thors), Lieber[10] (stufenhafte Entwässerung der Hydrate der Erdalkali-Halogenide).

In der letzten Zeit wurden sehr aufschlußreiche Untersuchungen von Schröder[11] über die Zersetzungsvorgänge des γ-Eisenhydroxyds und Cadmiumcarbonats für sich und in Gemischen und von Schröder und Schmäh[12] über diejenigen des β-Zinkhydroxyds untereinander ausgeführt.

Literatur über Zwischenzustände. — Oxydhydrate.

Als Ergänzung zu den auf S. 509ff. herangezogenen Arbeiten muß noch auf folgende Mitteilungen verwiesen werden: Merck und Wedekind[13] haben während der Zersetzung von Co_2O_3aq ferromagnetische Zwischenzustände gefaßt. Für die Oxyde wird vermutet, daß der Ferromagnetismus eine Eigenschaft ungetemperter frischer Oxyde mit hohem Sauerstoffgehalt ist. — V. Kohlschütter und später Feitknecht haben bei ihren ausgedehnten topochemischen Untersuchungen auch in bezug auf den Verlauf der Entwässerungsvorgänge völlig neue Perspektiven er-

---

[1] K. E. Zimens: Naturwiss. 25 (1937), 429; C 37 II 1733.

[2] B. Sagortschew: Z. physik. Chem., Abt. A **176** (1936), 295; C 36 II 1518; **177** (1936), 235; C 36 II 3407.

[3] O. Hahn, M. Biltz: Z. physik. Chem. **126** (1927), 323; C 27 II 551.

[4] R. Mumbrauer: Z. physik. Chem., Abt. A **172** (1935), 64; C 35 I 2765.

[5] R. Jagitsch: Mh. Chem. **68** (1936), 1; C 36 II 1296.

[6] R. Mumbrauer, R. Fricke: Z. physik. Chem., Abt. B **36** (1937), 1; C 37 II 3274.

[7] O. Hahn: Applied Radiochemistry, Cornell. Ithaca: New York, University Press, 1936; C 37 I 290.

[8] G. Graue, R. Köppen: Z. anorg. allg. Chem. **228** (1936), 49; C 36 II 2318.

[9] H. Götte: Z. physik. Chem., Abt. B **40** (1938), 207; C 38 II 2886.

[10] C. Lieber: Z. physik. Chem., Abt. A **182** (1938), 153; C 38 II 1920.

[11] W. Schröder: Z. Elektrochem. angew. physik. Chem. **46** (1940), 680; C 41 I 1390; **47** (1941), 196; C 41 I 2511; **49** (1943), 38.

[12] W. Schröder, H. Schmäh: Z. Elektrochem. angew. physik. Chem. **48** (1942), 241; C 42 II 495.

[13] F. Merck, E. Wedekind: Z. anorg. allg. Chem. **186** (1930), 49; C 30 I 1742.

öffnende Ergebnisse erhalten (z. B. V. KOHLSCHÜTTER und BEUTLER[1]); über die Topochemie berichtet ausführlich H. W. KOHLSCHÜTTER in dem IV. Band des vorliegenden Werkes. — Überhaupt sind die Oxydhydrate und deren Entwässerungs- und Alterungsvorgänge das Mustergebiet für die großen Vielheiten und Mannigfaltigkeiten von Zwischenzuständen. Den diesbezüglichen umfassenden Bericht von FRICKE und HÜTTIG[2] ergänzen wir durch folgende Hinweise: SCHWIERSCH[3] (mineralogische Untersuchung von Zersetzungsvorgängen), KUTZELNIGG und WAGNER[4] (scharfes Maximum der katalytischen Wirksamkeit eines Chromhydroxyds im Verlaufe seiner Entwässerung), H. W. KOHLSCHÜTTER[5] (Entwässerung von Chromhydroxyden), BÜLL[6] und die zahlreichen Untersuchungen von A. KRAUSE über das System Fe_2O_3/H_2O, z. B. A. KRAUSE, GAWRYCH und MIZGAJSKI[7]. — Zahlreich sind die Aussagen über Zwischenzustände in den Mitteilungen der Schule ZAWADZKI und BRETSZNAJDER, so als Ursache der „falschen“ Einstellung von Gleichgewichten bei BRETSZNAJDER[8], ZAWADZKI und BRETSZNAJDER[9], ŽEROMSKI und SLUBICKI[10]. — DAMERELL, HOVORKA und WHITE[11] (vgl. auch DAMERELL[12]) geben an, daß $Al_2O_3 \cdot 3\,H_2O$ Wasser abgeben kann, ohne daß ein neues Gitter auftritt, also ein Vorgang, wie er unserer Periode a) (S. 511) entspricht. — WOOSTER[13] beschreibt „Dehydratationsfiguren“, POTAPENKO[14] die Verteilung der Zersetzung auf ein größeres Temperaturgebiet und die Abhängigkeit ihres Verlaufes von der Vorgeschichte des Carbonates, KRUSTINSONS[15] und DODÉ[16] erklären die beobachteten homogenen Zwischenzustände [vgl. unsere Periode a)] mit festen Lösungen zwischen Ausgangsprodukt und Endprodukt, in gleicher Richtung liegen die Befunde von DAMASSIEUX und FEDEROFF[17], wenn sie finden, daß sich die Röntgenogramme bei dem Wasserverlust kontinuierlich ändern, wogegen die Feststellungen, daß bei dem Übergang einer Hydratstufe in die andere die Röntgenlinien verschwommen werden, Zuständen unserer Periode b) (S. 511) entsprechen. Grundlegend sind die Untersuchungen von GRAUE und KÖPPEN[18], denen zufolge das Gitter des Zinkoxalats (vgl. auch S. 515, Abb. 39, mittlerer Teil, und HÜTTIG und MEYER[19]) oberhalb 125° zusammenbricht; bei 210° liegt ein vollständig neues Gitter vor, und erst oberhalb 300° tritt das Gitter des bekannten Zinkoxyds auf. Es sei ferner hingewiesen auf die Untersuchungen von MEUNIER und BIHET[20]

---

[1] V. KOHLSCHÜTTER, W. BEUTLER: Helv. chim. Acta **14** (1931), 305; C 31 I 3430.
[2] R. FRICKE, G. F. HÜTTIG: Hydroxyde und Oxydhydrate. Leipzig: Akad. Verl.-Ges., 1937; C 37 I 2343.
[3] H. SCHWIERSCH: Chem. d. Erde 8 (1933), 252; C 32 II 2366.
[4] A. KUTZELNIGG, W. WAGNER: Mh. Chem. **67** (1936), 231; C 36 I 3965.
[5] H. W. KOHLSCHÜTTER: Kolloid-Z. **77** (1936), 229; C 37 I 1109; Angew. Chem. **49** (1936), 865; C 37 I 4894.
[6] R. BÜLL: Angew. Chem. **49** (1936), 145; C 36 II 422.
[7] A. KRAUSE, ST. GAWRYCH, L. MIZGAJSKI: Ber. dtsch. chem. Ges. **70** (1937), 393; C 37 I 3592.
[8] S. BRETSZNAJDER: Roczniki Chem. **12** (1932), 551; C 32 II 3661.
[9] J. ZAWADZKI, S. BRETSZNAJDER: Bull. int. Acad. polon. Sci. Lettres, Cl. Sci. math. natur., Ser. A **1932**, 271; C 33 I 2637; Z. physik. Chem., Abt. B **22** (1933), 60, 79; C 33 II 1130.
[10] S. ŽEROMSKI, Z. SLUBICKI: Roczniki Chem. **14** (1936), 849; C 36 I 973.
[11] V. R. DAMERELL, F. HOVORKA, W. E. WHITE: J. physic. Chem. **36** (1932), 1255; C 33 I 1101.
[12] V. R. DAMERELL: J. physic. Chem. **35** (1931), 1061; C 31 I 2980.
[13] W. A. WOOSTER: Nature (London) **130** (1932), 698; C 33 I 1082.
[14] S. W. POTAPENKO: Chem. J. Ser. B, J. angew. Chem. **5** (1932), 693; C 33 I 3270.
[15] J. KRUSTINSONS: Z. Elektrochem. angew. physik. Chem. **39** (1933), 936; C 34 I 839.
[16] M. DODÉ: C. R. hebd. Séances Acad. Sci. **204** (1937), 1938; C 38 I 4158.
[17] N. DAMASSIEUX, B. FEDEROFF: C. R. hebd. Séances Acad. Sci. **205** (1937), 457; C 38 I 42.
[18] G. GRAUE, R. KÖPPEN: Z. anorg. allg. Chem. **228** (1936), 49; C 36 II 2318.
[19] G. F. HÜTTIG, TH. MEYER: 52. Mittlg.: Z. anorg. allg. Chem. **207** (1932), 234; C 32 II 3662.
[20] F. MEUNIER, O. L. BIHET: Congr. chim. ind. Bruxelles II **15** (1935), 944; C 36 II 1874.

(Mechanismus des Zersetzungsvorganges), von DUBOIS und RENCKER[1] (dilatometrische Untersuchungen des vorliegenden Reaktionstyps) und zahlreiche Arbeiten der Schule BALAREWS, wie z. B. BALAREW und KOLUSCHEWA[2], ZIMENS[3]).

Erinnerungsvermögen der festen Materie.

Mit dem auf S. 498÷518 besprochenen Reaktionstypus in engem Zusammenhang, jedoch von einer viel allgemeineren Zuständigkeit sind die Erscheinungen, welche wir als das „Erinnerungsvermögen (oder Gedächtnis) der festen Materie" („Erb-Effekt" „the power of remembrance of matter") bezeichnen wollen. Wir verstehen darunter die Erscheinung, daß Stoffe, welche im klassischen Sinn als identisch angesprochen werden müssen, je nach dem Ausgangsmaterial, aus welchem sie hergestellt wurden, noch deutliche, durch das Ausgangsmaterial bedingte Eigenschaften zeigen. Vielfach sind dies die letzten Zwischenzustände, welche bei einem Reaktionsablauf AB starr $\rightarrow A$ starr $+ B$ gasförmig durchschritten werden, bevor die Reaktion unter Verlust ihrer individuellen Merkmale in das allen auf die Herstellung des stabilen Stoffes A gerichteten Reaktionen gemeinsame Endziel mündet.

HÜTTIG und KÖLBL[4] konnten zeigen, daß ein durch Entwässern eines amorphen Aluminiumoxydhydratgels entstandenes amorphes γ-Al_2O_3 bei der Wiederbewässerung wieder ein amorphes Aluminiumoxydhydrat gibt, wohingegen ein durch Entwässern eines kristallisierten Bayerits $Al_2O_3 \cdot 3\,H_2O$ entstandenes amorphes γ-Al_2O_3 bei der Wiederbewässerung den kristallisierten Bayerit gibt.

HÜTTIG, ZEIDLER und FRANZ[5] haben durch allmählich gesteigerte Erhitzung eines $Al(NO_3)_3 \cdot 9\,H_2O$ eine Reihe von Präparaten hergestellt, welche gewissermaßen den Übergang von diesem Ausgangsprodukt in das stabile Al_2O_3 darstellten; in der gleichen Weise wurde eine Zersetzungsreihe ausgehend von einem $Al(OH)(CH_3COO)_2 \cdot 1\,H_2O$ hergestellt. Von jedem Präparat wurde die Lösbarkeit in einer bestimmten Salpetersäure ($= a_{HNO_3}$) und einer bestimmten Essigsäure ($= a_{CH_3COOH}$) festgestellt. Den Quotienten $\frac{a_{HNO_3}}{a_{CH_3COOH}}$ wollen wir die *relative* Lösbarkeit in Salpetersäure nennen und ihn mit $q_{\text{Al-Nitrat}}$ oder $q_{\text{Al-Acetat}}$ bezeichnen, je nachdem, ob er sich auf ein Präparat der von Aluminiumnitrat oder Aluminiumacetat ausgehenden Zerfallsreihe bezieht. In der Abb. 40 ist auf der Abszisse von rechts nach links derjenige Bruchteil ($= n$) von dem gesamten verflüchtigbaren Anteil des Ausgangsstoffes eingetragen, welcher in dem jeweils untersuchten Bodenkörper noch vorhanden ist. Gegen diese gemeinsame Abszissenachse sind in dem oberen Teil der Abb. 40 als Ordinate die Werte für $q_{\text{Al-Nitrat}}$ voll und diejenigen für $q_{\text{Al-Acetat}}$ gestrichelt eingezeichnet. Im unteren Teil der Abb. 40 sind auf der Ordinate die jeweils zu dem gleichen n-Wert gehörigen Quotienten $\frac{q_{\text{Al-Nitrat}}}{q_{\text{Al-Acetat}}} = Q$ aufgetragen. Demnach gibt der Quotient Q ein Vergleichsmaß für das Verhalten gegenüber den verschiedenen Lösungsmitteln; ist also in unserem Fall $= Q > 1$, so liegt bei dem betreffenden Präparat der Al-Nitratreihe eine größere spezifische Lösbarkeit gegenüber Salpetersäure und bei dem durch den gleichen n-Wert gekennzeichneten Präparat der Al-Acetatreihe eine größere spezifische Lösbarkeit gegenüber Essigsäure vor. Man sieht, daß — abgesehen von einer geringfügigen, die Versuchsfehler kaum merklich übersteigenden Überschneidung — die Q-Werte im ganzen Verlauf > 1 sind, d. h. daß *vergleichsweise die Lösbarkeit der aus Aluminiumnitrat entstehenden Präparate in Sal-*

[1] P. DUBOIS, E. RENCKER: C. R. hebd. Séances Acad. Sci. **200** (1935), 131; C 35 II 2935.
[2] D. BALAREW, A. KOLUSCHEWA: Kolloid-Z. **70** (1935), 288; C 35 II 340.
[3] K. E. ZIMENS: Svensk. kem. Tidskr. **52** (1940), 205; C 40 II 2994.
[4] G. F. HÜTTIG, F. KÖLBL: 67. Mittlg.: Z. anorg. allg. Chem. **214** (1933), 289; C 33 II 3654.
[5] G. F. HÜTTIG, E. ZEIDLER, E. FRANZ: 104. Mittlg.: Z. anorg. allg. Chem. **231** (1937), 104; C 37 II 719.

petersäure größer ist und dementsprechend auch diejenige der aus basischem Aluminiumacetat entstandenen in Essigsäure größer ist. Sehr beachtenswert erscheint uns die Tatsache, *daß diese Kennzeichnung der Lösbarkeiten ganz besonders dort in Erscheinung tritt,* wo sich *n* dem Wert Null nähert, d. h. dort, *wo man sich den Zuständen reiner Aluminiumoxyde nähert.* Voraussetzung für ein solches Verhalten ist, daß bei der Herstellung der Präparate die Zersetzung ohne jedes Schmelzen geleitet wurde; ein Schmelzen löscht das Erinnerungsvermögen der festen Materie aus.

Hüttig, Zeidler und Franz[1] stellten zwei Strontiumchloridpräparate her, das eine, indem sie aus der Verbindung $SrCl_2 \cdot 8\,NH_3$ den Ammoniak austrieben, das andere, indem sie die Verbindung $SrCl_2 \cdot 6\,H_2O$ vorsichtig entwässerten. Unter gleichen Bedingungen bildete sich in einer Wasserdampfatmosphäre das $SrCl_2 \cdot 6\,H_2O$ rascher bei dem aus $SrCl_2 \cdot 6\,H_2O$ als bei dem aus $SrCl_2 \cdot 8\,NH_3$ hergestellten Strontiumchloridpräparat, wogegen in einer Ammoniakatmosphäre das $SrCl_2 \cdot 8\,NH_3$ rascher bei dem aus $SrCl_2 \cdot 8\,NH_3$ als bei dem aus $SrCl_2 \cdot 6\,H_2O$ hergestellten Strontiumchloridpräparat entstand.

Die nächstliegende Erklärung dieser Erscheinung wäre die Annahme, daß sich in den Präparaten noch „Keime" der Ausgangssubstanz befinden. Ganz abgesehen davon, daß die meisten der hier betrachteten Präparate unter Bedingungen entstanden sind, bei denen Rückstände der unveränderten Ausgangssubstanz unerklärlich wären, kann diese Vorstellung unmöglich erklären, warum z. B. das aus Al-Nitrat hergestellte Al_2O_3 eine spezifisch raschere Auflösung in Salpetersäure zeigt; außerdem wird auch dem aktiven Zustand, in dem sich solche Präparate befinden, und den dadurch bedingten mannigfachen spezifischen Äußerungen in der Reaktionkinetik keine Rechnung getragen. Die Gesamtheit der Sachlage zwingt vielmehr zu der folgenden Auffassung: die bei der Zersetzung entstehenden festen Stoffe bilden sich im allgemeinen zuerst in Kristallaggregaten, welche noch mit Gitterbaufehlern behaftet sind [S. 512, Beginn der Periode d)]. Die Gitterbaufehler bestehen vielfach in unbesetzt gebliebenen (leeren) Stellen innerhalb des Gitters (S. 366). Die Anordnung dieser Fehler, welche wir als den „Rhythmus der Anordnung" bezeichnen wollen, trägt noch die Merkmale des Ausgangsstoffes, ist also je nach der Wahl des Ausgangsstoffes verschieden. Dieser Rhythmus der Anordnung ist so geartet, daß er unter allen möglichen Anordnungen derjenige ist, welcher die rascheste Rückverwandlung in das ursprüngliche Ausgangsprodukt ermöglicht.

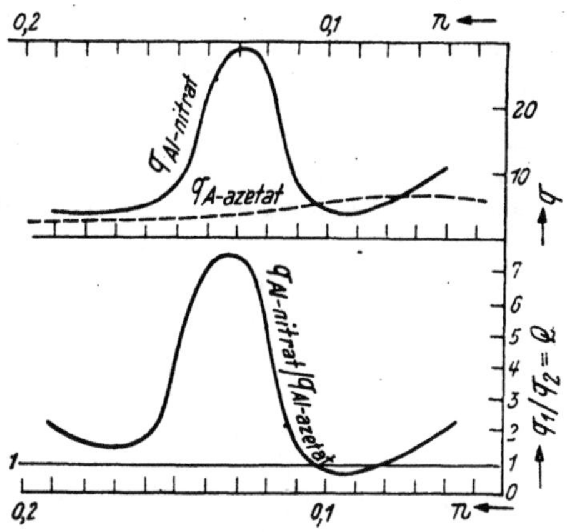

Abb. 40.
Die vergleichsweisen Lösbarkeiten der Zersetzungsprodukte des Aluminiumnitrats und -acetats.

Werden (z. B. durch ein höheres Erhitzen) die Gitterbaufehler des chemisch gleichen, aber aus verschiedenen Ausgangsstoffen hergestellten festen Stoffes ausgeheilt, so werden auch die eben gekennzeichneten Unterschiede verschwinden. So läßt sich denn auch verstehen, daß die Erscheinungen des Gedächtnisses der Materie im Verlauf der Zersetzung zunächst meist eine ansteigende Tendenz haben, daß aber ein weiteres Erhitzen wieder zu einem Abklingen dieser Erscheinungen führen muß. Möglicherweise sind letzte kleine Mengen der flüchtigen Komponente, welche homogen in der festen Phase verteilt sind, zur Erhaltung

[1] G. F. Hüttig und Mitarbeiter: 104. Mittlg.: Z. anorg. allg. Chme. **231** (1937), 104; C 37 II 719.

der Gitterbaufehler notwendig. Über die Methoden und Ergebnisse der Strukturbestimmung solcher fehlerhaften Kristallaggregate berichtet HÜTTIG[1]. Möglicherweise muß auch mit der Erhaltung der Mosaikstruktur (vgl. S. 340 und SMEKAL[2]) auf alle Fälle aber auch mit einer Formbeständigkeit der Sekundärstruktur (FRICKE, SCHOON und SCHRÖDER[3]) gerechnet werden.

Eine Streife in der Literatur nach Angaben, welche ein Gedächtnis der Materie manifestieren oder in näherer Beziehung hiezu stehen, ergibt ungefähr folgendes: SLONIM[4] führt die bei der Wiederbewässerung eines amorphen Entwässerungsproduktes entstehenden stabilen Kristalle des Hydrates nicht auf eine Sammelkristallisation zurück, sondern begründet ihre Bildung ähnlich, wie wir es oben in bezug auf das Gedächtnis der Materie getan haben. — KAMECKI[5] findet, daß ein aus Zinkacetat hergestelltes Zinkoxyd sich *relativ* am raschesten in Essigsäure auflöst. — MITTASCH[6] nennt in seinen „Fiktionen in der Chemie" das Beispiel des Erinnerungsvermögens *gelöster* (!) Celluloseacetate von K. HESS und zitiert gleichzeitig die Abhandlung von E. HERING über das Gedächtnis als eine allgemeine Funktion der organischen Materie. SCHRÖDER[7] bringt die in bestimmten Fällen durch übermikroskopische Beobachtungen und durch Verfolgung des Emanationsvermögens festgestellte hartnäckige Erhaltung der Sekundärstruktur auch bei durchgreifenden Änderungen in der Kristallstruktur gleichfalls unter den Begriff des Erinnerungsvermögens der festen Materie. In naher Beziehung zu diesen Fragen stehen manche topochemische Probleme, wie z. B. V. KOHLSCHÜTTER und M. CHRISTEN[8], ferner die Theorien, wie z. B. diejenigen von ADKINS[9], welche die spezifischen Wirksamkeiten eines Katalysators auf molekulare Poren zurückführen, deren Dimensionen von dem zur Herstellung des Katalysators verwendeten Ausgangsstoff abhängen. In naher Beziehung hiezu stehen auch die Untersuchungen von FISCHER und TROPSCH über die Relationen zwischen den bei einem Zerfall entstehenden flüchtigen Stoffen und der spezifischen katalytischen Wirksamkeit des zurückbleibenden festen Stoffes. Ein Oxyd ist in bezug auf ein Substrat dann besonders selektiv-katalytisch wirksam, wenn sich bei der Zersetzung des für die Herstellung des Oxyds benützten Ausgangsstoffes das betreffende Substrat bildet; die Moleküle sind in dem Katalysator bereits vorgebildet. (Vgl. hierzu z.B. auch KANEWSKAJA und SCHEMIAKIN[10]; KAGAN, SOBOLEW und LUBARSKY[11]. Schließlich sei auch auf den näheren ursächlichen Zusammenhang zwischen dem „Erinnerungsvermögen der festen Materie" und dem „Weichenstellereffekt" (S. 562) hingewiesen (vgl. auch den nachfolgenden Abschnitt). QUARTAROLI und BELFIORI[12] finden in einem aus Magnesit hergestellten Magnesiumoxyd einen für die CO_2-Aufnahme besonders empfänglichen Zustand. Wir verweisen schließlich auf den Begriff der „Periodizität der Gitterstörungen" und

[1] G. F. HÜTTIG: Kolloid-Beih. **39** (1934), 277; C 34 II 3713.
[2] A. SMEKAL: Z. Physik **114** (1939), 448; C 40 I 2908.
[3] R. FRICKE, TH. SCHOON, W. SCHRÖDER: Z. physik. Chem. **50** (1941), 13; C 41 I 3043.
[4] CH. SLONIM: Z. Elektrochem. angew. physik. Chem. **36** (1930), 439; C 30 II 2478.
[5] J. KAMECKI: Roczniki Chem. **17** (1937), 657; C 38 I 3757.
[6] A. MITTASCH: Angew. Chem. **50** (1937), 423; C 37 II 2479.
[7] W. SCHRÖDER: Z. Elektrochem. angew. physik. Chem. **49** (1943), 38, 46.
[8] V. KOHLSCHÜTTER, M. CHRISTEN: Helv. chim. Acta **17** (1934), 1094; C 35 I 1167.
[9] H. ADKINS: J. Amer. chem. Soc. **44** (1922), 2175; C 23 I 1267.
[10] S. J. KANEWSKAJA, M. M. SCHEMIAKIN: Ber. dtsch. chem. Ges. **69** (1936), 2152; C 36 II 3657.
[11] M. J. KAGAN, J. A. SOBOLEW, G. D. LUBARSKY: Ber. dtsch. chem. Ges. **68** (1935), 1140; C 35 II 1689.
[12] A. QUARTAROLI, O. BELFIORI: Ann. Chim. applicata **31** (1941), 61; C 41 I 3490.

die dadurch bedingte Änderung bestimmter Eigenschaften bei BURGERS[1] und die zusammenfassende Betrachtung der Gitterbaufehler von HEDVALL[2]. Über die gleichfalls hierher gehörenden Untersuchungen der Chromoxydhydrate und der basischen Salze von H. W. KOHLSCHÜTTER[3] berichtet der Autor selbst in diesem Handbuch an anderer Stelle (Band IV).

Die aktiven Zustände der entstehenden festen Stoffe.

Eine Verallgemeinerung der im vorigen Abschnitt niedergelegten Erkenntnisse führt zu dem Ergebnis, daß an einem ungealterten festen Stoff, der durch direkte Umwandlung aus einem anderen festen Stoff entstanden ist, noch gewisse, durch den Ausgangsstoff bedingte Eigentümlichkeiten vorhanden sein können. Ist dem wirklich so, so sollte es möglich sein, von ein und demselben Stoff, der also in bezug auf die chemische Zusammensetzung und die kristallographischen Merkmale stets gleich ist, so viele, in bezug auf andere Eigenschaften verschiedenartig gekennzeichnete Präparate (bzw. zugehörige Zerfallsreihen) herzustellen, als es verschiedene feste Stoffe gibt, durch deren direkte Umwandlung das betreffende Präparat gewonnen werden kann. Die große Mannigfaltigkeit der Erscheinungen auf diesem Gebiet, namentlich auch in Hinsicht auf die katalytischen Wirksamkeiten, läßt hoffen oder befürchten, daß dem tatsächlich so ist. Von besonderem Interesse werden solche individuellen Eigentümlichkeiten sein, welche unmittelbar die kausalen Zusammenhänge zwischen dem Präparat und dem zu seiner Herstellung verwendeten Ausgangsstoff aufdecken; diese Fälle sind in dem vorigen Abschnitt behandelt worden. Im nachfolgenden soll noch auf einige gut untersuchte aktive Zustände des vorliegenden Zerfallstyps kurz hingewiesen werden, bei denen ein solcher Zusammenhang nicht so klar zutage tritt.

Systematische Untersuchungen über die Vorgeschichte eines Zinkoxyds und seinen katalytischen Wirkungsgrad beim Methanolzerfall liegen vor von HÜTTIG, KOSTELITZ, FEHÉR[4]; HÜTTIG u. FEHÉR[5]; nach HÜTTIG und NEUSCHUL[6] zeigen die durch Zersetzung von basischem Zinkcarbonat hergestellten Zinkoxyde gegenüber gelösten Farbstoffen die gleiche selektive Charakteristik wie das Ausgangsmaterial, wenn die Zersetzungstemperatur nicht über 300° lag. HÜTTIG und STEINER[7] bestimmen an den gleichen Präparaten die Löslichkeiten und setzen die auf dieser Grundlage gefolgerten Erkenntnisse über die „Physikalische Einheitlichkeit“ (FRICKE) des Stoffes in Parallele mit der selektiven katalytischen Wirksamkeit. Mit ähnlichen Fragen beschäftigten sich HÜTTIG und SCHMEISER[8]. KOSTELITZ und HÜTTIG[9] untersuchen die durch hohe auf das Zinkoxyd ausgeübte Preßdrucke hervorgerufene Steigerung der katalytischen Aktivität. Eine Monographie über aktive Zinkoxyde unter möglichst vollständiger Anführung der zahlreichen Literatur gibt HÜTTIG[10].

---

[1] W. G. BURGERS: Rekristallisation, verformter Zustand und Erholung, S. 108. Leipzig: Akad. Verl.-Ges., 1941; C 41 II 1123.

[2] J. A. HEDVALL: Tekn. Tidskr. **71** (1941), Nr. 41, Kemi 77; Nr. 45, Kemi 85; C 42 I 2232.

[3] H. W. KOHLSCHÜTTER: Angew. Chem. **49** (1936), 865; C 37 I 1109; Kolloid-Z. **96** (1941), 237; C 42 I 449.

[4] G. F. HÜTTIG, O. KOSTELITZ, J. FEHÉR: 41. Mittlg.: Z. anorg. allg. Chem. **198** (1931), 206; C 31 II 1812.

[5] G. F. HÜTTIG, J. FEHÉR: 38. Mittlg.: Z. anorg. allg. Chem. **197** (1931), 129; C 31 II 956.

[6] G. F. HÜTTIG, W. NEUSCHUL: 42. Mittlg.: Z. anorg. allg. Chem. **198** (1931), 219; C 31 II 1813.

[7] G. F. HÜTTIG, B. STEINER: 44. Mittlg.: Z. anorg. allg. Chem. **199** (1931), 149; C 31 II 2587.

[8] G. F. HÜTTIG, H. SCHMEISER: 68. Mittlg.: Kolloid-Z. **67** (1933), 77; C 34 I 3430.

[9] O. KOSTELITZ, G. F. HÜTTIG: 61. Mittlg.: Z. Elektrochem. angew. physik. Chem. **39** (1933), 362; C 33 II 656.

[10] G. F. HÜTTIG: Kolloid-Beih. **39** (1934), 277; C 34 II 3713.

STEINER und HÜTTIG[1] haben die Abhängigkeit der katalytischen Wirksamkeit verschiedener Magnesiumoxyde von ihrer Darstellungsart und Vorgeschichte an der Reaktion $2\,CO + O_2 \rightarrow 2\,CO_2$ untersucht. Das aus Magnesiumhydroxyd hergestellte Magnesiumoxyd altert nur sehr langsam, das aus Magnesiumoxalat hergestellte etwas rascher, am raschesten das aus basischem Magnesiumcarbonat erhaltene. Stellt man Magnesiumoxyde unter stets gleichen Umständen durch thermische Zersetzung verschiedener Ausgangsstoffe dar, so ergibt sich, nach fallender katalytischer Wirksamkeit bei 460° geordnet, die folgende, nach den Ausgangsstoffen bezeichnete Reihe: Magnesit, Magnesiumoxalat, Magnesiumhydroxyd, basisches Magnesiumcarbonat, Magnesiumnitrat.

HÜTTIG und SCHMEISER[2] haben verschiedene Anteile eines basischen Zinkcarbonats auf verschiedene in dem Intervall von 300÷1000° liegende Temperaturen (t_1) erhitzt. Jedes der so hergestellten Zinkoxyde wurde in der gleichen Weise mit Kobaltnitratlösung durchfeuchtet und die niedrigste Temperatur (t_2) festgestellt, bei welcher die Bildung von RINNMANNSgrün eintritt. Es zeigte sich, daß die Herstellungstemperatur (t_1) und die Temperatur, bei welcher eine genügende Reaktivität mit dem Kobaltoxyd vorhanden ist (t_2), einander gleich sind. Es hat also den Anschein, das ein Erhitzen auf eine bestimmte Temperatur die unterhalb dieser Temperatur liegenden Reaktionsmöglichkeiten vernichtet. Dieses Ergebnis berührt sich mit einem Vorstellungskreis von SCHWAB[3], demzufolge die Oberflächenpartikelchen gewisser Katalysatoren bei der Herstellungstemperatur eine stabile Energieverteilung erreichen, welche dann auch beim Abkühlen erhalten bleibt (vgl. auch CREMER und SCHWAB[4], CREMER und FLÜGGE[5], ferner IWANNIKOV, FROST und SCHAPIRO[6] über den Einfluß der Ausglühtemperatur auf die katalytische Aktivität des ZnO).

HÜTTIG und GOERK[7] haben durch thermische Zersetzung einer größeren Anzahl verschiedener komplexer Zinkoxalate (z. B. $ZnC_2O_4 \cdot 5\,NH_3$ oder $2\,ZnC_2O_4 \cdot (C_6H_5NH_2)_2 \cdot H_2C_2O_4 \cdot 2\,H_2O$ u. a.) eine Reihe von Zinkoxyden hergestellt und deren katalytische Wirksamkeit gegenüber dem Methanolzerfall geprüft. Hiebei war es nicht der eigentliche, im klassischen Sinn chemische Charakter des Ausgangsstoffes, welcher vorwiegend den katalytischen Charakter des daraus entstandenen Zinkoxyds bestimmte, als vielmehr sein kristallographischer Charakter und das Ausmaß seiner Fehlerfreiheit im Kristallgitter. Die Lücken, welche bei der Zersetzung, also nach Entfernung der Addenden, in dem Zinkoxyd zurückbleiben, sind um so energiereicher und dementsprechend katalytisch wirksamer (und vielleicht auch langlebiger), je fester der entfernte Addend vorher gebunden war (vgl. u. a. USCHKOW, SIMAKOW und SINOWJEWA[8] und SEIDL[9]). Auch die von FRICKE und Mitarbeitern in umfassender Weise thermochemisch und röntgenspektroskopisch untersuchten aktiven Metalloxyde (S. 364 u. a. O.) sind vielfach Reaktionsprodukte der vorliegenden Reaktionsart, deren Verlauf nach der Periode c

[1] B. STEINER, G. F. HÜTTIG: 77. Mittlg.: Kolloid-Z. **68** (1934), 253; C 35 I 660.
[2] G. F. HÜTTIG, H. SCHMEISER: 107. Mittlg.: Z. Elektrochem. angew. physik. Chem. **43** (1937), 356; C 37 II 1733.
[3] G.-M. SCHWAB: Z. physik. Chem., Abt. B **5** (1930), 406; C 30 I 3148.
[4] E. CREMER, G.-M. SCHWAB: Z. physik. Chem., Abt. A **144** (1929), 243; C 30 I 3148.
[5] E. CREMER, S. FLÜGGE: Z. physik. Chem., Abt. B **41** (1938), 453; C 39 I 2737.
[6] P. J. IWANNIKOV, A. W. FROST, M. J. SCHAPIRO: C. R. Acad. Sci. URSS, Ser. A **1933**, 124; C 35 I 1817.
[7] G. F. HÜTTIG, H. GOERK: 106. Mittlg.: Z. anorg. allg. Chem. **231** (1937), 249; C 37 II 720.
[8] W. A. USCHKOW, P. W. SIMAKOW, E. G. SINOWJEWA: Chem. J. Ser. W, J. physik. Chem. **2** (1931), 590; C 33 I 2036.
[9] F. SEIDL: Anz. Akad. Wiss. Wien, math.-nat. Kl. **1937**, 218; C 38 II 1909.

abgebrochen wurde. Von neueren Untersuchungen über aktive Stoffe sei auf die Arbeiten von SIDHU und DARRIN[1] und BROCKMANN und SCHODDER[2] hingewiesen.

Eine der auf den Seiten 498÷518 behandelten Reaktionsart verwandte Art ist der Desorptionsvorgang. (Vgl. S. 544.)

7. *A* flüssig + *B* flüssig → *AB* starr.

Beispiel: Vermischt man bei etwa 380° 18 Mol-% geschmolzenen RbOH mit 82 Mol-% geschmolzenem KOH, so erstarrt die Mischung zu einer homogenen festen Phase.

8. *AB* starr → *A* flüssig + *B* flüssig.

9. *A* flüssig + *B* gasförmig → *AB* starr.

Beispiel: 2 Hg + O_2 → 2 HgO. Vorgänge dieser Art wurden untersucht von CAGLIOTI und D'AGOSTINO[3], DELAVAULT[4], BIRCUMSHAW und PRESTON[5].

10. *AB* starr → A flüssig + *B* gasförmig.

Beispiel: 2 HgO → 2 Hg + O_2.

11. *A* gasförmig + *B* gasförmig → *AB* starr.

Beispiele: NH_3 + HCl → NH_4Cl oder 4 Al-Dampf + 3 O_2 → 2 Al_2O_3. Die bei dieser Reaktionsart auftretenden Zwischenzustände wurden untersucht von CAGLIOTI und D'AGOSTINO[3].

12. *AB* starr → *A* gasförmig + *B* gasförmig.

Beispiele: NH_4NO_2 starr → N_2 + 2 H_2O-Dampf oder die Explosion von Jodstickstoff.

13. *A* starr + *B* starr → *AB* flüssig.

Beispiele: Vereinigt man 72% Ag mit 28% Cu bei 778°, so verflüssigt sich das Gemisch zu einer homogenen Schmelze. Hierher gehört allgemein das Schmelzen der Eutektika, ferner das Zusammenschmelzen verschiedener kristallisierter Stoffe, wie es in der Glasindustrie gehandhabt wird (EITEL[6]).

14. *AB* flüssig → *A* starr + *B* starr.

Beispiele: Eine Eisenschmelze mit 4,2% C erstarrt zu einem Gemenge der festen Körper Fe_3C + Austenit. Allgemein gehört hierher das Erstarren eines Eutektikums und der Übergang eines flüssigen Glases in zwei kristallisierte Phasen. Über die Mechanik und Kinetik der Kristallisation eutektischer Legierungen vgl. GRETSCHNY[7].

15. *A* starr + *B* flüssig → *AB* flüssig.

Beispiele: Zucker + Wasser → Zuckerlösung oder Gel + Wasser → Sol („Peptisation"). Der echte Auflösungsvorgang gehört zu den bevorzugten Unter-

---

[1] S. S. SIDHU, M. DARRIN: Bull. Amer. physic. Soc. **15** (1940), Nr. 4, 17; Physic. Rev. (2) **58** (1940), 206; C 41 I 1134.

[2] H. BROCKMANN, H. SCHODDER: Ber. dtsch. chem. Ges. **74** (1941), 73; C 41 I 2422.

[3] V. CAGLIOTI, O. D'AGOSTINO: Gazz. chim. ital. **66** (1936), 543; C 36 II 4100.

[4] R. DELAVAULT: Bull. Soc. chim. France (5) **1** (1934), 419; C 35 I 659.

[5] L. L. BIRCUMSHAW, G. D. PRESTON: Philos. Mag. J. Sci. (7) **21** (1936), 686; C 36 II 2666.

[6] W. EITEL: Physikalische Chemie der Silicate, S. 590. Leipzig: J. A. Barth, 1941; C 41 I 1656.

[7] J. W. GRETSCHNY: Metallurgist **14** (1939), Nr. 10/11, 9; C 41 I 620.

suchungsgebieten der physikalischen Chemie, derjenige der Solbildung zu denjenigen der Kolloidchemie. Der echte Auflösungsvorgang setzt sich zumindest aus dem Übergang des festen Stoffes in die flüssige Phase und aus dem Wegdiffundieren der gelösten Stoffe vom Reaktionsort in das Innere der flüssigen Phase zusammen. Die Anschauung, daß der letztere Teilvorgang stets der langsamere und daher der den Gesamtverlauf bestimmende ist, besteht heute nicht mehr allgemein zu Recht. Es muß hier genügen, außer auf die Lehrbücher der physikalischen und Kolloidchemie auf einige Veröffentlichungen der letzten Jahre hinzuweisen: SPANGENBERG[1] und BALAREW und KOLAROW[2] (über die Löslichkeit des Gipses), MISSENARD[3] (Zurückführung der Auflösungsgeschwindigkeit auf Grundgleichungen der Hydrodynamik und Wärmeleitfähigkeit), CHEVALLIER und MATHIEU[4] (Kinetik der Auflösung von Pulvern), PRASAD, NAQUVI und SHETGIRI[5] (Reaktionsmechanismus der Auflösung von MnO_2 in einer wässerigen $Cr_2(SO_4)_3$-Lösung), MÜLLER[6] (Theorie), PARRAVANO und D'AGOSTINO[7] (Auflösung von Tonerden in geschmolzenem Kryolith), BUNIN und KATZNELSSON[8] (Mechanismus und Geschwindigkeit der Auflösung von Stahl in flüssigem Gußeisen), KOHLSCHÜTTER und WALTHER[9] (Auflösung und Kolloidisierung fester Stoffe), WO. OSTWALD und SCHMIDT[10] (über die Kinetik der Peptisation). Bei dem Auflösen gewisser Stoffklassen (wie z. B. vieler Oxydpräparate) in Schmelzen (Aufschlußverfahren) kann man sehr häufig die bisher wenig aufgeklärte Tatsache beobachten, daß die zuletzt unaufgeschlossen verbleibenden Anteile gegen den Einfluß der lösenden Wirkung wesentlich resistenter als die Gesamtmasse sind.

16. *AB* flüssig → *A* starr + *B* flüssig.

Ein solcher Vorgang wird dann immer eintreten, wenn eine flüssige Lösung (z. B. durch Abkühlung oder bei der Hydrolyse durch Temperatursteigerung) in den Zustand einer Übersättigung gebracht wird. Bei dem Übergang aus dem übersättigten flüssigen Zustand in den Niederschlag muß unterschieden werden zwischen der Ausflockungsgeschwindigkeit, der Kristallkeimbildungsgeschwindigkeit und der Kristallwachstumsgeschwindigkeit. Ist die erstere im Vergleich zu den beiden anderen groß, so werden sich als frühe Zwischenprodukte dem amorphen Zustand nahestehende Sole und durch deren Koagulation Gele bilden, die sich dann meistens erst sehr langsam (allenfalls auch ohne Zutun der flüssigen Phase) zu kristallisierten Aggregaten ordnen (S. 434); die auf einem solchen Weg anfallenden Zwischenzustände sind Gegenstand der Kolloidwissenschaft, und

---

[1] K. SPANGENBERG: Z. Kristallogr., Mineral., Petrogr., Abt. A **102** (1940), 345; C 41 I 8.

[2] D. BALAREW, N. KOLAROW: Z. Kristallogr., Mineral., Petrogr., Abt. A **103** (1941), 186; C 41 I 3051.

[3] A. MISSENARD: Techn. mod. **32** (1940), 161; C 41 I 2498; **33** (1941), 8; C 41 II 982.

[4] R. CHEVALLIER, S. MATHIEU: J. Physique Radium (8) **1** (1941), Nr. 5, Suppl. 49; C 42 I 1842.

[5] M. PRASAD, M. A. NAQUVI, V. N. SHETGIRI: Current Sci. **8** (1939), 361; C 41 I 862.

[6] R. L. MÜLLER: Acta physicochim. URSS **4** (1936), 481; C 36 II 2284; J. physik. Chem. **7** (1936), 599; C 37 I 4059; **7** (1936), 388; C 37 II 2946.

[7] N. PARRAVANO, O. D'AGOSTINO: Atti R. Accad. naz. Lincei, Rend. (6) **16** (1932), 186; C 33 I 1920.

[8] K. P. BUNIN, D. S. KATZNELSSON: Gießerei **10** (1939), Nr. 10/11, 3; C 40 II 3695.

[9] V. KOHLSCHÜTTER, G. WALTHER: Z. Elektrochem. angew. physik. Chem. **25** (1919), 159; C 19 IV 405.

[10] WO. OSTWALD, H. SCHMIDT: Kolloid-Z. **43** (1927), 276; C 28 I 654.

es muß auf die ausführliche Behandlung in diesen Lehr- und Handbüchern verwiesen werden. Ist hingegen die Ausflockungsgeschwindigkeit relativ klein, dann werden sich gleich aus der Lösung kristallisierte Aggregate bilden, und zwar bei relativ großer Keimbildungsgeschwindigkeit fein disperse Niederschläge, bei relativ großer Wachstumsgeschwindigkeit einzelne große Kristalle; das letzte Stadium bleibt hier immer das Wachsen der Kristalle, sei es aus der ursprünglich übersättigten Lösung selbst oder aber aus der Lösung, welche durch Wiederauflösung der kleineren (also aktiveren) Kristalle im Zustand eines wenn auch kleinen Übersättigungsgrades erhalten bleibt. Auch hier muß auf die Lehrbücher der physikalischen Chemie, insbesondere aber auf das Buch von VOLMER[1] verwiesen werden. Von neueren Originalarbeiten nennen wir die folgenden: Über die Keimbildungsgeschwindigkeit und die Induktionsperiode: NEUMANN und MIESS[2], DEHLINGER und WERTZ[3], STAUFF[4], AMSLER und SCHERRER[5] und POSNER[6]; über die Wachstumsvorgänge: SPANGENBERG und NITSCHMANN[7], HOFER[8], DANKOV[9], KRUMHOLZ[10], TODES[11], TILMANS[12] und die zahlreichen Veröffentlichungen von STRANSKI; über rhythmische und periodische Fällung: YANAGIHARA[13] und OSVTSCHARENKO[14]; über Sole, deren Untersuchung und Koagulation: WO. OSTWALD[15], GLICKMANN[16], HOLZAPFEL[17], ANGELESCU und WOINAROSKY[18] und über die bei der Elektrolyse sich abscheidenden aktiven Metallzustände: MAITAK[19], GLAZUNOV und LAZAREV[20].

17. *A* starr + *B* gasförmig → *AB* flüssig.

Beispiele sind $Fe + 5\,CO \rightarrow Fe(CO)_5$ oder $NH_4NO_3 + NH_3 \rightarrow$ DIVERSsche Flüssigkeit.

18. *AB* flüssig → *A* starr + *B* gasförmig.

Beispiele sind die Ausscheidung eines gelösten Stoffes infolge Wegdampfens des Lösungsmittels oder der Zerfall einer Lösung von Calcium in flüssigem Ammoniak in $Ca\,6\,NH_3 + x\,NH_3$ oder die Elektrolyse von geschmolzenem Calcium-

---

[1] M. VOLMER: Kinetik der Phasenbildung. Dresden u. Leipzig: Steinkopff, 1939; C 39 II 7.

[2] K. NEUMANN, A. MIESS: Ann. Physik (5) **41** (1942), 319; C 42 II 745.

[3] U. DEHLINGER, E. WERTZ: Ann. Physik (5) **39** (1941), 226; C 41 II 1824.

[4] J. STAUFF: Z. physik. Chem., Abt. A **187** (1940), 107; C 41 I 333.

[5] J. AMSLER, P. SCHERRER: Helv. phys. Acta **14** (1941), 318; C 42 I 717.

[6] J. POSNER: J. physik. Chem. **13** (1939), 889; C 41 I 333.

[7] K. SPANGENBERG, G. NITSCHMANN: Z. Kristallogr., Mineral., Petrogr., Abt. A **102** (1940), 285; C 41 I 8.

[8] E. HOFER: Z. physik. Chem., Abt. A **188** (1941), 265; C 41 II 2175.

[9] P. D. DANKOV: C. R. (Doklady) Acad. Sci. URSS (N. S. 7) **24** (1939), 886; C 41 I 2502.

[10] P. KRUMHOLZ: Natuurwetensch. Tijdschr. **22** (1940), 108; 41 I 2083.

[11] O. M. TODES: Acta physicochim. URSS **13** (1940), 617; C 41 I 2631.

[12] J. J. TILMÁNS: J. Chim. gén. (72) **10** (1940), 1631; C 41 I 2083.

[13] A. YANAGIHARA: Sci. Pap. Inst. physic. chem. Res. **38** (1940), Nr. 1001/03; Bull. Inst. physic. chem. Res. **1940**, 62; C 41 I 3197.

[14] F. L. OSVTSCHARENKO: Ber. Inst. physik. Chem. Acad. Wiss. Ukr. SSR **6** (1940), 307; C 41 I 1010.

[15] WO. OSTWALD: Kolloid-Z. **88** (1939), 1; C 40 II 3312.

[16] S. A. GLICKMANN: Kolloid-J. **6** (1940), 351; C 40 II 3311.

[17] L. HOLZAPFEL: Kolloid-Z. **85** (1941), 272; C 41 I 1138.

[18] E. ANGELESCU, A. WOINAROVSKY: Kolloid-Z. **93** (1940), 199; C 41 I 752.

[19] G. P. MAITAK: Ber. Inst. physik. Chem. Akad. Wiss. Ukr. SSR **7** (1941), 527; C 42 I 3176.

[20] A. GLAZUNOV, N. LAZAREW: Chem. Listy Vědu Průmysl **34** (1940), 89; C 41 I 3198.

chlorid (Du Pont de Nemours & Co.[1]) oder die Ausstoßung der gelösten Gase bei dem Erstarren einer Metallschmelze.

19. *A* flüssig + *B* flüssig → *AB* flüssig.

Hierher gehört jedwedes Vermischen zweier vollständig mischbarer Flüssigkeiten oder Schmelzen. Bezüglich der Thermodynamik dieses Vorganges vgl. FREDENHAGEN und TRAMITZ[2] und BROTHMANN und KAPLAN[3].

20. *AB* flüssig → *A* flüssig + *B* flüssig.

Als Beispiel kann die Abscheidung von CS_2 aus einer damit übersättigten wässerigen Lösung dienen. Die bei dieser Reaktionsart auftretenden Zwischenzustände sind die Emulsionen; über die Eigenart dieser Gebilde in silicathaltigen Systemen vgl. EITEL (loc. cit. S. 617). Über die Frage der Isotopentrennung innerhalb von Flüssigkeiten vgl. HIBY und WIRTZ[4], HOLLECK[5] und BRAMLEY[6].

21. *A* flüssig + *B* gasförmig → *AB* flüssig.

Diese Reaktionsart besteht in einer Absorption von Gasen durch Flüssigkeiten wie zum Beispiel die Auflösung von Sauerstoff in geschmolzenem Silber (TAMMANN, v. WARTENBERG[7]; HITSCHCOCK und CADOT[8]), in Sulfiten (FULLER und CHRIST[9]) und in Vanadin(III)-salzen (RAMSEY, SUGIMOTO und DE VORKIN[10]), von Kohlendioxyd in wässerigen Alkalien (WELGE[11], SMITH und QUINN[12]) und Salzen (POWELL[13]) und von Chlor in Wasser und organischen Flüssigkeiten (KAGANOWSKI[14]); mit den allgemeinen Fragen dieser Reaktionskinetik befaßt sich SCHABALIN[15].

22. *AB* flüssig → *A* flüssig + B gasförmig.

Beispiele hierfür sind H_2O_2 aq → $H_2O + {}^1/_2\,O_2$ oder die durch Ultraschallwellen verursachte Zersetzung des in Anilin gelösten Benzazids unter Stickstoffentwicklung (BARRETT und PORTER[16]) oder das teilweise Verdampfen von Flüssigkeitsgemischen mit nicht konstantem Siedepunkt, die Gasexsorption von Flüssigkeiten (GUYER, TOBLER und FARMER[17], POLISSAR[18]) und Gläsern, namentlich

[1] E. J. Du Pont de Nemours & Co.: E. P. 522209 vom 7. 12. 1938; C 41 I 944.
[2] K. FREDENHAGEN, E. TRAMITZ: Kolloid-Z. **99** (1942), 52; C 42 II 632.
[3] A. BROTHMANN, H. KAPLAN: Chem. metallurg. Engng. **46** (1939), 633, 639; C 42 I 578.
[4] J. W. HIBY, K. WIRTZ: Physik. Z. **41** (1940), 77; C 41 I 1137.
[5] L. HOLLECK: Z. Physik **116** (1940), 624; C 41 I 861.
[6] A. BRAMLEY: Science (New York) (N. S.) **92** (1940), 427; C 41 I 2349.
[7] H. v. WARTENBERG: Z. Elektrochem. angew. physik. Chem. **42** (1936), 841; C 37 I 1376.
[8] L. B. HITSCHCOCK, H. M. CADOT: Ind. Engng. Chem. **27** (1935), 728; C 35 II 1309.
[9] E. C. FULLER, R. H. CHRIST: J. Amer. chem. Soc. **63** (1941), 1644; C 41 II 2903.
[10] J. B. RAMSEY, R. SUGIMOTO, H. DE VORKIN: J. Amer. chem. Soc. **63** (1941), 2480; C 42 II 496.
[11] H. J. WELGE: Ind. Engng. Chem., ind. Edit. **32** (1940), 970; C 40 II 3437.
[12] J. H. SMITH, E. L. QUINN: Ind. Engng. Chem., ind. Edit. **33** (1941), 1129; C 42 II 131.
[13] E. O. POWELL: Nature (London) **146** (1940), 401; C 41 I 2349.
[14] A. M. KAGANOWSKI: Ber. Inst. physik. Chem. Akad. Wiss. Ukr. SSR **7** (1941), 581; C 42 I 3170.
[15] K. SCHABALIN: J. Chim. appl. **13** (1940), 412; C 41 I 1256; **13** (1940), 79; C 41 II 303.
[16] E. W. BARRETT, C. W. PORTER: J. Amer. chem. Soc. **63** (1941), 3434; C 42 II 623.
[17] A. GUYER, B. TOBLER, R. H. FARMER: Chem. Fabrik **7** (1934), 265; C 34 II 3153; Helv. chim. Acta **17** (1934), 257; C 34 I 2877.
[18] M. J. POLISSAR: J. chem. Educat. **12** (1935), 89; C 35 II 491.

auch auf dem Wege über hochdisperse Zustände (EITEL: loc. cit. S. 583), die Anreicherung von schwerem Wasser mit Hilfe der Elektrolyse (JAKIMENKO[1]) und die Verfahren zur möglichst vollständigen Trennung von Gas und Flüssigkeit, wie sie mit Rücksicht auf die zuweilen sehr langlebigen, als Nebel und Schäume hier auftretenden Zwischenzustände ein technisches Problem darstellen (MOUNT[2]).

23. *A* gasförmig + *B* gasförmig → *AB* flüssig.

Beispiel: SO_3-Dampf + H_2O-Dampf → H_2SO_4 flüssig.

24. *AB* flüssig → *A* gasförmig + *B* gasförmig.

Hierher sind die unter binärer Zersetzung vollständig verdampfenden Flüssigkeiten zu rechnen, wenn im *Verlaufe* dieses Vorganges das Mengenverhältnis A/B Veränderungen erleidet und damit der Aufbau aus zwei Bestandteilen in Erscheinung tritt; ansonsten ist dieser Vorgang in der Klasse I, Sippe A, Reaktionsart 7 (S. 436) einzuordnen. Es sind vor allem hier auch einzuordnen die elektrolytischen Zersetzungen von Flüssigkeiten in zwei an verschiedenen Orten sich bildende Gase (vgl. hiezu in dem vorliegenden Band auf S. 132 den Beitrag von M. STRAUMANIS „Wasserstoffüberspannung und Katalyse").

25. *A* starr + B starr → *AB* gasförmig.

26. *AB* gasförmig → *A* starr + *B* starr.

Dieser Vorgang liegt dann vor, wenn man einen Dampf abkühlt, der aus zwei sublimierbaren, sich miteinander chemisch nicht vereinigenden Bestandteilen — z. B. $FeCl_3$ und $AlCl_3$ — besteht. Hier können rauchartige Zwischenzustände entstehen (Aerosole).

27. *A* starr + *B* flüssig → *AB* gasförmig.

28. *AB* gasförmig → *A* starr + *B* flüssig.

Ein Beispiel hierfür ist die Kondensation einer aus Joddämpfen und Wasserdampf gemischten Gasphase. Auch hier können als Zwischenzustände rauchartige Gebilde auftreten.

29. *A* starr + *B* gasförmig → *AB* gasförmig.

Es ist U. HOFMANN zu verdanken, daß durch seine Untersuchungen über die Verbrennung des Graphits ein gut untersuchtes Beispiel dieser Reaktionsart vorliegt (U. HOFMANN[3], SIHVONEN[4], MAYERS[5], MEYER[6], FISCHBECK[7], TCHOUKHANOFF und Mitarbeiter[8], KANTOROWITSCH[9], FRANK-KAMENETZKY[10]. Die Oxydation

[1] L. M. JAKIMENKO: Russ. P. 57968 vom 7. 2. 1940; C 41 I 2299.
[2] W. M. MOUNT: Am. P. 2221989 vom 14. 1. 1929; C 41 I 2426.
[3] U. HOFMANN: Ber. dtsch. chem. Ges. **65** (1932), 1821; C 33 I 397.
[4] V. SIHVONEN: Svensk kem. Tidskr. **48** (1936), 185; C 37 I 272; Z. Elektrochem. angew. physik. Chem. **40** (1934), 456; C 34 II 2491; Chim. et Ind. **45** (1941), Nr. 3, 332; C 42 II 130.
[5] M. A. MAYERS: J. Amer. chem. Soc. **56** (1934), 1879; C 34 II 3585.
[6] L. MEYER: Z. Elektrochem. angew. physik. Chem. **40** (1934), 640; C 35 I 3093.
[7] K. FISCHBECK: Z. Elektrochem. angew. physik. Chem. **41** (1935), 60; C 35 I 1816.
[8] Z. F. TCHOUKHANOFF: C. R. (Doklady) Acad. Sci. URSS (N. S. 8) **28** (1940), 32; C 41 I 1510. — Z. F. TCHOUKHANOFF, N. A. KARSHAWINA: J. techn. Physics **10** (1940), 1256; C 41 I 2767. — V. S. ALTSCHULER, Z. F. TCHOUKHANOFF: C. R. (Doklady) Acad. Sci. URSS (N. S. 8) **28** (1940), 706; C 41 II 2773.
[9] B. KANTOROWITSCH: C. R. (Doklady) Acad. Sci. URSS (N. S. 8) **28** (1940), 244; C 41 I 2767.
[10] D. A. FRANK-KAMENETZKY: C. R. (Doklady) Acad. Sci. URSS (N. S. 9) **30** (1941), 734; C 42 II 741.

erfolgte so, daß in dem Graphitgitter immer die schwächsten, das sind die in der Richtung der c-Achse liegenden Bindungen zuerst gelöst werden und eine Basisfläche nach der anderen der Reaktion zugeführt wird. Andere Beispiele für diese Reaktionsart sind $2\,C + SO_2 \rightarrow (2\,CO + S)$ bei 1200° (Lepsoe[1]), ferner $SiO_2 + 4\,HF \rightarrow (SiF_4 + H_2O)$.

Vom katalytischen Interessenkreis aus sind diejenigen Vorgänge beachtlich, bei denen das Gas den festen Stoff in sich aufnimmt, ohne daß man von einer eigentlichen chemischen Verbindungsbildung sprechen könnte. Hierher sind die Erscheinungen des Biltzschen „pneumatolytischen Transportes" wie z. B. des Transportes von Gold in einer Chloratmosphäre zu rechnen (W. Biltz, Fischer und Juza[2], Hellund und Uehling[3]). Unter dem gleichen Gesichtspunkt ist die „Löslichkeit" von Kieselsäure und Salzen in Wasserdampf zu betrachten (Fuchs[4], Spillner[5], Isskoldski[6]; über die Flüchtigkeit der Kieselsäure in Berührung mit Gasatmosphären vgl. Eitel: loc. cit. S. 456 und a. a. O.). Die Verdampfungsgeschwindigkeit von Metallen in einer Gasatmosphäre behandelt van Liempt[7]. Im übrigen sei hier auf den Sonderabschnitt „Saugwirkung infolge chemischer Affinität" (S. 529) hingewiesen.

30. *AB* gasförmig → *A* starr + *B* gasförmig.

Ein Beispiel hierfür ist $Ni(CO)_4 \rightarrow Ni + 4\,CO$; eine Darstellung der Kinetik dieses Zerfalles geben Mittasch und Bawn[8]. Für den Vorgang $TiJ_4 \rightarrow Ti + 2\,J_2$ liegen Untersuchungen von van Arkel und de Boer[9], de Boer und Fast[10] und Fast[11] vor. Für die Herstellung von reinem Ruß wichtig ist der Vorgang $C_2H_2 \rightarrow 2\,C + H_2$. Bei dieser Reaktionsart werden sich aktive Zwischenzustände der entstehenden festen Phase bilden. Die Abscheidungsformen des Eisens bei der thermischen Zersetzung von gasförmigen $Fe(CO)_5$ sind von Beischer[12] untersucht worden.

31. *A* flüssig + *B* flüssig → *AB* gasförmig.

32. *AB* gasförmig → *A* flüssig + *B* flüssig.

Kondensation des Dampfgemisches zweier nicht mischbarer Flüssigkeiten.

33. *A* flüssig + *B* gasförmig → *AB* gasförmig.

Beispiele für diese Reaktionsart sind: S flüssig + $O_2 \rightarrow SO_2$ oder $2\,CH_3OH$ flüssig + $3\,O_2 \rightarrow (2\,CO_2 + 4\,H_2O)$ gasförmig oder das Verdampfen von flüssigem CH_3OH in eine Stickstoffatmosphäre oder der pneumatolytische Goldtransport oberhalb 1063° (W. Biltz, Fischer und Juza[13], vgl. S. 529). Falls nach der Ver-

[1] R. Lepsoe: Ind. Engng. Chem., ind. Edit. **32** (1940), 910; C 40 II 3302.
[2] W. Biltz, W. Fischer, R. Juza: Z. anorg. allg. Chem. **176** (1928), 121; C 29 I 343.
[3] E. J. Hellund, E. A. Uehling: Physic. Rev. (2) **56** (1939), 818; C 41 I 1399; (2) **56** (1939), 851; C 41 I 1521.
[4] O. Fuchs: Z. Elektrochem. angew. physik. Chem. **47** (1941), 101; C 42 I 1216.
[5] F. Spillner: Chem. Fabrik **13** (1940), 405; C 40 II 3682.
[6] J. J. Isskoldski: J. Chim. appl. **12** (1939), Nr. 1, 17; C 41 I 1926.
[7] J. A. M. van Liempt: Rec. Trav. chim. Pays-Bas **55** (1936), 1; C 36 II 438.
[8] C. E. H. Bawn: Trans. Faraday Soc. **31** (1935), 440; C 35 II 797.
[9] A. E. van Arkel, J. H. de Boer: Z. anorg. allg. Chem. **148** (1925), 345; C 26 I 611.
[10] J. H. de Boer, J. D. Fast: Z. anorg. allg. Chem. **153** (1926), 1; C 26 II 726; **187** (1930), 177; C 30 I 2373.
[11] J. D. Fast: Non-ferrous Metals **13** (1938), Nr. 5, 37; C 38 II 2834; Recueil Trav. chim. Pays-Bas **58** (1939), 174; C 39 I 3700.
[12] D. Beischer: Z. Elektrochem. angew. physik. Chem. **45** (1939), 310; C 40 I 516.
[13] W. Biltz, Fischer, Juza: Z. anorg. allg. Chem. **176** (1928), 121; C 29 I 343.

dampfung durch nachträgliche Temperatursenkung (Veränderung des Reaktionszieles S. 333) wieder eine Kondensation bewerkstelligt wird, spricht man von einer *Destillation* in einer Gasatmosphäre.

Prinzip der „Saugwirkung durch chemische Affinität".

Es ist bekannt, daß die Verdampfung oder die Sublimation oder allgemein jeder Vorgang, bei welchem ein Gas aus einer kondensierten Phase abgespalten wird, durch die Anwesenheit eines zweiten, an der Reaktion nicht beteiligten Gases („Fremdgases") beeinflußt werden kann. Hierbei hat man zu unterscheiden zwischen dem Fall, daß das Fremdgas denn doch im klassisch-chemischen Sinn wenigstens zum Teil mitreagiert, und dem Fall, daß das Fremdgas auf die Gleichgewichtslage überhaupt ohne nachweisbaren Einfluß ist und lediglich den Ablauf des Vorganges, insbesondere auch seine Geschwindigkeit beeinflußt. Beispiele für den *ersteren* Fall sind gegeben bei der Verdampfung von $CrCl_3$ in eine Chloratmosphäre, wobei ein Teil des verdampften $CrCl_3$ sich mit dem Chlor zu dampfförmigem $CrCl_4$ vereinigt (v. WARTENBERG[1]), oder dem thermischen Zerfall eines Carbonates innerhalb einer feuchten NH_3-Atmosphäre, wobei es in der Gasphase zu der Ausbildung eines Gleichgewichtes $CO_2 + 2\,NH_3 + H_2O \rightleftarrows (NH_4)_2CO_3$ kommt; die klassische Gleichgewichtslehre verlangt für solche Fälle, daß der Partialdruck des abgespaltenen Gases zwar von dem zugesetzten Gase unabhängig ist, daß aber der Gesamtdruck und somit auch die Gesamtkonzentration des abgegebenen Gases in der Gasphase entsprechend höher ist. Beispiele für den *letzteren* Fall sind gegeben bei der Verdampfung einer Flüssigkeit in einem „inerten" Gas; die bisherigen noch spärlichen Untersuchungen haben gezeigt, daß das inerte Gas gegenüber dem Verdampfen im Vakuum eine Verlangsamung bewirkt, weil die Verdampfungsgeschwindigkeit hier durch die gegenseitige Diffusion des verdampfenden und des inerten Gases bestimmt wird (SKLJARENKO und BARANAJEW[2], vgl. auch LEWIS und SQUIRES[3]); das inerte Gas legt sich gewissermaßen als eine (wenn auch löchrige) Sperrschicht über die gasabspaltende Oberfläche und *behindert* dadurch den Gasaustritt.

Demgegenüber sind gewiß auch Fälle bekannt, bei welchen das Fremdgas auch an der Reaktion als Partner in nachweisbarem Ausmaße nicht teilnimmt, aber außer der obigen Diffusionshemmung auch eine spezifische, also katalytische Beschleunigung der Geschwindigkeit das Gasabspaltung bewirkt. Eine derartige Wirkung ist dort zu erwarten, wo das Fremdgas zu dem abzuspaltenden Gas (oder allgemein zu einem Bestandteil des Substrates) eine Affinität zeigt, welche zwar zu einer Verbindungsbildung nicht ausreicht, aber bei einem molekularen Zusammenstoß eine Lockerung des Substrates bewirkt (vgl. „chemische Affinität und katalytische Affinität" S. 334). Da hier die Affinitätskräfte Teile der kondensierten Phase gewissermaßen in die Gasphase einsaugen, ist dieser Effekt in das Schrifttum unter der Bezeichnung „Saugwirkung infolge chemischer Affinität" („sucking effect") eingegangen (HÜTTIG[4]). Inwieweit etwa der pneumatolytische Goldtransport (S. 528) oder die Verflüchtigbarkeit des Goldes mit Quecksilber (Ursache des berühmten Irrtums von MIETHE über die Golddarstellung),

[1] H. v. WARTENBERG: Z. anorg. allg. Chem. **250** (1942), 122; C **42 II 2464.**

[2] S. J. SKLJARENKO, M. K. BARANAJEW: Z. physik. Chem., Abt. A **175** (1935), 214; C **36 I** 2048; J. physik. Chem. **6** (1935), 1204; C 36 II 1501.

[3] W. K. LEWIS, D. SQUIRES: Ind. Engng. Chem. **29** (1937), **109** und dort zitierte Literatur und die Veröffentlichungen über den gleichen Gegenstand in der gleichen Zeitschrift und den Trans. Amer. Inst. chem. Engr.; C **37 II 3533.**

[4] G. F. HÜTTIG: 103. Mittlg.: Mh. Chem. **69** (1936), 42, 64; C **37 I 509.**

diejenige des geschmolzenen Silbers mit Sauerstoff (LAMPE[1]) oder diejenige vieler organischer Substanzen mit Wasserdampf bereits hierher zu zählen sind oder unter die von dem Fremdgas bewirkten Gleichgewichtsverschiebungen zu rechnen sind, kann einstweilen noch nicht beurteilt werden.

MINTZER[2] hat bei seinen Untersuchungen über die Verdunstungsgeschwindigkeit von Brom in einem Gasstrom von N_2 bzw. O_2 bzw. H_2 den gesamten Verdunstungsvorgang begrifflich in folgende Teilvorgänge zerlegt: a) der eigentliche Übergang der Moleküle aus dem flüssigen in den gasförmigen Zustand; b) die Diffusion der verdunsteten Moleküle aus der Oberfläche in das Fremdgas; c) der Abtransport der Moleküle durch einen Fremdgasstrom; d) die Wiederherstellung der konstanten Temperatur. Die Geschwindigkeit des Gesamtverlaufes wird bei geringen Strömungsgeschwindigkeiten des Fremdgases bestimmt durch den Teilvorgang c), bei mittleren Strömungsgeschwindigkeiten durch den Teilvorgang d) oder a), wobei im letzteren Fall die Geschwindigkeit des Verdunstungsvorganges in Gegenwart von H_2 wesentlich höher als in Gegenwart von O_2 oder N_2 angenommen werden mußte. NEDOPIL[3] fand durch ausgedehnte Versuchsreihen, daß die Gegenwart von Wasserstoff die Verdunstungsgeschwindigkeit ungesättigter organischer Verbindungen erheblich stärker erhöht als diejenige gesättigter organischer Verbindungen. Es sei auch daran erinnert, daß die Verdunstungsgeschwindigkeiten im hohen Maße von kleinen Mengen Verunreinigungen (z. B. Fett) abhängig sein können (über die Veränderungen der Oberflächenspannungen von Flüssigkeiten infolge der Gegenwart von Fremdgasen vgl. KERNAGHAN[4]).

Wenn auch bei den Vorgängen des Verdunstens und Sublimierens der geschwindigkeitsfördernde Einfluß eines Fremdgases noch nicht einwandfrei gefaßt werden konnte, so ist doch das gleiche Prinzip bei einer Reihe mit einer Gasabgabe verbundener Reaktionsarten wirksam; so ist dies studiert worden bei den Vorgängen AB starr $\rightarrow A$ starr $+ B$ gasförmig (S. 558) und AB starr $+ C$ starr $\rightarrow AC$ starr $+ B$ gasförmig (S. 575, Absatz D); da das Fremdgas am Ende der Reaktion nicht mehr unverändert vorliegt, sondern mit dem entstandenen Gas zu einer Phase vereinigt ist, vermeiden wir hier für das Fremdgas die Bezeichnung und die Einordnung als Katalysator (vgl. dieses Handbuch Bd. I, S. 36 über die Repetierfähigkeit). Anders ist es in dieser Beziehung bei dem Einfluß, den ein Fremdgas auf den Verlauf und die Geschwindigkeit von Reaktionen hat, an denen nur feste Stoffe teilnehmen, wie z. B. die Modifikationsumwandlungen (S. 549) oder die Reaktionsart A starr $+ B$ starr $\rightarrow AB$ starr (S. 567f.). Hier steht dem Fremdgas unbestritten die Bezeichnung *Katalysator* zu. Wenn nun auch bei diesen letzteren Reaktionsarten keinerlei Gasabgabe erfolgt, so wird sich die Wirkung des Katalysators in vieler Beziehung auch auf das Prinzip der Saugwirkung durch chemische Affinität zurückführen lassen.

Daß zwei Gase (z. B. das bei der Reaktion gebildete und das Fremdgas) in keinerlei nachweisbarer Weise miteinander zu reagieren brauchen und dennoch ihre Reaktionsbereitschaft, also ihre kinetische Charakteristik gegenseitig verändern können, zeigen die Untersuchungen von EUCKEN[5] über das Verhalten inerter Gasgemische im Ultraschallfeld. Das gleichzeitige Vorliegen zweier verschiedener Gase verändert die Zahl der molekularen Zusammenstöße, welche zur Abgabe

[1] G. LAMPE: Dissertation. Würzburg, 1935 (daselbst auch Literaturzusammenstellung).

[2] L. MINTZER: Diplomarbeit. Deutsche Techn. Hochschule. Prag, 1940 (Veröffentlichung geplant).

[3] E. NEDOPIL: Diss., Deutsche Techn. Hochschule. Prag, 1941 (Veröffentlichung geplant).

[4] M. KERNAGHAN: Boll. Soc. ital. Biol. speriment. 10 (1935), 978; C 36 I 4690.

[5] A. EUCKEN: Österr. Chemiker-Ztg. (N. F.) 38 (1935), 162; C 36 I 4112.

eines Schwingungsquants seitens eines Moleküls erforderlich sind. Auch diese Erscheinung wird durch ein zu einer eigenen chemischen Reaktion nicht ausreichendes Affinitäts-„Bestreben" gedeutet.

Mit den den „Saugeffekt" betreffenden Fragen berühren sich auch die folgenden in der letzten Zeit behandelten Probleme: LAMBERT und PEEL[1] finden, daß die Adsorptionsfähigkeit von Silicagel gegenüber Sauerstoff durch die Gegenwart von Stickstoff beträchtlich gesteigert wird. PERKINS[2] hat die Beeinflussung des thermischen Zerfalles durch die Gegenwart von Fremdgasen und so auch von Edelgasen studiert. Es interessiert ferner die Übertragung der gleichen Gesichtspunkte auf die Lösungsvorgänge; wo allerdings der Lösungsgenosse, z. B. infolge Komplexbildung (vgl. HAYEK[3]), das Lösungsgleichgewicht verschiebt, handelt es sich bereits um einen Reaktionsteilnehmer. ALTY[4] untersuchte die Wechselwirkungen von Dampfmolekülen mit einer Kristalloberfläche, AUWÄRTER und RUTHARDT[5] diejenigen von Gasen mit einer Metalloberfläche, VAN ITTERBECK und MARIENS[6] studieren die Stoßanregung intramolekularer Schwingungen im CO_2-Gas unter dem Einfluß von Fremdgasen, und STEURER[7] beschäftigte sich mit der Wirkung zwischenmolekularer Kräfte im gasförmigen Zustand.

34. *AB* gasförmig → *A* flüssig + *B* gasförmig.

Beispiele hierfür sind die Erscheinungen der Nebelbildung und des Regens. Die Kondensation von Dämpfen in einem Trägergas untersucht FREY[8]. Über eine nach dieser Reaktionsart erfolgende Gaszerlegung vgl. Air Reduction Co.[9].

35. *A* gasförmig + *B* gasförmig → *AB* gasförmig.

Hierher gehören die Vorgänge, bei welchen zwei verschiedene Gase ineinander diffundieren und die darauf folgenden chemischen Umsetzungen wie z. B. $H_2 + Cl_2 \rightarrow 2\,HCl$ oder $N_2 + 3\,H_2 \rightarrow 2\,NH_3$. Von diesen Vorgängen handeln große Teile des I. Bandes dieses Handbuches (BODENSTEIN). Die chemischen Kräfte, welche die beiden Molekülarten aufeinander ausüben, können aber auch anders als in einer chemischen Reaktion zur Auswirkung kommen (EUCKEN[10]). Hier interessieren ferner die zweiphasig verlaufenden Explosionsvorgänge (HEIPLE und LEWIS[11]) sowie insbesondere auch die bei einer Vermischung zweier Gase in manchen Fällen als Zwischenzustände beobachtbaren „Gasgestalten" (LIESEGANG[12] und FREYTAG[13]). Über eine begrenzte gegenseitige Löslichkeit von Gasen bei höheren Drucken berichtet KRITSCHEWSKI[14].

36. *AB* gasförmig → *A* gasförmig + *B* gasförmig.

Hierher gehören die Trennungen zweier Gase, z. B. auf dem Wege einer Diffusion durch eine poröse Wand oder mit Hilfe eines dritten Gases (MAIER[15])

---

[1] B. LAMBERT, D. H. P. PEEL: Proc. Roy. Soc. (London), Ser. A **144** (1934), 205; C 34 I 2870.

[2] A. J. PERKINS: J. chem. Physics **5** (1937), 180; C 37 I 4894.

[3] E. HAYEK: Z. anorg. allg. Chem. **223** (1935), 382; C 36 I 950.

[4] T. ALTY: Proc. Roy. Soc. (London), Ser. A **161** (1937), 68; C 37 II 2803.

[5] M. AUWÄRTER, K. RUTHARD: Z. Elektrochem. angew. physik. Chem. **44** (1938), 579; C 38 II 3785.

[6] A. VAN ITTERBECK, P. MARIENS: Physica **7** (1940), 909; C 41 I 1511.

[7] E. STEURER: Inaug.-Diss. Würzburg, 1937.

[8] F. FREY: Z. physik. Chem., Abt. B **49** (1941), 83; C 41 II 1373.

[9] Air Reduction Co.: Am. P. 2209748 vom 3. 8. 1938; C 41 I 1333.

[10] A. EUCKEN: Österr. Chemiker-Ztg. (N. F.) **88** (1935), 162; C 36 I 4112.

[11] H. R. HEIPLE, B. LEWIS: J. chem. Physics **9** (1940), 584; C 42 II 249.

[12] R. E. LIESEGANG: Kolloid-Z. **100** (1942), 65.

[13] H. FREYTAG: Kolloid-Z. **101** (1942), 112.

[14] I. R. KRITSCHEWSKI: J. physik. Chem. **14** (1940), 434; C 42 II 1098; Acta physicochim. URSS **12** (1940), 48; C 42 I 2855.

[15] C. G. MAIER: J. chem. Physics **7** (1939), 854; C 41 I 1197.

oder durch Schleuderkraft (BUCHALO[1], WILSON[2]) bzw. den Massenspektrographen (YATES[3]) oder durch Thermodiffusion (CLUSIUS und DICKEL[4], WALL und HOLLEY[5]).

B. Vereinigungs- und Zerfallsreaktionen, bei welchen ein Überschuß einer der beteiligten Phasen vorhanden ist.

Bei den vorangehend unter A zusammengefaßten Reaktionsarten werden immer Vorgänge betrachtet, welche entsprechend den von uns benützten Definitionen als vollständig verlaufend zu bezeichnen sind; von den der Reaktion zugeführten Zuständen ist nach Ablauf der Reaktion nichts mehr übriggeblieben. In vielen Fällen der mit ungeraden Zahlen bezeichneten Reaktionsarten ist ein solcher Tatbestand nur zu erreichen, wenn die Ausgangsstoffe in einem bestimmten (meist stöchiometrischen) Mischungsverhältnis der Reaktion zugeführt werden. Trifft dies nicht zu, so ist ein „Überschuß" einer der beiden Komponenten vorhanden, der im klassisch-chemischen Sinn „unverändert" in dem Reaktionsgemisch wieder erscheint. Die so gekennzeichneten Reaktionsarten sind hier als Sippe B zusammengefaßt. Wenn ein solcher Überschuß sich auch passiv nicht an der Reaktion beteiligt, so kann er doch die Geschwindigkeit der Reaktion und die Qualität und Quantität der Zwischenzustände in entscheidender Weise beeinflussen. Diesem Überschuß kommt also in bezug auf den Reaktionsablauf der Charakter eines Katalysators zu. Gemäß den Ausführungen von S. 334÷338 ist hier eine hohe katalytische Wirkungsmöglichkeit denkbar, da der Überschuß die gleiche Affinität zu der anderen Komponente hat, wie derjenige Anteil, dem es gelingt, sich mit ihr zu verbinden; nur wegen einer ungünstigeren räumlichen Lagerung ist der Überschuß in der Konkurrenz mit dem übrigen, ihm chemisch gleichartigen Anteil unterlegen und leer ausgegangen.

Im nachfolgenden beschränken wir unsere Darlegungen auf die Reaktionsart nA starr $+ (m + x) B$ starr $\rightarrow A_n B_m$ starr $+ x B$ starr, welche also aus der Reaktionsart 1 der Sippe A (S. 438÷491) hervorgeht, wenn diese mit einem Überschuß einer der beiden Komponenten abläuft. Da die Charakteristik der hiebei auftretenden Zwischenzustände auch von dem Mischungsverhältnis (Größe des Überschusses) der Ausgangskomponenten abhängig ist, so steht hier die Frage nach dem Einfluß dieses Mischungsverhältnisses auf die allgemeine und spezifische katalytische Wirksamkeit der Zwischenzustände im Vordergrund des Interesses; dies ist ein Grundproblem der präparativen Chemie der Katalysatoren, das in diesem Handbuch von verschiedenen Autoren und von verschiedenen Gesichtspunkten aus eingehend behandelt wird.

Die Bedeutung des Mischungsverhältnisses für die katalytischen Eigenschaften ist wohl erstmalig von MITTASCH[6] im vollen Umfang klar erkannt, theoretisch zergliedert und mit anschaulichen Beispielen belegt worden. Aus den zahlreichen Arbeiten der Folgezeit greifen wir willkürlich heraus diejenigen von GRIFFITH[7], BLOCH und KOBOSEV[8], STARKE[9] und KOSTELITZ und HÜTTIG[10].

---

[1] S. BUCHALO: D.R.P. 696715, Kl. 12e vom 30. 8. 1935; C 40 II 3234.

[2] G. H. WILSON: Bull. Amer. physic. Soc. 15 (1940), Nr. 4, 20; Physic. Rev. (2) 58 (1940), 209; C 41 I 2.

[3] E. L. YATES: Proc. Roy. Soc. (London), Ser. A 168 (1938), 148; C 41 I 997.

[4] K. CLUSIUS, G. DICKEL: Naturwiss. 26 (1938), 546; C 38 II 3201.

[5] F. T. WALL, C. E. HOLLEY JR.: J. chem. Physics 8 (1940), 348; C 41 I 1399.

[6] A. MITTASCH: Ber. dtsch. chem. Ges. 59 (1926), 13; C 26 I 2071.

[7] R. H. GRIFFITH: Nature (London) 137 (1936), 538; C 36 II 2081.

[8] O. BLOCH, N. J. KOBOSEV: Acta physicochim. URSS 5 (1936), 417; C 37 I 1086; J. physik. Chem. 8 (1936), 492; C 37 I 4458.

[9] K. STARKE: Z. physik. Chem., Abt. B 37 (1937), 81, Abb. 3; C 38 II 2673.

[10] O. KOSTELITZ, G. F. HÜTTIG: 74. Mittlg.: Kolloid-Z. 67 (1934), 265; C 34 II 2949.

Im nachfolgenden Abschnitt erläutern wir einige über den unmittelbaren katalytischen Interessenkreis hinausgehende Feststellungen bez. des Vorganges:

$ZnO + Fe_2O_3 \rightarrow ZnFe_2O_4$ mit einem Überschuß eines der beiden Ausgangsstoffe.

Das Verhalten von Zinkoxyd-Eisenoxyd-Gemischen von verschiedenem Mischungsverhältnis ist im Verlauf einer allmählich ansteigenden Erhitzung in

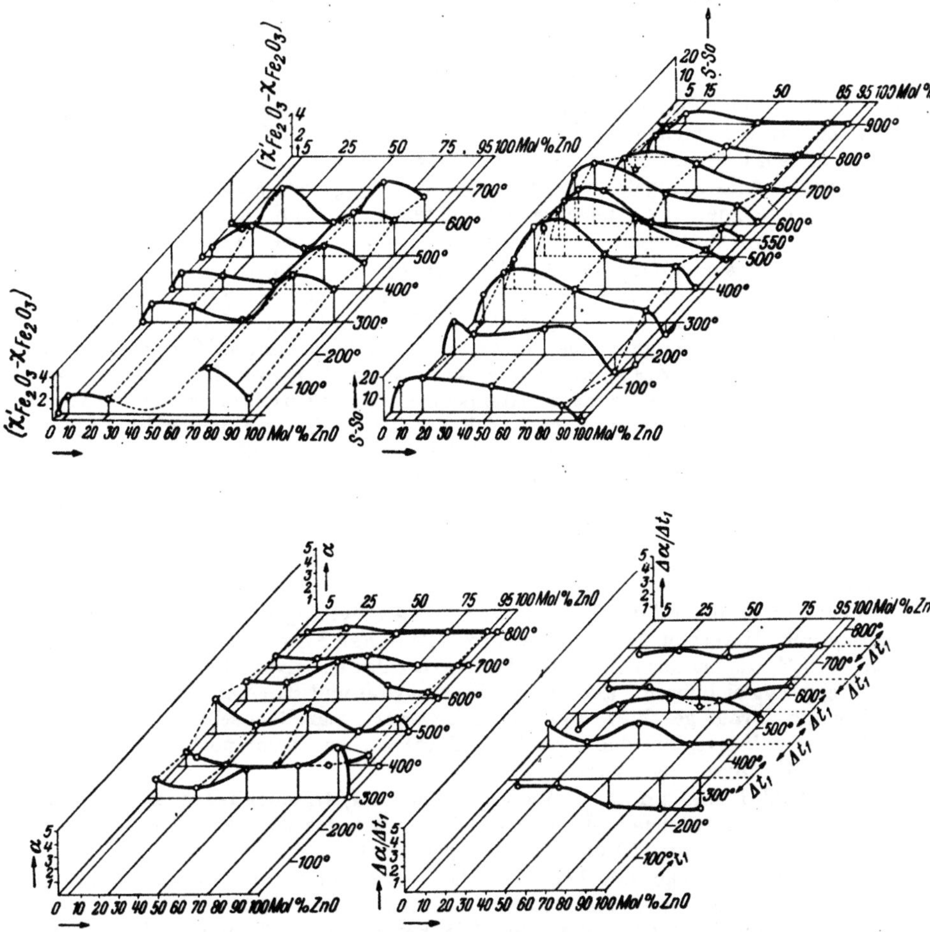

Abb. 41. Eigenschaften von Präparaten ZnO/Fe_2O_3 in Abhängigkeit von dem Mischungsverhältnis und der Temperatur der Vorerhitzung.

der Abb. 41 in bezug auf einige charakteristische Eigenschaften dargestellt. Die einzelnen Oxyde wurden für sich hoch erhitzt und dann für sich gepulvert, so wie es auf den S. 457 geschehen ist. Hierauf erfolgte die Vermischung wieder in der gleichen Weise, nur daß diesmal durch Mischung in verschiedenem Mischungsverhältnis eine Anzahl von Präparaten hergestellt wurde. Von jedem dieser Präparate wurden verschiedene Anteile während 6 Stunden auf verschieden hohe konstante Temperaturen (t_1) erhitzt, und nach dem Auskühlen wurde eine Anzahl von Eigenschaften bestimmt. Bei allen Abbildungen ist auf der X-Achse (von links nach rechts) das Mischungsverhältnis in Mol-% ZnO und auf der Z-Achse (in axonometrischer Projektion von vorn nach hinten) die Temperatur der Vorbehandlung (t_1) aufgetragen; auf der Y-Achse (von unten nach oben) sind nun in den verschiedenen Abbildungen verschiedene beobachtete oder aus den Beobachtungen errechnete Eigenschaften aufgetragen, und zwar:

In dem Feld a): die Werte für $(\chi'_{Fe_2O_3} - \chi_{Fe_2O_3})$. Hierin bedeutet $\chi_{Fe_2O_3}$ die magnetische Massensuszeptibilität eines in gleicher Weise wie das untersuchte Präparat vorbehandelten, aber nicht mit Zinkoxyd vermischten Eisenoxyds. $\chi'_{Fe_2O_3}$ bedeutet die magnetische Massensuszeptibilität, die dem Eisenoxyd innerhalb des hier betrachteten gemischten Präparates zukommt. Dieser Wert ist definiert durch die Relation

$$\chi = \frac{a}{100} \chi'_{ZnO} + \frac{100 - a}{100} \cdot \chi'_{Fe_2O_3},$$

wobei χ die an dem Präparat beobachtete magnetische Massensuszeptibilität, χ'_{ZnO} den auf Zinkoxyd bezüglichen sehr kleinen und konstanten Wert von $-0{,}56 \cdot 10^{-6}$ und a die in dem Präparat enthaltene Anzahl Gewichts % ZnO bedeutet. Es ist somit der auf der Y-Achse aufgetragene Wert $(\chi'_{Fe_2O_3} - \chi_{Fe_2O_3})$ ein Maß für den Unterschied in den magnetischen Massensuszeptibilitäten eines mit dem Zinkoxyd vermischten und eines in gleicher Weise vorbehandelten, aber ungemischten Eisenoxyds.

In dem Feld b) sind auf der Y-Achse die Werte $(S - S_0)$ aufgetragen, die das Sorptionsvermögen gegenüber Farbstoffen, die in Methanol gelöst sind, kennzeichnen. Es bedeutet S die Anzahl % des gesamten in der Anordnung befindlichen Eosins, die von dem Präparat aufgenommen wurden, und S_0 den analogen Wert für den in gleicher Menge, gleicher Zusammensetzung und gleicher Vorgeschichte vorhandenen Bodenkörper, wobei jedoch die beiden Komponenten im unvermischten Zustand vorliegen. Bei allen Versuchen wurde so verfahren, daß die Summe der beiden Oxyde im Bodenkörper 0,001 Mole betrug und daß bei 30° C darüber 25,0 cm³ Lösung gegeben wurden, die 10^{-5} Mole/Liter Farbstoff in Methanol gelöst enthielt. Es ist somit der auf der Y-Achse aufgetragene Wert $(S - S_0)$ ein Maß für den Unterschied in dem Sorptionsvermögen, welches das Gemisch im Vergleich zu dem gleichen und in gleicher Weise vorbehandelten, aber die unvermischten Komponenten enthaltenden Bodenkörper hat.

In dem Feld c) sind auf der Y-Achse die α-Werte aufgetragen, wobei α ein Maß für die katalytische Wirksamkeit gegenüber dem N_2O-Zerfall darstellt. Es bedeutet α die Anzahl % N_2O, die bei der konstanten Temperatur des Katalysenofens von 500° und unter streng vergleichbaren Verhältnissen in Stickstoff und Sauerstoff zerfallen sind. Hiebei wurde darauf geachtet, daß die Anfangswerte zur Beobachtung gelangten, d. h. diejenigen Werte, die das eigentliche Präparat hat, bevor noch eine weitere Alterung im Katalysenofen einsetzt.

In dem Feld d) sind auf der Y-Achse die Werte $\Delta\alpha/\Delta t_1$ eingetragen. Es sind das diejenigen Werte, die angeben, um welchen Betrag sich der Wert α *ändert*, wenn die Herstellungstemperatur $(= t_1)$ um 100° gesteigert wird.

Die dem Feld a) zugrunde liegenden Beobachtungen wurden von H. KITTEL, diejenigen zu Feld b) von J. HAMPEL und diejenigen zu den Feldern c) und d) von O. SCHNEIDER und F. OWESNY ausgeführt. Die Werte für 5, 25, 75 und 95 Mol-% ZnO sind überall von dem gleichen Beobachter an der identischen Mischungsreihe gewonnen worden. Dies trifft nicht zu für die Präparate mit 50 Mol-% ZnO; diese Präparate müssen also vorsichtiger zum Vergleich herangezogen werden. Die Mischungsreihe, an der die Farbstoffsorptionen ausgeführt wurden, ist von den übrigen Mischungsreihen verschieden. Die Originalliteratur kann eingesehen bzw. entnommen werden den Veröffentlichungen von HÜTTIG[1]. In der ersteren Veröffentlichung sind in der gleichen Weise wie in der Abb. 28 (S. 463) auch die Veränderungen der breiteren und der schmäleren Capillaren und der Qualität und Quantität der besser und schlechter adsorbierenden Stellen dargestellt.

An Hand der in der Abb. 41 wiedergegebenen Beobachtungen und Rechenwerte läßt sich eine große Zahl von Gegenüberstellungen und Erwägungen vor-

[1] G. F. HÜTTIG: 113. Mittlg.: Z. Elektrochem. angew. physik. Chem. **44** (1938), 571; C 39 II 3526; 114. Mittlg.: J. Chim. physique **36** (1939), 84; C 39 II 3527.

nehmen. Wir begnügen uns hier, die Darlegungen der beiden folgenden Abschnitte vorzunehmen.

Individuelle Wirkung kleiner Mengen. — Homöopathischer Effekt.

Die Betrachtung des Feldes a) der Abb. 41 lehrt: In den Präparaten, die kleine Mengen Eisenoxyd (5 ÷ 25 Mol-% Fe_2O_3) enthalten, tritt das Eisenoxyd in einem Zustand mit einer ungewöhnlich hohen magnetischen Massensuszeptibilität auf. Die in diesem Bereich gemessenen Werte sind höher, als sie unter irgendwelchen Verhältnissen bei den an Eisenoxyd reicheren Präparaten beobachtet wurden. Die allerhöchsten Werte werden bei einer Vorerhitzung auf 300° beobachtet.

Die Qualität (Güte) der die Gase besser sorbierenden Stellen (in der Abb. 41 nicht aufgenommen) erreicht gleichfalls in dem Bereiche von 5 ÷ 25 Mol-% Eisenoxyd ein Maximum. Bei einer Vorerhitzung auf 300° erreicht die Güte dieser Stellen einen so hohen Wert, daß er die Güte der besser sorbierenden Stellen aller übrigen Präparate des gleichen Systems gewaltig überragt; dieses spitze Maximum wurde von uns bei einem Gehalt von 5 Mol-% Fe_2O_3 beobachtet, da aber in dem Bereich zwischen 0 und 5 Mol-% Fe_2O_3 Beobachtungen fehlen, so ist es keineswegs ausgeschlossen, daß dieses Maximum bei einem noch geringeren Eisenoxydgehalt liegt.

Die Betrachtung des Feldes c) zeigt gleichfalls, daß bei den nicht über 500° vorerhitzten Präparaten die katalytische Wirksamkeit in dem Bereich der Präparate mit kleineren Eisenoxydmengen (5 Mol-% Fe_2O_3) ein Maximum aufweist: hierbei ist zu bedenken, daß unser reines Zinkoxyd für sich überhaupt keine nachweisbare katalytische Wirksamkeit gezeigt hat. Analog wie die Güte der besser sorbierenden Stellen erreicht die katalytische Wirksamkeit eines auf 300° vorerhitzten, 5 Mol-% Fe_2O_3 enthaltenden Präparates ein so hohes Maximum, wie es sonst an keinem Präparat bei irgendeiner Vorbehandlung in Erscheinung trat.

Demnach besteht zwischen der Güte der besser sorbierenden Stellen, der katalytischen Wirksamkeit und der Steigerung der magnetischen Suszeptibilität ein enger kausaler Zusammenhang. Man wird annehmen dürfen, *daß auf der Oberfläche von Mischkatalysatoren Stellen entstehen können, die Träger eines intensiven Adsorptionsvermögens, einer großen katalytischen Wirksamkeit und einer erhöhten magnetischen Massensuszeptibilität sind. Vielfach sind es diese Stellen, die diese Eigenschaften in praktisch ausschließlicher Weise bestimmen*, über die sich die Wirkungen der anderen Faktoren nur in wenig einflußreicher Weise überlagern. Es dürfte ferner ein Irrtum sein, wenn man annimmt, daß die katalytisch wirksamen Stellen in einer so geringen Menge vorhanden sein *müssen*, daß ihr Einfluß auf irgendwelchen anderen Eigenschaften nur mit Hilfe extrem empfindlicher experimenteller Methoden erfaßt werden kann.

Von Belang scheint uns die Feststellung zu sein, daß gerade dort, wo das Eisenoxyd in kleinerer Menge vorhanden ist, sich Stellen von so intensiven und damit individuell gekennzeichneten Wirksamkeiten bilden, wie sie in den Präparaten mit größerem Eisenoxydgehalt nicht zur Beobachtung gelangen: das Maximum dieser Erscheinung wird bei den an Eisenoxyd armen, auf etwa 300° vorerhitzten Präparaten beobachtet. Nach unseren früheren Ergebnissen findet in diesem Temperaturgebiet eine „erste Aktivierung der Oberfläche" [Periode b) S. 474] statt, die darin besteht, daß die Eisenoxydmoleküle auf die Oberfläche der Zinkoxydkristalle herüberwandern. Sobald die Konzentration der Eisenoxydmoleküle auf der Oberfläche der Zinkoxydkristalle einen gewissen Wert überschritten hat, tritt eine Aggregation der Eisenoxydmoleküle und eine Fixierung in ortsfesten Lagen auf der Oberfläche ein [„erste Desaktivierung", Periode c),

S. 479]. Es ist nun gut vorstellbar, daß die Zustände mit einer geringen Konzentration der Eisenoxydmoleküle auf der Zinkoxydoberfläche eine längere Lebensdauer haben, wenn die Menge des in dem Gemisch enthaltenen Eisenoxyds verhältnismäßig gering ist. So können in solchen Präparaten die aktiven Zustände sich besser und zeitlich länger auswirken. Daß die *Aktivität* (Intensität des Sorptionsvermögens, der katalytischen Wirksamkeit *und anderes*) *in geringerer Konzentration größer ist als in höherer*, ist angesichts des geringeren Grades der gegenseitigen Absättigung im verdünnten Zustand verständlich. Das klassische Gebiet eines analogen Vorstellungskreises ist die Theorie der elektrolytischen Dissoziation in wässerigen Lösungen von ARRHENIUS. Von besonderem Interesse ist in diesem Zusammenhang die Feststellung von DE BOER und VEENEMANS[1], denen zufolge Alkali- und Erdalkalimetalle unter bestimmt definierten Verhältnissen oberhalb eines bestimmten Bedeckungsgrades als Atome, unterhalb desselben als Ionen adsorbiert werden.

In dem uns hier interessierenden Zusammenhang wollen wir die Tatsache, daß kleine Mengen eines Stoffes eine von größeren Mengen des gleichen Stoffes qualitativ verschiedene Wirkung haben können, als das „Prinzip von der individuellen Wirkung kleiner Konzentrationen“ oder, in Anlehnung an die Methode eines bekannten Heilverfahrens, die individuelle Wirkung kleiner Mengen als „homöopathischen Effekt“ bezeichnen.

Die Möglichkeit einer großen Wirkung kleiner, zur Hauptmasse zugesetzter Mengen ist gleichfalls eine Grundtatsache der Chemie der Katalysatoren. Aus der Unzahl von bekannten Beispielen sei die Inaktivierung des Platins durch kleine Kupfermengen genannt (CHAPMAN und REYNOLDS[2] sowie die zahlreichen Beispiele für maximale Wirksamkeit von Mischkatalysatoren bei geringen Gehalten der aktiven Komponente, die z. B. GRIFFITH[3] anführt.

Die erste und zweite katalytische Aktivierung [Perioden b) und d)] in Abhängigkeit vom Mischungsverhältnis.

Wir entnehmen der Abb. 41 Feld c), daß die sich auf $t_1 = 300°$ beziehende Kurve verhältnismäßig hoch liegt, d. h. daß die auf 300° vorerhitzten Präparate eine verhältnismäßig hohe katalytische Wirksamkeit haben, daß hingegen die auf 400° vorerhitzten Präparate durchwegs eine ungewöhnlich geringe katalytische Wirksamkeit aufweisen. Bei weiterem Erhitzen nehmen die katalytischen Wirksamkeiten im allgemeinen wieder stark zu, um bei etwa 600° (oder etwas früher) durch ein Maximum hindurchzugehen; bei einer noch weiteren Temperatursteigerung sinken die katalytischen Wirksamkeiten wieder, um schließlich praktisch zu verschwinden.

Im Sinne der auf S. 475 niedergelegten Ausführungen führen wir die relativ hohen katalytischen Aktivitäten der auf 300° vorerhitzten Präparate auf eine „*erste Aktivierung*“ der Oberfläche zurück, die in einer Diffusion der Eisenoxydmoleküle auf der *Oberfläche* der Zinkoxydkristalle besteht. Aus dem Verlauf der für 300° zuständigen Kurve des Feldes c) ersehen wir folgendes: *Die bei der ersten Aktivierung erreichte katalytische Wirksamkeit ist im allgemeinen um so größer, je größer der prozentuale Anteil des Zinkoxyds in dem Katalysator ist.* Zu dem gleichen Ergebnis gelangt man auf Grund einer Betrachtung des Feldes d). Nimmt man an, daß der Abfall der katalytischen Wirksamkeiten bei der Erhitzung von 300° auf 400° in einem Rückgang der ersten Aktivierung („erste Desaktivierung“.

[1] J. H. DE BOER, C. F. VEENEMANS: Physica **2** (1935), 915; C 38 I 1082.

[2] D. L. CHAPMAN, P. W. REYNOLDS: Proc. Roy. Soc. (London), Ser. A **156** (1936), 284; C 36 II 2495.

[3] R. H. GRIFFITH: Nature (London) **137** (1936), 538; C 36 II 2081.

S. 480) besteht, so gibt die Höhe dieses Abfalles, wie sie in dem Feld d) bei 350° als Kurve dargestellt ist, auch die Höhe der ersten Aktivierung an; auch hier sieht man, daß die durch die erste katalytische Aktivierung bedingte katalytische Wirksamkeit um so größer ist, je höher der Gehalt in Mol-% an ZnO in dem Katalysator ist.

Diese Beobachtung fügt sich sehr gut in die Vorstellung ein, die wir von der ersten Aktivierung haben. Träger der katalytischen Wirksamkeiten sind hiernach die Oberflächen der Zinkoxydkristalle, es wird somit die katalytische Wirksamkeit proportional der vorhandenen Oberfläche des Zinkoxyds, also proportional der vorhandenen Zinkoxydmenge sein müssen. Der Gehalt an Eisenoxyd ist belanglos, weil schon ganz geringe Mengen Eisenoxyd ausreichen, um den hier in Betracht kommenden aktivierenden Oberflächenüberzug zu bewerkstelligen. Daß zwischen katalytischer Wirksamkeit und Zinkoxydmenge keine glatte, *lineare* Proportionalität zur Beobachtung gelangt, mag manche Ursachen haben, so auch, daß der auf S. 535 besprochene Effekt mit hereinspielt.

Die *zweite Aktivierung* (S. 483) beruht auf einer Diffusion der Eisenoxydmoleküle in das Innere (Gitter) der Zinkoxydkristalle. Sie erreicht bei 600° (oder etwas früher) ihr Maximum. Betrachtet man in dem Feld c) die für 600° zuständige Kurve, so sieht man, daß *bei der zweiten Aktivierung die katalytische Wirksamkeit* (abgesehen von dem Präparat mit 50 Mol-% ZnO) *um so größer ist, je größer der Gehalt an Eisenoxyd ist.* Zu demselben Schluß gelangt man durch Betrachtung der Abb. 42.

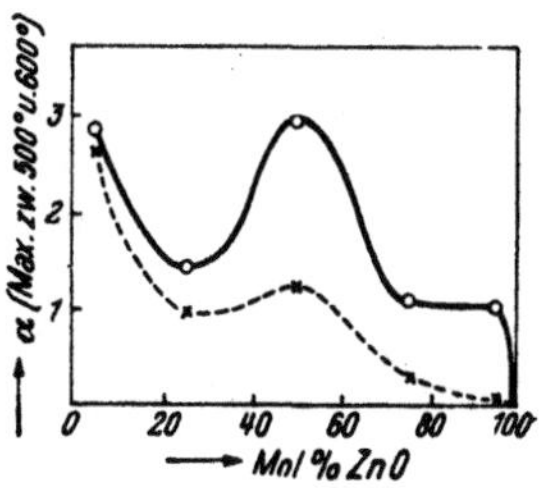

Abb. 42. Die durch die „zweite Aktivierung“ bedingte katalytische Wirksamkeit von Präparaten des Systems ZnO/Fe_2O_3 in Abhängigkeit von ihrem Mischungsverhältnis.

Hier sind ebenso wie in dem Feld c) der Abb. 41 auf der X-Achse die Mol-% ZnO und auf der Y-Achse die α-Werte eingetragen; die voll ausgezogene Kurve gibt diejenigen α-Werte, die sofort nach dem Beginn der Katalyse (Temperatur des Katalysenofens konstant 500°) beobachtet wurden und dem jeweiligen zwischen $t_1 = 500°$ und 600° liegenden Maximum entsprechen; durch die gestrichelte Kurve sind diejenigen Werte verbunden, die bei einer Temperatur des Katalysenofens von 550° nach 180 Min. beobachtet wurden.

Bei einer Vorerhitzung des Präparates auf 600° (oder schon etwas unterhalb) beginnen die Eisenoxydmoleküle in das Zinkoxydgitter hineinzudiffundieren, was alsbald zu einer Auflockerung des Zinkoxydgitters führt. Ist diese Gitterdiffusion die Ursache der zweiten Aktivierung, dann ist es verständlich, daß sie in um so größerem Ausmaße in Erscheinung tritt, je mehr Eisenoxyd vorhanden ist und an der Diffusion teilnimmt. Ob bei einem Mischungsverhältnis mit 50 Mol-% ZnO (das gerade der Zusammensetzung des Reaktionszieles, nämlich des Zinkferrits entspricht) die Vorbedingungen zur Ausbildung eines Maximums besonders günstig sind, muß angesichts des Umstandes, daß gerade dieses Präparat nicht streng vergleichbar ist, einstweilen mit Vorsicht beurteilt werden.

Autokatalyse.

In den vorangehenden Abschnitten (S. 532÷537) wurde der katalytische Einfluß des Überschusses eines der *Ausgangsstoffe* behandelt; selbstverständlich können qualitativ ähnliche Effekte auch dort vorliegen, wo keinerlei Überschuß vorhanden ist, wo aber die in die Reaktion noch nicht eingetretenen Ausgangsstoffe auch ihre Wirkung auf den Reaktionsablauf haben werden. In solchen Fällen ist es aber grundsätzlich schwieriger, diesen Einfluß aus dem Gesamtgeschehen abzugrenzen, ganz besonders dort, wo das Reaktionsziel in der Einstellung eines homogenen Gleichgewichtes besteht.

Viel populärer als der katalytische Einfluß der Ausgangskomponenten ist derjenige des Reaktionsproduktes. Er wird in der Literatur unter der Bezeichnung „*Autokatalyse*" geführt. Viele Reaktionen, namentlich solche in heterogenen Systemen verlaufen erst mit einer größeren Geschwindigkeit, wenn von dem Reaktionsprodukt bereits eine gewisse, wenn auch vielleicht nur kleine Menge gebildet wird. Nach der Überwindung der ersten, nur von einem langsamen Reaktionsablauf ausgefüllten Zeit, der „*Inkubationszeit*", liegt so viel von dem Reaktionsprodukt vor, daß es die Reaktionsgeschwindigkeit katalytisch um Größenordnungen hinaufsetzen kann (S. 506).

Der Begriff der Autokatalyse wird auch in den elementaren Lehrbüchern der physikalischen Chemie behandelt und findet in dem vorliegenden Handbuch in Band V eine eingehende Würdigung. In der neuesten Zeit haben sich mit grundsätzlichen Fragen der Autokatalyse beschäftigt FRANK-KAMENETZKY[1], AKULOV[2] und SEMENOFF und EMANUEL[3]. Zusammenstellungen von Reaktionen, bei denen ein festes Reaktionsprodukt den Ablauf katalytisch beschleunigt, werden von VOLMER[4] und SCHWAB und PIETSCH[5] gegeben.

Eine weitere Sippe von Reaktionsarten, welche der vorangehend besprochenen zwar verwandt, aber nicht mit dieser identisch gesetzt werden kann, ist dadurch gekennzeichnet, daß zwar von keiner Ausgangskomponente ein Überschuß vorliegen würde, der überhaupt nicht zur Reaktion käme, daß aber die eine Komponente in einer so großen Menge vorhanden ist, daß nur ein Teil hiervon in die höchste Reaktionsstufe übergehen kann. Ein Beispiel hierfür ist $3\,CaO + 2\,SiO_2 \rightarrow CaSiO_3 + Ca_2SiO_4$.

C. Vorgänge, welche sich auf die Grenzflächen zweier Phasen beschränken.

In der Sippe A (S. 438÷532) betrafen die mit ungeraden Zahlen bezeichneten Reaktionsarten solche Vorgänge, bei welchen zwei verschiedene aneinandergrenzende Phasen sich miteinander chemisch vereinigen. In den hier als Sippe C vereinigten Reaktionsarten liegen die gleichen Ausgangsstellungen (Reaktionsanfänge) vor, nur geht die Reaktion im wesentlichen nicht über die in den Phasengrenzzonen liegenden Wechselwirkungen heraus. Was für die betrachteten Reaktionsarten der Sippe A die Erreichung eines Zwischenzustandes bedeutet, ist für die Reaktionsarten der Sippe C das thermodynamisch endgültige Reaktionsziel. In dem letzteren Fall langt die chemische Affinität zwischen den beiden aneinandergrenzenden Phasen zwar aus, um zwischen den aneinandergrenzenden, an freier Energie reicheren, also „aktivierten" Oberflächenmolekülen eine chemische Addition herbeizuführen, sie langt jedoch zu einer chemischen Addition der gesamten Phasen nicht aus. Da also der ganz überwiegende Teil der Ausgangsstoffe bei diesen Vorgängen unverändert bleibt, geschieht im Sinne der klassischen Chemie hierbei nichts. Um so grundlegender sind diese Vorgänge für die katalytisch-chemische Welt. Wir können diese Art des Geschehens begrifflich in 6 Reaktionsarten unterteilen.

---

[1] D. A. FRANK-KAMENETZKY: C. R. (Doklady) Acad. Sci. URSS (N. S. 7) **25** (1939), 669; C 40 II 2994.

[2] N. S. AKULOV: J. Physics **3** (1940), 165; C 41 I 2349.

[3] N. N. SEMENOFF, N. M. EMANUEL: C. R. (Doklady) Acad. Sci. URSS (N. S. 8) **28** (1940), 219; C 41 I 2350.

[4] M. VOLMER: Z. Elektrochem. angew. physik. Chem. **35** (1929), 555; C 30 I 3.

[5] G.-M. SCHWAB, E. PIETSCH: Z. physik. Chem., Abt. B **1** (1929), 385; C 29 I 1779; Z. Elektrochem. angew. physik. Chem. **35** (1929), 573; C 30 I 4.

1. *A* starr + *B* starr → *A* starr + *B* starr.

Ein verhältnismäßig gut untersuchter Fall ist die Wechselwirkung innerhalb eines Pulvergemisches von BeO und Fe_2O_3. Irgendeine chemische Verbindung zwischen BeO und Fe_2O_3 ist überhaupt nicht bekannt, und auch eine direkt nachweisbare Löslichkeit der beiden Komponenten ineinander konnte bisher nicht festgestellt werden (JENCKEL[1] u. a.). Trotzdem kann man bei einem langsam ansteigenden Erhitzen der beiden gepulverten und vermischten Oxyde eine mannigfache spezifische Wechselwirkung der beiden Komponenten feststellen.

Auf Grund der Ergebnisse von HÜTTIG und JEITNER[2], die sich ihrerseits auch auf die älteren Untersuchungen von MEYER, HÜTTIG, HNEVKOVSKY und KITTEL[3], HÜTTIG, SIEBER und KITTEL[4], HÜTTIG, ZINKER und KITTEL[5] und HÜTTIG und KITTEL[6] stützen, sei das wesentlichste des Verhaltens des Systems BeO/Fe_2O_3 in dieser Hinsicht nachfolgend kurz umrissen.

Das Berylliumoxyd und das Eisenoxyd wurden jedes für sich hoch geglüht und zerrieben, dann im Verhältnis 1 BeO : 1 Fe_2O_3 innig gemischt, Anteile hiervon

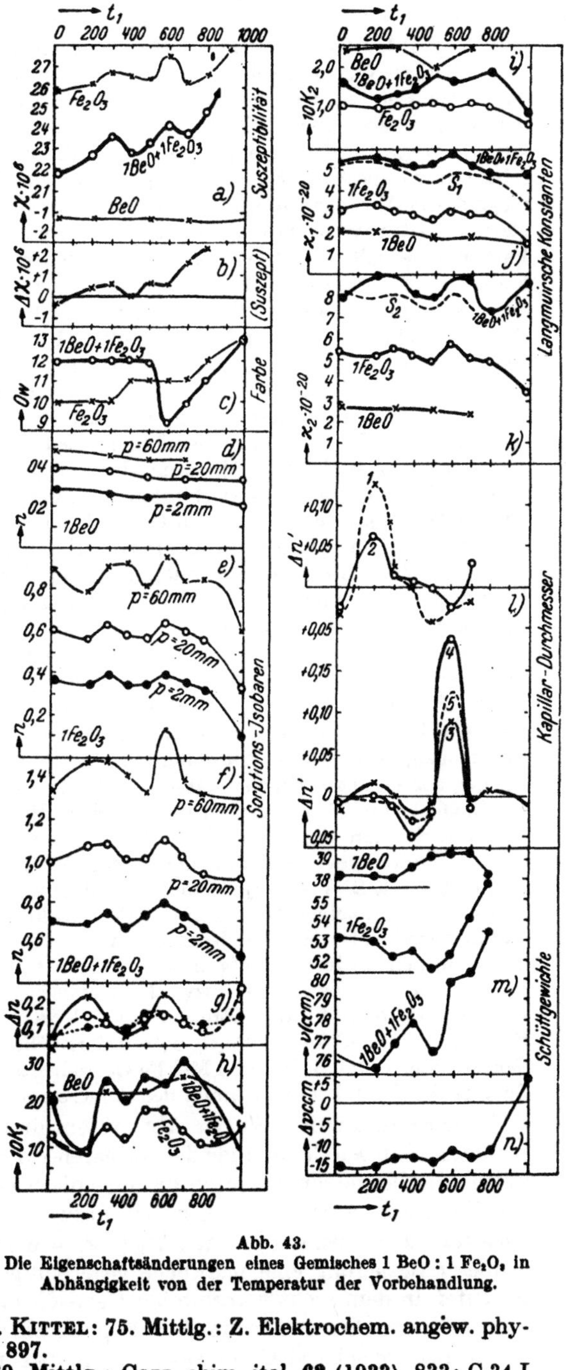

Abb. 43.
Die Eigenschaftsänderungen eines Gemisches 1 BeO : 1 Fe_2O_3 in Abhängigkeit von der Temperatur der Vorbehandlung.

[1] E. JENCKEL: Z. anorg. allg. Chem. **220** (1934), 377; C 35 I 1023.

[2] G. F. HÜTTIG und Mitarbeiter: 110. Mittlg.: Z. anorg. allg. Chem. **237** (1938), 209, 302÷325; C 39 I 4562.

[3] TH. MEYER, G. F. HÜTTIG, O. HNEVKOVSKY, H. KITTEL: 87. Mittlg.: Z. Elektrochem. angew. physik. Chem. **41** (1935), 429; C 35 II 1561.

[4] G. F. HÜTTIG, G. SIEBER, H. KITTEL: 87. Mittlg.: Acta physicochim. URSS **2** (1935), 129; C 36 I 7.

[5] G. F. HÜTTIG, D. ZINKER, H. KITTEL: 75. Mittlg.: Z. Elektrochem. angew. physik. Chem. **40** (1934), 306; C 34 II 897.

[6] G. F. HÜTTIG, H. KITTEL: 69. Mittlg.: Gazz. chim. ital. **63** (1933), 833; C 34 I 3431.

während 6 Stunden auf die Temperatur t_1 gebracht und nach dem Abkühlen verschiedene Eigenschaften beobachtet. Die Ergebnisse sind in der Abb. 43 dargestellt. Allen Feldern gemeinsam ist die Abszissenachse, auf welcher die Temperatur der Vorerhitzung (t_1) aufgetragen ist.

In dem *Feld a*) ist auf der Ordinatenachse die magnetische Massensuszeptibilität $\times 10^6 = \chi \cdot 10^6$ aufgetragen. Die beiden schwach ausgezogenen Kurven beziehen sich auf diejenigen Werte, welche an dem reinen Berylliumoxyd bzw. an dem reinen Eisenoxyd gemessen wurden, die stark voll ausgezogene Kurve auf die Werte, welche an den Gemischen 1 BeO : 1 Fe_2O_3 erhalten wurden. In dem *Feld b*) sind die Werte ($\chi'_{Fe_2O_3} - \chi_{Fe_2O_3}$) aufgetragen, wobei $\chi_{Fe_2O_3}$ die magnetische Massensuszeptibilität des reinen unvermischten Fe_2O_3 und $\chi'_{Fe_2O_3}$ die auf die gleiche Menge Fe_2O_3 bezogene magnetische Massensuszeptibilität des Fe_2O_3 innerhalb des Gemisches mit BeO bei der gleichen Hitzevorbehandlung bedeutet. In dem *Feld c*) sind die Veränderungen der Farben innerhalb des 24teiligen OSTWALDschen Farbkreises gezeichnet, wobei sich die schwach ausgezogene Kurve auf das reine Fe_2O_3, die stark ausgezogene Kurve auf das Gemisch 1 BeO : 1 Fe_2O_3 bezieht. In den *Feldern d*), *e*) und *f*) sind auf der Ordinatenachse die Anzahl der Millimole CH_3OH (n) aufgetragen, welche von 1 Mol BeO [Feld d)] bzw. 1 Mol Fe_2O_3 [Feld e)] bzw. 1 Mol BeO + 1 Mol Fe_2O_3 [Feld f)] bei den konstanten Methanoldampfdrucken $p = 2$ bzw. $p = 20$ bzw. $p = 60$ mm aufgenommen werden. In dem Feld g) sind auf der Ordinatenachse die Werte Δn aufgetragen, das sind die an dem Gemisch (1 BeO + 1 Fe_2O_3) beobachteten Mengen adsorbierten Methanols [Feld f)], vermindert um die Summe der an 1 Mol BeO [Feld d)] und 1 Mol Fe_2O_3 [Feld e)] adsorbierten Methanolmenge. Diese Kurven geben also diejenigen Werte an, um welche das Gemisch mehr sorbiert, als es die einzelnen Komponenten mit der gleichen Temperaturvorbehandlung tun würden. Die punktierte Kurve bezieht sich auf den konstanten Methanoldampfdruck von 2 mm, die gestrichelte auf einen solchen von 20 mm und die voll ausgezogene auf einen solchen von 60 mm. In dem *Feld h*) sind die Werte K_1, in dem *Feld i*) die Werte K_2 auf den Ordinaten eingetragen, so wie sie sich bei der Auswertung nach LANGMUIR ergeben. (Die Erläuterung der Konstanten $\varkappa$ und K ist auf S. 461 gegeben.) In der gleichen Weise sind in dem *Feld j*) die Werte $\varkappa_1$ und in dem *Feld k*) die Werte $\varkappa_2$ auf den Ordinaten aufgetragen. In den *Feldern j*) *und k*) sind außerdem noch (stark gestrichelt) die Kurven S eingetragen, welche eine Summierung der in dem gleichen Felde für 1 BeO und 1 Fe_2O_3 gezeichneten Kurven darstellen. In dem *Feld l*) sind in der gleichen Weise wie auf S. 463, Abb. 28 auf der Ordinatenachse die Werte $\Delta n'$ aufgetragen, wobei $\Delta n'$ bedeutet die dem Gemisch 1 BeO + 1 Fe_2O_3 zukommenden Δn-Werte, vermindert um die Summe der 1 Mol BeO und 1 Mol Fe_2O_3 zukommenden Δn-Werte. Diese für $D \cdot 10^7$ cm = 1, 2, 3, 4, 5 (jedesmal $\pm$ 0,5) gezeichneten Kurven geben ein unmittelbares Bild, in welcher Weise sich das Porenvolumen bei dem Erhitzen des Gemisches *anders* verhält, als wenn jede Komponente für sich erhitzt wird. Im dem *Feld m*) sind die Volumina (v) in cm^3 aufgetragen, welche 1 Mol des geschütteten und geklopften Pulvers von BeO bzw. Fe_2O_3 bzw. das Gemisch beider einnimmt. In dem *Feld n*) ist von der im *Feld m*) für das Gemisch 1 BeO/1 Fe_2O_3 enthaltenen Kurve die Summe der Kurven für 1 BeO und 1 Fe_2O_3 subtrahiert. Diese Kurve gibt also an, wieviel das *Gemisch* von 1 Mol BeO und 1 Mol Fe_2O_3 mehr Raum (= $\Delta v\,cm^3$) beansprucht, als die Summe der Raumbeanspruchung des Pulvers von 1 Mol BeO und 1 Mol Fe_2O_3 beträgt.

Den *Feldern j*) und *k*) der Abb. 43 entnimmt man, daß bei dem *nicht* vorerhitzten Gemisch die Summe der sorbierenden Stellen der ersten Art ($\Sigma \varkappa_1 = S_1$), welche die Einzelkomponenten im ungemischten Zustand für sich haben, genau den Wert hat, welchen das Gemisch aufweist, und daß dieses sehr angenähert auch für die Stellen der zweiten Art ($\Sigma \varkappa_1 = S_2$) zutrifft. Dieser Befund zeigt, daß in dieser Beziehung eine merkliche gegenseitige Beeinflussung der beiden Komponenten in dem nicht vorerhitzten Gemisch nicht erfolgt ist. Man kann daraus aber auch eine Stütze für die Berechtigung ableiten, die Werte $\varkappa$ als Größen anzusprechen, welche sich bei einer gegenseitig unbeeinflußten Vermengung addieren. Wie aus der Abb. 43, Feld *l* ersichtlich ist, gilt das gleiche für die Capillarvolumina (zumindest bei einer Vermischungstemperatur von 50°), ferner entnehmen wir das gleiche dem Feld g) in bezug auf die Sorptionskapazitäten und dem Feld *b*) in bezug auf die magnetischen Suszeptibilitäten.

Andererseits entnehmen wir den Feldern h) und i), daß sich die Werte K_1 größtenteils, die Werte K_2 des Gemisches durchwegs zwischen den Werten der Einzelkomponenten bewegen. Es ist hier also keineswegs eine Additivität vorhanden, wie dies einer Kapazität zukommt, sondern eine Mittelung, wie sie den Intensitätsgrößen eigen ist. Allerdings liegt bei dem nicht vorerhitzten Gemisch der K_1-Wert nicht genau in der Mitte zwischen dem dem BeO bzw. dem Fe_2O_3 zukommenden Wert, sondern er nähert sich mehr demjenigen des BeO; das gleiche gilt für den K_2-Wert.

Bei dem Erhitzen des Gemisches spielen sich Vorgänge ab, welche auf einer spezifischen Wechselwirkung der beiden Komponenten beruhen müssen. Insbesonders ist eine Aktivierung bis etwa 200° oder etwas höher, eine Desaktivierung zwischen 200° oder 300° und 400°, eine neuerliche (zweite) Aktivierung zwischen 400° und 500° oder noch etwas höher und dann wieder eine neuerliche Desaktivierung feststellbar. In allen diesen Fällen sind die beobachteten Effekte erheblich größer, als sie bei einer bloßen Additivität der Komponenten wären. Wir haben es also hier in der Tat mit einem Vorgang zu tun, bei welchem die schon früher (S. 474÷488) eingehend besprochenen Lebensperioden b), c), d) und e) durchschritten werden, ohne daß dann irgendeine chemische Vereinigung der beiden Komponenten den Abschluß bilden würde. Bei allen diesen Vorgängen ist aber die Wechselwirkung zwischen den beiden Komponenten von entscheidender Bedeutung.

Beobachtungen über die vorliegende Art der gegenseitigen Beeinflussung zweier Stoffe sind sehr zahlreich und wichtig, jedoch der Genesis nach bis jetzt wenig geordnet. MAZZA und BOTTI[1] beobachten Abweichungen von dem Additivitätsgesetz der magnetischen Eigenschaften bei Gemischen von seltenen Erden. Keine chemischen Vereinigungen, aber auch nur sehr geringe Aktivierungseffekte zeigen etwa die Systeme SiO_2/Fe_2O_3 (vgl. hiezu HEDVALL, HEDIN und LJUNGKVIST[2]), SiO_2/Cr_2O_3, TiO_2/Cr_2O_3, Fe_2O_3/Al_2O_3 und Cr_2O_3/Al_2O_3. Am meisten kommen der Aufklärung des Werdeganges die Fragestellungen der *Pulvermetallurgie* dort entgegen, wo es sich um Gemische zweier sich chemisch nicht vereinigender Metalle, wie z. B. um ein Gemisch von Eisen und Bleipulver handelt; im Verlaufe der allmählich ansteigenden Erhitzung werden Körper von ganz neuartigen Eigenschaften erhalten. Auch in der *technischen Silicatchemie* wird solchen Vorgängen und Zuständen beispielsweise als Reaktionen in den Sinter*grenzen* eine hohe Bedeutung zukommen (EITEL[3]). Dies führt uns zu den Erscheinungen der gegenseitigen *gesetzmäßigen* Verwachsung chemisch verschiedener und im übrigen miteinander nicht reagierender fester Stoffe (z. B. Al auf Pt, FINCH und QUARRELL[4], Cu_2O auf Cu, THIESSEN und SCHÜTZA[5] u. a. m.), sowie zu den spezifisch chemisch bedingten Erscheinungen bei dem *Gleiten* (Reiben) der Oberflächen zweier chemisch verschiedener fester Stoffe aufeinander (KIRSCHSTEIN, HAYKIN, LISSOVSKY und SOLOMONOVICH[6]. Ganz besonders wirken sich diese Erscheinungen bei der Verwendung von Pulvergemischen als *Katalysatoren* (Mischkatalysatoren) und in den spezifisch katalytischen Wirkungen aus, welche an dem

---

[1] L. MAZZA, E. BOTTI: Gazz. chim. ital. **66** (1936), 552; C 36 II 4098.

[2] J. A. HEDVALL, R. HEDIN, S. LJUNGKVIST: Z. Elektrochem. angew. physik. Chem. **40** (1934), 300; C 34 II 1257.

[3] W. EITEL: Physikalische Chemie der Silikate, S. 714. Leipzig: A. Barth, 1941. C 41 I 1656.

[4] G. I. FINCH, A. G. QUARRELL: Nature (London) **131** (1933), 877; C 33 II 3390; Proc. physic. Soc. **46** (1934), 148; C 34 II 1418.

[5] P. A. THIESSEN, H. SCHÜTZA: Z. anorg. allg. Chem. **233** (1937), 35; C 37 II 1142.

[6] S. E. HAYKIN, L. P. LISSOVSKY, A. E. SOLOMONOVICH: C. R. (Doklady) Acad. Sci. URSS (N. S. 7) **24** (1939), 135; C 41 I 868.

System des Katalysators + seines *Trägers* beobachtet werden (vgl. den nächsten Abschnitt). Schließlich gehört es zu den *Grundtatsachen der Kolloidchemie* aus dem vorigen Jahrhundert, daß ein Pulvergemisch sich bez. der Spezifität seiner Eigenschaften um so mehr einer chemischen Verbindung nähert, je feiner und inniger die Mischung ist, d. h. je mehr die Zustände an den Berührungsflächen dominieren.

Während bei der vorliegenden Reaktionsart die Affinität der beiden Ausgangsstoffe zueinander so gering ist, daß die Wechselwirkung nicht über die in den Berührungszonen liegenden Zwischenzustände herauskommt, ist auch der andere Extremfall verwirklichbar, in dem nämlich die Reaktionsaffinität so groß ist, daß alle Zwischenzustände nur eine geringe Lebensdauer haben und praktisch gleich die fertige Verbindung resultiert. Das letztere Verhalten dürfte bei den von TAMMANN und anderen untersuchten Reaktionen zwischen stark basischen Oxyden (z. B. CaO vielleicht auch noch PbO) mit stark sauren Oxyden (z. B. MoO_3, WO_3, V_2O_5) vorliegen.

Der Katalysator und sein Träger.

Wichtig ist, daß bei einer großen Zahl der wissenschaftlich und technisch interessierenden Mischkatalysatoren es auch die Zwischenzustände der eben besprochenen Reaktionsart 1 sind, von denen eine bevorzugte allgemeine oder selektive katalytische Wirkung ausgeht.

Da die diesbezüglichen Mitteilungen meist keinen Wert auf eine systematische Erforschung der Genesis dieser Zwischenzustände legen, sind sie nicht Gegenstand der vorliegenden Fragestellung, und es muß diesbezüglich auf die geplanten Beiträge von G. NATTA und R. RIGAMONTI über „Mischkatalysatoren" in Band V und von GRIFFITH über „Herstellung und Alterung von Katalysatoren" in Band IV des vorliegenden Werkes hingewiesen werden. Immerhin kann auch die diesbezügliche Literatur sehr wertvolle Anhaltspunkte über Wesen und Werdegang der Zwischenzustände bei den einzelnen Systemen enthalten.

Gleichfalls ein System von dem hier betrachteten Typus stellt insbesondere auch ein fester Katalysator dar, welcher auf einem „*Träger*" ruht. Bekanntlich kann das ansonsten inerte Trägermaterial von entscheidendem Einfluß auf die spezifischen katalytischen Eigenschaften der getragenen Substanz sein. Als Erklärung hierfür genügt fraglos die Annahme spezifisch gekennzeichneter Kraftfelder an den Berührungspunkten zwischen dem Katalysator und dem Träger. Aus den vorliegenden Erfahrungen geht jedoch hervor, daß es sicher nicht immer angängig ist, den Ort der katalytischen Wirksamkeit nur denjenigen Stellen zuzuschreiben, an denen sich die beiden Stoffe von Anfang an berühren. Aus den meisten unserer Untersuchungen folgt vielmehr, daß diese Art der Berührung für die katalytische Wirksamkeit recht belanglos ist und daß z. B. bei einem allmählichen Erhitzen das erste Ansteigen der katalytischen Wirksamkeit ebenso wie dasjenige gewisser sorptiver Fähigkeiten durch eine Wanderung der Oberflächenmoleküle herbeigeführt wird. Diese Wanderung wird nicht nur auf den Kristallen der gleichartigen Komponente, sondern auch auf denjenigen der anderen Komponente erfolgen, so daß die Bewegung schließlich zu einer einseitigen oder gegenseitigen molekularen Umhüllung führt. Die spezifisch wirkenden Katalysatorträger dürften demnach meist solche Komponenten des Systems sein, welche in dieser Weise umhüllt werden oder umhüllen, aber unter den gegebenen Umständen zu der Bildung einer Verbindung im klassischen Sinn nicht befähigt sind. Es ist wahrscheinlich, daß diese Art der Adsorption einer festen Komponente durch eine andere feste Komponente an die Kanten, Risse und sonstige fehlerhafte Stellen in der Oberfläche des Adsorbens lokalisiert ist (SCHWAB und PIETSCH). Selbstverständlich sind die auf den Oberflächen der anderen Komponente in dieser Weise fein verteilten Moleküle in bezug auf alle Eigenschaften und demnach auch für die Art der katalytischen Wirksamkeit verschieden von den Molekülen, welche sich auf der Oberfläche der gleichen Komponente befinden.

In diesem Zusammenhang sei verwiesen auf den für Band IV dieses Handbuches geplanten Beitrag von ZIMENS „Herstellung und Eigenschaften poröser Körper und Trägersubstanzen", in Band V auf den Beitrag von RIENÄCKER „Mechanismus der Verstärkung" und in dem vorliegenden Band VI auf den Beitrag von BACCAREDDA über Vergiftung, ferner in dem Werk von MASING[1] auf das Kapitel über mechanische Gemenge ohne Verbindungen und ohne Mischkristallbildung, ein allgemeines Gesetz über sich berührende Zustandsräume.

Mit den hier interessierenden Fragen, insbesondere auch mit den Wechselwirkungen an den Grenzflächen fester Stoffe beschäftigen sich u. a. auch die folgenden Originalarbeiten: MITTASCH und KEUNECKE[2] (System Fe/Al_2O_3), G. WAGNER, SCHWAB und STAEGER[3] (Röntgenuntersuchungen), IPATIEFF[4] (Mischkatalysatoren Cu/Cr_2O_3), KLJATSCHKO-GURWITSCH und KOBOSEW[5] (Fe getragen von Kohle und Asbest), Celanese Corp. of America[6] (Metall/Metalloxydgemisch auf Metall), ROGINSKY[7] (Entstehungsreaktion des Kontaktes selbst), ADADUROW und DSSISSKO[8] (Die Rolle des Trägers bei der heterogenen Katalyse), ADADUROW[9] (zusammenfassende Darstellung des gleichen Gegenstandes), FORÉSTIER und GUIOT-GUILLAIN[10] (die sich vermutlich durch die magnetische Messung von Zwischenzuständen zu der Annahme einer Verbindung $Fe_2O_3 \cdot 4\,BeO$ verleiten lassen), KISSELGOF[11] (Art der Trägerwirkung), KOBOSEV[12] (System BeO/Fe_3O_4 und hemmende Wirkung des Promotors), ADADUROW, ZEITLIN und ORLOWA[13] (Einwirkung des Trägers auf Vergiftungsmöglichkeiten), ADADUROW, RIWLIN und KOWALEW[14] (Einfluß des Trägers auf die Reaktionsrichtung), DARBYSHIRE[15] (Einfluß von Oxydzusätzen auf den Verlauf der Metallrekristallisation) und BALAREW und LUKOWA[16] (Grenzflächenerscheinungen fest/fest), LARK-HOROVITZ, PURCELL und YEARIAN[17] (Elektronenbeugungen an dünnen ZnO-Schichten), CHAMADARJAN und BRODOWITCH[18] (Einfluß des Trägers auf V_2O_5), MAZZA[19] (Ab-

[1] G. MASING: Ternäre Systeme. Elementare Einführung in die Theorie der Dreistofflegierungen. Leipzig: Akad. Verl.-Ges., 1933; C 33 I 1842.

[2] A. MITTASCH, E. KEUNECKE: Z. Elektrochem. angew. physik. Chem. **38** (1932), 666; C 32 II 3357.

[3] G. WAGNER, G.-M. SCHWAB, R. STAEGER: Z. physik. Chem., Abt. B **27** (1934), 439; C 35 I 2489.

[4] V. N. IPATIEFF: Nat. Petrol. News **32**, Nr. 32, Refin. Technol. 280. Refiner natur. Gasoline Manufacturer **19** (1940), 250; C 41 I 4; Chim. et Ind. **45** (1941), 103; C 41 I 2837.

[5] L. L. KLJATSCHKO-GURWITSCH, N. J. KOBOSEW: J. physik. Chem. **14** (1940), 650; C 41 I 2768.

[6] Celanese Corp. of America: Am. P. 2234246 vom 26. 11. 1938; C 42 I 522.

[7] S. Z. ROGINSKY: C. R. (Doklady) Acad. Sci. URSS (N. S. 8) **27** (1940), 473; C 40 II 3581.

[8] I. J. ADADUROW, W. A. DSSISSKO: Chem. J. Ser. W, J. physik. Chem. **3** (1932), 489; C 33 II 3382.

[9] I. J. ADADUROW: J. physik. Chem. **6** (1935), 206; C 35 II 3354.

[10] H. FORÉSTIER, G. GUIOT-GUILLAIN: C. R. hebd. Séances Acad. Sci. **199** (1934), 720; C 35 I 1023.

[11] P. KISSELGOF: J. physik. Chem. **5** (1936), 1470; C 36 II 2081.

[12] N. I. KOBOSEV: Acta physicochim. URSS **4** (1936), 829; C 36 II 2495.

[13] I. J. ADADUROW, A. N. ZEITLIN, L. M. ORLOWA: Chem. J. Ser. B, J. angew. Chem. **9** (1936), 399; C 37 I 3447.

[14] I. J. ADADUROW, J. J. RIWLIN, N. M. KOWALEW: J. physik. Chem. **8** (1936), 147; C 37 II 1300.

[15] J. A. DARBYSHIRE: Philos. Mag. J. Sci. (7) **26** (1937), 1001; C 38 II 1185.

[16] D. BALAREW, N. LUKOWA: Kolloid-Z. **52** (1930), 222; C 30 II 2357.

[17] K. LARK-HOROVITZ, E. M. PURCELL, H. J. YEARIAN: Physic. Rev. (2) **45** (1934), 123; C 35 II 2626.

[18] M. O. CHAMADARJAN, BRODOWITSCH: Chem. J. Ser. B, J. angew. Chem. **7** (1934), 725; C 35 II 2922.

[19] L. MAZZA: Atti R. Accad. naz. Lincei, Rend. (6) **21** (1935), 813; C 36 I 2045.

weichungen vom Additivitätsgesetz bei Gemischen seltener Erden), IWANNIKOV[1] (Träger und Katalysator) u. a. m. - Neuerdings bringt KAINER[2] eine Zusammenfassung über die Herstellung oberflächenaktiver Kontakte und Kontaktträger.

2. *A* starr + *B* flüssig → *A* starr + *B* flüssig.

Diese Reaktionsart betrifft die Vorgänge, welche sich abspielen, wenn man einen festen Körper und eine mit diesem nicht reagierende Flüssigkeit in Berührung bringt.

Durch das Versetzen eines Pulvers mit einer Flüssigkeit wird auf die Pulverteilchen eine starke zusammendrückende Kraft ausgeübt, welche etwa mit dem Zehnfachen von x^3 zunimmt, wenn die Körner um das x-fache verkleinert werden (v. WARTENBERG[3]). Ähnliche Effekte müssen natürlich auch auftreten, wenn man ein Pulvergemisch über die Schmelztemperatur *einer* der beiden Komponenten erhitzt. Die Benetzungswärme von Wasser mit oberflächenreichen Körpern (z. B. Holzkohle) kann sehr groß sein (RAZOUK[4]). Emulsionen (MARGARITOW[5]), Wandeffekte (BLOCK und MATTHEEUWS[6]), Flüssigkeiten in Capillaren, capillare Strömungen in porösen Stoffen (CEAGLSKE und KIESLING[7], HATSCH[8]), Filtrationsanordnungen und die Vorgänge unter Benützung von Schmiermitteln sind die Gebiete, welche durch diese Erscheinungen beherrscht werden. Zuweilen erfährt der starre Körper hiebei eine Auflockerung („Aktivierung"), so z. B. mit schwach alkalischem Wasser vorbehandelter Hämatit (BHATNAGAR und Mitarbeiter[9]); ein weiterer Schritt ist die Peptisation (Solbildung), in anderen Fällen auch die Quellung. Auf diese Weise ergeben sich Übergänge zu der Reaktionsart 15 der Sippe A (S. 523). Die Gleitwirkung und Grenzflächenspannung behandeln DUNKEN, FREDENHAGEN und WOLF[10].

3. *A* starr + *B* gasförmig → *A* starr + *B* gasförmig.

Hier handelt es sich um die an der Berührungsfläche starr/gasförmig auftretende *Adsorption* bzw. *Desorption* des Gases durch den festen Körper. Diese Vorgänge haben zum Reaktionsziel solche Zustände, welche bei der Reaktionsart 5 der Sippe A (S. 495) als Zwischenzustände auftreten. (Vgl. z. B. bei der Verbrennung von Kohlenstoff die „Oberflächenoxyde" von STRICKLAND-CONSTABLE[11] und L. MEYER[12].)

Die Literatur über diese Vorgänge ist ungewöhnlich groß. Der Plan zu Band IV des vorliegenden Handbuches sieht eine Aufteilung dieses Gebietes auf verschiedene Autoren vor. Außerdem waren diese und verwandte Gebiete erst kürzlich Gegenstand einer Reihe von zusammenfassenden Vorträgen [Z. Elektrochem. angew. physik. Chem. **44** (1938), 458÷542].

Es kann daher an dieser Stelle der Hinweis genügen, daß die von der festen Oberfläche adsorbierten Moleküle entweder auf dieser nach Art der festen Stoffe ortsfest gebunden werden (LANGMUIR) oder, den Molekülen einer Flüssigkeit ver-

[1] P. J. IWANNIKOV: Chem. J. Ser. A, J. allg. Chem. (6) **68** (1936), 1462; C 38 I 1532.
[2] F. KAINER (KRCZIL): Kolloid-Z. **102** (1943), 106.
[3] H. v. WARTENBERG: Angew. Chem. **50** (1937), 734; C 37 II 3216.
[4] R. J. RAZOUK: J. physic. Chem. **45** (1941), 179; C 41 II 3041.
[5] W. MARGARITOW: Colloid J. **7** (1941), Nr. 1, 47; C 42 II 508.
[6] F. DE BLOCK, J. MATTHEEUWS: Wis- en natuurkund. Tijdschr. **10** (1940), 22; C 41 I 2639.
[7] N. H. CEAGLSKE, F. C. KIESLING: Trans. Amer. Inst. chem. Engr. **36** (1940), 211; C 41 I 1400.
[8] L. P. HATSCH: J. appl. Mechan. **7** (1940), 109; C 41 I 2004.
[9] S. S. BHATNAGAR, K. G. MATHUR, R. CHANDRA: J. Indian chem. Soc., ind. News Edit. **2** (1939), 139; C 40 II 859.
[10] H. DUNKEN, J. FREDENHAGEN, K. L. WOLF: Kolloid-Z. **101** (1942), 20.
[11] R. F. STRICKLAND-CONSTABLE: Trans. Faraday Soc. **34** (1940), 1074; C 40 II 297.
[12] L. MEYER: Trans. Faraday Soc. **34** (1938), 1056; C 39 I 4871.

gleichbar, sich auf dieser bewegen (VOLMER), oder daß die Adsorption lediglich in einer Verdichtung des Gases in der Nähe der festen Oberfläche besteht (POLANYI). Im Verlaufe der Zeit vermögen die Zustände in der Adsorptionsschicht Veränderungen zu erleiden, indem eine zunächst verhältnismäßig nur lockere Bindung einer festeren Bindung (nach H. S. TAYLOR „aktivierten", richtiger einer stabilisierten Adsorption) Platz macht. Ein Beispiel für eine derartig stabilisierte Adsorption ist die Bildung von orientierten Cu_2O-Schichten auf Kupfereinkristallen (THIESSEN und SCHÜTZA[1]).

Es sei nur auf neuere, in diesem Abschnitt interessierende Arbeiten hingewiesen: C. WAGNER[2] (Stoffaustausch in Grenzflächen, Oberflächendiffusion), C. WAGNER und GRÜNEWALD[3] (Theorie des Anlaufvorganges III); ZAWADZKI und BRETSZNAJDER[4] (Elementarvorgänge); GUNDERMANN, HAUFFE und C. WAGNER[5] (elektrische Leitfähigkeit des Cu_2O proportional der 7. Wurzel des darauf lastenden O_2-Druckes); THIESSEN[6] (Zusammenfassung über Grenzflächenvorgänge); GEHRTS[7] (Wandern von adsorbierten Atomen längs der Grenzfläche fester Körper); AUWÄRTER und RUTHARDT[8] (Berührung von Gasen mit Edelmetall); LEPP[9] (Gase in Metallen, Übersicht); MAXTED und MOON[10] (Adsorption und Katalyse); ABLESOWA und ZELLINSKAJA[11] (Veränderungen des Gitters des Adsorbens); WAGNER und HAMMEN[12] (Cu_2O/O_2); JUZA, LANGHEIM und HAHN[13] (Bindungsart in Adsorptionsmitteln); KIMBALL[14] (Adsorptionstheorie); WICKE und KALLENBACH[15] (Oberflächendiffusion); NÖLDGE[16] (Maximum und Minimum der Leitfähigkeit von Cu_2O-Schichten während der Formierung); ZAWADZKI und BRETSZNAJDER[4], MILEY und EVANS[17] (Wachstumsgeschwindigkeit von Oxydfilmen auf Eisen); LENNARD-JONES[18], DUBROWSKAJA und KOBOSEV[19], ROGINSKI[20] (aktivierte Sorption), KRCZIL[21] (Adsorptionstechnik).

Der in Gasen befindliche Staub (Aerosole) und seine Entfernung sind ein wichtiges Gebiet, das von diesen Erscheinungen beherrscht wird. Vgl. den zusammenfassenden Bericht über eine diesbezügliche Vortragsreihe Angew. Chem. **54** (1941), 152,

---

[1] P. A. THIESSEN, H. SCHÜTZA: Z. anorg. allg. Chem. **233** (1937), 35; C 37 II 1142.
[2] C. WAGNER: Z. Elektrochem. angew. physik. Chem. **44** (1938), 507; C 38 II 3900.
[3] C. WAGNER, K. GRÜNEWALD: Z. physik. Chem., Abt. B **40** (1938), 455; C 38 II 3895.
[4] J. ZAWADZKI, S. BRETSZNAJDER: Z. physik. Chem., Abt. B **40** (1938), 158; C 38 II 1897.
[5] J. GUNDERMANN, K. HAUFFE, C. WAGNER: Z. physik. Chem., Abt. B **37** (1937), 148; C 38 II 4031.
[6] P. A. THIESSEN: Z. Elektrochem. angew. physik. Chem. **44** (1938), 458; C 38 II 3899.
[7] A. GEHRTS: Z. techn. Physik **15** (1934), 456; C 35 I 1344.
[8] M. AUWÄRTER, K. RUTHARDT: Z. Elektrochem. angew. physik. Chem. **44** (1938), 579; C 38 II 3785.
[9] H. LEPP: Metal Ind. (London) **53** (1938), 27, 59, 79, 103, 131; C 38 II 3212.
[10] E. B. MAXTED, C. H. MOON: J. physique Radium (7) **9** (1938), 308; C 38 II 3203.
[11] K. ABLESOWA, T. ZELLINSKAJA: Acta physicochim. URSS **7** (1937), 121; C 38 II 3203.
[12] C. WAGNER, H. HAMMEN: Z. physik. Chem., Abt. B **40** (1938), 197; C 38 II 2712.
[13] R. JUZA, R. LANGHEIM, H. HAHN: Angew. Chem. **51** (1938), 354; C 38 II 2710.
[14] G. E. KIMBALL: J. chem. Physics **6** (1938), 447; C 38 II 2692.
[15] E. WICKE, R. KALLENBACH: Kolloid-Z. **97** (1941), 135; C 42 I 1609. — Vgl. auch die Zusammenfassung bei M. VOLMER: Trans. Faraday Soc. **28** (1932), 359; C 32 II 991.
[16] H. NÖLDGE: Physik. Z. **39** (1938), 546; C 38 II 2561.
[17] H. A. MILEY, U. R. EVANS: J. chem. Soc. (London) **1937**, 1295; C 37 II 2135.
[18] J. E. LENNARD-JONES: Proc. Roy. Soc. (London), Ser. A **163** (1937), 127; C 39 II 44.
[19] A. DUBROWSKAJA, N. I. KOBOSEV: Acta physicochim. URSS **4** (1936), 841; C 36 II 2496.
[20] S. S. ROGINSKI: Chem. J. Ser. W, J. physik. Chem. **5** (1934), 175; C 35 I 3256.
[21] F. KRCZIL: Adsorptionstechnik. Dresden und Leipzig: Steinkopff, 1938; C 35 II 1926.

ferner REMY[1], ARDENNE und BEISCHER[2]. WITZMANN[3], WINKEL und WITZMANN[4], GLASER[5], BORN und ZIMMER[6], ARRAS[7], BRICARD[8], Lodge-Cottrell Ltd.[9]. Über die Vergiftung eines Katalysators durch Adsorption kleiner Mengen eines zweiten Stoffes vgl. in dem vorliegenden Band auf S. 234ff. den Beitrag von M. BACCAREDDA.

Vielleicht bedeutet es einen weiteren Schritt zu der Reaktionsart A starr $+ B$ gasförmig $\rightarrow AB$ starr, wenn das Adsorbens infolge der Berührung mit dem gasförmigen Adsorptiv eine Aktivierung erfährt.

4. *A* flüssig + *B* flüssig → *A* flüssig + *B* flüssig.

Diese Vorgänge beherrschen das Werden und Vergehen der Emulsionen (MARTIN und HERMANN[10]). An der Grenzfläche zwischen langkettigen Fettsäuren und Wasser ist die Carboxylgruppe in dem Wasser gelöst, das ganze übrige Molekül befindet sich jedoch auf dem Wasser (DUNKEN[11]). Über solche auch als „Oberflächenlösungen" bezeichneten Zustände besteht die ausgezeichnete Monographie von MARCELIN[12].

5. *A* flüssig + *B* gasförmig → *A* flüssig + *B* gasförmig.

Diese Reaktionsart wird also vor allem bei der Bildung und dem Verschwinden von Schäumen und Nebeln in Erscheinung treten (Wo. OSTWALD und MISCHKE[13]).

6. *A* gasförmig + *B* gasförmig → *A* gasförmig + *B* gasförmig.

Sieht man von der Möglichkeit einer begrenzten Mischbarkeit der Gase (S. 531) ab, so wird sich eine durch ein solches Reaktionsziel gekennzeichnete Reaktion nicht verwirklichen lassen. Es werden auf dem Wege einer Diffusion oder sonstigen Vermischung sich weiter Folgezustände anschließen, deren Ziel eine einzige homogene Gasphase ist (Reaktionsart 35 der Sippe A, S. 531).

Dünne Fremdschichten auf der Oberfläche fester und flüssiger Stoffe.

Häufig wird die Betrachtung von dünnen auf der Oberfläche von festen oder flüssigen Stoffen befindlichen Schichten unabhängig und unbeeinflußt von der auf der anderen Seite angrenzenden Phase notwendig sein. In bezug auf die festen Trägerstoffe hat diese Forschungsrichtung einen stärkeren Antrieb durch die Anwendung des Übermikroskopes (HASS und KEHLER[14], MAHL[15]), der Elektronen-

---

[1] H. REMY: Chemiker-Ztg. **59** (1935), 465; C 35 II 813.
[2] M. v. ARDENNE, D. BEISCHER: Z. Elektrochem. angew. physik. Chem. **46** (1940), 270; C 40 II 21.
[3] H. WITZMANN: Kolloid-Z. **95** (1941), 102; C 41 II 318; Z. Elektrochem. angew. physik. Chem. **46** (1940), 313; C 40 II 3312; Z. Ver. dtsch. Ing., Beih. Verfahrenstechn. **1940,** 107; C 41 I 1066.
[4] A. WINKEL, H. WITZMANN: Z. Elektrochem. angew. physik. Chem. **46** (1940), 181; C 40 II 602.
[5] H. GLASER: Z. Ver. dtsch. Ing., Beih. Verfahrenstechn. **1941,** 94; C 42 II 440.
[6] H. J. BORN, K. G. ZIMMER: Gasmaske **12** (1940), 25; C 40 II 2657; Naturwiss. **28** (1940), 447; C 40 II 2589.
[7] A. ARRAS: Metallwirtsch., Metallwiss., Metalltechn. **20** (1941), 28; C 41 I 2837.
[8] J. BRICARD: C. R. hebd. Séances Acad. Sci. **211** (1940), 278; C 41 I 2778.
[9] Lodge-Cottrell Ltd.: E. P. 516158 vom 21. 7. 1938; C 41 I 2427.
[10] A. R. MARTIN, R. N. HERMANN: Trans. Faraday Soc. **37** (1941), 25; C 41 II 1129.
[11] H. DUNKEN: Z. physik. Chem., Abt. B **46** (1940), 38; C 1940 I 3500.
[12] A. MARCELIN: Oberflächenlösungen. Dresden u. Leipzig: Steinkopff, 1933.
[13] Wo. OSTWALD, W. MISCHKE: Kolloid-Z. **90** (1940), 17; C 40 I 3379.
[14] G. HASS, H. KEHLER: Kolloid-Z. **97** (1941), 27; C 42 I 1471.
[15] H. MAHL: Korros. u. Metallschutz **17** (1941), 1; C 41 I 1922.

beugung (LARMOR[1]) und der Kathodenstrahlen (UYEDA[2]) erhalten. Eine ausführliche Monographie über metallische Überzüge und deren Untersuchungsmethoden bringt MACHU[3]. Die Ergebnisse neuer Untersuchungen wurden mitgeteilt von DE BOER, HAMAKEN und VERWEY[4], SHIRAI[5], STRONG und DIBBLE[6] und WIDDOWSON[7]. Die Besetzung und Adhäsionsarbeit von Oberflächen fester Körper behandeln THIESSEN und SCHOON[8], die elektrolytische Wanderung in metallischen Oberflächen SCHWARZ[9], die dünnen Schichten von Salzlösungen DEVAUX[10].

Eine besondere Sippe von Reaktionsarten sind die Wandlungen, welche sich innerhalb solcher durch eine kondensierte Phase unterlegten Schichten abspielen. Vgl. hiezu die Untersuchungen von FRICKE und MÜLLER[11] über die allotrope Umwandlung fein verteilter Metalle auf einer Trägersubstanz und die Untersuchungen von SUHRMANN und BERNDT[12] über die Umwandlungen amorph → kristallisiert.

D. Zustandsänderungen von Systemen mit einem Bestandteil, die sich in Gegenwart eines Fremdstoffes vollziehen.

Der allgemeine Ausdruck für diese Sippe ist A (Zustand x) $+ B \rightarrow A$ (Zustand y) $+ B$. Die Zustandsänderungen, wie wir sie als Klasse I zusammengefaßt haben (S. 373÷438), werden im allgemeinen nicht im Vakuum bzw. im Sättigungsdruck des Systemes stattfinden, sondern sie werden meist in Gegenwart eines Gases (meistens Luft) oder innerhalb einer Flüssigkeit zur Beobachtung gelangen. Durch die Gegenwart solcher „Fremdstoffe" kann der Umwandlungsverlauf grundlegend verändert werden. Rein formal betrachtet müssen also zu jeder Reaktionsart der Klasse I (unter Beschränkung auf die Sippe I A), je nachdem, ob sie sich in Gegenwart eines „fremden" starren, flüssigen oder gasförmigen Stoffes abspielt, drei Reaktionsarten in der vorliegenden Sippe zugeordnet werden. Wir erhalten somit für die hierhergehörigen Reaktionsarten die in der Tabelle 3 aufgenommene Übersicht.

Tabelle 3. *Reaktionsarten der Sippe II D.*

Nr.	Vorgang	Fremdstoff	Nr.	Vorgang	Fremdstoff	Nr.	Vorgang	Fremdstoff
1	st → st	st	10	st → gf	st	19	fl → gf	st
2	st → st	fl	11	st → gf	fl	20	fl → gf	fl
3	st → st	gf	12	st → gf	gf	21	fl → gf	gf
4	st → fl	st	13	gf → st	st	22	gf → fl	st
5	st → fl	fl	14	gf → st	fl	23	gf → fl	fl
6	st → fl	gf	15	gf → st	gf	24	gf → fl	gf
7	fl → st	st	16	fl → fl	st	25	gf → gf	st
8	fl → st	fl	17	fl → fl	fl	26	gf → gf	fl
9	fl → st	gf	18	fl → fl	gf	27	gf → gf	gf

[1] J. LARMOR: Nature (London) **148** (1941), 26; C 42 II 256.
[2] R. UYEDA: Proc. physico-math. Soc. Japan (3) **22** (1940), 1023; C 41 I 3052; (3) **21** (1939), 517; C 40 II 3000.
[3] W. MACHU: Korros. u. Metallschutz **17** (1941), 157; C 41 II 1674.
[4] J. H. DE BOER, H. C. HAMAKER, E. J. W. VERWEY: Recueil Trav. chim. Pays-Bas **58** (1939), 662; C 39 II 2708.
[5] S. SHIRAI: Proc. physico-math. Soc. Japan (3) **21** (1939), 800; C 41 I 174.
[6] J. STRONG, B. DIBBLE: J. opt. Soc. America **30** (1940), 431; C 41 I 1395.
[7] E. E. WIDDOWSON: Discovery (N. S.) **2** (1939), 569; C 41 I 181.
[8] P. A. THIESSEN, E. SCHOON: Z. Elektrochem. angew. physik. Chem. **46** (1940), 170; C 40 I 2772.
[9] K. E. SCHWARZ: Z. Elektrochem. angew. physik. Chem. **45** (1939), 712; C 40 II 3003.
[10] H. DEVAUX: C. R. hebd. Séances Acad. Sci. **212** (1941), 588; C 41 II 1130.
[11] R. FRICKE, H. MÜLLER: Naturwiss. **30** (1942), 439.
[12] R. SUHRMANN, W. BERNDT: Z. Physik **115** (1940), 17; C 40 I 1955.

Wir erinnern uns (S. 530), daß dort, wo ein Fremdgas sich mit einem Gas des Systems mischt, wir es nicht mehr als systemfremd (Katalysator), sondern als Reaktionspartner bezeichnen müssen. Wenn also bei den in der Tabelle 3 mit den Nummern 12, 15, 21, 24 und 27 bezeichneten Vorgängen das Fremdgas nicht — etwa durch eine poröse Wand — der Vermischung entzogen wird (was wohl kaum jemals der Fall sein wird), werden Reaktionsarten vorliegen, welche in der Sippe II A unter 29, 30, 33, 34 (S. 527f.) bzw. in der Sippe I A unter 9 (S. 436) einzuordnen sind. Im nachfolgenden werden von der Sippe II D nur diejenigen Reaktionsarten gestreift, für welche ein ausreichendes Beobachtungsmaterial vorliegt.

_A_ starr (Zustand _x_) + _B_ starr → _A_ starr (Zustand _y_) + _B_ starr (Reaktionsart 1).

In der Oxydkeramik liegen systematische Untersuchungen darüber vor, in welcher Weise beispielsweise die Frittungen und Rekristallisationen des Korunds durch kleine, im klassischen Sinne inerte Metalloxydzusätze verändert werden. NORTHCOTT[1] berichtet über die Einwirkung von festen Fremdstoffen auf die Morphologie des Kupfers, COHEN und COHEN DE MEESTER[2] über den Einfluß geringer Mengen Aluminiums auf die Umwandlung von weißem in graues Zinn, GRAUE und KOCH[3] über die hemmende Wirkung, welche Al_2O_3 auf die Ausheilung der Gitterbaufehler in dem Fe_2O_3 hat, und FRICKE und MÜLLER[4] über den Einfluß, den die Trägersubstanz auf die allotrope Umwandlung fein verteilter Metalle hat. Den Übergang von Quarz in Tridymit in Gegenwart verschiedener Mineralisatoren untersuchen KONDO und YAMAUCHI[5]. Zu dieser Reaktionsart können in naher Beziehung gewisse Korrosionsvorgänge stehen.

_A_ starr (Zustand _x_) + _B_ flüssig → _A_ starr (Zustand _y_) + _B_ flüssig (Reaktionsart 2).

Hierher gehören die Alterungswege, wie sie ein fester Stoff innerhalb verschiedener flüssiger Medien in sehr verschiedenartiger Weise erleidet und wie sie in ausgedehnten Abhandlungsreihen vor allem von KOLTHOFF[6] (vgl. den zusammenfassenden Vortrag) behandelt wurden. Auch auf das plastische Fließen der Metalle wirkt sich das umgebende flüssige Medium aus (REHBINDER und WENSTRÖM[7]). Auch das Reaktionsziel braucht nicht identisch mit demjenigen im Vakuum zu sein. Die Quellungsvorgänge und die Peptisation (über Kinetik derselben vgl. WO. OSTWALD und H. SCHMIDT[8], über die Kinetik der Koagulation vgl. GHOSH[9]) sind Extremfälle, welche zur Reaktionsart II A 15 (S. 523) überleiten.

Für die Wirkung von flüssigen Katalysatoren nennt SCHWAB[10] drei Erklärungsmöglichkeiten: 1. Die dabei, wenn auch vielleicht nur in geringer Konzentration auftretende Lösung kann im Sinne der Deformationskatalyse als

[1] L. NORTHCOTT: J. Inst. Metals **65** (1939), 173; C 40 II 306.
[2] E. COHEN, W. A. T. COHEN DE MEESTER: Proc., Kon. Akad. Wetensch. Amsterdam **41** (1938), 462; C 38 II 1530.
[3] G. GRAUE, H.-W. KOCH: Ber. dtsch. chem. Ges. **73** (1940), 984; C 40 II 3147.
[4] R. FRICKE, H. MÜLLER: Naturwiss. **30** (1942), 439.
[5] S. KONDO, T. YAMAUCHI: J. Soc. chem. Ind. Japan., suppl. Bind. **38** (1935), 651; C 36 I 4127.
[6] J. M. KOLTHOFF: Tekn. Samfund. Handl. **1939,** 119; C 40 I 3221. — J. M. KOLTHOFF, G. E. NOPONEN: J. Amer. chem. Soc. **60** (1938), 508; C 39 I 7. — J. M. KOLTHOFF: Österr. Chemiker-Ztg. **41** (1938), 113; C 38 II 1358.
[7] P. A. REHBINDER, E. K. WENSTRÖM: Bull. Acad. Sci. URSS, Sér. physique **1937,** 531; C 39 II 29.
[8] WO. OSTWALD, H. SCHMIDT: Kolloid-Z. **43** (1927), 276; C 28 I 654.
[9] D. N. GHOSH: J. Indian chem. Soc. **10** (1933), 509; C 34 I 1171.
[10] G.-M. SCHWAB: Katalyse, S. 221. Berlin: Springer, 1931; C 31 II 815.

Medium erhöhter Reaktionsgeschwindigkeit wirken. — 2. Der Weg über den fluiden gelösten Zustand dürfte im allgemeinen der wesentlich raschere sein. — 3. Es kann eine Beseitigung von Reaktionshemmungen (z. B. durch Weglösen einer vergiftenden Haut) stattfinden.

A starr (Zustand *x*) + *B* gasförmig → *A* starr (Zustand *y*) + *B* gasförmig (Reaktionsart 3).

Ein tiefergehend untersuchtes Beispiel hierfür ist die Umwandlung des γ-Al_2O_3 in α-Al_2O_3 in Anwesenheit verschiedener Gase (HÜTTIG, MARKUS und HNEVKOVSKY[1]; HÜTTIG[2]). Der Verlauf dieses Vorganges (S. 377f.) wurde einmal in Luft, das andere Mal innerhalb einer trockenen Chlorwasserstoffatmosphäre untersucht. Hierbei wurde das Präparat in den bereits auf die Temperatur t_1 angeheizten, von HCl-Gas durchströmten Ofen eingebracht und dort während der für alle Versuche gleichen Zeiten belassen; dann wurde die Heizung abgestellt und an Stelle des HCl-Stromes ein inerter Gasstrom eingeschaltet. Die Ergebnisse der Untersuchungen an den auf Zimmertemperatur ausgekühlten Präparaten sind zusammenfassend in der Abb. 44 dargestellt. Auf der Abszisse ist überall die Temperatur der Vorbehandlung (t_1) aufgetragen. Im oberen Feld ist ähnlich wie in Abb. 4 (Kurve *6*) auf der Ordinate die unter stets streng vergleichbaren Verhältnissen (also auch bei konstanter Einwaage) gemessene Lösbarkeit in einer bestimmten Salzsäure aufgetragen (= stark voll ausgezogene Kurve); für Vergleichszwecke sind hier und in dem mittleren Feld die an den in der Luft erhitzten Präparaten gewonnenen Werte als gestrichelte Kurven eingezeichnet. Die Ordinate des mittleren Feldes gibt an, wie groß der verflüchtigbare Anteil innerhalb jedes Präparates nach der Hitzebehandlung noch war; im besonderen ist im untersten Feld angegeben, wie groß der Gehalt an HCl war. Bei der in der Luft hergestellten Präparatenreihe treten im Röntgenogramm die Linien des α-Al_2O_3 erstmalig bei $t_1 = 950°$, bei der in HCl hergestellten Präparatenreihe erstmalig bereits bei $t_1 = 800°$ auf.

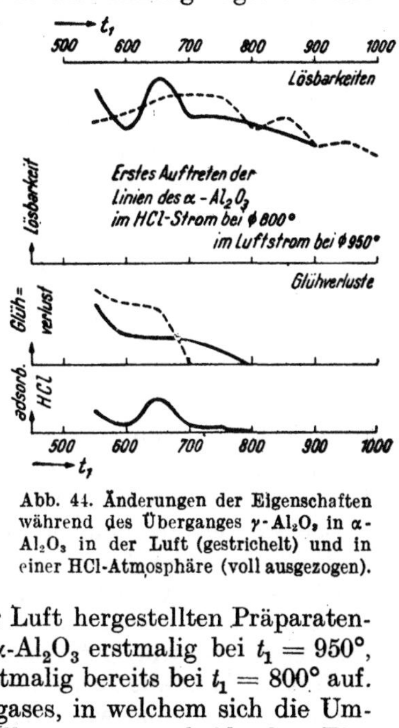

Abb. 44. Änderungen der Eigenschaften während des Überganges γ-Al_2O_3 in α-Al_2O_3 in der Luft (gestrichelt) und in einer HCl-Atmosphäre (voll ausgezogen).

Es ist unzweifelhaft, daß die Art des Fremdgases, in welchem sich die Umwandlung vollzieht, auf den Verlauf der Umwandlung von entscheidendem Einfluß ist; das Fremdgas muß also als Katalysator der Modifikationsumwandlung angesprochen werden. Vergleicht man die katalytische Wirkung eines chemisch agressiven Gases (hier HCl), dessen Affinität zu dem Bodenkörper unter den betrachteten Verhältnissen zu einer Verbindungsbildung selbstverständlich nicht ausreicht, mit der katalytischen Wirkung eines chemisch inerten Gases (hier Luft), so ergibt sich im allgemeinen das folgende Schema; das chemisch agressive Gas verlangsamt eher die Geschwindigkeit der Aufeinanderfolge der *ersten* (vorwiegend Oberflächenänderungen betreffenden) Zwischenzustände, verstärkt dann den aus dem HEDVALLschen Prinzip (S. 374) bei der eigentlichen Gitterumwandlung sich ergebenden Effekt (vgl. Abb. 44, oberstes Feld, das hohe Maximum bei 650°, erhöhte Auflockerung infolge „Saugwirkung durch Affinität",

[1] G. F. HÜTTIG, G. MARKUS: 116. Mittlg.: Kolloid-Z. **88** (1939), 274; C 40 II 2426.
[2] G. F. HÜTTIG: 118. Mittlg.: Angew. Chem. **53** (1940), 35; C 40 II 2427.

S. 529, „Flut-Effekt") und führt diesen Effekt auch schon meistens früher herbei und beschleunigt hierauf die Bildung des endgültigen Reaktionsproduktes (Mineralisatorwirkung).

Auf Grund von Versuchen, bei welchen an Stelle des HCl-Gases andere Fremdgase verwendet wurden, wurde festgestellt, daß die Mineralisatorwirkung des Fremdgases entsprechend folgender Reihung abnimmt:

$$HCl,\ SO_3,\ HBr,\ H_2O,$$
$$Cl_2,\ NO_2 + \text{Luft},\ NH_3,$$
$$SO_2,\ N_2,\ \text{Luft},\ CO_2,\ NO_2.$$

Die in der ersten Zeile aufgezählten Fremdgase zeichnen sich durch besonders große Mineralisatorwirkung aus; es sind dies diejenigen Gase, die zu dem festen Bodenkörper (Al_2O_3) eine besonders große Affinität haben und unter anderen Umständen sich direkt mit diesem verbinden würden [also zu $AlCl_3$, $Al_2(SO_4)_3$, $AlBr_3$, $Al(OH)_3$]. Die in der zweiten Zeile aufgezählten Fremdgase haben eine deutliche, wenn auch im Vergleich zu den ersteren geringere Mineralisatorwirkung; es sind dies die Gase, welche zwar chemisch recht agressiv sind, aber zu einer direkten Verbindungsbildung mit dem Al_2O_3 ungeeignet sind. Die geringste Mineralisatorwirkung haben hier die in der dritten Zeile angeschriebenen Fremdgase; ihre Affinitätsbetätigung zu Al_2O_3 ist minimal. Bei diesem Reaktionstypus kann also als erster Ansatz eine Parallelität zwischen der katalytischen Wirksamkeit (Mineralisatorwirkung) und der chemischen Affinität zum Substrat angenommen werden (vgl. S. 334f.). Besonders lehrreich ist es auch, daß die Luft und NO_2 für sich eine sehr geringe, das Gemisch beider (das eine Voraussetzung zur Bildung von Nitrat ist) eine höhere Mineralisatorwirkung hat.

Die Umwandlung von amorphem in kristallisiertes Arsen wird durch Chlorwasserstoff und inbesondere Jodwasserstoff beschleunigt (LEVI und GHIRON[1]), das Zusammenbacken eines Pulvers in Abhängigkeit von einer Wasserdampfatmosphäre wird von UHARA und NAKAMURA[2] untersucht. Über die Einwirkung von „im gewöhnlichen Sinne nicht reagierenden" Gasen auf die chemische Aktivität fester Stoffe berichten HEDVALL und Mitarbeiter[3].

Ebenso wie innerhalb der Flüssigkeiten (S. 544) vermögen auch innerhalb der Gase die festen Stoffe Veränderungen zu erleiden, welche wohl über reine Wandlungen der Oberfläche *hinausgehen* und für welche Analoga im Vakuum fehlen. So gekennzeichnete Veränderungen dürften es sein, von denen etwa SCHLEEDE, RICHTER und SCHMIDT[4] sprechen, wenn sie über eine Aktivierung der Zinkoxydkristalle durch die atmosphärische Luft, Wasserdampf und Kohlendioxyd berichten, und wenn HEDVALL und RUNEHAGEN[5] einen Vorgang beobachten, der sich auf das Schema SiO_2 inaktiv $+ O_2 \rightarrow SiO_2$ aktiv $+ O_2$ bringen läßt.

Selbstverständlich dürften die Fälle häufiger sein, bei denen eine derartige Auswirkung eines Gases im wesentlichen lediglich auf die Oberfläche beschränkt bleibt. Hierher dürfte beispielsweise die Beobachtung von BRADFORD[6] über die Veränderung der katalytischen Wirkung von Silber als Folge einer vorangehenden

---

[1] G. R. LEVI, D. GHIRON: Atti R. Accad. naz. Lincei, Rend. (6) **17** (1933), 565; C 33 II 3082.

[2] J. UHARA, M. NAKAMURA: Bull. chem. Soc. Japan **12** (1937), 227; C 37 II 2324.

[3] J. A. HEDVALL, S. ALFREDSSON, O. RUNEHAGEN, P. AKERSTRÖM: IVA **1942**, 48; C 42 II 1101. — J. A. HEDVALL und Mitarbeiter: Glastechn. Ber. **20** (1942), 34; C 42 II 1102.

[4] A. SCHLEEDE, M. RICHTER, W. SCHMIDT: Z. anorg. allg. Chem. **223** (1935), 49; C 35 II 2623.

[5] J. A. HEDVALL, O. RUNEHAGEN: Naturwiss. **28** (1940), 429; C 40 II 1982.

[6] B. W. BRADFORD: J. chem. Soc. (London) **1934**, 1276; C 35 II 8.

Berührung mit Fremdgasen sein und vieles andere mehr von dieser Art. Hier handelt es sich dann bereits um Vorgänge, welche der vorangehend besprochenen Sippe II C (S. 538f., insbesondere Reaktionsart 3) (S. 544) angehören. Andrerseits sind die von DE BOER und FAST[1] und FAST[2] angestellten Beobachtungen über die Umwandlung des hexagonalen α-Zirkons in das reguläre β-Zirkon in Gegenwart von Sauerstoff und Stickstoff und die durch diese Gase bewirkte Verschiebung und Verwischung der normalen Umwandlungstemperatur (865°) auf das ganze Temperaturbereich, z. B. von 910 ÷ 1550°, mit Rücksicht auf die gut nachweisbare Löslichkeit der Gase in dem festen Stoff nicht mehr hierher zu rechnen; solche Vorgänge sind in den Sippen II A bzw. II B einzuordnen.

***A* starr + *B* flüssig → *A* starr + *B* starr** (Reaktionsart 7).

Das sind die Vorgänge, bei welchen ein flüssiger Stoff auf einer festen Unterlage erstarrt, z. B. eine flüssige Kupferschicht auf einem festen Eisenkörper (GHIGLIONE[3]). Hierher gehören auch die Erscheinungen, welche auf einem Einfluß unlöslicher Beimengungen auf die Kristallisation unterkühlter Flüssigkeiten beruhen (VOLMER: Keimbildung, DANILOW und NEUMARK[4]).

***A* flüssig + *B* gasförmig → *A* starr + *B* gasförmig** (Reaktionsart 9).

Für den Entglasungsvorgang ist die Anwesenheit von Fremdgasen von großer Bedeutung (WIEHR[5]). Eine Deutung der Mineralisatorwirkung bei Gläsern unter Berücksichtigung der Fremdgase geben EITEL und WEYL[6].

***A* starr + *B* gasförmig → *A* starr + *B* starr** (Reaktionsart 13).

Ein Beispiel ist das Aufdampfen von Kupferschichten auf Quarzplatten (SUHRMANN und BARTH[7]). Auch die im Rahmen der genetischen Stoffbildung von V. KOHLSCHÜTTER und DÜRRENMATT[8] untersuchten Übergänge aus dem dampfförmigen in den festen Zustand in Gegenwart eines inerten festen Stoffes sind hier einzuordnen.

***A* starr + *B* flüssig (Zustand *x*) → *A* starr + *B* flüssig (Zustand *y*)** (Reaktionsart 16).

Hierher gehören die durch feste Stoffe katalysierten Vorgänge innerhalb flüssiger Medien, wie beispielsweise viele durch wasserfreies $AlCl_3$ katalysierten Reaktionen der organischen Chemie (KRÄNZLEIN[9]; dieses Handbuch Band VII).

***A* starr + *B* flüssig → *A* starr + *B* gasförmig** (Reaktionsart 19).

Diese Reaktionsart betrifft die katalytische Beschleunigung des Siedens durch feste Stoffe, also vor allem die Aufhebung des Siedeverzuges. Mit gewissen Einschränkungen können hierher auch die für die Kolloidchemie wichtigen Vorgänge gerechnet werden, bei welchen eine Flüssigkeit aus Capillaren verdampft.

[1] J. H. DE BOER, J. D. FAST: Recueil Trav. chim. Pays-Bas **55** (1936), 459; C 36 II 1492; **55** (1936), 350; C 36 II 2873.
[2] J. D. FAST: Metallwirtsch., Metallwiss., Metalltechn. **17** (1938), 641; C 38 II 1186.
[3] L. GHIGLIONE: It. P. 373764 vom 22. 4. 1939; C 40 II 3404.
[4] W. J. DANILOW, W. J. NEUMARK: J. exp. theor. Physik **10** (1940), 942; C 42 II 502.
[5] H. WIEHR: Sprechsaal Keram., Glas, Email **70** (1937), 146, 158, 173, 182, 198; C 37 I 4595.
[6] W. EITEL, W. WEYL: Chem. d. Erde 8 (1933), 445; C 34 I 1960.
[7] R. SUHRMANN, G. BARTH: Physik. Z. **36** (1935), 843; Z. techn. Physik **16** (1935), 449; C 36 I 2045.
[8] V. KOHLSCHÜTTER, K. DÜRRENMATT: Helv. chim. Acta **22** (1939), 457; C 40 I 666
[9] P. KRÄNZLEIN: Angew. Chem. **51** (1938), 795; C 39 I 2676.

***A* starr + *B* gasförmig (Zustand *x*) → *A* starr + *B* gasförmig (Zustand *y*)**
(Reaktionsart 25).

Hierher gehören unter anderen die wichtigsten katalytischen Prozesse der Großindustrie, wie beispielsweise Fe + (3 H_2 + N_2) → Fe + 2 NH_3 oder ZnO + + (CO + 2 H_2) → ZnO + CH_3OH, ferner der Zerfall von N_2O in Berührung mit SrO, der in der Gasphase unter der katalytischen Wirkung eines Metalloxydes stattfindende Austausch von Isotopen. Unter der Bezeichnung „heterogene Katalyse" wird vorwiegend an diese Reaktionsart gedacht. (Vgl. hierzu in dem vorliegenden Band auf S. 1f. den Beitrag von E. CREMER über die heterogene Ortho- und Parawasserstoffkatalyse und auf S. 48ff. den Beitrag von K. H. GEIB über die Anwendung von Isotopen bei der Untersuchung heterogener Vorgänge.)

E. Zwei gekoppelte Zustandsänderungen.

Die dieser Sippe angehörenden Vorgänge lassen sich auf das allgemeine Schema zurückführen: *A* (Zustand *w*) + *B* (Zustand *x*) → *A* (Zustand *y*) + *B* (Zustand *z*). Unter Berücksichtigung des Umstandes, daß die beiden Zustandsänderungen sich nur mit gleichzeitiger Wärmeaufnahme oder gleichzeitiger Wärmeabgabe vollziehen können, resultieren hier 36 mögliche Reaktionsarten. Unter Verzicht auf die Wiedergabe eines Numerierungsschemas heben wir die folgenden Reaktionsarten hervor:

A starr (Zustand *w*) + *B* starr → *A* starr (Zustand *y*) + *B* gasförmig (= Reaktionsart 4): Vermischt man innig einen schwer flüchtigen festen Stoff *A* mit einem leichter flüchtigen festen Stoff *B* und erhitzt etwa im Vakuum, so geht der Stoff *B* durch Sublimation in die Gasphase, und der Zustand des Stoffes *A* kann sich insofern ändern, als er an Porosität zunimmt („Backpulver-Prinzip", vgl. diesbezüglich zahlreiche Patente zur Herstellung oberflächenreicher Körper, z. B. I. G. Farbenindustrie A.G.[1]).

A starr (Zustand *w*) + *B* gasförmig (Zustand *x*) → *A* starr (Zustand *y*) + *B* gasförmig (Zustand *z*) (= Reaktionsart 9): Dieser Fall ist beispielsweise gegeben, wenn bei der Katalyse eines gasförmigen Substrates durch einen aus *einem* Bestandteil aufgebauten festen Katalysator der letztere gleichfalls Zustandsänderungen mitmacht. Derartige Wechselwirkungen wurden in ausgedehnter Weise studiert, so z. B. durch HEDVALL und WIKDAHL[2] in bezug auf die Modifikationsumwandlungen des Quarzes und deren Auswirkung auf die katalytischen Fähigkeiten gegenüber der SO_3-Bildung aus SO_2 und O_2 (NEWTONsches Prinzip der Aktion und Reaktion übertragen auf die Wechselwirkung zwischen Substrat und Katalysator).

III. Reaktionsarten mit drei Bestandteilen.

A. Vollständige Vereinigung der drei Bestandteile und die entgegengesetzt gerichteten Zersetzungsvorgänge.

Das dieser Sippe gemeinsame Reaktionsschema ist *A* + *B* + *C* → *ABC* und der entgegengesetzte Reaktionsverlauf. Rein formal betrachtet sollten in dieser Sippe 60 Reaktionsarten möglich sein, deren Übersicht in der Tabelle 4 gegeben ist.

---

[1] I. G. Farbenindustrie A.G.: F. P. 846758 vom 29. 11. 1938; C 40 I 3304.

[2] J. A. HEDVALL, L. WIKDAHL: Z. Elektrochem. angew. physik. Chem. 46 (1940), 455; C 41 I 1126.

Tabelle 4. *Reaktionsarten der Sippe A.*

RA. 1 (2) s + s + s ⟷ s	RA. 21 (22) s + s + s ⟷ f	RA. 41 (42) s + s + s ⟷ g
3 (4) f + f + f ⟷ s	23 (24) f + f + f ⟷ f	43 (44) f + f + f ⟷ g
5 (6) g + g + g ⟷ s	25 (26) g + g + g ⟷ f	45 (46) g + g + g ⟷ g
7 (8) s + s + f ⟷ s	27 (28) s + s + f ⟷ f	47 (48) s + s + f ⟷ g
9 (10) s + s + g ⟷ s	29 (30) s + s + g ⟷ f	49 (50) s + s + g ⟷ g
11 (12) f + f + s ⟷ s	31 (32) f + f + s ⟷ f	51 (52) f + f + s ⟷ g
13 (14) f + f + g ⟷ s	33 (34) f + f + g ⟷ f	53 (54) f + f + g ⟷ g
15 (16) g + g + s ⟷ s	35 (36) g + g + s ⟷ f	55 (56) g + g + s ⟷ g
17 (18) g + g + f ⟷ s	37 (38) g + g + f ⟷ f	57 (58) g + g + f ⟷ g
19 (20) s + f + g ⟷ s	39 (40) s + f + g ⟷ f	59 (60) s + f + g ⟷ g

Hierin beziehen sich die ungeraden Zahlen auf den Additions-, die geraden auf den entgegengesetzt verlaufenden Zersetzungsvorgang. Es seien nachfolgend einige gut untersuchte bzw. technisch wichtige Reaktionsarten hervorgehoben:

A starr + B starr + C starr → A B C starr (Reaktionsart 1). — Beispiele hierfür sind: $5\,CaO + SiO_2 + P_2O_5 \rightarrow Ca_4P_2O_9 \cdot CaSiO_3$ (Konverterprozeß bei Verarbeitung phosphorsäurereichen Eisens) oder die Herstellung von Hartmetallen mit 3 Bestandteilen auf dem Wege der Frittung (Krupp A.G.[1]) oder der Vorgang $3\,Ca_2SiO_4 + 3\,CaSO_4 + CaF_2 \rightarrow Ca_{10}Si_3S_3O_{24}F_2$.

A starr + B starr + C gasförmig → A B C starr (= Reaktionsart 9). — Beispiele hierfür sind die Oxydation von fein verteiltem Silber mit Sauerstoff in Gegenwart von Oxyden, wie z. B. V_2O_3 oder Mn_2O_3, welche infolge der Bildung stabiler Verbindungen mit dem Ag_2O die Oxydation des Silbers begünstigen (Schenck und Mitarbeiter[2]) oder γ-$Al_2O_3 + Ni + O \rightarrow NiAl_2O_4$ (Fricke und Weitbrecht[3]) oder $4\,Na_2O + 2\,Pr_2O_3 + O_2 \rightarrow 4\,Na_2PrO_3$ (Zintl und Morawietz[4]).

A B C starr → A starr + B starr + C gasförmig (= Reaktionsart 10). — Beispiele hierfür sind $K_2PtCl_6 \rightarrow Pt + 2\,KCl + 2\,Cl_2$ oder $KCl \cdot MgCl_2 \cdot 6\,H_2O \rightarrow KCl + MgCl_2 + 6\,H_2O$-Dampf oder $3\,Al_2(Si_4O_{10})(OH)_2 \rightarrow 3\,Al_2O_3 \cdot 2\,SiO_2 + 10\,SiO_2 + 3\,H_2O$ oberhalb 1150° (Thilo und Schwarz[5]). Auch die bei etwa 500° stattfindende thermische Zersetzung des Kaolins $Al_2O_3 \cdot 2\,SiO_2 \cdot 2\,H_2O \rightarrow Al_2O_3 + 2\,SiO_2 + 2\,H_2O$ gehört hierher, wenn man den hierbei entstehenden röntgenamorphen Metakaolin ($Al_2O_3 + 2\,SiO_2$) als Gemisch und nicht als chemische Verbindung anspricht (Eitel[6], U. Hofmann[7], Endell[8], Hüttig und Herrmann[9]). Bei höheren Temperaturen ist der Ablauf $3\,(Al_2O_3 \cdot 2\,SiO_2 \cdot 2\,H_2O) \rightarrow 3\,Al_2O_3 \cdot 2\,SiO_2 + 4\,SiO_2 + 6\,H_2O$.

A B C starr → A starr + B gasförmig + C gasförmig (= Reaktionsart 16). — Beispiel: $(NH_4)_2PtCl_6 \rightarrow Pt + 2\,NH_4Cl$-Dampf $+ 2\,Cl_2$.

A starr + B flüssig + C gasförmig → A B C starr (= Reaktionsart 19). — Beispiel: $4\,Fe + aq + 3\,O_2 \rightarrow 2\,Fe_2O_3 \cdot aq$ (Müller und Machu[10], Müller[11]).

---

[1] F. Krupp A.G.: D.R.P. 704463, Kl. 40b vom 28. 8. 1938; C 41 II 111.

[2] R. Schenck, A. Bathe, H. Keuth, S. Süss: Z. anorg. allg. Chem. **249** (1942), 88; C 42 I 2511.

[3] R. Fricke, G. Weitbrecht: Z. Elektrochem. angew. physik. Chem. **48** (1942), 87; C 42 I 2357.

[4] E. Zintl, W. Morawietz: Z. anorg. allg. Chem. **245** (1940), 26; C 40 II 3314.

[5] E. Thilo, U. Schwarz: Ber. dtsch. chem. Ges. **74** (1941), 196; C 41 I 1797.

[6] W. Eitel: Physikalische Chemie der Silicate, S. 688. 2. Aufl. Leipzig, 1941; C 41 I 1556.

[7] U. Hofmann, J. Endell: Beih. Z. Ver. dtsch. Chemiker **1939**, Nr. 35, 1; Angew. Chem. **52** (1940), 708; C 41 I 20.

[8] J. Endell: Keram. Rdsch., Kunst-Keram. **49** (1941), 23; C 41 I 2084.

[9] G. F. Hüttig, E. Herrmann: 122. Mittlg.: Kolloid-Z. **92** (1940), 9; C 41 I 877.

[10] W. J. Müller, W. Machu: Z. physik. Chem., Abt. A **166** (1933), 357; C 34 I 351.

[11] W. J. Müller: Korros. u. Metallschutz **16** (1940), 365; C 41 I 1925.

A flüssig + B flüssig + C flüssig → ABC flüssig (= Reaktionsart 23). — Den Einfluß von Beimischungen auf die Löslichkeit von geschmolzenen Salzen untersuchten SEMENSCHENKO und SHASHKINA[1].

ABC flüssig → A gasförmig + B gasförmig + C flüssig (Reaktionsart 38). — Beispiel: Elektrolyse eines mit Schwefelsäure angesäuerten Wassers ($A = H_2$, $B = O_2$, $C = H_2SO_4$).

ABC gasförmig → A starr + B starr + C gasförmig (= Reaktionsart 50). — Beispiel: $Si(C_2H_5)_4 \rightarrow Si + 4\,C + (2\,H_2 + 4\,CH_4)$ (WARING[2]).

B. Verdrängungsvorgänge.

Das dieser Sippe gemeinsame Reaktionsschema ist $AB + C \rightarrow AC + B$. Rein formal betrachtet sollten in dieser Sippe 81 Reaktionsarten möglich sein, deren Übersicht in der Tabelle 5 gegeben ist.

Tabelle 5. *Reaktionsarten der Sippe B.*

1 ss → ss	18 sf → sf	33 sg → sg	46 fs → fs	57 ff → ff	73 gs → gs
2 ss → sf	19 sf → sg	34 sg → fs	47 fs → ff	58 ff → fg	74 gs → gf
3 sf → ss	20 sg → sf	35 fs → sg	48 ff → fs	59 fg → ff	75 gf → gs
4 ss → sg		36 sg → ff	49 fs → fg		76 gs → gg
5 sg → ss	21 sf → fs	37 ff → sg	50 fg → fs	60 ff → gs	77 gg → gs
	22 fs → sf	38 sg → fg		61 gs → ff	
6 ss → fs	23 sf → ff	39 fg → sg	51 fs → gs	62 ff → gf	
7 fs → ss	24 ff → sf		52 gs → fs	63 gf → ff	78 gf → gf
8 ss → ff	25 sf → fg	40 sg → gs	53 fs → gf	64 ff → gg	
9 ff → ss	26 fg → sf	41 gs → sg	54 gf → fs	65 gg → ff	79 gf → gg
10 ss → fg		42 sg → gf	55 fs → gg		80 gg → gf
11 fg → ss	27 sf → gs	43 gf → sg	56 gg → fs		
	28 gs → sf	44 sg → gg		66 fg → fg	
12 ss → gs	29 sf → gf	45 gg → sg			81 gg → gg
13 gs → ss	30 gf → sf			67 fg → gs	
14 ss → gf	31 sf → gg			68 gs → fg	
15 gf → ss	32 gg → sf			69 fg → gf	
16 ss → gg				70 gf → fg	
17 gg → ss				71 fg → gg	
				72 gg → fg	

Der obigen Übersicht entnimmt man beispielsweise, daß die Reaktionsart *AB* starr + *C* flüssig → *AC* starr + *B* starr die Nummer 3 trägt. Es sei nachfolgend wieder auf einige gut untersuchte Reaktionsarten hingewiesen:

AB starr + C starr → AC starr + B starr (= Reaktionsart 1). — Beispiele: $CuSO_4 + BaO \rightarrow BaSO_4 + CuO$ oder $CoO \cdot Co_2O_3 + ZnO \rightarrow ZnO \cdot Co_2O_3 + CoO$ (HEDVALL[3], HEDVALL und NILSSON[4], SERRA[5]), ferner $Pb_2SiO_4 + 2\,CaO \rightarrow Ca_2SiO_4 + 2\,PbO$ (HEDVALL und Mitarbeiter[6]) und $AgCl + Cu \rightarrow CuCl + Ag$ (WAGNER[7]).

AB starr + C starr → AC starr + B flüssig (Reaktionsart 2). — Beispiel: $2\,SO_3 \cdot 3\,HgO \cdot 2\,H_2O + HgJ_2 \rightarrow 2\,SO_3 \cdot 3\,HgO \cdot HgJ_2 + 2\,H_2O$ (PAIĆ[8]).

[1] V. K. SEMENSCHENKO, T. J. SHASHKINA: C. R. (Doklady) Acad. Sci. URSS (N. S. 9) 30 (1941), 126; C 41 I 3182.

[2] C. E. WARING: Trans. Faraday Soc. 36 (1940), 1142; C 41 II 1243.

[3] J. A. HEDVALL: Angew. Chem. 49 (1936), 875; C 37 I 2922; Reaktionsfähigkeit fester Stoffe. Leipzig: A. Barth, 1938; C 38 I 254.

[4] J. A. HEDVALL, T. NILSSON: Z. anorg. allg. Chem. 205 (1932), 425; C 32 II 191.

[5] A. SERRA: Periodico Mineral 5 (1934), 175; C 34 II 3913.

[6] J. A. HEDVALL, N. ISAKSON, G. LANDER, S. PÅLSSON: Z. anorg. allg. Chem. 248 (1941), 229; C 42 II 621.

[7] C. WAGNER: Z. Elektrochem. angew. physik. Chem. 47 (1941), 696; C 42 I 449.

[8] M. PAIĆ: Arh. Hemiju Farmaciju 7 (1933), 114; C 34 I 1276.

***AB* starr + *C* starr → *AC* starr + *B* gasförmig** (= Reaktionsart 4).

Diese Reaktionsart muß hier deshalb hervorgehoben werden, weil mehrfach der Beweis erbracht werden konnte, daß sie in zwei zeitlich aufeinanderfolgenden Teilvorgängen verlaufen kann, von denen der erste eine katalysierte Reaktion darstellt. Der erste mehr oder minder weitgehend verlaufende Teilvorgang besteht in *AB* starr + *C* starr (hier Katalysator) → *A* starr + *B* gasförmig + *C* starr, dem dann erst später (z. B. bei höheren Temperaturen) der Vorgang *A* starr + *C* starr → *AC* starr folgt. Diese Beobachtungen stellen einen Beitrag zu der Vorstellung dar, daß die Funktion als Katalysator eine mildere Form der Funktion als Reaktionspartner bedeutet (S. 336). Wir erläutern die Phänomenologie eines solchen Verlaufes an dem Beispiel $SrCO_3 + Fe_2O_3 \rightarrow SrFe_2O_4 + CO_2$ (KITTEL und HÜTTIG[1]).

In ähnlicher Weise wie die Präparate des Systems 1 ZnO/1 Fe_2O_3 dargestellt wurden (S. 461), wurden verschiedene Anteile eines stöchiometrischen Gemisches von Strontiumcarbonat und Eisenoxyd (1 $SrCO_3$: 1 Fe_2O_3) während gleich langer Zeiten auf verschieden hohe Temperaturen erhitzt. In der Abb. 45 ist auf der Abszissenachse die Temperatur der Vorbehandlung und im oberen Teil der Abbildung auf der Ordinatenachse die Anzahl Mole CO_2/Mol SrO im Bodenkörper nach dieser Behandlung aufgetragen. Für Vergleichszwecke sind in dem gleichen Felde die gleichen Angaben für den Fall (gestrichelt) eingezeichnet, daß das Strontiumcarbonat für sich, also ohne jeden Zusatz, die gleiche Vorbehandlung erfährt. In dem unteren Teil der Abb. 45 ist die an jedem Präparat gemessene magnetische Suszeptibilität gezeichnet; bei einer Vorbehandlung bis etwa 660° ist der Bodenkörper paramagnetisch, oberhalb dieser Temperatur (in der Abb. 45 durch eine Wellenlinie gekennzeichnet) ferromagnetisch.

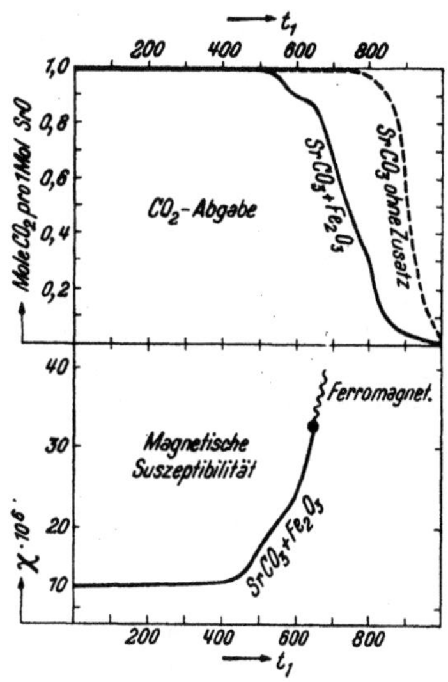

Abb. 45. Änderung der Eigenschaften von $SrCO_3$ während seines Zerfalls in Gegenwart von Fe_2O_3.

Man entnimmt dem oberen Feld dieser Abbildung, daß die Temperatur, bei welcher das Strontiumcarbonat (und noch in viel erhöhterem Maße das Bariumcarbonat) in Strontiumoxyd und Kohlendioxyd zerfällt, durch die Gegenwart von Eisenoxyd sehr stark herabgesetzt wird. Gleichzeitig mit dem Beginn der Kohlendioxydabgabe setzt auch (unteres Feld der Abbildung) ein paramagnetischer Anstieg der magnetischen Suszeptibilitäten ein. Die jeweils abgegebene Kohlendioxydmenge ist innerhalb weiter Grenzen proportional dem jeweiligen Anstieg der Suszeptibilität. Da der kristallisierte Strontiumferrit ferromagnetisch ist, so kommt in dieser Lebensperiode [vgl. die Perioden d) und e), S. 483f.] eine Bildung von geordneten Aggregaten dieser Verbindung auch selbst in sehr kleinen Mengen nicht in Betracht. Es ist also möglich, den größeren Teil des Kohlendioxyds aus dem Bodenkörper bei diesen (im Vergleich zu der Zersetzung des reinen $SrCO_3$ tiefer liegenden) Temperaturen zu entfernen, ohne daß schon Bildung von kristallisiertem Strontiumferrit eintreten würde. Das Eisenoxyd hat in diesem Lebensabschnitt noch eher den Charakter eines Katalysators bei der Zersetzung des Strontiumcarbonats als den eines Reaktionsteilnehmers. In Analogie zu früheren Vorstellungen [Periode d) und e), vgl. oben] wird man in dem Gebiet des paramagnetischen Anstiegs (etwa zwischen 450° und 650°) eine Diffusion der Eisen-

[1] H. KITTEL, G. F. HÜTTIG: Z. anorg. allg. Chem. **219** (1934), 256; C **34** II 3215.

oxydmoleküle in das Carbonat annehmen, wobei in dem Maße, wie die Diffusion vorwärtsschreitet, das Kohlendioxyd aus dem Carbonat ausgetrieben wird. — In ähnlicher Weise ist auch der Verlauf der Wechselwirkung von $CaCO_3$ mit Fe_2O_3 und von $BaCO_3$ mit Fe_2O_3 untersucht worden. Grundsätzlich ähnliche Feststellungen wurden von HÜTTIG und DIMOFF[1] in dem Gemisch $Na_2CO_3 + SiO_2$ gemacht. Vgl. hierzu auch die Untersuchungen von KRAUSE und WEYL[2] über das System $BaCO_3/SiO_2$. Im Einklang mit einem solchen Sachverhalt geben ADADUROW, GALAMAJEWA und GERNET[3] an, daß bei der thermischen Zersetzung des Calciumsulfats in Gegenwart von Kieselsäure der durch die Kieselsäure katalysierte thermische Zerfall der primäre Prozeß ist, während die Bildung von Calciumsilicat nur eine (viel später erfolgende) sekundäre Reaktion ist. In neuester Zeit ist die Reaktion zwischen $CaSO_4$ und SiO_2 von v. BISCHOFF[4] und von $CaSO_4$ und SiO_2 bzw. Al_2O_3 bzw. Fe_2O_3 von HEDVALL, ÅBERG und WIBERG[5] untersucht worden.

Nach den Ergebnissen von HÜTTIG, FUNKE und KITTEL[6] an dem System $CaCO_3/Fe_2O_3$ (und auch CaO/Fe_2O_3) ist der oben besprochene, durch den paramagnetischen Anstieg gekennzeichnete Zwischenzustand auch der Träger gesteigerter Aktivitätseigenschaften, insbesondere auch der katalytischen Wirksamkeiten. Wenn es nicht gelingt, das gesamte in dem Bodenkörper enthaltene Calciumcarbonat in diesem aktiven Zwischenzustand zu erhalten, so liegt es daran, daß die Bildung des kristallisierten Ferrits aus dem aktiven Zwischenzustand früher beginnt, bevor noch das gesamte Ausgangsgemisch in die aktive Zwischenform umgewandelt ist. Will man also zu Präparaten mit einem hohen Gehalt an aktiver Zwischenform gelangen, so ist es notwendig, die vorzeitige Bildung von kristallisiertem Ferrit zu verhindern, d. h. das gesamte Präparat sich in allen Teilen möglichst gleichmäßig umwandeln zu lassen und im richtigen Zeitpunkt den Vorgang zu unterbrechen. Dies erfolgte so, daß das Ausgangsgemisch auf der Wand eines gleichmäßig anheizbaren Rohres in einer Schichtdicke von 0,25 mm angebracht wurde; es war auf solchem Wege möglich, zu Präparaten zu gelangen, welche bis zu 60% der aktiven Zwischenform enthielten. Diese aktive Zwischenform ist ein einheitlicher Stoff mit der feldstärkenunabhängigen Massensuszeptibilität $\chi = 51{,}5 \cdot 10^{-6}$; seine Bildung beginnt an der Oberfläche der Partikelchen und schreitet gegen das Innere fort; in seiner Gegenwart verläuft der Stickoxydulzerfall mit einem Temperaturinkrement von $20000 \div 25000$ cal.

Im Anschluß an die obigen Ergebnisse sei zunächst auch verwiesen auf die Untersuchungen von WARD und STRUTHERS[7] über die Reaktion zwischen $BaCO_3$ und Fe_2O_3 in Gegenwart von Sauerstoff und von GRUBE und HEINTZ[8] über die Reaktion von $BaCO_3$ mit Al_2O_3. Der Verlauf der folgenden Reaktionen ist von JAGITSCH[9] mit Hilfe der O. HAHNschen Emaniermethode untersucht worden: $CaCO_3 + SiO_2$, $CaCO_3 + Al_2O_3$,

---

[1] G. F. HÜTTIG, K. DIMOFF: 131. Mittlg.: Ber. dtsch. chem. Ges. **75** (1943), 1573.

[2] H. F. KRAUSE, W. WEYL: Z. anorg. allg. Chem. **163** (1927), 355; C 27 II 1455.

[3] J. E. ADADUROW, L. GALAMEJEWA, D. W. GERNET: Chem. J. Ser. B, J. angew. Chem. **5** (1932), 736; C 33 I 2213.

[4] F. v. BISCHOFF: Z. anorg. allg. Chem. **250** (1942), 10; C 42 II 1657.

[5] J. A. HEDVALL, N. ÅBERG, N. WIBERG: Tekn. Tidskr. **72** (1942), Nr. 7, Kemi 9; C 42 II 635; Wiener Chem. Ztg. **46** (1943), 12.

[6] G. F. HÜTTIG, J. FUNKE, H. KITTEL: 81. Mittlg.: J. Amer. chem. Soc. **57** (1935), 2470; C 36 I 1789.

[7] R. WARD, J. D. STRUTHERS: J. Amer. chem. Soc. **59** (1937), 1849; C 38 II 1359.

[8] G. GRUBE, G. HEINTZ: Z. Elektrochem. angew. physik. Chem. **41** (1935), 79 C 36 I 1195.

[9] R. JAGITSCH: Mh. Chem. **68** (1936) 1; C 36 II 1296; Z. physik. Chem., Abt. B **36** (1937), 339; C 38 I 813.

$CoCO_3 + Al_2O_3$ und $CaCO_3 + Fe_2O_3$; im letzteren Fall „erfolgt die Bildung von Calciumferrit zwischen 550° und 600° C unter erheblicher Erhöhung der Dispersität beim Beginn der Reaktion". Der Vorgang der Auflösung von metallischem Cadmium in Cadmiumoxyd unter Sauerstoffabspaltung wurde von DODÉ[1] untersucht. Die folgenden Arbeiten betreffen zwar den an dieser Stelle zu behandelnden Reaktionstypus, die Erfassung von Zwischenzuständen steht aber zumindest nicht in der Fragestellung: TAMMANN[2] (WO_3 und MoO_3 einerseits, $CaCO_3$, $SrCO_3$, $BaCO_3$ andererseits), JANDER und HOFFMANN[3] ($BaCO_3 + SiO_2$; $CaCO_3 + MoO_3$), JANDER und HOFFMANN[4] ($BaCO_3 + SiO_2$; $BaCO_3 + Nb_2O_5$), JANDER und STAMM[5], JANDER[6], JANDER und FREY[7], JANDER und KRIEGER[8] ($SrCO_3 + Al_2O_3$, in verschiedenen Mischungsverhältnissen mit stöchiometrischen Verbindungen als Zwischenzuständen), BALAREW und SREBROW[9], SREBROW[10], WEYER[11] ($CaCO_3 + SiO_2$, mit instabilen, aber langlebigen Zwischenverbindungen), MASKILL, WHITING und TURNER[12] ($CaCO_3 + SiO_2$), MAFFEI[13] (Adsorption $CaCO_3/SiO_2$), RIECKE und PASCH[14] (ZnO + Kaolin) und POLE und N. W. TAYLOR[15] (Carbonate + SiO_2, Al_2O_3, Mullit).

Gut untersuchte Beispiele gibt es ferner für die folgenden Reaktionsarten der Sippe B:

AB starr + C gasförmig → AC starr + B starr (= Reaktionsart 5). — Hier ist beispielsweise die Kinetik des Vorganges $CaC_2 + N_2 \rightleftarrows CaCN_2 + C$ von AONO[16] untersucht.

AB starr + C starr → AC gasförmig + B starr (= Reaktionsart 12). — Beispiel: $FeO + C \rightarrow CO + Fe$ (ENDÔ[17])

AB gasförmig + C flüssig → AC starr + B starr (= Reaktionsart 15). — Beispiel: $AlCl_3 + 3\,K \rightarrow 3\,KCl + Al$ bei etwa 200° (LIEBIGsche Aluminium-Darstellung).

AB starr + C flüssig → AC flüssig + B starr (= Reaktionsart 21). — Beispiel: $SiO_2 \cdot aq$ + Aceton → Aceton. aq + SiO_2. Über die Theorie der Ausschüttelung vgl. FRICKE und HÜTTIG[18].

AB flüssig + C starr → AC starr + B flüssig (= Reaktionsart 22). — Beispiele: $Cl_2aq + 2\,Ag \rightarrow 2\,AgCl + aq$ oder $SnO_2 + 2x\,H_3PO_4 \rightarrow SnO_2 \cdot (P_2O_5)_x + aq$. Hierher gehören alle die Fälle, bei denen sich ein in eine Flüssigkeit eingetauchter fester Körper mit einer festen Verbindung überzieht, die durch Addition mit einem Bestandteil der Flüssigkeit entstanden ist (MACHU[19]: Phosphatierungen,

---

1 M. DODÉ: J. Chim. physique **36** (1939), 36; C 41 I 2511.
2 G. TAMMANN: Z. anorg. allg. Chem. **149** (1925), 21; C 26 I 807.
3 W. JANDER, E. HOFFMANN: Z. anorg. allg. Chem. **202** (1931), 135; C 32 I 1749.
4 W. JANDER, E. HOFFMANN: Z. anorg. allg. Chem. **200** (1931), 245; C 31 II 3569.
5 W. JANDER, W. STAMM: Z. anorg. allg. Chem. **190** (1930), 65; C 30 II 350.
6 W. JANDER: Z. anorg. allg. Chem. **174** (1928), 11; C 28 II 1738.
7 W. JANDER, H. FREY: Z. anorg. allg. Chem. **196** (1931), 321; C 31 II 188.
8 W. JANDER, A. KRIEGER: Z. anorg. allg. Chem. **235** (1937), 89; C 38 I 2487.
9 D. BALAREW, B. SREBROW: Kolloid-Z. **61** (1932), 344; C 33 I 1566.
10 B. SREBROW: Kolloid-Z. **76** (1936), 149; C 37 II 2324.
11 J. WEYER: Z. anorg. allg. Chem. **209** (1932), 409; C 33 I 1239.
12 W. MASKILL, G. H. WHITING, W. E. S. TURNER: J. Soc. Glass Technol. **16** (1932), Nr. 61, 94; C 32 II 1148.
13 A. MAFFEI: Gazz. chim. ital. **66** (1936), 197; C 36 II 1688.
14 R. RIECKE, W. PASCH: Ber. dtsch. keram. Ges. **16** (1935), 49; C 35 II 2421.
15 G. R. POLE, N. W. TAYLOR: J. Amer. ceram. Soc. **18** (1935), 325; C 36 I 610; Kinetics of Solid Phase Reactions etc. Pennsylvania: Verlag School of Mineral Industries State College, 1935.
16 T. AONO: Bull. chem. Soc. Japan **16** (1941), 91; C 41 II 3026.
17 K. ENDÔ: Sci. Rep. Tôhoku Imp. Univ., Ser. I **26** (1938), 562; C 38 II 1538.
18 R. FRICKE, G. F. HÜTTIG: Hydroxyde und Oxydhydrate, S. 581 ÷ 587. Leipzig. Akad. Verl.-Ges., 1937; C 37 I 2343.
19 W. MACHU: Korros. u. Metallschutz **18** (1942), 89; C 42 I 3254.

FISCHER und KURZ[1]: Die anodische Oxydation von Aluminium, z. B. nach dem Eloxalverfahren u. a. m.).

AB starr + C gasförmig → AC starr + B gasförmig (= Reaktionsart 33) —. Beispiele: $6\,FeCO_3 + O_2 \rightarrow 2\,Fe_3O_4 + 6\,CO_2$ oder $Na_2CO_3 + 2\,SO_3 \rightarrow Na_2S_2O_7 + CO_2$.

AB flüssig + C starr → AC starr + B gasförmig (= Reaktionsart 35). — Beispiele: $2\,H_2O + Fe \rightarrow Fe(OH)_2 + H_2$ (THOMPSON[2]) oder $H_2SO_4 + 2\,K \rightarrow K_2SO_4 + H_2$ bei vollständiger Abwesenheit von Wasser.

AB starr + C gasförmig → AC gasförmig + B starr (= Reaktionsart 40).

Beispiele hierfür sind: $3\,Fe_2O_3 + H_2 \rightarrow H_2O$-Dampf $+ Fe_3O_4$ (HUBER[3], UBBELOHDE[4], TSCHUFAROFF (CHUFAROW) und Mitarbeiter[5], TATIJEWSKAJA und Mitarbeiter[6], DJATSCHKOVSKY[7], KAWAKITA[8]); hier interessiert vor allem auch der Mechanismus der Reduktion feindisperser Oxyde. Andere Beispiele sind $NiO + CO \rightarrow CO_2 + Ni$ (FRICKE und WEITBRECHT[9]) oder die Entkohlung des Eisens nach dem Schema $Fe/C + CO_2 \rightarrow 2\,CO + Fe$ (WAGNER[10]). Für die Reduktion des CuO (LARSON und SMITH[11]) und NiO (BENTON und EMMET[12]) durch Wasserstoff oder Kohlenoxyd (PALMER[13]) wurde in den Hauptabschnitten des Reaktionsverlaufes das Verhalten beobachtet, wie es auf S. 499 durch die Gleichung (2) zum Ausdruck kommt.

Bei den vorangehend angeführten Beispielen ist die entstehende Gasphase *AC* wenig oder gar nicht nachweislich nach $AC \rightleftarrows A + C$ dissoziiert. Für den katalytischen Interessenkreis von besonderem Belang ist der entgegengesetzte Grenzfall, in welchem es in der Gasphase zwischen *A* und *C* kaum zu einer nachweislichen Verbindungsbildung kommt. Es kann dann eine

Beeinflussung des thermischen Zerfalles infolge Saugwirkung durch chemische Affinität

vorliegen, wie dies als verallgemeinertes Prinzip auf S. 529f. behandelt wurde. Als Beispiel wählen wir die Beobachtungen, welche HÜTTIG und STRIAL[14] während der Entwässerung von festen Hydrogelen gemacht haben, also z. B. den Vorgang $ZrO_2 \cdot xH_2O + N_2 \rightarrow ZrO_2 + (xH_2O + N_2)$. Es wurde ein Zirkonoxydhydrat unter stets konstanten Verhältnissen ($t = 150°$ C) entwässert, indem gleichzeitig irgendein Fremdgas mit einer bei allen Versuchen konstanten Geschwindigkeit über den Bodenkörper geleitet wurde. In der Abb. 46 (HÜTTIG[15]) ist auf der Ab-

[1] H. FISCHER, F. KURZ: Korros. u. Metallschutz **18** (1942), 42; C 42 I 3253.
[2] M. DE KAY THOMPSON: Trans. electrochem. Soc. **78** (1940), Preprint 24; C 41 I 1798.
[3] K. HUBER: Z. Kristallogr., Mineral., Petrogr. **96** (1937), 287; C 37 II 2947.
[4] A. R. UBBELOHDE: Trans. Faraday Soc. **29** (1933), 532; C 33 I 3157.
[5] G. J. TSCHUFAROFF, B. D. AWERBRUCH: Z. physik. Chem., Abt. B **33** (1936), 334; C 37 I 2729. — G. J. TSCHUFAROFF, A. P. LOSCHWITZKAJA: Z. physik. Chem. **5** (1934), 1103; C 35 II 3643. — G. CHUFAROW, E. TATIJEWSKAJA: Acta physicochim. URSS **3** (1935), 957; C 36 I 2681.
[6] J. P. TATIJEWSKAJA: J. physik. Chem. **14** (1940), 349; C 41 I 755. — J. P. TATIJEWSKAJA, G. J. TSCHUFAROFF: Metallurgist **15** (1940), Nr. 7, 3; C 41 I 2772.
[7] S. J. DJATSCHKOVSKY: Kolloid-Z. **77** (1936), 74; C 37 I 1110.
[8] K. KAWAKITA: Rev. physic. Chem. Japan **14** (1940), 79; C 41 I 166.
[9] R. FRICKE, G. WEITBRECHT: Z. Elektrochem. angew. physik. Chem. **48** (1942), 106; C 42 I 2357.
[10] C. WAGNER: Z. Elektrochem. angew. physik. Chem. **47** (1941), 696; C 42 I 449.
[11] A. T. LARSON, F. SMITH: J. Amer. chem. Soc. **47** (1925), 346; C 25 I 2207.
[12] A. F. BENTON, P. H. EMMET: J. Amer. chem. Soc. **48** (1926), 632; C 26 I 2875.
[13] W. G. PALMER: Trans. Amer. electrochem. Soc. **51** (1927), 445; C 27 I 2626.
[14] G. F. HÜTTIG, K. STRIAL: 55. Mittlg.: Z. anorg. allg. Chem. **209** (1932), 249; C 33 I 1100.
[15] G. F. HÜTTIG: 103. Mittlg.: Mh. Chem. **69** (1936), 42; C 37 I 509.

szissenachse die seit dem Beginn der Entwässerung verstrichene Zeit, auf der Ordinatenachse die Anzahl Mole H_2O aufgetragen, welche der Bodenkörper auf je 1 Mol ZrO_2 in dem betreffenden Zeitpunkt noch hatte. Die eine Kurve (voll ausgezogen) bezieht sich auf die Ergebnisse, welche bei dem Überleiten von trockenem Stickstoff erhalten wurden, die beiden anderen (gestrichelten) Kurven auf die während des Überleitens von Methanoldampf bzw. Ammoniak erhaltenen Ergebnisse.

Auf Grund dieser und einer Anzahl ähnlicher Versuche ergibt sich das folgende Bild: Die Geschwindigkeit, mit welcher das Wasser aus dem Bodenkörper ausgetrieben wird, ist von dem gleichzeitig anwesenden Gas abhängig; man erhält für den Einfluß der Gase auf die Geschwindigkeit der Entfernung der *ersten* Wasseranteile die folgende, nach fallender Geschwindigkeit geordnete Reihung: Ammoniak und Methanol und dann in großem Abstand Sauerstoff, Wasserstoff und Stickstoff. (Bezüglich der späteren Wasseranteile vgl. den nachfolgenden Abschnitt S. 560). Bei der Art der Versuche, wie sie in Abb. 46 dargestellt sind, kann keines der angewandten Fremdgase mit dem Gel oder mit dem Wasserdampf eine chemische Verbindung in nachweisbarer Menge oder gar eine selbständige stabile Phase bilden. Trotzdem wird man sich nicht scheuen zu behaupten, daß auch hier das Ammoniakgas oder der Methanoldampf zu dem Wasserdampf eine größere Affinität hat, als etwa Stickstoff oder Wasserstoff, und daß diese zu einer chemischen Verbindung nicht ausreichende, aber dennoch vorhandene Affinität die Wassermoleküle aus den kondensierten Phasen in die Gasphase „zieht" und so deren Verdampfungsgeschwindigkeit erhöht.

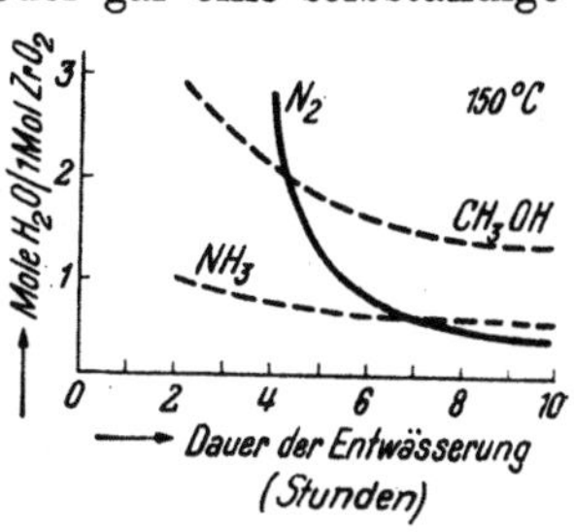

Abb. 46. Der Verlauf der Entwässerung von Zirkonoxydhydratgel in Gegenwart verschiedener Gase.

In ähnlicher Weise wie hier die Wirkung des Fremdgases auf das System ZrO_2/H_2O untersucht wurde, wurden von HÜTTIG und STRIAL (loc. cit.) auch Beobachtungen an den Systemen Cr_2O_3/H_2O und ThO_2/H_2O angestellt, ferner wird die Veröffentlichung der Untersuchungen von DREITHALER[1] über die Entwässerung von Cr_2O_3/H_2O und $CaSO_4/H_2O$ und von BREUER[2] über den Zerfall von $CaCO_3$ in Gegenwart verschiedener Fremdgase vorbereitet.

BERGER[3] findet, daß die Geschwindigkeit der Zersetzung $Ni(OH)_2 \rightarrow NiO + H_2O$ durch die Gegenwart von Wasserstoff auch unter solchen Umständen stark beschleunigt wird, unter denen eine chemische Beteiligung des Wasserstoffes (etwa als Reduktion des NiO) nicht in Frage kommt; hier dürfte gleichfalls der Affinität des Wasserstoffes zu dem Sauerstoff in dem $Ni(OH)_2$ eine Auflockerung des Gesamtmoleküls und damit eine erhöhte Zerfallsbereitschaft bewirken. Das gleiche Prinzip, jedoch vielleicht schon einen Schritt weiter zu den gekoppelten Reaktionen liegend (S. 572), dürfte den Reaktionen von K. SEDLATSCHEK[4] zugrunde liegen, denen zufolge bei der Reduktion von Eisenoxyd mit Wasserstoff solche kleine Gaszusätze (HCl, HBr, Cl_2, Br_2) stark beschleunigend wirken, welche mit dem Eisenoxyd oder dem Wasserstoff zu reagieren vermögen. Bei dem Zerfall $MnC_2O_4 \cdot 2\,H_2O \rightarrow MnC_2O_4 + 2\,H_2O$ finden TOPLEY und SMITH[5], daß dieser Zerfall in einer Wasserdampfatmosphäre eines bestimmten Druckbereiches rascher als im Vakuum vor sich geht (Theorie der Keimbildung und Wachstumsgeschwindigkeit). AUDUBERT und MATTLER[6] haben den Einfluß von Fremdgasen auf den langsamen Zerfall von Natriumazid untersucht.

[1] H. DREITHALER: Dipl.-Arbeit. Deutsche Techn. Hochschule. Prag, 1940.
[2] W. BREUER: Dipl.-Arbeit. Deutsche Techn. Hochschule. Prag, 1940.
[3] E. BERGER: C. R. hebd. Séances Acad. Sci. **158** (1914), 1798; C 14 II 387.
[4] K. SEDLATSCHEK: 129. Mittlg.: Z. anorg. allg. Chem. **250** (1942), 23; C 42 II 1657
[5] B. TOPLEY, L. M. SMITH: J. chem. Soc. (London) **1935**, 321; C 35 I 3756.
[6] R. AUDUBERT, J. MATTLER: C. R. Acad. Sci. **206** (1938), 1639; C 38 II 1725.

Im Zusammenhang mit der Tonerdegewinnung aus Tonen wurde der Vorgang $Al_2O_3 \cdot 2\,SiO_2 \cdot 2\,H_2O$ + Fremdgas → ($2\,H_2O$ + Fremdgas) + Metakaolin untersucht (HÜTTIG, HERRMANN und Mitarbeiter[1]; PSCHERA[2]). Die Gegenwart von Chlorwasserstoff als Fremdgas bewirkt eine raschere Wasserabgabe als etwa Stickstoff. Nun geht auch der feste Bodenkörper im Verlaufe der Entwässerung durch ein Kontinuum von Zwischenzuständen hindurch, indem sich zunächst aus dem wenig reaktiven Kaolin der sehr reaktive Metakaolin bildet, der seinerseits sich dann in wieder wenig reaktive Reaktionsprodukte wandelt. Die Reihenfolge der Fremdgase HCl, NO_2 feucht, ($4\,NO_2 + O_2$) und N_2 gibt auch fallend geordnet die Wirkung auf das Ausmaß der im Maximum erreichten Aktivität und auf die Geschwindigkeit ihres Entstehens und Vergehens. In der Abb. 47 ist die in Salzsäure lösbare Tonerde als Maß der Aktivität des Bodenkörpers auf der Ordinate und die Vorerhitzungstemperatur auf der Abszisse aufgetragen; die verschiedenen Kurven beziehen sich auf die Erhitzung innerhalb verschiedener Fremdgase.

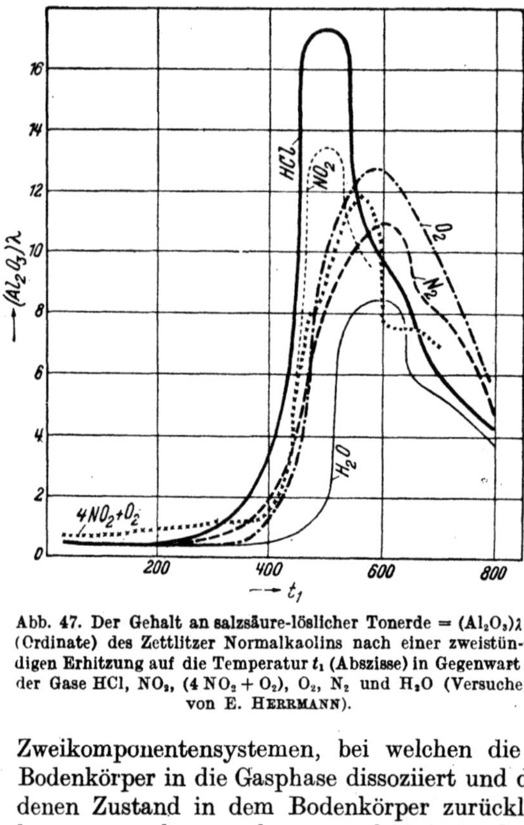

Abb. 47. Der Gehalt an salzsäure-löslicher Tonerde = $(Al_2O_3)\lambda$ (Ordinate) des Zettlitzer Normalkaolins nach einer zweistündigen Erhitzung auf die Temperatur t_1 (Abszisse) in Gegenwart der Gase HCl, NO_2, ($4\,NO_2 + O_2$), O_2, N_2 und H_2O (Versuche von E. HERRMANN).

Das „Prinzip der Stabilisierung durch energieliefernde Zusatzreaktionen" bei der Adsorption.

Falls der auf S. 529 behandelte „Saugeffekt" überhaupt gilt, so muß er bei den Verdampfungs- (S. 436) und den Sublimationsvorgängen (S. 434) während ihres *gesamten* Verlaufes in unveränderter Weise gelten. Anders ist es bei den Zweikomponentensystemen, bei welchen die flüchtige Komponente aus dem Bodenkörper in die Gasphase dissoziiert und die feste Komponente im ungebundenen Zustand in dem Bodenkörper zurückläßt. Der zurückbleibende Bodenkörper entsteht zunächst amorph (wie in dem in Abb. 47 herangezogenen Beispiel), oder er ist jedenfalls von seinem stabilen Endzustand im Zeitpunkt der eben erfolgten Gas- (Dampf-) abspaltung noch recht weit entfernt (S. 511). So wäre bei dem in Abb. 46 herangezogenen Beispiel der stabile Endzustand, in welchen die Entwässerungsprodukte übergehen, das wasserfreie, kristallisierte Metalloxyd; je langsamer sich dieser Kristallisationsprozeß vollzieht, desto längere Zeit wird der Bodenkörper die Fähigkeit behalten, das Wasser fester zu binden. Der Übergang aus dem instabilen, amorphen in den stabilen, kristallisierten Zustand wird verlangsamt, wenn der Bodenkörper mit Gasen in Berührung steht, welche von den instabilen Formen des Bodenkörpers gut sorbiert werden.

[1] G. F. HÜTTIG, E. HERRMANN: 122. Mittlg.: Kolloid-Z. **92** (1940), 9; C 41 I 877; Z. Elektrochem. angew. physik. Chem. **47** (1941), 282; C 41 I 3060; 123. Mittlg.: Ber. dtsch. keram. Ges. **21** (1940), 429; C 41 I 1269.

[2] K. PSCHERA: Diss. Deutsche Techn. Hochschule. Prag, 1941.

Diese Erfahrung stellt eine Übertragung des W. BILTZschen „Prinzips der Stabilisierung durch energieliefernde Zusatzreaktionen" (W. BILTZ[1]) auf die Adsorptionsvorgänge dar (HÜTTIG, RADLER und KITTEL[2]). Der BILTZsche Satz besagt, daß leicht und rasch zersetzliche Verbindungen in dauerhafte Zustände übergeführt werden können, wenn eine weitere, sich exotherm anlagernde Komponente addiert wird: so zersetzt sich das CuJ_2 rasch in $CuJ + J$; wenn hingegen an das CuJ_2 Ammoniak angelagert wird, wobei sich die Verbindung $CuJ_2 \cdot 3^1/_3\,NH_3$ bildet, so liegt ein sehr beständiges System vor. In prinzipiell der gleichen Weise ist es möglich, rasch vergängliche Zwischenzustände zu stabilisieren. Als energieliefernde Zusatzreaktionen benützt man einen Adsorptionsvorgang, z. B. die Adsorption des Methanoldampfes.

Die Anwendung dieser Prinzipien auf die in Abb. 46 dargestellten Beispiele ergibt nun die folgende Interpretation: Dieselben Gase, welche durch eine relativ höhere Affinität zu Wasserdampf ausgezeichnet sind und somit die auf S. 529 besprochene „Saugwirkung" verursachen — es sind bei dem dort behandelten Beispiel Ammoniak und Methanol —, sind auch hier diejenigen, welche im Gegensatz zu Stickstoff, Wasserdampf und Sauerstoff von den amorphen Metalloxyden gut sorbiert werden. Ammoniak und in noch höherem Maße Methanol stabilisieren die dem amorphen Zustand nahestehenden Zwischenzustände. Dadurch ermöglichen sie es auch dem Bodenkörper, sein Wasser fester und somit auch längere Zeit zu halten. Während also die Anwesenheit dieser beiden Gase die *Verdampfungsgeschwindigkeit* der *ersten* Wasseranteile (welche in einer lockeren und dem freien, ungebundenen Wasser ähnlichen Form vorliegen) vergleichsweise *erhöht*, wird durch sie als Folge einer Alterungsverzögerung die Verdampfungsgeschwindigkeit der *letzten* Wasseranteile (deren festere Bindung durch den Bodenkörper durch ein wenig geordnetes Kristallgitter bedingt ist) relativ *verlangsamt*.

In naher Beziehung zu dem obigen erweiterten Stabilisierungsprinzip dürfte die Stabilisierung disperser Systeme durch Adsorptionsschichten sein (z. B. RUMJANTZEWA[3], WENSTRÖM[4], GINSBERG und REHBINDER[5] und die in diesen Arbeiten genannten früheren Veröffentlichungen), insbesondere auch bei hydrophilen Kolloiden die Hydratation als wesentlicher Stabilitätsfaktor (HEDGES[6]) und im Zusammenhang damit die Beobachtungen und Überlegungen von HERLINGER[7] über die Stabilisierung kleiner Kristalle durch Hydratation der Kristalloberfläche, diejenigen von A. KRAUSE und NIKLEWSKI[8] sowie A. KRAUSE und BORZESZKOWSKI[9] über die Verhinderung der Alterung von amorphem Eisenoxydhydrat infolge einer Sorption von „Hemmungskörpern" und diejenigen von PATTERSON[10] über die Schutzwirkung, welche die an ein $Fe(OH)_2$ adsorbierten organischen Verbindungen gegen eine Oxydation ausüben. Darüber hinaus ergeben sich aber auch nahe Beziehungen zu den „Gewöhnungserscheinungen"

---

[1] W. BILTZ: Abh. Ges. Wiss. Göttingen, math. physik. Kl. **1925**; C 26 II 857; Z. anorg. allg. Chem. **166** (1927), 275; C 27 II 2656.

[2] G. F. HÜTTIG, H. RADLER, H. KITTEL: 50. Mittlg.: Z. Elektrochem. angew. physik. Chem. **38** (1932), 442, 448; C 32 II 2306.

[3] E. J. RUMJANTZEWA: Chem. J. Ser. W, J. physik. Chem. **2** (1931), 283; C 33 I 394.

[4] E. K. WENSTRÖM: Chem. J. Ser. W, J. physik. Chem. **2** (1931), 293; C 33 I 394.

[5] R. B. GINSBERG, P. A. REHBINDER: Chem. J. Ser. W, J. physik. Chem. **3** (1932), 193; C 33 II 1851.

[6] E. S. HEDGES: J. Soc. chem. Ind. **51** (1932), 937; C 33 I 914.

[7] E. HERLINGER: Z. Kristallogr., Mineral., Petrogr. **93** (1936), 37; C 36 I 4261.

[8] A. KRAUSE, B. NIKLEWSKI JUN.: Ber. dtsch. chem. Ges. **71** (1938), 423; C 38 I 4141.

[9] A. KRAUSE, Z. BORZESZKOWSKI, Z. JANKOWSKI: Ber. dtsch. chem. Ges. **71** (1938), 1033; C 38 II 3887.

[10] W. S. PATTERSON: J. Soc. chem. Ind. **53** (1934), Trans. 298; C 34 II 3367.

bei kolloidchemischen Vorgängen (KRESTINSKAJA[1]), zu der Abhängigkeit der Zerfallsgeschwindigkeiten von dem Medium, in welchem sie stattfinden (z. B. GLÜCKMANN[2]) und zu Veränderungen der Wachstumserscheinungen an Kristallen infolge der Gegenwart eines Sorptivs (z. B. WEINLAND und FRANCE[3]). Selbstverständlich muß nicht jede exotherme Addition eine Verfestigung *aller* Bindungsarten des Systems darstellen; es werden hierbei manche Verlagerungen der Kraftfelder und damit auch Lockerungen bestimmter Bindungen (also nicht Stabilisierungen, sondern gerade im Gegenteil „Aktivierungen") möglich sein, und gerade diese Erscheinungen sind es, welche für die katalytische Wirksamkeit des Sorbens bedeutungsvoll sind (S. 335 und die letzten fünf Beiträge in Band IV des vorliegenden Werkes); es sei auch auf die Ausführungen von KRUMHOLZ[4] und von ROGINSKI[5] hingewiesen.

Der „Weichensteller-Effekt".

Mit den im vorigen Abschnitt (S. 560f.) dargelegten Erscheinungen stehen in engem kausalem Zusammenhang Beobachtungen, für welche die folgenden Beispiele genannt werden mögen: Die katalytische Wirksamkeit eines im Methanoldampfstrom durch thermische Zersetzung von basischem Zinkcarbonat hergestellten Zinkoxyds ist gegenüber dem Methanolzerfall erheblich größer (z. B. umgesetzte Methanolmenge 20%) als die eines in gleicher Weise, jedoch an der Luft hergestellten Zinkoxyds (umgesetzte Methanolmenge 12%) (KOSTELITZ und HÜTTIG[6]; HÜTTIG, KOSTELITZ und FEHÉR[7]). — Die katalytische Wirksamkeit eines Platinmetalls gegenüber der Zersetzung von Ameisensäure in Wasserstoff und Kohlendioxyd ist um ein Vielfaches größer, wenn der Katalysator in Gegenwart von Ameisensäure (Reduktion aus einer Verbindung) *entsteht*, als wenn das in anderer Weise entstandene fertige Metall als Katalysator verwendet wird (Erich MÜLLER und Mitarbeiter, z. B. MÜLLER und SCHWABE[8] und die dort zitierte frühere Literatur). Auch die Richtung des Zerfalls wird von den bei der Entstehung des Katalysators anwesenden Gasen in entscheidender Weise beeinflußt; so gibt ein Kupferoxyd, das aus Kupfercarbonat in Gegenwart von Methanoldampf entstanden ist, als Katalysator bei der Zersetzung von Methanoldampf relativ mehr Kohlenmonoxyd und Wasserstoff, ein in gleicher Weise, jedoch in Gegenwart von Luft hergestelltes Kupferoxyd erzeugt als Katalysator relativ mehr Formaldehyd (KOSTELITZ und HÜTTIG[9]). Bei den technischen Katalysen werden sehr häufig nicht die fertigen Katalysatoren, sondern die Ausgangsstoffe, aus denen sie sich erst bilden, dem zu katalysierenden Substrat zugeführt, so z. B. Fe_2O_3 statt Fe zur NH_3-Synthese. Aber auch dort, wo die Veränderungen des Katalysators innerhalb des Substrates weniger handgreiflich sind, werden sie sich angesichts der großen Empfindlichkeit der katalytischen Fähigkeiten doch so auswirken können, daß es erst eine Zeit braucht, bevor der Katalysator seine maximale Wirkung erreicht hat, also auf die zu katalysierende Reaktion „eingefahren" ist. Als allgemeine Regel gilt, daß dasjenige Substrat (Gas), welches bei der *Entstehung* des Katalysators anwesend ist, auch

[1] W. N. KRESTINSKAJA: Kolloid-Z. **74** (1936), 45; C 36 I 3980; Colloid J. **2** (1936), 163; C 36 II 2686.

[2] T. S. GLÜCKMANN: Bull. Acad. Sci. URSS (7) **1934**, 1593; C 36 I 1792.

[3] L. A. WEINLAND, W. G. FRANCE: J. physic. Chem. **36** (1932), 2832; C 33 I 729.

[4] P. KRUMHOLZ: Z. anorg. allg. Chem. **212** (1933), 97; C 33 II 1169.

[5] S. S. ROGINSKI: Chem. J. Ser. W, J. physik. Chem. **2** (1933), 710; C 33 I 3041.

[6] O. KOSTELITZ, G. F. HÜTTIG: 61. Mittlg.: Z. Elektrochem. angew. physik. Chem. **39** (1933), 362, 366; C 33 II 656.

[7] G. F. HÜTTIG, O. KOSTELITZ, J. FEHÉR: 41. Mittlg.: Z. anorg. allg. Chem. **198** (1931), 206, 214; C 31 II 1812.

[8] E. MÜLLER, K. SCHWABE: Z. Elektrochem. angew. physik. Chem. **35** (1929), 165; C 29 II 2.

[9] O. KOSTELITZ, G. F. HÜTTIG: 74. Mittlg.: Kolloid-Z. **67** (1934), 265, 275; C 34 II 2949.

seine katalytische Wirksamkeit gegenüber dem gleichen Substrat begünstigt. Da also das anwesende Gas den Katalysator für eine bestimmte Reaktionsart und Reaktionsrichtung geeignet macht und so gewissermaßen die „Weiche auf einen bestimmten Reaktionsablauf einstellt“, wollen wir diese Erscheinung als „*Weichensteller-Effekt*“ („Switch-Effect“) bezeichnen.

Die derzeit zweckmäßigste Deutung ergibt sich aus den Darlegungen des vorigen Abschnittes (S. 560). Die Reaktionen innerhalb der festen Phasen (Zerfall oder Bildung chemischer Verbindungen u. a. Typen) verlaufen in Gegenwart sorbierter Gase (z. B. Methanoldampf) langsamer als in Gegenwart inerter Gase oder im Vakuum (S. 568). Dies beruht darauf, daß gemäß dem W. BILTZschen Prinzip der „Stabilisierung durch energieliefernde Zusatzreaktionen“ (S. 561) die Sorption des anwesenden Fremdgases oder dessen Zersetzungsprodukte die Lebensdauer der aktiven Zustände erhöht. Es ist auch recht wohl denkbar, daß ein solches sorbierbares Gas innerhalb der Reihe der aufeinander folgenden Alterungszustände einen bestimmten, ihm besonders angepaßten Zustand für die Verlängerung der Lebensdauer bevorzugt und damit die Selektivität des Katalysators gegenüber dem betreffenden Substrat bzw. gegenüber einer bestimmten Reaktionsrichtung herbeiführt.

Von der Wirkung bestimmter gasförmiger oder flüssiger Zusätze, die nur während der Bildung des Katalysators vorhanden sind, macht die Patentliteratur ausgiebigen Gebrauch, so DURRANS und SULLY[1] durch Zusatz von Mineralöl bei der Herstellung von Hydrierungskatalysatoren (vgl. auch ALTMAN und FROST[2]). FISCHER und TROPSCH erzeugen den Metallkatalysator aus dem Oxyd durch Reduktion mit demselben Reaktionsgas, mit dem die Katalyse verläuft, und wählen als Darstellungstemperatur die Temperatur des nachherigen katalytischen Vorganges. Bei der Auswahl geeigneter Metalle als Katalysatoren der Acetonsynthese können die bei dem thermischen Zerfall der betreffenden Acetate sich bildenden Zersetzungsprodukte wegweisend sein; so gibt Kupferacetat bei einem Zerfall überhaupt kein Aceton, hingegen viel freie Essigsäure; dementsprechend ist Kupfer auch kein Katalysator bei der Acetonsynthese aus Essigsäure (KAGAN, SOBOLEW und LUBARSKY[3], KAGAN und KLIMENKOW[4]). — Die Platinmetalle besitzen im Moment ihrer Bildung eine größere Aufnahmefähigkeit gegenüber Wasserstoff als im fertigen Zustand (E. MÜLLER und SCHWABE[5]). Die Auswirkung einer Vorbehandlung von Silberkatalysatoren mit Fremdgasen auf die katalytische Wirksamkeit wird von BRADFORD[6] untersucht. (Vgl. hierzu in dem vorliegenden Band auf S. 228 die Darlegungen von G. ROBERTI und G. SARTORI.)

Weitere gut untersuchte *Reaktionsarten der Sippe B* sind:

AB gasförmig + C starr → AC starr + B gasförmig (= Reaktionsart 41). — Beispiele: $4\,H_2O$-Dampf $+ 3\,Fe \rightarrow Fe_3O_4 + 4\,H_2$ oder $N_2O + BaO \rightarrow BaO_2 + N_2$ oder $2\,CO + 3\,Fe \rightarrow Fe_3C + CO_2$ (MADONO[7]). Hierher gehört ferner auch die Reaktion *einer* Komponente eines Gasgemisches mit einem festen Körper (MOKRUSCHIN und POTASSKUJEW[8], Kinetik der Bildung eines Oxydhäutchens auf

---

[1] TH. H. DURRANS, B. TH. D. SULLY: F. P. 822222 vom 25. 5. 37; C 38 I 4361.
[2] L. S. ALTMAN, A. W. FROST: Chem. festen Brennstoffe 8 (1937), 490; C 38 I 1173.
[3] M. J. KAGAN, J. A. SOBOLEW, G. D. LUBARSKY: Ber. dtsch. chem. Ges. 68 (1935), 1140; C 35 II 1689.
[4] M. J. KAGAN, W. S. KLIMENKOW: Chem. J. Ser. W, J. physik. Chem. 3 (1932), 244; C 33 II 1636.
[5] E. MÜLLER, K. SCHWABE: Z. Elektrochem. angew. physik. Chem. 35 (1929), 165, 178; C 29 II 2.
[6] B. W. BRADFORD: J. chem. Soc. (London) 1934, 1276; C 35 II 8.
[7] O. MADONO: Sci. Pap. Inst. physic. chem. Res. 37, Nr. 982; Bull. Inst. physic. chem. Res. (Abstr.) 19 (1940), 38; C 41 I 1465.
[8] S. G. MOKRUSCHIN, K. G. POTASSKUJEW: Colloid J. 7 (1941), Nr. 1, 3; C 42 I 1728.

Metalloberflächen in Gegenwart von Fettsäure-Dämpfen) und die Trennung von Gasgemischen durch Sorption ((Silical Gel. Ges.[1], ALEXEJEW[2]).

AB flüssig + C starr → AC flüssig + B starr (= Reaktionsart 46). — Beispiel: $CuSO_4$ aq + Fe → $FeSO_4$ aq + Cu, im Reagensglas oder als galvanisches Element ausgeführt.

AB flüssig + C starr → AC flüssig + B flüssig (= Reaktionsart 47). — Beispiel: PbS (geschmolzen) + Fe → FeS + Pb.

AB flüssig + C flüssig → AC flüssig + B starr (= Reaktionsart 48). — Ein Beispiel ist die Ausfällung von Wismuthydroxyd oder basischen Wismutsalzen durch Versetzen der wässerigen Salzlösung mit Wasser. Die Rechtmäßigkeit der Einordnung an dieser Stelle ergibt sich eindeutig aus der folgenden Schreibweise

$$3\ \mathrm{HCl\ aq} \cdot \mathrm{Bi(OH)_3} + \mathrm{aq'} \rightarrow 3\ \mathrm{HCl\ aq} \cdot \mathrm{aq'} + \mathrm{Bi(OH)_3}.$$

Solche Vorgänge können auch in der Ausführungsform von Dialysen durchgeführt werden. Ebenso gehört hierher die Ausfällung eines Metalloxydhydrates aus seiner wässerigen Salzsäure durch die wässerige Lösung einer Base z. B.

$$6\ \mathrm{HCl\ aq} \cdot \mathrm{Al_2O_3\ aq'} + 6\ \mathrm{NH_3\ aq''} \rightarrow 6\ \mathrm{HCl\ aq} \cdot 6\ \mathrm{NH_3\ aq''} + \mathrm{Al_2O_3\ aq'}.$$

Mit den Zwischen- und Endprodukten hydrolytischer Vorgänge beschäftigen sich ausgedehnte Untersuchungen von FEITKNECHT[3], G. JANDER[4], BRITTON[5], HEUKESHOVEN und WINKEL[6], DAWSON[7] u. a. m.

AB flüssig + C starr → AC flüssig + B gasförmig (= Reaktionsart 49). — Beispiele: H_2SO_4 aq + Zn → $ZnSO_4$ aq + H_2 oder 6 HCl aq (C_5H_5N) + 2 Al → 2 $AlCl_3$ aq (C_5H_5N) + 3 H_2 (JENCKEL und WOLTMANN[8]). Mit der Kinetik der Auflösungsgeschwindigkeit von Metallen bzw. den damit zusammenhängenden Korrosions- und Ätzungsvorgängen befassen sich KOSSEL[9] (Theorie), YAMAMOTO[10], PAVELKA und ZUCCHELLI[11] (Korrosionsgeschwindigkeit des Aluminiums), KIMBALL und GLASSNER[12], CENTNERSZWER und Mitarbeiter[13], URMÁNCZY[14], KLEBER[15], HÜTTIG und ARNESTAD[16], ferner ausgedehnte Mitteilungsreihen von W. J. MÜLLER[17]. Zusammenfassungen über die Reaktionen der Metalle mit wässerigen Lösungen bringen WAGNER und KUNTZE[18], über die Korrosionsvorgänge TÖDT[19], BAUER,

---

[1] Silical Gel. Ges. Dr. v. Lüde & Co.: D.R.P. 719887, Kl. 12e vom 24. 9. 1937; C 42 II 440.

[2] W. N. ALEXEJEW: J. Chim. appl. 12 (1939), 996; C 41 I 627.

[3] W. FEITKNECHT: Kolloid-Z. 92 (1940), 257; 93 (1940), 66; C 40 II 3581.

[4] G. JANDER, A. WINKLER: Z. anorg. allg. Chem. 200 (1931), 257.

[5] H. T. S. BRITTON, G. WELFORD: J. chem. Soc. (London) 1940, 758; C 41 I 1269.

[6] W. HEUKESHOVEN, A. WINKEL: Z. anorg. allg. Chem. 213 (1933), 1; C 33 II 1129.

[7] H. M. DAWSON: Proc. Leeds philos. lit. Soc., sci. Sect. 3 (1937), 373; C 37 II 4005.

[8] E. JENCKEL, F. WOLTMANN: Z. anorg. allg. Chem. 233 (1937), 236; C 37 II 2636.

[9] W. KOSSEL: Chemie 55 (1942), 265.

[10] J. YAMAMOTO: Sci. Pap. Inst. physic. chem. Res. 37, Nr. 958; Bull. Inst. physic. chem. Res. (Abstr.) 19 (1940), 15; C 41 I 954.

[11] F. PAVELKA, A. ZUCCHELLI: Boll. sci. Fac. Chim. ind. Bologna 1940, 153; C 41 I 166.

[12] G. E. KIMBALL, A. GLASSNER: J. chem. Physics 8 (1940), 820; C 41 I 2637.

[13] M. CENTNERSZWER: Atti X. Congr. int. Chim. Roma 3 (1938), 555; C 40 II 1694. — M. CENTNERSZWER, M. STRAUMANIS: Z. physik. Chem., Abt. A 167 (1934), 421; C 34 I 2103.

[14] A. URMÁNCZY: Magyar Chem. Folyóirat 44 (1938), 21; C 39 I 8.

[15] W. KLEBER: Z. angew. Mineral. 3 (1940), 53; C 40 II 2128.

[16] G. F. HÜTTIG, K. ARNESTAD: 127. Mittlg.: Z. anorg. allg. Chem. 250 (1942), 1; C 42 II 1657.

[17] W. J. MÜLLER: Korros. u. Metallschutz 18 (1942), 123; C 42 II 750; 16 (1940), 365; C 41 I 1925.

[18] C. WAGNER, W. KUNTZE, G. MASING: Handbuch der Metall-Physik, Bd. I: Der metallische Zustand der Materie. Leipzig: Akad. Verl.-Ges., 1940; C 41 I 1519.

[19] F. TÖDT: Gesundheitsing. 65 (1942), 76; C 42 I 3242.

KRÖHNKE und MASING und EVANS[1] (vgl. auch in dem vorliegenden Band auf S. 176 den Beitrag von M. STRAUMANIS: Katalytische Gesichtspunkte und Vorgänge bei der Korrosion).

AB flüssig + C gasförmig → AC flüssig + B starr (= Reaktionsart 50). — Beispiel: $2\ JK\ aq + Cl_2 \rightarrow 2\ ClK\ aq + J_2$.

AB flüssig + C flüssig → AC flüssig + B flüssig (= Reaktionsart 57). — Beispiele: $PbO + 2\ Tl \rightarrow Tl_2O + Pb$ oberhalb der Schmelztemperatur aller Bestandteile (FOËX[2], ferner die in dieser Weise verlaufenden Extraktionsverfahren und Ausschüttelungen (KOLTHOFF und SANDELL[3], NEY und LOCHTE[4]).

AB flüssig + C flüssig → AC flüssig + B gasförmig (= Reaktionsart 58). — Ein Beispiel ist die Vermischung von wässerigen Lösungen von Salzsäure und Natriumbicarbonat, deren Zwischenzustände und Kinetik von ROUGHTON[5] studiert wurden.

AB flüssig + C gasförmig → AC flüssig + B gasförmig (= Reaktionsart 66). — Beispiel: CaJ_2 (Schmelze) $+ Cl_2 \rightarrow CaCl_2 + J_2$.

AB gasförmig + C flüssig → AC flüssig + B gasförmig (Reaktionsart 70). — Ein Beispiel ist das Trocknen von Gasen mit konz. Schwefelsäure. (Theorie hierzu von VAN LIEMPT[6]).

AB gasförmig + C gasförmig → AC gasförmig + B starr (= Reaktionsart 77). — Beispiel: $2\ C_2H_2 + O_2 \rightarrow 2\ H_2O + 4\ C$ (Deutsche Gold- und Silberscheideanstalt[7]).

C. Reaktionsarten des vollständigen Verbrennungstyps und deren Umkehrungen.

Das dieser Sippe gemeinsame Reaktionsschema ist $AB + xC \rightarrow AC_y + BC_z$. Es lassen sich hier 108 Reaktionsarten einschließlich der Umkehrungen voraussehen. Wir begnügen uns mit dem Hinweis auf einige hier interessierenden Vorgänge:

AB starr + x C starr → AC_y starr + BC_z starr. — Beispiel: $3\,CaO + Al_2O_3 \cdot 2\,SiO_2 \rightarrow CaO \cdot Al_2O_3 + 2\,CaO \cdot SiO_2$ (HEDVALL und Mitarbeiter[8]).

AB starr + x C gasförmig → AC_y starr + BC_z starr. — Beispiel: $2\ Sb_2S_3 + 9\ O_2 \rightarrow 2\ Sb_2O_3 + 6\ SO_2$; die Orientierung der Kristalle des Reaktionsproduktes zu dem Kristallgitter des Ausgangsproduktes ist hier und an anderen Reaktionstypen von GÖPFERT[9] studiert worden. Hierher gehört auch die gemeinsame Oxydation der Bestandteile einer Legierung (WAGNER und KUNTZE[10]).

AB starr + x C flüssig → AC_y starr + BC_z flüssig. — Beispiel: $Al_2O_3 \cdot 3\ H_2O + x\ NH_3$ flüssig $\rightarrow Al_2O_3 \cdot H_2O \cdot 2\ NH_3 + y\ NH_3$ aq flüssig (Bauxitammine von W. BILTZ und LEHRER[11]; vgl. „Pseudostrukturen“ S. 358).

---

[1] U. R. EVANS: Paint Oil chem. Rev. **100** (1938), Nr. 23, 88; C 39 I 2682.
[2] M. FOËX: Bull. Soc. chim. France, Mém. (5) 8 (1941), 897; C 42 II 1317.
[3] I. M. KOLTHOFF, E. B. SANDELL: J. Amer. chem. Soc. **63** (1941), 1906; C 41 II 3025.
[4] W. O. NEY, H. L. LOCHTE: Ind. Engng. Chem., ind. Edit. **33** (1941), 825; C 42 II 440.
[5] F. J. W. ROUGHTON: J. Amer. chem. Soc. **63** (1941), 2930; C 42 II 130.
[6] J. A. M. VAN LIEMPT: Recueil Trav. chim. Pays-Bas **61** (1942), 341; C 42 II 1945.
[7] Deutsche Gold- und Silberscheideanstalt: D.R.P. 704488, Kl. 22f vom 27. 9. 1936; C 41 II 93.
[8] J. A. HEDVALL und 5 Mitarbeiter: Chalmers Tekn. Högskola Handl. etc. Kemi Kem. Teknol. **1** (1942), Nr. 2; C 42 II 871.
[9] A. GÖPFERT: Dipl.-Arbeit. Deutsche Techn. Hochschule. Prag, 1940.
[10] C. WAGNER, W. KUNTZE: Thermodynamik metallischer Mehrstoffsysteme usw. Leipzig: Akad. Verl.-Ges., 1940; C 41 I 1519.
[11] W. BILTZ, G. A. LEHRER, K. MEISEL: Z. anorg. allg. Chem. **172** (1928), 292; C 28 II 633.

AB flüssig + *xC starr* → *AC_y gasförmig* + *BC_z flüssig*. — Beispiel: $3\,H_2O\,aq + 8\,P \rightarrow 2\,PH_3 + 3\,P_2O\,aq$.

AC_y gasförmig + *BC_z gasförmig* → *AB flüssig* + *xC starr*. — Beispiel: $2\,H_2S + SO_2 \rightarrow 2\,H_2O + 3\,S$.

AB flüssig + *xC gasförmig* → *AC_y gasförmig* + *BC_z flüssig*. — Beispiel: $2\,C_6H_6 + 15\,O_2 \rightarrow 12\,CO_2 + 6\,H_2O$.

AB gasförmig + *xC gasförmig* → *AC_y gasförmig* + *BC_z flüssig*. — Beispiel: $CH_4 + 2\,O_2 \rightarrow CO_2 + 2\,H_2O$.

AB gasförmig + *xC gasförmig* → *AC_y starr* + *BC_z flüssig*. — Beispiel: $SiH_4 + 2\,O_2 \rightarrow SiO_2 + 2\,H_2O$.

AC_y starr + *BC_z starr* → *AB gasförmig* + *xC starr*. — Beispiel: $2\,Cu_2O + Cu_2S \rightarrow SO_2 + 6\,Cu$, welcher Vorgang in bezug auf die Zwischenzustände und deren thermodynamischen Nachweis von SCHENCK und KEUTH[1] untersucht wurde.

D. Vorgänge, welche sich vorwiegend auf die Phasengrenzflächen beschränken.

Diese Sippe nimmt in der Klasse III grundsätzlich die gleiche Stellung ein, wie die Sippe C in der Klasse II. Es handelt sich hier um alle Vorgänge innerhalb von Systemen mit 3 Bestandteilen, deren Reaktionsverlauf bei einer Wechselwirkung in den Berührungszonen stehen bleibt.

Wohl die wichtigste hierher gehörende Reaktionsart ist die *Adsorption eines in einer Flüssigkeit gelösten Stoffes durch einen festen Körper*. Die zugehörige, vollständig verlaufende Reaktion liegt vor, wenn der gelöste Stoff sich mit dem festen Stoff zu einer festen chemischen Verbindung vereinigt, also beispielsweise die Vereinigung des in Wasser gelösten Chlors mit Silber zu Silberchlorid (S. 557). Der Vorgang erreicht bereits bei der Adsorption seinen Endzustand, wenn in dem Wasser etwa statt Chlor Methylenblau aufgelöst ist. Mit der Betrachtung der Adsorption als Vorstufe einer chemischen Verbindung haben sich E. WEDEKIND und WILKE[2] befaßt. Das Schrifttum über die Adsorption aus flüssigen Medien, namentlich an kolloiden Stoffen, ist sehr ausgedehnt, und es kann nur auf die Lehr- und Handbücher der Kolloidchemie verwiesen werden.

In den letzten Jahren haben unter anderem folgende Fragestellungen interessiert: der Zustand der adsorbierten Einzelschichten (FOWKES und HARKINS[3]), die Färbung von Faserstoffen (ILJINSKY[4]), das Adsorptionsvermögen von Metalloberflächen (SZYMANOWITZ und POSTER[5]) und die Erzeugung von Schutzschichten (I. G. Farbenindustrie A.G.[6]), die Oberflächenwanderung von Ionen (JENNY und OVERSTREET[7]), die innere Adsorption (BALAREW[8]), die Adsorptionsanalyse[9] (CASSIDY[10]), insbesondere auch die Verfolgung des Adsorptionsvorganges mit radioaktiven Methoden (FAJANS[11]),

---

[1] R. SCHENCK, H. KEUTH: Z. Elektrochem. angew. physik. Chem. **46** (1940), 309; C 40 II 2714.

[2] E. WEDEKIND, H. WILKE: Kolloid-Z. **35** (1924), 23; C 24 II 1668; Chemiker-Ztg. **48** (1924), 185; C 24 I 2868.

[3] F. M. FOWKES, W. D. HARKINS: J. Amer. chem. Soc. **62** (1940), 3377; C 41 II 722.

[4] M. A. ILJINSKY: C. R. (Doklady) Acad. Sci. URSS (N. S. 6) **20** (1940), 461; C 41 I 1267.

[5] R. SZYMANOWITZ, B. H. POSTER: Rev. sci. Instruments **11** (1940), 230; C 41 I 875.

[6] I. G. Farbenindustrie A.G.: F. P. 857394 vom 5. 7. 1939; C 41 I 962.

[7] H. JENNY, R. OVERSTREET: J. physic. Chem. **43** (1939), 1185; C 40 II 3597.

[8] D. BALAREW und Mitarbeiter: Z. analyt. Chem. **120** (1940), 393; C 41 I 1260.

[9] G.-M. SCHWAB und Mitarbeiter: Angew. Chem. **50** (1937), 646, 691; **51** (1938), 709; **52** (1939), 389; **53** (1940), 39; Z. physik. Chem., Abt. B **53** (1942), 1.

[10] H. G. CASSIDY: J. Amer. chem. Soc. **62** (1940), 3073; C 41 I 876.

[11] K. FAJANS: J. appl. Physics **12** (1941), 306; C 41 II 1817.

ferner chemische Reaktionen in adsorbierten Schichten (PAWLJUTSCHENKO[1]) und die Adsorption an der Grenzfläche zwischen zwei Flüssigkeiten (GIBBY und ARGUMENT[2]). In dieser Sippe ist auch der von WAGNER[3] und anderen behandelte Vorgang $CrCl_x$ (Gas) + Fe starr → $FeCl_x$ (Gas) + Cr (starr) (= Verchromung) einzuordnen.

Andere Vorgänge, welche hierher zu zählen sind, sind die Trennungen durch Sedimentation, Schwimm- und Schaumaufbereitung und Flotation (BELOGLASOW[4]) und die Veränderlichkeit der Haftfestigkeit zweier verschiedener Metallflächen durch die Gegenwart von Gasen (HOLM und KIRSCHSTEIN[5]).

E. Reaktionsarten mit drei Bestandteilen, wovon der eine Bestandteil die Funktion eines Katalysators hat.

Jede der der Klasse II zugeteilten Reaktionsarten kann einen anderen Verlauf nehmen, wenn sie in Gegenwart einer dritten Komponente als Katalysator erfolgt. Hiezu mögen einige Beispiele gegeben werden:

A starr + B starr + C gasförmig → AB starr + C gasförmig.

Als Beispiel möge der Vorgang $ZnO + Cr_2O_3 \rightarrow ZnCr_2O_4$ (S. 454) herangeholt werden, der sich aber diesmal in Gegenwart eines Fremdgases abspielt (HÜTTIG, CASSIRER und STROTZER[6]). Verschiedene Anteile eines Gemisches 1 ZnO/1 Cr_2O_3 wurden während gleicher Zeiten auf verschieden hohen Temperaturen (t_1) gehalten; auf diese Weise wurden mehrere Präparatenreihen hergestellt, welche sich durch das Fremdgas unterschieden, in welchem die Erhitzung stattfand. Nach dem Auskühlen wurde von jedem Präparat eine Anzahl von Eigenschaften, wie seine Hygroskopizität, magnetische Suszeptibilität u. a. bestimmt. Die Ergebnisse sind in der Abb. 48 zusammengefaßt (vgl. auch HÜTTIG[7]). Auf der Abszissenachse ist stets die Temperatur t_1 aufgetragen, bei welcher das Präparat vorbehandelt wurde. Die Felder a) und b) beziehen sich auf die Hygroskopizitäten (als Repräsentanten einer Oberflächeneigenschaft); hier ist auf der Ordinate der Wert 100 n eingetragen, wobei n im Felde a) die Anzahl Mole H_2O bedeutet, welche das Präparat über einer Schwefelsäure von der Dichte 1,283 bei Zimmertemperatur im Verlaufe von $\tau_2 = 20$ Stunden pro 1 Mol ZnO/Cr_2O_3 aufnimmt, wogegen n in dem Felde b) den gleichen Wert für $\tau_2 = 200$ Stunden darstellt. In dem Felde c) sind auf der Ordinate die Werte $\chi \cdot 10^6$ (χ = magnetische Massensuszeptibilität, als Repräsentant einer typischen Gittereigenschaft) und in dem Felde d) die Schüttgewichte (= ϱ) aufgetragen. In allen Feldern sind die experimentell bestimmten Punkte durch eine Ziffer kenntlich gemacht. Die im gleichen Medium erhitzten Präparate tragen die gleiche Ziffer, und die in diesem Sinn zusammengehörigen Punkte sind durch eine Kurve verbunden. Es beziehen sich die Ziffern *1* auf die im Vakuum, *2* auf die in Argon, *3* auf die in Ammoniak, *4* auf die in Wasserdampf, *5* auf die in Methanoldampf, *6* auf die in N_2O und *7* auf die in Luft vorerhitzten Präparate. Da die Vereinigung aller sieben Kurven in einem einzigen Schaubild unübersichtlich wäre, sind in den linken

---

[1] M. M. PAWLJUTSCHENKO: J. physik. Chem. **14** (1940), 605; C 41 I 1780.
[2] C. W. GIBBY, C. ARGUMENT: J. chem. Soc. (London) **1940**, 596; C 41 I 1268.
[3] C. WAGNER: Z. Elektrochem. angew. physik. Chem. **47** (1941), 696; C 42 I 449.
[4] K. F. BELOGLASOW: Nichteisenmetalle **14** (1939), Nr. 9, 70; C 41 II 18.
[5] R. HOLM, B. KIRSCHSTEIN: Wiss. Veröff. Siemens-Konz. **15** (1936), 122; C 36 I 4884.
[6] G. F. HÜTTIG, S. CASSIRER, E. STROTZER: 95. Mittlg.: Z. Elektrochem. angew. physik. Chem. **42** (1936), 215; C 36 II 738.
[7] G. F. HÜTTIG: 103. Mittlg.: Mh. Chem. **69** (1936), 42; C 37 I 509; 105. Mittlg.: Tekn. Samfund. Handl. **1936** (1937), 125; C 37 II 720.

Teilen der Abbildung die die Punkte *1*, *2*, *3* und *4* verbindenden Kurven und in der gleichen Weise in den rechten Teilen die auf die Punkte *1* (wiederholt zu Vergleichszwecken) *5*, *6* und *7* bezüglichen Kurven eingezeichnet.

Aus diesen und ähnlichen Versuchsergebnissen ersieht man, daß die Anwesenheit verschiedener inerter Gase (Fremdgase) für das Wesen und die Kinetik der während der Vereinigung zweier festen Stoffe auftretenden Zwischenzustände von einschneidender Bedeutung ist. Dies ist verständlich, wenn man bedenkt, daß bei dieser Art von Reaktionen die ersten Vorgänge [Perioden a), b) und c), S. 472 ÷ 483] ausschließlich Oberflächenvorgänge sind und daß auch bei dem Mole-

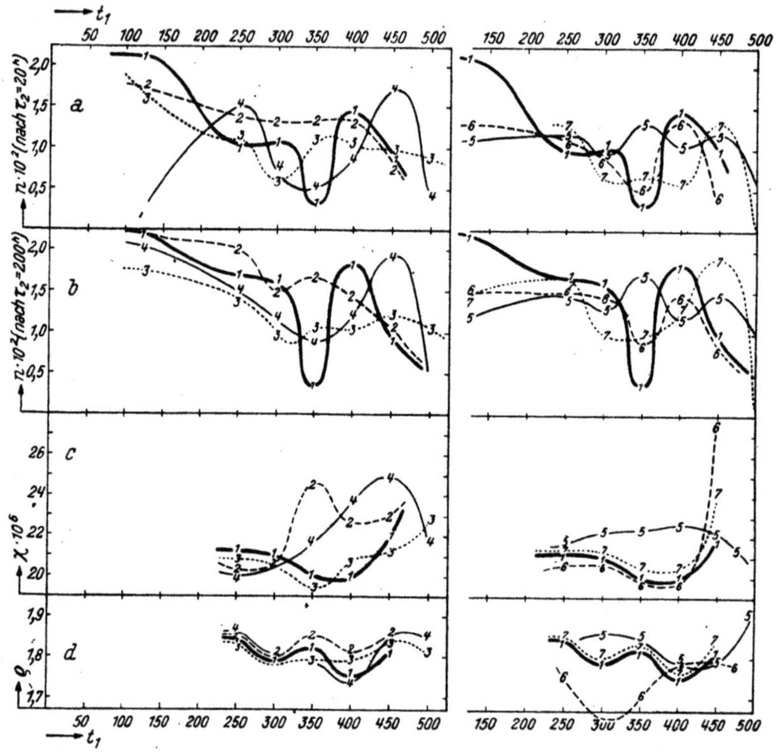

Abb. 48. Der Verlauf der Bildung von Zinkchromit in Gegenwart verschiedener Gase. Vorerhitzung in: Kurve *1* Vakuum; *2* Argon; *3* NH_3; *4* H_2O-Dampf; *5* Methanoldampf; *6* N_2O; *7* Luft.

kültransport der späteren Vorgänge die inneren Oberflächen eine wichtige Rolle spielen können. Da ein anwesendes Fremdgas durch Adsorption an den Oberflächen, welche an den frisch entstandenen Flächen besonders groß sein wird, den spezifischen Charakter der Oberfläche verändert, so ist auch der entscheidende Einfluß der Gasadsorption auf das Werden und Vergehen der Zwischenzustände verständlich.

Schwieriger ist es, angesichts des heute noch sehr spärlich vorhandenen systematischen Beobachtungsmaterials, sich eine Vorstellung auch nur über den Grundriß der hier gültigen Gesetzmäßigkeiten zu machen. Es liegt hier prinzipiell das gleiche Problem vor, wie die Frage nach dem verschiedenartigen Einfluß, den verschiedene Lösungsmittel auf den Verlauf einer sich innerhalb ihres Mediums abspielenden Reaktion haben. Zunächst muß zur Beurteilung des Einflusses von Fremdgasen auf den Verlauf der Vereinigung stets der im Vakuum sich abspielende Vereinigungsvorgang zum Vergleich herangezogen werden, denn hier liegt tatsächlich der von einem Fremdstoff unbeeinflußte Ablauf vor. Die Art der Wirkung des Fremdgases wird auch hier in erster Reihe von der (zu einer echten Verbindungsbildung nicht ausreichenden) Affinität der Moleküle des Fremdgases zu denjenigen des festen Bodenkörpers abhängen. Hiebei kann es je nach den Umständen als Folge der Adsorption zu einer Stabilisierung (vgl. Stabilisierung durch energieliefernde Zusatzreaktionen S. 561) des Zustandes, also zu einer Verkleinerung der Reaktionsgeschwindigkeit oder zu einer Aktivierung (vgl. S. 335, ferner „Saugeffekt“ S. 529), also zu einer Beschleunigung des Reaktionsablaufes kommen. Bei dem hier behandelten Reaktionstypus scheint der Stabilisierungseffekt bei weitem zu überwiegen. Alle Fremdgase wirken in dem Sinn, daß die in einer Ausbildung von Oberflächenüberzügen bestehenden Vorgänge der Aktivierung und dementsprechend auch ihrer Desaktivierung, ihrer Intensität nach vermindert werden. Dies gilt ganz besonders für die als starke Sorptiva bekannten Gase, wie z. B. das NH_3. Den entgegengesetzten Effekt zeigt Argon. Bei HÜTTIG, CASSIRER und STROTZER[1] ist in der Tabelle 1 eine übersichtliche Zusammenstellung der einzelnen Lebensperioden und der Art und Größe ihres Wechsels durch das Fremdgas aufgenommen.

Da das Fremdgas die Vorgänge in der festen Phase lenkt und ihrer Geschwindigkeit nach verändert, so muß es als Katalysator bezeichnet werden.

In diesem Zusammenhang sei hingewiesen auf die Theorie von GLASSTONE[2] über den Einfluß des Lösungsmittels auf die Reaktionsgeschwindigkeit, ferner auf die Feststellungen von WADANO, HESS und TROGUS über die Abhängigkeit des Umsetzungsgrades und des Gitterbaues von dem Reaktionsmedium, wie schließlich die Angaben von N. W. TAYLOR[3] bezüglich der Einwirkung von Gasen, Wasserdampf und festen Fremdstoffen auf die Reaktionsgeschwindigkeit. Wahrscheinlich muß auch die „Mineralisatorwirkung“ von Fluorwasserstoff-Dämpfen beispielsweise bei der Synthese von Topas (C. N. FENNER[4]) und vielleicht auch die unter der Wirkung eines Nitrosprengstoffes herbeigeführte Synthese $ZnO + SiO_2 \rightarrow ZnSiO_3$ (MICHEL-LEVY und WYART[5]); (EITEL: loc. cit. S. 549) hierher gerechnet werden. Eine zusammenfassende Darstellung der Lenkung von Pulverreaktionen durch Fremdgasbehandlung geben HEDVALL und Mitarbeiter[6].

W. JANDER und Mitarbeiter (z. B. JANDER und STAMM[7]) haben Reaktionen des vorliegenden Typs (z. B. $CaO + SiO_2$ oder $La_2O_3 + SiO_2$, aber auch vom Typus $BaCO_3 + SiO_2$) in Gegenwart von Fremdgasen (Luft, H_2, NH_3, H_2O-Dampf) unter Verhältnissen untersucht, bei denen die Ausbildung von Zwischenzuständen nicht in Betracht kam. Die Gegenwart von H_2O-Dampf *vergrößert* in allen Fällen die Geschwindigkeit, mit welcher sich das endgültige Endprodukt bildet. Hiebei hat der H_2O-Dampf keine Einwirkung auf die Größe des Temperaturinkrements, hingegen erhöht er die Zahl der reaktionsfähigen Teilchen, z. B. bei der Reaktion $CaO + SiO_2$ auf den 8,5fachen Betrag. Als Erklärung wird eine gewisse Löslichkeit des H_2O in den festen Stoffen erwogen oder aber muß angenommen werden, daß durch die Anwesenheit von H_2O-Dampf das Reaktionsprodukt feinkörniger entsteht und daß eine solche Oberflächenvergrößerung eine Vergrößerung des durch das Reaktionsprodukt hindurchgehenden Diffusionsstromes der Ausgangskomponenten zur Folge hat. Vgl. auch SPENCER, TOPLEY[8] und BODENSTEIN[9].

---

[1] G. F. HÜTTIG, S. CASSIRER, E. STROTZER: 95. Mittlg.: Z. Elektrochem. angew. physik. Chem. **42** (1936), 215; 220, C 36 II 738.
[2] S. GLASSTONE: J. chem. Soc. (London) **1936**, 723; C 36 II 1834.
[3] N. W. TAYLOR: J. Amer. ceram. Soc. **17** (1934), 155; C 35 I 1168.
[4] C. N. FENNER: Amer. J. Sci. (5) **35** (1938), 36.
[5] A. MICHEL-LEVY, J. WYART: C. R. hebd. Séances Acad. Sci. **206** (1938), 261; C 38 II 2405.
[6] J. A. HEDVALL und Mitarbeiter: Glastechn. Ber. **20** (1942), 34; C 42 II 1102.
[7] W. JANDER, W. STAMM: Z. anorg. allg. Chem. **190** (1930), 65; C 30 II 350.
[8] W. D. SPENCER, B. TOPLEY: J. chem. Soc. (London) **1929**, 2633; C 30 II 4.
[9] M. BODENSTEIN: Z. physik. Chem., Abt. B **20** (1933), 451.

AB starr + C starr → A starr + B gasförmig + C starr.

Die Katalyse einer thermischen Zersetzung AB starr → A starr + B gasförmig (S. 498) hat verhältnismäßig früh ein eingehenderes Studium erfahren (Zusammenstellung bei SCHWAB[1]). So wurde die Zersetzung von Ag_2O durch Platin (SCHWAB und PIETSCH[2]) und MnO_2, von HgO durch eine Reihe von Metalloxyden (ROGINSKY, SAPOGENIKOFF und KUTSCHERENKO[3], von $AgMnO_4$ durch Bimssteinpulver (SIEVERTS und TEBERATH[4]) und von $KMnO_4$ durch Metalloxyde (ROGINSKY und SCHULZ[5]) untersucht und gedeutet.

Das für diese Reaktionsart gewählte Beispiel möge an Hand der Abb. 49 erläutert werden. Es wurde sehr reiner, in definierter Weise zerkleinerter Calcit im Vakuum auf verschieden hohe Temperaturen erhitzt und bei jeder Temperatur die Zerfallsgeschwindigkeit c bestimmt. Nach den unveröffentlichten Versuchen von A. ZÖRNER ließen sich die etwas unterhalb 725° ausgeführten Versuche durch eine Funktion $c = k\,n^{2/3}$ [S. 499, Gleichung (2)], die oberhalb dieser Temperatur ausgeführten Versuche durch eine Beziehung $c = kn$ wiedergeben. Trägt man die reziproken Werte der Versuchstemperatur (absol. T) auf der Abszissenachse, die jeweils zugehörigen Werte von $\ln k$ auf der Ordinatenachse auf, so kommen die so abgebildeten Punkte auf eine Gerade zu liegen, so daß also die Darstellung der Temperaturabhängigkeit der Zerfallsgeschwindigkeit durch die ARRHENIUSsche Gleichung möglich ist; auf dieser Grundlage ergibt sich in unserem Fall das Temperaturinkrement des reinen Zerfallsvorganges zu $q = 55800$ cal. Es wurden ferner die gleichen Versuche mit dem gleichen Calcit durchgeführt, dem bestimmte Mengen Magnesiumoxyd (z. B. 0,5 Mole MgO pro 1 Mol $CaCO_3$) ohne Verreibung gut zugemischt wurden. Alle unter Zumischung eines inerten Stoffes beobachteten Zerfallsvorgänge lassen sich auffallenderweise in dem *ganzen* Temperaturbereich durch die Funktion $c = k\,n$ darstellen. Diese in Abb. 49 dargestellten Versuchsergebnisse kommen nicht mehr auf eine Gerade, sondern auf eine konvex gekrümmte Kurve zu liegen, welche allenfalls bei den höheren Temperaturen (also im linken Teil des Diagramms) in eine Gerade übergeht. Dieses Verhalten ist kaum verwunderlich, da doch die Wechselwirkungen zwischen zwei festen Stoffen, auch wenn sie im klassischen Sinne nicht miteinander reagieren, sehr verschiedener Art sein können. So darf angenommen werden, daß eine molekulare Umhüllung den umhüllten Stoff eher stabilisiert (S. 475), hingegen eine in sein Inneres erfolgende Diffusion eines Fremdbestandteiles ihn aktiviert (S. 483). So zeigt der Zerfall des Calcits mit einer Zumischung von 0,5 MgO Temperaturinkremente, welche bei niederen Temperaturen größer, bei höheren Temperaturen geringer sind, als bei dem Zerfall des reinen Calcits beobachtet wurde.

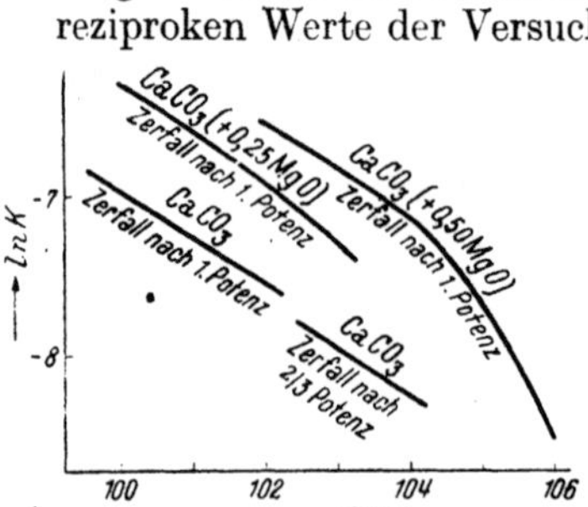

Abb. 49. Der Verlauf der thermischen Zersetzung von Calcit mit und ohne Zusatz von MgO.

Auch in diesem Fall muß der zugesetzte Fremdbestandteil (z. B. hier das Magnesiumoxyd) als positiver oder negativer Katalysator des Zerfallsvorganges bezeichnet werden. Die auf S. 529 („Saugeffekt") und (S. 558) dargelegten An-

---

[1] G.-M. SCHWAB: Katalyse vom Standpunkte der chemischen Kinetik, S. 226. Berlin: Springer, 1931; C 31 II 815.

[2] G.-M. SCHWAB, E. PIETSCH: Z. physik. Chem., Abt. B 1 (1928), 385; C 29 I 1779.

[3] S. ROGINSKY, L. SAPOGENIKOFF, N. KUTSCHERENKO: Ukrainski chemitschni Shurnal 4 (1929), 99; C 29 II 2747.

[4] A. SIEVERTS, H. TEBERATH: Z. physik. Chem. 100 (1922), 463; C 22 III 661.

[5] S. ROGINSKY, E. SCHULZ: Z. physik. Chem., Abt. A 138 (1928), 21; C 29 I 600.

schauungen sind durch eine Erweiterung des derzeit vorliegenden experimentellen Materials auch bei dem vorliegenden Reaktionstypus einer experimentellen Prüfung zugänglich. Das Magnesiumoxyd hat eine bestimmte Affinität zu dem Kohlendioxyd, vermöge welcher es hilft, aus dem Calciumcarbonat das Kohlendioxyd herauszuziehen, ohne daß aber diese Affinität unter den gegebenen Verhältnissen ausreicht, das frei gewordene Kohlendioxyd an das Magnesiumoxyd zu binden.

SHEPPARD und VANSELOW[1] zeigten, daß die Induktionsperiode (S. 506) bei der thermischen Zersetzung von Silberoxalat wesentlich verkürzt wird, wenn darin Silbersulfidkeime enthalten sind, ADADUROW und Mitarbeiter[2] haben die thermische Zersetzung des Gipses in Gegenwart fester Katalysatoren untersucht; BALAREW[3] (u. a. O.) untersucht eine Reihe von Systemen (z. B. $BaO/CaCO_3$), deren Art des Reaktionsverlaufes gleichfalls eine Einordnung unter den vorliegenden Reaktionstypus rechtfertigt; er nimmt als grundlegendes Prinzip eine zwangsläufige Übertragung der Oberflächenveränderungen in das Innere der Kristallsysteme an (BALAREW[4] u. a. O.). — BHATNAGAR, PRAKASH und SINGH[5] finden mit magnetochemischen Methoden bei dem katalysierten Zerfall des MnO_2 Zwischenprodukte.

Andere Beispiele für hierher gehörende Reaktionsarten sind: Der durch die Gegenwart von Wasserdampf beschleunigte Vorgang $Ag_2CO_3 \rightleftarrows Ag_2O + CO_2$, der von SPENCER und TOPLEY[6] untersucht und im Sinne von SMEKAL[7] (Vermehrung der Lockerbausteine) bzw. SCHWAB und PIETSCH[8] (Verbesserung der Kantendiffusion) durch eine Erhöhung der Diffusionsmöglichkeiten gedeutet wurde, ferner Metall starr + Jod-Dampf → Metalljodid starr in Gegenwart von Wasserdampf (SOLOVJEV[9]), die Bildung von Calciumnitrid in Gegenwart von Natriumnitrid (v. ANTROPOFF und GERMAN[10]), der Übergang von CuO nach Cu_2O in Gegenwart von anderen Metalloxyden, insofern diese keine Reaktionsteilnehmer sind (SCHENCK[11]), die Ausscheidungen starrer (F. MÜLLER[12], SWJAGINZEW und PAULSSEN[13]) und gasförmiger (DOLIN und ERSCHLER[14], HELD und TKATSCHEW[15]) Stoffe aus Flüssigkeiten, insoweit Geschwindigkeit und Abscheidungsform durch einen an der Reaktion nicht teilnehmenden festen Körper bedingt sind; das Schulbeispiel hierfür ist die Zerlegung von Wasserstoffperoxyd durch Platinpulver. Hierher sind ferner auch zu zählen die durch Zusatz von Fremdgasen

---

[1] S. E. SHEPPARD, W. VANSELOW: J. Amer. chem. Soc. **52** (1930), 3468; C 34 I 2240.

[2] J. E. ADADUROW (und Mitarbeiter): Chem. J. Ser. B, J. angew. Chem. 5 (1932), 157; C 33 I 1242; **5** (1932), 736; C 33 I 2213; **5** (1932), 897; C 33 II 1468.

[3] D. BALAREW: Z. anorg. allg. Chem. **143** (1925), 89; C 25 I 1930.

[4] D. BALAREW: Kolloid-Z. **72** (1935), 25; C 35 II 1651; Z. physik. Chem., Abt. B **30** (1935), 152; C 36 I 2292.

[5] S. S. BHATNAGAR, B. PRAKASH, J. SINGH: J. Indian chem. Soc. **17** (1940), 133; C 40 II 3441.

[6] W. D. SPENCER, B. TOPLEY: J. chem. Soc. (London) **1929**, 2633; C 30 II 4.

[7] A. SMEKAL: Z. Elektrochem. angew. physik. Chem. **35** (1929), 567; C 30 I 4.

[8] G.-M. SCHWAB, E. PIETSCH: Z. physik. Chem., Abt. B **1** (1929), 385; C 29 I 1779; Z. Elektrochem. angew. physik. Chem. **35** (1929), 573; C 30 I 4.

[9] A. V. SOLOVJEV: C. R. (Doklady) Acad. Sci. URSS (N. S.) **1935**, IV, 185; C 36 I 3788.

[10] A. v. ANTROPOFF, E. GERMAN: Z. physik. Chem., Abt. A **137** (1928), 209; C 28 II 2429.

[11] R. SCHENCK: Z. Elektrochem. angew. physik. Chem. **47** (1941), 1; C 41 I 2495.

[12] F. MÜLLER: Angew. Chem. **54** (1941), 97; C 41 I 2856.

[13] O. J. SWJAGINZEW, A. PAULSSEN: Ann. Secteur Platine Métaux préc. **16** (1939), 109; C 41 I 1270.

[14] P. DOLIN, B. ERSCHLER: J. physik. Chem. **14** (1940), 886; C 41 I 2635.

[15] N. A. HELD, A. D. TKATSCHEW: C. R. Acad. Sci. URSS, Ser. A (N. S.) **1933**, 296; C 35 I 1835.

beeinflußten, längs der Explosionsgrenze verlaufenden Vereinigungen von Gasen (HEIPLE und LEWIS[1]). Dort, wo ein Katalysator aus zwei miteinander nicht reagierenden Bestandteilen ein gasförmiges Substrat katalysiert (das vorliegende Handbuch Band V), haben *zwei* der Systembestandteile die Funktion eines Katalysators.

A starr + B gasförmig + C starr → (A + B) gasförmig + C starr.

Der Vorgang $2\,C + SO_2 \rightarrow (2\,CO + S)$ gasförmig wird in Gegenwart von festen Katalysatoren von LEPSOE[2] untersucht.

F. Gekoppelte Vorgänge.

Hierher wollen wir diejenigen Vorgänge einordnen, welche sich formal als der gleichzeitige Ablauf zweier Vorgänge darstellen, von denen jeder für sich allein auch stattfinden könnte. Es wird sich hierbei also entweder um den Vorgang $A + B \rightleftarrows AB$ bei gleichzeitiger Umwandlung C (Zustand x) → C (Zustand y) oder aber um den gleichzeitigen Ablauf der Vorgänge $A + C_x \rightarrow AC_x$ und $B + C_y \rightarrow BC_y$ handeln.

Ein Vertreter des ersteren Vorgangstyps liegt vor, wenn ein fester Mischkatalysator während seiner katalytischen Betätigung einem gasförmigen Substrat gegenüber sich selbst wandelt. Dies ist beispielsweise der Fall, wenn die Reaktionsteilnehmer des Vorganges $ZnO + Cr_2O_3 \rightarrow ZnCr_2O_4$ während eines solchen Ablaufes gleichzeitig in der Gasphase den Methanoldampfzerfall $CH_3OH \rightarrow CO + 2\,H_2$ katalysieren. Innerhalb eines allerdings schmalen Erfahrungsbereiches ließ sich als *Orientierungs*regel folgendes aussagen: je größer innerhalb ein und desselben Systems die katalytische Wirksamkeit ist, desto mehr wird der Reaktionsablauf innerhalb des Mischkatalysators verzögert (HÜTTIG, CASSIRER und STROTZER[3]).

Zu dem letzteren Vorgangstyp gehört die Erhärtung der Zahnzemente nach $3\,Ag + x\,Sn + y\,Hg \rightarrow Ag_3Hg_4 +$ Sn/Hg-Mischkristall (LOEBICH[4]) und der chemisch-mechanische Vorgang der „Reiboxydation", z. B. das Reiben von Stahl und Aluminium in Luft (DIES[5]).

IV. Reaktionsarten mit vier Bestandteilen.

A. $ABCD \leftrightarrow A + B + C + D$.

Das Beispiel einer hierher gehörenden Reaktionsart ist $K_2SO_4 \cdot MgSO_4 \cdot 2\,CaSO_4 \cdot 2\,H_2O$ (Polyhalit) $\rightarrow K_2SO_4 + MgSO_4 + 2\,CaSO_4 + 2\,H_2O$-Dampf.

B. $AB + C + D \leftrightarrow ACD + B$.

Vorgänge, die hier einzuordnen sind, sind beispielsweise: $5\,CaCO_3 + SiO_2 + P_2O_5 \rightarrow Ca_4P_2O_9 \cdot CaSiO_3 + 5\,CO_2$ (hierbei ist $A = CaO$, $B = CO_2$, $C = SiO_2$ und $D = P_2O_5$) oder $O \cdot CO + Ni + Al_2O_3 \rightarrow O \cdot Ni \cdot Al_2O_3 + CO$ und der entgegengesetzte Vorgang (FRICKE und WEITBRECHT[6]) oder $4\,Fe \cdot S + aq + 3\,O_2 \rightarrow 2\,Fe_2O_3 \cdot aq + 4\,S$. — Beispiele für den entgegengesetzt gerichteten Verlauf sind:

[1] H. R. HEIPLE, B. LEWIS: J. chem. Physics **9** (1941), 584; C 42 II 249.
[2] R. LEPSOE: Ind. Engng. Chem., ind. Edit. **32** (1940), 910; C 40 II 3302.
[3] G. F. HÜTTIG, S. CASSIRER, E. STROTZER: 95. Mittlg.: Z. Elektrochem. angew. physik. Chem. **42** (1936), 215; C 36 II 738.
[4] O. LOEBICH: Z. Metallkunde **32** (1940), 15; C 40 I 3446.
[5] K. DIES: Techn. Mitt. Krupp, Forschungsber. **5** (1942), 127; C 42 II 1399.
[6] R. FRICKE, G. WEITBRECHT: Z. Elektrochem. angew. physik. Chem. **48** (1942), 87; C 42 I 2357.

$2\,Ag_2SO_4 + 2\,CaO \rightarrow 2\,CaSO_4 + 4\,Ag + O_2$ ($A = SO_3$, $B = CaO$, $C = Ag$, $D = O_2$; HEDVALL[1]) oder $2\,HCOOTl + 2\,CaO \rightarrow 2\,CaCO_3 + 2\,Tl + H_2$ ($A = CO_2$, $B = CaO$, $C = Tl$, $D = H_2$; FREIDLIN, BALANDIN und LEBEDEWA[2]). Ob man den Vorgang $Al_2O_3 \cdot 2\,SiO_2 \cdot 2\,H_2O + (H_2 + Cl_2) \rightarrow (2\,H_2O + 2\,HCl) + Al_2O_3 + {} + SiO_2$ (TIETIG[3]) hierher oder in die Klasse III (S. 552) rechnet, hängt davon ab, ob man den Metakaolin als Gemenge oder als chemische Verbindung anspricht.

C. Wechselzersetzung von der Form $AB + CD \rightarrow AC + BD$.

Nachfolgend ist das Verzeichnis der hier möglichen Reaktionsarten mit der von uns benützten Numerierung mitgeteilt:

Tabelle 6. *Reaktionsarten der Sippe C (Klasse IV).*

1 ss → ss	*sx ↔ yz*	*ohne s*
ss ↔ sx	12 sf → sf	28 ff → ff
	13 sf → sg	29 ff → fg
2 ss → sf	14 sg → sf	30 fg → ff
3 sf → ss	15 sg → sg	31 ff → gg
4 ss → sg	16 sf → ff	32 gg → ff
5 sg → ss	17 ff → sf	33 fg → fg
	18 sf → fg	34 gg → fg
ss ↔ xy	19 fg → sf	35 fg → gg
	20 gg → sf	36 gg → gg
6 ss → ff	21 sf → gg	
7 ff → ss	22 sg → ff	
8 ss → fg	23 ff → sg	
9 fg → ss	24 sg → fg	
10 ss → gg	25 fg → sg	
11 gg → ss	26 sg → gg	
	27 gg → sg	

Einige Beispiele für die hierher gehörenden Reaktionsarten sind:

AB starr + *CD starr* → *AC starr* + *BD starr* (= Reaktionsart 1): $BaO + PbCl_2 \rightarrow BaCl_2 + PbO$ (HEDVALL und GUSTAVSSON[4]; HEDVALL[5]).

AB starr + *CD starr* → *AC starr* + *BD gasförmig* (= Reaktionsart 4): $CdO \cdot CO_2 + Fe_2O_3 \cdot H_2O \rightarrow CdO \cdot Fe_2O_3 + (CO_2 + H_2O)$ und ebenso statt $CdO \cdot CO_2$ auch $ZnO \cdot CO_2$ (SCHRÖDER[6] unter besonderer Berücksichtigung der Zwischenzustände), ferner $2\,AlF_3 + 2\,SiO_2 \rightarrow Al_2SiO_4F_2 + {} + SiF_4$ (SCHOBER und THILO[7]).

AB starr + *CD flüssig* → *AC starr* + *BD flüssig* (= Reaktionsart 12): $Al_2O_3 \cdot 3\,SO_3$ starr + $3\,(NH_4)_2O$ aq · aq′ → $Al_2O_3 \cdot$ aq′ + $3\,(NH_4)_2O$ aq · $3\,SO_3$ (Prinzip der Entstehung des „topochemisch“ hergestellten Tonerdehydrates nach V. KOHLSCHÜTTER und NEUENSCHWANDER[8]), ferner $ZnO + H_2SO_4 \rightarrow ZnSO_4 + {} + H_2O$ (BUDNIKOW[9]) oder $NaCl + AgNO_3$ aq → $AgCl + NaNO_3$ aq oder $AlF_3 + {} + H_2O \rightarrow AlOF + 2\,HF$ (SCHOBER und THILO[7]). Für den Vorgang $AgCl + {} + BrK$ aq → $AgBr + ClK$ aq weist SCHWAB[10] nach, daß er über Mischkristalle von AgCl/AgBr als instabile Zwischenzustände geht. Hierher gehört ferner auch der Basenaustausch an Permutiten (vgl. EITEL[11]). — Diese Reaktions-

[1] J. A. HEDVALL: Reaktionsfähigkeit fester Stoffe. Leipzig: A. Barth, 1938; C 38 I 254.

[2] L. CH. FREIDLIN, A. A. BALANDIN, A. J. LEBEDEWA: Bull. Acad. Sci. URSS, Cl. Sci. chim. **1940**, 955; C 41 I 2907.

[3] C. TIETIG: Am. P. 1890474 vom 1. 6. 1931; C 33 I 1828.

[4] J. A. HEDVALL, E. GUSTAVSSON: Svensk kem. Tidskr. **39** (1927), 280; C 28 I 631.

[5] J. A. HEDVALL: Reaktionsfähigkeit fester Stoffe. Leipzig: A. Barth, 1938; C 38 I 254.

[6] W. SCHRÖDER: Z. Elektrochem. angew. physik. Chem. **46** (1940), 680; C 41 I 1390; **47** (1941), 196; C 41 I 2511; **48** (1942), 241, 301; C 42 II 1090; **49** (1943), 38.

[7] R. SCHOBER, E. THILO: Ber. dtsch. chem. Ges. **73** (1940), 1219; C 41 I 1140.

[8] V. KOHLSCHÜTTER, N. NEUENSCHWANDER: Z. Elektrochem. angew. physik. Chem. **29** (1923), 246; C 24 I 1010.

[9] P. P. BUDNIKOW: Z. anorg. allg. Chem. **191** (1930), 79; C 30 II 2360.

[10] G.-M. SCHWAB: Kolloid-Z. **101** (1942), 204.

[11] W. EITEL: Physikalische Chemie der Silicate, S. 548. Leipzig: A. Barth, 1941; C 41 I 1656.

art bildet eine der Hauptgrundlagen der in Band IV ausführlich behandelten topochemischen Vorgänge von V. KOHLSCHÜTTER und FEITKNECHT (vgl. die zusammenfassende Würdigung des V. KOHLSCHÜTTERschen Lebenswerkes durch FEITKNECHT[1], ferner die neueren Untersuchungen von TODES und Mitarbeitern[2] über die Kinetik topochemischer Reaktionen sowie die H. W. KOHLSCHÜTTERschen[3] Untersuchungen über die Beziehungen zwischen der Struktur der Salze und der aus ihnen hergestellten Hydroxyde).

AB starr + CD flüssig → AC starr + BD gasförmig (= Reaktionsart 13): $CaC_2 + 2\,H_2O \rightarrow Ca(OH)_2 + H_2C_2$.

AB starr + CD gasförmig → AC starr + BD gasförmig (= Reaktionsart 15): $PbO + H_2S \rightarrow PbS + H_2O$; der Vorgang $ZnO + H_2Se \rightarrow ZnSe + H_2O$ wurde von FULLER und SILLER[4] durch Elektronenbeugungsaufnahmen verfolgt. Ferner gehören hierher: $CaCO_3 + 2\,HCl \rightarrow CaCl_2 + (H_2O + CO_2)$ sowie die Überführung des NaCl in Na_2SO_4 etwa nach dem HARGREAVES-Prozeß.

AB flüssig + CD flüssig → AC starr + BD flüssig (= Reaktionsart 17): $AgNO_3\,aq + HCl\,aq' \rightarrow AgCl + HNO_3\,aq\,aq'$ oder $CuSO_4\,aq + H_2S\,aq' \rightarrow CuS + H_2SO_4\,aq\,aq'$ oder $BiCl_3\,aq + 3\,NaOH\,aq' \rightarrow Bi(OH)_3 + 3\,NaCl\,aq\,aq'$ oder $BiCl_3\,aq + 3\,HOH\,aq' \rightarrow Bi(OH)_3 + 3\,HCl\,aq\,aq'$. Der entstehende starre Körper kann durch zahlreiche Zwischenzustände hindurchgehen wie Übersättigung → Sol → (Koagulation) → amorphes Gel → fehlerhaft kristallisierter Zustand → (Alterung) → fehlerfrei kristallisierter Zustand. Das Studium dieser Erscheinungen bildet Hauptbestandteile der Kolloidchemie und der analytischen Chemie. Es soll daher nur auf einige neuere Arbeiten auf diesem Gebiete verwiesen werden: TEŽAK[5]: Feinstruktur und elektrokinetische Doppelschicht, eine ausgedehnte Abhandlungsreihe von KOLTHOFF und Mitarbeitern[6] sowie auch von BALAREW über die Alterung von Niederschlägen, MOELLER[7] und YAMAGIHARA[8] über rhythmische Fällungen und von VAN HOOK[9] über die Kinetik der Bildung LIESEGANGscher Ringe, KAROVGLANOW[10] über die sekundäre Fällung und AGTE und Mitarbeiter[11] über eine „Regel über die größtmögliche Ähnlichkeit zwischen der Zusammensetzung des reagierenden Gemisches und der gebildeten Verbindungen"; die Abhängigkeit der Zwischenformen von dem Medium behandelt MATSUMOTO[12].

AB flüssig + CD gasförmig → AC starr + BD flüssig (= Reaktionsart 19). — $AgNO_3\,aq + HCl$ gasförmig $\rightarrow AgCl + HNO_3\,aq$ oder $CuSO_4\,aq + H_2S \rightarrow CuS + H_2SO_4\,aq$ (MOKRUSCHIN und Mitarbeiter[13]).

AB flüssig + CD flüssig → AC starr + BD gasförmig (= Reaktionsart 23): $SiCl_4 + 4\,H_2O \rightarrow Si(OH)_4 + 4\,HCl$ (DAWSON und DYSON[14]).

---

[1] W. FEITKNECHT: Helv. chim. Acta 21 (1938), 766; C 38 II 2702.
[2] O. M. TODES: J. physik. Chem. 14 (1940), 1217; C 42 I 709.
[3] H. W. KOHLSCHÜTTER: Kolloid-Z. 96 (1941), 237; C 42 I 449.
[4] M. L. FULLER, C. W. SILLER: J. appl. Physics 12 (1941), 416; C 41 II 3160.
[5] B. TEŽAK: Z. physik. Chem., Abt. A 190 (1942), 257; C 42 II 379; 191 (1942), 270.
[6] J. M. KOLTHOFF, W. M. MACNEVIN: J. physic. Chem. 44 (1940), 921; C 41 I 2077.
[7] T. MOELLER: J. chem. Educat. 17 (1940), 519; C 41 I 2639.
[8] A. YAMAGIHARA: Sci. Pap. Inst. physic. chem. Res. 38, Nr. 984; Bull. Inst. physic. chem. Res. (Abstr.) 19 (1940), 46; C 41 I 751.
[9] A. VAN HOOK: J. physic. Chem. 44 (1940), 751; C 41 I 17.
[10] Z. KAROVGLANOW: Österr. Chemiker-Ztg. 44 (1941), 149; C 41 II 1585.
[11] A. N. AGTE, P. A. ARCHANGELSKI, N. J. BIRGER: Arb. Leningrader chem.-techn. Rote-Fahne-Inst. Leningrader Rates 8 (1940), 21; C 41 II 1132.
[12] N. MATSUMOTO: J. Soc. chem. Ind. Japan, suppl. Bind. 39 (1936), 180; C 37 I 3922.
[13] S. G. MOKRUSCHIN, W. A. KOSHEUROW, J. A. BLUM: Colloid J. 6 (1940), 119; C 41 I 1400.
[14] H. M. DAWSON, N. B. DYSON: Proc. Leeds philos. lit. Soc., sci. Sect. 2 (1934), 495; C 34 I 3169.

D. $AB + CD \leftrightarrow AC + B + D$.

Hierher gehört beispielsweise $4\,AgCl + N_2H_4\,aq \rightarrow 4\,HCl\,aq + 4\,Ag + N_2$ (JAMES[1]), und in entgegengesetzter Richtung verlaufen: $CaSO_4 + SiO_2 +$ Fremdgas $\rightarrow CaSiO_3 + (SO_3 +$ Fremdgas) (v. BISCHOFF[2], BUDNIKOV und KREČ[3]) und $Nb_2O_5 + 5\,H_2 + x\,Ni \rightarrow Nb_2 \cdot x\,Ni + 5\,H_2O$ (GRUBE, KUBASCHEWSKI und ZWIAUER[4], GRUBE und RATSCH[5]).

E. $AB + CD \leftrightarrow A + B + C + D$.

Ein Beispiel ist $2\,Fe_2O_3 \cdot 3\,SiO_2 + 2\,Ag_2CO_3 \rightarrow 2\,Fe_2O_3 + 6\,SiO_2 + 4\,Ag + (O_2 + CO_2)$. Formal lassen sich die zu dieser Sippe gehörenden Reaktionsarten als zwei gleichzeitig verlaufende Reaktionsarten der Klasse II (S. 438f.) darstellen. (Vgl. „gekoppelte Reaktionen" S. 572.)

F. $AC_x + BC_y + D \leftrightarrow DC_z + AB$.

Ein Beispiel hierfür ist die Herstellung gesinterter Kobaltnickellegierungen nach CASSIRER-BÁNÓ und HEDVALL[6].

G. $AC_x + BC_y + D \leftrightarrow DC_z + A + B$.

Ein Beispiel ist: $NiO + WO_3 + 4\,H_2 \rightarrow 4\,H_2O + Ni + W$. Auch diese Vorgänge lassen sich als zwei gleichzeitig verlaufende Reaktionsarten der Klasse II (S. 438f.) darstellen. Bei dem vorliegenden Beispiel handelt es sich um die gekoppelte Reduktion zweier Oxyde. Schwer reduzierbare Oxyde sind in Gegenwart von NiO leichter reduzierbar (GRASSMANN und KOHLMEYER[7]).

H. $AB + C + D_x \leftrightarrow ACD_y + BD_z$.

Ein Beispiel ist: $2\,Cu \cdot Sn + 2\,CaO + 3\,O_2 \rightarrow 2\,CaSnO_3 + 2\,CuO$ (HEDVALL und ILANDER[8], HEDVALL[9]).

I. Reaktionsarten, bei welchen ein Bestandteil als Katalysator wirkt.

Es folgen hier einige Beispiele: Nach dem Schema ABC flüssig $+ D$ starr $\rightarrow A$ starr $+ B$ flüssig $+ C$ gasförmig $+ D$ starr verläuft $CaCO_3 \cdot aq \cdot CO_2 + Al_2O_3 \rightarrow CaCO_3 + aq + CO_2 + Al_2O_3$ (STUMPER[10], Kinetik und Katalyse dieses Vorganges); nach dem Schema AB starr $+ C$ starr $+ D$ starr $\rightarrow AC$ starr $+ B$ gasförmig $+ D$ starr verläuft $CaO \cdot SO_3 + SiO_2 + Na_2SO_4 \rightarrow CaO \cdot SiO_2 + SO_3 + Na_2SO_4$ (BUDNIKOV und KREČ[3]). Weitere hierher zu zählende Vorgänge sind: $4\,Al + 3\,O_2 + 8\,H_2O$-Dampf $+ Hg_x \rightarrow 2\,Al_2O_3 \cdot 4\,H_2O$ (= „indisches" Tonerdehydrat) $+ Hg_x$

[1] T. H. JAMES: J. Amer. chem. Soc. **62** (1940), 1649; C 40 II 3440; **63** (1941), 1601; C 41 II 2773.
[2] F. v. BISCHOFF: Z. anorg. allg. Chem. **250** (1942), 10; C 42 II 1657.
[3] P. P. BUDNIKOW, E. J. KREČ: C. R. (Doklady) Acad. Sci. URSS **1936**, III, 161; C 37 I 38.
[4] G. GRUBE, O. KUBASCHEWSKI, K. ZWIAUER: Z. Elektrochem. angew. physik. Chem. **45** (1939), 881; C 40 I 995.
[5] G. GRUBE, K. RATSCH: Z. Elektrochem. angew. physik. Chem. **45** (1939), 838; C 40 I 351.
[6] S. CASSIRER-BÁNÓ, J. A. HEDVALL: Z. Metallkunde **31** (1939), 12; C 39 I 3447.
[7] K. GRASSMANN, E. J. KOHLMEYER: Z. anorg. allg. Chem. **222** (1935), 257; C 35 I 3508.
[8] J. A. HEDVALL, F. ILANDER: Z. anorg. allg. Chem. **203** (1932), 373; C 32 I 1750.
[9] J. A. HEDVALL: Reaktionsfähigkeit fester Stoffe. Leipzig: A. Barth, 1938; C 38 I 254.
[10] R. STUMPER: Chim. et Ind. **32** (1934), 1023; C 35 I 1173.

(Montoro und de Angelis[1]), ferner die Reduktion von Eisenoxyden in Gegenwart fremder Feststoffe (Olmer[2]), ferner der Vorgang $H_2Cl_6 \cdot Pt$ (flüssig) $+ 2\,H_2 + Al_2O_3 \rightarrow 6\,HCl$ gasförmig $+ Pt + Al_2O_3$ (Rubinstein[3]), ferner $2\,H_2C_2O_4\,aq + O_2 + Pt \rightarrow 4\,CO_2 + 2\,H_2O\,aq + Pt$ (Sano[4]) und schließlich wohl auch der durch die Gegenwart von Fremdstoffen beeinflußte Zerfall von Pyrophyllit (Thilo und Schwarz[5]). Den Vorgang $2\,Cu_2O + Cu_2S \rightarrow 6\,Cu + SO_2$ in Gegenwart von Fremdoxyden untersuchen Schenck und Keuth[6].

Eine weitere Sippengruppe stellen die Vorgänge in Systemen mit 4 Bestandteilen dar, bei welchen sich die Wechselbeziehung auf Oberflächenvorgänge beschränkt, so z. B. manche Flotationsvorgänge (Separation Process Co.[7]) und die Lebensgeschichte mancher fester Katalysatoren aus 4 Bestandteilen.

V. Reaktionsarten mit fünf Bestandteilen.

Hier wollen wir uns einstweilen mit dem Hinweis auf einige hierher gehörende Reaktionsarten begnügen:

Für das Schema ABC *starr* $+ D$ *starr* $+ E$ *starr* $\rightarrow AD$ *starr* $+ CE$ *gasförmig* $+ B$ ergibt sich ein Beispiel bei der Gewinnung des Phosphors nach $Ca_3(PO_4)_2 + 3\,SiO_2 + 5\,C \rightarrow 3\,CaSiO_3 + 5\,CO + 2\,P$ (Mikulinski und Maron[8]; vgl. „Zangeneffekt", S. 577).

Für das Schema ABC_x *flüssig* $+ DEC_y$ *flüssig* $\rightarrow AE$ *starr* $+ DB$ *starr* $+ C_x$ *flüssig* ergibt sich als Beispiel $BaCl_2\,aq + Ag_2SO_4\,aq' \rightarrow BaSO_4 + 2\,AgCl + aq \cdot aq'$.

Für das Schema AB_x *flüssig* $+ CB_y$ *flüssig* $+ DE$ *flüssig* $\rightarrow ACE$ *starr* $+ DB_z$ möge folgendes Beispiel dienen: $Al \cdot Cl_3\,aq + Ca \cdot Cl_2\,aq' + 5\,K\,aq'' \cdot OH \rightarrow Al \cdot Ca \cdot (OH)_5 + 5\,K\,aq'' \cdot Cl_5\,aq\,aq'$ (Fällung von Doppelhydroxyden, Feitknecht[9], Feitknecht und Gerber[10], Yosimura, Kosobe und Itô[11], Taylor[12]).

Für das Schema ABC_x *starr* $+ D_a$ *starr* $+ ED_bC_y$ *starr* $\rightarrow AD_bC_y$ *starr* $+ EB$ *starr* $+ D_aC_x$ *gasförmig* ist ein Beispiel der Leblanc-Sodaprozeß: $Na_2SO_4 + 4\,C + CaCO_3 \rightarrow Na_2CO_3 + CaS + 4\,CO$ (A = Natrium, B = Schwefel, C = Sauerstoff, D = Kohlenstoff, E = Calcium).

In dem Schema AB *flüssig* $+ CD$ *flüssig* $+ E \rightarrow AC$ *starr* $+ BD$ *flüssig* $+ E$ ist der Bestandteil E kein Reaktionspartner, also Katalysator; ein Beispiel hierfür ist $Cu \cdot SO_4\,aq + S \cdot H_2\,aq' +$ Schutzkolloid $\rightarrow CuS + SO_4\,aq \cdot H_2\,aq' +$ Schutzkolloid.

Ein Vorgang, welcher der *Klasse VI* angehört, ist der Aufschluß von Silicaten mit Ammoniumchlorid: $Al_2O_3 \cdot x\,SiO_2 + 6\,NH_4Cl \rightarrow 2\,AlCl_3 + x\,SiO_2 + 3\,H_2O + 6\,NH_3$.

---

[1] V. Montoro, M. de Angelis: Ric. sci. Progr. tecn. Econ. naz. **13** (1942), 186; C 42 II 871.

[2] F. Olmer: Rev. Métallurg. **38** (1941), 129; C 42 I 3032.

[3] A. M. Rubinstein: C. R. (Doklady) Acad. Sci. URSS (N. S. 7) **28** (1939), 57; C 41 I 1256.

[4] I. Sano: Bull. chem. Soc. Japan **15** (1940), 196; C 41 I 3.

[5] E. Thilo, U. Schwarz: Ber. dtsch. chem. Ges. **74** (1941), 196; C 41 I 1797.

[6] R. Schenck, H. Keuth: Z. Elektrochem. angew. physik. Chem. **46** (1940), 309; C 40 II 2714.

[7] Separation Process Co.: Am. P. 2202601 vom 13. 5. 1939; C 41 I 676.

[8] A. S. Mikulinski, F. S. Maron: J. Chim. appl. **14** (1941), 30; C 41 II 850.

[9] W. Feitknecht: Helv. chim. Acta **25** (1942), 555; C 42 II 979.

[10] W. Feitknecht, M. Gerber: Helv. chim. Acta **25** (1942), 106; C 42 I 2971.

[11] R. Yosimura, S. Kosobe, S. Itô: J. Soc. chem. Ind. Japan, suppl. Bind. **38** (1935), 22; C 36 I 2052.

[12] E. H. Taylor: J. Amer. chem. Soc. **63** (1941), 2906; C 42 I 2849.

Zangeneffekt.

Der vorangehend (S. 576) besprochene Vorgang der Phosphordarstellung läßt sich durch das Bild

$$)\!\!\!\!(3\,SiO_2 + 3\,CaO \cdot 1\,P_2O_5 + 5\,C)\!\!\!\!($$

veranschaulichen, bei welchem also die Verbindung $Ca_3(PO_4)_2 = 3\,CaO \cdot P_2O_5$ zwischen zwei Zangen genommen wird. Da auf der einen Seite das CaO von dem SiO_2, auf der anderen Seite das O_5 von dem Kohlenstoff an sich gerissen wird und nur noch das P_2 übrigbleibt, wollen wir einen so gearteten Effekt als „Zangeneffekt" bezeichnen. Wir wollen diese Bezeichnung auf alle die Fälle ausdehnen, in welchen ein Molekül zwecks Beraubung von zwei verschiedenen Seiten angegriffen wird. Dieses Prinzip ist planmäßig wohl zum ersten Male von GRUBE[1] als Erleichterung der Metallbildung aus schwer reduzierbaren Oxyden durch Koppelung mit einer Legierungsbildung des entstehenden Metalls angewendet worden. Wenn die Zange auf der einen Seite nicht stark genug ist, um ihren Anteil wirklich loszureißen, beschränkt sie sich auf eine Lockerung des Moleküls und erleichtert immer noch der gegenüberliegenden Zange die Arbeit — sie wirkt als Katalysator (S. 337). Wir wollen allgemein den allseits erfolgreichen Verlauf eines chemischen Vorganges die „Stammreaktion" nennen, wohingegen wir den unter solchen Umständen betrachteten Vorgang, bei welchen ein möglicher Reaktionspartner als Katalysator leer ausgeht, als eine von dieser Stammreaktion abgeleitete, katalysierte Reaktion bezeichnen. Die Zangenreaktion stellt häufig Stammreaktionen dar, von welchen sich bekannte katalysierte Reaktionen ableiten. (Vgl. hierzu auch den Abschnitt „Theoretische Deutungen der Selektivität" von ROBERTI und SARTORI in dem vorliegenden Band S. 228ff.)

Die reduzierende Wirkung des Wasserstoffes auf Eisenoxyd kann durch kleine Chlorzusätze wesentlich erhöht werden (S. 558); hingegen brauchen entsprechende Zusätze von fertigem Chlorwasserstoff keine so verstärkende Wirkung zu haben. Auch hier kann man sich nach dem Schema

$$Fe_2O_3 + H \cdots\cdots H + Cl_2$$

einen zweiseitigen Zangenangriff auf das Wasserstoffmolekül vorstellen, wobei es gar nicht das Entscheidende zu sein braucht, ob auch das Chlormolekül sich mit dem Wasserstoff zu Chlorwasserstoff vereinigt (und etwa mit einem Teil des Fe_2O_3 weiter reagiert) oder ob es nur eine auflockernde Wirkung auf das Wasserstoffmolekül ausübt (vgl. SEDLATSCHEK[2]).

[1] G. GRUBE: Angew. Chem. **51** (1938), 388.
[2] K. SEDLATSCHEK: Z. anorg. allg. Chem. **250** (1942), 23; C 42 II 1657.

Umwandlung und Katalyse.

Von

J. A. HEDVALL, Göteborg.

Inhaltsverzeichnis.

I. Einleitung und Abgrenzung des Gebietes.

Es ist in diesem Handbuch an anderer Stelle beschrieben worden, wie man sich die Wirkung eines Katalysators auf das reagierende Substrat vorstellt. Dabei wurde die grundsätzliche Bedeutung der Art und Ausbildungsweise der Oberfläche auseinandergesetzt und die spezifischen Eigenschaften von Oberflächen- und Grenzschichtenvorgängen beleuchtet. Daraus erhellt die Beziehung zwischen Oberflächencharakter und Katalysatorwirkung. Diese Abhängigkeit kann sich[1] auf eine mehr oder weniger stark hervortretende Abstimmung von Katalysator und Substrat erstrecken, so daß eine Selektivität auch in bezug auf den *qualitativen* Ablauf des katalytischen Vorgangs besteht.

[1] Siehe z. B. SCHWAB: Katalyse vom Standpunkt der chemischen Kinetik, S. 173÷176. Springer, 1931.

Im folgenden soll eine Übersicht über die Bedeutung von Umwandlungsvorgängen in der Katalysatorphase für die jeweils vorhandene Aktivität gegeben werden. Als eine *Umwandlung* fassen wir hierbei *jegliche reversible physikalische Zustandsänderung eines Stoffes* auf[1]. Bleibende chemische Veränderungen sowie irreversible topochemische oder herkunftsbedingte Änderungen (Alterung) fester Stoffe werden demnach nicht zu den zu behandelnden Umwandlungen gerechnet (vgl. hierzu insbesondere die Beiträge von R. FRICKE in Band IV und G. F. HÜTTIG in Band VI des Handbuchs). Eine Ausnahme soll gegenüber der genannten Abgrenzung gemacht werden, indem auch die Auswirkung monotroper Phasenübergänge auf die katalytische Aktivität behandelt werden soll. Als Umwandlungen kommen definitionsgemäß sowohl Phasenänderungen wie Änderungen innerhalb einer Phase in Betracht, und wir werden experimentelle Beispiele für beides kennenlernen.

Die Zahl der vor und nach der Umwandlung vorhandenen Phasen braucht nicht konstant zu sein. Unter einer Phase verstehen wir ein System mit einer definierten Konzentration und einer charakteristischen geordneten bzw. ungeordneten Konfiguration der aufbauenden Partikeln. Als Phasenänderung im hier interessierenden Sinne betrachten wir es auch, wenn zwar das Gitter bei der Umwandlung nicht geändert wird, jedoch der Ordnungszustand der das Gitter aufbauenden Partikeln eine Änderung erleidet.

Zur weiteren Abgrenzung der Umwandlungen, die wir behandeln wollen, sei als Bedingung aufgestellt, daß sich die Umwandlung, wenn auch nicht scharf, so doch einigermaßen diskontinuierlich bei Änderung der äußeren Bedingungen, z. B. der Temperatur oder des Druckes, aber nicht längs einer Gleichgewichtskurve vollziehen soll, und daß wenigstens ein Zustand der sich umwandelnden Substanz eine geordnete Phase darstellt. Für die Behandlung entfallen demnach beispielsweise die sich in festen Stoffen bei höheren Temperaturen einstellenden, thermodynamisch bestimmten, reversiblen Fehlordnungsarten nach FRENKEL, WAGNER-SCHOTTKY[2], die auch eine Auswirkung auf die katalytische Aktivität besitzen können. Ferner sind alle Zustandsänderungen in Gasen ausgeschlossen. Umwandlungserscheinungen uns interessierender Art können in Flüssigkeiten und in festen Phasen auftreten.

Daß Flüssigkeiten entgegen der klassischen Auffassung eine Struktur besitzen können, d. h. als quasikristallin anzusehen sind, geht aus verschiedenen neueren experimentellen Ergebnissen hervor[3]. Die Einwirkung von Umwandlungsvorgängen in solchen Systemen auf die Geschwindigkeit eines chemischen Vorgangs, an welchem sich die betreffenden Phasen beteiligen, ist jedoch noch nicht untersucht worden. Die Auffindung derartiger Effekte wäre von Interesse, wenn auch eine größere praktische Bedeutung wenig wahrscheinlich ist. Auch der Übergang Flüssigkeit $\rightarrow$ Dampf im kritischen Temperaturgebiet braucht nach MAASS[4] nicht kontinuierlich zu erfolgen, sondern unter schritthafter Zerstörung der Komplexität oder Struktur der Flüssigkeit. Aktivitätsuntersuchungen hierüber

---

[1] Wie gerade in diesem Kapitel gezeigt wird, rufen derartige „rein physikalische" Umwandlungen Änderungen im chemischen Charakter der betreffenden Substanz hervor, so daß man sie vielleicht trotz konstanter chemischer Zusammensetzung als besonders einfache chemische Reaktionen und die getroffene Abgrenzung daher als willkürlich bezeichnen könnte. Wir wollen aber an der Kennzeichnung der hier in Betracht kommenden Umwandlungen als physikalische festhalten, entsprechend der im Sprachgebrauch üblichen Unterscheidung zwischen physikalischen und chemischen Vorgängen.

[2] Zusammenfassende Darstellung von W. JOST: Diffusion und chemische Reaktion in festen Stoffen. Dresden, 1937.

[3] Vgl. P. DEBYE: Z. Elektrochem. angew. physik. Chem. **45** (1939), 174.

[4] O. MAASS: Chem. Reviews **23** (1938), 17.

liegen für katalytische Wirkungen nicht vor, es sei aber erwähnt, daß MAASS und Mitarbeiter gefunden haben, daß die Geschwindigkeit der Reaktion zwischen Propylen und Chlorwasserstoff größer war, wenn das Gemisch unterhalb der kritischen Temperatur verflüssigt war, als wenn es oberhalb der kritischen Temperatur durch Druck auf die gleiche Dichte gebracht worden war. Obwohl bei gleicher Konzentration die Reaktionsgeschwindigkeit bei höherer Temperatur größer sein sollte, war das Umgekehrte der Fall, offenbar zufolge einer geänderten Aktivität bei der Ausbildung von Ordnungszuständen in der Flüssigkeit. Solche Ordnungszustände können auch als Polymerisationsunterschiede aufgefaßt werden.

Wir werden uns daher nur mit festen Phasen beschäftigen bzw. mit dem Grenzfall des Übergangs fest → flüssig. Der starre Zustand der Materie bietet auch die unvergleichbar reichsten Möglichkeiten dar, sowohl in bezug auf quantitative als auch auf qualitative Änderungen der Oberflächenaktivität. Es ist in anderen Kapiteln dieses Handbuchs dargestellt worden, daß die physikalisch-chemische Aktivität eines festen Stoffes oft in hervorragendem Maß von der Ausbildungsweise abhängt, von Fehlbauzuständen verschiedener Art, von der mechanischen Beanspruchung usw. In diesem Zusammenhang soll besonders auf die Untersuchungen von FRICKE[1], HEDVALL[2], HÜTTIG[3], JANDER[4] und TAYLOR[5] und ihren Mitarbeitern hingewiesen werden. Analog können wir bei der Gruppe von Umwandlungen, der wir uns in diesem Kapitel zuwenden, die Einwirkung auf die Oberflächenaktivität mit einer Verschiedenheit der Ausbildungsform oder der Störungszustände der Gitter erklären. Wenn diese im Zusammenhang mit einer Umwandlung verschwindenden bzw. neu auftretenden Gittereigentümlichkeiten auch wirklich die Oberfläche erfassen[6] bzw. nach der Oberfläche mit nennenswerter Geschwindigkeit fortgepflanzt werden[7], dann hat dies stets eine veränderte Oberflächenaktivität zur Folge, die den Verlauf der an oder in der Grenzschicht sich abspielenden Vorgänge beeinflußt.

Wenn ein fester Stoff eine Umwandlung erleidet, dann kommen drei verschiedene Aktivitätszustände in Betracht; *vor*, *während* und *nach* der Umwandlung. Es hängt jedoch von der Art der Umwandlung und auch von ihrer Geschwindigkeit ab, ob alle drei Aktivitätszustände praktisch realisierbar sind. Bei der Besprechung der Umwandlungstypen wird jeweils zu erörtern versucht, mit welchen Aktivitätszuständen man zu rechnen hat und in welcher Weise die experimentelle Ermittlung am zweckmäßigsten vorzunehmen ist. Die Untersuchung der Aktivität sowohl der Gleichgewichtsformen wie etwaiger instabiler Zustände ist dabei von Interesse.

---

[1] R. FRICKE: Vgl. z. B. Z. Elektrochem. angew. physik. Chem. **45** (1939), 254; Ber. dtsch. chem. Ges. **72** (1939), 1568.

[2] J. A. HEDVALL: Vgl. Reaktionsfähigkeit fester Stoffe. Leipzig, 1938.

[3] G. F. HÜTTIG: Vgl. z. B. Z. anorg. allg. Chem. **237** (1938), 209.

[4] W. JANDER: Z. B. Z. anorg. allg. Chem. **239** (1938), 95; **241** (1939), 57.

[5] H. S. TAYLOR: Vgl. bei SCHWAB: Katalyse vom Standpunkt der chemischen Kinetik. Springer, 1931.

[6] Die Frage, in welchem Ausmaß der Zustand der Oberflächenpartikeln eines Krystalls sich bei einer Umwandlung im Gitterinnern mitändert, ist noch ungeklärt. HÜTTIG [G. F. HÜTTIG, K. KOSTERHON: Kolloid-Z. **89** (1939), 202] hat auf Grund z. B. der Lösbarkeits- und Sorptionsverhältnisse bei einigen Substanzen im Umwandlungsgebiet die Ansicht ausgesprochen, daß eine Gitterumwandlung bei monotropen Umwandlungen von der Oberfläche aus einsetzen könnte. Für die katalytisch wirksamen Oberflächenstellen braucht dies aber nicht zu gelten, da sie überhaupt keiner symmetrischen Anordnung anzugehören brauchen. Aufschlüsse über diese Fragen könnten elektronographische und elektronenmikroskopische Untersuchungen geben (vgl. M. VON ARDENNE: Das Elektronenmikroskop. Berlin, 1940).

[7] J. A. HEDVALL: Angew. Chem. **54** (1941), 405; Chalmers Tekn. Högsk. Handl. (Göteborg) **1942**, Nr. 15.

Im folgenden werden zunächst die in Betracht kommenden Umwandlungstypen und umwandlungsähnlichen Erscheinungen beschrieben, danach werden in aller Kürze allgemeine Angaben über die Untersuchungsmethoden gemacht. Auf die thermodynamische und kinetische Behandlung der Umwandlungsvorgänge konnte hier nicht eingegangen werden, ohne den gegebenen Raum zu überschreiten. Es wird auf die Arbeiten von K. WIRTZ[1] und von M. VOLMER[2] hingewiesen. An diese allgemeine Übersicht schließt sich die Darstellung der zu jedem Umwandlungstyp gehörigen chemischen oder physikalisch-chemischen Effekte, sofern solche experimentell überhaupt nachgewiesen worden sind. Falls in katalytischer Hinsicht kein experimentelles Material vorliegt, wird die Auswirkung des betreffenden Umwandlungsvorgangs auf die Oberflächenaktivität an Hand anderer geeigneter chemischer Effekte erläutert. Überhaupt können wir uns zum Verständnis der Umwandlungseffekte und ihrer Ausnutzbarkeit nicht nur mit katalytischen oder Sorptionsvorgängen begnügen, sondern müssen auch eine Reihe von Fällen heranziehen, die uns über die chemischen Auswirkungen von Änderungen der Oberflächenaktivität durch die hier in Frage kommenden Umwandlungen Aufschluß geben kann. Eine Fülle von Beobachtungen in neuerer Zeit hat in der Tat das andersartige chemische Verhalten eines festen Stoffs in Übergangszuständen gezeigt. Das reichste Material liegt, wenn es sich um kristallographische Umwandlungen handelt, in bezug auf wirkliche chemische Umsetzungen zwischen dem sich umwandelnden Stoff und seiner Umgebung vor. Die Grenze zwischen katalytischen und chemischen Umsetzungsprozessen kann in vielen Fällen willkürlich sein.

Die Erforschung der Einwirkung von Umwandlungsvorgängen im allgemeinen ist natürlich auch keineswegs nur für Sorptionsvorgänge von praktischem Interesse. Für die chemische Angreifbarkeit eines Körpers, sei es bei beabsichtigten chemischen Umsetzungen, z. B. Auflösung, Oxydation, Reduktion oder Reaktion im allgemeinen, sei es beim umgekehrten Fall, d. h. bei der möglichst effektiven Verhinderung seiner Beteiligung an einer chemischen Umsetzung, z. B. beim Apparatebau und Korrosionsschutz, sind die Eigenschaften der Oberfläche, welche auch von Vorgängen im Kristallinnern abhängen, von ausschlaggebender Bedeutung.

Es soll in diesem Zusammenhang folgende Äußerung von EUCKEN[3] über die Sachlage angeführt werden: „Einen befriedigenden Einblick in die molekularen Vorgänge, die sich, sei es bei einem Energieaustausch, sei es bei einem stofflichen Austausch an Grenzflächen abspielen, erhält man nur dann, wenn man beide Erscheinungen nicht voneinander abtrennt, sondern gemeinsam betrachtet."

II. Allgemeine Angaben über Umwandlungen.

A. Einteilung der in Betracht kommenden Umwandlungen.

1. Das benutzte Einteilungsprinzip.

Eine die verschiedenen Umwandlungen nach bestimmten Prinzipien einordnende Systematik kann nur mit einiger Willkür aufgestellt werden, wobei man die einteilenden Prinzipien je aus den Gründen wählen wird, aus welchen man sich für die Umwandlungen interessiert. Die hier gegebene, keineswegs strenge Systematik ist gewählt worden, weil sie für die Zuordnung des chemischen Tatsachenmaterials zu den Umwandlungen zweckmäßig erschien. Eine Einteilung

---

[1] K. WIRTZ: Metallwirtsch., Metallwiss., Metalltechn. 18 (1939), 843.
[2] M. VOLMER: Kinetik der Phasenbildung. Dresden, 1939.
[3] A. EUCKEN: Naturwiss. 25 (1937), 209.

auf rein thermodynamischer Grundlage wäre für unsere Darstellung weniger geeignet, da dann zwischen den einzelnen Gruppen Übergänge oder jedenfalls keine scharfen experimentellen Unterscheidungsmöglichkeiten bestehen (eine bestimmte Umwandlung, z. B. Überstrukturumwandlung kann sowohl der einen wie der anderen Gruppe zugehören). Die bisher gefundenen chemischen Effekte zeigen dagegen keine solche Differenzierung in bezug auf ein und dieselbe Umwandlung.

Die Umwandlungen können eingeteilt werden in:

Umwandlungen mit Phasenänderung.

Umwandlungen ohne Phasenänderung.

Zu der ersten Gruppe gehören von dem gewählten Gesichtspunkt die Strukturumwandlungen zwischen zwei Kristallphasen (Modifikationsänderungen), das Schmelzen eines Kristalls, die Phasenübergänge bei Legierungen und die Ordnungs- $\rightarrow$ Unordnungsübergänge in Kristallen und Legierungen.

Die zweite Gruppe bildet eine Reihe von mehr oder weniger plötzlich eintretenden Zustandsänderungen, wie Rotationsumwandlungen, Genotypie, die namentlich von COHEN[1] bei verschiedenen Metallen beobachteten Eigenschaftssprünge, magnetische und elektrische Umwandlungen und die sich bei Lichtabsorption in Kristallen einstellenden Erscheinungen.

2. Umwandlungen mit Phasenänderung.

a) Reversible Strukturumwandlungen.

Viele Kristalle erleiden beim Durchschreiten eines engen Temperaturbereichs eine Zerstörung ihres bisherigen Gitters und gehen in ein Gitter mit geänderten Symmetrieeigenschaften oder Besetzungsdichten über. Der Temperaturbereich dieser enantiotropen Umwandlungen ist so eng, daß man von einem definierten Umwandlungspunkt sprechen kann. Zufolge des mehr oder weniger durchgreifenden Unterschiedes zwischen dem Gitter der Hoch- und der Tieftemperaturmodifikation werden auch die physikalischen Eigenschaften, wie z. B. Dichte, spezifische Wärme, mechanische Konstanten, elektrische Leitfähigkeit, magnetische Suszeptibilität, Dielektrizitätskonstante, Absorptionsspektrum verändert. Bei dem Umwandlungsvorgang wird je nach der Richtung entweder Wärme verbraucht oder abgegeben.

Das Zustandekommen der Strukturumwandlungen wird verständlich, wenn man die Beweglichkeitsverhältnisse im Gitter und ihre Änderung mit der Temperatur berücksichtigt. Die Temperaturabhängigkeit der Partikelbewegung kann näherungsweise durch die Formel

$$D = A \cdot e^{\frac{-q}{RT}}$$

ausgedrückt werden. D bedeutet den Diffusionskoeffizienten der betreffenden, im Gitter beweglichen Partikelsorte, der die Dimension cm^2/sec hat, A ist ein verhältnismäßig temperaturunabhängiger Faktor, R die Gaskonstante, T die absolute Temperatur und q die Aktivierungsenergie der Wanderung. Die Zahl der wanderungsfähigen Partikeln, die ihre normalen Gitterplätze verlassen haben, nimmt mit steigender Temperatur exponentiell zu. Die Stärke der zusammenhaltenden Kräfte im selben Gitter ist andererseits in erster Linie eine Funktion der Anzahl auf normalen Gitterplätzen befindlicher Partikeln. Da die Zahl der platzwechselnden Partikeln in einem verhältnismäßig engen Temperaturbereich sehr stark zunimmt, wird die Gitterkohäsion so klein, daß die bisherige Symmetrie

[1] E. COHEN u. Mitarbeiter: Z. physik. Chem. **85** (1913), 419; **87** (1914), 409; **89** (1915), 638.

nicht mehr aufrechterhalten werden kann, sondern in eine neue, einem Potentialminimum entsprechende Gitterordnung übergeht. Die Tatsache, daß kein Schmelzen, sondern eine Umbildung des Gitters eintritt, beruht darauf, daß zwar der vorliegende Gittertyp instabil ist, die Anzahl ausschwingender Partikeln aber für einen Zusammenbruch des Gitters noch nicht ausreichend ist. Der bisherige Zustand wird daher durch einen neuen, wiederum stabilen abgelöst. Dessen Auftreten läßt sich in einfacher Weise durch folgendes Beispiel verständlich machen. Der Gittertyp bzw. die Koordinationszahl einer Substanz ist von den Radienverhältnissen und vom Polarisationszustand der Baubestandteile bedingt. Da die Gitterpartikeln zufolge der Annäherung bei größeren Amplituden der Wärmeschwingungen stärkere Deformations- oder Polarisationswirkungen aufeinander ausüben, und da Polarisation, insbesondere von Anionen, eine Verkürzung der Partikelabstände (gegenseitige Durchdringung der Wirkungssphären) und damit eine größere Abdeckung der Oberfläche des Gitterpartners bedeutet, kann nach Überschreiten einer kritischen Inanspruchnahme der Partneroberfläche eine kleinere Koordinationszahl, d. h. ein Gittertyp niederer Symmetrie stabil sein. Diese Verhältnisse sind in Abb. 1 schematisch dargestellt.

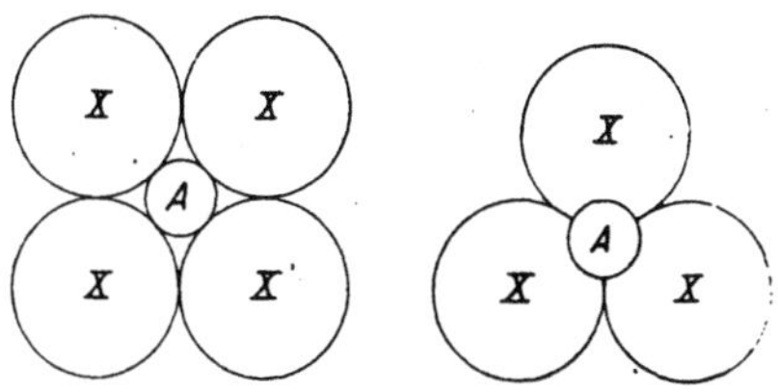

Abb. 1. Kristallographische Umwandlung durch Polarisationseffekte.

Das Auftreten und die Geschwindigkeit eines Umwandlungsprozesses sind weitgehend von chemischer Zusammensetzung und Gittertyp in wenig durchsichtiger Weise abhängig. Zufolge der Herabsetzung der Wechselwirkung der Gitterpartikeln aufeinander während der Unordnung im Übergangszustand ist die Auflockerungswärme herabgesetzt. Dies bedeutet nach obenstehender Formel eine anomal hohe Diffusionsgeschwindigkeit[1]. Daß ein Gitter bei einer Umwandlung instabile Zustände durchläuft, geht u. a. aus Messungen von RAMAN und NEDUNGADI[2] an Quarz im Gebiet der $\beta \rightarrow \alpha$-Umwandlung hervor. Die Verbreiterung der Ramanlinien bei Annäherung an den Umwandlungspunkt 575° zeigt, daß die die betreffenden Schwingungen im Gitter bedingenden Kräfte stark abnehmen. Von Interesse ist auch, daß ALLEN[3] zwei der gefundenen Ramanfrequenzen durch Einsetzen der Umwandlungs- bzw. der Schmelztemperatur in die LINDEMANNsche Schmelzpunktformel[4] berechnen konnte. In diesem Zusammenhang soll auch auf die Messungen des Wärmeinhalts von FRICKE[5] hingewiesen werden.

Die Hochtemperaturform besitzt in vielen, aber nicht in allen Fällen eine niedere Symmetrie. Da ferner in jedem Fall aus energetischen Gründen eine polymorphe Umwandlung mit einem Minimum von Partikelbewegung vor sich geht, bestehen häufig auch kristallographische Beziehungen zwischen der verschwindenden und der entstehenden Modifikation[6], indem gewisse Flächen des ursprünglichen Gitters von dem neuen übernommen werden können. SHÔJI[7] hat auf Grund der Vorstellung, daß bei einer reversiblen Umwandlung die Partikelbewegung unter Erhaltung der Gruppen größter Kohäsion vor sich geht, den Übergangs-

[1] Dies ließe sich z. B. durch Messung der Selbstdiffusion in einem durch Temperaturwechslungen im Umwandlungszustand erhaltenen Kristall feststellen.

[2] C. V. RAMAN, T. M. K. NEDUNGADI: Nature **145** (1940), 147.

[3] H. S. ALLEN: Nature **145** (1940), 360.

[4] Vgl. A. EUCKEN: Lehrbuch der chemischen Physik, S. 252. Leipzig, 1930.

[5] R. FRICKE, W. DÜRR: Z. Elektrochem. angew. physik. Chem. **45** (1939), 254; **46** (1940), 90, 491; Ber. **72** (1939), 1573.

[6] J. D. BERNAL: Trans. Faraday Soc. **34** (1938), 834.

[7] H. SHÔJI: Z. Kristallogr. **77** (1931), 381.

mechanismus beim Modifikationswechsel einer Reihe Substanzen kristallgeometrisch beschrieben. BURGERS[1] hat z. B. auch experimentell gezeigt, daß bei der Umwandlung des raumzentrierten kubischen Zirkons in hexagonales dichtester Packung bei 862° die 110-Ebenen des kubischen Gitters unverändert zu 0001-Ebenen des hexagonalen Gitters werden. In naher Beziehung zu Gitterumwandlungen kann auch die Zwillingsbildung oder die Bildung vieler Kristalle aus einem einzigen stehen. Eine Kornverfeinerung durch Umwandlung tritt überhaupt ein, wenn die Gitterdimensionen der beiden Modifikationen größere Unterschiede aufweisen. In gewissen Fällen wird allerdings das Entgegengesetzte eintreten, wenn die Keimbildungsgeschwindigkeit der neuen Phase klein ist gegenüber der Wachstumsgeschwindigkeit. Das haben TAMMANN und BOEHME[2] u. a. am $TlNO_3$ beobachtet.

Durch die Bedingung einer möglichst geringen Partikelverschiebung wird auch die allgemein gefundene Regelmäßigkeit verständlich, daß die Geschwindigkeit der Umwandlung im allgemeinen groß ist, wenn die Symmetrieänderung klein ist, und daß sie gering ist bei einer durchgreifenden Änderung der Konfiguration. Entsprechend verlaufen die schnellen Umwandlungen scharf bei einer definierten Temperatur, während bei den langsamen Umwandlungen thermische Hystereseerscheinungen (Überhitzung bzw. Unterkühlung) möglich sind. In Abb. 2 werden die Verhältnisse schematisch nach BERNAL[3] erläutert.

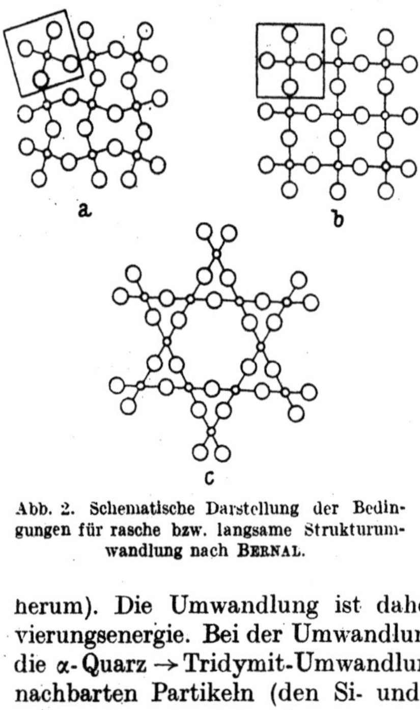

Abb. 2. Schematische Darstellung der Bedingungen für rasche bzw. langsame Strukturumwandlung nach BERNAL.

Die gezeichnete Struktur ist 2 : 4 koordiniert (z. B. SiO_2). Beim Übergang (*a*) → (*b*) (z. B. die $\beta \rightarrow \alpha$-Quarzumwandlung bei 575°) ändert sich nicht der Aufbau einer Einheit, wie durch Umrahmung angedeutet ist; die Lage unmittelbar benachbarter, miteinander verbundener Partikeln zueinander bleibt ungeändert (die Anordnung der O-Atome um jedes Si-Atom herum). Die Umwandlung ist daher schnell und benötigt keine große Aktivierungsenergie. Bei der Umwandlung von (a) nach (c) oder von (b) nach (c) (z. B. die α-Quarz → Tridymit-Umwandlung bei 870°) muß die Bindung zwischen benachbarten Partikeln (den Si- und den O-Atomen) unterbrochen werden. Die Umwandlung ist daher langsam und erfordert eine größere Aktivierungsenergie, ohne daß der Energieunterschied zwischen den beiden Phasen groß zu sein braucht. Solche unter Umständen außerordentlich träge verlaufenden Umwandlungen sind stark überhitzbar. Die Geschwindigkeit der α-Quarz → Tridymit-Umwandlung ist sogar noch am Umwandlungspunkt des Tridymits in Cristobalit bei 1470° sehr klein.

Einen Fall von aus anderen Gründen verzögerten Umwandlungen stellen die *monotropen Phasenübergänge* dar, die sich meist in einem breiten Temperaturintervall abspielen. Hier liegt die betreffende Substanz zuerst in einem Gitter vor, das überhaupt bei keiner Temperatur stabil ist, bei tiefen Temperaturen jedoch praktisch vollkommen beständig ist. Erst beim Erhitzen fängt von einer

[1] W. G. BURGERS: Physica 1 (1939), 561.
[2] G. TAMMANN, W. BOEHME: Z. anorg. allg. Chem. 223 (1935), 365.
[3] J. D. BERNAL: Trans. Faraday Soc. 34 (1938), 834.

bestimmten Temperatur ab[1] mit bei steigender Temperatur zunehmender Geschwindigkeit die Bildung der stabilen Phase an.

Es ist sehr natürlich, daß die bei wirklichen kristallographischen Umwandlungen stattfindende Umgestaltung des Gitters auch die Struktur der Oberfläche wesentlich verändert. Die neuen Verhältnisse in bezug auf Besetzungsschichten und Symmetrieeigenschaften rufen entsprechende Veränderungen der Keimbildungsvorgänge und der Reaktionsfähigkeit mit angrenzenden Stoffen hervor[2]. Die mit verschiedenen Modifikationen wechselnde Umsetzungsintensität ist eine schon längst bekannte Tatsache, und bei Umsetzungen von festen Stoffen sowohl mit Gasen oder Flüssigkeiten, als auch mit anderen festen Phasen wurden Unterschiede nachgewiesen[3]. Es ist allerdings nicht möglich, allgemeine theoretische Voraussagen über die Änderung der Aktivität nach außen hin abzuleiten, wenn die Substanz einmal in der einen und das andere Mal in der anderen Modifikation vorliegt. In bezug auf die Katalysatorwirkung hat ECKELL[4] auf Grund der von GRIMM und SCHWAMBERGER[5] bei Erdalkalichloriden und von CREMER[6] bei Oxyden der seltenen Erden trotz des Wechsels im Gittertyp in diesen Reihen gefundenen Beziehungen zwischen Kationengröße einerseits und Aktivierungsenergien und Aktionskonstanten katalytischer Reaktionen andererseits geäußert, daß Modifikationseinflüsse gegenüber dem Einfluß der Kationengröße von untergeordneter Bedeutung seien. Allgemeingültig dürfte dieser Schluß aber kaum sein. Jedenfalls hat man sowohl in bezug auf katalytische Wirkung wie Umsetzungsfähigkeit erhebliche Unterschiede im Verhalten zweier Modifikationen einer Substanz gefunden. Erinnert sei auch in diesem Zusammenhang an die nach BALANDIN[7] bestehenden Beziehungen zwischen dem Oberflächenbau und der Katalysatorwirkung, aus denen ebenfalls hervorgeht, daß auch die Anordnung und die Abstände der Oberflächenpartikeln von Bedeutung sind. Eine Auswirkung von Änderungen des inneren Bindungszustands auf die Oberfläche ist natürlich zu erwarten. Die Bedeutung verschiedener Kristallflächen für Adsorption und Verbindungsbildung haben THIRSK und WHITMORE[8] beim System NiO-Al_2O_3 und MgO-Fe_2O_3 festgestellt.

Betreffs des Einflusses der Übergangszustände *während der Umwandlung* kann im Falle direkter katalytischer Wirkung nicht vorausgesagt werden, ob hinsichtlich einer bestimmten Reaktion eine extreme Verstärkung oder eine Abschwächung eintreten oder ob die Katalysatorwirkung zwischen denen der beiden stabilen Modifikationen liegen wird. Indessen ist vielleicht die Annahme einer diskontinuierlichen Verstärkung auf der Temperatur-Umsatzkurve erlaubt, da ja häufig besonders aktive Katalysatoren thermodynamisch instabile Phasen sind. Es ist ferner ersichtlich, daß eine Veränderung der selektiven Wirkung eines Katalysators in solchen Übergangszuständen möglich ist. Ein Katalysator im

---

[1] G. F. HÜTTIG und G. MARKUS: Kolloid-Z. 88 (1939), 279, haben im Falle des Übergangs γ-α-Al_2O_3 gefunden, daß die Umwandlung bei der Temperatur einsetzt, bei der die Platzwechselvorgänge in der sich bildenden Phase merklich beginnen.

[2] Von dem trivialen Effekt, daß zufolge der Kornverfeinerung bei einer Umwandlung die reaktive Oberfläche vergrößert wird, sehen wir hier ab.

[3] Vgl. J. A. HEDVALL: Reaktionsfähigkeit fester Stoffe, S. 142ff. Leipzig, 1938 und spätere Veröff. in Angew. Chem.; Z. anorg. allg. Chem.; Z. Elektrochem. angew. physik. Chem.

[4] J. ECKELL: Z. Elektrochem. angew. physik. Chem. **39** (1933), 423.

[5] H. G. GRIMM, E. SCHWAMBERGER: Rev. Intern. Chim. phys., S. 214. Paris, 1928.

[6] E. CREMER: Z. physik. Chem., Abt. A **144** (1929), 231.

[7] A. A. BALANDIN: Z. physik. Chem., Abt. B **2** (1929), 289; Abt. B **3** (1929), 167; zus. mit J. J. BRUSSOW: Z. physik. Chem., Abt. B **34** (1936), 96.

[8] H. R. THIRSK, E. J. WHITMORE: Trans. Faraday Soc. **36** (1940), 565, 862.

Umwandlungszustand kann auch als Mischkatalysator aufgefaßt werden. Je nach der Keimbildungsgeschwindigkeit liegen in mehr oder weniger großer Zahl umgewandelte und nicht umgewandelte Gebiete nebeneinander, und an den Berührungslinien können die bei aneinander grenzenden Phasen möglichen Aktivitätsbeeinflussungen auftreten[1].

Im Falle wirklicher chemischer Umsetzungen mit einem sich umwandelnden Stoff ist dagegen grundsätzlich wegen der diskontinuierlich vergrößerten Partikelbeweglichkeit zufolge der Herabsetzung der zusammenhaltenden Kräfte im Umwandlungsintervall (erhöhtes Phasengrenzpotential) mit einem reaktionsbefördernden Einfluß der Umwandlung zu rechnen. Man könnte zwar annehmen, daß bei Bildung fester Reaktionsprodukte eine merkliche Erhöhung der Reaktionsfähigkeit, d. h. der zeitlich gemessenen Umsetzungsbeträge nicht eintreten sollte, weil die Oberflächenschicht verhältnismäßig schnell abreagiert und dann die Vorgänge in dem sich umwandelnden Kristall keinen Einfluß auf den weiteren Zuwachs der Reaktionsproduktschicht haben würden[2]. Erfahrungsgemäß ist aber bei sehr vielen Reaktionen über die ganze Dauer ihres Ablaufs die Geschwindigkeit vom Phasengrenzflächenpotential mit abhängig[3]. Daher müssen die Umsetzungskurven im Umwandlungsgebiet *unter geeigneten Versuchsbedingungen* relative Maxima aufweisen. Keimbildungseffekte sind hier natürlich ebenfalls möglich. Es scheint möglich, diese schnellen Umsetzungen so zu erklären, daß nicht die Partikeln selbst für die Materiezufuhr aus dem Innern verantwortlich gemacht werden, sondern daß die Störungen als solche sich nach der Oberfläche hin fortpflanzen und dort reaktionsfähige Partikeln in abnorm großer Anzahl erzeugen[4].

In Rechnung muß auch gestellt werden, daß nicht nur Sorptionsvorgänge auf durch innere Ordnungsstörungen hervorgerufene Änderungen des Oberflächenfeldes und des Polarisationszustandes der Oberflächenpartikeln ansprechen können, sondern auch wirkliche Umsetzungen. Solche reaktionserhöhenden Effekte, die von der Partikelbeweglichkeit im Innern unabhängig sind, können natürlich auch auftreten.

WAGNER[5] hat ferner darauf aufmerksam gemacht, daß Zusatz eines Stoffes mit Umwandlungspunkt zu einem aus festen Phasen bestehenden Reaktionssystem möglicherweise Hemmungen aufheben und daher die Reaktion bei sonst reaktionslosen Temperaturen auslösen könnte, indem die fein disperse Phase, die bei der Umwandlung gebildet werden kann, als Reaktionskeim wirken könnte.

Bei der experimentellen Prüfung der Umwandlungseinflüsse kann man den Einfluß etwaiger Sekundäreffekte, wie Korngrößenänderungen, Kristallwachstums- oder Störungserscheinungen, meist dadurch ausschließen, daß man genügend oft hin- und zurückumgewandelte Präparate benutzt. Ohne weiteres vergleichbar sind Aktivitätsmessungen, die an beiden Modifikationen im gleichen Temperaturgebiet ausgeführt werden. Dies ist erstens möglich bei Substanzen mit monotropen Umwandlungen, die bei Temperaturen zu untersuchen sind, bei welchen noch kein Übergang stattfindet, und zweitens bei Substanzen mit so langsam verlaufenden Umwandlungen, daß die Hochtemperaturform nach

[1] Über den Zusammenhang zwischen Katalysatorwirkung und energetischem Zustand liegen Untersuchungen von FRICKE und seinen Mitarbeitern vor; vgl. z. B. Z. Elektrochem. angew. physik. Chem. **47** (1941), 487; **48** (1942), 87.

[2] Vgl. W. JOST: Diffusion und Reaktion in festen Stoffen, S. 213. Dresden, 1937.

[3] Vgl. J. A. HEDVALL, G. COHN: Kolloid-Z. 88 (1939), 224.

[4] J. A. HEDVALL: Angew. Chem. **54** (1941), 405; Chalmers Tekn. Högsk. Handl. (Göteborg) **1942**, Nr. 15; vgl. auch N. RIEHL, K. G. ZIMMER: Naturwiss. **30** (1942), 708.

[5] C. WAGNER: unveröffentlicht, laut brieflicher Äußerung.

Abschrecken in dem für die Messungen geeigneten Temperaturgebiet unverändert erhalten ist. Die SiO_2-Modifikationen stellen hierfür ein gutes Beispiel dar. Man kann bekanntlich ohne Schwierigkeit vergleichende Versuche mit Quarz, Tridymit und Cristobalit ausführen. Bei rasch verlaufenden Umwandlungen müssen die Aktivitäten der beiden Modifikationen in verschiedenen Temperaturgebieten untersucht werden. Man muß daher — besonders bei katalytischen Versuchen — experimentell zu zeigen suchen, daß keine Änderungen in den Reaktionsverhältnissen mit der Temperatur eingetreten sind, die den Einfluß der Umwandlung überdecken könnten (z. B. Übergang von gewöhnlicher in aktivierte Adsorption des Substrats oder andere Veränderungen in der Adsorptionsschicht). Eine Möglichkeit ist, einen Vergleich mit einem Katalysator ohne Umwandlungspunkt, aber mit sonst möglichst analogen Eigenschaften anzustellen.

Zum experimentellen Nachweis der katalytischen Aktivität des Umwandlungszustands selbst ist es vorteilhaft, die Umwandlung über die Dauer der Messung dadurch aufrechtzuerhalten, daß der Katalysator durch abwechselndes Erwärmen und Abkühlen in einen ständigen Übergang zwischen seinen beiden Modifikationen versetzt wird. Bei der Untersuchung der Umwandlungsaktivität besteht die grundsätzliche Beschränkung, daß es bei der Enge des Temperaturintervalls nicht möglich ist, einen Temperaturkoeffizienten und damit Aktivierungsenergien zu bestimmen, wie es sich bei stabilen oder „eingefrorenen" Modifikationen durchführen läßt. Die Umwandlungsaktivität wird sich weiter meist nur bei hinreichend schnellen Umwandlungen feststellen lassen, bei welchen sich während der ganzen Messung der Aktivitätssprung ungefähr auf seinem Maximalwert befindet. Nach dem S. 584 Gesagten verlaufen gerade die Umwandlungen rasch, bei denen eine geringe und wenig Aktivierungsenergie erfordernde Gitteränderung stattfindet. Natürlich sind dann entsprechend kleine Aktivitätsänderungen zu erwarten, und dadurch ist die experimentelle Untersuchung ziemlich diffizil. Solche Effekte sind bisher auch nur vereinzelt nachgewiesen worden.

Um bei wirklichen Umsetzungen das relative Aktivitätsmaximum beim Durchlaufen der Umwandlung herauszubekommen, kann man bei Anpassung der Reaktionszeit an die Umwandlungsdauer mit nur einem einzigen Übergang auskommen[1]. Allerdings kann bei unzureichender Anpassung auch zufolge des Sprunges zwischen den Reaktionsbeträgen der beiden stabilen Modifikationen ein Maximum vorgetäuscht oder wirkliche Maxima verdeckt werden[2]. Wichtig ist ferner die Kenntnis der Haltbarkeit der im Zusammenhang mit der Umwandlung auftretenden Fehlbauzustände. Darauf hat z. B. auch FRICKE[3] hingewiesen.

b) Schmelzen und Bildungs- oder Zerfallsvorgänge in festen Lösungen.

In bezug auf Effekte hier interessierender Art hat der Phasenübergang beim Schmelzen viel weniger Beachtung gefunden als kristallographische Umwandlungen. Daher sei der Schmelzvorgang hier nur kurz besprochen. Ebenso wie bei einer kristallographischen Umwandlung findet beim Schmelzen in einem Kristall in einem sehr engen Temperaturbereich eine starke Zunahme der Platzwechsel in der Zeiteinheit statt, die diesmal jedoch zu keiner Neuordnung, sondern zum Zusammenbruch des Gitters, d. h. zur Bildung einer flüssigen Phase führt[4]. Das

---

[1] J. A. HEDVALL: Reaktionsfähigkeit fester Stoffe, S. 128f. Leipzig, 1938.
[2] J. A. HEDVALL: Z. Elektrochem. angew. physik. Chem. **41** (1935), 445.
[3] R. FRICKE: Naturwiss. **26** (1938), 500.
[4] Vgl. bei F. C. FRANK; K. WIRTZ: Naturwiss. **26** (1928), 687, 697 und U. DEHLINGER: Physik. Z. **42** (1941), 197.

Schmelzen verläuft stets mit großer Geschwindigkeit, das Kristallisieren von Flüssigkeiten kann dagegen bekanntlich stark verzögert sein. Zufolge Unterkühlbarkeit sollte es in vielen Fällen möglich sein, die chemische Aktivität von Flüssigkeit und Kristall bei denselben Temperaturen miteinander zu vergleichen. Da es sich beim Schmelzen um einen einsinnigen Übergang vom Gitterverband zur Flüssigkeit handelt, kann die Übergangsaktivität an sich nur zwischen denen von Ausgangs- und Endphase liegen und beansprucht daher kein besonderes Interesse (vgl. jedoch unter III, 2).

Als in gewisser Hinsicht dem Schmelzen analog können die vor allem in metallischen Legierungen stattfindenden Mischungs- bzw. Entmischungsvorgänge angesehen werden. Dabei wird von einer bestimmten Temperatur ab entweder aus 2 Komponenten oder aus 2 Mischkristallen eine einzige feste Phase gebildet, oder umgekehrt zerfällt eine feste Lösung bestimmter Zusammensetzung, wobei auch flüssige Phasen gebildet werden können[1]. Diese Übergänge verlaufen im allgemeinen längs einer Gleichgewichtskurve in einem größeren Temperaturbereich und fallen daher außerhalb der für die zu behandelnden Umwandlungen gezogenen Abgrenzungen. In manchen Fällen setzt aber der (reversible) Übergang bei einer bestimmten Temperatur in solchem Ausmaß ein, daß er einen umwandlungsähnlichen Charakter hat. Als ein Beispiel hierfür sei der Zerfall der η-Phase von Bronze (CuSn) in die ε-Phase (Cu_3Sn) und zinnreiche Schmelze genannt, der bei etwa 420° lebhaft einsetzt[2]. Auch bei solchen Vorgängen ist allein die Frage nach dem Aktivitätsunterschied der verschiedenen Phasen zu untersuchen.

c) Ordnungs-Unordnungsumwandlungen.

In einer Reihe von Legierungen, die als intermetallische Verbindungen wie CuAu, Cu_3Au, Fe_3Al, Cu_2MnAl usw. formuliert werden können, und in manchen Salzen (z. B. Ag_2HgJ_4) finden innerhalb verhältnismäßig schmaler Temperaturgrenzen Übergänge derart statt, daß eine geordnete Anordnung der aufbauenden Gitterpartikeln in eine statistisch ungeordnete Verteilung im Gitter — mindestens in bezug auf eine Partikelsorte — übergeht, wobei die verfügbaren Gitterplätze vor und nach der Umwandlung identisch sind[3]. Bei Legierungen bewirkt die regelmäßige Verteilung zweier oder mehrerer Atomarten auf bestimmte Gitterplätze zufolge des Unterschieds im Streuvermögen der Atome zusätzliche, den ursprünglichen überlagerte Röntgeninterferenzen: die einem Gitter mit größeren Dimensionen entsprechenden Überstrukturlinien. Zufolge des Verschwindens bzw. der Rückbildung dieser Linien wird die Umwandlung als Überstrukturumwandlung[4] bezeichnet. Im Falle des Ag_2HgJ_4 geht der von KETELAAR[5] gefundene Umschlag bei 50° C von der β- in die α-Form analog so vor sich, daß die zuvor geordneten Kationen im Gitter regellos verstreut sind[6]. Auch wenn keine Gitteränderung vorliegt, sind diese Übergänge demnach zu den Umwandlungen mit Phasen-

[1] Vgl. hierüber die Lehrbücher der Metallographie, z. B. G. TAMMANN: Lehrbuch der Metallkunde, 4. Aufl., S. 283ff. Leipzig, 1932.

[2] A. WESTGREN, T. G. PHRAGMÉN: Z. anorg. allg. Chem. **175** (1928), 80. — O. BAUER, O. VOLLENBRUCK: Z. Metallkunde **15** (1923), 191. — J. A. HEDVALL: Reaktionsfähigkeit fester Stoffe, S. 131. Leipzig, 1938.

[3] Als Sekundäreffekt tritt allerdings nicht selten eine Gitteränderung bei der Umwandlung auf, z. B. bei CuAu [U. DEHLINGER, L. GRAF: Z. Physik **64** (1930), 359], von der wir in diesem Zusammenhang absehen wollen.

[4] Vgl. die Übersicht von G. BORELIUS: Z. Elektrochem. angew. physik. Chem. **45** (1939), 16 und von F. C. NIX, W. SHOCKLEY: Rev. mod. Physics **10** (1938), 1.

[5] J. A. A. KETELAAR: Z. physik. Chem., Abt. B **26** (1934), 327; **30** (1935), 53; Trans. Faraday Soc. **34** (1938), 874.

[6] Über diese Art Übergänge sei auf die Darstellung von F. LAVES: Z. Elektrochem. angew. physik. Chem. **45** (1939), 2 hingewiesen.

änderung zu rechnen. Wie immer, ist der Grund für das Zustandekommen dieser Umwandlungen der, daß der jeweils stabile Zustand gegenüber dem anderen ein Potentialminimum darstellt.

Bei jeder Temperatur besteht ein Ordnungsgleichgewicht mit einer bestimmten Anzahl fehlgeordneter Atome. Die Ausbildung des Ordnungszustandes muß deswegen erfolgen, weil die gegenseitige potentielle Energie der Atome im geordneten Zustand niedriger als im ungeordneten ist. Je höher die Konzentration der geordneten Atome ist, um so mehr hat die potentielle Energie abgenommen. Man kann also auch sagen, daß der Ordnungszustand selbst einen weiteren Beitrag zu der zur Ordnung treibenden Potentialerniedrigung erzeugt. Wenn nämlich erst eine bestimmte Ordnung eingestellt ist, muß jeder die Ordnung herabsetzende Platzwechsel die zurücktreibenden Kräfte der geordneten Nachbarpartikeln überwinden. Je mehr Atome sich auf geordneten Plätzen befinden, desto höher wird die zu überwindende Potentialschwelle. Bei vollständiger Ordnung (Ordnungsgrad 1) hat dieses Potential seinen Maximalwert, bei völliger Unordnung (Ordnungsgrad 0) ist es gleich Null, denn bei Fehlen von Ordnung kann die gegenseitige potentielle Energie der Atome keinen von der Ordnung herrührenden Beitrag besitzen. Da die die Ordnung bedingende potentielle Energie mit dem Ordnungsgrad abnimmt und der Ordnungsgrad mit steigender Temperatur gleich Null wird, verläuft der Übergang von Ordnungsgraden nahe 1 zu 0 in einem Temperaturintervall, welches den Umwandlungspunkt darstellt.

Die Überstrukturumwandlungen sind komplizierte und in vielen Punkten noch ungeklärte Vorgänge. Sie sind sehr ausgiebig und theoretisch von allen Umwandlungsarten am detailliertesten bearbeitet worden[1], wohl weil man auf Grund von Modellen aus Meßwerten (z. B. der elektrischen Leitfähigkeit, des Energieinhaltes, der Intensität der Überstrukturlinien usw.) Ausdrücke für den Unordnungsgrad und damit eine Möglichkeit zur Prüfung der Theorien über den Umwandlungsverlauf erhalten konnte. Wir können in Rahmen dieses Kapitels darauf nicht weiter eingehen, sondern führen nur folgende, auch im Hinblick auf chemische Auswirkungen interessierende Besonderheiten an.

Der Übergang vollzieht sich in manchen Fällen kontinuierlich (z. B. bei CuZn β-Messing und wahrscheinlich Cu_3Pd) und teils diskontinuierlich. Bei der Ausbildung der geordneten Phase wird Wärme frei gemacht. Die spezifische Wärme ist im geordneten Zustand kleiner als im ungeordneten. Es ist bei richtiger Temperaturbehandlung möglich, den Übergang auf der Gleichgewichtskurve zu erzielen, allerdings hört die Gleichgewichtseinstellung auf, wenn die Temperatur die Platzwechseltemperatur unterschreitet, so daß es praktisch nicht möglich ist, den Ordnungsgrad 1 zu erreichen. Thermische Hysterese kann bis auf einige Ausnahmen (Cu_3Pd, CuZn) eintreten, jedenfalls als Unterkühlung, während Überhitzung noch nicht sichergestellt ist. Bei Unterkühlung, die schon weit oberhalb der Platzwechseltemperatur möglich ist, kann sowohl praktisch völlige Unordnung als auch ein einer bestimmten Temperatur entsprechender Gleichgewichtszustand „einfrieren". Im unterkühlten ungeordneten Zustand ist die elektrische Leitfähigkeit schlechter als die der Gleichgewichtsphase. Eine unterkühlte Phase geht bei Erhitzen auf Temperaturen höher als die Platzwechseltemperatur allmählich in die Gleichgewichtsordnung über. Dabei treten Zwischenzustände auf, die strukturell von den Zuständen variabler Ordnung längs der Gleichgewichtskurve abweichen und von den Gleichgewichtszuständen stark abweichende Eigenschaften aufweisen, wie Verbreiterung der Überstrukturlinien, erhöhte Härte und

[1] Vgl. die von G. Borelius (l. c.), F. C. Nix, W. Shockley (l. c.) angegebene Literatur sowie F. C. Frank, K. Wirtz: Naturwiss. **26** (1938), 687, 697.

Elastizitätsmodul[1] und bei ferromagnetischen Legierungen eine größere Koerzitivkraft. Auch während der Umwandlung des Ag_2HgJ_4 treten Zwischenzustände auf; die spezifische Wärme ist 3mal größer als vor und nach der Umwandlung[2]. Die Sonderstellung der Zwischenzustände erklärt sich nach Borelius[3] bei Überstrukturumwandlungen damit, daß die Ordnung an vielen Stellen in einem Kristall einsetzt und dann den Kristall in kleine Gebiete gleicher Ordnung aufteilt, die um einen halben Identitätsabstand gegeneinander verschoben sind. Die Ordnung kann ferner auch durch Kaltbearbeiten zerstört werden.

Die Untersuchung der chemischen Aktivität der bei Überstrukturumwandlungen auftretenden Phasen ist von großem Interesse. Man hat nicht nur die Möglichkeit, in den meisten Fällen wegen der Unterkühlbarkeit die beiden Zustandsformen im selben Temperaturgebiet miteinander vergleichen zu können[4], sondern kann weiterhin auch die Aktivität der verschiedenen abschreckbaren Zwischenzustände des Übergangs von Unordnung zu Ordnung bestimmen, und zwar bei letzteren auch die zu Aussagen über die Katalysatorwirkung vor allem heranzuziehende Aktivierungsenergie der katalysierten Reaktionen. Auch bei gewissen kristallographischen (z. B. beim CuJ, vgl. S. 598) Umwandlungen lassen sich die Übergangszustände der Rückumwandlung einfrieren und damit könnten auch Aktivierungsenergien gemessen werden, falls sich (was bei nichtmetallischen Katalysatoren schwieriger ist), bei hinreichend tiefen Temperaturen geeignete Testreaktionen finden lassen. Bei letzteren Übergangszuständen entfällt aber die Möglichkeit, die jeweils auftretende Aktivität physikalisch so scharf definierbaren Zuständen zuordnen zu können, wie es bei den Zwischenzuständen der Überstrukturumwandlungen der Fall ist.

3. Umwandlungen ohne Phasenänderungen.

a) Rotationsumwandlungen.

Neuere Untersuchungen haben auf Grund vor allem calorischer, optischer, dielektrischer und röntgenographischer Messungen gezeigt, daß in vielen festen Stoffen mit Molekül- oder Komplexionengittern die Moleküle oder Ionengruppen nach Überschreiten einer bestimmten Temperatur zu ihrer Schwingungsbewegung noch Rotationsfähigkeit hinzubekommen[5]. Diese Rotationsumwandlungen können als eine Vorstufe des Schmelzens aufgefaßt werden. Tatsächlich ist auch das Schmelzen von Stoffen, die eine Rotationsumwandlung durchmachen, energetisch gegenüber direkt schmelzenden Stoffen erleichtert. Qualitativ gilt die Regel, daß Stoffe, die aus gestreckten oder unregelmäßig gebauten Partikeln bestehen, in einem Schritt schmelzen, während Stoffe mit kugel- oder flächensymmetrischen Molekülen schrittweise unter Umwandlung dem flüssigen Zustand zustreben. Häufig sind die Rotationsumwandlungen von einer Gitteränderung begleitet. Bei einer Reihe Substanzen findet mehr als eine Rotationsumwandlung statt (z. B. bei HBr, HJ, H_2S, CD_4, NH_4Br, $NaNO_3$, KNO_3). Dies beruht entweder darauf, daß die Rotation um verschiedene Achsen schrittweise einsetzt (z. B. bei HJ und HBr* oder darauf, daß zuerst eine mittelstarke Hemmung der Rotation

[1] W. Köster: Z. Elektrochem. angew. physik. Chem. **45** (1939), 30.

[2] J. A. A. Ketelaar: Trans. Faraday Soc. **34** (1938), 874.

[3] G. Borelius, C. H. Johansson, J. O. Linde: Ann. Physik **86** (1928), 291.

[4] Bei metallischen Systemen lassen sich meist katalytische Messungen bei relativ tiefen Temperaturen ausführen, so daß die Erhaltung der untersuchten Phase gewährleistet ist.

[5] Vgl. die Übersicht von A. Eucken: Z. Elektrochem. angew. physik. Chem. **45** (1939), 126 und die dort zitierte Literatur, weiter K. Schaefer: Z. physik. Chem., Abt. B **44** (1939), 127.

* A. Kruis, R. Kaischew: Z. physik. Chem., Abt. B **41** (1938), 427.

vorliegt, die dann in ungehemmte Rotation übergeht. Die Umwandlungen verlaufen teils scharf und ohne Hysterese, teils in Temperaturgebieten von bis zu etwa 10° Breite (Ausnahme z. B. $NaNO_3$: 30°). Bei einem Teil der unscharfen Umwandlungen treten Hystereseerscheinungen auf, und zwar eine völlig reproduzierbare und auf keine Weise zu verändernde Hysteresisschleife, die nicht auf einer bloßen Verzögerung der Gleichgewichtseinstellung beruhen kann. Die Hysteresis kann nach EUCKEN so gedeutet werden, daß in den Stoffen eine Art Mosaikstruktur von kleinen, einander nicht beeinflussenden Elementarbezirken existiert, die sich jeweils geschlossen umwandeln. Eine Fortpflanzung der Umwandlung von einem Bezirk zum anderen findet nicht statt, so daß sich die Einheiten nacheinander auf der Hysteresisschleife umwandeln. Diese Elementarbezirke kommen dadurch zustande, daß die einzelnen Moleküle nicht unabhängig voneinander rotieren können, sondern stark miteinander gekoppelt sind.

Die Auswirkung der Rotationsumwandlungen auf die chemische Aktivität kann lediglich spekulativ erörtert werden, da Experimente darüber noch nicht vorliegen. Von der Auffassung ausgehend, daß die Rotationsumwandlungen einen Teilschritt des Schmelzprozesses darstellen, könnte man vermuten, daß die Stoffe aktivitätsmäßig zwischen dem noch nicht rotierenden Kristall und der Schmelze liegen. Nun sind nach den wenigen bisherigen Erfahrungen die Aktivitätsunterschiede von Kristall und Schmelze nicht groß, so daß es nicht sicher ist, ob sich die feineren Aktivitätsunterschiede bei den Rotationsumwandlungen experimentell werden fassen lassen. Rein katalytische Messungen sind auch dadurch erschwert, daß die in Betracht kommenden Substanzen schlechte Katalysatoren sind und die Mehrzahl der Umwandlungspunkte weit unterhalb 0° liegen (nur bei einigen Stoffen zwischen 100 ÷ 200°).

b) Genotypie und „COHEN"-Umwandlungen.

Von THIESSEN[1] wurde bei fettsauren Salzen eine an die Rotationsumwandlungen erinnernde Erscheinung beobachtet. Salze höherer Fettsäuren, z. B. Stearate oder Palmitate zeigen eine reversible, allmählich verlaufende Umwandlung, die beim Überschreiten der Schmelztemperatur der freien Fettsäure eintritt, deren Salz vorliegt. Aus der Veränderung des Röntgendiagramms ist zu schließen, daß eine gerichtete Schwingung der Molekülketten einsetzt, die mit steigender Temperatur zunimmt. Auch dieser Vorgang kann als ein Teilschritt des Schmelzens aufgefaßt werden, jedoch wird hierbei nur eine Richtung im Gitter bevorzugt. Die Ursache der Umwandlung besteht nach THIESSEN in einem Dualismus zwischen zwei verschiedenen Bindungsarten: Ionenbindung bei der COOMe-Gruppe und VAN DER WAALSsche Bindung der Fettsäurereste, die den Salzgittern ihre Faserstruktur verleihen. Der „Schmelzversuch" der Fettsäurereste bei ihrer ursprünglichen Schmelztemperatur, der in der Umwandlung zum Ausdruck kommt, hat, um diese Beziehung hervortreten zu lassen, zur Namengebung Genotypie geführt. Genotypieeffekte sind auch bei anderen analogen Stoffen mit zwei zusammenwirkenden Bindungsarten zu erwarten. An weiteren Eigenschaftsänderungen treten auf: Änderung der spezifischen Wärme, der Dichte, der Doppelbrechung, der Dielektrizitätskonstante[2].

Ob die Genotypieumwandlungen sich auf die chemische Aktivität meßbar auswirken, ist nicht bekannt, und es läßt sich kaum etwas darüber vorhersagen. Zum Teil gilt wohl auch in diesem Fall das hinsichtlich der Rotationsumwandlungen

[1] P. A. THIESSEN, E. EHRLICH: Z. physik. Chem., Abt. B **19** (1932), 299; Abt. A **165** (1933), 453, 464; vgl. vor allem die Übersicht von R. KOHLHAAS: Z. Elektrochem. angew. physik. Chem. **46** (1940), 501.

[2] P. A. THIESSEN, J. VON KLENCK: Z. physik. Chem., Abt. A **174** (1935), 335.

Angeführte. Da Genotypieumwandlungen vielleicht auch bei solchen Stoffen wie Gläsern, Silicaten, organischen Riesenmolekülen usw. möglich sind, könnte das Hervorrufen chemischer Effekte eine gewisse Bedeutung haben.

Es gibt bei einer Reihe Metalle von Cohen[1] entdeckte, sprunghafte Veränderungen, die vielleicht in diesem Zusammenhang behandelt werden können, obgleich die Verhältnisse in metallischen und in molekülartigen Gittern in vielen Hinsichten voneinander stark abweichen. Diese Umwandlungen bestehen wahrscheinlich in einer Veränderung der Makrostruktur oder Blockeinteilung (daher wegen des Fehlens von Gitteränderungen als pseudo-allotrope bezeichnet), die Änderungen in der Wärmeausdehnung oder in der elektrischen Leitfähigkeit verursachen. Die Umwandlungen verlaufen wenigstens an der Oberfläche relativ rasch und ohne Verzögerungserscheinungen. Dünne Bleche wandeln sich demnach in kurzen Zeiten um und sind daher bei Reaktionsversuchen massiven Versuchskörpern vorzuziehen. Die z. B. bei Wismut von Cohen dilatometrisch bei 75° gefundene Umwandlung ist von Goetz und Jacobs[2] eingehend untersucht worden. Der Ausdehnungskoeffizient beträgt bei $-153°$ bis $-15°$: $17{,}4 \cdot 10^{-6}$, von $-15°$ bis $+75°$: $13{,}8 \cdot 10^{-6}$ und von $+75°$ bis nahe zum Schmelzpunkt wieder $17{,}4 \cdot 10^{-6}$ *.

Die chemische Auswirkung der Umwandlung, die experimentell nachgewiesen ist, kann wegen des Fehlens von Unterkühlung nur unterhalb bzw. oberhalb der Umwandlung studiert werden.

c) Magnetische Umwandlungen.

Der Verlust des Ferromagnetismus beim Erhitzen einer ferromagnetischen Substanz in einem bestimmten Temperaturgebiet hat einen durchaus umwandlungsähnlichen Charakter, indem zwar keine Änderung der Gitterstruktur[3], aber verschiedener anderer Eigenschaften (z. B. der spezifischen Wärme, Wärmeleitfähigkeit, elektrischen Leitfähigkeit, Thermokraft, des Elastizitätsmoduls, Ausdehnungskoeffizienten, magnetokalorischen Effekts) stattfindet. Der Übergang erfolgt kontinuierlich, rasch und ohne Temperaturhysterese. Als Curietemperatur wird die Temperatur definiert[4], bei der die Anomalien der physikalischen Eigenschaften (bzw. in manchen Fällen von deren Temperaturkoeffizienten) ein Maximum aufweisen. Die so definierte Curietemperatur gibt scharf das Maximum aller Anomalien wieder. Die den Ferromagnetismus bedingende spontane Magnetisierung verschwindet nicht vollständig bei der Curietemperatur, sondern erst bei höheren Temperaturen, wobei der größte Teil sehr steil innerhalb weniger Grade abfällt, während sich der Rest allmählich in einem breiten Temperaturgebiet umwandelt. Bei Legierungen und bei verunreinigten Stoffen ist der Curiepunkt erniedrigt und unschärfer, und das Übergangsgebiet kann viel breiter sein.

Das Zustandekommen der magnetischen Umwandlungen kann folgendermaßen beschrieben werden[5]. Der Ferromagnetismus besteht in einer Wechselwirkung der Elektronenmomente der paramagnetischen Atome (bzw. Moleküle), die eine Parallelstellung der Einzelmomente hervorruft. Die Reichweite dieser

---

[1] E. Cohen u. Mitarbeiter: Z. physik. Chem. **85** (1913), 419; **87** (1914), 409; **89** (1915), 638.

[2] A. Goetz, R. B. Jacobs: Physic. Rev. **51** (1937), 151, 159.

* Als selbständige Phase dürfte der Zustand zwischen $-15°$ und $+75°$ nicht zu bezeichnen sein.

[3] Einen besonderen Fall stellen die Heuslerlegierungen Cu_2MnAl und Ni_3Mn dar, die im geordneten Zustand Ferromagnetismus besitzen und diesen beim Übergang zur Unordnung einbüßen.

[4] Vgl. W. Gerlach: Z. Elektrochem. angew. physik. Chem. **45** (1939), 151.

[5] Vgl. W. Döring: Z. Elektrochem. angew. physik. Chem. **45** (1939), 621.

Austauschkräfte ist nur gering, so daß die Einstellung eines Einzelmagneten nur von der Stellung der nächsten Nachbarn abhängt. Die mittlere Einstellung aller Elementarmagnete ist ein Maß der vorhandenen Magnetisierung. Bei Temperaturen oberhalb des Curiepunktes ist zufolge der Wärmebewegung noch keine sich über größere Gebiete erstreckende Ausrichtung (spontane Magnetisierung) möglich, wohl aber in kleineren Einheiten. Mit abnehmender Temperatur wachsen diese „Wolken" paralleler Elementarmagnete, bis sie unterhalb des Curiepunktes makroskopische Dimensionen annehmen. Entsprechend erklärt sich umgekehrt beim Erhitzen die Verlustkurve des Ferromagnetismus. Zuerst hört zufolge der thermischen Bewegung die weiterreichende Ordnung in einem sehr engen Temperaturgebiet auf, während die Wechselwirkung zwischen benachbarten Bezirken erst allmählich aufgehoben wird. Auch die Verbreiterung des Curie-Intervalls bei Legierungen und Anwesenheit von Verunreinigungen wird danach verständlich. In kleinen Bezirken der Substanz werden Konzentrationsschwankungen auftreten, und entsprechend werden die Wechselwirkungskräfte von Bereich zu Bereich von verschiedener Größe sein, so daß eigentlich statt einer eine Reihe von Curietemperaturen und von Verlustkurven vorliegt.

Da die Umwandlungsgeschwindigkeit groß ist, können hinsichtlich der Auswirkungen auf die Aktivität allein die Gleichgewichtsphasen untersucht werden. Um den Aktivitätsunterschied des ferro- und des paramagnetischen Zustands bei nicht zu weit voneinander entfernt liegenden Temperaturen messen zu können[1], ist es günstig, Substanzen mit möglichst scharfem Umschlagsintervall zu wählen. Andererseits kann man bei Substanzen mit breiterem Curie-Intervall die Aktivitätsänderung während des Übergangs näher verfolgen. Im Falle einer Katalysatorwirkung läßt sich experimentell zeigen, daß die Oberflächenaktivität in energetischer Hinsicht geändert wird, d. h. es liegt eine direkte Einwirkung der Störungen des Oberflächenfeldes vor. Es könnte auch sein, daß indirekt hervorgerufene Textureffekte auftreten zufolge einer Änderung der Mosaikstruktur der Oberfläche. Ob eine solche Änderung überhaupt eintritt, ist kaum bewiesen, doch würde vielleicht eine Beobachtung von BEISCHER und WINKEL[2] darauf hindeuten, daß die Agglomerationsfähigkeit von Ni-Aerosolen über und unter dem Curiepunkt verschieden ist. Die Erforschung des Zusammenhangs zwischen magnetischem Zustand und Gefüge ist noch in ihrem Anfang, und etwas über etwaige Oberflächeneffekte dieser Art kann nicht ausgesagt werden. Ein chemischer Effekt zufolge bloßer Oberflächengrößenänderung liegt jedenfalls nicht vor.

d) Elektrische Umwandlungen.

Untersuchungen über Dipoleigenschaften und dielektrische Polarisationserscheinungen haben bei verschiedenen Kristallen mit niedriger Symmetrie (z. B. Seignettesalz und KH_2PO_4) an die verschiedenen magnetischen Zustände erinnernde Verhältnisse gezeigt[3]. Innerhalb eines bestimmten Temperaturintervalls (beim Seignettesalz z. B. -18 bis $+22°$) liegen in einer Achsenrichtung abnorm hohe Werte der Dielektrizitätskonstante und des piezoelektrischen Effektes vor. Dieser Zustand, der als „ferro-elektrischer" oder besser vielleicht „seignette-elektrischer" bezeichnet werden kann, verschwindet bei einer „unteren" und bei einer „oberen" Curietemperatur. Bei der Entstehung und beim Verschwinden des spontanen inneren Feldes zeigt die Doppelbrechung der Kristalle Unstetigkeiten,

[1] Der Temperaturkoeffizient katalysierter Reaktionen läßt auch häufig Messungen nur in einem beschränkten Temperaturintervall zu.

[2] D. BEISCHER, A. WINKEL: Naturwiss. 25 (1937), 420.

[3] Vgl. die Zusammenstellung von P. SCHERRER: Z. Elektrochem. angew. physik. Chem. 45 (1939), 171.

die einen inneren Kerreffekt darstellen. Außerdem ist ein elektrocalorischer Effekt nachgewiesen. Die Einstellung eines „seignetteelektrischen" Zustands und der Übergang in den „paraelektrischen" bei der oberen Curietemperatur wird verständlich, wenn man annimmt, daß im Kristall feste Dipole vorgebildet sind. Bei tiefen Temperaturen sind die Dipole unbeweglich und ungerichtet. Mit wachsender Temperatur wächst die Zahl der frei drehbaren Dipole, so daß eine „spontane" Polarisation eintreten kann (unterer Curiepunkt[1]). Mit weiterer Steigerung der Temperatur wird die Temperaturbewegung so groß, daß die spontane Polarisation wieder aufgehoben wird (oberer Curiepunkt). Dem Entstehen und dem Verschwinden der spontanen Polarisation entsprechen Intensitätsänderungen der Röntgenlinien, die beim Seignettesalz festgestellt wurden[2]. Wegen der elektrischen Deformation bei der Polarisation tritt auch eine geringe Linienverschiebung auf[3]. Thermische Hysterese der Umwandlung liegt nicht vor.

Wenn auch die Beeinflussung der chemischen Aktivität zufolge des geänderten elektrischen Zustands des Gitters keine allzu großen Effekte hervorrufen dürfte, sollten sie doch sowohl bei sorptiven wie bei wirklichen Umsetzungsversuchen meßbar sein. Für Katalysatorwirkungen erscheinen sowohl die Substanzen wie die Umwandlungstemperaturen wenig geeignet. Wie bei den magnetischen Zustandsänderungen ist es auch hier im Prinzip wahrscheinlich, daß die Effekte direkt durch die Störung des Kraftfeldes der Oberfläche zustande kommen. Indirekt können Effekte auch durch Änderungen der Mosaikstruktur hervorgerufen werden. Ein Einfluß von beiden ist natürlich auch möglich. Wie erwähnt, sind ja die elektrischen Umwandlungen von einer Deformation begleitet.

e) Umwandlungsähnliche Erscheinungen durch Bestrahlung[4].

Durch Bestrahlung können in einem Kristall unstetige Veränderungen hervorgerufen werden, die zu den umwandlungsähnlichen Erscheinungen gerechnet werden können, da sie wie jede Energieänderung eines Stoffes auch eine geänderte chemische Aktivität herbeiführen müssen. Hierbei ist nicht die Rede von eigentlichen photochemischen Reaktionen des Stoffes allein oder mit anderen Stoffen.

Daß die Lichtabsorption in einem Kristall in allgemeiner Weise den Energiezustand ändert, kann mittels des „Bändermodells" der festen Stoffe[5] verdeutlicht werden. Danach sind sowohl in Metallen wie in Isolatoren die Valenzelektronen im unangeregten Zustand innerhalb des von ihnen besetzten Energiebandes frei beweglich, ohne daß aber elektrische Leitfähigkeit vorhanden sein müßte. Die Lichtabsorption, die unter Beförderung eines Elektrons auf ein höheres Band vor sich geht, kann daher nicht an einer bestimmten Stelle eines Kristalls auf einen bestimmten Bindungspartner bezogen werden. Die aufgenommene Energie wird durch Elektronenwechselwirkung auf alle in diesem Band befindlichen Elektronen[6] innerhalb sehr kurzer Zeit verteilt. Nach MÖGLICH und ROMPE[6] kann auch durch

[1] Unklar ist allerdings, warum die einmal eingetretene Ausrichtung der Dipole beim Abkühlen unter die untere Curietemperatur wieder zerstört wird.

[2] H. STAUB: Physik. Z. **34** (1937), 292.

[3] Dies sei aber nicht als Bildung einer neuen Phase angesehen.

[4] Wir erörtern nur die bei Anregung durch Lichtabsorption auftretenden Verhältnisse. Für die Anregung durch Elektronenstoß, radioaktive Strahlung gelten natürlich ganz entsprechende Konsequenzen.

[5] Vgl. z. B. J. H. DE BOER: Elektronenemission und Adsorptionserscheinungen. Leipzig, 1937. — F. SEITZ, R. P. JOHNSTON: J. appl. Physics **8** (1937), 84, 186, 246.

[6] F. MÖGLICH und R. ROMPE: Z. Physik **115** (1940), 717, haben angegeben, daß im oberen Band eines Isolators durch Einstrahlung Elektronenkonzentrationen von 10^{16} bis 10^{18} auftreten können.

das Bändermodell zum Ausdruck gebracht werden, daß die Anregung entweder durch Austausch auf Nachbarelektronen im Gitter wanderungsfähig ist, ohne eigentlich frei zu sein („Exciton" nach FRENKEL[1]) oder daß lichtelektrische Leitung auftritt[2], oder daß das abgespaltene Elektron vorübergehend im Gitter festgelegt wird. Eine Rückkehr des Elektrons unter Ausstrahlung ist nur in seltenen Fällen bei Anwesenheit von Gitterstörungen oder Fremdstoffen über Zwischenprozesse möglich (Luminophore). Im allgemeinen geht die Anregungsenergie mittels „Stoßprozessen" in die thermische des Kristalls über. Solange die Erregung aber andauert, ist der Kristall energetisch verändert und damit auch das die Aktivität nach außen hin bestimmende Kraftfeld der Oberfläche (RIEHL[3]).

Zu der „Volumenabsorption" kommt die Absorption von Oberflächenbausteinen oder Störstellen hinzu. Die Absorptionsbedingungen in Realkristallen sind noch wenig bekannt, man dürfte jedenfalls mit größeren Anregungsmöglichkeiten der Oberflächenschichten zu rechnen haben. Überhaupt kann die Lichtabsorption der Kristalle schon in sehr dünnen Schichten vollständig sein, und die Anregung wird häufig nicht ins Kristallinnere fortgeleitet werden können.

Die Geschwindigkeit, mit der die Elektronen unter Abgabe ihrer Energie an das Gitter das obere Band verlassen, nimmt mit steigender Temperatur zu. Die Besonderheiten der Bestrahlungsaktivierung sind am deutlichsten meßbar, wenn die Temperatur so niedrig ist, daß die thermische Aktivierung keine größere Rolle spielt.

Hinsichtlich der chemischen Auswirkung muß man unterscheiden zwischen Effekten auf Grund der geänderten Oberflächenaktivität und vom festen Stoff photosensibilisierten Reaktionen. Nur die ersteren können als Umwandlungserscheinungen hier interessierender Art aufgefaßt werden. Sie lassen sich nur dann mit Sicherheit feststellen[4], wenn eine Beeinflussung, vor allem eine Hemmung, von sich auch ohne Bestrahlung abspielenden Vorgängen, aber keine Reaktionsauslösung durch die Bestrahlung vorliegt.

Ein wirklich reiner Photoaktivierungseffekt kann ferner nur dann erhalten werden, wenn die betreffenden Substrate im angewandten Wellenlängengebiet nicht selbst absorbieren. Andernfalls könnte eine Wechselwirkung zwischen aktiviertem Substrat und aktiviertem Kristall bestehen, welche auch nicht völlig eindeutig dadurch eliminiert werden könnte, daß bei entgegengesetztem Verlauf der Absorptionskurven von Substrat und Kristall die Photoaktivierung mit steigender Absorption des Kristalls zunimmt. Denn die Absorption nahezu aller Kristalle nimmt mit abnehmender Wellenlänge zu, und größere Quanten könnten auch bei geringerer Stärke der Absorption gerade die für den betreffenden Vorgang im Substrat bedeutsamen Molekülgruppen aktivieren.

Schließlich sei erwähnt, daß die Quantenausbeuten von Photoaktivierungen, deren Kenntnis zum Verständnis dieser Prozesse von Wert ist, genauer nur im Falle von Photosensibilisierung bestimmt werden können. Im Falle der Änderungen der Gitteraktivität durch Bestrahlung können sie dagegen wegen der Überlagerung der Dunkelaktivität nur mit erheblichen Schwierigkeiten experimentell annähernd ermittelt werden.

---

[1] J. FRENKEL: Physik. Z. Sowjetunion **9** (1935), 158.

[2] Über Gitteranregung und Energiewanderung vgl. A. SMEKAL: Handbuch der Physik Bd. XXIV/2, S. 838ff., 857. Berlin, 1933. — F. MÖGLICH, M. SCHÖN: Naturwiss. **26** (1938), 199. — C. F. GOODEVE, J. A. KITCHENER: Trans. Faraday Soc. **34** (1938), 902.

[3] N. RIEHL: Physik und techn. Anwendungen der Lumineszenz. Berlin, 1941.

[4] Siehe hierüber J. A. HEDVALL, G. BORGSTRÖM, G. COHN: Kolloid-Z. **94** (1940), 57.

B. Untersuchungsmethoden des Umwandlungsvorgangs.

Die Untersuchung bzw. die Feststellung einer Umwandlung sowie der Umwandlungstemperatur erfolgt durch Messung kennzeichnender physikalischer Eigenschaften, die sich zufolge der Umwandlung ändern. Man benutzt je nach der Art der Umwandlungen verschiedene Eigenschaften. Da bei der Beschreibung der Umwandlungen die charakteristischen Eigenschaftsänderungen schon angeführt worden sind, sollen in diesem Abschnitt nur ganz kurz einige methodische Angaben gemacht werden, zumal methodische Einzelheiten auch im folgenden Kapitel angeführt werden müssen.

Im Falle kristallographischer Umwandlungen können die Nachweismöglichkeiten unter Umständen dadurch geschaffen werden, daß man die Gleichgewichtseinstellung durch Zusatz eines Schmelzmittels beschleunigt[1]. Bei größeren Kristallen kann man auch das Eintreten von Umwandlungen direkt am Zerspringen derselben erkennen.

Von besonderer Wichtigkeit bei Umwandlungen verschiedener Art sind Messungen des Energieinhalts entweder durch Bestimmung der spezifischen Wärme oder der Lösungswärme. Ein einfaches Mittel stellt in vielen Fällen das Aufnehmen von Erhitzungskurven dar. Die durch Änderungen im Energieinhalt verursachten Haltepunkte oder Verzögerungsintervalle geben bei richtiger Ausführung die Temperatur und ungefähr die Geschwindigkeit der Umwandlung an[2]. Die Empfindlichkeit wird dabei sehr gesteigert, wenn man den Strom zweier gegeneinander geschalteter Thermoelemente bei annähernd gleicher Temperatur mißt, von denen nur eines sich in der sich umwandelnden Substanz befindet (Differenzmethode[3]).

Sehr wertvoll sind natürlich die röntgenographischen Methoden, und nicht nur im Falle wirklicher Gitteränderungen (vgl. Kapitel II). In manchen Fällen, bei denen die Röntgenmethoden versagen, lassen sich Umwandlungen durch Messungen der Doppelbrechung erkennen[4]. Auch Dichtemessungen sind zur Bestimmung von Umwandlungen geeignet.

Elektronoskopische Bestimmungen sind zu solchen Zwecken noch wenig verwendet worden. Es verdient daher hervorgehoben zu werden, daß diese Untersuchungsmethode einen besonderen Wert besitzt, wenn man die in vielen Hinsichten unvollständig bekannten Strukturänderungen an Gitteroberflächen stustudieren will.

Tatsächlich sprechen auch solche Änderungen der katalytischen Ausbeuten wie der chemischen Ausbeuten überhaupt, die durch Umwandlungen hervorgerufen werden, so scharf auf den Umwandlungsvorgang an, daß die entsprechende Temperatur durch Diskontinuität der Ausbeutekurve öfters bestimmt werden kann.

Andere Möglichkeiten, Umwandlungen zu messen, sind in großer Zahl vorgeschlagen worden. Wir wollen hier aber nur solche erwähnen, die den Umwandlungsvorgang laufend zu messen gestatten, so daß man z. B. im Verlauf einer katalysierten Reaktion in jedem Zeitpunkt über den Fortschritt der Umwandlung unterrichtet ist. In Betracht kommen in erster Linie Messungen der elektrischen Leitfähigkeit[5], der Dielektrizitätskonstante[6], der magnetischen Suszeptibilität[7],

---

[1] Als Umwandlungskatalysatoren kommen auch Gase in Betracht [G. F. HÜTTIG, G. MARKUS: Kolloid-Z. **88** (1939), 274. — G. F. HÜTTIG: Angew. Chem. **53** (1940), 35. — J. A. HEDVALL, KAJ OLSSON: Z. anorg. allg. Chem. **243** (1940), 237].

[2] J. A. HEDVALL: Z. anorg. allg. Chem. **96** (1916), 67; **98** (1916), 57; **135** (1924), 69.

[3] Vgl. P. GOERENS: Einführung in die Metallographie, S. 196ff. Halle, 1932.

[4] A. KRUIS, R. KAISCHEW: Z. physik. Chem., Abt. B **41** (1938), 427.

[5] Vgl. G. BORELIUS: Z. Elektrochem. angew. physik. Chem. **46** (1939), 16.

[6] Z. B. G. HETTNER, E. HETTNER, R. POHLMANN: Z. Physik **108** (1938), 45.

[7] Vgl. G. GRUBE, O. WINKLER: Z. Elektrochem. angew. physik. Chem. **41** (1935), 52 die eine für diese Zwecke sehr brauchbare Apparatur beschrieben haben.

des Reflexionsvermögens[1], der Emanationsabgabe von mit radioaktiven Indicatoren indizierten Substanzen[2], vor allem nach der Strömungsmethode. Hier ist natürlich nicht der Ort für ein näheres Eingehen auf diese Methoden, die an den angegebenen Literaturstellen oder in allgemein bekannten Lehr- oder Handbüchern im Detail beschrieben sind. Zum Schluß sei nur erwähnt, daß die als „COHEN-Umwandlungen“ bezeichneten Vorgänge sich oft durch dilatometrische Bestimmungen am besten verfolgen lassen[3], und daß bei Änderungen des ferromagnetischen Zustands natürlich die üblichen Methoden zur Bestimmung von Entmagnetisierungskurven in Frage kommen.

III. Beispiele von durch Phasenänderungen hervorgerufenen Aktivitäts- oder Reaktionseffekten.

1. Bei Strukturumwandlungen.

a) Aktivitätsunterschiede der beiden Modifikationen.

Über den Unterschied der katalytischen Aktivität zweier stabiler Modifikationen sind nur wenige Versuche angestellt worden. FISCHBECK und Mitarbeiter[4] haben wohl als erste bei metallischen Katalysatoren, die kristallographische Umwandlungen ausführen, Änderungen der

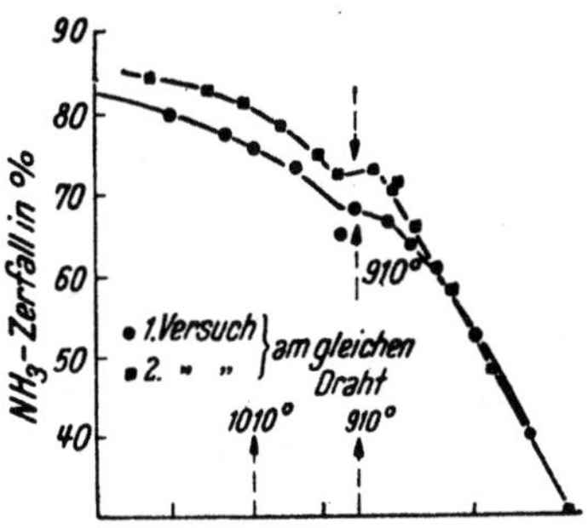

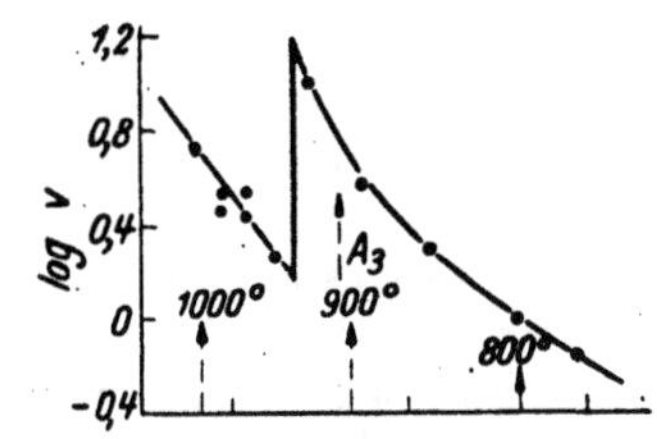

a) Abb. 3. b)

a) Zerfallsgeschwindigkeit von NH_3 an einem glühenden Eisendraht nach FISCHBECK.
b) Oxydationsgeschwindigkeit von Eisen in Stickoxyd nach FISCHBECK.

Aktivität im Umwandlungsgebiet beobachtet. In Abb. 3a sind Umsatzkurven dargestellt, die sich auf die katalytische NH_3-Spaltung an einem Eisendraht beziehen. Bei der α-γ-Umwandlung (910°) treten Unregelmäßigkeiten auf, indem die Hochtemperaturmodifikation eine kleinere Aktivität besitzt. Ein deutlicher Sprung kann nicht zustande kommen, weil zufolge eines Temperaturgefälles in dem benutzten Katalysator die Umwandlung an verschiedenen Stellen zu verschiedenen Zeiten stattfand. Bei einer wirklichen Umsetzung des Eisens trat jedoch der Aktivitätssprung deutlich in Erscheinung. Dies zeigt Abb. 3b am Beispiel der Oxydation des Eisens in NO. Eine geringere Aktivität der Hochtemperaturmodifikation wurde auch bei der Methanbildung aus CO_2 und H_2 über Kobalt-Nickel-Legierungen mit 5 und 10% Ni im Gebiet der $\alpha \rightarrow \beta$-Umwandlung des Co gefunden[5]. Mit der von FISCHBECK benutzten Versuchsanordnung konnte

[1] J. H. VAN DER VEEN, L. S. ORNSTEIN: Physica **6** (1939), 439.
[2] Z. B. O. HAHN: Naturwiss. **17** (1929), 296. — R. JAGITSCH: Z. physik. Chem., Abt. A **174** (1935), 49; S.-B. Akad. Wiss. Wien **145** (1936), 221. — K. E. ZIMENS: Z. physik. Chem., Abt. B **37** (1937), 231, 241.
[3] J. A. HEDVALL, R. HEDIN, E. ANDERSSON: Z. anorg. allg. Chem. **212** (1933), 84.
[4] K. FISCHBECK, L. NEUNDEUBEL, F. SALZER: Z. Elektrochem. angew. physik. Chem. **40** (1934), 517.
[5] K. FISCHBECK, F. SALZER: Z. Elektrochem. angew. physik. Chem. **41** (1935), 158.

kaum anderes als Unterschiede der Aktivität erfaßt werden[1], so daß über den Einfluß der Übergangszustände nichts ausgesagt werden kann.

Von SCHWAB und MARTIN[2] wurde eine Reihe von Versuchen über das Verhalten von Katalysatoren an Umwandlungspunkten ausgeführt, welche die Aktivitätsunterschiede der beiden ausgebildeten Modifikationen betrafen.

Als Katalysatoren, welche kristallographische Umwandlungspunkte besitzen, wurden CuJ, AgJ, TlJ und Na_2SO_4 mit verschiedenen Testreaktionen wie Zerfall von Methyl- und Äthylalkohol und der Zerfall von Ameisensäure statisch und in eingehender geprüften Fällen auch dynamisch untersucht. Aus dem gemessenen Geschwindigkeitsverlauf wurde jeweils der Teil der Reaktion ausgewählt, der der diffusionsunbeeinflußten heterogenen Reaktionsgeschwindigkeit entsprach, und es wurden Reaktionsbedingungen eingehalten, welche die Reaktionsgeschwindigkeiten als Maß der Geschwindigkeitskonstanten anzunehmen erlaubten. Da die Hoch- und Tieftemperaturmodifikationen eines Katalysators eine individuelle Einwirkung auf ein bestimmtes Substrat ausüben sollten, waren im $\log k - 1/T$-Diagramm verschiedene Neigungen der den beiden Modifikationen zuzuordnenden Stücke der (ARRHENIUS-)Geraden zu erwarten, und außerdem sollte im Umwandlungsgebiet ein Sprungpunkt auftreten.

Bei keinem der untersuchten Beispiele ließ sich aber ein solches Verhalten feststellen. Soweit die Aktivitätsschwankungen eine Auswertung zuließen, liefen die Kurven ungeändert durch den Umwandlungspunkt hindurch, ein Ergebnis, welches auf die experimentellen Schwierigkeiten hinweist, geeignete reproduzierbar katalysierende Substanzen zu finden und die übrigen, miteinwirkenden Faktoren abzutrennen.

Im Falle des näher untersuchten Ameisensäurezerfalls an Na_2SO_4 führen SCHWAB und MARTIN noch zwei spezielle Deutungsmöglichkeiten für das Ausbleiben eines Effektes an. Erstens brauchte zufolge der Ähnlichkeit von Gitter- und Bindungstyp beider Modifikationen und wegen stets annähernd gleicher Teilchenzahl und -größe nach mehrmaligen Umwandlungen kein nennenswerter Unterschied in der Zahl und Beschaffenheit der aktiven Zentren aufzukommen. Zweitens wäre es auch möglich, daß für die aktiven Oberflächenbezirke vom Kristallinnern abweichende Verhältnisse bestehen, so daß sie von den Umwandlungen im Gitter weniger beeinflußt würden. Ähnliches kann auch in anderen Fällen gelten, und aus diesem Spezialfall geht auch hervor, daß es bei katalytischen Reaktionen verhältnismäßig starker und praktisch schwerer zu realisierender Sprünge der Oberflächenbeschaffenheit bedarf, um nachweisbare Aktivitätsänderungen zu erhalten.

Bei dem Vergleich zweier Modifikationen, von denen sich eine im instabilen Zustand befindet, d. h. entweder eines Stoffes mit monotroper Umwandlung oder einer unterkühlten Hochtemperaturmodifikation eines Stoffs, muß man darauf Rücksicht nehmen, daß etwaige Unterschiede im Reaktionsverhalten auch auf ungleich aktiver Ausbildungsform oder auf Größenunterschieden der Primär- oder der Sekundärteilchen[3] beruhen können und nicht Effekte des Modifikationswechsels zu sein brauchen. Die verschiedene Aktivität ein und desselben Stoffes zufolge physikalischer Ungleichheiten ist eingehend untersucht worden[4].

---

[1] J. A. HEDVALL: Z. Elektrochem. angew. physik. Chem. **41** (1935), 445.

[2] G.-M. SCHWAB, H. H. MARTIN: Z. Elektrochem. angew. physik. Chem. **44** (1938), 724; **43** (1937), 610.

[3] R. FRICKE, W. DÜRR: Z. Elektrochem. angew. physik. Chem. **45** (1939), 254.

[4] R. FRICKE: Vgl. z. B. Ber. **72** (1939), 1568. — G. F. HÜTTIG: Vgl. z. B. Z. anorg. allg. Chem. **231** (1937), 249. — H. W. KOHLSCHÜTTER: Vgl. z. B. Z. anorg. allg. Chem. **240** (1939), 232. — A. KRAUSE: Ber. **69** (1936), 2708. — G.-M. SCHWAB, H. NAKAMURA: Ber. dtsch. chem. Ges. **71** (1938), 1755.

Zufolge dieser Komplikation gibt es aber wohl noch keinen Fall, bei dem eine bloße Auswirkung des Strukturunterschieds einwandfrei festgestellt ist. Wir wollen daher nur folgende Ergebnisse von Versuchen mit wirklichen Umsetzungen anführen.

Von HÜTTIG und Mitarbeitern ist die Auswirkung monotroper Umwandlungen im Falle des Übergangs Anatas → Rutil[1] und γ-Al_2O_3 → α-Al_2O_3 * auf die Löslichkeit, Hygroskopizität, das Molekular- und Schüttvolumen, den Glühverlust bestimmt worden. Alle diese Eigenschaften nehmen nach beendetem Übergang erheblich ab. Dabei können wahrscheinlich nicht nur Aktivitätsunterschiede, sondern auch andere Oberflächenänderungen, z. B. Rekristallisationsprozesse, eine Rolle spielen.

Hier soll auch daran erinnert werden, daß verschiedene Kristallflächen desselben Kristalls verschiedene Reaktions- und Keimbildungsfähigkeit besitzen können. Ein solcher Fall wurde von HEDVALL und HEDIN an thermisch dissoziierenden $CaCO_3$-Kristallen beobachtet[2].

Als ein Beispiel für die ungleiche Aktivität, die ein Stoff mit unterkühlbaren Modifikationen besitzen kann, sind in Abb. 4 Kurven des Reaktionsvermögens von α-Quarz, Tridymit und Cristobalit bei Umsetzungen mit CaO** dargestellt. Alle benutzten SiO_2-Präparate waren durch ein Sieb mit 6400 Maschen je cm^2 gesiebt worden. Nach den Erfahrungen bei Pulverreaktionen spielen bei so feinen Pulvern Korngrößenunterschiede keine hier in Betracht kommende Rolle mehr für die Ausbeute. Da ferner keine Schmelzmittel anwesend waren bzw. keine flüssigen Phasen gebildet wurden, fand innerhalb der Reaktionszeit von 1 Stunde praktisch keine Umwandlung statt. Die Kurven geben daher in vergleichbarer Weise die unterschiedlichen Aktivitäten der Quarzmodifikationen an.

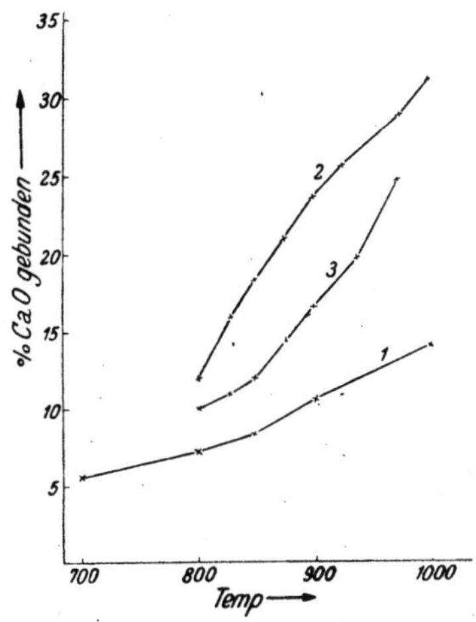

Abb. 4. Die Unterschiede des Reaktionsvermögens der SiO_2-Modifikationen nach HEDVALL und HEDIN.

Bei dieser Untersuchung wurde ein bedeutender Einfluß auf die Aktivität der Oxyde von anwesenden im klassisch-chemischen Sinne nicht einwirkenden Gasen festgestellt. Darauf hat HÜTTIG[3] früher aufmerksam gemacht. Ähnliche aktivierungserhöhende bzw. -erniedrigende Effekte wurden auch von HEDVALL und Mitarbeitern an sämtlichen SiO_2-Modifikationen und an Al_2O_3-Modifikationen[4] gefunden. Die Einwirkungsart der Gase kann auch hier verschieden sein, indem es wahrscheinlich scheint, daß sowohl Rekristallisationsvorgänge und Oberflächenstruktur beeinflußt werden können als auch, daß eine reaktionsfördernde Auflockerung des Gitters durch wahre Gasauflösung auftritt. Der letztere Effekt, der auf alle Fälle existiert und an vielen Oxyden und Glasarten nachgewiesen wurde[5], ist der Reaktivitätserhöhung durch andere Fremdstoffe an die Seite zu stellen,

[1] G. F. HÜTTIG, K. KOSTERHON: Kolloid-Z. 89 (1939), 202.
* G. F. HÜTTIG, G. MARKUS: Kolloid-Z. 88 (1939), 274.
[2] J. A. HEDVALL: Reaktionsfähigkeit fester Stoffe, S. 144. Leipzig, 1938.
** J. A. HEDVALL, K. OLSSON: Z. anorg. allg. Chem. 243 (1940), 237.
[3] G. F. HÜTTIG: Zusammenfassend in Z. Elektrochem. angew. physik. Chem. 47 (1941), 282. — Vgl. Artikel HÜTTIG im vorliegenden Bande des Handbuchs.
[4] J. A. HEDVALL, O. RUNEHAGEN: Naturwiss. 28 (1940), 429. — J. A. HEDVALL und Mitarbeiter: IVA Mitt. (Stockholm) 1942, Heft 1.
[5] J. A. HEDVALL und Mitarbeiter: Glastechn. Ber. 20 (1942), 34.

so wie dies z. B. für $PbCl_2$, das $BaCl_2$ in fester Lösung hält, erstmalig nachgewiesen wurde[1].

b) Aktivität *während* des Umwandlungsvorgangs.

Meßbare Sorptionseffekte *während* einer kristallographischen Umwandlung werden in der Mehrzahl der Fälle nur dann auftreten, wenn der Kristall dauernd im Umwandlungszustand erhalten wird. Denn die Umwandlungsdauer der dabei ausschließlich in Frage kommenden äußersten Oberflächenschichten ist im allgemeinen so kurz, daß ein derartiger Effekt beim Durchlaufen einer einzelnen Umwandlung nur bei niedrigen Temperaturen und anhaltenden Fehlbauzuständen nachweisbar sein kann.

Für das Erreichen eines dauernden Umwandlungszustands durch abwechselndes Steigen und Senken der Temperatur in einem geeigneten Intervall und mit passender Geschwindigkeit ist es am günstigsten, wenn die Umwandlung in beiden Richtungen schnell und durchgreifend verläuft und die Geschwindigkeit des Wärmeaustauschs möglichst groß ist. Von den in dieser Hinsicht besonders geeigneten metallischen Katalysatoren besitzen aber nur Legierungen enantiotrope Phasenübergänge, welche in den für die meisten katalytischen Reaktionen in Betracht kommenden Temperaturgebieten liegen. Legierungen sind aber in der Regel schlechte Katalysatoren und zu empfindlich gegen die chemischen Einwirkungen des Substrates. Entsprechend wurde beispielsweise von HEDVALL und Mitarbeitern[2] bei Versuchen mit der Legierung AgCd, die eine schnell verlaufende reversible Umwandlung bei 425° ausführt[3], unter Anwendung verschiedener Substrate

$$(CO + H_2O \rightarrow CO_2 + H_2;\quad 2\,NH_3 \rightarrow N_2 + 3\,H_2;\quad N_2O + H_2 \rightarrow N_2 + H_2O)$$

und mit einer Versuchsanordnung, die einen periodischen, ziemlich schnellen Phasenwechsel des Katalysators zuließ (120 mal/Stunde) gefunden, daß in sämtlichen Fällen etwaige Effekte innerhalb der wegen chemischer Veränderungen der Oberflächeneigenschaften auftretenden Versuchsstreuungen lagen.

Bei den gegen Substratgase beständigen, häufig gut katalysierenden oxydischen Katalysatoren verlaufen die Umwandlungen meist zu langsam, und die Wärmeleitfähigkeitsverhältnisse sind auch ungünstig. HEDVALL und WIKDAHL[4] zeigten jedoch, daß die Katalysatorwirkung von Quarz für die SO_2-Oxydation erhöht wird, wenn der Quarz die $\beta \rightarrow \alpha$-Umwandlung (bei 575°) ausführt. Der Nachweis war möglich, obwohl Quarz ein schlechter Wärmeleiter ist und die Gitteränderung bei der Umwandlung wenig durchgreifend ist. Von Vorteil ist aber, daß die Umwandlung in beiden Richtungen schnell verläuft, und schließlich auch, daß Quarz bei diesen Temperaturen nur wenig katalysiert, so daß sich der Umwandlungseinfluß relativ stärker bemerkbar machen kann.

Die Ergebnisse an dem System: Quarz/$SO_2 + O_2$ seien im folgenden näher besprochen, da dieses System das einzige ist, bei dem ein Umwandlungseffekt dieser Art mit Sicherheit festgestellt werden konnte. Die Messungen wurden dynamisch mit einem Gemisch aus SO_2 und O_2 (2 : 1) ausgeführt. Die Meßdauer betrug 110 Minuten, der Gasdurchsatz 2 Liter. Während dieser Zeit pendelte die Temperatur des Katalysators zwischen 570 und 580°, und die Dauer einer vollen Schwingung betrug 1 Minute. Durch Aufnehmen von Erhitzungskurven war die

[1] J. A. HEDVALL, W. ANDERSSON: Z. anorg. allg. Chem. **193** (1930), 29.
[2] J. A. HEDVALL, G. COHN, S. KRISTENSON: Vorher unveröffentlicht.
[3] A. WESTGREN, H. ÅSTRAND: Z. anorg. allg. Chem. **175** (1928), 91.
[4] J. A. HEDVALL, L. WIKDAHL: Z. Elektrochem. angew. physik. Chem. **46** (1940), 455

Umwandlungsgeschwindigkeit in beiden Richtungen zu etwa 20 Sekunden ermittelt worden, so daß sich der Quarz bei den gewählten Bedingungen ständig hin und zurück umwandelte. In Tabelle 1 sind die Ergebnisse einer Versuchsserie zusammengestellt, die nach einer Anlaufperiode geringerer und unregelmäßigerer Aktivität erhalten wurden[1]. Die Ausbeuten sind in Gewichtsprozenten umgesetzten SO_2 angegeben[2].

Tabelle 1. *Umgesetzte SO_2-Menge in %.*

Reaktions-temperaturen °C	545	565	575 ohne „Schwingung"	570 bis 580 1 „Schwingung" pro Min.	585	605
	0,76	1,03	1,13	1,51	1,18	1,59
	0,84	1,00	1,20	1,41	1,12	1,52
		0,96		1,43	1,12	
				1,50	1,14	
Mittel	0,80	1,00	1,17	1,46	1,14	1,56

In Abb. 5 sind die Meßwerte graphisch dargestellt. Der Temperaturgang deutet darauf hin, daß ein Unterschied hinsichtlich der katalytischen Leistungsfähigkeit (Änderung der Aktivierungsenergie) besteht. Näheres über den Mechanismus ließe sich erst auf Grund einer eingehenderen kinetischen Untersuchung aussagen. Es ist bei der SO_3-Bildung über Quarz im Gebiet der $\beta \rightarrow \alpha$-Umwandlung auch nicht ausgeschlossen, daß bei der Messung bei 575° ohne Schwingung der Temperatur eine geringe Auswirkung der Umwandlung vorgelegen hat. Die Umwandlungen hin und her schließen den Einfluß von Korngrößenänderungen aus.

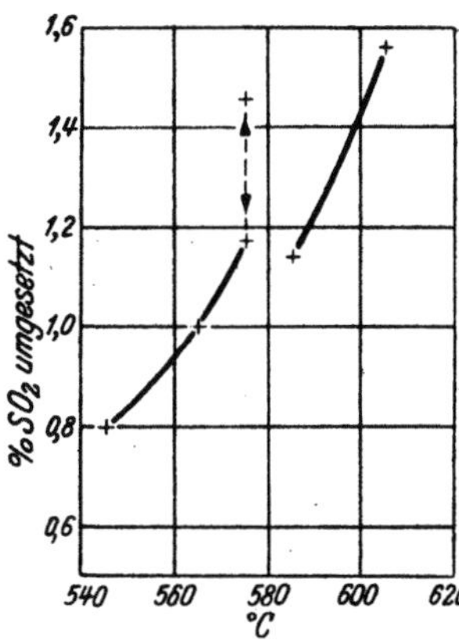

Abb. 5. Katalyse bei Hin- und Herumwandlung des Quarzkatalysators nach HEDVALL und WIKDAHL.

In der bereits S. 598 erwähnten Untersuchung von SCHWAB und MARTIN[3] ergaben sich bei der Äthanolspaltung an CuJ in Zusammenhang mit der $\beta - \gamma$-Umwandlung bei 402° * Aktivitätserhöhungen, die als Effekt hier interessierender Art aufgefaßt werden können. Die Ergebnisse zeigt Abb. 6, in welcher die Logarithmen der ebenfalls als Maß für die Geschwindigkeitskonstanten gesetzten Reaktionsgeschwindigkeiten gegen die Kehrwerte der absoluten Temperatur aufgetragen sind. Der Umwandlungspunkt ist durch senkrechte Pfeile gekennzeichnet. Die unterste gestrichelte Linie stellt den Blindwert der dynamisch untersuchten Reaktion im Reaktionsgefäß ohne Katalysator dar. Die einzelnen Versuchsreihen mit den verschiedenen Katalysatorpräparaten oder nach verschiedener Vor-

[1] Die überhaupt häufige Erscheinung einer unregelmäßigen Aktivität im Anfang war in diesem Fall vorauszusehen, da eine Behandlung von Quarz bei diesen Temperaturen sowohl mit SO_2, SO_3 und O_2 allein als auch mit einem Gemisch von SO_2 und O_2 einen deutlichen und jeweils spezifischen Einfluß auf die Reaktionsfähigkeit, z. B. in bezug auf die Silicatbildung mit CaO ausübt [vgl. J. A. HEDVALL, O. RUNEHAGEN: Naturwiss. 28 (1940), 429]. Erst nach Beendigung dieser Einwirkung konnte die Oberfläche eine reproduzierbare Aktivität besitzen.

[2] Ohne Abzug der Blindwerte, die sich im leeren Katalysatorgefäß aus Silber zu 0,4 % bei 585° ergeben hatten.

[3] G. M. SCHWAB, H. H. MARTIN: Z. Elektrochem. angew. physik. Chem. 43 (1937), 616; 44 (1938), 724.

* Betreffs der Umwandlung siehe die Literaturangaben bei SCHWAB und MARTIN.

behandlung desselben Präparats sind numeriert, und durch Pfeile ist angegeben, daß die Kurven erst mit steigenden und dann mit fallenden Versuchstemperaturen aufgenommen worden sind. Die punktierten Kurvenstücke entsprechen nicht gemessenen Abschnitten der Reaktionen. Unterschiede im Betrag der Reaktionsgeschwindigkeit und der Kurvenneigung sind durch ungleiche Vorgeschichte der Katalysatoren oder ungleiche Versuchsbedingungen hervorgerufen. Allen Versuchsreihen sind folgende Erscheinungen gemeinsam. Erstens findet bei Versuchen mit steigenden Versuchstemperaturen keine merkbare Auswirkung der Umwandlung des CuJ auf die katalytische Wirksamkeit statt. Zweitens wird die Aktivität durch Erhitzen im Substratstrom beeinträchtigt, so daß die an-

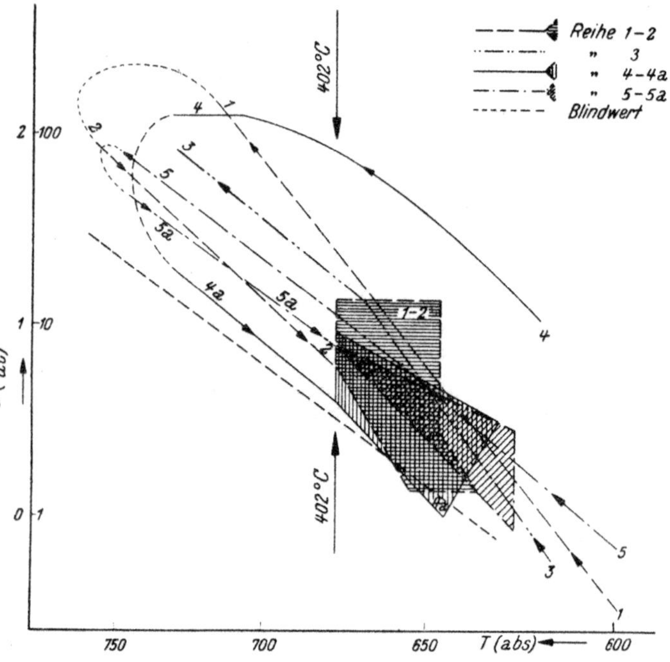

Abb. 6. Die Aktivitätserhöhung (schraffierte Gebiete) zufolge Übergangszuständen während der Umwandlung von der Hoch- zu der Tieftemperaturmodifikation von CuJ bei 402° bei der Äthanolspaltung nach Schwab und Martin.

schließend gemessenen Kurven mit fallenden Versuchstemperaturen tiefer liegen. Der besonders oberflächenentwickelte Kontakt der Reihe 4 wird z. B. im Lauf der Versuche auch besonders geschädigt. Drittens treten *bei Versuchen mit fallenden Versuchstemperaturen nach Überschreiten des Umwandlungspunktes stark streuende, hauptsächlich erhöhte Reaktionsgeschwindigkeiten* auf, welche in Abb. 6 durch Schraffierung hervorgehoben sind. Diese Streuungen sind insofern reproduzierbar, als mit demselben Präparat eine neue Versuchsserie ausgeführt werden kann (Reihe 5 und 5a nach Reihe 4 und 4a), bei welcher sich das gleiche Verhalten ergibt: kein Effekt der Umwandlung bei Versuchen mit steigenden, starke Streuung der Reaktionsgeschwindigkeiten nach Überschreiten der Umwandlungstemperatur bei fallenden Versuchstemperaturen.

Diese Unregelmäßigkeiten in Richtung erhöhter katalytischer Wirksamkeit sind mit den speziellen Aktivitätsverhältnissen der während der Rückumwandlung auftretenden Übergangszustände in Zusammenhang zu setzen. Nach Schwab und MARTIN kann das Ausbleiben der Effekte bei der Hinumwandlung dadurch erklärt werden, daß bei dieser die Lebensdauer der Übergangszustände zu kurz sein kann und daß auch meßtechnisch die sich bei diesem Beispiel ergebende Aktivitätssteigerung bei Versuchen mit fallender Temperatur leichter erfaßt werden kann. Nach röntgenographischen Befunden ist es wahrscheinlich, daß die Umwandlungen nicht von in Betracht kommenden Korngrößenänderungen begleitet sind. Näherer Einblick in die Verhältnisse wird durch Variation und durch Anpassung der Versuchsbedingungen an die genauer zu messenden Geschwindigkeiten beider Umwandlungen erhalten werden können. Es dürfte hier einer der vielleicht nicht so häufigen Fälle vorliegen, bei welchem nach Durchlaufen einer einzigen Umwandlung so anhaltende Zwischenzustände auftreten, daß eine Beeinflussung der katalytischen Aktivität zustande kommt.

Bei monotropen Umwandlungen können die Zwischenzustände abgeschreckt und dann in verschiedener Weise geprüft werden. Von den Untersuchungen von HÜTTIG[1] der Anatas-, Rutil- und $\gamma \rightarrow \alpha$-$Al_2O_3$-Umwandlung sind in Abb. 7 zwei Kurven wiedergegeben, die die Änderungen der Lösbarkeiten beim Durchschreiten der Umwandlung im willkürlichen Maßstab angeben.

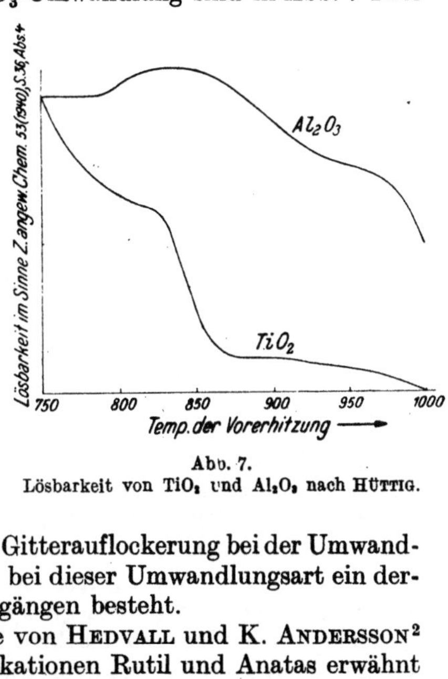

Abb. 7.
Lösbarkeit von TiO_2 und Al_2O_3 nach HÜTTIG.

Der Abfall der Lösbarkeit zufolge des Phasenübergangs wird durch die erhöhte Reaktionsfähigkeit der Zwischenzustände beeinträchtigt. Beim Al_2O_3 trat sogar zunächst ein Maximum der Lösbarkeit auf und später eine starke Verzögerung des Abfalls (verdecktes Maximum); beim TiO_2 kommt es erst zu einer starken und dann zu einer geringen Verzögerung. Das erste Verzögerungsgebiet wird nach HÜTTIG dadurch hervorgerufen, daß sich zufolge einsetzender Oberflächendiffusion die Oberflächenschicht unter Auflockerungszuständen umwandelt, während das zweite Gebiet auf der Gitterauflockerung bei der Umwandlung beruht. Es sei hervorgehoben, daß nur bei dieser Umwandlungsart ein derartiger Zusammenhang mit Platzwechselvorgängen besteht.

Hier können auch die Reaktionsversuche von HEDVALL und K. ANDERSSON[2] in Gemischen aus CaO mit den TiO_2-Modifikationen Rutil und Anatas erwähnt werden. Als Ausgangsmaterial wurden folgende hier interessierenden Präparate benutzt: TiO_2 „Merck pro analysi" und ein sehr reiner mineralischer Anatas. Durch Erhitzung während 90 Min. bei 600° wurde dieses Präparat in Anatas und bei 1000° während 90 Min. in Rutil übergeführt. Die Umwandlung von Anatas in Rutil erfolgt unter den angewandten Versuchsbedingungen in Übereinstimmung mit den Erfahrungen von HÜTTIG[3]. Während der Erhitzung bei 1000° tritt eine geringe Kornvergrößerung ein. Sedimentationsanalysen zeigen aber, daß die durchschnittliche Größe des weitaus größten Teils der Körner etwa dieselbe bleibt. Die Korngröße des mineralischen Anataspräparats stimmt noch besser mit der des Rutilpräparates überein.

Die erhaltenen Ergebnisse (es wird immer $CaTiO_3$ gebildet) lassen sich folgendermaßen kurz zusammenfassen. Die beiden Anataspräparate besitzen eine

[1] G. F. HÜTTIG: Z. angew. Chem. 53 (1940), 37.
[2] J. A. HEDVALL, K. ANDERSSON: Sci. Pap. Inst. physic. chem. Res. Tokyo, 1941.
[3] G. F. HÜTTIG, K. KOSTERHON: Kolloid-Z. 89 (1939), 205.

ausgeprägt höhere Reaktionsfähigkeit als der Rutil, was sicherlich nicht auf den geringen Korngrößenunterschied zurückzuführen ist. Trotz ähnlicher Unterschiede auch zwischen dem künstlichen und dem mineralischen Anataspräparat besitzen nämlich diese beiden etwa dieselbe Aktivität; die bei den niederen Temperaturen merkliche Differenz ist wahrscheinlich durch irreversible Gitterfehler des noch nicht vollständig durchgebildeten künstlichen Präparats erklärlich. Diese verschwinden natürlich bei höheren Temperaturen zufolge der zunehmenden inneren Beweglichkeit, und es geht aus dem Verlauf der Kurven auch deutlich hervor, daß die Unterschiede zwischen sämtlichen Präparaten dabei eine Tendenz zu verschwinden zeigen (Abb. 8).

Die Differenz der Reaktionsfähigkeit zwischen einerseits den Anataspräparaten und andererseits dem Rutilpräparat wird deutlich größer innerhalb des Temperaturintervalls der mit merklicher Geschwindigkeit verlaufenden Umwandlung Anatas → Rutil. Unter den benutzten Bedingungen erreicht die umwandlungsbetonte Differenz der Aktivität einen Höchstwert um etwa 1100° herum. Unterhalb dieser Temperatur ist die Umwandlung zu langsam und oberhalb zu schnell im Verhältnis zu der angewendeten Erhitzungsdauer, 30 Min., um auf den Kurven mit maximaler Deutlichkeit hervorzutreten.

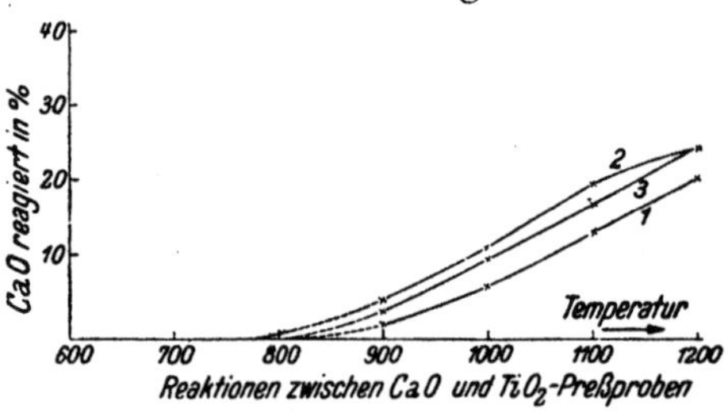

Abb. 8. Reaktionsversuche in Gemischen aus CaO- und TiO_2-Präparaten nach HEDVALL und ANDERSSON.

Ähnliche Effekte treten auch auf bei Umsetzungen zwischen CaO und den instabilen Verbindungen γ-$Fe_2O_3 \cdot H_2O$ und γ-Fe_2O_3*. Die Präparate besitzen nämlich höhere Aktivität als die stabilen. Die Reaktionsfähigkeit des γ-Fe_2O_3 ist auch höher als für das strukturell fehlgebaute, aus Sulfat hergestellte rhomboedrische α-Fe_2O_3. Besonders großes Reaktionsvermögen besitzt das in statu nascendi gebildete und sich dann in stabiles α-Fe_2O_3 umwandelnde γ-Fe_2O_3. Zweifelsohne spielen hier auch schwer überblickbare Korngrößenunterschiede eine Rolle, die allerdings nicht imstande sind, den ganzen Effekt zu erklären[1]. Es ist eine öfters gemachte Erfahrung bei Arbeiten dieser Art erstens, daß die Einwirkung von einer weiteren Verkleinerung eines schon vom Anfang sehr feinen Materials auf den Umsetzungsbetrag in Pulvergemischen nicht sehr groß ist, und zweitens, daß besonders energiereiche Zwischenphasen einen so starken Einfluß besitzen, daß solche Pulver trotz größeren Korns besser reagieren können als feinere[2].

Ähnliche Effekte in Gemischen aus γ-Fe_2O_3-Präparaten und $CdCO_3$ hat auch W. SCHRÖDER gefunden[3].

Beispiele für den Einfluß von Übergangszuständen, welche eine Umwandlung begleiten, auf die Reaktionsfähigkeit bieten auch Ergebnisse von Umsetzungsversuchen in Oxydgemischen aus Al_2O_3 und CoO oder Co_3O_4. Die Bildungsgeschwindigkeit des Spinelles $CoO \cdot Al_2O_3$ nach den Formeln:

$$CoO + Al_2O_3 = CoO \cdot Al_2O_3$$

oder

$$Co_3O_4 + 3\,Al_2O_3 = 3\,(CoO \cdot Al_2O_3) + \tfrac{1}{2}\,O_2\;{**}$$

* J. A. HEDVALL, S. O. SANDBERG: Z. anorg. allg. Chem. **240** (1938), 19.

1 Vgl. R. FRICKE, H. J. BÜCKMANN: Ber. **72** (1939), 1199.

2 J. A. HEDVALL, S. O. SANDBERG: l. c. S. 17÷19.

3 W. SCHRÖDER: Z. Elektrochem. angew. physik. Chem. **46** (1940), 680.

** J. A. HEDVALL, L. LEFFLER: Vgl. J. A. HEDVALL: Reaktionsfähigkeit fester Stoffe, S. 191.

ist nämlich auffallend abhängig vom Umwandlungszustand der reagierenden Präparate. Die Ausführung der Versuche und die erhaltenen Ergebnisse waren folgende (vgl. auch die Figurenbeschreibung Abb. 9).

Das Co_3O_4 wurde durch einstündiges Erhitzen von Co_3O_4 bei 800° und das CoO durch Erhitzen dieses Präparats bei 1000° (N_2, 1 Stunde) in KCl-Schmelze hergestellt und dann gewaschen und im Achatmörser feinst vermahlen. Unter den hier angewendeten Versuchsbedingungen befindet sich ein bei 800° aus $Al(OH)_3$ hergestelltes Präparat in einem Übergangszustand unter beginnender Ausbildung von γ-Al_2O_3, und erst im Gebiet von etwa 900 ÷ 950° verläuft diese Umwandlung einigermaßen schnell. Von etwa 1000° an findet mit merklicher Geschwindigkeit eine weitere Umwandlung in das Korundgitter (α-Al_2O_3) statt[1]. Beim Vergleich der Kurven der Versuche mit CoO ist aus Kurve *1* ersichtlich, daß die Umwandlung zum γ-Al_2O_3 zwischen etwa 900 und 950° die Umsetzungsintensität stark erhöht. Zwischen 950° und 1000° wird dieses Gitter sehr schnell ausgebildet, und der größte Teil des Al_2O_3 befindet sich während des größten Teils der Versuchsdauer in weniger aktivem Zustand. Die gefundene Ausbeute beträgt daher nur wenig mehr als diejenige, die man bei normalem Anstieg durch Verlängerung des unteren Kurvenstückes (600 ÷ 900°) nach höheren Temperaturen hin zu erwarten hätte. Einen solchen normalen Verlauf besitzt in der Tat annähernd die Kurve *4*, die wegen der kurzen Versuchsdauer (5 Minuten) wenigstens keine plötzlichen Veränderungen aufweist. Ihre Werte liegen aber immer noch durchwegs höher als die entsprechenden der Kurve *5*, die die Versuche mit stabilem, wenig reaktionsfähigem Korund darstellt, und die daher von keinerlei aktiven Zwischenzuständen beeinflußt ist.

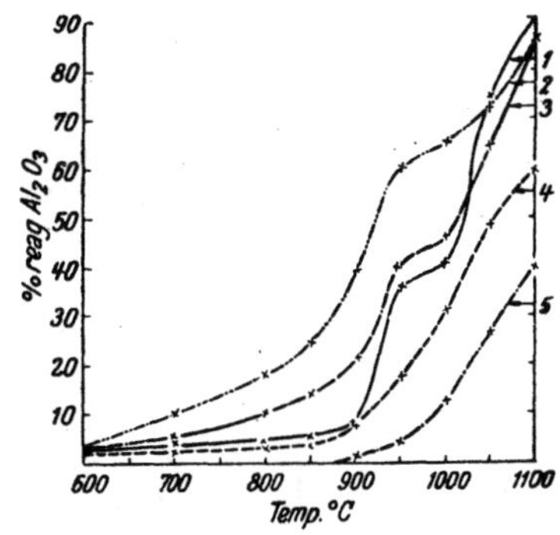

Abb. 9. Der Einfluß von Umwandlungsfaktoren und thermischen Zerfallsprozessen bei der Spinellbildung aus CoO bzw. Co_3O_4 und Al_2O_3 nach HEDVALL und LEFFLER.

Kurve *1*. CoO + Al_2O_3 in N_2 während 15 Minuten (Vorbehandlung des Al_2O_3: 800°, 4 Stdn.). Kurve *2*. Co_3O_4 + Al_2O_3 in N_2 während 15 Minuten (Vorbehandlung des Al_2O_3: 800°, 4 Stdn.). Kurve *3*. Co_3O_4 + + Al_2O_3 in O_2 während 15 Minuten (Vorbehandlung des Al_2O_3: 800°, 4 Stdn.). Kurve *4*. CoO + Al_2O_3 in N_2 während 5 Minuten (Vorbehandlung des Al_2O_3: 800°, 4 Stdn.). Kurve *5*. CoO + Al_2O_3 in N_2 während 15 Minuten (Vorbehandlung des Al_2O_3: 1100°, 4 Stdn.).

Bei den 15 minütigen Erhitzungen der Kurve *1* macht sich von etwa 1000° an die Umwandlung γ-$Al_2O_3 \rightarrow$ Korund durch den steilen Verlauf des oberen Kurventeils stark bemerkbar. Der entsprechende Effekt auf der Kurve *4* tritt wieder wegen der kurzen Versuchsdauer weniger deutlich hervor.

Bei der Anwendung von Co_3O_4 statt CoO ist zufolge der verstärkten Reaktionsfähigkeit fester Stoffe *in statu nascendi* eine erhöhte Reaktionsausbeute in dem Temperaturgebiet zu erwarten, in welchem der Zerfall des Co_3O_4 nach: $Co_3O_4 = 3CoO + \frac{1}{2} O_2$ mit merklicher Geschwindigkeit verläuft. Dieser Effekt geht aus den Kurven *2* und *3* hervor, und es ist auch einleuchtend, daß die größere Verstärkung bei den Versuchen in N_2 (Kurve *2*) erhalten wird.

Nach FRICKE und Mitarbeitern könnte es allerdings als möglich erscheinen, daß nur der zweite Anstieg der in Frage kommenden Kurven einen Effekt hier interessierender Art bedeutet. In gewissem Gegensatz zu BROWNMILLER findet nämlich FRICKE, daß ein aus Böhmit hergestelltes Al_2O_3 schon unter 900° mit durchgebildetem γ-Gitter vorliegt. Der erste steile Anstieg der Kurve *1* würde dann einfach der mit der Temperatur schnell erhöhten Reaktionsfähigkeit des sehr

[1] Vgl. z. B. W. C. HANSEN, L. T. BROWNMILLER: Amer. J. med. Sci. **15** (1928), 225.

feinen Pulvers entsprechen. Danach wäre es aber schwer, das zwischen 950° und 1000° auftretende Intervall geringerer Steigung zu erklären. Man weiß auch, daß die Kristallisationsvorgänge bei Aluminiumhydroxyden oder Oxyden verschiedener Herkunft oder Behandlung mit sehr verschiedener Geschwindigkeit verlaufen können[1].

Erfahrungen, die in diesem Zusammenhang ein Interesse besitzen, wurden von HEDVALL und Mitarbeitern[2] auch bei Umsetzungen im festen Zustand zwischen CaO und Metakaolin oder Sillimanit gemacht, indem gezeigt werden konnte, daß nicht nur der quantitative, sondern in bestimmten Temperaturgebieten auch der qualitative Verlauf der Silicat- und Aluminatbildung von den Kristallisationsprozessen der SiO_2- und Al_2O_3-Phasen beeinflußt wird.

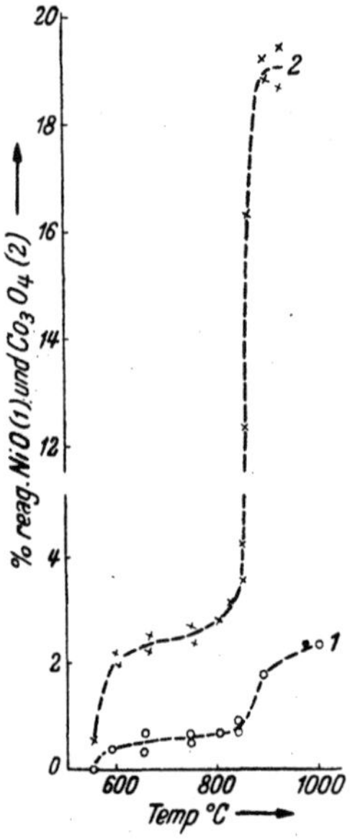

Abb. 10. Reaktivitätsförderung durch Umwandlungs- ($NiO + SiO_2$) und gleichzeitige Auflockerungseffekte durch thermische Zersetzung ($Co_3O_4 + SiO_2$). Erhitzungsdauer 30 Min. Nach HEDVALL und SCHILLER.

Es versteht sich von selbst — wie im vorangehenden beleuchtet ist —, daß es in Reaktionsgemischen, in welchen so vielseitige Zustandsänderungen auftreten und den Reaktionsverlauf beeinflussen, nicht immer möglich ist, die reinen Umwandlungseffekte herauszuschälen. Es spielen natürlich auch andere Faktoren mit, wie unvermeidliche Korngrößenänderungen und Unterschiede in Ausbildung und Wachstum der Keime. In den beschriebenen Fällen sowie in vielen anderen ähnlicher Art ist allerdings das Auftreten *auch* von Umwandlungseffekten in Form einer erhöhten Umsetzung unverkennbar. Da die Verhältnisse in solchen Systemen ein großes und auch technisches Interesse besitzen, ist es berechtigt, sie in diesem Zusammenhang kurz zu beschreiben. Es seien daher im folgenden noch einige Beispiele erwähnt.

Wir haben schon bei der Bildung von Co-Spinell gesehen, wie eine umwandlungsaktivierte Umsetzung durch andere gleichzeitig stattfindende Änderungen noch verstärkt werden kann. Besonders deutlich tritt ein solches Verhalten hervor bei der Bildung von Co-Silicat in Gemischen aus Co_3O_4 und Quarz[3], wie aus der folgenden Abb. 10 erhellt.

Die Kurve *1* zeigt, daß die Bildung des Nickelsilicats erst durch die $\beta \rightarrow \alpha$- Quarz-Umwandlung bei 575° angeregt wird, und daß eine erneute Erhöhung der Umsetzungsintensität in Zusammenhang mit der von etwa 900° an merklichen Cristobalitbildung eintritt und allmählich mit steigender Temperatur zunimmt. Einen prinzipiell gleichen Verlauf nimmt die Reaktion mit Co_3O_4 (Kurve *2*). Die Umsetzungsbeträge beginnen aber von etwa 800° an stark zu steigen, eine Erscheinung, die sowohl in Zusammenhang mit dem Zerfall:

$$Co_3O_4 = 3\,CoO + \tfrac{1}{2}\,O_2$$

als auch mit dem bei der Reaktion:

$$CoO \cdot Co_2O_3 + SiO_2 = \text{Co-Silicat} + Co_2O_3$$

[1] R. JAGITSCH: Z. physik. Chem., Abt. A **174** (1935), 49. — K. E. ZIMENS: Svensk kem. Tidskr. **52** (1940), 205.

[2] J. A. HEDVALL u. Mitarbeiter: Tekn. Tidskr., Abt. Kemi. Jan., Febr. u. März 1941; Chalmers Tekn. Högsk. Handl. (Göteborg) **1942**, Nr. 2.

[3] J. A. HEDVALL, G. SCHILLER: Vgl. J. A. HEDVALL: Reaktionsfähigkeit fester Stoffe, S. 132. Leipzig 1938.

gebildeten, sofort zerfallenden Co_2O_3 zu bringen ist. In beiden Fällen wird besonders reaktionsfähiges CoO gebildet, das mit SiO_2 unter Bildung eines Kobaltosilicats abreagiert. In der Nähe von 900° erreicht Co_3O_4 den Dissoziationsdruck ($P_{O_2} = 760$ mm). Unabhängig von der Art der Atmosphäre wird dann reaktives CoO schnell gebildet.

Das Zusammenfallen von in statu nascendi- und Umwandlungseffekten (Quarz → Cristobalit) erklärt die überaus hohen Umsetzungsbeträge. Zur Erzeugung ähnlicher Reaktionseffekte ist man nicht auf die seltenen Beispiele beschränkt, bei welchen die normalen Phasenänderungstemperaturen zusammenfallen. Wenn es sich um einen thermischen Zerfall handelt, kann man die entsprechende Temperatur nach unten oder nach oben durch Druckänderung in einem ziemlich breiten Intervall verschieben und auf diese Weise den betreffenden Vorgang zur Koinzidenz mit einem anderen, reaktionserregenden Prozeß bringen.

Die durch Umwandlungsvorgänge erleichterte Diffusion oder Platzwechselfähigkeit zeigt sich auch bei Erhitzen von Gemischen aus Siliciumdioxyd und Fe_2O_3*. Es wird ein rosenquarzähnliches Produkt gebildet, dessen Farbintensität von Erhitzungsdauer und Temperatur abhängig ist. Die Färbung rührt von eingemischtem Fe_2O_3 her, und die Diffusionsgeschwindigkeit wird in den Umwandlungsgebieten des Quarzes diskontinuierlich vergrößert. Wie aus der Kurve in Abb. 11, die sich auf zweistündige, im O_2-Strom ausgeführte Versuche bezieht, ersichtlich ist, beginnt der Quarz gerade bei der $\beta \rightarrow \alpha$-Umwandlung bei 575° angegriffen zu werden. Diese Umwandlung verläuft sehr schnell, und infolgedessen ruft sie keine lang anhaltende Auflockerung der Quarzkörnchen hervor. Der nach der Umwandlung wieder passive Zustand hält sich, bis bei etwa 900° die Geschwindigkeit der Cristobalitumwandlung merkliche Beträge erreicht. Während dieser verhältnismäßig langsam fortschreitenden Umwandlung wird die Hineindiffusion in das SiO_2-Gitter wieder erleichtert. Das Endprodukt kann als eine feste Lösung von Fe_2O_3 in Cristobalit betrachtet werden, und dieses Produkt wird mit meßbarer Geschwindigkeit nur beim Erhitzen *umwandlungsfähiger* SiO_2-Präparate gebildet. Eine Einwirkung auf ein schon fertiggebildetes Cristobalitpräparat konnte bei den angewendeten Versuchszeiten (2 Stdn.) nicht nachgewiesen werden.

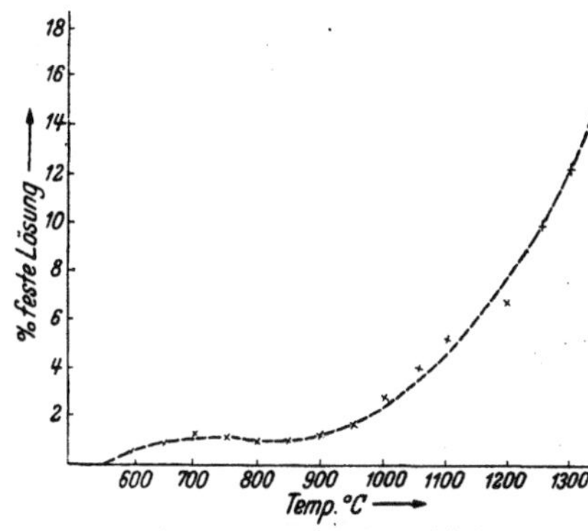

Abb. 11. Einfluß von kristallographischer Umwandlung auf den Gehalt von Fe_2O_3 in SiO nach HEDVALL und SJÖMAN.

NORDSTRÖM[1] hat auf die Bedeutung solcher Umwandlungsvorgänge für die chemische und mechanische Zerstörung von Ofenfuttern und Isolierstoffen hingewiesen, die hoch erhitzt werden und freie Kieselsäure enthalten. Solche Erscheinungen treten natürlich auch bei anderen technisch wichtigen Stoffen auf. Beispielsweise seien hier die kristallographischen Umwandlungen von ZrO_2 erwähnt[2], welche bei in der Praxis vorkommenden Materialien und Temperaturen auftreten können. Ähnliche Fälle auf dem Gebiete der Silicatchemie, bei welchen eine dauernde oder vorübergehende Gitterauflockerung die Materialbeständig-

* J. A. HEDVALL, P. SJÖMAN in J. A. HEDVALL: Reaktionsfähigkeit fester Stoffe, S. 212. Leipzig, 1938.

[1] G. NORDSTRÖM: Jernkontorets Ann. (Stockholm) **117** (1933), 575.

[2] W. M. COHN, S. TOLKSDORF: Z. physik. Chem., Abt. B 8 (1930), 331. — W. G. BURGERS: Metallwirtsch., Metallwiss., Metalltechn. **13** (1934), 785.

keit gegen angreifende Dämpfe oder Gase herabsetzt, wurden von DODD[1] angeführt.

Die Beobachtung von BUDNIKOFF und KREČ[2], daß die Angreifbarkeit des Quarzes von Cl_2 zwischen 900° und 950° stark erhöht wird, ist wahrscheinlich ebenfalls in Zusammenhang mit der gerade in diesem Temperaturbereich merklich werdenden Cristobalitbildung zu setzen.

Zur Vermeidung der materialzerstörenden Wirkungen von Umwandlungsvorgängen sind in der Technik Produkte hergestellt worden, die in dem Temperaturbereich, in welchem das Material seine Hauptverwendung findet, beständig sind, indem die betreffenden Bestandteile in eine solche Form verwandelt wurden, deren Rückumwandlung langsam verläuft oder verzögert werden kann. Die hochfeuerfesten Silicatsteine, in welchen SiO_2 als Cristobalit oder Tridymit vorliegt, stellen solche Erzeugnisse dar. Ähnliches ist auch bei anderen Stoffen (TiO_2, ZrO_2) möglich und in der Praxis verwendet worden.

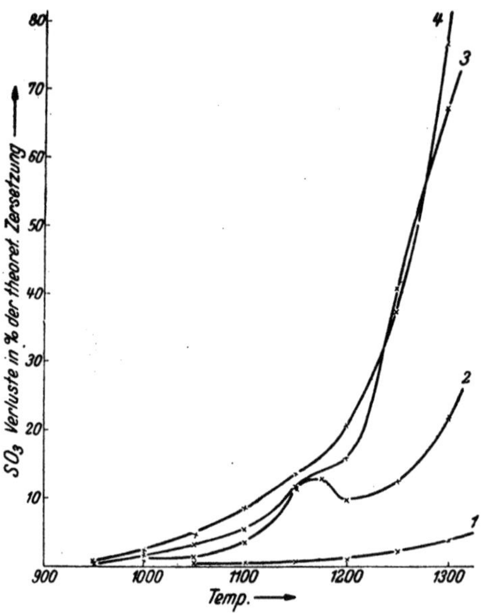

Abb. 12.
Kurve *1*. 2 $CaSO_4 \cdot 2aq$ erhitzt 1 Std. in Luft 250 cm³/Std. Kurve *2*. 2 $CaSO_4 \cdot 2aq$ + 1 Al_2O_3 erhitzt 1 Std. in Luft 250 cm³/Std. Kurve *3*. 2 $CaSO_4 \cdot 2aq$ + + 1 SiO_2 erhitzt ½ Std. in Luft 250 cm³/Std. Kurve *4*. 2 $CaSO_4 \cdot 2aq$ + 1 SiO_2 erhitzt 1 Std. in Luft 250 cm³/Std. nach HEDVALL, ÅBERG und WIBERG.

Ein anderes Beispiel bietet die Entschwefelung von Gips durch Zusatz von sauren Oxyden wie SiO_2, Al_2O_3 oder Fe_2O_3 dar. HEDVALL und Mitarbeiter[3] erhitzten feinkörnige Gemische (6400 Maschen/cm²) von reinem Gips (oder entwässerten Präparaten) mit Quarz oder α-Al_2O_3 von derselben Feinheit bei verschiedenen Temperaturen und bestimmten die SO_3-Verluste. Folgende Kurven (Abb. 12) zeigen die Versuchsergebnisse in einigen hier interessierenden Versuchen.

Die Kurven *2* und *3* zeigen, daß relative Maxima in der SO_3-Abgabe beim Umwandlungspunkt 1135° des $CaSO_4$ erscheinen, und zwar beim Zusatz sowohl vom Al_2O_3 als auch von SiO_2. Bei der Zersetzung ohne Zusatz (Kurve *1*) macht sich wenigstens unter den angewendeten Versuchsbedingungen ein solcher Effekt nicht bemerkbar. Ein Vergleich zwischen den Kurven *2* und *3* wie zwischen *3* und *4* zeigt ferner den schon öfters hervorgehobenen Umstand, daß die Deutlichkeit solcher Umwandlungseffekte sowohl von der Art der Zusatzverbindung (hier SiO_2 oder Al_2O_3) als auch von der Versuchsdauer (hier ½- und 1stündig) abhängt; der Effekt auf Kurve *4* ist bedeutend schwächer.

Es ist schon öfters hervorgehoben worden, daß ein allgemeingeltendes Modell zur Erklärung des Transportmechanismus von reaktionsfähigen Partikeln im festen Zustand[4] nicht aufgestellt werden kann. Es ist sicher so, daß auch in Gemischen aus Substanzen mit Ionengittern die Umsetzungen nicht immer durch wandernde Ionen erklärt werden können. Dies muß in allen solchen

[1] A. E. DODD: Trans. ceram. Soc. **35** (1936), 223, 233, 237.
[2] P. P. BUDNIKOFF, E. I. KREČ: C. R. Acad. Sci. USSR. **3** (1936), 167.
[3] J. A. HEDVALL, N. WIBERG, N. ÅBERG: Tekn. Tidskr. **1942**, Heft 7.
[4] J. A. HEDVALL: Chalmers Tekn. Högsk. Handl. (Göteborg) **1942**, Nr. 15.

Systemen der Fall sein, bei welchen der reagierende Stoff bei den in Frage kommenden Temperaturen eine im Verhältnis zu der Umsetzungsintensität verschwindend kleine Leitfähigkeit besitzt. Da bekanntlich diese Eigenschaft und sogar die Art der Leitfähigkeit (metallisch oder elektrolytisch) auch für einen bestimmten Stoff stark temperaturabhängig sein kann, so ist ersichtlich, daß auch für ein bestimmtes System der Bildungsmechanismus eines bestimmten Reaktionsprodukts mit variierenden Versuchsbedingungen wechseln kann. Einmal überwiegt eine Ionenreaktion, und ein anderes Mal ist es in erster Linie eine Umsetzung zwischen wanderungsfähigen ungeladenen Partikeln (Atommolekülen[1]), deren Entstehung und Wanderung[2] an äußeren oder inneren Oberflächen erleichtert ist. Bei Substanzen, deren Gitter zufolge durchgreifender Umwandlungs- oder Zerfallsvorgänge stark aufgelockert werden, kann die Wirkung oder Mitwirkung solcher Molekülprozesse erwartet werden[3]. Dies muß in der Tat der Fall sein bei den meisten technisch wichtigen, bei niedrigen Temperaturen einsetzenden Oxydreaktionen, z. B. zwischen Erdalkalioxyden und Al_2O_3 oder SiO_2. Wegen der eigentümlichen Regelmäßigkeiten der vor allem vom Zusatzoxyd bestimmten Temperaturen für den lebhaften Reaktionsbeginn bei den sogenannten Säureplatzwechselreaktionen nach dem Typus:

Oxyd vom Metall I + Salz einer Sauerstoffsäure mit Metall II = Oxyd vom Metall II + Salz einer Sauerstoffsäure mit Metall I + Wärme

wurden diese Reaktionen schon bei ihrer ersten Beschreibung von HEDVALL und HEUBERGER[4] auf reaktionsfähige „feste“ Anhydridkomplexe zurückgeführt. Die „Reaktionstemperaturen“ sollten dann korrespondierenden Zuständen der Zusatzoxyde entsprechen[5]. Folgende Tabelle 2 zeigt einige Beispiele der genannten Temperaturregelmäßigkeit. Hier soll auch erwähnt werden (vgl. S. 586), daß es nicht notwendig scheint, einen direkten Transport der großen Anhydridkomplexe durch das Gitter anzunehmen. Die oft erstaunlich große Intensität solcher Reaktionen scheint besser durch die Annahme erklärt werden zu können, daß die die anhydridartigen Komplexe erzeugende *Polarisationsstörung* durch das Gitter an eine Oberfläche fortgepflanzt wird, wo dadurch in größerer Zahl oder Frequenz wanderungs- und reaktionsfähige Molekülgruppen[6] auftreten[7].

Wenn aber Salze verwendet werden, die einen Umwandlungspunkt besitzen, so wird diese Regelmäßigkeit gestört, indem die „Reaktionstemperatur“ in solchen Fällen auf die Temperatur der Umwandlung erniedrigt wird. Das war in der Tat die erste Feststellung von reaktionsbeschleunigenden Umwandlungseffekten (HEDVALL 1924), vgl. Tabelle 3. Wenn z. B. Ag_2SO_4, das einen Umwandlungspunkt bei 411° besitzt, zusammen mit BaO, SrO und CaO erhitzt wird, so reagiert nur BaO in seinem normalen (vgl. Tabelle 2) Temperaturgebiet, da dieses niedriger als der Umwandlungspunkt liegt. Die beiden anderen Oxyde reagieren bei der Umwandlungstemperatur des Salzes oder etwas höher, wenn die

---

[1] J. H. DE BOER: Elektronenemission und Adsorptionserscheinungen, S. 103, 111, 117. Leipzig, 1937. — W. JANDER: Z. anorg. allg. Chem. **190** (1930), 397; **191** (1930), 171; **192** (1930), 295.

[2] M. VOLMER: Kinetik der Phasenbildung. Dresden u. Leipzig, 1939.

[3] Vgl. z. B. C. WAGNER: Tekn. Samfund. Handl. (Göteborg) **1939**, 199.

[4] J. A. HEDVALL, J. HEUBERGER: Z. anorg. allg. Chem. **128** (1923), 1; **135** (1924), 49. — J. A. HEDVALL: Reaktionsfähigkeit fester Stoffe, S. 67÷76. Leipzig, 1938.

[5] R. JAGITSCH: Kgl. Vet. Akad. (Stockholm). Ark. Kem., Mineral. Geol., Abt. A, **15** (1942), Nr. 17.

[6] J. H. DE BOER: Elektronenemission, S. 103. — M. VOLMER: Kinetik der Phasenbildung, S. 54ff. Dresden u. Leipzig, 1939.

[7] J. A. HEDVALL: Chalmers Tekn. Högsk. Handl. (Göteborg) **1942**, Nr. 15.

Tabelle 2.

	Salze	Reaktionstemperatur mit BaO	Reaktionsprodukte	Reaktionstemperatur mit SrO	Reaktionsprodukte	Reaktionstemperatur mit CaO	Reaktionsprodukte
Carbonate	$SrCO_3$	395°	$BaCO_3 + SrO$	—	—	—	—
	$CaCO_3$	345°	$BaCO_3 + CaO$	465°	$SrCO_3 + CaO$	—	—
	$MgCO_3$	345°	$BaCO_3 + MgO$	455°	$SrCO_3 + MgO$	525°	$CaCO_3 + MgO$
Sulfate	$SrSO_4$	370°	$BaSO_4 + SrO$	—	—	—	—
	$CaSO_4$	370°	$BaSO_4 + CaO$	450°	$SrSO_4 + CaO$	—	—
	$MgSO_4$	370°	$BaSO_4 + MgO$	440°	$SrSO_4 + MgO$	540°	$CaSO_4 + MgO$
	$ZnSO_4$	340°	$BaSO_4 + ZnO$	425°	$SrSO_4 + ZnO$	520°	$CaSO_4 + ZnO$
	$CuSO_4$	345°	$BaSO_4 + CuO$	420°	$SrSO_4 + CuO$	515°	$CaSO_4 + CuO$
Phosphate	$Sr_3(PO_4)_2$	350°	$Ba_3(PO_4)_2 + SrO$	—	—	—	—
	$Ca_3(PO_4)_2$	340°	$Ba_3(PO_4)_2 + CaO$	450°	$Sr_3(PO_4)_2 + CaO$	—	—
	$Pb_3(PO_4)_2$	335°	$Ba_3(PO_4)_2 + PbO$	455°	$Sr_3(PO_4)_2 + PbO$	525°	$Ca_3(PO_4)_2 + PbO$
	$Co_3(PO_4)_2$	355°	$Ba_3(PO_4)_2 + CoO$	465°	$Sr_3(PO_4)_2 + CoO$	520°	$Ca_3(PO_4)_2 + CoO$
	$CrPO_4$	340°	$Ba_3(PO_4)_2 + Cr_2O_3$	465°	$Sr_3(PO_4)_2 + Cr_2O_3$	515°	$Ca_3(PO_4)_2 + Cr_2O_3$
Silicate[1]	$CaSiO_3$ (Wollastonit)	355°	$BaSiO_3 + CaO$	455°	$SrSiO_3 + CaO$	—	—
	$MgSiO_3$ (Enstatit)	355°	$BaSiO_3 + MgO$	455°	$SrSiO_3 + MgO$	560°	$CaSiO_3 + MgO$
	$MnSiO_3$ (Rhodonit)	355°	$BaSiO_3 + MnO$	465°	$SrSiO_3 + MnO$	565°	$CaSiO_3 + MnO$
	Al_2SiO_5 (Sillimanit)	355°	$BaSiO_3 + Al_2O_3$	430°	$SrSiO_3 + Al_2O_3$	530°	$CaSiO_3 + Al_2O_3$

[1] In dieser Gruppe können auch andere (Ortho- und komplexe) Silicate gebildet werden. Es soll überhaupt darauf aufmerksam gemacht werden, daß die Formeln bei den Silicaten nur schematisch aufzufassen sind.

Erhitzungsgeschwindigkeit im Verhältnis zu der Umwandlungsgeschwindigkeit groß ist. Diese Reaktion nach:

$$\begin{array}{ll} CaO + Ag_2SO_4 = & CaSO_4 + 2\,Ag + \tfrac{1}{2}\,O_2 \\ (SrO) & (SrSO_4) \\ (BaO) & (BaSO_4), \end{array}$$

die für CaO bei über 100° tieferer Temperatur als normal stattfindet, ist trotzdem bedeutend lebhafter als die Umsetzungen zwischen CaO und umwandlungsfreien Sulfaten. Mit $AgNO_3$, dessen Umwandlungspunkt bei 160° liegt, kommt, wie aus Tabelle 3 ersichtlich, auch die BaO-Reaktion unter den Einfluß der Umwandlung.

Tabelle 3.

Oxyd	$+AgNO_3$		$+Ag_2SO_4$	
	Umwandlungs-temperatur	Reaktions-temperatur	Umwandlungs-temperatur	Reaktions-temperatur
BaO	—	170°	—	342°
SrO	160°	172°	411°	422°
CaO	—	164°	—	422°

Besonders deutlich tritt die Bedeutung der Abstimmung von Versuchsdauer und Umwandlungsgeschwindigkeit für das Hervortreten der Aktivierungseffekte durch Umwandlung hervor auf den Umsatzkurven bei Reaktionen mit Schwefel im Gebiet seiner Umwandlung rhombisch ⇄ monoklin. Ein Beispiel dafür zeigt die folgende Abb. 13.

Die Kurven der Abb. 13 stellen die durch $KMnO_4 + H_2SO_4$-Lösung oxydierte S-Menge dar. In Anbetracht dessen, daß auch die Umwandlung $S_{rhomb.} \rightarrow S_{monokl.}$ nicht sehr schnell verläuft, wurde eine Versuchsdauer von 60 Min. gewählt. Das relative Maximum der Kurve *1* stimmt gut mit der Lage des Umwandlungspunktes (95,5 ± 0,5°) überein. Der umgekehrte Prozeß $S_{monokl.} \rightarrow S_{rhomb.}$ verläuft bekanntlich bedeutend langsamer. Auf der Kurve *2*, die die bei fallenden Versuchstemperaturen erhaltenen Werte enthält, ist infolgedessen kein entsprechender Effekt ersichtlich. Die Versuchsreihe wurde entweder mit demselben S-Zylinder oder mit einem verhältnismäßig grobkörnigen Pulver ausgeführt, und zwar so, daß dasselbe Versuchspräparat mehrmals in beiden Richtungen umgewandelt wurde. Dadurch ist, wie oben gesagt, in sicherer Weise die Überlagerung einer Einwirkung von Korngrößenunterschieden ausgeschaltet. Daß der Umwandlungseffekt nicht durch größere Reaktivität der Hochtemperaturmodifikation erklärt werden kann, ist auch mit auffallender Deutlichkeit erkennbar. Der Anstieg der Kurve *1* schon kurz unterhalb der Umwandlungstemperatur kann vielleicht im Sinne einer von Hüttig angenommenen, auch im vorangehenden erwähnten Vorumwandlung in den Oberflächenschichten gedeutet werden.

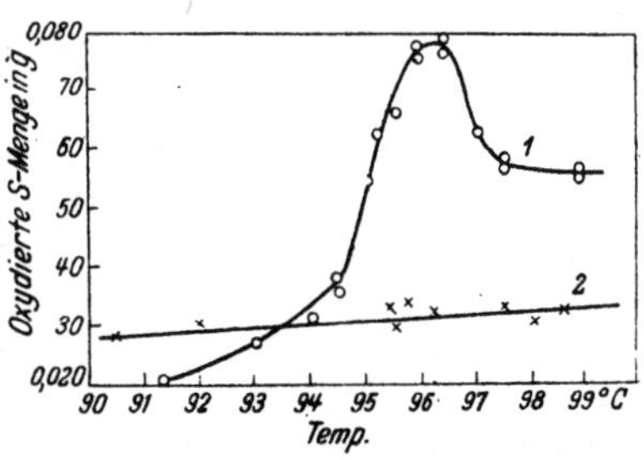

Abb. 13. Einfluß der Umwandlung und ihrer Geschwindigkeit auf den Oxydationsverlauf des Schwefels nach Hedvall und Pålsson.

Die aktivierungserhöhend wirkende Umwandlung des Schwefels ergibt sich auch aus einer Untersuchung[1] über den Einfluß der Umwandlung auf die Vulkanisierungsgeschwindigkeit von Kautschuk. Nach dem in der Technik benutzten Verfahren wurden auf einer Walzenmühle Rohgummi, kristallisierter rhombischer Schwefel und Beschleunigerpräparate vermischt und zwischen 85° und

[1] J. A. Hedvall, A. Larsson: Kautschuk 13 (1937), 189.

100° im Thermostaten vulkanisiert. Wie aus der Kurve der Abb. 14 erhellt, zeigt die Menge nicht gebundenen Schwefels gerade im Umwandlungsintervall ein Minimum, das also einem relativen Maximum der Vulkanisierungsgeschwindigkeit entspricht.

Die eben genannten Reaktionen mit Ag_2SO_4 und $AgNO_3$ zeigten, daß die „Reaktionstemperaturen" etwas höher liegen können als die betreffenden Umwandlungstemperaturen. Ein Unterschied zwischen den Temperaturen für Reaktionsmaximum und Umwandlung kann z. B. auftreten, wenn die umgewandelte Menge zu klein ist.

Die Bedeutung der Anpassung von Versuchs- und Umwandlungsdaten tritt, wie auch im Zusammenhang mit den geschilderten Versuchen bei der Umwandlung $S_{\text{monokl.}} \rightarrow S_{\text{rhomb.}}$ illustriert wurde (Abb. 13), deutlich hervor bei der Reaktion

$$BaO + 2\,AgJ = BaJ_2 + 2\,Ag + \tfrac{1}{2}\,O_2;$$

AgJ erleidet eine Umwandlung bei etwa 145°.

Die lebhaften Umsetzungen mit AgCl und AgBr finden erst im Gebiet 320 bis 330° statt. Sowohl mittels Erhitzungskurven als auch durch direkte Bestimmun-

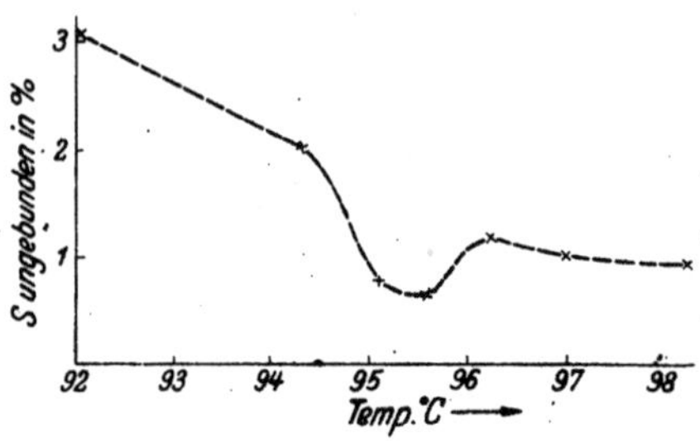

Abb. 14. Das Minimum der Menge ungebundenen Schwefels, d. h. das Maximum der Vulkanisierungsgeschwindigkeit im Intervall der Umwandlung $S_{\text{rhomb.}} \rightarrow S_{\text{monokl.}}$ nach Hedvall und Larsson.

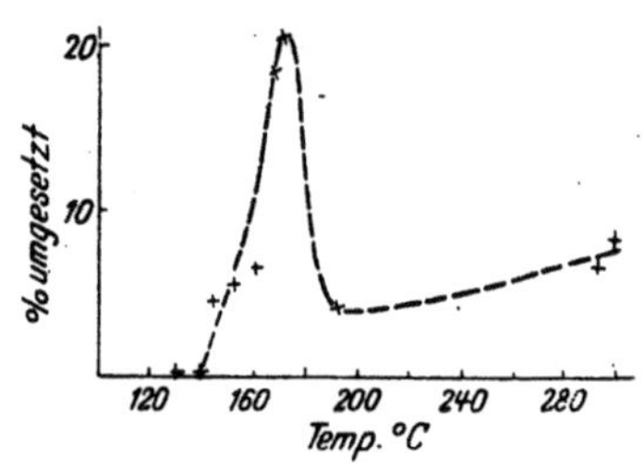

Abb. 15. Das Reaktivitätsmaximum bei der Umwandlung von AgJ für die Reaktion: $BaO + 2\,AgJ = BaJ_2 + Ag_2O$ $(2\,Ag + \tfrac{1}{2}\,O_2)$ nach Hedvall und Lindekrantz.

gen der Reaktionsprodukte wurde aber nachgewiesen, daß das entsprechende Intervall bei den Versuchen mit AgJ gerade bei der Umwandlungstemperatur beginnt[1]. Dies geht deutlich aus Abb. 15 hervor. Die Versuche wurden so ausgeführt, daß die Pulvergemische in schmalen Silberröhrchen während zwei Minuten bei den jeweiligen Temperaturen erhitzt und dann nach der Extraktionsmethode analysiert wurden. Sämtliche Erhitzungen schließen also auch die Erwärmungsperiode auf die betreffende Temperatur ein. Bei Temperaturen, die bedeutend über dem Umwandlungspunkt liegen, wird die Umwandlungsperiode sehr schnell passiert. Es bildet sich rasch die stabile Hochtemperaturmodifikation aus der verschwindenden Form. Die Dauer des aktivierten Übergangszustands wird daher kurz, und die Umsetzungsbeträge entsprechen mit wachsenden Differenzen zwischen Versuchstemperatur und Umwandlungspunkt immer mehr der Reaktionsfähigkeit der stabilen Hochtemperaturmodifikation bei der betreffenden Temperatur. Bei Temperaturen wieder, die *dicht* oberhalb des Umwandlungspunkts liegen, ist nicht selten die Umwandlungsgeschwindigkeit noch gering, und der maximale Effekt, d. h. die starke Erhöhung der Umsetzungsbeträge wird daher — wenigstens bei ganz kurzer Erhitzungsdauer — erst bei etwas höheren Temperaturen erreicht. Bei den geschilderten Versuchen liegt diese Temperatur (vgl. Abb. 15) offenbar in der Nähe von 170°.

[1] J. A. Hedvall, N. Lindekrantz: Z. anorg. allg. Chem. **197** (1931), 415, 417.

Hier sollen auch Versuche von HEDVALL und ROSÉN[1] über die Oxydation der Legierungsphase AgCd erwähnt werden. Ein relatives Maximum der Reaktionsfähigkeit während des Umwandlungsvorgangs tritt dabei sehr deutlich hervor. Die Umwandlungstemperatur des untersuchten Präparats wurde zu 433° bestimmt, und die Dauer der Oxydationsversuche wurde an die gemessene Umwandlungsgeschwindigkeit angepaßt. Die Ergebnisse sind in der Abb. 16 dargestellt. Es soll anläßlich des im vorangehenden genannten Einflusses von Korngrößenveränderungen auf Umwandlungseffekte unterstrichen werden, daß das benutzte Präparat vor den Oxydationsversuchen über den Umwandlungspunkt erhitzt und dann wieder abgekühlt worden war, so daß eine solche Einwirkung hinfällig ist. Aus mehreren Untersuchungen ist bekannt, daß Umwandlungen auch in metallischen Systemen ziemlich langsam verlaufen können. Ähnliche Ergebnisse, die auf erst allmählich sich ausbildende Phasen hinweisen, sind auch von SMITS[2] und von WASSERMANN[3] erhalten worden.

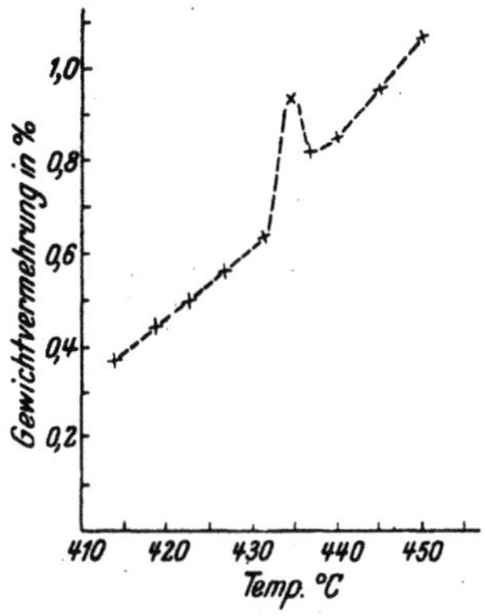

Abb. 16. Das Reaktivitätsmaximum bei der Oxydation der Legierung AgCd während der Umwandlung nach HEDVALL und ROSÉN.

Mit diesen Versuchen bei Phasenänderungstemperaturen in gewissem Sinne vergleichbar sind auch Versuche, bei welchen ein fester Stoff in eine Art „chemischer Pendelung" versetzt wird. Dies ist z. B. dadurch möglich, daß man den betreffenden Stoff zwischen verschiedenen Oxydationsstufen schwanken läßt. Dieser Vergleich ist um so mehr berechtigt, als bei einer großen Zahl von katalytischen Prozessen die benutzten Katalysatoren ununterbrochen durch Reaktion mit dem Substrat chemisch verändert (reduziert, oxydiert) und wieder regeneriert werden. Hier seien als Beispiel solcher Erscheinungen, die in diesem Werk in anderem Zusammenhang näher behandelt werden, nur die Untersuchungen von TAMARU[4] und Mitarbeitern genannt, weil sie wegen der dabei auftretenden Änderungen der Phasengrenzverhältnisse wenigstens zum Teil zu den hier beschriebenen Effekten mit gehören. Bei Erhitzen von Gemischen aus SnO_2 und CaO wurde gefunden, daß die Entstehung von Stannat noch bei Temperaturen um 900° herum sehr langsam und unvollständig stattfand, wenn die Oxyde in indifferenter Atmosphäre oder in Sauerstoff erhitzt wurden. In Gegenwart von auch nur sehr geringen Mengen Wasserstoff verlief aber die Stannatbildung viel rascher. Schon bei etwa 500° erreichte die Umsetzung unter diesen Bedingungen merkliche Beträge. Dieses Ergebnis läßt sich nach TAMARU folgendermaßen erklären. Zuerst bilden sich Zinnoxydul und Wasser in geringen Mengen nach:

$$SnO_2 + H_2 = SnO + H_2O.$$

Dann findet die Stannatbildung in Übereinstimmung mit folgender Formel statt:

$$2\,CaO + SnO + H_2O = 2\,CaO \cdot SnO_2 + H_2.$$

Eine andere Erklärung des Reaktionsverlaufs wäre nach denselben Autoren die intermediäre Bildung von leicht oxydierbarem Stannit. Auf jeden Fall ist die Umsetzung von der Entstehung reaktionsfähiger Zentren aus SnO abhängig.

---

[1] J. A. HEDVALL, U. ROSÉN: Z. anorg. allg. Chem. **229** (1936), 416.
[2] A. SMITS: Z. physik. Chem., Abt. B **39** (1938), 50, 52, 56.
[3] G. WASSERMANN: Z. Metallkunde **30** (1938), 62, 64.
[4] S. TAMARU, N. ANDÔ: Z. anorg. allg. Chem. **184** (1929), 385; **195** (1931), 309; vgl. auch S. TAMARU, H. SAKURAI: Z. anorg. allg. Chem. **195** (1931), 24.

In nahem Zusammenhang zu diesen Untersuchungen stehen natürlich auch die an anderer Stelle des Handbuchs behandelten Arbeiten von Schenck[1] und Mitarbeitern über die erhöhte Oxydierbarkeit von Metallen in Gegenwart von Stoffen, welche mit dem entstehenden Oxyd reagieren können.

2. Aktivitätsunterschiede beim Schmelzen oder beim Zerfall metallischer Phasen.

Die Abgrenzung zum vorangehenden Abschnitt braucht natürlich nicht scharf zu sein. Wenn metallische Phasen, die sich über ein breiteres oder schmaleres Homogenitätsgebiet erstrecken, in andere feste Phasen umgewandelt werden, so hat die Trennung von III. 1 eigentlich keinen Sinn. Bei der Entstehung einer Schmelze kommt aber insofern ein neues Moment hinzu, als dadurch eine meistens bedeutend weniger starre Phase mit größerer Beweglichkeit der Partikeln gebildet wird, und man könnte geneigt sein, *ganz allgemein* eine größere Reaktionsfähigkeit zu erwarten. Es wäre aber nicht richtig, wenn wir uns nur an den Geschwindigkeitsfaktor hielten und von Gleichgewichten absähen, weil die so erfaßte Umsetzungsfähigkeit von der Mischbarkeit und von Art und Größe der Kontaktfläche mit der zweiten Reaktionskomponente abhängig ist. Dabei ist außerdem zu beachten, daß beim Schmelzen eines Pulvers im Falle einer nicht bewegten Schmelze nicht nur die Flächengröße vermindert wird, sondern daß auch aktive Ecken und Zentren der Kristalle verschwinden. Es kann also nicht als sicher betrachtet werden, daß die größere Reaktionsfähigkeit der flüssigen Phasen unter allen Umständen diese Faktoren überkompensiert. Auch fallen die Schmelzvorgänge als solche eigentlich aus dem Rahmen unserer Behandlung von Effekten *während* einer Umwandlung, weil sie ausnahmslos sehr schnell verlaufen und wenigstens praktisch keine instabilen Übergangszustände durchschreiten. Auf die Wahrscheinlichkeit einer Übergangsperiode zwischen Kristallordnung und Schmelzunordnung haben jedoch in letzterer Zeit verschiedene Verfasser aufmerksam gemacht[2]. Tatsächlich scheint ein *Vorschmelzen* in bestimmten Fällen sogar deutlich aufzutreten[3]. Es ist allerdings klar, daß durch die neuen Kontakte festgeschmolzen, andere Keim- und Grenzflächenverhältnisse geschaffen werden, die natürlich, solange sie existieren, korrosionsartige Prozesse fördern können. Das sind aber Vorgänge, die nicht in diesem Kapitel behandelt werden sollen. Folgendes Ergebnis einer Untersuchung von Hedvall und Ilander[4] sei in diesem Zusammenhang zur Beleuchtung des Angeführten kurz erwähnt.

Es wurde zunächst festgestellt, daß die Bildungsgeschwindigkeit der Oxyde beim Erhitzen von η- und ε-Bronze in Gegenwart von Sauerstoff gerade bei den Zerfallstemperaturen der betreffenden Phasen (CuSn bzw. Cu_3Sn) plötzlich zunimmt, ebenso daß die Reaktionsfähigkeit des dabei gebildeten SnO_2 mit anwesenden Oxyden bedeutend größer ist als für gewöhnliche SnO_2-Präparate. Der schnell gesteigerte Verlauf der Oxydation von reinem CuSn (Abb. 17) in Zusammenhang mit der für Reaktionen bei Phasenzerfall charakteristischen Schwankung der Werte zwischen 400° und 500° ist sicherlich mit dem bei 420° stattfindenden Übergang der η-Phase in ε-Phase (Cu_3Sn) und zinnreiche Schmelze in Zusammenhang zu bringen. Dabei könnte allerdings sowohl die gebildete Schmelze an sich als auch der reine Zerfallsprozeß des CuSn-Gitters reaktions-

[1] R. Schenck, H. Wesselkock: Z. anorg. allg. Chem. **184** (1929), 39; vgl. auch R. Schenck u. Mitarbeiter: Z. anorg. allg. Chem. **166** (1927), 113; **206** (1932), 29.
[2] Vgl. hier F. C. Frank, K. Wirtz: Naturwiss. **26** (1938), 693, 702ff.
[3] Vgl. z. B. W. O. Baker, C. P. Smyth: J. Amer. chem. Soc. **60** (1938), 1929. — A. Müller: Proc. Roy. Soc., (London), Ser. A **158** (1937), 403; **166** (1938), 316.
[4] J. A. Hedvall, F. Ilander: Z. anorg. allg. Chem. **208** (1932), 373.

beschleunigend wirken. Die entstandene ε-Phase kann aber einen derartigen Effekt nicht hervorrufen, da sie sehr langsam oxydiert wird. Die Schmelze könnte aber natürlich der größeren Bewegungsmöglichkeit ihrer Atome oder Moleküle wegen leichter reagieren als der Kristall. Außerdem ist sie auch zinnreicher als die ursprüngliche oder die gebildete feste Phase, und wenn das Zinn leichter oxydiert wird als das Kupfer, so wäre auch aus diesem Grund eine Beschleunigung der Oxydation möglich. Wie aus angestellten Versuchen mit reinem Zinn erhellt, ist es aber nicht wahrscheinlich, daß die Schmelze ihrer Eigenschaft als Schmelze wegen den Oxydationsverlauf in der genannten Richtung nennenswert beeinflußt. Der Kristall kurz unter und die Schmelze kurz über dem Schmelzpunkt des Zinns unterscheiden sich nämlich nicht sehr viel in bezug auf die Oxydationsintensität. Eine viel größere Rolle an und für sich scheint *der Zerfall des CuSn-Gitters in Cu_3Sn und Schmelze zu spielen.*

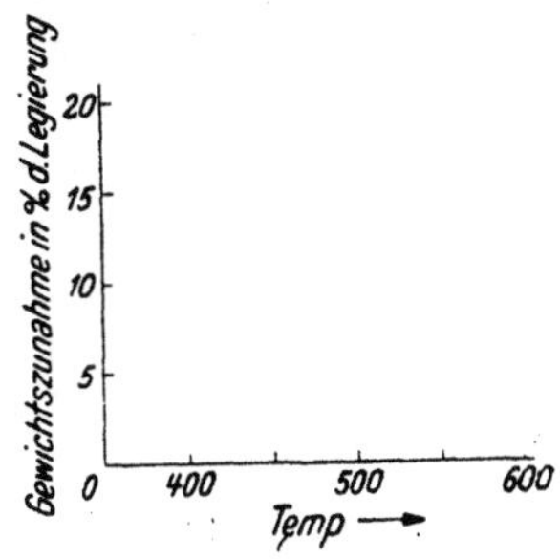

Abb. 17. Relative Gewichtszunahme bei der Oxydation von CuSn nach HEDVALL u. HONDA.

Eine Auswirkung des Schmelzvorgangs auf die Katalysatorwirkung konnte bisher nicht festgestellt werden. SCHWAB und MARTIN[1] haben nach einer Kritik früherer diesbezüglicher Versuche von neuem eine eingehende Prüfung des katalytischen Verhaltens verschiedener Metalle beim Erhitzen über den Schmelzpunkt angestellt. Ihr Ergebnis zeigt folgende Zusammenstellung (Tabelle 4):

Tabelle 4.

System	Befund
Zn/CH_3OH-Spaltung ...	ungeeignet, da ZnO-Bildung
Zn/NH_3-Spaltung	keine Katalyse
Sb/NH_3-Spaltung	keine Katalyse
Sb/C_2H_5OH-Spaltung ...	Gefäßwandkatalyse
Sb/$C_2H_5NH_2$-Spaltung ..	Gefäßwandkatalyse
Cd/$C_2H_5NH_2$-Spaltung ..	keine Katalyse
Cd/C_2H_5OH-Spaltung ...	keine Katalyse bzw. nur CdO-Katalyse
Cd/NH_3-Spaltung	keine Katalyse

Das Ausbleiben eines Effektes ist verständlich, da alle Metalle schon bei erheblich unter den Schmelztemperaturen liegenden Temperaturen durch Sinterung desaktiviert werden. Die Temperatur des beginnenden Platzwechsels im Gitter beträgt bei Metallen ca. 0,33 der absoluten Schmelztemperatur[2]. Es ist anzunehmen, daß der Schmelzprozeß, wenn überhaupt eine, dann keine nennenswerte Rolle für die Katalysatorwirkung spielt.

SCHWAB und SCHWAB-AGALLIDIS[3] haben nach einem katalytischen Effekt beim Zerfall der aluminiumreichen δ-Mischkristalle aus Silber und Aluminium in die silberreichere γ-Phase und silberärmere δ-Kristalle gesucht. Es wurden die Wirksamkeits-Temperaturkurven beim Durchschreiten des Entmischungsintervalls in beiden Richtungen für die Spaltung von Methanol und Äthanol aufgenommen, jedoch keinerlei Unstetigkeiten gefunden, wohl deshalb, weil die

[1] G.-M. SCHWAB, H. H. MARTIN: Z. Elektrochem. angew. physik. Chem. 43 (1937), 610.
[2] G. TAMMANN: Z. anorg. allg. Chem. 157 (1926), 321.
[3] G.-M. SCHWAB, E. SCHWAB-AGALLIDIS: Z. physik. Chem. im Druck.

katalytischen Eigenschaften (Aktivierungswärmen) beider Phasen zu ähnlich sind. Die neu entstandenen Heterogenitäten (Phasengrenzlinien) wirken sich also hier nicht als neue aktive Zentren aus.

3. Aktivitätsunterschiede bei Überstrukturumwandlungen.

Beziehungen zwischen der Ausbildung der geordneten Atomverteilung und der katalytischen Leistungsfähigkeit sind von RIENÄCKER und Mitarbeitern bei den Legierungen von Cu mit Au * und von Cu mit Pd ** aufgefunden worden. Bei folgenden Zusammensetzungen treten Überstrukturumwandlungen auf:

Cu_3Pd ***, ungeordnet und geordnet kubisch flächenzentriert,
Cu_3Au, ungeordnet und geordnet kubisch flächenzentriert,
CuPd, ungeordnet kubisch flächenzentriert, geordnet kubisch raumzentriert,
CuAu, ungeordnet kubisch flächenzentriert, geordnet tetragonal mit Achsenverhältnis $c:a \sim 1{,}07$.

Die Legierungen werden nach längerem Erhitzen über mindestens 400° und Abschrecken im ungeordneten Zustand erhalten und werden nach mehrtägigem Tempern in eine geordnete Verteilung überführt. Zwecks Vermeidung von Änderungen in dem einmal ausgebildeten Zustand wurden die katalytischen Messungen bei höchstens 220° C ausgeführt. Als Testreaktion diente die Spaltung der Ameisensäure, die in sämtlichen Fällen nach nullter Ordnung verlief. Die gemessenen Aktivierungsenergien sind daher als wahre und für den betreffenden Katalysator als charakteristisch für die Leistungsfähigkeit anzusehen. In Tabelle 5 sind die Ergebnisse enthalten. Bei den Cu-Pd-Legierungen sind die Aktivierungsenergien der geordneten Phasen bedeutend niedriger, die Einwirkung der Katalysatoroberfläche auf das Substrat erheblich stärker als bei den unterkühlten ungeordneten Phasen. Die Legierung Cu_3Au weist ein entsprechendes Verhalten auf, während bei CuAu praktisch kein Aktivitätsunterschied zwischen geordneter und ungeordneter Phase besteht. Eine eingehende Deutung für diese Erscheinungen kann noch nicht gegeben werden. Der „geordnete Katalysator" ist energetisch betrachtet in „tieferer Resonanz" mit dem Substrat als der ungeordnete. Wir werden im folgenden (III. 5) sehen, daß allerdings daraus nicht allgemein geschlossen werden kann, daß der katalytische Totaleffekt einer geordneten Phase daher größer wäre. Es ist nämlich, was schon aus der ARRHENIUSschen Gleichung hervorgeht, so, daß die Wirksamkeit eines Katalysators auf zwei Faktoren beruht, der *Zahl* und der *Art* der Zentren. Es ist daher möglich, daß die Wirkung eines Katalysators mit einer verhältnismäßig kleinen Zahl hochaktiver (niedriger Aktivierungswärme, „wohl abgestimmter") Zentren durch eine starke Vergrößerung in der Zahl weniger aktiver Zentren in einem anderen Zustand des Katalysators übertroffen werden kann (vgl. beim magnetokatalytischen Effekt III. 5).

Tabelle 5. *Katalysatorwirkung von Legierungen im geordneten und ungeordneten Zustand.*

Legierung	Aktivierungsenergie	
	geordnet	ungeordnet
Cu_3Au	21,3	24,5
CuAu	24,0	24,0
Cu_3Pd	16,2	22
CuPd	14	22

* G. RIENÄCKER: Z. anorg. allg. Chem. **227** (1936), 353 und spätere Arbeiten.
** G. RIENÄCKER, G. WESSING, G. TRAUTMANN: Z. anorg. allg. Chem. **236** (1938), 252.
*** Bei Cu_3Pd mußte allerdings nicht die stöchiometrisch zusammengesetzte, sondern eine Legierung mit 17 Atom-% Pd verwandt werden, um die Umwandlung zu erzielen.

Rienäcker hat darauf hingewiesen, daß die Änderungen im Elektronenzustand beim Übergang ungeordnet → geordnet, die mit den Änderungen der Aktivität in Zusammenhang stehen können, auch einen gleichsinnigen Effekt in bezug auf den magnetischen Zustand hervorrufen. Bei Cu_3Pd, CuPd und Cu_3Au nimmt der Diamagnetismus bei der Umwandlung zu, bei CuAu dagegen ab.

Rienäcker und Bommer[1] führten auch Untersuchungen über die katalytische Äthylenhydrierung an Cu-Ni-Legierungen aus. Ihre Ergebnisse zeigen, wie nahe miteinander verknüpft solche Eigenschaften wie innerer Bindungs- und Ordnungszustand, Oberflächenaktivität, Elektronenzustand und Lichtabsorption sind. Im Gebiet zwischen 19,2 und 19,8 Atom-% Ni erhält man Legierungen mit im Verhältnis zu den anderen stark erhöhter katalytischer Aktivität. Diese Verstärkung ist mit einer *Erhöhung* der Aktivierungsenergie verknüpft. Der höhere katalytische Effekt muß also durch eine starke Vermehrung der Zahl aktiver Zentren (vgl. oben) erklärt werden. Diese Erscheinung wird von Schwab[2] als „anomale Verstärkung“ bezeichnet. Yoshikawa[3] hat früher gefunden, daß auch bei anderen katalytischen Prozessen ein Zusatz von Cu zum Ni die stärker aktiven Stellen vermindert und die weniger aktiven vermehrt. In dem genannten Intervall (19,2 ÷ 19,8 Atom-%), bei welchem die Katalysatorverstärkung auftritt, findet auch der Farbenumschlag Rot-Weiß statt.

Die Zwischenzustände bei der Überstrukturumwandlung der genannten Legierungen sind von Schneider hinsichtlich katalytischer Wirksamkeit untersucht worden. Besonders interessant ist das Verhalten von CuAu *. Es wurde durch 1stündiges Anlassen auf Temperaturen zwischen 200 und 390° und durch 3stündiges Anlassen auf Temperaturen zwischen 360 und 500° eine Reihe verschiedener röntgenographisch kontrollierter Übergangsformen hergestellt und ihre katalytische Wirkung gegenüber der Ameisensäurespaltung untersucht. Die Aktivierungsenergien des geordneten und des ungeordneten Zustands waren praktisch gleich (19,5 kcal), jedoch niedriger als während des Übergangs, wobei die Aktivierungsenergie zwei Maxima mit 27 und 29 kcal durchläuft. Einen ganz analogen Verlauf zeigt auch die Änderung des Elastizitätsmoduls während des Übergangs.

Es ist wahrscheinlich, daß ähnliche Unterschiede auch in glasigen Systemen beim Passieren des Transformationspunktes auftreten[4]. Mehrere Untersuchungen weisen auf innere, beim Transformationspunkt spontan eintretende Änderungen der gegenseitigen Richtungsabhängigkeit der Bausteine, d. h. des Ordnungszustandes, hin.

In dieser Klasse von Umwandlungseffekten soll auch eine beobachtete Verstärkung des wahren Umsetzungsvermögens eines von Ordnung zu Unordnung sich umwandelnden Stoffes angeführt werden. Von Hedvall[5] wurde ein vorher nicht beachteter Typ von verpuffungsartig verlaufenden Umsetzungen zwischen festen Stoffen in Gegenwart von Sauerstoff gefunden, indem z. B. Sulfide, Phosphide, Carbide, Silicide mit Erdalkalioxyden und O_2 so reagieren, daß bei scharf bestimmten Temperaturen Sulfate, Phosphate, Carbonate und Silicate von dem Metall des Zusatzoxyds und Oxyde der vorher mit S, P, C, Si bzw. verbundenen Metalle gebildet werden (z. B. $CaO + ZnS + 2\,O_2 = CaSO_4 + ZnO$).

[1] G. Rienäcker, E. A. Bommer: Z. anorg. allg. Chem. **242** (1939), 302.
[2] G.-M. Schwab, H. Schultes: Z. physik. Chem., Abt. B **25** (1934), 411.
[3] K. Yoshikawa: Bull. chem. Soc. Japan **7** (1932), 201.
* A. Schneider: Z. Elektrochem. angew. physik. Chem. **45** (1939), 727; **46** (1940), 321.
[4] A. Schneider: Z. Elektrochem. angew. physik. Chem. **46** (1940), 321.
[5] J. A. Hedvall: Z. anorg. allg. Chem. **154** (1926), 1ff.

Genau wie bei den vorher (Tab. 2) beschriebenen Säureplatzwechselreaktionen werden die „Reaktionstemperaturen“ in auffallender Weise von den Zusatzoxyden bestimmt. Bei einem einzigen der untersuchten Stoffe, Cu_2S, wird diese Regelmäßigkeit unterbrochen, indem die Reaktionen mit MgO, CaO und SrO, die normal bei wesentlich höheren Temperaturen reagieren, bei ein und derselben Temperatur, 370°, verlaufen. Es lag nahe, dies durch eine kristallographische Umwandlung von Cu_2S bei 370° zu erklären. Eine solche war aber nicht bekannt.

Eine später ausgeführte Untersuchung[1] stellte in der Tat auch fest, daß keine wirkliche Umwandlung bei dieser Temperatur eintritt, sondern eine reversible Umgestaltung des Ordnungszustands bei 370° stattfindet.

4. Aktivitätsunterschiede bei Rotationsumwandlung, Genotypie oder bei „Cohen-Umwandlung“.

Da jede innere Änderung des Zustands eines Gitters sowohl die Partikelbeweglichkeit als auch die Oberflächenaktivität beeinflußt, besteht kein Zweifel, daß Umwandlungseffekte in diesen sämtlichen Fällen existieren. Bisher sind sie allerdings nur bei dem seiner Art nach noch unvollständig bekannten Umwandlungstyp nachgewiesen, den wir nach dem Entdecker als Cohen-Umwandlung bezeichnen. Einige Versuche mit CdJ_2, das in einem Schichtengitter kristallisiert, wurden allerdings ausgeführt, um zu erforschen, ob auch in solchen einfachen Schichtengittern eine den von Thiessen gefundenen Erscheinungen bei Fettsäuren entsprechende „Freiheitserinnerung“ des Jods bestünde. Da die Jod-Schichten im CdJ_2 mit der Struktur des freien Jods wenig gemeinsam haben, war aber a priori kaum zu vermuten, daß irgendwelche Diskontinuitäten bei den Schmelz- oder Siedepunkten des Jods auftreten würden. Dilatometrische Bestimmungen und Auflösungsversuche an CdJ_2-Pastillen bestätigten dies[2].

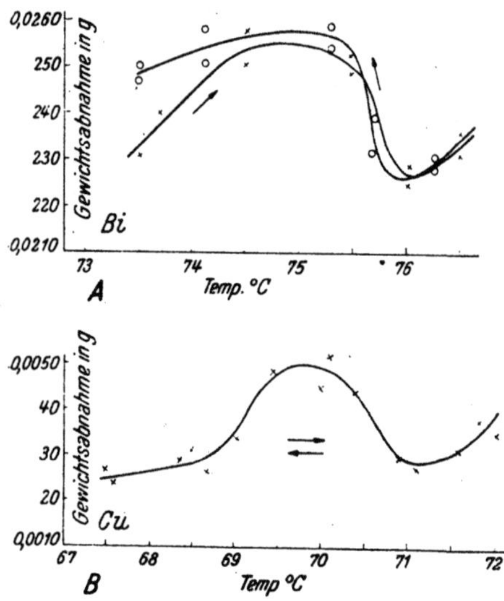

Abb. 18. Reaktivitätsmaxima beim Auflösen von Bi(A) und Cu(B) in HNO_3 nach Hedvall, Hedin und Andersson.

Im Zusammenhang mit Cohen-Umwandlungen, deren Eintreten dilatometrisch bestimmt wurde, konnten bei Auflösungsversuchen in vielen Fällen deutliche relative Maxima der Angreifbarkeit nachgewiesen werden. Es war notwendig, eine ganze Versuchsreihe mit dem gleichen Zylinder oder Blech durchzuführen, weil es bei Auflösungsversuchen dieser Art natürlich nicht möglich ist, verschiedene Probekörper miteinander zu vergleichen, zumal es notwendig war, Reagentien zu verwenden, die nur kleine Mengen des Metalls auflösen. Nur unter diesen Bedingungen kann mit einer chemisch und geometrisch praktisch unveränderten Oberfläche während einer Versuchsreihe gerechnet werden.

---

[1] J. A. Hedvall, E. Brazee, R. Jagitsch: Ing. Vetensk. Akad. (Stockholm) Medd. 1939, Nr. 4.

[2] J. A. Hedvall, H. Berlin: unveröffentlicht.

Die nebenstehende Abb. 18 gibt die Verhältnisse bei der Auflösung von Probekörpern aus Bi (Abb. 18 A), Cu (Abb. 18 B) in schwachen HNO_3-Lösungen wieder. Die Maxima der Auflösungsgeschwindigkeiten fallen mit den dilatometrisch bestimmten Umwandlungstemperaturen genau zusammen und treten sowohl bei steigenden als auch bei fallenden Versuchstemperaturen auf[1].

Entsprechende Effekte wurden später auch mit Antimon erhalten[2]. Mit Silber konnte kein Maximum erhalten werden[3]. Nur eine starke Streuung der Werte im Gebiet der Umwandlung trat auf; dies ist eine öfters gemachte Beobachtung bei Versuchen dieser Art.

5. Aktivitätsunterschiede bei magnetischen Umwandlungen.

Wie unter II. 3c ausgeführt wurde, müssen auch Änderungen des magnetischen Zustands eines Gitters von Veränderungen der physikalisch-chemischen Aktivität des betreffenden Stoffes begleitet sein. Allerdings dürften diese Effekte im allgemeinen nicht sehr groß sein. HEDVALL und Mitarbeiter haben über derartige *magnetochemische* Effekte erstmalig berichtet[4]. Ihr Nachweis ließ sich mit besonderer Deutlichkeit bei katalytischen, aber auch bei direkten chemischen Reaktionen durchführen. Von den letzteren zeigte es sich, daß die Oxydationsgeschwindigkeit von Nickel beim Curiepunkt merklich geändert wird, und zwar nimmt die Oxydierbarkeit beim Verlust des Ferromagnetismus sprunghaft zu[5]. Der Effekt ist aber nur geringfügig.

Für die katalytischen Messungen war Nickel als Katalysator sehr geeignet. Der Curiepunkt liegt in einem für viele Reaktionen passenden Intervall, nämlich für reines Nickel bei etwa 360°, für Handelsnickel niedriger. Der Übergang von der ferromagnetischen in die paramagnetische Form ist nicht mit Veränderungen der Gittersymmetrie verbunden. Andernfalls wäre mit einer Überlagerung kristallographischer Umwandlungseffekte zu rechnen. Außerdem ist Nickel ziemlich widerstandsfähig gegen Angriffe von den Substrat- oder Produktgasen, welche durch Ausbildung einer Reaktionsschicht auf dem Nickel die Beobachtung der hier in Rede stehenden Effekte unmöglich machen würden. Dennoch muß auch Nickel in verhältnismäßig grobkörniger Form verwandt werden, da feinkörnige Pulver in den meisten Fällen zu schnell verändert werden. Grobe Pulver können natürlich bei solchen Untersuchungen benutzt werden, weil keine großen Umsetzungen erstrebt werden. Beispielsweise sei angeführt, daß mit einem Nickelpulver von der Korngröße von Feil- oder Fräserspänen ein Umwandlungseffekt bei dem Stickoxydulzerfall mit demselben Präparat drei- bis viermal nacheinander, allerdings mit abnehmender Schärfe, beobachtet werden konnte, während ein sehr feinkörniges Pulver nur bei der erstmaligen Benutzung als Katalysator einen zwar deutlichen, aber ziemlich schwachen Knick auf der Umsatzkurve ergab. Diese Verhältnisse variieren natürlich mit dem benutzten Substrat. Wie in den Originalmitteilungen näher auseinandergesetzt wurde, ist es beim Arbeiten mit Nickel absolut notwendig, darauf zu achten, daß im Zimmer keine solchen Gase zugegen sind, auf deren Gehalt im Ni der Charakter der Entmagnetisierungskurve empfindlich anspricht. Dies gilt besonders für Schwefel. Auch die geringsten

---

[1] J. A. HEDVALL, R. HEDIN, E. ANDERSON bei HEDVALL: Reaktionsfähigkeit fester Stoffe, S. 136. Leipzig, 1938.

[2] J. A. HEDVALL, N. BOSTRÖM: Z. anorg. allg. Chem. **243** (1940), 233.

[3] J. A. HEDVALL, B. COLLIANDER: Z. anorg. allg. Chem. **243** (1940), 234.

[4] J. A. HEDVALL, E. GUSTAVSON: Svensk. kem. Tidskr. **46** (1934), 64 und spätere Veröffentlichungen in Z. physik. Chem.

[5] J. A. HEDVALL, R. HEDIN, O. PERSSON: Z. physik. Chem., Abt. B **27** (1934), 196.

Spuren von S machen den Curiepunkt sehr unscharf, und entsprechend tritt der magnetokatalytische Effekt sehr verflacht auf. Eine andere Vorsichtsmaßregel ist natürlich, daß der Gasraum in der Katalysatorkammer klein sein muß, damit die beim Curiepunkt geänderte Zusammensetzung des Gases nicht durch starke Verdünnung ausgeglichen wird.

Die Beobachtungen wurden zuerst nach der dynamischen Methode ausgeführt, wobei die Druckunterschiede der mit kleiner Geschwindigkeit strömenden Gase vor dem Eintritt und nach dem Austritt aus dem Reaktionsraum gemessen wurden. Diese Methode kann also in den Fällen benutzt werden, bei welchen die Zahl der Moleküle vor und nach der Reaktion verschieden ist. Statt durch Druckmessungen wurden die Gaszusammensetzungen auch durch Wärmeleitfähigkeitsunterschiede ermittelt. Zweckmäßig war dazu nach einigen Abänderungen der automatisch registrierende technische Gasanalysator von SIEMENS wegen der Möglichkeit, Ein- und Auslaßgas direkt aufeinander beziehen zu können. Die Empfindlichkeit war hinreichend, um auch chemische Veränderungen der Katalysatoren während der Prozesse aufzuzeigen. Die Versuchsanordnungen sind in Abb. 19 und 20 schematisch dargestellt.

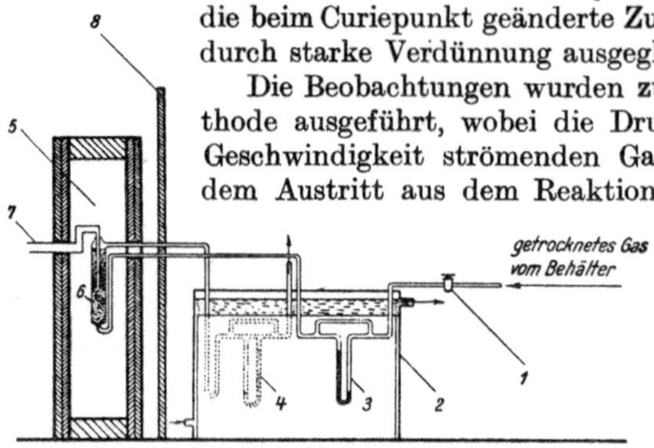

Abb. 19. Anordnung für katalytische Versuche im Umwandlungsgebiet ferromagnetischer Stoffe.
1 Ventil, *2* Thermostat für Strömungsmanometer, *3* Strömungsmanometer für Einlaßgas, *4* Strömungsmanometer für Auslaßgas, *5* Ofen, *6* Katalysatorgefäß, *7* Thermoelement, *8* Wärmeschutz. (Nach HEDVALL und Mitarbeitern.)

Bei sämtlichen bisher ausgeführten Versuchen mit sehr verschiedenen ferromagnetischen Katalysatoren und vielen Substratsystemen wurde ausnahmslos ein *magnetokatalytischer Effekt*[2] festgestellt. Der Verlauf der Umsatzkurven zeigt in allen Fällen beim Verschwinden

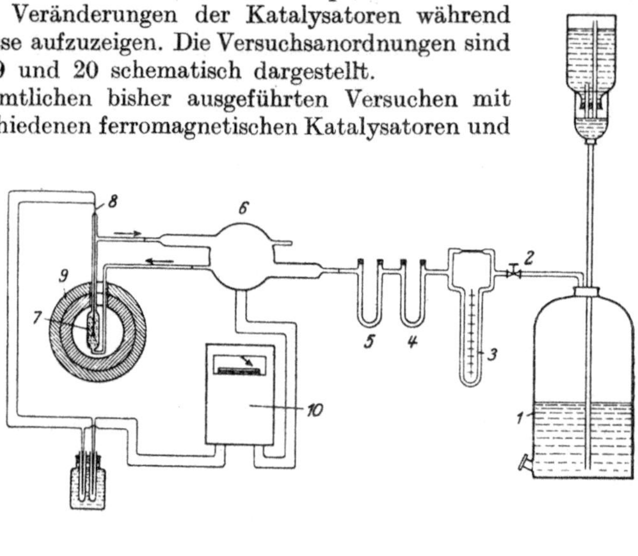

Abb. 20. Anordnung für katalytische Versuche im Umwandlungsgebiet ferromagnetischer Stoffe.
1 Gasometer, *2* Ventil, *3* Gasgeschwindigkeitsmesser, *4* U-Rohr mit Natronkalk, *5* U-Rohr mit Chlorcalcium, *6* Gasanalysator (Siemens), abgeändert für vorliegende Zwecke[1], *7* Katalysatorgefäß, *8* Thermoelement, *9* Ofen, *10* Registrierapparat, Siemens. (Nach HEDVALL und Mitarbeitern.)

[1] Sämtliche Rohrleitungen zwischen Katalysator und Analysator sind so eng wie möglich, um sofortiges Ansprechen auf während der Katalyse geänderte Gaszusammensetzung zu erreichen.

[2] J. A. HEDVALL, R. HEDIN, O. PERSSON: Z. physik. Chem., Abt. B 27 (1934), 196. — J. A. HEDVALL: Reaktionsfähigkeit fester Stoffe, S. 162÷170. Leipzig, 1938.

des Ferromagnetismus eine Richtungsänderung, die in völliger Übereinstimmung mit dem jeweiligen Typ der Entmagnetisierungskurve mehr oder wenig ausgeprägt sprungweise verläuft. Einige typische Beispiele solcher Effekte zeigen die Kurven der Abb. 21 ÷ 24.

Schon geringe Mengen von Fremdstoffen können, wie erwähnt, die Lage des Curiepunkts oder den Charakter des Entmagnetisierungsverlaufs beträchtlich ändern. Die Abb. 22 enthält die Ergebnisse von Versuchen mit *unreinem* Nickel, das seinen Ferromagnetismus etwa 20° niedriger verliert. Der Curiepunkt bleibt aber in diesem Falle scharf.

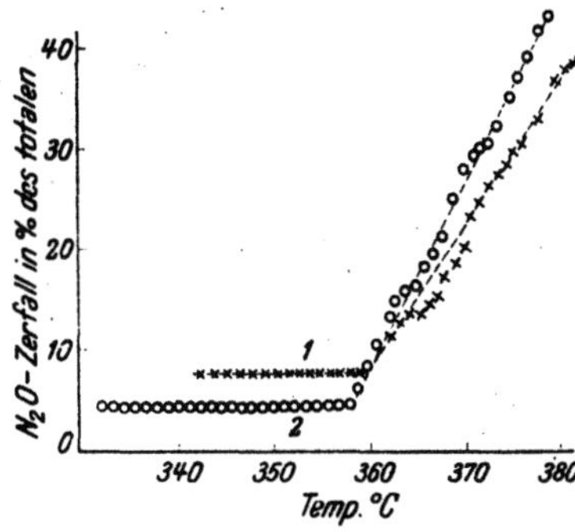

Abb. 21. Geänderte Katalysatorwirkung beim Verlust des Ferromagnetismus bei der Reaktion: $2\,N_2O \rightarrow 2\,N_2 + O_2$ an reinem Ni (Curie-Intervall: 358 ÷ 361°). Die beiden Kurven beziehen sich auf zwei etwas ungleiche Gasgeschwindigkeiten, bei *1*: 2,00 cm³/Min. und bei *2*: 1,52 cm³/Min. nach HEDVALL und Mitarbeitern.

Die enge Beziehung zwischen Katalysatorwirkung und Entmagnetisierungsverlauf geht aus Versuchen mit zwei verschiedenen Ni-Sorten bei der Reaktion: $2\,CO = CO_2 + C$ (Abb. 23) hervor. Sie zeigen, daß die Änderung der Katalysefähigkeit nicht nur von der *Lage* des Curie-Intervalls, sondern auch von der *Form* der Entmagnetisierungskurve abhängt[1].

Völlig entsprechende Ergebnisse wurden auch bei der Hydrierung von CO an Ni erhalten. In den Produktgasen wurde der Gehalt an den verschiedenen, bei den Versuchsbedingungen in Betracht kommenden Produkten — CH_4, C_2H_2, CO_2 — bestimmt. Abb. 24 zeigt, daß sämtliche Reaktionen von dem Verlust des Ferromagnetismus beeinflußt werden, und daß der Verlauf auch *qualitativ* geändert wird[2].

Die Reaktion $C_2H_4 + H_2 = C_2H_6$ zeigt ebenfalls einen unstetigen Verlauf bei Temperaturen, die mit dem Curie-Intervall der verwendeten Ni-Präparate zusammenfallen. Bei dieser Reaktion wird aber die Beobachtung eines magnetokatalytischen Effekts zufolge Ölbildung auf der Katalysatorfläche sehr erschwert oder nach kurzer Versuchsdauer unmöglich gemacht[2].

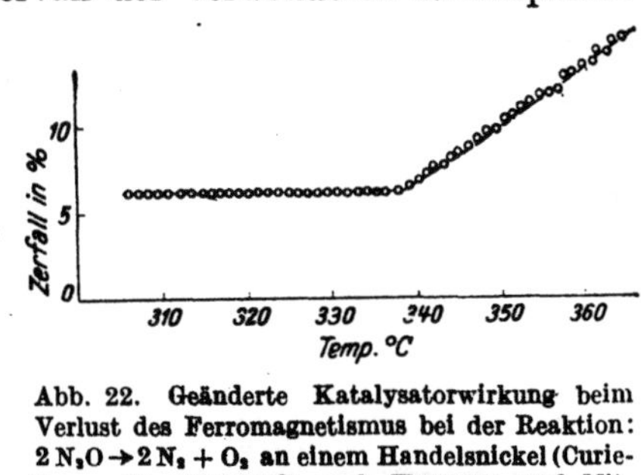

Abb. 22. Geänderte Katalysatorwirkung beim Verlust des Ferromagnetismus bei der Reaktion: $2\,N_2O \rightarrow 2\,N_2 + O_2$ an einem Handelsnickel (Curie-Intervall: 337 ÷ 340°) nach HEDVALL und Mitarbeitern.

In diesem Zusammenhang sollen auch die Untersuchungen von AOYAMA, MATSUZAWA und TAKABASHI[3] genannt werden. Diese Autoren fanden bei der Hydrierung von C_2H_4 über Cu-Ni-Legierungen, daß die Wirkung des Katalysators bei den Curiepunkten verstärkt wird.

Entsprechende Effekte treten auch mit anderen ferromagnetischen Katalysatoren als Nickel auf. Sie wurden z. B. auch bei der Katalysatorwirkung von *Heuslerlegierungen*[4] und von Magnesiumferrit[5] gefunden.

---

[1] J. A. HEDVALL, F. SANDFORD: Z physik. Chem., Abt. B **29** (1935), 455.
[2] J. A. HEDVALL, R. HEDIN: Z. physik. Chem., Abt. B **30** (1935), 280.
[3] S. AOYAMA, J. MATSUZAWA, T. TAKAHASHI: Sci. Pap. Inst. physic. chem. Res. Tokyo **34** (1938), 957.
[4] J. A. HEDVALL, R. HEDIN: Z. physik. Chem., Abt. B **30** (1935), 285.
[5] J. A. HEDVALL, A. BERG: Z. physik. Chem., Abt. B **41** (1938), 388.

FORESTIER und LILLE wiesen auf ähnliche Erscheinungen im chemischen Verhalten einer Reihe von Ferriten hin[1].

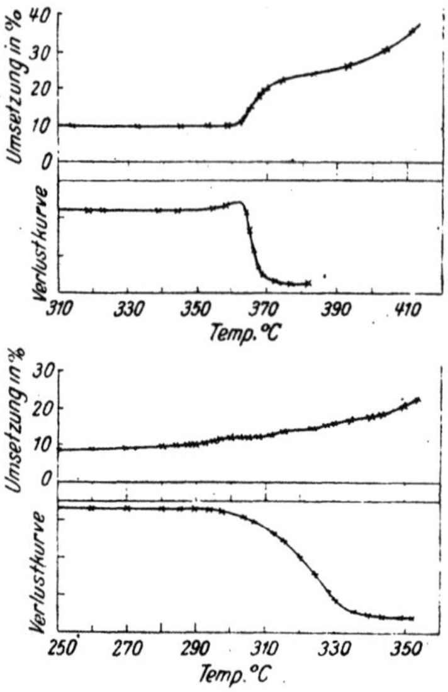

Abb. 23. Geänderte Katalysatorwirkung beim Verlust des Ferromagnetismus bei der Reaktion: $2\,CO \rightarrow CO_2 + C$ an zwei Ni-Qualitäten mit sehr verschiedenen Typen der Verlustkurven und entsprechend unähnlichen Umsetzungskurven nach HEDVALL und Mitarbeitern.

Entsprechende Ergebnisse wurden auch mit verschiedenen Eisen- und Stahlsorten erhalten. Die A_2-Umwandlung, die ebenfalls keine eigentliche Strukturumwandlung, sondern eine Veränderung des magnetischen Zustands ist (Verlust des Ferromagnetismus), findet oberhalb 700° statt, und die Zahl anwendbarer Substrate ist daher beschränkt, zumal Eisen ziemlich leicht angegriffen wird. Hier seien die Katalyseversuche von HEDVALL und BERG an der Reaktion zwischen Kohlenoxyd und Wasserstoff über Roheisen mit einem Curie-Intervall von 710 ÷ 737° und derselben Reaktion über einem Spezialstahl (Curie-Intervall: 700 ÷ 740°) genannt[2].

Auch mit flüssigen Substraten wurden entsprechende Effekte erhalten. HEDVALL und BYSTRÖM[3] zeigten, daß die Hydrierungsintensität von Ricinus- und Baumwollsaatöl über verschiedenen Ni-Cu- (Curie-Intervall 193 ÷ 203° und 168 ÷ 178°) und Pd-Co- (Curie-Intervall 152 ÷ 160°) Katalysatoren beim Übergang des Katalysators in den paramagnetischen Zustand zunimmt. Die Messungen wurden mit Hilfe eines Tauchrefraktometers ausgeführt. Bei *De*hydrierungsreaktionen — von Alkoholen und von Ameisensäure — konnten allerdings SCHWAB und SCHWAB-AGALLIDIS[4] keinen magnetokatalytischen Effekt auffinden.

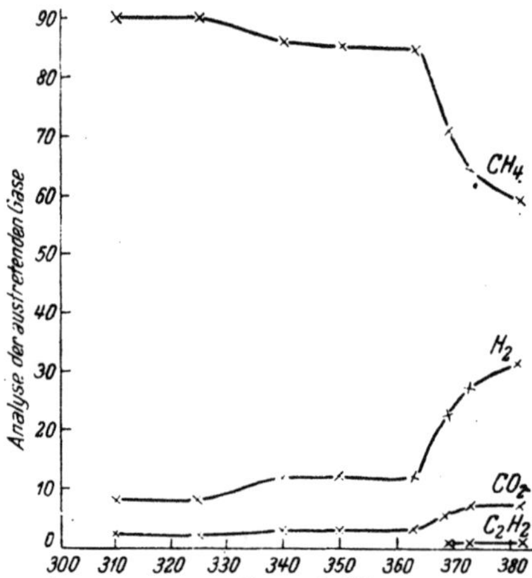

Abb. 24. Geänderte Katalysatorwirkung beim Verlust des Ferromagnetismus bei Hydrierungsreaktionen mit CO an einem Ni-Präparat mit dem Curie-Intervall 364 ÷ 370° nach HEDVALL und Mitarbeitern.

In sämtlichen oben beschriebenen Fällen sind kristallographische Umwandlungen ausgeschlossen, und man hat daher nicht mit Phasenumwandlungseffekten im eigentlichen Sinne zu rechnen. Erfahrungsgemäß treten solche unstetigen Änderungen der Aktivität wie die hier beschriebenen auch nicht durch die thermische Ausdehnung der Gitter auf, und die ausnahmslos stattfindende Koinzidenz mit dem Curiepunkt spricht offenbar gegen eine solche Erklärung. Die katalytische Wirkung ist natürlich von den jeweiligen Gitterabständen abhängig, aber unter und über dem Curiepunkt ist

---

1 H. FORESTIER, R. LILLE: C. R. hebd. Séances Acad. Sci. (Paris) **204** (1937), 265, 1254; **209** (1939), 164.

2 J. A. HEDVALL, A. BERG: Z. physik. Chem., Abt. B **41** (1938), 388.

3 J. A. HEDVALL, H. BYSTRÖM: Z. physik. Chem., Abt. B **41** (1938), 163.

4 G.-M. SCHWAB, E. SCHWAB-AGALLIDIS: Z. physik. Chem. im Druck.

der Kurvenverlauf stetig. Allerdings wird bei vielen ferromagnetischen Stoffen die thermische Ausdehnung gerade beim Curiepunkt diskontinuierlich geändert. Das ist z. B. für Eisen und seine Legierungen von SCHMIDT, ESSER, MÜLLER und KÖSTER[1] nachgewiesen worden, ohne daß ein Phasenwechsel die magnetische Umwandlung begleitet[1, 2]. Wahrscheinlich sind aber (vgl. unten) Auswirkungen in bezug auf die Zahl aktiver Zentren auch deshalb, weil der Ferromagnetismus keine reine Atomeigenschaft ist, sondern durch bestimmte räumliche Anordnung von geeigneten Atomarten zustande kommt. Auf einen solchen Zusammenhang zwischen magnetischem Zustand und Kristalltextur könnten der BARKHAUSEN-Effekt und auch die Befunde von BEISCHER und WINKEL[3] über die Aggregation von Ni- und Fe-Aerosolen hindeuten. In diesem Zusammenhang soll auf Untersuchungen von DEHLINGER[4] und GERLACH[5] hingewiesen werden, die für das vorliegende Problem ein Interesse besitzen.

Aber außer dieser materiell faßbaren Form von Auswirkung muß ein rein *energetischer Einfluß* bei Änderungen des inneren Gitterzustands auf das Resonanzverhältnis zwischen dem Oberflächenfeld des Katalysators und den adsorbierten Substratmolekülen existieren. Dieser Einfluß wird mit Größe und Art der Gitteränderung und mit der Kombination von Katalysator und Substrat in noch schwer überblickbarer Weise wechseln.

Das bisher geschilderte experimentelle Material über magnetokatalytische Effekte läßt also die Frage nicht ganz eindeutig beantworten, in welchem Verhältnis die Unterschiede der katalytischen Eigenschaften auf den magnetischen Zustand, d. h. auf eine direkte energetische Auswirkung der Änderung im Elektronenzustand beim Passieren des Curie-Intervalls bzw. auf eine indirekte Einwirkung der zuerst genannten eventuellen Oberflächenänderungen zurückzuführen sind. Die erwünschte Aufklärung kann natürlich nur durch Messungen der Aktivierungsenergien erbracht werden. Zu diesem Zweck untersuchte G. COHN[6] den nach nullter Ordnung verlaufenden Ameisensäurezerfall über einem Pd-Co-Kontakt (85 Atom-% Pd, Curie-Intervall: 152 ÷ 160°). Auch bei diesen Messungen zeigte sich die bisher immer beobachtete Vermehrung der Wirksamkeit des Katalysators beim Verlust des Ferromagnetismus.

Die Versuche wurden nach der statischen Methode durch Messung der Druckzunahme beim Zerfall in üblicher Weise durchgeführt (Abb. 25). Der in einem Quarzgefäß befindliche Katalysator (K) wurde mit einem Ölthermostaten auf $\pm$ 0,2° bei den Versuchstemperaturen gehalten. Das Katalysatorvolumen betrug 30 cm³. Das Reaktionsgefäß war mittels Schliff und möglichst kurzer Capillare von 1 mm Durchmesser mit einem schrägen Quecksilbermanometer (M) — Steigung 1 : 4 — verbunden, so daß die Ablesegenauigkeit 0,05 mm Hg betrug. Der Durchmesser des Manometerrohres war 2,4 mm; eine Volumkorrektur der Ablesungen erübrigte sich jedoch, da nur die Kurvenanfänge ausgewertet wurden[7]. Die Anfangsdrucke der Ameisensäure lagen bei 25 mm Hg. Evakuiert wurde mit einer dreistufigen Quecksilberdiffusionspumpe unter Zwischenschaltung einer mit fester Kohlensäure gekühlten Ausfrierfalle. Die Hähne wurden mit Apiezonfett gefettet.

---

[1] W. SCHMIDT, W. KÖSTER: Ergebn. techn. Röntgenkunde **3** (1933), 194; Arch. Eisenhüttenwes. 8 (1934), 25. — H. ESSER, G. MÜLLER: Mitt. Inst. Eisenkunde, Ber. Nr. 239.

[2] A. WESTGRÉN, A. LINDH: Z. physik. Chem. **98** (1921), 181.

[3] D. BEISCHER, A. WINKEL: Naturwiss. **25** (1937), 420.

[4] U. DEHLINGER: Z. B. Z. Metallkunde **28** (1936), 116.

[5] W. GERLACH: Z. Elektrochem. angew. physik. Chem. **45** (1939), 151.

[6] G. COHN: Svensk. kem. Tidskr. **52** (1940), 30.

[7] Die Korrektur würde auch weniger ausgemacht haben als die Unterschiede zwischen den einzelnen Versuchen.

Die Ameisensäure war nach vorhergehender Entwässerung und Destillation in das Vorratsgefäß zwischen Zimmertemperatur und -79° C eindestilliert worden[1], das dann abgeschmolzen wurde. Eine Analyse nach 2½ Monaten zeigte, daß so aufbewahrte Ameisensäure keine Zersetzung in gasförmige Produkte erleidet. Außerdem war ein Vorratsgefäß mit der Apparatur verbunden, das gereinigten Wasserstoff über Phosphorpentoxyd enthielt.

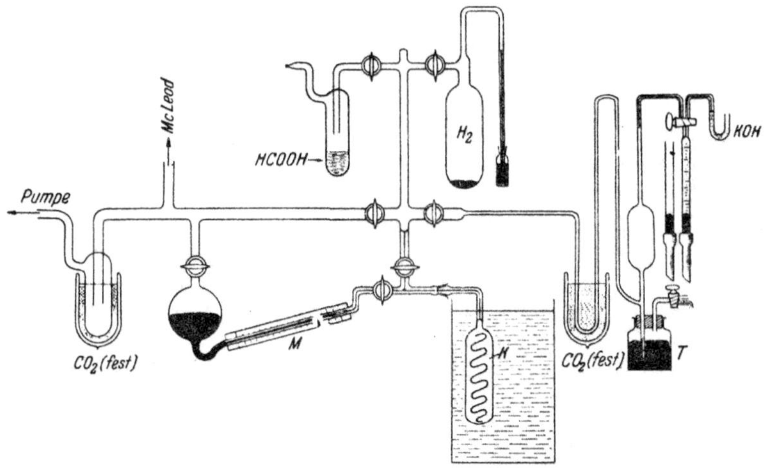

Abb. 25. Versuchsanordnung zur Messung des katalytischen Ameisensäurezerfalls über einem Pd-Co-Kontakt nach G. COHN.

Zur Kontrolle des Reaktionsverlaufs wurden die Reaktionsprodukte mit einer Töplerpumpe (T) in eine 1 cm^3-Gasbürette überführt. Noch vorhandene Ameisensäure oder eventuell gebildetes Wasser wurden dabei durch Ausfrieren mit fester Kohlensäure entfernt. Bei Atmosphärendruck betrug das angesammelte Gasvolumen $0{,}6 \div 0{,}7$ cm^3. Durch Absorption mit Kalilauge wurde der CO_2-Gehalt ermittelt. Daraus war zu ersehen, ob außer CO_2 und H_2 noch CO vorhanden sein konnte. Wegen weiterer Vorsichtsmaßregeln und der direkten Meßergebnisse sei auf die Originalveröffentlichung hingewiesen.

Die ermittelten Werte der Aktivierungsenergien (q) im Ausdruck

$$k = A \cdot e^{\frac{-q}{RT}}$$

bei verschiedenen Versuchsreihen gehen aus der folgenden Tabelle 6 hervor.

Tabelle 6. *Aktivierungsenergien von ferro- und paramagnetischem Zustand.*

erhalten aus	q ferromagn. Cal.	q paramagn. Cal.
Serie I	18	24
„ II....	17	24
„ III...	18	26
Mittel	18	25

Aus der Tabelle 6 geht also der bedeutende Unterschied in der Aktivierungsenergie zwischen ferro- und paramagnetischem Zustand hervor. Die Differenz dürfte auf jeden Fall nicht kleiner als 5 Cal. sein, was einer Steigerung um 30% des Wertes des ferromagnetischen Zustands entspricht. Dieser energetischen Verschlechterung des Katalysators nach Überschreiten des Curie-Intervalles steht eine Zunahme der Zahl der aktiven Bezirke um eine halbe bis eine Größenordnung gegenüber, so daß schon kurz oberhalb des Curiepunktes der paramagne-

[1] Vgl. G. RIENÄCKER: Z. anorg. allg. Chem. 227 (1936), 358.

tische Katalysator eine größere Reaktionsgeschwindigkeit ergibt, als es der ferromagnetische tun würde.

Der magnetokatalytische Effekt besteht nach diesem Ergebnis in einer Zunahme der Aktivierungsenergie nach Verlust des Ferromagnetismus, verbunden mit einer starken Steigerung der Zahl aktiver Bezirke. Dies muß natürlich auch an anderen Systemen geprüft werden. Die hervorgehobene Einheitlichkeit sämtlicher Ergebnisse macht aber schon von vornherein eine Einheitlichkeit der Erscheinungen wahrscheinlich. Weiter dürfte man zur reinen Trennung der Struktur- und Energiefaktoren voneinander bei katalytischen Vorgängen kaum kommen. Eine gewisse Abhängigkeit der beiden Größen voneinander besteht natürlich.

Die erhaltenen Ergebnisse scheinen im guten Einklang mit den oben geschilderten Erfahrungen von RIENÄCKER zu stehen. Auch beim Übergang vom Ferro- zum Paramagnetismus handelt es sich um eine Änderung in der Richtung gegen geringere Ordnung, und auch hier besitzt die geordnete „Phase" die aktivsten Zentren und die ungeordnete (paramagnetische) eine größere Zahl weniger aktive[1].

6. Aktivitätsunterschiede bei elektrischen Umwandlungen.

An dem am besten untersuchten Beispiel von Substanzen mit *elektrischem Curiepunkt*, dem Seignettesalz, ist von HEDVALL und PAULY[2] ein entsprechender chemischer Effekt gefunden worden.

Der Nachweis der Auswirkung dieser inneren Störungen auf die Oberflächenaktivität des Seignettesalzes bestand in der Feststellung einer abrupten Änderung der Auflösungsgeschwindigkeit im Curie-Intervall. Als Auflösungsmittel wurde 80%iger Alkohol verwandt, in welchem der Kristallwassergehalt des Salzes nicht geändert wurde. Zur Vermeidung des Einflusses ungleicher Kristallausbildung oder Kristallflächen wurden gleichförmige Pastillen aus feinem Seignettesalzpulver (900 bis 1600 Maschen/cm²) miteinander verglichen. Diese Korngrößenverteilung war in bezug auf Festigkeit und Einheitlichkeit der Pastillen vorteilhaft. Zwischen 19° und 24° wurde bei 9 Temperaturen mit jeweils 10÷14 Pastillen die während 60 Minuten aufgelöste Menge bestimmt und in Übereinstimmung mit den Curiepunktbestimmungen von STAUB und SCHULWAS-SOROKIN (vgl. unter II. 3d) zwischen 22,0° und 22,3° ein deutlicher Sprung gefunden (Abb. 26).

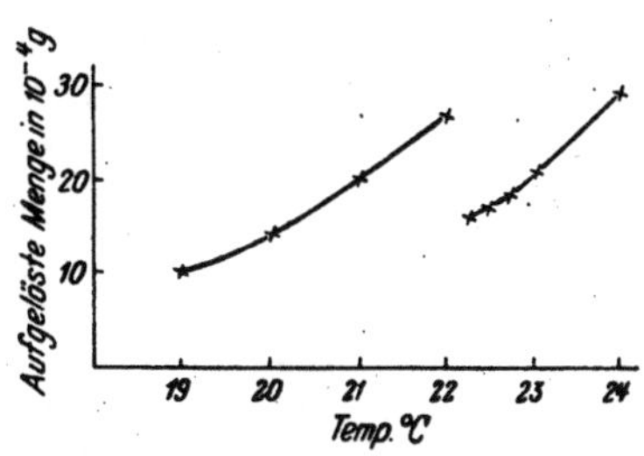

Abb. 26. Sprung der Auflösungsgeschwindigkeit von Seignettesalz beim elektrischen Umwandlungspunkt nach HEDVALL und PAULY.

Wegen der geringen aufgelösten Menge konnte auch bei diesen Versuchen dasselbe Präparat wiederholt benutzt werden. Dadurch wurde die Einwirkung einer etwaigen Korngrößenänderung beim Curiepunkt ausgeschaltet.

Es ist aus diesem Ergebnis ersichtlich, daß auch innere Störungen der elektrischen Polarisation das Oberflächenfeld beeinflussen. Die Annahme, daß jede Art von Gitterstörung sich auf das physikalisch-chemische Verhalten der Oberfläche auswirken muß, war bei allen diesen Arbeiten der leitende Gedanke. Bei den „Curie-elektrischen" Erscheinungen ist die Art der Auswirkung vielleicht etwas exakter faßbar als bei den magnetokatalytischen, indem man so-

[1] H. C. RAINE u. C. N. HINSHELWOOD: J. chem. Soc. 1939, 1378, haben diese auffallende Zusammengehörigkeit von kleinen Aktivierungsenergien und geringeren Konzentrationen von hochaktiven Zentren diskutiert und einen Zusammenhang zwischen Aktivierungsenergie, Schwingungsfrequenz und Kontaktdauer der adsorbierten Moleküle angenommen.

[2] J. A. HEDVALL, W. PAULY: Z. physik. Chem., Abt. B 29 (1935), 225.

gar röntgenographisch feststellen kann, daß molekulare Störungen — allerdings ohne die Kristallsymmetrie zu beeinflussen — auftreten[1]. Diese Erscheinungen scheinen mit Änderungen in der Assoziation von OH-Gruppen zusammenzuhängen[2]. Es wäre dann von diesem Gesichtspunkt aus vorteilhaft, mit großen Kristallen zu arbeiten, um die chemischen Auswirkungen gerade an den Flächen zu studieren, die am stärksten auf die inneren Polarisationsänderungen ansprechen. Aus praktischen Gründen ist dies aber schwer, weil die Forderung nach geometrisch und chemisch unveränderten Oberflächen während einer Versuchsreihe dann kaum aufrechterhalten werden könnte.

7. Aktivierungsunterschiede bei Bestrahlung.

Diese Untersuchungen sollen in diesem Zusammenhang erwähnt werden, erstens weil der gefundene Photoadsorptionseffekt an sich ein unmittelbares Interesse für die Katalyse besitzt und zweitens, weil auch nachgewiesen wurde, daß sein Auftreten strukturabhängig sein kann (vgl. unten).

Eine Änderung der Oberflächenaktivität durch Bestrahlung konnte von HEDVALL und Mitarbeitern bei Adsorptionsprozessen festgestellt werden. Bei Bestrahlung wurde das Adsorptionsvermögen fester Stoffe geändert, und zwar nicht nur erhöht, sondern in einigen Fällen auch herabgesetzt. Die zuerst angestellten Messungen[3] betrafen die Adsorption von in Wasser gelösten organischen Farbstoffen an phosphoreszierenden Zinksulfiden. Die Verwendung von Phosphoren bietet den praktischen Vorteil, daß die Dauererregung eine einheitlichere Erregung der durchstrahlten und umgeschüttelten Pulverschicht ermöglicht und damit die nur schwer ganz zu vermeidende Überlagerung des Dunkelprozesses vermindert ist. In Tabelle 7 sind Resultate von Adsorptionsversuchen

Tabelle 7. *Adsorption von Lanasolgrün G an Zinksulfidphosphoren.*

Bestrahlungsverhältnisse	Dauer in Minuten	Von 1 g Phosphor adsorbierte Menge Lanasolgrün G in mg und in % der totalen Menge in 20 cm³ Lösung (40 mg/Liter)						
		ZnS(Ag)		ZnS(Cu)		ZnS(Mn)		
		mg	%	mg	%	mg	%	
Dunkel	30	1. 0,17	21,2	0,55	68,7	0,64	80,1	Parallelversuche
		2. 0,18	22,5	0,57	71,2	0,63	78,8	
		3. 0,17	21,2	0,56	70,0	0,63	78,8	
		4. 0,17	21,2	0,56	70,0	0,62	77,5	
	Mittel	0,17	21,5	0,56	70,0	0,63	78,8	
	60	0,19*	22,8	0,57	70,6	0,64	80,4	
	90	0,19	22,8	0,55	68,8	—	—	
Weißes Licht[4]	30	0,24	30,0	0,63	78,1	keine Bestimmungen		
	60	—	—	0,65	81,3			
	90	0,23	29,2	0,65	81,3			
Ultraviolettes Licht[5]	30	0,52	64,7	0,63	78,5	0,72	89,4	
	60	0,56	69,9	0,73	91,3	0,71	88,5	
	90	0,56	69,9	0,73	91,3	—	—	

[1] H. STAUB: Physik. Z. 35 (1934), 720.

[2] K. L. WOLFF: Congr. X internat. Roma (1938) II, 268.

[3] J. A. HEDVALL, I. AFZELIUS: Svensk kem. Tidskr. 47 (1935), 156. — J. A. HEDVALL, TH. LINDSTRAND, E. SVENANDER: Z. physik. Chem., Abt. B 32 (1936), 383.

* Von hier ab sind nur Mittelwerte angegeben.

[4] Frei von ultraviolettem Licht. Entfernung der Lichtquelle = 16 cm.

[5] Frei von sichtbarem Licht. Entfernung der Lichtquelle = 5 cm.

mit Lanasolgrün G* dargestellt, bei denen allerdings noch die Einschränkung gilt, daß zufolge der Absorption des Farbstoffs eine Wechselwirkung zwischen aktiviertem Kristall und aktiviertem Substrat möglich ist. Es ist aber wahrscheinlich, daß die Aktivierung des Kristalls die ausschlaggebende Bedeutung besitzt. Die Adsorption des Farbstoffs wird durch Bestrahlung vergrößert, und zwar liegt, wie aus den Ergebnissen mit verschiedenen Versuchszeiten hervorgeht, eine wirkliche Verschiebung des Adsorptionsgleichgewichts vor. Aus den angeführten Werten, die natürlich außer von der Beschaffenheit der Präparate von den Versuchsbedingungen abhängen, ist die Größe des Effektes zu ersehen; auch die Bedeutung der Erregung mit weißem oder mit ultraviolettem Licht für den einzelnen Phosphor geht aus ihnen hervor. Die Intensitäten waren so gewählt worden, daß die Effekte maximal und unabhängig von Intensitätsvariationen waren.

Daß die Bestrahlung keine aktivierte Bleichung des Lanasolgrün G hervorgerufen hat, zeigen die Kurven der Abb. 27, in der der Rückgang der aktivierten Adsorption im Dunkeln dargestellt ist. Daß der Wert der Dunkeladsorption nicht wieder erreicht wurde, kann auf Verzögerung der Desorption, auf ähnlichen Erscheinungen wie bei der Capillarkondensation oder auch teilweise auf einer aktivierten Bleichung des Farbstoffs beruhen.

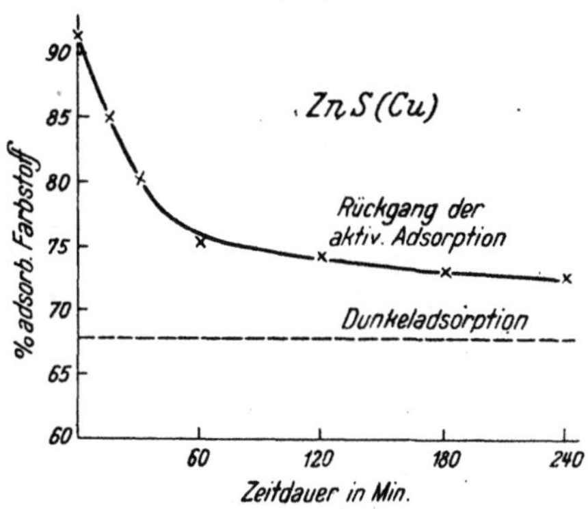

Abb. 27. Rückgang der durch Belichtung aktivierten Adsorption von Lanasolgrün G an dem Phosphor ZnS(Cu) im Dunkeln nach HEDVALL und LINDSTRAND.

Ein eindeutiges Resultat wurde bei der Untersuchung des Einflusses der Bestrahlung mit von Ultraviolett befreitem, weißem Licht auf die Absorption von Phenolphthalein an CdS** mit einer vervollkommneten Meßanordnung erhalten. Die starke Lichtabsorption von CdS liegt bereits im blauen Spektralgebiet, während Phenolphthalein in der benutzten Konzentration erst bei etwa 310 mμ zu absorbieren beginnt, so daß nur eine Beeinflussung des CdS durch Lichtabsorption in Betracht kommen kann[1]. Der Effekt ist aus folgender Zusammenstellung (Tabelle 8) ersichtlich. Versuch 1 zeigt die starke Herabsetzung des Adsorptionsvermögens des CdS-Präparats zufolge Lichtabsorption.

Tabelle 8. *Adsorption von Phenolphthalein an CdS im Dunkeln und bei Belichtung.*

Adsorptionszeit	% adsorbiertes Phenolphthalein im Dunkeln	% adsorbiertes Phenolphthalein bei Bestrahlung	Effekt in % des Dunkelwertes
1. 30	9,3	1,2	— 8,5
2. Bestrahlung: 45, danach im Dunkeln: 60	—	6,8	—
Ganze Zeit im Dunkeln: 105	10,9	—	—

Aus Versuch 2 geht hervor, daß durch Bestrahlung desaktiviertes CdS wieder adsorptionsfähig wird (6,8), wenn nachher im Dunkeln weiter Phenolphthalein angeboten wird. Diese Befunde sprechen dafür, daß

* Vgl. G. SCHULTZ: Farbstofftabellen, Bd. 1, S. 109. Leipzig, 1931.

** J. A. HEDVALL, G. COHN: Nature **193** (1932), 330. — G. COHN, J. A. HEDVALL: Svensk kem. Tidskr. **51** (1939), 163. — J. A. HEDVALL, G. BORGSTRÖM, G. COHN: Kolloid-Z. **94** (1941), 57.

[1] Vgl. die Diskussion bei HEDVALL, BORGSTRÖM, COHN: l. c.

ein reversibler Photoadsorptionsprozeß vorliegt; nach 105 Min. im Dunkeln ist der Wert 10,9.

Daß durch Bestrahlung hervorgerufene Oberflächenprozesse an festen Körpern auch strukturabhängig sein können, haben HEDVALL[1] und Mitarbeiter nachgewiesen. Es zeigte sich nämlich, daß bei einer Gruppe von schichtgitterartig aufgebauten Substanzen nur die Prismen- und nicht die Basisflächen angegriffen wurden. Dabei stellte sich heraus, daß nur diejenigen Cd-Halogenide, die dieselbe Struktur wie CdJ_2 besitzen, die betreffende Photosensibilität aufwiesen.

Auch bei katalytischen Reaktionen ist mit der Möglichkeit einer Strahlungseinwirkung auf feste Katalysatoren zu rechnen. In bezug auf Gasreaktionen ist dies verschiedentlich zu zeigen versucht worden. Es kann aber auf Grund von Versuchen mit einer Reihe auf Licht ansprechender, hauptsächlich phosphoreszierender oder lumineszierender Substanzen als Katalysatoren und mit mehreren Substraten[2] als festgestellt angesehen werden, daß in den für den Ablauf von Gasreaktionen im allgemeinen erforderlichen Temperaturgebieten die etwaigen Aktivitätsänderungen durch Bestrahlung gegenüber den thermisch erzeugten Aktivierungszuständen praktisch nicht ins Gewicht fallen. Auch wenn die Möglichkeit einer spezifischen Bestrahlungseinwirkung gegeben sein sollte, wird bei höheren Temperaturen und bei den üblichen Temperaturkoeffizienten der Reaktionen der Bestrahlungseffekt innerhalb der bei katalytischen Gasreaktionen auftretenden Aktivitätsschwankungen liegen und daher nicht zu messen sein.

Der Nachweis und die Ausnutzung derartiger Bestrahlungseinflüsse werden daher praktisch auf Temperaturgebiete beschränkt bleiben, in welchen die thermische Anregung von geringerer Bedeutung ist. Sie sollten daher vor allem bei Reaktionen mit flüssigen Phasen zu erwarten sein. Bei den vorliegenden Beobachtungen ist aber nicht zu entscheiden, ob es sich um sensibilisierte photochemische Reaktionen oder um Aktivitätsänderungen im hier interessierenden Sinne handelt. Auch hier würden wohl Verzögerungserscheinungen am einfachsten zu eindeutigen Schlüssen führen können.

---

[1] J. A. HEDVALL, P. WALLGREN, S. MÅNSSON: Trans. Faraday Soc. **36** (1940), 697.

[2] G. COHN, J. A. HEDVALL: Z. anorg. allg. Chem. **239** (1938), 113, dort weitere Literaturangaben.

Namenverzeichnis.

Berichtigungen.

Seite:	Zeile:	Anmerkung:	soll es heißen:	statt:
6	4 v. u.	8	GELBART	GELHART
51		1	J. C. JUNGERS, H. S. TAYLOR	J. C. JUNGERS: H. S. TAYLOR
115		1	Abt.	Ab.
202		6	GAUDION	GAUDIAN
204		2	**28** (1924), 1077	**28** (1921), 1077
209		2, Z. 2	MORRELL	MORREL
215		5	**26** (1922), 631, s. a. 272	**26** (1922), 324
215		6	**26** (1922), 631	**26** (1922), 621
215		10	**26** (1922), 631, s. a. 272	**26** (1922), 324
220		6	2051	205
220		2	SCHENCK	SCHENK
221		2	SCHENCK	SCHENK
221		4	SCHENCK	SCHENK
227		1	HOFMANN	HOFFMANN
227		1	1585	1535
311	16 v. o.		KHODSCHAIAN	KODSCHAIAN
311		2	KHODSCHAIAN	KODSCHAIAN
371	2 v. u.		HUGHES	HUGHERS
371		15	HUGHES	HUGHERS
372		1	MOLIÈRE	MOLIERE
384		3	BORGSTRÖM	BERGSTRÖM
496	7 v. u.		ZAWADZKI	ZAWADSKI
496		18	ZAWADZKI	ZAWADSKI
513		13	SLONIM	SLONIN
526	16 v. o.		HITCHCOCK	HITSCHCOCK
526		8	HITCHCOCK	HITSCHCOCK
531		5	RUTHARDT	RUTHARD
531	14 v. o.		ITTERBEEK	ITTERBECK
531		6	ITTERBEEK	ITTERBECK
543	10 v. u.		FORESTIER	FORÉSTIER
543		10	FORESTIER	FORÉSTIER
558		5	AWERBUCH	AWERBRUCH

Sachverzeichnis.

GPSR Compliance

The European Union's (EU) General Product Safety Regulation (GPSR) is a set of rules that requires consumer products to be safe and our obligations to ensure this.

If you have any concerns about our products, you can contact us on ProductSafety@springernature.com

In case Publisher is established outside the EU, the EU authorized representative is:

Springer Nature Customer Service Center GmbH
Europaplatz 3
69115 Heidelberg, Germany

Batch number: 10683525

Printed by Printforce, the Netherlands